KUHMINSA

한 발 앞서나가는 출판사, **구민사**

구민사 출간도서 中 수험서 분야

- 용접
- 자동차
- 조경/산림
- 품질경영
- 산업안전
- 전기
- 건축토목
- 실내건축

- 기술사
- 기계
- 금속
- 환경
- 보일러
- 가스
- 공조냉동
- 위험물

전국 도서판매처

- 일산남부서점
- 안산대동서적
- 대구북앤북스
- 대구하나도서
- 부산브레인박스
- 포항학원사
- 울산처용서림
- 창원그랜드문고
- 순천중앙서점
- 광주조은서림

www.kuhminsa.co.kr

자격증 시험 접수부터 자격증 수령까지!

필기 원서 접수
큐넷(www.q-net.or.kr)
필기 시험은 회원 가입 후 인터넷 접수만 가능
(사진 파일, 접수비(인터넷 결제) 필요)
응시자격 요건 반드시 확인

필기시험
입실 시간 미준수 시 시험 응시 불가
준비물 : 수험표, 신분증, 필기구 지참

필기 합격 확인
큐넷(www.q-net.or.kr)
사이트에서 확인

실기 원서 접수
큐넷(www.q-net.or.kr)
응시 자격 서류는 실기시험 접수기간(4일 내)에
제출해야만 접수 가능

전문가를 위한 첫걸음, 구민사는 그 이상을 봅니다!
KUHMINSA

실기 시험
필답형과 작업형으로 분류
원서 접수 시 선택한 장소와 시간에 맞게 시험을 봅니다.
준비물 : 수험표, 신분증, 필기구 지참

최종합격 확인
큐넷(www.q-net.or.kr)
사이트에서 확인

자격증 신청
인터넷으로 신청(상장형 자격증 발급을 원칙으로 하며,
희망 시 수첩형 자격증 발급 신청/ 발급 수수료 부과)

자격증 수령
인터넷으로 발급(출력)
(수첩형 자격증 등기 수령 시 등기 비용 발생)

Preface — 용접산업기사 필기&실기 개정판을 펴면서…

요즈음 산업이 눈부시게 발전함과 더불어 조선, 자동차, 항공, 해양 플랜트, 풍력 발전 설비, 원자력 발전 설비 등의 산업도 매우 빠른 속도로 발전하고 있으며, 그에 따른 기량 높은 용접사의 필요성도 높아지고 있다.

따라서 단순히 자격증만 취득하고 경험이 없는 용접사보다는 체계적인 교육훈련과 경험을 바탕으로 철저히 시험하고 검증된 설계와 시공법에 의한 용접 기술과 기술(능)인의 필요성이 더욱 많이 요구되고 있으며, 이론과 실기를 충분히 겸비한 산업기사의 역할이 필요하다고 생각된다.

필자는 1973년부터 지금에 이르기까지 산업현장과 교육현장에서 '**금속과 용접**' 한 분야만을 고집하면서 꾸준히 기술을 익히고 학생들을 지도하고 취업시켜 왔으며, 공단의 교재 집필, 국가기술자격시험 문제 출제와 검토, 실기 감독을 해오면서 용접자격시험 준비를 하는 분들에게 꼭 필요한 수험서 하나만은 남겨야겠다는 생각이 들어서 지난 12년 9월말 '**핵심 용접공학**'을 출간하였으며, 2013년 초에 '**고수열강 용접·특수용접기능사 필기, 실기, 고수열강 용접산업기사, 고수열강 용접기능장, 용접실습**' 교재를 출간하였으며, 2015년엔 '**핵심 용접실무실습**' 교재를 출간하기에 이르렀다. 많은 분들이 추천하고 사용해주신 덕분에 이 고수열강 용접산업기사 필기실기도 '**개정판**'을 출간하게 되었다.

본 '고수열강 용접산업기사 필기·실기'의 교재 구성은 '제1편 용접일반 및 안전관리, 제2편 용접 작업 안전, 제3편 용접 설계 및 시공과 검사, 제4편 용접 야금, 금속재료, 제5편 용접설비 제도(비절삭부분), 제6편 용접 실기, 부록 : 기출문제'로 구성하였으며, 각 편의 각 장별 예상문제 삽입과 실습, 기출문제 해설에 중점을 주었으므로 체계적인 이론과 실기를 학습하는데 충분하다고 생각된다.

그리고 초판 이후 내용 및 오탈자, 오답을 수정하여 명실공히 국가기술 자격시험의 최고 수험서라 자부할 수 있도록 완벽을 기하였다. 그럼에도 아직 발견되지 못한 잘못된 부분이 있다면 다음 출판 시 수정할 것을 약속드린다.

끝으로 책이 출간되기까지 애써주신 도서출판 구민사 조규백 대표님과 많은 힘이 되어준 지인들께 감사드린다.

Contents 목차

제 1편 용접 일반 및 안전 관리

제1장 용접 개요와 원리   3
제1절 용접의 개요   3
제2절 용접의 기초   4

제2장 피복 아크용접   6
제1절 피복 아크 용접의 개요   6
제2절 피복 아크의 성질   7
제3절 아크용접 설비 및 기구   9
제4절 피복 아크용접봉   13
제5절 피복 아크용접작업   18

제3장 가스용접, 가스절단 등   23
제1절 가스용접의 개요, 불꽃   23
제2절 가스용접 장치 및 기구   28
제3절 가스용접 재료 및 작업   32
제4절 납 땜   34
제5절 가스절단   36
제6절 특수절단, 가스 가공   40
제7절 아크절단   42

제4장 기타 용접, 용접 자동화   45
제1절 서브머지드 아크용접   45
제2절 불활성 가스 아크용접   50
제3절 이산화탄산가스 아크용접   58
제4절 플라스마 아크용접   65
제5절 일렉트로 슬래그 및 가스용접   65
제6절 레이저 용접, 전자 빔 용접   69
제7절 기타 특수 용접   69
제8절 전기 저항 용접   71
제9절 압접   75
제10절 각종 금속 용접   77
제11절 자동화 용접   83

제 2편 용접 작업 안전

제1장 산업 안전 — 89
- 제1절 산업 재해 — 89
- 제2절 작업일반 안전 — 90
- 제3절 작업 환경, 화재, 폭발 — 90
- 제4절 안전 표지와 색채 — 91
- 제5절 작업 환경과 조건 — 92
- 제6절 응급 처치와 구급 처치 — 93

제2장 작업 안전 — 94
- 제1절 기계 작업 안전 — 94
- 제2절 프레스 작업 안전 — 95

제3장 용접 안전 — 97
- 제1절 아크 용접 안전 — 97
- 제2절 가스 용접 및 절단 안전 — 99

제 3편 용접 설계 및 시공과 검사

제1장 용접 설계 — 103
- 제1절 용접 구조물의 설계 — 103
- 제2절 용접이음부의 강도 — 105

제2장 용접 시공 — 114
- 제1절 용접 시공, 경비, 용착량 계산 — 114
- 제2절 용접 준비 — 116
- 제3절 본용접 및 후처리 — 118
- 제4절 용접온도 분포, 잔류응력 — 122
- 제5절 변형, 결함과 방지 대책 — 124

제3장 용접성 시험 — 130
- 제1절 비파괴, 파괴 시험(검사) — 130
- 제2절 용접성 시험 — 142

Contents 목차

제 4편 용접 야금, 금속 재료

제1장 용접야금(금속)의 기초   149
- 제1절 금속의 개요   149
- 제2절 금속의 결정 구조 등   151
- 제3절 금속 변태 평형 상태도   153
- 제4절 금속의 강화 기구   155
- 제5절 응고 조직   157
- 제6절 소성가공   158

제2장 철강 금속재료, 열처리   163
- 제1절 철강 제조, 분류, 탄소강   163
- 제2절 특수(합금)강, 주철   167
- 제3절 일반 열처리   176
- 제4절 항온 열처리, 표면 경화   179

제3장 비철 금속재료   183
- 제1절 구리와 그 합금   183
- 제2절 알루미늄과 그 합금   187
- 제3절 기타 비철 합금   189

제4장 금속 결합과 결함, 균열   193
- 제1절 금속의 결합과 금속의 결함   193
- 제2절 용접 균열   194
- 제3절 수소 취화   196
- 제4절 각종 금속의 균열   196

제5장 용접부의 야금학적 특징   198
- 제1절 슬래그와 금속 가스반응 등   198
- 제2절 탈산, 탈황, 탈인 반응 등   200

제 5편 용접설비 제도(비절삭 부분)

제1장 제도의 통칙   207
- 제1절 제도의 개요   207
- 제2절 도면의 종류와 크기   207
- 제3절 문자와 선   210

제2장 제도의 기본   213
- 제1절 투상도법   213
- 제2절 평면도법, 투상법   214
- 제3절 스케치   223

제3장 치수 및 재료 기호 표시 방법   225
- 제1절 치수 표시법   225
- 제2절 재료 기호 및 표시 방법   229
- 제3절 용접기호 기제 방법   231

제 6편　용접 실기

제1장 피복 아크용접　　　　　　　　241
제1절 비드놓기 피복 아크용접　　　　241
제2절 아래보기 자세 V형 맞대기 피복 아크용접　　　249
제3절 수평 자세 V형 맞대기 피복 아크용접　　　257
제4절 수직 자세 V형 맞대기 피복 아크용접　　　261
제5절 위보기 자세 V형 맞대기 피복 아크용접　　　265

제2장 이산화탄소가스 아크용접　　　　　　　　270
제1절 FCAW V형 맞대기 CO_2 용접　　　270

제3장 가스텅스텐 아크용접　　　　　　　　278
제1절 연강판 V형 맞대기 TIG 용접　　　278
제2절 스테인리스강판 V형 맞대기 TIG 용접　　　284

제4장 용접산업기사 실기　　　　　　　　291
제1절 자격 종목별 용접법과 자세, 과제　　　291
제2절 용접산업기사 실기　　　292

Contents 목차

부록 최근 기출문제

2011년
- 제1회 용접산업기사(3월 2일 시행)   299
- 제2회 용접산업기사(6월 12일 시행)   309
- 제3회 용접산업기사(8월 21일 시행)   318

2012년
- 제1회 용접산업기사(3월 4일 시행)   328
- 제2회 용접산업기사(5월 20일 시행)   338
- 제3회 용접산업기사(8월 26일 시행)   347

2013년
- 제1회 용접산업기사(3월 10일 시행)   357
- 제2회 용접산업기사(6월 2일 시행)   368
- 제3회 용접산업기사(8월 18일 시행)   378

2014년
- 제1회 용접산업기사(3월 2일 시행)   388
- 제2회 용접산업기사(5월 25일 시행)   397
- 제3회 용접산업기사(8월 17일 시행)   407

2015년
- 제1회 용접산업기사(3월 8일 시행)   417
- 제2회 용접산업기사(5월 31일 시행)   428
- 제3회 용접산업기사(8월 16일 시행)   439

2016년
- 제1회 용접산업기사(3월 6일 시행)   449
- 제2회 용접산업기사(5월 8일 시행)   460
- 제3회 용접산업기사(8월 21일 시행)   470

2017년
- 제1회 용접산업기사(3월 5일 시행)   481
- 제2회 용접산업기사(5월 7일 시행)   491

2018년
- 제1회 용접산업기사(3월 4일 시행)   501
- 제2회 용접산업기사(4월 28일 시행)   511
- 제3회 용접산업기사(8월 19일 시행)   520

2019년
- 제1회 용접산업기사(3월 3일 시행)   531
- 제2회 용접산업기사(4월 27일 시행)   541
- 제3회 용접산업기사(8월 4일 시행)   551

2020년
- 제1·2회 통합 용접산업기사(6월 6일 시행)   561
- 제3회 용접산업기사(8월 22일 시행)   572

제1회 용접산업기사 CBT 기출복원 문제   583
제2회 용접산업기사 CBT 기출복원 문제   592

부록 모의고사 문제

제1회
- 용접산업기사 모의고사 문제   601
- 용접산업기사 모의고사 정답 및 해설   609

제2회
- 용접산업기사 모의고사 문제   613
- 용접산업기사 모의고사 정답 및 해설   621

제3회
- 용접산업기사 모의고사 문제   624
- 용접산업기사 모의고사 정답 및 해설   632

 # 이 책의 구성과 특징

01. 체계적인 핵심요약

최신 개정 내용을 반영한 단원별 핵심요약으로 이론을 구성하였습니다.

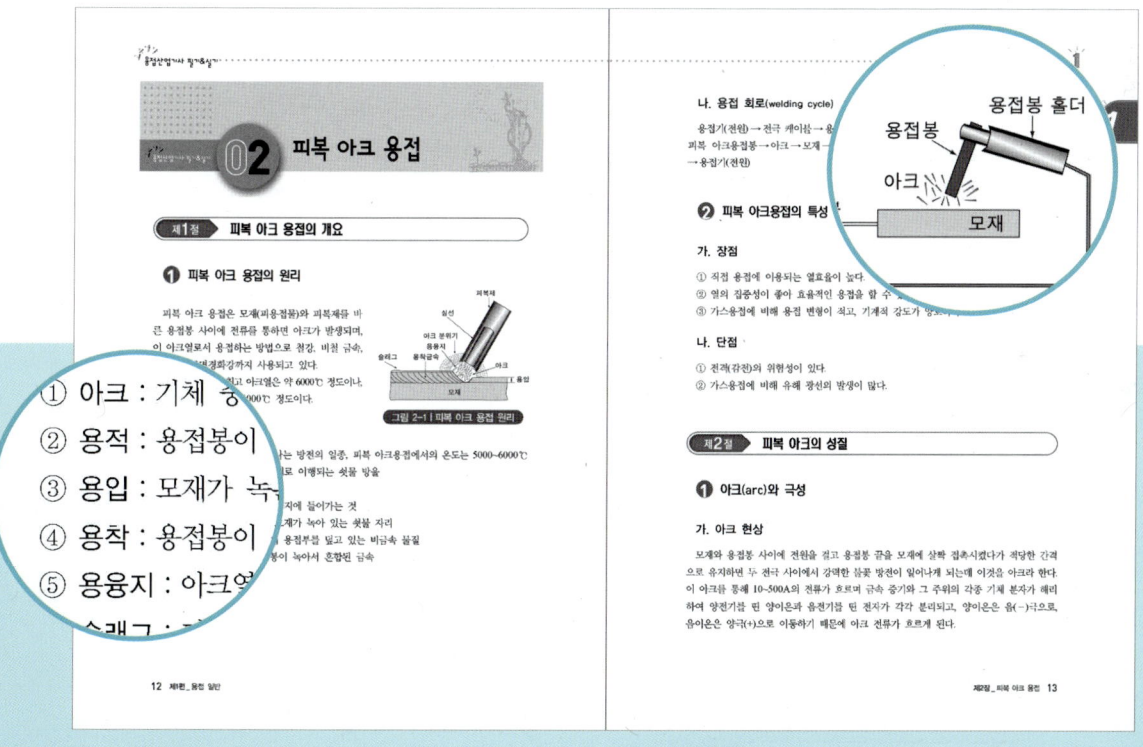

02. 최근 기출문제 및 CBT 기축복원 문제 & 용접실기편 수록

최근 기출문제 및 CBT 기출복원 문제와 상세한 해설, 용접실기편을 수록하여 필기와 실기시험에 대비하였습니다.

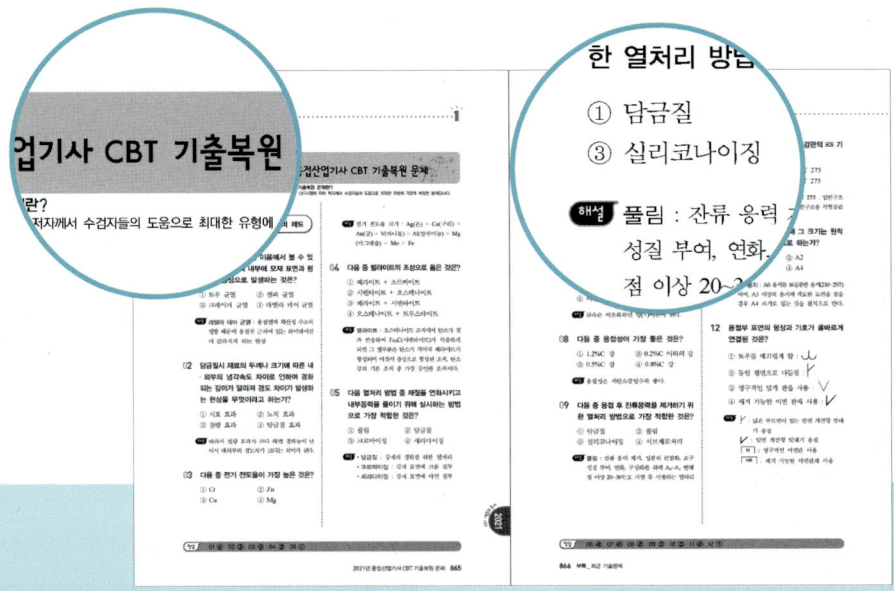

최근 기출문제 및 CBT 기축복원 문제

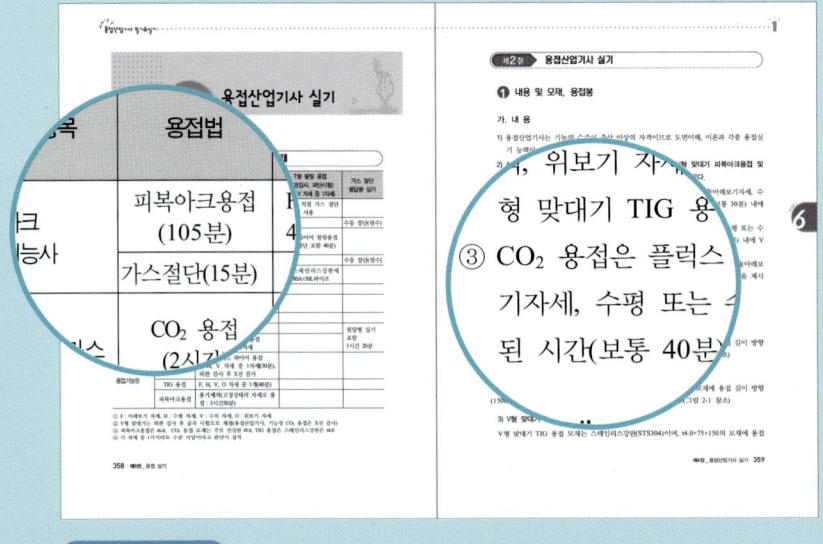

용접실기편

03. 모의고사 문제 수록

실전시험에 대비 할 수 있는 모의고사 문제와 상세한 해설을 수록하였습니다.

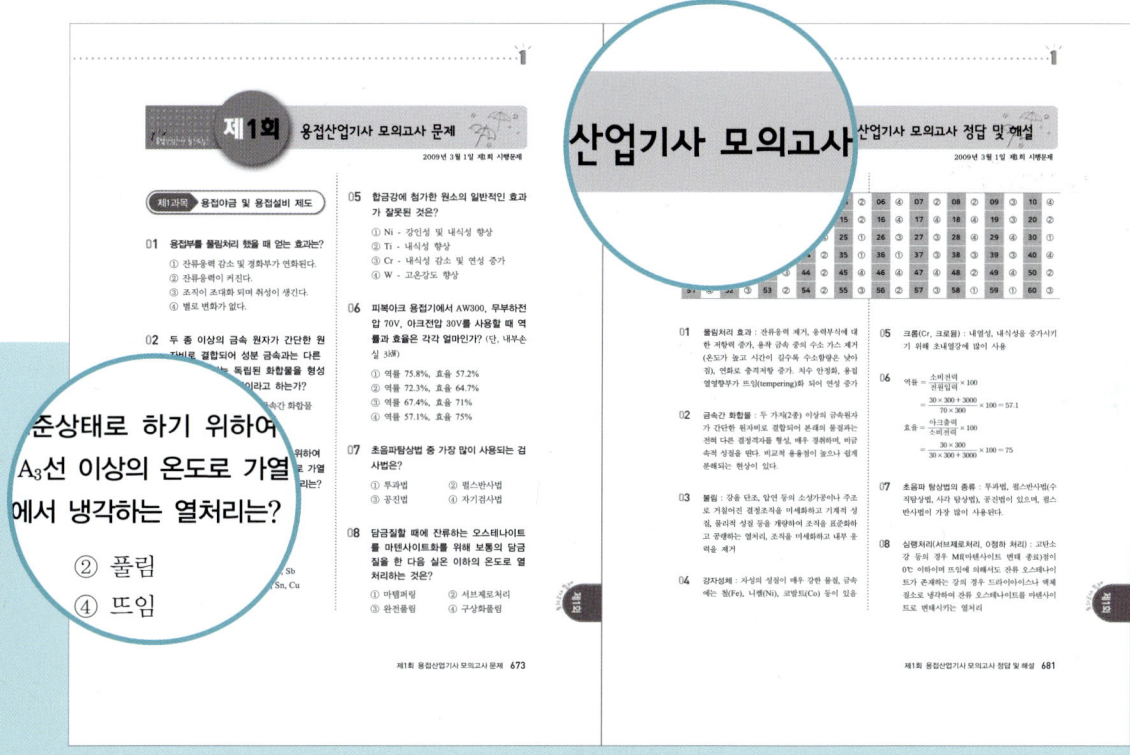

용접산업기사 출제기준 - 필기

직무분야	재료	중직무분야	금속재료
자격종목	용접산업기사	적용기간	2026.1.1~2028.12.31
직무내용	용접절차사양서를 해독하고, 설계와 제도, 비용계산, 용접재료 준비, 작업환경 확인, 안전보호구 준비, 용접장치와 특성 이해, 용접기 설치 및 점검, 본 용접, 용접부 검사, 작업장 정리 등을 수행하고 관리하는 직무이다.			
필기검정방법	객관식	문제수	60문제	시험시간	2시간 30분

필기과목명	문제수	주요항목	세부항목
용접야금 및 용접설비제도	20	1. 용접부의 야금학적 특징	1. 용접야금기초
			2. 용접부의 야금학적 특징
		2. 용접재료 선택 및 전후처리	1. 용접재료 선택
			2. 용접 전후처리
		3. 용접 설비제도	1. KS 제도 통칙
			2. 제도의 기본
			3. 용접제도
용접구조설계	20	1. 용접설계 및 시공	1. 용접설계
			2. 용접시공 및 결함
		2. 용접성 시험	1. 파괴 시험
			2. 비파괴 검사
용접일반 및 안전관리	20	1. 용접의 기초	1. 용접의 원리와 분류
			2. 피복아크 용접 및 가스용접, 절단
		2. 기타 용접	1. 기타 용접 및 용접의 자동화
		3. 안전관리	1. 용접안전관리

※ 출제기준의 세세항목은 http://www.q-net.or.kr/에서 확인하실 수 있습니다.

용접산업기사 출제기준 - 실기

직무분야	재료	중직무분야	금속재료
자격종목	용접산업기사	적용기간	2026.1.1~2028.12.31
직무내용	용접정차사양서를 해독하고, 설계와 제도, 비용계산, 용접재료 준비, 작업환경 확인, 안전보호구 준비, 용접장치와 특성 이해, 용접기 설치 및 점검, 본 용접, 용접부 검사, 작업장 정리 등을 수행하고 관리하는 직무이다.			
실기검정방법	작업형	시험시간	2시간 정도

실기과목명	주요항목	세부항목
용접작업 실무	1. 작업안전보건관리	1. 용접작업 안적수칙 파악하기
		2. 용접작업장 주변 정리 상태 점검하기
		3. 안전 점검하기
		4. 물질안전보건자료 점검하기
	2. 작업 후 정리정돈	1. 전원 차단하기
		2. 보호가스 차단하기
		3. 작업장 정리정돈하기
	3. 용접절차사양서 해독	1. 용접기호 구별하기
		2. 제작도면 파악하기
		3. 용접절차사양서 파악하기
	4. 피복아크용접 도면해독	1. 용접기호 확인하기
		2. 도면 파악하기
		3. 용접절차사양서 파악하기
	5. 피복아크용접 재료준비	1. 모재 준비하기
		2. 용접봉 준비하기
		3. 용접치공구 준비하기
	6. 피복아크용접 장비준비	1. 용접장비 설치하기
		2. 용접설비 점검하기
		3. 환기장치 설치하기
	7. 피복아크용접 가용접 작업	1. 모재치수 확인하기
		2. 용접부 이음형상 확인하기
		3. 용접부 가용접하기
	8. 피복아크용접 맞대기용접	1. 용접부 온도 관리하기
		2. 아래보기 자세 용접하기
		3. 수직 자세 용접하기
		4. 수평 자세 용접하기
		5. 위보기 자세 용접하기
	9. 가스텅스텐 아크용접 도면해독	1. 도면 파악하기
		2. 용접기호 확인하기
		3. 용접절차사양서 파악하기
	10. 가스텅스텐 아크용접 재료준비	1. 모재준비하기
		2. 용가재준비하기

실기과목명	주요항목	세부항목
용접작업 실무	11. 가스텅스텐 아크용접 장비설치	1. 용접장비 설치하기
		2. 보호가스 설치하기
		3. 용접토치 설치하기
		4. 용접장비 시운전하기
	12. 가스텅스텐 아크용접 가용접 작업	1. 모재치수 확인하기
		2. 홈 가공 확인하기
		3. 가용접 하기
		4. 가용접 상태 확인하기
	13. 가스텅스텐 아크용접 맞대기 용접	1. 용접부 온도관리하기
		2. 아래보기 자세 용접하기
		3. 수직 자세 용접하기
		4. 수평 자세 용접하기
		5. 위보기 자세 용접하기
	14. CO_2 용접 재료준비	1. 모재 준비하기
		2. 용접와이어 준비하기
		3. 보호가스 준비하기
		4. 백킹재 준비하기
	15. CO_2 용접 장비설치	1. 용접장비 설치하기
		2. 용접용 재료 설치하기
		3. 용접 장비 점검하기
	16. CO_2 용접 가용접 작업	1. 모재치수확인하기
		2. 홈가공하기
		3. 가용접하기
	17. 플럭스코어드 와이어 맞대기용접	1. 용접부 온도관리하기
		2. 아래보기 자세 용접하기
		3. 수직 자세 용접하기
		4. 수평 자세 용접하기

PART 01

용접 일반 및 안전 관리

- Chapter 01 용접 개요 및 원리
- Chapter 02 피복 아크 용접
- Chapter 03 가스용접, 가스 절단
- Chapter 04 기타 용접, 용접 자동화

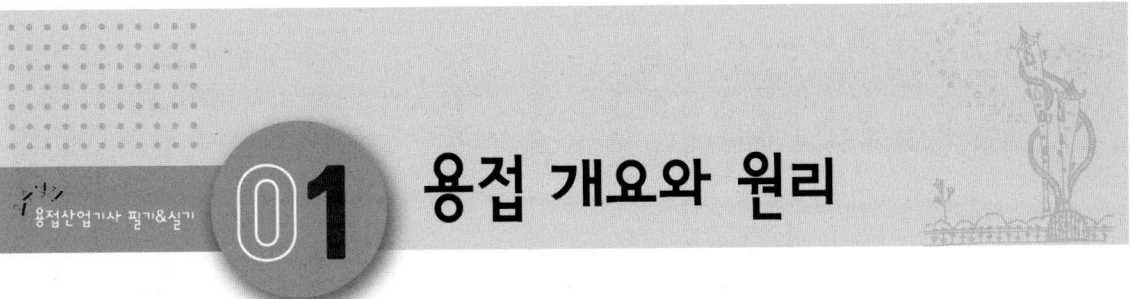

01 용접 개요와 원리

제1절 용접의 개요

❶ 용접의 원리와 역사

01 용접의 원리를 바르게 설명한 것은?

야금적 접합법, 금속원자 사이의 인력을 이용한 접합

02 금속간 원자의 거리를 얼마 정도로 하면 영구적 접합이 가능한가(인력 범위는)?

수 Å (옹그스트롱, 10^{-8} cm)

03 실제 접합이 안되는 이유는?

표면의 요철, 산화막 등 때문

04 용접법의 개발자

① 베르나도스 : 탄소 아크용접법
② 슬라비아노프 : 피복아크용접
③ 프세, 피카르 : 가스용접법
④ 호버트 : 불활성 가스 아크용
⑤ 케네디 : 서브머지드 아크용접

05 다음 중 금속 아크 용접 개발자는?

[베르나도스, 슬라비아노프, 프세, 호버트, 케네디]

해설 슬라비아노프

❷ 용접의 종류(분류)

01 용접의 대분류는?

융접, 압접, 납접(땜)

02 융접의 뜻과 해당하는 융접의 종류는?

① 모재의 접합부를 용융시키고 여기에 용가재를 첨가하여 접합하는 방법
② 종류 : 피복아크용접, 서브머지드 아크용접, 전자빔용접, 테르밋 용접, 스터드용접 등

03 용접 분류 방법 중 아크용접에 해당하는 것은? : ④

① 프로젝션 용접 ② 마찰 용접
③ 초음파 용접   ④ 서브머지드용접

04 압접의 뜻과 해당하는 용접의 종류는?

① 모재를 겹치거나 맞대어 가압하고 용가재없이 냉간 또는 가열 후 모재가 용융되었을 때 압력을 가하여 접합하는 방법
② 종류 : 전기저항 용접, 단접, 냉간압접, 마찰용접, 초음파 용접 등

05 납접의 뜻과 해당하는 용접의 종류는?

① 모재를 녹이지 않고 접합하는 용접법
② 연납땜, 경납땜

③ 용접의 특징

01 용접의 장점은? : ①~④

① 재료(자재)가 절약된다.
② 무게가 가볍다.(제품의 중량 감소)
③ 기밀, 수밀, 유밀성이 우수하다.
④ 제품의 성능과 수명이 향상된다.

02 용접의 장점으로 옳지 않은 것은?

① 이종 재질을 접합시킬 수 있다.
② 작업 공정을 늘릴 수 있다.
③ 리벳 접합에 비하여 강도가 크다.
④ 보수와 수리가 용이하다.

해설 ② 작업 공정을 감소할 수 있다.

03 용접 구조물을 리벳 구조물과 비교할 때 용접 구조물의 장점은? ①~④

① 리벳에 비하여 구멍뚫기 작업 등의 공정이 절약된다.
② 재료의 절약과 무게가 경감된다.
③ 리벳구멍에 의한 유효 단면적의 감소가 없으므로 이음효율이 높다.
④ 리벳이음에 비해 수밀, 유입 및 기밀유지가 잘 된다.

04 단조에 비교하여 용접의 장점은? ①~④

① 재료의 두께에 제한이 없다.
② 시설비가 적게 든다.
③ 제품의 중량이 가벼워진다.
④ 서로 다른 금속을 접합할 수 있다.

05 용접의 단점은? ①~④

① 내부 결함이 생기기 쉽다.
② 저온 취성의 발생이 우려된다.
③ 응력 집중에 대해 매우 민감하다.(응력이 집중되기 쉽다.)
④ 품질 검사가 곤란하다.

06 일반적으로 용접의 단점은? ①~④

① 재질의 변형과 품질 검사가 곤란하다.
② 용접사의 기량에 의해 좌우된다.
③ 용접 모재의 재질에 대한 영향이 크다.
④ 수축변형 및 잔류응력이 발생한다.(생긴다.)

제2절 용접의 기초

① 용접의 자세

01 용접 자세

① 아래보기 자세(F : Flat position)
② 수평자세(H : Horizontal posion) : 모재, 수직, 용접선 수평인 자세
③ 수직 자세(V : Vertical position) : 용접선이 수직이 되게 하는 용접 자세
④ 위보기자세(O : Overhead posion) : 용접봉을 위로 향하여 용접하는 자세
⑤ 전 자세(All position) : 위 자세의 2~ 4가지 전부를 응용하는 자세

02 아래보기 자세란?

모재가 수평면과 90° 또는 45° 이상의 경사를 가지며 용접선이 수평인 용접 자세

(a) 아래보기 자세 (b) 수평 자세 (c) 수직 자세

 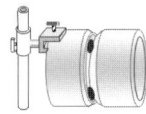 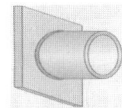

　(d) 위보기 자세　(e) 전자세(5G)　(f) 전자세 필릿(5F)

　(g) 45도경사자세(6G)　(h) 45도경사자세(6GR)

03 용접 자세와 기호의 연결 : ①∼⑤

① 아래보기 자세 – F(1G, 1F)
② 수평 자세 – H(2G, 2F)
③ 수직 자세 – V(3G, 3F)
④ 위보기 자세 – O(4G, 4F)
⑤ 전자세의 용접 기호 – AP(5G, 5F)

참고 G : 맞대기 이음, F : 필릿 이음,
( )안은 국제 공인 자세 기호임)

❷ 용접의 열원

01 용접 작업을 구성 주요 요소는?

용접 재료(모재), 열원, 용가재

02 용접에 이용되는 에너지

전기 에너지, 가스 에너지, 전자파 에너지, 기계적 에너지, 화학적 에너지

03 전기 에너지를 이용하는 용접법이 아닌 것은? : 테르밋 용접

[피복 아크 용접, 테르밋 용접, 불활성 가스 아크 용접, 스터드 용접, CO_2 용접]

04 다음 중 전기 저항열을 이용하는 용접법이 아닌 것은?

① 점용접　　② 프로젝션 용접
③ 전자 빔 용접　　④ 심용접

해설 ③, 전자 빔 용접은 융접법의 일종임

05 금속의 화학 반응열을 이용하는 용접법은? : 테르밋 용접

06 다음 중 전자파를 이용하는 용접법이 아닌 것은? : 서브머지드 용접

[전자 빔 용접, 레이저 용접, 고주파 용접, 서브머지드 용접]

07 다음 중 기계적 에너지를 이용하는 용접법이 아닌 것은? : 스터드 용접

[마찰 용접, 초음파 용접, 냉간 압접, 스터드 용접]

08 용접법의 선택은

사용 목적이나, 모재의 재질, 구조물의 형상 등에 따라 적합한 용접법을 선택

09 용접 작업을 구성 주요 요소는?

용접 재료(모재), 열원, 용가재

10 전기 저항 용접

① 이용하는 전기 법칙 : 줄의 법칙
② 종류 : 점 용접, 심(seam) 용접, 프로젝션(projection) 용접, 플래시 업셋 용접

11 테르밋 용접

① 금속의 화학 반응열을 이용한 용접법
② 테르밋제 : 알루미늄분말과 산화철 분말

02 피복 아크용접

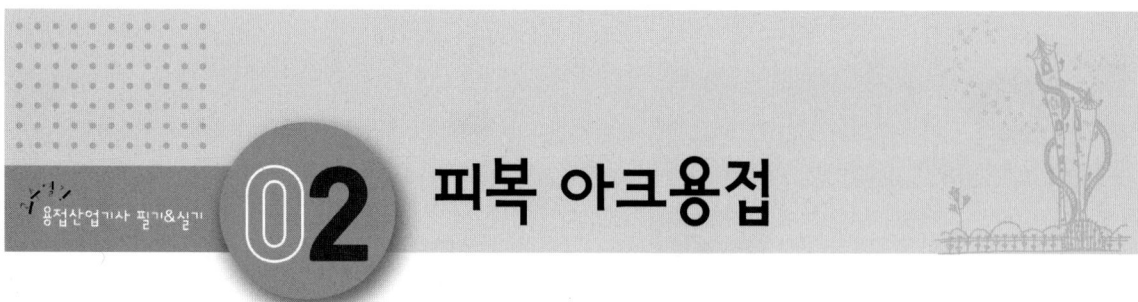

제1절 피복 아크용접의 개요

1 피복 아크용접의 원리

01 피복 아크용접의 원리

모재(피용접물)와 피복제를 바른 용접봉 사이에 전류를 통하면 아크가 발생되며, 이 아크열로서 용접하는 방법

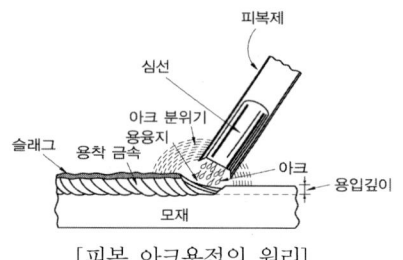

[피복 아크용접의 원리]

02 일반적인 아크용접의 불꽃 온도는?

3500 ~ 5000℃, 최고 6000℃ 정도

03 아크를 필터렌즈를 통해 구분되는 것은?

아크 코어, 아크 흐름, 아크 불꽃

04 용어 설명

① 용입(penetration) : 아크용접할 때 아크열에 의해 모재가 녹은 깊이
② 슬래그 : 피복제가 녹아서 용접부를 덮고 있는 비금속 물질
③ 용융지 : 아크열에 의하여 용융된 쇳물 부분
④ 용가제 : 용착부를 만들기 위하여 첨가하는 금속
⑤ 스패터 : 용접 중에 용융금속이 용융지에 옮겨지지 않고 비드나 모재 주위에 떨어진 작은 용적

05 "아크용접의 비드 끝에 오목하게 파진 곳"을 뜻하는 것은? : 크레이터

06 아크의 강한 열에 의하여 용접봉이 녹아 물방울처럼 떨어지는 것은?

용적(droplet)

07 아크 기둥(아크 플라스마)이란?

두 개의 전극에서 아크를 발생시켰을 때 음극(-)과 양(+)극간에 생기는 상태, 아크는 불꽃 방전으로 생긴 청백색 불빛 기둥

08 용접 회로(welding cycle)의 순서는?

용접기(전원) - 전극 케이블 - 용접봉 홀더 - 용접봉 - 아크 - 모재 - 접지 케이블 - 용접기

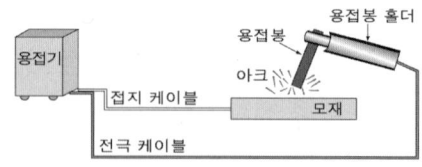

[피복 아크용접 회로]

❷ 피복 아크용접의 특성

01 피복 아크용접이 가스용접에 비해 장점 (우수한 점)은? : ①~④

① 직접 용접에 이용되는 열효율이 높다.
② 열의 집중성이 좋아 효율적인 용접을 할 수 있다.
③ 용접 변형이 적다.
④ 기계적 강도가 양호(우수)하다.

02 피복 아크용접의 단점은? : ①~③

① 전격(감전)의 위험성이 있다.
② 가스용접에 비해 유해 광선의 발생이 많다.
③ 흄 가스의 발생이 많다.

제2절 피복 아크의 성질

❶ 아크 특성과 극성

01 아크 현상

모재와 용접봉 사이에 전원을 걸고 봉 끝을 모재와 살짝 접촉시켰다가 띄면 두 전극 사이에서 일어나는 불꽃 방전 현상

02 피복 아크용접시 아크를 통하여 얼마의 전류가 흐르는가? : 10~500A

03 전기 회로에서 '동일 저항에 흐르는 전류는 그 전압에 비례한다'는 법칙은?

옴의 법칙

04 직류 아크전압 분포에서 음극 전압 강하를 V_K, 양극 전압 강하를 V_A, 아크 기둥의 전압 강하를 V_P라 할 때 전체의 전압 V_a은? : $V_a = V_K + V_P + V_A$

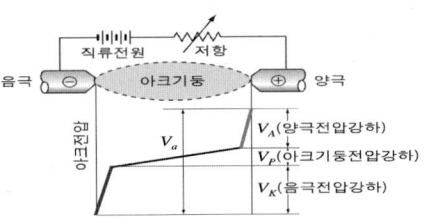

[아크전압 분포]

05 극성의 특성은?

전자의 충격을 받은 양(+)극이 음극보다 발열량이 커서 60 ~ 75%, 음극은 25 ~ 40%(약 30%) 정도 열이 발생한다.

06 직류 정극성의 특성은? : ①~③

① 직류 피복 아크용접에서 모재를 (+), 용접봉(홀더)을 (−)에 연결한 경우의 극성
② 모재의 용입이 깊고, 비드 폭이 좁다.
③ 탄소강 용접 등 일반적으로 많이 쓰인다.

07 교류(AC)

① 1초에 120회의 전원이 끊어지는 현상으로 아크가 불안정한 원인이 된다.
② 용접기 제작이 쉽고 고장이 적어 관리가 편하므로 많이 사용되고 있다.
③ 교류는 1/2은 정극성, 1/2은 역극성을 형성하므로 정극성과 역극성의 중간 정도이다.

08 ACHF는 무슨 기호인가?

'고주파 중첩 교류'를 나타내는 기호

09 직류 역극성(DCRP)의 특성

① 용접봉의 녹음이 빠르고, 모재 녹음이 느리므로 비드 폭이 넓고 용입이 얕다.
② 모재의 발열량이 적다.
③ 박판, 비철 금속 용접에 적합하다.

10 직류 아크용접의 역극성에 대한 결선상태는? : 용접봉(+), 모재(−)

극 성	정극성(DCSP)	역극성(DCRP)
극성 그림	직류용접기 −용접봉 +모재	직류용접기 +용접봉 −모재
용접부 형상	열 분배 (−)에서 30% (+)에서 70%	열 분배 (+)에서 70% (−)에서 30%

11 직류 역극성을 이용하는 용접법은?

GMAW(CO_2/MAG, MIG 용접, FCAW), 아크 에어 가우징

12 극성에서 용입 깊이가 깊은 것부터 순서

DCSP > AC, ACHF > DCRP

해설 극성 기호
ACHF : 고주파 중첩 교류, AC : 교류

② 용접 입열, 용적 이행

01 용접 입열이란?

용접부의 외부에서 주어지는 열량

02 용접 모재에 흡수되는 열량은?

용접 입열의 65~75%

03 교류 아크용접에서 용접봉 측과 모재 측에 발생하는 열량은 어떻게 되는가?

같다.

04 아크 전류가 200A, 아크 전압이 25V, 용접 속도가 15cm/min인 경우 단위 길이 1cm당 발생하는 입열(전기적 에너지)은 얼마인가?

$$H = \frac{60EI}{V} = \frac{60 \times 25 \times 200}{15} = 20000 \text{ J}$$

05 피복 아크용접봉의 용적 이행 형식은?

단락형, 글로뷸러(핀치 효과)형, 분무(스프레이)형

06 맨 용접봉이나 비피복봉을 사용할 때 많이 볼 수 있는 상태는? : 단락형

07 아래 그림은 어떤 이행형을 나타낸 것인가? : 글로뷸러형

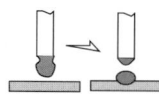

08 비교적 큰 용적이 단락되지 않고 모재로 옮겨가는 용적 이행 상태를 무엇이라 하는가? : 글로뷸러형

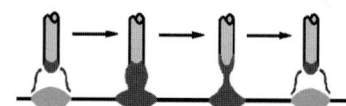

(a) 단락 이행(short circuit transfer)

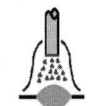 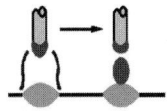

(b) 분무 이행   (c) 입상 이행

제3절 아크용접 설비 및 기구

❶ 용접기의 특성

01 부(부저항) 특성이란?

작은 전류 범위에서 아크 전류가 증가함에 따라 아크 저항이 작아져 결국 아크 전압이 낮아지는 특성

02 정전압 특성(CP 특성)은?

① 아크 길이에 따라 와이어 녹는 속도가 변하면서 적당한 아크 길이를 유지하는 특성으로,
② 전류 밀도가 높은 특성으로 자기 제어 특성을 갖고 있음

03 정전압 특성이 이용되는 용접법은?

자동 또는 반자동 용접, 서브머지드 아크 용접, 불활성 가스 금속 아크용접

04 정전류 특성은? : ①∼⑤

① 아크 길이는 변하여도 아크 전류는 별로(거의) 변하지 않는다.
② 수동 아크용접기는 수하 특성과 정전류 특성으로 설계되어 있다.
③ 용접 입열은 전류에 비례하므로 일반적으로 전류 변동이 거의 없다.
④ 용입과 용접봉 녹음이 거의 일정하다.
⑤ 피복 아크용접기에 알맞은 특성

05 수하 특성이란?

전류-전압의 특성, 피복 아크용접에서 부하 전류가 증가하면 단자 전압이 저하하는 현상

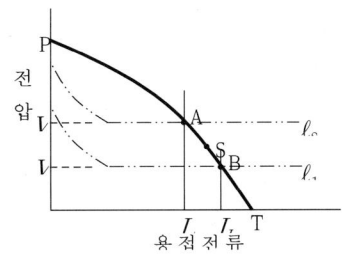

❷ 역률과 효율, 사용률

01 AW-200, 무부하 전압 80V, 아크 전압 30V인 교류 용접기를 사용할 때 역률과 효율은 얼마인가? (단, 내부 손실은 4kW이다.)

$$역률 = \frac{소비 전력(kW)}{전원 입력(kVA)} \times 100$$
$$= \frac{30 \times 200 + 4000}{80 \times 200} \times 100 = 62.5\%$$

$$효율 = \frac{아크출력(kW)}{소비 전력(kW)} \times 100$$
$$= \frac{30 \times 200}{30 \times 200 + 4000} \times 100 = 60\%$$

02 피복 아크용접기를 4분 사용하고 6분 정도 쉬었다면 이 용접기의 정격 사용률은?

$$사용률 = \frac{아크 발생 시간}{아크 발생 시간 + 휴식 시간} \times 100$$
$$= \frac{4}{4+6} \times 100 = 40\%$$

03 AW-300 용접기의 규정된 정격 사용률은?

40%

04 피복 아크용접시 실제 사용 전류가 120A, 정격 2차 전류가 300A일 때 허용 사용률은 얼마인가? (단, 정격 사용률은 40%이다.)

허용사용률
$= \dfrac{\text{정격 2차 전류}^2}{\text{실제 용접 전류}^2} \times \text{정격 사용률}$
$= \dfrac{300^2}{120^2} \times 40 = 250\%$

05 허용 사용률이 100% 이상이면 용접기는?

연속 사용이 가능하다.

06 전압이 30V이고 전류가 150A라면 전력량은?

전력(P) = VI = 30×150 = 4500W = 4.5kW

07 1차 입력이 24kVA이고, 1차 측 전원 전압이 200V일 때 휴즈 용량은?

휴즈용량 = $\dfrac{24000}{200}$ = 120

❷ 피복 아크용접기의 종류와 특성

01 교류 아크용접기의 특성은? : ①~④

① 무부하 전압이 직류 아크용접기보다 높아 감전의 위험이 크다.
② 취급이 쉽고 고장이 적다.
③ 발전형 직류 아크용접기에 비해 소음이 적다.
④ 직류 아크용접기에 비해 아크가 불안정하나 아크 쏠림 현상이 없다.

02 다음 중 교류 아크용접기의 종류가 아닌 것은? : 정류기형

[가포화 리액터형, 탭 전환형, 정류기형, 가동 코일형]

03 교류 아크용접기의 특성은? : ①~③

① 보통 변압기와 같이 구조가 간단하고 가격도 싸며 보수가 쉽다.
② 용접 변압기와 병렬로 역률 개선용 콘덴서를 사용한다.
③ 2차 단자전압은 높은 무부하 전압에서 20~30V의 아크전압으로 저하한다.

04 가동 철심형의 단점은? : ①~③

① 광범위한 전류 조정이 어렵다.
② 아크가 직류에 비해 불안정하다.
③ 철심 부위의 간격이 있을 때 소음이 난다.

05 가동 코일형 용접기는? : ①~④

① 용접기 케이스 내의 1차 코일과 2차 코일 중 하나를 이동시켜 누설 리액턴스의 값을 변화시켜 전류를 조절한다.
② 용접기 케이스 내에 1차, 2차 코일이 있다.
③ 소형이며 경량이다.
④ 세밀한 전류 조정이 가능하다.

06 가포화 리액터형의 장점은? : ①~③

① 기계 마멸이 적다.
② 전기적으로 전류 조정을 한다.
③ 가변 저항에 의해 전류를 조정하기 때문에 원격 전류 조정이 가능하다.

07 탭 전환형 교류 아크용접기의 단점은? ①~③

① 탭 전환부의 소손이 많다.
② 넓은 범위의 전류 조정이 어렵다.
③ 무부하 전압이 높다.

08 교류 아크용접기 내부에 장치된 철심의 재질은? : 규소강

09 교류 아크용접기의 표시판에 AW 200의 의미는? : 정격 2차 전류값

10 아크용접기의 용량을 나타내는 것은?

정격 2차 전류, 입력(kVA)

11 KS 규격에 일반적으로 AW 400 이하는 무부하 전압이 얼마이며, AW 500인 경우 규정된 무부하(개로) 전압은?

① AW400 : 70~80V
② AW500 : 95V 이하

12 교류 아크가 직류 아크보다 불안정한 이유는?

전류값이 1사이클에 2번 0이 되므로

13 교류 아크용접기의 정격 2차 전류의 조정 범위는? : 20~110%

14 AW 200인 교류 아크용접기로 조정할 수 있는 최대 전류 값은? : 220A

15 교류 용접기에 역률 개선용 콘덴서를 사용하였을 때, 그 이점은? : ①~③

① 전압 변동률이 적어진다.
② 전원 용량이 적어도 된다.
③ 배전선의 재료가 절감된다.

16 직류 아크용접기의 특성은? ①~⑤

① 아크가 안정되나, 아크 쏠림이 있다.
② 무부하 전압이 낮으므로 감전의 위험이 적다.
③ 정류기형에서는 정류기의 소손 및 먼지, 수분 등에 의한 고장에 주의해야 한다.
④ 발전기형은 소음이 나고 회전부에 고장이 많다.
⑤ 교류 아크용접기보다 보수나 점검에 있어서 더 많은 노력이 필요하다.

17 다음 중 직류 아크용접기의 종류가 아닌 것은? : 탭 전환형

[전동 발전형, 정류기형, 엔진 구동형, 탭 전환형]

18 아크를 계속 유지하는데 필요한 전압은?

20~30V

19 용접기는 아크의 안정을 위하여 아크 용접전원의 외부특성 곡성이 필요하다. 관련이 없는 것은? : ④

① 수하 특성   ② 정전압 특성
③ 상승 특성   ④ 과부하 특성

20 정류기형 용접기에 사용되는 정류기의 형식이(종류가) 아닌 것은?

몰리브덴 정류기

[셀렌 정류기, 실리콘 정류기, 게르마늄 정류기, 몰리브덴 정류기]

21 온도 상승에 따른 정류기의 파손 온도는?

① 셀렌 정류기 : 80℃

② 실리콘 정류기 : 150℃ 이상

22 직류 아크용접기의 무부하 전압은?

보통 40 ~ 60V 정도이다.

[직류 아크용접기의 종류와 특성]

종 류	특 징
발전기형 (전동 발전, 엔진 구동형)	• 완전한 직류를 얻으나, 보수와 점검이 어렵다. • 옥외나 교류 전원이 없는 장소에서 사용한다.(엔진형) • 회전하므로 고장나기 쉽고 소음이 난다. • 구동부, 발전기부로 되어 고가이다.
정류기형	• 소음이 없고, 취급이 간단하며, 가격이 싸고 보수가 간단하다. • 교류를 직류로 정류하므로 불완전한 직류다. • 정류기의 파손에 주의한다.

23 용접기를 설치 해서는 안되는 장소는?

①~④

① 수증기, 습기, 먼지가 많은 곳이나, 옥외의 비바람이 치는 곳
② 휘발성 기름이나 가스가 있는 곳이나, 유해한 부식성 가스가 존재하는 장소
③ 진동이나 충격을 받는 곳이나, 폭발성 가스가 존재하는 곳
④ 주위 온도가 -10℃ 이하인 곳

24 용접기의 유지보수 및 점검시에 지켜야 할 사항은? ①~⑥

① 용접기는 습기나 먼지가 많은 곳은 가급적 설치를 하지 말아야 한다.
② 2차측 단자의 한쪽과 용접기 케이스는 접지를 확실히 해 둔다.
③ 탭 전환의 전기적 접속부는 자주 샌드페이퍼 등으로 잘 닦아 준다.
④ 용접기에서 회전하는 부분인 냉각팬은 주유를 해야 한다.
⑤ 가동 부분 냉각팬을 점검하고 주유해야 한다.
⑥ 용접 케이블 등의 파손된 부분은 절연 테이프로 감아야 한다.

❸ 아크용접용 기구

01 용접봉 안전 홀더(A형)

① 감전을 방지하고 감전에 의한 사고를 방지한다.
② 홀더 호수는 정격 전류를 나타낸다.
400호 : 400A용

[완전 절연형　　　　[손잡이 부분만
(안전 홀더, A형)]　　　절연형 B형]

02 용접봉 홀더 200호로 접속할 수 있는 최대 홀더용 케이블의 도체 공칭 단면적은 몇 ㎟인가? : 38㎟

03 용접기의 1차선에 대하여 2차선에 굵은 도선을 사용하는 이유는?

2차선의 전압이 낮고 전류가 많이 흐르기 때문에

04 용접기 케이블의 규격은? : ①~④

① 200A일 때 : 1차 5.5mm, 2차 38㎟
② 300A일 때 : 1차 8mm, 2차 50㎟
③ 400A일 때 : 1차 14mm, 2차 : 60㎟
④ 2차 측 캡 타이어 구리 전선의 지름은 0.2 ~ 0.5mm

[케이블의 적정 크기]

용접기의 용량(A)	200	300	400
1차측케이블 (지름 mm)	5.5	8	14
2차측 케이블 (단면적 mm²)	38	50	60

05 접지 클램프의 접속이 불량할 때 일어나는 현상은?

아크 불안정, 과도한 열 발생, 전력 낭비

06 홀더 및 어스선의 접속이 불량할 때는?

①~③

① 접촉 저항이 심해서 전력 손실과 저항열에 의한 단자 등의 소손, 감전(전격)의 위험이 있고, 전력 손상이 많아진다.
② 아크가 아크가 일어나지 않거나 불안정하게 된다.
③ 전격을 일으키기 쉽다.

07 아크용접 보호구는?

용접헬멧, 핸드실드, 용접용 장갑, 앞치마, 발커버, 팔커버 등

(a) 용접 헬멧

(b) 핸드 실드　(c) 자동 용접 헬멧

08 필터렌즈(차광유리)의 크기는?

50.8×108mm

09 용접 종류별 차광도 번호

① 연납땜 : 2~4번
② 피복 아크용접 : 10~12번
③ 탄소 용접 : 13~14번(400A 이상에 사용)

[용접 전류와 차광도]

용접전류 (A)	차광도	용접전류 (A)	차광도
30 이하	6	30~45	7
45~75	8	75~100	9
100~200	10	150~250	11
200~300	12	300~400	13
400 이상	14		

제4절　피복 아크용접봉

1 피복 아크용접봉의 특성

01 연강용 피복 아크용접봉의 심선의 특성은?　：　①~③

① 용접금속의 균열을 방지하기 위하여 저탄소강을 사용한다.
② 규소 양을 적게 한 림드강으로 제조한다.
③ 망간은 용융금속의 탈산 작용을 한다.

02 심선의 5가지 화학 성분 원소는?

C, Si, Mn, S, P

03 피복 아크용접봉 1종 기호는?

SWRW 1A

04 용접봉 심선 지름의 종류는?

1.0, 1.4, 2.0, 2.6, 3.2, 4.0, 4.5, 5.0, 5.5, 6.0, 6.4, 7.0~10.0까지 있다.

05 심선 지름 굵기의 일반적인 허용 오차는?

± 0.05mm

06 피복 아크용접봉의 형상 등은? ①~④

① 피복제 무게가 전체의 10% 이상이다.
② 심선 중 25mm 정도를 피복하지 않고, 다른 쪽은 아크 발생이 쉽도록 약 1mm 정도 피복하지 않았다.
③ 심선의 지름은 1 ~ 10mm 정도이다.
④ 봉의 길이는 350 ~ 900mm 정도이다.

07 피복 아크용접봉의 피복제의 작용(역할)은? : ①~④

① 용적(globule)을 미세화한다.
② 용착금속에 적당한 합금 원소를 첨가한다.
③ 피복제는 전기 절연 작용을 한다.
④ 용착금속의 응고와 냉각 속도를 느리게 한다.

08 피복제의 작용(역할)은? ①~④

① 심선보다 늦게 녹으면서 환원성 분위기를 만든다.
② 아크를 안정하게 한다.
③ 용융점이 낮은 적당한 점성의 가벼운 슬래그(slag)를 만든다.
④ 용착금속의 탈산 정련 작용을 한다.

09 피복제의작용(역할)은? ①~③

① 파형이 고운 비드를 만든다.
② 모재 표면의 산화물을 제거한다.
③ 용착 효율을 높인다.

10 KS에서 피복제의 허용 편심률은?

① 3% 이내로 규정함
② 편심률 % = $\dfrac{D - D'}{D} \times 100$

11 피복제의 성분에 포함된 것은?

아크 안정제(안정 성분), 고착제
탈산제(탈산 성분), 합금제(합금 성분), 슬래그 생성제, 가스 발생제 등

12 피복 아크 용접에서 용접부의 보호방식은?

슬래그 생성식, 반가스 발생식,
가스 발생식

> **해설** 가스 발생식은 유독 가스와 스패터 발생이 많다.

13 슬래그 생성식은?

무기물형 슬래그를 많이 생성하여 용착금속의 냉각속도를 느리게 하는 방식

14 피복 아크 용접에 사용되는 피복 배합제의 성질을 작용면에서 분류

① 아크 안정제 : 아크발생은 쉽게 하고, 아크를 안정시킨다.
② 가스 발생제 : CO_2 가스 등의 중성 또는 환원성 가스를 발생하여 용접부(용착금속)를 대기로부터 보호하며, 산화 및 질화를 방지하는 작용을 한다.
③ 고착제 : 피복제를 단단하게 심선에 고착시킨다.
④ 합금 첨가제 : 용강 중에 금속원소를 첨가하여 용접금속의 성질을 개선한다.

15 피복제의 종류 중 아크 안정제는?

석회석, 산화티탄(티타늄), 규산나트륨, 규

산칼륨, 형석, 규사 등

16 슬래그 생성제는?

석회석, 마그네사이트, 이산화망간, 규사, 운모, 형석, 장석(석면), 붕사, 산화철, 일미나이트, 산화티탄, 규산나트륨 등

17 가스 발생제가 아닌 것은? : 석회석

[녹말, 톱밥(목재), 셀룰로스, 탄산바륨, 석회석]

18 합금제는?

페로망간(Fe-Mn), 페로실리콘(Fe-Si), 니켈, 몰리브덴, 크롬, 구리, 바나듐 등

19 탈산제는?

① 용융금속 중의 산화물을 탈산 정련하는 작용을 하는 것
② 종류 : 규소철(Fe-Si), 페로망간(Fe-Mn), Al, 소맥분 등

20 고착제는?

규산칼륨, 규산나트륨, 소맥분, 해초, 아교, 젤라틴, 카세인, 아라비아 고무, 당밀

21 아크 발생열에 의하여 피복제가 분해되어 일산화탄소, 이산화탄소, 수증기 등의 가스 발생제가 되는 가스 실드식 피복제의 성분은? : 셀룰로오스

22 피복제의 무게는 봉 전체의 몇 % 정도인가? : 약 10% 정도임

23 피복 아크용접봉의 조건은? ①~⑥

① 아크를 안정하게 할 것
② 용착금속의 탈산 정련 작용을 할 것
③ 용착 효율을 높일 것
④ 용접 작업을 용이하(쉽)게 할 것
⑤ 용착금속의 성질을 우수하게 할 것
⑥ 슬래그를 용이하게 제거할 수 있을 것

24 용접봉의 표시법 설명은?

[KS E 4316, AWS E7016]
E : 전극(피복 아크용접봉)
43 : 최소(저) 인장 강도 kgf/mm2
70 : 최소 인장강도 70lb/in2
16 : 피복제 계통(0, 1 : 전자세, 6 : 피복제 종류, 저수소계)

❷ 연강용 피복 아크용접봉 종류

01 일미나이트계(E4301)의 특성은?

①~④

① 일미나이트의 성분을 30% 정도 함유, 사철 등을 주성분으로 한 용접봉
② 전자세 용접에 사용한다.
③ 슬래그는 비교적 유동성이 좋고 용입 및 기계적 성질도 양호하다.
④ 일반 구조물용접에 쓰인다.

02 고셀룰로스계(E4311)의 특성으로 옳지 않은 것은?

① 가스 발생식, 유기물질인 셀룰로스를 20~30% 정도 포함한 용접봉이다.
② 스패터가 적고 표면이 아름답다.
③ 용융금속 이행 형식은 스프레이형이다.
④ 용입이 깊어(좋아) 아주 좁은 홈의 용접에 적합하다.

해설 ②, 스패터가 많고 표면이 거칠다.

03 고셀룰로스계(E4311)의 특성은?

①~③

① 슬래그의 생성량이 대단히 적다.
② 수직 자세와 위보기 자세에 좋다.
③ 유독 가스가 발생한다.

04 고산화티탄계(E4313, AWS E6013)의 특성은? ①~④ : E4324와 유사함

① 산화티타늄 (TiO_2)이 약 30% 함유함
② 아크가 안정되고 스패터가 적으며, 슬래그 박리성도 대단히 좋고 비드의 외관이 좋다.
③ 작업성이 좋고 전자세 용접이 가능하다.
④ 용입이 비교적 얕아서 얇은(박) 판의 용접에 적당하며, 용접 중에 고온 균열을 일으키기 쉽다.

05 저수소계(E4316, E7016)의 특성은?

①~④

① 석회석($CaCO_3$) 등의 염기성 탄산염을 주성분으로 하고 형석(CaF_2), 페로 실리콘 등을 배합한 용접봉이다.
② 피복제는 다른 종류보다 습기의 영향을 더 많이 받으므로 사용하기 전에 건조시켜 사용해야 한다.
③ 건조 전 아크 분위기 조성 중 CO가 50.7%, CO_2가 23.6%, H_2가 6.9% 정도로 H_2(수소)가 가장 적게 발생한다.
④ 균열에 대한 감수성이 좋아서 구속도가 커서 균열이 발생하기 쉬운 구조물의 용접에 사용된다.

06 저수소계(E4316, E7016)의 장점으로 틀린 것은?

① 균열에 대한 감수성이 낮아서 구속도가 적어 고탄소강 및 황이 많은 강의 용접에는 부적합하다.
② 용착금속의 충격값이 가장 높다.
③ 용착금속은 인성이 좋으며, 기계적 성질도 좋다.
④ 일미나이트계 용접봉을 사용할 때보다 예열 온도가 낮아도 좋다.

해설 ①, 균열에 대한 감수성이 좋아서 구속도가 커서 고탄소강 및 황이 많은 강의 용접에 적합하다.

07 피복 금속 아크 용접봉 중 수소의 함유량이 가장 적은 것은? : 저수소계

해설 저수소계는 다른 용접봉에 비해 수소의 함량이 1/10 정도로 적게 발생한다.

08 철분계 봉의 종류는?

E4324, E4326, E4327 등 철분계 용접봉은 수평 필릿 자세(H-Fill)에 적합하다.

09 E4324는 티탄계에 철분을 더 함유한 철분 산화티탄계를 뜻한다. 끝에서 2번째 자리수의 2의 의미는?

보통 용접 자세의 의미로, 2의 숫자는 아래보기 및 수평 필릿 자세의 봉을 뜻한다.

10 철분 산화티탄계(E4324) 용접봉은 철분이 몇 % 함유되어 있는가?

30% 이상 함유하여 능률을 향상시킴

11 용입이 얕은 봉은?

티탄계로 E4303, E4313, E4324가 있다.

12 피복 아크 용접봉 기호와 피복제 계통을 각각 연결한 것은? : ①~④

① E4301 - 일미나이트계
② E4303 - 라임 티타니아계
③ E4311 - 고셀룰로오스계
④ E4313(E6013) - 고산화티탄계

13 피복 아크 용접봉 기호와 피복제 계통을 각각 연결한 것으로 틀린 것은?

① E4316(E7016) - 저수소계
② E4324 - 철분 셀룰로오스계
③ E4326 - 철분 저수소계
④ E4327 - 철분 산화철계

해설 ②, E4324 - 철분 산화티탄계

14 용융 슬래그의 염기도를 나타내는 식은?

$$염기도\ P = \frac{\Sigma 염기성\ 성분(\%)}{\Sigma 산성\ 성분(\%)}$$

15 피복봉 종류별 염기도가 높은 순서

E4316(0.9) > E4301(-0.1) > E4327(-0.7) > E4303 : -0.9 > E4311(-1.3) > E4313 : -2.0 순이다.

16 용융 슬래그의 염기도가 높으면?

내균열성은 크지만 작업성은 나빠진다.

해설 산성도가 높으면 내균열성은 낮고, 용접성은 좋아진다.

❸ 고장력강 등 피복 아크용접봉

01 고장력강용 피복 아크용접봉의 특성은? ①~④

① 항복점이 392MPa(40kgf/mm^2), 인장 강도가 490MPa(50kgf/mm^2) 이상이다.
② 탄소 함유량을 적게 하여 노치 인성 저하와 메짐성을 방지한다.
③ 구조물 용접에 특히 적합하다.
④ 판두께를 얇게 할 수 있어 무게 경감과 재료의 절약, 내식성 향상 등을 목적으로 사용된다.

02 고장력강의 종류는? : ①, ②

① 종류 : HT70 : 70 ~ 801kgf/mm^2, HT80 : 80 ~ 901kgf/mm^2
② KSD 규정에 50kgf/mm^2(490MPa), 53kgf/mm^2(520MPa), 58kgf/mm^2 (569MPa)가 있다.

03 주철용 피복 아크용접봉의 성분은?

1.7~3.5%C, 0.6~2.5%Si, 0.2~12%Mn, 0.5%P, 0.1%S

04 주철 피복봉의 특성은? : ①~④

① 주철의 용접은 주로 결함 및 파손된 주물의 수리(보수)에 이용된다.
② 주철은 실온에서 거의 연성이 없고 매우 여리다.
③ 연강 및 탄소강에 비해 용접이 어려워 전, 후 처리와 선택이 중요하다.
④ 종류 : 니켈계, 모넬 메탈봉, 연강용 용접봉 등이 있다.

05 스테인리스강 피복 아크용접봉의 특성

① 티탄계 : 루틸을 주성분으로 하며, 아크가 안정되고 스패터가 적으며, 슬래그 제거성도 양호하다.

② 우리나라의 스테인리스강 용접봉은 거의 티탄계이다.
③ 종류 : E 308, E 308L, E 309, E 309 Mo, E 310, E 316
④ 용도 : X선 검사 성능이 양호하여 고압용기나 중구조물 용접에 쓰인다.

06 동 및 동합금용 피복 아크용접봉 특성

① 주로 탈산 구리 용접봉 또는 구리 합금 용접봉이 사용되고 있다.
② 연강에 비해 열전도도와 열팽창 계수가 크기 때문에 용접에 어려움이 있다.

④ 피복 아크용접봉 선택과 관리

01 용접봉의 선택과 건조는? : ①~④

① 봉 선택시 아크의 안정성이 가장 중요하다.
② 피복 아크용접봉은 피복제에 염기성이 높을수록 내균열성이 좋다.
③ 저수소계 피복봉 : 사용 전에 300~350℃에서 2시간 정도 건조 후 사용
④ 일반봉 건조 : 70~100℃에서 30분~1시간

02 용접봉 보관 및 취급시 주의 사항

① 습기에 민감하므로 진동이 없고 하중을 받지 않는 건조한 장소에 보관한다.
② 사용 중에 피복제가 떨어지지 않도록 통에 넣어 운반하여 사용하도록 한다.

제5절 피복 아크용접작업

① 피복 아크용접 작업 준비

01 용접봉 건조 및 모재 청소

도면 이해, 필요한 용접봉의 선택과 건조, 모재 청결(기름, 녹, 페인트 및 기타 불순물은 기공, 균열의 원인)

02 용접 설비 점검 및 보호구 착용

용접기의 이상 유무를 점검하고 보호구를 착용한 후 전류를 조정한다.

03 환기 장치

용접 장소는 환기 및 통풍이 잘 되게 하여 유해 가스 및 분진을 흡입하지 않도록 한다.

② 피복 아크용접작업

01 아크 발생법

점찍기법과 긁기법이 있으며, 작업자의 편의에 따라 선택한다.

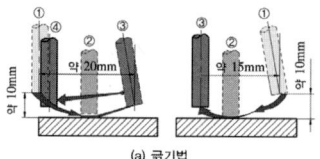
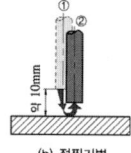

(a) 긁기법   (b) 점찍기법

02 진행각이란?

용접봉과 이음 방향에 나란하게 세워진 수직 평면과의 각도

03 용접 전류는 대체로 용접봉 단면적 1mm²에 대하여 얼마 정도의 전류 밀도를 택하는가? : 10~11A 정도

04 두께 3.2mm인 연강판을 지름 2.6mm의 피복 아크용접봉으로 용접하려고 할 때 가장 적당한 용접 전류값은?

50 ~ 70A

해설 계산에 의한 전류 : $\frac{\pi d^2}{4} \times 10 \sim 11$

$= \frac{3.14 \times 2.6^2}{4} \times 10 \sim 11 (단면적당) = 53 \sim 58A$

05 아크(용접) 전류 설정

① 피용접물의 재질, 모양, 크기, 이음의 형상, 예열, 용접봉 크기와 종류, 용접 속도, 용접사의 숙련도 등에 따라 결정
② 일반적으로 용접봉 지름 3.2 : 80~120A, 지름 4.0 : 120~160A 적용함
③ WPS를 기준으로 설정한다.

06 용접(운봉) 속도

① 모재에 대한 용접선 방향의 아크 속도
② 모재의 재질, 이음 모양, 용접봉의 종류와 지름 및 전류값에 따라 다르다.
③ 동일 조건에서 용접 속도를 증가시키면 비드 폭이 좁아지고 용입도 얕아진다.
④ 용입의 정도는 용접 전류값을 용접 속도로 나눈 값에 따라 결정된다.

07 피복 아크용접시 적정 아크 길이

① 아크 길이 : 모재 표면에서 용접봉 끝까지의 거리, 보통 3mm 정도 유지
② 적정 아크 길이 : 보통 용접봉 심선 지름의 1배 정도(3mm 정도)이며, 아크 길이를 짧게 하는 것이 좋다.
③ 아크전압은 아크 길이에 비례하여 증가하고, 용접 전류는 반대로 감소한다.

08 아크 길이가 길 때 현상은? : ①~⑤

① 아크전압은 높아지고, 아크가 불안정해지며, 용입 불량, 언더컷이 생기기 쉽다.
② 열량이 많아지고, 스패터의 발생이 많아진다. (심해진다)
③ 용착금속의 재질이 불량해진다.
④ 비드 외관이 불량해지고, 블로우 홀(기공)이 생길 수 있다.
⑤ 용융 금속이 산화 및 질화되기 쉽다.

09 아크 소멸과 크레이터 처리

① 아크 소멸 : 용접을 정지하려는 곳에서 아크 길이를 짧게 하여 크레이터를 채운 후 용접봉을 빠른 속도로 들어 올린다.
② 크레이터 : 아크 중단 부분이 오목하거나 납작하게 파진 부분을 말하며, 이곳은 불순물과 편석이 남게 되고 균열이 발생할 수 있으므로 이곳을 채워야 된다.

10 접지 클램프의 접속이 불량할 때 일어나는 현상은?

아크 불안정, 과도한 열 발생, 전력 낭비

11 용접봉을 용접 방향에 대하여 옆으로 이리 저리 움직이며 용접하는 방법은?

위빙

12

위빙은 용접봉을 용접 방향에 대하여 옆으로 이리 저리 움직이며 용접하는 방법이다. 백스텝 운봉법은 어느 자세에 적합한가? : 수직 상진법

13

우측 그림과 같은 운봉법은 어느 자세에 적합한가? : 수직 상진 자세

14 여러 가지 운봉법

① 직선(straight) 비드 : 용접봉을 일정한 각도를 유지하며 용접선에 따라 직

선으로 움직이며 놓은 비드 모든 자세의 박판 용접, 홈 용접의 이면 비드 형성시 사용한다.

② 위빙(weaving) 비드 : 비드를 넓게 할 때 사용, 운봉각을 일정하게 유지하며, 위빙 폭은 심선 지름의 2~3배로 한다. 언더컷 발생에 주의한다.

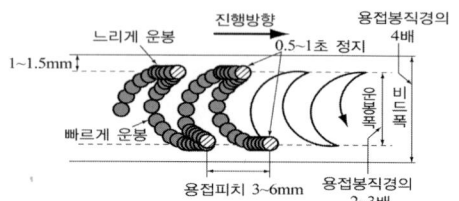

15 위빙 폭은 심선 지름의 몇 배가 적합한가? : 2 ~ 3배

16 아크(자기) 쏠림(arc blow)의 현상이란?

①~④

① 직류 용접기에서 +극과 -극 사이에서 생성되는 자력에 의해 아크가 한쪽으로 쏠리는 현상
② 용접 전류에 의해 아크 주위에 발생하는 자장이 용접봉에 대하여 비대칭일 때 일어난다.
③ 자기 불림이라고도 하며, 아크 전류에 의한 자장에 원인이 있다.
④ 짧은 용접선으로 작은 물건을 용접할 때 나타난다.

17 아크쏠림 방지대책은? : ①~⑤

① 직류 대신 교류 용접으로 하며, 용접봉 끝을 쏠릴 반대방향으로 기울인다.
② 가접부 또는 이미 용접이 끝난 용착부를 향하여 용접한다.
③ 이음의 처음과 끝에 엔드탭을 사용하며, 용접부가 긴 경우 후퇴 용접법으로 한다.
④ 접지점을 가능한 한 용접부에서 멀리하며, 접지점 2개를 연결한다.
⑤ 아크 길이를 짧게 한다.

18 자기 불림의 현상이 가장 강하게 일어나는 용접기는? : 정류기형

[정류기형(직류 용접기), 가동 철심형, 탭 전환형, 가동 코일형]

19 용접 속도(아크속도, 운봉속도)와 가장 관계 있는 사항은? : ①~③

① 용접봉의 종류 및 전류값
② 끝가공 모양 및 이음의 모양(형상)
③ 모재의 재질 및 위빙 유무

20 용접봉의 용융 속도는? : ①, ②

① 아크 전류 × 용접봉쪽 전압 강하
② 단위 시간당 소비되는 용접봉의 길이 또는 무게로 나타낸다.

21 피복 아크용접에서 일반적인 아크 속도는? : 8 ~ 30cm/min가 적당

22 다층 용접시 비드의 두께를 몇 mm 이하로 유지해야 풀림 및 피이닝(peening) 효과를 얻을 수 있는가? : 3mm 이하

❸ 용접 결함의 원인과 대책

01 용접 결함의 대분류는?

성질상 결함, 구조상 결함, 치수상 결함

02 성질상 결함의 종류가 아닌 것은?

선상 조직, 변형

[강도(인장, 압축, 충격, 피로 등), 내식성, 경도, 부식, 선상 조직, 변형]

03 구조상 결함의 종류는?

언더컷, 오버랩, 균열, 기공, 슬래그 섞임, 용입불량, 용착불량, 은점, 선상 조직, 피트

04 치수상 불량(결함)의 종류는?

치수오차, 형상불량, 변형, 각도 불량

05 전류의 세기와 관계없는 결함은?

선상조직, 은점

[선상조직, 은점, 오버랩, 언더컷, 용입 불량]

참고 선상 조직 : 용착금속의 파면에 서릿발 모양의 매우 미세한 주상정이 병립하며, 비금속 개재물이나 기공을 포함한 것

06 용접전류가 낮아질 때 일어나는 현상은?

오버랩, 용입 불량(얕음), 용착 불량 등

07 전류가 높아질 때 일어나는 현상은?

스패터링이 많고, 용입이 깊어지며, 용접봉이 가열되기 쉽고 언더컷이 생기기 쉽다.

08 피복 아크 용접시 아크 길이가 너무 길 때 발생하는 현상은? : ①~⑤

① 스패터가 심해진다.
② 용입 불량이 나타난다.
③ 아크가 불안정하다.
④ 용융 금속이 산화 및 질화되기 쉽다.
⑤ 기공, 언더컷이 생기기 쉽다.

09 습기가 있는 용접봉을 사용하면?

①~③

① 피복제가 벗겨지기 쉽고 아크가 불안정하다.
② 용착금속의 기계적 성질이 불량해진다.
③ 불로 홀(blow hole)이 생긴다.

10 수평 필릿 자세 용접에서 언더컷은 어디에 생기는가?

비드 위쪽의 토우 부분에 생기기 쉽다.

11 용입 부족(불량)의 원인

① 이음 설계의 결함이 있을 때
② 용접 속도가 너무 빠를 때
③ 용접전류가 낮을 때

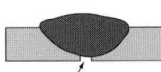
용입 불량

12 오버랩이 생기는 원인

① 용접 전류가 너무 낮을 때
② 운봉 및 유지 각도가 불량할 때
③ 부적당한 봉을 사용했을 때
④ 용접 속도가 너무 느릴 때

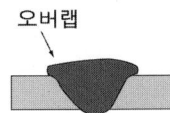
오버랩

13 언더컷의 발생 원인

① 전류가 너무 높거나 아크 길이가 길 때
② 부적당한 봉을 사용했을 때
③ 용접 속도가 너무 빠를 때
④ 운봉 및 유지 각도가 불량할 때

언더컷

14 스패터는 어떤 경우에 생기는 원인이 아닌 것은?

① 운봉 각도가 부적당할 때
② 봉에 습기가 많고, 아크 길이가 길 때
③ 용접 전류가 높을 때
④ 모재의 온도가 높을 때

해설 ④. 모재의 온도가 낮을 때

15 용접시 기공발생의 방지대책은? ①~⑤

① 위빙을 하여 열량을 늘리거나, 예열하거나 후열한다.
② 건조된 용접봉을 사용하며, 모재를 깨끗이 한다.
③ 저수소계 봉을 사용한다.
④ 적정 아크 길이 유지, 적정 전류 사용
⑤ 용접 속도를 조금 늦춘다.

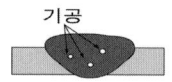 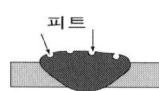

16 아크용접을 할 때 불로 홀 등의 발생으로 용접부의 외표면에 작은 홈이 나타나는 현상은? : 피트

17 용접시 균열이 발생하는 원인은? ①~⑤

① 이음 강성이 큰 경우
② 부적당한 용접봉 사용시
③ 모재에 합금 원소가 많을 때
④ 과대 전류 및 과대 속도일 때
⑤ 모재에 유황 함량이 많을 때

18 선상 조직의 발생원인과 대책

① 용착금속의 냉각속도가 빠를 때,
② 모재 재질 불량

19 슬래그 섞임의 원인과 방지 대책

① 슬래그를 깨끗이 제거한다.
② 적정 전류 선택, 운봉을 잘한다.
③ 이음부 설계를 잘한다.
④ 봉의 적정 각도를 유지한다.
⑤ 예열, 후열을 한다.
⑥ 운봉속도를 조절한다.

20 아크 분위기는? ; ①~③

① 피복제는 아크열에 의해서 분해되어 많은 가스를 발생한다.
② 저수소계(E4316) 이외의 용접봉은 일산화탄소와 수소 가스가 대부분이다.
③ 가스는 주로 피복제 중의 유기물, 탄산염, 습기에서 발생한다.

21 용접 중 용융금속 중에 가스의 흡수로 인한 기공이 발생되는 화학 반응식은?

① $FeO + Mn \rightarrow MnO + Fe$
② $2FeO + Si \rightarrow SiO_2 + 2Fe$
③ $FeO + C \rightarrow CO + Fe$
④ $3FeO + 2Al \rightarrow Al_2O_3 + 3Fe$

해설 ③. 반응식에서 MnO, SiO_2, Al_2O_3 등은 모두 탈산 반응으로 가스를 제거하는 역할을 한다.

03 가스용접, 가스 절단 등

제1절 가스용접의 개요, 불꽃

❶ 원리와 특징

01 가스용접법은 융접법이다. 가장 많이 사용하는 것은? : 산소-아세틸렌 용접

해설 열량이 높고 용착부에 나쁜 영향을 주지 않는 산소 - 아세틸렌 용접법이 가장 많이 사용된다.

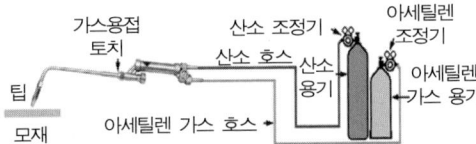

02 가스용접의 장점(피복 아크용접과 비교)은? : ①~⑥

① 응용 범위가 넓고 운반이 편리하다.
② 열량 조절이 비교적 자유로워 박판 용접에 적합하다.
③ 아크용접에 비해 유해 광선이 적다.
④ 전기가 필요 없어 전원이 없는 곳에서도 설치가 가능하다.
⑤ 용접부 가열 범위의 조정이 쉽다.
⑥ 유해 광선의 발생이 적다.

해설 가스용접의 단점은 금속의 변질, 산화성이 크며, 폭발의 위험이 크다.

03 가스용접의 단점은? : ①~③

① 불꽃 온도가 낮아 열효율이 낮고 용접 속도도 느리다.
② 가열 범위가 크고 가열 시간이 길다.
③ 금속의 변질, 탄화, 산화성이 크며, 폭발의 위험이 크다.

04 사용 가스별 불꽃의 최고 온도

① 산소 - 아세틸렌 불꽃 : 3430℃
② 산소 - 수소 불꽃 : 2900℃
③ 산소 - 프로판 불꽃 : 2820℃
④ 산소 - 메탄 불꽃 : 2700℃ 정도

❷ 용접용 가스의 종류

01 가스용접용 가연성 가스가 아닌 것은?

[도시 가스, 아세틸렌, 프로판 가스, 산소, 질소, 수소, 메탄, 일산화탄소]

참고 산소, 질소, 산소는 조연(지연)성 가스 질소는 불연성가스 이며, 가스 용접 열원으로 사용안함

02 산소의 성질은? : ①~④

① 액체 산소는 보통 연한 청색을 띤다.
② 무미, 무색, 무취의 기체이다.
③ 자체는 연소하지 않는 조연성 가스이다.
④ 산소는 공기와 물이 주성분이다.

03 산소의 성질을 설명한 것으로 옳지 않은 것은?

① 비중은 0.906으로 공기보다 가볍다.
② 1ℓ의 중량은 0℃, 1기압에서 1.429g
③ 공기 중에 산소는 21% 존재한다.
④ KS 규격에 의한 공업용 산소 순도의 허용치는 99.5%이다.

해설 ①, 비중은 1.105로 공기보다 무겁다.

04 액체 산소의 특성은? : ①~④

① 용기의 저장, 운반이 편리하다.
② 소비자 측면에서 경제적이다.
③ 99.8% 이상 고순도를 유지할 수 있다.
④ 대량의 가스를 사용하는 곳에 편리하다.

05 산소의 용도로 부적당한 것은?

질화용, 질화 열처리용으로 쓰이지 않음
[가스용접, 가스절단, 응급 환자용, 질화용]

06 가스 종류별 충전 온도와 압력은? : ①~③

① 산소 : 35℃에서 15MPa(150kgf/cm^2)
② 수소 : 35℃에서 15MPa(150kgf/cm^2)
③ 아세틸렌 : 15℃에서 1.55MPa
  (15.5kgf/cm^2)

07 전기로에서 석회석과 석탄을 56 : 36으로 혼합하여 3000℃의 고온으로 가열하여 얻어지는 것은? : 카바이드

08 순수한 카바이드 1kg$_f$에서 이론적으로 몇 ℓ의 아세틸렌 가스가 발생하는가?

348ℓ

09 카바이드 취급시 주의사항은? : ①~④

① 운반시 타격, 충격, 마찰을 주지 않는다.
② 물이나 습기가 없는 곳에 보관한다.
③ 저장소에 인화성 물질이나 화기를 가까이 하지 않는다.
④ 카바이드 통을 딸 때는 모넬메탈 정을 사용한다.(철강 공구 사용은 안됨)

10 비중이 0.906으로 공기보다 가벼우며, 산소와 반응시 3000℃ 이상 높은 열을 얻을 수 있는 가스는? : 아세틸렌

11 아세틸렌(C_2H_2)의 특성은? : ①~④

① 순수한 것은 무색, 무취의 기체이다.
② 금속을 접합하는데 사용한다.
③ 폭발 위험성이 있다.
④ 각종 액체에 잘 용해된다.

참고 물에 1배, 석유에 2배, 벤젠에 4배, 알코올에 6배, 아세톤에 25배 용해한다.

12 발생기 아세틸렌과 비교한 용해 아세틸렌의 특성은? : ①~⑥

① 순도가 높아, 용접부가 양호하다.
② 운반이 편리하고, 폭발의 위험이 적다.
③ 아세틸렌 발생기가 불필요하다.
④ 가격은 비싸나, 시설비가 적게 든다.
⑤ 불순물에 의한 강도 저하가 적다.
⑥ 카바이드 찌꺼기가 나오지 않아 깨끗하다.

13 용해 아세틸렌의 용해량은 압력에 비례하나 15℃, 15기압에서 아세톤 1ℓ에 대하여 아세틸렌 몇 ℓ가 용해되는가?

375ℓ

해설 15℃ 1기압에서 아세톤에 아세틸렌이 25배 용해되므로, 15기압 × 25배 = 375

14 아세틸렌 1ℓ의 무게는 15℃ 1기압에서 얼마인가? : 1.176g

15 아세틸렌 가스의 폭발과 관계없는 것은?

탄소
[온도, 압력, 진동, 충격, 구리, 탄소]

16 아세틸렌 가스를 15℃에서 몇 기압(kg$_f$/cm^2) 이상으로 압축하면 충격, 가열 등의 자극을 받아 분해 폭발할 수 있는가? : 1.5kg$_f$/cm^2

17 아세틸렌 가스의 자연 폭발 압력은 몇 기압이나 되는가? : 2기압

18 용해 아세틸렌을 몇 기압 이하로 사용하면 안전한가? : 1.3기압

19 아세틸렌 가스가 몇 % 이상의 구리와 화합하면 120℃ 부근에서 폭발성 화합물을 생성하는가? : 62%Cu 합금

20 산소와 아세틸렌의 혼합비가 얼마일 때 폭발 위험이 가장 큰가? (단위는 %)

85 : 15

21 아세틸렌 가스의 자연발화 온도는?

406 ~ 408℃

22 아세틸렌 가스는 일정 온도 이상이 되면 산소가 없어도 자연 폭발하게 되는데 그 온도는? : 780℃ 이상

23 아세틸렌과 어떤 가스가 화합할 때 가장 폭발 위험이 있는가? : 인화 수소

24 용해 아세틸렌의 이점은? : ①~④

① 아세틸렌을 발생시키는 발생기와 부속 기구가 필요하지 않다.
② 저장과 운반이 용이하며, 어떠한 장소에서도 간단히 작업할 수 있다.
③ 순도가 높아 열효율이 좋다.
④ 시설비가 적게 들며, 카바이드 찌꺼기가 나오지 않아 깨끗하다.

25 발생기 아세틸렌과 비교한 용해 아세틸렌의 장점이 아닌 것은?

① 아세틸렌 발생기가 불필요하다.
② 폭발의 위험이 적다.
③ 순도가 적어 용접부가 양호하며 가격이 싸다.
④ 불순물에 의한 강도 저하가 적다.

> **해설** ③, 용해 아세틸렌이 발생기 아세틸렌보다 순도가 높아 불순물에 의한 용접부의 강도 저하가 적으나 가격은 비싸다.

26 용해 아세틸렌의 취급상 주의 사항은? ①~⑤

① 통풍이 잘 되어야 한다.
② 저장실의 전기는 방폭 구조여야 한다.
③ 사용 전에 비눗물 누설 검사를 한다.
④ 용기는 40℃ 이하에서 보관한다.
⑤ 용기를 사용할 때는 안전을 위해 세워 둔다. (뉘어 사용하면 아세톤이 유출)

27 용해 아세틸렌의 취급상 주의 사항은? ①~④

① 저장 장소는 화기와 멀리하며,

② 직사 광선을 피하고 용기 밸브는 1/4~1/2만 연다.
③ 용기의 가용전 안전밸브는 105±5℃에서 녹게 되므로 끓는 물을 붓지 않는다.
④ 사용 후 반드시 약간의 잔압(0.1kgf/cm^2)을 남겨둔다.

28 용해 아세틸렌 가스 1kgf이 기화하였을 때 몇 ℓ의 아세틸렌이 발생하는가?

905ℓ의 가스가 발생

29 15℃ 1기압하에서 용해 아세틸렌 병 전체의 무게가 61kgf이고, 빈병의 무게가 56kgf일 때 아세틸렌 가스의 용적은?

$C = 905(A-B) = 905(61-56)$
$= 4525\ell$

30 프로판(LP)의 성질이 아닌 것은?

① 액화 석유에서 얻어진다.
② 액화가 쉬워 용기에 넣어 수송하기 쉽다.
③ 공기보다 가벼우며, 무색·무취의 가스다.
④ 열효율이 높은 연소 기구의 제작이 쉽다.

해설 ③. 프로판은 비중이 1.52로 공기보다 무겁다.

31 다음은 프로판의 성질을 설명한 것이다. 틀린 것은?

① 폭발 한계가 좁아 안전도가 높다.
② 쉽게 기화하며 발열량이 높다.
③ 증발 잠열이 크다.
④ 팽창률이 적고 물에 잘 녹는다.

해설 ④. 팽창률이 크고 물에 잘 녹지 않는다.

32 다음 중 액화 석유 가스(LPG)의 주성분이 아닌 것은? : 아세틸렌

[부탄, 프로판, 프로필렌, 아세틸렌]

33 아세틸렌과 프로판 가스 보관시 환기구는 어디에 설치해야 되는가?

① 아세틸렌은 상단에,
② 프로판은 하단에 설치(비중 때문에)

34 수소의 성질

① 폭발 범위가 넓은 가연성 가스이다.
② 모든 가스 중에서 가장 가볍다.
③ 고온 고압에서 수소 취성이 일어난다.
④ 무색, 무취, 무미이며 인체에 해가 없다.

해설 수소의 용도 : 납의 용접(납땜), 수중 절단, 인조보석 세공

35 백심이 뚜렷한 불꽃을 얻을 수 없고 청색의 겉불꽃이 쌓인 무광의 불꽃은?

수소 불꽃

36 다음 중 기체를 가벼운 것부터 무거운 순서로 된 것은?

수소 > 아세틸렌 > 공기 > 산소

해설
- H_2(수소)   비중 : 0.069
- C_2H_2(아세틸렌) 비중 : 0.906
- CH_4(메탄)   비중 : 0.55
- C_3H_8(프로판)   비중 : 1.52

37 가스별 발열량이 가장 높은 것은? ⑤

① 수소 : 3050 kcal/Nm^3
② 메탄 : 9520 kcal/Nm^3
③ 아세틸렌 : 13600 kcal/Nm^3
④ 프로판 : 24320 kcal/Nm^3
⑤ 부탄가스 : 29500 kcal/Nm^3

38 다음 중 산소와 반응시 발열량이 가장 높은 것은? : 프로판

[프로판, 메탄, 아세틸렌, 도시 가스]

해설 ① 프로판 발열량 : 20780 kcal/Nm^3
② 메탄 발열량 : 14515 kcal/Nm^3
③ 아세틸렌 발열량 : 12690 kcal/Nm^3
④ 도시 가스 발열량 : 7120 kcal/Nm^3

❸ 산소-아세틸렌 불꽃

01 산소-아세틸렌 불꽃의 3대 구성은?

불꽃심, 속불꽃, 겉불꽃

02 산소-아세틸렌 불꽃의 구성 온도가 가장 높은 것은? : 속불꽃

참고 속불꽃(내염) : 약 3200~3500℃
겉불꽃(외염) : 약 2000℃ 정도
불꽃심(백심) : 약 1500℃

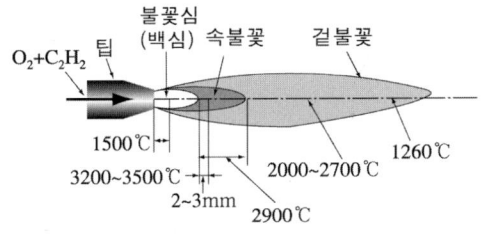

[산소-아세틸렌 불꽃 구성]

03 백심에서 2～3mm 떨어진 속불꽃 부분의 온도는? : 3200～3500℃

04 산소-아세틸렌을 대기 중에서 연소시킬 때 산소량에 따라 분류한 불꽃의 종류가 아닌 것은? ; ④

① 산화 불꽃   ② 중성 불꽃
③ 탄화 불꽃   ④ 질화 불꽃

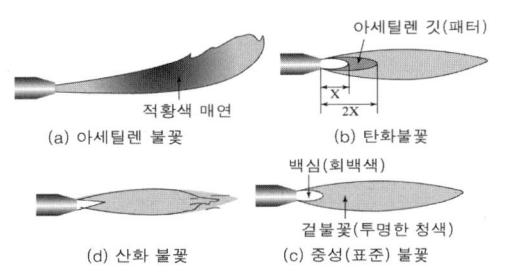

[산소-아세틸렌 불꽃의 종류]

05 아세틸렌 과잉 불꽃이란?

산소-아세틸렌 불꽃에서 매연을 내면서 적황색으로 타는 불꽃

06 백심과 겉불꽃 사이에 연한 청색의 제3의 불꽃으로 아세틸렌 깃이 존재하는 불꽃은?

탄화 불꽃

07 중성 불꽃(표준 불꽃)의 특성

① 금속에 화학적 영향 적다. 백심 불꽃 끝에서 2~3mm 앞쪽에서 용접한다.
② 탄소강(연강) 용접에 사용

08 중성 불꽃의 산소와 아세틸렌 가스의 이론적인 혼합비는?

$2.5(1\frac{1}{2}) : 1$

09 가스용접시 백심 끝에서부터 약 몇 mm 정도의 간격이 이상적이겠는가?

약 2～3mm

10 스테인리스강, 스텔라이트, 모넬메탈 등과 같은 금속을 가스용접할 때 사용해야 하는 불꽃은? : 탄화 불꽃

11 중성이나 약한 탄화 불꽃으로 용접할 수 있는 금속은? : 알루미늄

12 중성 불꽃에 비해 백심 부근에서 연소가 완전히 일어나 산화성 분위기이므로 철강 용접에는 사용하지 않고 구리, 황동 등의 가스용접에 이용되는 불꽃은?

산화(산소 과잉) 불꽃

제2절 가스용접 장치 및 기구

1 가스 용기

01 산소 용기의 제조와 기계적 성질

① 봄베라고도 하며 고압으로 압축하여 사용한다.
② 제조 : 만네스만법으로 이음매 없이 제조함
③ 산소용기 재료 : 인장강도 5.59MPa ($57kgf/cm^2$), 연신률 18% 이상일 것

02 산소 용기의 크기를 내용적(대기 중에서 환산량)에 따라 구분하면?

33.7(5000)ℓ, 40.7(6000)ℓ, 46.7(7000)ℓ

03 33.7ℓ 용기에 충전된 산소를 대기 중에서 환산한 용적은?

5000ℓ(33.7ℓ × 150 = 5055ℓ)

04 7000ℓ의 산소를 150기압으로 충전하는데 필요한 용기는?

L = P × V, V = L/P = 7000/150 = 46.7ℓ

05 산소 용기의 취급시 주의 사항은?

①~⑤

① 가스 설비는 기름 묻은 천으로 닦지 않는다.
② 병은 반드시 캡을 씌워 이동하며, 충격을 주지 안는다.
③ 40℃ 이하 온도에서 보관한다.
④ 화기로부터 5m 이상 거리를 둔다.
⑤ 직사 광선을 피해야 한다.

06 가스용접용으로 사용되는 가스가 갖추어야 할 성질로 옳지 않은 것은?

① 불꽃의 온도가 높을 것
② 연소속도가 빠를 것
③ 발열량이 높을(많을) 것
④ 용융금속과 화학반응을 잘 일으킬 것

해설 ④, 용융금속과 화학반응을 일으키지 않을 것

07 아세틸렌 용기에 채우는 다공 물질의 구비 조건은? : ①~③

① 강도와 안정성이 있을 것
② 화학적으로 안정되고 다공성일 것
③ 아세톤이 골고루 침윤될 것

참고 아세톤은 아세틸렌 가스가 25배나 용해되므로

08 용해 아세틸렌 용기의 다공 물질의 종류는?

① 목탄, 규조토, 아세톤 등이 들어감
② 용기 속의 다공질 물질의 다공도 : 75 ~ 92% 미만

참고 너무 다공도가 낮으면 아세톤을 흡수시킬 수 없다.

09 아세틸렌 용기의 내용적별 크기는?

내용적 : 30ℓ, 40ℓ, 50ℓ

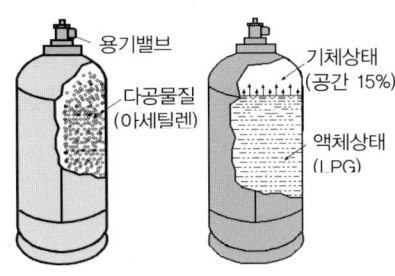

(a) 아세틸렌 용기 (b) LPG(프로판) 용기

10 아세틸렌 용기는 용접 용기를 사용한다. 이 때 용기 안에 다공질 물질을 채운 후 무엇을 흡수시킨 후 아세틸렌을 충전해야 되는가? : 아세톤

11 아세틸렌 용기에 아세톤을 흡수시키는 이유는?

아세틸렌을 기체 상태로 압축하면 폭발 위험이 있으므로 아세틸렌이 많이 흡수되는 아세톤을 넣은 후 충전한다.

12 가스 매니폴드를 설치시 고려사항

① 순간 최대 사용량
② 필요한 가스 용기의 수
③ 가스를 교환하는 주기

❷ 용기의 검사 및 각인, 도색

01 용기의 각각의 각인 기호와 뜻

① W : 용기 중량 kgf
② FP : 최고 충전 압력 kgf/cm^2
③ TP : 내압 시험 압력 kgf/cm^2
④ V : 내용적(리터)

```
□         : 용기 제조자의 명칭
02        : 충전가스 명칭
10.8.1999 : 내압시험연월일(월. 일. 년)
△BC 1234 : 제조자의 용기번호 및
            제조번호
T.P 250   : 내압시험압력(kgf/cm²)
V 40.6    : 내용적(ℓ)
F.P 150   : 최고 충전압력(kgf/cm²)
W 65.4    : 용기중량(kgf)
```

02 다음 중 가스 용기의 각인 사항에 포함되지 않는 것은? : ③

① 내용적   ② 내압시험압력
③ 가스충전일시 ④ 용기의 번호

03 산소 용기에 각인되어 있는 TP와 FP는 무엇을 의미하는가?

① TP : 내압 시험압력
② FP : 최고 충전압력

04 용기 검사에서 산소 용기는 내압 시험 압력이 얼마 정도이어야 하는가?

충전 압력×5/3 이상(250kgf/cm^2)

05 가스용기에서 충전 가스의 용기 도색으로 틀린 것은?

① 산소-녹색   ② 프로판-회색
③ 탄산가스-백색 ④ 아세틸렌-황색

해설 ③. 탄산가스 병 : 청색, 암모니아 : 백색, 수소 : 주황색, 아르곤 : 회색

❸ 가스용접 토치, 호스, 조정기

01 가스용접 토치의 구성은?

손잡이, 혼합실, 팁

> **참고** 혼합실 : 연소 가스와 산소를 혼합하는 부분

02 산소-아세틸렌 토치(torch)를 고안자는?

푸세와 피카르

03 토치의 팁 재료는? : 구리 합금

> **참고** 팁 재료는 열전도성과 내열성이 큰 것이 요구되므로 구리(동)가 좋으나 순구리는 아세틸렌과 접촉하면 폭발성 화합물을 만들게 되므로 구리 합금이 쓰인다.

04 가스용접 토치의 구조에 따라 구분할 때 3가지와 다른 것은?

① 프랑스식 토치   ② B형 토치
③ 가변압식 토치   ④ 불변압식 토치

> **해설** ④, 가스용접 토치는 구조에 따라 독일식(A형, 불변압식)과 프랑스식(B형, 가변압식)으로 구분한다.

05 저압식 토치 중 1개의 팁에 1개의 인젝터가 있으나 니들밸브가 없는 토치는?

독일식 토치

06 저압식 토치 중에서 인젝터 부분에 니들 밸브가 있어 유량을 조절할 수 있는 토치가 아닌 것은?

① 가변압식 토치   ② 프랑스식
③ B형 토치   ④ 불변압식 토치

> **해설** ④, 불변압식은 인젝터만 있어 불꽃의 능력을 변경할 수 없는 토치이다.

07 아세틸렌 가스 압력에 따른 토치는?

저압식, 중압식, 고압식

08 고압의 산소로 발생기 압력 0.07kg$_f$/cm² (용해식 : 0.2kg$_f$/cm²) 이하의 아세틸렌 가스를 빨아내는 인젝터를 가지고 있는 토치는? : 저압식

> **해설** 가스용접 토치는 아세틸렌 가스 압력에 따라 저압식은 0.07kg$_f$/cm², 중압식은 0.07 ~ 1.3kg$_f$/cm², 고압식은 1.3kg$_f$/cm² 이상을 사용한다.

09 다음 중 중압식 토치의 특징을 설명한 것으로 적당하지 않은 것은?

① 역류할 우려가 없다.
② 혼합 상태가 좋아 안정된 불꽃을 얻을 수 있다.
③ 0.07kg$_f$/cm² 범위의 아세틸렌 압력을 사용한다.
④ 산소의 압력은 아세틸렌 압력과 같거나 약간 높다.

> **해설** ③, 중압식은 0.07 ~ 1.3kg$_f$/cm²,

10 토치의 능력은? : 팁의 구멍 크기

11 독일식 팁 2번은 몇 mm의 강판을 용접할 수 있는가? : 2mm

12 불변압식 팁의 크기 표시는?

용접 가능한 판두께 mm를 번호로 나타냄

13 가변압(프랑스)식 팁의 크기 표시는?

매 시간당 아세틸렌 가스의 소비량

14 표준 불꽃을 사용하여 1시간 용접할 경우 아세틸렌 가스의 소비량 ℓ를번호로 나타내는 토치는? : 프랑스식

15 내용적 40ℓ의 산소 용기에 100기압의 산소가 들어 있다. 1시간에 100ℓ를 사용하는 토치로 중성 불꽃으로 작업한다면 몇 시간 사용하겠는가? : 40시간

> 해설 $40l \times 100$기압$/100l = 40$시간

16 팁의 분출 구멍이 일정하고 팁의 능력도 일정하여 불꽃의 능력을 변경할 수 없는 토치는? : 독일식(A형, 불변압식)

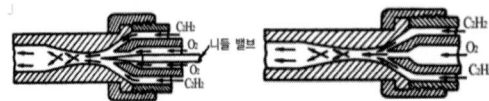

(a) 가변압식 토치 (b) 불변압식 토치

17 가스용접 토치의 취급상 주의 사항은?
①~④
① 작업 목적에 따라서 팁을 선정한다.
② 토치를 망치 등 다른 용도로 사용해서는 안된다.
③ 점화 전에 반드시 토치의 안전 여부를 점검한다.
④ 토치를 작업장 바닥에 방치하지 않는다.

18 가스용접 토치의 취급상 주의 사항은?
①, ②
① 점화되어 있는 토치를 아무 곳이나 방치하지 않는다.
② 팁이 과열되었을 때는 산소 밸브를 약간 열고 물 속에서 냉각시킨다.

19 가스장치의 적정(가장 많이 사용되는) 호스 내경과 적정 길이는?

내경 7.9mm, 길이 5m가 많이 사용됨

> 참고 가스용접용 호스는 천이 섞인 고무관을 사용하며, 호스의 내경은 6.3, 7.9, 9.5mm가 있으며, 7.9mm가 가장 많이 사용된다

20 아세틸렌 용기 및 도관에 몇 % 정도의 구리 합금을 사용할 수 있는가?

62% 이하

> 해설 아세틸렌과 구리가 접촉하면 폭발성 화합물을 생성하므로 62%Cu 이하의 구리 합금을 사용해야 된다.

21 가스 호스 색과 내압시험 압력
① 산소 호스 색 : 녹색, 또는 검정색
   내압 시험 : $90 kgf/cm^2$
② 아세틸렌, 프로판 호스 색 : 적색
   내압 시험 : $10 kgf/cm^2$으로 실시

23 압력계의 접속구 나사 방향
① 아세틸렌, LPG 압력계나 토치 접속구 나사의 방향 : 왼나사
② 산소, 탄산가스, 아르곤 게이지 등 : 오른 나사로 되어 있다.

[산소 압력 게이지]

22 압력 조정기(스템형)의 작동 순서는?

부르동관 – 캘리브레이팅 링크 – 섹터 기어 – 피니언 – 눈금판

24 산소 조정기의 밸브 시트에 사용하는 에보나이트는 몇 ℃에서 연화하는가?

70℃에서 연화한다.

25 가스용접용 호스 속을 청소할 때 사용하면 위험한 가스는 무엇인가?

산소

제3절 가스용접 재료 및 작업

❶ 가스용접봉

01 가스용접봉의 구비(선택) 조건은? : ①~⑥

① 될 수 있는 대로 모재와 같은 재질일 것
② 모재에 충분한 강도를 줄 수 있을 것
③ 봉의 용융온도가 모재와 같거나, 약간 낮을 것
④ 기계적 성질에 나쁜 영향을 주지 않을 것
⑤ 용접봉의 재질 중에 불순물이 포함하고 있지 않을 것
⑥ 연강용 : 인, 유황 등이 적은 저탄소강을 사용한다.

02 가스용접봉 성분의 영향은? : ①~④

① 탄소(C) : 강의 강도를 증가시키나 굽힘성 등이 감소된다.
② 규소(Si) : 기공은 막을 수 있으나 강도를 떨어지게(저하) 한다.
③ 인(P) : 상온 취성의 원인이 되므로 0.04% 이하로 제한한다.
④ 유황(S) : 용접부의 저항력을 감소시키고 기공 및 적열 취성을 일으킨다.

03 가스용접봉 표시법은? : ①, ②

① GA 46 : GA : 재질, 46 : 최소인장강도
② NSR : 용접한 그대로 응력을 제거하지 않음

04 가스용접봉 시험편의 처리에서 SR은 무엇을 뜻하는가?

625±25℃에서 1시간 동안 응력 제거한 것

05 가스용접봉의 지름 D을 결정하는 공식은? (단, T는 판두께 mm)

$D = \dfrac{T}{2} + 1$

06 가스용접봉의 표준 치수는?

① 1.0, 1.6, 2.0, 2.6, 3.2, 4.0, 5.0, 6.0의 8종
② 길이는 1000mm

07 가스용접시 백심 끝에서부터 모재간 적정 거리는? : 2~3mm 정도

08 가스용접 작업에서 후진법에 대해 전진법의 특성은? : ①~⑤

① 용접 변형이 크고, 산화가 심하다.
② 열이용률이 나쁘고, 용접속도가 느리다.
③ 용착금속의 조직이 거칠(조대하)다.
④ 비드 모양은 보기 좋으나, 용접 홈 각도가 크다.

⑤ 5mm 이하의 맞대기 용접에 쓰인다.

09 가스용접으로 주철을 용접할 때 가장 적합한 예열 온도는? : 500 ~ 600℃

❷ 가스용접

01 가스용접 용제의 작용은? : ①~④

① 모재와 용착금속의 융합을 돕는다.
② 용착금속의 성질을 양호하게 한다.
③ 용융 온도보다 낮은 슬래그를 만든다.
④ 용착금속의 성질을 양호하게 한다.

02 가스용접에서 용제를 사용하는 이유는?

용접 중 산화물, 유화물, 비금속 개제물 등을 제거하기 위하여

03 재질에 따른 용제는? : ①~④

① 연강 : 사용하지 않음
② 구리 및 구리 합금 : 붕사, 붕산
③ 주철 : 탄산나트륨, 중탄산나트륨, 붕사
④ 알루미늄 : 염화칼륨, 염화나트륨, 염화리듐, 풀루오르화칼륨, 황산칼륨

04 가스용접(절단)기 설치 전, 후 점검 및 주의 사항으로 적당하지 않은 설명은?

① 모든 접속부에 비눗물로 가스 누설 검사를 한다.
② 가스의 종류에 맞는 색깔의 호스를 접속한다.
③ 용기의 고압 밸브는 3회전 이상 돌린다.
④ 고압밸브를 열 때 출구 쪽에 서지 않는다.

05 가스용접시 역류의 현상과 방지법은?

① 역류 : 토치 내부의 청소가 불량할 때 토치 내부가 막혀서 고압의 산소가 아세틸렌 호스로 흐르는 현상
② 방지법 : 팁을 깨끗이 청소, 역류시 산소 차단, 아세틸렌을 차단시킨다.

06 팁 끝이 모재에 닿아 순간적으로 팁 끝이 막히거나 과열 등으로 팁 속에서 폭발음이 나며 불꽃이 꺼졌다가 다시 나타나는 현상을? : 역화

07 역화시 방지대책으로 적당하지 않은 것은?

① 산소 밸브를 차단한다.
② 팁을 물에 식힌다.
③ 토치의 기능을 점검한다.
④ 산소의 압력을 높인다.

해설 ④, 가스 용접 중 역화 현상이 발생하면 제일 먼저 토치의 산소 밸브를 차단시킨다.

08 인화의 현상과 방지법은?

① 인화 : 팁 끝이 순간적으로 막혀 가스 분출이 나빠지고 토치의 가스 혼합실까지 불꽃이 도달되어 토치가 빨갛게 달구어지는 현상
② 인화시 먼저 아세틸렌 밸브를 잠근다.

09 역류, 역화, 인화의 원인은?

팁 끝 막힘, 팁 과열, 팁 시트의 접촉불량

10 가스 절단 작업 중에 탁탁 소리가 날 경우 방지 대책으로 부적당한 것은? ④

① 불을 끄고 산소를 약간 열어 물에 식힌다.
② 아세틸렌 양의 상태를 조사한다.
③ 산소의 양의 부족 여부를 조사한다.

④ 노즐을 모재에 살짝 닿게 한다.

11 가스 용접 중 고무호스에 인화가 일어 났을 때 제일 먼저 해야 할 일은?

아세틸렌 밸브를 잠근다.

해설 역화시는 제일 먼저 산소 밸브를 닫으며, 인화시는 아세틸렌 밸브를 먼저 닫는다.

12 팁이 막혔을 때 청소하는 방법으로 옳은 것은? : 팁 클리너로 제거한다.

제4절 납 땜

① 납땜의 개요(원리, 종류, 조건)

01 납땜법의 원리는?

접합하고자 하는 금속을 용융시키지 않고 두 금속 사이에 용융점이 낮은 금속을 첨가하여 접합하는 법

02 연납과 경납의 구분은? : 450℃ 전후

03 연납땜이란? : ①, ②

① 융점이 450℃ 이하인 주석, 납의 합금 등의 용가재를 사용하는 납땜
② 용제는 수지, 염화아연 등을 사용

04 경납땜이란? : ①~③

① 융점이 450℃ 이상인 은납, 동납, 황동납 등의 용가재를 사용하는 납땜
② 용융점이 높고, 강도나 내식성이 크다.
③ 용제는 붕사, 붕산 등이 쓰인다.

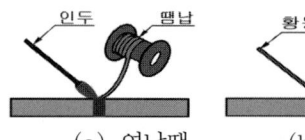

(a) 연납땜 (b) 경납땜

② 연납재와 경납재

01 땜납의 구비 조건으로 옳지 않은 것은?

① 모재보다 용융점이 낮으며, 표면 장력이 적어 모재 표면에 잘 퍼져야 한다.
② 유동성이 좋아서 틈이 잘 메워져야 한다.
③ 모재와 친화력이 적고 접합부 구분이 확실해야 한다.
④ 사용 목적에 적합해야 한다.(강인성, 내식성, 내마멸성, 전기 전도도 등)

해설 ③, 모재와 친화력이 있고 접합이 튼튼해야 한다.

02 연납땜의 특성

① 연납땜 : 주석납, 주로 인두납땜 함
② 흡착 작용은 주로 주석의 함량에 의존한다.

해설 주석 100%일 때 가장 흡착성이 좋으며 납 100%일 때 가장 흡착성이 없다.

03 연납재의 특성

① Sn40%-Pb 60%가 대표적임
② 종류 : Pb-Ag 합금, 저융점 땜납, Cd-Zn 합금
③ 주석 30%, 납 70%이고 용융점이 260℃ 정도인 연납은 건축, 큰 주석판의 세공용으로 쓰인다.

04 경납재의 종류

1) 은납(Cu-Ag-Zn)

① 융점이 낮고, 유동성이 좋으며, 인장 강도, 전연성 등이 우수하다.
② 용도 : 구리와 그 합금, 철강, 스테인리스강 등에 사용, 불꽃 경납, 고주파 경납, 로내 경납 등

2) 황동 납(Cu-Zn)

3) 인동 납(Cu-P)
① 구리가 주성분이며 소량의 은, 인을 포함한 합금
② 전기 전도와 기계적 성질이 좋으며, 황산에 대한 내식성이 우수하다.

4) 기타 경납땜의 종류
① 망간 납 : 구리-망간, 구리-망간-아연 합금, 융점이 810~890℃ 정도이다.
② 양은 납 : 구리-아연-니켈 합금납
③ 알루미늄 납 : Al-Si-Cu 합금으로, 융점이 600℃ 정도이다.

05 스테인리스 강판이 납땜하기 곤란한 이유는? : 강한 산화막이 있으므로

06 황동납의 결점은?

250℃ 이상에서는 인장 강도가 대단히 약해진다.(아연이 기공을 일으키거나 재질 변화가 온다.)

❸ 납땜용 용제와 납땜법

01 납땜 용제의 구비 조건은? ①~⑥
① 모재의 산화물 등을 제거하고 유동성이 좋을 것
② 금속면의 산화를 방지하며, 부식 작용이 최소한이며, 인체에 해가 없을 것
③ 모재와의 친화력을 높일 것
④ 납땜 후 슬래그 부착성이 없으며, 제거가 용이할(쉬울) 것
⑤ 전기 저항 납땜에 사용되는 것은 전기가 통하는(도체) 물체일 것
⑥ 용제의 유효 온도 범위와 납땜 온도가 일치할 것

02 연납용 용제는?

목재 수지(부식성이 가장 적음), 염산, 염화 아연(부식성 매우 강함)

03 연납시 용제의 역할이 아닌 것은? ③
① 산화막을 제거한다.
② 산화의 발생을 방지한다.
③ 녹은 납은 모재끼리 접촉하게 한다.
④ 녹은 납은 모재끼리 결합되게 한다.

04 연납땜 인두의 적정 온도는?

300℃ 전후가 적당, 온도 알맞을 경우 녹은 땜납은 은백색, 땜납의 온도가 높을 경우 납땜의 색깔은 회색

05 다음 중 부식성이 가장 강한 용제는?

염화 아연

[붕사, 붕산, 염화 아연, 염화 나트륨]

06 염화 아연을 사용하여 납땜을 하였더니 그 후에 그 부분이 부식되기 시작했다. 그 이유는?

납땜 후 염화 아연을 닦아내지 않았기 때문에

해설 용제는 거의가 부식성이 있으므로 납땜 후 물로 깨끗이 세척해야 한다.

07 납땜 인두의 머리 부분을 구리로 만드는 이유는?

땜납과 친화력이 매우 크므로

08 식기류의 납땜시 납재의 함량은?

10% 이하

09 경납 용제는?

① 붕사, 붕산, 염화나트륨, 알칼리 등
② 구리, 구리 합금의 납땜시 적당한 용제
 : 붕사, 규산나트륨

10 경납용 용제로 적당하지 않은 것은?

[염화 아연, 붕사, 붕산, 염화 나트륨]

해설 염화아연, 염화암모니아 등은 연납용제

11 다음 중 알루미늄 경납땜에 사용되는 용제로 적당하지 않은 것은? : ③

① 열화 칼륨   ② 염화리튬
③ 붕산   ④ 풀르오르화 칼륨

12 은납의 주성분과 특성, 용도는?

① 주성분 : 구리, 은, 아연,
② 유동성, 인장 강도, 전연성 등이 우수하다.
③ 구리 합금, 철강, 스테인리스강 등의 납땜에 사용

13 경납재의 성분은? : ①~④

① 황동납 : Cu + Zn
② 은납 : Ag + Cu + Zn
③ 금납 : Ag+Au+Cu+Zn
④ 양은납 : Cu + Zn + Ni 3원 합금계 납재, 구리, 황동, 백동, 모넬메탈 납땜

14 방법별 경납땜의 종류는?

담금 납땜, 유도 납땜, 로내 납땜

15 용해된 땜납 또는 화학 약품이 녹아 있는 용기 속에서 납땜하는 방법은?

담금 경납땜

16 이음부에 납땜재의 용제를 발라 저항 열로 가열하는 방법으로 저항 용접이 곤란한 금속의 납땜이나 작은 이종 금속의 납땜에 적당한 방법은?

저항 납땜

17 다음 그림과 같은 용기를 만들어 밑부분을 납땜하려고 할 때 접합법 중 어느 것이 가장 좋은가?

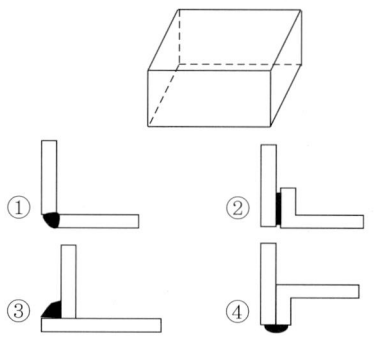

해설 ②, 가장 강력한 접합이다.

제5절 가스절단

❶ 가스절단의 개요

01 가스절단의 원리는?

절단할 부분을 예열(800~900℃)한 후 고압 산소를 분출시키면 철과 산소가 연소 반응을 일으켜 산화철이 되면서 고압 산소

의 기류에 밀려 절단된다.

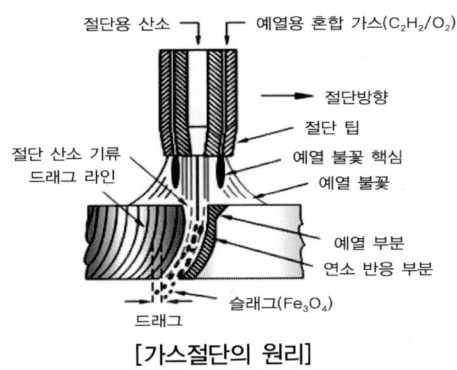

[가스절단의 원리]

02 가스절단에 주로 사용하는 방법

① 주로 산소(O_2) - 아세틸렌(C_2H_2) 절단
② 산소 (O_2) - 프로판 가스(C_3H_8) 절단

해설 현장에서는 거의(대부분) 산소-프로판 가스 절단법이 사용된다.

03 산소와 금속의 산화 반응을 이용한 절단법의 종류와 용도는?

가스절단, 분말 절단, 가스 가우징, 스카핑 등이 있으며, 강 또는 합금강의 절단에 이용된다.

04 가스절단시 일어나는 산화 반응

① $Fe + \frac{1}{2}O_2 \to FeO + 63.8(kcal)$

② $2Fe + 1\frac{1}{2}O_2 \to Fe_2O_3 + 196.8(kcal)$

③ $3Fe + 2O_2 \to Fe_3O_4 + 267.8(kcal)$

05 가스절단이 연속적으로 이루어질 수 있는 이유는?

철(Fe)이 산화연소시 발열을 가져오므로 연속 가열이 된다.

② 가스절단에 미치는 인자

01 가스절단에 영향을 주는 요소는?

절단재, 예열 온도, 절단 속도, 산소의 순도, 팁의 형상과 크기

02 가스 절단에서 절단 속도와 관계없는 것은?

병 속의 압력

[팁의 구멍, 산소 압력, 산소 순도, 병 속의 압력]

03 가스절단시 절단 속도는? : ①, ②

① 모재의 온도가 높을수록, 절단 산소의 압력이 높을수록, 산소 소비량이 많을수록 비례하여 증가한다.
② 산소의 순도나 팁의 모양에 따라 다르다.

04 가스절단 조건은? : ①~⑤

① 절단재의 산화 연소 온도가 용융점보다 낮을 것(낮아야 된다.)
② 생성된 산화물의 용융온도는 모재의 용융온도보다 낮고, 유동성이 좋을 것
③ 절단재는 불연성(연소되지 않는) 물질을 품고 있지 않을(적을) 것
④ 산화 반응이 격렬하고 발열량이 많을 것
⑤ 산화 반응이 격렬하고 다량의 열을 발생할 것

05 가스절단에서 산소 중에 불순물이 증가할(산소의 순도가 낮을) 때 나타나는 결과는? : ①~⑥

① 절단 속도가 늦어진다.(능률 급 저하)
② 산소의 소비량이 많아진다.
③ 절단면이 거칠어진다.

④ 슬래그의 이탈성이 나빠진다.
⑤ 절단 개시 시간이 길어진다.
⑥ 절단 홈의 폭이 넓어진다.

06 가스절단시 예열 불꽃이 약할 경우는?

①~④

① 절단이 잘 안되거나, 절단이 중단되기 쉬우며, 절단 속도가 느려진다.
② 역화를 일으키기 쉽다.
③ 드래그가 커지고 뒷면까지 통과하기 어렵다.
④ 절단면이 더러워진다.

07 가스절단시 예열 불꽃이 너무 세면?

①~③

① 절단면 위의 기슭이 잘 녹게 된다.
② 모재 뒤쪽에 슬래그가 많이 달라 붙는다.
③ 필요 이상으로 불꽃이 세면 팁에서 불꽃이 떨어진다.

08 절단시 사용하는 산소의 순도는?

99.5% 이상 사용

09 가스절단으로 절단이 잘 되지 않는 금속은?

주철, 스테인리스강, 구리, 알루미늄 등 비철금속

10 텅스텐이 몇 % 이상이 되면 가스 절단이 곤란한가? : 20%

해설 텅스텐 12~14%까지는 가스 절단 가능

11 가스절단이 곤란한 금속의 절단법은?

분말 절단이나 플라스마 아크절단 등을 이용하고 있다.

12 가스절단이 가장 잘 되는 금속은?

연강, 주강

해설 탄소량, 합금 원소가 많을수록 절단 곤란

③ 가스절단 장치

01 가스절단기의 구조는?

산소와 아세틸렌을 혼합하여 예열용 가스를 만드는 부분과 고압 산소만 분출하는 부분으로 되어 있다.

02 절단 장치의 구성은?

절단 토치, 산소, 가연성가스, 가스용 호스, 압력 조정기

03 가스절단기의 종류

① 형식에 따라 : 프랑스식과 독일식
② 압력에 따라 : 저압식 토치(0.07 kg/cm^2 이하의 아세틸렌 압력을 사용), 중압식 토치($0.07 \sim 0.4 kg/cm^2$의 아세틸렌 압력 사용)
③ 팁의 형식에 따라 : 동심형(프랑스식)과 이심형(독일식)

04 독일식(A형, 불변압식) 절단 토치는?

절단 산소와 혼합 가스를 각각 다른 팁에서 분출시키는 이심형 팁이며, 예열 팁과 산소팁이 있는 토치

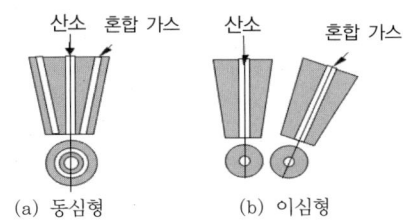

[절단 팁의 모양]

05 이심형 팁의 특징은? : ①~③

① 절단면이 매우 아름답다.
② 예열 불꽃용 팁과 절단 산소용 팁이 분리되어 있다.
③ 직선 절단에 있어 매우 능률적이다.

06 보통의 팁에 비해 산소의 소비량이 같을 때 다이버젠트형 팁의 특징과 절단 속도는?

① 고속 분출을 얻는데 적합하고,
② 보통 팁에 비해 산소 소비량이 같을 때 절단 속도를 20~25% 증가시킬 수 있다.

07 자동 가스절단은? : ①~③

① 곧고 긴 물체의 직선 절단
② V형, X홈 가공
③ 불규칙한 곡선, 짧은 곡선은 곤란

④ 가스절단 방법

01 가스절단 방법

① 예열 불꽃은 표준(중성) 불꽃을 사용한다.
② 예열 불꽃의 세기를 적당히 맞춘다.

02 수동 절단에서 판재 6~9mm 절단시 적당한 절단 속도는?

400~500mm/min

03 드래그(drag) 라인이란? ①, ②

① 가스절단을 일정 속도로 실시할 때 절단 홈의 하부에 절단이 지연되는데 그 절단면을 보면 거의 일정한 간격의 나란한 곡선
② 가스절단시 가스절단의 양부를 결정한다.

04 표준 드래그 길이는?

① 표준 드래그 길이 : 절단 속도, 산소 소비량에 따라 변화하며, 절단면 말단부가 남지 않을 정도의 길이
② 판두께의 20%(1/5t) 정도

$$드래그(\%) = \frac{드래그\ 길이(mm)}{판\ 두께(mm)} \times 100$$

05 보통 절단시 판두께가 12.7mm일 때 표준 드래그(drag)의 길이는 몇 mm인가?

판두께의 20%, $12.7 \times 0.2 = 2.54mm$

06 그림에서 드래그 길이는? : ②

해설 ①은 모재 두께, ③은 드래그 라인, ④는 절단 나비(gap)

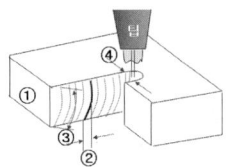

07 절단시 드래그 라인을 최소화하기 위한 조치는?

산소 압력을 높이고 속도를 적당히 한다.

08 가스절단시 모서리가 둥글게 녹아내리는 이유는? : ①~③

① 예열 불꽃이 강할 때
② 산소 압력이 낮을 때
③ 절단 속도가 느릴 때 모재가 과열되어 기류에 의해

09 가스절단시 모재 표면과 백심과의 거리가 너무 가까울 때 일어나는 현상은? ①~③

① 절단면 상부가 용융되어 둥글게 된다.
② 절단부가 현저하게 탄화한다.
③ 절단 폭이 넓어진다.

10 가스절단 팁의 백심과 모재 표면과의 적당한 거리는? : 1.5~2.0mm

11 연강판을 절단할 때 절단 부분의 예열 온도는? : 약 800 ~ 1000℃

12 아름다운 절단면을 얻기 위해서 산소 압력을 어느 정도로 하면 좋은가?

$3 \sim 4 kgf/cm^2$

해설 아세틸렌가스의 압력은 $0.1 \sim 0.3 kgf/cm^2$

5 산소-LP 가스절단

01 가스절단에서 완전 연소시 가스의 이론적인 혼합 비율은?

① 프로판 가스절단에서 프로판 : 산소 = 1 : 4.5
② 아세틸렌 가스절단에서 아세틸렌과 산소 혼합 비율 : 1 : 1

02 가스절단 작업에서 프로판(LP 가스)와 아세틸렌 가스 사용시의 비교? ①~④

① 점화는 아세틸렌 가스가 더 쉽다.
② 박판 절단시는 아세틸렌이 우수하다.
③ 프로판 사용시 슬래그 제거가 쉽고, 포갬 절단이 빠르(우수하)다.
④ 절단면은 프로판이 더 깨끗하다.

03 가스절단 작업에서 LPG(프로판)와 아세틸렌 가스 사용시의 비교? ①~④

① 후판 절단 속도는 프로판 가스가 빠르다.
② 슬래그 제거는 프로판 가스 사용이 더 쉽다.
③ 아세틸렌이 중성 불꽃을 만들기 쉽다.
④ 산소 소비는 프로판 사용이 더 많이 든다.

04 LP 가스용 절단 팁 설계는? ①~③

① 토치의 혼합실을 크게 하여 팁에도 충분히 혼합할 수 있게 설계한다.
② 예열 불꽃의 구멍을 크게 하고 개수를 많이 하여 불꽃이 불려 꺼지지 않게 한다.
③ 팁 끝의 슬리브를 약 1.5mm 정도 가공면보다 깊게 한다.

제6절 특수절단, 가스 가공

1 특수 절단

01 분말 절단의 원리는?

철 분말, 용제 분말을 자동 또 연속적으로

절단용 산소에 혼입 공급하여 그 산화열 또는 용제 작용을 이용한 절단 방법

02 분말 절단의 특징은? : ①~④

① 철, 비철 금속 등의 절단에 이용하며, 콘크리트 절단도 가능하다.
② 산소 소비량이 적다.
③ 분말 절단에는 나트륨에 탄산염 및 중탄산염을 주체로 하는 용제도 사용된다.
④ 보통의 토치 팁에 분말을 주체로 하는 보조 장치가 필요하다.

03 용제 분말 절단의 용도는?

산화막을 형성하여 절단이 곤란한 스테인리스강 금속에 사용된다.

04 오스테나이트계 스테인리스강의 절단에 적합하지 않은 절단법은?

① 철분 절단   ② 용제 절단
③ 플라스마 절단   ④ 레이저 절단

해설 ①, 철분 절단시 스테인리스강에 철분이 혼입될 위험성이 크므로 용제 절단을 해야 함

05 용제 분말 절단에 사용되는 용제의 주성분은? : 탄산소다

06 철분 분말 절단에 주로 사용되는 것은?

주철, 주강, 콘크리트

07 수중 절단의 특징은? : ①~④

① 예열용 연소 가스는 육상과 비교하여 압력을 높게 조정한다.
② 수중 절단에 사용되는 가스 : 수소, 아세틸렌, 벤젠

③ LP 가스는 압력을 가하면 쉽게 액화되므로 잘 사용하지 않음
④ 수중 절단은 수중 45m까지 가능하다.

08 수중 8m 이상에서 절단 작업할 때 사용하는 가스는? : 수소

참고 수소는 압력을 가해도 기포 발생이 적어 많이 사용되며, 아세틸렌은 수압에 의하여 폭발 가능성이 있다.

09 수중 절단시 산소압력과 예열가스의 양은 공기 중에서 보다 몇 배 필요한가?

산소압력은 1.5 ~ 2배, 예열가스는 4 ~ 8배

10 수중 절단시 절단 속도는?

12~50mm/min 정도로 한다.

11 산소창 절단의 원리는?

토치의 팁 대신 내경이 작은 강관을 사용하여 고압 산소를 분출시켜 절단하는 방법

12 산소창 절단에 이용되는 강관의 안지름과 길이는?

안지름 3.2 ~ 6mm, 길이 1.5 ~ 3m

13 산소창 절단의 용도는?

용광로, 평로의 tap 구멍의 천공, 강괴 절단, 암석의 천공, 두꺼운 판의 절단, 주강 슬래그의 덩어리 절단

참고 알루미늄판, 구리판 절단은 불가능함

14 포갬(겹치기) 절단이란?

얇은 판(6mm 이하)을 여러 장 포개어 틈

이 없도록 압착한 후 산소-프로판 불꽃으로 한꺼번에 절단하는 방법

15 포갬(겹치기) 절단시 판의 최소 틈새는 얼마로 해야 되는가? : 0.08mm 이하

16 워터 제트 절단(water jet cutting)

물을 3500~4000bar 이상 초고압으로 압축한 후 0.75mm의 노즐로 음속 이상으로 분사시켜 절단

17 워터 절단의 특징은? : ①~③

① 연질재료는 순수한 물을, 경질재에는 연마재와 물을 분사시켜 절단한다.
② 워터 제트 절단은 모든 재료의 절단이 가능하다.
③ 로봇 등과 조합시켜 자동화가 가능하고, 열변형이 없고 정밀도가 높아 후속처리가 거의 불필요하다.

❷ 가스 가공

01 가스 가우징의 용도는?

용접 홈을 가공

02 가스 가우징 작업의 속도는 가스절단 때 보다 몇 배 빠른가? : 2.5배

03 가스 가우징 작업에 있어서 홈의 깊이와 나비의 비는? : 1:1~1:3

04 가스 가우징시 산소와 아세틸렌의 압력은?

① 가스 압력은 팁의 크기에 따라 다르나 보통 3~7kgf/cm2(294~686kPa),

② 아세틸렌의 경우 0.2~0.3kgf/cm^2(19.6~29.4kPa)이 널리 쓰인다.

05 스카핑의 특징은? ①~③

① 강괴 표면 탈탄층 및 홈 제거에 사용
② 가우징 토치에 비해 능력이 크다.
③ 주로 넓은 표면의 홈을 제거할 때 사용

06 냉간재를 스카핑할 경우 스카핑의 속도는? : 5 ~ 7m/min

07 스카핑시 사용되는 산소의 압력은?

0.5~0.7MPa

제7절 아크절단

❶ 산소, 탄소 아크절단 등

01 비철 금속 절단에 바람직한 절단법은?

아크절단 또는 분말 가스절단

02 아크절단법의 종류

탄소 아크절단, 금속 아크절단, 산소 아크절단, 불활성 가스 아크(티그, 미그) 절단, 플라즈마 젯트 절단법 등이 있다.
아크절단시 압축 공기나 산소 기류를 이용하면 좋다.

03 탄소 아크절단(carbon arc cutting)

탄소 또는 흑연 전극과 모재 사이에 아크를 일으켜 절단하는 방법

> **참고** 전극봉은 전도성 향상을 위해 표면에 구

리 도금한 것을 사용한다.

04 탄소 아크절단에 적합한 전원은?

직류, 교류 모두 사용되나, 주로 직류 정극성이 사용한다.

05 탄소 아크절단의 특징 및 용도는?

고탄소강의 경우 절단 영향부가 경화되기 쉬우며, 주철, 고탄소강 등 가스절단이 곤란한 재료에 사용된다.

06 금속 아크절단의 특징은? : ①~③

① 교류 및 직류 용접기를 사용하여 절단 전용 피복 용접봉으로 절단하는 방법
② 피복 금속 아크절단라고도 한다.
③ 피복제는 발열량이 많고 산화성이 풍부한 것을 사용하며, 용융물은 유동성이 좋아야 한다.

07 산소 아크절단의 특징은? : ①~③

① 중공(속이 빈)의 피복 용접봉과 모재 사이에 아크를 발생시켜 용융시키고, 중공의 전극봉에 고압 산소를 분출하여 절단하는 방법
② 전원은 보통 직류 정극성이 사용되나 교류도 가능하다.
③ 철구조물 및 수중 해체, 고크롬강, 스테인리스강, 고합금강 등에 이용된다.

08 TIG 절단의 특징

① 텅스텐 전극과 모재 사이에 아크를 발생시켜 모재를 용융하여 절단
② 비철 금속, 스테인리스강의 절단

09 MIG 절단의 특징

① 금속 전극에 큰 전류를 흐르게 하여 10~15% 산소를 혼합한 아르곤 가스를 분출시키며 절단
② 직류 역극성을 사용하며, 모든 금속의 절단에 이용된다.

10 플라스마 젯 절단의 원리는?

플라즈마 아크의 바깥 둘레를 강제로 냉각하여 생성된 10000 ~ 30000°C의 고온, 고속의 플라즈마를 이용한 절단

11 플라스마 젯 절단에 사용하는 전원은?

직류, 비철 금속 절단에 이용된다.

12 플라스마 젯 절단에 사용하는 가스는?

① Al, 경금속에는 아르곤과 수소의 혼합 가스를 사용하며,
② 스테인리스강에는 질소와 수소 혼합 가스를 사용한다.

13 플라스마 절단의 용도는?

경금속, 철강, 고합금강, 스테인리스강, 비철 금속, 주철, 구리 합금 등의 금속재료와 콘크리트, 내화물 등의 절단

14 절단하려는 재료에 전기적 접촉을 하지 않으므로 금속재료뿐만 아니라 비금속의 절단도 가능한 절단법은?

플라즈마(plasma) 아크절단

15 스테인리스강에 사용되는 플라즈마 절단 작동가스로 가장 적합한 것은?

질소 + 수소

❷ 아크 에어 가우징

01 아크 에어 가우징의 원리는?

탄소 전극에 의한 아크열로 용융시킨 금속에 압축 공기를 연속적으로 불어 넣어 금속 표면에 홈을 파는 방법

02 아크 에어 가우징의 특징은? ①~⑥

① 가스 가우징보다 모재에 악영향이 거의 없다.
② 가스 가우징보다 2~3배의 작업 능률을 얻을 수 있다.
③ 용접 결함 특히 균열의 발견이 쉽다.
④ 아크열을 이용하며, 압축 공기가 필요하다.
⑤ 조작법이 간단하고, 응용 범위가 넓으며, 경비가 저렴하다.
⑥ 용융금속을 순간적으로 불어내므로 모재에 악영향을 주지 않으며, 소음이 적다.

03 아크 에어 가우징의 용도는?

주강, 주물, 스테인리스강 경합금 절단에도 사용된다.

04 아크 에어 가우징에 적합한 극성은?

직류 역극성(DCRP)

05 아크 에어 가우징 작업시 알맞은 압축공기의 압력은?

① 5~7 kgf/cm² 정도가 적당하며, 질소나 Ar도 가능하다.
② 아크 에어 가우징 작업시 알맞은 콤프레셔(공기 압축기)는 3마력(HP) 이상의 압축력이 필요하다.

06 아크 에어 가우징 작업시 압축 공기가 없는 경우는?

압축 질소나 아르곤 가스를 사용하여 작업할 수 있다. 압축 공기 분사는 항상 가우징봉의 바로 뒤에서 이루어져야 효과적이다.

07 가우징봉은?

① 탄소와 흑연의 혼합물인 탄소와 흑연으로 제조하며, 사용 전원에 따라 직류용과 교류용이 있다.
② 전기를 잘 통할 수 있도록 표면에 구리 도금을 사용한다.

기타 용접, 용접 자동화

제1절 서브머지드 아크용접

1 원리 및 특징

01 서브머지드 아크용접(SAW)의 원리는?

용접할 모재에 입상의 용제(flux)를 살포한 후 용제 속에 비피복 와이어를 넣고 모재 및 와이어를 용융시켜 용접부를 대기로부터 보호하면서 용접하는 방법

> 참고 SAW : Submerged Arc Welding

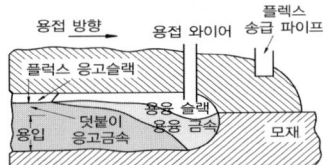

[서브머지드 아크용접의 원리]

02 서브머지드 아크용접 특성(장점)은? ①~④

① 대(고)전류 사용으로 전류 밀도가 높아 용입이 깊어 후판 용접이 용이하다.
② 작업능률(용착속도)이 피복 금속 아크용접에 비하여 판두께 12mm에서 2~3배, 25mm에서 5~6배, 50mm에서 8~12배 빠르(높)다.
③ 용착금속의 기계적 성질이 우수하다.
④ 비드 외관이 곱(아름답)다.

03 잠호(불가시) 용접의 특징은? : ①~③

① 개선각을 작게 하여 용접 패스 수를 줄일 수 있다.
② 유해 광선이나 퓸(흄, fume) 등이 적게 발생되어 작업 환경이 깨끗하다.
③ 이음부의 청정(수분, 녹, 스케일 제거 등)에 특히 유의하여야 한다.

04 SAW 용접법의 단점으로 틀린 것은?

① 두꺼운 판 용접에서 비효율적이다.
② 용접선이 곡선이거나 짧으면 비능률적이다.
③ 용제 속에서 아크가 발생되므로 육안으로 식별이 불가능하다.
④ 용접선이 수직인 경우 적용이 곤란하다.(용접 자세에 제약을 받는다.)

> 해설 ①, 두꺼운 판 용접에서 효율적이다.

05 SAW 용접법의 단점은? : ①~③

① 장비의 가격이 비싸다.(고가이다)
② 개선가공 및 루트 간격에 정밀을 요한다.
③ 용접 입열이 커(많아) 변형이 크고, 열영향부가 넓다.

06 이음부의 루트 간격 치수에 특히 유의하여야 하며, 아크가 보이지 않는 상태에서 용접이 진행되는 용접은?

서브머지드 아크 용접

07 서브머지드 아크용접의 다른 명칭으로

불리우는 것에 속하지 않는 것은?

① 잠호 용접   ② 유니언 멜트 용접
③ 헬리 아크용접   ④ 불가시 아크용접

참고 ③은 티그용접의 다른 이름이다.

08 콤퍼지션(composition) 용제를 사용하는 용접법은? : SAW 용접

해설 SAW 용접법은 용제(flux)가 필요한 용접법

09 이음부의 청정(수분, 녹, 스케일 제거 등)에 특히 유의하여야 하는 용접법은?

서브머지드 아크용접

❷ 용접 장치

01 서브머지드 아크용접기에서 용접 헤드(welding head)의 구성은?

와이어 송급 장치, 전압 제어장치, 접촉(콘텍트) 팁, 용제(flux) 호퍼, 주행 대차

참고 가이드 레일, 수냉동판은 헤드가 아니다.

[서브머지드 아크용접기의 헤드]

02 서브머지드 아크용접 장치의 구성 및 종류에 관한 설명은? : ①~③

① 용접 전원으로 직류가 시설비가 많(비싸)고 자기불림 현상이 매우 심하다.

② 용접 전류는 접촉팁에서 와이어에 송급된다.
③ 용접 전류는 용접 전원으로부터 용접 전극을 통하여 공급된다.

03 SAW 용접에서 75mm의 후판을 한꺼번에 용접이 가능한 용접기는? : ④

① 반자동(UMW, FSW)형 : 최대 전류 900A
② 경량(DS, SW)형 : 최대 전류 1200A
③ 표준 만능(UE, USW)형 : 최대 전류 2000A
④ 대형 : 최대 전류 4000A

04 다전극 방식 서브머지드 아크용접법

① 텐덤식(다전원 연결)
② 횡병렬식(동일전원 연결)
③ 횡직렬식(직렬 연결)

05 다전극 서브머지드 아크용접시 두(2) 개의 전극 와이어를 각각 독립된 전원에 연결하는 방식으로 비드 폭이 좁고 용입이 깊으며, 용접 속도가 빠른 방식은?

텐덤식(tandem process)

해설 텐덤식은 배관(파이프라인) 용접에 적합

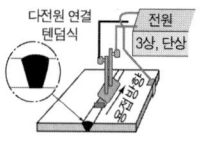 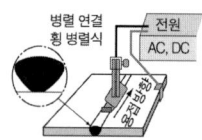

[텐덤식]   [횡병렬식]

06 서브머지드 아크용접에서 두 개의 전극(와이어)을 똑같은(동일) 전원에 접속하며, 비드 폭이 넓고 용입이 깊은 용접부가 얻어져 능률이 높은 다전극 방식은?

횡병렬식(parallel transverse process)

07 다전극식 서브머지드 아크용접법에서 비교적 용입이 얕아 주로 스테인리스강 등의 덧붙이(육성) 용접에 흔히 사용하는 용접방식은?

횡직렬식

❸ 용접 재료

01 서브머지드 아크용접시 사용하는 용제의 구비 조건

① 아크 발생이 잘 되고 적당한 용융 온도 및 점성 온도 특성을 가질 것
② 합금 성분의 첨가, 탈산, 탈유 등의 결과로 양질의 용접금속이 얻어질 것
③ 용접 후 슬래그 박리성이 양호하며, 양호한 비드를 형성할 것

02 SAW용접에서 용제의 역할은? ①~③

① 아크 안정, 아크 주변 용접부 보호
② 화학적, 금속학적 반응에 의한 정련 작용과 합금 원소 첨가
③ 와이어의 용융 속도를 증가시키는 효과는 없다.

03 SAW시 사용하는 용융형 용제(fusion type flux)의 특징으로 틀린 것은?

① 광물성 원료를 1300℃ 이상으로 용융한 후 분쇄하여 적당한 입자로 만든 것
② 입도는 12×150[mesh] 등이 잘 쓰인다.
③ 미국의 린데 회사의 것이 유명하다.
④ 낮은 전류에서는 입도가 미세한 용제를 사용하면 기공 발생이 적다.

해설 ④, 낮은 전류에서는 입도가 큰 용제를 사용하면 기공 발생이 적다.

04 서브머지드 아크용접시 사용하는 용융형 용제의 특징은? : ①~④

① 흡습성이 적(없)어 재건조 불필요, 미용융 용제는 재(반복) 사용이 가능하다.
② 비드 외관이 아름답고, 용제의 화학적 균일성이 양호하다.
③ 고속 용접성이 양호하고, 보관이 쉽다.
④ 용접 전류에 따라 입자 크기가 다른 것을 사용해야 하며, 용접시 산화나 분해되는 원소는 첨가해선 안된다.

05 용융형 용제의 주성분은?

규산(SIO_2), 산화마그네슘, 이산화망간, 알루미나(Al_2O_3), 산화망간, 산화철, 산화나트륨, 산화바륨, 산화티타늄, 산화칼륨 등

06 용융형 용제의 주 용도는?

고장력강 용접, 저온용기 용접, 건축, 교량 구조재 용접, 극후판 용기류의 다층 용접

07 원료 광석 가루, 합금제. 탈산제 등을 규산나트륨과 같은 점결제와 함께 용융되지 않을 정도로 소결하여 입도를 조정한 용제는?

소결형 용제(sintered type flux)

08 서브머지드 아크 용접에서 소결형 용제의 특징은? : ①~⑤

① 고전류에서의 용접 작업성이 좋다.
② 탈산제, 합금원소의 첨가가 용이하다. (합금 성분이 많다.)
③ 전류에 상관없이 동일한 용제로 용접이 가능하다.

④ 용융형 용제에 비하여 용제의 소모량이 적고 경제적이다.
⑤ 스테인리스강 용접, 덧살 붙임 용접, 조선의 대판계(大板繼) 등을 용접에 쓰인다.

09 저합금강이나 스테인리스강의 용접에 적합한 용제는? : 소결형 용제

> 참고 소결형 용제 용도 : 고장력강 용접, 저온용기 용접, 조선의 후판 용접, 덧살 용접

10 용제 중 흡습성이 가장 높은 것은?

소결형 : 흡습량 허용값은 0.5% 이하

> 참고 흡습성 정도 : 용융형 < 혼성형 < 소결형

11 혼성형 용제(bonded type flux)는?

분말상 원료에 고착제(물유리 등)를 가하여 비교적 저온(300~400℃)에서 건조하여 제조한 것

> 참고 혼성형 용제 : 습기에 민감하므로 건조한 곳이나 오븐에 구워 저장해야 된다.

12 용제의 입자가 클수록 용입은 어떻게 되는가? : 용입이 깊어진다.

13 용융형 용제의 입도 12×150에 적당한 전류는? : 500×800A

입도 치수	8×48	12×65	12×150	12×200	20×D
적정 전류	600>	600>	500×800	500×800	800

14 입도를 표시할 때 8×200은?

8메시보다 가늘고, 200메시보다 거친 것

> 참고 입도 20×D : 20메시에서 D는 미분(dust)의 표시

15 SAW 용접에서 용접용 와이어는?

코일상의 금속선으로 릴에 감겨져 있으며, 와이어 표면은 구리 도금한 것이 보통이다.

16 망간의 함유량에 따른 서브머지드 아크용접 와이어의 분류

① 저망간계 : 0.6%Mn 이하
② 중망간계 : 1.25%Mn 이하
③ 고망간계 : 2.25%Mn 이하

17 SAW 용접용 코일의 표준 무게

① 작은 코일(S) : 12.5kgf
② 중간 코일(M) : 25kgf
③ 큰 코일(L) : 75kgf
④ 초대형 코일(XL) : 100kgf

18 서브머지드 아크용접 와이어 지름은?

2.0, 2.4, 3.2, 4.0, 4.8, 6.4, 7.9, 12.7이 있으며, 2.4 ~ 7.9mm가 주로 사용된다.

19 와이어 종류 중 서브머지드 아크용접의 연강에 주로 사용되는 것은?

US 36, US 43, US 47

> 참고 US 410은 연강용으로 사용되지 않는다.

20 서브머지드 아크용접에 사용되는 와이어 지름에 따른 전류 범위는?

① 2.4 : 150 ~ 350A
② 3.2 : 300 ~ 500A

③ 4.0 : 350 ~ 800A
④ 4.8 : 500 ~ 1100A
⑤ 6.4 : 700 ~ 1600A
⑥ 7.9 : 1000 ~ 2000A

21 단층, 다층 또는 맞대기 용접, 필릿 용접에 적용되며, G 20, G 80 등의 용제와 맞추어 사용되는 와이어는?

US 36

22 서브머지드 아크용접용 와이어 표면에 구리를 도금한 이유는? : ①~③

① 접촉팁과 전기 접촉을 좋게 한다.
② 와이어에 녹슴을 방지한다.
③ 송급 롤러와 접촉을 원활히 한다.

④ 용접 작업

01 서브머지드 아크용접의 V형 맞대기 용접시 루트면 쪽에 받침쇠가 없는 경우에 알맞은 홈 각도, 루트 간격과 루트면은? : ①~③

① 홈 각도 : ±5°
② 루트 간격 : 0.8mm 이하
③ 루트면 : 7 ~ 16mm

[해설] 홈각도가 크면 용입이 깊고, 작으면 용입은 얕아진다.

02 서브머지드 아크용접시 전류가 증가하면 어떻게 되는가?

용입이 급증하(깊어지)며 비드 높이도 높아지고 오버랩도 생긴다.

03 서브머지드 아크용접에서 아크전압이 낮을 때 일어나는 현상은?

용입이 깊어지고, 비드 폭이 좁아지며, 보강 덧붙이가 커진다.

[참고] 아크전압이 증가하면 아크 길이가 길어지고 비드 폭이 넓어지면서 평평한 비드가 형성된다.

04 서브머지드 아크용접의 용접 조건으로 옳지 않은 것은?

① 와이어 돌출 길이를 길게 하면 와이어의 저항열이 많이 발생하게 된다.
② 와이어 지름이 증가하면 용입도 증가한다.
③ 용착량과 비드 폭과 용입은 용접 속도의 증가에 거의 비례하여 감소한다.
④ 홈 각도가 크면 용입이 깊어진다.

[해설] ②, 전류 밀도가 감소하므로 용입이 낮(얕)아진다.

05 서브머지드 아크용접기로 아크를 발생할 때 모재와 용접 와이어 사이에 놓고 통전시켜주는 재료는? : 스틸 울

[해설] 과거엔 스틸 울을 놓고 통전시켜 아크를 발생, 요즘은 고주파 발생 장치를 사용

06 서브머지드 아크용접시 아크 길이가 길면 일어나는 현상은?

용입은 얕고 비드 폭이 넓어진다.

07 서브머지드 아크용접의 시공시 뒷받침(backing)을 사용하는 이유

① 단층 용접으로 뒷면까지 완전 용입이 필요한 경우
② 루트면의 치수가 용융 금속을 지지할 수 없을 정도일 때(용락의 우려)

③ 루트 간격이 0.8mm를 넘을 경우 수동 용접에 의해 누설 방지 비드를 놓거나 받침을 사용해야 된다.

08 서브머지드 아크용접의 시공시 사용하는 받침의 종류는?

멜트 백킹, 구리 받침쇠, 컴퍼지션 백킹, 세라믹

> **참고** 가스 백킹은 사용하지 않는다.

09 서브머지드 아크용접용 받침쇠는?
①~④

① 구리판에는 홈 깊이 0.5 ~ 1.5mm, 폭 6 ~ 20mm 정도로 만든다.
② 구리판 대신 모재와 동일한 재료로 받쳐 완전 용입하는 것도 좋다.
③ 용접 열량이 많을 때는 수랭식 받침쇠를 사용한다.
④ Al판은 열전도는 좋으나 용융점이 낮으므로 받침판으로 사용할 수 없다.

10 엔드 탭 사용 이유와 형상

① 용접이 시점, 종점에 결함이 많이 발생하므로 이것을 방지하기 위해
② 형상 : 모재와 홈의 형상이나 두께, 재질 등이 동일한 것의 부착이 필요하다.
③ 용접 후 절단 제거, 또는 중요한 이음에서는 큰 엔드 탭을 붙여 용접 후 절단하여 기계적 성질 시험용으로 사용한다.

11 어느 용접이나 용접 속도가 증가하면?

모재의 입열이 감소되어 용입이 얕아지고 비드 폭이 좁아진다.

12 진행 방향의 영향

전진법은 용입이 감소하며 비드 폭이 증가하고, 비드 면이 평평해지며,
후진법은 반대 현상이 일어난다.

13 SAW 용접의 기공 발생 원인은?

용접 속도 과대, 전압 부적당, 용제의 건조 불량, 용접부 표면 불결, 이면 슬래그 미제거

14 서브머지드 아크용접시 모재에 수분이 있을 경우 예열 방법과 온도는?

가스 불꽃으로 60 ~ 80℃ 정도 예열

제2절 불활성 가스 아크용접 (TIG/ MIG)

1 원리 및 특징

01 불활성 가스 아크용접의 원리

불활성 가스 분위기 속에서 텅스텐 전극봉 또는 와이어와 모재 사이에서 아크를 발생하여 그 열로 용접하는 방법

> **참고** 불활성 가스 텅스텐 아크용접(TIG 용접)과 불활성 가스 금속 아크용접(MIG 용접)법이 있다.

02 불활성가스 아크용접의 장점은?

①~⑤

① 산화하기 쉬운 금속의 용접이 쉽다.
② 모든(전) 자세의 용접이 용이하며, 열 집중성이 좋아 고능률적이다.
③ 피복제와 플럭스(용제)가 필요없다.
④ 아크가 안정되어 스패터가 적다.
⑤ 용접 변형이 비교적 적다. 조작이 쉽다.

03 불활성 가스 아크용접의 단점은? ①~③

① 장비비가 고가이고 이동해서 사용하기 힘들다.
② 실드 가스가 바람에 의해 불려나갈 수 있어 옥외 작업이 힘들다.
③ 토치가 접근하기 힘든 경우(곡선, 짧은 용접부)에는 용접하기 어렵다.

04 다음 중 불활성 가스 아크용접을 하는데 가장 부적합한 금속은? : 주강

[주강, 스테인리스강, 알루미늄, 구리와 그 합금, 내열강]

> 참고 주강은 일반 피복 아크용접이나 CO_2 용접 등으로도 용접성이 양호하므로 가격이 비싼 불활성 가스를 사용하는 용접법을 채용하면 비경제적이다.

❷ 불활성 가스 텅스텐 아크용접

01 불활성 가스 텅스텐 아크용접(TIG, Tungsten Inert gas) 용접의 개요와 원리

텅스텐 전극봉을 사용하여 발생시킨 아크로 모재와 용접봉을 녹이면서 용접하는 방법

02 불활성 가스 텅스텐 아크용접에 관한 사항은? : ①~⑤

① 비소모(비용극)식 불활성 가스 아크용접법이라고도 한다.
② 주로 아르곤(Ar) 가스를 사용한다.
③ 교류나 직류를 다 사용할 수 있다.
④ 용접봉이 전극이 될 수 없다.(용가재다.)
⑤ 주로 3mm 이하의 박판에 이용된다.

03 TIG 용접의 V형 맞대기 용접에 적용 가능한 모재 두께는? : 6 ~ 20mm

① I형 맞대기 용접에는 3mm까지,
② V형 맞대기 용접에는 6 ~ 20mm 정도

04 TIG 용접의 특성은? : ①~③

① 피복제 및 용제가 불필요하다.
② 산화하기 쉬운 금속의 용접이 용이하고 용착부의 제성질이 우수하다.
③ 낮은 전압에서 용입이 깊다.

05 TIG 용접의 단점은? : ①~③

① 불활성 가스와 용접기의 가격이 비싸 운영비와 설치비가 많이 든다.
② 바람의 영향을 받으므로 방풍 대책이 필요하다.
③ 후판 용접에서는 다른 아크용접에 비해 비효율적이(능력이 떨어진)다.

[TIG 용접기 형상]

06 불활성 가스 텅스텐 아크용접의 상품 명칭은?

헬리 아크, 헬리 웰드, 필러 아크 등

07 불활성가스 텅스텐 아크용접에서 직류 정극성(DCSP, DC straight polarity)에 관한 설명은? : ①~③

① 모재측에 양(+)극, 토치측에 음(-)극을 연결한 방식
② 용입이 깊으며, 직경이 적은 전극에서

큰 전류를 흐르게 할 수 있으며, 그다지 가(과)열되지 않는다.
③ 스테인리스강 용접에 적합하다.

08 직류 역극성(DCRP, DC reverse polarity)의 특성 설명으로 틀린 것은?

① 모재측에 음(-)극, 토치측에 양(+)극을 연결한 방식
② 용입이 깊고 폭이 좁으며, 전극이 저온으로 전극 수명이 길다.
③ 정극성보다 4배의 큰 전극이 필요하다.
④ Ar 가스 사용시 청정 작용이 있다.

해설 ②, 용입이 얕고 비드 폭이 넓으며, 전극이 고온으로 가열되어 끝이 녹기 쉽다.

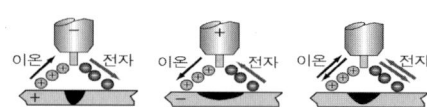

[직류 정극성] [직류 역극성] [고주파 교류]

09 고주파 교류(CHF)

① 교류 아크용접기에서 아크 안정을 얻기 위하여 상용 주파의 아크 전류에 고전압의 고주파를 중첩하는 방식
② 용접 전류가 부분적 정류되어 불평형하므로 용접기가 탈 염려가 있다.

10 불활성 가스 텅스텐 아크 용접기에 사용되는 고주파 전압, 전류는?

고전압 2000~3000V,
300~1000kc 약전류를 중첩

10 TIG 용접의 극성에서 정류 작용 방지를 위해 2차 회로에 삽입하는 것은?

축전지, 리액터 또는 직렬 콘덴서, 정류기

해설 초음파는 아니다.

11 TIG 교류 용접시 용접 전류에 고주파 전류를 더하였을 때의 장점

① 전극을 모재에 접촉시키지 않고 쉽게 아크를 발생시킬 수 있다.
② 아크가 매우 안정되며 아크가 길어져도 끊어지지 않는다.
③ 전극의 수명이 길어 경제적이다.
④ 일정한 지름의 전극에 비해 광범위한 전류의 사용이 가능하다.

12 TIG용접에서 중간 형태의 용입과 비드 폭을 얻을 수 있으며 청정 효과가 있어 Al이나 Mg 등의 용접에 사용되는 전원은?

고주파 중첩 교류(ACHF) 전원

13 다음 문장에서 ( )안에 들어갈 적합한 단어의 순서는? : 음전기, 모재

[불활성가스 텅스텐(TIG) 아크용접법에서 직류 정극성에서는 ( )를 가진 전자가 ( )에 강하게 충돌하므로 깊은 용입을 일으키게 된다.]

14 TIG 용접 토치의 형태에 따른 종류는?

T형 토치, 직선형 토치, 플렉시블형 토치

해설 Y형 토치는 없다.

15 TIG 용접에서 토치를 수랭해주는 용접 전류의 범위는? : 200A 이상

참고 학자에 따라 100A 또는 200A 이상으로 논하고 있으나 장시간 사용할 경우는 100A 이상은 수랭식이 안전하다.

16 티그(TIG) 용접에서 텅스텐 전극봉의 고정을 위한 장치는? : 콜릿 척

17 가스 노즐(캡)

세라믹, 구리로 만들어지며, 크기는 가스 분출 구멍의 크기로 정해지며, 보통 4~13mm가 주로 사용된다.

18 펄스 TIG 용접기의 특징은? : ①~⑥

① 저주파 펄스 용접기와 고주파 펄스 용접기가 있다.
② 직류 용접기에 펄스 발생 회로를 추가한다.
③ 20A 이하의 저 전류에서 아크의 발생이 안정하다.
④ 전극봉의 소모가 적어 수명이 길다.
⑤ 0.5mm 이하의 박판 용접도 가능하다.
⑥ 좁은 홈의 용접에서 아크의 교란 상태가 발생되지 않아 안정된 상태의 용융지가 형성된다.

19 TIG 용접의 전극봉에서 전극의 구비조건으로 옳지 않은 것은?

① 고용융점의 금속일 것
② 전자 방출이 잘 되는 금속일 것
③ 전기 저항률이 높은 금속일 것
④ 열전도성이 좋은 금속일 것

해설 ③, 전기 저항률이 낮은 금속일 것, 여기에 가장 적합한 금속은 텅스텐이다.

20 순텅스텐 전극(AWS : EWP, KS : YWP)의 특성은? : ①~③

① 토륨 함유봉에 비해 가격이 저렴하나, 전자 방사능력은 떨어진다.
② 교류에서 불평형 전류가 감소된다.
③ 저전류용, Al, Mg합금 용접에 적합하다.

21 토륨 함유 텅스텐 전극의 특성

① 토륨을 1% 또는 2% 함유한 것이 있다.
② 가격이 비싸며, 교류에서는 좋지 않다.

22 TIG 용접에 사용되는 토륨 텅스텐 봉(AWS : EWTh1, EWTh2)은 순 텅스텐 봉에 비해 장점은? : ①~④

① 전극 소모가 적어 전극의 수명이 길다.
② 전자 능력이 현저하게 뛰어나며, 불순물이 부착되어도 전자 방사가 잘 되며 아크가 안정하여 아크 발생이 쉽다.
③ 저전류나 저전압, 전극 온도가 낮아도 접촉에 의한 오손이 적다.
④ 주로 강, 스테인리스강, 동합금 용접에 사용된다.

23 지르코늄 함유 텅스텐 전극(AWS : EWZr)의 특징

① 지르코늄 0.15~0.5% 함유한 것으로 고전류용이다.
② Al, Mg 용접에서 순텅스텐의 단점을 보완한 것이다.

24 불활성 가스 아크(TIG)용접에서 순 텅스텐 전극봉의 색은? : 녹(백)색

AWS 기호	식별용 색		사용 전원
	AWS	KS	
EWZr	갈색	-	ACHF
EWTh1	황색	황색	DCSP
EWTh2	적색	적색	DCSP
란탄 함유봉	흑색 0.8~1.2%	골드 1.3~1.7%	ACHF

25 TIG 용접에 사용되는 란탄 함유 텅스텐 봉의 특성

① 강, 스테인리스, 각종 금형 용접, Al용접에 탁월함
② 순텅스텐+토륨전극 장점을 결합한 전극

26 텅스텐 전극봉 가공의 가공법

① 정극성은 뾰족하게 가공한다.(강, 스테인리스강 용접) 아크 집중성이 좋아져 용입이 깊고 불순물이 적게 붙어 전자 방사 능력이 높아진다.
② 역극성에 사용할 경우 둥글게 가공한다. (알루미늄, 마그네슘 합금 용접)

27 TIG 용접에서 직류 정극성으로 용접할 때 전극 선단의 각도가 가장 적합한 것은? : 30 ~ 50°

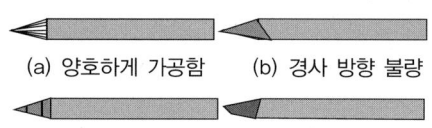

(a) 양호하게 가공함   (b) 경사 방향 불량
(c) 가공 방향 반대임 (d) 방향, 끝단 떨어짐
[전극봉의 가공]

28 텅스텐 전극의 수명을 길게 하는 방법은? : ①~④

① 노즐 끝에서의 전극의 돌출 길이를 길게 하지 않는다.
② 모재와 용접봉과의 접촉에 주의한다.
③ 과대 전류를 피한다.
④ 용접 후 전극 온도가 약 300℃로 되기까지 가스를 흘려보내 보호한다.

29 TIG 용접에서 텅스텐 전극봉은 가스 노즐의 끝에서부터 몇 mm 정도 도출시키는가? : 3 ~ 6mm

30 TIG 용접으로 필릿 이음할 때 적합한 전극 돌출 길이는? : 5~6mm

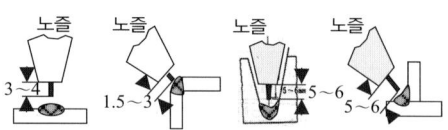

참고 용접시 돌출 길이가 너무 길면 보호가 불안전하고 너무 짧으면 작업성이 나쁘다.

31 불활성 가스 아크용접에 많이 사용되는 유량계의 방식은? : 부유식

32 TIG 용접시 사용하는 뒷받침 재료는?

[용제, 불활성가스, 금속, 세라믹, 점토]

해설 점토는 사용하지 않는다.

33 불활성 가스 아크용접에 주로 사용되는 가스는? : ①, ②

① 주로 아르곤 사용, 헬륨, 아르곤-헬륨, 아르곤-탄산가스, 아르곤-산소
② 아르곤은 헬륨보다 무거워 보호 능력이 좋으나, 아크전압이 낮아 경합금, 후판 용접에는 적합하지 않다.

34 아르곤 가스와 헬륨 가스 비교하면?

아르곤 가스(Ar)가 청정 작용이 잘 된다.

35 불활성 가스 아크용접에서 사용되는 아르곤 가스는 일반적으로 1기압에서 6500L 양을 몇 기압으로 충전하는가?

아르곤 가스(Ar)는 일반적으로 14MPa (140기압kgf/mm^2)으로 충전한다.

36 불활성 가스 아크용접에서 사용되는 헬

륨의 특성은? : ①~③

① 아르곤보다 가벼우므로 아르곤 가스와 같은 보호 효과를 얻으려면 아르곤보다 2배 정도의 유량을 분출해야 된다.
② 아크전압이 아르곤보다 높아 용접 입열이 크므로 Al, Mg 등 경합금 후판 용접에 적합하다.
③ 용입이 비교적 깊고 비드 폭이 좁아진다.

37 불활성 가스 아크용접에 주로 사용되는 혼합 가스의 혼합은? : ①, ②

① 아르곤과 헬륨의 혼합 비율은 25 : 75가 많이 쓰이며, Al과 동합금 용접에서 용입이 깊고 기공이 적게 발생한다.
② 스테인리스강의 용접에서는 아르곤에 산소를 1~5% 혼합하면 깊은 용입과 양호한 외관을 얻을 수 있다.

38 TIG 용접의 V형 맞대기 용접에 적용 가능한 모재 두께는? : 6~20mm

참고 I형 맞대기 용접에는 3mm까지

39 다음 중 TIG 용접 작업 중 아크 원더링(흔들림)이 생기는 원인으로 옳지 않은 것은?

① 전극의 전류 밀도가 낮고, 전극의 선단이 오손되어 있을 때
② 전극의 끝이 불량한 경우
③ 자기의 영향을 받지 않은 경우
④ 아르곤 가스에 공기가 혼입한 경우

해설 ③, 자기의 영향을 받은 경우

40 가스 유량이 과다하게 유출되는 경우 일어나는 현상은?

난류 현상이 생겨 아크가 불안정해지고 기공 발생 등 용접금속의 품질이 나빠진다.

41 TIG 용접을 할 때 안전 및 유의사항은? ①~④

① 세라믹 노즐은 단단하여 부서지기 쉬우므로 토치에 장착 때 주의해야 한다.
② 전기 연결 부분의 접합 상태를 점검한다.
③ 가스의 누설 여부를 비눗물로 검사한다.
④ 냉각수 누출, 가스 누설 유무 검사한다.

❸ 불활성 가스 금속 아크용접

01 불활성 가스 금속 아크용접의 원리

불활성 가스를 사용하여 용접부를 보호하며 연속 송급되는 와이어와 모재 사이에서 발생하는 아크열을 이용하여 용융 접합하는 용극(소모)식 아크용접법

02 소모식인 불활성가스 금속 아크(MIG) 용접법의 상품명이 아닌 것은?

① 에어 코메틱 용접법
② 넬륨 – 아크 용접법
③ 시그마 용접법
④ 필러 – 아크 용접법

해설 ④, MIG 용접법의 상품명으로는 ①, ②, ③ 외에 아르고노트 용접법이 있다.

03 불활성 가스 금속 아크용접의 특징

① 용극식 방식으로 용접 품질이 우수하다.
② 낮은 전압에서도 전류 밀도가 높아 용입이 깊다.
③ 용착부는 인성, 강도, 기밀성 및 내열성이 우수하다.

04 불활성 가스 금속 아크용접의 특성

① 아름답고 깨끗한 비드를 얻을 수 있다.
② 피복 아크용접이나 TIG 용접에 비해 용착 효율이 높고 고능률적이다.
③ 모재의 변형과 스패터 발생이 적다.
④ CO_2 용접에 비해 아크가 안정하다.

05 MIG 용접법의 특징에 대한 설명은? ①~④

① 반자동 또는 전자동 용접기로 용접속도가 빠르다.
② 정전압(상승) 특성 직류 용접기가 사용된다.(GMAW 용접 대부분 적용)
③ 아크 자기 제어 특성이 있다.
④ 대체로 모든 금속(각종 금속) 용접에 다양하게 적용할 수 있다.

06 불활성 가스 금속 아크(MIG) 용접에 관한 설명은? : ①~④

① 용접 후 슬래그 또는 잔류 용제를 제거가 필요없다.
② 주 용적 이행은 스프레이(분무)형이다.
③ 용접부의 기계적 성질이 우수하다.
④ 전자세 용접이 가능하고 열 집중이 좋다.

07 불활성 가스 금속 아크용접의 특성(징)은? : ①~④

① 직류 역극성 적용으로 청정 작용에 의해 산화막이 강한 금속(알루미늄, 마그네슘 등)의 용접이 쉽다.
② 일반적으로 가는 와이어일수록 용융 속도가 빠르다.
③ 전류 밀도가 높아 3mm 이상의 후판(두꺼운 판) 용접에 능률적이다.
④ 바람의 영향을 받기 쉬우므로 방풍 대책이 필요하다.

08 청정 효과가 있는 용접법은? MIG 용접

[MIG 용접, CO_2 용접, SAW 용접, 전자 빔 용접, 레이저 용접]

09 와이어 송급 장치의 종류

푸시식(push type), 풀식(pull type), 푸시-풀식(push-pull type), 더블 푸시-풀식

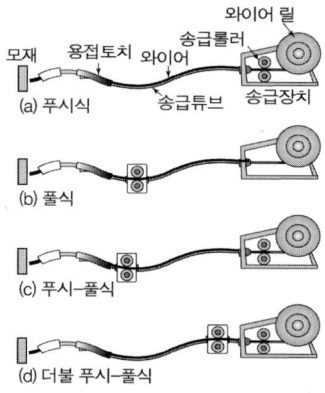

[와이어 송급 장치의 종류]

10 MIG 용접 제어 장치는? : ①~③

① 아르곤 가스 개폐 제어
② 용접 와이어의 기동 장치 및 속도 제어
③ 용접 전압의 투입 차단 제어

11 MIG 용접 장치의 송급 롤러는? ①~⑥

① 와이어와 접촉하여 마찰력에 의해 와이어를 미는 힘을 주는 역할을 한다.
② 홈의 형태에 따라 V형, U형, 로울렛형 등이 있다.
③ V형 : 지름이 2.4mm 이하의 경질 와이어에 쓰인다.
④ U형 : 와이어 표면 손상을 주어서는 안 되는 경우에 사용한다.

⑤ 로울렛형 : 3.2mm 이상의 연한 와이어에 적합하다.
⑥ 롤러의 가압 방식은 롤러 2개만 사용하는 2단식과 4개의 롤러를 사용하는 4단식이 있다.

12 MIG 용접 토치의 구성은?

전원 케이블, 가스 송급 호스, 스위치 케이블

13 MIG 용접시 상시 전류가 몇 A 이상일 경우 수냉식 토치를 사용해야 되는가?

200A 이하에는 공랭식,
200A 이상은 수냉식이 사용된다.

14 전류 밀도 계산식?

$$\frac{용접\ 전류}{전극의\ 단면적}$$

15 불활성 가스 금속 아크(MIG) 용접의 전류 밀도는 피복 아크용접에 비해 약 몇 배 정도인가? : 6 ~ 8배

〔참고〕 MIG 용접 전류 밀도는 티그 용접의 2배

16 불활성 가스 금속 아크용접에서 용적 이행 형태의 종류는?

단락이행, 입상이행, 스프레이(분무상) 이행

17 아크 기류 중에서 용가재가 고속으로 용융, 미세입자의 용적으로 분사되어 모재에 용착되는 용적 이행은?

스프레이 이행

〔참고〕 스프레이 이행은 고전압, 고전류에서 Ar이나 He 가스를 사용하는 경합금 용접에서 나타난다.
입상 이행은 와이어보다 큰 용적으로 용융되어 이행하며 주로 CO_2 가스를 사용할 때 나타난다.

18 MIG 용접에서 단락 이행형이 일어나는 경우는?

용접 전류가 적(낮)은 경우

19 MIG 용접의 용착률은?   : 약 98%

20 불활성 가스 금속 아크용접에서 가스 공급 계통의 확인 순서는?

용기 → 감압 밸브 → 유량계 → 제어 장치 → 용접 토치

21 불활성 가스 유량 조정기의 설치는?

유량 눈금관이 수직되게 설치한다.

22 미그 용접시 아르곤에 탄산가스나 산소를 혼합하여 사용할 경우 적당한 혼합 비율은?

탄산가스 : 3 ~ 25%, 산소 : 1 ~ 5%

23 MIG 용접시 혼합가스의 예

① 아르곤+탄산가스 : 아크가 안정되고 용융금속의 이행을 빨리 촉진시켜 스패터를 줄일 수 있다.
연강, 저합금강, 스테인리스강 용접에 적용
② Ar+He(90%)+CO_2 : 단락형 이행형으로, 주로 오스테나이트계 스테인리스강 용접에 사용된다.

24 불활성 가스 금속 아크(MIG) 용접에서

사용되는 와이어로 적절한 지름은?

$\phi 1.0 \sim 2.4$mm

25 MIG 용접시 일반적으로 사용하는 차광 유리의 차광도 번호는? : 12 ~ 13번

26 불활성 가스 금속 아크용접(MIG)에서 적정 아크 길이는? : 6 ~ 8mm

27 토치의 노즐과 모재와의 거리는?

10 ~ 15mm가 적당

28 MIG 전자동 용접에서 아크길이는 될 수 있는 대로 짧게 하는 것이 좋으나 너무 짧을 경우 어떤 현상이 일어나는가?

스패터나 기포가 생기기 쉽다.

제3절 이산화탄소가스 아크용접 (CO_2/MAG)

1 원리 및 특징

01 CO_2 아크용접의 원리

MIG 용접의 불활성 가스 대신에 CO_2 가스를 사용하는 것으로 용접 장치의 기능과 취급은 MIG 용접과 거의 같다.

02 CO_2 아크용접에 대한 설명은?

①~④

① 용극식 용접법이며, 전자세 용접이 가능하다.
② 용착금속의 기계적, 야금적(금속학적) 성질이 매우 좋다.(우수하다.)
③ 산화 및 질화가 없고 용착 금속의 성질이 우수하다.
④ 단락 이행(솔리드 와이어 사용시)에 의해 박판 용접이 가능하다.

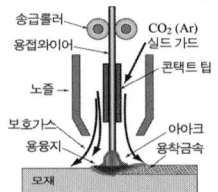

[CO_2 용접의 원리]

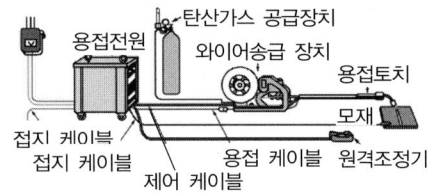

03 이산화 탄산가스 아크용접의 장점

① 전류 밀도가 높아 입열이 커서 용입이 깊고, 용융속도가 빠르다.
② 자동, 반자동의 고속 용접이 가능하다.
③ 아르곤 가스에 비하여 가스 가격이 저렴하여 용접 경비가 절약된다.
④ 용제를 사용하지 않아 슬래그의 혼입이 없고, 용접 후의 처리가 간단하다.
⑤ 가시 아크이므로 시공이 편리하다.

참고 플럭스 코어드 와이어를 사용할 경우는 슬래그가 생성된다.

04 이산화 탄산가스 아크용접의 단점

① 바람의 영향을 받으므로 풍속 2m/sec 이상에서는 방풍 장치가 필요하다.
② 비드 외관이 다른 용접법보다 약간 거칠다.
③ 적용되는 재질이 철계통에 한정되어 있다.

② CO_2 아크용접의 종류

01 이산화 탄산가스 아크용접에서 보호 가스와 용극 방식에 의한 분류

① 비용극식 : 탄소 아크법, 텅스텐 아크법
② 용극식
  ㉠ 순 CO_2 법
  ㉡ 혼합 가스법 : 02번 참조
  ㉢ CO_2 용제 병용법 : 03번 참조

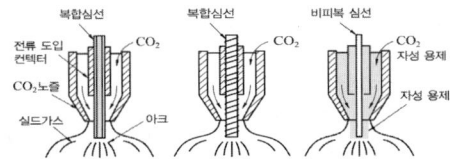

(a) 아코스 아크법 (b) 퓨즈 아크법 (c) 유니온 아크법

02 CO_2 아크용접법에서 혼합 가스법은?

CO_2-CO법, CO_2-Ar법, CO_2-Ar-O_2법, $CO_2(75\%)-O_2(25\%)$법

참고 수소(H_2)는 철강 중에 헤어 크랙의 원인이 되므로 사용해서는 안된다.

03 용제가 들어있는 와이어 이산화탄소법과 관련이 있는 용접법은?

아코스 아크법, 퓨즈 아크법, NCG법, 유니언 아크법이 있다.

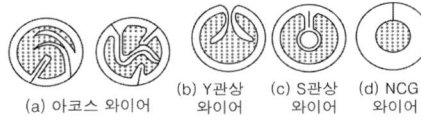

(a) 아코스 와이어 (b) Y관상 와이어 (c) S관상 와이어 (d) NCG 와이어

[복합 와이어의 종류]

04 유니언 아크법은?

① 자성 용제(플럭스)가 CO_2 가스와 같이 송급되어 강선에 직류 용접 전류에 의한 자력으로 자성 플럭스가 강선에 부착하여 용접이 행하여지는 용접법
② 심선을 노즐로 자동으로 밀어내고 호퍼에 저장된 자성 용제가 이산화탄소에 의해 밀려 나오면서 용접하는 방법

05 용제 함유 와이어를 사용하는 이산화탄소 아크용접법에서 용제의 역할은?

탈산제, 아크 안정제, 슬래그 생성제

06 탄산가스(CO_2) 아크용접법은 주로 어떤 금속에 쓰이는가?

철(연)강 용접

❸ CO_2 아크용접 장치, 용접재료

01 CO_2 아크용접의 보호 가스 설비의 구성

가스 용기, 압력 조정기 및 유량계, 호스 등으로 구성되어 있음

02 CO_2 가스 용기의 색깔과 가스 충전 구멍의 나사의 방향은?

청색, 오른 나사

03 CO_2 가스 충전 용기

용기에 완전 충전된 액체 상태의 CO_2 가스는 용기 상부에 약 10% 정도가 기체로 존재한다.

04 CO_2 가스 아크용접의 보호 가스 설비에서 히터 장치가 필요한 이유는?

액체 가스가 기체로 변하면서 열을 흡수하기 때문에 조정기의 동결을 막기 위해

05 CO_2 아크용접의 압력 조정기는?

액체 탄산가스가 기화하면서 온도가 내려가 결빙되므로 히터 장치와 유량계가 부착된 조정기를 사용해야 된다.

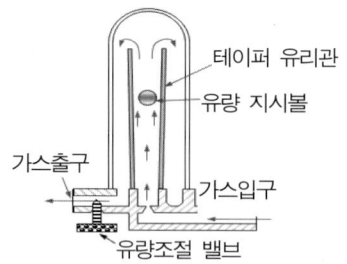

06 이산화탄산가스의 특성 설명으로 틀린 것은?

① 비중은 0.903 정도로 공기보다 가볍다.
② 무색, 무취, 무미의 기체이다.
③ 대기 중에서 기체로 존재한다.
④ 공기 중에 농도가 높으면 눈, 코, 입 등에 자극을 느끼게 되며, 농도가 높으면 유해하다.

해설 ①, 비중은 1.53 정도로 공기보다 무겁다. 물에 잘 녹는다. 상온에서 쉽게 액화하므로 저장, 운반이 쉽고 비교적 가격이 저렴하다.

07 CO_2 아크용접에서 혼합 가스의 일반적인 혼합 비율은?

CO_2 20~25% : 아르곤(Ar) 75~80%

08 가스 메탈 아크용접(GMAW)에서 보호 가스를 아르곤(Ar)과 CO_2 또는 O_2를 소량 혼합하여 용접하는 방식은?

MAG(혼합가스, metal active gas) 용접

참고 GMAW 용접 중에 CO_2 가스만 사용하는 CO_2 용접, 아르곤만 사용하는 MIG 용접

09 용접에 사용되는 CO_2 가스 순도

CO_2 가스는 순도 99.9% 이상이며, 수분이 0.02% 이하로 제한되어 있다.

10 상온 1기압하에서 액화 탄산 1kg이 완전히 기화되면 몇 L의 CO_2가 되는가?

약 510L 기체 탄산가스 기화

11 CO_2 가스에 산소(O_2)를 첨가한 효과로 틀린 것은?

① 용입이 얕아 박판 용접에 유리하다.
② 슬래그 생성량이 많아져 비드 외관이 개선된다.
③ 용융지의 온도가 상승된다.
④ 불순물이 떠오르기 쉬우므로 용착강이 청결하다.

해설 ①, 용입이 깊어 후판 용접에 유리하다.

12 CO_2-O_2 가스 아크용접에서 용적이행에 미치는 영향이 아닌 것은? : ③

① 핀치 효과   ② 증발 추력
③ 플라스마 효과   ④ 실드 효과

13 CO_2 아크용접에서 Ar과 CO_2를 혼합한 가스를 사용할 경우는? : ①~④

① 스패터의 발생이 적다.
② 용착 효율이 양호하다.
③ 박판의 용접 조건 범위가 넓어진다.
④ 혼합비는 아르곤이 80%일 때 용착 효율이 가장 좋다.

14 이산화탄소 아크용접용 와이어 종류

솔리드 와이어와 복합 와이어가 있다.

15 이산화탄소 아크용접에 사용되는 솔

리드(실체) 와이어(solid wire)

① 단면 전체가 균일한 강으로 되어 있다.
② 녹슴과 전기가 잘 통할 수 있도록 구리 도금하여 20kgf 정도의 릴이나 큰 통에 담겨져 시판되고 있다.

16 이산화탄소 아크용접에 사용되는 복합 와이어(flux cord wire)

대상의 강판에 탈산제, 아크 안정제, 합금 원소 등 용제를 넣어 둥글게 특수 가공한 와이어

17 CO_2 가스 아크용접에서 솔리드 와이어와 비교한 복합 와이어의 특징은?

①~③

① 양호한 용착금속을 얻을 수 있다.
② 스패터가 적고, 아크가 안정된다.
③ 비드 외관이 깨끗하며 아름답다.

18 탄산가스를 이용한 용극식 용접에서 용강 중에 산화철(FeO)을 감소시켜 기포를 방지하기 위해 와이어에 첨가하는 원소는? : Si(규소), Mn(망간)

19 다음 중 탄산가스 아크용접에 사용되는 와이어의 지름 종류가 아닌 것은?

2.6mm

[0.9mm, 1.2mm, 2.0mm, 2.6mm]

20 CO_2 가스 아크용접의 솔리드 와이어 용접봉에 대한 설명으로 YGA - 50W - 1.2 - 20에서 "50"이 뜻하는 것은?

50 : 용착금속의 최소(저) 인장강도

참고 Y: 용접 와이어, G : 가스 실드용접,
A : 내후성강, W : 종류(화학성분),
20 : 무게 kg, 1.2 : 와이어 지름 mm

21 CO_2 아크용접용 와이어 중 용제가 들어있는 와이어의 사용 전 건조 온도와 시간은? : 200~300℃, 1시간 정도

22 CO_2 가스 아크용접에서 허용되는 바람의 한계 속도는? : 1~2m/sec

참고 바람이 1~2m/sec 이상이면 기공 발생 우려가 있으므로 방풍 장치를 해야 된다.

23 반자동 CO_2 가스 아크 편면(one side) 용접시 뒷댐 재료로 가장 많이 사용되는 것은? : 세라믹 제품

참고 맞대기 용접시 뒷댐재 사용은 표면 비드와 함께 이면 비드를 형성하여 이면 가우징 및 이면 용접을 생략할 수 있다.
뒷댐재 재질은 세라믹, 수냉 동판, 글라스 테이프 등이 있다.

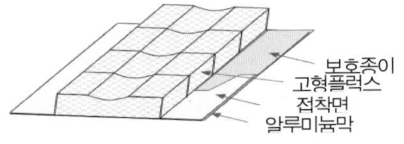

[세라믹 뒷댐판]

④ CO_2 가스 아크용접 작업

01 전진법의 특징

① 용접선이 잘 보이므로 운봉을 정확하게 할 수 있다.
② 비드 높이가 낮고 평탄한 비드가 형성된다.

③ 스패터가 비교적 많으며 진행 방향쪽으로 흩어진다.
④ 용착금속이 아크보다 앞서기 쉬워 용입이 얕아진다.

02 후진법의 특징
① 전진법 특성 ①~④의 반대의 특성을 갖는다.
② 비드 형상이 잘 보이기 때문에 비드 폭 높이 등을 억제하기 쉽다.

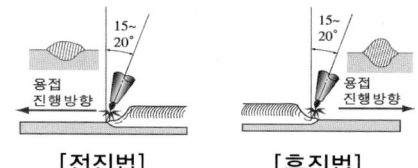

[전진법]　　　　[후진법]

03 puckering(퍼커링) 현상이 발생하는 한계 전류 값의 주원인이 아닌 것은?
① 와이어 지름　　② 후열 방법
③ 보호 가스 조성　④ 용접 속도

해설 ②, 퍼커링(puckering) 현상 : 용접전류가 과대할 때 주로 용융풀 앞기슭으로부터 외기가 스며들어 비드 표면에 주름진 두터운 산화막이 생기는 현상

04 이산화탄소 아크용접의 시공법에서 와이어의 용융 속도는 아크전류와 어떤 관계인가? : 비례한다.

해설 전류를 높게 하면 와이어의 녹아 내림이 빠르고 용착률과 용입이 증가한다.

05 이산화탄산가스 아크용접에서 아크전압이 높을 때 비드 형상은?

비드가 넓어지고 납작해지며, 지나치게 높아지면 기포가 발생한다.

해설 아크전압이 너무 낮으면 볼록하고 좁은 비드를 형성한다.

06 CO_2 아크용접의 보호 가스 설비에서 적당한 가스 유량은?
① 낮은(저) 전류에는 $10 \sim 15 \ell/min$,
② 높은(고) 전류에는 $20 \sim 25 \ell/min$ 정도

07 이산화탄소 아크용접의 저전류 영역 (약 200A 미만)에서 팁과 모재 간의 적당한 거리는? : $10 \sim 15mm$

08 CO_2 가스 아크용접에서의 기공과 피트의 발생 원인은? : ①~④
① 탄산가스가 공급되지 않는다.(노즐에 스패터 부착 등)
② 노즐과 모재 사이(와이어 돌출거리) 너무 길(멀)다.
③ 모재나 와이어가 흡습되거나, 오염, 녹, 페인트가 있다.
④ 가스 순도가 낮거나, 압력이나 유출량이 과다하다.

해설 기공 방지대책은 발생 원인의 반대로 처리하면 된다.

10 CO_2 가스 아크용접에서 다공성이란?

질소, 수소, 일산화탄소 등에 의한 기공, 기공이 많이 발생할 수 있는 성질을 말함.

11 탄산가스용접시 비드 외관이 불량하게 되었을 경우 올바른 시정 조치는?

운봉 속도를 고르게, 모재의 과열을 피하고, 전류, 전압을 적정치로 맞추어야 된다.

12 CO_2 아크용접에서 공기 중에 CO_2 가

스가 있으면 일어나는 현상? ①~④

① CO_2의 체적이 0.1% 이상이면 건강에 유해
② 3 ~ 4%이면 두통이나 뇌빈혈 우려
③ 15% 이상이면 위험 상태
④ 30% 이상이면 치사량이 된다.

13 CO_2 용접시 작업자가 가장 중독을 일으키기 쉬운 가스는? : 일산화탄소

14 공기의 유통이 잘 되지 않는 장소에서 하면 안되는 용접법은?

탄산가스(CO_2) 아크용접

15 보호 가스의 공급 없이 와이어 자체에서 발생한 가스에 의해 아크 분위기를 보호하는 용접 방법은?

논 가스 아크용접

16 논 실드 아크용접의 특징 중 틀린 것은?

① 실드 가스나 용제가 필요하지 않는다.
② 논 가스 아크법에는 직류만 사용한다.
③ 바람이 있는 옥외 작업이 가능하다.
④ 용접 비드가 아름답고 슬래그 박리성이 좋다.

해설 ②, 직류, 교류를 다 사용할 수 있다.
용접 장치가 간단하며, 운반이 편리하나, 와이어 가격이 비싸다.
저수소계 피복 아크용접봉과 같이 수소의 발생이 적다.

제4절 플라즈마 아크용접

❶ 원리 및 특징

01 플라즈마 아크용접이란?

1만~3만도의 플라즈마를 분출시켜서 모재를 가열 용융하여 용접하는 법

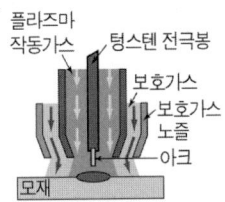

[플라즈마 아크용접의 원리]

02 플라즈마 제트 용접에서 얻어지는 온도는? : 1만(10000) ~ 3만(30000)℃

03 플라즈마 제트 용접법이란? : ①, ②

① 기체를 가열하면 고온의 기체 원자는 전리되어 양이온(+)과 음이온(−)으로 혼합되고 도전성을 띤 가스체로 변하는 현상을 이용
② 도체의 표면에 집중적으로 흐르는 성질인 표피 효과와 전류의 방향이 반대인 경우에는 서로 근접해서 흐르는 성질인 근접 효과를 이용하여 용접부를 가열하여 용접하는 방법

04 플라즈마 아크용접의 장점에 대한 설명은? ; ①~⑤

① 열적, 자기적 핀치 효과에 의해 전류 밀도가 크므로 용입이 깊고 비드 폭이 좁으며, 용접 속도가 빨라 능률적이다.
② 열(에너지)의 집중성이 좋기 때문에 I 형 홈 용접이면 충분하고 용접봉의 소모가 적다.
③ 용접부의 금속학적, 기계적 성질이 좋으며 변형도 적다.

④ 수동 용접도 쉽게 할 수 있고, 숙련을 요하지 않는다.
⑤ 각종 재료의 용접이 가능하다.

05 플라스마 제트 용접의 단점은? : ①~⑤

① 두 개의 가스 보호가 필요하다.
② 대기로부터 접합부가 보호되어야 하며, 용접부에 경화 현상이 일어나기 쉽다.
③ 모재 표면의 오염에 민감하다.
④ 설비비가 많이 들고, 무부하 전압이 높다.
⑤ 용접 속도가 크므로 가스의 보호가 불충분하다.

06 플라즈마 아크용접에 사용되는 전원은 일반 아크용접기보다 몇 배의 높은 무부하 전압이 필요한가? : 2~5배

❷ 보호 가스

01 전극 보호 성능이 좋으며, 모든 금속의 용접에 사용될 수 있으나, 열전도도가 낮아 불균일한 용접이 될 가능성이 있는 가스는? : 아르곤

02 아르곤에 수소 혼입시의 효과

① 수소 분자가 원자로 해리될 때 아크 기둥의 해리 에너지를 빼앗아 아크를 수축하면서 열적 핀치효과가 생기며 용접 속도를 증진시킬 수 있다.
② 수소는 열전도율이 높고 가스 분출 속도를 증가시키는 기능이 있다.

03 플라즈마 아크용접시 보호 가스로 수소를 혼입하여서는 안되는 것은?

구리(Cu), 티탄(Ti)

참고 매우 적은 양의 수소 혼입에도 용접부가 약화될 위험이 크므로 보호효과가 매우 큰 순수 아르곤이나 헬륨을 사용해야 된다.

04 헬륨의 특성

① 아르곤에 비해 25% 이상 용접 입열을 증대시키므로 열전도도가 높은 구리, Al 합금, 후판 티타늄 용접에 적합하다.
② 아르곤과 같은 효과를 얻으려면 가스 유량은 1.5~2배 이상 증가시켜야 된다.

05 아르곤+헬륨 혼합가스의 특성은?

아르곤에 헬륨을 혼합하면 발열량이 높아 용입 깊이가 깊고 용접속도가 빠르다. 주로 반응 금속의 용접에 사용된다.

06 아르곤에 헬륨을 몇 % 이상 혼합하면 노즐이 과열될 수 있는가? : 75%

참고 He의 비율이 75% 이상이 되면 노즐이 과열될 위험이 크므로 낮은 범위의 부하(load) 상태에서만 가능하다.

07 플라즈마 용접으로 스테인리스강을 용접할 경우 집중성이 강한 아크를 얻으려면 아르곤에 수소를 몇 % 혼합하는 것이 적당한가? : 5~10%

❸ 플라스마 용접 장치

01 플라스마 이행법에 의한 분류

이행형 아크, 중간형 아크, 비이행형 아크

02 이행형 아크(Transferred Arc)

① 텅스텐 전극봉을 (-)극으로, 전도체인 모

재를 (+극)으로 연결한 직류 정극성 방식
② 가열 효율이 높으며, 전극이 비소모성이므로 피가열물의 오염이 적다.

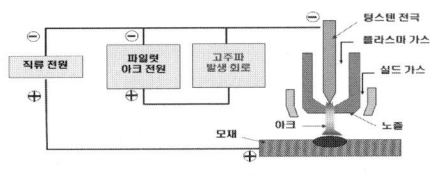

[이행형 아크]

03 중간형 아크형

이행형 아크와 비이행형 아크를 병용한 형

04 비이행형 아크(non transferred arc)

① 텅스텐 전극봉을 (-극)으로, 수냉합금 노즐을 (+극)으로 연결하여 전극과 노즐 사이에서 아크를 발생하며, 모재에는 전기 연결이 안되는 방식
② 에너지 손실이 크나, 토치를 모재에서 멀리하여도 아크에 영향이 없다.
③ 비전도체인 내화물, 암석, 콘크리트나 주철, 비철, 스테인리스강 등의 절단 및 용사(溶射)에 주로 사용한다.

제5절 일렉트로 슬래그 및 가스용접

❶ 일렉드로 슬래그 용접

01 일렉트로 슬래그 용접법이란? ①, ②

① 후판 양측에 수랭동판을 대고 용융 슬래그 속에서 전극 와이어를 공급하여 용융 슬래그의 저항열에 의하여 와이어와 모재를 용융시켜 용접하는 방법
② 연속 주조식 단층 용접법, 가장 두꺼운 판을 용접할 수 있다.

참고 일렉트로 가스 아크용접과 같이 단층 수직 상진 용접법의 일종

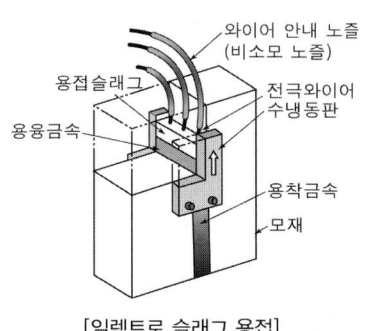

[일렉트로 슬래그 용접]

02 일렉트로 슬래그 용접의 장점은? ①~⑤

① 용융속도가 빠르며, 용접 품질이 우수하다.
② 다전극 사용이 가능, 다전극을 이용하면 더욱 능률을 높일 수 있다.
③ 변형이 적고 최단 시간의 용접법이다.
④ 단 1회(1패스)로 후판 용접이 이루어지므로 능률적이다.
⑤ 기공 생성 및 슬래그 섞임 등이 없다.

03 일렉트로 슬래그 용접의 장점은?

①~⑤

① 홈 형상은 I형 그대로 사용되므로 용접 홈 가공 준비가 간단하다.
② 용제 소비량은 SAW에 비하여 약 1/20 정도로 매우 적다.
③ 대형 용접에서는 SAW에 비하여 용접 시간, 홈 가공비, 준비 시간 등dl 1/3 ~ 1/5 정도로 감소된다.
④ 스패터 발생이 적으며, 조용하고 용융 금속의 용착량은 100%가 된다.
⑤ 용접의 일종, 선박, 보일러 등 후(두꺼운)판의 용접에 적합하다.

04 일렉트로 슬래그 용접의 단점은?

①~⑥
① 용접 진행 중 용접부를 관찰할 수 없다.
② 용접 시간에 비해 준비 시간이 길다.
③ 장비 설치가 복잡하고, 냉각 장치가 요구되며, 장비가 비싸다.
④ 높은 입열로 인하여 횡방향의 수축과 팽창이 크다.
⑤ 박판 용접에는 적용할 수 없고, 용접부의 기계적 성질이 저하될 수 있다.
⑥ 소모 노즐의 경우 자체의 저항 발열 때문에 1m 이하에 적합하다.

05 일렉트로 슬래그 용접에서 용접기의 주체가 아닌 것은? : 접촉팁

[제어 장치, 와이어 릴, 용접 헤드, 접촉팁]

06 일렉트로 슬래그 용접에 사용하는 와이어로서 가장 적당한 것은?

지름 2.4 ~ 3.2mm 정도의 솔리드 선

참고 연강용은 서브머지드 아크용접과 같은 0.35~1.10% Mn의 저합금강을 사용한다.

07 일렉트로 슬래그 용접에서 용착금속의 무게 1kgf에 대하여 용제는 몇 gf이 필요한가? : 50gf

08 일렉트로 슬래그 용접 용제의 주성분은?

산화규소(SiO_2), 산화망간(MnO), 산화알루미늄(Al_2O_3) 등

09 일렉트로 슬래그 용접을 할 때 몇 A(암페어)가 필요한가? : 400 ~ 1000A

10 일렉트로 슬래그 용접에서 사용되는 수냉식 판의 재료는? : 구리

11 일렉트로 슬래그 용접의 전원은?

교류나 직류의 수하 특성 전원을 사용한다.

12 일렉트로 슬래그 용접의 와이어 송급 장치는?

전압 제어 방식으로 하고, 정전압 특성의 전원을 사용할 때는 정속도 와이어 송급 장치로 한다.

❷ 일렉트로 가스용접

01 일렉트로 가스(엔크로스) 용접이란?

일렉트로 슬래그 용접과 유사하나, 사용 열원이 아크이며, 슬래그 대신 실드 가스로 CO_2나 아르곤 가스로 보호하는 용접

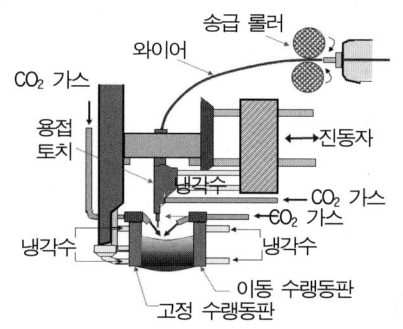

[일렉트로 가스용접]

02 일렉트로 가스용접의 특징은? ①~③

① 용접 가능한 두께는 10 ~ 35mm(중후판)이며, 다층 용접의 경우 60 ~ 80mm까지 가능하다.
② 용접 변형이 작고 작업성이 좋다.
③ 조선, 고압 탱크, 원유 탱크 등에 널리 쓰인다.

03 일렉트로 가스용접의 장점은? ①~④

① 일렉트로 슬래그 용접과 거의 유사하다.
② 수동 용접에 비하여 용융 속도는 약 4배, 용착금속은 10배 이상이 된다.
③ 용접 장치가 간단하고 취급이 쉬우며 숙련을 요구하지 않는다.
④ 용접 홈의 기계 가공이 불필요하며 가스절단 그대로 용접할 수 있다.

04 일렉트로 가스용접의 단점

① 정확한 조립이 요구되며, 이동용 냉각 동판에 급수 장치가 필요하다.
② 스패터 및 가스의 발생이 많다.
③ 바람의 영향을 많이 받으므로 풍속 3m/sec 이상시 방풍막이 필요하다.
④ 용접 시작부와 끝부분에는 수축공이 생기므로 탭판을 써서 용접 후 절단하거나 용접 후 교정해야 한다.

05 일렉트로 가스용접의 전극 와이어는?

솔리드 와이어, 복합 와이어

참고 전극 와이어의 공급은 자동으로 공급된다.

06 ⌀1.6 와이어를 사용하여 일렉트로 가스용접할 경우 적정 전류, 전압은?

전류 250~400A, 전압 28~40V

07 일렉트로 가스용접법으로 I형, V형 홈 용접시 적정 루트 간격은?

I형은 12~22mm, V형 홈은 1~7mm

08 다음 중 일렉트로 가스용접용 가스로 적합하지 않은 것은? : H_2

[H_2, CO_2, Ar, He]

09 일렉트로 가스용접시 적당한 이산화탄소의 공급량은? : 25~30ℓ/min

제6절 레이저용접, 전자 빔 용접

❶ 레이저 용접

01 레이저 용접의 원리

강렬한 에너지를 가진 단색 광선 레이저 빔을 모재에 조사하여 순간적(1~20 ms)으로 약 6000~6400℃ 온도로 키홀 내에서 용융 용착, 냉각되어 용접된다.

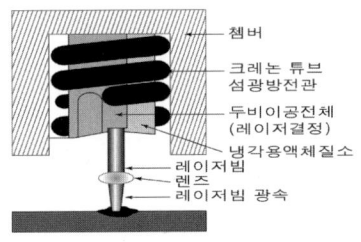

[레이저 용접의 원리]

02 원자와 분자의 유도방사에 의한 광의 증폭, 빛 에너지을 이용하여 용융하는 용접법은? : 레이저 용접

03 레이저 용접의 용도

절단, 용접, 표면 육성 용접, 열처리, 정밀 드릴링, 열변형 문제되는 정밀 용접 등 모든 분야

04 레이저 용접(laser welding)의 장점(특성)은? : ①~④

① 모재의 열변형이 거의 없다.
② 이종 금속의 용접이 가능하다.

③ 입력 에너지의 제어성이 좋아 미세하고 정밀한 용접을 할 수 있다.
④ 비접촉식 용접으로 모재의 손상이 없다.

05 레이저 용접(laser welding)의 장점 (특성)은? : ①~③

① 진공 중에서 용접이 가능하다.
② 대기 중에서 용접할 수 있어 진공실이 필요없고 X선 방출이 없다.
③ 자장의 영향을 받지 않으며, 열에너지가 높아 용접 속도가 빨라 고속용접과 자동화가 가능하다.

06 레이저 용접의 특징은? : ①~③

① 루비 레이저와 가스(CO_2) 레이저의 두 종류가 있다.
② 광선이 용접의 열원이다.
③ 열 영향 범위가 좁다.

07 레이저 용접의 단점은? : ①~④

① 장비 가격과 정밀한 지그 장치가 필요하므로 초기 투자비용이 크다.
② 금속 증기 및 실드 가스의 플라스마화에 의해 용입 깊이가 저하할 수 있다.
③ 재질에 따라 고온 균열이 발생할 우려가 있다.
④ 열전도성이 좋은 재료(Cu, Al 등)는 반사율이 높아 용접이 어렵다.

08 레이저 용접시 표면이 순간적으로 가열되는 온도는? : 6000 ~ 6400℃

09 아크용접법과 비교할 때 레이저-하이브리드 용접법의 특징은? : ①~⑤

① 용접 중 흄(Fume)의 발생이 적다.

② 적외선, 자외선 등의 유해 광선이 적은 용접을 할 수 있다.
③ 입열량이 낮고, 용접속도가 빠르며, 용입이 깊다.
④ 용접 공정의 자동화를 용이하다.
⑤ GMAW 용접에 비해 높은 용접 속도와 깊은 용입, 변형 최소화가 가능하다.

❷ 전자 빔 용접

01 전자 빔 용접의 원리

전자빔 발생기의 음극에서 방출하는 열전자를 고전압에 의해 양극으로 가속시킨 고에너지의 전자 빔을 고진공 분위기 속에서 용접물에 고속도로 조사시켜 용접면을 가열, 용융시켜 용접물을 접합시키는 방법

02 전자 빔 용접(일렉트론 빔 용접)에 적용하는 진공도는?

$10^{-4} \sim 10^{-6}$ mmHg 정도

03 전자 빔 용접의 일반적인 특징은? ①~⑤

① 불순가스에 의한 오염이 적다.
② 용접 입열이 적어 용접 변형이 매우 적다.
③ 에너지 밀도가 높아 용융부나 열영향부가 좁다.
④ 용융 속도가 빠르고 고속 용접이 가능하다.
⑤ 같은 두께 용접시 입열량이 피복 금속 아크용접에 비해 1/50 정도, 용입 깊이와 폭의 비는 20 : 1

04 전자 빔 용접의 장점으로 틀린 것은?

① 고진공 속에서 용접하므로 대기와 반응되기 쉬운 활성 재료도 쉽게 용접된다.
② 박판, 두꺼운 판의 용접이 가능하다.

③ 용접을 정밀하고 정확하게 할 수 있다.
④ 에너지 집중이 적기 때문에 저속으로 용접이 된다.

> 해설 ④, 에너지 집중이 가능하기 때문에 고속으로 용접이 된다.

05 전자 빔 용접의 장점은? : ①~④

① 예열이 필요한 재료를 예열 없이 국부적으로 용접할 수 있다.
② 잔류 응력이 적으며, 야금학적 기계적 성질이 매우 좋다.
③ 광범위한 이종금속의 용접이 가능하다.
④ 다층 투과 기능을 가지고 있어 다판 용접이 가능하다.

06 전자 빔 용접의 단점은? : ①~④

① 배기 장치가 설치되어야 한다.
② 진공 중에서 용접이 이루어지므로 모재의 크기는 제한받는다.
③ 진공도 조정 등 다음 작업을 위한 준비 시간이 길어 생산성이 저하된다.
④ 기공 및 합금 성분의 감소 원인이 발생된다.

07 전자 빔 용접의 단점은? : ①~④

① 전자빔 용접기의 설치비, 장비 가격이 고가이(많이 든)다.
② 일반 용접에 비해서 용접 단품과 치구의 가공 정밀도가 보다 높이 요구된다.
③ 강자성체 금속의 경우 탈자가 필요하다.
④ 용접시 발생되는 X-Ray가 인체에 해를 끼출 수 있다.

08 전자 빔 용접 중 경화 현상이 발생할 경우 어떠한 조치를 취해야 하는가?

용접부가 좁을 경우 발생하며, 모재를 예열 및 후열하여 속도를 조절한다.

09 W, MO 같은 고융점이며, 대기에서 반응하기 쉬운 금속 등의 용접에 가장 적합한 용접법은? : 전자 빔 용접

제7절 기타 특수용접

1 원자 수소 아크용접

01 원자 수소 아크용접의 원리는?

수소 기류 중에서 2개의 텅스텐 전극 사이에 아크를 발생시키면 수소 분자(H_2)가 아크열에 의해 원자 수소(H)로 해리되고 이 원자상태의 수소가 용접물의 표면에서 냉각되어 분자상 수소로 재결합할 때 방출하는 열을 이용하여 용접한다.

02 원자 수소 아크용접의 특성

① 연성이 좋은 용착금속을 얻을 수 있다.
② 발열량이 높아 용접 속도가 빠르고 변형이 작다.
③ 토치 구조의 복잡성, 기술적인 난이도, 비용 과다 등으로 사용이 줄고 있다.

03 원자 수소 아크용접의 적용 범위

절삭 공구, 고속도강 바이트, 고도의 기밀, 유밀이 요하는 내압 용기의 용접

04 원자 수소 용접에 사용되는 홀더의 전극은? : 텅스텐봉

05 원자 수소 아크용접시 수소 불꽃의 길이는? : 70mm 정도

❷ 아크 스터드 용접

01 볼트나 환봉을 피스톤형의 홀더에 끼우고 모재와 볼트 사이에 순간적으로 아크를 발생시켜 용접하는 방법은?

스터드 용접

02 스터드 용접의 용접장치는?

직류 용접기, 용접건, 용접헤드, 제어장치

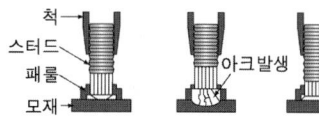

[아크 스터드 용접의 원리]

03 스터드 용접에서 페룰의 역할은?

용융금속의 산화 및 유출 방지, 용착부의 오염 방지, 아크로부터 눈 보호

04 스터드 아크용접의 일반적인 아크 발생 시간은? : 1.0 ~ 2초

05 스터드 아크용접에 적용되는 재료로 가장 좋은 것은? : 저탄소강

❸ 테르밋 용접

01 테르밋 용접의 원리

도가니에 넣은 테르밋제의 강한 화학(테르밋) 반응에 의해 생긴 열(2800℃)에 의해 용융된 금속을 접합 부분에 주입하여 용접하는 방법

02 레일 및 선박의 프레임 등 비교적 큰 단면적을 가진 맞대기 용접과 보수 용접에 적합한 용접법은? : 테르밋 용접

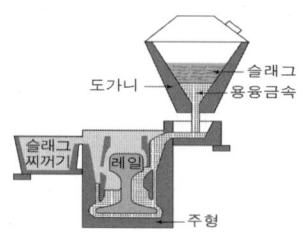

[테르밋 용접의 원리]

03 테르밋 용접의 특징은? : ①~⑥

① 전원(전기)이 필요하지 않는다.
② 용접 시간이 짧고, 용접 작업이 단순하다.
③ 특이한 모양의 홈을 요구하지 않는다.
④ 발열제의 작용으로 용접이 가능하다.
⑤ 용접 후 변형이 적다.
⑥ 용접용 기구가 간단하며, 설비비도 싸다.

04 테르밋제는?

산화철(FeO, Fe_2O_3)과 알루미늄(Al) 분말을 약 3 ~ 4 : 1의 중량비로 혼합한 배합제

05 테르밋 용접시 점화제는?

과산화바륨과 마그네슘

06 테르밋제의 발화에 필요한 온도와 테르밋 반응에 의한 온도는?

① 발화에 필요한 온도 : 1000℃ 이상
② 반응에 의한 온도 : 약 2800~3000℃

07 용융 테르밋 용접법의 용접 홈의 예열 온도는? : 800 ~ 900℃(강의 경우)

4 단락 옮김 아크용접

01 단락 옮김 아크용접이란?

가는 솔리드 와이어를 아르곤, 이산화 탄산가스 또는 그 혼합 가스의 분위기 속에서 하는 용접

02 단락 옮김 아크용접법의 특성

① 용접 중의 아크 발생 시간이 짧아진다.
② 모재의 열입력도 적어진다.
③ 용입이 얕아진다.
④ 2mm 이하(0.8mm 정도의 얇은) 판 용접에 사용된다.

03 단락 옮김 아크용접법은 1초에 몇 번의 단락이 일어나는가? : 100회 이상

04 단락 옮김 아크용접에 사용되는 마이크로 와이어는?

연강의 용접에서 규소-망간계로, 지름이 0.76mm, 0.89mm, 1.14mm인 가는 와이어가 쓰인다.

5 아크 점 용접법

01 아크 점용접에 적용할 판두께는?

대부분 1.0~3.2mm 정도의 위판과 3.2~6.0mm 정도의 아래 판을 맞추어 용접

02 아크 점용접시 몇 mm까지는 구멍을 뚫지 않고 용접이 가능한가? : 6.0mm

> 참고 6.0mm 이상은 구멍을 뚫고 플러그 용접으로 시공한다.

제8절 전기 저항 용접

1 전기 저항 용접의 개요

01 전기 저항 용접법의 원리

용접부에 대전류를 통전시켜 생기는 주울열을 열원으로 접합부를 가열과 동시에 큰 압력을 주어 금속을 접합하는 용접법

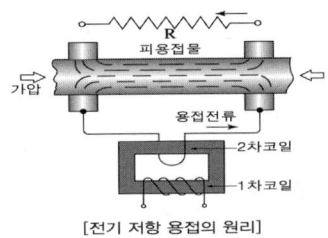

[전기 저항 용접의 원리]

02 저항 용접의 특징은? ; ①~④

① 줄의 법칙을 응용하였다.
② 박판 용접에 매우 좋다.
③ 용접봉 및 용제가 필요없다.
④ 대전류, 저전압을 사용한다.

03 저항 용접의 장점은? ; ①~④

① 가열 시간이 짧다.
② 정밀한 용접이 가능하다.(정밀도가 높다.)
③ 열손실이 적고, 열에 의한 변형이 적다.
④ 용착금속의 조직이 양호하다.

04 전기 저항 용접의 3대 주요 요소는?

통전 전류, 통전 시간, 가압력

05 저항 용접의 전원은? : 교류

06 전기 저항 용접의 종류

① 겹치기 용접 : 점 용접, 프로젝션 용접, 심 용접
② 맞대기 용접 : 업셋 용접, 업셋 버트 용접, 플래시 용접, 퍼커션 용접

07 저항 용접법 중 주로 기밀, 수밀, 유밀성을 필요로 하는 탱크의 용접 등에 적합한 용접법은? : 심 용접법

08 저항 용접의 주 재료는? : 철강

09 고탄소강, 합금강은 전기 저항이 크다. 용접전류는 연강 용접전류의 얼마 정도로 해야 하는가?

90% 정도, 가압력은 10% 정도 증가한다.

10 저항 용접에서 용접이 가능한 전압은?

10V 이하

11 저항 용접기의 구성 요소는?

용접 변압기, 단시간 전류 개폐기, 전극

12 전기 저항 용접과 가장 관계가 깊은 법칙과 발열량 계산식은?

발열량 $H(cal) = 0.24 I^2 R t$

(H : 발열량 cal, I : 전류 A, R : 저항 Ω, t : 통전시간 sec)

참고 전류가 1000A, 전기 저항이 10Ω(옴), 시간이 0.5초일 경우 전기 저항열은?
$H(cal) = 0.24 I^2 R t$
$= 0.24 \times 1000^2 \times 10 \times 0.5 = 1200 kJ$

❷ 점 용접

01 점(스폿, spot) 용접의 원리는?

용접할 재료를 2개의 전극 사이에 놓고 가압 상태에서 전류를 통하여 발생한 저항열을 이용하여 접합부를 가열 융합한다.

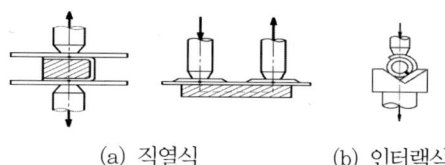
[점 용접기의 형상]

02 점 용접의 특징은?

①~④

① 재료가 절약되고, 작업의 공정 수가 감소하며, 작업 속도가 빠르다.
② 작업에 숙련이 필요없다.
③ 용접 변형이 비교적 적다.
④ 가압력에 의하여 조직이 치밀해진다.

03 점 용접의 종류는?

직렬식, 인터랙식, 단극식, 다전극식, 맥동식

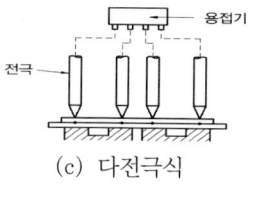

(a) 직렬식   (b) 인터랙식

04 다전극식의 특성

① 1회의 조작으로 여러 점을 용접할 수 있어 능률이 매우 좋다.
② 용접기 설치 비용이 많이 든다.

(c) 다전극식

05 너깃(nugget)이란?

점 용접시 접합부의 일부분이 용융되어 바둑알 형태의 단면으로 된 것

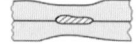  

(a) 전류과소 (b) 전류적당 (c) 전류과대

06 저항용접에서 용접전류가 작을수록 너깃(nugget)의 크기는? : 작게 된다.

07 Al을 점 용접으로 할 경우 전류는 연강보다 얼마나 더 세게 해야 하는가?

연강보다 30 ~ 50% 높고, 통전시간은 짧게

08 끝면이 50 ~ 200mm의 반경 구면이며 점 용접 팁으로 가장 널리 쓰이는 전극은?

R형 팁, 용접 품질이 우수하고 수명이 길다.

09 점 용접의 전극 재질로 쓰이는 것은?

순구리, 구리 합금

해설 구리 용접에는 크롬, 티타늄, 니켈 등이 첨가된 구리 합금이 많이 쓰인다.

10 전극의 구비 조건은?

재질은 전기 및 열전도율이 크고 충격이나 연속 사용에 견디며, 고온에서도 기계적 성질이 저하되지 않아야 한다.

11 경합금을 점(spot) 용접할 때 산화 피막 및 유지류를 제거하는 적당한 방법은?

산, 알칼리 사용

❸ 심 용접

01 심(seam) 용접의 원리

원형 전극 사이에 용접물을 끼워 전극에 압력을 주면서 전극을 회전시켜 모재를 이동하면서 점 용접을 반복하는 방법

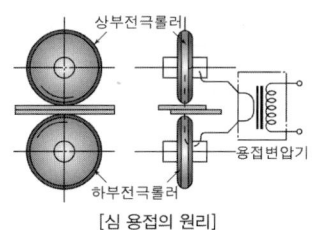

[심 용접의 원리]

02 심(seam) 용접의 특징은? : ①~④

① 기밀, 수밀, 유밀 유지가 용이하다.
② 용접에 비해 판두께는 얇다.
③ 0.2 ~ 4mm 정도의 박(얇은)판에 사용한다.(속도는 아크용접의 3~5배 빠름)
④ 점 용접에 비해 판두께는 얇다.

03 심 용접시 같은 재료의 점 용접보다 전류 밀도는 몇 배로 하며, 전극의 가압력은 몇배로 하는가?

① 전류 밀도 : 1.5 ~ 2.0배
② 가압력 : 1.2 ~ 1.6배 정도로 크다.

04 심 용접기의 구조는?

가압장치, 용접 변압기, 로어암, 전극, 전류 조정기, 시간 제어 장치, 전극 구동 장치

05 심 용접의 종류는?

매시 심 용접, 맞대기 심 용접, 포일 심 용접

06 매시 심(mash seam) 용접이란?

1.2mm 이하의 얇은 판을 판두께 정도로 겹쳐 겹쳐진 폭 전체를 가압하여 접합법

07 맞대기 심(butt seam) 용접이란?

주로 심 파이프를 만드는 방법이며, 판 끝을 맞대어 가압하고 2개의 전극 롤러로 맞댄 면을 통전하여 접합하는 방법

08 모재를 맞대어 놓고 이음부에 같은 종류의 얇은 판(포일)을 대고 가압하는 심 용접법은?

포일 심(foil seam) 용접

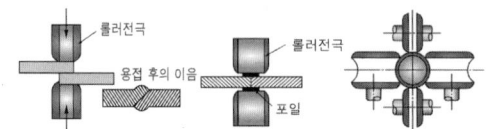

[메시 심용접   포일 심용접   맞대기 심용접]

09 심 용접에 적당한 판두께는?

0.2 ~ 4mm

10 심 용접법의 통전 방법은?

단속(띔) 통전, 연속통전, 맥동 통전

11 심 용접에서 용접부에 홈이 파여지는 결함을 방지하기 위하여 전류를 차단하여 용접부를 냉각한 다음 다시 통전하는 방법은?   : 단속 용접법

12 연강 심 용접에서 모재의 과열을 방지하기 위해 통전 시간과 중지 시간의 비율은 얼마 정도로 하는가?   : 1:1

13 경합금 단속 통전법에서 통전시간과 휴지 시간의 비는?   : 1:3 정도로 한다.

14 심 용접의 용접 속도는 아크용접(수동) 속도와 어떻게 다른가?

피복아크용접에 비해 3 ~ 5배 빠르다.

④ 프로젝션 용접

01 접합할 모재의 한쪽 또는 양쪽에 돌기를 만든 후 대전류와 압력을 가해 접합하는 용접법은?   : 프로젝션 용접

02 돌기(projection) 용접의 장점

① 응용 범위가 넓고, 신뢰도가 높다.
② 이종 금속 및 두께가 다른 것을 용접할 수 있다.
③ 전극의 수명이 길고 작업 능력도 높다.
④ 외관이 아름답다.
⑤ 거리가 짧은 점 용접이 가능하다.

03 프로젝션 용접의 단점으로 틀린 것은?

① 용접 설비가 고가이(비싸)다.
② 돌기부가 확실하지 않으면 용접 결과가 나쁘다.
③ 특수한 전극을 설치할 수 있는 구조가 필요하다.
④ 용접 속도가 느리다.

> **해설** ④, 용접 속도가 빠르고 용접 피치를 작게 할 수 있다.

04 프로젝션(돌기) 가공의 가장 적당한 높이는?   : 판두께의 약 1/3

05 프로젝션 용접에서 전류의 증가에 크게 영향을 주는 조건은?

돌기(프로젝션)의 크기와 형상, 돌기 수

⑤ 기타 전기 저항 용접

01 버트(업셋) 용접의 장점은?

불꽃의 비산이 없다. 업셋이 매끈하다. 용접기가 간단하고 가격이 싸다.

02 플래시 용접의 특징은? : ①~⑤

① 가열 범위가 좁고 열영향부가 좁다.
② 산화물 개입이 적고, 신뢰도가 높다.
③ 용접면의 끝맺음 가공을 정확하게 할 필요가 없다.
④ 종류가 다른 재료의 용접이 가능하다.
⑤ 접합부가 돌출되는 단점이 있다.

03 플래시 용접의 3단계는?

예열, 플래시, 업셋

04 업셋 용접시 가압력은 보통 얼마 정도인가? : $0.1 \sim 0.5 \text{kgf}/\text{cm}^2$

05 콘덴서에 저축된 전기적 에너지를 사용하는 용접법은? : 퍼커션 용접

06 퍼커션 용접이란? : 방전 충격 용접

제9절 ▶ 압 접

❶ 가스 압접법

01 가스 압접법의 특징은? : ①~⑤

① 이음부 탈탄층이 전혀 없다.
② 장치가 간단하고 작업이 기계적이다.
③ 원리적으로 전력이 불필요하다.
④ 이음부에 첨가제가 필요없다.
⑤ 설비비가 싸고, 숙련이 필요하지 않다.

02 가스 압접법의 가열원은?

주로 산소-아세틸렌 불꽃

❷ 초음파 용(압)접

01 초음파 압접이란?

2개의 모재에 압력을 가해 접촉시킨 다음 접촉면에 상대 운동을 시켜 접촉면에서 발생하는 열을 이용하여 이음 압접하는 용접법

02 초음파 용접법의 특징은? : ①~⑤

① 극히 얇은 판, 필름도 쉽게 용접된다.
② 판 두께에 따라 강도가 크게 변화한다.
③ 이종 금속의 용접도 가능하다.
④ 냉간 압접에 비하여 변형도 작다.
⑤ 용접물의 표면 처리가 간단하며 압연한 그대로의 재료도 용접이 쉽다.

03 초음파 용접에서 접합물에 초음파를 얼마 이상으로 하여 횡진동을 주는가?

18kHz 이상

04 초음파 용접의 용도는?

금속은 0.01~2mm, 플라스틱류는 1~5mm 정도의 얇은 판의 접합에 적합하다.

❸ 고주파 용접

01 고주파 용접이란?

도체의 표면에 집중적으로 흐르는 성질인 표피 효과와 전류의 방향이 반대인 경우에는 서로 접근해서 흐르는 근접 효과를 이용해 용접부를 가열하여 용접하는 방법

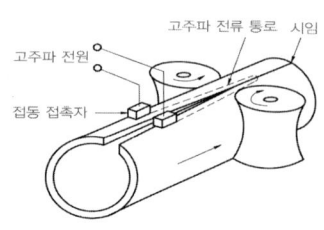

[고주파 용(압)접]

02 고주파 용접의 특성은? : ①~⑤

① 모재의 접합면 표면에 어느 정도 산화막이나 더러움이 있어도 지장없다.
② 이종 금속의 용접이 가능하다.
③ 고주파 저항 용접은 고주파 유도 용접에 비해 전력의 소비가 적다.
④ 가열 효과가 좋아 열영향부가 적다.
⑤ 고주파 유도 용접법과 고주파 저항 용접법이 있다.

03 표피효과(skin effect)와 근접효과(proximity effect)를 이용하여 용접부를 가열 용접하는 방법은?

고주파 용접(high-frequency welding)

❹ 냉간 용(압)접

01 상온에서 강하게 압축함으로써 경계면을 국부적으로 소성 변형시켜 압접하는 방법은? : 냉간 압접

02 냉간 압접의 특성은? ; ①~⑤

① 접합부에 열영향이 없다.
② 접합부의 전기 저항은 모재와 거의 같다.
③ 압접 공구가 간단하며, 숙련이 필요하지 않다.
④ 단점 : 철강은 용접부가 가공 경화된다.
⑤ 겹치기 압접은 눌린 흔적이 남는다.

03 냉간 압접의 용도로 적당한 것은?

알루미늄(가장 잘됨), 구리, Ni, Pb 등의 맞대기, 반도체 소자의 기밀 봉착

❺ 폭발 압접

01 폭발 압접의 특징은? : ①~⑤

① 이종 금속의 접합이 가능하다.
② 용접 작업이 비교적 간단하다.
③ 고용융점 재료의 접합이 가능하다.
④ 접합이 견고하므로 성형이나 용접 등의 가공성이 양호하다.
⑤ 단점 : 화약을 사용하므로 위험하며, 압접시 큰 폭발음과 진동이 있다.

❻ 마찰 용접

01 마찰 용접이란?

2개의 접합물(모재)을 맞대어 상대 운동을 시키고 그 접촉면에 발생하는 마찰열을 이용해 접합하는 방법

02 마찰 용접(friction welding)의 특성은? ①~⑤

① 취급과 조작이 간단하다.
② 치수 정밀도가 높고 재료가 절약된다.
③ 국부 가열이므로 열영향부의 너비가 좁고 이음 성능이 좋다.
④ 용접 시간이 짧아 작업 능률이 높다.
⑤ 이종 금속의 접합이 가능하다.

03 마찰 압접의 단점은? : ①~③

① 피용접물의 형상, 치수, 길이, 무게 등에 에 제한을 받는다.
② 플래시 용접보다 용접 속도가 늦다.

③ 상대 각도를 필요로 하는 것은 용접이 곤란하다.

(1) 마찰 압접

(2) 마찰 교반 용접

제10절 각종 금속 용접

1 순철 및 탄소강, 저합금강 용접

01 순철의 용접성

① 매우 연하며, 용접성이 좋아 피복 아크 용접 등 연강과 같은 조건으로 용접한다.
② 용접 속도를 약간 낮추는 것이 좋다.

02 강에서 용접성이 가장 좋은 것은?

킬드강(순철)과 저탄소강

[순철, 저탄소강, 중탄소강, 고탄소강, 주철]

03 모재의 열팽창 계수에 따른 용접성에 대한 설명으로 옳은 것은?

열팽창 계수가 작을수록 용접성이 좋다.

04 연강용 피복 아크용접봉으로 용접했을 때 일반적으로 나타나는 금속 조직은?

페라이트 조직

05 피복 아크용접이 가장 어려운 재료는?

티타늄 > 주철 > 주강 > 탄소강

06 저탄소(연)강의 용접을 피복 아크용접할 경우 용접 방법은?

① 일반적으로 일미나이트계나 고산화티 탄계 용접봉 사용, 구속이 큰 부분에는 저수소계(E4316) 용접봉을 사용한다.
② 후판(25mm 이상)의 경우 예열, 후열, 용접봉 선택 등에 주의가 필요하다.

07 중탄소강에 덧붙임 용접을 할 때 고려할 사항은? : ①~③

① 반드시 150~250℃ 정도로 예열할 것
② 예열할 수 없을 때는 급랭을 피할 것
③ 예열할 수 없을 때는 고장력강용 저수 소계 용접봉으로 밑깔기 용접을 할 것

08 고탄소강의 용접 : ①, ②

① 고탄소강일수록 용접 속도가 빠를수록 비드 위의 활꼴 균열이 생기기 쉽다.
② 고탄소강을 아크 용접시 균열을 방지하려면 전류를 낮춘다.

09 고탄소강 용접시 예열을 하지 않았을 때 나타나는 효과 중 틀린 것은?

① 단층 용접에서 담금질 조직이 된다.
② 단층 용접에서 경도가 높다.
③ 2층 용접에서는 모재의 열영향부가 뜨임 효과를 받는다.
④ 2층 용접에서 최고 경도는 매우 저하한다.

해설 ③, 고탄소강의 용접시 2층 용접에서 모재의 열영향부가 풀림 효과를 받으므로 최고 경도가 매우 저하된다.

10 고탄소강의 용접이 어려운 이유는?

①~④

① 열영향부의 경화가 현저해서 비드 균열을 일으키기 쉽기 때문에
② 단층 용접에서는 예열하지 않으면 열영향부가 담금질 조직이 되기 때문에
③ 예열, 후열이 필요하고 용접봉도 능률이 낮은 저수소계를 써야 하기 때문에
④ 급랭 경화가 심하기 때문에

11 탄소강의 탄소 함유량에 따른 예열 온도는? : ①~④

① 0.2% 이하 : 90℃ 이하
② 0.2 ~ 0.3% : 90 ~ 150℃
③ 0.3 ~ 0.45% : 150 ~ 260℃
④ 0.45 ~ 0.8% : 260 ~ 420℃

12 중탄소강이나 고탄소강 용접시 일반적인 후열 온도는? : 600 ~ 650℃

13 고탄소강 용접봉은? : ①~③

① 모재와 같은 재질의 저수소계 용접봉
② 오스테나이트계 스테인리스강봉
③ 특수강 용접봉

14 일반 고장력강 용접의 용접

① HT50~60급강은 연강과 거의 같이 용접하면 되나,
② 합금 성분의 영향으로 담금질 경화성이 크고 열영향부의 연성 저하로 용접 균열을 일으킬 염려가 있다.

15 고장력강 용접시 주의 사항

① 잘 건조된 저수소계 용접봉으로 아크 길이를 짧게 하여 용접해야 한다.
② 위빙 폭을 크게 하지 않는다.(심선 지름의 3배 이하)
③ 엔드탭을 사용하거나 시작점 20~30mm 앞에서 아크를 발생하여 예열하며 시작점으로 후퇴하여 시작점부터 용접한다.

16 고장력강 피복 아크용접봉 중 위보기 자세에 적합하지 않은 것은?

: E 5326
[E 5316, E 5003, E 5000, E 5326]

17 저합금강 용접시 망간(Mn)이 용접부에 미치는 영향은? : 인장 강도 향상

❷ 주철의 용접

01 주철의 용접에 관한 설명

① 용접 후에는 풀림 처리를 한다.
② 가스용접으로 용접 시공할 때에는 대체로 주철 용접봉을 사용한다.
③ 수축이 커서 균열이 생기기 쉽다.
④ 용접 응력이 작게 되도록 용접한다.

02 주철의 용접

① 열간 용접은 500~600℃로 가열한 후에 행하는 방법이며,
② 냉간 용접은 상온 또는 저온(200~400℃)에서 행하는 용접이다.

03 주철의 모재에 연강 용접봉을 사용하면 균열이 생기는 이유는?

강과 주철의 탄소의 함유량, 용융점, 팽창 계수가 다르므로

해설 강과 주철의 운봉법이 다른 것과는 관계 없다.

04 주철 용접시 주의 사항으로 틀린 것은?

① 균열의 보수는 균열의 연장 방지를 위하여 균열의 끝에 작은 구멍을 뚫는다.
② 비드의 배치는 가능한 길게 한다.
③ 가열되어 있을 때 피닝 작업을 하여 변형을 줄이는 것이 좋다.
④ 가능한 가는 지름의 용접봉을 사용한다.

해설 ②, 주철의 비드 배치는 가급적 짧게 하고 좁은 비드를 놓는다.

05 주철의 용접이(연강 용접에 비하여) 곤란한 이유는? : ①~④

① 여리며 급랭에 의한 백선화로 수축이 커서 균열이 생기기 쉽다.
② 일산화탄소 가스가 발생되어 용착금속에 기공(blow hole)이 생기기 쉽다.
③ 취성이 크며 주조시 잔류 응력 때문에 모재에 균열이 발생되기 쉽다.
④ 장시간 가열에 의한 흑연의 조대화, 주철 속에 기름, 모래 등의 존재 경우 용착 불량이나 모재와 친화력이 나쁘다.

06 주철 주물의 아크용접시 사용하는 용접봉이 아닌 것은? : 크롬-니켈봉

[모넬메탈봉, 순 니켈봉, 크롬 – 니켈봉, 연강봉, 주철봉]

07 주철의 아크용접에 대한 사항은?
①~④

① 용접에 의한 경화층이 생길 때에는 500 ~ 650℃ 정도로 가열하면 연화된다.
② 용접 직후 냉각할 때 응력 제거 또는 줄이기 위하여 피닝(peening)한다.
③ 토빈 청동에 의한 용접의 경우는 예열을 하지 않아도 된다.
④ 모넬메탈 용접봉(Ni 2/3, Cu 1/3), 니켈봉, 연강봉 등이 사용된다.

08 회주철의 보수 용접에서 가스용접으로 시공할 때의 사항은? : ①~④

① 탄소 3.5%, 규소 3 ~ 4%, 알루미늄 1%의 주철 용접봉을 사용한다.
② 용제를 충분히 사용하고 용접부를 필요 이상 크게 하지 않는다.
③ 용제는 붕사 15%, 탄산나트륨 15%, 탄산수소나트륨 70%, 소량의 알루미늄 분말 혼합제가 쓰인다.
④ 중성 또는 약한 탄화 불꽃이 좋다.

09 주철의 보수 용접 방법의 종류는?

버터링법, 스터드법, 로킹법, 덧살 올림법, 비녀장법 등

10 주철의 보수 용접 등에서 효과가 크며 용착금속의 첫층에 모재와 잘 어울리는 성분의 용접봉으로 용착시킨 후 저수소계 봉 등으로 접합시키는 방법은?

버터링법

11 가늘고 긴 용접을 할 때 용접선에 직각이 되게 꺾쇠 모양으로 직경 6mm 정도의 강봉을 박고 용접하는 방법은?

비녀장법

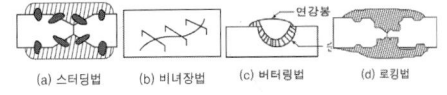
(a) 스터딩법 (b) 비녀장법 (c) 버터링법 (d) 로킹법

12 일반적으로 주철 용접이 쓰이는 곳은?

보수 용접

③ 스테인리스강의 용접

01 스테인리스강 용접에 대한 사항은?
①~③

① 산화크롬의 생성 방지를 위해 불활성 가스나, 용제 등으로 보호해야 한다.
② 탄소강보다 전기 저항이 크므로 가열 시간이 길면 안 된다.
③ 연강에 비해 선(열)팽창계수는 50% 이상 크고 열전도율은 낮아 용접 변형과, 균열이 발생할 수 있다.

02 스테인리스강 피복 아크용접

① 직류의 경우 역극성이 사용된다.
② 연강보다 10~20% 정도 낮은 전류로 작업한다.
③ 용입 불량이 생기기 쉬우므로 용접 홈 가공, 치수, 가접 등에 주의해야 한다.
④ 판두께 1mm 이하는 용락의 위험성이 크므로 주의해야 한다.

03 불활성 가스 텅스텐 아크용접(TIG 용접)으로 스테인리스강을 용접하는 방법은? : ①~⑥

① pipe 용접에서는 인서트 링(insert ring)을 이용한다.
② 기름, 녹, 먼지 등을 완전히 제거한다.
③ 전원은 직류 정극성이 좋다.
④ 0.4~8mm 정도의 박판의 용접에 좋다.
⑤ 토륨(Th) 함유 텅스텐 전극봉이 좋다.
⑥ 텅스텐 전극의 끝부분은 뾰족하게 연마하여 열집중이 되게 한다.

04 스테인리스강을 TIG 용접하는 이유는?

아크 안정이 좋고, 용접금속의 오손이 적다.

05 스테인리스강의 불활성 가스 금속 아크(MIG) 용접법은? : ①~③

① TIG 용접에 비해서 두꺼운 판의 용접에 이용되며, 아크 집중성이 좋다.
② 지름 0.8~1.6mm 정도의 심선을 전극으로 하여 직류 역극성으로 용접한다.
③ 용접이 고속도로 아크 방향으로 방사되므로 어떠한 방향이라도 용접할 수 있다.

06 스테인리스강을 불활성 가스 아크용접할 때 아크 안정과 스패터 방지를 위한 적당한 가스는?

아르곤에 산소 2~5% 혼합 사용

07 스테인리스강 가스용접 및 저항 용접

① 가스용접 : 불순물의 혼입, 탄소 함유량의 증대등으로 거의 쓰이지 않는다.
② 저항 용접 : 널리 적용하며 연강보다 낮은 전류에 높은 가압력으로 용접한다.

08 용접성이 가장 좋은 스테인리스강은?

오스테나이트계

[마텐사이트계, 석출 경화계, 페라이트계, 오스테나이트계]

> **해설** 용접성 정도 : 오스테나이트계 > 페라이트계 > 마텐사이트계

09 페라이트계 스테인리스강의 용접

① 예열 온도는 200℃ 정도, 층간 온도는 80% 정도로 한다.
② 용접 후 후열 처리를 하면서 서랭한다.
③ 열영향부의 조대화로 취성 방지를 위해 가는 봉 사용과 저전류로 용접한다.

10 마텐사이트계 스테인리스강의 용접

① 성형성은 좋으나 용접성이 불량하다.
② 용접에 의해 급열, 급랭시 마텐사이트를 생성하며, 균열 발생의 우려가 있고,
③ 탄소량이 많을수록 잔류 응력이 커져 용접성이 나빠진다.
④ 경화 방지를 위해 용접 직후 냉각 전에 700~800℃로 가열 유지 후 공랭한다.
⑤ 후열 처리가 불가능할 때는 18% Cr-12% Ni-Mo 함유봉을 사용한다.

11 오스테나이트계 스테인리스강의 용접

① 용접성이 우수하여 예열을 하지 않는다.
② 층간 온도를 320℃ 이하로 한다.
③ 용접봉은 모재의 재질과 같은 것, 가능한 한 가는 봉을 사용한다.
④ 아크 중단 전에 크레이터를 채운다.

12 스테인리스강(오스테나이트계)의 용접 시 주의할 사항으로 옳지 않은 것은?

① 용접 전에 용접할 곳을 예열해야 한다.
② 가스 용접은 하지 않는다.
③ 용접 시공시 고정 공구 및 냉각 용구를 쓰면 효과적이다.
④ 용접 후 480~680℃ 범위를 급랭하여 입계 부식을 방지한다.

해설 ①, 용접할 곳을 예열하지 않는다.

13 오스테나이트계 스테인리스강을 용접하여 사용 중에 용접부에서 녹 또는 입계 부식 방지법은? : ①~④

① Ti, V, Nb 등이 첨가된 재료를 사용한다.
② 저탄소의 재료(판, 봉)를 선택한다.
③ 용접 후 1050 ~ 1100℃로 용체화 처리를 하고 공랭하든지 850℃ 이상 가열하여 수냉 담금질을 한다.
④ 낮은 전류값으로, 짧은 아크로 용접하여 용접 입열을 억제한다.

14 스테인리스 강판을 납땜하기 곤란한 이유는? : 강한 산화막이 있으므로

15 동일 형상, 조건에서 용접 입열이 일정할 경우 냉각 속도가 가장 빠른 것은?

구리 > Al > 연강 > 스테인리스강

④ 구리 및 그 합금의 용접

01 구리 합금의 용접 조건은? ①~⑥

① 비교적 넓은 루트 간격과 홈 각도를 크게 취한다.
② 가접은 비교적 많이 한다.
③ 용접봉은 용접성이 좋고 용접 후의 균열이 적은 것이라야 한다.
④ 용가재는 모재와 같은 것을 사용한다.
⑤ 구리에 비해 예열 온도가 낮아도 되며, 토치나 가열로 등을 사용한다.
⑥ 용제 중 붕사는 황동, 알루미늄 청동, 규소 청동 용접에 많이 사용된다.

02 구리 합금 용접에 사용하는 용접봉은?

토빈 청동봉, 규소 청동봉, 에버듀르 청동봉, 인청동봉, 무산소구리봉이 쓰인다.

03 순구리의 피복 아크용접법

① 예열을 충분히 행할 수 있는 단순한 구조물의 경우에 쓰이고 있다.
② 예열 온도는 250℃, 층간 온도는 450~550℃ 정도가 필요하다.

③ 직류, 교류가 모두 사용되며, 직류의 경우 직류 역극성이 좋다.

04 구리 합금의 용접에 사용하기 곤란한 용접법은? : 피복 아크용접

05 불활성 가스 텅스텐 아크용접으로 구리를 용접하는 방법은? : ①~⑤

① 판두께 6mm 이하에 사용된다.
② 토륨(Th) 함유 텅스텐봉을 사용한다.
③ 직류 정극성(DCSP)을 사용한다.
④ 용가재는 탈산된 구리봉을 쓴다.
⑤ 99.8% 이상의 고순도 아르곤 가스를 사용하는 것이 좋다.

06 구리 용접할 때 열의 발산이 빠르므로 일반적으로 예열온도는? : 400~450℃

07 불활성 가스 금속 아크용접(MIG 용접)

① 판두께 6mm 이상에 많이 사용하며, 용접 전 300~500℃로 예열하는 것이 좋다.
② 구리, 규소, 청동, 알루미늄 청동 등의 용접에 가장 적합하다.

08 구리 합금을 가스용접법으로 할 때 장점은?

장치가 간단하고, 얇은 판에 적당하며, 황동 용접이 가능하다. (단점은 변형이 크다.)

09 황동의 가스용접시 무엇의 증발로 작업이 곤란한가? : ②

① 규소(Si)   ② 아연(Zn)
③ 구리(Cu)   ④ 주석(Sn)

5 알루미늄과 그 합금 용접

01 알루미늄은 철강에 비하여 일반 용접이 극히 곤란한 이유는? ①~③

① 팽창 계수가 약 2배, 응고 수축이 1.5배로, 변형과 응고 균열이 생기기 쉽다.
② 산화Al은 높아(약 2050℃) 용융되지 않아 유동성을 해치고, 융합을 방해한다.
③ 산화 Al의 비중(4.0)은 보통 Al보다 크므로, 용융금속 표면에 떠오르기 어렵다.

02 알루미늄은 철강에 비하여 일반 용접이 극히 곤란한 이유 중 틀린 것은?

① 단시간에 용접 온도를 높이는데 높은 열원이 필요하다.
② 지나친 융해가 되기 쉽다.
③ 고온 강도가 나쁘며 용접 변형이 크다.
④ 팽창 계수가 매우 작다.

해설 ④, 팽창 계수가 강에 비해 2배 이상 크다.

03 알루미늄 주물의 용접봉으로 적당한 것은?

알루미늄-규소 합금봉

04 알루미늄 용접 후 변형을 잡는 방법은?

피이닝(피닝)

05 알루미늄 용접시 화학적인 청소 방법은?

2%의 질산 또는 10%의 더운 황산으로 세척한 다음 물로 씻어낸다.

06 알루미늄 가스용접법

① 염화물의 용제와 탄화 불꽃을 사용하며, 200~400℃로 예열을 한다.

② 토치는 큰 것을 쓰며, 알루미늄은 용융점이 낮으므로 조작을 빨리해야 한다.

07 Al 합금의 용접에서 변형 방지를 위해 박판의 용착법은? ; 스킵법

08 알루미늄을 불활성가스 텅스텐 아크용접법할 때 적합한 전원과 극성은?

고주파 장치가 붙은 교류

09 알루미늄의 불활성 가스 아크용접

① 용접시 청정 작용이 있다.
② MIG 용접시는 Al 와이어를 사용하며, 직류 역극성으로 대전류를 사용한다.
③ TIG 용접에서 아크를 발생할 때 텅스텐과 모재의 접촉을 피하기 위해 고주파 전류를 쓴다.
④ 텅스텐 전극이 오염되지 않게 한다.
⑤ 열 집중성이 좋고 능률적이므로 예열은 필요치 않을 때가 많다.

10 알루미늄 합금을 전기 저항 용접할 때 가장 많이 사용되고 있는 방법은?

점(spot) 용접

11 알루미늄 용접에 사용되는 용제는?

염화리듐(LiCl), 알칼리 금속의 할로겐 화합물, 염화칼륨(KCl)

12 알루미늄 합금 용접에 사용되지 않는 용접법은? : 테르밋 용접

13 고탄소강, 알루미늄, 티타늄 합금, 몰리브덴 재료 등을 용접하기에 가장 적합한 용접법은? : 전자 빔 용접

[SAW, TIG 용접, 전자 빔 용접, 레이저 용접, 플라즈마 용접]

제11절 자동화 용접

1 자동화 용접

01 용접 자동화에 대한 장점은? ①~④

① 생산성이 좋아진(향상된)다.
② 용접봉 손실은 적어진다.(원가 절감)
③ 품질이 균일하고 양호하다.(불량 감소)
④ 용접부의 기계적 성질이 향상된다.

02 자동 및 반자동 용접이 수동 아크용접에 비하여 우수한 점(장점)은? ①~④

① 와이어 송급 속도(용착속도)가 빠르다.
② 인간에게는 부적당한 위험환경에서 작업이 가능하다.(위험작업 대체)
③ 자동 및 반자동 용접은 아래보기 자세에 적합하다.
④ 비드외관이 양호하고, 용착효율이 높다.

참고 용접 자동화가 이루어지면 초기 설비 투자 비용은 매우 증대된다.(단점)

03 용접 자동화에서 자동제어장치를 설치하여 생산 공정에 투입시의 특징은? ①~④

① 생산 속도와 노동조건이 향상되어 인건비가 감소한다.
② 인간에게는 불가능한 고속작업이 가능하며, 연속작업이 가능하다.
③ 부족한 숙련자에 대하여 대처할 수 있다.
④ 생산 설비의 수명이 길어진다.

04 용접 자동화의 목적은? : ①, ②

① 단순 반복 작업 및 위험 작업에 따른 작업자를 보호할 수 있다.
② 무인 생산화에 따른 생산 원가를 절감할 수 있다.(작업 환경 개선)

05 지그의 구성요소 중에서 위치결정 장치에 필요한 요소는? ; 조임쇠

[조임쇠, 캠, 핀, 바이스]

06 용가재(와이어)의 송급은 자동적으로 이루어지며 토치는 수동으로 조작하는 용접법은? : 반자동 용접

❷ 로봇 용접

01 자재, 부품, 공구, 특수 장치 등을 프로그램된 대로 움직이도록 설계하고, 재 프로그램이 가능하며, 다기능을 가진 메니플레이터는? : 로봇(robot)

02 산업용 로봇의 구성 부분은?

제어기(controllet), 뤼스트(wrist), 센서, 베이스, 메니플레이터, 암

<참고> 와이어 송급장치는 아니다.

03 사람의 두뇌에 해당하는 로봇의 구성 부분은? : 제어기(controller)

<참고> ① 앤드 이팩터(end effector) : 사람 손
② 메니플레이터(manipulator) : 로봇 외관
③ 센서(sensor) : 사람의 지각기관

04 아크 용접도중 위빙할 때 용접 파라미터를 감지하여 용접선을 추적하면서 용접을 진행하게 하는 비접촉식 센서는?

아크 센서

05 로봇에서 구동부와 제어부를 가동시키기 위한 에너지(동력원)를 기계적인 움직임으로 변환하는 기기의 명칭은?

액츄에이터

06 로봇을 기하학적 작업 괘적에 따라 분류한 것이 아닌 것은? : 유압 구동 로봇

[원통 좌표계 로봇, 다관절 로봇, 직각 좌표계 로봇, 유압 구동 로봇]

07 로봇을 용도에 따라 구분한 것은?

극한 작업용 로봇, 감각 제어용 로봇, 극좌표형 로봇, 지능 로봇

08 산업 로봇 중 각 축들이 직선 운동을 하기 때문에 로봇 몸체와 제어기 부분으로 구성되어 있는 로봇은?

직각 좌표계 로봇(단축 직교 로봇, 다축 직교 로봇, XY 로봇)

<참고> 다관절 로봇은 작업 괘적에 따른 분류다.

09 산업용 로봇을 제어의 형태에 따라 분류할 때 해당되지 않는 것은?

원통좌표 로봇
[서보제어 로봇, 논 서보제어 로봇, CP제어 로봇, 지능 로봇, 원통좌표 로봇]

<참고> 산업용 로봇 : 시퀀스 로봇, 플레이백 로봇

10 용접용 로봇을 동작형태(동작기구를

나타내는 좌표계)로 분류한 것은?

좌표계 로봇 : 원통좌표 로봇, 극좌표 로봇, 다관절 좌표 로봇, 삼각좌표 로봇

> 참고 삼각좌표 로봇은 아님

11 산업용 로봇의 분류에서 미리 설정된 정보의 순서, 조건 등에 따라 동작이 진행되는 로봇은? : **시퀀스 로봇**

12 KS에 규정된 자동 용접 시스템용 제어 로봇을 분류한 것 중 전체 궤도 또는 전체 경로가 지정되어 있는 제어 로봇은?

CP제어(continuous path controlled) 로봇

13 앤드 이팩터의 동작 범위가 원통 모양이며, 구조는 베이스에 필러(pillar)가 있고 필러에 연결된 암이 상하 운동을 하고 암 자체는 암의 중심축 방향으로 직선 운동을 하는 로봇은?

원통 좌표계 로봇

> 참고 원통 좌표계 로봇은 신뢰성이 높아서 공작물의 로딩과 언로딩에 많이 사용된다.

14 산업용 로봇의 최초 실용 로봇으로 구면 궤적을 갖으며, 주로 스폿 용접, 중량물 취급 등에 사용하는 로봇은?

극 좌표계 로봇

15 인간의 팔과 유사하게 형성하고 있으며 동작도 유연한 로봇으로 회전→선회→선회운동을 하는 극좌표계 로봇의 특수한 형태의 다관절 로봇은?

관절 좌표 로봇(articulated robot)

16 관절좌표 로봇(articulated robot) 동작기구의 장점에 대한 설명은? ①~③

① 3개의 회전축을 가진다.
② 장애물의 상하에 접근이 가능하다.
③ 작은 설치공간에 큰 작업영역을 가진다.

17 사람의 손, 발과 같은 관절 운동, 감각 기능과 학습, 연상, 기억 등 인간의 두뇌 작용의 일부인 사고 기능까지 수행하는 로봇은? : **지능 로봇**

18 플레이 백 로봇(play back robot)이란?

사람이 로봇을 작동시킴으로서 순서, 조건, 위치 및 기타의 정보를 교시(teaching)하고 그 정보에 따라 작업을 할 수 있는 로봇

19 로봇의 동력 전달 장치는 ?

암 조인트, 손목 조인트, 그리퍼

> 참고 벨트와 롤러 체인 : 로봇의 동력 전달 장치

20 일반적인 로봇의 동력 장치는?

① 스크루 너트 시스템
② V벨트와 타이밍 벨트
③ 롤러 체인을 이용한 풀리 구동

21 로봇의 특수 동력 전달 장치는?

싸이클 로이탈 스피드 레듀서, 하모닉 드라이브

> 참고 각종 베어링, 타이밍 벨트, 각종 전기 브레이크는 일반적인 동력 전달 장치의 일종

22 하모닉 드라이브의 특징은? ①~④

① 구조가 간단하고, 콤팩트한 크기이다.
② 높은 출력 토크를 얻을 수 있고 강성이 좋다.
③ 경량이라서 로봇 시스템에 사용하기 적합하다.
④ 감속비를 320 : 1을 얻을 수 있다.

23 하모닉 드라이브의 주요 부분은?

웨이브 제너레이터, 써큘러 스플라인, 플랙 스플라인

V벨트 및 타이밍 벨트는 아님

24 싸이클로이탈 스피드 레듀셔는 하모닉 드라이브보다 몇 배 전후의 큰 동력을 전달할 수 있는 감속기인가? : 10배

25 싸이클로이탈 스피드 레듀셔가 1단 감속일 경우 얼마의 감속비를 가질 수 있는가? : 6 : 1 ~ 87 : 1

> 참고 다단의 경우 1천만 : 1의 감속비를 얻을 수 있다.

26 싸이클로이탈 스피드 레듀셔의 구성 장치는? : 싸이클 로이터 디스크

27 아크 용접용 로봇(robot)에서 용접작업에 필요한 정보를 사람이 로봇에게 기억시키는 장치는? : 교시장치

28 용접에 이용되는 산업용 로봇(Robot)은 역할에 따라 크게 3개의 기능으로 구성하는 것은?

작업 기능, 제어 기능, 계측인식 기능

> 참고 용접로봇의 작업 기능 : 동작기능, 구속기능, 이동기능

29 산업용 용접로봇의 주요작업 기능부는?

구동부, 검출부, 제어부

> 참고 용접부는 아님

30 자동 용접에 필요한 기구 중 대형 파이프를 원주용접할 때 사용하는 기구는?

터닝롤러

31 아크용접 자동회의 센서(sensor)의 종류에서 과전류, 전격방지 등을 위한 비접촉식 센서로 가장 많이 활용되는 것은?

전기 접점식 센서

32 비접촉식 용접선 추적 센서로서 아크용접도중 위빙할 때 용접 파라미터를 감지하여 용접선을 추적하면서 용접을 진행하도록 하는 센서는? : 아크 센서

PART 02

용접 작업 안전

Chapter 01 작업 안전

Chapter 02 산업 안전

Chapter 03 용접 안전

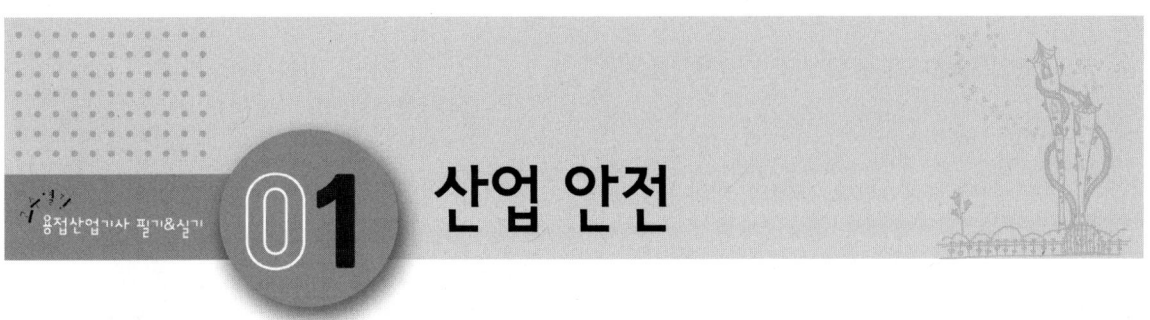

01 산업 안전

제1절 산업 재해

① 재해와 안전

01 국제노동기구(ILO)의 재해의 정의

근로자가 물체와 물질 또는 타인과 접촉 또는 물체나 작업 조건 속에 몸을 두었기 때문에, 근로자의 작업 동작 때문에 사람에게 상해를 주는 것

02 안전이란?

직·간접으로 인명 및 재산상의 손실이 생기는 산업 재해를 사전에 막기 위한 여러 가지 활동

② 재해 원인과 상호 관계

01 고장난 기계, 조명 불량, 안전 장치 불량 등에 의한 재해는 무슨 원인에 의한 재해인가? : 설비의 원인

02 다음 중 물적 재해의 원인이 아닌 것은?

[장치 불량, 고장난 기계, 조명 불량, 수면 부족]

해설 수면 부족 ; 신체적 결함에 의한 원인임.

03 재해가 가장 많은 전동 장치는? : 벨트

04 재해가 가장 많은 계절은 언제인가?

여름(7 ~ 8월), 휴일 다음 날 많이 발생

05 하루 중 가장 사고가 많이 일어나는 시간은 언제인가? : 오후 3시

③ 산업 재해율, 재해 빈도

01 다음 중 재해 발생 빈도 및 손실의 정도를 나타내는 것이 아닌 것은? : 산재율

[산재율, 연천인율, 도수율, 강도율]

02 재해 발생 손실의 정도를 나타내는 것은? : 강도율

03 A 공장에서 연간 15건의 재해가 발생했다. 1일 8시간 연간 300일 근무한다면 도수율은 얼마인가? (단, 근로자 수는 350명이다.)

1) 연 근로 시간수
 = 350명×8시간×300일
 = 840000시간

2) 도수율 = $\dfrac{15}{840000} \times 1000000 = 17.86$

연 근로 시간 100만 시간 중에 18 발생

04 평균 근로자 수가 400명인 직장에서 10

제1장_산업 안전

명의 재해자가 발생했다면 연천인률은?

연천인률 = $\frac{10}{400} \times 1000 = 25$

근로자수 1000명당 25명의 재해자 발생

제2절 작업일반 안전

❶ 작업 복장 및 보호구

01 보호구의 구비 조건은? : ①~④

① 구조가 간단하고 안전하며, 손질이 쉬울 것
② 착용이 간편하며, 작업에 방해가 안될 것
③ 유해 요소에 대한 방호성이 충분할 것
④ 재료의 품질이 좋고, 사용 목적에 적합하며, 사용자에게 잘 맞을 것

02 아크 안전 보호구의 종류가 아닌 것은?

와이어 브러시

[핸드 실드, 헬멧, 보호 안경, 앞치마, 발커버, 용접조끼, 와이어 브러시]

03 피복 아크용접시 용접 작업자의 얼굴이나 머리를 보호하기 위한 보호구는?

용접 핸드 실드나 용접 헬멧

04 아크용접 공구 중 머리에 쓰고 헬멧 속에 신선한 공기를 불어넣는 공기 호스가 달려 있는 것은? : 환기 헬멧

05 안전모의 일반 구조는? : ①~③

① 모체, 착장체 및 턱끈을 가질 것
② 착장체의 구조는 착용자의 머리 부위에 균등한 힘이 분배되도록 할 것
③ 착장체의 머리 고정대는 착용자의 머리 부위에 고정하도록 조절할 수 있을 것

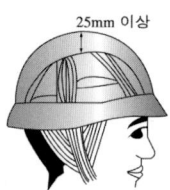

06 안전모의 내부 수직거리로 가장 적당한 것은? : 25mm 이상 50mm 미만일 것

07 귀마개를 착용하고 작업하면 안 되는 작업자는? : 하역장의 크레인 신호자

❷ 통행 및 운반 안전

01 통행시 안전 수칙

① 통행로 위의 높이 2m 이하에 장애물이 없을 것
② 기계와 다른 시설물 사이의 통행로 폭은 80cm 이상으로 할 것

02 통행로에 계단 설치시 고려 사항

① 견고한 구조로 하며, 경사가 너무 심하지 않게 할 것
② 높이 3m를 초과할 때에는 높이 3m마다 계단 참을 설치할 것
③ 각 계단의 간격과 나비는 동일하게 하며, 적어도 한쪽에는 손잡이를 설치할 것

제3절 작업 환경, 화재, 폭발

❶ 작업 환경

01 작업별 적정 조도

① 거친 작업 : 75Lux 이상(75~150)
② 보통 작업 : 150Lux 이상(150~300)
③ 정밀 작업시 : 300Lux 이상(300~600)
④ 초정밀 작업 : 750Lux 이상(750~3000)

02 작업장의 가장 바람직한 온도

① 온도 : 여름 : 25~27℃, 겨울 : 15~23℃
② 바람직한 상대 습도 : 50~60%

03 주물 작업, 채석, 연마 작업에 종사하는 사람들에게 많이 올 수 있는 직업병은?

규폐증

04 모든 사람들이 불쾌감을 느낄 수 있는 불쾌지수는? : 80 이상

참고 70 이하인 때 쾌적
- 70 이상이면 불쾌감
- 75 이상이면 과반수 이상의 사람들이 불쾌감을 호소

05 일반 작업장의 소음의 허용 한계값은 얼마로 정하는가? : 85 ~ 95dB

❷ 화재 및 폭발

01 연소의 3요소는? : 가연물, 산소, 점화원

02 연소 후 재를 남기는 화재의 종류는?

A급 화재

참고 B급 화재 : 유류화재, C급 화재 : 전기화재
D급 화재 : 금속화재, E급 화재 : 가스화재

03 초기 전기 화재나 소규모 인화성 액체 화재에 적합한 것은? : CO_2 소화기

04 방화 대책의 구비 조건은?

화재 경보기, 소화기, 방화벽, 스프링 클러, 비상구, 방화사

참고 출입 표시, 스위치관은 방화대책이 아님

05 화재 및 폭발방지 조치로 틀린 것은? ③

① 대기에 가연성 가스를 방출시키지 말 것
② 필요한 곳에 방화 설비를 설치할 것
③ 용접 작업 부근에 점화원을 둘 것
④ 배관에서 가연성 증기의 누출 여부를 철저히 점검할 것

06 가스 종류별 체적당 폭발 상한과 하한계

① 부탄 : 1.8 ~ 8.4%
② 프로판 가스 : 2.1 ~ 9.5%
③ 아세틸렌 : 2.5 ~ 81.0%
④ 수소 : 4.0 ~ 74.5%

참고 폭발 한계가 가장 큰 것은 아세틸렌이다.

제4절 안전 표지와 색채

❶ 안전 표지

01 산업안전 관리에 대한 기업주의 각성을 촉구하고 근로자의 주의를 환기시키기 위한 표지는? : 녹십자 표지

02 미국 철강회사(US steel)의 게리(Gary) 사장이 제창한 것을 개선한 것은?

안전 제1, 품질 제2, 생산 제3

참고 게리 사장이 최초에 제창 : 품질 제1, 생

산 제2, 안전 제3

❷ 산업안전 색채

01 산업 안전 보건법 시행 규칙상 안전 색채

① 파란색 : 안전을 표시하는 색채 중 특정 행위의 지시 및 사실의 고지 등
② 흰색 : 글씨 및 보조색, 통로, 정리 정돈 등을 나타내는 색

02 산업 안전 보건법 시행 규칙상 안전을 표시하는 색채 중 특정 행위의 지시 및 사실의 고지 등을 나타내는 색은?

파란색

03 화학 물질 취급 장소에서의 유해 위험 경고 이외의 위험 경고 주의 표지, 기계 방호물, 방사능 위험을 나타내는 색채는?

노랑색

04 안전, 피난, 위생, 구호, 진행, 대피, 구호소 위치 등을 나타내는 색은?

녹색

05 다음 중 방사능 위험을 표시하는 색은?

노란색

[노란색, 자주색, 파란색, 빨간색]

06 충전 가스와 용기 도색

① 산소 : 녹색
② 프로판 : 회색
③ CO_2 : 청색
④ 아세틸렌 : 황색
⑤ 암모니아 가스 : 백색

제5절 ▶ 작업 환경과 조건

❶ 작업 환경

01 채광

① 자연 광선이 태양 광선(4500lx)에 의해서 조명을 얻는 경우를 말한다.
② 창의 크기는 바닥 면적의 1/5 이상
③ 천정 창은 벽창에 비하여 약 3배 이상의 채광 효과를 갖는다.

02 조도

① 빛을 받는 면의 밝기를 말하며, 단위는 lux이다.
② 조도의 기준은 적당한 밝기, 밝기의 고름, 눈부심이다.
③ 옥내의 최저 조도는 30~50lux 정도 유지해야 한다.

03 작업별 적정 조도

① 거친 작업 : 60~1500Lux
② 보통 작업 : 300 ~ 600Lux
③ 정밀 작업시 : 600 ~ 1500Lux
④ 초정밀 작업 : 1500 ~ 3000Lux

04 작업장의 가장 바람직한 온도

① 온도 : 여름 : 25~27℃,
          겨울 : 15~23℃
② 바람직한 상대 습도 : 50~60%

05 불쾌지수가 얼마 이상이면 모든 사람들이 불쾌감을 느끼게 되는가?

80 이상

참고 70 이하인 때 쾌적

- 70 이상이면 불쾌감
- 75 이상이면 과반수 이상의 사람들이 불쾌감을 호소

06 일반 작업장의 소음의 허용 한계값은 얼마로 정하고 있는가?

85 ~ 95dB

> 참고 허용 한계값은 85 ~ 95dB로 정하고 있으며, 그 이상으로 연속적으로 발생하는 소음은 청력에 손상을 주게 된다.

❷ 작업 조건에 의한 병(직업병)

01 주물 작업이나 채석, 연마 작업에 종사하는 사람들에게 많이 올 수 있는 직업병은 : 규폐증

제6절 응급 처치와 구급 처치

❶ 응급 처치

01 응급 처치의 3대 요소는?

기도 유지, 쇼크 방지, 상처 보호

> 참고 응급 처치 4단계(요소)는 기도 유지, 쇼크 방지, 지혈, 상처 보호

02 인체에 혈액은 체중의 약 3.3% 정도이다. 이 중에 몇 % 이상 흘리면 사망하는가? : 50%

03 물체와의 가벼운 충돌 또는 부딪침으로 인하여 생기는 손상으로 충격을 받은 부위가 부어 오르고 통증이 발생되며 일반적으로 피부 표면에 창상이 없는 상처를 뜻하는 것은?

타박상 – 냉찜질을 할 것

04 표피와 진피 두 곳에 영향을 미치는 화상으로 통증과 물집이 생기는 화상은 몇도 화상인가? : 제1도 화상

05 표피, 진피, 하피까지 영향을 미쳐 피부가 검게 되거나 반투명 백색이 되어 위험한 상태는 몇 도 화상에 속하는가?

제3도 화상

❷ 구급 처치

01 화상을 당했을 때 응급조치는?

화상자의 의복을 벗기지 않는다.

02 화상 부위가 신체의 몇 % 이상에 달하면 제1도 화상이라도 위험한가?

30%

03 창상(절창, 열창, 찰과상)을 입었을 때의 응급조치는? : ①~③

① 상처 주위를 깨끗이 소독할 것
② 상처를 자극하지 말고 노출시킬 것
③ 먼지, 토사가 붙어있을 때는 무리하게 떼어내지 말 것

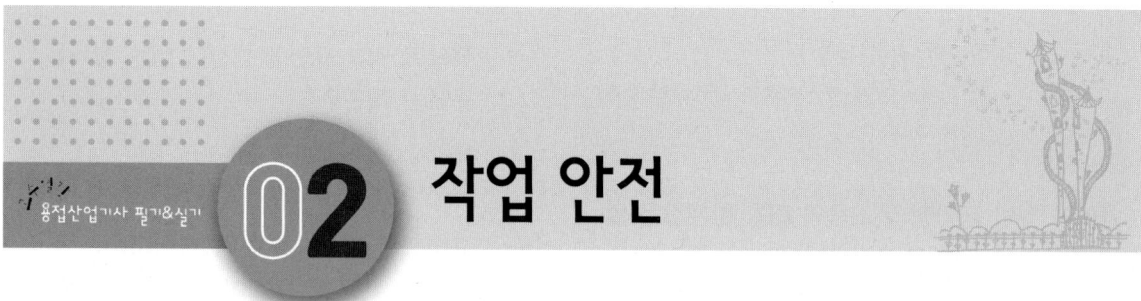

02 작업 안전

제1절 기계 작업 안전

❶ 기계 작업 안전

01 좁은 탱크 안에서 작업시 주의 사항

① 산소를 공급하여 환기시킨다.
② 환기 및 배기 장치를 한다.
③ 가스 마스크를 착용한다.

02 작업시의 안전 수칙은? : ①~④

① 장갑을 끼지 않는다.
② 넓은 면은 톱 작업하기 전에 삼각줄로 안내 홈을 만든다.
③ 드릴 작업에서 생긴 쇠밥은 손으로 제거하지 않는다.
④ 줄눈에 끼인 쇠밥은 와이어 브러시로 제거한다.

03 해머 작업 안전사항과 거리가 먼 것은? ②

① 보호 안경을 착용하고 작업할 것
② 장갑을 끼고, 해머를 자루에 꼭 끼울 것
③ 대형 해머를 사용시 능력에 맞게 사용하며, 처음에는 서서히 칠 것
④ 좁은 곳에서 사용하지 말 것

❷ 주요 공작기계 작업 안전

01 공작 기계 일반 안전 수칙으로 바르지 못한 것은? : ③

① 기계 위에 공구나 재료를 올려놓거나, 기계의 회전을 손이나 공구로 멈추지 말 것
② 이송 중에 기계를 정지시키지 말며, 가공물, 절삭 공구의 설치를 확실히 할 것
③ 절삭 공구는 길게 설치하고, 절삭성이 나쁘면 느리게 절삭할 것
④ 칩이 비산할 때는 보안경을 쓰며, 절삭 중 절삭면에 손이 닿지 않도록 할 것

해설 칩을 맨손으로 제거해서는 안되며, 절삭 공구는 짧게 설치해야 된다.

02 선반 작업의 안전 사항으로 바르지 못한 것은? : ④

① 가공물을 설치할 때는 전원 스위치를 끄고 설치할 것
② 적당한 크기의 돌리개를 선택하고 심압대 스핀들이 많이 나오지 않게 할 것
③ 공작물의 설치가 끝나면 척, 렌치류는 곧 빼어 놓을 것
④ 편심된 가공물을 설치할 때는 심압대의 중심을 맞출 것.

03 드릴 작업의 안전 수칙은? ; ①~④

① 회전하는 주축이나 드릴에 손이나 걸

레를 대거나 머리를 가까이 하지 말 것
② 드릴은 좋은 것을 사용하고, 생크에 상처나 균열이 있는 것은 사용하지 말 것
③ 가공 중에 드릴의 절삭성이 나빠지면 곧 드릴을 재연삭하여 사용할 것
④ 드릴을 고정하거나 풀 때는 주축을 완전 고정시킨(멈춘) 후 실시할 것

04 드릴 작업 중 안전 수칙으로 틀린 것은?

③

① 작은 물건은 바이스나 고정구로 고정하고 직접 손으로 잡지 말 것
② 얇은 물건을 드릴 작업할 때는 밑에 나무 등을 놓고 구멍을 뚫을 것
③ 구멍이 거의 뚫릴 무렵에는 가공물이 회전하기 쉬우므로 이송을 빠르게 할 것
④ 가공 중 드릴이 가공물에 박히면 곧 바로 기계를 정지시키고 손으로 돌려서 드릴을 뽑을 것

05 연삭 작업 중 안전 수칙은? ①~④

① 숫돌은 반드시 시운전에 지정된 사람이 설치할 것
② 숫돌은 기계에 규정된 것을 사용하며, 숫돌 커버는 벗겨진 채 사용하지 말 것
③ 숫돌차 안지름은 축 지름보다 0.05 ~ 0.15 mm 정도 클 것
④ 플랜지와 숫돌 사이에는 플랜지와 같은 크기의 패킹을 양쪽에 끼우고 너트를 너무 강하게 조이지 말 것

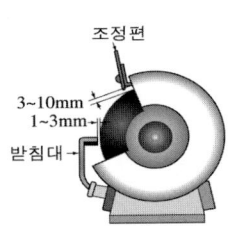
[연삭 숫돌 안전]

06 연삭숫돌과 받침대의 간격은 얼마 이하로 유지해야 되는가? : 3mm

07 [연삭기는 시운전시(연삭 숫돌 설치 후) ( )분, 작업 개시 전에는 ( )분 이상 공회전한 후 사용해야 된다.]
여기서 ( )안에 들어갈 순서는?

3, 1

제2절 프레스 작업 안전

① 프레스 작업 안전

01 프레스의 안전 작업 수칙은? ①~④

① 패달을 불필요하게 밟지 말 것
② 2명 이상이 작업할 때는 신호를 정확하게 하고 안전 상태 확인 후 조작할 것
③ 손질, 수리, 조정 및 급유 중에는 반드시 기계를 멈추고 실시할 것
④ 작업이 끝나면 반드시 스위치를 끌 것

02 프레스의 안전장치는?

광전자식, 양수 조작식, 손 쳐내기식, 수인식 방호 장치 등

03 프레스 작업 중 광전식 안전 장치에 대한 설명으로 적당하지 않은 것은? ①

① 급정지 장치가 없는 구조의 프레스를 사용할 것
② 프레스 정지 기능에 알맞은 안전 거리가 확보될 것
③ 스트로크 적정 길이에 따라 광축수가 알맞을 것
④ 안전울 또는 가이드를 병행하여 사용할 수 있을 것

04 프레스 안전 장치 중 양수 조작식의 특징으로 적당한 설명이 아닌 것은? ④

① 1행정 1정지 기능이 있는 프레스에 사용할 것
② 양수 버튼의 거리는 300mm 이상일 것
③ 양손으로 동시에 0.5초 이내 버튼을 눌렀을 때만 작동할 것
④ 스트로크 적정 길이에 따라 광축수가 알맞을 것

> **해설** ④는 광전식 안전 장치에 대한 설명이다.

05 1행정 1정지 기능이 있는 프레스에 적당한 안전장치는 무엇인가?

양수 조작식

❷ 프레스 작업의 직업병

01 장시간 프레스 작업을 한 근로자에게 많이 생길 수 있는 질병은? : 난청

[안염, 난청, 피부염, 비염]

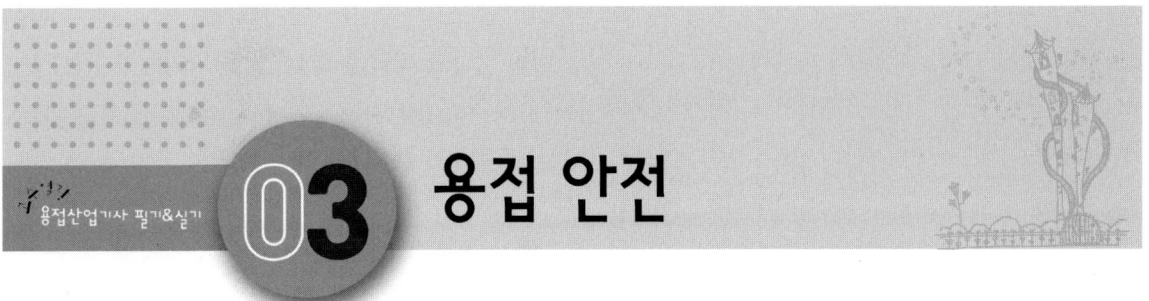

03 용접 안전

제1절 아크 용접 안전

1 전기(아크) 용접 안전

01 아크용접의 재해라 볼 수 없는 것은?

① 아크 광선에 의한 전안염(전광성 안염)
② 강렬한 빛과 고온의 열, 스패터 비산으로 인한 화상
③ 역화로 인한 화재
④ 전격에 의한 감전

해설 ③, 역화로 인한 화재는 가스용접이나 절단시 발생하는 것이다.

02 아크용접시 광선에 의하여 초기에 인체에 일어나기 쉬운 가장 타당한 재해는?

자외선 때문에 각막과 망막에 자극을 주어 결막염을 일으킨다.

03 전광성 안염은? : ①, ②

① 급성은 아크 불빛을 본 후 4~8시간 후에 일어나며, 보통은 24~29시간 후면 정상으로 된다.
② 심하면 결막염을 일으키거나 실명할 수도 있다.

04 전광성 안염이 발생하였을 때의 응급조치는?

냉습포 찜질을 한 다음 치료를 받는다. 심하면 안과 의사의 진료가 필요하다.

05 안염이나 피부 손상 방지를 위해 용접 작업자가 반드시 사용해야 하는 것은?

용도에 맞는 작업복, 핸드 실드, 용접 헬멧 착용

06 높은 곳에서 아크용접을 할 때 케이블의 처리 중 옳은 것은?

적당한 고리에 고정시킨 다음 작업한다.

참고 팔에 감거나, 발, 어깨에 감고 하면 매우 위험하다.

07 아크용접시 지켜야 할 안전 수칙

① 옥외 작업장에서 우천시는 절대 용접하지 않는다.
② 습기가 찬 곳에서는 작업을 금한다.
③ 코드의 피복이 찢어졌으면 곧 수리한다.
④ 홀더 선이나 어스선은 접촉이 완전해야 한다.

08 피복아크용접 작업 중 정전이 되었을 때의 안전 사항은?

전원 스위치는 off의 위치에 놓는다.

09 전격(감전)의 재해 주요 원인

① 용접 중 홀더가 신체에 접촉될 때나, 맨손으로 홀더에 용접봉을 물릴 때

② 손상된 케이블에 접촉된 경우
③ 비가 오거나 젖은 장갑, 작업복을 입고 용접하는 경우
④ 물이 묻은 상태에서 스위치 조작을 하거나, 전원 스위치를 켜두고 용접기를 수리할 때

10 아크용접 작업 중 전격이 될 수 있는 요소로서 가장 적합한 것은?

어스의 접지가 불량할 때

11 피복 아크용접기의 누전시 조치 사항으로 가장 부적합한 것은? : ④

① 전원 스위치를 내리고 누전된 부분을 절연시킨 후 용접한다.
② 용접기의 접지 상태를 점검, 조치한다.
③ 용접 케이블의 손상 부분을 절연한다.
④ 전원만 바꾸고 계속 용접한다.

12 이동식 전기 기기에 감전 사고를 막기 위해 설치해야 하는 것은?

접지 설비

13 감전의 위험으로부터 용접 작업자를 보호하기 위해 교류 용접기에 설치하는 것은? : 전격 방지 장치

14 전격 방지 대책은? : ①~④

① 용접기의 내부에 손을 대지 않는다.
② 홀더나 용접봉은 절대 맨손으로 취급하지 않는다.
③ 가죽 장갑, 앞치마, 발덮개 등 규정된 보호구를 반드시 착용한다.
④ TIG 용접시 전극봉을 교체할 때는 항상 전원 스위치를 차단하고 교체한다.

15 아크 작업을 할 때 빛을 가리는 이유는?

빛 속에 강한 자외선과 적외선이 눈의 각막을 상하게 하므로

16 용접 작업장 주위에 차광막을 치는 이유는?

인접 작업자의 눈을 보호하며, 작업에 방해되지 않게 하기 위하여

17 접지 클램프를 잘못 접속했을 때 생기는 사항은?

전력 낭비, 아크가 불안정, 열이 과도하게 발생, 발열로 케이블 접속부가 고장난다.

18 아크용접기 몸체에 어스를 시키는 이유는?

누전되었을 때 작업자의 안전을 위하여

19 피복 아크용접 작업 중 가스 중독 원인

① 용접 흄(fume)의 흡입
② 유해 가스 흡입

20 CO_2 가스 아크용접시 작업장의 이산화탄소 농도에 따른 인체의 반응

① 3 ~ 4%일 때 : 두통 및 뇌빈혈
② 15% 이상 : 인체에 위험한 상태
③ 30% 이상 : 치명적인 위험

제2절 가스 용접 및 절단 안전

❶ 가스용접 및 절단의 안전

01 가스 설비 취급 및 작업장 안전

① 산소 밸브는 기름이 묻지 않도록 한다.
② 가스 집합 장치는 화기를 사용하는 설비로부터 5m 이상 떨어진 장소에 설치
③ 검사받은 압력 조정기를 사용하고, 가스 호스의 길이는 최소 3m 이상 되어야 한다.

02 가스 절단 작업에서 안전기는 어디에 설치하는가?

아세틸렌 발생기와 토치 사이

03 가스 절단 작업시 주의 사항

① 반드시 보호 안경을 착용한다.
② 산소 호스와 아세틸렌 호스는 색깔을 구분하여 사용한다.
③ 납이나 아연 합금, 도금 재료를 절단시 중독될 우려가 있으므로 주의한다.
④ 용기 부근에서 인화 물질의 사용을 금한다.
⑤ 좁은 장소에서 작업할 때 항상 환기에 신경쓴다.

04 아세틸렌 용기 누설부에 불이 붙었을 때 제일 우선으로 해야 하는 조치는?

용기의 밸브를 잠근다.

05 가스 절단 작업 중 역류 발생시 응급 조치 방법은?

산소 밸브를 먼저 잠그고 아세틸렌 밸브를 잠근다.

06 산소-아세틸렌 절단작업 중 용기의 밸브 부근에서 발화되었다면 그 원인은?

산소 밸브에 기름이 묻었다.

07 압력 용기 성능 검사 유효 기간은 1년이다. 아세틸렌 장치의 성능 검사는 몇 년인가? : 3년

MEMO

PART 03
용접 설계 및 시공과 검사

Chapter 01 용접 설계

Chapter 02 용접 시공

Chapter 03 용접성 시험

용접산업기사 필기&실기

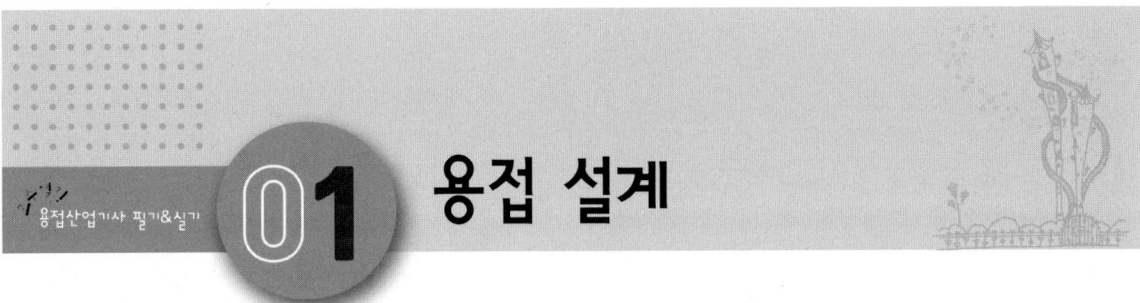

01 용접 설계

제1절 용접 구조물의 설계

❶ 개요

01 용접설계시 고려 사항은? : ①~③
① 용접 구조물의 여러 특성의 고려와 용접이음의 강도와 변형을 예측한다.
② 저비용(최적)의 시공법 및 용접법을 선정한다.
③ 신뢰성있는 용접 시공, 작업 관리 및 용접 후처리법을 선정한다.

02 용접 설계시 고려 사항 인자
용접 방법, 용접 자세, 판두께 및 이음의 종류, 변형 및 수축, 용입 상태, 경제성 및 모재의 성질 등

03 용접 구조 설계의 고찰사항은? ①~③
① 용접 품질 검사 항목을 소량화(적게)하여 품질 보증의 질 향상
② 용접 작업의 간소화 설계 등 이음의 성능과 비용 최소화
③ 용착량의 최소화의 설계(용착량이 적게 드는 홈, 이음 형태 선택)

❷ 용접설계상 주의 사항

01 구조물 설계의 원칙의 설명은? ①~④
① 구조물 전체가 외력에 안전하게 견딜 수 있게 한다.
② 안전성이 각 부분에 균등하게 될 수 있게 한다.
③ 강도가 약한 필릿 용접을 피하고 가능한 한 맞대기 용접을 하도록 한다.
④ 불연속성을 피한 합리적이고 간편하게 이해할 수 있는 구조로 한다.

02 용접 구조의 설계상 주의 사항
① 용착금속은 가능한 한 다듬질 부분에 포함되지 않도록 한다.
② 리벳과 용접을 혼용할 때는 충분한 검토를 한다.
③ 두꺼운 판 용접시에는 용입이 깊은 용접법을 이용하여 층수를 줄인다.
④ 용접 치수는 요구 강도 이상 크게 하지 않으며, 접합부재의 균형을 고려한다.

03 용접 구조의 설계상 주의 사항
① 구조상의 불연속부, 단면 형상의 급격한 변화 및 노치를 피한다.
② 용접성, 노치 인성이 우수한 재료를 선택하여 시공하기 쉽게 설계한다.
③ 판면에 직각으로 인장 하중이 작용할 경우 판의 이방성에 주의한다.
④ 변형 및 잔류응력을 경감시킬 수 있도록 하며, 수축이 불가능한 용접은 피한다.

04 용접설계상 주의할 사항은? : ①~③

① 이음부에서 가능한 모멘트가 작용하지 않도록 할 것
② U형의 경우 등 가능한 좁은 루트간격과 적은 홈 각도를 선택할 것
③ 압연재, 주단조품, 파이프 등의 이용, 굽힘, 프레스 가공 등을 이용하여 용접 이음을 감소시킨다.

05 용접 설계시 일반적인 주의 사항

① 용접에 적합한 구조로 한다.
② 용접 구조물의 제 특성을 고려한다.
③ 용접성을 고려한 사용 재료의 선정 및 열영향 문제를 고려한다.
④ 부재 및 이음은 가능한 한 조립작업, 용접 및 검사를 하기 쉽도록 한다.

06 용접설계시 일반적인 주의 사항은? ①~⑤

① 결함이 생기기 쉬운 용접 방법은 피한다.
② 용접이음은 가능한 한 적게(용접선의 수 최소화) 하고 용접선을 분산시킨다.
③ 열 또는 기계적 방법으로 잔류응력을 완화시킨다.
④ 용접 길이는 가능한 한 짧게, 용접하기 쉬운 구조로(쉽도록) 설계한다.
⑤ 현장 용접을 적게 하고 공장 용접을 많이 하도록 한다.

07 용접이음 설계시 일반적인 주의 사항으로 옳지 않은 것은?

① 가능한 한 능률이 좋은 아래보기 용접을 많이 할 수 있도록 설계한다.
② 필릿 용접 등 강도가 강한 이음은 될 수 있는대로 먼저 하고 맞대기 용접을 후에 하도록 한다.

③ 가능한 한 용접량이 적은 홈 형상을 선택한다.
④ 맞대기 용접은 이면 용접 등 완전 용입이 되게하여 용입 부족이 없도록 한다.

해설 ②, 필릿 용접 등 강도가 약한 이음은 될 수 있는대로 피하고 맞대기 용접을 하도록 한다.

08 용접이음 설계시 일반적인 주의 사항

① 최소 10° 정도는 전후좌우로 용접봉을 움직일 수 있게 설계 한다.(a, b)
② 판두께가 다를 때 얇은 쪽에서 3~5 정도 이상의 구배를 주어 이음한다.(c)
③ 용접이음을 1개소로 집중시키거나 너무 접근하여 설계하지 않는다.(d)
④ 용접선은 가능한 교차하지 않게, 교차가 필요한 경우 스캘럽을 설계한다.(e, f)

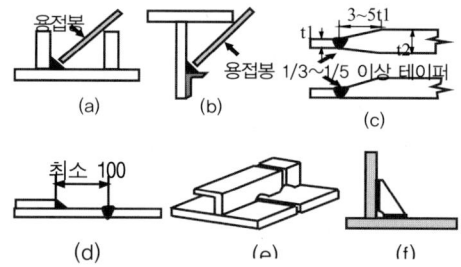

09 용접 설계시 경비를 절감시키기 위한 유의 사항은? : ①~④

① 합리적이고 경제적인 설계
② 효과적인 재료 사용 계획
③ 용접봉의 적절한 선정, 경제적 사용법
④ 능률이 좋고 결함이 적은 구조로 설계

10 용접이음부의 형태를 설계할 때 고려사항은? : ①~③

① 판이 너무 두껍지 않을 경우 가능한 한

(편)면에서 용접할 수 있도록 고안할 것
② 적당한 루트간격과 홈 각도를 택할 것
③ 너무 깊은 홈을 피할 것

11 용접부의 강도 및 강성 설계시 주의사항은? : ①~③

① 응력의 흐름이 부드럽게 되도록 한다.
② 국부변형이나 응력집중이 없도록 한다.
③ 구조물 전체가 밸런스가 맞도록 한다.

12 중판 이상의 두꺼운 판의 용접을 위한 홈 설계시 주의 사항으로 틀린 것은?

① 홈의 단면적은 가능한 작게 한다.
② 루트 반지름은 가능한 작게, 홈 각은 크게 한다.(U형, H형의 경우)
③ 루트간격의 최대치는 사용 용접봉의 지름 이하로 한다.
④ 두꺼운판의 용접에서는 한면 V형 홈보다 양면 V형이나, H형 홈을 선택한다.

해설 ②. 루트 반지름은 가능한 크게, 홈 각은 작게 한다.(U형, H형의 경우)

3 용접 구조 설계의 요소

01 용접성(weldability)에 대한 설명은? ①, ②

① 용접성이란 용접 시공 중, 시공 후에 있어 용접부의 품질과 건전성을 확보하기 위한 용접의 난이를 표현하는 것
② 용접성은 접합(이음) 성능과 사용 성능으로 구분할 수 있다.

02 탄소강(연강)의 연신률과 단면 수축률(저온 특성)은? : ①~④

① -100℃까지 거의 변화가 없다.
② -160 ~ -170℃ 부근부터는 급격하게 연성이 저하한다.
③ -180℃ 액체 산소에서의 연신률은 약 10% 이하로 떨어진다.
④ 재료에 노치가 있는 경우 0℃ 부근에서도 인성이 상당히 저하한다.

제2절 용접이음부의 강도

1 용접이음

01 용접을 하기 위한 이음의 종류를 결정하는 조건이 아닌 것은? : 피복제

[구조물의 재질과 종류, 이음 형상, 용접 방법, 피복제 종류]

02 기본 용접이음의 종류가 아닌 것은?

겹치기 이음(필릿 이음의 일종임), 전면 필릿 이음
[맞대기 이음, 모서리 이음, 겹치기 이음, 필릿 이음, 변두리 이음, 전면 필릿 이음]

해설 전면 필릿 이음은 필릿 이음의 일종이다.

   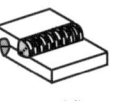
 (a)   (b)   (c)   (d)
(a) 맞대기 이음   (b) 모서리 이음
(c) 변두리 이음   (d) 겹치기 필릿 이음

  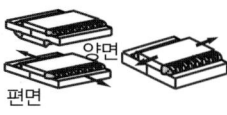
 (e)   (f)   (g)   (h)
(e) T형 필릿 이음   (f) +자형 필릿 이음
(g) 전면 필릿 이음   (h) 측면 필릿 이음

03 기본 용접부 모양(형상)의 종류가 아닌

것은? : ④

① 맞대기(홈 용접)   ② 필릿 용접
③ 플러그 용접   ④ 편면 겹치기 용접

04 용접이음의 선택시 고려 사항으로 틀린 것은? : ③

① 각종 이음의 특성, 구조물의 종류, 형상
② 하중의 종류 및 크기
③ 용접 조직 및 열영향부 크기
④ 용접 방법 판두께 및 재질
⑤ 용접 변형 및 용접성
⑥ 이음의 준비 및 설계에 요하는 비용

05 형상에 따른 필릿 용접의 종류는?

연속 필릿 용접, 단속 지그재그 필릿 용접, 단속 병렬 필릿 용접

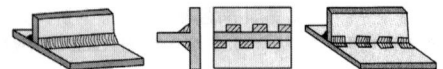

(a) 연속필릿 (b) 단속 지그재그필릿 (c) 단속 병렬필릿

06 하중 방향에 따른 필릿 용접의 종류

전면 필릿, 측면 필릿, 경사 필릿 용접

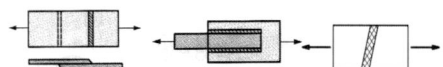

(a) 전면 필릿 (b) 측면 필릿 (c) 경사 필릿

07 용접선이 응력(하중)의 방향과 대략 직각인 필릿 용접은? : 전면 필릿 용접

08 접합할 두 부재를 겹쳐놓고 한쪽의 부재에 드릴 등으로 둥근 구멍을 뚫고 그 곳을 용접하는 이음은? : 플러그 용접

 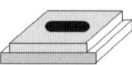

(a) 플러그 용접   (b) 슬롯 용접

09 슬롯 용접이란?

접합할 2부재의 한쪽에 좁고 긴 홈을 만들어 놓고 그 곳을 용접하는 이음

10 플레어 용접

얇은 판의 맞대기 용접의 경우 용접이 어렵거나 용접이 되었다 해도 충분한 강도를 유지할 수 없게 되므로 판의 한쪽을 J자형으로 구부려서 맞대어 용접하는 방법

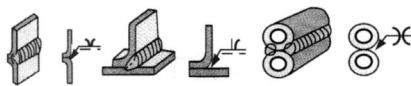

(a) 플레어V형 (b) 플레어베벨형 (c) 플레어X형

11 육성(덧살 올림) 용접의 용도는?

① 마모된 부분이나 부족한 치수를 보충하는 덧쌓기(육성)
② 내식성, 내마모성 등에 뛰어난 금속을 모재 표면에 접합하여 사용하는 표면 내식(경화) 육성 용접

❷ 용접 홈의 종류와 특징, 선택

01 맞대기 용접 등에서 홈을 만드는 이유(홈 가공의 필요성)가 아닌 것은? : ④

① 용입을 양호하게 하기 위하여
② 이음효율의 향상을 위하여
③ 작업성의 개선을 위하여
④ 덧살 올림 용접을 위하여

02 용접 홈 각도와 베벨 각도, 루트면 및 루트간격 사이의 상관 관계에 대한 설명으로 적합한 것은? : ①~③

① 홈 각도가 작을 때는 루트간격은 넓게, 루트 면은 작게 해야 된다.
② 루트간격이 좁을 때는 루트면을 작게

③ 루트간격이 좁을 때는 홈 각도를 크게

03 용접 홈 설계시 고려 사항은?

용접 방법, 용접 자세, 판두께

04 맞대기 용접이음 홈의 각부 명칭

① α : 홈 각도 ② β : 베벨각
③ d : 개선 깊이 ④ f : 루트 면
⑤ g : 루트간격
⑥ 루트 반지름 : 용접에서 J형 및 U형, H형 밑바닥 면의 둥근 홈의 반지름

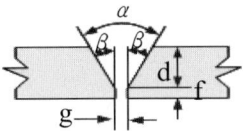

05 연강의 용접이음에서 설계상 이음 강도가 가장 큰 것은?

맞대기 이음 〉 모서리 이음 〉 전면 필릿 이음 〉 플러그 이음

06 맞대기 용접의 홈의 모양은?

정방형(구, I, 평형), 단면 V형, 단면 개선형(〉, 베벨형), 단면 U형, 단면 J형, 양면 V(X)형, 양면 개선(K)형, 양면 U(H)형

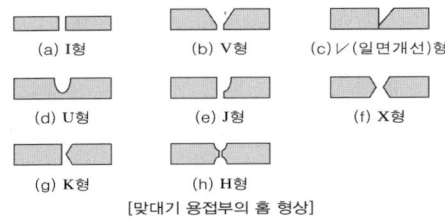

[맞대기 용접부의 홈 형상]

07 변형이 가장 적은 용접이음 형식은?

H형 〉 X형 〉 U형 〉 V형 순

08 피복 아크용접봉으로 강판의 판 두께에 따라 맞대기 용접에 적용하는 개선 홈 형식은? : ①~④

① I 형 : 판 두께 6.0mm 이하
② V 형 : 판 두께 6.0 ~ 20mm 정도
③ 〉(일면 개선)형 : 판 두께 6.0~20mm
④ X형 : 판 두께 10 ~ 40mm 정도

09 정방형(I, 평형) 홈에 대한 설명으로 옳지 않은 것은?

① 용접 홈 가공이 쉽다.
② 루트간격을 좁게 하면 용접금속의 양도 적어져서 경제적인 면에서 우수하다.
③ 후판에서도 완전 용입시킬 수 있다.
④ 손(수동) 용접에서는 판 두께 6mm 이하의 경우에 사용된다.

해설 ③, 후판에서는 완전하게 이음부를 녹일 수 없다.(완전 용입 곤란)

10 V형(〉형) 홈 용접의 특징은? ①~④

① 홈 가공은 비교적 쉽다.
② 한쪽에서 완전용입을 얻는데 적합하다.
③ 판두께가 두꺼워지면 용착금속의 양이 증대, 각 변형이 커진다.

11 단면 U형 홈 용접의 특징의 설명은? ①~③

① 두꺼운 판을 한쪽에서 완전한 용입을 얻는데 적합하나, 홈 가공이 어렵다.
② 루트 반지름은 가능한 한 크게 한다.
③ 루트간격을 0으로 해도 작업성이 좋고 용입도 좋다.

12 단면 U형 이음에서 루트 반지름은 될

수 있는대로 크게 한다. 그 이유는?

충분한 용입

해설 용착량을 줄이기 위함이며, 개선 각도는 10° 정도로 한다.

13 양면 V(X)형 홈과 같이 양면 용접이 가능한 경우에 용착금속의 양과 패스 수를 줄일 목적으로 사용되며 모재가 두꺼울수록 유리한 홈의 형상은?

양면 U(H)형 홈

14 판두께가 다른 두 판을 맞대기 용접할 경우 두께가 두꺼운 판의 양면 또는 한 면에 주는 적당한 기울기(경사)는?

1 : 3 ~ 5

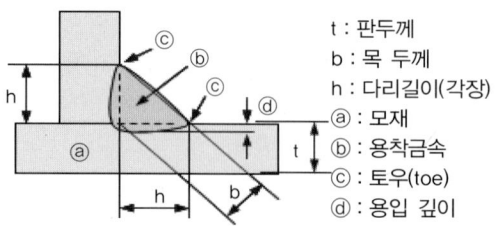

❸ 용접이음부 강도 설계

01 필릿 용접이음의 각부 명칭을 나타낸 것으로 틀린 것은?

① ⓑ : 모재   ② b : 이론 목두께
③ ⓓ : 용입깊이 ④ h : 다리길이(각장)

해설 ①, 용착금속

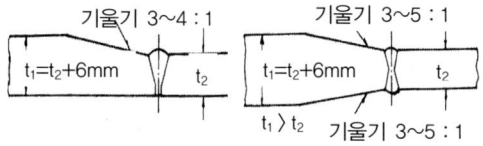

t : 판두께
b : 목 두께
h : 다리길이(각장)
ⓐ : 모재
ⓑ : 용착금속
ⓒ : 토우(toe)
ⓓ : 용입 깊이

02 그림에서 맞대기 용접부의 목 두께는?

t1

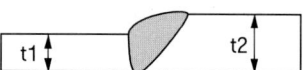

03 필릿 용접의 목 두께(Thickness of throat)에 대한 설명은? : ①~④

① 이론 목 두께와 실제 목 두께가 있다.
② 강도 계산은 이론 목 두께를 적용한다.
③ 부재의 두께가 다른 경우 얇은 쪽 부재의 두께를 기준으로 한다.
④ 실제 목 두께 : 실제 용입의 루트부터 필릿 용접의 표면까지의 최단 거리

참고 맞대기 홈 용접에서는 접합하는 용접부 두께, 필릿 용접에서는 이음의 루트부터 빗면까지의 거리로 한다.

04 필릿 용접의 목 단면적에 대한 설명은?

'목 두께×용접선의 유효 길이'로 한다.

05 필릿 이음의 루트에서 필릿 용접 비드 끝(토우, toe)까지의 거리는?

다리길이(목 길이, 각장 : Leg length)

06 필릿(fillet) 용접의 다리 길이는 판두께의 몇 % 정도가 적당한가? : 70%

참고 목 두께는 다리 길이의 약 70%(다리 길이 ×COS45°) 정도로 한다.

07 필릿 용접에서 이음 강도를 간편법으로 계산할 경우 목 두께는?

각장 × cos 45° = 각장×0.707
약 70~71%

참고 이론 목 두께 a와 용접 다리 길이(각장,

목 길이) z관계는? : a ≒ 0.7z

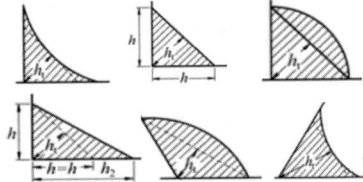

08 필릿 용접부의 단면에서 용접부(이음)의 루트부터 표면까지의 최단 거리는?

이론 목 두께

09 필릿 용접의 정확한 목 두께 치수 a 표시로 옳은 것은?

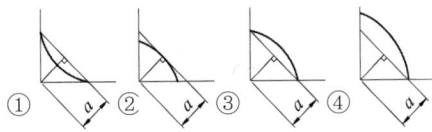

해설 ③, 필릿용접에서 이론 목두께는 루트부에서 각장(용접부가 90°인 경우)에 대해 45° 경사거리이며, 양쪽 비드 끝단과의 수평 거리까지이다.
오목 비드의 경우 오목부와 수직인 수평거리까지이다.

10 그림에서 이론 목 두께는?

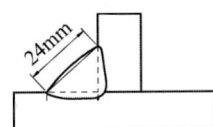

다리길이(각장, h) = 변길이 × cos 45°
= 24 × 0.707 = 17
목 두께(t) = 다리 길이 × cos 45°
= 17 × 0.707 = 12

11 전면 필릿 이음의 인장강도(σ_f)는?

① 전용착금속의 인장강도(σ_w)와 대략 비례하며,
② 연강의 경우 전용착금속 인장강도의 약 90%($\sigma_f = 0.9\sigma_w$) 정도가 된다.

12 양쪽 T 이음에서 최대 전단응력은?

$\sin\theta = \cos\theta$, 즉 $\theta = 45°$ 일 때

$$\tau_{\max} = \frac{P}{2h_t \ell} \text{ kgf/mm}^2$$

13 편심 하중을 받는 필릿 용접부에 있어서의 전단응력이 목 단면에 균일하게 분포되어 있다고 하면 전단응력 τ 는?

$$\tau = \frac{P}{A} = \frac{P}{2h_t \ell} = \frac{P}{2\ell \times h\cos 45°} = \frac{0.707P}{\ell h}$$

14 필릿 용접부 표면의 비드의 형상

볼록형과 평면형, 오목형이 있으며 필릿 용접부는 약간 볼록형이 좋다.

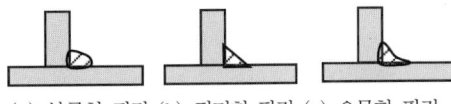

(a) 볼록형 필릿 (b) 평면형 필릿 (c) 오목형 필릿

15 겹치기 이음의 종류는? : ①~③

① 한쪽 겹치기(single)
② 양쪽 겹치기(double)
③ 저글(joggle)

16 겹치기 이음시 유의 사항과 겹침의 최대 값은? : ①~④

① 한쪽 겹치기 이음은 가능한 한 사용하지 않는 것이 좋으며,
② $a = 30 \sim 45°$ 가 되도록 하는 것이 좋다.
③ 판두께가 다를 경우 얇은 쪽을 취한다.
④ 겹치는 부분의 길이 b는 일반적으로 최대값은 판두께의 4배 이내로 한다.

> 참고 h≤12mm에서 b≥(2h+10)~4h mm
>   h≤16mm에서 b≥(2h+15)~4h mm

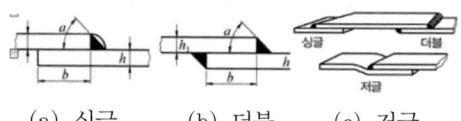

(a) 싱글   (b) 더블   (c) 저글

18 맞대기 용접의 인장강도를 1로 볼 때 T형 필릿 용접의 인장강도는 맞대기 용접의 얼마 정도 되는가? : 0.8

19 V형 홈 맞대기 용접에서 보강 쌓기의 두께는 보통 모재 두께의 몇 %인가?

20%

20 맞대기 용접이음에서 단순 인장력이 작용할 경우 인장응력의 계산식은?

$$\sigma = \frac{P}{A} = \frac{P}{a\ell} = \frac{P}{h\ell} \ \text{kgf/mm}^2$$

> 참고 부분 용입의 경우 인장응력 계산식
> $$\sigma = \frac{P}{(h_1+h_2)\ell} \text{kgf/mm}^2$$

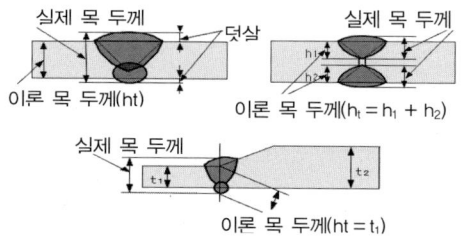

21 맞대기 이음에서 14.7kN의 인장력을 작용시키려고 한다. 판두께가 6mm일 때 필요한 용접 길이는? (단, 허용 인장응력은 68.6MPa이다.)

$$\sigma = \frac{P}{A} = \frac{P}{hl}$$

$$\therefore l = \frac{P}{\sigma h} = \frac{14.7}{0.006 \times 68.6 \times 10^3}$$
$$= 0.0357\text{m} = 35.7\text{mm}$$

22 그림과 같이 맞대기 용접을 한 것을 P = 29.4kN의 하중으로 잡아당겼다면 인장응력(강도)은 몇 MPa인가?

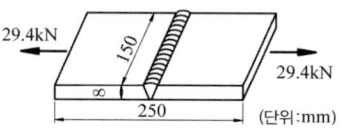

인장응력(σ) = $\frac{P}{A} = \frac{P}{hl} = \frac{29.4}{0.008 \times 0.15}$
= 24500kPa = 24.5MPa

23 그림과 같은 겹치기 이음의 필릿 용접을 하려고 한다. 허용응력을 8N이라 하고, 인장 하중 5000N, 판두께가 12mm라 할 때 필요한 용접 길이는?

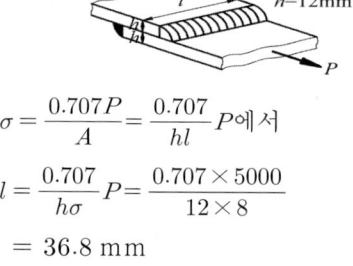

$\sigma = \frac{0.707P}{A} = \frac{0.707}{hl}P$에서

$l = \frac{0.707}{h\sigma}P = \frac{0.707 \times 5000}{12 \times 8}$

= 36.8 mm

24 맞대기 용접이음에서 모재의 인장강도는 45MPa이며, 용접 시험편의 인장강도가 47MPa²일 때 이음효율은?

이음효율 = $\frac{\text{시험편 인장강도}}{\text{모재 인장강도}} \times 100$

= $\frac{47}{45} \times 100 = 104.4\%$

25 강판의 길이 180mm, 두께 12mm인 강판

에 78.43kN을 가하기 위해 맞대기 용접하고자 한다. 이음효율이 80%라면 용접 두께는? (단, 허용응력은 58.8MPa다.)

$$\sigma = \frac{P}{hl\eta}, \quad h = \frac{P}{\sigma l \eta} = \frac{78.43 \times 10^{-3}}{58.8 \times 0.18 \times 0.8}$$
$$= 9.26 \times 10\text{-3m} = 9.26\text{mm}$$

26 맞대기 양면 용접시의 기초 이음효율은?

70%

참고 한면 받침쇠 사용 용접 : 80%,
받침쇠 없는 한면 용접 : 70%,
양면 전후 필릿 용접 : 70%

27 용접 이음의 유효 길이는?

용접 시단부와 종단부를 제외한 길이로 표시

해설 유효 길이 : 시단부와 종단부는 불완전한 용접부가 되기 쉬우므로 이 부분을 제외한 길이

28 단순 굽힘을 받는 맞대기 용접에서 완전 용입 상태로 용접을 할 때 최대 굽힘 모멘트 식은? : $M = \sigma Z$

참고 최대 굽힘 응력은 $\sigma = \frac{M}{Z}$

(σ : 최대 굽힘 응력, Z : 단면 계수, M : 최대 굽힘 모멘트)

1) 그림과 같이 완전 용입된 맞대기 용접이음의 굽힘 모멘트 $M_b = 0.95$kN가 작용할 때 최대 굽힘 응력 MPa은?
(단, $t = 30$mm, $l = 200$mm로 한다.)

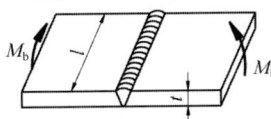

$$\sigma_b = \frac{M}{Z} = \frac{M}{\frac{lt^2}{6}} = \frac{6M}{lt^2} = \frac{6 \times 0.95}{0.2 \times 0.03^2}$$

$= 31666.66$kPa $= 31.67$MPa

29 그림과 같이 용접된 이음에 P = 186kN이 작용할 때 용착금속이 받는 응력은?

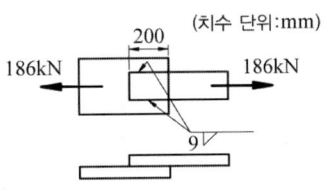

$$\tau = \frac{0.707P}{hl} = \frac{0.707 \times 186}{0.009 \times 0.2}$$
$$= 73056\text{kPa} = 73.06\text{MPa}$$

30 플러그 용접에서 전단 강도는 일반적으로 구멍의 면적당 전용착금속 인장강도의 몇 % 정도로 하는가? : 60 ~ 70%

4 용접이음의 피로 강도

01 피로수명(fatigue life)에 대한 설명

① 피로 : 작은 하중이라도 반복 작용하면 재료에 응력이 생기게 되는 현상
② 피로 파괴 : 피로 응력이 커져서 생긴 손상(균열 발생, 파단 등)
③ 피로수명 : 피로 파괴까지의 하중, 변위 또는 응력의 반복 횟수
④ 한 곳에 반복 하중이 작용하여 파괴되는 경우 피로 파괴의 일종이다.

02 피로수명 3단계는?

균열 발생 단계 - 파단 단계 - 균열 전파 단계

03 일반적으로 피로 강도 측정에 대한 반복 횟수는? : 10^6 ~ 10^7

저사이클 피로는 전수명 시간에 걸리는 응력 및 변형의 반복 횟수를 10^5회 이하로,

제1장_용접 설계 **111**

고사이클 피로는 응력 및 변형의 반복 횟수를 10^5회 이상으로 하는 경우

04 피로 시험에서 S-N 선도는?

응력 S - 반복횟수 N

05 피로 강도 측정에서 압력 용기, 선박, 항공기 등 전수명 시간에 걸리는 응력 및 변형에 대한 반복 횟수는 얼마인가?

10^5회 이하 (저사이클 피로 반복회수)

06 피로 강도 향상법으로 틀린 것은?

① 이면 용접으로 완전 용입시킬 것
② 풀림 등으로 잔류응력을 완화시킬 것
③ 가능한 한 응력집중부에는 용접이음부를 설계하지 말 것
④ 표면 가공 또는 다듬질 등을 피하고 단면이 급변하는 부분을 만들 것

해설 ④, 표면 가공 또는 표면 처리, 다듬질 등에 의한 단면이 급변하는 부분을 피할 것

07 용접부의 피로 강도 향상법

① 덧붙이 크기를 가능한 최소화시킬 것
② 냉간 가공 또는 야금적 변태 등에 따라 기계적인 강도를 높일 것
③ 항복점 등에 의하여 외력과 반대 방향 부호의 응력을 잔류시킬 것

08 피로강도 향상에 크게 영향을 미치는 요인은?

응력 제거 풀림(annealing), 그라인딩 가공, 용접부의 덧붙이 제거

09 그림과 같은 필릿 용접이음 중 반복 하중에 견디는 능력이 가장 우수한 것은?

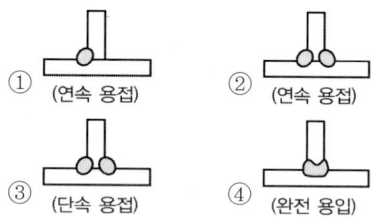

해설 ④, 완전 용입부가 피로강도가 가장 우수하다.

❺ 용접이음의 충격 강도

01 용접이음에서의 노치 충격 저항에 미치는 조건

① 용착금속, 열영향부(HAZ) 및 모재의 저항력의 합성 등에 의하여 결정되며,
② 노치가 생기는 위치에 따라서 달라진다.

02 취성 파괴의 일반적 특성 설명

① 온도가 낮을(저온일)수록 발생하기 쉽다.
② 항복점 이하 평균 응력에서도 발생한다.
③ 저응력 파괴의 전파 속도는 최고 약 2000m/sec에 달한 경우도 있다.

03 노치 등 단면 변화에 따른 응력집중 형상

응력집중이란 용접부의 결함 부분에서 국부적으로 응력이 증가하는 현상, 노치부(b~d) 등은 평탄부(a)에 비해 응력집중이 커진다.

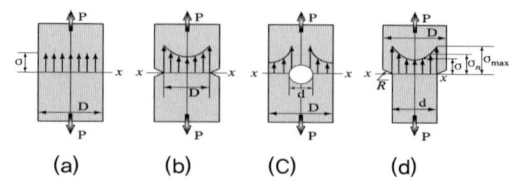

[단면 변화와 응력집중의 형상]

04 다음과 같은 평판에 각종 결함이 존재할 때 A점에의 응력집중이 어떤 경우에 가장 큰가?

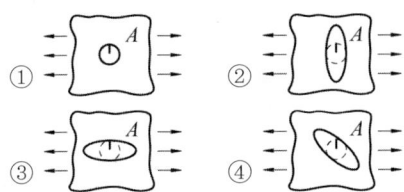

해설 ②, ①과 ②를 생각할 수 있는데 ②가 노치가 크므로 ②번이다.

05 두께가 다른 판을 맞대기 용접할 때 응력 집중이 가장 적게 발생하는 것은? ②

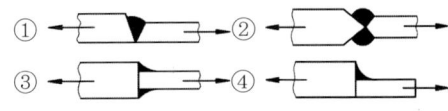

06 그림과 같은 용접이음에서 형상 계수가 가장 큰 부분은? : b 부분

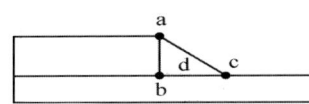

참고 그림에서 용접 끝 a 부분에서 약 4.7, 루트 b 부분에서 6~7 정도이다.
완전 용입된 겹치기 필릿 용접의 형상계수가 가장 큰 부분은 부분은 C가 된다.

07 공칭응력이 40MPa, 응력집중계수가 2이면 최대응력은 몇 MPa인가?

응력집중계수 $a_k = \dfrac{\sigma_{max} \text{최대응력}}{\sigma_n \text{공칭응력}}$,

최대응력 $= a \cdot$ 공칭응력
$= 2 \times 40 = 80$

6 허용응력 및 안전률

01 구조물을 설계할 때 각 부분에 발생되는 응력이 어떤 크기의 값을 기준으로 하여 그 이내이면 안전하다고 인정되는 최대 허용치는? : 허용응력

해설 사용응력은 허용응력보다 항상 작아야 한다.

02 강재의 허용응력은 보통 정하중에 대하여 인장강도의 얼마로 하는가? : $\dfrac{1}{4}$ 값

참고 최근 고장력강에 대하여는 인장강도의 1/3(항복점의 약 40%) 응력이 쓰인다.

03 기계나 구조물의 안전을 유지하는 정도로서 파괴 강도를 그 허용응력으로 나눈 값은 무엇인가? : 안전률

04 안전률의 값은? : 언제나 1보다 크다.

05 용착금속의 인장강도 392MPa에 안전률 8이라면 이음의 허용응력은?

안전률 $= \dfrac{\text{인장 강도}}{\text{이음의 허용응력}}$

이음의 허용응력 $= \dfrac{392}{8} = 42\text{MPa}$

06 일반적으로 정하중시 용접이음의 연강의 안전률은? : 3

[용접이음의 안전률]

재료	정하중	동하중		충격하중
		반복	교번	
주철, 취약한 금속	4	6	10	15
일반 구조용강 / 주강	33	5	8	12/15
구리 및 유연한 금속	5	6	9~10	15
목재 / 석재	7 / 15	10/25	15	20

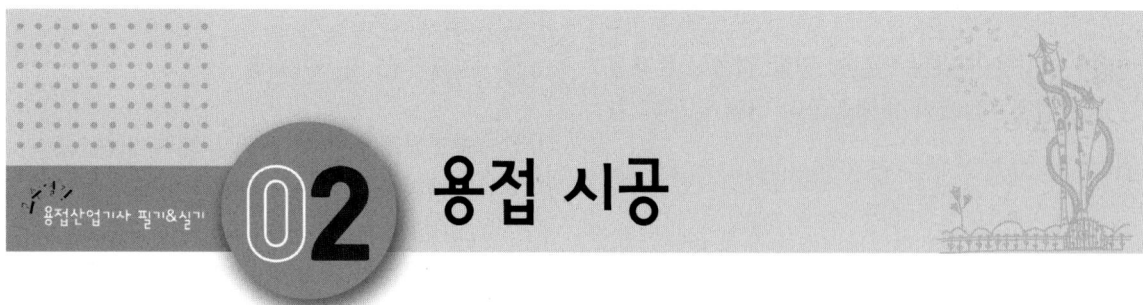

02 용접 시공

제1절 용접시공, 경비, 용착량계산

1 용접 시공(welding procedure)

01 공정 계획(process plan)의 종류는?

①~③

① 공정표 및 산적표 작성
② 공작법 결정
③ 가공표 및 인원 배치표 작성

> 참고 용접 절차 사양서 작성은 공정계획의 종류가 아니다.

02 공정표 및 산적표에 대한 설명은?

①~④

① 공정표는 각 공정의 일정별 계획, 재료 및 주요 부품 입고 시기, 완성 예정일 등을 표시한 표이다.
② 산적표란 작업 구분별 공정표를 모아 소요 공수의 표를 만든 것이다.
③ 산적표는 한곳에 집중되지 않게, 가급적 평탄(공사량의 평균화)해야 된다.
④ 공정 계획을 세울 때는 공정표와 산적표를 만들어야 한다.

03 용접기의 부하률 계산식은?

$$\frac{평균전류}{최대전류}$$

04 작업 장소가 용접기 설치장소와 멀리 떨어진 곳일 경우의 설명은? : ①~③

① 1차측 케이블을 길게 한다.
② 용접기를 작업자 가까이 둔다.
③ 2차측 케이블은 길이가 길수록 단면적이 큰 것을 설치한다.

05 공장에 정격 전류 300A, 무부하 전압 80V, 평균 전류 200A, 사용률 a 40%, 용접기 설치시 부하율과 최대 용량은?

① 용접기 부하율 $\beta = \dfrac{200}{400} = 0.67$

② 용접기 최대용량
$P = \dfrac{300 \times 80}{1000} = 24 \mathrm{kVA}$

06 위의 5번 문제 조건에서 용접기 1대를 설치시 전원 변압기 용량(kVA)은?

$Q = \sqrt{a} \cdot \beta \cdot P = \sqrt{0.4} \times 0.67 \times 24$
$ = 10.169 \mathrm{kVA}$

07 위의 5번 문제 조건에서 용접기 9대 (2~10대)를 설치시 전원 변압기 용량 (kVA)은? (n : 용접기 수)

$\beta = 0.67, \quad P = 24 \mathrm{kVA}$
$Q = \sqrt{n \cdot a} \sqrt{1+(n-1)a}\, \beta \cdot p$
$ = \sqrt{9 \times 0.4}\sqrt{1+(9-1) \times 0.4} \times 0.67 \times 24$
$ = 62.5 \mathrm{kVA}$

08 위의 5번 문제 조건에서 용접기 20대(11대 이상)를 설치시 전원 변압기 용량(kVA)은?

$\beta = 0.67$, $P = 24\text{kVA}$
$Q = n \cdot \alpha \cdot \beta \cdot P$
$= 20 \times 0.4 \times 0.67 \times 24 = 128.6\text{kVA}$

❷ 용접 비용(경비)

01 주요 용접 비용 계산에 포함될 사항은?

인건(노무)비, 재료비, 시공비, 제외 경비

> 참고 관리비는 제외 경비의 세부 사항이다.

02 용접 작업의 경비를 절감시키기 위한 유의 사항 중 틀린 것은?

① 가공 불량에 의한 용접의 손실 최소화
② 실제 용접 작업의 효(능)율 향상
③ 위보기 자세의 시공
④ 대기 시간 최소화
⑤ 조립 정반 및 용접 지그의 활용에 의한 능률 향상

> 해설 ③, 용접 지그를 사용하여 능률이 좋은 아래보기 자세의 시공, 위보기 자세는 가장 힘들고 작업 능률도 매우 낮다.

03 제외 경비에 포함되는 것은?

공정 관리비, 영업비, 기계 감가 상각비

> 참고 보호 가스비는 직접 재료비에 속한다.

04 용접봉의 소요량을 판단하거나 용접 작업 시간을 판단하는데 필요한 용접봉의 용착 효율을 구하는 식은?

용착 효율 = $\dfrac{\text{용착 금속의 중량}}{\text{용접봉 사용 중량}} \times 100$

05 용접 종류별 용착 효율(용착률) ①~④

① 피복 아크용접봉 : 65%
② 플럭스 내장 와이어의 반자동 용접 : 75 ~ 85%
③ 가스 보호 반자동 용접 : 92%
④ SAW용접, 일렉트로 슬래그 용접 : 100%

06 일반적으로 연강의 아크 용접시 용접봉의 지름이 4 ~ 5mm일 때 용착률은?

60 ~ 70%

07 일반적으로 서브머지드 아크 용접에서 $1g_f$의 용접봉이 용착되면 몇 g_f의 플럭스가 소모되는가? : 1.5 ~ $2g_f$

08 용접 작업 시간을 맞게 나타낸 것은?

용접 작업 시간 = $\dfrac{\text{아크 시간}}{\text{아크 시간률}}$

> 참고 노임 = 작업 시간 × 노임 단가

09 용접소요 시간과 용접작업 시간의 비는?

아크 타임

10 능률이 좋은 공장에서 수동 용접의 작업 계수(아크 타임)는 평균 얼마인가?

35 ~ 40%

> 참고 자동 용접의 작업 계수는 40 ~ 50%이다.

11 용접 속도와 뒤틀림 관계는?

용접 속도가 빠를수록 뒤틀림이 적어진다.

제2절 용접 준비

1 용접 준비

01 다음은 용접에 대한 일반적인 준비 사항이다. 틀린 것은?

① 모재 재질 확인 ② 용접기의 선택
③ 용접봉의 선택 ④ 용접 비드 검사

해설 ④, 지그의 결정, 용접공 선임 등이 있으며, 용접 비드 검사는 용접 중의 검사다.

02 용접 전 꼭 확인해야 할 사항으로 틀린 것은?

① 예열, 후열의 필요성을 검토한다.
② 용접 전류, 용접 순서, 용접 조건을 미리 선정한다.
③ 용접 시험기 준비 여부를 확인한다.
④ 이음부의 페인트, 녹, 기름 등의 불순물을 제거한다.

해설 ③, 용접 시험기 준비 여부를 확인은 용접 후에 하는 사항이다.

03 이음 준비 사항으로서 홈 가공에 대한 설명으로 적합하지 않은 것은?

① 피복 아크용접에서 홈 각도는 70~90°가 적당하다.
② 용접 균열은 루트간격이 좁을수록 적게 발생된다.
③ 대전류를 사용하는 서브머지드 아크용접에서 루트간격은 0.8mm 이하, 루트면은 7~16mm로 하는 것이 좋다.
④ 홈 가공은 가스 절단법에 의하나 정밀한 것은 기계 가공에 의기기도 한다.

04 용접 작업에 직접 관계되는 설비가 아닌 것은? : 용접봉(재료임)

[용접기, 용접 케이블, 전원 변압기, 가스 절단기, 용접봉]

05 지그의 사용 목적이 아닌 것은?

① 용접 작업을 쉽게 한다.
② 제품의 신뢰성과 정밀도를 높인다.
③ 용접 작업이 어려운 제품을 용접할 때 사용한다.
④ 대량 생산으로 작업 능률을 높일 수 있다.

해설 ③, 지그는 구속력이 커서 잔류 응력이 많이 발생할 수 있으며, 시간이 적게 걸리므로 대량 생산할 수 있다.

06 용접용 지그의 종류는?

가접(가용접) 지그, 용접 포지셔너, 역변형 지그, 매니플레이트

(a) 포지셔너   (b) 회전 테이블

(c) 회전 롤러   (d) 벨트식 포지셔너

07 다음 중 제품의 치수를 정확하게 하기 위해 사용하는 지그(jig)는? : 역변형 지그

[역변형 지그, 포지셔너, 회전 지그, 매니플레이트]

08 용접 조립을 잘하기 위해 잡아매는 공구는? : 용접 지그

09 지그나 포지셔너, 회전 테이블의 역할을 다할 수 있는 종합적인 기구로서 작업 능률을 향상시킬 수 있는 기구는?

매니플레이트

10 모재의 홈 가공을 V형으로 했을 경우 엔드탭(end tap)은 어떤 조건으로 하는 것이 가장 좋은가?

엔드탭은 비드 시점과 종점에 붙이는 보조판으로 가능한 한 홈의 형상과 판두께를 동일하게 해야 된다.

❷ 이음 준비

01 홈 가공

① 용입의 홈각도를 적당하게 하여 용착 금속량을 적게 하는 것이 좋다.
② 피복 아크 용접의 홈각도는 일반적으로 54~70°가 적합하다.

02 루트간격

① 용접 균열을 막기 위해서 루트간격이 좁을수록 좋다.
② SAW 용접의 시공 조건
 루트간격 : 0.8mm 이하,
 루트면 : 7~16mm

03 가용접(tack welding)에 대한 사항은? ①~③

① 가용접은 본용접을 실시하기 전에 좌우의 홈(이음) 부분을 잠정적으로 고정하기 위한 짧은 용접이다.
② 본용접을 실시할 홈 안에 가용접을 하는 것은 바람직하지 못하다.
③ 가용접에는 본용접보다는 지름이 약간 가는 용접봉을 사용한다.

> **참고** 가접을 잘 못하면 용접 시공에 어려움이 많을 수 있다.

04 가접시 일반적인 주의 사항은? ①~④

① 강도상(하중을 받는) 중요 부분에는 가접을 피한다.
② 가접부의 슬래그를 완전히 제거하며, 균열 등 결함부는 깎아낸다.
③ 본용접자와 동등한 기량을 갖는 용접자가 가접을 시행한다.
④ 본용접과 같은 조건의 온도에서 예열한다.

> **참고** 실제 사용 조건과 같은 온도에서 예열을 한다는 아니다.

05 가접의 일반적인 주의 사항은? ①~④

① 개선 홈 내의 가접부는 백치핑으로 완전히 제거한다.
② 가용접 위치는 부품의 끝 모서리나 각 등과 같이 응력이 집중되는 곳은 피한다.
③ 가접부와의 간격은 일반적으로 판두께의 15~30배 정도로 하는 것이 좋다.
④ 가접 비드의 길이는 판두께에 따라 변경한다.

(a) 가접 위치 부적당함

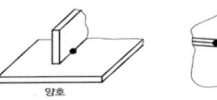 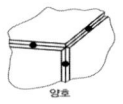 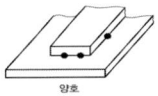
(b) 가접 위치 적당함

06 피복 아크용접의 맞대기 용접에서 보수 요령

① 루트간격이 6mm 이하일 때 : 한쪽 또는 양쪽을 덧살올림 용접 후 깎아내고 규정 간격으로 홈을 만들어 용접한다.
② 루트간격이 6 ~ 16mm 이상일 때 : 두께 6mm 정도의 뒤판을 대서 용접한다.
③ 루트간격이 16mm 이상일 때 : 판의 전부 또는 길이 약 300mm를 대체한다.

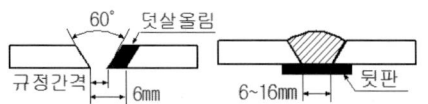

(a) 루트간격 6mm 이하   (b) 6~16mm

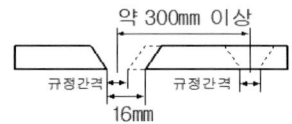

(c) 루트간격 16mm 이상일 때

07 필릿 용접에서 보수 용접 요령

① 루트간격이 1.5mm 이하일 때 : 그대로 규정된 목 길이(각장)로 용접한다.
② 루트간격이 1.5 ~ 4.5mm일 때 : 그대로 용접해도 좋으나 넓혀진 만큼 각장을 증가시킬 필요가 있다.
③ 루트간격이 4.5mm 이상일 때 : 라이너를 넣던지 부족한 판을 300mm 이상 잘라내서 대체한다.

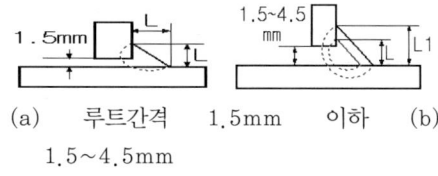

(a)   루트간격 1.5mm   이하   (b) 1.5~4.5mm

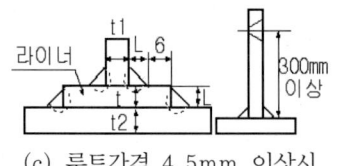

(c) 루트간격 4.5mm 이상시

제3절 본용접 및 후처리

❶ 용착법과 용접 순서

01 용착법 중에서 용접 방향에 의한 분류법은? : 전진법, 후진법

02 용착법 중 용접 순서에 따른 분류는?
전진법, 후진법, 대칭법, 비석법, 교호법

03 전진법에 대한 설명은? : ①, ②
① 이음의 한쪽에서 다른 쪽 끝으로 용접을 진행하는 방법
② 용접 시작 부분의 수축보다 끝나는 부분의 수축과 잔류응력이 더 큰 용착법

04 용접 이음이 짧다던지 변형 및 잔류 응력이 별로 문제가 되지 않을 때에 사용하기 좋은 용착법은? : 전진법

해설 전진법은 이음의 한쪽에서 다른 쪽 끝으로 용접을 진행하는 방법이다.

05 그림과 같은 용접 순서의 용착법은?
대칭법

$\xleftarrow{4} \xleftarrow{2} \xrightarrow{1} \xrightarrow{3}$

06 그림과 같은 용착법은? : 후진법

07 다음 용착법 중 용접 변형이 많은 용착법은? : ④

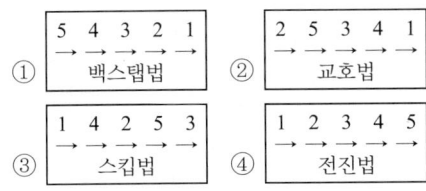

08 아크용접 작업에서 판이 매우 얇은 경우나 용접 후 비틀림이 생길 염려가 있을 때 가장 적합한 용착법은?

비석법

09 그림과 같이 용접 길이를 짧게 나누어 간격을 두면서 용접하는 방법은?

비석(스킵)법

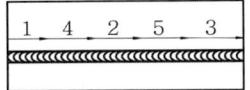

참고 비석법 : 잔류응력의 발생이나 변형이 적은 용착법이다.

10 한 부분의 몇 층을 용접하다가 이것을 다른 부분의 층으로 연속시켜 전체가 계단 형태의 단계를 이루도록 용착시켜 나가는 방법은? : 케스케이드법

11 한 개의 용접봉을 살을 붙일만한 길이로 구분해서 홈을 한 부분씩 여러 층으로 쌓아올린 다음 다른 부분으로 진행하는 용착법은? : 전진 블록법

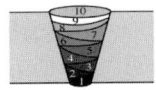 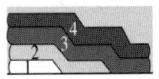 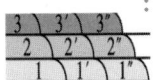

(a) 빌드업법 (b) 케스케이드법 (c) 전진블록법

12 빌드업(덧살 올림, build-up sequence)법의 설명은? : ①~④

① 각층마다 용접 전 길이를 연속하여 용접하는 방법
② 한랭시나 구속이 클 때, 판 두께가 두꺼울 때에는 첫 층에 균열이 생길 우려가 있는 용착법
③ 변형이나 잔류 응력을 고려하지 않고 보통 사용하는 법
④ 다층 중에서 가장 많이 사용되는 방법

13 용접 순서를 결정하는 사항은? ①~④

① 리벳(또는 볼트 조립) 작업과 용접을 같이 할 때는 용접을 먼저 한다.
② 좌우는 될 수 있는 대로 동시에, 대칭으로 용접한다.
③ 필요에 따라 전체를 여러 개의 블록으로 분할하고 각기 블록 안에서 대칭으로 용접하여 변형을 상쇄한다.
④ 교차하는 맞대기 용접이음의 경우 순서를 정한다.(그림 참조)

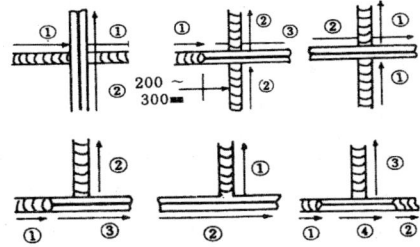

14 용접 우선 순위는(순서를 결정하는 사항은)? : ①~⑤

① 동일 평면 안에 많은 이음이 있을 때에는 수축은 되도록 자유단으로 보낸다.
② 물품의 중심에 대하여 항상 대칭으로 용접한다.
③ 가능한 한 필릿 이음보다 수축이 큰 맞대기 이음을 먼저 용접한다.
④ 용접물의 중립축에 대하여 수축력 모멘트의 합이 0이 되도록 한다.

⑤ 큰 구조물에서는 구조물의 중앙에서 끝으로 향하여 용접을 실시한다.

15 용접의 일반적인 순서는?

재료준비 → 절단가공 → 가접(가용접) → 본용접 → 검사

❷ 예열과 후열

01 다음은 용접시 냉각 속도(cooling rate)에 대한 사항이다. 틀린 것은?

① 냉각 속도는 동일 입열량이더라도 열이 확산하는 방향이 많을수록 커진다.
② 얇은 판보다 두꺼운 판이 냉각 속도가 크다.
③ T형 이음보다는 맞대기 이음이 냉각 속도가 크다.
④ 냉각 속도를 완만하게 하고 또 급랭을 방지하는 방법으로 예열 및 큰 입열량으로 용접한다.

해설 ③, T 이음이 맞대기 이음보다 냉각 속도가 크다.

02 동일 조건에서 냉각 속도에 영향을 미치는 사항은?

재질, 크기, 용접 전류, 아크 전압, 용접 속도, 판두께, 이음 형상, 예열 유무

참고 보호 가스는 냉각 속도와 관계가 적다.

03 냉각 속도에 영향을 미치는 용접 조건은?

다른 조건이 같은 경우는 용접 전류가 낮을수록 또 용접 속도가 클(빠를)수록 냉각 속도는 증가한다.

04 같은 판두께, 같은 용접 조건에서 필릿 용접의 본드부의 냉각 속도는 맞대기 용접의 냉각 속도보다 얼마 정도 빠른가?

1.4배 정도

05 긴 용접 비드의 경우 크레이터 부분이 중앙부의 냉각 속도보다 얼마 정도 빠른가? : 2배 정도

06 열전도도나 비열 등 열적 상수가 다른 재료는 당연히 냉각 속도도 달라진다. 오스테나이트계 스테인리스강은 탄소강의 냉각 속도보다 어떠한가?

2/3 정도 느리다.

07 같은 판두께에서 Al 합금은 탄소강에 비해 냉각속도는 어떠한가?

3~7배 빠르다.

08 예열은 전체 예열과 국부 예열이 있는데, 작은 물건이나 변형이 많은 경우는?

전체 예열을 행한다.

09 국부 예열의 경우 가열 범위는?

용접선 양쪽에 50~100mm 정도로 한다.

10 판두께 25mm 이상 연강 용접시 기온이 0℃ 이하일 때의 예열 방법은?

0℃ 이하에서 용접하면 저온 균열이 발생하기 쉬우므로 이음부의 양쪽 약 100mm 폭을 50~100℃로 가열하는 것이 좋다. 다층 용접의 경우 제2층 이후는 이전 층의 열로 예열 효과를 얻기 때문에 예열을 생략할 수 있다.

11 고탄소강, 저합금강, 주철 등 급랭에 의하여 경화, 균열이 생기기 쉬운 재료의 적당한 예열 온도는? : 50~350℃

12 주철 및 고급 내열 합금의 예열 온도는 얼마로 하는가? : 500 ~ 550℃

> **참고** 저수소계 용접봉을 사용하면 예열 온도를 낮출 수 있다.

13 알루미늄 합금 및 구리 합금 등 열전도도가 커서 이음부의 열집중이 부족하여 융합 불량이 생기기 쉬운 재료의 적당한 예열 온도는?

200 ~ 400℃ 정도

14 용접시 예열을 하는 목적은? ①~④

① 균열의 방지, 기공 생성 방지
② 기계적, 화학적 성질의 향상
③ 경도 감소, 경화 조직 석출 방지
④ 변형, 잔류응력의 감소(경감)

15 저온 균열이 일어나기 쉬운 재료에 용접 전에 균열을 방지할 목적으로 온도를 올리는 작업은? : 예열

16 후열처리의 종류는?

응력 제거 풀림, 완전 풀림, 고용체화 열처리

17 일반적으로 탄소 당량이 얼마 이하이면 용접성이 양호한가? : 0.4 이하

> **참고** 0.45~0.5 정도면 약간 곤란하게 되며, 0.5 이상이면 대단히 곤란하다.

18 탄소강 및 저Mn강(HT 50)에 대한 탄소 당량 계산식

① $Ceq(\%) = C + \frac{1}{6}Mn + \frac{1}{5}(Cr + Mo + V) + \frac{1}{15}(Ni + Cu)$, (I.I.W 채택)

② $Ceq = \%C + \frac{1}{4}\%Mn + \frac{1}{20}\%Ni + \frac{1}{10}\%Cr + \frac{1}{40}\%Cu - \frac{1}{50}\%Mo - \frac{1}{10}\%V$

(미국 용접학회에서 채택)

③ $Ceq = \%C + \frac{1}{6}\%Mn + \frac{1}{24}\%Si + \frac{1}{40}\%Ni + \frac{1}{5}\%Cr + \frac{1}{4}\%Mo + \frac{1}{14}\%V$

(가장 대표적인 식, 일본, JIS Z 채택)

19 직후열(좁은 의미의 후열)

용접 후 급랭에 의한 균열 방지 목적으로 용접 후에 용접부를 소정의 온도까지 가열한 후 소정의 시간 동안 유지시키는 조작

20 후열 온도와 그 유지 시간의 결정 조건

재료 종류와 두께, 잔류응력, 용접부 형상, 확산성 수소량, 예열의 유무와 그 온도 등

21 후열처리의 효과는? : ①~④

① 저온 균열의 원인이 되는 확산성 수소를 방출시킨다.
② 온도가 높고 시간이 길수록 수소 함량은 낮아진다.
③ 잔류응력을 제거한다.
④ 후열 온도가 높을수록 조직이 조대해진다.

> **참고** 실제 시공에서는 예열 온도를 높게 할 수 없으므로 후열에 의한 잔류응력 제거가 유리하다.

22 A₁ 이하의 저온 풀림 온도에서 유지 시간은? : 판두께 25mm당 1시간 정도

23 용접부의 각부 명칭

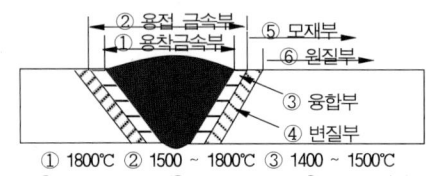

① 1800℃ ② 1500 ~ 1800℃ ③ 1400 ~ 1500℃
④ 900 ~ 1400℃ ⑤ 500 ~ 1200℃ ⑥ 500℃ 이하

① 용착금속부(weld metal zone) : 모재와 용접봉이 녹아서 굳어진 부분
② 열 영향부(heat affected zone) : 변질부, 용접부 부근의 모재가 급열, 급랭되어 변질된 부분
③ 원질부(unaffected zone) : 모재가 열영향을 크게 받지 않은 부분
④ 본드(bond of weld) : 용접 금속과 모재와의 경계

24 아래 그림에서 탄소강을 아크용접한 메크로 조직 용접부 중 열영향부를 나타낸 곳은? : b

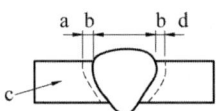

제4절 용접온도 분포, 잔류응력

❶ 열 사이클, 용접 온도 분포

01 금속 중 냉각 속도가 가장 느린 것은?

열전도율이 클수록 냉각속도도 빠르(크)다.
은 > 구리 > 알루미늄 > 강 > 스테인리스강 순으로 냉각속도가 느리다.

02 다음 그림 중에서 용접 열량의 냉각 속도가 가장 큰 것은? : ④

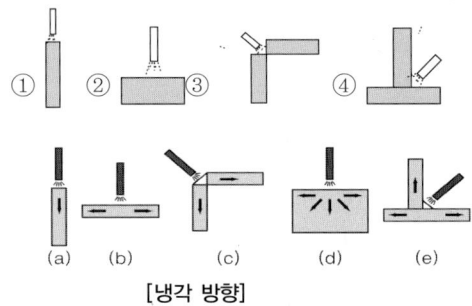

[냉각 방향]

❷ 잔류응력(residual stress)

01 용접이음에서 잔류응력 발생에 영향을 미치는 요인은?

이음의 형상, 모재의 크기, 용접 순서, 외적 구속여부

02 용접부의 응력 분포에 대한 설명은?

①~④

① 박판 : 모재의 변형은 크나 잔류응력은 작다.
② 후판 : 모재의 변형은 작으나 잔류응력은 크다.
③ 용접이음 형상, 용접 입열, 판두께, 용착 순서, 외적 구속 등에 따라 영향을 받는다.
④ 외력의 작용이 없어도 자체의 저항력에 견디지 못하면 균열이 발생한다.

03 용착금속량의 감소에 의한 잔류응력 경

감법

① 용착금속량을 적게 하면 수축 변형량과 잔류응력의 크기도 작아진다.
② 용착금속량을 줄이는 법 : 용접 홈의 각도를 작게 하고, 루트간격을 좁힌다.

04 용접 후 응력 제거 방법은?

로내 풀림, 국부 풀림, 저온 응력 완화법, 피닝법, 기계적 응력 완화법

참고 불림(normalizing)법은 아니다.

05 제품 전체를 가열로 안에 넣고 적당한 온도에서 일정 시간 유지한 다음 노내에서 서랭하는 응력 제거 방법은?

노내 풀림법

06 국부 풀림법

용접선 좌우 양측을 각각 약 250mm의 범위나 또는 판두께의 12배 이상의 범위를 일정한 온도와 시간을 유지시킨 후 서랭하는 법, 유도 열 이용법이 좋음

07 잔류 응력을 완화하는 방법(린데법) 중에서 저온 응력 완화법의 설명은?

용접선의 양 측을 정속으로 이동하는 가스 불꽃에 의하여 나비 약 150mm 범위를 100 ~ 200℃로 가열한 후 즉시 수냉하여 용접선 방향의 인장응력을 완화하는 방법

08 잔류 응력을 경감시키기 위한 다음 설명 중 틀린 것은?

① 적당한 용착법과 용접 순서를 선정할 것
② 용착금속의 양(量)을 될 수 있는 대로 증가시킬 것
③ 적당한 포지셔너(Positioner)를 이용할 것
④ 예열을 이용할 것

해설 ②, 용착금속의 양(量)이 많으면 더 팽창과 수축이 많아져 잔류 응력도 커진다.

09 응력 제거 어닐링 효과가 될 수 없는 것은?

① 용접 잔류 응력의 제거
② 치수 틀림의 방지
③ 응력 부식에 대한 저항력 증대
④ 예열이 용이

해설 ④, annealing(풀림)의 효과 중 예열이 용이한 것과는 무관하다.

10 기계적 응력 완화법

잔류응력이 존재하는 구조물에 어떤 하중을 걸어 용접부를 약간 소성 변형시킨 다음 하중을 제거하는 법

11 용접 구조용 압연 강재(SM275)나 탄소강의 노내 및 국부 풀림의 유지 온도와 시간은?

625±25℃, 판두께 25mm에 대해 1h

12 피닝(피이닝)법이란? : ①, ②

① 용접부를 끝이 구면인 해머로 가볍게 때려 용착금속부의 표면에 소성 변형을 주어 인장응력을 완화시키는 잔류 응력 제거법
② 200℃ 이상에서 실시해야만 효과가 있다.

13 피닝(peening)의 목적은?

잔류응력 제거, 변형 및 응력 제거, 소성 변형을 주어 내부 응력을 완화

14 다음은 용접 변형과 잔류 응력을 감소시키는 방법이다. 틀린 것은? : 뜨임

[역변형법, 도열법, 피닝법, 뜨임법]

해설 뜨임은 담금질한 강에 인성을 부여하기 위한 열처리법의 일종이다.

15 용접 구조물은 용접 후에 변형이 생기게 된다. 다음 중 용접 후의 상태는?

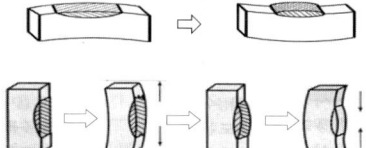

제5절 변형, 결함과 방지 대책

❶ 용접 변형과 교정

01 면내, 면외 변형의 종류

① 면내 변형 : 평판 혹은 곡면판에서 판면 접선방향으로의 변형
횡 수축, 종 수축, 회전 변형 등
② 면외 변형 : 평판 또는 곡면판에 있어서 면과 직교하는 방향의 변형, 면내 변형과 반대되는 개념의 변형 각변형(횡 굴곡, 종 굴곡), 좌굴 변형, 비틀림 변형 등

02 용접선에 직각 방향으로 발생하는 수축은? : 횡(가로) 수축

참고 세로(종)수축 : 용접선과 같은 방향으로의 변형

03 그림의 맞대기 용접 판의 비드 수축은 무슨 수축인가? ; 가로 방향 수축

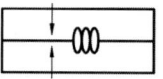

해설 가로 방향(횡) 수축 : 용접선에 대하여 직각 방향의 수축을 말한다.

04 용착금속은 팽창과 수축에 따른 변형이 일어나게 되며, 응력이 형성되어 남은 응력은? : 잔류응력

05 용접에서 변형이 생기는 가장 큰 이유는? : 용착금속의 팽창과 수축

06 용접 시공과 수축량에 대한 설명은? ①~④

① 피복제 : 별 영향이 없다.
② 용접봉 지름 : 봉 지름이 클수록 수축이 작다.
③ 루트간격 : 클수록 수축이 크다.
④ 홈 형상 : V형 이음은 X형 이음보다 수축이 크다.

07 맞대기 이음의 세로(종) 수축

일반적으로 용접이음의 세로 수축량은 1/1000(1m) mm 정도이다.

08 맞대기 이음에서 가로 수축의 특징

① 동일 조건에서 용착금속량은 단위 용접 길이당의 입열량에 비례하므로 용착금속량이 증가하면 가로 수축도 크게 된다.
② 같은 판두께에서도 루트간격이 클수록, 또한 X형보다 V형 홈의 용접이 가로

수축이 크게 된다.
③ 알루미늄, 스테인리스강 용접의 경우 $a/C\rho$ 값이 연강보다 크므로 Al은 4배, 스테인리스강 STS은 2배 정도 더 크다.
④ 서브머지드 아크용접의 가로 수축량이 피복 아크용접보다 1/2 정도 적다.

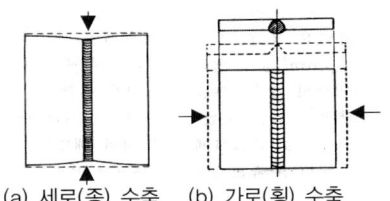

(a) 세로(좁) 수축   (b) 가로(횡) 수축

09 필릿 용접이음의 가로 수축

① 용접부가 비드놓기와 유사한 현상으로 맞대기 용접보다 용착금속 자체의 수축이 자유롭지 못하기 때문에 가로 수축이 훨씬 적다.
② 필릿 용접의 가로 수축량도 용착금속량 또는 필릿 목 길이(각장)에 따라 달라진다.

10 맞대기 용접과 필릿 용접 중 어느 쪽이 수축량이 더 큰가? : 맞대기 용접

11 회전 변형의 특징은? : ①~④

① 회전 변형이란 맞대기 용접에서 홈 간격이 벌어지거나 좁혀지는 변형을 말한다.
② 용접 속도가 빠르고 용접 전류가 높을 경우에 일어난다.
③ 피복 아크용접(수동 용접)은 홈 간격이 좁혀지게 된다.
④ 입열량이 큰 서브머지드 아크 용접은 홈 간격이 벌어지게 된다.

12 회전 변형의 방지 대책은? : ①~④

① 미리 수축을 예측하여 예측량 만큼 벌려 놓거나 가접을 튼튼히 한다.
② 필요한 경우 용접 끝을 구속한 후 용접한다.
③ 길이가 긴 경우 2명 이상의 용접사가 길이를 정하여 놓고 동시에 용접한다.
④ 대칭법, 후퇴법, 비석법 등의 용착법을 택한다.

13 종 굴곡이란?

용접선과 같은 방향으로 완만한 곡선을 이루는 변형

14 후판 용접에서 용착금속의 표면과 뒷면이 비대칭이므로 온도 분포가 판 두께 방향으로 불균일하기 때문에 판의 횡수축이 표면과 이면이 다르게 되어 모재가 용접부 방향으로 굽혀지는 변형은?

각변형(횡 굴곡, 가로 굽힘 변형)

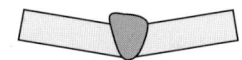

15 각변형의 특징은? : ①~③

① 층수가 많으면 많을수록 각변형이 크다.
② 용접시 직경이 굵은(큰) 용접봉을 사용하면 층수가 줄어 각변형이 적다.
③ X형 용접의 경우 1~2층에서는 각변화가 거의 없으나, 3층째 부터는 급격하게 각변형이 일어난다.

16 각변형을 줄이는(방지) 방법은? ①~⑥

① 용접에 지장이 없는 범위에서 개선 각도는 작게 한다.
② 역변형을 주거나 구속 지그로 구속한 후 용접한다.
③ 판두께가 얇은 경우 첫 패스측의 개선

깊이를 크게 한다.
④ 뒤쪽에서 물에 적신 석면포 등으로 열을 식히면서 용접한다.
⑤ 후퇴법, 대칭법, 비석법 등을 채택하여 용접한다.
⑥ X형 홈의 경우 상하 6 : 4 ~ 7 : 3 정도로 비대칭 홈으로 용접한다.

17 모재 열영향부의 인성과 노치 취성 악화의 원인 중 가장 거리가 먼 것은?

① 이음 설계가 부적당할 때
② 냉각 속도가 너무 빠를 때
③ 용접봉이 부적당할 때
④ 모재로부터 탄소 합금 원소가 과도하게 가해졌을 때

해설 ①, 이음 설계가 부적당한 것과 인성, 노치 취성 악화는 무관하다.

18 뒤틀림 방지법의 용접 요령으로 뒤틀림을 억제하는 방법이 아닌 것은?

① 이음의 용입은 될수록 적게 하고 맞춤의 이가 잘 맞도록 한다.
② 단면의 중축 또는 중심선 양쪽에 균형 있는 용착을 시켜 나간다.
③ 필릿용접부보다 맞대기 용접부를 먼저 용접한다.
④ 밖에서부터 중앙으로 용접을 진행한다.

해설 ④, 길이가 긴 용접부는 중앙에서 밖으로 용접해나가야 된다.

19 필릿 용접에서 그림과 같은 변형을 무슨 변형이라고 하는가?

 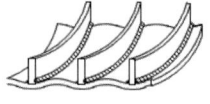
[종굴곡 변형]   [좌굴 변형]

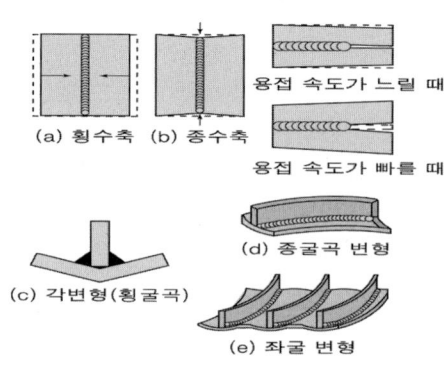
[용접 변형의 종류]

20 좌굴 변형에 대한 설명은? : ①, ②

① 용접선에 대한 압축 열응력으로 인하여 일어나는 비틀림 변형으로, 얇은 (박) 판의 용접에서 많이 일어난다.
② 동일 제품을 동일 조건으로 용접하여도 제품에 따라 다양하게 변형이 일어난다.

21 좌굴 변형 방지법은? ; ①, ②

① 용착 순서를 고려하여 열량을 적당히 분산시키는 방법을 선택한다.
② 이음 부근의 좌굴 변형을 구속하고 용접한다.

22 변형 방지법의 종류

① 구속(억제)법(restraint method)
② 역변형법(pre-distortion method)
③ 용접 순서를 바꾸는 법(비석법, 후퇴법, 교호법, 대칭법 등)
④ 냉각법(수냉 동판법, 살수법, 석면포 사용법)

23 변형 방지법 중 억제(구속)법 설명은? ①~④

① 강제적으로 변형을 억제하는 방법이다.
② 소성 변형이 일어나기 쉬운 장소를 구

속하는 것이 원칙이다.
③ 용접물을 지그 등에 고정하여 변형을 억제한다.
④ 억제하는 힘이 너무 크면 잔류응력이 커져서 균열이 생기기 쉽다.

24 잔류응력을 경감시키기 위한 방법은? ①~④

① 적당한 용착법과 용접 순서를 선정할 것
② 용착금속의 양(量)을 될 수 있는대로 최소화시킬 것
③ 적당한 포지셔너(Positioner)를 이용할 것
④ 예열을 이용할 것

25 용접 변형과 잔류응력 경감 방법은? ①~③

① 용접 전 변형 방지책으로는 역변형법을 쓴다.
② 용접 시공에 의한 경감법으로는 대칭법, 후진법, 스킵법 등이 쓰인다.
③ 용접금속부의 변형과 응력을 제거하는 방법으로는 풀림을 한다.

26 모재에 대한 열전도를 막음으로써 변형을 경감하는 방법은? : 도열법

27 용접 변형 방지법 중 용접 전에 방지 대책은? : 억제(구속)법, 역변형법

[억제(구속)법, 역변형법, 살수법, 후퇴법, 수냉 동판법]

28 역변형법(pre-distortion method)

용접에 의한 변형을 미리 예측하여 용접 전에 용접 반대 방향으로 적당량 변형을 준 후 용접하는 방법

29 시험편이나 박판에 많이 사용되는 변형 방지법은? : 역변형법

> **참고** 용접 후 변형을 바로 잡기 어려울 때 사용하면 효과적이다.

30 맞대기 용접시 일반적인 루트간격 D의 역변형(용접 끝단 루트간격) 계산식은?

$$D = (d + 0.005\ell)$$

(d : 아크 시작점에서의 루트간격, D : 아크가 끝나는 지점(즉, 역변형으로 벌려 주어야 할 간격), ℓ : 전체 용접 길이)

> **참고** 이 식이 반드시 옳은 것은 아니고, 모재의 두께, 용접법의 종류, 용접 속도, 전류의 세기 등에 따라서 달라지므로 실험이나 경험치에 의하는 것이 가장 좋다.

31 용접선의 전 길이를 대략 용접봉 하나로 용접할 수 있는 길이로 구분하여 국부 구간의 용접은 전진하지만 전체 구간의 용접 방향은 용접 방향에 대하여 후진하는 용착법은? : 후퇴법

32 용접 변형을 방지법 중에 냉각법(cooling method)은?

살수법, 수냉 동판법, 석면포 사용법

33 용접선의 뒷면이나 옆에 용접열을 열전도성이 큰 구리판을 대어 열을 흡수하여 용접 부위의 열을 식히는 변형 방지법은? : 수냉 동판법

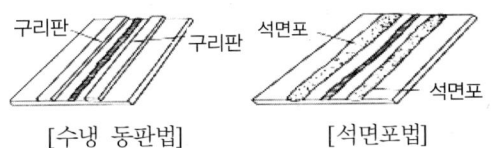

[수냉 동판법] [석면포법]

34 용접선의 뒷면이나 옆에 물에 적신 석면포나 헝겊을 대어 용접열을 냉각시키는 변형 방지법으로 살수법에 비하여 간단한 방법이기 때문에 널리 쓰이는 법은?
; 석면포 사용법

35 변형 방지법 중 살수법이란
① 얇은 판의 용접부의 뒷면에서 물을 뿌려주는 법이다.
② 용접 진행 중에 사용되는 것이 보통이지만, 얇고 넓은 철판의 변형을 바로 잡는데도 널리 쓰이고 있다.

36 용접 후 처리에서 변형을 교정하는 일반적인 방법으로 틀린 것은?
① 형재에 대하여 직선 수축법
② 두꺼운 판에 대하여 수냉한 후 압력을 걸고 가열하는 법
③ 가열한 후 해머로 두드리는 법
④ 얇은 판에 대한 점 수축법

해설 ②항은 두꺼운 판에 대하여 가열 후 압력을 가하고 수냉하는 방법이다.

37 변형 교정법 중 얇은 판에 대한 점 수축법의 시공 조건에 적합하지 않은 것은?
① 가열 온도 : 100 ~ 200℃
② 가열 시간 : 30초
③ 가열 점의 지름 : 20 ~ 30mm
④ 가열 점의 중심 거리(판두께 2.3mm인 경우 60 ~ 80mm)

해설 ①, 가열 온도 : 500 ~ 600℃

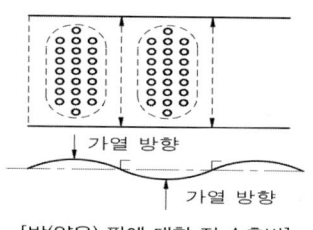
[박(얇은) 판에 대한 점 수축법]

38 변형 교정법 중 가열 후 해머링법은?
중·후판의 국부 변형에 적합하며, 변형 부분을 가열한 후 해머로 두드려 변형을 교정하는 방법

39 변형 교정법 중 형재에 대한 직선 수축법은?
판두께 방향으로 수축량이 다른 것을 이용하여 변형을 교정하는 방법으로 판의 표면과 이면의 온도차를 크게 하기 위하여 표면에서 가열하는 동시에 이면에서 수냉하는 방법

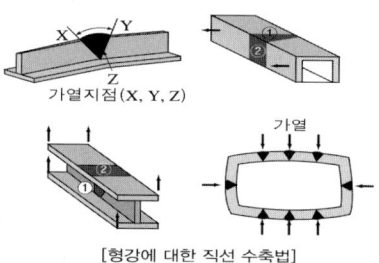
[형강에 대한 직선 수축법]

40 변형 교정법 중 롤러에 거는 법은?
어느 정도 후판에 적합하며, 판재나 직선재 등의 변형 교정에 이용되며 변형 부분을 롤러를 통과시키며 교정하는 방법

41 변형 교정 법 중 절단에 의한 정형과 재용접은 어떤 경우에 실시하는가?
변형 부분이 크고 교정이 어려운 경우

❷ 결함의 보수와 보수 용접

01 용접 결함의 보수 방법

① 언더컷 : 가는 용접봉을 사용하여 재용접한다.
② 오버랩, 기공, 슬래그 섞임 : 일부분을 연삭하여(깎아내고) 재용접한다.

02 용접 결함이 언더컷일 경우 결함의 보수 방법은?

가는 용접봉을 사용하여 보수한다.

03 용접 결함을 보수할 때, 결함 끝부분을 드릴로 구멍을 뚫어 정지 구멍을 만들고 그 부분을 깎아내는 용접 결함은?

균열

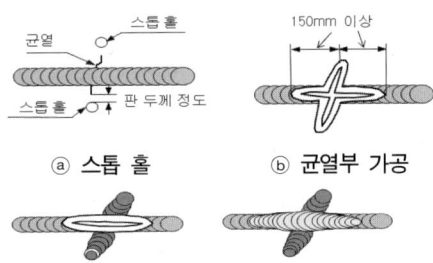

ⓐ 스톱 홀   ⓑ 균열부 가공
ⓒ 균열부 1차 용접 ⓓ 균열부 마무리 용접
[균열의 보수 용접 순서]

04 결함이 용접부 강도에 미치는 영향

① 언더컷, 기공 : 일반적으로 영향이 작지만 그 양이 많아지면 강도를 크게 저하시키게 된다.
② 균열 : 상당히 큰 영향을 미쳐 용접이음 강도를 현저하게 저하시킨다.
③ 그 원인은 결함부는 다른 부분에 비해 단면 변화나 결함의 영향으로 응력집중 현상이 크기 때문이다.
④ 응력집중률이 커지면 평균 응력(σn)이 낮아도 최대 공칭 응력($\sigma \max$)이 높아지기 때문이다.

05 용접 결함이 강도에 영향을 미치는 영향 중 가장 큰 것은?

[피로 강도, 인장 강도, 충격 강도, 비틀림 강도, 전단 강도]

해설 피로 강도 > 충격 강도 > 인장강도 순

06 천이 온도는 재료가 연성 파괴에서 취성 파괴로 변화하는 온도 범위를 말한다. 철강의 천이 온도는?

400 ~ 600℃

03 용접성 시험

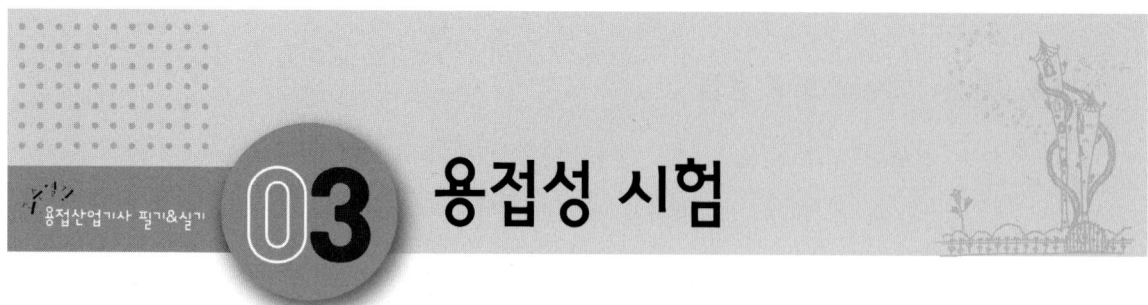

제1절 비파괴, 파괴 시험(검사)

1 비파괴 검사

01 시험 부위에 따른 비파괴 시험 종류

① 표면 결함 검사 : 외관 검사, 침투 탐상 시험, 자분 탐상 시험, 전자 유도 시험
② 내부 결함 검사 : 방사선 투과 시험과 초음파 탐상 등
③ 기타 : 음향 탐상 시험, 응력 측정 시험, 내압 시험, 누설 시험 등

02 다음 검사법 중 작업 검사에 속하지 않는 것은 어느 것인가?

① 용접공의 기량　② 제품의 성능
③ 용접 설비　　　④ 용접 시공 상황

해설 ②, 용접부 검사는 작업 검사와 완성 검사로 나눈다.
작업 검사 : 용접을 하기 위하여 용접 전, 용접 중, 용접 후에 용접공 기량, 용접 재료, 설비, 시공, 후처리 등
완성 검사 : 용접한 제품이 만족할 만한 성능을 가졌는지 아닌지를 검사

03 용접 전의 작업 검사 사항이 아닌 것은?

① 용접 기기, 보호 기구, 지그, 부속 기구 등의 적합성을 조사한다.
② 용접봉은 겉모양과 치수, 용착금속의 성분과 성질 등을 조사한다.
③ 홈의 각도, 루트간격, 이음부의 표면 상태 등을 조사한다.
④ 후열처리, 변형 교정 작업, 치수의 잘못 등에 대해 검사한다.

해설 ④, 항은 용접 후의 작업 사항에 해당

04 시험체의 형상 혹은 기능에 변화를 주는 일 없이 결함, 품질이나 형상을 조사하는 시험은?　: 비파괴 시험(NDT)

05 비파괴 검사법과의 연결

① 누수 검사 : 수압 또는 공기압 이용
② 침투 검사 : 용제 및 형광물질 침투
③ 자분 검사 : 누설 자속 이용
④ 방사선 투과 검사 : X선 투과

06 다음 중 시험체 표면 검사에 적합한 시험법이 아닌 것은?

① 외관(육안) 시험(검사)(VT)
② 침투탐상시험(PT), 자분탐상시험(MT)
③ 맴돌이(와류) 탐상시험(ET)
④ 방사선 투과 검사(RT)

해설 ④, UT, RT는 내부 검사에 적용함

07 용접부의 검사법 중 비파괴 시험으로 비드 외관, 언더컷, 오버랩, 용입불량, 표면 균열 등의 검사에 가장 적합한 것은?

외관(육안) 검사(VT, Visual test)

해설 용접부 외관의 좋고 나쁨에 대하여 육안 또는 확대경 등으로 검사

08 외관 검사(VT, Visual test)의 장점이 아닌 것은?

① 다른 검사 방법보다 비용이 적게 된다.
② 용접 구조물 제작 후에 검사할 수 있다.
③ 용접이 끝난 즉시 보수해야 할 불연속부를 검출, 제거할 수 있다.
④ 대부분 큰 불연속만을 검출하나 기타 다른 방법에 의해 검출되어야 할 불연속부도 예측할 수 있게 된다.

해설 ②, 제작 전, 제작 중, 제작 후에 할 수 있다.

09 외관 검사(VT)의 단점은? : ①~③

① 일반적으로 용접부의 표면에 있는 불연속 검출에만 제한된다.
② 용접 작업 순서에 따라 육안 검사를 늦게 하면 이음부를 확인하기 곤란하다.
③ 검사원의 경험과 지식에 따라 크게 좌우된다.

10 침투 탐상 검사(PT, Penetrant test)

① 용접부 표면을 세척한 후 침투액 침투, 잔여 침투액 제거, 건조시킨 후 현상, 결함을 판별하는 비파괴 검사법
② 침투액에 따라 염료 침투 탐상법과 형광 침투 탐상법이 있다.

11 침투 탐상법의 적용(용도)

자성, 비자성 불문하고 철, 비철, 플라스틱 등 거의 모든 재질의 표면 결함을 검출

12 침투 탐상 검사의 장점은? ①~⑤

① 제품의 크기, 형상 등에 크게 구애를 받지 않는다.
② 고도의 숙련이 요구되지 않아 검사원의 경험과 지식에 크게 좌우되지 않는다.
③ 국부적 시험과 미세한 균열도 탐상이 가능하며, 판독이 쉽다.
④ 비교적 비용이 적(가격이 저렴하)고, 시험 방법이 간단하다.
⑤ 자기 탐상 시험으로 검출되지 않는 금속 재료도 검출할 수 있다.

13 침투 탐상 검사법의 단점은? ①~⑤

① 표면의 결함(균열, 피트 등)이 열려있는 상태이어야 검출 가능하다.
② 온도, 주변 환경에 민감하고 침투제가 오염되기 쉽다.
③ 검사체의 표면이 침투제와 반응하여 손상되는 제품은 탐상할 수 없다.
④ 표면이 너무 거칠거나 기공이 많으면 허위 지시상을 만든다.
⑤ 후처리가 요구된다.

14 용접부의 미소한 균열이나 작은 구멍들을 신속하고 용이하게 검출하는 방법으로 비자성 재료에 많이 이용하는 시험법은?

형광 침투 검사

15 형광 침투 탐상(검사)법의 검사 순서?

전처리(세척) – 침투 – 잔여액 제거 – 현상제 살포 – 건조 – 검사

16 염료 침투 탐상 검사법

① 형광 침투액 대신에 적색 염료를 주체로 한 침투액과 백색의 현상제를 사용하는 방법
② 형광 침투법과 동일하나 보통의 전등

또는 햇빛 아래서도 검사할 수 있다.

(a) 전처리 (b) 침투 처리 (c) 잔여액 제거

(d) 현상 처리 (e) 결함 관찰

17 자분(자기) 탐상 검사(MT)

시험체를 자화하여 미세한 자성체의 분말을 검사체 표면에 산포하면 생기는 누설 자속의 변화를 관찰하여 결함의 유무 및 그 상황을 확인할 수 있는 검사법

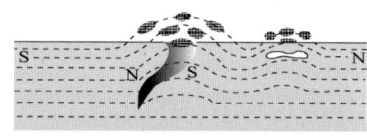

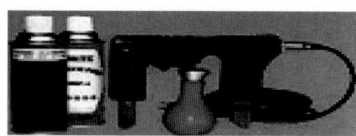

[자분 탐상 시험의 원리]

18 전류를 통하여 자화가 될 수 있는 금속(철, 니켈 등) 또는 그 합금으로 제조된 구조물이나 기계 부품의 표면부에 존재하는 결함을 검출하는 비파괴 시험법은? : 자분 탐상 시험

19 검사물의 자화 방법은?

극간법(M), 전류관통법(B), 코일법(C), 축통전법(EA), 프로드법(P), 직각통전법(ER)

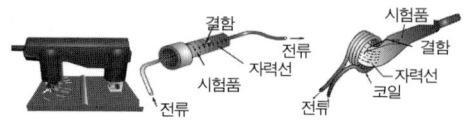

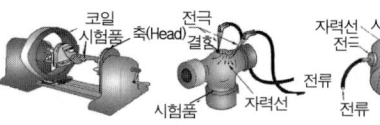
(a) 극간법 (b) 관통법 (c) 코일법
(d) 축 통전법 (e) 프로드법 (f) 직각 통전법

20 자분 탐상시 검출이 가능한 결함의 깊이는 표면에서? : 5mm 이내

21 자분 탐상 검사법의 장점으로 틀린 것은?

① 정밀한 전처리가 요구되지 않으며, 검사법 습득이 쉽고, 검사가 신속, 간단하다.
② 결함 모양이 표면에 직접 나타나 육안으로 관찰할 수 있다.
③ 내부 기공, 슬래그 섞임 검사에 가장 적합하며, 시험편의 크기, 형상 등에 구애를 받지 않는다.
④ 자동화가 가능하며, 비용이 저렴하다.

해설 ③, 표면 균열 검사에 가장 적합하며, 시험편의 크기, 형상 등에 구애를 받지 않으나, 기공, 슬래그 섞임 등 내부 검사는 불가능하다.

22 자분 탐상 검사법의 단점? : ①~③

① 불연속부의 위치가 자속 방향에 수직이어야 한다.
② 강자성체 재료의 표면 결함 검사에 한하며, 내부 결함의 검사가 불가능하다.
③ 탈자(자기 제거) 등 후처리가 필요하다.

23 자기 탐상 검사법에서 시험체에 자화하는 전원 적용

① 표면 결함 검출 : 교류
② 내부 결함 검출 : 직류

24 대상물에 X선 또는 γ선을 투과시켜 시험체의 두께와 밀도 차이에 의한 방사선 흡수량의 차이에 따라 필름에 나타나는 상으로 결함이나 내부 구조 등을 관찰(판별)하는 비파괴 검사법은?

방사선 탐상 검사(RT, radiographic test)

25 X선 투과 검사

① 용접이음부 반대편에 필름을 놓고 X선을 투과시키면 모재부와 용접부의 두께 차이에 의해 X선의 투과량이 달라지고, 용접부는 모재부와 구별된다.
② 균열, 융합 불량, 용입 불량, 기공, 슬래그 섞임, 비금속 개재물, 언더컷 등의 검사가 주목적이다.
③ 종사자는 X선 피폭량을 검사받아야 된다.

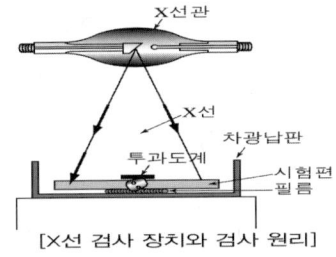

[X선 검사 장치와 검사 원리]

26 γ선 투과 검사

① 방사성 물질이 발생하는 γ선의 전리 작용, 사진 작용, 형광 작용을 이용하며, X선보다 투과력이 더 크기 때문에 X선으로 투과하기 힘든 두꺼운 판에 사용한다.
② 사용되는 방사선 물질 : 천연 방사선 동위 원소(라듐) 또는 인공 방사선 동위 원소(코발트 60, 세슘 134 등)

27 방사선 투과 검사의 특징은? ①~④

① 모든 용접 재질에 적용할 수 있다.
② 모재가 두꺼워도 검사가 가능하다.
③ 내부 결함 검출에 용이하다.
④ 검사의 신뢰성이 높다.

28 방사선 투과 검사의 장점으로 옳지 않은 것은?

① 필름에 검사 결과를 영구적으로 보관할 수 있다.
② 재질, 자성의 유무, 두께의 대소, 형상, 표면 상태에 관계없이 내부 결함 검사에 적용할 수 있다.
③ 주변 재질과 비교하여 1% 이상의 흡수차를 나타내는 경우도 검출될 수 있다.
④ 미세 기공, 미세 균열, 라미네이션 등도 검출 가능하다.

[해설] ④, 미세 기공, 미세 균열, 라미네이션 등은 검출되지 않는 경우도 있다.

29 방사선 탐상 검사법의 단점은? ①~④

① 현상이나 필름을 판독해야 한다.(요즈음은 영상으로 판독할 수 있으며, 자료 보관도 할 수 있다.)
② 미세 기공, 미세 균열, 라미네이션 등은 검출되지 않는 경우도 있다.
③ 다른 비파괴 검사 방법에 비하여 안전 관리에 특히 주의하여야 한다.
④ 방사선의 입사 방향에 따라 15° 이상 기울어져 있는 면상 결함은 검출되지 않는다.

30 다음 중 비파괴 검사법 중 가장 신뢰성이 높은 것은? : RT

[MT, RT, VT, ET]

31 X선으로 투과하기 힘든 후판 검사에 적합한 것은? : γ선 투과 검사

참고 γ선은 X선보다 파장이 짧고 투과력이 강하다.

32 다음 중 γ선원으로 사용되는 원소가 아닌 것은?

① 이리듐 192   ② 코발트 60
③ 세슘 134   ④ 크롬 256

해설 ④.
①, ②, ③ 외에 천연 방사선 동위 원소인 라듐

33 용접부에 X선 검사가 어려운 결함은?

선상 조직, 미소 균열, 은점, 라멜라 테어, 라미네이션 변질층 등

34 용접 후 X선 검사시 방사선 차단제로 차단벽에 사용하는 것은? : 납판

참고 납은 X선의 투과력이 가장 작은 금속재료이다.

35 KSD에서 규정한 방사선 투과 시험 필름 판독에서 종별 결함 명칭

① 1종 결함 : 둥근 블로홀 및 이와 유사한 결함
② 2종 결함 : 슬래그 섞임 및 이와 유사한 결함
③ 3종 결함 : 갈라짐(균열) 및 이와 유사한 결함
④ 제4종 결함 : 텅스텐 혼입

36 통상 방사선 투과 시험으로 두께의 1~2%의 결함이 검출되어야 하며, 이것을 확인하기 위하여 피검사물 표면에 부착하여 그 상을 동시에 촬영하는 것은? : 투과도계

37 방사선 탐상에 사용하는 투과도계에 대한 설명은?

지름이 약간씩 다른 가는 철사 7~10개를 같은 간격으로 나란하게 배열하여 만든 철심형과 유공형이 있다.

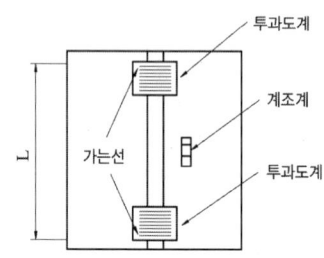

[투과도계와 계조계 배치의 예]

38 결함별 X선 투과 검사에서 필름 판독

① 기공 ; 0.1~수 mm 정도의 검은 둥근 점
② 언더컷 : 가늘고 긴 검은 선
③ 슬래그 : 검은 반점
④ 용입 부족 ; 검은 직선
⑤ 스패터 : 백색 둥근 점

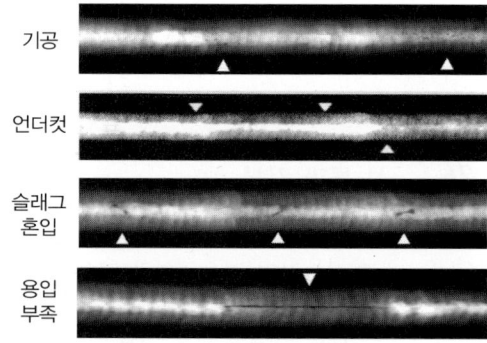

[결함별 X선 필름의 상태]

39 초음파 검사(UT, Ultrasonic test)

① 초음파란 실제로 귀를 통해 들을 수 없는 짧은 음파를 말하며,
② 0.5~15 MHz의 초음파를 시험체 내로 보내어 시험체 내에 존재하는 불연속을 검출하는 방법

40 초음파 탐상법의 장점은? : ①~④

① 탐상 결과를 즉시 알 수 있으며 자동 탐상이 가능하다.
② 감도가 높아 미세한 결함(0.1mm 정도까지 검출)을 검출할 수 있다.
③ 시험체의 한 면에서도 검사가 가능하며, 결함의 위치와 크기를 비교적 정확히 알 수 있다.
④ 초음파의 투과 능력이 커서 수 m 정도의 두꺼운 부분도 검사가 가능하다.

41 초음파 탐상의 단점

① 시험체의 표면이나 형상이 탐상할 수 없는 조건에서는 탐상이 불가능한 경우가 있다.
② 시험체의 내부 조직의 구조 및 결정 입자가 조대하거나 전체가 다공성일 경우는 정량적인 평가가 어렵다.

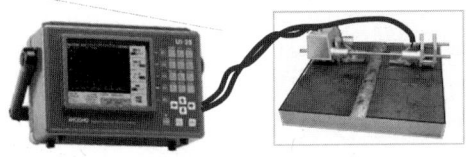

[초음파 탐상기의 형상과 소형 스캐너를 이용한 결함 검사]

42 초음파 탐상법의 종류는?

투과법, 펄스 반사법, 공진법

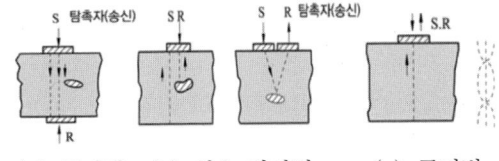

(a) 투과법   (b) 펄스 반사법   (c) 공진법

43 투과법

펄스 초음파 또는 연속파를 검사 물체 속에 투과 S하고 뒷면에서 이를 수신 R하여 초음파의 장해 및 쇠약 정도로 결함 판별

44 펄스 반사법

① 일반적으로 널리 사용하는 법
② 초음파의 펄스(pulse)를 시험체의 한쪽 면으로부터 송신하여 그 결함에서 반사되는 반사파의 형태로 결함을 판정

45 공진법

① 검사 물체의 두께에 따라 어떤 특정 주파수일 때 검사 물체 속에 초음파의 정상파가 생겨 공진하므로 그 상황을 근거로 하여 결함을 검출할 수 있다.
② 판두께, 라미네이션 검출이 가능하다.

46 초음파 탐상법에 사용되는 초음파는?

0.5 ~ 15MHz

47 초음파 검사시 초음파 속도

① 철강 중(속) : 6000m/sec
② 공기 중 : 330m/sec
③ 물 속 : 1500m/sec

48 수직 탐상법(straight beam technique)

초음파의 진행 방향을 검사 물체의 표면에 수직으로 전달시켜 내부 결함의 상태를 검사하는 방법

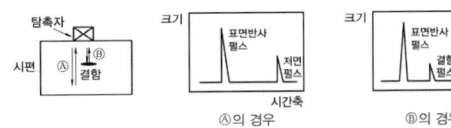

49 탐상면에 대하여 초음파를 경사각으로 주사하여 탐촉자에서 멀리 떨어진 결함이나 불연속한 곳을 감지하는 방법은?

사각 탐상법

50 초음파 탐상법 중 사각 탐상법 설명은?
①~③

① 저면 반사가 나타나지 않으므로 결함 탐상이 용이하다.
② 용접부나 복잡한 모양의 검사체의 검사에 적당하다.
③ 용접부와 같은 비드파가 있을 경우에도 비드 표면을 가공하지 않아도 된다.

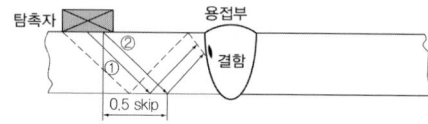

51 수압 검사(WPT, water pressure test)

용접 용기나 탱크에 물을 넣고 소정의 압력을 주어 물이 누설될 때까지의 압력을 측정하여 내압 검사를 하며, 누설 여부를 검사하여 용접 결함을 판정하는 시험

52 탱크나 용기 용접부의 기밀, 수밀을 검사하는데 가장 적합한 검사 방법은?

누설 검사

53 누설 검사(LT, Leak test)

검사체 내·외부에 적용한 기체나 액체 등의 유체가 검사체 내부와 외부의 압력 차이에 의해 결함을 통해 흘러 들어가거나 나오는 것을 적당한 검출 매체를 통해 결함의 존재 유무 및 위치를 확인하는 방법

54 용접부의 검사에서 교류의 자장에 의한 금속 내부에 와류(맴돌이) 작용을 이용하는 것은? : 맴돌이 전류(와류) 검사

55 와류 검사(ET, Eddy current test)의 원리

교류가 흐르는 코일을 금속 등의 도체에 가까이 가져가면 도체의 내부에는 맴돌이 전류가 발생하며, 이 와전류의 임피던스가 검사체 표면 근방의 불연속에 의하여 변화하는 것을 관찰하여 결함을 찾아내는 방법

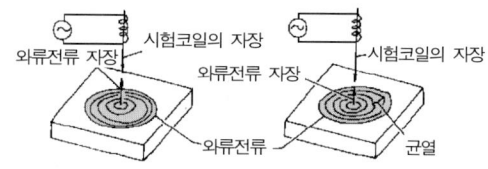

56 와전류 탐상 검사의 장점은? ①~④

① 결함의 크기, 두께 및 재질의 변화 등을 동시에 검사할 수 있다.
② 응용 분야가 넓고, 결함 지시가 모니터에 전기적 신호로 나타나므로 기록 보존과 재생이 용이하다.
③ 검사체의 표면으로부터 깊은 내부 결함, 비자성 금속 탐상이 가능하다.
④ 표면부 결함의 탐상 감도가 우수하며 고온에서의 검사가 가능하다.

57 와전류 탐상 검사의 장점은? : ①~④

① 고속자동화가 가능하여 능률 좋은 On-line 생산의 전수 검사가 가능하다.
② 얇은 시험체, 가는 선, 구멍의 내부 등 다른 비파괴 검사법으로 검사가 곤란한 것도 적용할 수 있다.

③ 비접촉법으로 프로브를 접근시키거나, 원격 조작으로 좁은 영역이나 홈이 깊은 곳의 검사가 가능하다.
④ 결함의 크기를 추정할 수 있어 결함 평가에 유용하다.

58 와류 탐상법의 단점은? : ①~⑤

① 표면 아래 깊은 곳의 결함은 검출이 곤란하다.
② 검사를 통해 얻은 지시로 직접 결함의 종류, 형상 등을 판별하기 어렵다.
③ 강자성체 금속에 적용이 어렵고 검사의 숙련도가 요구된다.
④ 검사 대상 이외의 재료적 인자의 영향에 의한 잡음이 검사에 방해될 수 있다.
⑤ 지시는 시험 코일이 적용되는 전 영역의 적분치가 얻어지므로 관통형 코일의 경우 결함 위치를 알 수 없다.

59 오스테나이트계 스테인리스강 등의 검출에 편리한 새로운 검사법은?

맴돌이(와류) 탐상 시험

60 음향 시험(AE)

하중을 받고 있는 물체의 균열 또는 국부적인 파단으로부터 방출되는 응력파를 분석하여 소성 변형, 균열의 생성 및 진전 감시 등 동적 거동을 파악하고 결함부의 유무 판정 및 재료의 특성 평가에 이용하는 기법

❷ 파괴(기계적) 시험

01 다음 중 파괴 시험에 해당되지 않는 것은?

① 비중 시험   ② 균열 시험
③ 기계적 시험 ④ 침투 시험

해설 ④는 비파괴 시험에 해당된다.

02 경도 시험법의 종류는?

브리넬 경도 시험, 로크웰 경도 시험, 비커스(Victors) 경도 시험, 쇼어 경도 시험

03 철강 재료에 지름 5mm 또는 10mm의 강구(볼)를 500~3000kg의 하중으로 시험 표면에 압입한 후 이 때 생기는 오목 자국의 표면적을 측정하는 경도 시험법은?

브리넬 경도 시험(HB)

참고 담금질한 강이나 침탄강 등의 경도 측정에는 부적합하다.

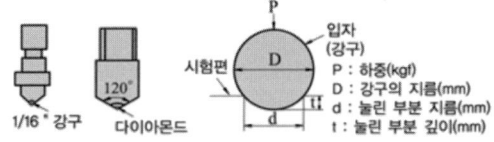

[로크웰 경도시험]   [브리넬 경도시험]

04 로크웰 B 경도 시험

① 지름이 1.588mm인 강구를 사용하여 기본 하중 10kgf으로 0점을 맞춘 후, 100kgf을 가해 지시계(dial indicator)에 나타나는 수치로 경도를 측정하는 시험
② 담금질 열처리를 하지않은 강재의 경도 측정에 적용

05 로크웰 C 경도시험

① 꼭지각이 120°인 원뿔형 다이아몬드 압입자를 사용하여 기본 하중 10kgf로 0점을 맞춘 후 150kgf의 하중을 가하여 지시계(dial indicator)에 나

타나는 수치로 경도를 측정하는 시험
② 담금질 열처리를 실시한 강재의 경도 측정에 적용

06 용접 재료 시험에서 꼭지각 136°의 다이아몬드 사각 추를 1 ~ 120kgf의 하중으로 밀어 넣어 시험하는 경도 시험법은? : 비커스 경도 시험

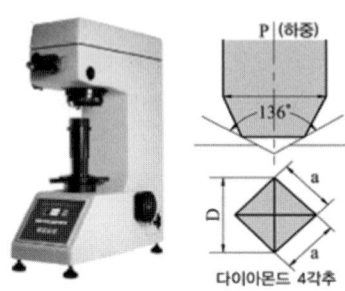

비커스경도 시험기 형상 시험의 원리
[비커스 경도 시험]

07 일정한 높이에서 어떤 무게의 추를 낙하시켜 탄성 변형에 대한 반발 저항으로 경도를 나타내는 시험법은?

쇼어 경도 시험

08 경도 시험의 경도 계산식

① 브리넬 경도 $= \dfrac{P}{\pi d t}$

② 비커스 경도
$= \dfrac{\text{하중(kg)}}{\text{오목 자국 표면적(mm}^2)} = \dfrac{1.8544 P}{D^2}$

③ 쇼어 경도 $= \dfrac{10000}{65} \times \dfrac{h}{h_0}$

(h_0 : 낙하 물체의 높이 25cm,
 h : 낙하 물체의 튀어 오른 높이)

09 경도 시험 별 압입자의 종류

① 브리넬 경도 : 5mm, 10mm의 강구
② 로크웰 B경도 : 1.588mm 강구
③ 로크웰 C경도 : 120°의 원추형 다이아몬드
④ 비커스 경도 : 대면각 136°의 사각추 다이아몬드
⑤ 쇼어 경도 : 반발형 추

10 금속재료 시험법과 시험 목적(내용)

① 인장 시험 : 인장강도, 항복 강도, 연신률 측정
② 경도 시험 : 용접에 의한 경화 정도 검사
③ 굽힘 시험 : 재료의 연성 유무를 검사
④ 충격 시험 : 용접부의 인성 유무 검사
⑤ 수압 시험 : 용접부 기밀, 수밀 여부 검사
⑥ 침투 검사 : 용접부 표면 가까이의 기공, 피트, 균열 등 검사
⑦ X선 시험 : 기공, 슬래그 섞임 검사

11 시험편을 인장 파단시켜 항복점, 인장강도, 연신률, 단면 수축률, 탄성 한도 등을 조사하는 시험법은? : 인장 시험

12 용접이음에서 인장 시험이 쓰이는 곳은?

맞대기 용접, 전면 필릿 용접, 스폿 용접 등에 대한 이음의 인장강도 측정

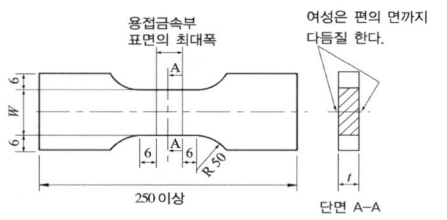

[판 용접부 등의 인장 시험편의 예]

13 탄소강의 인장시험 곡선 설명

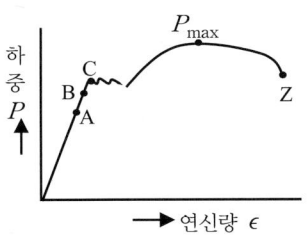

A : 비례 한도, B : 탄성한도,
C : 상 항복점, P_{max} : 최대 하중점,
Z : 실제 파단점

14 판두께 12mm, 용접부 길이 200mm 부분에 하중 5000N이 작용할 때 인장강도는?

$$\sigma = \frac{P}{A} = \frac{5000}{12 \times 200} = 2.08(\text{kgf/mm}^2)$$

15 굽힘(굴곡) 시험

① 모재 및 용접부의 연성과 안정성을 조사
② 굽힘 시험편을 180° 까지 굽힘
③ 굽힘 시험의 3 종류 : 표면 굽힘 시험, 이면 굽힘 시험, 측면 굽힘 시험

16 용접이음의 굽힘 시험을 하는 목적은?

용접부가 유해한 결함이 없고 충분한 연성을 가진 건전한 이 여부를 확인할 목적

17 용접 작품의 평가에서 용접 시험편의 터짐(균열)의 합계 길이, 기공 및 터짐(균열)의 개수를 판정하여 시험하는 방법은?

굽힘 시험법

18 시험하는 부분이 전부 용착금속으로 되어 있는 시험편은?

전 용착 금속 시험편

19 전단 시험

① 용접에서 전단 강도가 문제가 되는 스폿 용접 등에 적용하고 있다.
② 스폿 용접에서 1개의 스폿 용접당 파괴 하중을 구하게 되며 너깃의 면적을 계측하면 공칭 파괴 전단응력을 구할 수 있다.

20 동적 시험

① 기계적(파괴) 시험으로 하중의 부여 방법이 반복적이거나 충격적인 시험
② 종류 : 충격 시험, 피로 시험

21 시험편에 V형 또는 U형 등의 노치(notch)를 만들고 충격적인 하중을 주어서 파단시키는 시험법은? : 충격 시험

[충격 시험기의 형상]

23 파괴 시험에서 충격 시험은 무엇을 알기 위한 시험인가? : 연성, 인성

22 충격 시험법의 종류

① 샤르피식(Charpy type) 충격 시험 : 시험편을 단순보 상태로 설치하고 시험
② 아이죠드식(Izod type) 충격 시험 : 시험편을 내다지보 상태로 설치하고 시험

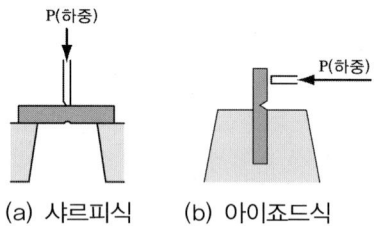

(a) 샤르피식　　(b) 아이죠드식

24 시험편에 규칙적인 주기를 가지는 반복(교번) 하중을 걸고 하중의 크기와 파단이 될 때까지의 되풀이 횟수에 따라 강도를 측정하는 시험법은?

피로 시험

> 해설 재료가 인장강도나 항복 강도 측면에서 안전 하중 상태라 하더라도 작은 힘이 수없이 반복할 경우 파괴될 수 있다.

25 피로 시험시 반복 회수는?

① 고사이클 피로 시험 : 2×10^5번 이하
② 저사이클 피로 시험 : $2 \times 10^{6~7}$번

26 S-N 곡선은 무슨 시험에서 얻어진 것인가? : 피로 시험

> 참고 S는 응력을, N은 반복 횟수를 의미하며 피로 시험에 의해 얻어진 곡선이다.

27 피로 시험에서 하중이 일정 값보다 작을 경우에는 무수히 많은 반복 하중이 작용하여도 재료는 파단하지 않는 상태를?

피로 한도

28 용접부의 완성 검사에 사용되는 비파괴 시험이 아닌 것은?

① 방사선투과 시험　② 형광 침투 시험
③ 자기 탐상법　　　④ 현미경 조직 시험

> 해설 ④, 현미경 시험은 파괴 시험법 중 금속학적 시험법에 속한다.

❷ 금속학적 시험

01 금속학적 시험의 종류

육안 조직 시험, 현미경 조직 시험, 파면 시험

02 필릿 용접부의 모서리 용접부를 해머 또는 프레스로 굽힘 파단하여 그 파단면의 용입 부족, 결함(균열, 슬래그 섞임, 기공) 등을 육안으로 검사하는 방법은?

파면 시험

03 파면 시험의 용도는?

맞대기 시험편의 인장 파면, 충격 파면 또는 모서리 용접 및 필릿 용접 파면 검사 등

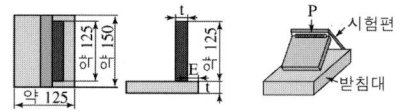

(a) 파면 시험편 규격　(b) 파면 시험 방법

[필릿 용접부의 파면 시험편 규격과 시험 방법]

04 결정의 파면이 은백색으로 빛나는 파면은 어떤 파면인가? : 취성 파면

> 참고 쥐색의 치밀한 파면은 연성 파면이다.

05 매크로(macro) 조직 시험이란?

용접부의 단면을 연삭기나 샌드 페이퍼 등으로 연마하고 적당한 부식(macro-etching)을 해서 육안이나 10배 정도의 저배율 확대경 등으로 관찰하는 조직 시험법

06 매크로 조직 검사로 알 수 있는 결함은?

열영향부의 범위, 결함의 유무, 다층 용접 열영향부의 범위, 용입의 좋고 나쁨, 다층 용접에서 각 층의 양상

07 다음 중 메크로 조직 검사로 알 수 없는 결함은? : ③

① 다층 용접 열영향부의 범위
② 용입의 좋고 나쁨
③ 기공 및 비드밑 균열
④ 다층 용접에서 각 층의 양상

08 철강에 주로 사용되는 매크로 부식액이 아닌 것은?

① 염산 1 : 물 1의 액
② 염산 3.8 : 황산 1.2 : 물 5.0의 액
③ 수산 1 : 물 1.5의 액
④ 초산 1 : 물 3의 액

해설 ③, 부식을 한 다음 곧 세척하고 건조시켜서 시험한다.

09 다음 중 스테인리스강의 부식 시험에 사용되지 않는 것은? : ③

① 00cc 황산+420cc의 증류수에 녹인 비등액
② 50g의 결정 황산구리
③ 500cc의 염산
④ 65% 초산 비등액

10 구리, 황동, 청동의 현미경 조직을 보기 위한 부식액으로 가장 적합한 것은?

염화 제2철 용액

11 현미경 시험용 부식제 중 알루미늄 및 그 합금용에 사용 되는 것은?

수산화나트륨액

해설 이 외 수산화칼륨, 풀루오르화 수소액 등이 있다.

12 철강의 연마한 단면에 9%의 희석 황산액에 적신 사진용 브로마이드 인화지를 붙여 적당한 시간이 지난 다음 떼어 내면 황의 편석부에 해당하는 부분이 갈색으로 변하게 되는데 이 시험법은?

설퍼 프린트법

참고 철강 재료에서 황의 분포 상태를 알기 위하여 실시하는 시험의 일종

13 용접 후 용접부의 용제 및 슬래그 제거 시 화학적 처리를 할 경우에 사용하는 세척액은?

2%의 질산 또는 10%의 더운 황산

③ 화학적 시험

01 화학적 시험법의 종류는?

부식 시험, 수소 시험, 화학 분석 시험법

02 수소 시험에서 수소량 측정 방법은?

45℃ 글리세린 치환법, 진공 가열법, GC법, 수은 치환법 등

03 수은 치환법의 특성

① 설비가 간단하며, 측정치의 신뢰성이 높다.
② 수은을 사용하므로 위험성(수은 중독)이 있다.

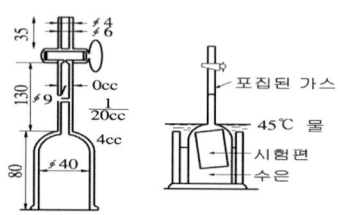

[수은 중에서 확산성 수소 포집 방법]

04 다음은 수소 시험에 대한 설명이다. 틀린 것은?

① 수소량의 측정에는 45℃ 글리세린 치환법과 진공 가열법이 있다.
② 일반적으로 수소량 그 자체에는 제한이 없다.
③ 저수소계 용접봉의 용접금속의 수소량에 대해서는 제한이 있다.
④ 용접 전 모재 중에 있는 수소량을 알기 위해서는 가열하지 않고 수소를 포함하는 방법이 있다.

해설 ④, 전수소량 또는 용접 전 모재 중의 수소량을 알기 위하여는 진공 중에서 800℃로 가열하여 수소를 포집하는 진공 가열법을 병용해야 된다.

05 스테인리스강, 구리 합금, 모넬메탈 등 내식성 금속 또는 합금 용접부의 부식 시험에 적당한 시험은?

응력 부식 시험

06 용접부의 부식 원인은?

모재의 열영향으로 응력이 집중했을 때

제2절 용접성 시험

1 용접부 연성 시험

01 용접성 시험 중 용접부 연성 시험 방법의 종류는? : ①~⑤

① 킨젤(KinZel) 시험
② 코머렐(Kommerell) 시험
③ 연속 냉각 변태 시험(CCT 시험)
④ 재현 열영향부 시험
⑤ IIW 최고 경도 시험

02 용접성 시험 중 노치 취성 시험법의 종류는? : ①~⑦

① 카안 인열(Kahn tear) 시험
② 샤르피 충격 시험
③ 슈나트(Schnadt) 시험
④ 2중 인장 시험
⑤ 로버트슨(Robertson) 시험
⑥ DWT(낙중) 시험
⑦ 반데어 비인(Van der Veen) 시험

03 용접성 시험 중 용접 균열 시험법의 종류는? : ①~⑥

① 겹침 용접(CTS, 열적 구속도) 균열 시험
② T형 필릿 균열 시험
③ 바텔(Battelle) 비드 밑 균열 시험
④ 리하이 구속(Lehigh restraint) 균열 시험
⑤ 분할형 원주 홈 균열 시험
⑥ 휘스코(Fisco) 균열 시험

04 용접 구조물의 안전성 신뢰성을 높이기 위한 시험 방법으로 올바르지 않은 것은? ③

① 노치취성 시험 ② 용접연성 시험
③ 표면투과 시험 ④ 구속균열 시험

05 킨젤(Kinzel) 시험

200×75×19mm의 표면에 세로 길이로 비드를 놓은 후 이에 직각으로 1.27mm 깊이의 V노치를 붙인 시험편을 굽혀 용접부의 연성이나 균열을 조사하는 시험

[킨젤 시험]

06 세로 비드 노치 굽힘 시험의 대표적인 연성(굽힘) 시험법은?

코메럴(균열) 시험

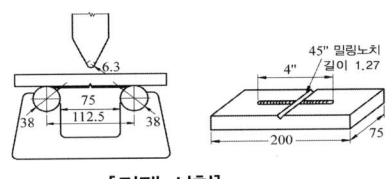

07 급속 가열한 환봉 시험편을 여러 속도로 냉각하여 변태의 생성과 종료 온도를 구하고 실온에서 경도와 조직 시험 및 굽힘 충격 시험을 하는 시험법은?

연속 냉각 변태(CCT) 시험

참고 저합금 고장력강 열영향부의 연성을 조사하는 방법으로 쓰인다.

08 재현 열영향부 시험

직경 7mm의 환봉 시험편에 대전류를 흐르게 하여 그 온도 변화가 아크 용접 열영향부 본드의 가열 냉각열 사이클과 동일하게 되도록 용접열 사이클 재현 장치를 써서 재현 열영향부를 인장 시험하는 방법

09 IIW 최고 경도 시험(KSB 0893로 규정)

국제용접학회에서 규정한 연성시험법, 강판 위에 아크 전압 24V±4V, 아크 전류 170A±10A, 용접 속도 150± 10mm/min으로 조건을 설정한 후 비드 용접을 하고, 그 직각 단면 내의 본드와 최고 경도를 측정하는 방법

❷ 노치 취성 시험

01 시험편을 판 구멍에 삽입한 핀으로 잡아당겨 파괴시켜서 파면 상황을 조사하는 것으로, 대형 광폭 노치 시험편의 천이 온도와 거의 일치하는 것이 인정되고 있는 시험은?

카안 인열(Kahn tear) 시험

02 샤르피 충격 시험

구조용강의 노치 취성 시험에 V 노치(아이죠드 노치)를 붙이고 단순보 상태에서 중앙에 집중 충격하중을 가하여 충격 시험을 하는 방법, 세계 각국에서 공통적으로 쓰이고 있다.

03 슈나트(Schnadt) 시험

샤르피 충격 시험편의 압축 측을 일부 제거하고 그 대신 경도가 높은 원주로 바꾼 것이며, 노치 선단의 반경을 여러 가지로 바꾸어 예리한 것과 둔탁한 것이 쓰인다.

04 2중 인장 시험

시험편 좌측을 잡아당겨서 취성 균열을 발생시키고 균열이 우측의 본체를 관통하는

지를 조사하는 시험

05 시험편의 노치부를 액체 질소로 냉각하고 반대쪽을 가스 불꽃으로 가열하여 거의 직선적인 온도 구배를 주고, 시험편의 양 끝에 하중을 가한 상태로 노치부에 충격을 가하여 균열 상태를 알아보는 시험법은?

로버트슨 시험

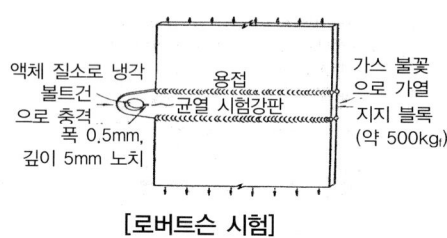

[로버트슨 시험]

06 반데어 비인(Van der Veen) 시험

노치 굽힘 시험의 일종으로, 판의 측면에 프레스 노치를 붙여 굽힘 시험하고, 최대 하중시의 시험편 중앙의 처짐이 6mm가 되는 온도를 연성 천이 온도로 하고, 연성 파면의 깊이가 32mm(판 폭의 중앙)가 되는 온도를 파면 천이 온도로 하고 있다.

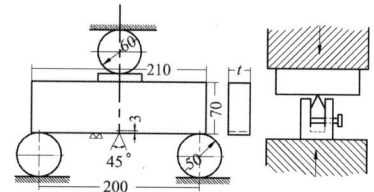

[반데어 비인 시험]

07 DWT(낙중) 시험

강판의 표면에 덧붙이용의 딱딱하고 부서지기 쉬운 비드를 용접하고 이것에 예리한 노치를 붙여 반대측에서 무게 27kgf의 중추를 1.83m 높이에서 낙하시켜 파단한다.

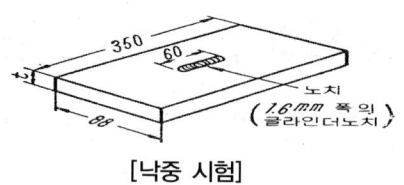

[낙중 시험]

③ 용접 균열 시험

01 T형 필릿 균열 시험

수직판의 양끝을 밑판에 가용접한 후 한쪽에 필릿 용접하여 구속한 후 계속해서 반대편을 용접하면서 균열 상태를 관찰하는 시험법

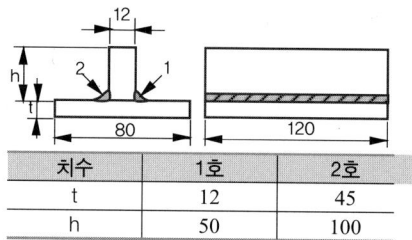

치수	1호	2호
t	12	45
h	50	100

[T형 필릿 균열 시험]

02 겹침 용접(CTS) 균열 시험

시험편을 겹쳐서 양측을 고정한 후 좌우 양면에 필릿 시험 용접한 다음 24시간 경과 후 3개의 시험편을 만들어 판면 내의 비드 밑 터짐을 주로 조사한다.

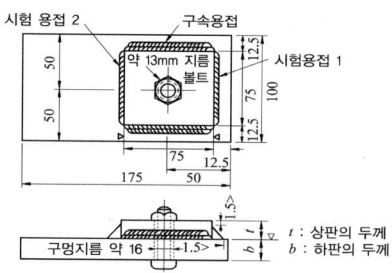

[겹침 용접(CTS) 균열 시험]

03 바텔 비드 밑 균열 시험

소형 시험편 표면에 소정의 조건으로 비드를 놓고 24시간 방치 후 절단하여 비드의 길이에 대한 비(%)로 균열을 검사하는 방법

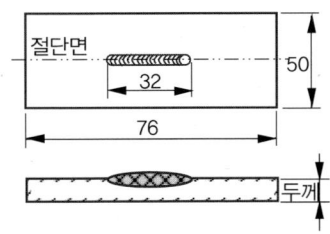

[바텔 비드 밑 균열 시험]

04 분할형 원주 홈 균열 시험

한변의 길이 50mm의 정사각형 시편 4개를 가접한 후 원주 홈을 파서 지름 4mm 용접봉으로 S점에서 F점까지 속도 150mm/min으로 시계 방향으로 비드를 붙인 후 냉각시켰다가 나머지 원주를 용접한 다음 분할편을 찢어서 비드 파면 내의 균열을 조사하는 시험

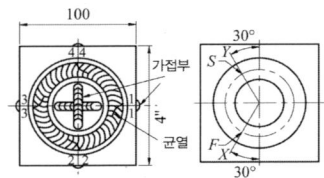

[분할형 원주 홈 균열 시험]

05 리하이 구속 균열 시험

① 주변에 가공하는 slit의 길이를 변경시킴으로써 시험 비드에 미치는 열적 조건(냉각 속도)을 같게 하면서 역학적 구속을 바꾸어 균열 시험을 한다.
② 슬리트 길이를 감소시켜 구속이 어떤 값 이상이 되면 균열이 발생하기 시작하는 임계 슬리트 길이가 있다.

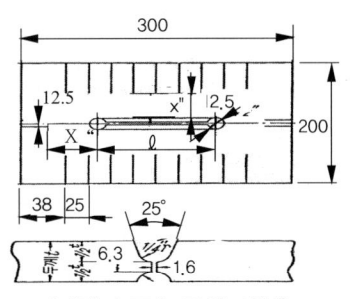

[리하이 구속 균열 시험]

06 휘스코(Fisco) 균열 시험

지그에 맞대기 용접 시험편을 볼트로 단단히 붙인 다음 비드를 놓아 균열 여부를 조사하는 방법

07 휘스코(Fisco) 균열 시험의 특성

① 고온 균열 시험에 적합하다.
② 제현성이 좋다.
③ 시험재를 절약할 수 있다.

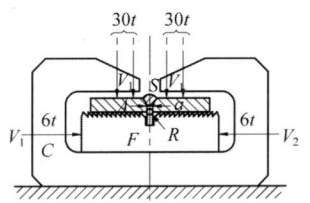

[휘(피)스코 균열 시험]

MEMO

PART 04

용접 야금, 금속 재료

- **Chapter 01** 용접 야금(금속재료)의 기초
- **Chapter 02** 철강 금속재료, 열처리
- **Chapter 03** 비철 금속재료
- **Chapter 04** 금속 결합과 결함, 균열
- **Chapter 05** 용접부의 야금학적 특징

용접산업기사 필기&실기

01 용접야금(금속)의 기초

제1절 금속의 개요

1 금속

01 금속의 구비 조건(공통적 성질)으로 옳지 않은 것은?

① 모든 금속은 상온에서 고체이며 결정체이다.
② 비중이 크고 경도 및 용융점이 높고, 열과 전기의 양도체이다.
③ 빛을 반사하고 고유의 광택이 있다.
④ 산화 방지를 위해 표면 처리나 도금이 가능하다.
⑤ 가공이 용이하고 전연성이 크다.

해설 ①, 수은(Hg)을 제외하고 상온에서 고체이며 결정체이다.

02 B(붕소), Si(규소) 등 금속적 성질과 비금속적 성질을 갖는 것을 무엇이라 하는가? : 준금속

03 신금속이란?

정보, 전자, 에너지, 우주, 항공, 자동차 및 수송기기, 의료 기기 등 첨단 산업 분야에 불가결한 요소가 되는 금속

04 경금속과 중금속의 구분의 기준은?

비중 4.5(학자에 따라 비중 5.0을 기준으로 하는 경우도 있다.)

05 경금속의 종류는?

Al(2.7), Mg(1.74), Ti(4.5), Be(베릴륨 1.83) 등

06 중금속의 종류는?

Fe(7.89), Ni(8.9), Cu(8.96), 크롬(7.19), W(텅스텐 19.3), Au(금 19.3), Pt(백금 21.4) 등

07 가장 무거운 금속과 가벼운 금속은?

① 무거운(중) 금속 : Ir(이리듐 22.5)
② 가벼운(경) 금속 : Li(리튬 0.53)

08 연성이 큰 순서로 나열한 것은?

Au 〉 Ag 〉 Al 〉 Cu 〉 Pt 〉 Pb

09 다음 중 전연성이 가장 큰 재료는?

7·3 황동

[구리, 6·4 황동, 7·3 황동, 청동]

10 다음 중 연성이 가장 큰 재료는?

순철

[순철, 탄소강, 경강, 주철]

11 전연성이 매우 커서 10^{-6}cm 두께의

박판으로 가공할 수 있으며, 왕수(王水) 이외에는 침식, 산화되지 않는 금속은? : 금(Au)

12 합금이란? : ①∼③

① 순금속은 100% 순도의 금속을 말하나 거의 실존하지 않는다.
② 합금이란 한 가지 금속에 한 가지 이상의 금속 또는 비금속을 첨가하여 기계적, 물리적, 화학적 성질을 개선시킨 금속
③ 성분 원소의 수에 따라 2원 합금, 3원 합금, 다원 합금으로 분류한다.

13 강에서 탄소량이 증가할수록 경도는?

증가한다.

참고 경도 크기 : 순철 〉 탄소강(연강 〉 경강) 〉 주철

14 일반적으로 성분 금속이 합금(alloy)이 되면 나타나는 특징으로 틀린 것은?

① 경도, 강도, 내마멸성 등 기계적 성질이 높아진다.(개선된다.)
② 전기 저항이 증가한다.
③ 용융점과 열전도율이 낮아진다.
④ 주조성, 내식성, 내열성, 내산성 등이 낮아진다.

해설 ④, 주조성, 내식성, 내열성, 내산성 등이 향상된(높아진)다.

❷ 금속 재료의 특성

01 경도(hardness)란

재료의 국부 소성 변형에 대한 재료의 저항성을 나타내는 정도,
공석강(0.85%C) 이하에서는 인장강도와 비례한다.

02 탄소강의 인장강도가 41kgf/mm²일 경우 브리넬 경도(HB)는 얼마인가?

$$HB = \frac{인장강도}{0.32 \sim 0.36} = \frac{41}{0.34} = 121(kgf/mm^2)$$

03 인성(toughness)

충격에 대한 재료의 저항을 뜻하며, 연신률이 큰 재료가 충격 저항도 크다.

04 피로(fatigue)와 피로한도란? ①, ②

① 피로 현상 : 작은 인장 또는 압축 응력에서도 장시간 동안 연속적으로 반복하여 작용시키면 결국 파괴되는 현상
② 피로 한도 : 이때 파괴되지 않고 충분한 내구력을 가질 수 있는 최대 한계

05 크리프 한도(creep limit)란? ①, ②

① 크리프 : 금속재료를 탄성 한도 내의 하중을 걸어 장시간 경과하면 변형이 증가하는 현상
② 크리프 한도 : 변형이 증대될 때의 한계 응력

06 비중(Specific gravity)

① 비중 : 4℃의 순수한 물을 기준으로 몇 배 무거우냐 가벼우냐를 수치로 나타낸다.
② 비중 = $\dfrac{제품의\ 무게}{제품과\ 같은\ 체적의\ 물\ 무게}$

07 비중이 가장 가벼운 금속과 가장 무거운 금속은?

리튬(Li) : 0.53, 이리듐(Ir) : 22.5

[주요 금속의 비중]

원소기호	원소명	비중	원소기호	원소명	비중
Mg	마그네슘	1.74	Ni	니켈	8.9
Al	알루미늄	2.67	Co	코발트	8.9
Ti	티타늄	4.51	Cu	구리	8.9
V	바나듐	5.6	Mo	몰리브덴	10.2
Zn	아연	7.13	Hg	수은	13.5
Mn	망간	7.3	W	텅스텐	19.1
Fe	철	7.89	Au	금	19.3

08 용융점이란?

고체 금속재료를 어떤 온도에서 가열하거나 냉각하면 녹아 액체가 되거나 응고하여 고체가 되는 용융 현상이 생기는 온도점

[주요 금속의 용융점]

원소기호	원소명	용융점(℃)	원소기호	원소명	용융점(℃)
Li	리튬	180	Mn	망간	1245
Zn	아연	420	Ni	니켈	1453
Mg	마그네슘	650	Co	코발트	1495
Al	알루미늄	660	V	바나듐	1725
Ag	은	961	Cr	크롬	1875
Au	금	1063	Mo	몰리브덴	2610
Cu	동(구리)	1083			

09 용융점이 가장 낮은 금속과 높은 금속은?

수은 : -38.4℃, 텅스텐(W : 3410℃)

10 납과 주석(Sn)의 비중과 용융점은?

Pb(납) : 비중은 11.34, 용융점은 327℃
Sn(주석) : 비중은 7.28, 용융점은 232℃

11 열전도율(heat conductivity)

길이 1cm에 대하여 1℃의 온도차가 있을 때 $1cm^2$의 단면적을 통하여 1초간에 전해지는 열량(단위 : cal/cm·sec℃)

12 열전도율이 큰 금속의 순서

Ag 〉Cu 〉Au 〉Al 〉W 〉Mg 〉Pb

13 전기 전도율

① 일반적으로 열전도율이 좋은 금속이 전기 전도율도 좋다.
② 전기 전도율이 큰 순서 : Ag 〉Cu 〉Au 〉V 〉Al 〉Mg 〉Mo 〉W 〉Co 〉Ni 〉Fe

14 비열(specific heat)

단위 물질 1gf의 온도를 1℃ 올리는데 필요한 열량, 예) 물 1gf을 1℃ 높이는데 필요한 열량은 1cal(단위 : cal/gf℃, kcal/kgf℃)

15 선(열)팽창계수

단위 길이의 봉을 1℃ 증가시킬 때 팽창한 길이와 원래 길이에 대한 비율

열팽창계수 = $\dfrac{\ell' - \ell}{\ell(t' - t)}$

(ℓ' : 늘어난 길이, ℓ : 처음 길이 t' : 가열된 온도, t : 처음 온도)

16 강자성체 금속은? : Fe, Ni, Co

제2절　금속의 결정 구조 등

❶ 금속의 결정 구조

01 결정에 대한 다음 설명은? : ①~③

① 결정격자를 공간격자, 결정체를 이루고 있는 작은 입자를 결정입자라 한다.
② 결정입자와의 경계를 결정 경계라 한다.
③ 결정 경계 내에 원자가 만드는 가장 간단

한 격자를 단위포(단위 격자)라 한다.

02 결정(공간) 격자

금속의 대표적인 결정 격자 : 체심 입방 격자, 면심 입방 격자, 조밀 육방 격자 등

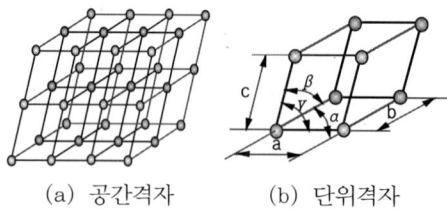

(a) 공간격자　　(b) 단위격자

03 격자 상수를 설명한 것은? : ①~③

① 단위포의 한 변(모서리)의 길이, 단위포의 3축 방향의 길이를 의미한다.
② 단위포의 3축 방향의 길이, 크기는 수 Å(옹그스트롱) 정도이다.
③ 금속의 격자 상수는 보통 2.5 ~ 3.3Å 정도이다.

❷ 순금속의 결정 구조

01 브라베의 결정격자에 대한 설명은? ①, ②

① 결정격자의 원자 배열은 금속의 종류와 온도 및 대칭선에 따라 다르며 성질도 다르다.
② 광물학에서 7 결정계, 14 결정격자형으로 세분하고 있다.

02 체심 입방 격자(BCC)에 대한 설명은? ①, ②

① 배위수는 8, 격자 내의 총원자수가 2개(격자점의 원자 1/8×8)+(체심에 있는 원자 1)
② 원자 충진률은 68%이다.

03 금속 결정격자 중에 전연성이 적고 용융점이 높으며, 강도가 큰 특성을 가진 것은? : 체심 입방 격자

04 다음의 금속 중 체심 입방 격자의 종류가 아닌 것은? : Ni, Cu

[Mo, W, Cr, V, α철, δ철, Ni, Cu]

05 면심 입방 격자(FCC : face centered cubic lattice)에 대한 설명으로 틀린 것은?

① 배위(인접원자)수는 4, 격자 내의 총원자수가 12개이다.
② 원자 충진률은 74%이다.
③ 전연성과 전기 전도도가 크며 소성 가공성이 우수(양호)하다.
④ 종류 : Ni, Cu, Al, Ag, Au, Pb, γ철, Pt 등

> **해설** ①, 배위(인접원자)수는 12, 격자 내의 총원자수가 4개
> (격자점의 원자 1/8×8)+(면심에 있는 원자 1/2×6)

06 다음 중 면심 입방 격자가 아닌 것은?

V, α철

[Ni, Cu, Al, Ag, Au, Pb, V, α철, γ철]

07 조밀 육방 격자(HCP)에 대한 설명은? ①~④

① 배위수는 12, 귀속 원자 수는 2개다.
② 전연성이 불량하여 소성 가공성이 나쁘(좋지 않)고, 접착성도 적다.
③ 종류 : Mg, Zn, Ti, Cd, Be, Hg 등
④ Mg, Zn 등은 압연, 인발이 안된다.

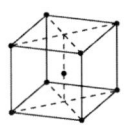 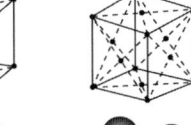 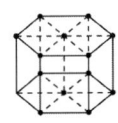

 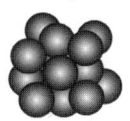 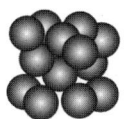

(a) 체심 입방 격자   (b) 면심 입방 격자   (c) 조밀 육방 격자

[결정격자의 종류]

08 청백색의 조밀 육방 격자 금속이며 비중이 7.18, 용융점이 420℃인 금속명은?

Zn(아연)

제3절 ▶ 금속 변태, 평형 상태도

❶ 금속의 상률과 변태

01 상률(phase rule)이란? : ①, ②

① 성분의 수와 상의 수 관계, 즉 물질이 여러 가지 상으로 될 때 그들 상 사이의 평형 관계를 나타내는 법칙
② 기체, 액체, 고체는 하나의 상태이고, 기체는 몇 개의 물질이 존재해도 1상, 용액도 균일하면 1상이다.

02 자유도 계산식은? : ①~③

① 불균일계의 평형상태를 결정하는 상태량 : 압력, 온도, 성분의 농도
② 물의 3중점(triple)의 자유도
$F = n + 2 - P = 1 + 2 - 3 = 0$
③ 응고계의 자유도 : $F = n + 1 - P$
 (n : 성분수, P : 상의 수)

참고 물의 3중점에서는 고체, 액체, 수증기(기체) 공존

하므로 상의 수 3개, 성분수는 1, 자유도는 0이다. 순금속의 자유도 0이다.

❷ 금속의 변태

01 변태란

물이 기체, 액체, 고체로 변하는 것과 같이 금속이 온도에 따라 결정격자의 모양이나 조직, 성질이 변하는 상태

02 동소(격자) 변태란?

동일(같은) 원소가 온도에 따라 고체 상태에서의 원자 배열의 변화, 즉 고체 상태에서 서로 다른 공간격자 구조를 갖는 변태

03 순철이 910℃를 경계로 체심 입방 격자와 면심 입방 격자로 변하는 변태?

동소변태(A3 변태)

해설 순철은 A3 변태점(910℃)에서 α철 ↔ γ철로 변태
A4 변태점 : 철에서 1410℃, 변태점을 경계로 γ철 ↔ δ철로 변태

04 주요 금속들의 동소 변태점

① Co : 477℃   ② Fe : 910, 1410℃
③ Sn : 18℃   ④ Ti : 833℃

05 자기 변태란? : ①~③

① 자기 변태 : 원자의 배열, 격자의 배열 변화는 없고 자성 변화만 일어나는 변태
② 순철의 자기 변태점(A2, Curie point) : 768℃
③ 강자성체 금속의 자기 변태점 : Ni(358℃), Co(1160℃)

③ 각종 상태도

01 고체상태의 합금에 나타나는 상의 종류?

순금속, 고용체, 금속간 화합물의 3가지

02 순금속 A에 B 원소가 일정하게 고용되어 용융 상태나 고체 상태에서도 기계적 방법으로는 각 성분 금속을 구분할 수 없는 것? : 고용체

03 고용체의 반응은?

고체 A + 고체 B ⇌ 고체 C

04 고용체의 종류

침입형, 치환형, 규칙 격자형 고용체

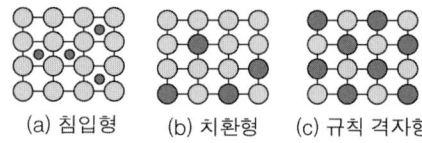

(a) 침입형   (b) 치환형   (c) 규칙 격자형

05 두 원자의 원자 반경이 현저하게 차이가 있을 때 형성되는 고용체는?

침입형 고용체

> 해설 원자 반경이 현저하게 작은 C, O, N 등이 철에 고용할 경우 침입형 고용체가 된다.

06 포정(peritectic) 반응이란

용융 상태에서 냉각하면 일정 온도에서 정출된 고용체와 이와 공존한 융액이 서로 반응을 일으켜 새로운 고용체를 만드는 반응
L 용액 + G(α 고용체) ⇌ F(β 고용체)

07 2개의 성분 금속이 액체에서 고체로 정출되어 기계적으로 혼합된 조직을 무엇이라고 하는가? : 공정

> 참고 공정점 : 합금 용융점 중 가장 낮은 용융점
> 공정반응 : 용액E → 결정A + 결정B

08 공석

① 고체 상태에서 고상의 조직이 석출하여 얻어진 조직
② 철강의 공석점 : 0.8(0.85)%C, 723℃
③ 공석 반응 : $\beta = \alpha + \gamma$

09 상온에서 공석강의 현미경 조직은?

펄라이트(Pearlite)

10 금속 간에 친화력이 클 때 화학적으로 결합되어 성분 금속과는 다른 성질을 가지는 독립된 화합물은?

금속간 화합물(intermetallic comp.)

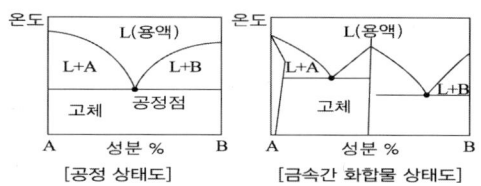

[공정 상태도]   [금속간 화합물 상태도]

11 강의 표준(기본) 조직은?

페라이트, 오스테나이트, 펄라이트, 시멘타이트

> 참고 레데브라이트 : 주철 조직
> 열처리 조직 : 마텐사이트, 투르스타이트, 소르바이트, 베이나이트

12 강에서 펄라이트(pearlite) 조직에 대한 설명 중 틀린 것은?

① 0.8%C, 723℃에서 생긴 공석강 조직
② 페라이트와 시멘타이트의 층상 조직

③ 강도, 경도는 페라이트보다 크며, 자성이 있다.

④ 4.3%C, 1130℃에서도 생긴다.

해설 ④, 공정 조직인 레데브라이트가 생긴다.

펄라이트 생성 과정
γ고용체 결정 경계에서 시멘타이트 핵 생성 → 시멘타이트 핵 성장 → 시멘타이트 핵 주위에 α고용체 생성 → α고용체 입자에 시멘타이트 생성

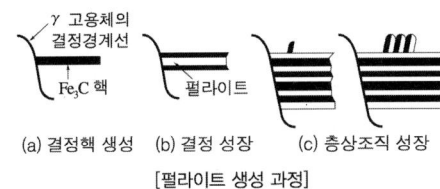

[펄라이트 생성 과정]

13 시멘타이트(cementite) 조직이란?

Fe와 C의 화합물

14 철강 표준 조직의 경도 순

시멘타이트 > 레데뷰라이트 > 펄라이트 > 페라이트 > 오스테나이트

15 레데브라이트 조직은? : ①, ②

① 포화하고 있는 2.01%C의 γ고용체와 6.67% C의 Fe_3C의 공정 조직
② Fe-C 상태도에서 1130℃, 4.3%C에서 생성되는 공정 주철 조직

16 다음 중 순철에 없는 변태는?

A_1 변태(탄소강에서 일어난다.)

[A_1 변태, A_2 변태, A_3 변태, A_4 변태]

제4절 금속의 강화 기구

1 금속재료의 강화기구

01 금속의 강화 방법(기구)은?

고용체 강화, 분산 강화, 가공 경화, 석출 강화, 결정립 미세 강화, 합금원소 첨가, 담금질

02 합금의 석출 경화와 관계되는 것은?

냉각 속도, 석출 온도, 과냉도이다.

03 고용체 강화의 종류는? : ①~③

① 격자 변형 효과에 의한 강화
② 코트렐 효과에 의한 강화
③ 규칙 격자 효과에 의한 강화

참고 결정립 조대화에 의한 강화는 일어나지 않는다.

04 제2상이 고용체로부터의 분말 야금법이나 내부 산화법 등에 의해 형성될 경우의 강화는? : 분산 경화

05 결정입자가 미세할수록, 결정입계가 많을수록 경도가 높아지는 성질을 이용한 강화법은?

결정립 미세화에 의한 강화

06 고체의 내부에서 조성 구조가 서로 다른 새로운 상(相)이 생성되고, 이 석출상의 형성으로 합금이 경화하는 현상은?

석출 경화(Precipitation Strength.)

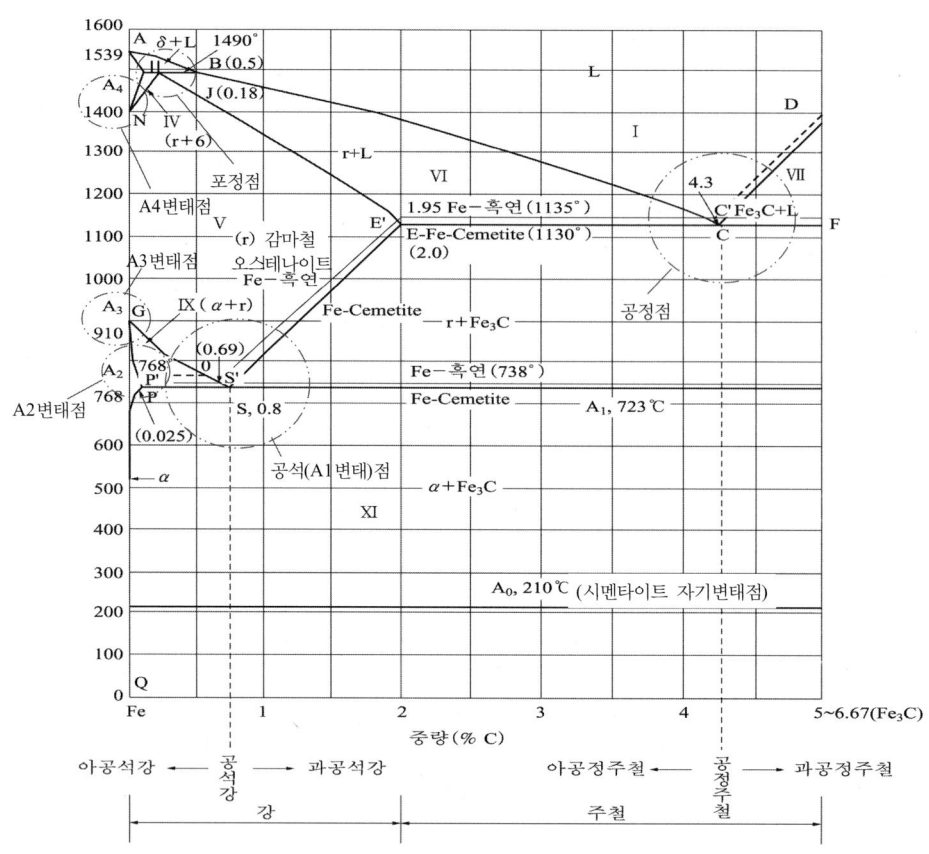

A	순철의 응고점(1539℃)	C	Fe-C계의 공정점 탄소량 (1130℃, 4.3%C)	M	순철의 A_2 변태점
AB	δ 고용체에 대한 액상선	ECF	공정선(C가%~6.67%)	MO	강의 A_2 변태선(768℃)
AH	δ 고용체에 대한 고상선	ES ~ Fe_3C	Fe_3C의 초석선(Acm선) r고용체에서 Fe_3C가 석출하는 온도	S	공석점(723℃ 약0.8%C)pearlite공석점 ($[α] \rightleftarrows [r] + [Fe_3C]$)
BC	r 고용체에 대한 고상선	Fe_3C	6.67%C를 함유하는 백색침상의 금속간 화합물	E	r 고용체의 C의 포화량(2.0%)
HJB	포정선(1490℃)	G	순철의 A_3변태점(910℃) $[α] \rightleftarrows [r]$	PSK	A_1변태선(공석선)
N	순철의 A_4 변태점(1400℃)	GOS	α 고용체의 초석선	PQ	α 고용체의 탄소용해도 곡선
P	α 고용체의 탄소포화점(0.02%C)	GP	C0.025% 이하의 순철에서 α 고용체로부터 석출하는 온도		

제5절 응고 조직

1 금속의 응고

01 1차 조직(응고 조직)

용융 상태로부터 응고가 끝난 그대로의 조직

02 응고 후 냉각하는 사이에 열처리에 의한 변태나 가공에 의한 소성 변형에 의해 1차 조직을 파괴한 조직은?

2차 조직

03 냉각 곡선(cooling curve)

① 금속을 용융상태에서 냉각시킬 때 그 온도와 시간의 관계를 나타낸 곡선
② 순금속은 융점과 용점이 동일함
③ 합금은 용점과 용점이 차이가 있음

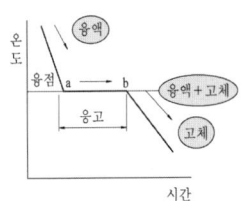 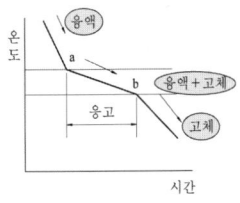

[순금속의 냉각 곡선]   [합금의 냉각 곡선]

2 결정의 생성과 발달

01 단결정이란?

결정의 핵이 1개로 크게 성장하면 수정과 같은 단일 결정이 된다.

참고) 대부분의 금속은 무수히 많은 결정이 모인 다결정체이지만, 수정처럼 결정립 하나로 형성된 결정을 단결정이라 한다.

02 결정의 형성 순서는?

핵 발생 → 결정의 성장(수지상 결정) → 결정 경계 형성

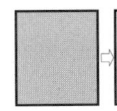 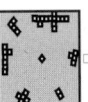 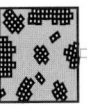 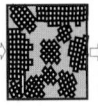 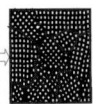
(a)　　(b)　　(c)　　(d)　　(e)

(a) 용융금속, (b) 결정핵 생성
(c) 결정 성장 초기, (d) 결정 성장
(e) 결정 경계 형성

03 용융금속의 단위 체적 중에 생성한 결정핵의 수(핵 발생 속도)를 N, 결정 성장 속도를 G로 할 때 결정립의 크기 S와의 관계는?

$S = f \cdot G/N$

04 결정립의 대소를 결정짓는 것은?

① 성장 속도 G에 비례하고 핵 발생 속도 N에 반비례한다.
② 급랭(N〉G)하면 핵발생 속도가 매우 커지므로 결정립이 미세화되고, 서랭(G〉N)하면 조대화된다.

06 단위 체적 내에 결정 핵의 생성이 결정의 성장보다 많으면(N〉G)?

결정 입자의 수가 많아지므로 결정립은 미세해진다.

3 응고 조직

01 용융 금속에 나타나는 것은?

등축정, 주상정, 수지상정

02 주형에 주입된 용융금속이 응고시 주형

벽에서 중심을 향한 가늘고 긴 서릿발(막대) 모양으로 생성되는 조직은?

주상 조직

03 주조시 주상 조직의 영향으로 모서리 부분이 취약하므로 주조시 각진 부분을 어떻게 해야 되는가? : 라운딩한다.

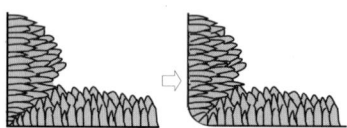

04 금속이 응고할 때 나뭇가지와 비슷한 모양으로 성장한 조직은?

수지상 조직

05 주물에서 용탕이 응고할 때 응고 온도차에 따라 농도 차이를 일으키는 현상은?

편석

06 편석 중에 인(P), 황 등의 불순물들이 강괴 속에 긴 띠 모양으로 남아 있을 경우 압연, 단조 등의 작업시 파손이 일어날 수 있다. 이 띠 모양은?

고스트 라인

07 용접에서 적층 성장이란?

하나의 결정 표면에 다른 결정이 일정한 결합 관계를 가지며 성장하여 얇은 막을 만드는 것과 같이 성장하는 것

08 용접부에 결정립의 편석이 생길 경우 어떤 결함 생성에 큰 영향을 주는가?

기공, 편석층에 따라서 생기기 쉽다.

09 용접금속의 결정립 미세화 방법은?

용접 중에 자기 교반, 초음파 진동, 합금 원소 첨가 등을 한다.

10 용융 금속에 진동을 주면 어떤 현상이 일어나는가(이점이 있는가)?

결정립의 미세화, 기공 발생 방지, 용접 균열 방지, 잔류 응력 발생 방지의 효과가 있다.

제6절 소성가공

1 소성가공의 개요

01 소성변형에 대한 설명은?

재료가 탄성 한계 이상 외력이 증가되면 변형이 진행되며 외력을 제거해도 원상태로 돌아가지 못하고 변형이 남아 있는 성질(소성)에 의해 생긴 변형

02 슬립(slip)이란?

금속의 규칙적인 결정이 탄성 한도 이상의 외력에 의해 미끄럼을 갖는 변형

> 참고 가장 미끄럼이 생기기 쉬운 면과 방향을 슬립 면 및 슬립 방향이라고 한다.

03 특정 결정면을 경계로 처음의 결정과 경(거울)면적 대칭 관계에 있는 원자 배열을 갖는 소성변형은?

쌍정(twin)

04 원자나 원자면이 더 있거나 탈락되어 있는 불완전한 결정체 부분을? : 전위

05 다음 중 쌍정이 잘 일어나지 않는 금속은?

Fe, Cr

[Bi, Zn, Sn, Sb, Cu, Mg, Fe, Cr]

06 소성가공에 이용되는 성질은?

가단성, 가소성, 연성, 접합성

07 전연성이 높은 금속의 순서는?

금 > 은 > 알루미늄 > 구리 > 주석 > 철 > 니켈의 순

참고 전성 : 넓게 펴지는 성질, 연성 : 길이 방향으로 늘어나는 성질, 대체로 연성이 좋으면 전성도 좋으므로 전연성이라 한다.
연성이 큰 순서 : 금 > 은 > 알루미늄 > 철 > 니켈 > 구리 > 주석 순

08 바우싱거 효과(bauschinger effect)

금속 재료가 먼저 받은 것과 반대방향에 대하여는 탄성한도나 항복점이 현저히 저하되는 현상

09 가공경화(strain hardening)

재료에 외력을 가하여 변형시키면 원래의 재료보다 강해지는 현상

참고 강도, 경도 증가, 연신률, 단면 수축률 감소, 내부응력이 증가된다.

10 기계 또는 구조물 설계시 발생하는 외력을 감안해 안전하다고 간주하는 최대치는? : 허용응력

11 풀림처리시 조대한 결정립이 형성되는 원인이 아닌 것은? : ④

① 풀림 온도가 너무 높은 경우
② 풀림 시간이 너무 긴 경우
③ 냉간 가공도가 너무 적은 경우
④ 용질 원소의 분포가 양호한 경우

12 소성가공에 해당되는 것은?

엠보싱, 인발(잡아 늘임 작업), 압연, 단조, 프레스, 압출, 전조 등

참고 기계가공 : 선삭, 브로칭, 드릴링, 연삭

13 상온 가공에 의하여 내부 응력을 일으킨 결정 입자가 가열에 의하여 그 모양은 변하지 않고 내부 응력이 감소되어 가는 과정을? : 회복

14 재결정이란?

회복 구간 이상 가열하면 파괴된 결정에서 새로운 결정이 생성되는 현상

15 재결정 온도에 대한 설명은? ①, ②

① 가공도가 클수록, 결정 입자가 미세할수록 재결정 온도는 낮아진다.
② 재결정온도 이하의 소성가공을 냉간(상온) 가공, 재결정온도 이상의 가공을 열간(고온) 가공이라 한다.

16 금속별 재결정 온도

① W : 1200℃   ② Fe : 450℃
③ Cu 200~300℃   ④ 은, 금 : 200℃

17 재결정 온도가 상온 이하로 가공경화

가 일어나지 않는 금속은?

납 Pb(재결정 온도 : -3℃),
주석 Sn(재결정 온도 : -7 ~ 25℃)

18 소성가공의 특징

① 주물에 비해 치수가 정확하며, 재료의 성질이 강해진다.
② 균일한 제품을 대량 생산할 수 있다.
③ 재료를 경제적으로 사용할 수 있다.
④ 금속의 조직이 치밀해지며, 경도와 강도가 커진다.
⑤ 복잡한 형상 가공은 어렵다.

19 냉간(상온) 가공(cold working)의 특징

① 강도 증가 및 연신률 감소되며, 제품의 치수가 정확하고 가공면이 아름답다.
② 가공 방향으로 섬유조직이 되어 방향에 따라 강도가 달라진다.

> **참고** 섬유조직 : 미세한 실모양의 조직으로 섬유세포가 모여서 된 조직, 관다발 조직, 온실조직

20 열간(고온) 가공(hot working)의 특징

① 작은 동력으로 큰 변형을 발생시키며, 균일한 재질을 얻을 수 있다.
② 가공도를 크게 할 수 있고 거친 가공에 적합하나, 산화되기 쉽고 정밀 가공이 곤란하다.

21 프레스 작업에서 스프링 백(spring back)이 커지는 원인은? : ①~④

① 동일(같은) 두께의 판에서 굽힘 각도가 예리할수록(작을수록), 굽힘 반지름이 클수록
② 다이의 어깨 너비가 작을수록
③ 탄성한도 및 경도, 강도가 클수록
④ 같은 판재에서 굽힘 반지름이 같을 때에는 두께가 얇을수록

> **참고** 스프링 백 현상 : 굽힘가공에서 굽힘력을 제거하면 탄성 때문에 탄성변형 부분이 원상태로 돌아가 굽힘각도와 굽힘 반지름이 커지는 현상

22 물체에 소성변형을 주어 변형에 대한 저항을 증대시켜 강화시키는 방법은?

가공 경화

> **참고** 가공 경화 : 냉간 압연, 냉간 단조 등의 가공도가 증가함에 따라 점점 경도, 강도가 증가하게 되는데 이 현상

23 담금질한 후 시간이 경과함에 따라 경도가 높아지는 현상은?

시효 경화(age hardening)

24 시효 경화의 단계를 설명한 것은?

1단계 : 용체화 처리, 2단계 : 급랭, 3단계 : 시효

❷ 소성가공의 종류

01 재료를 회전하는 롤러 사이에 통과시켜 성형하는 소성 가공법은? : 압연

02 압연가공의 종류

인발 압연, 분괴 압연, 형재 압연, 판재 압연

03 열간 압연강판과 비교한 냉간 압연강판의 장점은? : ①~⑤

① scale 부착이 없고 판의 표면이 깨끗하

고 아름답다.
② 성형과 치수가 정밀, 정확하다.
③ 표면처리하면 내식성이 우수하다.
④ 기계적 성질(개선)과 가공성이 우수하다.
⑤ 가공경화로 인장강도, 항복점, 경도는 증가, 연신률과 단면수축률은 감소한다.

04 지름 500mm, 길이 500mm의 롤러로 두께 25mm의 연강판을 두께 20mm로 열간 압연할 때 압하율은?

$$압하율 = \frac{H_0 - H_1}{H_0} \times 100\%$$

$$= \frac{(25-20) \times 100}{25} = 20\%$$

(H_0 : 롤러 통과(변형) 전 두께,
H_1 : 롤러 통과(변형) 후 두께)

05 압출(extruding) 가공

실린더 모양의 컨테이너에 빌렛(금속)을 넣고 한쪽에서 램에 압력을 가하여 밀어내어 가공하는 소성가공

06 압출가공의 종류

직접(전방) 압출, 간접 압출(후방 압출, 역식 압출), 충격 압출법

07 인발(drawing)이란?

테이퍼(taper) 구멍을 가진 die의 안쪽에 소재를 밀착시키고 다이(die)의 바깥 구멍을 통하여 철사 등 연성 재료를 축(길이) 방향으로 당기어 외경을 감소시키는 가공법

　참고 봉이나 선재를 만드는 방법

08 인발에 영향을 주는 인자(조건)

(인발작업에서 인발력(引拔力)이 결정되기 위한 인자는)

인발재의 재질, 인발력, 단면 감소율, 다이(die) 각, 다이(die) 마찰, 윤활법, 역장력, 인발 속도 등

09 인발 작업에서 역장력이란?

재료를 인발하면 지름이 작아지는 가공성을 가지므로 인발력보다 작은 장력을 인발 방향과 반대 방향에 작용시키면 (역장력) 다이가 그만큼 저항을 적게 받게 된다.

10 인발 작업에서 지름 5.5mm의 와이어를 φ4mm로 가공하려고 한다. 이때의 단면 수축률 및 가공도는?

① 단면 감소(수축)율

$$\phi = \frac{A_0 - A_1}{A_0} \times 100\%$$

$$= \frac{4^2 - 5.5^2}{5.5^2} \times 100 = 47\% (감소)$$

② 가공도

$$\varnothing = \frac{A_1}{A_0} \times 100 = \frac{4^2}{5.5^2} \times 100 = 53\%$$

(A_0 : 가공 전 단면적, A_1 : 가공 후 단면적)

11 인발 작업시 사용하는 윤활제는?

고형 윤활제(비누, 흑연, 석회), 그리스, 아연 도금

　참고 경질금속 인발에는 Pb, Zn 등을 도금하여 사용하며, 식물유에 비누를 첨가하고 물을 섞어서 만든 콤파운드를 사용한다.

12 강의 가열 온도별 불꽃색

① 암갈색 : 600℃　② 갈적색 : 650℃
③ 휘적색 : 800℃　④ 황적색 : 900℃

⑤ 황색 : 1000℃ ⑥ 휘황색 : 1000℃
⑦ 백색 : 1200℃ ⑧ 휘백색 : 1300℃

13 단조(forging)란?

해머나 기계(프레스)로 두들겨 성형시키는 가공법, 자유 단조와 형 단조가 있다.

14 온도에 따른 단조(forging) 작업의 종류

① 냉간 단조 : 스웨이징, 콜드 헤딩, 코이닝
② 열간 단조 : 해머 단조, 프레스 단조, 업셋 단조, 압연 단조

15 단조용 탄소강의 구비 조건은? ①~③

① 탄소와 황의 양이 적을 것
② 메짐이 없는 강재일 것
③ 가단성이 좋고, 조직이 미세할 것

16 단조작업을 한 방향으로 가공할 때 결정 입자가 한 방향으로 미끄러져 나타난 섬유상의 조직은? : 단류선

> 참고 단류선 방향으로 기계적 성질이 향상됨

17 단조온도에 관한 설명은? : ①~④

① 너무 급하게 고온도로 가열하지 않는다.
② 재질이 다르면 고온에서 체적 단조 온도가 다르게 된다.
③ 필요 이상의 고온으로 너무 오래 가열하지 말고 균일하게 가열한다.
④ 단조 온도를 단조 최고 온도(1200℃)보다 높게 하면 산화가 심하다.

> 참고 주철은 단조가공이 불가(不可)하다.

18 단조작업의 종류

업세팅(up setting), 늘이기(drawing), 넓히기, 단짓기(setting down), 스웨이징(swaging)

19 단조용 해머

드롭(낙하) 해머, 파워 해머

20 단조 프레스의 용량이 5ton, 단조물의 유효단면적이 500mm²인 재료를 효율 80%로 단조할 때, 재료의 변형저항 σ_e은?

① $Q = \dfrac{A\sigma_e}{\eta}$

$$\therefore \sigma_e = \dfrac{Q}{A}\eta = \dfrac{5 \times 10^3}{500} \times 0.8$$
$$= 8 \text{kg}_f/\text{mm}^2$$

② 유압프레스 용량

$$Q = \dfrac{AK_f}{\eta} \text{ kgf}$$

(A : 단조물의 유효 단면적 mm²,
σ_e : 단조재료의 변형 저항 kgf/mm²,
η : 프레스(단조해머) 효율 0.7~0.8)

46 전조 기어의 특징은? : ①~④

① 제작이 간단하며, 재료가 절약된다.
② 압력에 의하여 결정 조직이 치밀해진다.
③ 연속적인 섬유조직을 가장 강력한 재질로 된다.
④ 정확한 기어의 제작은 어렵다.

02 철강 금속재료, 열처리

제1절 철강 제조, 분류, 탄소강

❶ 제철법

01 제철제철과 제강

① 제철 : 철광석을 용광로에 녹여서 선철을 얻는 방법

② 제강 : 선철을 정련하고, 성분을 조정하여 가단성을 부여하는 방법

02 제선 재료

철광석, 연료(코크스), 용제(석회석(CaC), 형석) 등

03 제련용 철광석은 몇 % 이상의 철(Fe) 성분을 함유해야 경제성이 있는가?

40 ~ 60%

04 제선에 쓰이는 용광로는? : ①, ②

① 철광석을 코크스, 석회석, 망간 등을 써서 용해하여 선철을 얻는 노(고로)

② 크기 : 1일 제선할 수 있는 량을 톤으로 표시(Ton/1일)

05 용광로에 사용되는 고체 연료로 가장 많이 사용되는 것은?

코크스(cokes)

06 강의 탈산제의 종류는?

페로-실리콘(Fe-Si), 알루미늄(Al), 페로-망간(Fe-Mn),

참고 Fe-Ni(페로 니켈)은 주로 합금제로 사용된다.

07 선철을 파단면에 따라 구분한 것은?

회선철, 반선철, 백선철

08 선철의 용도는

90% 이상이 강 제조에, 10%는 주철 제조

❷ 제강법

01 제강법의 종류는?

평로 제강, 도가니 제강, 전기로 제강법

참고 용광로는 제강(강의 제조)할 수 없다.

02 노안에 용융 선철을 주입하고 공기나 산소를 불어넣어 탄소, 규소, 그 밖의 불순물을 산화 제거하는 제강법은?

전로 제강법

해설 로 내 내화물의 종류에 따라 : 토마스(염기성)법, 베서머(산성)법이 있다.

03 전로 제강법의 특성은?

연료가 필요없어 값싸게 대량 생산할 수

있으나, N, P, O 등이 많아 강질이 나쁘다.

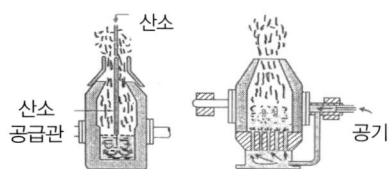

(a) 순산소 공급 전로 (b) 바닥에서 송풍하는 전로

04 제강법 중 토마스법과 관계없는 것은?

① 페로 망간으로 산화한다.
② 노의 내면에 염기성 내화물을 사용한다.
③ 원료는 저규소 고인선을 사용한다.
④ 전로 제강법의 일종이다.

해설 ①, 페로 망간으로 탈산한다. 염기성(토마스)법에서는 규소의 연소가 어렵다. 산성(베서머)법은 위의 ②, ③과 반대이다.

05 평로(반사로) 제강법

① 축열식 반사로를 사용하여 가스나 중유로 용해, 정련하는 제강법
② 성분을 쉽게 조절, 고철도 사용 가능함
③ 제강량 전체의 80%로 대량 생산한다.

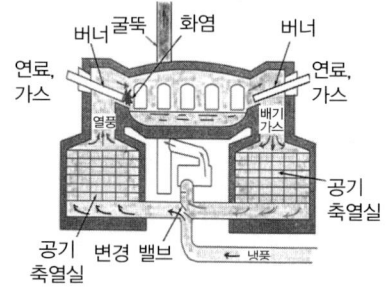

06 전기로 제강법의 종류

저항로(식), 유도로(식), 아크로(식)

07 전기로 제강법의 특징은? : ①~④

① 온도조절이 쉬워, 고온정련이 가능하다.
② 정련 중 슬래그 성질의 변화가 가능
③ 용강의 산화가 적으며, 성분 조절을 정확히 할 수 있다.
④ 공구강, 특수강의 제조에 가장 좋은 로이나 전기 소모가 많다.

08 다음 중 강을 제조하는데 가장 좋은 제품을 얻을 수 있는 로는? : 전기로

[전로, 평로, 전기로, 도가니로]

09 전로, 평로, 전기로의 크기 표시는?

1회에 용해할 수 있는 제강의 량을 톤으로 표시한다.(Ton/회)

10 도가니로

크기는 1회에 용해할 수 있는 구리의 무게(kg)를 번호로 표시
예 : 500번로 : 1회에 500kg의 구리를 용해

11 주조로(용선로 : 큐폴라)

주철 용해에 사용, 크기는 1시간에 용해할 수 있는 선철의 무게를 Ton으로 표시 (T/h)

12 강괴의 종류

림드강, 세미킬드강, 킬드강, 캡드강

13 다음 중 림드강에 대한 설명

① 탈산이 불충분하며, 편석을 일으킨다.
② 기공이 생기며, 가스의 방출이 있다.
③ 탄소가 0.3% 이하인 연강 제조에 좋다.

14 킬드강에 대한 설명 중 옳지 않은 것은?

① 로 내에서 강탈산제를 사용하여 충분

히 탈산시킨 것이다.
② 헤어 크랙이 생기기 쉽다.
③ 수축관이 생겨 강괴의 10 ~ 20%를 잘라 버린다.
④ 주로 전로에서 만들어지는 고급강이다.

해설 ④, 킬드강은 평로, 전기로에서 만들어지며 고급강에 쓰인다.

(a) 킬드강 (b) 세미킬드강 (c) 림드강 (d) 캡드강

3 순철(pure iron)

01 순철은? : ①, ②

① 탄소 함유량이 0.05% 이하의 철
② 고온에서 산화 작용이 심하며, 해수, 산, 화학 약품에 약하다.

02 순철의 종류와 동소체는?

① 종류 : 카보닐철, 전해철, 암코철 등
② 동소체 : α철, γ철, δ철의 3개

03 순철의 기계적 성질은?

① 인장 강도 18 ~ 25kg/mm^2,
② 연신률 40 ~ 50%, 브리넬 경도 60 ~ 65

04 순철의 특성은? : ①~③

① 조직은 페라이트이다.
② 상온에서 전연성이 풍부하고 단접성, 용접성이 좋으나, 열처리는 안 된다.
③ 용도 : 강도가 낮아 기계 재료에는 부적당하나, 투자율이 높아 변압기, 발전기용 박(얇은)철판, 전·자기 재료에 쓰임

4 철강의 분류와 탄소강

01 탄소강의 특성

① 가격이 저렴하며, 다량 생산, 기계적 성질이 우수하다.
② 극연강, 연강, 반연강은 단접이 잘 된다.
③ 상온 및 고온에서 가공성이 우수하여 소성 변형 가공이 용이하다.

02 저온에서 인장강도, 탄성 계수, 항복점 등은 증가하나 연신률, 단면 수축률, 충격값이 감소되는 현상을?

저온 취성(P가 원인임)

03 강은 200 ~ 300°C에서 인장 강도와 경도가 최대이며, 연신률과 단면 수축률은 최소로 되는 현상을? : 청열 취성

04 적열(고온) 취성

황은 철과 화합하여 FeS를 형성하며 FeS의 용융점은 980°C 정도로서 단조나 열처리시 고온 크랙의 원인이 되어 생기는 성질

05 탄소강에 함유된(철강의) 대표적인 5원소는? : C, Si, Mn, P, S

06 탄소강의 기계적 성질에서 경도와 인장 강도가 상승하면 같이 상승하는 성질은?

항복점

07 탄소강을 판두께에 따른 구분하면

① 박판 : 두께 1(3)mm 이하
② 중판 : 1(3) ~ 6mm
③ 후판 : 6mm 두께 이상

08 강 종류별 탄소 함유량

① 강 : 0.05~2.01%C
  ㉠ 저탄소(연)강 : 0.05 ~ 0.30%C, 용접성 양호, 열처리 불량, 용접 구조용 사용
  ㉡ 중탄소(경)강 : 0.3 ~ 0.5%C, 기계 구조용으로 사용함, 열처리 가능함
  ㉢ 고탄소강 : 0.5 ~ 0.8%C, 기계 구조용
  ㉣ 탄소공구(최경)강 : 0.6~1.5%C, 줄, 톱날 등 공구에 사용됨
② 주철 : 2.01~6.67%C

09 단접은 잘되나 높은 온도에서 물이나 기름에 급히 담가 식혀도 단단해지지 않는 탄소강은? : 반연강

10 탄소강에 함유된 원소 중에 규소에 관한 설명으로 옳지 않은 것은?

① 용융금속의 유동성을 좋게 한다.
② 충격 저항을 감소시킨다.
③ 인장 강도, 탄성 한계, 경도가 증가된다.
④ 단접성을 향상시킨다.

해설 ④, 규소는 연신률 및 충격치, 단접성을 감소시킨다. 보통 0.3 ~ 0.5% 정도 함유

11 탄소강에 함유된 망간(Mn)

① 탄소 다음으로 중요한 원소로, 탈산제로 작용하며,
② 강도, 경도, 인성, 점성, 담금질성 증가, 연성 감소, 황의 해(적열 취성) 제거로 고온 가공을 쉽게 한다.

12 탄소강에 함유된 인(P)의 영향

① 보통 0.05% 이하로 제한하며,
② 강도, 경도 증가, 연신률 감소, 결정립을 거칠게 하며,
③ 제강시 편석을 일으키기 쉬우며 냉간(취성) 메짐을 일으킨다.

13 황의 분포를 검사하는 설퍼 프린트법이란?

강재를 황산(H_2SO_4) 용액 중에 침적시킨 브로마이드 인화지로 밀착시켜 10~20분 방치 후 떼어 내면 황이 존재하는 경우 인화지에 흑갈색 또는 흑색 반점으로 나타난다.

14 탄소강에 함유된 수소(H_2)는?

강을 여리게 하고, 산, 알칼리에 약하며, 헤어 크랙, 은점의 원인이 된다.

15 탄소강에서 헤어 크랙은?

비금속 개재물의 주변이나 결정립계의 경계 등에 수소의 함유량에 비례하여 발생한 머리카락 같이 미세한 균열

16 레일을 만드는데 적합한 탄소강의 탄소 함유량은? : 0.4 ~ 0.5%C

해설 0.4 ~ 0.5% 탄소강은 크랭크 축, 차축, 기어, 스프링, 피아노선, 캠, 볼트, 파이프 등의 제조에 사용된다.

17 스프링, 외륜, 피아노선에 사용하는 탄소강의 탄소량은? : C 0.4 ~ 0.7%

18 스프강, 피아노선재의 특성

탄성 한계가 높고 충격 및 피로에 대한 저항성이 크며 급격한 진동을 완화하고 에너지 축적을 위해 사용하는 강인한 강

19 선재강

① 연강선재 : 0.06~0.25%C, 전신선, 리벳못, 나사류
② 경강선재 : 0.25~0.8%C, 나사, 와이어 로프, 스프링
③ 피아노선재 : 매우 강인한 강선으로, 인발 중에 파텐팅 열처리하여 소르바이트 조직으로 만든 것이다.

20 탄소강에 P, S, Pb, Se 등을 첨가시켜 절삭(쾌삭)성을 향상시킨 강은?

쾌삭강, (Mn을 첨가하면 메짐성이 방지됨)

21 탄소 공구강(STC)의 탄소 함유량

① 0.6~1.5%,
② 200℃ 이상에서 경도가 저하. 용도는 일반 공구인 줄강, 다이스, 톱강

22 공구강의 구비 조건

① 경도, 강도(내마멸성과 강인성)가 크며, 고온에서도 경도가 유지될 것
② 열처리가 쉬울 것
③ 가공이 쉽고 가격이 쌀 것

23 침탄강에 부적당한 원소는? : Al

[Ni, Cr, Mo, Al]

해설 Al은 질화강에 적합하다.

24 표면 경화용강 중 질화용 강

① 강재 표면에 NH₃(암모니아)나 질소를 사용하여 질화시켜 표면 경도를 높인 강
② Ni, Cr, Al 원소를 함유한 강이 좋다.

제2절 특수(합금)강, 주철

❶ 특수강(alloy steel)의 개요

01 합금강이란? : ①~③

① 탄소강에 특수 원소를 1~2종 이상 첨가시켜 뛰어난 특징을 갖게 제조한 강
② 저합금강 : 합금 원소 10% 미만 첨가한 강, 저 강도 기계부품용
③ 고합금강 : 합금 원소 10% 이상 첨가한 강, 내식, 내마모 등 특수 목적 재료용

02 특수원소의 강에 미치는 영향

① Ni : 강도, 인성, 저온충격 저항성, 내열성 등을 향상
② Cr(크롬) : 내식성, 내열성, 내마모성 향상
③ W(텅스텐) : 고온 강도, 경도 증가
④ Mo(몰리브덴) : 고온 강도 경도 증가, 뜨임 취성 방지
⑤ Si(규소) : 전자기 특성과 내열성을 증가
⑥ Al, Ti : 결정립의 미세화
⑦ B(붕소) : 미량 첨가로도 담금질(소입)성을 현저하게 향상

참고 특수 원소 대부분은 담금질 효과가 큼, 자경성(스스로 경화되려는 성질)이 있다.

❷ 구조용 특수강

01 강인강이란?

탄소강보다 높은 강인성을 갖기 위해 탄소강에 Ni, Cr, Mn 등 특수 원소를 첨가한 강

02 초강인강이란? : ①, ②

① Ni-Cr-Mo계에 Mn, Si, V 등을 첨가하여 인장강도를 150 ~ 200kgf/mm^{2}로 높인 강
② 중량이 가볍고 강력한 부분(로케트, 미사일용 등)에 사용

03 고장력강의 특성은? : ①~④

① 일반적으로 항복 강도 294MPa(30kgf/mm^2), 인장강도 490MPa(50kgf/mm^2) 이상, 연신률 20% 이상이다.
② C량이 0.2% 이하, Cr, Ni, Mo, V, B 등을 약간 첨가해 항장력을 강화한 강
③ 용접성, 저온 인성, 내후성, 내식성, 가공성이 우수하다.
④ 하이텐(high tensile steel : HT)이라고도 한다.

04 저망간강(듀콜강)의 특성은? ①~④

① 1~2% Mn을 함유하여 인장강도가 크고 전연성이 비교적 적은 저급 고장력강
② 펄라이트(pearlite) 망간강이라고도 함.
③ 종류 : Mn-V-Ti계, Ni-Cr-Mo계
④ 용도 : 구조용 부품, 주로 철탑, 기중기, 고압용기, 롤러, 조선, 차량, 교량, 건축 등

05 망간 10 ~ 14%의 강으로 상온에서 오스테나이트 조직이며, 각종 광산 기계, 기차 레일의 교차점, 냉간 인발용의 드로잉 다이스 등의 용도로 쓰이는 것은?

하드 필드강(고망간강)

06 고망간강(하드필드강)의 특성

① 상온에서 오스테나이트 조직을 가진다.
② 오스테나이트 망간강, 하드 필드강, 수인강이라고도 한다.

07 다음 중 구조용 특수강의 종류가 아닌 것은? : 고속도강(공구강임)

[강인강, 니켈-크롬강, 스프링강, 고속도강]

❸ 공구용 특수강

01 절삭용 합금 공구강(STS)

① 경도와 절삭성 향상을 위해 고탄소강에 Mn, Cr, Ni, W, Co, V 등을 첨가한 강
② 용도 : 바이트, 탭, 드릴, 줄 등(STS 2, 11)

02 내충격용 합금 공구강(STS 4, 43)

① 정, 펀치, 스냅 등 내충격성과 인성이 필요한 강
② 절삭용에 비해 탄소량이 비교적 낮고 Cr, W, V 등을 첨가한 강

03 고탄소강에 Mo, Cr, W, V 등을 첨가한 강으로 일명 하이스(H.S.S.)라고도 부르는 것은? : 고속도강

04 표준형 고속도강의 성분은?

18W-4Cr-1V 강

05 고속도강(SKH)

① 담금질-뜨임하여 인성을 높인 강으로 600℃까지 경도가 유지 함
② 담금질 온도 : 1250 ~ 1350℃, 뜨임 온도 : 550 ~ 580℃
③ 용도 : 드릴, 엔드밀 등 비교적 고속 절

삭에 사용한다.

06 W 고속도강에서 1250℃에서 담금질한 상태보다도 뜨임하였을 때 550~580℃에서 경도가 크게 되는 현상은?

2차 경화

07 코발트를 주성분으로 한 Co-Cr-W-C의 합금으로 대표적인 주조 경질 합금은?

스텔라이트(stellite)

해설 스텔라이트는 고속도강보다 2배 정도 절삭속도가 크다.

08 스텔라이트의 특성

① 상온에서는 고속도강보다 연하나 600℃ 이상에서는 더 경하다.
② 단조가 곤란하고, 절삭 가공이 어려워 연삭(연마)나 성형가공해서 사용한다.
③ 800℃에서도 경도가 유지되나, 인성이 작다. 열처리가 불필요하다.

09 WC, TiC, TaC 등의 금속 탄화물 분말에 Co를 첨가하여 용융점 이하로 소결 성형한 합금은? ; 초경합금

10 초경질 합금(소결 합금)의 점결제로 사용되는 것은? : Co 분말

해설 초경질 합금 또는 초경합금이라고 하며 소결하여 제조한 소결 합금의 일종이다.

11 초경합금의 종류가 아닌 것은? ③

① S종(강 절삭용) ② D종(다이스용)
③ E종(세라믹용) ④ G종(주철 절삭용)

12 다음 중 초경합금의 상품명이 아닌 것은?

① 카블로이(미국) ② 미디아(영국)
③ 당갈로이(일본) ④ 노듈러(독일)

해설 ④, 노듈러 주철은 구상 흑연 주철을 일본에서 부르는 상품명이다.

13 세라믹 공구가 가지고 있는 특성과 관계없는 것은?

① 내부식성과 내산화성이 있다.
② 비자성체이고 비전도체이다.
③ 철과 친화력이 없다.
④ 초경합금에 비해 항장력이 크다.

해설 ④, 세라믹은 내열성은 좋으나 충격치와 항장력이 낮다.

14 Al_2O_3(알루미나)를 주성분으로 하여 1600℃에서 소결 성형한 합금으로, 무기질 고온 소결재의 총칭은? : 세라믹

15 시효 경화 합금의 특성

① 뜨임 시효에 의하여 경도를 크게 증가시킨 합금, SKH보다 수명이 길다.
② 대표적인 시효 경화 합금 : Fe-W-Co계(5-4-8) 합금

 주 강

01 주강품에 다량의 탈산제를 첨가하는 이유는? : 기포 발생의 방지를 위해

해설 망간도 탈산제이며 합금제이므로 기포 발생 방지에 효과가 크다.

02 주강품 2종(Mn, Cr, SC)의 화학 성분 중 탄소의 함량은? : 0.2~0.3%

03 다음은 주강품의 용도이다. 맞지 않는 것은? : 측정기, 게이지부품

[기어, 차량 부품, 조선재, 보일러 부품, 측정기, 게이지 부품, 운반 기계]

해설 측정기나, 게이지 부품은 불변강을 사용

04 주강품의 특성은? : ①~④

① 수축률이 주철의 2배(20/1000) 정도로 수축이 크다.
② 주조 상태는 조직이 억세고, 메지므로 주조 후 반드시 풀림처리가 필요하다.
③ 형상이 복잡하여 단조로서는 만들기 곤란할 때 사용한다.
④ 주철로서 강도가 부족할 때 사용한다.

❺ 특수 용도(목적)용 특수강

01 Cr 함유량이 몇 % 이하일 때 내식강이라고 하는가? : 12%

02 조직별 스테인리스강의 종류

페라이트계, 마텐사이트계, 오스테나이트계, 석출 경화계

03 페라리트계 스테인리스강에 관한 설명으로 틀린 것은? : ①

① 황산에서도 내식성을 잃지 않는다.
② 강자성체며, 강인성 및 내식성이 있다.
③ 열처리에 의해 경화할 수 없다.
④ 유기산이나 질산에 침식되지 않는다.
⑤ 일반용품, 건축용, 장식용, 식품공업, 기계 부품 등에 주로 사용된다.

04 페라이트계 스테인리스강 중 시그마(σ)상을 소실시키기 위한 급랭 전의 가열 온도는? : 930 ~ 980℃

05 마텐사이트계 스테인리스강

① 13% Cr계로, STS 410이 대표적이다.
② 열처리에 의해 경화하고 담금질성을 가지며, 강자성체이다.
③ 용도 : 일반용품, 칼, 기계 부품, 의료 용기기, 밸브 등에 주로 사용

06 스테인리스강 중에서 용접에 의해 경화가 심하므로 예열을 필요로 하는 것은?

마텐사이트계

07 각종 스테인리스강 중 의료용 기구, 절삭 부품 등에 적합한 것은?

Cr 13% 정도와 C 0.15% 이상의 것

08 18Cr ~ 8Ni 강(STS 304)이 대표적이며, 비자성체이며 내산 및 내식성이 우수한 스테인리스강은?

오스테나이트계

09 오스테나이트계 스테인리스강의 특징은? : ①~④

① 인성과 전연성이 좋아 가공이 용이하다.
② 열팽창계수가 탄소강의 1.5배, 열전도율은 약 60%로 변형과 잔류 응력이 문제되며, 탄화물이 결정입계에 석출하기 쉽다.
③ 염산, 묽은 황산, 염소가스, 황산염 용액에 대한 내산성이 약하다.
④ 용도 : 일반용품, 화학 공업, 항공기, 원자력 발전, 차량, 주방 기구, 식기, 의료용

10 18-8강(오스테나이트계 스테인리스강)의 입계 부식 방지법

탄소량을 낮추거나(탄화 크롬 억제) Ti, Nb, Ta 등을 첨가해서 Cr4C 대신 TiC, NbC 등이 형성되게 한다.

11 18-8강의 입계 부식 방지를 위해 첨가되는 원소가 아닌 것은? : Cr

[Ti, Nb, Ta, Cr, Mo]

12 위의 문제 보기에서 스테인리스강의 산화물 안정 요소가 아닌 것은? : Cr

13 스테인리스강의 내황산성을 높이기 위하여 첨가하는 원소는? : Mo

14 석출 경화형(Precipitation Hardening) 스테인리스강

① Austenite계의 우수한 내열성, 내식성과, Martensite계의 경하나, 부족한 내식성 및 가공성을 충족시키기 위해 석출 경화 현상을 이용한 스테인리스강

② 종류 : STS 630과 STS 631이 있다.

15 17-4PH강(STS 630)

① 17%Cr-4%Ni-3~5%Cu-Nb-Ta 합금

② 고용화 열처리하여 Martensite(Cu가 과포화된) 조직 얻음

③ 우수한 내식성과 높은 강도, 경도를 갖춘 것이다.

16 Ni 35~36% 함유한 Fe-Ni 합금으로, 열팽창 계수가 매우 적어 줄자, 시계추, 정밀 부품, 바이메탈 등에 쓰이는 것은? : 인바(invar)

17 불변강의 종류와 특성

① 초인바(super invar) : Ni 29~40% 함유. Co 5% 이하 함유한 합금, 인바보다 열팽창계수가 더 적다.

② 코엘린바 : 탄성이 극히 적고 공기나 물에 부식이 안된다. 스프링, 태엽에 쓰인다.

③ 퍼어멀로이 : Fe-70~90%Ni 합금의 대표적인 것, 투자율이 큰 합금이다.

18 Ni36, Cr12% 함유한 것으로 탄성이 매우 적으며 열팽창 계수도 적어 시계 바늘, 태엽, 스프링, 지진계 등에 쓰이는 것은? : 엘린바(elinvar)

19 열팽창 계수가 유리나 백금과 같고 전구의 도입선, 진공관 도선용으로 사용되는 불변강은? : 플레티나이트

해설 플레티나이트 : Ni 42~46%, Cr 18%의 Fe-Ni-Co 합금

20 베어링강

탄성 한도와 피로 한도가 높아야 하며, 고탄소 크롬강이 많이 쓰임

21 내열강에 많이 사용되는 첨가 원소는?

크롬, 니켈, 규소 등

22 내열강(내열 재료)의 구비 조건은?

①~④

① 열팽창 계수 및 열응력이 작을 것

② 고온에서 화학적으로 안정할 것
③ 고온에서 경도 및 강도 등의 기계적 성질이 좋을 것
④ 주조, 소성 가공, 절삭 가공, 용접 등이 쉬울 것

23 내열강의 용도와 재료

① 용도 : 버너의 노즐, 내연 기관의 밸브
② 종류 : 인코넬-X, SUH-34, 하스텔로이-B

24 초내열강

Fe, Cr, Ni, Co를 모체로 한 합금, 19-9DL(815℃), 팀켄 16-25-6(815℃), N-155(980℃), 인코넬 X(980℃), 하인스 합금 21(980℃) 등이 있다.

25 서멧(cermet)

① 초내열강은 900℃ 이상 고온에서 견딜 수 없어 이를 개선한 것.
② 경질 및 2000 ~ 3500℃ 부근의 고융점을 가진 산화물(Al_2O_3), 탄화물(TaC, WC), 붕화물(TaB_2, CrB) 등과 Co, Ni 분말과의 복합체로 된 것

26 규소강

자기 감응도가 크고 잔류 자기 및 항자력이 작아 변압기나 교류 기계의 철심 등에 쓰이는 강

6 주철(cast iron)

01 주철의 특성은? : ①~④

① 마찰 저항이 좋고 절삭 가공이 쉽다.
② 흡진성이 있어 진동이 많은 것에 쓰임
③ 주물 표면이 단단하(굳)고 녹이 잘 슬지 않으며, 도색도 잘 된다.
④ 용융점이 낮고 유동성이 좋아 주조성이 주강보다 좋다.(복잡한 형상도 쉽게 주조할 수 있다.)

02 주철의 장점으로 옳지 않은 것은?

① 주조성이 좋으며, 크고 복잡한 것도 제작할 수 있다.
② 인장 강도, 휨강도, 충격값은 크나 압축강도는 작다.
③ 금속재료 중에서 단위 무게당의 값이 싸다.
④ 주물의 표면은 굳고 녹이 슬지 않으며, 또 칠도 잘 된다.

해설 ②. 주철은 압축 강도가 인장 강도의 3배 정도 크며 충격값은 적어 경취한 금속이다.

03 주철의 단점

① 인장강도는 강에 비해 작고 취성이 크다.
② 연신률이 작고, 고온에서도 소성 변형이 안된다.

04 주철이 주강보다 우수한 성질은?

주조성

[주조성, 인장 강도, 경도, 충격값]

05 내식성, 내압성이 특히 우수하며 가스 압송관, 광산용 양수관 등에 가장 많이 사용하는 관은? : 주철관

06 주철의 성장이란?

주철이 온도 650 ~ 950℃에서 가열과 냉각을 반복하면 부피가 증가하여 변형, 균열이 발생하는 현상

07 주철의 성장 원인은? : ①~⑥

① 시멘타이트(Fe_3C)의 흑연화에 의한 팽창
② A_1 변태에서 체적 변화에 따른 팽창
③ 불균일한 가열로 인한 팽창
④ 페라이트 중에 고용 원소인 Si의 산화에 의한 팽창
⑤ Al, Si, Ni, Ti 등의 원소에 의한 흑연화에 의한 팽창
⑥ 흡수되어 있는 가스의 팽창에 의해 재료가 항복되어 생기는 팽창

08 주철의 성장 방지 방법

① 흑연의 미세화(조직 치밀화)
② 흑연화 방지제 첨가
③ 탄화물 안정제(흑연화 방지제) 첨가 (Mn, Cr, Mo, V 등 첨가로 Fe_3C의 분해 방지)
④ Si의 함유량 감소(내산화성이 큰 Ni로 Si의 함유량 감소 가능)

09 주철을 파단(파)면의 색에 따른 종류

회주철, 반주철, 백주철

10 파면이 회색이며, Mn량이 적고 냉각 속도가 느릴 때 생기며, 주소성이 좋고 절삭성도 좋아 각종 구조재, 공작 기계 베드 등에 쓰이는 것은? : 회주철

11 주철에서 흑연화 촉진 원소

① 흑연화 촉진 원소는 칠(chill) 층을 얇게 하는 원소도 된다.
② C, Si, Al, Ti, Ni, Cu, Co, P, Zn

12 흑연화 방해 원소는? : ①, ②

① 칠(chill)층 생성 원소, 탄화물 안정제로서 시멘타이트 생성이 많아지게 하는 원소
② S, Cr, V, Mn, Mo 및 세륨(Se) 등

13 주철의 전 탄소량이란? : ①, ②

① 화합탄소와 유리탄소(Fe_3C+C)를 합한 것
② 강(steel) 탄소가 화합 탄소((Fe_3C)로 존재하나 주철에서는 화합 탄소와 유리 탄소(흑연)로 존재한다.

참고 전탄소량 =흑연(유리 탄소)+화합 탄소

14 마우러 조직도란?

탄소와 규소의 함유량에 따른 주철의 조직 관계를 나타낸 조직도이다.

참고 규소는 흑연의 정출, 석출에 큰 영향, 규소량이 많으면 흑연량이 많아진다.

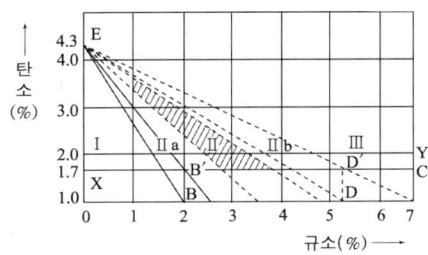

[마우러 주철 조직도]

① I구역 : 백(극경) 주철(펄라이트+Fe_3C)
② IIa구역 : 경질주철(펄라이트+Fe_3C+흑연)
③ II구역 : 펄라이트 주철(펄라이트+흑연)
④ IIb구역 : 회(보통) 주철
⑤ III구역 : 페라이트 주철(페라이트+흑연)

15 주철에서 유리 탄소(흑연)는?

규소가 많고 냉각 속도가 느릴 때 회주철이 생성한다.

16 주철에서 화합 탄소(Fe_3C)는?

망간이 많고 냉각 속도가 빠를 때 생성(백주철)된다.

17 주철의 주조 응력 제거를 목적으로 하는 주조 응력 제거 풀림 방법은?

500 ~ 600℃로 6 ~ 10시간 풀림

18 주철의 바탕 조직은?

페라이트, 펄라이트, 시멘타이트, 흑연의 혼합 조직

19 고급 주철의 바탕은? : 펄라이트 조직

20 보통 주철(회주철 : GC 1~3종)

3~3.5%C의 주철, 불순물이나 강도를 규정하지 않은 표준 주철, 일반 가정용품, 공작 기계 베드 등에 쓰임

21 보통 주철(3 ~ 3.5%C의 회주철)의 인장 강도는? : 12 ~ 20kg/mm^2(118~196MPa)

22 고급 주철(회주철 : GC 4~6종)

① 2.5~3.2%C이고 펄라이트와 미세한 흑연으로 된 인장강도 25kg/mm^2 (250MPa) 이상인 강인(강하고 질긴) 주철

② 국화상 흑연, C, Si(단, 1<Si<3) 양이 $\frac{(C+Si)}{1.5}$=4.2~4.4%가 되면 고급 주철이 된다.

23 저탄소 저규소 선철과 다량의 강 스크랩을 배합 용해하여 Fe-Si, Ca-Si를 접종시켜 제조하여 미세한 펄라이트 조직으로 개량 접종 처리한 주철은?

미하나이트 주철

> **해설** 인장강도 35~45kg/mm^2(343~ 441MPa), 담금질이 가능하며, 강력 구조용, 내마모용, 내부식용, 내열 기관용 등

24 미하나이트 주철 중에 존재하는 흑연의 형태는? : 구상 흑연

25 구상 흑연 주철의 제조

저 황(S) 용융 선철에 Mg, Ce(세슘) 등을 첨가 접종시켜 편상흑연을 구상화시킨 주철

26 구상 흑연 주철의 특성은? : ①~③

① 주조 상태의 인장강도는 50~70kgf/mm^2, 연신률 2~6%이다.
② 다른 이름 : 연성 주철(닥타일 주철, 구상 흑연 주철, 노듈러 주철
③ 불스 아이(황소 눈) 조직이라고도 함

27 구상 흑연 주철에 있어서 마그네슘(Mg)의 첨가가 많고 탄소, 특히 규소가 적을 때 냉각 속도가 빠를 때 나타나는 조직은?

시멘타이트형

> **해설** 규소는 흑연화 원소이며 규소가 적고 냉각 속도가 빠르면 백선화가 커지게 되므로 조직은 시멘타이트가 생긴다.

28 구상 흑연 주철의 설명 중 틀린 것은?

① 기계 부속품, 화학 기계 부속품, 주괴 주형 등에 쓰인다.
② 특히 내마모성이 우수하다.
③ 인장 강도는 100 ~ 120kgf /mm^{2}이다.
④ 조직에는 펄라이트, 시멘타이트, 페라

이트가 있다.

> **해설** ③, 구상 흑연 주철의 주조 상태의 인장 강도는 50~70kgf/mm², 연신율 2~6%, 풀림 상태의 인장 강도는 45~55kgf/mm², 연신율은 12~20%이다.

29 용융 상태에서 금형 등에 주입하여 급랭시켜 접촉면을 백선화시켜 단단하고 내부는 강인한 성질을 갖게 한 백주철은?

칠드 주철

30 칠드(냉경) 주철의 용도는?

기차의 바퀴, 압연 롤러, 분쇄기의 롤러에 많이 사용

31 니켈의 흑연화 능력은 규소에 비교해 얼마 정도인가? : 1/2~1/3 정도임

32 주철에서 흑연화로 칠(chill) 층을 얇게 하는 원소가 아닌 것은? : Cr, V

[C, Si, Al, Ti, Ni, P, Cr, V]

> **해설** Cr, Mo, Mn, V 등은 흑연화 방지제이며, 탄화물 안정제로서 시멘타이트 생성이 많아지므로 칠층을 두껍게 하는 원소다.

33 스테다이트(steadite) 조직의 조성은?

페라이트 + Fe_3C + Fe_3P

34 가단 주철

백주철을 풀림 처리하여 탈탄과 Fe_3C의 흑연화에 의해 연성(가단성)을 크게 한 주철, 주강의 중간 정도의 특성을 가진 주철

35 백심 가단 주철(WMC)

① 백주철을 철광석, 밀 스케일 등과 함께 풀림상자에 넣고 950~1000℃로 70~100시간 가열 풀림처리하여 표면을 탈탄 후 서랭시킨 주철
② 강도는 흑심 가단 주철보다 다소 높으나 연신율은 낮다.

36 흑심 가단 주철(BMC)

Fe_3C의 흑연화가 목적이므로 저탄소, 저규소 백주철을 풀림(900~950℃로 가열하여 20~30시간 유지)하여 흑연화시킨 주철

37 흑심 가단주철의 2단계 풀림의 목적은?

펄라이트 중의 시멘타이트의 흑연화

38 흑심 가단주철의 흑연화를 완전히 하지 않기 위해 2단계 흑연화를 생략하거나, 열처리 중간에서 중지하여 제조한 주철은?

펄라이트 가단주철

39 다음의 어떤 부품에 가단주철이 가장 많이 쓰이는가? : 관이음쇠

[화학 기계 부품, 수도관, 관이음쇠]

40 고규소 주철

규소 14% 이상 함유한 주철, 진한 황산과 초산에는 사용 가능하나 진한 열염산에는 약하며, 절삭 가공이 안되고 취성이 크다.

41 규소의 함유량 14% 정도의 고규소 주철로서 내산 주철로도 유명한 것은?

듀리론

제3절 일반 열처리

❶ 열처리의 개요

01 열처리의 목적

① 조직의 미세화, 기계적 특성을 향상
② 내부 응력과 변형 감소, 강의 연화
③ 기계적 성질(강도, 연성, 내마모성, 내피로성, 내충격성 등) 향상
④ 표면 경화, 성질 변화

02 일반 열처리의 종류 4가지는?

담금질(quenching), 뜨임(tempering), 풀림(annealing), 불림(normalizing)

03 항온 열처리의 종류는?

항온풀림, 오스템퍼, 마템퍼, 마퀜칭

❷ 열처리

01 일반 열처리의 종류와 냉각 방법

① 담금질 : 급랭   ② 불림 : 공랭
③ 풀림 : 로냉   ④ 뜨임 : 서랭, 급랭

02 담금질(quenching) 방법

탄소강을 Ac_3 또는 Ac_1 변태점 이상 30~50℃로 가열하여 균일한 오스테나이트 조직으로 한 후 급랭하는 열처리

03 담금질과 가장 관계가 깊은 것은 무엇이며, 담금질의 목적은?

변태점과 가장 관계 깊으며, 재질의 경화, 강화가 목적이다.

참고 담금질 후 뜨임하여 사용한다.

04 다음 중 담금질 효과와 관계없는 것은?

자성

[가열온도, 냉각속도, 냉각제, 자성]

05 경화능이란?

강을 담금질할 때 경화하기 쉬운 정도, 즉 마텐사이트 조직을 얻기 쉬운 성질, C%, 합금 원소량에 의해 좌우된다.

06 질량효과란? : ①, ②

① 강종의 크기에 따라 담금질할 때 내외부의 담금질 효과가 다르게 되는 현상
② 질량효과가 크다는 것은 질량(무게=부피)이 크면 냉각이 늦게 되어 열처리가 잘 안 된다는 뜻

07 재질이 같은 탄소강을 열처리할 때 질량 효과가 가장 큰 것은? : ④

① 지름 10mm인 구
② 지름 20mm인 구
③ 1변이 15mm인 정육면체
④ 1변이 20mm인 정육면체

해설 부피가 가장 큰 것이 질량 효과가 가장 크다.

08 다음 중 질량효과가 가장 큰 금속은?

저탄소강

[저탄소강, 고탄소강, 니켈(Ni), Cr, Mo, Mn 등을 함유한 특수강]

09 담금질한 후 시간이 경과함에 따라 경도가 높아지는 현상은? : 시효 경화

**10 담금질 온도로 가열한 후 공랭에 의해

경화되는 현상은? : 자경성

11 열처리 조직 중 냉각 속도가 빠를 때부터 생기는 순서(경도가 큰 것부터)

마텐사이트 M > 트루스타이트 T > 소르바이트 S > 펄라이트 P > 오스테나이트 A

12 Ar″ 변태란?

오스테나이트 → 마텐사이트.

13 오스테나이트(austenite) 조직

① 고온에서 안정한 조직이나 상온에서는 불안정하여 다른 조직으로 변하려 한다.
② 전기 저항은 크나 경도가 작고, 강도에 비해 연신률이 크다.

참고 최대 2%까지 탄소를 함유하고 있으며 γ철에 시멘타이트가 고용되어 있다.

14 펄라이트(pearlite) 조직이란?

오스테나이트를 서랭했을 때 A1 변태가 700℃ 정도에서 완료된 페라이트와 시멘타이트의 층상 조직,
연성이 크며, 절삭 및 상온 가공성이 양호하다.

15 마텐사이트(martensite)

① 강을 담금질(순랭)할 때 얻어지는 무확산 변태의 조직, HB 720 정도이다.
② 열처리 조직 중에서 가장 경취하다.
③ 체심 입방 격자의 백색 침상 조직이다.
④ 부식 저항이 크고 강자성체이며, 경취한 성질이 있다.

16 마텐사이트 변태로 인한 팽창의 시간적 차이에 따라 발생하기 쉬운 현상은?

담금질 균열

17 마텐사이트 조직을 300 ~ 400℃에서 뜨임하거나, 오스테나이트로 가열된 강을 유랭할 때 나타나는 조직은?

투르스타이트(troostite)

18 투르스타이트(troostite) 조직의 특성

① 페라이트와 미세 시멘타이트의 혼합 조직, 인성이 크며, 부식이 잘 된다.
② 경도 : 마텐사이트 > 투르스타이트 (HB 400 정도) > 소르바이트

19 강도와 탄성을 동시에 필요로 하는 구조용 강재에 가장 많이 사용되는 담금질 조직은? : 소르바이트

20 소르바이트(sorbite) 조직은? : ①~③

① 오스테나이트로 가열된 강을 유랭보다 느리게 냉각시켰을 때, 마텐사이트를 500 ~ 600℃로 뜨임시 생성
② 페라이트와 미세 시멘타이트의 혼합 조직으로 흑색의 침상 조직이다.
③ 투르스타이트보다 경도는 낮으며 부식도 잘되나 인성은 높다.(HB 270)

21 단접은 잘되나 높은 온도에서 물이나 기름에 급히 담가 식혀도 단단해지지 않는 것은?

극연강, 연강, 반연강은 단접은 잘되나 열처리 효과는 적다.

22 다음 금속 중에 담금질할 수 없는 것은?

초경합금, 주철

[중탄소강, 고탄소강, 초경합금, 합금강, 주철]

23 0.9%C 탄소강을 오스테나이트 상태로 가열 후 냉각법에 따른 조직 관계

① 수중 냉각(수냉)시 : 마텐사이트
② 기름 냉각(유냉)시 : 트루스타이트
③ 공기 중 냉각(공랭)시 : 소르바이트
④ 노중 냉각(로랭)시 : 펄라이트

24 심랭 처리(sub zero treatment)

① 서브제로 처리. 0점 이하 처리라고도 한다.
② 담금질 경화강 중의 잔류 오스테나이트를 마텐사이트화하는 처리
③ 방법 : 담금질 직후 -80℃(드라이 아이스, 일반 심랭 처리)나, -196℃(액체 질소, 초심랭 처리)로 행하며, 곧 뜨임 작업을 해야 한다.

25 불림(normalizing)의 열처리법은?

탄소강을 Ac_3 또는 A_{cm}선 이상 30~50℃로 가열한 후 공랭하는 열처리

26 불림(normalizing)의 목적

① 강의 표준 조직을 얻기 위해
② 주조 또는 과열 조직의 미세화, 균일화
③ 냉간가공, 단조, 주조 등에 대한 내부 응력의 제거, 결정 입자를 미세화

27 풀림(소둔 : annealing) 열처리 방법은?

강을 Ac_3 또는 Ac_1 이상 30~50℃로 가열한 후 로 속에서 서랭하는 열처리(로랭)

28 풀림의 주 목적은?

연화, 용접, 단조 등으로 생긴 잔류 응력을 제거, 성분의 균일화, 구상화

29 저온 풀림과 고온 풀림을 구분하는 변태점은? : A_1 변태점(723℃)

30 고온 풀림과 저온 풀림의 종류

① 고온 풀림 : 완전 풀림, 확산 풀림, 항온 풀림
② 저온 풀림 : 재결정 풀림, 응력 제거 풀림, 프로세스 풀림, 구상화 풀림

31 풀림의 종류

① 완전 풀림 : A3 변태점 이상 30~50℃ 정도의 높은 온도에서 오스테나이트 조직으로 가열한 후 서랭한다.
② 확산 풀림 : 주괴의 편석을 제거하기 위해 1050~1300℃로 가열한 후 서랭한다.
③ 재결정 풀림 : 재결정 온도보다 약간 높은 600℃에서 풀림하는 열처리
④ 응력 제거 풀림 : A1 이하의 온도 (500~600℃)에서 잔류 응력 제거 처리
⑤ 프로세스 풀림 : 가공 경화된 재료를 A3보다 낮은 온도에서 풀림

32 완전 풀림의 목적은?

가공 경화된 조직의 연화

33 용접부의 잔류 응력 제거법

로 내 풀림법, 국부 풀림법, 피이닝법, 응력 제거 풀림

34 주조, 단조, 압연, 용접 등으로 생긴 내부 응력 제거에 적합한 열처리는?

응력 제거 풀림(가열 온도 : Ac1 이하)

35 주철 용접부의 경화층을 연화시키기 위한 가열 온도는? : 500~650℃

36 강재 속에 망상의 시멘타이트를 A₁ 변태점 부근에서 일정 시간 유지한 다음 서랭하여 구상화시키는 풀림은?

구상화 풀림

37 뜨임(소려 : tempering) 방법은?

담금질 경화된 강을 변태가 일어나지 않는 A₁점 이하에서 가열한 후 서랭 또는 공랭하는 열처리

38 뜨임의 목적은? : ①~③

① 담금질한 재료의 경도가 너무 높아 가공이 곤란할 때
② 담금질한 강의 경취함을 줄이고 인성을 갖게 하기 위해
③ 담금질시 잔류한 응력 제거로 균열 방지, 강도와 인성 유지

39 저온 뜨임

① 잔류응력 제거, 경도가 요구될 때 담금질강을 100~250℃에서 가열 후 공랭
② 잔류 오스테나이트(A) 조직이 마텐사이트(M) 조직으로 변화
③ 마텐사이트 조직을 약 400℃로 뜨임 처리하면 트루스타이트(T) 조직으로 변화

40 고온 뜨임

① 담금질한 강의 경도를 일부 저하시키고 인성 증가를 위해 500~600℃에서 가열 후 급랭처리
② 트루스타이트(T) 조직이 소르바이트(S) 조직으로 변화

41 뜨임 취성을 방지할 목적으로 첨가하는 원소는? : 몰리브덴(Mo)

42 뜨임 열처리할 때 가열 온도에 따른 색

- 220℃ : 황색
- 260℃ : 자주색
- 280℃ : 보라색
- 300℃ : 청색
- 350℃ : 회청색
- 400℃ : 회색

43 스프링의 휨, 비틀림 등의 반복 응력에서 피로 한도를 향상시키는데 이용되는 방법은? : 쇼트 피이닝

44 온도에 따른 뜨임 조직

마텐사이트 →(400℃) 트루스타이트 →(600℃) 소르바이트 →(700℃) 입상 펄라이트

제4절 항온 열처리, 표면 경화

1 항온 열처리

01 항온 열처리란?

오스테나이트 상태의 강을 냉각 중에 어떤 온도에서 냉각을 중지하고 항온을 유지시켜 변형이 적고 경도와 인성을 얻는 처리

 ① TTT 곡선을 이용, 담금질과 뜨임 공정을 동시에 할 수 있다.
② 담금질에서 오는 변형이나 균열(파손)을 방지하기 위한 열처리이다.

02 항온 열처리와 관계되는 것

TTT 곡선, C곡선, S곡선, 염욕, 연욕, 베이나이트 조직, 변형 및 균열 감소, 균열 방지

03 항온 열처리(T.T.T) 곡선

S 곡선, C 곡선,, [그림]은 공석강을 A1 변태 온도 이상 가열하여 오스테나이트화한 후에 A1 변태 온도 이하로 항온 유지 후 냉각시켰을 때 얻어진 온도, 시간, 곡선

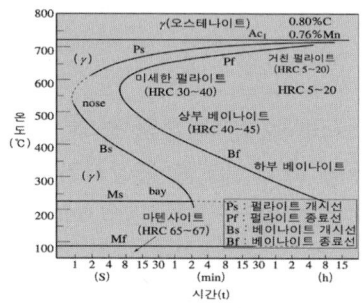

04 S(C, TTT) 곡선에서 Ms, Mf점은?

Ms 점 : 마텐사이트 변태 시작점,
Mf 점 : 마텐사이트 변태 끝나는 점

05 베이나이트(bainite)

① 페라이트와 시멘타이트의 미립 혼합 조직, 마텐사이트와 트루스타이트의 중간 조직
② 상부 베이나이트 : Ar' 변태(350~550℃)에서 얻어지는 우모상의 조직
③ 하부 베이나이트 : Ar"(350℃ 이하)에서 얻어지는 는 침상 조직
④ HB 340으로 경도, 인성이 풍부하다.

06 항온(등온) 풀림(ausannealing)

① S곡선의 코 혹은 그 이상의 온도 (600~700℃)에서 짧은 시간에 실시
② 연화가 목적이며 공구강, 특수강, 자경성이 있는 강의 풀림에 적합하다.

07 오스템퍼링(austempering)

① 하부 베이나이트 담금질이라고 부르며, Ms점 상부의 과냉 오스테나이트에서 계속 변태 완료하기까지 항온을 유지하고 공랭하는 처리
② 강인성이 크고 변형, 균열이 방지되는 베이나이트 조직을 얻을 수 있다.

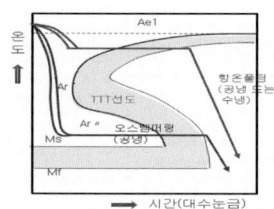

08 마템퍼링(martempering)이란?

① 오스테나이트 조직으로 가열한 강을 Ms점과 Mf점 사이에서 열욕 담금질하여 항온변태 후 공랭하는 열처리
② 베이나이트+마텐사이트 조직 얻음

09 마퀜칭(marquenching)

일반 담금질의 경우 Ms점 이하로 급랭하면 담금질 균열이 발생하기 쉬운 담금질 균열 위험 온도 구역을 서랭시키는 열처리

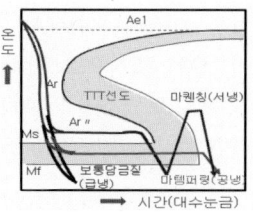

10 고온에서 측정할 수 있는 열전대

① R형 열전대(백금 Pt·13% : 백금 로듐

Rh/Pt) 0~1600℃
② K(구 : CA)형 열전대(Chromel / Alumel) : 200~1250℃
③ J(구 : IC)형 열전대(Iron/Constantan) : 0~750℃
④ T(구: CC)형 열전대(Copper/ Constantan) : 200~350℃

❷ 표면 경화

01 표면 경화법의 개요
① 강재의 표면을 경화시켜 내부의 인성과 표면의 내마모성을 얻기 위한 열처리
② 종류 : 침탄법, 질화법, 시안화법(침탄 질화법), 화염 경화법, 고주파 경화법, 시멘테이션 등

02 침탄법이란? : ①, ②
① 저탄소(연)강 등을 침탄재 속에 넣고 가열하여 표면에 탄소를 침투시킨 후 담금질 열처리하여 표면의 경도를 높이는 열처리
② 종류 : 고체 침탄법, 액체 침탄법, 가스 침탄법이 있다.

03 침탄 질화법에 사용되는 액체 침탄제는?
시안화나트륨(NaCN)

참고 액체 침탄제는 NaCN, KCN 등이 있으며 침탄 촉진제로 탄산 바륨 등이 쓰인다.

04 침탄강을 액체 침탄제 속에 넣고 어느 정도 가열하면 침탄되는가?
950~1000℃에서 4~7시간

05 침탄 작업시 일부 침탄을 방지를 위해 실시하는 방법은? : Cu(구리)도금

06 침탄 깊이를 결정하는 것은?
침탄제의 종류, 강재 종류, 침탄 온도, 시간에 따라 결정된다.

07 담금질한 침탄강을 뜨임하는데 적당한 온도는? : 150~250℃

08 질화법
철강 재료를 500~550℃의 암모니아(NH_3) 기류 중에서 50~100시간 가열하여 강재 표면에 질화층을 형성시키는 처리

09 질화법의 특징
① 질화층이 얇고 경도는 침탄한 것보다 높으며, 마모 및 부식 저항이 크다.
② 담금질 할 필요가 없고 변형도 적다.
③ 600℃ 이하의 온도에서는 경도가 감소되지 않으며 산화도 잘 안 된다.

10 질화강에 해당하는 것은?
Al-Cr-Mo강

참고 질화에 좋은 원소는 Al, Cr, Mo이다.

11 침탄법이 질화법보다 좋은 점은?
경화 후 수정이 가능하다.

12 침탄법과 비교한 질화법의 특징
① 처리 후 담금질이 필요없다.
② 처리 온도가 낮다.
③ 경화층의 깊이가 낮고, 변형이 적다.

13 질화를 방지하기 위한 방법은?

Ni, Sn을 사용하여 도금한다.

14 일반적인 작업에서 적당한 질화 깊이는?

0.4 ~ 0.8mm

15 화염 경화법(열처리)

① 0.4%C 이상의 탄소강 표면에 화염으로 표면만을 가열하여 오스테나이트로 만든 후 급랭하여 표면층만을 담금질하는 방법
② 경화층의 깊이는 불꽃의 온도, 가열 시간, 불꽃 이동 속도로 조절한다.

16 고주파 경화법

0.4% 이상 강재의 표면에 고주파 전류를 통하여 가열 후 수냉하여 담금질하는 처리

17 고주파 유도 가열법의 장점

① 가열 시간이 짧아 산화, 탈탄될 염려가 없고, 응력을 최소화 할 수 있다.
② 복잡한 형상에도 이용된다.
③ 값이 저렴하여(싸게 들어) 경제적이다.

18 금속 침투법(Metallic cementation)

부품 표면에 다른 금속을 피복시켜 합금층 및 금속 피막을 형성시켜 방식성, 내식성, 내고온 산화성 향상과 경도 및 내마모성을 증가시키는 방법

19 내식성 부여 목적으로 금속 표면에 Zn 분말을 침투시키는 금속 침투법은?

세라다이징(sheradizing)

20 크로마이징(chromizing)이란?

0.2% C 이하의 연강 표면에 Cr 분말을 넣고 환원성 또는 중성 분위기에서 1000~1400℃ 로 가열하여 Cr을 확산 침투

21 칼로라이징(calorizing)법은?

통 안에 Al 분말을 넣고 고온의 환원성 또는 중성 분위기에서 확산 풀림하여 Al을 확산 침투시킴

22 실리코나이징(Sillconizing)이란?

규소 분말 중에 제품을 넣어 환원성 분위기에서 가열하여 규소를 침투시키는 방법

23 쇼트 피닝(shot peening)

금속 부품의 표면에 작은 강철 볼(shot ball)을 금속의 표면에 고속으로 투사하여 금속의 표면을 두드려 주는 냉간가공의 일종

03 비철 금속재료

제1절 구리와 그 합금

❶ 구리(Cu)의 성질

01 구리(Cu)의 성질(특성)은? : ①~④
① 아름다운 광택이 있다
② Zn, Sn, N), Ag 등과 합금이 쉽다.
③ 상온 가공하면 가공률 70% 부근에서 인장강도가 최대이며, 연신률, 단면 수축률은 감소한다.
④ 전연성이 좋아 가공성이 풍부하다.

02 구리의 성질을 설명한 것으로 틀린 것은?
① 전기 전도율이 좋(양도체)다.
② 부식이 잘 되며, 강자성체이다.
③ 비중이 8.96 용융점은 1083℃이다.
④ 불순물 등은 전기 전도율을 저하시킨다.

> 해설 ②, 구리는 부식이 잘 안되며, 비자성체이다. 변태점이 없어 열처리가 안된다.

03 구리의 경도 표시법을 쓰시오.
① O : (연질)   ② 1/2H : (1/2경도)
③ 3/4H : (3/4경도) ④ H : (경질)

04 구리의 인장 강도는 가공도 몇 %에서 최대가 되는가? : 70%

05 동의 제련 과정에서 ( )안을 채우시오.

동광석 → 용광로 → ① → 전로 → ②
→ 전기로(전기동) → 반사로(탈산동)

> 해설 ① 메트, ② 조동(거친 구리)

❷ 순동의 종류

01 동(구리)의 종류

조동, 전기동, 정련동, 탈산동, 무산소동

02 조동(거친 구리)의 특성은?

동광석을 고로에서 용해한 20~40%Cu의 황화 구리(CuS)와 황화철의 혼합물을 전로에서 산화 정련한 순도 98~99.5%의 거친 동

03 전기동(electric copper)의 특성
① 조동을 전기분해하여 음극에서 얻은 동
② 순도는 99.6%이나, 메짐성 있어 가공이 어렵다.

04 정련 구리(정련동, tough pitch copper)
① 전기동을 반사로에서 산화 및 환원 용해시켜 불순물을 제거하고 정련한 구리
② 내식성, 전연성, 강도가 좋으나, 수소 취성의 우려가 있어 용접에 부적당하다.
③ 용도 : 판, 선, 봉 판 제조

05 정련 구리의 산소 함유량은?

0.02 ~ 0.04%, 순도 99.9%

06 산소를 0.01% 이하로 저하시키고 인(P)을 0.02% 정도 잔류한 것으로 용접용으로 적합하여 가스관, 열교환기관, 기름과 같은 도관으로 쓰이는 것은?

탈산 동(구리)

07 무산소 구리(무산소동, OFHC)
① 고순도 전기동을 불활성 가스나 진공 중, 환원성 분위기에서 용해하여 산소량을 0.001~0.002 % 이하로 감소한 것
② 수소 메짐성을 완전 방지한 구리
③ 전기 전도율이 가장 좋으며 용접성, 내식성, 전연성이 뛰어나고, 내피로성과 유리와의 밀착성도 좋다.
④ 용도 : 전자기기, 유리봉입선, 진공관

참고 무산소동은 구리관 제조에는 쓰이지 않음

08 상온(냉간) 가공에서 경화된 구리의 완전 풀림 방법은?

가공 경화된 것은 600 ~ 650℃에서 30분 정도 풀림 또는 수랭하여 연화한다.

참고 열간 가공은 750 ~ 850℃에서 행한다.

09 구리의 재결정 온도는? : 150 ~ 200℃

10 황동(Cu-Zn계)의 기계적 성질
① Zn 30% 부근에서 연신률이 최대이나, 인장강도는 45% Zn 부근에서 최대, 그 이상에는 급감한다.
② 6 : 4 황동은 고온 가공성이 좋으나 7 : 3 황동은 고온 가공성이 나쁘다.

11 저온 풀림 경화란?

황동을 재결정 온도 이하(저온)에서 풀림하면 가공 상태보다 오히려 경화되는 현상

12 황동의 자연 균열(season crack)의 원인과 방지법은? : ①, ②
① 원인 : 암모니아(NH3) 가스 중에서 가공용 황동이 잔류 응력에 의해 자연 균열이 발생하는 현상
② 방지법 : 아연 도금이나 도장으로 표면 보호, 저온 풀림하여 잔류 응력을 제거

13 황동 가공재를 상온에서 방치, 또는 저온 풀림 경화된 스프링재는 사용 중 시간의 경과에 따라 강도 등 여러 성질이 나빠지는 현상을? : 경년 변화

14 탈아연 부식의 원인과 방지법
① 황동이 해수 등 부식성 물질 등에 장시간 접촉하면 황동의 표면부터 아연이 용해되어 부식되는 현상
② 부식 방지법 : 아연 조각 연결, 30% Zn 이하 황동 사용, 전류에 의한 방식

15 고온 탈아연 현상은 표면이 깨끗할수록 심하다. 방지하는 방법은?

표면에 산화물 피막을 형성한다.

❸ 황동의 종류, 특성과 용도

01 황동의 특성
① 상온에서도 전연성이 있어 연신률이 크며 상온 가공이 용이하다.
② 냉간 가공에 의한 가공 경화가 크다.

02 아연 8~20%의 황동으로 황금색이며, 연성이 커 장식용이나 전기용 밸브 등에 쓰이는 구리 합금은? : 톰백(tombac)

03 황동 중에서 Cu-20% Zn 합금으로 전연성 좋고 색이 아름다워 장식용 악기, 등에 사용되는 것은? : 로우 브레스

> **해설** Cu - 5%Zn 합금(gilding metal)
> Cu - 10%Zn 합금(commercial bronze)

04 7 : 3 황동에 관한 설명으로 틀린 것은?
① 상온에서 연신률이 좋으며, 대표적인 가공용 황동이다.
② 판재, 봉재, 관재 등을 만들 수 있다.
③ 열간 가공이 용이하다.
④ 냉간 가공에 의한 가공 경화가 크다.

> **해설** ③. 열간 가공성 나쁨, 7 : 3 황동(cartridge brass)은 황동 중에 값이 가장 비싸다.

05 문쯔메탈(Muntz metal)
① 60Cu-40Zn(6 : 4) 합금, 내식성이 다소 낮고, 탈아연 부식을 일으키기 쉽다.
② 상온에서 7 : 3 황동에 비하여 전연성이 낮고 인장강도가 높다.
③ 아연 함유량이 많아 가격이 가장 싸며, 고온 가공하여 상온에서 완성한다.

06 주석 황동(tin brass)
황동의 내식성을 개량하기 위해 6 : 4 황동이나 7 : 3 황동에 1~2% 정도의 주석을 넣은 특수 황동(어드미럴티, 네이벌 황동)

07 7 : 3 황동에 주석을 1% 정도 첨가하여 탈아연 부식을 억제하고 내식성 및 내해수성을 증대시킨 특수 황동은?
에드미럴티 황동

> **해설** 복수기관, 용접봉에 사용된다.

08 6 : 4 황동에 Sn을 1% 첨가한 합금으로 내식성이 커 스프링 및 선박 기계용에 널리 쓰이는 황동은? : 네이벌 황동

09 델타메탈(철 황동)의 특성과 용도
① 6 : 4 황동에 철을 1~2% 첨가한 것
② 강도가 크고, 내식성도 좋다.
③ 용도 : 광산 기계, 선박용 기계, 화학 기계 등에 사용

10 6 : 4 황동에 Fe, Mn, Ni 등을 첨가해 취약하지 않고 강력하며 내식성, 내해수성을 증가시킨 것은? : 고강도 황동

11 고강도 황동의 종류
① 델타메탈, NM 청동
② 망간 청동 : 망간을 넣으면 강도는 크나 경취해진다.
③ 듀리나 메탈 : 7 : 3 황동에 2% Fe와 소량의 Sn, Al을 첨가한 것으로, 주조재, 가공재로 쓰인다.

12 6 : 4 황동에 약 10%Ni을 첨가해 선박 프로펠러재로 쓰이는 것? : NM 청동

13 7 : 3 황동에 Ni를 15~20% 함유한 합금으로 색깔이 아름답고 변색하지 않으며 가공성이 좋아 담배 케이스, 은 대용품, 가정용 기구 등에 쓰이는 것은? : 양은(양백)

4 청동의 종류, 특성과 용도

01 청동의 성질을 설명한 것으로 틀린 것은?

① 황동에 비해 가공성이 불량하다.
② 15% Sn 이상이면 취성이 있어 상온 가공이 곤란하다.
③ 주조성, 내식성이 양호하며, 강도와 내마멸성이 크다.
④ 연신률은 아연 4%에서 최대이다.

해설 ④, 연신률은 주석 4%에서 최대, 인장 강도는 17~20% Sn에서 최대가 된다. 경도는 Sn 30%에서 최대이다.

02 포금의 주성분? : Cu 90%, Sn 10%

참고 포금 : 기계 부품에 사용되는 청동의 총칭

03 알루미늄 청동

① Cu-8 ~ 12%Al 합금으로 자기 풀림 현상을 갖고 있다.
② 황동, 다른 청동에 비해 강도, 경도, 인성, 내마모성, 내피로성 등이 우수하다.
③ 화학 공업용 기기, 선박, 항공기, 자동차 부품에 사용한다.

04 주석 청동에 납을 첨가하여 윤활성이 좋게 한 것으로 베어링, 패킹 등에 널리 이용되는 것은? : 연청동

05 인청동

① 열간 취성이 있고 편석이 생기기 쉬워 균열이 발생하기 쉽다.
② 청동에 인(P)을 탈산제로 첨가 후 0.05 ~ 0.5% 남게 하여 내마멸성을 높인 것
③ 베어링, 밸브 시이트용에 쓰인다.

06 구리에 30 ~ 40% Pb(납)을 첨가한 것으로 베어링 등에 쓰이는 것은?

켈밋(kelmet metal)=납청동

해설 켈밋 주성분은 Cu, Pb, Zn이다. 고하중, 고속의 베어링 소재로 적합하다.

07 규소 청동의 종류별 성분, 특성

① 에버듀르 : Cu-3~4%Si-1~1.2%Mn
② 실진청동 : Cu-3.2%~5%Si-9~16% Zn
   내식성과 주조성이 매우 우수함, 터빈날개, 선박기계 부품 등에 사용됨
③ 허큘로이 : Cu-0.78~3.5%Si-1.6%Fe 이하 -1.6%Mn-9~16%Sn
   강력하고 내식성이 우수하여, 화학 공업용으로 사용됨

08 호이슬러 합금의 주성분은?

Cu-Mn에서 Al, Si 등을 첨가한 것

09 뜨임 시효 경화성이 있어서 내식성, 내열성, 내피로성 등이 좋으므로 베어링, 고급 스프링 등에 이용되며, 인장 강도도 133kg/mm^{2}에 달하는 청동은?

베릴륨 청동(Be-bronze)

참고 구리에 Be를 2 ~ 3% 첨가한 것

10 구리-니켈계의 합금에 소량의 규소를 첨가하여 강도와 전기 전도도를 향상시킨 합금은? : 콜슨 합금

11 Cu + Ni 45% 합금으로, 전기 저항성이 좋아 온도 측정용 열전대, 표준 전기 저항선용으로 쓰이는 것은? : 콘스탄탄

제2절 알루미늄과 그 합금

❶ 알루미늄의 성질

01 알루미늄의 특성은? : ①~④

① 비중 2.7(경금속), 용융점이 약 660℃이며, 면심입방격자이다.
② 전기와 열의 좋은 전도(양도)체이다.
③ 전연성이 우수하고 주조가 쉬우며, 용접성이 좋다.
④ 용도 : 항공기, 자동차의 구조재, 의약품 및 식품 포장 재료, 송전선의 재료

참고 칼날 및 키 등의 소재로는 약하다.

02 다음은 알루미늄의 성질을 설명한 것이다. 틀린 것은? : ②, (반대임)

① 표면에 산화 피막이 생겨 내식성이 우수하다.
② 용융점이 높아 고온 강도가 크다.
③ 알루미늄은 염산, 황산 등 무기산, 바닷물에 침식된다.
④ 대기 중에는 내식력이 강하다.

03 급랭으로 얻은 과포화 고용체에서 과포화된 용해물을 분석하여 물질을 분리 안정시키는 것은? : 석출 경화

참고 알루미늄에서 기계적 성질의 개선은 석출 경화나 시효 경화로 얻는다.

04 알루미늄의 담금질 효과와 같이 강도와 경도가 시간의 경과와 더불어 증가되는 현상은? : 시효 경화

참고 자연 시효 : 실온에 방치하여 생기는 시효

05 담금질된 Al 재료를 어느 정도로 가열하면 시효 현상을 촉진시킬 수 있는가? : 160℃ 정도(인공 시효)

06 알루미늄의 방식(산화 피막)법은?
황산법, 크롬산법, 알루마이트법(수산법)

07 알루미늄의 양극 산화 피막법에 쓰이는 전해액이 아닌 것은? : ④

① 탄산염, 수산   ② 유산동(황화물)
③ 초산염   ④ 염화물

❷ Al 합금의 종류

01 내식성 알루미늄(Al) 합금

① 하이트로날륨
② 알민 : Al + Mn계, 내식성 우수함
③ 알드레이 : Al + Mg + Si계, 강인성 있고 큰 가공변형에도 잘 견딤

02 하이드로날륨(마그날륨)

① Al-Mg계 대표적인 내식용 Al 합금
② 두랄루민의 내식성 향상을 위해 Al에 12%Mg 이하를 첨가한 Al-Mg계 합금
③ 내식성, 고온 강도, 절삭성, 연신율이 우수하고 비중이 작다.

03 실루민의 주조시 금속 나트륨을 0.05~0.1% 첨가하여 잘 교반하고 주입하면 규소가 미세한 공정으로 되어 기계적 성질이 개선되는 방법은? : 개량 처리

04 알루미늄-규소계 합금으로 실루민이 대표적인 금속인데 이 금속의 "개량 처리법" 중 틀린 것은? : ①

① 시안화법　　② 플루오르 화합물법
③ 금속 나트륨법　④ 수산화 나트륨법

05　Al-Si 합금

① 실루민(미국 : 알팩스 alpax)은 Al - 10~14%Si 함유한 Al-Si계 대표적 합금
② 금속 나트륨, 불화물, 가성 소다 등으로 개량 처리하여 조직을 미세화한 것이다.
③ 수축이 비교적 적고 기계적 성질이 우수하다.
④ 내열성이 커서 내연기관의 피스톤 등에 이용된다.

06　Al - Cu 3~8%, Si 3~8%이며, 주조성이 좋고 시효 경화성이 있는 Al-Cu-Si계의 대표적인 합금은? : 라우탈

07　Al-Si에 Cu, Mg를 첨가한 특수 실루민으로 Na 개질 처리한 내열합금으로 피스톤 재료로 널리 쓰이는 알루미늄 합금 중 열팽창계수가 가장 적은 것은?

로-엑스(Lo-Ex)

해설 ④, 열팽창계수 크기 : 실루민 > 로-엑스

08　알루미늄에 Mg을 넣으면?

내식성이 좋아지고 강도와 연신성을 갖는다.

09　내열성이 좋아 내연 기관의 실린더, 피스톤, 실린더 헤드 등에 많이 사용되는 Al 합금은? : Y 합금

해설 성분 : Al - Cu 4%, Ni 2%, Mg 1.5%

10　코비탈륨이란

Y 합금의 일종, Y 합금에 Ti, Cu를 약간 첨가한 것, 피스톤 재료에 쓰인다.

11　피스톤 재료의 필요한 성질

① 팽창 계수와 비중이 작을 것
② 열전도도, 고온 강도와 경도가 클 것

해설 내연 기관은 팽창 계수가 작아야 된다

12　비행기 몸체로 주로 쓰기 위하여 개발된 합금은? : 두랄루민

13　두랄루민에 대한 설명은? : ①~③

① 비중이 작아 자동차나 항공기 부품에 이용된다. 대표적인 것 : 2017 합금
② 대표적인 시효 경화 합금, 대기 중에서는 내식성이 우수하나 해수에는 약하고 부식 균열이 생기기 쉽다.
③ 성분 : Al - Cu4% - Mg0.5% - Mn0.5%

14　초두랄루민

① 보통 두랄루민에 Mg을 다소 증가하고, Si를 감소시켜 시효 경화시킨 합금, 2024계가 있다.
② 인장강도가 $50kgf/mm^2$ 이상으로 항공기의 구조재와 리벳 등에 이용된다.

15　가공용 Al 합금의 종류

① A1000계(순수 Al, 99.00% 이상) : 가공성, 내식성 등이 좋으나, 강도는 낮다.
② A2000계(Al-Cu계) : 두랄루민, 초두랄루민인 2017, 2024가 대표적이다.
③ A3000계(Al-Mn계) : Mn 첨가로 순Al의 가공성, 내식성의 저하없이 강도를 증가시킨 것(3003이 대표적)
④ A4000계(Al-Si계) 합금 : 4043은 용융

온도가 낮아 용접 와이어, 브레이징 납재로 사용된다.

⑤ A5000계(Al-Mg계) 합금 : Mg 첨가량이 적은 합금, 장식용재, 고급 기물로 사용되는 5N01과, 차량용 내장 천장재, 기물재로 쓰이는 5005가 대표적이다.

⑥ A6000계(Al-Mg-Si계) 합금 : 강도, 내식성이 양호해 대표적인 구조재이다. 6063은 뛰어난 압출성이 있어 건축용 새시, 구조재로 사용된다.

⑦ A7000계(Al-Zn계) 합금 : 시효 경화성이 우수하며, 항공기, 철도 차량, 스포츠용품 등 높은 강도의 구조재에 사용

16 고력 합금의 표면에 내식성이 좋은 합금이나 알루미늄판을 붙여 사용하는 단련용 알루미늄 합금은? : 클래드재

제3절 기타 비철 합금

❶ 니켈과 그 합금

01 니켈(Ni)의 성질

① 면심입방격자, 360℃에서 자기 변태함
② 용융점 1455℃, 비중 8.9이며, 상온에서 강자성체이다.
③ 질산에 약하나 알칼리에 대해선 저항력이 크고 내마멸성도 우수하다.
④ 냉간 및 열간 가공(1000~1200℃)이 잘 되고 내식성, 내열성이 크므로, 화폐, 식품 공업용, 진공관, 도금 등에 사용된다.

02 모넬메탈의 설명(특성)

① 니켈 65 ~ 75%, 철 1.0 ~ 3.0%, 나머지는 구리로 된 합금이다.
② 인장강도가 80kgf/mm² 정도이며, 내식성이 커서 내연 기관 밸브, 밸브 시트에 사용된다.

03 니켈 합금 중 내식성이 우수하고 주조성과 단련이 잘되어 화학 공업용으로 널리 사용되는 것은?

65 ~ 70% Ni 합금(모넬메탈)

04 모넬메탈(monel metal)의 종류 중 유황을 넣어 강도는 희생시키고 피삭성을 개선한 것은?   : R-monel

05 콘스탄탄

① Ni 40~45% - Cu 합금
② 온도 측정용 열전쌍, 표준 전기 저항선용으로 사용된다.

06 니켈과 크롬 합금으로 높은 전기 저항, 내산성, 내열성을 가진 합금은?

니크롬

07 인코넬이란

니켈에 Cr 13 ~ 21%, Fe 6.5% 첨가한 것으로 내식성이 우수하고 내열용이 좋아 진공관의 필라멘트 재료에 사용된다.

08 알루멜

Ni에 3% Al 첨가, 고온 측정용 열전대 재료, 최고 1200℃까지 사용한다.

09 크로멜

Ni에 10 Cr 첨가, 고온 측정용 열전대 재료, 최고 1200℃까지 사용한다.

10 니켈-구리 합금으로 화폐, 자동차의 방열기 등의 재료로서 많이 사용되는 합금은? : 백동(큐프로니켈)

> **해설** 구리-니켈계 청동, 니켈 15~20%, 아연 20~30%에 구리를 함유한 것이다.

❷ 마그네슘과 그 합금

01 마그네슘(Mg)에 관한 설명(특성)
① 실용 금속 중 가장 가벼워서 비중이 1.74, 용융점은 650℃이다.
② 조밀 육방 격자이며, 고온에서 발화하기 쉽다.
③ 열팽창계수가 Fe의 2배 이상 크다.

02 마그네슘의 원료가 되는 것은?
간수, 마그네시아, 마그네사이트

03 비중이 1.75~2.0 인데 비하여 인장 강도는 15~35kg/mm² 까지 도달하므로 강도 비중비가 커서 경합금 재료로 매우 적합한 특징을 가진 합금은?
마그네슘 합금

04 상온 가공에 의해 변형, 경화된 금속이 상온에 방치하면 스스로 재결정을 일으켜 연화되는 현상은?
자발 풀림(spontaneous annealing)

> **참고** 자발 풀림을 일으키는 금속 : 주석, 납, 카드뮴(Cd), 아연 등의 연질 금속

05 Mg-Al계 합금
① 인장강도는 6% Al에서 최대, 연신률과 단면 수축률은 4%에서 최대가 된다.
② Al은 주조 조직의 미세화로 기계적 성질을 향상, Mn은 내식성을 좋게 한다.

06 Mg-4~6%Al계의 대표적인 합금은?
도우 메탈(dow metal)

07 Mg-Al-Zn계 합금의 대표적인 것은?
일렉트론

❸ 티타늄(Ti)과 그 합금 티타늄

01 티타늄의 특징을 설명한 것으로 적합하지 않은 것은?
① 철의 1/2 무게로 철과 유사한 인장 강도(50kgf/mm² 정도)를 얻을 수 있다.
② 비강도가 크고, 고온에서 내식성이 좋다.
③ 고온 저항 즉, 크리프(creep) 강도가 크다.
④ 바닷물 및 500℃의 고온에서는 스테인리스강보다 내식성이 나쁘다.

> **해설** ④, 티타늄은 용융점이 1776℃, 비중이 4.5 정도이며, 강도는 Al이나 Mg보다 크고(50kgf/mm²) 해수나 고온에서 스테인리스강보다 내식성이 우수하다.

02 다음은 티타늄의 특성을 설명한 것이다. 틀린 것은?
① 열팽창 계수 및 탄성 계수 등이 작다.
② 전기 저항이 크다.
③ 고온에서 O_2, N_2, C와 반응하기 쉬우므로 용해 주조가 쉽고 용접성도 좋다.
④ 염산, 황산에는 침식되나 질산, 강알칼리에는 강하다.

> **해설** ③, 고온에서 O_2, N_2, C와 반응하기 쉬우므로

용해 주조가 어렵고 용접성도 나쁘다.

03 Ti-Mn계 합금

C-110M은 인장강도 1039Mpa, 항복점 980Mpa (100kgf/mm²) 및 연신률 14% 정도이다.

04 Ti-Al계 합금

① 내열성이 좋아 300℃ 이상의 크리프 강도가 개선된다.
② 가공성은 나쁘므로 단조재로 이용한다.

05 Ti-Al-Sn계 합금

① Ti에 5% Al, 2.5% Sn 합금
② 비중이 4.44로서 순금속보다 가볍고 항복점이 70~90kgf/mm²로 크다.
③ 짧은시간이면 600℃까지 견디므로 가스 터빈의 구조재로 사용된다.

06 Ti-Al-V계 합금

① Ti-6% Al-4% V이며, Al에 의하여 강도를 얻고 V에 의하여 인성을 개선한 것
② 420℃까지 고온 크리프 저항이 크므로 가스 터빈의 날개 및 디스크에 사용된다.

④ 아연 및 기타 합금

01 아연에 대한 설명은? : ①~④

① 조밀 육방격자, 청백색의 연한 금속이다.
② 비중이 7.1, 용융점이 419℃이다.
③ 산, 알칼리, 해수 등에 부식된다.
④ 철판, 철선의 도금, 건전지, 인쇄판, 다이 캐스팅용, 황동 및 기타 합금에 이용

02 Zn에 4% Al을 함유한 합금을?

자마크(Zamak : 미국), 마자크(mazak : 영국)

03 가공용 Zn 합금

① Zn-Cu계, Zn-Cu-Mg계, Zn-Cu-Ti계 등이 있다.
② 봉재, 선재, 판재, 건축용, 탱크용, 전기기기 부품, 자동차 부품, 일상용품 등

04 주석의 성질

① 비중 7.3, 용융점 232℃이며, 13℃에서 동소 변태한다.
② 재결정 온도가 상온으로 가공 경화가 일어나지 않아 소성 가공이 용이하다.
③ 저융점 금속으로 독성이 없어 의약품, 포장용 튜브, 주석박, 식기, 장식기 등에 사용된다.

05 주석에서 백주석과 회주석을 구분하는 변태 온도는? : 13.2℃

참고 13.2℃ 이상은 백주석(β-Sn), 13.2℃ 이하는 회주석(α-Sn) 문헌에 따라 18℃로 된 것도 있다.

06 Sn에 4~7% Sb, 1~3% Cu를 함유하는 Sn 합금을 무엇이라 하는가?

퓨터(pewter) = 브리타니아 메탈

참고 장식용품에 사용된다.

07 주석보다 용융점이 더 낮은 합금의 총칭으로서 납, 주석, 카드뮴의 두 가지 이상의 공정 합금이라고 보아도 무관한 합금은? : 저용융점 합금

08 납, 주석 합금으로 주로 퓨즈, 활자, 안전 장치, 정밀 모형 등에 사용되는 저용융점 합금의 종류와 융점

① 우드 메탈, 리포워츠 합금 : 68℃
② 뉴턴 합금 : 94℃
③ 로즈 합금 : 100℃
④ 비스무트 땜납 : 113℃

09 납(Pb)에 대한 설명은? : ①~④

① 면심 입방 격자, 아주 연한 금속이다.
② 비중 11.34, 용융점이 326℃
③ 주조성이 나쁘다. 인체에 유해하다.
④ 방사선이 투과할 수 없다.(방사선 차폐)

10 질산 및 고온의 진한 염산에는 침식되나 다른 산에는 저항이 크므로 내산용 기구로 사용되고 가용성 화합물이 인체에 해를 주는 재료는? : 납(Pb)

11 Sn, Pb, Zn, Sb, Cu가 함유된 합금명은?

화이트 메탈(white metal)

12 베어링 합금의 종류 중 주석계 화이트 메탈은? : 베빗 메탈(babbit metal)

13 베빗 메탈의 장점은? ①~④

① 고온에서도 성능이 좋고 중하중의 기계용으로 적합하다.
② 비열이 작고 열전도도가 크다.
③ 유동성과 주조성이 좋다.
④ 인성이 있어 충격과 진동에 잘 견딘다.

14 Sn 및 Pb계 화이트 메탈의 베어링 합금으로 필요한 조건은?

비중이 작고 열전도도가 클 것

15 베어링(Bearing)용 합금으로 사용되지 않는 것은? : 자마크

[베빗메탈, 오일리스, 화이트메탈, 자마크]

16 카드뮴계 베어링 합금

Cd에 Ni, Ag, Cu 등을 넣어 경화한 합금은 고온 경도와 피로 강도가 화이트 메탈보다 우수하여 하중이 큰 고속 베어링에 사용된다.

17 오일리스 베어링은? ①~⑤

① 구리와 주석, 탄소의 합금이다.
② 기름 보급이 곤란한 곳에 적당하다.
③ 큰 하중, 고속 회전부에는 부적당하다.
④ 구리, 주석, 흑연 분말을 혼합하여 휘발성 물질을 가한 후 가압 성형한 것이다.
⑤ 다공질 재료에 윤활유가 들어있어 항상 급유할 필요가 없다.

18 오일리스 베어링의 주요 합금 원소는?

Cu, Sn, C

19 주철 함유 베어링

① 주철에 가열 냉각을 반복시켜 생긴 다공질화와 흑연상 발달 상태에 기름을 함유시키면 좋은 베어링이 된다.
② 고속 고하중에 잘 견디고 내열성이 있으므로 대형 베어링으로 제조

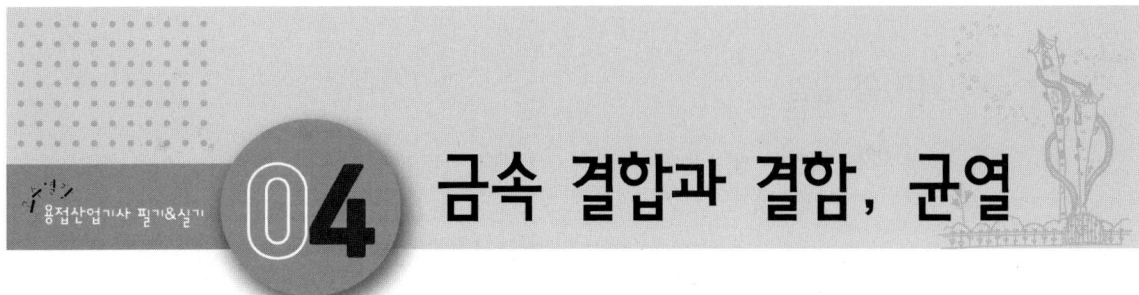

04 금속 결합과 결함, 균열

제1절 금속의 결합과 금속의 결함

1 원자의 구조와 결합

01 다음 중 원자 핵의 구조가 아닌 것은?

[양자, 전자, 중성자, 분자]

해설 분자

02 원자에 대한 설명 중 틀린 것은?

① 원자의 양자와 전자의 전기량은 같다.
② 원자는 전기적으로 양전기를 띤다.
③ 원자의 최외곽 전자가 물질의 특성에 영향을 준다.
④ 원자 번호만큼 양자와 전자를 가지고 있다.

해설 ②, 원자는 양자와 전자의 수가 같으므로 전기적으로 중성이다.

03 철, 나트륨 등 금속의 최외곽 전자의 수는? : 3개 이하

04 다음 중 이온 결합의 특성을 설명한 것으로 적합한 것은?

일정한 원자면을 따라 취성 파괴가 생긴다.

05 원자의 결합의 종류가 아닌 것은?

[이온 결합, 공유 결합, 금속 결합, 공석 결합]

해설 공석 결합

06 다음 설명 중 공유 결합의 특징이 아닌 것은?

① 경도가 크다.
② 전기 부도체이다.
③ 빛에 대해 투명하다.
④ 전기 전도도가 좋다.

해설 ④, 공유 결합, 이온 결합은 전기 전도도가 나쁜 부도체이다.

07 전자가 특정 원자 사이에만 공유하지 않고 전자 구름 속에서 자유롭게 이동할 수 있는 결합은? : 금속 결합

08 금속 결합의 특징을 설명한 것으로 틀린 것은?

① 전기 전도도가 높다.
② 비방향성이고 비교적 배위수가 높다.
③ 소성 변형이 가능하다.
④ 일정한 원자면을 따라 취성 파괴가 일어난다.

해설 ④는 이온 결합의 특성이다.

❷ 금속(격자)의 결함

01 금속에서 완전 결정은 몇 °K에서 얻어지는가? : −270°K

> **해설** 금속의 완전 결정은 절대온도인 -270℃에서 생길 수 있으므로 실질적으로는 존재하지 않는다.

02 완전 결정에서 하나의 원자를 움직여서 생긴 결함을 무엇이라고 하는가?

점 결함

03 원자와 원자 사이의 틈새자리에 다른 원자가 들어가서 생긴 결함을 무엇이라고 하는가? : 침입형 원자

04 다음의 원자 결함 중 선 결함이 아닌 것은?

① 칼날 전위 ② 나사 전위
③ 혼합 전위 ④ 공공 전위

> **해설** ④, 점 결함임

05 수축공, 기공 등은 어떤 결함의 일종인가?

체적 결함

제2절 용접 균열

❶ 개요와 고온 균열

01 용접 후 몇 시간 뒤에 발생하는 균열은?

· 비드 밑 균열

> **해설** 비드 밑 균열은 저온 균열의 일종으로 용접 후 2~3시간 후에 발생한다.

02 용접부의 세로 방향의 수축 응력에 기인하여 용접 방향에 수직으로 발생한 균열은? : 가로(횡) 균열

> **해설** 가로 방향의 수축 응력에 기인하여 용접 방향과 평행하게 발생하는 균열은 세로(종) 균열이다.

03 고온 균열의 발생 원인이 아닌 것은?

① 수소에 의한 균열
② 열응력 등 내적인 힘에 의한 균열
③ 철의 편석에 기인한 균열
④ 노치 끝의 응력 집중에 의한 균열

> **해설** ③, 고온 균열의 원인은 인, 황의 편석에 의한 균열이다.

04 고온 균열의 틈은 얼마 정도인가?

0.05 ~ 0.5mm

> **해설** 저온 균열의 틈은 0.001 ~ 0.01mm.

05 다음 중 고온 균열의 방지 대책이 아닌 것은? : ④

① 예열, 후열을 한다.
② 망간이나 후락스를 사용한다.
③ 저수소계 용접봉을 사용한다.
④ 팽창과 수축이 불균일하게 일어나게 한다.

❷ 저온 균열

01 용접 후 2~3시간 후에 발생하는 균열은?

저온 균열

02 지연 균열의 발생 원인이 아닌 것은?
① 수소의 확산
② 열영향부의 연성 부족
③ 구속 응력이 큰 경우
④ 노치 끝 응력 집중에 의한 균열

해설 ④, 저온 균열은 용접 후 최소 2~3시간 이후에 발생하므로 지연 균열이라고도 한다.

03 비드 밑 균열의 발생 원인으로 옳지 않은 것은?
① 용착부에 흡수된 질소의 확산
② 열영향부의 수축 응력
③ 체적 팽창에 의한 변태 응력
④ 비드 밑 부분에 수소 집중
⑤ 수소 취성이 생겨서 내부 응력과 상호 작용에 의해 발생

해설 ①, 열영향부에 흡수된 수소의 확산

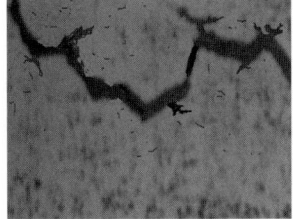
[용접부 비드 밑 터짐]

04 비드 표면과 모재의 경계부에 발생하며, 언더컷에 의한 응력 집중이 큰 것이 원인이 되는 균열은? : 토우 균열

05 토우 균열을 방지하는 방법은?
예열 또는 강도가 낮은 용접봉을 사용한다.

06 필릿 용접부의 루트부에 생기는 저온 균열은 무엇인가? : 힐 균열

07 루트 균열의 방지 대책으로 옳은 것은?
예열과 후열을 한다.

08 모재의 재질 결함으로 강재의 기포가 원인이 되어 생기는 층상 균열은?
라미네이션

09 다음 중 X선 검사로 검출이 곤란한 결함은?
라미네이션
[균열, 기공, 용입불량, 라미네이션]

10 라미네이션의 특징으로 틀린 것은?
① 초음파 탐상을 제외하고는 탐지가 곤란하다.
② 구속력을 수발하기 쉬운 십자형, T형상, 모서리 이음 등에 발생한다.
③ 고장력 저합금강, 불림강, 압연강, 담금질강 등에서도 발생하고 있다.
④ 재료의 길이 방향의 낮은 연성이 주요 원인이다.

해설 ④, 재료의 두께 방향의 낮은 연성이 주요 원인이다.

11 다음 중 라미네이션의 발생 방지 대책이 아닌 것은?
① 내라멜라 균열성 강재를 이용한다.
② 필릿 이음 등을 피하고 가능한 한 맞대기 이음을 한다.
③ 저수소계 용접봉을 사용한다.
④ 예열을 금하고 후열처리를 한다.

해설 ④, 라미네이션 방지법의 하나로 예열과 후열을 해야 된다.

제3절 수소 취화

❶ 철강에서 수소 취화

01 수소가 철강 제품에 침투되어 메짐성을 가지는 현상을 무엇이라고 하는가?

수소 취성

02 수소 취성 방지법

① 철강의 경우 전해 탈지 시 양극 탈지를 택한다.
② 산세를 할 경우 가능한 짧은 시간에 한다.
③ 산성 아연 도금이나 특히 매커니컬 도금을 한다.
④ 수소가 적게 발생하도록 환경을 만든다.

03 다음 재료 중 수소 취성이 가장 잘 일어나는 것은? : 고합금강

[저탄소강, 중탄소강, 고탄소강, 고합금강]

04 일반 강재에 비해서 용접금속은 얼마의 수소량을 갖는가? ; $10^3 \sim 10^4$배

05 용접부의 수소 흡수의 방지법이 아닌 것은?

① 저수소계 용접봉을 사용한다.
② 스테인리스강의 경우 오스테나이트 Cr-Ni강 용접봉을 사용한다.
③ 페라이트 조직의 생성을 감소하기 위해 100~150℃로 예열한다.
④ 건조된 용접봉을 사용한다.

해설 ③, 예열 등으로 마르텐사이트 조직이 생성되지 않게 한다.

제4절 각종 금속의 균열

❶ 탄소강 및 저합금강의 용접 균열

01 다음에서 탄소강이나 저합금강 용접 균열에 대한 설명으로 틀린 것은?

① 고온 균열에서는 초정의 δ상이 많은 경우는 균열 감수성이 낮아진다.
② δ상의 안정화 원소인 Al, Cr, Si, Ti, Mo, V, W, Zr 등을 첨가하면 균열이 감소된다.
③ S나 P의 함유량을 최대한 제한한다.
④ γ상 안정화 원소인 C, Ni, Mn, Cu 등을 다량 첨가한다.

해설 ④, γ상 안정화 원소는 균열의 감수성이 높아지므로 가급적 첨가량을 줄여야 된다.

02 저합금강이나 고탄소강 등 경화하기 쉬운 재료에는 몇 ℃ 정도의 예열과 후열이 필요한가?

예열 : 100 ~ 350℃, 후열 : 150 ~ 300℃

❷ 스테인리스강의 용접 균열

01 스테인리스강의 용접 균열에 관한 설명으로 틀린 것은?

① Mo은 Nb와 공존하여 결합하면 균열 발생이 적어진다.
② S은 가능한 0.01% 이하로 낮춘다.

③ Nb를 다량 첨가하면 오히려 균열 감도를 높이는 경향이 있다.
④ γ계 스테인리스강 용접금속에 약 5%(실온) 이상의 σ상이 존재하면 균열이 잘 생기지 않는다.

해설 ①, Mo은 일반적으로 균열 강도를 저하시키나, Nb와 결합하면 오히려 균열 발생이 많아진다. Nb는 소량 첨가하면 균열을 감소시키지만 다량 첨가하면 균열이 높아진다.

③ 비철 금속의 균열

01 다음 중 알루미늄 합금의 용접 균열에 대한 설명으로 적합하지 않은 것은? : ③

① 균열의 주 원인은 각 합금에서 생성하는 저융점 공정이다.
② 일반적으로 용접부의 결정립이 미세할수록 용접 균열은 잘 생기지 않는다.
③ 탄소가 다량 함유된 용접봉을 사용하면 균열이 방지된다.
④ 다층 용접금속의 내부나 열영향부에 미소 균열이 있다.

02 순 구리의 용접 균열에 대한 설명으로 적합하지 않은 것은? : ④

① 후판에서 구속력이 크고 불순물이 존재하는 경우에는 균열이 발생한다.
② Pb, Si, P, As 등이 존재하면 고온 균열의 감수성이 커진다.
③ 정련 구리 등도 용접 중에 다량의 수소를 흡수하면 균열이 발생할 수 있다.
④ 박판은 구속력이 크고 불순물이 존재해도 균열이 발생하지 않는다.

03 순 구리의 용접 중 기공 발생 방지를 위한 조치로 틀린 것은?

① Mn, Si, Ti 등의 탈산제가 함유된 용접봉을 사용한다.
② 기포의 확산 속도를 느리게 한다.
③ 용접 토치에 전자 진동 장치를 설치하여 용융지에 전자 진동을 준다.
④ 고온으로 예열을 하여 냉각 속도를 느리게 한다.

해설 ②, 기공의 발생을 방지하려면 기포의 확산 속도를 빠르게 해야 된다.

04 그림과 같은 용접 이음 형상 중 응력 발생의 방지 이음으로 가장 적합하지 않은 것은? : ④

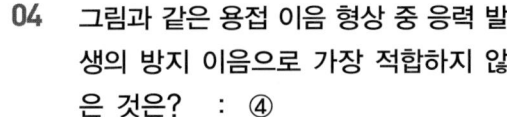
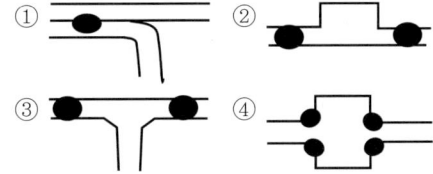

05 용접부의 야금학적 특징

제1절 슬래그와 금속, 가스반응 등

❶ 슬래그와 금속 반응

01 용융 슬래그에 대한 설명으로 틀린 것은?

① 대부분이 질화물로 되어 있다.
② 산화물은 염기성, 중성 및 산성 산화물 3종으로 분류한다.
③ 산성 슬래그 : SiO_2, Al_2O_3, TiO_2
 염기성 슬래그 : MnO, TiO_2, CaF_2, FeO
④ 슬래그는 피복제의 종류에 따라 염기도는 다르다.

[참고] ①, 질화성 산화물은 없음

02 용융 슬래그의 염기도를 나타내는 식은?

염기도 $P = \dfrac{\Sigma 염기성 성분(\%)}{\Sigma 산성 성분(\%)}$

$P = \dfrac{CaO(\%)+MgO(\%)+MnO(\%)+FeO(\%)}{SiO_2(\%)+Al_2O_3(\%)+TiO_2(\%)}$

03 용융 슬래그의 염기도가 높으면?

내균열성은 크지만 작업성은 나빠진다.

[참고] 산성도가 높으면 내균열성은 낮고, 용접성은 좋아진다.

04 피복 아크용접봉 중 CaO, CaF_2 등 염기성 성분이 가장 많은 것은?

저수소계

[참고] 저수소계는 다른 용접봉보다 CaO가 약 35.8%, CaF2가 20.3% 정도 다량 함유

05 염기도가 높은 순서는?

E4316(0.9) > E4301(-0.1) >
E4327(-0.7) > E4303 : -0.9 >
E4311(-1.3) > E4313 : -2.0 순이다.

❷ 가스와 금속 반응

01 피복 아크 용접시 아크 분위기에 생성되는 주요 구성 가스가 아닌 것은?

[CO_2, CO, H_2O, H_2, He, Ar]

[참고] Ar, He 등은 아님

02 용착금속 중의 산화물은 Mn, Si 등의 탈산작용에 의해 생성된 산화물(MnO, SiO_2)이 주인데, 철의 산화물(FeO)은 이들의 얼마 정도인가? : 약 1/10

03 용착금속 중의 산소에 대한 설명은? ①~③

① 과포화 산소는 고체 내를 확산하여 산화물이나 개재물로 남게 된다.
② 산소는 개재물을 형성하며, 일부 C와 반응해서 CO 가스가 되며, 기공의 원인이 된다.

③ 피복 아크 용접봉의 H_2, O_2량은 저수소계가 가장 적게 함유되어 있다.

04 용융철에 가장 많이 용해되는 가스는?

산소

> 참고 림드강에 C : 0.21%, O : 0.02%, N : 0.003%

05 용융 금속 중에 산소 함유량은 용융 슬래그 중의 무엇과 비례관계가 있는가?

FeO

06 용착금속 중에 용입되는 H_2 양은 용강 또는 슬래그 중 무엇에 따라 지배적인가?

FeO 양 : $Fe + H_2O = FeO + H_2$

> 참고 수소는 O_2나 N_2보다 원자 반경이 작아 격자 내에 자유로이 확산하며, 용강 중에 용입되는 H_2 량은 FeO량에 지배된다.

07 용착강 중에 수소가 많을 경우에 발생하기 쉬운 결함은?

기공, 선상 조직, 비드 밑 균열, 헤어 크랙, 수소 취성

08 산소, 질소가 미치는 영향

① 변형 시효   ② 석출 경화
③ 저온 취성   ④ 풀림 취성

09 스테인리스강 용착금속은 Cr의 영향으로 저탄소강 용착금속에 비해 질소 함유량이 얼마나 높은가? : 3∼4배

10 피복 아크 용접봉의 아크 분위기 중에 CO_2 가스가 가장 많이 포함된 용접봉은?

저수소계

> 참고 용접봉별 CO_2 가스 발생량
> • 저수소계 : 16.9%
> • 일미나이트계 : 4.9%
> • 고산화티탄계 : 5.4%
> • 철분 산화철계 : 7.4%

11 피복 아크 용접시 수소가 가장 많이 포함된 용접봉은? : 고셀룰로스계

> 참고 아크 분위기 중에 피복 아크용접봉의 수소 함유량
> • E4311 : 41.3%,   • E4301 : 36.5%
> • E4327 : 24.1%,   • E4316 : 1.8%

12 천이온도의 영향에 대한 설명은?
①∼④

① 강하게 탈산한 킬드강의 경우는 천이 온도가 현저히 낮아진다.
② 결정입자가 커지면 천이온도가 높아진다.
③ 미세 화합물은 결정입내, 입계에 산재하며, 조립화 방지로 천이 온도가 낮게 된다.
④ Ni, V, Mn은 천이 온도를 낮춘다.

13 질소 및 탄소의 영향으로 냉간 가공한 강을 저온 뜨임하면 시효를 일으켜 경화하는 현상을 무엇이라 하는가?

변형 시효 경화

14 용착금속의 파면에 서릿발 모양의 매우 미세한 주상정이 병립하며, 비금속 개재물이나 기공을 포함한 조직인 선상 조직의 발생 원인은?

수소

제5장 _ 용접부의 야금학적 특징   199

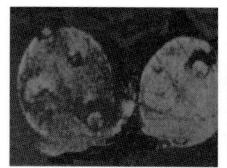
[은점]
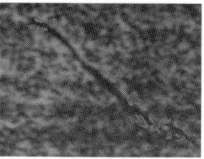
[미세 균열]

20 용접부의 수소 흡수 방지 대책은?

①~④

① 저수소계 용접봉을 사용한다.
② 스테인리스강의 경우 오스테나이트 Cr-Ni강 용접봉을 사용한다.
③ 마텐사이트 조직의 생성을 감소하기 위해 100 ~ 150℃로 예열한다.
④ 철강의 전해 탈지시 양극 탈지를 한다.

제3절 탈산, 탈황, 탈인 반응 등

❶ 탈산 반응

02 탈산 반응이란

용강 중에 산소와의 친화력이 Fe보다도 큰 원소(Mn 등)를 첨가한 경우 산소와 반응하여 탈산 생성물이 생기는 반응을 말한다.
- 탈산 반응 : $mM + nO = M_mO_n$

03 용융강 중의 산소 함유량은?

용융강 중의 규소 함유량이 같은 경우에도 용융 슬래그의 염기도 및 용융 슬래그 중의 SiO_2의 함유량에 따라서 변화하고, 염기도의 영향이 매우 크다.

04 일반적으로 저수소계 용접봉과 티탄(티타니아)계에 의한 용접금속의 Mn 및 Si의 함유량이 대략 같을 때 Mn과 Si의 산소 함유량은?

Mn : 약 0.03%, Si : 0.06% 정도

06 용착강에서 탈산 능력 순서

제강시와 거의 같이 Al, Ti, Si, Mn, V, Cr, W, Mo, Ni 순이다.

> 참고 그러나 Cr 이하의 원소에 의한 탈산은 실제로는 하기 힘들다.

❷ 탈황, 탈인 반응

01 S(황) 및 P(인)은 철강의 기계적 성질을 매우 저하시키는 원소이므로 용접봉의 함유량에 충분한 관리가 필요하다.

06 용융 슬래그의 염기도와 탈황 관계 중 옳은 것은?

염기도가 높을수록, 용융 슬래그가 환원성일수록 탈황은 진행이 쉬워진다.

02 용접에서 S 및 P은?

철강의 기계적 성질을 매우 저하시키는 원소이며, 용접 균열, 용접 취화의 원인이 된다.

03 탈황 반응

용융 슬래그의 염기도가 높을수록, 용융 슬래그가 환원성일수록 탈황은 진행이 쉬워진다.
- 탈황 반응 : $FeS + CaO = CaS + FeO$

04 용융 슬래그의 산성도와 탈인 관계는?

탈황 반응과 반대로 용융 슬래그의 산성도가 높을수록 크게 된다.

- 탈인 반응 : $2P + 4CaO + 5FeO$
  $= (CaO)_4 + P_2O_5 + 5Fe$

❸ 응고 조직의 편석, 기공 생성

01 순금속 중에 다른 원소를 첨가할 경우 비중이나 용융점 등의 차이 때문에 용융점이 낮은 금속이나 비금속 개재물 등이 한쪽으로 편중되는 현상은?

편석

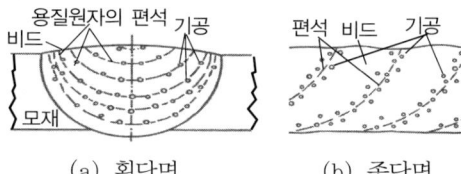

(a) 횡단면   (b) 종단면

02 편석이 심한 정도의 순서는?

S, O, B, C, P, Ti, N, H 순으로 황(S)이 가장 위험하다.

> 참고 저융점 화합물을 형성하여 결정립계에 편석함으로서 고온 결함을 유발한다.

03 용접 중에 기공은 주로 어디에 생기기 쉬운가?

편석층에 따라서 생기기 쉬우며, 이 편석층에서는 결정립의 성장속도가 급증하기 때문에 편석은 기공 생성에 큰 영향을 미친다고 할 수 있다.

04 용접에서 편석이나 기공을 줄이는 방법의 하나는?

용접시공시에 용접 비드의 파형이 작아지도록 용접법 및 용접기 등의 개선이 필요하며, 용접 중에 진동효과를 주는 등 용접방법의 연구가 필요하다.

05 용접금속의 결정립 미세화 방법

자기 교반, 진동, 초음파 진동, 급속 냉각, 합금 원소 첨가, 풍압법, 응고 직후 가압하여 주조조직을 파괴

07 완전 풀림할 경우 결정립은?

결정립이 조대화된다.

08 용융금속에 진동을 주면 얻어지는 효과는?

결정의 미세화, 기공 방지, 균열 방지, 잔류 응력 발생 방지

09 초음파 진동법 주는 방법?

① 용융지에 냉간 상태의 와이어를 송급하고 이것을 사이에 두고 진동을 주는 방법
② 용접물 자체에 직접 진동을 주는 법

10 자기 교반법은?

용접 토치 주위에 코일을 감은 뒤 자화 전류를 통하면 용접 전류와 자속 사이에 전자력이 생겨 용융 금속을 회전시키는 방법

11 다음 중 합금 원소 첨가법 중 첨가 원소의 탄화물, 질화물 등에 의해 용융액 중에서 미세한 고상 석출을 일으켜 결정립을 미세화하는 방법에 적합한 원소가 아닌 것은? : Cu

[Ti, Cu, V, Al]

12 용접 시공법에 의한 법

보호가스에 질소를 혼입하면 Al 등에서는 AlN이 생성하게 되는데 이것이 용접부의

결정을 미세화하게 된다.

❷ 예열과 후열

01 용접 전에 냉각 속도를 느리게 하여 균열 방지, 기계적 성질 향상, 경화 조직의 석출 방지, 변형, 잔류 응력의 경감, 기공 생성 방지 등의 목적으로 하는 처리는?

예열(preheating)

03 용접시 예열을 하는 목적으로 적합하지 않은 것은?

① 균열의 방지, 기공 생성 방지
② 기계적, 화학적 성질의 향상
③ 경도 증가, 연화 조직 석출 방지
④ 변형, 잔류 응력의 감소(경감)

해설 ③ 경도 감소, 경화 조직 석출 방지

04 용접 이음부에 예열하는 목적은?
①~④

① 수소의 방출을 용이하게 하여 저온 균열을 방지한다.
② 용접부의 기계적 성질을 향상시키고 경화 조직의 석출을 방지
③ 모재의 열 영향부와 용착금속의 경화를 방지하고 연화를 증가
④ 온도 분포가 완만하게 되어 열응력 감소로 변형과 잔류 응력의 발생을 적게 한다.

05 예열의 효과

① 용접부의 온도 분포, 최고 도달 온도 및 냉각 속도가 변한다.
② 온도 분포가 완만하게 되어 열응력의 저감으로 변형, 잔류 응력의 발생이 적게 된다.
③ 냉각 시간이 길 경우 수소의 방출, 경도의 저하, 구속력의 저하로 균열 발생의 한계 응력이 높게 된다.

06 다층 용접시의 예열 온도 및 층간 온도는 초층 용접시에 비하여 어떻게 하는 것이 좋은가? : 낮게 해야 한다.

07 용접부를 후열처리하는 목적은? ①~⑥

① 기계적 성질 및 화학적 성질의 향상
② 균열 방지, 변형 및 잔류 응력의 감소 (완화)
③ 최적 조직으로 개선
④ 용착금속 중의 함유 가스의 배출
⑤ 용접 잔류 응력의 완화와 치수 안정화 및 용접 열영향 경화부의 연화
⑥ 용접부의 연성, 인성 향상

08 용접부의 후열처리의 효과는? ①~④

① 고온 균열의 원인이 되는 MnS 개재물을 후열로는 방출되지 않는다.
② 잔류 응력을 제거한다.
③ 치수 안정화 및 용접 열영향 경화부를 연화시킨다.
④ 용접부의 연성, 인성을 향상시킨다.

09 후열의 효과

① 후열을 함으로서 저온 균열의 원인이 되는 수소를 방출시키며, 온도가 높을수록 수소 함유량은 낮아진다.
② 예열 온도를 높게 할 수 없으므로 후열에 의해 잔류 응력 제거가 유리하다.
③ 후열은 풀림처리이며, A_3 변태점 이상의 완전 풀림, A_1 변태점 이하의 저온

풀림을 하며, A_1 이하가 적합하다.

10 재열(응력완화, SR) 균열

① 후 열처리에서 열영향부의 조립역이나 잔류 응력 및 응력 집중부, 2차 경화 원소를 함유한 강 등에서 생기기 쉽다.
② Cr-MO-V강, 고장력강 등의 구속력이 큰 후판 용접부, 특히 압력 용기의 노즐 이음부에 발생하기 쉽다.

11 용접 후 열처리 과정에서 용접 토우(toe)부의 용접 열영향부 조립역에 발생하는 결정립계 균열은?

SR(재열) 균열

12 재열(SR) 균열의 발생 부분은? ①~④

① 고장력강 등의 구속력이 큰 후판 용접부
② 2차 경화 원소를 함유한 강
③ 열영향부나 잔류 응력 및 응력 집중부
④ 압력 용기의 노즐 이음부

13 SR 균열 방지법으로 적합하지 않은 것은?

① 용접 열영향부 결정립의 미세화를 방지한다.
② 모재 화학 성분 중 가능한 한 석출 경화 원소를 적게 한다.
③ 가능한 한 응력 집중이 적게 되도록 설계한다.
④ 모재보다 낮은 강도의 용접재료를 사용하여 응력을 완화한다.

해설 ①, 용접 열영향부 결정립의 조대화를 방지한다.

16 주조, 단조, 압연, 용접 등으로 생긴 내부 응력을 제거하는데 적합한 열처리는?

응력 제거 풀림(가열 온도 : Ac1 이하)

17 알루미늄 합금의 열처리에 이용되는 것은? : 석출 경화

18 주철 용접부의 경화층을 연화시키기 위한 가열 온도는?

500~650℃

23 파텐팅이란

강을 A_1 변태점 이상 가열하여 400~550℃에서 열욕 또는 수증기 중에 담금질하는 처리이다.

MEMO

PART 05

용접설비 제도 (비절삭 부분)

Chapter 01 제도의 통칙

Chapter 02 제도의 기본

Chapter 03 치수 및 재료 기호 표시 방법

용접산업기사 필기&실기

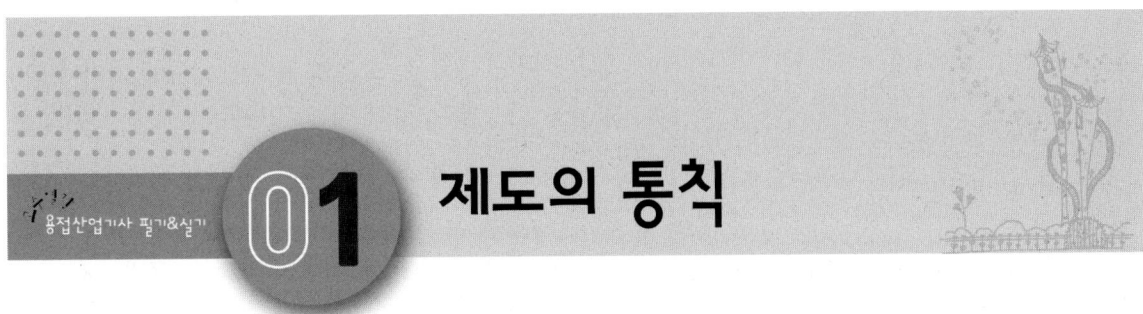

01 제도의 통칙

제1절 제도의 개요

1 제도의 정의와 규격

01 기계, 구조물 등의 제작 전에 세밀히 검토하여 제작 계획을 종합하는 기술은?

설계(Design)

02 설계자의 요구 사항을 제작자에게 전달하기 위하여 선·문자·기호 등을 사용하여 제도 규격에 맞추어 도면을 작성하는 과정은? : 제도(Drawing)

03 제도의 정의에 대한 설명 중 옳은 것은?

문자, 선, 기호 등을 이용하여 물체의 정도, 재료 및 공정 등을 도면에 작성하는 과정

2 제도의 규격

01 KS B 0001로 기계 제도 통칙이 제정 공포되어 일반 기계 제도로 규정한 해는?

1961년

02 KS 규격의 필요성에 대한 설명은?

도면을 보고 작업자가 오해가 없이 설계자의 뜻을 확실히 이해 및 전달시키기 위해

[각국의 공업 규격]

국가	규격기호	국가	규격기호
일본 / 영국	JIS / BS	미국	ANSI
독일 / 프랑스	DIN / NF	스위스	SNV

03 1967년에 창설된 국제 표준화 기구의 약호는? : ISO

[KS 부문별 분류 기호]

분류 기호	KSA	B	C	D	R	V	W	X
부문	기본	기계	전기	금속	수송기계	조선	항공	정보산업

04 KS 규격에서 기계 부문을 표시하는 것은? : KS B

제2절 도면의 종류와 크기

1 도면의 종류

01 용도에 따른 분류

① 계획도 : 설계자의 설계의도와 계획을 나타낸 도면
② 제작도 : 물품을 제작에 필요한 모든 정보를 충분히 전달하기 위한 도면(공정도, 시공도, 상세도)
③ 주문도 : 발주자가 제작자에게 제시하는 도면

④ 승인도 : 발주자의 승인을 얻기 위한 도면
⑤ 견적도 : 견적을 내기 위한 도면
⑥ 설명도 : 물품의 기능, 구조, 원리, 취급법 등을 표시한 도면, 카탈로그, 취급 설명서 등에 사용

02 내용에 따른 분류

부품도	물품을 구성하는 각 부품을 자세히 그린 도면
조립도	전체적인 조립을 나타내는 도면
부분 조립도	복잡한 물품을 부분으로 나누어 조립도를 나타내는 도면
기초도	기계를 설치하기 위하여 콘크리트, 철강작업 등을 하기 위한 도면
배치도	물품의 배치를 나타내는 도면
배근도	철근의 치수와 배치를 나타낸 도면(건축, 토목)
장치도	장치공업에서 각 장치의 배치, 제조 공정의 관계 등을 나타낸 도면
스케치도	기계나 장치 등의 실체를 보고 프리핸드로 그린 도면

03 표현 형식에 따른 분류

① 외관도 : 대상물의 외형 및 최소한의 치수를 나타낸 도면
② 전개도 ; 대상물을 구성하는 면을 평면으로 전개한 도면
③ 곡면선도 : 선체, 자동차 차체 등의 곡면을 여러 개의 선으로 표현한 도면
④ 입체도 : 사투상법, 투시도법에 의해 입체적으로 표현한 도면

04 성격(성질)에 따른 분류

① 원도 : 제도 용지나 컴퓨터로 작성된 최초의 도면
② 트레이스도 : 연필로 그린 원도 위에 트레이싱지를 놓고 연필 또는 먹물로 그린 도면, 청사진도나 백사진도의 원본
③ 복사도 : 트레이시도를 원본으로 하여 복사한 도면, 청(백)사진, 전자 복사도 등

05 다음 중 도면의 종류를 내용에 따라 분류한 것이 아닌 것은?

① 부품도 ② 배치도
③ 계획도 ④ 기초도

<해설> ③, 계획도는 용도에 따른 분류이다.

❷ 도면의 크기 및 양식

01 도면의 크기

도면 크기의 종류와 윤곽 치수(단위 : mm)

A열 사이즈			d(최소)	
호칭	치수(a×b)	c (최소)	철하지 않을 때	철할 때
A0	841×1189	-	-	-
A1	594×841	20	20	25
A2	420×594			
A3	297×420	10	10	25
A4	210×297			

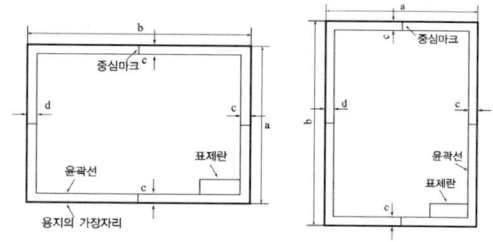

[도면의 테두리, 윤곽 치수 표시]

02 제도 용지의 가로와 세로의 비가 맞는 것은? : 1.414 : 1

03 A₀ 제도 용지의 면적은? : 약 1m²

<해설> A₀ 용지의 넓이는 841×1189 = 999,949mm² 이므로 m²로 고치면 약 1m²가 된다.

04 도면의 크기이다. A₄의 크기는?

210×297mm

해설 A4 : A₀ 용지를 2^4으로 절단한 크기(16절지)이다

05 도면의 양식

① 도면에는 윤곽선, 표제란, 중심 마크를 반드시 표기해야 한다.
② 윤곽선 : 도면 용지의 안쪽에 그려진 내용을 확실히 구분할 수 있는 선
③ 중심 마크 : 도면을 마이크로 필름으로 촬영하거나 복사할 때 기준이 되는 것
④ 윤곽선, 중심 마크는 0.5mm 이상의 굵은 실선으로 그린다.
⑤ 비교 눈금은 도면을 축소 또는 확대했을 경우 그 정도를 알기 위한 눈금, 도면의 아래쪽에 있는 중심 마크를 중심으로 좌우에 마련한다.

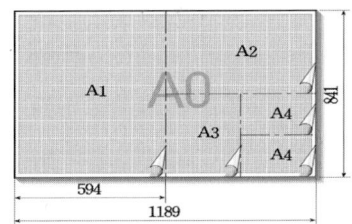

[제도 용지의 크기]

❸ 척도

01 척도

물체의 실제 크기와 도면에서의 크기와의 비율

02 척도의 종류

① 현척(실척) : 도형을 실물과 같은 크기로 그리는 척도, 도면은 실물과 같은 크기로 것이 원칙(1 : 1)
② 축척 : 도면에 도형을 실물보다 작게 제도하는 척도(1 : 2, 5 : 5, 1 : 10, 1 : 20, 1 : 50, 1 : 100, 1 : 200)
③ 배척 : 도면에 도형을 실물보다 크게 제도하는 척도(2 : 1, 5 : 1, 10 : 1, 20 : 1, 50 : 1)
④ 모든 척도의 치수 기입은 실물의 치수를 기입한다.

03 척도를 공통적으로 표시할 경우 어디에 표시해야 되는가?   : 표제란

04 그림이 치수와 비례하지 않을 경우에 표시하는 방법으로 옳지 않은 것은?

① 치수 밑에 밑줄을 긋는다.
② "비례척이 아님"이라고 기입한다.
③ NS(none scale) 등의 문자를 기입한다.
④ 해당 치수에 (   )를 한다.

해설 ④, 해당 치수에 (   )를 하는 경우는 참고 치수를 표시하는 것이다.

05 1/2 척도에서 120mm를 도면에 기재하고자 할 때 얼마로 기재하는가?

120

해설 도면에 표시되는 치수는 척도에 관계없이 해당 치수를 기입해야 된다.

06 부품표(명세표)를 표제란 바로 위쪽에 붙여서 작성하는 경우 품번의 기입 방법은?

아래에서 위로 쓴다.

07 부품표를 우측 상단에 작성하는 경우 품번 기입은?   : 위에서 아래로 쓴다.

08 일반적으로 표제란의 위치는?

오른쪽 아래

09 표제란에 기입 사항은?

도면번호, 도명, 투상법, 척도, 각법, 제도자, 검토자, 제도 연월일, 공사명

10 부품표에 기입할 사항은?

품번, 품명, 수량(개수), 무게, 재질

11 일반적인 경우 도면을 접을 때의 크기로 가장 적당한 것은? : A₄

12 일반적으로 도면을 접을 때 도면의 어느 것이 겉으로 드러나게 정리해야 하는가?

표제란이 있는 부분

제3절 문자와 선

1 문자

01 문자의 표시법

① 도면에는 문자는 한글, 숫자, 영문, 로마자 등이 쓰이나, 가능한 문자는 적게 쓰고 기호로 나타낸다.
② 도면에 기입하는 문자는 가능한 간결하게, 가로 쓰기를 원칙으로 한다.
③ 한글은 도면의 품명, 요목표 등에 사용하며, 고딕체로 수직으로 쓴다.
④ 같은 도면에서는 같은 높이로 하며, 문자의 크기는 문자의 높이로 표시한다.

02 제도용 문자의 크기는 무엇으로 나타내는가? : 문자의 높이

[해설] 2.24, 3.15, 4.5, 6.3, 9mm의 5종

03 일반적으로 문자의 나비는 높이의 얼마로 하며 서체는 어떤 것을 적용하는가?

80 ~ 100%, 고딕체

04 숫자와 로마자 서체

① 주로 아라비아 숫자가 쓰이며 고딕체, 로마체, 이텔릭체, 라운드리체 등이 있다.
② 숫자 크기 : 2.24, 3.15, 4.5, 6.3, 9mm의 5종
③ 로마자는 주로 대문자를 사용하며, 위 5종, 12.5, 18mm 7종이 있다.

05 숫자나 로마자의 글자체는 원칙적으로 수직에 대하여 어떻게 쓰는가?

오른쪽으로 15° 경사체

2 선(line)

01 선의 모양(형상)에 의한 종류

실선, 파선, 쇄선(1점, 2점)

02 굵은 실선(thick line)

① 굵은 실선 : 연속적으로 연결된 0.35~1.0mm의 선(주로 0.5mm를 많이 사용)
② 용도 : 외형선, 물체의 보이는 겉모양을 표시하는 선, ─────
③ 아주 굵은 선 : 굵기가 0.7~2.0mm인 선(주로 1mm를 많이 사용)
 - 얇은 판 등을 표시

03 가는 실선(thin line)

① 굵기가 0.18~0.5mm인 선(주로 0.25mm

를 많이 사용),
② 용도 : 치수선, 치수보조선, 인출선, 지시선, 해칭선, 파단선(자유실선)

04 치수를 기입할 때 필요하지 않는 선은?
① 파단선   ② 치수 보조선
③ 치수선   ④ 지시선

해설 ①, 물체의 부분 단면의 표시를 할 때 사용하는 불규칙한 자유실선

05 각종 기호를 따로 기입하기 위하여 도형에서 빼내는 선은? : 지시선

06 파선 --------
짧은 선이 일정한 간격으로 반복되는 선, 실선의 약 1/2, 치수선 보다 굵게 한다.

07 보이지 않는 외형을 나타내는 선으로 사용되는 선은? : 파선(숨은선, 은선)

해설 물체의 외형 중 보이지 않는 부분은 파선을 사용하여 표시하며, 용도로는 숨은선(은선, hidden outline)이라고 한다.

08 1점 쇄선 —–-–
① 길고 짧은 2종류 선을 번갈아 나열한 선
② 가는 1점 쇄선, 굵은 1점쇄선이 있다.
③ 굵은 1점 쇄선 용도 : 열처리 부분 등 특수한 가공을 실시하는 부분을 표시

09 기어나 체인의 피치선 등은 어느 선으로 표시하는가? : 가는 일점 쇄선

해설 가는 일점 쇄선은 중심선, 피치선 등의 표시에 사용된다.

10 2점 쇄선
① 긴 선과 2개의 짧은 선을 번갈아 규칙적으로 나열한 선, —--—
② 용도 : 가상선

11 절단선
① 가는 1점 쇄선 끝에 굵은 선과 화살표 사용) ↑-·-·↑
② 용도 : 단면을 그리는 경우, 그 절단 위치를 표시하는 선

12 파단선
① 가는 실선, 자유곡선, ∽
② 물체의 일부를 파단한 곳을 표시하는 선, 끊어 낸 부분을 표시하는 선

13 다음 중 선의 용도에 따른 분류에 속하지 않는 것은?
① 외형선   ② 가상선
③ 중심선   ④ 가는 실선

해설 ④, ④는 선의 모양(형태)에 따른 종류이다.

14 가상선(2점 쇄선)의 용도
① 도시된 물체의 앞면을 표시하는 선
② 인접 부분을 참고로 표시하는 선
③ 가공 전, 가공 후의 모양을 표시하는 선
④ 이동 부분의 위치를 표시하는 선
⑤ 공구, 지그 등의 위치를 참고로 표시 선

15 가상 투상도가 쓰이는 경우 중 틀린 것은?
① 물체의 평면이 경사진 경우에 모양과 크기가 변형 또는 축소되어 나타나는 경우

② 반복을 표시하는 경우
③ 물체 일부의 모양을 다른 위치에 나타내는 경우
④ 도형 내에 그 부분의 단면도를 90° 회전하여 나타내는 경우

> **해설** ①, 물체의 경사진면에는 이 면에 직각인 투상면을 투상하는 보조 투상도를 사용한다.

16 기초도에서 기초 위에 설치되는 기계는 다음 중 어느 선으로 나타내는가?

가상선

17 선의 우선 순위

도면에서 2종류 이상의 선이 같은 장소에서 중복될 경우 선의 우선 순위에 따라 그린다.
외형선-숨은선-중심선-무게 중심선-치수보조선-치수선, 인출선

18 선 긋기 일반 사항

① 평행선은 선 굵기의 3배 이상, 선과 선의 틈새는 0.7mm 이상으로 한다.
② 밀접한 교차선의 경우 선 간격을 선 굵기의 4배 이상으로 한다.
③ 많은 선이 한 점에 집중하는 경우 선 간격이 선 굵기의 약 3배가 되는 위치에서 선을 멈춰 점의 주위를 비우는 것이 좋다.
④ 1점 쇄선 및 2점 쇄선은 긴 쪽 선으로 시작하고 끝나도록 한다.
⑤ 실선과 파선, 파선과 파선이 서로 만나는 부분은 이어지도록 긋는다.
⑥ 1점 쇄선(중심선)끼리 만나는 부분은 이어지도록 긋는다.
⑦ 파선이 서로 평행할 때는 서로 엇갈리게 그린다.

19 두 개의 삼각자(정삼각형, 직삼각형)를 사용하여 그을 수 없는 각도는?

[15°, 75°, 105°, 115°, 130°, 150°]

> **해설** 115°, 130°, 2개의 삼각형(등각, 직각)으로 그릴 수 있는 각도는 15°로 나눌 수 있는 각도이다.

02 제도의 기본

제1절 투상법

1 투상법의 종류

01 투상도

어떤 물체에 광선을 비추어 하나의 평면에 맺히는 형상, 크기, 위치 등을 일정한 법칙에 따라 표시하는 것이다.

02 투상도의 종류

정투상도, 등각 투상도, 부등각 투상도, 사향(사투상)도, 투시도

03 정투상도

① 3개의 투상화면(입화면, 평화면, 측화면) 중간에 물체를 놓고 평행 광선에 의해 투상되는 모양을 그린 도면
② 제1각법과 제3각법이 사용된다.
③ 투상선과 투상면과의 관계는 수직이다.

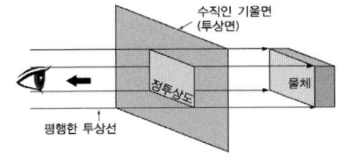

[정투상도의 원리]

04 기계 제도에서는 어떤 방법을 사용하는 것이 원칙인가? : 정투상법

05 투상면에 대해 경사진 평행 광선에 의해 투상한 것으로 기울어진 각도가 같은 투상도는? : 등각 투상도

> 해설 등각 투상도는 물체를 입체적으로 도시하기 위해 수평선과 2축의 각도가 30°를 이루며, 2축과 90°를 이룬 수직축의 3축이 투상면 위에서 120°의 등각이 되도록 물체를 투상한 것

06 부등각 투상도

서로 직교하는 3개의 면 및 3개의 축에 각이 서로 다르게 경사져 있는 그림으로 2각이 같은 것을 2축 투상도, 3각이 전부 다른 3축 투상도

07 사향(사투상)도

물체의 주요면을 투상면에 평행하게 놓고 투상면에 대하여 수직보다 다소 옆면에서 보고 측면의 변을 일정한 각도만큼 기울여 표시하는 것이다.

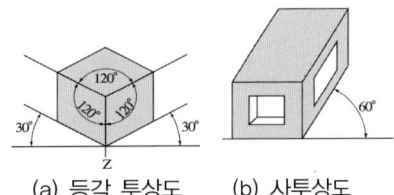

(a) 등각 투상도   (b) 사투상도

08 시점에 가까운 부분을 크게 시점에서 멀수록 작게 나타나며 물체를 본 그대

로를 그리는 도법은? ; 투시도

해설 투시도는 물체를 원근감을 갖도록 그린 그림으로 토목, 건축 제도에 주로 사용

② 제1각법과 제3각법

01 제1각법

① 투상면 앞쪽에 물체를 놓고 물체의 앞쪽에서 투상면에 수직으로 비치는 평행광선과 같은 투상선으로 물체의 모양을 투상면에 그리는 것
② 눈→물체→투상면의 식으로 배열
③ 건축, 조선 제도에 주로 쓰인다.

02 정면도를 중심으로 각각 보는 위치와 정반대되는 쪽에 투상도가 그려지는 각법은?   : 제1각법

03 제3각법

① 물체를 제3각 안의 투상면 뒤쪽에 물체를 놓고 물체의 앞쪽 투상면에 물체를 그리는 것
② 눈→투상→물체의 식으로 배열 각법
③ 기계 제도에서는 3각법을 사용하는 것이 원칙이다.

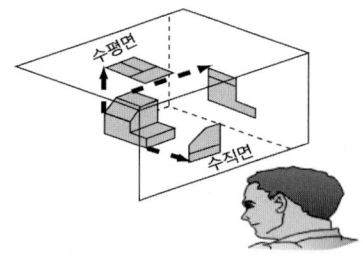

04 제1각법과 비교한 제3각법의 장점

① 각 투상도의 비교가 쉽고 치수 기입이 편리하다.

② 정면도를 중심으로 할 때 물체의 전개도와 같기 때문에 그림을 보기가 쉽다.
③ 특히 긴 물체나 경사면을 갖는 물체는 제 3각법으로 표현하는 것이 편리하다.
④ 제1각법은 관련 형상을 표현한 투상도가 멀리 떨어져 있으므로 형상 이해 및 치수 판독시 잘못을 일으키기 쉽다.

05 다음 중 제3각법의 장점이 아닌 것은?

① 각 관계도의 배열이 실물의 전개도와 다르므로 대조가 편리하다.
② 보조 투상도 및 국부 투상도를 그릴 때는 도면을 보기 쉽다.
③ 각 관계도가 가까운 곳에 있으므로 도면 대조에 편리하다.
④ 정면도를 기준으로 상하 좌우에서 본 그대로 상하 좌우에 그린다.

해설 ①, 도면의 배열이 실제로 사물을 보는 것과 같은 위치에 있다.

06 제1각법과 제3각법의 기호

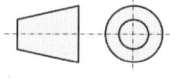   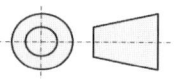

(a) 제1각법 기호   (b) 제3각법 기호

해설 표제란에 '제1각법', 또는 '제3각법'의 문자나 위 그림과 같은 각법의 대표 기호를 표시한다.
한국, 미국, 캐나다, 일본 등은 제3각법,, 독일, 프랑스, 스위스 등은 제1각법 사용

제2절 평면도법, 투상법

① 필요한 투상도의 수

01 1면도

정면도 하나로 충분한 원통, 각기둥, 평판 등과 같이 단면의 모양이 균일하고 모양이 간단한 물체를 표현할 때 적용한다.

02 2면도

평면형 또는 원통형인 간단한 물체는 정면도와 평면도나 다른 면도 2면으로서 완전하게 표현할 수 있을 경우 적용한다.

03 3면도

3개의 투상도로 완전히 도시할 수 있는 것을 말하며, 정면도, 평면도, 우측면도를 주로 택한다.

❷ 투상도의 선택과 종류

01 투상도 선택의 원칙

① 숨은선이 적게 되는 투상도를 택하며, 정면도를 중심으로 그 위쪽에 평면도, 또는 오른쪽에 우측면도를 택하는 것이 원칙이다.
② 정면도와 평면도 또는 정면도와 측면도의 어느 것으로 나타내어도 좋은 경우는 투상도 배치가 좋은 쪽을 택한다.

02 도형의 방향 선정에 대한 설명 중 틀린 것은?

① 그 부분의 가공량이 가장 많은 공정을 기준으로 한다.
② 가장 가공량이 많은 공정을 기준으로 가공할 때 놓여진 상태와 같은 방향으로 도면에 표시한다.
③ 작업의 중점이 되는 부분이 오른쪽에 오도록 그린다.
④ 그리기 편한대로 그린다.

해설 ④, 원칙에 맞추어 그려야 이해가 쉽고 적용하기 편하다.

03 정투상도의 선택

① 물체의 특징, 모양, 치수를 가장 명료하게 나타내는 쪽을 선택하고 이것을 중심으로 측면도, 평면도 등을 보충한다. 다만 비교 대조가 불편할 때는 숨은선으로 표시해도 무방하다.
② 물체는 될 수 있는대로 안전하고 자연스러운 위치를 나타낸다.
③ 조립도 등 주로 기능을 나타내는 도면은 대상물을 사용하는 상태로 표시한다.

04 물체의 모양을 가장 잘 나타낼 수 있는 면은 어디에 배치하는가? : 정면도

05 입체의 높이가 나타나지 않는 투상도는?

평면도

06 기어나 벨트 풀리의 정면도는 다음 중 어느 것이어야 하는가?

축 방향에서 본 그림

07 국부 투상도(local view)

정면도 하나만으로 충분한 도면이 키 홈 때문에 불필요한 평면도까지 그리게 되는 것을 피하여 키 홈 부분만 나타낸 것처럼 그려진 투상도이다.

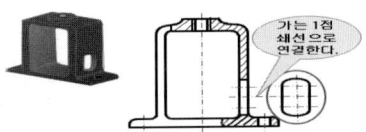

08 부품을 정면도 외에 측면도나 평면도를 다 그릴 필요가 없을 때 일부분만 그린 것을 무엇이라고 하는가?

국부 투상도

09 다음 그림의 A와 같은 투상도를 무엇이라 하는가? : 부(보조) 투상도

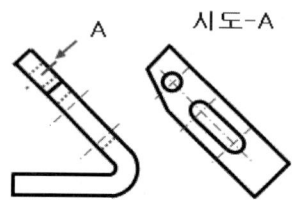

해설 정투상도로 표현하기 어려운 경사진 부분을 경사면과 평행한 위치에 경사면에 수직으로 투상하면 경사진 부분의 실제 모양을 나타내기가 쉽다.

10 부분 투상도

그림의 일부를 도시하는 것으로도 충분한 경우에 일부분만 표시한다. 생략한 부분과 경계를 파단선(가는 실선)으로 나타내고, 명확한 경우에는 생략이 가능하다.

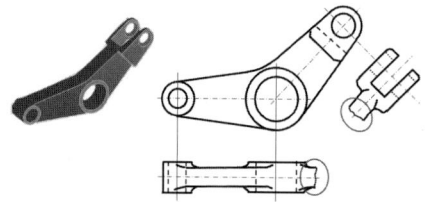

11 확대 투상도

특정한 부분의 도형이 너무 작아 그 부분을 상세하게 표현하거나 치수 기입을 할 수 없을 때 그 부분을 가는 실선으로 에워싸고 문자로 표시하며, 확대 표현한다.

12 회전 투상도

대상물의 일부가 어느 각도를 가지고 있기 때문에 그 모양을 나타내기 위해 그 부분을 회전해서 실제 모양을 나타내는 투상도

13 아래 도면 (1)을 보고 평면면도로 적합한 것을 보기에서 고르시오. : ①

14 아래 도면 (2)를 보고 정면도로 적합한 것을 보기에서 고르시오. : ③

15 아래 도면 (3)을 보고 입체도로 적합한 것을 보기에서 고르시오. : ⑤

16 아래 도면 (4)를 보고 우측면도로 적합한 것을 보기에서 고르시오. : ⑧

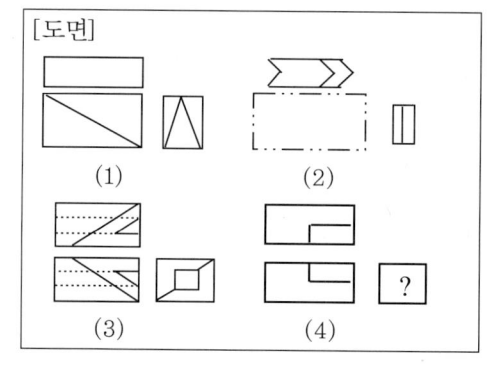

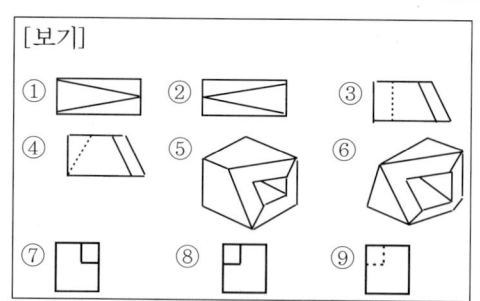

17 다음 그림과 관계되는 평면도는 어느 것인가? ③

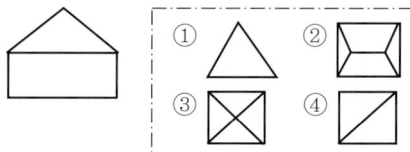

18 아래 입체도 (1)을 보고 좌측면도로 적합한 것을 보기에서 고르시오. : ②

19 아래 입체(겨냥)도 (2)를 보고 평면도로 적합한 것을 보기에서 고르시오 : ③

20 아래 입체도 (3)에서 화살표 방향으로 투상한 도면으로 적당한 것은? : ⑥

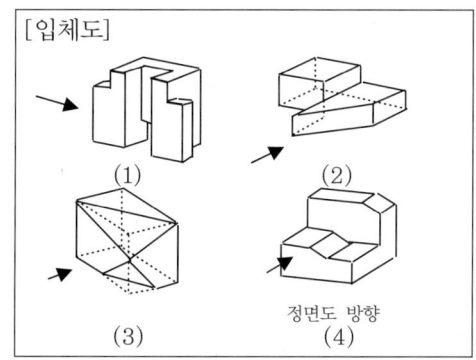

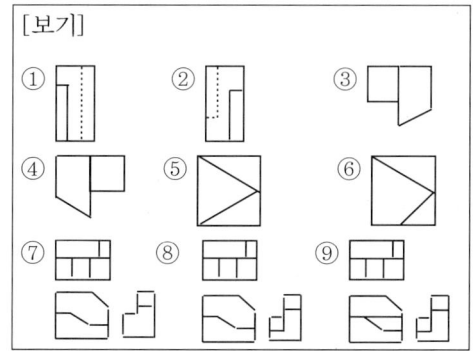

21 위의 입체도 (4)에서 화살표 방향으로 투상한 도면으로 적당한 것은? : ⑧

22 다음 정면도와 평면도를 보고 우측면도로 가장 적합한 것은? : ①

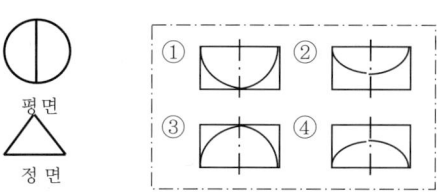

23 다음 도면은 정면도와 우측면도만 도시되어 있다. 제3각 투상에서 평면도로 적당한 것은 어느 것인가? : ①

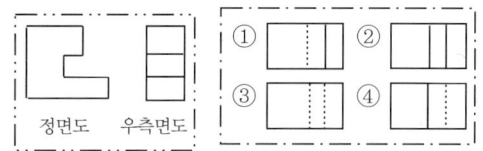

24 화살표 방향이 정면도일 경우 평면도로 가장 적합한 것은? : ①

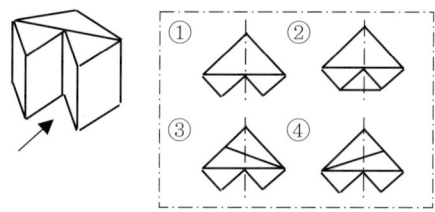

25 다음 도면에서 잘못된 것은? : ③

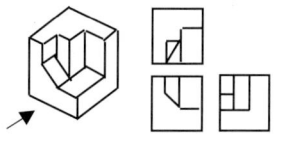

① 정면도 ② 측면도
③ 평면도 ④ 측면도, 평면도

26 다음에 나타낸 정면도에 해당되는 평면도는? : ②

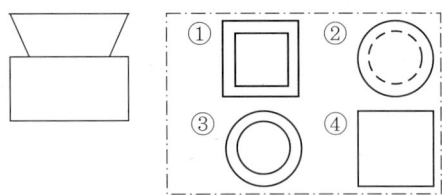

27 다음 그림을 3각법으로 제도했을 때 투상도의 이름이 틀린 것은?

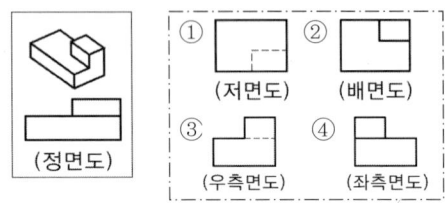

해설 ②, 배면도가 아니라 평면도이다.

28 다음은 3각법으로 그린 투상도이다. 옳게 투상한 것은 어느 것인가? : ④

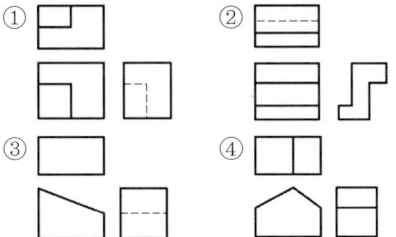

29 다음 투상도는 어느 겨냥도에 해당되는가? : ③

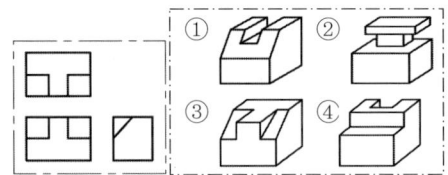

30 다음은 3각법으로 그린 투상도이다. 틀린 것은 어느 것인가? : ③

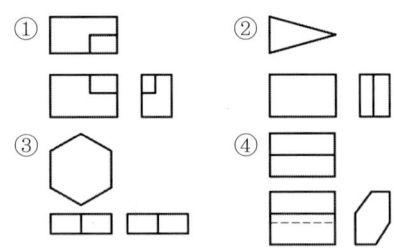

❸ 단면의 표시법

01 단면도를 하는 이유

① 물체 내부 모양이나 구조가 복잡한 경우
② 투상도에 숨은선이 많아 정확하게 형상을 읽기 어려울 때

04 단면도 표시법

절단 또는 파단하였다고 가상하여 물체 내부가 보이는 것과 같이 표시하면 대부분의 숨은선이 생략되고 외형선으로 도시되며, 해칭이나 스머징한다.

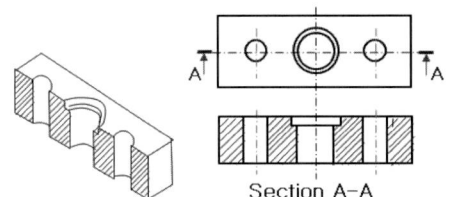

02 단면의 원칙

① 원칙적으로 기본 중심선으로 절단한 면으로 표시한다.
② 필요한 경우 기본 중심선이 아닌 곳에서 절단하여 그려도 되며, 숨은선은 이해가능하면 생략한다.
③ 상하 또는 좌우 대칭인 물체에서 외형과 단면을 동시에 나타낼 때에는 보통 대칭 중심의 위쪽 또는 오른쪽을 단면으로 나타낸다.

03 절단면 설치 위치와 한계 표시 방법

① 투상도에서 절단면 설치 위치와 한계 표시는 가는1점 쇄선으로 나타내며, 시작 부분과 선의 방향이 달라지는 부분에는 굵은 선으로 표시한다.
② 절단 평면의 기호는 정면도에 그 문자와 기호를 표시한다.
③ 부분 단면의 단면선은 단면의 한계를 표시하는 불규칙한 프리 핸드로 그린다.

04 해칭(hatching) 또는 스머징법

① 절단면을 단면하지 않은 면과의 구별을 위하여 가는 평행 경사선(해칭선)이나 스머징으로 표시한다.
② 같은 부품의 단면은 단면 부위가 멀리 떨어져 있더라도 방향과 간격은 같아야 한다.
③ 서로 인접한 여러 단면의 해칭은 각도를 30°, 45°, 60° 또는 간격을 달리한다.

05 도면에서 어떤 경우에 해칭을 하는가?

절단 단면을 표시할 경우

06 단면도의 종류

온단면도, 한쪽 단면도, 부분 단면도, 계단 단면도, 회전 단면도

07 온(전) 단면도에 대한 설명 중 틀린 것은?

① 물체의 1/2을 절단한 것이다.
② 물체의 전면을 단면도로 표시한 것이다.
③ 단면선은 30°로 긋는 것이 원칙이다.
④ 중심선을 지나는 절단 평면으로 전면을 자르는 것이다.

해설 ③, 단면선은 45°로 긋는 것이 원칙.

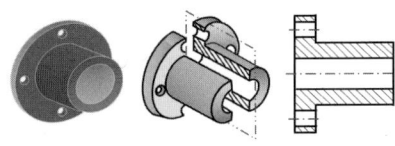

08 한쪽(반) 단면도

대칭인 물체의 중심선을 기준으로 내부와 외부 모양을 동시에 나타내도록 물체의 1/4을 잘라내어 나타낸 단면도. 단면은 중심선을 기준으로 오른쪽 또는 위쪽에 표현

09 부분 단면도(local sectional view)

물체에서 단면을 필요로 하는 임의의 부분에서 일부만을 떼어낸 단면으로, 단면의 경계는 파단선을 프리핸드(가는 자유실선)로 표시한다.

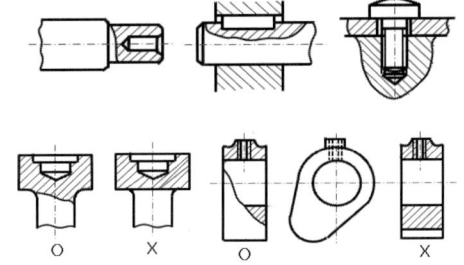

10 다음 도면 중 회전 단면이 아닌 것은?

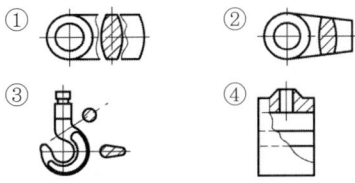

해설 ④, 부분 단면도이다.

11 회전 단면도

① 핸들, 벨트 풀리, 기어, 바퀴의 암(arm), 림(rim), 리브, 훅(hook), 축등의 절단 면을 90도 회전하여 그린 단면도

② 물체를 파단선으로 자르고 절단한 곳에 단면을 나타낸다.
③ 회전 단면 작성시 사용되는 선은 파단한 경우 굵은 실선, 도면 내에 그리는 경우 가는 실선으로 그린다.

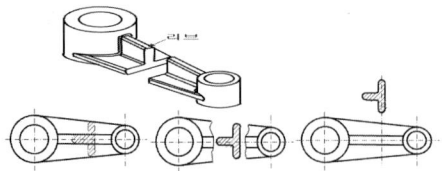

12 다음과 같은 구조물의 도면에서 A, B의 단면도는?

회전 단면도

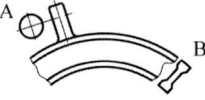

13 계단 단면도

절단면이 투상면에 평행 또는 수직한 여러 면으로 되어 있어 명시할 곳을 계단 모양으로 절단하여 나타낸 도면이다.

14 얇은 부분의 단면도

① 가스켓, 철판 및 형강 제품 등 얇은 제품의 단면은 1개의 굵은 실선으로 표시
② 개스켓(Gasket), 양철판(Tin-Plate) 또는 형강 같은 극히 얇은 단면은 굵게 흑색실선으로 표시하고 이들 사이의 간격은 백색 공간으로 표시한다.
③ 해칭선은 그림이나 글자에 대하여 중단될 수 있으나 외형선 밖으로 연장되어서는 안된다.

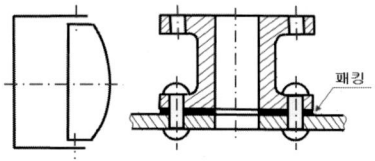

15 길이 방향으로 절단하지 않는 부품

① 속이 찬 원주 및 각주 모양의 부품 : 축(Shaft), 핀, 볼트, 너트(Nut), 와셔, 작은 나사, 멈춤 나사, 리벳(Rivet), 키(Key), 테이퍼 핀, 볼 베어링의 볼 등
② 얇은 부분(단면하면 잘 못 판독 염려가 있는 것 : 리브(Rib), 웨브(Web) 등
③ 부품의 특수한 부분(단면하면 모양이 불확실해 지는 것) : 암(Arm), 기어의 이(Tooth) 등

16 다음 단면도 중 옳게 도시된 것은? ②

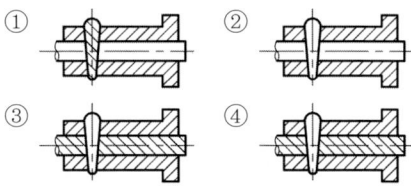

17 다음 그림과 같이 특정 부분을 옳게 그려진 것은? : ①

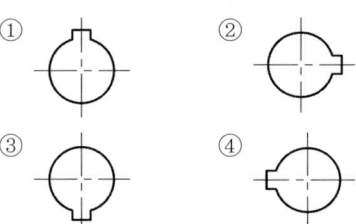

4 도형의 생략

01 도형의 생략 원칙

① 도면은 가급적 간단 명료하고 깨끗하게 그려 제도 시간과 노력은 적게 한다.
② 좌우 상하 대칭인 물체는 한쪽만 그려도 이해하는데 지장이 없는 경우 한쪽을 생략할 수 있다.
③ 일직선 위에 같은 간격, 같은 크기로 뚫린 많은 구멍은 처음과 마지막 부분의

몇 개만 그리고, 나머지 부분은 구멍의 중심 위치만 표시한다.

02 대칭 도형의 생략

① 대칭인 도형의 한쪽을 생략하여 그릴 때에는 그림 (a)와 같이 중심선 양 끝에 대칭 도시 기호를 그려 넣어야 한다.
대칭 도시 기호는 가는 실선으로 그린다.
② 중심선을 조금 넘게 그린 경우에는 대칭 도시 기호를 그리지 않는다. (b) 생략한 부분과의 경계는 파단선으로 그린다.

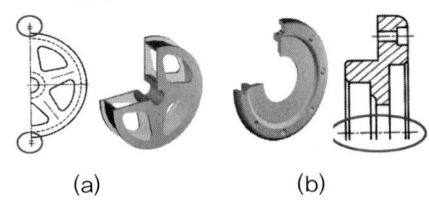

(a)　　　　(b)

03 반복 도형의 생략

같은 종류의 모양이 여러 개 규칙적으로 있는 경우 다음과 같이 생략이 가능하다.

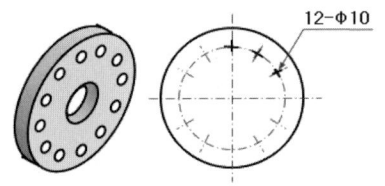

04 도형의 중간 부분의 생략

일정한 단면 모양의 부분 또는 테이퍼 부분이 긴 경우에는 중간 부분을 절단하여 짧게 도시할 수 있다.

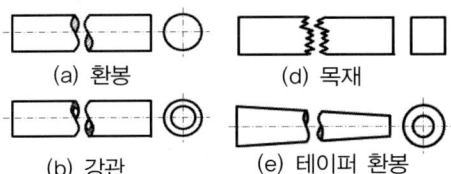

(a) 환봉　　(d) 목재
(b) 강관　　(e) 테이퍼 환봉

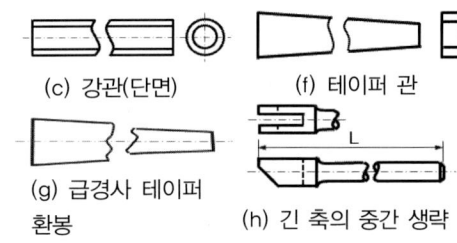

(c) 강관(단면)　(f) 테이퍼 관
(g) 급경사 테이퍼 환봉　(h) 긴 축의 중간 생략

❺ 특별한 도시 방법

01 전개법의 종류

평행선 전개법, 방사선 전개법, 삼각형 전개법

02 입체의 모양을 한 평면 위에 펼쳐서 그린 그림을 무엇이라고 하는가?

전개도

03 판금 작업 중 전개도를 그리는 방법(종류)으로 옳지 않은 것은?

① 삼각형법　② 방사선법
③ 직각법　　④ 평행선법

[해설] ③, 원뿔 전개에는 방사선법이 좋다.

04 그림과 같이 안지름 550mm, 두께 6mm, 높이 900mm 인 원통을 만들려고 할 때 소요되는 철판의 크기로 가장 적당한 것은? (단, 양쪽 마구리는 트여진 상태이며 이음매 부위는 고려하지 않는다.)

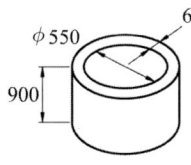

900×1747

[해설] 원통 굽힘 소재 길이 계산은 내경으로 표시된 경우는 (내경+t)×π를, 외경으로 표시된

경우는 (외경-t)×π로 계산한다.
(550+6)×3.1416=1746.7

05 다음 경사 방향으로 절단된 원뿔을 전개할 때 옳은 것은? ①

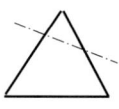
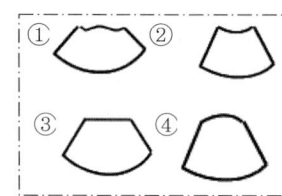

06 다음 원추를 단면한 표면에서 수직되게 보았을 때 어떤 모양이 되는가?

포물선

07 다음은 정면도를 보고 전개한 것이다. 바르게 전개된 것은? : ②

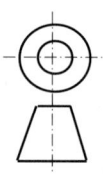
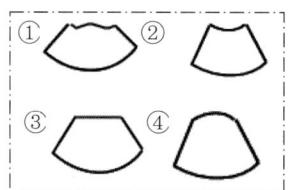

08 원통에 정원을 뚫었을 때 전개도는?
④

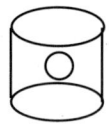
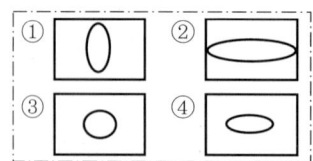

09 평행선 전개법

주로 각기둥이나 원기둥을 전개할 때 사용하며, 한쌍의 삼각자, 디바이더나 컴퍼스만 있으면 가능하다.

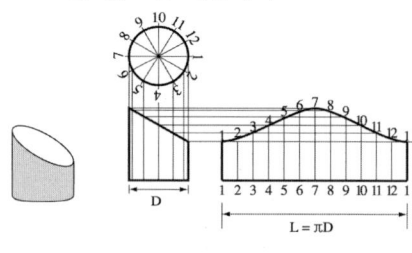

(a) 물체   (b) 정면도와 평면도를 그린다.

10 삼각형 전개법

입체의 표면을 여러 개의 삼각형으로 나누어 전개하는 방법이다. 꼭지점이 너무 멀리 떨어져 있어서 방사선 전개도법을 적용하기 어려운 원뿔이나 편심 원뿔, 각뿔 등의 전개도에 많이 사용한다.

11 방사선 전개법

각뿔이나 원뿔의 전개에 사용하며 꼭지점을 중심으로 방사형으로 전개시키는 방법

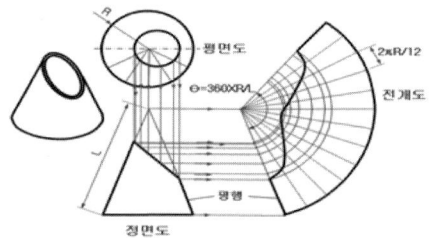

12 구형 등에 평면의 표시

도형 내에 특정한 부분이 평면인 것을 표시할 필요가 있을 때는 가는 실선(0.25mm)을 대각선으로 그어준다.

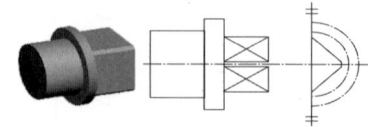

13 특수 가공 부분의 표시

물체의 일부분에 특수 가공을 하는 경우에는 그 범위를 외형선과 평행하게 약간 떼어서 굵은 일점 쇄선으로 표시한다.

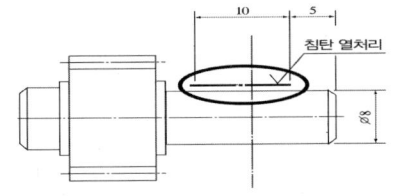

14 상관체와 상관선

① 상관체 : 2개 이상의 입체가 서로 관통하여 하나의 입체로 된 것
② 상관선 : 상관체가 나타난 각 입체의 경계선

15 지름이 같은 원기둥과 원기둥이 직각으로 만날 때의 상관선 표시는? : 직선

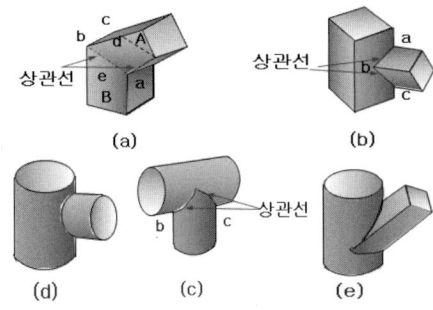

16 다음은 지름이 같은 상관체의 그림이다. 상관선이 맞지 않는 것은? ②

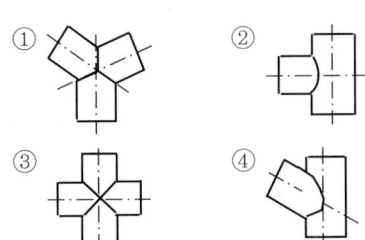

17 표준 부품의 표시

① KS규격에 규정된 표준 부품이나 시중 판매품을 사용할 경우는 간략도를 그리고 주요 치수를 기입하면 된다.
② 볼트, 와셔, 핀, 구름 베어링 등

18 특정 모양 부분의 표시 방법

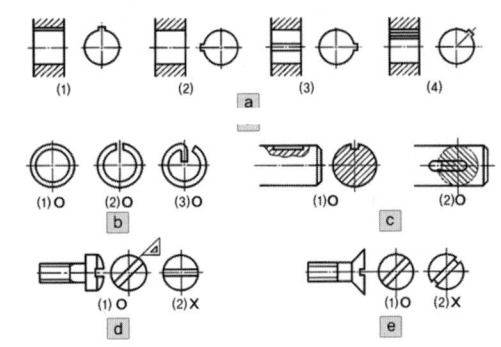

제3절 스케치

1 스케치 개요와 방법

01 스케치도의 필요성에 대한 설명 중 관계가 먼 것은?

① 실물을 보고 실물과 같은 물건을 만들고자 할 때
② 기계를 개조할 필요가 있을 때
③ 기계, 기구의 일부가 파손되어 그 부품을 만들고자 할 때
④ 기계 기구 등을 새로 구입할 때

해설 ④, 기계 기구 등을 새로 구입할 때나 제작도를 오래 보존할 경우는 스케치가 필요없다. 스케치도는 제3각법으로 그리는 것이 원칙이다.

02 다음은 스케치도에 대한 설명이다. 틀린 것은?

① 프리 핸드로 그린다.
② 규격품은 따로 도면을 작성한다.
③ 가공방법, 끼워 맞춤 정도 등을 기입한다.
④ 조립에 필요한 사항을 기입한다.

해설 ②, 규격품은 따로 도면을 작성하지 않고 바로 부품표에 규격을 기입하면 된다.

03 스케치 방법

부품의 모양에 따라서 프리 핸드법, 프린트법, 본(모양) 뜨기법, 사진 촬영법 등이 있다.

04 스케치할 때 부품의 표면에 광명단을 칠한 후 종이에 대고 눌러서 실제 모양을 뜨는 방법을 무엇이라고 하는가?

프린트법

해설 스케치할 때 광면단 등 도료를 발라 실형을 뜨는 방법을 프린트법이라고 한다.

05 스케치할 물체를 직접 종이에 대고 그리는 방법은? : 본(모양) 뜨기법

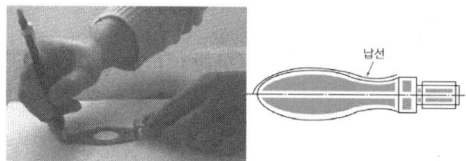

[직접 본뜨기법]   [간접 본뜨기법]

06 사진 촬영법

사진 촬영법 적용시 크기를 알기 위해 자 또는 길이의 기준이 되는 물건과 같이 촬영하는 것이 좋다.

07 스케치할 때 재질 판정법이 아닌 것은?

②

① 색깔이나 광택에 의한 판정법
② 피로 시험에 의한 판정법
③ 불꽃 검사에 의한 판정법
④ 경도 시험에 의한 판정법

08 스케치에 의하여 제작도를 완성할 경우 제도 순서를 나열한 것은?

전체 조립도 - 부품도 - 부분 조립도

03 치수 및 재료 기호 표시법

제1절 치수 표시법

1 치수의 종류와 기입의 원칙

01 다음 중 도면에 기입되는 치수의 종류가 아닌 것은?

① 재료 치수　② 소재 치수
③ 여유 치수　④ 마무리(완성)치수

해설 ①, 재료 치수 ; 구조물 등의 제작에 사용되는 재료의 다듬질 치수를 포함한 치수

02 제도에서는 특별히 명시하지 않은 경우 어느 치수를 기입하는게 원칙인가?

마무리(완성) 치수

03 치수 종류의 특성

① 재료 치수 : 구조물 등 제작에 사용되는 재료의 다듬질 치수를 포함한 치수
② 소재 치수 : 주물이나 단조품 등 반제품의 치수
③ 완성(마무리) 치수 : 완성 제품의 치수

04 치수 기입의 일반 원칙(주의 사항)

① 정확하고 이해하기 쉽게 한다.
② 제작 공정이 쉽고 가공비가 최저로서 제품이 완성되는 치수로 한다.
③ 치수는 주로 정면도에 집중되게 하며, 일부 평면도나 측면도에 표시할 수 있다.
④ 두께 치수는 주로 평면도나 측면도에 기입한다.
⑤ 수직선에 대하여 시계 반대 방향 30° 이하의 부분에는 치수 기입을 피한다.
⑥ 수평 치수선에 대하여는 위쪽으로 향하게, 수직 치수선에는 왼쪽 방향으로 치수선 중앙 치수선 위에 기입한다.

05 치수의 단위

① 길이 : 보통 완성 치수를 mm 단위로 하며, 단위는 붙이지 않는다.
　치수의 소수점은 아래 점으로 표시하며, 치수 문자의 자리수가 많은 경우라도 3자리마다 콤마는 찍지 않는다.
② 각도 : 보통 '도'로 표시하며, 필요한 경우 숫자의 오른쪽에 도, 분, 초(°, ″, ′)를 기입한다.

06 다음 중 치수 기입시 주의 사항으로 적합하지 않은 것은?

① 계산하지 않고 치수를 볼 수 있게 한다.
② 제품이 완성되는 치수로 한다.
③ 치수는 주로 정면도에 집중되게 기입한다.
④ 두께 치수는 반드시 우측면도에 기입한다.

해설 ④, 두께 치수는 가급적 평면도나 측면도에 기입한다.

07 치수 기입시 주의 사항이 아닌 것은?

① 치수는 치수선이 교차하는 곳에 기입하지 않는다.
② 여러 개의 구멍 치수 기입시 치수선의 간격을 동일하게 한다.
③ 대칭 도형의 치수선을 생략할 경우 중심선을 넘도록 그린다.
④ 원호가 180°를 넘는 경우 R로 표시한다.

해설 ④, 원호가 180°를 넘는 경우 ϕ로 표시한다.

08 치수 기입법에서 올바르게 설명한 것은?

같은 치수를 기호 문자로 기입하고 수치는 별도로 할 수 있다.

해설 특별히 명시하지 않은 치수는 완성 치수이며, 작업자가 계산하지 않도록 기입한다.

09 다음 중 치수선에 치수 기입시 위치

① 수평 치수선에 대하여 위쪽으로 향하게
② 수직 치수선에 대하여 좌측으로 향하게

10 치수와 같이 사용되는 문자, 기호

구분	기호	구 분	기호
지름	ϕ	판두께	t
반지름	R	원호 길이	⌒
구의 지름	Sϕ	45° 모따기	C
구의 반지름	SR	참고 치수	( )
정사각형 변	□		

11 다음 중 치수와 같이 사용되는 기호가 아닌 것은 어느 것인가?

① □ 5   ② ⊠ 5
③ 구ϕ5   ④ R 5

해설 ⊠는 원형 물체 등에 키 홈 등 평면임을 나타내는 도시법이다.

❷ 치수 기입의 구성 요소

01 치수 구성요소

① 치수는 두개의 선이나 평면 사이 등 상호간의 거리를 표시하기 위해 사용하며,
② 치수선과 치수 보조선, 인출선, 지시선 등으로 나타내며, 0.3mm 이하의 가는 실선으로 그린다.

02 치수선 표시 예

① 수치가 적용되는 구간을 나타내며, 외형선과 평행하게, 외형선에서 10~15mm 정도 띄어서 그리며, 끝부분은 화살이나 검은 점으로 나타낸다.
② 외형선, 다른 치수선과 중복을 피한다.
③ 외형선, 숨은선, 중심선, 치수 보조선은 치수선으로 사용하지 않는다.
④ 화살표의 길이와 폭의 비율은 보통 4 : 1 정도로 하며, 보통 3mm 정도로 하며, 같은 도형에서는 같은 크기로 한다.

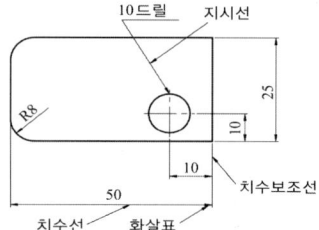

03 치수 보조선

① 치수선을 긋기 위한 보조선으로 도형의 외형선에서 1mm 정도 띄어 외형선과 수직 또는 경사지게 긋는다.
② 테이퍼부의 치수를 나타낼 때는 치수선과 60° 경사로 긋는 것이 좋다.
③ 치수 보조선의 길이는 치수선과 교차점보다 약간(약 3mm) 길게 긋도록 한다.

04 지시선과 인출선

구멍 치수나 가공 방법, 지시 사항, 부품 기호 등을 기입하기 위해 경사지게 그리며, 지시선은 60도 사용이 일반적이다.

05 다음 도면에서 지름 8mm의 구멍의 수는 모두 몇 개인가? : 38

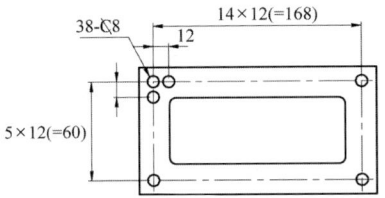

06 다음과 같은 도면에서 A와 B 부분의 치수가 빠져있다. 옳은 치수는 얼마인가?

A : 1240, B : 1480

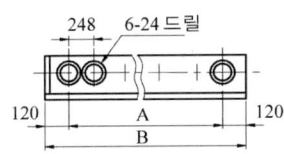

해설 A부분의 치수는 6-4드릴이며, 1칸의 간격이 248이므로 (구멍수 - 1) × 1칸의 간격 = (6 - 1) × 248 = 1240이 된다. B 치수는 A + 양측 간격 = 1240 + 240 = 1480이 된다.

3 여러 가지 치수 기입 방법

01 지름 및 반지름 치수 기입

① 지름의 치수 기입 : 치수 앞에 지름 기호를 붙이며, 지름의 크기가 다르며 연속되고 길이가 짧아 치수를 기입할 공간이 작은 경우 인출선을 끌어내어 기입한다.

② 반지름의 치수 기입 : 물체의 모양이 원형으로 반지름 치수를 표시할 때 치수선의 화살표를 원호 쪽에만 붙이고 반지름 기호 R을 붙인다.

③ 구의 지름은 치수 앞에 'Sϕ'를, 구의 반지름은 'SR'을 붙인다.

02 정사각형 변의 크기 및 두께 치수 기입

① 물체가 정사각형의 모양을 한 경우 해당 단면의 치수 앞에 정사각형 기호 □를 붙인다.

② 두께 : 판재는 보통 평면 상태를 정면도로 하며 투상도 안에 t자를 붙이고 치수를 기입함이 원칙이나 알아보기 쉬운 적당한 위치에 기입한다.

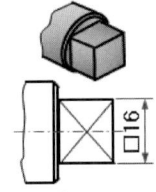 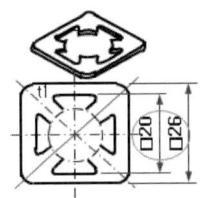

(a) 단면에 직접 기입 (b) 한 변에 치수를 기입

03 현, 원호 및 곡선 치수 기입

① 현 길이 : 원칙적으로 측정할 방향으로 현의 직각에 치수 보조선을 긋고 현에 평행하게 치수선을 그어 치수를 기입한다.

② 원호 : 현의 길이와 같이 치수 보조선을 긋고 그 원호와 동심의 원호로 치수선을 그은 후 치수를 기입하고 원호 기호 ⌢를 붙인다.

③ 원호로 구성된 곡선 : 원호 반지름과 그 중심 또는 원호와의 접선 위치까지를 기입한다.

④ 원호로 구성되지 않은 곡선 : 기준면 기준 또는 곡선상 임의 점 위치를 기점 기호로 표시하고 좌우로 치수를 기입한다.

04 각도, 호, 현의 표시법

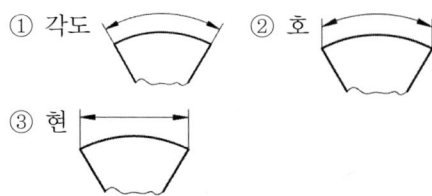

② 부등변 앵글 : L A × B × t1 ×t2- L
③ ㄷ형강 : ⊏ A × B × t1 ×t2- L
④ I형강 : I A × B × t - L
⑤ H형강 : H A × B × t - L

05 구멍 치수 기입

① 같은 크기의 구멍이 하나의 투상도에 여러 개 있을 경우 구멍으로부터 지시선을 긋고 그 위에 '구멍수-구멍 치수'를 기입한다.
② 피치 간격 치수는 '피치 총수×1개의 피치 치수(=전체 치수)'를 기입한다.
③ 구멍이 원으로 그려져 있는 투상도에 기입시 구멍의 크기 치수 다음에 '깊이' 문자 기호와 깊이 치수를 기입한다. 드릴 끝의 원뿔 부분은 포함하지 않은 깊이이다.

06 테이퍼 및 기울기 치수 기입

테이퍼는 원칙적으로 중심선 위에 기입하나, 기울기 크기와 방향을 별도로 지시할 때는 인출선을 써서 기입한다.
기울기는 기울어진 면의 위로 약간 띄워서 기입한다.

07 모따기 치수 기입

① 모따기 각도가 45° 이하일 때는 보통의 치수 기입 방법과 같이한다.
② 모따기 각도가 45°일 때는 'C7' 또는 7×45°

08 형강, 강관 등의 치수 기입

'형강기호 세로 길이(A)×가로 길이(B)×두께(t) - 길이(L)로 기입한다.
① 앵글 : L A × B × t - L

09 다음 둥근 머리 리벳 중 공장 리벳 이음 작업을 나타낸 것은? : ②

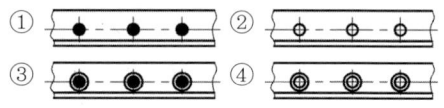

해설 ① 현장 리벳이음

10 치수 기입시 주의 사항

① 치수 수치는 절대 도면 선 위에 표시하지 않는다.
② 치수 수치는 치수선이 교차하는 곳에 기입하지 않는다.
③ 인접해서 연속되는 경우 동일 직선상에 가지런히 긋고 기입한다.
④ 여러 개의 구멍 치수 기입시 치수선의 간격을 동일하게 한다.
⑤ 대칭 도형의 치수선을 생략할 경우 중심선을 넘도록 그린다.
⑥ 동일 형상의 다른 치수는 기호를 써서 별도로 표시할 수 있다.
⑦ 서로 경사진 모따기, 둥글기가 있을 때는 두 면의 교차점을 표시하고 치수 보조선을 끌어내어 치수선을 긋는다.
⑧ 원호가 180°를 넘는 경우 지름으로 표시하는 것이 원칙이다.
⑨ 가공, 조립시에 기준면이 있는 경우 기준면을 기준으로 기입한다.
⑩ 서로 관련되는 치수를 한곳에 모아서 기입하는 것이 좋다.

제2절 재료 기호 및 표시 방법

1 재료 기호의 구성

01 재료 기호 구성

재료 기호는 영문자와 아라비아 숫자로 구성되어 있으며, 보통 3부분으로 표시하나, 다섯 자리로 표시하기도 한다.
4번째는 제조법, 5번째는 제품 형상 표시

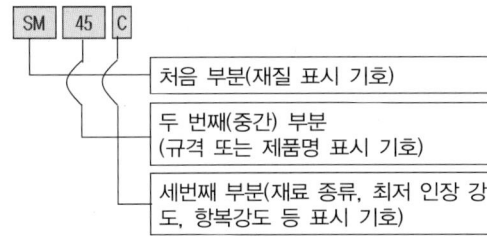

- 처음 부분(재질 표시 기호)
- 두 번째(중간) 부분 (규격 또는 제품명 표시 기호)
- 세번째 부분(재료 종류, 최저 인장 강도, 항복강도 등 표시 기호)

02 처음 부분 : 재질

기호	재 질	기호	재 질
Al	알루미늄	MSr	연강
Bs	황동	S	강
Cu	구리 또는 그 합금	SM	기계 구조용강
PB	인 청동	WM	화이트 메탈

03 두 번째(중간) 부분 : 규격명, 제품명

영문자의 머리글자(대문자)로 표시하고 판·봉(bar), 선재와 주조품, 단조품 등과 같은 제품의 모양에 따른 종류나 용도를 표시한다.

기 호	제품명 또는 규격명
B, C	B : 봉(bar), C : 주조품
F, K	F : 단조품, K : 공구강
BC / BsC	청동주물 / 황동주물
DC / CS	다이케스팅 / 냉간압연강재
CP	냉간 압연 연강판
HP	열간 압연 연강판
G / KH	고압가스용기 / 고속도공구강
MC / NC	가단주철품 / 니켈크롬강
NCM	니켈 크롬 몰리브덴강
P, W	P : 판(plate), W : 선(wire)
PW	피아노 선(piano wire)
S / SW	일반구조용압연재 / 강선
TC / WR	탄소공구강 / 선재(wire rod)

04 세 번째 부분

재료의 종류 번호, 최저 인장 강도와 제조 방법, 열처리 방법 등을 표시한다.

기 호	기호의 의미	적 용
5A	5종 A	SPS 5A
A	A종	Sn400 A
C	탄소 함량 (0.10~0.15%)	SM 12 C
330	최저 인장 강도 또는 항복점	WMC 330

05 네 번째 부분

구 분	기호	기호의 의미
조질도 기호	A	풀림 상태(연질)
	H / 1/2H	경질 / 1/2 경질
표면 마무리 기호	D	무광택 마무리
	B	광택 마무리
열처리 기호	N / Q	불림 / 담금질, 뜨임
	SR	시험편에만 불림
형상기호	P	강판
	□ / 6	각재 / 6각강
	I / C	I형강 / 채널
기 타	CF	원심력 주강판
	CR	제어 압연 강판
	R	압연 그대로의 강판

❷ 재료 기호 표시의 예

01 SS 275(KS D) 3503의 일반 구조용 압연강재 등

1) SS 275
   - SS400에서 최저항복강도 275로 개정됨, 275N/mm², Mpa) (최저인장강도 41kgf/mm² → 400N/mm² → 275N/mm²)
   - 일반 구조용 압연재
   - 강(steel)

2) SM 45C
   - 탄소 함유량 (0.40~0.50%의 중간 값, C%×100의 수치)
   - 기계구조용 압연강
   - 강(steel)

02 머리부터 끝까지 전체 치수로 호칭 길이를 표시하는 리벳은?

접시 머리 리벳

[해설] 리벳의 호칭법은 종류, 호칭, 지름×길이, 재료이다.

03 재료 기호표시에서 첫 번째 기호는 무엇을 뜻하는가? : 재질

04 재료 기호 표시에서 세번째 부분에 표시하는 내용이 아닌 것은?

① 재료 종류 ② 최저 인장 강도
③ 탄소 함유량 ④ 제품 규격

[해설] ①, SB41 : S : 재질, 강, B : 보일러, 41 : 최소인장강도

05 냉간 압연 강판 및 강대 1종을 나타내는 것은?

SCP 1

06 SM10C에서 10C는 무엇을 뜻하는가?

탄소 함유량

[해설] 10C는 탄소 함유량을 뜻하며, 탄소 함유량에 100을 곱한 숫자이며, 탄소 함유량이 0.07~0.13% 범위의 강재를 나타낸다.

07 용접용 KS 재료 기호가 SM 355 CN으로 표시되었을 때의 설명 중 틀린 것은?

① 용접 구조용 압연 강재이다.
② 최고 인장강도가 355kgf/mm²이다.
③ C는 A, B, C의 C종이다.
④ N은 노말라이징 열처리한 재료를 표시한다.

[해설] ②, 용접구조용 압연강재 기호 SWS 400, 490이 SM 275, 355로 변경되었다.
즉, 최저 인장강도가 400, 490(N/mm²)에서 최저 항복강도 275, 355 MPa(N/mm²)로 변경되었다.

08 다음 중 기계 구조용 탄소강 강재를 나타내는 것은?

① SF330 ② SM30C
③ SS275 ④ SC37

[해설] ②, SS41에서 SS400으로, 다시 SS275로 변경되었음, 41, 400은 최저 인강강도가 41kgf/mm²에서 400N/mm²으로 또 다시 최저 항복강도가 275N/mm²(MPa)로 개정되었다.
SF : 단조강, SC : 주강

제1절 용접기호 기제 방법

1 용접 기호 일반

01 구, KSB 0052 용접기호는 2023년도에 폐지되고 2024년 12월 'KSBISO2553 (2019) 용접 이음부 기호'로 개정되었다.

02 용접 이음부 기호란

용접 구조물의 설계 및 제작 도면에 설계자가 생각하고 있는 이음 형식과 홈의 형상, 필릿의 목 길이, 용입 깊이, 비드 표면의 다듬질 방법, 용접 장소, 용접법 등을 나타내기 위해 구, KSB 0052 용접기호는 폐지되고, 다시 KSB 0052와 ISO2553을 화합하여 2024년 12월에 제정된 기호이다.

03 용접 기호의 일반 사항은? ①~④

① 용접 이음부는 일반적으로 제도 규격에 근거하여 나타낸다.
② 이음부에 대하여 규격에 있는 기호 표시법을 채용하고 있다.
③ 기호 표시법은 기초 기호, 보조 기호, 치수 표시, 보조 지시 사항으로 구성하고 있다.
④ 기초 기호와 보조 기호는 필요에 따라 조합하여 표시한다.

2 용접 이음부 기호

01 용접 홈 맞대기 이음 형상과 기초 기호, 명칭

1) ⌒ : 플래어 V 용접
2) ⁄⁄ : 플래어 개선 용접
3) ‖ : 정방형(구, 평형, I형) 맞대기 용접
4) ∨ : 단면 V 맞대기 용접
5) ⌵ : 단(일)면 개선 맞대기 용접
6) Y : 넓은 루트면을 가진 단면 V 맞대기 용접
7) ⌶ : 넓은 루트면을 가진 단면 개선 맞대기 용접
8) ⌴ : 단면 U 맞대기 용접
9) ⌊ : 단면 J 맞대기 용접
10) X : 양면 V(구, X형) 맞대기 용접
11) K : 양면 개선(구, K형) 맞대기 용접
12) ⋊ : 양면 U(구, H형) 맞대기 용접
13) X : 넓은 루트면을 가진 양면 V 용접
14) K : 넓은 루트면을 가진 양면 개선 맞대기 용접
15) ⌵ : 가파르게 경사진 (구, 개선각이 급격한) V 맞대기 용접
16) ⌶ : 가파르게 경사진 (구, 개선각이 급격한 일면 개선) 맞대기 용접

02 기타 기본이음 형상과 기호, 명칭

1) ⬛ : 가장자리(edge) 용접
2) ⌒ : 오버래이(구, 표준 육성) 용접
3) ⌣ : 뒷(이)면 용접
4) △ : 필릿 용접
5) ⊓ : 플러그 용접 플러그 또는 슬롯 용접(미국)
6) ○ : 점 용접
7) ⊖ : 심(seam) 용접
8) ⊗ : 스터드 용접
9) d▽ : 스테이크 용접
10) ⊠ : 대체하는 단순화된 맞대기 용접(요구 품질, 예로 WPS 등에 근거한 경우 사용, 완전 용입의 겨우 치수 붙이지 않음)
11) : 넓은 루트면을 가진 양면 개선 용접과 필릿 용접

03 그림의 용접이음의 명칭

① 겹치기 이음 :
② 모서리 이음 :
③ 변두리 이음 :
④ 맞대기 이음 :

04 용접 보조 기호란

용접 보조 기호는 기본 기호에 이 기호를 사용해 기초 기호를 보조하는 역할을 하는 것

05 용접 보조 기호의 설명

① 볼록비드 : ⌒
② 오목 비드 : ⌣
③ 동일 평면(평평하게 마감처리) : ─
④ 매끄럽게 혼합된 토우(구, 끝단을 매끄럽게 함) : ⌣

1) ▽ : 편면 마감 처리한 V형 맞대기 용접
2) ⨝ : 이면 용접이 있으며 표면 모두 평면 마감 처리한 V 맞대기 용접
3) ⨯ : 볼록 양면 V 용접
4) ⌐ : 오목 필릿 용접
5) ⊻ : 넓은 루트면이 있고 이면 용접된 V형 맞대기 용접
6) 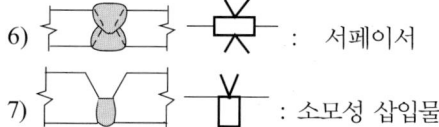 : 서페이서
7) : 소모성 삽입물
8) 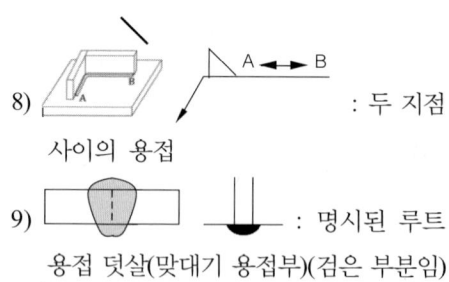 : 두 지점 사이의 용접
9) : 명시된 루트 용접 덧살(맞대기 용접부)(검은 부분임)

06 다음 용접 기호의 설명은?

필릿 용접부의 토우를 매끄럽게 함

07 다음 용접 기호의 뜻은?

① `M` : 영구 패킹(구, 영구적인 덮개판 사용)

② `MR` : 제거성/일시적인(구, 제거 가능한) 백킹

08 다듬질 방법의 보조 기호

G : 연삭, C : 치핑, M : 기계 가공,
F : 지정하지 않음

09 기본 용접 기호

이음부 세부사항을 전달하지 않은 기호, 화살표선, 기준선 및 꼬리를 포함하여야 한다.

(a) 기본 용접 기호 :

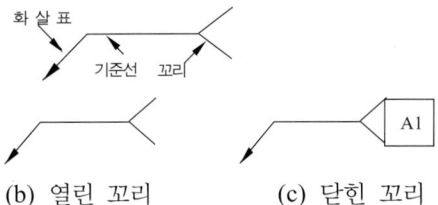

(b) 열린 꼬리   (c) 닫힌 꼬리

10 꼬리의 형상과 기재사항

① 꼬리 형상은 열린 꼬리와 닫힌 꼬리가 있다.
② 꼬리는 품질 등급, 용접 공정, 용가제, 용접 자세, 이음부를 만들 때 고려해야 할 보충 정보를 나타내며,
③ 닫힌 꼬리는 특정 지시(예 : WPS, PQR 또는 다른 문서에 따른 참조를 나타낼 목적일 때 사용해야 한다.

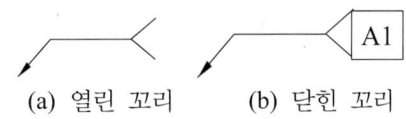

(a) 열린 꼬리   (b) 닫힌 꼬리

11 기준선과 용접 기호 시스템

용접 기호 시스템은 A, B가 있으며, 동일 도면에서 혼용해서는 안된다.

1) 시스템 A : 기호 표시는 실선과 점선을 구성하는 이(2)중 기준선을 기본으로 한다.
   - 점선은 기준선과 동일한 길이로 표시하며, 실선 위나 아래로 그려도 되나 가능하면 밑에 그린다.
   - 점선은 대칭 용접부와 점 용접, 심 용접의 경우 생략한다.
   - A 시스템에서 화살표쪽 용접일 때는 실선 위에 용접 기초 기호를, 화살표 반대쪽 용접일 때는 점선 위에 붙인다.

2) 시스템 B : 기호 표시는 단일 기준(실)선을 기본으로 한다.
   - B 시스템에서 화살표쪽 용접일 때는 실선 아래에 용접 기초 기호를, 화살표 반대쪽 용접일 때는 실선 위에 붙인다.

3) A, B 시스템 모두 치수, 보충 정보, 보조기호는 기준선에 붙여 그려야 한다.

12 용접 시공 내용의 기재 시스템

1) 화살표쪽 용접

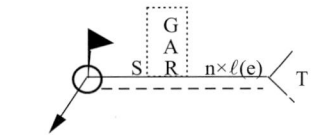

2) 화살표반대쪽

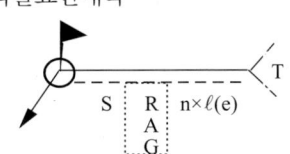

(a) 시스템 A 적용의 경우

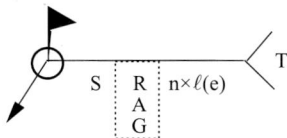

(a) 시스템 B 적용의 경우(화살표쪽 용접)
(기준선 위에 용접 기초기호가 붙으면 반대쪽 용접)

13 용접 기호 기재 방법

① 용접 이음부의 보조 기호로는 치수, 강도(S), 용접 방법 등을 표시하는데, 치수의 숫자 중에서 가로 단면의 주요 치수는 용접부 기본 기호의 좌측에 기입한다.
② 세로단면 방향의 치수는 일반적으로 기초(구, 기본) 기호( )의 우측 $n \times \ell(e)$에 기입한다.
③ 표면 모양(-) 및 다듬질 방법(G) 등의 보조 기호는 용접부의 모양 기호 표면에 근접하여 기재한다.
④ 전방위(구, 전(온)둘레) 용접 : 용접부 전체를 용접할 경우 사용, 기준선과 화살표선의 교차점에 원형을 붙인다.
⑤ 현장 용접이란 구조물 등을 설치하는 현장에서 용접을 하라는 의미이며, 현장 용접부는 화살표선과 기준선 연결 교점에 수직으로 깃발을 높게 붙인다.
 - 전방위(구, 일주, 전둘레) 용접(○), 현장 용접( ), 현장 전방위 용접( ) 등
⑥ 꼬리 부분(T)에는 용접 자세, 용접 방법 등을 기입한다.

14 전방위(구, 전(온)둘레) 용접 기호의 사용 제한

① 용접부가 같은 지점에서 출발하지 않고 끝나지 않는 경우
② 용접부 종류가 변경되는 경우, 예로 필릿 용접에서 맞대기 용접부로
③ 용접부 치수가 변경되는 경우
④ 용접부가 원형 또는 길게 늘어진 구멍의 원주의 경우

15 기초 기호(∨, ✕, ⋊, △ 등)

① S : 홈 깊이, 용접부 두께
② R : 루트 간격
③ A : 홈의 각도
④ G : 다듬질 방법의 보조 기호(G : 연삭, C : 치핑, M : 기계 가공, F : 지정하지 않음)
⑤ n : 이음부(단속 필릿 등)의 수
⑥ ℓ : 이음부(단속 필릿 용접의 용접 등) 길이, 슬롯 용접의 홈 길이 또는 필요한 경우
⑦ (e) : 단속 필릿 용접, 플러그 용접, 슬롯 용접, 점 용접 등의 피치(용접부 끝과 인접 용접부 사이의 거리)
⑧ T : 특별 지시 사항(J, U형 등의 루트 반지름, 용접 자세, 용접 방법, 비파괴 시험 보조기호, 기타 등)
⑨ ○ : 전방위(구, 전, 온둘레) 용접

16 플러그, 점, 심 용접 및 프로젝션 용접부

① 플러그 이음부 : 기초 기호는 기준선 위의 중앙에 붙이며, 화살표쪽과 반대쪽 관련이 없으며, A 시스템의 경우 점선은 생략할 수 있다.
② 프로젝션 용접부 : 기준선 위나 아래에 기초 기호를 놓아야 하며, 용접 공정은 식별되어야 한다.

17 여러개의 기준선

① 2개 이상의 기준선은 일련의 작업을

나타낼 목적으로 사용하며,
② 첫 번째 작업은 화살촉에 가장 가까운 기준선 위에 나타내며, 후속 작업은 다른 기준선 위에 순차적으로 나타내야 한다.
③ 길이 치수 : 용접부 공칭 길이 치수는 기초 기호 오른쪽에 놓여야 한다.

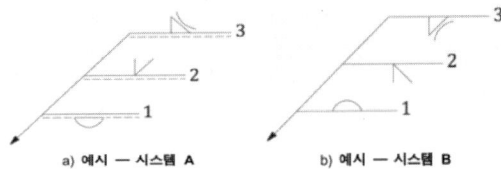

(1 : 첫번째 작업, 2 : 두번째 작업, 3 : 세번째 작업)

18 각도별 이음부 종류의 구분법

① $0° ≤ α ≤ 5°$: 겹치기/필릿
② $0° ≤ α ≤ 30°$: 가장자리
③ $5° ≤ α ≤ 45°$: 필릿
④ $30° ≤ α ≤ 135°$: 모서리, 필릿
⑤ $135° ≤ α ≤ 180°$: 맞대기

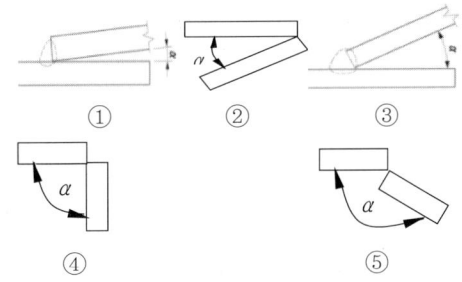

19 용접부에서 ⌐M¬ 은 무엇을 뜻하는가?

영구 패킹(구, 영구적인 덮개판 사용)

20 제거성/일시적인(구, 제거 가능한) 백킹을 나타내는 기호는?

⌐MR¬

21 맞대기 이음에서 ▬ 기호는 무엇을 나타내는가?

명시된 루트 용접 덧살(맞대기 용접부)

22 아래 왼쪽 그림과 같은 용접 기호를 올바르게 설명한 것은?

화살표쪽 단면 V 맞대기 용접, 루트간격 3mm, 홈각도 60°

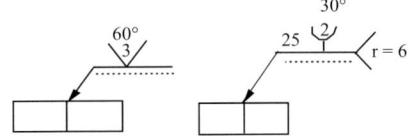

23 위의 우측 도면에서 맞대기 이음에 대한 KS 용접기호의 설명은?

단면 U 맞대기 용접기호로서 화살표쪽 홈 깊이 25mm, 루트 반지름 6mm, 홈각도 30°, 루트간격 2mm이다.

24 다음 도면의 용접 기초기호의 설명은?

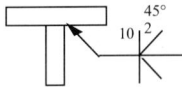

양면 개선(구, K형) 맞대기 용접으로 홈의 각도 45° 루트 간격 2mm, 홈의 깊이는 10mm이다.

25 필릿 용접부 표시방법

s : 실재 목 두께
a : 이론 목 두께, z : 다리 길이(각장)

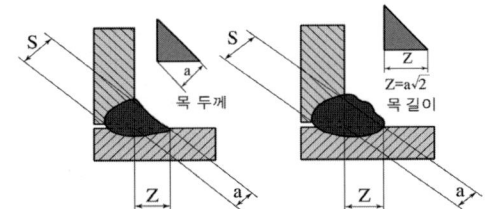

26 다음 도시의 용접 기호를 설명은?

①~④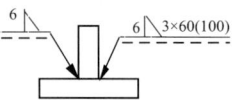

① 왼쪽은 연속 필릿 용접, 오른쪽은 단속 필릿 용접을 뜻한다.
② 양쪽 다리 길이(각장)는 6mm이다.
③ 단속 용접 수는 3개소이다.
④ 단속 용접 길이는 단속 용접부 길이는 60mm, 용접부와 용접부 사이의 간격은 100mm이다.

27 다음 도면의 용접 기호는 어떠한 용접을 나타내는가?

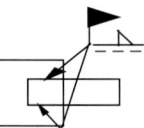

연속 필릿 현장 용접

> 참고
> ① 병렬 단속 필릿 용접 :
> ② 화살표 방향 플러그 용접 :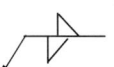
>
> ③ 전방위(구, 일주) 현장용접 :
>
> ④ 심(seam) 용접 :

28 다음 용접기호는 무엇을 뜻하는가?

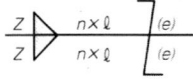

지그재그 단속 필릿 용접부
(Z : 다리 길이(각장), a일 경우 : 목 두께)

29 플러그 용접에서 사용하는 다음 기호에서 d와 s는 무엇을 뜻하는가?

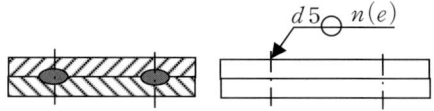

d : 접착면에서의 구멍 지름
s : 구멍을 부분적으로 채울 경우 채우는 깊이
d 대신 C는 : 슬롯 용접에서 접촉면에서 길게 늘어진 구멍의 폭

30 프로젝션 용접부의 표시

프로젝션의 지름 $d=5$mm, 프로젝션 간격 (e)로 n개의 용접 개수를 가지는 프로젝션 용접의 표시이다.

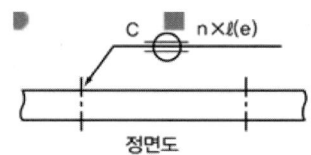

31 그림과 같은 심 용접이음에 대한 용접 기호 표시 설명 중 틀린 것은?

① C : 접착면에서 요구되는 심 용접부 폭 (용접부의 너비)
② n : 용접부의 수
③ ℓ : 용접길이
④ e : 용접부의 깊이

해설 ④ e : 인접한 용접부 간의 거리

32 V 맞대기 용접에서 S의 의미는?

: 용입 깊이(S가 없는 경우 완전 용입을 뜻함)

33 V 맞대기 이음에서 h6s8의 의미는?

: h6 : 공칭 용입깊이 8mm

s8 : 실제 용입깊이 6mm

34 아래 좌측 용접 기호에서 교차점에서의 원(O)은 무엇을 의미하는가? : ②

① 현장 용접 ② 전방위 용접
③ 점 용접   ④ 심 용접

35 위의 우측 기호는 무슨 용접을 의미하는가? : 가장자리 용접

36 d〇 n×ℓ(e) 기호에서 (e)는 무엇을 나타내는가?

점 용접부의 중심에서 중심사이의 거리

해설 (e) : 점용접, 플러그 용접 등에서는 용접부 중심에서 중심사이의 거리를 의미함
d : 용접부 지름

37 아래 좌측과 같은 꺾임 용접 기호의 경우 실재 용접부 형상으로 올른 것은?

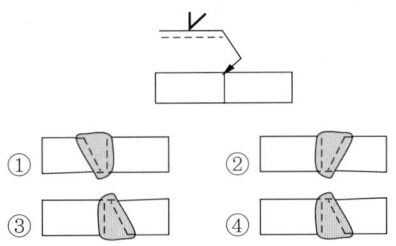

해설 ①, 꺾임 화살표 위치와 반대로 보면 됨

38 용접보조 기호의 설명 중 틀린 것은?

① G : 연삭   ② C : 치핑
③ M : 기계 가공 ④ F : 줄 가공

해설 ④ F : '지정하지 않음'을 의미함

39 용접부 주요 치수 표시법

용접부 명칭	도 시	기호 표시
맞대기 용접부 (완전 용입부 : V)		s∥ S∨ sY
단속 맞대기		∥ n×ℓ (e)
양면 V 맞대기		hs X hs X
1) 가장자리이음 (겹침이음부) 2) 가장자리 (플랜지 맞대기 이음부)	1) 2)	s∥
체인형 단속		∥ n×ℓ (e) n×ℓ (e)
연속 필릿 용접		a△ z△ z1z2△

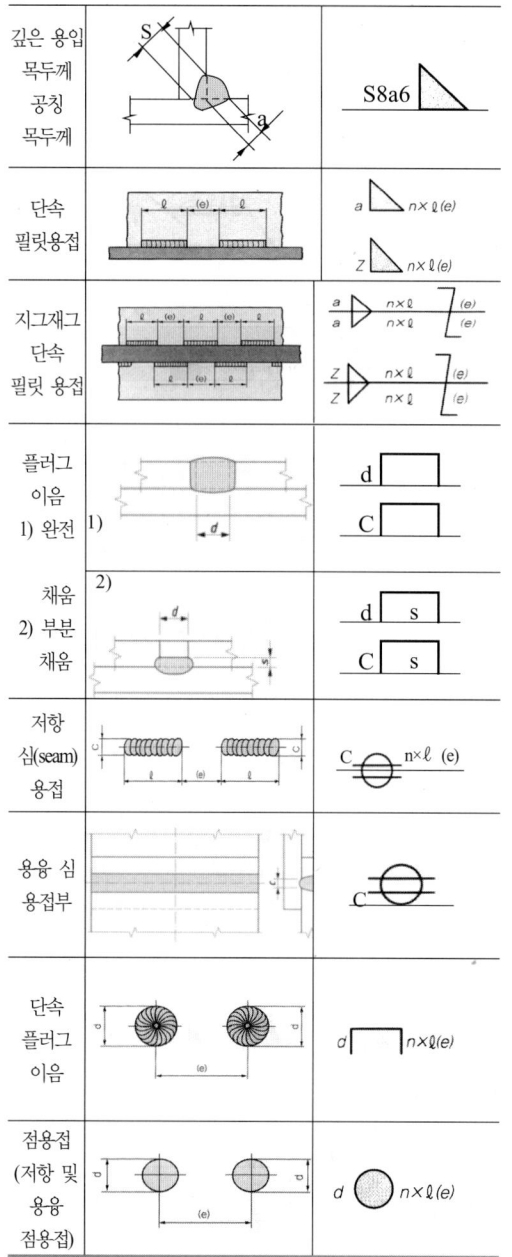

용접부 종류	시스템 A 용접기호	용접부 예시	시스템 B 용접기호
1. 단면 개선 맞대기 - 꺾인 화살표 사용			
2. 양면 개선 맞대기 - 꺾인 화살표 사용			
3.1 단면 개선 맞대기용접부 (화살표쪽)			
3.2 필릿 이음 (화살표 반대쪽)			

PART 06

용접 실기

Chapter 01 피복 아크용접

Chapter 02 이산화탄소가스 아크용접

Chapter 03 가스텅스텐 아크용접

Chapter 04 용접산업기사 실기

용접산업기사 필기&실기

01 피복 아크용접

제1절 비드놓기 피복 아크용접

❶ 용접 준비

가. 용접 공구 및 일반 준비

용접은 고열과 강한 아크 불빛, 연기와 흄을 다량 발생하기 때문에 그에 대한 보호구를 준비하고 작업에 필요한 공구를 준비한다.

용접 보호구에는 가죽 앞치마, 가죽 장갑, 발커버, 팔커버, 용접 헬멧(또는 핸드 실드), 방진 마스크 등이 있으며, 필요한 공구로는 전류계(암페어메터), 치핑 해머(슬래그 해머), 집게(또는 플라이어), 와이어 브러시, 석필(또는 페인트마카 펜), 줄(file), 자석(또는 마그네틱 베이스), 강철자 등이 있다.

용접 헬멧에는 차광 유리(차광 번호 10~11번)를 끼우고 차광 유리 앞에 맨유리를 끼운다.

나. 용접기 점검

용접기는 정기 점검과 수시 점검을 통해 언제든지 사용할 수 있도록 한다.

특히 실습 전에는 케이블의 단선 및 노출 여부, 접지 케이블 접속 여부, 이상 발생음 여부 등을 점검한다.

다. 보호구 착용

용접 중 강렬한 아크 불빛이나 스패터, 금속 흄 등으로 부터 작업자 보호를 위해 용접 전에 용접 앞치마, 팔커버(또는 조끼), 발커버, 용접용 가죽 장갑과 방진 마스크 등을 착용한다.

헬멧(또는 핸드 실드)을 작업대 위나 작업대 옆에 놓는다.

② 아래보기 자세 비드놓(쌓)기

가. 비드놓기

피복 아크(전기) 용접에서 비드(bead) 놓기란 모재(연강판)에 용접봉을 용융시켜 일정한 폭과 높이로 용융지를 형성하는 작업이다. 이 때 아크길이(용접봉 끝 부분과 모재와의 높이)는 심선 지름의 1배 이하(보통 2~3mm)를 유지한다.

용접시 피복 아크용접봉의 길이가 한정되어 있기 때문에(E4316, ϕ3.2 봉은 350mm, ϕ4.0 봉은 400mm), 용접봉이 소모되면 용접이 끝나는 부분에서 비드 잇는 부분이 발생되며, 시작 부분과 끝 부분에 대한 용착도 양호하게 해야 된다.

또한 용접은 모재가 적당한 깊이로 용융(용입)되어야 하므로 모재의 재질과 형상, 용접부의 위치, 봉의 굵기 등에 따라 적당한 전류를 조절해야 된다.

나. 아래보기 자세 좁은 비드놓기

비드놓기는 실제로 두 물체를 용접하는 것이 아니고 판 위에 용융지를 일정하게 형성하는 방법으로, 제품을 양호하게 용접하기 위한 가장 중요한 연습법이다.

비드는 좁은 폭으로 놓는 방법과 넓은 폭으로 놓는 방법이 있다.

좁은 비드 놓기법은 아크를 발생하여 작업각과 진행각을 유지하며 진행 방향으로만 일정한 속도로 진행하여 얻어진 비드이다.

비드를 놓을 때 용접봉 끝의 아크 불빛을 보지 말고 용접봉 뒤에 형성된 용융지를 관찰하여 일정한 폭으로 연결되는지를 확인하고 용접봉 앞쪽의 용접하고자 하는 용접선을 관찰하며 진행하고 비드가 끝나는 부분에서는 크레이터 처리를 하여 마무리를 한다.

1) 모재 고정

모재의 한쪽 끝에서 약 5mm 정도 띄워서 모재 끝선과 평행하게 석필 등으로 금긋기(직선 연습을 위해 필요함)를 하여 작업대 위에 용접선이 좌우가 되게 작업자와 평행하게 작업대 앞쪽에 놓는다.

2) 전류 조절

교류 아크용접기의 전류 조절 핸들을 움직여 ϕ3.2 용접봉은 100~140A, ϕ4.0 용접봉은

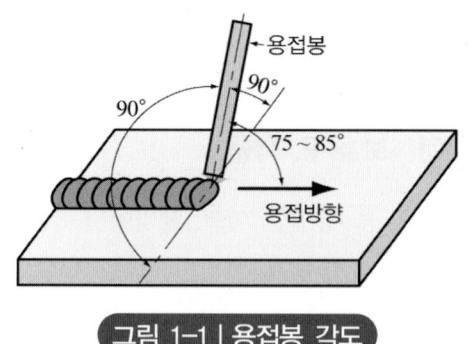

그림 1-1 | 용접봉 각도

120~160A로 조절한다.

전류 조절 핸들은 일반적으로 오른쪽 방향으로 돌리면 전류가 높아지며, 왼쪽으로 돌리면 낮아진다.

직류(DC) 아크용접기의 경우는 정극성으로 결선하고 볼륨 스위치를 사용하여 전류를 조절한다.

3) 좁은 비드놓기

작업대 앞에 편하게 앉아 용접봉을 용접 홀더에 직각으로 물린 후 자세를 바로 잡고 용접 시작부를 확인한 후 헬멧을 착용하고 모재의 왼쪽 끝 금긋기한 선 부근에서 아크를 발생하여 불빛으로 금긋기한 선을 빨리 확인하고 시작점으로 이동한다.

이 때 작업각(진행 방향에 대한 직각 방향의 각)은 90°, 진행각(후진법의 경우)을 75~85°로 유지하며 아크길이가 심선 지름의 1배 이하(보통 2~3mm)가 되도록 유지하며 일정한 속도로 우진한다.

우진(오른손잡이 기준)할 때 아크 이전의 비드 폭을 확인하고 진행 방향을 확인하면서 진행해야 된다.

4) 비드 잇기 및 크레이터 처리

진행 중 아크가 끊어졌거나 용접봉이 다 소모되어 비드를 연결해야 할 경우 잇는 부분이 층이 생기지 않게 이어야 된다.[그림 1-2 참조]

모재 끝부분의 크레이터 처리는 비드 끝 부분에서 모서리가 녹기 1~2mm 직전에 아크를 잠시 끊은 후 다시 일으키기를 2~3회 정도 실시하여 볼록하게 채운다.

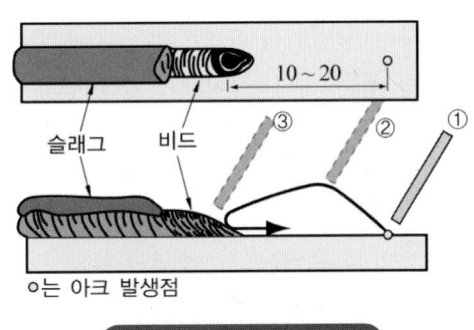

그림 1-2 | 비드 잇는 법

5) 용접부 청소와 검사

1줄의 비드놓기가 끝나면 슬래그(slag)와 스패터를 제거하고 깨끗하게 청소한 후 용접부를 검사한다.

비드의 외관을 관찰하여 비드가 일직선이며 파형, 폭, 높이 등이 일정한지, 언더컷, 오버랩, 시점과 종점(크레이터) 처리의 양·부 등을 파악한다.

6) 반복 실습

모든 기술은 반복에 의한 숙련 정도에 달려 있다. 검사에서 나타난 잘못된 점을 고치려고 노력하며 다음 비드를 놓는다. [그림 1-4 참조]

다음 비드는 이전 비드와 모재의 경계선에 용접봉의 1/3~1/2 정도 위치하도록 하며 이전 작업 1)~5)를 잘 할 수 있을 때까지 반복 실습한다.

7) 정리 정돈

작업이 완전히 끝나면 용접기와 메인 스위치를 끄고 홀더선 등을 정리하며, 사용했던 공구를 공구함에 정리한 다음 주위를 깨끗이 청소한다.

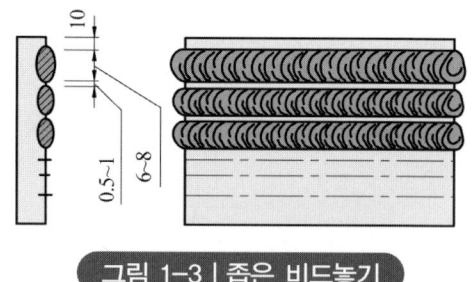

그림 1-3 | 좁은 비드놓기

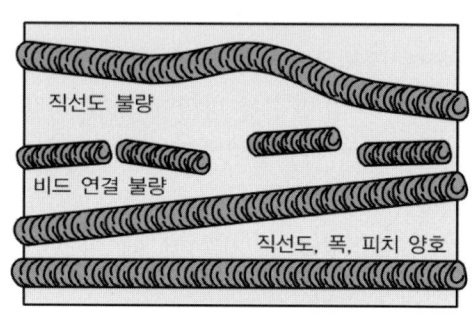

그림 1-4 | 비드 잇는 법

다. 아래보기 자세 넓은 비드놓기

넓은 비드놓기는 용접 진행 방향에 대하여 직각 방향으로 용접봉 지름의 2~3배 정도 넓게, 비드 피치는 3~4mm 정도 되게 움직이며 우진하는 방법이다.

위빙 폭은 약 10~14mm 정도(비드 폭은 12~16mm)가 적당하며, 운봉 중심부는 좀 빠른 듯 하고 운봉 끝부분은 약 0.5~1초 정도 멈추는 듯 하면서 진행한다. [그림 1.5 참조]

1) 모재 고정

모재의 한쪽 끝에서 약 5~10mm 정도 띄워서 모재 끝선과 평행하게 석필 등으로 폭이 약 10~12mm 정도 되게 2줄을 긋는다.

금긋기한 모재를 좁은 비드놓기와 동일한 방법으로 모재의 용접선이 작업자와 평행이 되게 놓는다.

2) 전류 조절

전류를 ϕ3.2 용접봉은 90~130A, ϕ4.0 용접봉은 110~150A로 조절한다.

위빙 비드놓기 전류는 좁은 비드놓기 전류보다 약 10A 정도 낮게 하는 것이 좋다. 왜냐하면 위빙 폭이 넓기 때문에 모재에 가열되는 입열량이 많아 언더컷이 생길 우려가 있기 때문이다.

3) 넓은 비드놓기

용접봉을 홀더에 직각으로 물린 후 자세를 바로 잡고 헬멧을 착용한 다음 모재의 왼쪽 끝 금긋기한 선 부근에서 아크를 발생하여 금긋기한 선을 빨리 확인하고 시작점으로 이동한다.

작업각과 진행각은 좁은 비드와 같이 하고 금긋기한 두 선을 확인하며 일정한 운봉 폭과 피치를 유지하며 위빙하면서 일정한 속도로 우진한다.

위빙 방법은 [그림 1-5]와 같이 용접 피치와 폭이 일정하며, 위빙의 양끝에서 0.5~1초 정도 멈추는 듯 하며 우진한다.

비드는 모재의 왼쪽 끝에서 우측 끝까지 쌓아야 된다.(우진법의 경우)

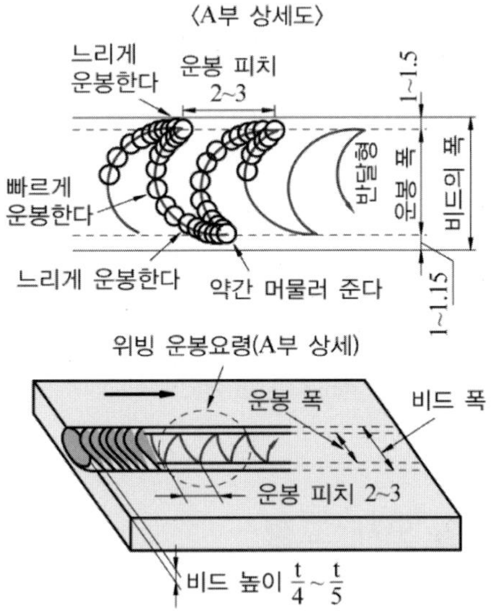

그림 1-5 | 넓은 비드 피치와 비드 폭

4) 비드 잇기 및 크레이터 처리

용접 중 어떤 원인으로 아크가 끊어졌거나 용접봉이 전부 소모된 경우 비드 끝 부분을 깨끗이 청소한 후 크레이터 부분을 충분히 용융시키며 이전 비드와 폭과 높이가 동일하도록 맞춘 후 위빙하여 진행한다.

크레이터 부분은 크레이터 폭과 넓이보다 약간 좁게 타원으로 좁히며 용적을 2~3회 채운다.

5) 용접부 청소와 검사, 반복 실습

위빙 비드놓기는 직선(좁은) 비드놓기보다 많은 시간을 가지고 충분하게 숙련해야 되므로 각 비드마다 깨끗이 청소하여 비드 폭과 파형, 높이가 일정한지 검사하고 잘못된 점을 고치려고 노력하며 반복 연습을 한다. [그림 1-6 참조]

6) 정리 정돈

모든 작업이 끝나면 용접기와 사용했던 공구 등을 정리하고, 주위를 깨끗이 청소하는 습관을 가져야 된다.

③ 수평 자세 비드놓기

수평 비드놓기는 모재를 수직으로 세우고 용접선이 수평이 된 상태에서 일반적으로 좌에서 우측으로 우진하며 좁은 비드를 놓는 방법이다.

수평 비드놓기는 특별한 경우를 제외하고는 거의 겹치기 좁은 비드놓기를 한다.

수평 비드놓기가 아래보기 비드나 수직 놓기와 다른 점은 모재가 세워져 있고 모재의 용접선이 수평이며, 직선(좁은) 비드놓기를 한다는 것이다.

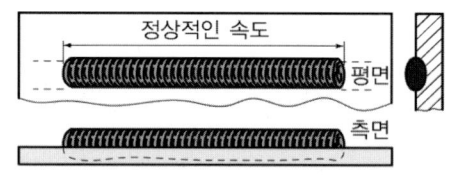

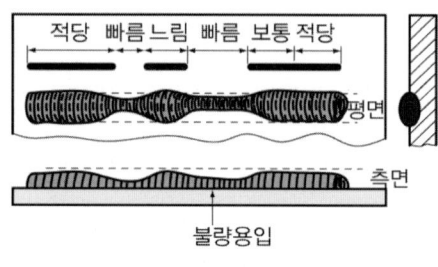

그림 1-6 | 넓은 비드의 양·부

가. 모재 고정

수평 자세는 모재가 수직이고 용접선이 수평이 되어야 하므로 적당한 지그가 필요하다.

모재에 비드놓기할 부분에 금긋기를 한 후 용접 지그에 모재의 금긋기한 용접선이 좌우로 수평이 되며, 앞으로 향하게 하고, 모재의 용접선이 가슴 정도 높이가 되게 작업하기 편한 높이로 고정한다.

이 때 모재가 작업자의 몸 중심보다 약간 좌측에 위치하는 것이 좋다. [그림 1-7 참조]

나. 전류 조절

수평 자세 전류는 아래보기 자세와 같이 해도 충분하다. $\phi 3.2$ 용접봉은 100~140A, $\phi 4.0$ 용접봉은 130~160A로 조절한다.

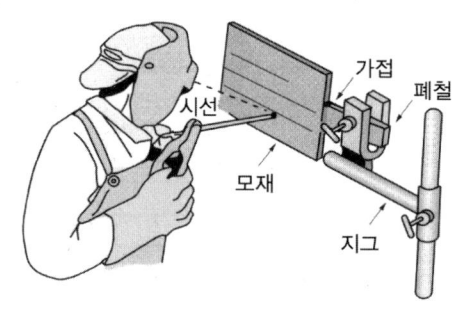

그림 1-7 | 수평 자세 시선 위치

다. 수평 비드놓기

작업대 앞에 편하게 앉아 몸을 우측으로 약 20~30° 회전한 자세에서 홀더를 잡고 헬멧을 쓴 후 용접 시점(좌측 끝) 가까이 용접봉 끝을 이동하여 아크를 발생한다.

아크가 안정되면 작업각(진행 방향에 수직한 각)과 진행각을 75~85°로 유지하며 비드 파형과 폭이 일정하도록 직선으로 우진한다. [그림 1-8 참조]

비드는 아래쪽에서 위로 쌓이도록 겹치기 비드를 놓아야 된다. [그림 1-9 참조]

라. 비드 잇기 및 크레이터 처리

비드 잇기나 크레이터 처리는 많은 반복 연습이 필요하다. 시점이나 잇는 부분, 크레이터 부분이 용입불량이나 기공, 슬래그 섞임 등 결함이 많이 발생하므로 주의해야 된다.

마. 검사 및 반복 실습

비드를 깨끗이 청소한 후 비드 폭과, 피치, 파형의 균일도, 언더컷, 오버랩, 기공, 슬래그 섞임 등의 유무를 점검한 후 결함의 발생 원인을 파악하여 고치려고 노력하며 반복 실습한다.

용접부 청소가 끝나면 홀더를 잡고 용접봉의 피복제 하단 부분이 비드의 상부와 모재와의 경계선에 위치하도록 하여 직선으로 진행한다.

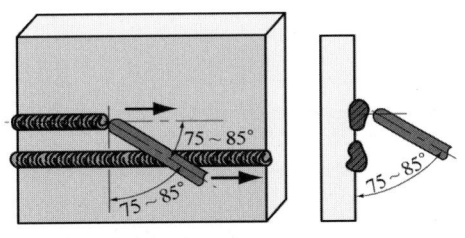

그림 1-8 | 수평 자세 용접봉 각도

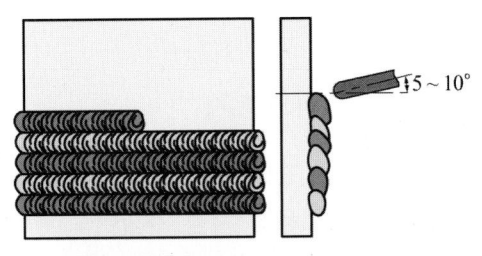

그림 1-9 | 수평 자세 겹치기 비드놓기시 작업각

❹ 수직 자세 비드놓기

수직 비드놓기는 모재를 수직으로 세우고 용접선이 수직이 된 상태에서 아래에서 위로 상진하며 비드를 놓는 방법이며, 일반적으로 위빙 비드를 놓는다.

필요에 따라서 위에서 아래로 내려오며 비드를 놓는 하진법이 있으나 아주 얇은 판을 사용하거나 하진용 용접봉을 사용할 경우에 적용한다.

수직 비드놓기가 아래보기 비드놓기와 다른 점은 모재가 수직으로 세워진 상태이므로 아크길이가 길거나 운봉 중 한곳에 멈춤이 일어나면 용융 금속은 바로 쳐지는 현상이 생기므로 비드 폭과 피치가 일정하도록 일정한 속도로 상진해야 된다.

가. 모재 고정

수직 자세는 모재의 용접선이 수직이 되어야 하므로 적당한 지그가 필요하다.

용접 지그에 모재의 용접선의 맨 위가 가슴 정도 높이가 되게 작업하기 편한 높이로 고정한다.

이 때 모재가 지그의 끝부분에 놓이게 되면 지그가 조금이라도 흔들리면 끝부분은 더 많이 움직이므로 지그 지주에 가까이 위치하도록 고정한다.

나. 전류 조절

수직 자세 전류는 아래보기 자세보다 10~20A 낮게 하는 것이 좋다. ⌀3.2 용접봉은 80~120A, ⌀4.0 용접봉은 120~140A로 조절한다.

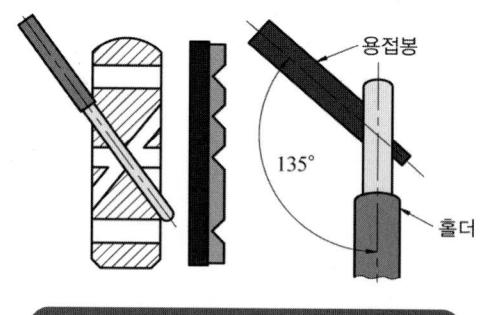

그림 1-10 | 홀더에 용접봉 물림 각도

다. 수직 비드놓기

작업대 앞에 편하게 앉아 몸을 우측으로 약 20~30° 회전한 자세에서 홀더를 잡고 헬멧을 쓴 후 하단 용접 시점 가까이로 용접봉 끝을 이동하여 아크를 발생한다.

아크가 안정되면 작업각(진행 방향에 수직한 각)은 90°, 진행 반대각을 75~85°로 유지하며 피치와 폭이 일정하도록 위빙하며 상진한다.

이 때 비드 폭이나 피치는 아래보기 자세 넓은 비드놓기와 동일하게 하면 되며, 비드의 중심부는 좀 빠르게, 양 끝은 0.5~1초 정도 머무름을 확실하게 하여 언더컷이 발생하지 않도록 한다.

라. 비드 잇기 및 크레이터 처리

비드 잇기나 크레이터 처리는 많은 반복 연습이 필요하다.

시점이나 잇는 부분, 크레이터 부분이 용입 불량이나 기공, 슬래그 섞임 등 결함이 많이 발생하므로 주의해야 된다.

비드 잇기법은 여러 가지가 있으나, [그림 1-11]과 같이 이전 비드 상단에서 아크를 발생

그림 1-11 | 수직 자세 비드 잇는 법

하여 끝의 능선 직전까지 내려온 후 좀 느리게 좌우로 1~2회 위빙한 후 정상 속도로 위빙하여 상진한다.

마. 검사 및 반복 실습

모든 기술은 반복 실습에 의해 숙련되는 것이므로 비드를 깨끗이 청소한 후 비드 폭과, 피치, 파형의 균일도, 언더컷, 오버랩, 기공, 슬래그 섞임 등의 유무를 점검한 후 결함의 발

생 원인을 파악하여 고치려고 노력하며 반복 실습한다.

다줄 비드놓기는 이전 비드와 약 1/4~1/3 정도 겹치도록 한다.

비드 겹침법은 이전 비드와 모재와의 경계선에서 약 12mm 폭으로 선을 긋고 용접봉 끝의 중심이 비드의 경계선과 금긋기 선에 오도록 하여 위빙하면 일정하게 겹침 비드가 형성된다. [그림 1-12 참조]

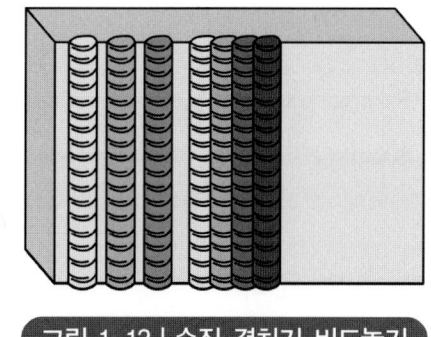

그림 1-12 | 수직 겹치기 비드놓기

제2절 아래보기 자세 V형 맞대기 피복아크용접

❶ 용접 준비

가. 재료 준비

맞대기 용접은 구조물 제작시 부족한 부재를 평행으로 연결하기 위한 작업으로 매우 중요한 작업이다.

용접할 연강판 t6 100×150×30~35° 2매, 연강판 t9 125×150×30~35°로 가공된 2매를 준비한다.(자격시험의 경우 시험장에서 시험 일정에 따라 t6.0, t9.0 각각 4매, 또는 t6.0 4매, t9.0 4매가 제공됨)

개선 가공된 모재가 없으면 가스 절단이나 베벨가공 머신으로 가공하여 준비한다.

충분히 건조된 저수소계 피복아크용접봉 Ø3.2, Ø4.0를 준비하여 적당량을 보온통에 넣어둔다.

Ø3.2 용접봉은 보통 1층(백, 이면) 비드를 놓을 때 사용하며, Ø4.0은 2층 이상에 사용하는 것이 원칙이다. 시험장에서 모든 비드에 Ø3.2 용접봉만 사용하는데 2층 이상을 Ø4.0 용접봉을 사용할 경우 봉이 0.8mm 굵고 50mm가 더 길기 때문에 중간에 비드 이음을 줄일 수 있으며, 용접속도도 빨라지며, 더 중요한 것은 비드 패스 수를 줄일 수 있으므로써 수축변형과 잔류응력이 적어지므로 평소 Ø4.0 용접봉을 사용하는 연습을 하는 것이 좋다.

나. 공구 준비

용접 작업 필요한 공구를 준비한다. 작업에 필요한 용접 헬멧(또는 핸드 실드), 가죽 장갑, 앞치마, 팔커버(또는 조끼), 발커버, 집게(또는 플라이어), 와이어 브러시(철솔 브러시), 줄, 30cm 강철자, 페인트마카 펜나 석필 등을 준비한다.

그 외에 직각자, 가접대, 소형 자석(또는 마그네틱 베이스), 보안경 등도 있으면 좋다.

다. 작업 준비

용접에 임하기 전에 작업복과 보호구를 착용하고 용접기의 이상 유무, 작동 상태를 점검한다. 그리고 도면을 보고 모재와 작업 내용을 확인한다.

❷ 모재 가공

가. 루트면 가공

30~35°로 베벨 가공된 연강판 모재의 개선 끝부분을 두께 1.5~2.5mm 정도 되도록 루트면을 가공한다.(작업자에 따라 다를 수 있으며, 6mm 판은 두껍게 가공하는 것이 좋다.)

이 때 두 모재의 루트면의 두께가 동일해야 한다. [그림 2-1 참조]

용접부 길이의 중심부에 석필이나 페인트마카 펜, 줄 등으로 선명하게 표시한다. 금긋기나 줄로 중심부를 표시하는 이유는 E4316, φ3.2 용접봉으로 백 비드를 놓을 경우 하나의 봉으로 용접부 길이 150mm 끝까지 백 비드를 놓을 수 없으며, 비드 연결부나 시점 종점은 결함이 발생하기 쉽기 때문에 시험편 채취되는 부분이 비드 연결부가 되지 않게 하기 위해 중심부에서 아크를 끊고 여기서 비드 잇기를 해야 된다.

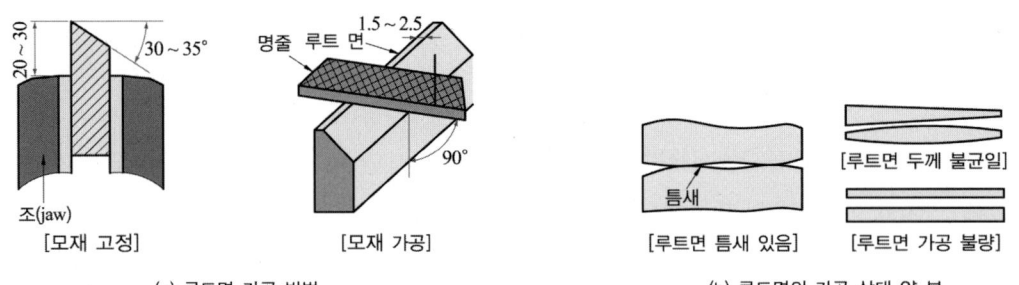

그림 2-1 | 루트면 가공

❸ 모재 가용접 및 역변형 주기

가. 전류 조절

가용접(가접) 전류를 110~140A 정도로 맞춘다.

나. 루트간격 조절

가접대 위에 모재의 개선면이 아래로 향하게 수평으로 놓고 한쪽은 2.5~3mm, 다른쪽은 3~3.5mm 정도로 맞추고 두 모재가 엇갈림이 없이 수평이 되게 고정한다.(루트간격은 작업자마다 다를 수 있음) 이 때 조절된 루트간격이 가접 중에 움직이지 않도록 무거운 것으로 눌러 주면 좋다.

다. 가용접(가접) 및 역변형 주기

1) 가용접

가용접은 본용접 전에 정한 위치에 용접물 부재를 잠정적으로 고정하기 위해 적당 위치에 짧게 하는 용접을 말한다.

가용접은 균열, 기공, 슬래그 혼입 등의 결함이 생기기 쉬우므로 원칙적으로는 본용접을 실시하는 홈 내나, 모서리, 중요부분에는 실시 않으나, 여기서는 시험편이므로 양 끝에 가접하여 작업 후 가용접 부분은 절단 제거하게 된다.

가용접은 필요에 따라 개선면이 밑으로 가게 하여 가접할 수 있으나 시험장에서는 감독관의 지시에 따라 실시한다.

가용접시 용접봉은 길이 100~150mm 정도의 짧은 것이 좋으며(흔들림이 적음), 두 모재의 한쪽 끝을 단단하게 가접한다. [그림 2-2 참조]

한쪽의 가접이 끝나면 반대편 끝의 루트간격을 확인하여 조정한 후 가접한 다음 가접부의 슬래그, 스패터, 이물질 등을 깨끗이 제거한다.

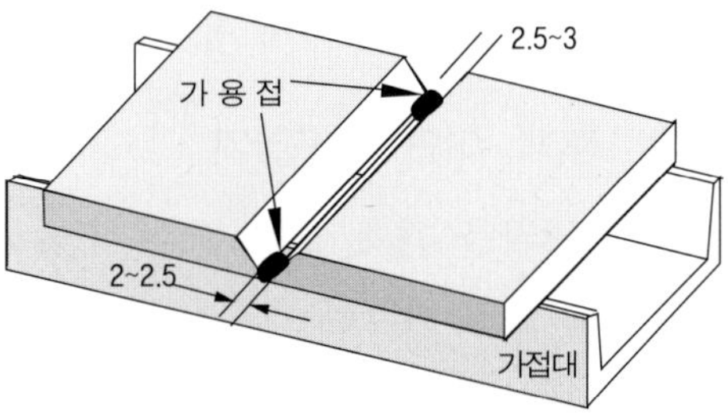

그림 2-2 | V형 맞대기 용접 전 가접

2) 역변형 주기

가접된 모재를 용접 방향 반대편으로 약 2~3° 정도 굽힌다. [그림 2-3 참조]

이 때 판두께와 용접 패스 수의 다소에 따라 얇은 판은 적게, 두꺼운 판은 크게 한다.

역변형을 주는 이유는 용접을 하게 되면 용접 방향으로 수축 변형이 생기므로 미리 이

변형을 용접 반대 방향으로 굽혀주면 용접 후에 두 모재가 수평 상태가 될 수 있다.

4 t6.0 연강판 아래보기 V형 맞대기

가. 모재 고정

가접된 모재의 용접선이 좌우로 수평이 되며, 개선 홈 부분이 위로 향하게 수평 작업대 위나 지그에 고정한다.

이 때 루트간격이 좁은 쪽이 왼쪽이 되게 하며 모재가 몸의 중심보다 약간 왼쪽에 놓는 것이 좋다.(오른손잡이 기준)

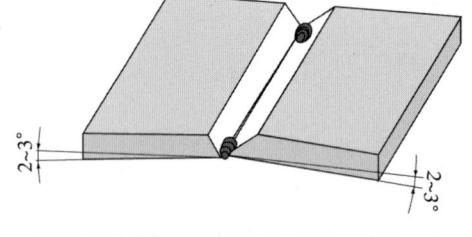

그림 2-3 | 맞대기 모재 역변형 주기

나. 1층(이면, back) 비드놓기

1) 전류 조절

용접기를 조작하여 전류를 80~95A 정도(ϕ 3.2 용접봉 사용시)로 조절한다.

전류는 판두께, 루트간격, 홈각도, 루트면의 두께, 작업자의 기량에 따라 다를 수 있으므로 표준 전류란 정할 수 없다.

다음 모재 앞에 작업하기 편한 자세로 모재

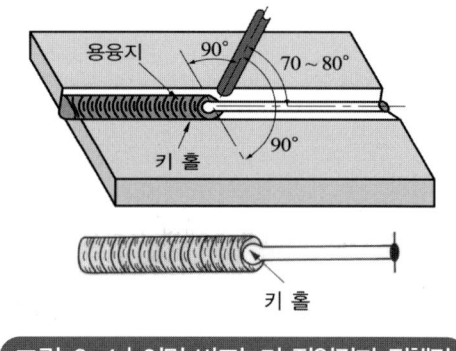

그림 2-4 | 이면 비드놓기 작업각과 진행각

와의 평행이 되게 앉아서 용접봉을 홀더의 손잡이와 90° 되게 물린다.

2) 1층(백, 이면) 비드놓기

용접봉 끝을 좌측 끝 가접부(시점) 가까이 옮기고 헬멧을 쓴 후 아크를 발생하여 좌측 가접부로 옮겨 아크를 안정시키면서 개선 홈 안쪽으로 봉을 서서히 밀어 넣는다.

작업각은 90°, 진행각은 75~85°를 유지하며,[그림 2-4 참조] 용접봉을 좌우로 움직이지 말고 아크 안정에 최선을 다한다.

이 때 시작부가 가열되면 약 5mm 정도는 위빙하지 말고 매우 천천히 우진하다가 키홀(key hole)이 형성되면 바로 루트면과 루트면 사이를 이전 용융지와 약 1/3 정도 겹치면서 키홀이 일정하도록 위빙하며 중심 표시 부분까지 우진한 후 아크를 끊는다.

일반적으로 백 비드놓기는 [그림 2-5]와 같이 3가지 방법이 있다.

휘핑법은 박판의 백 비드놓기시에 적용되며, 직선법은 루트간격 없이 두 모재를 맞대어 놓고 직선으로 전진하는 방법이다.

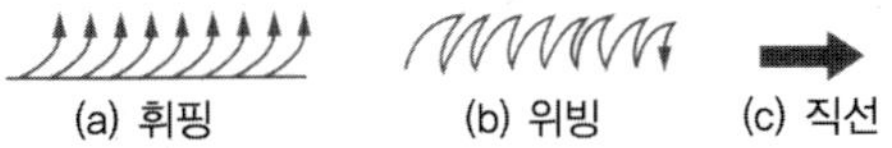

3) 비드 잇기

비드놓기가 끝난 부분을 깨끗이 청소한 후, 새 용접봉을 홀더에 물리고 이음부의 주위에서 아크를 발생하여 아크길이를 좀 길게 하면서 이음부의 위치를 확인하고 빨리 이음부 상단으로 옮긴다. [그림 2-6 참조]

이 때 봉을 좌우로 움직이지 말고 홈 안으로 서서히 밀어 넣으며 아크를 안정시킨 후 약 5mm 정도는 좌우로 움직이지 말고 느린 속도로 우진하며 키홀을 형성시킨다.

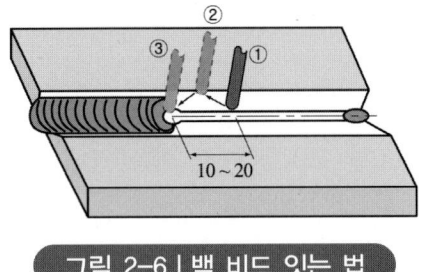

그림 2-5 | 이면 비드 운봉법의 종류

그림 2-6 | 백 비드 잇는 법

키홀이 형성되면 키홀의 크기를 일정하게 유지하며 위빙 방법에 의해 끝까지 우진하며 모재 표면보다 0.5~1mm 정도 낮게 1층 비드를 놓는다.

4) 크레이터 처리 및 용접부 청소하기

모재 끝의 1~2mm 부분에서 아크를 끊은 후 크레이터 처리를 한 후 용접부의 슬래그 및 스패터 등을 깨끗이 제거한다.

혹 용입이 불량하여 슬래그가 혼입한 경우 가는 송곳이나 좁은 정 같은 것으로 완전 제거해야 된다.

다. 표면 비드놓기

1) 2층(표면) 비드놓기

1층(백) 비드가 청소된 모재를 1층 비드놓기와 동일하게 모재를 고정하고 표면 비드 용접전류를 100~130A(ϕ3.2를 사용할 경우)로 조절한다.(자격 시험시 용접 중 모재의 방향을 바꾸면 안된다. 전진법, 후진법 병용하면 안된다.)

새 용접봉을 홀더에 물린 후 자세를 바로 잡고 백 비드 좌측 개선면 위의 한쪽 모서리에서 아크를 발생한다.

아크를 안정시키며 다음 모서리까지 약간 천천히 위빙한다. [그림 2-7 참조]

아크가 안정되면 작업각과 진행각을 일정하게

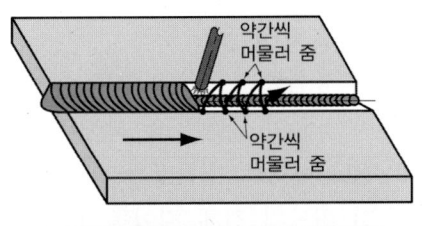

그림 2-7 | 표면 비드 놓는 법

유지하고 정상 속도로 위빙하며 우진한다.

위빙 폭은 개선면 상부 모서리와 모서리에 용접봉 끝의 1/2~1/3 정도가 오도록 하며, 위빙할 때 비드의 양 끝에 약 0.5~1초 정도 멈추는 듯 하여 언더컷이 생기지 않게 한다.

용접부 길이의 1/2 부분에서 아크를 끊은 후(Ø3.2 용접봉으로 끝까지 채울 수 없기 때문에 중심부에서 끊어야 됨) 용접부를 깨끗이 청소한다.

표면 비드 높이가 모재 높이보다 낮거나 5mm 이상 높지 않게 쌓아야 된다.

2) 비드 잇기

청소한 모재를 다시 처음 상태로 고정한 후 새 용접봉으로 아크를 발생하여 비드 잇는 방법과 같이 비드를 잇는다.

표면 비드는 모재 표면보다 약 2mm 정도 높이(자격 시험시 모재표면보다 낮거나(0mm), 5mm를 초과하면 안됨)로 쌓는다.

2층 이상은 Ø4.0(110~140A) 용접봉을 사용하는 것이 원칙이며, 2층을 중간을 끊지 않고 이음없이 한번으로 완성할 수 있으므로 평소 Ø4.0 봉으로 연습하는 것이 필요하다.

3) 크레이터 처리 및 용접부 청소, 검사하기

용접부 끝까지 위빙하여 진행한 후 끝 부분에서 크레이터 처리를 한 후 용접부를 깨끗이 청소한 후 검사한다.

⑤ t9.0 연강판 아래보기 V형 맞대기

가. 모재 고정

판두께 t6의 모재와 같은 방법으로 고정한다.

나. 1층(이면, back) 비드놓기

t9의 모재는 t6보다 3mm 정도 두껍고 폭도 50mm 정도 더 크므로 t6 모재보다 5~10A 정도 전류를 높게 해야 된다.

ϕ3.2 용접봉을 사용할 경우 전류를 85~100A 정도로 조절한다.

전류 조절이 끝나면 t6 모재의 용접시와 동일하게 백 비드를 놓는다. 이 때 모재 두께의 1/2 정도 높이로 채워지게 하는 것이 좋다.

이면 비드의 전체 길이를 t6.0 모재의 용접과 같이 중심부를 기준으로 2번으로 완성한 후 슬래그와 스패터를 깨끗이 청소한다.

다. 2층 비드놓기

자세를 편안하게 잡고 전류를 100~130A(φ3.2를 사용할 경우)로 조절한 후 모재의 좌측 끝에서 아크를 발생하여 위빙하며 우진한다.

이 때 2층 비드가 모재 표면보다 0.5~1mm 정도 낮게 채워지게 하며, 개선면의 상부 모서리가 녹지 않게 하는 것이 좋다. [그림 2-8 참조]

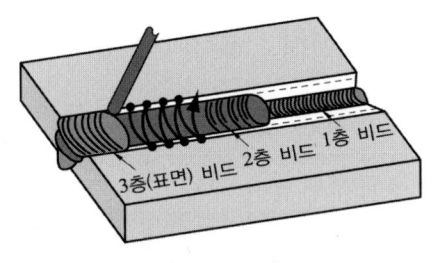

그림 2-8 | 2, 3층 비드 놓는 법

2층 비드놓기도 중심을 기준으로 2번으로 완성한다.

2층 이상은 φ4.0 용접봉(110~140A)을 사용하는 것이 원칙이며, 2층을 중간 이음없이 한 번으로 완성할 수 있다.

비드놓기가 끝나면 비드를 깨끗이 청소한 후 다시 지그에 고정한다.

라. 3층(표면) 비드놓기

모재를 고정한 후 전류를 2층 비드놓기보다 10A 정도 낮게 100~130A(φ3.2를 사용할 경우)로 조절한다.

3층 비드놓기는 φ4.0 용접봉(120~150A)을 사용하는 것이 원칙이며, 중간 이음없이 한번으로 완성할 수 있다.

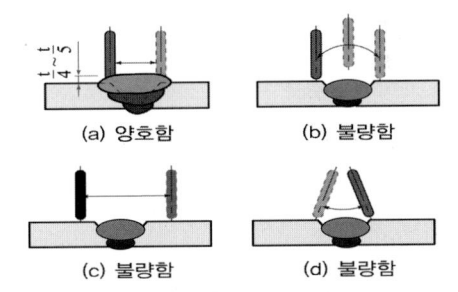

그림 2-9 | 표면 비드 운봉법 양·부

자세를 바르게 잡고 t6과 같은 방법으로 개선면 끝 모서리에서 모서리까지 비드를 놓는다. [그림 2-9 참조]

이 때 표면 비드는 모재 표면보다 약 2mm 정도 높게 쌓는다.(표면 비드 높이가 모재 높이보다 낮거나 5mm 이상 높으면 안된다.)

마. 검사 및 반복 실습하기

용접이 완료되면 용접부를 깨끗이 청소한 후 비드의 미려도, 파형, 높이, 결함(언더컷, 오버랩, 백비드 용입상태, 기공 등)을 검사한 후 잘못된 점을 시정하려고 노력하며 반복 실습한다.

자격시험 기준은 산업현장의 기준하고 상당한 차이가 있으나 자격시험을 준비하는 경우는 '❻항' 기준에 맞추어 실습한다.

6 검사, 평가하기 (자격시험 기준)

가. 외관 검사

맞대기 용접 상태가 다음 항목 중 하나라도 해당되면(이상이 있으면) 평가에서 제외하며, 이상이 없으면 굴곡 시험 평가를 한다.

① 도면의 지시대로 가용접되지 않은 경우, 전진법이나 후진법 혼용, 상진법과 하진법 혼용한 경우
② 10°이상 변형인 경우
③ 비드 높이가 판두께보다 낮은 경우,(시점, 종점을 제외한 부분이 0mm 이하인 경우) 또는 표면 이면 비드 높이가 5mm 이상인 경우
④ 맞대기용접 시험편의 이면 비드(시점, 이음부, 종점 포함)의 불완전 용융부가 30 mm 이상인 경우
⑤ 시험편의 용락, 언더컷, 오버랩, 기공, 비드상태 등 구조상의 결함, 용접방법 등이 검사 규정에 벗어난 경우(누가 봐도 자격 수준에 미달되는 작품인 경우)
⑥ 이면 받침판을 사용했거나, 이면비드에 보강 용접을 한 경우

나. 굴곡 시험

외관에 이상이 없으면 굴곡시험 규정대로 시험편을 채취한다.

굽힘 시험기(보통 동력 프레스)를 사용하여 가공된 시험편을 [그림 2-10]와 같이 굽힘한 후 평가 기준에 의해 평가한다.

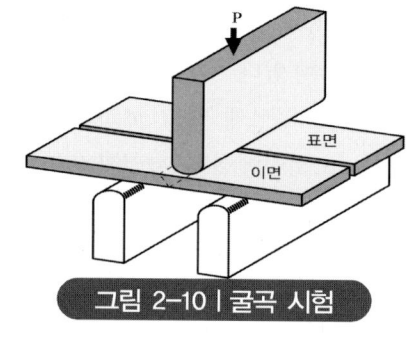

그림 2-10 | 굴곡 시험

① 시험편당 연속된 균열 3mm 이하, 작은 균열의 길이 합이 7mm 이하, 작은 기공 등이 10개 이하일 것(초과시 0점)
② 시험편 4개 중 3개 이상이 ①의 결함이 없을 것 (2개 이상이 0점이면 오작처리함)

제3절 수평 자세 V형 맞대기 피복 아크 용접

❶ 용접 준비와 모재 가공

용접 준비와 모재 가공은 '제2절 아래보기 자세 V형 맞대기 피복아크용접 ❶ 용접준비, 가. 재료 준비, 나. 공구 준비, 다. 작업 준비 ❷ 모재 가공 가. 루트면 가공'과 같이 하면 된다.

❷ 모재 가용접(tack welding) 및 역변형 주기

가접법이나 역변형을 주는 방법도 '제2절 아래보기 자세 V형 맞대기 피복아크용접 ❸ 가. 전류 조절, 나. 루트간격 조절, 다. 가용접(가접) 및 역변형 주기'와 같이 하면 된다.

❸ t6.0 연강판 수평 V형 맞대기

가. 모재 고정

가접된 모재를 용접 지그에 모재가 수직이며 용접선이 수평이 되게 작업하기 편한 높이로 고정한다.

이 때 루트간격이 좁은 쪽이 왼쪽이 되게 하며 용접선의 높이가 가슴 정도가 적당하다. 모재를 단단하게 고정하여 작업 중 움직이거나 떨어지지 않도록 해야 된다.

나. 1층(이면, back) 비드놓기

1) 1층 1/2 비드놓기

용접을 하려면 우선 전류를 맞추어야 된다. 이면 비드 전류를 아래보기 자세 전류와 같이 조절한다.

적정 전류는 모재의 홈각도, 루트면의 두께, 루트간격, 그리고 아크길이, 용접 속도 등에 따라 다르므로 적정 전류를 정하기 어려우나 일반적으로 80~95A(ϕ3.2 용접봉 사용시) 정도로 조절하면 무난하다.

모재에 대하여 몸의 각도를 20~30° 정도 우측으로 틀어 작업하기 편한 자세로 앉아 홀더를 잡는다.

용접봉 끝을 모재의 좌측 끝으로 옮긴 후 헬멧을 쓰고 아크를 발생하여 아크를 안정시키며 개선 홈 안쪽으로 봉을 밀어 넣는다.

작업각과 진행각은 75~85°를 유지한다.[그림 3-1 참조]

키홀이 생길 때까지 천천히 우진하다가 키홀(key hole)이 형성되면 바로 상하 루트면과 루트면 사이를 이전 용착부와 약 1/3 정도 겹치면서 키홀이 일정하도록 [그림 3-2 참조] 위빙하며 중심 표시 부분까지 우진한 후 중심부에서 아크를 끊는다.

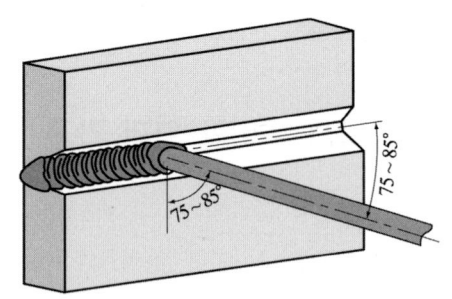

그림 3-1 | 수평 자세 작업각과 진행각

2) 이면 비드 잇기

아크가 끝난 부분을 깨끗이 청소하고 새 용접봉을 홀더에 물리고 이음부의 주위에서 아크를 발생하여 아크길이를 좀 길게 하면서 이음부의 위치를 확인하고 빨리 이음부로 옮긴다.

용접봉을 홈 안으로 서서히 밀어 넣으며 아크를 안정시키며 약 5~10mm 정도는 위빙없이 좀 느린 속도로 우진하여 키홀이 형성되면 위빙하면서 키홀의 크기를 일정하게 유지하며 용접부 끝까지 우진한다.

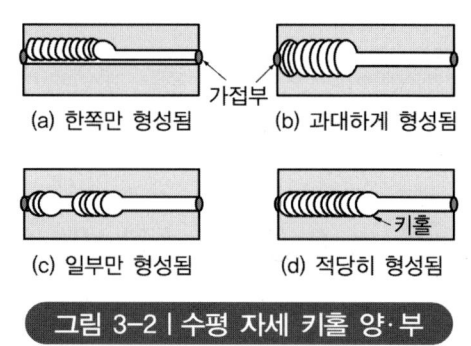

그림 3-2 | 수평 자세 키홀 양·부

1층 이면 비드는 모재 표면보다 1~1.5mm 정도 낮게 놓은 후 용접선 끝의 1~2mm 부분에서 크레이터 처리를 한다.

용접이 끝나면 용접부의 슬래그 및 스패터 등을 깨끗이 제거한다.

다. 2층(표면) 비드놓기

1) 2층 1패스 놓기

수평 자세 표면 비드는 겹치기 좁은 비드로 2패스로 완성한다. 전류는 1층보다 다소 높게 110~140A(ϕ3.2를 사용할 경우)로 조절한다.

자세를 바로 잡고 하단 모재의 왼쪽 끝 모서리와 1층 비드의 경계선에서 아크를 발생하여 아크를 안정시킨 후 위빙없이 좁은 비드로 용접선 끝까지 진행한다.

이 때 작업각과 진행각을 일정하게 유지하며 하단 모재의 개선 모서리 선에 용접봉의 하단~1/4 정도가 겹치도록 하며 진행한다.

이 때 전진법과 후진법을 혼용하면 안된다.
용접이 끝나면 깨끗이 청소한다.

2) 2층 2패스 놓기

상단 모재의 왼쪽 끝 모서리에서 아크를 발생하여 아크를 안정시킨 후 상단 모재의 개선 모서리 선에 용접봉 중심의 1/2 정도가 겹치도록 하며 용접선 끝까지 진행하고 우측 끝부분에서 크레이터 처리를 한다.

표면 비드는 모재 표면보다 약 2mm 정도 높게 쌓아야 된다.(자격시험에서 모재 표면보다 낮거나(0mm, 5mm 이상 높으면 안됨)

용접 후 용접부를 깨끗이 청소한다. [그림 3-3 참조]

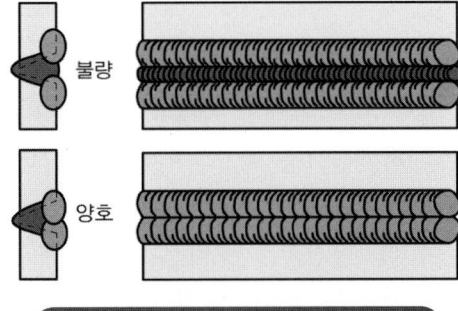

그림 3-3 | 표면 비드놓기 양·부

④ t9.0 연강판 수평 V형 맞대기

가. 1층(이면, back) 비드놓기

t9 모재의 이면 비드놓는 법은 t6 모재와 동일하게 실시하면 된다.

다만 판두께가 3mm 정도 더 두껍기 때문에 t6의 모재는 2층으로 완성했지만 t9 모재는 3층으로 완성하는 것이 일반적이다.

따라서 1층(이면) 비드는 모재 두께의 약 1/2 정도 높이로 쌓는 것이 적당하다.

나. 2층 비드놓기

2층 비드는 모재 표면보다 1~1.5mm 정도 낮게 채워지게 쌓는 것이 중요하다. 이 때 전류는 표면 비드보다 다소 높게 조절하는 것이 일반적이다.

1) 2층 1 패스 비드놓기

모재의 왼쪽 끝 시작점에서 아크를 발생하여 용접봉 끝의 중심을 1층 비드의 하단 개선면과의 경계선에 맞춘다.

이 때 작업각은 수직선에 대하여 하단 모재와 95~110° 정도 되게 진행각은 75~85°로 유지한다. [그림 3-4 (a) 참조]

직선(좁은) 비드로 모재 끝까지 진행하며, 모재 표면보다 1~1.5mm 정도 낮게 채워지게 한다. 개선면의 상부 모서리가 녹지 않게 하는 것이 좋다.

비드를 깨끗이 청소한 후 지그에 고정한다.

2) 2층 2패스 비드놓기

모재 왼쪽 끝에서 아크를 발생하여 용접봉 끝의 하단을 1층 비드의 상단 개선면과의 경계선에 맞춘다.

이 때 작업각은 수직선에 대하여 75~85° 정도 되게, 진행각은 용접선에 대하여 75~85° 로 유지한다.

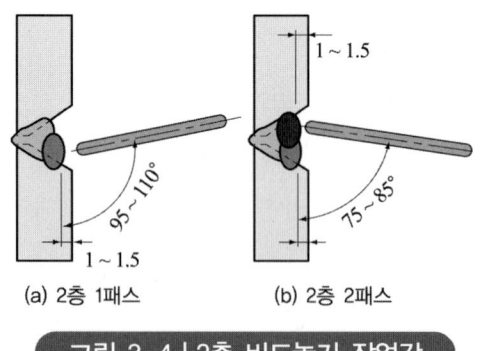

그림 3-4 | 2층 비드놓기 작업각

직선(좁은) 비드로 모재 끝까지 진행한다. 이 때 모재 표면보다 1~1.5mm 정도 낮게 채워지게 한다. 개선면의 상부 모서리가 녹지 않게 하는 것이 좋다.(개선 상부 모서리는 표면 비드놓기의 기준선이 됨)

비드를 깨끗이 청소한 후 지그에 고정한다.

다. 3층(표면) 비드놓기

1) 3층 1패스 비드놓기

t9의 모재의 수평 표면 비드는 좁은 비드 겹치기 3패스로 완성한다. 전류는 2층보다 다소 낮추는 것이 좋다.

특히 맨 위의 패스는 모재를 식히거나 전류를 낮추어서 비드를 놓아 언더컷을 방지해야 된다.

하단 모재의 왼쪽 끝에서 아크를 발생하여 아크를 안정시킨 후 하단 모재의 개선 모서리 선에 용접봉의 하단이 1/4 정도 겹치도록 하며 일직선으로 우측 끝까지 진행한다.

이 때 작업각은 수직선에 대하여 하단 모재와 95~110°, 진행각은 75~85°를 유지하며 진행한다. [그림 3-5 (a) 참조]

우측 끝부분에서 크레이터 처리를 한다.

2) 3층 2패스 비드놓기

모재의 왼쪽 끝에서 아크를 발생하여 표면 1패스 비드와 1층 비드의 경계선에 용접봉 하단이 오도록 하여 작업각은 수직선에 대하여 하단 모재와 85~90°, 진행각은 75~85°를 유지하며 진행한다. [그림 3-5 (b) 참조]

우측 끝부분에서 크레이터 처리를 한다.

3) 3층 3패스 비드놓기

상단 모재의 왼쪽 끝에서 아크를 발생하여 상단 모재의 개선 모서리 선에 용접봉 중심의 1/3 정도가 겹치도록 하며 진행한다. 이 때 작업각과 진행각은 75~85°를 유지한다. [그림 3-5 (c) 참조]

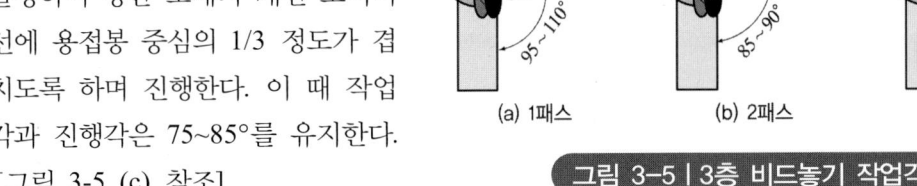

그림 3-5 | 3층 비드놓기 작업각

표면 비드는 모재 표면보다 약 2mm 정도 높게 쌓는다.(표면 비드 높이가 모재 높이보다 낮거나 5mm 이상 높으면 안된다.) 용접이 끝날 때 마다 용접부를 깨끗이 청소한다.

라. 검사 및 정리하기

표면 비드놓기가 끝나면 용접부의 슬래그와 스패터를 깨끗이 청소한 후 용접 상태(표면 비드 미려도, 폭, 높이, 시점과 종점 처리상태, 이음부 상태, 이면비드 돌출상태 등)을 검사한다.

- 잘못된 점을 시정하려고 노력하며, 반복 실습한다.
- 실습이 끝나면 전원을 차단하고, 주위를 깨끗이 잘 정리 정돈한다.
- 자격시험 검사 기준은 '제2절 아래보기 자세 V형 맞대기 ❻'항을 참조한다.

제4절 수직 자세 V형 맞대기 피복 아크 용접

❶ 용접 준비와 모재 가공

용접 준비와 모재 가공은 '제2절 아래보기 자세 V형 맞대기 피복아크용접 ❶ 용접준비, 가. 재료 준비, 나. 공구 준비, 다. 작업 준비 ❷ 모재 가공 가. 루트면 가공'과 같이 하면 된다.

❷ 모재 가용접(tack welding) 및 역변형 주기

가접법이나 역변형을 주는 방법도 '제2절 아래보기 자세 V형 맞대기 피복아크용접 ❸

가. 전류 조절, 나. 루트간격 조절, 다. 가용접(가접) 및 역변형 주기'와 같이 하면 된다.

❸ t6.0 연강판 수직 V형 맞대기

가. 모재 고정

가접된 모재를 용접 지그에 용접선이 수직이 되게 작업하기 편한 높이로 고정한다. 이 때 루트간격이 좁은 쪽이 아래가 되게 하며 상부의 높이가 가슴 정도가 적당하다.

모재를 단단하게 고정하여 작업 중 움직이거나 떨어지지 않도록 해야 된다.

나. 1층(이면, back) 비드를 놓기

1) 1층 1/2 비드놓기

이면 비드놓기는 맞대기 용접 중 가장 중요한 용접이며, 고난도의 기술을 요한다.

적당한 전류와 정교한 위빙으로 키홀을 형성하며 모재 표면보다 1~1.5mm 정도 낮게 쌓는 것이 중요하다.

용접을 하려면 우선 전류를 맞추어야 된다. 백 비드 전류를 아래보기 자세보다 다소 낮게, 75~90A 정도(ϕ3.2 용접봉 사용시)로 조절한 다음 용접봉을 홀더의 손잡이와 135° 되게 물린다.

모재 앞에 작업하기 편한 자세로 앉는다. 이 때 몸과 모재와의 각도는 20~30° 정도 우측으로 틀어 앉아 홀더를 잡는다.

용접봉 끝을 모재의 하단 끝으로 옮긴 후 헬멧을 쓰고 아크를 발생하여 아크를 안정시키며 개선 홈 안쪽으로 봉을 밀어 넣는다.

작업각은 90°, 진행 반대각은 75~85°를 유지한다.[그림 4-1 참조]

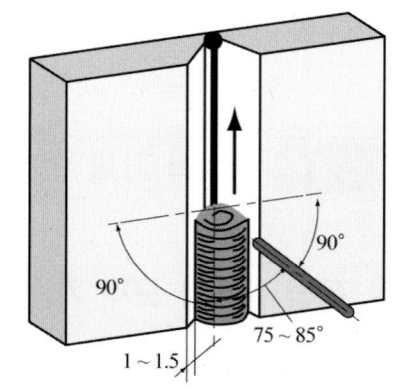

그림 4-1 | 수직 자세 작업각과 진행 반대각

키홀이 생길 때까지 좌우로 움직이지 말고 매우 천천히 상진(약 5mm 정도)하다가 키홀(key hole)이 형성되면 바로 루트면과 루트면 사이를 이전 용착부와 약 1/3 정도 겹치면서 키홀이 일정하도록 위빙하며 중심 표시 부분까지 상진한 후 중심부에서 아크를 끊는다.

2) 이면(back) 비드 잇기

아크가 끝난 부분을 깨끗이 청소하고 홀더에 새 용접봉을 물려 이음부의 주위에서 아크를 발생하여 아크길이를 좀 길게 하면서 이음부의 위치를 확인하고 빨리 이음부 상단으로 옮긴다.

용접봉을 홈 안으로 서서히 밀어 넣으며 아크를 안정시킨 후 약 5~10mm 정도는 좌우로 움직이지 말고 좀 느린 속도로 상진하여 키홀이 형성되면 키홀의 크기를 일정하게 유지하며 위빙 방법에 의해 끝까지 상진한다.

1층 백 비드는 모재 표면보다 1~1.5mm 정도 낮게 놓는다.

3) 크레이터 처리 및 청소하기

용접선 끝의 1~2mm 부분에서 아크를 잠시 끊었다 다시 발생하였다 하면서 2~3회 크레이터 처리를 한다.

용접이 끝나면 용접부의 슬래그 및 스패터 등을 깨끗이 제거한다.

다. 표면(2층) 비드놓기

1) 표면 1/2 비드놓기

표면 비드는 외관이므로 외관의 비드 모양을 보고 양·부를 판단하는 중요한 부분이다. 그리고 언더컷이나 처짐, 오버랩 등이 쉽게 발생될 수 있어 위빙 끝 부분의 약간 멈춤과 일정한 위빙 폭과 피치로 위빙하는 것이 필요하다.

우선 모재를 작업하기 편한 높이로 고정한 후 전류를 100~130A(ϕ3.2를 사용할 경우)로 조절한다.

자세를 바로 잡고 용접봉을 1층 비드의 하단 왼쪽 부근으로 옮긴 후 헬멧을 쓰고 아크를 발생하여 아크 빛으로 모재 하단의 모서리 부분으로 옮겨 아크를 안정시킨다.

아크가 안정되면 다음 모서리까지 약간 천천히 움직여 충분하게 용융되었을 때 위빙하며 상진한다. 위빙 폭은 개선면 상부 좌우 모서리에 용접봉 끝의 1/3~1/2 정도가 오도록 실시한다.

Ø4 용접봉(110~140A) 사용시는 중간 부분을 끊지 않아도 용접선 끝까지 비드를 놓을 수 있으며, 2층 이상은 Ø4 봉을 사용하는 것이 원칙이다.

위빙할 때 비드의 양 끝에서 약 0.5~1초 정도 멈추는 듯 하여 언더컷이 생기지 않게 한다.

용접이 끝나면 용접부 끝부분을 깨끗이 청소한다.

2) 표면 비드 잇기

용접봉 1개로 용접부 전체를 다 용착시킬 수 없을 때는 용접부 전체 길이의 중심에서 아크를 끊는다.

왜냐 하면 시점과 종점, 중심 부분은 10mm 정도는 제거되고 그 다음부터 약 38mm 부분은 굴곡 시험편 부분이 되므로 그 부분에서는 아크가 끊어지거나 비드 잇는 부분이 되어서는 안되기 때문이다.

비드를 이을 때 홀더에 새 용접봉을 물린 후 잇는 부근에서 아크를 발생하여 아크를 안정시킨 후 용접부 끝까지 위빙하여 진행한다.

이 때 상진법과 하진법 또는 상하를 바꾸어 2층이나 3층을 쌓으면 안된다.

표면 비드 높이가 모재 높이보다 낮거나 5mm 이상 높지 않게 쌓는다.

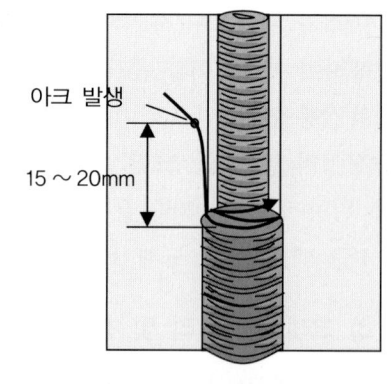

그림 4-2 | 수직 비드 잇는 법

표면 비드 높이는 모재 표면보다 약 2mm 정도 높게 쌓는다. [그림 4-2 참조]

3) 크레이터 처리 및 청소하기

용접부 끝 1~2mm 부분에서 크레이터 처리를 한 후 용접부를 깨끗이 청소한다.

④ t9.0 연강판 수직 V형 맞대기

가. 1층(이면, back) 비드놓기

t9 모재의 이면 비드놓는 법은 t6 모재와 동일하게 실시하면 된다. 다만 판두께가 3mm 정도 더 두껍기 때문에 전류를 약간 높여주거나 루트면을 얇게 해줄 필요가 있으며, t6의 모재는 2층으로 완성했지만 t9 모재는 3층으로 완성하는 것이 일반적이다.

따라서 1층(백) 비드는 모재 두께의 약 1/2 정도 높이로 쌓는 것이 적당하다.

나. 2층 비드놓기

2층 비드는 모재 표면보다 1~1.5mm 정도 낮게 채워지게 쌓는 것이 중요하다.

이 때 전류는 표면 비드보다 다소 높게 조절하여 쌓으면 1층과 용착도 잘 되지만 1층에 잔류할 수 있는 불순물이나 슬래그 등을 떠오르게 하는데 효과가 있다. [그림 4-3 참조]

2층 비드도 중심부에서 아크를 끊은 후 새 용접봉으로 비드를 잇기하여 2회로 완성한다.

이 때 개선면의 상부 모서리가 녹지 않게 하는 것이 좋다.(용접봉 끝이 모재 표면보다 높으면 개선 끝 모서리가 녹게 됨)

이 때 상진법과 하진법을 혼용하거나 상과 하를 바꾸어 2층이나 3층을 쌓으면 안된다.

Ø4 용접봉 사용시는 표면 비드를 끊지 않아도 용접선 끝까지 비드를 놓을 수 있으며, 2

층 이상은 Ø4 봉을 사용하는 것이 원칙이다.

용접이 끝나면 다음 층의 비드를 놓기 전에 비드를 깨끗이 청소해야 된다.

다. 표면 비드놓기

표면 비드는 t6 모재의 표면 비드놓기와 같은 방법으로 쌓는다. 따라서 개선면 상부의 모서리와 모서리 사이를 용접봉

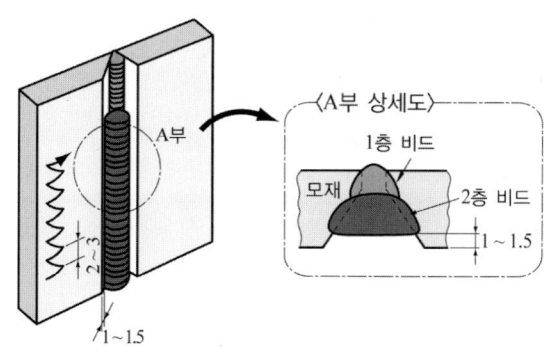

그림 4-3 | 수직 비드 2층 비드 높이

의 1/2~1/3 정도가 겹치도록 운봉하며, 운봉 끝부분에서 약간씩 멈춤을 실시하여 언더컷 등이 발생하지 않게 하여야 된다.

표면 비드도 2회로 나누어서 완성한다.

이 때 Ø4 용접봉 사용시는 표면 비드를 끊지 않아도 용접선 끝까지 비드를 놓을 수 있으며, 2층 이상은 Ø4 봉을 사용하는 것이 원칙이다.

표면 비드는 모재 표면보다 약 2mm 정도 높게 쌓고, 크레이터 처리를 한 후 아크를 끊은 후 용접부를 깨끗이 청소한다.(표면 비드 높이가 모재 높이보다 낮거나 5mm 이상 높으면 안된다.)

❺ 검사, 평가하기 (자격시험 평가 기준)

표면 비드놓기가 끝나면 용접부의 슬래그와 스패터를 깨끗이 청소한 후 용접 상태(표면 비드 미려도, 폭, 높이, 시점과 종점 처리상태, 이음부 상태, 이면비드 돌출상태 등)을 검사한다.

제5절 〉 위보기 자세 V형 맞대기 피복 아크 용접

❶ 용접 준비와 모재 가공

용접 준비와 모재 가공은 '제2절 아래보기 자세 V형 맞대기 피복아크용접 ❶ 용접준비, 가. 재료 준비, 나. 공구 준비, 다. 작업 준비 ❷ 모재 가공 가. 루트면 가공'과 같이 하면 된다.

❷ 모재 가용접(tack welding) 및 역변형 주기

가접법이나 역변형을 주는 방법도 '제2절 아래보기 자세 V형 맞대기 피복아크용접 ❸ 가. 전류 조절, 나. 루트간격 조절, 다. 가용접(가접) 및 역변형 주기'와 같이 하면 된다.

위보기 맞대기용접을 위한 가접할 때 특히 주의해야 할 것은 가용접 부위가 홈 쪽으로 돌출되지 않도록 해야 된다.

가용접 부위가 홈 쪽으로 돌출되거나 스패터가 심하게 부착되어 있으면 이면 비드를 놓기 위해 아크를 안정시키기가 매우 어려우므로 줄작업이나 정작업, 연삭 등으로 평탄하게 가공해야 된다. [그림 5-1 (b) 참조]

❸ t6.0 연강판 위보기 V형 맞대기 피복 아크용접하기

가. 모재 고정

가용접된 모재의 홈 부분이 아래가 되며 용접선이 전후(또는 좌우)가 되게 작업하기 편한 높이로 단단하게 고정한다.

보통 머리보다 10cm 정도 높게 하는 것이 좋다. 이 때 루트 간격이 좁은 쪽이 용접 시작 부분이 되게 한다.

나. 1층(이면, back) 비드를 놓기

1) 1층 1/2 비드놓기

전류를 수직 자세와 비슷하게 80~95A(ϕ3.2 용접봉 사용시) 정도로 조절한다. 용접봉은 홀더의 앞부분에 홀더와 일직선이 되게 물린다.

모재 앞에 작업하기 편한 자세로 앉아 용접봉을 시작점 가까이 옮긴 후 헬멧을 쓰고 모재의 시작점 부근에서 아크를 발생하여 아크를 안정시키며 개선 홈 안쪽으로 봉을 밀어 넣는다.

이 때 바로 용접봉을 좌우로 움직이면 달라붙을 염려가 있으므로 위빙없이 천천히 진행하여 아크 안정에 최선을 다한다.

작업각은 90°, 진행각은 용접선에 대하여 75~85° 정도로 유지하여 진행하며 키홀(key hole)이 형성되면 바로 루트면과 루트면 사이를 이전 용착부와 약 1/3 정도 겹치면서 키홀이 일정하도록 위빙하며 중심 표시 부분까지 진행한 후 중심부에서 아크를 끊는다.

위보기 자세는 비드가 처져서 볼록 비드가 되기 쉬우므로 위빙의 양끝은 느리게 중심부는 빠르게 움직여서 비드 모양이 평면 또는 약간 볼록형이 되도록 위빙하여야 된다.

아크가 끝난 부분을 깨끗이 청소한 후 다시 지그에 고정한다.

2) 비드 잇기

새 용접봉을 홀더에 물리고 이음부의 주위에서 아크를 발생하여 아크 길이를 좀 길게 하면서 이음부의 위치를 확인하고 빨리 이음부 쪽으로 옮긴다.

봉을 좌우로 움직이지 말고 홈 안으로 서서히 밀어 넣으며 아크를 안정시킨다.

아크가 안정되면 이전 비드놓는 법과 동일하게 용접선 끝까지 진행한다. 이때 모재 표면보다 1~1.5mm 정도 낮게 1층 비드를 놓는다.

모재 끝의 1~2mm 부분에서 크레이터 처리를 한 후 용접부의 슬래그 및 스패터 등을 깨끗이 제거한다. 혹시 용입이 안되어 슬래그가 혼입된 경우 가는 송곳이나 좁은 정 같은 것으로 완전 제거하고 높낮이가 큰 경우 전류를 높게 하여 평탄 작업을 한 후에 2층 비드를 놓아야 된다.

다. 2층(표면) 비드놓기

1) 2층 1/2 비드놓기

전류를 110~130A(ϕ3.2를 사용할 경우)로 조절하고 용접봉을 홀더의 앞부분에 홀더와 일직선이 되게 물린다.

시작 부분의 개선면 위의 한쪽 모서리에서 아크를 발생하여 아크를 안정시키며 다음 모서리까지 약간 천천히 움직인다.

아크가 안정되면 개선면 상부 모서리에서 모서리까지 위빙하며 진행한다.

이 때 용접봉 끝의 1/3~1/4 정도가 개선면 모서리에 위치하도록 한다.

위빙할 때 비드의 양 끝에서 약 0.5~1초 정도 멈추는 듯 하여 언더컷이 생기지 않게 한다. 용접 전체 길이의 중심 부분에서 아크를 끊고 비드 끝부분을 깨끗이 청소한다.

2) 2층 비드 잇기

홀더에 새 용접봉을 물린 후 이음부 주위에서 아크를 발생하여 비드 잇는 방법과 같이 비드를 놓아 용접부 끝까지 위빙하여 진행한 후 끝 부분에서 크레이터 처리한다.

표면 비드는 모재 표면보다 약 2mm 정도 높게 쌓는다. 용접이 끝나면 용접부를 깨끗이 청소한다. ϕ4.0 용접봉을 사용할 경우는 비드 잇기를 하지 않아도 된다.

④ t9.0 연강판 위보기 V형 맞대기 피복 아크용접하기

가. 1층(이면) 비드놓기

t9 모재의 이면 비드놓는 법은 t6 모재와 동일하게 실시하면 된다. 다만 판두께가 3mm 정도 더 두껍기 때문에 전류를 약간 높여주거나 루트면을 얇게 해줄 필요가 있으며, t6의 모재는 2층으로 완성했지만 t9 모재는 3층으로 완성하는 것이 일반적이다.

따라서 1층(이면) 비드는 모재 두께의 약 1/2 정도 높이로 쌓는 것이 적당하다.

나. 2층 비드놓기

2층 비드놓기의 운봉각은 [그림 5-2]와 같이 유지하며 모재 표면보다 1~1.5mm 정도 낮게 채워지게 쌓는다. 이 때 전류는 표면 비드보다 다소 높게 조절하여 쌓으면 1층과 용착도 잘 되지만 1층에 잔류할 수 있는 불순물이나 슬래그 등을 떠오르게 하는데 효과가 있다.

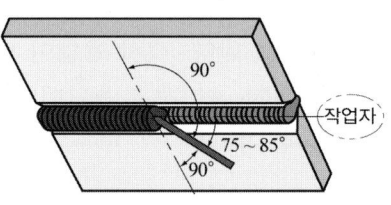

그림 5-2 | 작업각과 진행각

비드가 처지지 않도록 운봉을 잘해야 되며 2층 비드가 모재 표면보다 높아지거나 2층 비드놓기 중 개선면의 모서리가 용융되지 않도록 해야 된다.

2층 비드도 중심부에서 아크를 끊은 후 새 용접봉으로 비드를 잇기하여 2회로 완성한다. (ϕ3.2 용접봉 사용시) 용접이 끝나면 다음 층의 비드를 놓기 전에 비드를 깨끗이 청소해야 된다.

다. 3층(표면) 비드놓기

1) 3층 1/2 비드놓기

표면 비드는 t6 모재의 표면 비드놓기와 같은 방법으로 쌓는다.

따라서 개선면 상부의 모서리와 모서리 사이를 용접봉의 1/4~1/3 정도가 겹치며, 진행각과 작업각이 일정하도록 운봉하며, 운봉 끝 부분에서 약간씩 멈춤을 실시하여 언더컷 등이 발생하지 않게 하여야 된다. [그림 5-3 참조]

용접부 중심부에서 아크를 끊고 이음부를 깨끗이 청소한다.

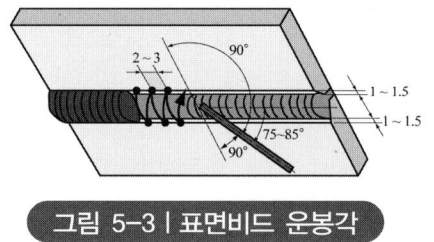

그림 5-3 | 표면비드 운봉각

2) 3층 비드 잇기

새 용접봉을 갈아 끼우고 비드 이음부 근처에 용접봉 끝을 이동시킨 후 헬멧을 쓰고 아크를 발생하여 이음부로 옮겨 아크를 안정시킨 다음 모재 표면에 밀착하듯 위빙하여 용접선 끝까지 진행한다.

표면 비드는 모재 표면보다 약 2mm 정도 높게 쌓고, 크레이터 처리를 한 후 아크를 끊은 후 용접부를 깨끗이 청소**한다**.

라. 검사 및 정리하기

표면 비드놓기가 끝나면 용접부의 슬래그와 스패터를 깨끗이 청소한 후 용접 상태(표면 비드 미려도, 폭, 높이, 시점과 종점 처리상태, 이음부 상태, 이면비드 돌출상태 등을 검사한다.

- 잘못된 점을 시정하려고 노력하며, 반복 실습한다.
- 실습이 끝나면 전원을 차단하고, 주위를 깨끗이 잘 정리 정돈한다.
- 자격시험 검사 기준은 '제2절 아래보기 자세 V형 맞대기 ❻'항을 참조한다.
- 잘못된 점을 시정하려고 노력하며, 반복 실습한다.
- 실습이 끝나면 전원을 차단하고, 주위를 깨끗이 잘 정리 정돈한다.
- 자격시험검사 기준은 '제2절 아래보기자세 V형 맞대기 피복아크용접 ❻'항을 참조한다.

02 이산화탄소가스아크용접

제1절 FCAW V형 맞대기 CO_2 용접

1 플럭스 코어드(복합) 와이어

플럭스 코어드 와이어는 복합 와이어라고도 하며, 단일 인접형(NCG법)과 이중 굽힘형(아코스 아크법, Y관상 와이어, S관상 와이어)가 있다.[그림 1-1 (a) 참조]

솔리드 와이어는 와이어 전체가 강선이므로 용융 시 전체가 용융 금속이 되므로 용착 효율이 높다.

솔리드 와이어 중 연강 및 50kgf급 CO^2 용접에는 YGW11~14, 60kgf급은 YGW21~22이, MAG 용접용에는 YGW15~17(연강 및 50kgf급), 23~24(60kgf급)이 사용된다.

플럭스 코어드(복합) 와이어는 얇은 강판에 용제(flux)를 넣으면서 정교하게 말아놓은 것으로 생산시

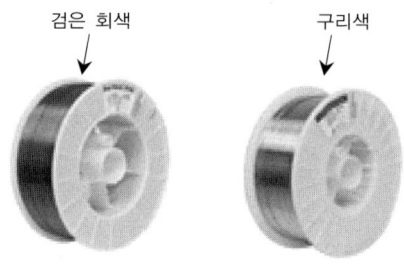

(a) 플럭스 와이어 (b) 솔리드 와이어

그림 1-1 | 용접 와이어의 종류

진공 밀봉하여 출하되고 있으며, 와이어를 개봉을 하면 흡습하기 쉬우며, 건조가 어려우므로, 2~3일 이내에 사용하는 것이 좋다.

플럭스 코어드 와이어는 용제가 와이어 전 중량의 약 20~25% 정도 차지하므로 와이어 전체가 용융 금속이 되지 않아 용착 효율이 솔리드 와이어에 비해 낮으며, 용접 후 슬래그가 생성되므로 슬래그 제거가 필요하다.

연강 및 50kgf급 고장력강용 플럭스 코어드 와이어는 YFW 22~24가 주로 사용된다.

와이어 굵기는 ϕ0.8~3.2가 있으며 ϕ0.8~1.6은 세경 와이어, ϕ2.4~3.2는 태경 와이어라고 하는데 요즘은 태경 와이어 사용이 줄어들고 있다.

표 1-1 와이어 종류에 따른 특성 비교

솔리드(실체) 와이어	와이어 종류	플럭스 코드(복합) 와이어	
외관 동(구리) 도금	형상	내부는 플럭스, 외피는 강재	
0.8, 0.9, 1.0, 1.2, 1.4, 1.6	치수(mm)	1.2, 1.4, 1.6, 2.0	2.4, 3.2
CO_2, CO_2+Ar = MAG	실드가스 종류	CO_2	CO_2, NON gas
약간 많음. MAG는 적음	스패터 정도	적음	약간 적음
단락형 : 적음, 대전류 : 깊음	용입깊이 정도	중간	약간 얕음
적음	슬래그 발생량	많음	많음
100(ϕ1.6, 400A의 경우)	용접속도(g/min)	120 (ϕ1.6, 400A의 경우)	105 (ϕ1.6, 400A의 경우)
90~95	용착 효율(%)	75~80	75~80
보통	비드 외관	미려함	보통

❷ 뒷댐판 재료

용접부는 모재와 용접봉이 용융되어 두 모재간 빈 공간을 매꾸어준 곳으로 고온으로 상승된 곳이며 공기와 접촉하게 되면 조직 불량이 발생할 우려가 있다.

따라서 용접 후 연삭을 할 수 있다면 관계없으나 연삭을 할 수 없는 곳이거나 연삭을 하지 않아도 될 곳이라면 연삭 하는데 시간과 인건비를 소모할 필요가 없으나 고온에서 공기와의 접촉을 막을 필요는 있으며, 이 때 사용되는 것이 뒷댐판이다.

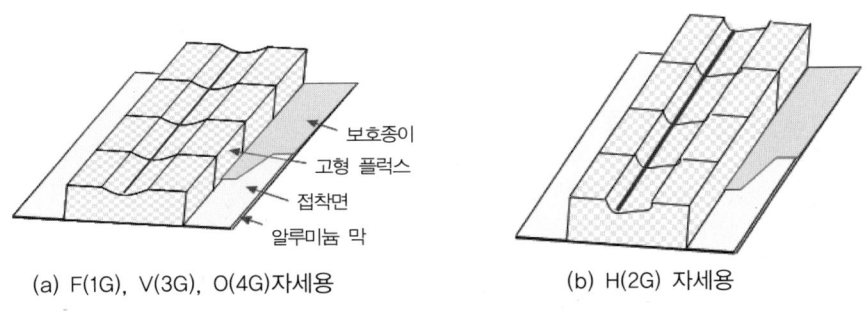

(a) F(1G), V(3G), O(4G)자세용　　　(b) H(2G) 자세용

그림 1-2 | 세라믹 뒷댐판의 형상

뒷댐판의 종류는 구리, 글라스 테이프, 세라믹 제품이 있으며 요즘은 세라믹제가 가장 많이 사용된다. 세라믹재는 용도에 따라 아래보기, 수직, 위보기용과 수평용이 있다. [그림 1-2 참조]

특히 후락스 코드 와이어를 사용하여 이면(back) 비드 용접을 할 때 뒷면에 뒷댐재(backing up)를 부착하고 한쪽 면에서 용접하면 양호한 이면 비드를 얻을 수 있으며, 용접 시간이 단축되고 대기로부터의 오염이나 산화를 방지할 수 있다.

❸ 아래보기자세 연강판 V형 맞대기 용접(세라믹 백판 부착)

가. 용접 준비 및 가접, 역변형

1) 일반 준비

모재는 연강판 t9.0×125×150 한쪽 개선(150mm 부분 개선 가공, 개선각 약 30°) 2매, 플럭스 코어드 와이어 Ø1.2, 세라믹 백킹제(약 150mm) 수직용, 수평용 각각 1개를 준비하며, 다른 준비는 솔리드 와이어를 사용할 때의 V형 맞대기 용접과 같이한다.

2) 가용접

가용접법은 개선 가공된 부분이 위로 향하도록 수평판에 엇갈리지 않게 놓고 루트 간격을 약 4~5mm(5mm 이하) 띄운 후 양 끝에 가용접한다. 이 때 가용접부가 뒷면으로 돌출되지 않도록 해야 되며 만약 돌출된 경우 그라인더로 갈아내어 평면이 되게 한다.

3) 세라믹 부착

아래보기용(수직 공용) 세라믹판을 용접부 길이만큼 절단(1마디당 25mm)하여 부착 종이 부분을 펼쳐서 바르게 손질한 뒤 홈부분이 위로 향하게 놓고 적색 중심선이 루트 간격의 중심이 되게 맞춘 후 은박지 종이를 떼어내어 밀착시킨 후 위치가 잘 맞는가 확인, 교정한 후 완전하게 밀착시킨다.

나. 아래보기 맞대기 용접

1) 모재 고정

가접된 모재의 용접선이 좌우가 되며 홈이 위로 향하도록 아래보기 자세로 놓는다.

2) 1층 이면(back) 비드놓기

이면 비드 전류를 130~150A, 전압은 21~23V로 조정한다.

자세를 바로 잡고 토치의 와이어 끝을 왼쪽 가접부 끝에 대고 토치 스위치를 눌러 아크를 안정시킨 후 루트면과 루트면 간격 사이에서 이전 비드를 최소 1.5mm 이상 겹쳐서 와이어 돌출길이는 약 15mm, 작업각은 90°, 용접 진행 방향에 대하여 60°를 유지하며 솔리드 와이어보다 조금 느리게 촘촘하게 위빙하며 우진한다.
[그림 1-3 참조]

위빙폭은 양쪽 모재의 개선 끝면을 살짝 접촉하는 정도로 하며, 세라믹 백판의 홈에 용융지를 채우는 느낌으로 위빙한다.

비드의 끝부분에서 스위치를 눌러 크레이터 처리를 한 후 종료한 다음 용접부를 깨끗이 청소하고, 슬래그 혼입 부분이 있으면 완전히 제거한다.

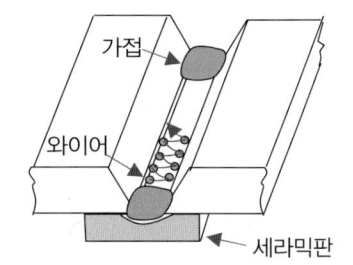

그림 1-3 | 이면비드 와이어 운봉법

3) 2층 이상의 비드를 놓는다.

1층 비드놓은 상태가 모재 표면보다 0.5~1mm 낮게 쌓인 정도이거나 3층으로 완성하기에 애매한 경우는 2층으로 완성한다.

만약 1층 비드가 모재 판두께의 1/2 정도 쌓인 경우는 3층으로 완성한다. 이 때 2층 비드는 모재 표면보다 0.5~1mm 정도 낮게 쌓이도록 위빙하여 완성한다.

2층 비드놓기가 끝나면 용접부를 깨끗이 청소한다.

3층 표면 비드는 와이어 끝의 중심이 양쪽 개선 모서리에 일치되도록 하며 일정한 피치로 위빙하여 모재 표면보다 약 2mm 정도 높게 쌓이도록 표면 비드를 놓는다.

만약 1층 비드 높이가 모재 표면과 1~2mm 깊이에 있을 경우는 바로 표면비드를 쌓는다.

다. 용접부 청소 및 검사(자격시험 기준, t6.0, t9.0 동일함)

1) 외관 검사

표면 비드놓기가 끝나면 용접부를 깨끗이 청소한 후 검사한다.

맞대기 용접 상태가 용접기능장의 수준 이하로 판단될 정도이거나, 다음 항목 중 하나라도 해당되면(이상이 있으면) 평가에서 제외하며, 이상이 없으면 굴곡 시험 평가를 한다.

① 도면의 지시대로 가용접되지 않은 경우, 전진법이나 후진법 혼용, 상진법과 하진법 혼용한 경우
② 10°이상 변형인 경우
③ 비드 높이가 판두께보다 낮은 경우,(시점, 종점을 제외한 부분이 0mm 이하인 경우) 또는 표면 이면 비드 높이가 5mm 이상인 경우
④ 맞대기용접 시험편의 이면 비드(시점, 이음부, 종점 포함)의 불완전 용융부가 20 mm 이상인 경우
⑤ 시험편의 용락, 언더컷, 오버랩, 기공, 비드상태 등 구조상의 결함, 용접방법 등이 검

사 규정에 벗어난 경우(누가 봐도 수준에 미달되는 작품인 경우)
⑥ 용접시점과 종점 10mm를 제외한 용접부의 비드 높이가 모재 두께보다 낮은(0 mm 미만) 경우나, 비드 높이가 모재 두께의 50%를 초과한 경우
⑦ 위보기 자세인 경우 이면비드의 높이가 -0.5mm 초과한 경우
⑧ 이면 받침판 사용 또는 이면 비드에 보강용접을 한 경우
⑨ 비드 폭이 25 mm를 초과한 경우
⑩ 턴테이블 사용이나 스패터 방지제 등을 사용한 경우

2) 방사선(X(Υ)-ray) 검사

외관에 이상이 없으면 용접부의 양쪽에서 약 30mm를 제외한 90mm 부분에 대하여 방사선 시험을 한다.

검사 결과 방사선(X(Υ)-ray) 검사에서 제1종 결함, 2종 중 1가지라도 4류인 경우 오착처리된다.

④ 수평기자세 연강판 V형 맞대기 용접(세라믹 백판 부착)

가. 용접 준비 및 가접, 역변형

1) 일반 준비

모든 준비는 아래보기 자세 V형 맞대기 용접과 같이한다.

2) 세라믹 부착

수평(2G)자세용 세라믹판을 용접부 길이만큼 절단(1마디당 25mm)하여 부착 종이 부분을 펼쳐서 바르게 손질한 뒤 깊은 홈부분이 위로 향하게 놓고 적색 중심선이 루트 간격의 2/3 위쪽으로 되게 맞춘 후 은박지 종이를 떼어내어 밀착시킨 후 위치가 잘 맞는가 확인, 교정한 후 완전하게 밀착시킨다.

3) 역변형 주기

용접부 반대편으로 약 1~2도 역변형을 준다.

나. 수평자세 맞대기 용접

1) 모재 고정

가접된 모재가 수직이며, 용접선이 좌우가 되도록 수평보기 자세로 고정한다.

2) 1층 이면(back) 비드놓기

이면 비드 전류를 130~150A, 전압은 21~ 23V로 조정한다.

자세를 바로 잡고 토치의 와이어 끝을 왼쪽 가접부 끝에 대고 토치 스위치를 눌러 아크를 안정시킨 후 상하 루트면과 루트면 간격 사이에서 이전 비드를 최소 1.5mm 이상 겹쳐서 와이어 돌출길이는 약 15mm, 작업각은 80~90°, 용접 진행 방향에 대하여 60~70°를 유지하며 솔리드 와이어보다 조금 느리게 촘촘하게 위빙하며 우진한다.[그림 1-4 참조]

| 그림 1-4 | 수평 V형 맞대기 토치 유지각

비드의 끝부분에서 스위치를 눌러 크레이터 처리를 한 후 종료한 다음 용접부를 깨끗이 청소하고, 슬래그 혼입 부분이 있으면 완전히 제거한다.

3) 2층 비드를 놓는다.

1층 비드놓은 상태가 모재 표면보다 0.5~1mm 낮게 쌓인 정도이거나 3층으로 완성하기에 애매한 경우는 2층으로 완성한다.

만약 1층 비드가 모재 판두께의 1/2 정도 쌓인 경우는 3층으로 완성한다. 이 때 2층 비드는 모재 표면보다 0.5~1mm 정도 낮게 쌓이도록 좁은 비드 2줄로 완성한다.

2층 1패스는 1층 비드의 중심에서 하단 모재와의경계선의 중간 정도에 와이어 끝을 맞춘 후 작업각 95~100°, 진행각 75~85°를 유지하며 직선 비드로 우진한다.

2층 1패스 비드가 끝나면 비드를 깨끗이 청소한 후 2층 2패스 비드를 놓는다.

2층 2패스는 1층 비드 상단과 상단 모재의 경계선의 상부에 와이어 끝을 맞춘 후 작업각 70~80°, 진행각 75~85°를 유지하며 직선 비드로 우진한다.[그림 1-5 참조]

2층 2패스 비드가 끝나면 비드를 깨끗이 청소한다.

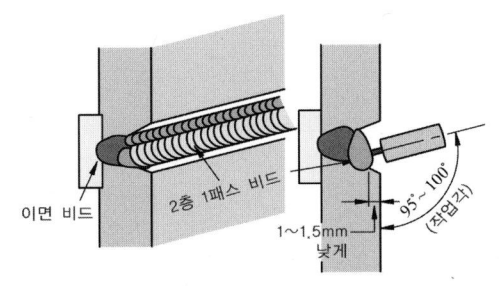

| 그림 1-5 | 수평자세 2층 1패스 토치작업각도

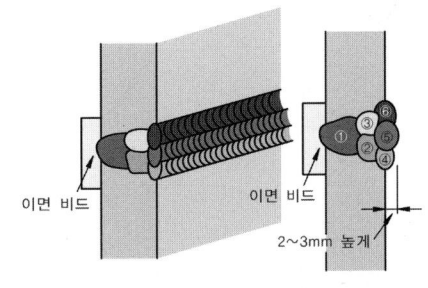

| 그림 1-6 | 수평자세 3층 비드놓기

4) 3층 비드를 놓는다.

3층 비드 1패스는 와이어 끝의 하단이 하단 모재의 개선 모서리 선에 일치되도록 하며 작업각 75~85°, 진행각 75~85°를 유지하며, 직선으로 우진하여 모재 표면보다 약 2mm 정도 높게 쌓이도록 표면 비드를 놓는다.

3층 2패스는 1패스 비드의 상단 경계선에 와이어 끝 하단을 일치시킨 후 하단 모재 기준 수직선에 대하여 작업각 80~90°, 진행각 75~85°를 유지하며 좁은 비드로 우진한다.

3층 3패스는 전류를 10A 정도 낮추거나 조금 냉각시킨 후 와이어 끝 하단이 상단 모재의 개선면 모서리에 일치시켜 작업각과 진행각을 75~85°를 유지하며 우진한다.[그림 1-6 참조]

5) 용접부 청소 및 검사

표면 비드놓기가 끝나면 용접부를 깨끗이 청소한 후 검사한다.

자격 시험 검사는 제2장 제1절 ❸ 다. 1), 2)와 같이 실시한다.

❺ 수직자세 연강판 V형 맞대기 용접(세라믹 백판 부착)

가. 용접 준비 및 가접, 역변형

1) 일반 준비

모든 준비는 아래보기 자세 V형 맞대기 용접과 같이한다.

2) 가 접

가접법은 개선 가공된 부분이 위로 향하도록 수평판에 엇갈리지 않게 놓고 루트 간격을 약 4~5mm 띠운 후 양 끝에 가접한다. 이 때 가접부가 뒷면으로 돌출되지 않도록 해야 되며 만약 돌출된 경우 그라인더로 갈아내어 평면이 되게 한다.

3) 세라믹 부착

세라믹판을 용접부 길이만큼 절단(1마디당 25mm)하여 부착 종이 부분을 펼쳐서 바르게 손질한 뒤 홈부분이 위로 향하게 놓고 적색 중심선이 루트 간격의 중심이 되게 맞춘 후 은 박지 종이를 떼어내어 밀착시킨 후 위치가 잘 맞는가 확인, 교정한 후 완전하게 밀착시킨다.

4) 역변형 주기

용접부 반대편으로 약 1~2도 역변형을 준다.

나. 수직자세 맞대기 용접

1) 모재 고정

가접된 모재가 수직이며 용접선이 상하가 되며 홈이 앞으로 향하도록 수직자세로 지그에 고정한다.

2) 1층 이면(back) 비드놓기

이면 비드 전류를 130~150A, 전압은 21~23V로 조정한다.

자세를 바로 잡고 토치의 와이어 끝을 모재의 하단 가접부 끝에 대고 토치 스위치를 눌러 아크를 안정시킨 후 루트면과 루트면 간격 사이에서 이전 비드를 최소 1.5mm 이상 겹쳐

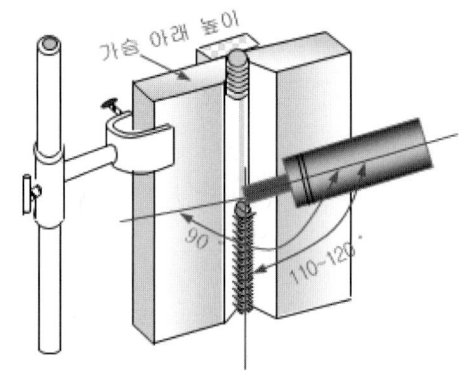

그림 1-7 | 수직자세 1층 비드놓기 토치각도

서 와이어 돌출길이는 약 15mm, 작업각은 90°, 용접 진행 반대 방향에 대하여 110~120°를 유지하며 솔리드 와이어보다 조금 느리게 촘촘하게 위빙하며 상진한다.[그림 1-7 참조]

비드의 끝부분에서 스위치를 눌러 크레이터 처리를 한 후 종료한 다음 용접부를 깨끗이 청소하고, 슬래그 혼입 부분이 있으면 완전히 제거한다.

3) 2층 이상의 비드를 놓는다.

1층 비드놓은 상태가 모재 표면보다 0.5~1mm 낮게 쌓인 정도이거나 3층으로 완성하기에 애매한 경우는 2층으로 완성한다.

만약 1층 비드가 모재 판두께의 1/2 정도 쌓인 경우는 3층으로 완성한다. 이 때 2층 비드는 모재 표면보다 0.5~1mm 정도 낮게 쌓이도록 위빙하여 완성한다. 2층 비드놓기가 끝나면 용접부를 깨끗이 청소한다.

3층 비드는 와이어 끝의 중심이 양쪽 개선 모서리에 일치되도록 하며 일정한 피치로 위빙하여 모재 표면보다 약 2mm 정도 높게 쌓이도록 표면 비드를 놓는다.

4) 용접부 청소 및 검사

표면 비드놓기가 끝나면 용접부를 깨끗이 청소한 후 검사한다.

자격 시험 검사는 제2장 제1절 ❸ 다. 1), 2)와 같이 실시한다.

03 가스텅스텐아크용접

제1절 연강판 V형 맞대기 TIG 용접

① 연강판 아래보기 자세 V형 맞대기

가. 작업 준비

1) 재료 준비

맞대기 용접할 연강판 t6 100×150×30~35°로 가공된 2장을 준비한다.(자격 시험의 경우 시험장에서 제공됨)

연강용 Ø2.4×1000, T-50 TIG 용접 전용봉을 준비한다.

세라믹 노즐(보통 6호, 8호, 시험장 규칙에 따름), 텅스텐 전극 Ø2.4(2~3개 미리 가공하여 준비)을 준비한다.

연습의 경우 개선 가공된 모재가 없으면 가스 절단이나 베벨가공 머신으로 가공하여 준비한다.

2) 공구 준비

TIG 용접 작업 필요한 용접 헬멧, 부드러운 TIG용 가죽 장갑, 앞치마, 집게(또는 플라이어), 와이어 브러시(철솔 브러시, 스테인리스강 용접시에는 스테인리스강 브러시나 황동 브러시 준비), 줄, 30cm 강철자, 페인트마카 펜이나 석필 등을 준비한다. 그 외에 가접대, 보안경 등도 있으면 좋다.

3) 작업 준비

용접에 임하기 전에 작업복과 보호구를 착용하고 용접기의 이상 유무, 작동 상태를 점검한다. 그리고 도면을 보고 모재와 작업 내용을 확인한다.

텅스텐 전극은 적색(토륨 2% 함유) 전극을 선택하여 전극 끝을 경사각 30도 정도로 뾰

쪽하게 가공한 후(직류 정극성 사용시) 토치에 조립하여 노즐 끝에서 전극이 3~4mm 정도 돌출되게 맞춘다.

가접대, 바이스 클램프 등도 준비하면 좋다.

나. 모재 가공

개선 가공된 모재의 루트면을 0.5~1.0mm 정도 가공한다.(작업자마다 다를 수 있음)

다. 용접기 조작

1) 가스 유량 조절

'용접/점검' 스위치를 '점검'에 놓고 아르곤 가스 유량계를 8~12ℓ/min로 조절한 후 다시 '용접'으로 전환한다.

2) 크레이터 '유/무' 선택

크레이터 '무/1회/반복' 전환 스위치는 평소 선택했던 대로 전환하는 것이 좋으나 보통 용접부 길이가 짧은 경우는 '무'를 선택한다.

크레이터 '무'를 선택한 경우는 토치 스위치를 'on'하면 용접전류에 의해 아크가 발생되며 스위치를 'off'하면 꺼진다.

크레이터 '일회'를 선택한 경우 최초 토치 스위치를 'on'하면 초기 전류로 아크가 발생되며, 스위치를 'off'하면 용접전류로 아크가 발생된다. 다시 스위치를 'on'하면 크레이터 전류로 아크가 발생되다가 스위치를 'off'하면 꺼진다.

크레이터 '반복'을 선택하면 '일회'의 기능이 계속 반복하게 되며 아크를 끊으려면 토치를 모재에서 떼어야 된다.

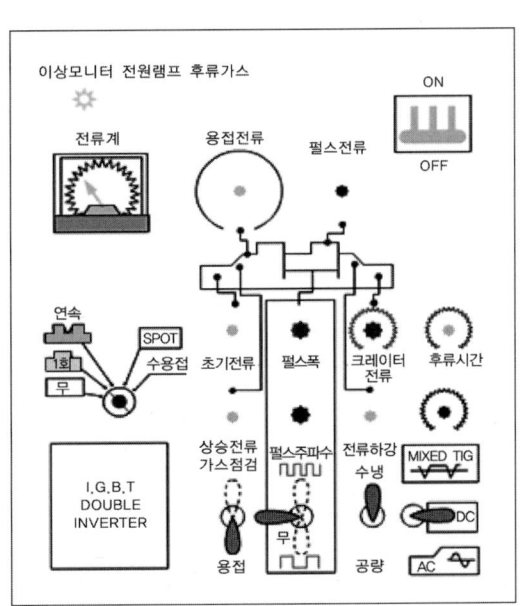

그림 1-1 | TIG 용접기 패널의 각종 스위치의 종류

3) 극성 선택

극성을 연강판이나 스테인리스강은 직류 정극성으로 맞춘다.

4) 기타 조절

휴류 가스 조절 스위치는 약 5초 정도, 펄스 기능은 '무'로, 초기 전류에서 용접전류로 전환시키는 'up slop' 기능은 '0~2초'로, 용접전류에서 크레이터 전류로 전환하는 'down slop' 기능도 '0~2초'로 맞춘다. [그림 1-1 참조]

라. 가접

전류를 80~100A로 조절한 후 V형 맞대기 용접할 모재의 개선 홈이 위로 향하게 하여 루트간격을 한쪽은 2~3mm, 다른 한쪽은 2.5~3.5mm 정도로 맞추어 엇갈리지 않도록 나란히 맞대어 놓고 움직이지 않도록 고정한다.(작업자에 따라 다를 수 있음)

용접선 한쪽 끝을 약 5mm 정도 가접한다. 한쪽 가접이 끝나면 다른 끝 부분의 루트간격이나 엇갈림이 없나 확인한 후 다른 편도 동일한 방법으로 가접한다.

마. 1층(이면) 비드놓기

가접된 모재의 개선면이 위로 향하며, 용접선이 좌우 수평이 되며 아래보기 자세가 되도록 작업대 등에 고정한다.

이면 비드 전류는 80~100A 정도로 조절한다.

우측 끝 가접부에서 아크를 발생하여 작업각 90°, 진행 반대각은 70~80°를 유지하며 루트부를 가열하며 아크를 안정시킨다.

키홀이 형성되면 용접봉을 일정한 속도로 공급하며 좌진한다. [그림 1-2 참조]

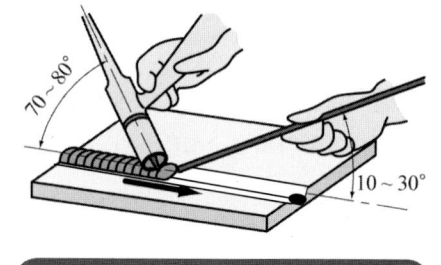

그림 1-2 | 아래보기 자세 운봉각

이 때 용접봉 끝이 보호가스 범위를 벗어나면 안되며 키홀 크기를 맞추어 일정하게 공급되어야 된다.

이 때 봉의 각도는 수평판 좌측에 대하여 10~30° 정도로 유지한다.

키홀의 크기를 일정하게 유지시키며 용접봉의 공급이 일정해야 백비드도 일정하게 형성되므로 작업각, 진행각, 운봉 등이 일정해야 된다.

바. 2층(표면) 비드놓기

1층 비드를 깨끗이 닦은 후 모재의 개선 상부의 모서리와 모서리 사이를 위빙하며 용접봉을 공급하여 2층 표면 비드를 놓는다.

표면 비드의 높이는 표면에서 약 1~1.5mm 정도면 적당하다.(비드 높이가 3 mm 를 초과하면 안됨)

❷ 연강판 수평 자세 V형 맞대기

가. 작업 준비, 모재 가공, 용접기 조작, 가접

재료 준비나 모재 가공, 용접기 조작, 가접법은 '❶ 연강판 아래보기 자세 V형 맞대기' 와 같은 방법으로 실시하면 된다.

나. 1층(이면, back) 비드놓기

가접된 모재가 수직이며 용접선이 수평이 되도록 지그에 고정하여 작업하기 편한 높이로 조절한다.

용접전류를 80~100A 정도로 맞춘 후 작업하기 편한 자세로 앉아서 토치와 용접봉을 잡고 우측 끝 가접부에 전극을 가까이 위치한 후 스위치를 눌러 아크를 발생한다.

아크가 안정되면 두 모재의 루트부를 집중 가열 용융하며 작업각 75~85°, 진행각 70~80°로 유지하면서 가접부 좌측 끝단을 가열하여 키홀을 형성시킨다.

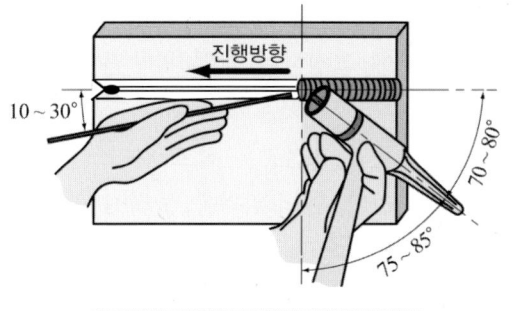

그림 1-3 | 수평 자세 운봉각

키홀이 형성되면 용접봉을 일정한 속도로 공급하며 좌진한다. [그림 1-3 참조]

이 때 용접봉 끝이 보호가스 범위를 벗어나면 안되며 키홀 크기를 맞추어 일정하게 공급되어야 된다.

용접봉의 각도는 판의 좌측 기준 용접선에 대하여 10~15° 정도로 유지하며 키홀이 생기는 부분의 위쪽 모재의 개선면에 위치하여 용접봉이 공급되도록 하는 것이 좋다.

다. 2층(표면) 비드놓기

2층 비드를 놓을 때도 작업각과 진행 반대각, 용접봉의 각도는 1층 비드놓기와 같이 하면 되며, 수평 자세의 2층 비드는 1패스로 완성하는 방법과 2패스로 완성하는 방법이 있으나 1패스로 할 경우 비드 처짐에 주의해야 되며, 2패스(겹침 좁은 비드로 완성하면 무난하다.

1패스로 완성할 경우 비드의 처짐 현상이 생길 수 있으므로 위빙시 위쪽에 머무는 시간을 더주고 용접봉 공급도 용융지 끝 상단에 하는 것이 좋다. 표면 비드의 높이는 표면에서 약 1~1.5mm 정도면 적당하다.(비드 높이가 3 mm 를 초과하면 안됨)

③ 연강판 수직 자세 V형 맞대기

가. 작업 준비, 모재 가공, 용접기 조작, 가접

재료 준비나 모재 가공, 용접기 조작, 가접법은 '① 연강판 아래보기 자세 V형 맞대기'와 같은 방법으로 실시하면 된다.

나. 1층(이면, back) 비드놓기

맞대기 형상으로 가접된 모재를 용접선이 수직이 되도록 지그에 고정하여 작업하기 편한 높이로 조절한다.

용접전류를 75~95A로 맞춘 후 작업하기 편한 자세로 앉아서 토치와 용접봉을 잡고 하단 끝 가접부에 전극을 가까이 위치한 후 스위치를 눌러 아크를 발생한다.

아크가 안정되면 작업각 90°, 진행각 75~85°를 유지하면서 키홀을 형성시킨다.

키홀이 형성되면 키홀 크기를 일정하게 유지하면서 용접봉을 일정하게 공급하며 상진한다. [그림 1-4 참조]

이 때 용접봉의 각도는 용접선에 대하여 10~15° 정도로 유지하며 키홀이 생기는 부분의 개선면에 위치하여 용접봉이 공급되도록 하는 것이 좋다.

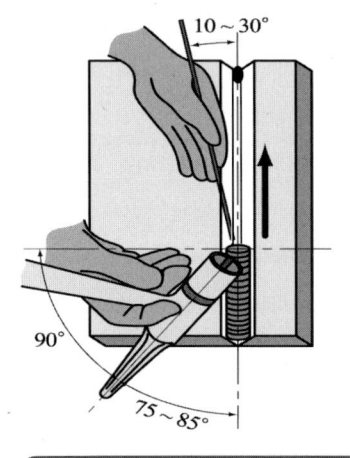

그림 1-4 | 수직 자세 운봉각

다. 2층(표면) 비드놓기

작업각과 진행 반대각, 용접봉의 각도는 1층 비드놓기와 같이 하면 되며, 비드의 처짐 현상이 생길 수 있으므로 주의가 필요하다.

개선면 상단의 모서리와 모서리 사이를 위빙하면서 용접봉을 공급하여 표면 비드를 형성한다. 표면 비드의 높이는 표면에서 약 1~1.5mm 정도면 적당하다.(비드 높이가 3 mm 를 초과하면 안됨)

④ 연강판 위보기자세 V형 맞대기 TIG 용접

가. 작업준비, 모재 가공, 용접기 조작, 가접

작업준비나 모재 가공, 용접기 조작, 가접법, 세라믹판 부착법은 아래보기 자세와 같은 방법으로 실시하면 된다.

나. 1층(이면, back) 비드놓기

토치와 용접봉을 잡고 용접선 우측 끝 가접부에서 아크를 발생하여 키홀을 형성시킨 후 용접봉을 키홀의 용융지에 접촉시키면서 작은 반달 우빙을 하여 모재의 루트면과 용접봉을 용융시켜 이면 비드를 형성하며 좌진한다.

이 때 용접봉의 각도는 용접선에 대하여 10~30° 정도로 유지하며 키홀이 생기는 부분의 위쪽 모재의 개선면에 위치하여 용접봉이 공급되도록 하는 것이 좋다.

다. 2층(표면) 비드놓기

층간 온도 이하로 냉각 시킨 후 2층 비드놓기를 해야 되며, 작업각과 진행 반대각, 용접봉의 각도는 1층 비드놓기와 같이 하면 된다.

두 모재의 개선각 끝 모서리와 모서리 사이를 위빙하여 모서리가 1mm 정도 용융되어 용착되도록 하며 표면 비드 높이가 모재 표면보다 2mm 이하가 되도록 하여야 된다.

이 때 비드의 처짐 현상이 생길 수 있으므로 주의가 필요하다.

5 검사 및 평가하기

가. 외관 평가하기

용접이 끝나면 깨끗이 청소한 후 비드의 파형, 미려도, 높이 폭, 언더컷, 오버랩, 이면비드의 용착상태 등 외관 상태를 검사하고 잘못된 점을 시정하려고 노력하며 반복 실습한다.

자격 시험의 경우 외관 검사에서 다음 사항에 1개라도 해당될 경우 오작처리한다.

① 도면의 지시대로 가용접되지 않은 경우, 전진법이나 후진법 혼용, 상진법과 하진법 혼용한 경우
② 10°이상 변형인 경우
③ 비드 높이가 판두께보다 낮은 경우,(시점, 종점을 제외한 부분이 0mm 이하인 경우) 또는 표면 비드 높이가 5mm 이상인 경우
④ 맞대기용접 시험편의 이면 비드(시점, 이음부, 종점 포함)의 불완전 용융부가 30 mm 이상인 경우
⑤ 시험편의 용락, 언더컷, 오버랩, 기공, 비드상태 등 구조상의 결함, 용접방법 등이 검사 규정에 벗어난 경우(누가 봐도 자격 수준에 미달되는 작품인 경우)
⑥ 이면 받침판을 사용했거나, 이면비드에 보강 용접을 한 경우(단, 스테인리스강의 경우

세라믹 받침대 등을 사용할 수 있음, 은박지 등은 사용 불가함)

나. 굴곡 시험

외관에 이상이 없으면 굴곡시험 규정대로 시험편을 채취한다.

굽힘 시험기(보통 동력 프레스)를 사용하여 가공된 시험편을 '제1장 피복 아크용접 제2절 ❻ 항' [그림 2-10]과 같이 굽힘한 후 평가 기준에 의해 평가한다.

① 연속된 균열 3mm 이하, 작은 균열의 길이 합이 7mm 이하, 작은 기공 등이 10개 이하일 것
② 시험편 4개 중 3개 이상이 ①의 결함이 없을 것 (2개 이상이 0점이면 오작처리함)

제2절 스테인리스강판 V형 맞대기 TIG 용접

❶ 스테인리스강판 아래보기 자세 V형 맞대기

가. 작업 준비

1) 재료 준비

맞대기 용접할 스테인리스강판 t3 75×150×30~35°로 가공된 2장을 준비한다.(자격 시험의 경우 시험장에서 제공됨)

스테인리스강용 Ø2.4×1000, T-308 TIG 용접봉을 준비한다.

세라믹 노즐(보통 6호, 8호, 시험장 규칙에 따름), 텅스텐 전극 Ø2.4(2~3개 미리 가공하여 준비), 세라믹 백판, 은박지 등을 준비한다.

2) 공구 준비

TIG 용접 작업 필요한 용접 헬멧, 부드러운 TIG용 가죽 장갑, 앞치마, 집게(또는 플라이어), 스테인리스강 브러시나 황동 브러시, 줄, 30cm 강철자, 페인트마카 펜이나 석필 등을 준비한다. 그 외에 가접대 등도 있으면 좋다.

3) 작업 준비

용접에 임하기 전에 작업복과 보호구를 착용하고 용접기의 이상 유무, 작동 상태를 점검한다. 그리고 도면을 보고 모재와 작업 내용을 확인한다.

텅스텐 전극은 적색(토륨 2% 함유) 전극을 선택하여 전극 끝을 경사각 30도 정도로 뾰족하게 가공한 후(직류 정극성 사용시) 토치에 조립하여 노즐 끝에서 전극이 3~4mm 정도 돌출되게 맞춘다.

가접대, 바이스 클램프 등도 준비하면 좋다.

나. 모재 가공

개선 가공된 모재의 루트면을 0~1.0mm 정도 가공한다.(작업자마다 다를 수 있음)

다. 용접기 조작

1) 가스 유량 조절

'용접/점검' 스위치를 '점검'에 놓고 아르곤 가스 유량계를 8~12ℓ/min로 조절한 후 다시 '용접'으로 전환한다.

2) 극성 선택

극성을 스테인리스강은 직류 정극성으로 맞춘다. 기타 피복 아크용접과 같은 방법으로 조작한다.

라. 가용접 및 세라믹판 부착 등

1) 가용접하기

전류를 70~100A로 조절한 후 V형 맞대기용접할 모재의 개선 홈이 위로 향하게 하여 엇갈리지 않도록 나란히 맞대어 놓고 루트간격을 한쪽은 2.5~3.0mm, 다른 한쪽은 3~3.5mm 정도 맞춘 후 움직이지 않도록 고정한다.

모재 한쪽 끝을 약 5mm 정도 가접한 후 엇갈림이 없나 루트간격이 맞나 확인한 후 다른 편도 동일한 방법으로 가접한다. 이 때 가접된 비드가 뒤로 튀어나오면 세라믹 판 부착시 판이 들리게 되므로 연삭하여 평평하게 해야 된다.

2) 시편 전용 뒷댐판 부착

오스테나이트계(300계열) 스테인리스강은 용접성이 우수하고 내식성이 좋지만 고온으로부터 급랭한 것을 재가열하면 고용되었던 탄소가 오스테나이트의 결정입계로 이동하여 탄화물(Cr_4C)이 석출해서 결정입계가 쉽게 부식하게 되는 입계부식을 일으킬 우려가 있다.

따라서 용접시 고온으로부터 공기와의 접촉을 막기 위해 뒷면에 불활성가스를 분출시켜 퍼지를 하는 것이 좋으나, 퍼지가 어려운 경우 임시방편으로 동(강)판 뒷댐판 사용, 세라믹 뒷댐판 사용, 은박지 테이프를 부착하는 방법이 사용되고 있다.

시험편(가접은 안해도 됨)을 [그림 2-1 (b)] 그림처럼 넣어 루트간격을 맞춘 후 단단히 고정한다.

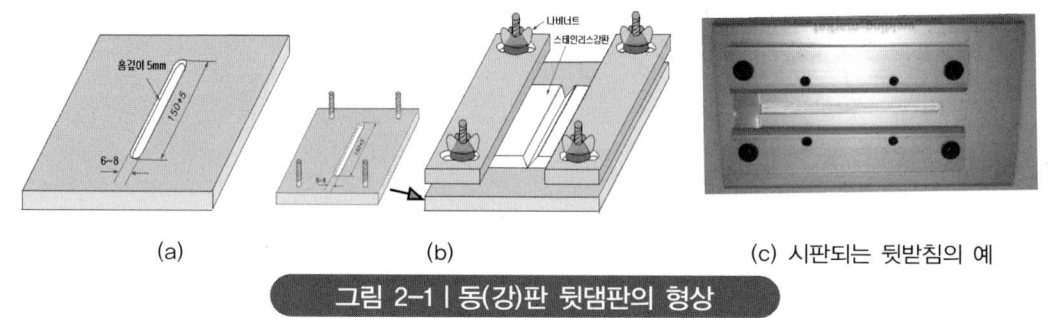

그림 2-1 | 동(강)판 뒷댐판의 형상

3) 세라믹 뒷댐판 부착

세라믹 뒷댐판은 열전도가 매우 나빠서 사용을 권장하지는 않으나, 공기 중에 노출되는 것보다는 좋기 때문에 사용되고 있다.

세라믹 뒷댐판은 시판되고 있으며, 1개의 마디가 25mm이므로 필요한 길이로 절단하여 사용하며, 자세에 따라 적합한 것을 사용하면 된다.

가접된 시험편의 뒷면이 튀어나온 경우 평평하게 가공해야 된다.

세라믹 백판의 테이프를 펴서 작업대 위에 수평으로 좌우가 되게 놓은 후 개선면이 위로 가게 하여 세라믹 백판의 붉은선이 루트간격 사이에 중심이 되도록 놓아 테이프를 단단히 붙인다.

부착된 전면(개선면)에서 가접부위 등을 은박지로 막아 보호가스 유출이 없도록 한다.

4) 모재 고정

준비된 모재를 작업대 위에 용접선이 좌우가 되며 모재가 수평이 되게, 아래보기 자세가 되도록 놓고 움직이지 않게 고정한다.

마. 1층(이면) 비드놓기

우측 끝에서 아크를 발생하여 두 모재가 맞닿은 루트부를 집중 가열하며 작업각 90°, 진행 반대각은 70~80°를 유지하며 가접부 왼쪽 끝을 가열하여 키홀을 형성한다. [그림 2-2 참조]

키홀이 일정한 크기가 유지되도록 키홀 부분에 용접봉을 공급하며 좌진한다. 이 때 용접봉 끝이 보호가스 밖으로 나오지 않도록 한다.

8자 위빙을 하는 경우 우측 끝 가접부에 동일 두께의 보조판을 놓고 노즐을 보조판에 대고 아크를 발생시켜 루트간격 사이를 매우 작은 8자 위빙하여 좌진하며 용접봉을 공급한다.

백 비드가 완성되면 황동 브러시로 깨끗이 닦는다.

바. 2층(표면) 비드놓기

2층 이상 비드를 놓을 때 용접부가 312℃ 이하(층간 온도)가 되도록 냉각시킨 후 다음 층 비드를 놓아야 된다.

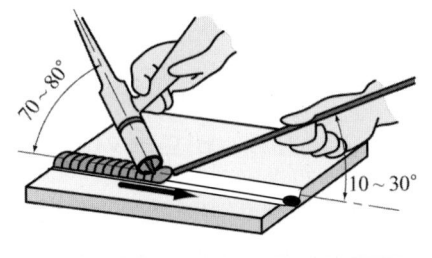

그림 2-2 | 아래보기 자세 운봉각

세라믹 백판 사용의 경우 백 비드 부분에 다시 세라믹판을 붙이거나 은박지 테이프를 부착시켜 공기와의 접촉을 방지한다.

2층 비드를 놓을 때 전류를 백 비드 전류보다 약 10A 정도 낮춘 후 노즐의 한쪽을 가볍게 모재에 접촉시키고 두 모재의 개선 모서리 사이를 반달형 또는 8자형으로 움직여 용융지를 형성하고 용접봉은 용융지 끝부분에 유지시키면 2층 비드가 형성된다.

표면 비드의 높이는 모재 표면에서 약 1~1.5mm 정도면 적당하다.(비드 높이가 3mm 이상 되면 안됨)

❷ 수평 자세 V형 맞대기

가. 작업 준비, 모재 가공, 용접기 조작, 가접

작업 준비나 모재 가공은 용접기 조작, 가접법은 '제2절 ❶ 스테인리스강판 아래보기 자세 V형 맞대기 가.~라' 항과 같은 방법으로 실시하면 된다.

나. 1층(이면, back) 비드놓기

모재가 수직이며 용접선이 수평이 되도록 지그에 고정하여 작업하기 편한 높이로 조절한다.

용접전류를 70~100A 정도로 맞춘 후 작업하기 편한 자세로 앉아서 토치와 용접봉을 잡고 우측 끝 가접부에 전극을 가까이 위치한 후 스위치를 눌러 아크를 발생한다.

아크가 안정되면 두 모재의 루트부를 집중 가열 용융하며 작업각 75~85°, 진행각 70~80°로 유지한다.[그림 2-3 참조]

키홀이 형성되면 키홀 크기를 일정하게 유지하며 용접봉을 공급하며 좌진한다.

이 때 8자 위빙을 실시하면 더욱 안정되게 용접할 수 있다.

이 때 용접봉의 각도는 용접선에 대하여 10~15° 정도로 유지하며 키홀이 생기는 부분의 위쪽 모재의 개선면에 위치하여 용접봉이 공급되도록 하는 것이 좋다. 이 때 백 가스의 공급이 없으면 산화될 우려가 있으므로 주의가 필요하다.

다. 2층(표면) 비드놓기

스테인리스강의 경우 1층 용접이 끝나면 용접부의 온도가 312℃ 이하가 되도록 냉각시킨다.(층간 온도 유지)

세라믹 백판 사용의 경우 백 비드 부분에 다시 세라믹판을 붙이거나 은박지 테이프를 부착시켜 공기와의 접촉을 방지한다.

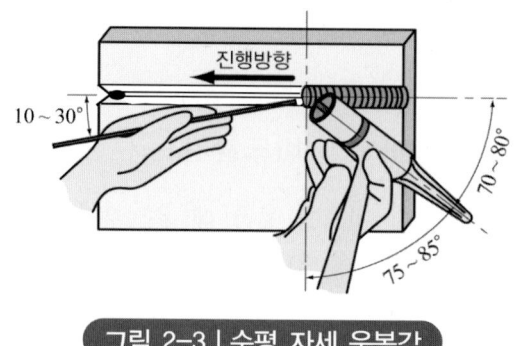

그림 2-3 | 수평 자세 운봉각

작업각과 진행 반대각, 용접봉의 각도는 1층 비드놓기와 같이 하면 되며, 수평 자세의 2층 비드도 1패스로 완성하는 방법과 2패스로 완성하는 방법이 있으나 1패스로 완성해도 무난하다. 다만 비드의 처짐 현상이 생길 수 있으므로 위빙시 위쪽에 머무는 시간을 더주고 용접봉 공급도 용융지 끝 상단에 하는 것이 좋다.

모재의 개선 모서리 사이를 반달형 또는 8자형으로 움직여 용융지를 형성하고 용접봉은 용융지 끝부분에 유지시키면 2층 비드가 형성된다.

❸ 수직 자세 V형 맞대기

가. 작업 준비, 모재 가공, 용접기 조작, 가접

작업 준비나 모재 가공은 용접기 조작, 가접법은 '제2절 ❶ 스테인리스강판 아래보기 자세 V형 맞대기 가.~라' 항과 같은 방법으로 실시하면 된다.

나. 1층(이면, back) 비드놓기

모재와 용접선이 수직이 되도록 지그에 고정하여 작업하기 편한 높이로 조절한다.

용접전류를 70~100A로 맞춘 후 작업하기 편한 자세로 앉아서 토치와 용접봉을 잡고 하단 끝 가접부에 전극을 가까이 위치한 후 스위치를 눌러 아크를 발생한다.

8자 위빙을 하면 좀더 안정되게 작업할 수 있다.

아크가 안정되면 두 모재의 루트부를 집중 가열 용융하며 작업각 90°, 진행각 75~85°를 유지하면서 키홀을 일정하게 형성시키며 용접봉을 공급하며 상진한다.

용접봉의 각도는 용접선에 대하여 10~15° 정도로 유지하며 키홀이 생기는 부분의 개선면에 위치하여 용접봉이 공급되도록 하는 것이 좋다.

다. 2층(표면) 비드놓기

층간 온도 이하로 냉각시킨 후 다시 뒷면에 새 은박지를 부착시켜 산화가 일어나지 않게 한다. 작업각과 진행 반대각, 용접봉의 각도는 1층 비드놓기와 같이 하면 되며, 비드의 처짐 현상이 생길 수 있으므로 주의가 필요하다.

세라믹 백판 사용의 경우 백 비드 부분에 다시 세라믹판을 붙이거나 은박지 테이프를 부착시켜 공기와의 접촉을 방지한다.

작업각과 진행 반대각, 용접봉의 각도는 1층 비드놓기와 같이 하면 되며, 개선면 위의 모서리와 모서리 사이를 위빙하며 용접봉을 공급하여 표면 비드를 완성한다.

모재의 개선 모서리 사이를 반달형 또는 8자형으로 움직여 용융지를 형성하고 용접봉은 용융지 끝부분에 유지시키면 2층 비드가 형성된다.

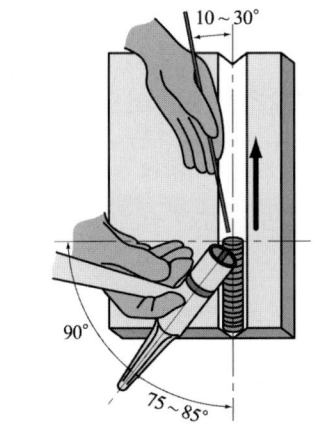

그림 2-4 | 수직 자세 운봉각

라. 검사 및 평가하기

자격 시험의 경우 스테인리스강 맞대기 용접부도 '제1절 연강판 V형 맞대기 TIG 용접 ❺ 검사 및 평가하기'와 같은 방법으로 평가한다.

❹ 위보기자세 V형 맞대기 TIG 용접

가. 작업준비, 모재 가공, 용접기 조작, 가접

작업준비나 모재 가공, 용접기 조작, 가접법, 세라믹판 부착법은 아래보기 자세와 같은 방법으로 실시하면 된다.

나. 1층(이면, back) 비드놓기

토치와 용접봉을 잡고 용접선 우측 끝 가접부에서 아크를 발생하여 키홀을 형성시킨 후 용접봉을 키홀의 용융지에 접촉시키면서 작은 반달 위빙을 하여 모재의 루트면과 용접봉을 용융시켜 이면 비드를 형성하며 좌진한다.

이 때 용접봉의 각도는 용접선에 대하여 10~30° 정도로 유지하며 키홀이 생기는 부분의 위쪽 모재의 개선면에 위치하여 용접봉이 공급되도록 하는 것이 좋다.

다. 2층(표면) 비드놓기

층간 온도 이하로 냉각 시킨 후 2층 비드놓기를 해야 되며, 작업각과 진행 반대각, 용접봉의 각도는 1층 비드놓기와 같이 하면 된다.

두 모재의 개선각 끝 모서리와 모서리 사이를 위빙하여 모서리가 1mm 정도 용융되어 용착되도록 하며 표면 비드 높이가 모재 표면보다 2mm 이하가 되도록 하여야 된다.

이 때 비드의 처짐 현상이 생길 수 있으므로 주의가 필요하다.

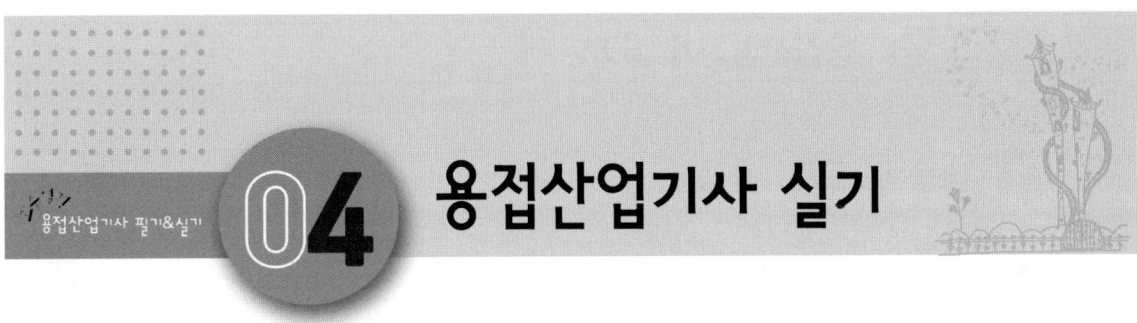

용접산업기사 실기

제1절 자격 종목별 용접법과 자세, 과제

자격 종목	용접법	V형 맞대기 (외관검사, 굴곡시험, 일부 X선 검사)	T형 필릿 용접 (외관검사, 파단시험) (F, H, V 자세 중 1자세)	가스 절단 필답형 실기
피복아크 용접기능사	피복아크용접 (2시간)	F, H, V, O 자세 중 2자세(80분) 4개 굴곡시험	본인이 직접 가스 절단 한 모재 사용 (가스 절단 포함 40분)	
	가스절단(15분)			수동 절단(필수)
이산화탄소가 스아크용접기 능사	CO_2 용접 (2시간)	솔리드와이어 맞대기용접(40분) 플럭스코어드와이어용접(40분) F, H, V 자세 중 2자세 굴곡시험	솔리드와이어 필릿용접 (가스 절단 포함 40분)	
	가스절단(15분)			수동 절단(필수)
가스텅스텐아 크용접기능사	TIG 용접 (2시간)	연강, 스테인리스강판 맞대기 F, H, V, O 자세 중 2자세(80분)	t4.0스테인리스강판에 t3.0 80A×50L파이프	
용접산업기사	피복아크용접	F, H, V, O 자세 중 1개(40분)		
	CO_2 용접	플럭스코어드 와이어 용접(40분) F, H, V 자세 중 1자세(X선시험)		
	TIG 용접	F, H, V, O 자세 중 1개(40분)		
용접기사	피복아크용접	F, H, V 자세 중 1개		필답형 실기 1시간 30분 작업형 실기 40분, 40분
	CO_2 용접	솔리드와이어 맞대기용접 F, H, V 자세 중 1자세		
용접기능장	CO_2 용접	플럭스코어드 와이어 용접 F, H, V 자세 중 1자세(40분), 외관 검사 후 X선 검사		약 5시간 정도
	TIG 용접	F, H, V, O 자세 중 1개(40분)		
	피복아크용접	용기제작(고정상태의 자세로 용 접 : 3시간30분)		

① F : 아래보기 자세, H : 수평 자세, V : 수직 자세, O : 위보기 자세
② V형 맞대기는 외관 검사 후 굴곡 시험으로 채점(용접산업기사, 기능장 CO_2 용접은 X선 검사)
③ 피복아크용접은 t6.0, CO_2 용접 모재는 주로 연강판 t9.0, TIG 용접은 스테인리스강판은 t4.0
④ 각 과제 중 1가지라도 수준 미달이라고 판단시 실격

제2절 용접산업기사 실기

1 내용 및 모재, 용접봉

가. 내 용

1) 용접산업기사는 기능의 수준이 중상 이상의 자격이므로 도면이해, 이론과 각종 용접 실기 능력이 우수해야 된다.

2) 실기는 제한 시간(총 1시간 50분) 내에(연장시간 없음) V형 맞대기 피복아크 용접 및 TIG 용접, V형 맞대기 FCAW(CO_2) 용접을 잘 할 수 있어야 된다.

① 피복 아크용접은 교류 아크용접기를 사용하여 도면에 제시된 자세(아래보기자세, 수평 또는 수직, 위보기 자세 중 1자세)로 연강판 t6.0에 제시된 시간(보통 40분) 내에 V형 맞대기 피복 아크 용접을 한다.

② TIG 용접은 TIG 용접기를 사용하여 도면에 제시된 자세(아래보기자세, 수평 또는 수직, 위보기 자세 중 1자세)로 스테인리스강판 t4.0을 제시된 시간(보통 40분) 내에 V형 맞대기 TIG 용접을 한다.(세라믹 또는 전용 백판 사용 필수)

③ CO_2 용접은 플럭스 코어드 와이어(AWS E71T 계통)를 사용하여 제시된 자세(아래보기자세, 수평 또는 수직자세 중 1자세)로 연강판(보통 t9.0) V형 맞대기 용접을 제시된 시간(보통 40분) 내에 FCAW(CO_2)용접을 한다.

나. 모 재

1) V형 맞대기 피복 아크용접 모재

V형 맞대기 모재의 재질은 연강판(SS400)이며, t6.0×100×150의 모재에 용접 길이 방향(150mm)으로 개선각 35°로 기계 가공된 모재 2매가 필요하다.(그림 2-1 참조)

2) CO_2 용접 모재

V형 맞대기 모재의 재질은 연강판(SS400)이며, t9.0×125×150의 모재에 용접 길이 방향(150mm)으로 개선각 35°로 기계 가공된 모재 2매가 필요하다.(그림 2-1 참조)

3) V형 맞대기 TIG 용접 모재

V형 맞대기 TIG 용접 모재는 스테인리스강판(STS304)이며, t4.0×75×150의 모재에 용접 길이 방향(150mm)으로 개선각 35°로 기계 가공된 모재 2매가 필요하다.

다. CO_2 용접 와이어 및 TIG 용접봉, 피복 아크용접봉

1) CO_2 용접 와이어 : 연강용 플럭스 코드 와이어(AWS E71 계통) $\phi1.2$(상황에 따라 달라질 수 있음)를 사용한다.
2) TIG 용접봉 : 스테인리스강봉(Y308) $\phi2.4$~2.6이 사용된다.
3) 피복아크용접봉 : E7016 $\phi3.2$, 4.0을 사용한다.

❷ 용접 자세 및 시간

가. V형 맞대기 피복 아크용접

V형 맞대기 용접 자세는 아래보기(F), 수평자세(H)와 수직자세(V), 위보기 자세(O) 중 중 하나의 자세가 나오므로, V형 홈 연강판 t6.0mm 판에 피복 아크 용접봉을 사용하여 연습해야 된다.

나. V형 맞대기 CO_2 용접 자세

V형 맞대기 CO_2 용접 자세는 아래보기(F), 수평자세(H)와 수직자세(V) 중 하나의 자세가 나오므로, V형 홈 연강판 t9.0mm 판을 사용하여 뒷면에 세라믹 받침판을 부착시킨 뒤 플럭스 코어드 와이어로 연습해야 된다.

다. V형 맞대기 TIG 용접 자세

V형 맞대기 용접 자세는 아래보기(F), 수평자세(H)와 수직자세(V), 위보기 자세(O) 중 중 하나의 자세가 나오므로, V형 홈 스테인리스강판 t4.0mm 판에 불활성가스 텅스텐 아크 용접을 하여야 된다.

라. 용접 시간자세

시험 시간은 상황에 따라 달라질 수 있으며 연장시간은 없다.
1) **피복 아크용접** : 보통 표준 시간 40분
2) **CO_2 용접** : 보통 표준 시간 40분
3) **TIG 용접** : 보통 표준 시간 40분

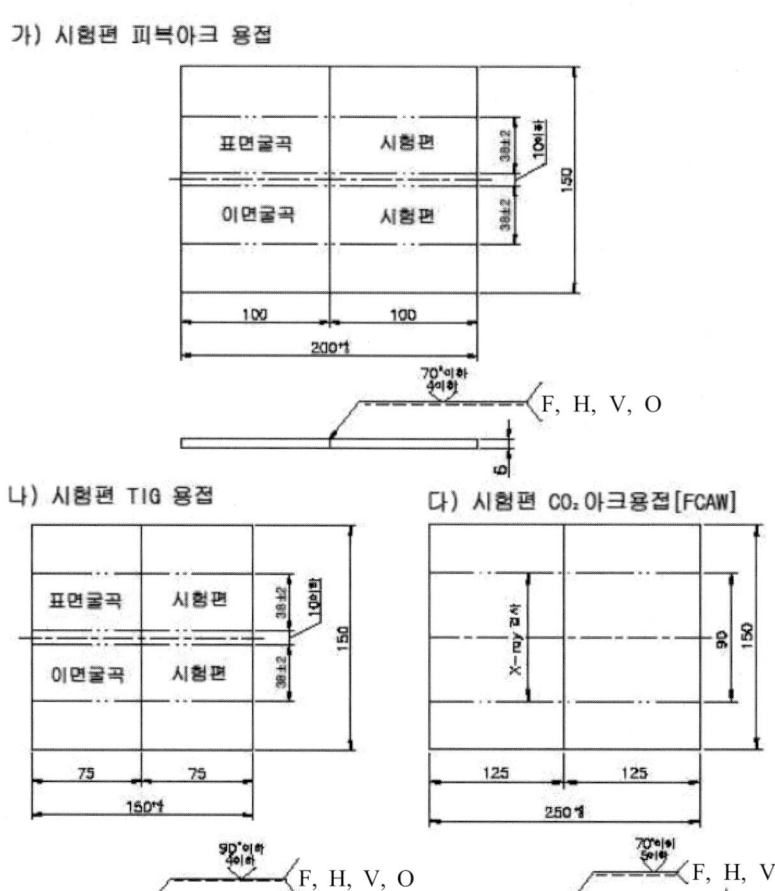

❸ 검사(평가)

가. 피복 아크용접, CO_2 용접, TIG 맞대기 용접부 외관 검사

    표면 비드는 외관 미려도(폭, 파형, 높이 균일 정도), 언더컷, 오버랩, 균열 유무, 시점과 종점처리 등을 검사하며, 이면 비드는 비드 폭, 파형의 균일 정도, 용입의 완전 여부, 비드 이음 부분의 양호 여부를 검사한다.(감독위원이 검사하여 기능 수준 부족으로 판단된 경우 오작처리함)

    자격시험에서 각 용접법 및 자세별, 형상별 용접이 끝나면 외관 검사를 하며, 하나의 과제라도 수준 미달시 미완성 또는 오작처리 될 수 있다.

    맞대기 용접 상태가 다음 규정 중 하나라도 해당되면 평가에서 제외하며, 이상이 없으면 굴곡 시험 평가를 한다.

    ① 도면의 지시대로 가용접되지 않은 경우, 전진법이나 후진법 혼용, 상진법과 하진법 혼

용한 경우
② 비드 높이가 판두께보다 낮은 경우,(0mm 이하) 표면 비드 높이가 5mm 이상인 경우
③ 맞대기용접 시험편의 이면비드(시점, 이음부, 종점 포함)의 불완전 용융부가 용접부 길이의 30 mm 이상인 경우
④ 시험편의 용락, 언더컷, 오버랩, 기공, 비드상태 등 구조상의 결함, 용접방법 등이 검사 규정에 벗어난 경우
⑤ 이면 받침판을 사용했거나 이면 비드에 보강 용접한 경우
⑥ 도면 지시대로 용접하지 않은 경우, 도면에 표기된 상태로 가용접을 하지 않는 경우.
⑦ 맞대기 용접부의 변형 각도가 10°이상 초과한 경우

나. CO_2 용접 X선 탐상 검사

CO_2 용접부는 외관 검사에 합격한 제품만 용접부를 X선 탐상 검사를 하여 결함의 정도를 정해진 규정에 따라 합격 여부를 결정한다.

용접부 150mm 중에서 양끝 30mm 부분을 제외한 90mm 부분을 X선 탐상하며, 판독 결과 필름상에서 1종 결함(기공 및 이와 유사한 결함)과 2종 결함(슬래그 섞임 및 이와 유사한 결함)이 모두 제4류인 경우 제외된다.

다. 굴곡 시험

1) 시험편 절단

TIG 용접부는 외관 검사에 합격한 제품만 굴곡 시험을 실시한다.
시편 중앙에서 약 10mm를 제외하고 좌우로 38±2mm의 크기로 절단한다.

2) 덧붙이 가공

절단된 맞대기용접 시험편의 덧붙이를 모재 두께까지만 연삭 다듬질 작업하여 제거하고 모서리 부분을 R1.5 정도 라운딩 가공한다.

3) 굴곡(굽힘)

① 굴곡 시험 지그는 판 두께에 따라 적당한 지그를 사용하여 굴곡 시험한다.('제1장 피복 아크용접 제2절 ❻ 항' [그림 2-10] 참조)
② 시험시 자세별로 시험편의 하나는 이면 비드가 아래로 향하게 하며, 다른 하나는 표면이 아래로 가게 형틀의 중앙에 정확히 놓은 후 완전히 U자가 되도록 굴곡한다.

4) 굴곡 시험편 검사

① 굴곡된 시험편의 외곽 용접부에 균열이나 기포(기공)의 크기 정도를 평가 기준에 맞추어 검사한다.

② 맞대기 용접부를 굽힘한 시험편의 외관에 균열이 3mm 이상이거나 작은 균열의 합이 7mm를 넘으면 안되며, 기공이나 매우 작은 균열의 개수가 10개 이상이 되면 안된다. (상황에 따라 달라질 수 있음) 그리고 굴곡 시험편 4개 중 2개가 위의 사항에 해당되면 수준 미달로 판단한다.

부 록

최근 기출문제

용접산업기사 필기시험

※ 본 기출문제는 2011년부터 2020년 제3회까지의 문제이며, 2021년 제1회부터 CBT 시험으로 바뀜에 따라 새로운 문제를 더 수집할 수 없어 편집된 기출문제 중 보기와 본문이 거의 같은 문제가 2회 이상 출제된 경우 1문제만 남기고 다른 문제(약 230여문제(13%) / 총 1740문제 중)는 2011년 이전 기출문제로 대치하여 실질적인 기출문제의 수를 대폭 늘려 편집하였습니다.
본 문제의 끝에 별(★)의 숫자는 출제회수이며 중요하므로 문제뿐만 아니라 해설도 하나의 문제이므로 해설과 관련 내용도 함께 학습하기 바랍니다.

용접산업기사 필기&실기

2011 제1회 용접산업기사 최근 기출문제

2011년 3월 2일 시행

제1과목 용접야금 및 용접설비 제도

01 용접 재료 중 고장력강의 경우 용접에 있어서 균열을 예방하는 방법으로 올바른 것은?

① 예열과 후열 처리를 한다.
② 높은 경도의 재질을 선택한다.
③ 고산화티탄계 용접봉을 사용한다.
④ 용접부의 구속력을 크게 하여 용접한다.

02 탄소강의 표준 조직이 아닌 것은?

① 페라이트   ② 마텐사이트
③ 펄라이트   ④ 시멘타이트

[해설] 탄소강 표준 조직
오스테나이트 : γ-Fe의 FCC 조직이며 상자성체
페라이트 : α-Fe, β-Fe의 BCC 조직이며 강자성체

03 연강용 피복 아크 용접봉의 심선에 주로 사용되는 것은?

① 주강   ② 합금강
③ 특수강   ④ 저탄소림드강

[해설] 심선은 용접 금속의 균열을 방지하기 위해 주로 저탄소 림드강을 사용한다

04 용접 후 열처리의 목적으로 틀린 것은?

① 수소 등의 가스 흡수
② 용접 열영향 경화부의 연화
③ 용접부의 연성 및 인성 향상
④ 잔류 응력의 완화와 치수 안정화

[해설] 용접의 열영향으로 경화된 부분의 연화, 용접부의 연성, 인성(파괴인성) 향상, 함유가스 제거, 형상치수의 안정, 균열 및 잔류 응력을 줄이기 위해 실시한다.

05 15℃에서 15기압을 가하면 아세톤 1리터에 대하여 아세틸렌 가스 몇 리터가 용해되는가?

① 285   ② 350
③ 375   ④ 420

[해설] 아세틸렌 용해량 : 1기압에서 아세톤에 25리터가 용해되므로 15기압×25=375리터가 용해된다.

06 고장력강의 용접시 일반적인 주의 사항으로 잘못된 것은?

① 용접봉은 저수소계를 사용한다.
② 용접 개시 전 이음부 내부를 청소한다.
③ 위빙 폭을 크게 하지 말아야 한다.
④ 아크 길이는 최대한 길게 유지한다.

[해설] 아크 길이가 길어지면 스패터가 많이 발생하

정답 01 ① 02 ② 03 ④ 04 ① 05 ③ 06 ④

고 용접 결함도 발생할 가능성이 높다.

07 시멘타이트를 구상화하는 구상화 효과로 옳은 것은?

① 인성 및 절삭성이 개선된다.
② 잔류 응력이 커진다.
③ 조직이 조대화 되며 취성이 생긴다.
④ 별로 변화가 없다.

08 강의 충격 시험시의 천이 온도에 대해 가장 올바르게 설명한 것은?

① 재료가 연성 파괴에서 취성 파괴로 변하는 온도 범위를 말한다.
② 충격 시험한 시편의 평균 온도를 말한다.
③ 천이온도가 낮은 강을 노치강도가 날카롭다고 한다.
④ 천이온도가 높은 강을 노치인성이 풍부하다고 한다.

09 강의 기계적 성질 중에서 온도가 상온보다 낮아지면 충격치가 감소되는 현상은?

① 저온 취성   ② 청열 인성
③ 상온 취성   ④ 적열 인성

10 특수 황동의 종류에 속하지 않는 것은?

① 에드미럴티 황동
② 네이벌 황동
③ 쾌삭 황동
④ 콜슨(코어손) 황동

해설 콜슨 합금(corson alloy) : Cu에 4% Ni, 1% Si를 첨가한 합금으로 C 합금이라고도 한다. 전기 전도율이 크므로 통신선, 스프링 재료 등에 사용된다.

11 대상물의 보이는 부분의 모양을 표시하는데 쓰이는 외형선의 종류는?

① 굵은 실선   ② 가는 실선
③ 굵은 1점 쇄선   ④ 은선

12 재료의 조질도 기호에서 풀림 상태(연질)를 표시하는 기호는?

① H   ② A
③ B   ④ 1/2 H

해설 강의 풀림에 따른 경연 표시기호
A : 어닐링, H : 경질, 1/2H : 1/2 경질
S : 표준 조직

13 CAD 시스템의 도입에 따른 적용 효과가 아닌 것은?

① 시제품 제작을 현저히 줄일 수 있는 방법을 제공한다.
② 설계에서의 수정 사항에 대한 신속한 대응이 가능하다.
③ 설계 오류에 따른 검증 절차가 분산되어 정보를 제공한다.
④ 생산성 향상 및 대외 신뢰도의 향상이 가능하다.

14 KS에서 일반 구조용 압연강재의 종류를 나타낸 기호는? ★★

① SS275   ② SM45C
③ SWS400   ④ SPC

해설 SS400→SS275 : 일반 구조용 압연 강재, 400kgf/mm^2(최저 인장강도)에서 규격이 변경되어 275MPa(N/mm^2, 최저 항복강도)로 됨
SM45C : 기계 구조용 탄소강재

정답 07 ① 08 ① 09 ① 10 ④ 11 ① 12 ② 13 ③ 14 ①

SWS400 → SM275로 변경됨 : 용접 구조용 압연 강재

15 용접 지시선에 다음과 같은 기호가 붙어 있을 경우 해독으로 가장 적합한 것은?

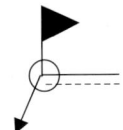

① 전방위(구, 일주) 현장용접
② 현장 연속 점 용접
③ 전체 둘레 특수 용접
④ 현장 필릿 용접

16 다음 정면도와 평면도를 보고 우측면도로 가장 적합한 것은?

① 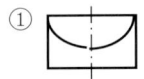 ②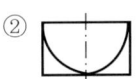
③ 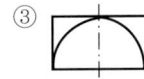 ④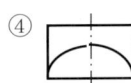

17 프로젝션(projection) 용접의 단면 치수는 무엇으로 하는가?

① 너깃의 지름
② 구멍의 바닥 치수
③ 목 길이(각장, 다리 길이)의 치수
④ 루트 간격

18 용접 보조기호 없이 기본기호로만 표시하는 경우 보조 기호가 없는 것의 가장 가까운 의미는?

① 기본 기호의 조합으로써 용접부 표면 형상을 나타내기가 어렵다는 의미이다.
② 보조 기호와 기본 기호의 중복에 의해 보조 기호를 생략한 경우이다.
③ 용접부 표면을 자세히 나타낼 필요가 없다는 것을 의미한다.
④ 필요한 보조 기호화가 매우 곤란한 경우임을 의미한다.

해설 용접 보조 기호가 없는 것은 용접부 및 용접부 표면의 형상을 고려하지 않는다는 의미이다.

19 다음 용접부 기호를 올바르게 설명한 것은?

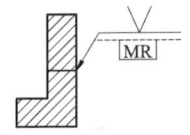

① 화살표 반대쪽 한면 V형 맞대기 용접한다.
② 화살표 반대쪽에 일시적인 백킹(구, 제거 가능한 이면 판재)을 사용한다.
③ 화살표 쪽의 이면비드로 기계절삭에 의한 가공을 한다.
④ 화살표 반대쪽에 영구 백킹(구, 영구적인 덮개판)을 사용한다.

해설 파선에 기호가 있으면 화살표 반대쪽에 용접한다. 는 의미이고 MR은 제거 가능한 덮개판을 사용한다. 는 것이다.

정답 15 ① 16 ② 17 ① 18 ③ 19 ②

20 복사한 도면을 접었을 경우에 어느 부분이 표면으로 나오게 하여야 하는가?

① 표제란이 있는 부분
② 부품란이 있는 부분
③ 정면도가 있는 부분
④ 조립도가 있는 부분

제2과목 용접구조설계

21 용융금속의 이행은 용적의 이행상태로 분류하는데 이에 속하지 않는 것은?

① 글로불러형　② 원자형
③ 단락형　　　④ 스프레이형

22 다음 그림에서 용접 홈(groove)의 각부 명칭을 올바르게 설명한 것은?

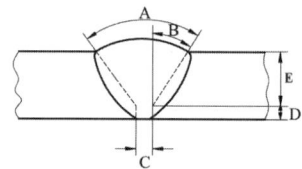

① A : 베벨각도, B : 홈각도,
　C : 루트간격, D : 루트면, E : 홈 깊이
② A : 홈각도, B : 베벨각도,
　C : 루트면, D : 루트간격, E : 홈 깊이
③ A : 홈각도, B : 베벨각도,
　C : 루트면, D : 루트간격, E : 홈 깊이
④ A : 홈각도, B : 베벨각도,
　C : 루트간격, D : 루트면, E : 홈 깊이

23 가접시 주의해야 할 사항으로 틀린 것은?

① 본 용접자의 동등한 기량을 갖는 용접자가 가용접을 시행한다.
② 본 용접과 같은 온도에서 예열을 한다.
③ 개선 홈 내의 가접부는 백치핑으로 완전히 제거한다.
④ 가접의 위치는 부품의 끝 모서리나 각 등과 같이 응력이 집중되는 곳에 한다.

해설 가접시 응력이 집중되는 곳은 피해야 한다.

24 다음은 용접 시 냉각 속도(cooling rate)에 대한 사항이다. 틀린 것은?

① 냉각 속도는 같은 열량을 주었다 하더라도 열이 확산하는 방향이 많을수록 냉각 속도는 커진다.
② 얇은 판보다 두꺼운 판이 냉각 속도가 크다.
③ 냉각 속도를 완만하게 하고 또 급랭을 방지하는 방법으로 예열 및 큰 열량으로 용접한다.
④ T형 이음보다는 맞대기 이음이 냉각 속도가 크다.

해설 T이음이 맞대기 이음보다 냉각 속도가 크다.

25 용접제품의 정밀도와 신뢰성을 향상시키고 용접 작업 능률을 높이기 위해 사용되는 일종의 용접용 고정구를 무엇이라 하는가?

① 컴비네이션 셋　② 핫 스타트 장치
③ 지그　　　　　④ 엔드탭

정답　20 ①　21 ②　22 ④　23 ④　24 ④　25 ③

26 용접 시공시 용접 순서에 관한 설명으로 가장 옳은 것은?

① 용접을 중립축에 대하여 수축력 모멘트의 합이 최대가 되도록 한다.
② 동일 평면 내에 많은 이음이 있을 때에는 수축은 가능한 한 중앙으로 보낸다.
③ 용접물의 중심에 대하여 항상 대칭으로 용접을 진행시킨다.
④ 수축이 작은 이음을 가능한 한 먼저 용접하고, 수축이 큰 이음은 나중에 용접한다.

해설 용접 순서 : 수축이 큰 이음을 먼저 하고 적은 이음을 나중에 용접한다. 맞대기 이음을 먼저하고 필릿 이음을 나중에 한다. 용접을 먼저하고 리벳을 나중에 한다.

27 다음 그림과 같은 S_1, S_2의 목 길이(각장, 다리 길이)가 다를 때 필릿 용접부의 단면적의 공식으로 맞는 것은?

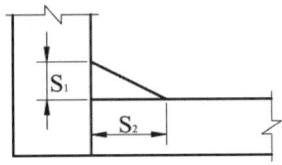

① 단면적 = $\dfrac{S_1 + S_2}{4}$
② 단면적 = $S_1 \times S_2$
③ 단면적 = $\dfrac{S_1 + S_2}{2}$
④ 단면적 = $\dfrac{(S_1 \times S_2)}{2}$

28 맞대기 용접에서 변형이 가장 적은 홈의 형상은?

① V형 홈   ② U형 홈
③ X형 홈   ④ 한쪽 J형 홈

해설 변형이 가장 적은 홈의 형상은 X형 홈이다.

29 용접 경비를 산출하는 경우 가공부의 크기, 부재의 상태, 용접 시간 등 많은 사항을 고려해야 하는데 보통 용접 경비를 산출하는 것으로 가장 적당한 것은?

① 용접 길이 1m당의 제(諸)자료에 의하여 산출한다.
② 2시간당 들어가는 제반 비용에 의하여 산출한다.
③ 용접봉 10kg 사용량을 기준으로 산출한다.
④ 용접 홈의 길이와 높이 폭을 감안한 용접 부피를 기준으로 산출한다.

30 용접의 결함 중 기공의 발생 원인으로 틀린 것은? ★★

① 이음부에 기름, 페인트 등 이물질이 있을 경우(때)
② 용접 이음부가 서냉될 경우(때)
③ 아크 분위기 속에 수소가 많을 때
④ 아크 분위기 속에 일산화탄소가 많을 때

해설 이음부가 서냉되면 용착금속에 잔류하는 가스의 배출이 좀 더 쉬워지므로 기공 발생이 적게 된다.

31 아크 용접시 6mm 이상 두꺼운 강판 용접의 용접 홈의 형상으로 거리가 먼 것은?

① 정방(I)형   ② 단면 형
③ 양면J형   ④ 양면 U(H)형

정답 26 ③ 27 ④ 28 ③ 29 ① 30 ② 31 ①

해설 맞대기 홈의 형상
정방(I)형 : 판두께 6mm까지
단면 V형 : 판두께 6~19mm
양면 U(H)형 : 판두께 50mm 이상

32 설계자는 구조물의 설계뿐만 아니라 제작 공정의 제반사항을 알아야 용접 비용과 품질을 좌우하는 용접 요령을 지시할 수 있는데 설계자가 알아야 할 요령 중 맞지 않는 것은?

① 용접기의 1차 및 2차 케이블의 용량이 충분할 것
② 가능한 아래보기 자세로 용접하도록 할 것
③ 가능한 낮은 전류를 사용할 것
④ 가능한 짧은 시간에 용착량이 많게 용접할 것

33 용접 후 잔류 응력을 제거 또는 경감시킬 필요가 있을 때 사용하는 응력 제거 방법이 아닌 것은?

① 피닝법
② 노 내 풀림법
③ 고온 응력 완화법
④ 기계적 응력 완화법

34 용접부의 노치 인성(notch toughness)을 조사하기 위해 시행하는 시험법은?

① 맞대기 용접부의 인장 시험
② 샤르피 충격 시험
③ 저사이클 피로 시험
④ 브리넬 경도 시험

해설 충격시험은 재료의 인성과 취성을 알아보는 시험으로 종류에는 샤르피, 아이조드식이 있다.

35 용접 결함부 보수 용접에서 균열부를 용접시 균열의 진행을 방지하기 위해 사용하는 방법으로 가장 적당한 것은?

① 앤드탭을 사용한다.
② 살포법을 사용한다.
③ 스톱 홀을 뚫는다.
④ 백비드를 낸다.

해설 용접 결함의 보수 방법
언더컷 : 가는 용접봉으로 재용접
기공, 슬래그 오버랩 : 발생부분을 깎아내고 재용접
균열 : 발생부분에 구멍을 뚫고 그 부분을 따내고 재용접

36 단면 V형에 비하여 홈의 폭이 좁아도 되고 또한 루트 간격을 0으로 해도 작업성과 용입이 좋으며, 한 쪽에서 용접하여 충분한 용입을 얻을 필요가 있을 때 사용하는 이음 형상은?

① 정방(I)형   ② 단면 U형
③ 양면 V(X)형   ④ 양면 개선(K)형

37 용접 후 언더컷의 결함 보수 방법으로 적합한 것은?

① 단면적이 작은 용접봉은 사용하여 보수 용접한다.
② 정지 구멍을 뚫어 보수 용접한다.
③ 절단하여 다시 용접한다.
④ 해머링 하여 준다.

정답 32 ④ 33 ③ 34 ② 35 ③ 36 ② 37 ①

38 로크웰 B스케일에서 시험 하중에 의한 압입 깊이와 기준 하중에 의한 압입 깊이의 차를 h1라 할 때 경도값을 구하는 공식으로 맞는 것은?

① HB = 100 - 50h
② HB = 130 - 400h
③ HB = 130 - 500h
④ HB = 100 - 400h

해설 B스케일은 HB = 130 - 500h이다.

39 용접작업에서 급열, 급랭에 의한 열응력이나 변형, 균열을 방지하는 방법으로 가장 올바른 것은?

① 용접 전 칸막이를 하고 용접한다.
② 용접 전 모재를 예열한다.
③ 용접부 앞면에 냉각수를 뿌리며 용접한다.
④ 용접 전용 장치를 선택하여 사용한다.

40 그림과 같은 용착 시공 방법은?

① 띄움법　　② 케스케이드법
③ 살붙이법　④ 전진 블록법

해설 케스 케이드법 : 한부분의 몇 층을 용접하다가 다음 부분의 층으로 연속시켜 전체가 단계를 이루도록 용착시키는 방법

제3과목 용접일반 및 안전관리

41 아크 용접기의 바깥 케이스를 어스시키는 가장 중요한 이유는?

① 용접기에 과잉 전류가 흐르는 것을 방지하기 위하여
② 누전되었을 때 작업자의 감전을 방지하기 위하여
③ 용접기의 과열을 방지하기 위하여
④ 용접기의 효율을 높이기 위하여

해설 어스 선은 누전시 작업자의 감전을 방지하기 위해서 한다.

42 냉간(冷間) 압접시 주의해야 할 점이 아닌 것은?

① 표면을 깨끗이 한다.
② 표면 산화 방지에 유의한다.
③ 손으로 접촉면을 만지지 않는다.
④ 작업 전 모재를 0℃ 이하로 한다.

해설 냉간 압접은 실내 온도에서 작업하며 작업 전 모재를 0℃ 이하로 하면 냉간 취성에 의한 균열이 발생할 수 있다.

43 피복 아크 용접 작업시 주의할 사항으로 옳지 못한 것은?

① 용접봉은 건조시켜 사용할 것
② 용접 전류의 세기는 적절히 조절할 것
③ 앞치마는 고무복으로 된 것을 사용할 것
④ 습기가 있는 보호구를 사용하지 말 것

해설 앞치마는 고무복을 사용하면 스패터로 인한 화재 및 화상 우려가 있다.

정답　38 ③　39 ②　40 ②　41 ②　42 ④　43 ③

44 원격 제어 방식이 뛰어난 교류 아크 용접기는?

① 가동 코일형 ② 가동 철심형
③ 가포화 리액터형 ④ 탭 전환형

45 모재를 녹이지 않고 접합하는 것은?

① 가스 용접
② 피복 아크 용접
③ 서브머지드 아크 용접
④ 납땜

해설 납땜은 용접하고자 하는 재료보다 낮은 금속을 녹여 접합하는 방법이다.

46 서브머지드 아크 용접법 중 다전극의 일종으로서 두 전극에서 아크가 발생되고 그 복사열에 의해 용접이 이루어지므로 비교적 용입이 얕아 주로 스테인리스강 등의 덧붙이 용접에 흔히 사용하는 용접 방식은?

① 텐덤식(tandem process)
② 횡병렬식(parallel transverse process)
③ 횡직렬식(series transverse process)
④ 데버식(dever process)

47 불활성 가스 금속 아크 용접의 특징 설명으로 틀린 것은?

① TIG 용접에 비해 용융 속도가 느리고 박판 용접에 적합하다.
② 각종 금속 용접에 다양하게 적용할 수 있어 응용 범위가 넓다.
③ 보호 가스의 가격이 비싸 연강 용접의 경우는 부적당하다.
④ 비교적 깨끗한 비드를 얻을 수 있고 CO_2 용접에 비해 스패터 발생이 적다.

해설 TIG 용접에 비해 능률이 커서 후판 용접에 적당하다.

48 산소 용기의 각인 표시에서 내용적을 표시하는 기호와 단위가 각각 올바르게 구성된 것은?

① 기호 : DT, 단위 : kg_f
② 기호 : TP, 단위 : MPa
③ 기호 : V, 단위 : L
④ 기호 : LT, 단위 : kg/h

49 산업 보건 표지의 색채, 색도 기준 및 용도에서 파란색 또는 녹색에 대한 보조색으로 사용되는 색채는?

① 빨간색 ② 흰색
③ 검은색 ④ 노란색

50 가스 용접에서 전진법과 후진법의 비교 설명으로 가장 올바르지 않은 것은?

① 용접 속도는 후진법이 전진법보다 빠르다.
② 열이용률은 후진법이 전진법보다 좋다.
③ 소요 홈 각도는 후진법이 전진법보다 크다.
④ 용접 변형은 후진법이 전진법보다 작다.

해설 소요 홈 각도는 전진법이 크다.

51 가스 절단에서 산소 중에 불순물이 증가할 때 나타나는 결과에 대한 설명으로 틀린 것은?

① 절단 속도가 늦어진다.
② 산소의 소비량이 적어진다.
③ 절단면이 거칠어진다.

정답 44 ③ 45 ④ 46 ③ 47 ① 48 ③ 49 ② 50 ③ 51 ②

④ 슬래그의 이탈성이 나빠진다.

52 가연성 가스 등이 있다고 판단되는 용기를 보수 용접하고자 할 때 안전 사항으로 가장 적당한 것은?

① 고온에서 점화원이 되는 기기를 갖고 용기 속으로 들어가서 보수 용접한다.
② 용기 속을 고압 산소를 사용하여 환기하며 보수 용접한다.
③ 용기 속의 가연성 가스 등을 고온의 증기로 세척을 한 후 환기를 시키면서 보수 용접한다.
④ 용기 속의 가연성 가스 등이 다 소모되었으면 그냥 보수 용접한다.

53 가스 용접에서 팁이 막혔을 때는 뚫는 방법 중 옳은 것은?

① 철판 위에 가볍게 문지른다.
② 팁 클리너로 제거한다.
③ 내화 벽돌위에 가볍게 문지른다.
④ 가는 철사로 제거한다.

해설 팁 구멍은 팁 클리너를 이용하여 제거한다.

54 아크 용접 작업에서 전류가 인체에 미치는 영향 중 몇 mA 이상인 전류가 인체에 흐르면 심장 마비를 일으켜 사망할 위험이 있는가?

① 50 ② 30
③ 20 ④ 10

해설 1mA : 감전을 느낄 정도
5mA : 상당이 아픔
20mA : 근육의 수축
50mA : 상당히 위험

55 다전극 서브머지드 아크 용접시 두 개의 전극 와이어를 각각 독립된 전원에 연결하는 방식은?

① 횡병렬식 ② 횡직렬식
③ 퓨즈식   ④ 텐덤식

56 탄소 전극과 모재 사이에서 발생된 아크에 의해 금속을 용융과 동시 고압의 압축 공기를 전극과 평행으로 분출시켜 용융 금속을 불어내어 홈을 파는 방법은? ★★★

① 스카핑   ② 산소 아크 절단
③ 아크에어 가우징 ④ 플라스마 아크 절단

해설 아크 에어 가우징은 용접 결함부 제거, 절단 및 구멍뚫기 작업에 적합하고 소음이 없다.

57 직류 아크 용접 중의 전압 분포에서 양극 전압강하 V_1, 음극 전압강하 V_2, 아크기둥 전압강하 V_3로 분류할 때 아크 전압 V_a는 어떻게 표시되는가?

① $V_a = V_1 - V_2 + V_3$
② $V_a = V_1 - V_2 - V_3$
③ $V_a = V_1 + V_2 + V_3$
④ $V_a = V_1 + V_2 - V_3$

58 정격 2차 전류 400A, 정격 사용률이 50%인 교류 아크 용접기로서 250A로 용접할 때 이 용접기의 허용 사용률은? ★★★★★★★

① 128% ② 122%
③ 112% ④ 95%

해설 허용사용률 $= \dfrac{정격2차전류^2}{실제용접전류^2} \times 정격사용률$

정답 52 ③ 53 ② 54 ① 55 ④ 56 ③ 57 ③ 58 ①

$$= \frac{400^2}{250^2} \times 50 = 128\%$$

59 피복 아크 용접봉에 탄소(C)량을 적게 하는 가장 주된 이유는?

① 스패터 방지 ② 용락 방지
③ 산화 방지   ④ 균열 방지

60 가스 절단이 곤란한 주철, 스테인리스강 및 비철 금속의 절단부에 용제를 공급하며 절단하는 방법은?

① 특수 절단   ② 분말 절단
③ 스카핑   ④ 가스 가우징

정답 59 ④ 60 ②

2011 제2회 용접산업기사 최근 기출문제

2011년 6월 12일 시행

제1과목 ▶ 용접야금 및 용접설비 제도

01 서브머지드 아크 용접시 용융지에서 금속정련 반응이 일어날 때 용접금속의 청정도 및 인성과 매우 깊은 관계가 있는 것은? ★★

① 플럭스(flux)의 염기도
② 플럭스(flux)의 소결도
③ 플럭스(flux)의 입도
④ 플럭스(flux)의 용융도

해설 플럭스의 염기도가 높으면 용접 금속의 청정도 및 인성이 향상된다.

02 저온응력 완화법은 용접선 양측을 일정 속도로 이동하는 가스불꽃에 의하여 약 150mm를 가열한 다음 수냉하는 방법이다. 이때 일반적인 가열 온도는?

① 50~100℃   ② 100~150℃
③ 150~200℃   ④ 200~300℃

해설 저온 응력 완화법은 가스 불꽃을 이용하여 150~200℃ 정도 가열 후 수냉한다.

03 면심입방격자(FCC)에서 단위격자 중에 포함되어 있는 원자의 수는 몇 개인가?

① 2   ② 4
③ 6   ④ 8

해설 체심 입방격자 : 2개
면심입방격자 및 조밀육방격자 : 4개

04 망간 10~14%의 강은 상온에서 오스테나이트 조직을 가지며, 각종 광산 기계, 기차 레일의 교차점, 냉간 인발용의 드로잉 다이스 등의 용도로 이용되는 것은?

① 듀콜강   ② 하드 필드강
③ 스테인리스강 ④ 저망간강

해설 저망간강을 다른 이름으로 듀콜강이라 하며, 고망간강을 다른 이름으로 하드 필드강이라 한다.

05 알루미늄의 성질을 설명한 것으로 다른 것은?

① 비중이 가벼워 경금속에 속한다.
② 전기 및 열의 전도율이 좋다.
③ 산화 피막의 보호 작용으로 내식성이 좋다.
④ 염산에 아주 강하다.

해설 알루미늄은 대기 중에서 쉽게 산화되고, 염산에는 침식이 빨리 진행된다.
경금속과 중금속은 비중 4.5를 기준으로 하며 알루미늄은 경금속에 속한다.
가장 가벼운 금속은 Li(리튬 0.53), 가장 무거운 금속은 Ir(이리듐 22.5)이다.

정답 01 ① 02 ③ 03 ② 04 ② 05 ④

06 용접에 의한 경화가 가장 현저한 스테인리스강은?

① 마텐사이트 스테인리스강
② 페라이트 스테인리스강
③ 오스테나이트 스테인리스강
④ 2상 스테인리스강

07 고장력강의 용접 열영향부 중에서 경도값이 가장 높게 나타나는 부분은?

① 세립역　　② 조립역
③ 중간역　　④ 입상 펄라이트 역

08 다음 중 A_0 변태는 어느 것인가?

① α고용체가 자기 변태로 변하는 점
② γ고용체가 탄소를 최대로 고용하는 점
③ 오스테나이트에서 펄라이트가 생기는 점
④ 시멘타이트의 자기 변태(210℃) 점

09 열영향부(HAZ)의 기계적 특성을 향상시키기 위하여 가장 많이 취하는 방법은?

① 특수한 용가재를 사용한다.
② 용접부를 피닝한다.
③ 용접부의 냉각속도를 빠르게 한다.
④ 용접부를 예열과 후열을 한다.

10 그림과 같은 용접기호가 심(seam) 용접부에 도시되어 있다. 다음 중 설명이 잘못된 것은? ★★

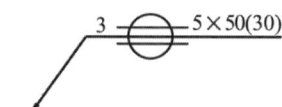

① 심 용접부의 폭은 3mm이다.
② 심 용접부의 길이는 50mm이다.
③ 심 용접부의 거리는 30mm이다.
④ 심 용접부의 두께는 5mm이다.

해설 5×50(30)은 용접부 길이 50mm가 5개이며, 용접부간 피치가 30이라는 의미이다.

11 금속재료의 용접에서 용접변형을 일으키는 가장 큰 원인은?

① 용접자세
② 금속의 수축과 팽창
③ 용접 홈의 모양
④ 용접속도

12 기계재료의 표시 방법에서 기호 설명으로 옳지 않은 것은?

① B - 봉　　② C - 주조품
③ F - 강　　④ P - 판

해설 F는 철이다.

13 피복 아크 용접에서 용접 입열을 표시하는 식 중 옳은 것은? (단, H : 용접 입열, E : 아크 전압 I : 아크 전류 V : 용접속도)

① $H = \dfrac{120EI}{V}$　　② $H = \dfrac{80EI}{V}$
③ $H = \dfrac{100EI}{V}$　　④ $H = \dfrac{60EI}{V}$

14 도면 명칭에 관한 용어 중 구조물, 장치에 있어서의 관의 접속·배치의 실태를 나타낸 계통도는?

① 공정도　　② 배선도
③ 배관도　　④ 계장도

정답 06 ① 07 ② 08 ④ 09 ④ 10 ④ 11 ② 12 ③ 13 ② 14 ③

15 다음은 용접부를 기호로 표시한 것이다. 용접부의 모양으로 옳은 것은?

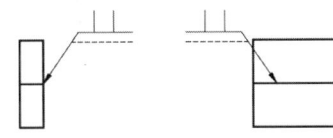

① 한쪽 플랜지형 ② 필릿
③ 플러그 ④ 정방(I)형

16 다음 중 가는 실선으로만 구성된 것이 아닌 것은?

① 치수선 - 지시선 - 치수보조선
② 지시선 - 회전단면선 - 치수보조선
③ 치수선 - 회전단면선 - 절단선
④ 수준면선 - 치수보조선 - 치수선

[해설] 가는 실선은 치수선, 치수보조선, 지시선, 회전단면선, 중심선 등에 나타낸다.

17 도면의 윤곽선은 규정된 간격으로 그려야 한다. 도면을 철하는 부분의 경우 A3 용지의 가장자리에서 부터의 최소 간격은?

① 10mm ② 20mm
③ 25mm ④ 30mm

[해설] 도면을 철하기 위해 도면 사이즈와 상관없이 25mm 최소 간격을 둔다.

18 KS의 부분별 분류기호 중 C에 해당하는 분야는?

① 기본 ② 조선
③ 기계 ④ 전기

19 CAD 시스템을 사용하여 얻을 수 있는 장점이 아닌 것은?

① 도면의 품질이 좋아진다.
② 도면작성 시간이 단축된다.
③ 수치결과에 대한 정확성이 증가한다.
④ 설계제도의 규격화와 표준화가 어렵다.

[해설] CAD를 사용하면 설계제도의 규격화 및 표준화가 쉽다.

20 도면에서 해칭하는 방법을 올바르게 설명한 것은?

① 해칭은 주된 단면도의 주된 중심선에 대하여 55°로 가는 실선의 등간격으로 긋는다.
② 해칭은 주된 단면도의 주된 중심선에 대하여 35°로 가는 실선의 등간격으로 긋는다.
③ 해칭은 주된 중심선 또는 단면도의 주된 외형선에 대하여 35°로 가는 점선의 등간격으로 긋는다.
④ 해칭은 주된 중심선 또는 단면도의 주된 외형선에 대하여 45°로 가는 점선의 등간격으로 긋는다.

제2과목 용접구조설계

21 용접구조물에서 파괴 및 손상의 원인으로 가장 거리가 먼 것은? ★★★★

① 재료 불량 ② 사용 불량
③ 설계 불량 ④ 시공 불량

정답 15 ④ 16 ③ 17 ③ 18 ④ 19 ④ 20 ④ 21 ②

해설 사용 불량, 현도 관리 불량, 포장 불량 등은 파괴 및 손상 원인과 거리가 멀다.

22 용접변형 방지법 중 냉각법에 속하지 않는 것은?

① 살수법 ② 수냉동판 사용법
③ 비석법 ④ 석면포 사용법

23 용접부의 잔류응력을 제거하는 방법에 해당되지 않는 것은?

① 노내 풀림법 ② 국부 풀림법
③ 피닝법 ④ 코킹법

24 필릿 용접이음의 파면시험은 시험편을 파단시킨 후 용접부를 검사하는 방법이다. 다음 중 파면시험으로 검사할 수 없는 것은?

① 용입불량 ② 슬래그 잠입
③ 라미네이션 균열 ④ 기공

25 용접 후 잔류응력 제거를 목적으로 일반적으로 판두께가 25mm인 용접 구조용 압연강재 또는 탄소강의 경우 노내 풀림 시 온도로 가장 적당한 것은?

① 325±25℃ ② 425±25℃
③ 625±25℃ ④ 825±25℃

해설 노내 풀림을 실시할 때는 유지 온도 625±25℃ 판두께 25mm일 때 1시간이 적당하다.

26 용접 순서를 결정하는데 기준이 되는 유의사항으로 틀린 것은?

① 같은 평면 안에 많은 이음이 있을 때에는 수축은 가급적 자유단으로 보낸다.
② 맞대기이음과 필릿 이음이 있을 경우 필릿 용접 후 맞대기 이음을 한다.
③ 용접물의 중심에 대하여 항상 대칭으로 용접을 진행시킨다.
④ 용접물의 중립축을 생각하고 그 중립축에 대하여 용접으로 인한 수축열 모멘트의 합이 0이 되도록 한다.

해설 수축이 큰 이음을 먼저 용접하고 수축이 적은 이음은 나중에 한다.

27 용접시공에서 예열을 하는 목적을 잘못 설명한 것은?

① 용접부와 인접한 모재의 수축응력을 감소하고 균열을 방지하기 위하여 예열을 한다.
② 냉각속도를 지연시켜 열영향부와 용착 금속의 경화를 방지하기 위하여 예열을 한다.
③ 냉각속도를 지연시켜 용접금속 내에 수소 성분을 분출함으로서 비드밑 균열(under bead crack)을 방지한다.
④ 탄소성분이 높을수록 임계점에서의 냉각속도가 느리므로 예열을 할 필요가 없다.

28 다음 설명은 용접 시공 전에 준비해야 할 사항이다. 틀린 것은?

① 이음 면이 정확히 되어 있나 확인한다.
② 덧붙임 용접시는 마멸부분을 제거하지 않고 그대로 이용하여 용접한다.
③ 시공 면에 기름, 녹 등을 제거한다.
④ 습기는 가열하여 제거한다.

해설 용접 전에 녹이나 페인트, 이물질을 제거해

정답 22 ③ 23 ④ 24 ③ 25 ③ 26 ② 27 ④ 28 ②

야 하며, 덧붙이 용접은 마멸 부분을 제거한 후 용접해야 한다.

29 용접 전류가 과대하고 아크길이가 길며 운봉속도가 빠른 용접일 때 가장 일어나기 쉬운 용접 결함은?

① 융합불량　② 오버랩
③ 언더컷　④ 용입불량

해설 언더컷은 용접속도가 빠르고 용접전류가 높고 아크 길이가 길 때 발생한다.

30 구조용 강재 용접부의 피로강도에 영향을 주는 인자로 가장 거리가 먼 것은?

① 이음형상
② 용접결함의 존재
③ 용접구조상의 응력 집중
④ 용접선 길이

해설 피로 강도에 영향을 주는 인자는 이음형상, 용접결함의 존재, 용접 구조상의 응력 집중이다.

31 그림과 같은 V형 맞대기 용접에서 각부의 명칭 중에서 옳지 못한 것은? ★★★

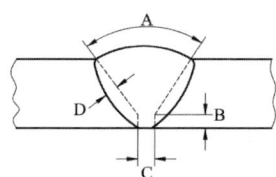

① A는 홈 각도　② B는 루트면
③ C는 루트 간격　④ D는 오버랩

해설 D : 용입 깊이

32 레이저 용접의 특징 설명으로 틀린 것은? ★★★

① 좁고 깊은 용접부를 얻을 수 있다.
② 대입열 용접이 가능하고 열영향부의 범위가 넓다.
③ 고속 용접과 용접 공정의 융통성을 부여할 수 있다.
④ 접합되어야 할 부품의 조건에 따라서 한 방향의 용접으로 접합이 가능하다.

해설 레이저 용접의 특징은 모재의 열변형이 거의 없고 이종 금속 용접이 가능하며 미세하고 정밀한 용접을 할 수 있으며 비접촉 용접 방식으로 모재에 손상을 주지 않는다.

33 가접시 주의해야 할 사항으로 옳은 것은?

① 본 용접자보다 용접 기량이 낮은 용접사가 가접을 시행한다.
② 가접 위치는 부품의 끝 모서리나 각 등과 같이 응력이 집중되는 곳에 가접한다.
③ 가접 간격은 일반적으로 판두께의 150~300배 정도로 하는 것은 좋다.
④ 용접봉은 본 용접 작업시에 사용하는 것보다 가는 것을 사용한다.

해설 가접(가용접) : 본용접사와 같은 기량을 가진 용접사가 해야 되며, 이음의 시점과 종점, 모서리, 강도상 중요한 부분은 피해서 하며, 필요한 경우는 본 용접 전에 갈아내는 것이 좋다.

34 용착금속 중의 수소량과 산소량이 가장 적은 용접봉은?

① 라임티탄계　② 고셀룰로오스계
③ 일미나이트계　④ 저수소계

정답　29 ③　30 ④　31 ④　32 ②　33 ④　34 ④

해설 저수소계 용접봉은 피복제가 두껍고, 아크가 불안정하고 용접속도가 느리다.

35 용접입열이 일정할 때 열전도율(λ)이 클수록 냉각속도가 크다. 다음 금속 중 냉각속도가 가장 빠른(큰) 것은? ★★

① 연강 ② 스테인리스강
③ 알루미늄 ④ 동(銅)

해설 냉각속도
동일한 크기에서는 열전도도(율)가 큰 재료가 냉각속도도 빠르며, 동일한 열전도도의 재료에서는 판 두께나 형상에 따라 다르다. 열전도율은 은 > 구리(동) > 금 > 알루미늄 > 마그네슘 > 아연 > 니켈 > 철(연강) > 스테인리스강 순이다.

36 용접이음 설계시 일반적인 주의사항으로 틀린 것은?

① 가급적 능률이 좋은 아래보기 용접을 많이 할 수 있도록 할 것
② 가급적 용접선을 교차시키도록 할 것
③ 용접작업에 지장을 주지 않도록 충분한 공간을 갖도록 할 것
④ 용접 이음을 1개소로 집중시키거나 너무 접근시키지 않을 것

해설 가급적 용접선을 교차하지 않도록 해야 한다.

37 용접부에 인장, 압축의 반복하중 30ton이 작용하는 폭이 600mm인 두장의 강판을 I형 맞대기 용접하였을 때 두 강판의 두께가 약 몇 mm이면 견딜 수 있는가? (단, 허용응력 σ_a = 6.3kg/mm² 로 한다.)

① 1mm ② 2mm
③ 6mm ④ 8mm

해설 허용응력 = $\dfrac{p}{t \times l}$ $t = \dfrac{30000}{6.3 \times 600} = 7.93$

38 용접부 시험법 중 파괴 시험법에 해당되는 것은?

① 와류 시험 ② 현미경 조직 시험
③ X선 투과 시험 ④ 형광 침투 시험

39 한쪽 모재 구멍을 이용하여 구멍안쪽과 다른 모재의 표면을 용접하는 것은?

① 플러그 용접 ② 마찰용접
③ 플랜지 용접 ④ 플레어 용접

40 다음 그림과 같은 맞대기 용접 이음에서 강판의 두께를 10mm로 하고 최대 2500N의 인장하중을 작용시킬 때 필요한 용접 길이는? (단, 용접부의 허용 인장응력은 10N/mm²이다.)

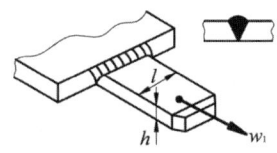

① 25mm ② 23mm
③ 20mm ④ 18mm

해설 허용응력 = $\dfrac{하중}{단면적} = \dfrac{P}{t \times l}$
$l = \dfrac{P}{\sigma \times t} = \dfrac{2500}{10 \times 10} = 25$

정답 35 ④ 36 ② 37 ④ 38 ② 39 ① 40 ①

제3과목 | 용접일반 및 안전관리

41 아세틸렌 가스 공급관로에 사용할 수 없는 재료는?

① 주철   ② 스테인리스강
③ 구리   ④ 연강

해설 아세틸렌은 구리(62%Cu 이상 합금 포함), 은, 수은, 녹 등에 접촉하면 폭발성을 가진다.

42 TIG 용접에 관한 사항 중 올바른 것은?

① 직류는 TIG용접기에 사용할 수 없다.
② 직류 역극성은 직류 정극성에 비해 비드 폭이 좁다.
③ 두꺼운 모재일수록 직류 정극성으로 한다.
④ 교류는 TIG용접기에 사용할 수 없다.

해설 직류 정극성 특징은 모재 용입이 깊고, 용접봉이 천천히 녹으며 비드 폭이 좁다.

43 다음과 같은 필릿 용접 이음부에 하중 P가 작용할 때 용접부에 발생하는 응력의 크기를 구하는 식은? (단, 필릿 용접부에 작용하는 응력은 같다.)

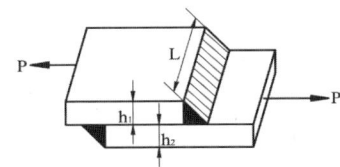

① $\dfrac{2P}{(h_1+h_2)L}$ ② $\dfrac{PL}{(\sqrt{2h_1})L}$
③ $\dfrac{P}{(h_1+h_2)L}$ ④ $\dfrac{\sqrt{2}P}{(h_1+h_2)L}$

44 용접기는 아크의 안정을 위하여 아크 용접전원의 외부특성 곡선이 필요하다. 관련이 없는 것은?

① 수하 특성   ② 정전압 특성
③ 상승 특성   ④ 과부하 특성

45 40kVA 교류 아크 용접기의 전원전압이 200V일 때 전원스위치에 넣을 퓨즈의 용량은 몇 A인가? ★★★

① 50   ② 100
③ 150   ④ 200

해설 퓨즈용량 = $\dfrac{1차입력}{전원입력} = \dfrac{40000}{200} = 200$

46 정격출력 전류가 180A인 교류 아크 용접기의 최고 무부하 전압으로 맞는 것은?

① 30V 이하   ② 50V 이하
③ 80V 이하   ④ 100V 이하

해설 2차측 무부하 전압이 70~80V가 되도록 만들어져 있다.

47 용접 중 아크 빛으로 인하여 눈이 혈안이 되고 붓는 수가 있는 데 이때 우선 취해야 할 조치로 가장 적절한 것은? ★★

① 밖에 나가 먼 산을 바라본다.
② 눈에 소금물을 넣는다.
③ 안약을 넣고 계속 작업한다.
④ 냉습포를 눈 위에 얹고 안정을 취한다.

해설 눈이 충혈되거나 눈이 시큰한 경우 아크 광선은 안질, 결막염 등을 일으킬 수 있으므로 눈에 노출되었을 때 냉습포를 눈 위에 얹고 안정을 취해야 한다.

정답 41 ③ 42 ③ 43 ④ 44 ④ 45 ④ 46 ③ 47 ④

48 TIG 용접 중 직류 정극성을 사용하여 용접했을 때 용접 효율을 가장 많이 올릴 수 있는 재료는?

① 스테인리스강 ② 알루미늄 합금
③ 마그네슘 합금 ④ 알루미늄 주물

해설 직류 정극성은 폭이 좁고 용입이 깊고, 용접 속도가 빨라 주로 스테인리강 용접에 이용된다.

49 가스 절단 방법의 종류에 해당되지 않는 것은?

① 가스시공
② 보통가스절단
③ 분말절단
④ 플라스마제트절단

50 피복 아크 용접봉에서 아크를 안정시키는 피복제의 성분은?

① 산화티탄 ② 페로망간
③ 마그네슘 ④ 알루미늄

해설 아크 안정제로 규산나트륨, 규산칼슘, 산화티탄, 석회석 등이 있다.

51 가스용접 작업시 전진법과 후진법의 비교 중 전진법의 특징이 아닌 것은?

① 열 이용률이 양호하다.
② 용접속도가 느리다.
③ 용접변형이 크다.
④ 용접 가능한 판두께가 5mm정도로 얇다.

해설 열 이용률은 후진법이 양호하다.

52 MIG 용접시 직류 역극성에 의한 용적 이행은?

① 핀치 이행 ② 스프레이 이행
③ 입적 이행 ④ 단락 이행

53 가스 절단 작업시 예열불꽃 세기의 영향을 맞게 설명한 것은?

① 예열불꽃이 강할 때 드래그가 증가한다.
② 예열불꽃이 강할 때 절단면이 거칠어진다.
③ 예열불꽃이 강할 때 절단속도가 늦어진다.
④ 예열불꽃이 강할 때 슬래그 중의 철성분의 박리가 쉽다.

해설 예열불꽃이 강하면 절단면이 거칠어진다.

54 연강용 피복 아크 용접봉의 종류와 피복제의 계통이 서로 맞게 연결된 것은?

① E4301 : 일미나이트계
② E4303 : 저수소계
③ E4311 : 라임티탄계
④ E4313 : 고셀룰로오스계

해설 고산화티탄계(E4313, E6013)
고셀룰로스계(E4311)

55 용착속도를 올바르게 설명한 것은?

① 단위 시간에 용착되는 용착 금속의 양
② 용접 심선이 1분간에 용융되는 중량
③ 용접봉 혹은 심선의 소모량
④ 용접 심선이 10분간에 용융되는 길이

정답 48 ① 49 ④ 50 ① 51 ① 52 ② 53 ② 54 ① 55 ①

56 피복 아크 용접에서 전류가 인체에 미치는 영향 중 고통을 느끼고 강한 근육 수축이 일어나며 호흡이 곤란한 경우의 감전 전류값은 몇 mA정도인가?

① 1 ~ 5 ② 20 ~ 50
③ 100 ~ 150 ④ 200 ~ 300

해설 50mA에서는 심장 마비 발생 가능성이 높아 상당히 위험하다.

57 교류 아크 용접시 아크시간이 6분이고 휴식시간이 4분일 때 사용율은 얼마인가?

① 40% ② 50%
③ 60% ④ 70%

해설 용접기사용율
$= \dfrac{\text{아크발생시간}}{\text{아크발생시간} + \text{아크정지시간}} \times 100$
$= \dfrac{6}{6+4} \times 100 = 60\%$

58 심(seam)용접에서 용접법의 종류가 아닌 것은?

① 플래시 심 용접(flash seam welding)
② 맞대기 심 용접(butt seam welding)
③ 매시 심 용접(mash seam welding)
④ 포일 심 용접(foil seam welding)

해설 매시 심 용접 : 심 이음부의 겹침을 판 두께 정도로 하여 겹쳐진 폭 전체를 가압하여 접합
포일 심 용접 : 모재를 맞대기 이음부에 같은 재질의 얇은 판(포일)을 대고 가압하여 접합

59 표피효과(skin effect)와 근접효과(proximity effect)를 이용하여 용접부를 가열 용접하는 방법은? ★★

① 초음파 용접(ultrasonic welding)
② 마찰 용접(friction presure welding)
③ 폭발 압접(explosive welding)
④ 고주파 용접(high-frequency welding)

해설 근접 효과 : 많은 도체가 근접해서 배치되어 있을 때 도체 중에 흐르는 전류의 변화에 따라 근접하는 도체의 단면을 흐르는 전류의 밀도 분포 상태가 변화하는 현상, 표피 효과의 일종임
표피 효과 : 도선에 흐르는 전류의 주파수가 높아질수록 자속의 변화가 커지므로 도체 단면의 중심부는 자속 밀도가 크고 유도성으로 되어, 도체 단면 전체를 고루 흐르지 않고 표면 가까이에 모여 흐르는 현상

60 다음 중 필릿 용접을 나타낸 그림은?

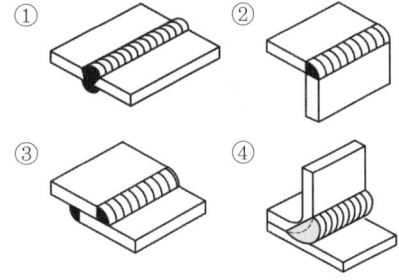

해설 ① : 맞대기 이음, ② : 모서리 이음
③ : 겹치기 이음(필릿 용접의 일종임)
④ : T형 필릿 이음

정답 56 ② 57 ③ 58 ① 59 ④ 60 ④

2011 제3회 용접산업기사 최근 기출문제

2011년 8월 21일 시행

제1과목 : 용접야금 및 용접설비 제도

01 용접 흄에 대하여 서술한 것 중 올바른 것은?

① 실내 용접 작업에서는 환기설비가 필요하다.
② 용접 흄은 인체에 영향이 없으므로 아무리 마셔도 괜찮다.
③ 용접봉의 종류와 무관하며 전혀 위험이 없다.
④ 용접 흄은 입자상 물질이며, 가제 마스크로 충분히 차단할 수가 있음으로 인체에 해가 없다.

해설 용접 흄은 인체에 유해하므로 환기설비를 갖추어야 한다.

02 오스테나이트계 스테인리스강에서 발생하는 응력 부식 균열의 특징에 대한 설명 중 틀린 것은?

① 산소는 응력 부식을 가속화시키는 작용을 한다.
② 초기의 균열이 발견되지 않는 잠복기를 거친 후 균열이 급격히 진행된다.
③ 외부에서 수축력이 작용하면 응력부식 균열 저항성이 감소된다.
④ 완전 오스테나이트계 스테인리스강보다 오스테나이트상과 페라이트상이 혼합된 스테인리스강의 응력 부식 균열 저항성이 더 높다

해설 오스테나이트계 스테인리스강은 응력부식 균열 저항성이 높다.

03 파괴시험 방법의 종류 중에서 기계적 시험에 속하지 않는 것은?

① 인장 시험   ② 굽힘 시험
③ 충격 시험   ④ 파면 시험

해설 기계적 시험은 인장, 경도, 충격, 피로, 크리프, 압축, 굴곡 시험 등이 있다.

04 화살표가 지시하는 면의 밀러지수로 바른 것은? (단, x, y, z축의 절편의 길이는 2, 1, 3이다)

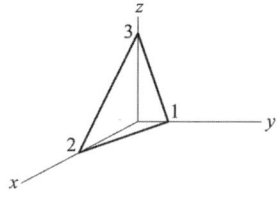

① (2 1 3)   ② (2 3 6)
③ (3 1 2)   ④ (3 6 2)

해설 x, y, z 의 역수를 하여 통분을 하면 $\frac{3}{6}, \frac{6}{6}, \frac{2}{6}$ 에서 분자 값은 (3 6 2) 이다.

정답 01 ① 02 ③ 03 ④ 04 ④

05 용접부의 연성시험 방법에 사용되는 굽힘 시험시 시험편의 외부에 적용되는 변형량을 산출하는 식으로 맞는 것은? (단, ϵ은 변형률, t는 굽힘 시험편의 두께, R은 굽힘 시험시 내부의 반경이다.)

① $\epsilon = \dfrac{100t}{2R+t}$ ② $\epsilon = \dfrac{100t}{2R}$

③ $\epsilon = \dfrac{100t}{4R+t}$ ④ $\epsilon = \dfrac{100t}{4R+t}$

06 합금강에 첨가한 각 원소의 일반적인 효과가 잘못된 것은?

① Ni - 강인성 및 내식성 향상
② Ti - 내식성 향상
③ Cr - 내식성 감소 및 연성 증가
④ W - 고온 강도 향상

> 해설 Cr : 경도, 강도 증가, 함유량에 따라 내식성 및 내열성, 내마멸성이 증가한다.

07 주철용접에서 예열을 실시할 때 얻는 효과 중 틀린 것은? ★★

① 변형의 저감
② 열영향부 경도의 증가
③ 이종 재료 용접시의 온도 기울기 감소
④ 사용 중인 주조의 탄수화물 오염의 저감

> 해설 예열은 용접부 및 주변의 열영향을 줄이기 위해 실시하며, 각속도를 느리게 하여 경화, 취성 및 균열을 방지한다.

08 가스 용접시 산소와 함께 연소되어 가장 높은 온도의 불꽃을 발생시키는 가스는?

① 수소   ② 프로판
③ 메탄   ④ 아세틸렌

> 해설 아세틸렌은 불꽃온도가 가장 높고 수소는 연소속도가 가장 빠르고 프로판은 발열량이 크다.

09 GA 46이라 표시된 연강용 가스 용접봉 규격에서 46은 무엇을 의미하는가?

① 용착 금속의 최소 인장강도 수준
② 용접봉의 표준 조직 번호
③ 용착 금속의 최소 연신율 구분
④ 용접봉의 피복제의 종류

10 다음 중 감마철(α-Fe)의 결정 구조는?

① 체심입방격자   ② 면심입방격자
③ 조밀입방격자   ④ 사방입방격자

> 해설 α-Fe은 910℃ 이하에서 발생하며 체심입방격자이다.

11 용접 시방서에 반드시 표기해야 되는 내용이 아닌 것은?

① 후열처리 방법   ② 모재 재질
③ 용접봉의 종류   ④ 비파괴 검사 방법

12 선에 관한 용어 중 "대상물의 일부분을 가상으로 제외했을 경우의 경계를 나타내는 선"을 뜻하는 것은?

① 절단선   ② 피치선
③ 파단선   ④ 무게중심선

> 해설 지그재그선(파단선)은 대상물 일부분을 가상으로 제외했을 경우의 경계를 나타내는 선이다.

정답 05 ① 06 ③ 07 ② 08 ④ 09 ① 10 ① 11 ④ 12 ③

13 다음 보기와 같이 용접부 표면 또는 용접부 현상을 나타내는 기호에 대한 설명으로 옳은 것은?

MR

① 동일한 면으로 마감 처리
② 영구적인 이면 판재 사용
③ 토우를 매끄럽게 함
④ 제거성 백킹(제거 가능한 이면 판) 사용

14 공작물을 화살표 방향에서 보았을 때 올바르게 도시한 것은 어느 것인가?

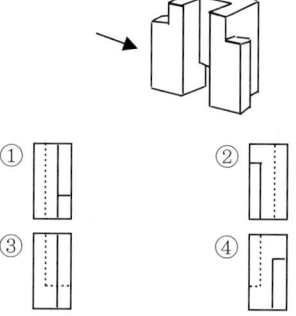

15 다음 그림에 대한 명칭으로 맞는 것은?

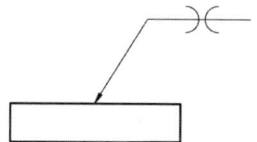

① 맞대기 용접
② 연속 필릿 용접
③ 슬롯 용접
④ 플랜지형 맞대기 용접

16 척도의 종류 중 축척으로 그릴 때의 내용을 바르게 설명한 것은? ★★

① 도면의 치수는 실물의 축적된 치수를 기입한다.
② 표제란의 척도란에 "NS"라고 기입한다.
③ 표제란의 척도란에 2 : 1, 20 : 1등으로 기입한다.
④ 표제란의 척도란에 1 : 2, 1 : 10등으로 기입한다.

해설) NS는 비례척이 아님을 나타내며 축척은 1 : 2, 1 : 10 등으로 표시하고 실척은 1 : 1, 배척은 2 : 1, 5 : 1 등으로 표시한다.

17 출력하는 도면이 많거나 도면의 크기가 크지 않을 경우 도면이나 문자들을 마이크로 필름화를 하는 장치는?

① COM 장치   ② CAE 장치
③ CAT 장치   ④ CIM 장치

해설) ② : 컴퓨터를 이용한 기계해석, 시제품을 직접 제작하지 않아도 제품의 내구성, 기능, 간섭, 시험 등을 CAE를 통해 수행할 수 있다.

18 다음의 용접기호를 바르게 설명한 것은? ★★★

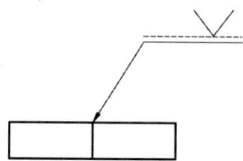

① 화살표 쪽의 용접
② 양면대칭 부분 용입의 용접
③ 양면대칭 용접
④ 화살표 반대쪽의 용접

해설) 현 기호는 1각법으로 그려진 것이며, 파선이 아래쪽에 있으면 3각법으로 그려진 것이다. 용접기호가 실선에 있으면 화살표쪽 용접,

정답 13 ④ 14 ④ 15 ④ 16 ④ 17 ① 18 ④

파선에 기호가 있으면 화살표 반대쪽 용접이다.

19 일반적으로 부품의 모양을 스케치하는 방법이 아닌 것은? ★★

① 프린트법　　② 프리핸드법
③ 판화법　　　④ 사진촬영법

해설 프린트법은 부품 표면에 광명단, 스템프 잉크를 칠한 후 종이에 찍어서 실제 형상을 본 뜨는 방법이다.

20 도형에 관한 용어 중 "대상물의 사면에 대향하는 위치에 그린 투상도"를 뜻하는 것은?

① 주 투상도　　② 보조 투상도
③ 회전 투상도　④ 부분 투상도

해설 보조 투상도는 물체의 경사면을 실제의 모양으로 나타내는 경우나 필요한 부분만을 나타낸다.

제2과목　용접구조설계

21 전 용접 길이에 X선 검사를 하여 결함이 1개도 발견되지 않았을 때 용접이음의 효율은? ★★

① 85%　　② 90%
③ 100%　 ④ 30%

22 용접 이음을 설계할 때 유의(주의)사항으로 틀린 것은? ★★

① 용접 작업에 지장을 주지 않도록 공간을 남긴다.(두어야 한다.)
② 가능한 한 아래보기 자세로 작업이 가능하도록 한다.
③ 용접선의 교차를 최대한도로 줄여야 한다.
④ 국부적인 열의 집중을 받도록 한다.

해설 용접 이음부가 한 곳에 집중하지 않도록 설계해야 한다. 용접 이음에 국부적인 열의 집중은 열응력 발생에 의한 균열, 변형, 응력집중, 조직 변화 등을 초래할 수 있어 가급적 피해야 된다.

23 다음 용접 결함 중 용접사의 기량과 가장 관계가 없는(무관한) 것은? ★★

① 슬래그 잠입　② 용입 불량
③ 비드 밑 터짐　④ 언더 컷

해설 비드 밑 터짐은 재질적인 문제나 열응력과 관계되는 결함이다.

24 플러그 용접의 전단강도는 구멍의 면적당 전 용착금속 인장 강도의 몇% 정도인가?

① 60 ~ 70%　② 80 ~ 90%
③ 40 ~ 50%　④ 20 ~ 30%

해설 플러그 용접은 윗 판에 구멍을 내고 그 구멍 내부에 용접하는 것으로 용착금속 인장강도의 65% 정도 나온다.

정답 19 ③　20 ②　21 ③　22 ④　23 ③　24 ①

25 TIG용접 이음부 설계에서 I형 맞대기 용접이음의 설명으로 적합한 것은?

① 판두께가 12mm 이상의 두꺼운 판 용접에 이용된다.
② 판두께가 6~20mm 정도의 다층 비드 용접에 이용된다.
③ 판두께가 3mm 정도의 박판 용접에 많이 이용된다.
④ 판두께가 20mm 이상의 두꺼운 판 용접에 이용된다.

해설 TIG 용접은 비소모식 용접법으로 MIG 용접보다 전류 밀도가 낮아 보통 3mm 이하의 판 용접에 주로 이용된다.

26 용접변형에서 수축변형에 영향을 미치는 인자로서 다음 중 영향을 가장 적게 미치는 것은?

① 판두께와 이음 현상
② 판의 예열 온도
③ 용접 입열
④ 용접 자세

27 가용접을 할 때 주의할 사항으로 틀린 것은?

① 잔류 응력이 남지 않도록 한다.
② 특히 용접순서를 고려해야 한다.
③ 본 용접을 하는 홈 내에 용접한다.
④ 본 용접과 동일 정도의 기량을 가진 용접사가 해야 한다.

해설 홈 안에 가접을 할 경우에는 용접 전에 갈아내야 한다.

28 용접부의 가로방향 수축량을 계산하는 공식으로 옳은 것은? (단, $\triangle t$: 온도 변화량, L : 팽창한 길이, α : 선팽창계수, $\triangle l$: 수축량이다)

① $\triangle l = \dfrac{\alpha}{\triangle t} \times L$
② $\triangle l = \dfrac{L^2}{\triangle t} \times \alpha$
③ $\triangle l = \alpha \times L \times \triangle t$
④ $\triangle l = \dfrac{\triangle t}{L} \times \alpha$

29 표점거리가 50mm인 인장 시험편을 인장 시험한 결과 62mm로 늘어났다면 연신률은 얼마인가? ★★★★

① 12%
② 18%
③ 24%
④ 30%

해설 연신률 = $\dfrac{\text{변형후길이} - \text{변형전길이}}{\text{변형전길이}} \times 100$
= $\dfrac{62-50}{50} \times 100 = 24\%$

30 본 용접의 용착법에서 용접방향에 따른 비드 배치법이 아닌 것은? ★★

① 전진법과 후진법
② 대칭법
③ 스킵법
④ 펄스 반사법

해설 펄스 반사법은 초음파 검사 방법 중 하나이다.

31 맞대기 용접이음의 덧살은 용접이음의 강도에 어떤 영향을 주는가?

① 덧살은 보강 덧붙임으로서의 가치가 거의 없고 오히려 피로 강도를 감소시킨다.
② 덧살을 크게 하면 강도가 증가하고 취성이 좋아진다.
③ 덧살을 작게 하면 응력 집중이 커지고 강도가 좋아진다.
④ 덧살이 커지면 피로강도에는 영향을

정답 25 ③ 26 ④ 27 ③ 28 ③ 29 ③ 30 ④ 31 ①

주지 않는 것으로 생각해도 되나 정적 강도에는 크게 영향을 미친다.

해설 덧살 용접시 마멸 부분을 제거한 후 용접을 해야 하며 과도한 덧살은 피로강도를 감소시킨다.

32 다음과 같은 식에서(A)에 들어갈 적당한 용어는?

$$(A) = \frac{용착금속 \ 무게}{사용된 \ 용접와이어의 \ 무게} \times 100$$

① 용접 효율 ② 재료 효율
③ 가동율 ④ 용착 효율

33 용접 이음에서 중판 이상의 두꺼운 판의 용접을 위한 홈 설계시 고려하여야 할 사항으로 틀린 것은?

① 루트 간격의 최대치는 사용하는 용접봉의 지름을 한도로 한다.
② 루트 반지름은 가능한 크게 한다.
③ 홈의 단면적은 가능한 크게 한다.
④ 최소 10°정도는 전후 좌우로 용접봉을 움직일 수 있는 각도를 만든다.

34 맞대기 용접이음에서의 각변형 방지 대책이 아닌 것은? ★★

① 개선 각도는 작업에 지장이 없는 한도 내에서 작게 하는 것이 좋다.
② 판두께가 얇을수록 첫 패스측은 개선 깊이를 크게 한다.
③ 용접속도가 느린 용접법을 이용한다.
④ 역변형의 시공법을 사용한다.

해설 각변형은 용접에 의해 부재 또는 구조물에 생기는 가로 방향의 굽힘 변형으로, 용접 개선 각도를 작게 하고 용접 속도가 빠른 용접법을 하며, 굵은 봉을 사용하여 패스 수를 줄이면 변형을 줄일 수 있다.

35 용접 설계에서 허용응력을 올바르게 나타낸 공식은?

① 허용응력 = $\frac{안전률}{이완력}$

② 허용응력 = $\frac{인장강도}{안전률}$

③ 허용응력 = $\frac{이완력}{안전률}$

④ 허용응력 = $\frac{안전률}{인장강도}$

해설 허용 응력 : 구조물의 각부에서 파괴나 변형 등이 생기지 않고 재료 내부에 응력이 발생해도 지장이 없는 한계의 응력, 안전률 계산 등에 중요하다.

36 용접 직후 피닝을 하는 주목적으로 맞는 것은?

① 도료 및 산화된 부분을 없애기 위해서
② 응력을 강하게 하기 위해서
③ 용접 후 잔류 응력을 방지하기 위해서
④ 용접이음 효율을 좋게 하기 위해서

37 용접 절차 검증서(PQR)를 작성하기 위하여 PQ Test를 수행하는데 가장 적당한 사람은?

① 관리 책임자
② 숙련된 용접사
③ 용접 절차서(WPS)에 의해 용접하는 용접사
④ 용접 초보자

정답 32 ④ 33 ③ 34 ③ 35 ② 36 ③ 37 ②

해설 PQR 작성시 PQ 테스트는 실제 용접을 할 조건을 찾는 것이므로 숙련된 용접사가 실시해야 된다.

38 다음 그림의 용접이음 중 적은 하중이나 충격 또는 반복하중을 받지 않는(큰 하중을 받는) 곳에 사용하는 이음 현상은?

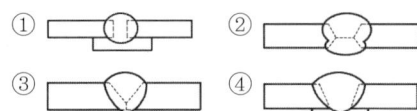

39 설비에 사용되는 용접기가 결정되면 필요한 전원 변압기의 용량(Q)을 결정하는데 용접기를 1대 설치하는 경우 필요한 전원 변압기의 용량(Q)을 구하는 식은? (단, α : 용접기 사용률, β : 용접기 부하율, P : 용접기 1대당 최대 용량, n : 용접기 대수)

① $Q = \sqrt{\alpha} \times \beta \times P$
② $Q = \sqrt{n\alpha} \times \sqrt{(n-1)\alpha} \times \beta \times P$
③ $Q = \alpha \times \beta \times P$
④ $Q = n \times \alpha \times \beta \times P$

해설 용접기를 여러대 설치할 경우는 ②번의 식을 사용한다.

40 일반적으로 양쪽 필릿 용접이음에서 목 길이(각장, 다리 길이)는 판두께의 몇 % 정도가 가장 적당한가?

① 60%   ② 75%
③ 85%   ④ 100%

제3과목 용접일반 및 안전관리

41 탄산가스 아크 용접에서 기공이 발생하는 원인으로 가장 거리가 먼 것은?

① CO_2 가스 유량이 부족하다.
② 토치의 겨눔 위치가 부적당하다.
③ CO_2 가스에 공기가 혼입되어 있다.
④ 노즐에 스패터가 많이 부착되어 있다.

해설 용접부의 기공 발생은 모재나 용가재의 습기, 보호가스의 부족 등이며, 토치의 겨눔 위치 부적당도 어느 정도는 영향이 있으나 보기 상황에서는 ②가 가장 영향이 적다.

42 특수강 용접시 용접봉의 선택에서 가장 먼저 고려해야 할 것은?

① 작업성(사용하기 쉬운가의 여부)
② 용접성(용접한 부분의 기계적 성질)
③ 환경성(작업의 조건 및 안전한가 여부)
④ 경제성(제반 경비 단가)

해설 용접봉 선택시 가장 우선해야 할 것은 용접성이다.

43 용해된 아세틸렌 양은 50리터의 용기에서 아세톤 21리터가 포화 흡수되어 있는데 15℃ 15기압에서 아세톤 1리터에 아세틸렌 324리터가 용해되어 있다면 50리터 용기에서 아세틸렌 약 몇 리터를 용해시킬 수 있는가?

① 3246   ② 1159
③ 4156   ④ 6804

해설 324×21 = 6804

정답 38 ④ 39 ① 40 ② 41 ② 42 ② 43 ④

44 가용접시 주의하여야 할 사항으로 맞는 것은?

① 가 용접은 본 용접에 비해 중용하지 않으므로 대충 용접한다.
② 가 용접에 사용되는 용접봉은 본 용접보다 굵은 용접봉을 사용한다.
③ 본 용접자와 동등한 기량을 갖는 용접자로 하여금 가접하게 한다.
④ 가 용접의 위치는 부품의 끝, 모서리, 각 등과 같이 응력이 집중되는 곳에서 한다.

해설 가접(가용접)시 유의사항 : 가접시 본 용접보다 가는 용접봉을 사용하고 전류는 본 용접보다 높인다. 응력이 집중되는 곳은 가접을 피한다. 중요한 부분은 앤드탭을 사용하고 가급적 가접을 피한다.

45 연강 맞대기 용접의 완전 용입 이음에서 모재 인장강도에 대한 용접 시험편 인장강도의 이음 효율은 보통 얼마인가?

① 60%   ② 80%
③ 100% ④ 120%

46 용접 지그를 사용할 때의 이점으로 틀린 것은?

① 작업을 쉽게 할 수 있다.
② 공정수를 절약하므로 능률이 좋다.
③ 제품의 제작 속도가 느리다.
④ 제품의 정도가 균일하다.

해설 용접 지그를 사용하면 용접 작업을 효율적으로 할 수 있다.

47 용접재의 판두께를 측정하는 측정기로 가장 적당한 것은?

① 각장 게이지
② 버니어캘리퍼스
③ 다이얼 게이지
④ 내경 마이크로미터

해설 판두께 측정하는데 일반적으로 버니어 캘리퍼스를 많이 사용하며, 좀더 정밀하게 측정하려면 외경 마이크로미터를 사용한다.

48 잠호 용접의 자동이송 장치에 대한 설명 중 틀린 것은?

① 판을 용접할 경우 암이 자동으로 전진 또는 후퇴한다.
② 원형체일 경우 따로 설치한 롤러가 회전하여 자동 이송이 된다.
③ 와이어의 송급장치, 제어장치, 콘택트 팁, 용제 호퍼를 일괄하여 용접헤드라고 한다.
④ 와이어의 송급은 전류 제어장치에 의하여 와이어 롤러가 회전한다.

해설 와이어 송급으로 송급 모터의 송급 롤러에 의해 연속적으로 송급된다.

49 점 용접시의 안전사항 중 틀린 것은?

① 보호 장갑을 착용하여야 한다.
② 용접기에 어스는 필요에 따라 실시한다.
③ 판재의 기름을 제거한 후 용접한다.
④ 보호 안경을 착용하여야 한다.

해설 용접기 바깥 케이스에 어스를 하는 이유는 누전시 작업자 감전을 방지하기 위함이다.

정답 44 ③ 45 ③ 46 ③ 47 ② 48 ④ 49 ②

50 용접 시공시 관리의 기본 회로를 설명한 것으로 가장 적당한 것은?

① 확인 → 계획 → 실시 → 행동
② 계획 → 실시 → 확인 → 행동
③ 계획 → 실시 → 행동 → 확인
④ 계획 → 확인 → 실시 → 행동

51 피복 아크 용접봉의 피복제의 주된 역할에 대한 설명으로 맞는 것은?

① 용착 금속의 탈산, 정련작용을 막는다.
② 용착 금속에 적당한 합금 원소의 첨가를 막는다.
③ 용착 금속의 냉각 속도를 느리게 하여 급랭을 방지한다.
④ 모재 표면의 산화물의 제거를 방지한다.

해설 피복제는 아크를 안정시키고 산화, 질화를 방지하며 용착 효율을 향상시키고 용착금속의 탈산 정련 작용 및 전기 절연 작용을 하며 급랭으로 인한 취성을 방지한다.

52 저수소계 피복 금속 아크 용접봉은 사용 전에 몇℃ 정도에서 건조해야 하는가?

① 300 ~ 350℃   ② 400 ~ 450℃
③ 500 ~ 550℃   ④ 600 ~ 650℃

해설 저수소계 용접봉 : 300~350℃로 1~2시간 정도 건조
일반 용접봉 : 70~100℃로 30분에서 1시간 정도 건조

53 불활성 가스 텅스텐 아크 용접의 직류 역극성 용접에서 사용 전류의 크기에 상관없이 정극성 때보다 어떤 전극을 사용하는 것이 좋은가?

① 가는 전극 사용   ② 굵은 전극 사용
③ 같은 전극 사용   ④ 전극에 상관없음

54 용접기의 1차선에 비하여 2차선에 굵은 도선을 사용하는 이유는?

① 2차 전압이 1차 전압보다 높기 때문에
② 2차선의 방열을 좋게 하기 위해서
③ 2차 전류가 1차 전류보다 높기 때문에
④ 전선의 유연성을 좋게 하기 위해서

해설 용접기의 1차측은 높은 전압에 낮은 전류가 입력되나 2차측은 낮은 전압에 높은 전류가 흐르므로 2차선에 굵은 도선을 사용한다. 예를 들면 용접기의 1차측에 200V ×10A= 2차측은 20V×100A된다.

55 아크 용접시 전격에 의해 몸에 근육수축을 가져오는 경우의 전류값으로 가장 적당한 것은?

① 10mA   ② 20mA
③ 1mA   ④ 5mA

해설 1mA : 감전을 조금 느낄 정도
5mA : 상당히 아픔
20mA : 근육 수축
50mA : 심장마비 발생 우려가 높다.

56 용접 용어 중 "아크 용접의 비드 끝에서 오목하게 파진 곳"을 뜻하는 것은? ★★★

① 크레이터   ② 언더컷
③ 오버랩   ④ 스패터

해설 크레이터는 내부 결함이 아니고 외부에 용접이 끝나는 곳에 움푹 패인 것을 말한다.

정답 50 ② 51 ③ 52 ① 53 ② 54 ③ 55 ② 56 ①

57 아크 용접 작업 중 아크 쏠림 현상이 가장 심하게 발생될 수 있는 조건은?

① 교류전원을 이용하여 와전류 발생
② 직류전원을 이용하여 아크쏠림 발생
③ 교류전원을 이용하여 아크쏠림 발생
④ 아크의 길이를 짧게 할 때 발생

해설 교류 전원은 아크가 음극과 양극을 교대로 통전되므로 교류 아크 용접기를 사용해야 아크쏠림을 방지할 수 있다.

58 용접 지그를 선택하는 기준 설명 중 틀린 것은?

① 청소하기 쉬워야 한다.
② 용접변형을 억제할 수 있는 구조이어야 한다.
③ 작업 능률이 향상되어야 한다.
④ 피용접물과의 고정과 분해가 어려운 구조이어야 한다.

해설 용접 지그는 고정과 분해가 쉬워야 한다.

59 아크 전류가 일정할 때 아크 전압이 높아지면 용접봉의 용융 속도가 늦어지고 아크 전압이 낮아지면 용융속도가 빨라지는 아크 특성은?

① 부저항 특성
② 아크길이 자기 제어 특성
③ 절연 회복 특성
④ 전압 회복 특성

60 각종 용접법은 그 종류에 따라 다른 이름으로 불리워지고 있다. 틀리게 짝지어진 것은?

① 퍼커션 용접 - 충돌 용접
② 서브머지드 아크 용접 - 잠호 용접
③ 버트 용접 - 불꽃 용접
④ 프로젝션 용접 - 돌기 용접

해설 불꽃 용접은 플래시 용접이다.

정답 57 ② 58 ④ 59 ② 60 ③

2012 제1회 용접산업기사 최근 기출문제

2012년 3월 4일 시행

제1과목 용접야금 및 용접설비 제도

01 스테인리스강 중에서 내식성, 내열성, 용접성이 우수하여 대표적인 조성이 18Cr-8Ni인 계통은?

① 마텐사이트계 ② 페라이트계
③ 오스테나이트계 ④ 솔바이트계

02 용접금속의 파단면에 매우 미세한 주상정(柱狀晶)이 서릿발 모양으로 병립하고 그 사이에 현미경으로 보이는 정도의 비금속 개재물이나 기공을 포함한 조직이 나타나는 결함은?

① 선상조직 ② 은점
③ 슬래그 혼입 ④ 용입 불량

해설) 선상 조직은 주상정이며 서릿발 모양으로 병립하고 비금속 개재물이나 기공을 포함하는 조직을 말한다.

03 연강을 인장시험으로 측정할 수 없는 것은?

① 항복점 ② 연신률
③ 단면수축률 ④ 재료의 경도

해설) 인장 시험으로 인장강도, 비례한도, 탄성한도, 항복점, 연신률, 단면 수축률 등을 측정할 수 있다.

04 Fe-C 평형상태도에서 순철의 용융온도는?

① 약 1530℃ ② 약 1495℃
③ 약 1145℃ ④ 약 723℃

05 황(S)의 해(적열취성)를 방지할 수 있는 적합한 원소는? ★★★

① Mn(망간) ② Si(규소)
③ Al(알루미늄) ④ Mo(몰리브덴)

해설) 황은 적열취성(고온 취성)의 원인이며 망간을 첨가해서 방지한다.

06 합금 공구강 강재 종류의 기호 중 주로 절삭공구강용에 적용되는 것은?

① STS 11 ② SM 55
③ SS330 ④ SC 350

07 용접금속에 수소가 침입하여 발생하는 결함이 아닌 것은?

① 언더 비드 크랙 ② 은점
③ 미세 균열 ④ 언더 필

해설) 수소가 침입하면서 언더 비드 크랙, 은점, 미세 균열이 발생한다.

정답 01 ③ 02 ① 03 ④ 04 ① 05 ① 06 ① 07 ④

08 대상 편석이 고스트 선(ghost line)을 형성시키고 상온취성의 원인이 되는 원소는?

① Mn ② Si
③ S   ④ P

해설 P(인)은 상온취성, S(황)은 적열취성의 원인이 된다.

09 레데부라이트(ledeburite)를 옳게 설명한 것은?

① δ고용체의 석출을 끝내는 고상선
② cementite의 용해 및 응고점
③ γ고용체로부터 α고용체와 cementite가 동시에 석출되는 점
④ γ고용체와 Fe_3C와의 공정주철

해설 공정 주철 : 탄소 함유량이 4.3%이며, 1130℃에서 공정 반응에 의해 얻어진다.

10 치수 문자를 표시하는 방법에 대하여 설명한 것 중 틀린 것은?

① 길이 치수 문자는 mm단위를 기입하고 단위기호를 붙이지 않는다.
② 각도 치수 문자는 도(°)의 단위만 기입하고 분('), 초(")는 붙이지 않는다.
③ 각도 치수 문자를 라디안으로 기입하는 경우 단위 기호 rad 기호를 기입한다.
④ 치수 문자의 소수점은 아래쪽의 점으로 하고 약간 크게 찍는다.

해설 각도 치수 문자는 도(°)의 단위만 기입하고 필요한 경우에는 분('), 초(")는 붙인다.

11 한국산업표준(KS)의 분류기호와 해당 부문의 연결이 틀린 것은?

① KS K : 섬유 ② KS B : 기계
③ KS E : 광산 ④ KS D : 건설

해설 D : 금속, E : 광산, F : 토건

12 슬립에 의한 변형에서 철(Fe)의 슬립면과 슬립방향이 맞지 않는 것은?

① {110}, <111> ② {112}, <111>
③ {123}, <111> ④ {111}, <111>

13 다음 용접기호 표시를 올바르게 설명한 것은?

① 지름이 C이고 용접길이 ℓ인 스폿용접이다.
② 지름이 C이고, 용접길이 ℓ인 플러그 용접이다.
③ 용접부 너비가 C이고 용접개수 n인 심 용접이다.
④ 용접부 너비가 C이고 용접개수 n인 스폿 용접이다.

해설 e는 인접 용접부간의 거리(피치)이다.

14 다음 그림과 같은 용접도시 기호에 관한 설명 중 틀린 것은?

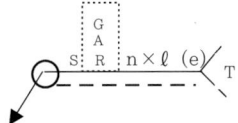

① A : 홈각도
② G : 루트간격
③ S : 용접부 단면 치수
④ T : 특별 지시 사항

해설 G : 용접부 가공기호(연삭), M : 기계가공,

C : 치핑, F : 특별히 지정하지 않음

15 도면 크기의 치수가 "841× 1189"인 경우 호칭방법은?

① A0   ② A1
③ A2   ④ A3

해설 제도 A용지의 크기
- A0 : 841×1189 • A1 : 594×841
- A2 : 420×594   • A3 : 297×420

16 그림과 같이 대상물의 사면에 대향하는 위치에 그린 투상도는?

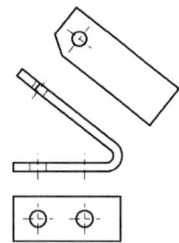

① 회전 투상도   ② 보조 투상도
③ 부분 투상도   ④ 국부 투상도

해설 보조 투상도는 경사면부가 있는 물체는 정투상도로 그리면 그 물체의 실형을 나타낼 수 없으므로 그 경사면과 맞서는 위치에 경사면의 실형으로 나타낸다.

17 다음 그림이 나타내는 용접 명칭으로 옳은 것은?

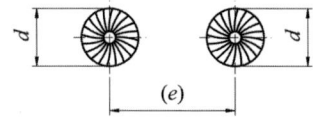

① 플러그 용접   ② 점 용접
③ 심 용접   ④ 단속 필릿 용접

해설 특정 부분이 평면임을 나타내는 선은 가는 실선을 사용한다.

18 도형내의 특정한 부분이 평면이라는 것을 표시할 경우 맞는 기입 방법은?

① 가는 2점 쇄선으로 대각선을 기입
② 숨은선으로 대각선을 기입
③ 가는 실선으로 대각선을 기입
④ 가는 1점 쇄선으로 사각형을 기입

19 가상 투상도가 쓰이는 경우 중 틀린 것은?

① 도시된 물체의 바로 앞쪽에 있는 부분을 나타내는 경우
② 물체의 평면이 경사진 경우에 모양과 크기가 변형 또는 축소되어 나타나는 경우
③ 물체 일부의 모양을 다른 위치에 나타내는 경우
④ 도형 내에 그 부분의 단면도를 90° 회전하여 나타내는 경우

해설 물체의 경사진면에는 이 면에 직각인 투상면을 투상하는 보조 투상도를 사용한다.

20 물체의 모양을 가장 잘 나타낼 수 있는 것으로 그 물체의 가장 주된 면, 즉 기본이 되는 면의 투상도 명칭은?

① 평면도   ② 좌측면도
③ 우측면도   ④ 정면도

해설 정면도는 물체의 가장 특징적인 부분을 나타내는 주된 도면이다.

정답 15 ① 16 ② 17 ① 18 ③ 19 ② 20 ④

제2과목 용접구조설계

21 용접변형의 종류 중 박판을 사용하여 용접하는 경우 아래 그림과 같이 생기는 물결 모양의 변형으로 한번 발생하면 교정하기 힘든 변형은?

① 좌굴변형 ② 회전변형
③ 가로 굽힘 변형 ④ 가로 수축

해설 회전변형 : 맞대기 용접시 용접 진행에 따라 간격이 벌어지거나(고전류의 경우), 좁아지는(저전류의 경우) 변형

22 용접이음 설계에서 홈의 특징을 설명한 것으로 틀린 것은?

① I형 홈은 홈 가공이 쉽고 루트 간격을 좁게 하면 용착금속의 양도 적어져서 경제적인 면에서 우수하다.
② V형 홈은 홈 가공이 비교적 쉽지만 판의 두께가 두꺼워지면 용착 금속량이 증대한다.
③ X형 홈은 양쪽에서의 용접에 의해 완전한 용입을 얻는데 적합하다.
④ U형 홈은 두꺼운 판을 양쪽에서 용접에 의해서 충분한 용입을 얻으려고 할 때 사용한다.

23 용접부에 균열이 있을 때 보수하려면 균열이 더 이상 진행되지 못하도록 균열 진행 방향의 양단에 구멍을 뚫는다. 이 구멍을 무엇이라 하는가?

① 스톱 홀(stop hole)
② 핀 홀(pin hole)
③ 블로 홀(blow hole)
④ 피트(pit)

24 용접부 인장시험에서 최초의 길이가 50mm이고 인장시험편의 파단 후의 거리가 60mm일 경우에 변형률은?

① 10% ② 15%
③ 20% ④ 25%

해설 변형률 = $\dfrac{\text{파단후거리} - \text{최초의길이}}{\text{최초의길이}} \times 100$
= $\dfrac{60-50}{50} \times 100 = 20\%$

25 기계나 용접구조물을 설계할 때 각 부분에 발생되는 응력이 어떤 크기 값을 기준으로 하여 그 이내 이면 인정되는 최대 허용치를 표현하는 응력은?

① 사용 응력 ② 잔류응력
③ 허용 응력 ④ 극한 강도

해설 허용응력은 기계나 구조물을 안전하게 사용하는 데 허용될 수 있는 최대한도의 응력이다.

26 미소한 결함이 있어 응력의 이상 집중에 의하여 성장하거나 새로운 균열이 발생될 경우 변형 개방에 의한 초음파가 방출하게 되는데 이러한 초음파를 AE검출기로 탐상함으로서 발생장소와 균열의 성장 속도를 감지하는 용접시험 검사법은?

① 누설 탐상검사법
② 전자초음파법
③ 진공검사법
④ 음향 방출 탐상검사법

정답 21 ① 22 ④ 23 ① 24 ③ 25 ③ 26 ④

27 용접이음의 안전률에 영향을 미치는 주요 인자로 고려할 사항으로 가장 적절하게 나열한 것은?

① 모재의 기계적 성질, 모재의 보관 방법, 용접기의 종류, 용착금속의 기계적 성질, 파괴시험
② 재료의 가격성, 용접사의 기능, 용접자세, 하중의 형상, 모재의 보관 방법
③ 용착금속의 기계적 성질, 작업 장소, 용접자세, 용접기의 종류, 하중의 형상
④ 모재의 기계적 성질, 재료의 용접성, 용접 방법, 하중의 종류, 용접 자세

해설 모재의 기계적 성질, 재료의 용접성, 용접 방법, 하중 종류, 용접 자세는 용접이음의 안전률에 영향을 미친다.

28 용접부에 발생한 잔류응력을 완화시키는 방법에 해당되지 않는 것은?

① 기계적 응력 완화법
② 저온 응력 완화법
③ 피닝법
④ 선상 가열법

해설 잔류 응력을 완화시키는 방법에는 노내 풀림법, 국부 풀림법, 저온 응력 완화법, 피닝법, 기계적 응력 완화법이 있다.

29 용접 설계에 있어 일반적인 주의사항으로 틀린 것은?

① 용접에 적합한 구조의 설계를 할 것
② 반복하중을 받는 이음에서는 특히 이음 표면을 볼록하게 할 것
③ 용접이음을 한 곳으로 집중 근접시키지 않도록 할 것
④ 강도가 약한 필릿 용접은 가급적 피할 것

해설 용접 설계시 주의 사항
아래보기 용접 및 맞대기 용접을 하도록 설계한다. 용접 이음부가 한곳에 집중되지 않도록 설계한다. 용접부 길이는 짧게 하고 용착 금속양도 적게 한다.

30 맞대기 용접 이음에서 모재의 인장강도가 $50N/mm^2$이고 용접 시험편의 인장강도가 $25N/mm^2$으로 나타났을 때 이음 효율은?

① 40% ② 50%
③ 60% ④ 70%

해설 이음효율 $= \dfrac{50-25}{50} \times 100 = 50\%$

31 다음 중 용접 균열성 시험이 아닌 것은?

① 리하이구속 시험 ② 휘스코 시험
③ CTS 시험   ④ 코머렐 시험

해설 코머렐 시험은 용접부의 연성을 시험하는 방법이다.

32 단면 V형 홈에 비해 홈의 폭이 좁아도 되고 루트 간격을 "0"으로 해도 작업성과 용입이 좋으나 홈 가공이 어려운 단점이 있는 이음 형상은?

① 양면 U(H)형 홈   ② 양면 V(X)형 홈
③ 정방(I)형 홈   ④ 단면 U형 홈

해설 단면U형 홈은 두꺼운 판의 양면 용접을 할 수 없는 경우에 가공하는 방법이다.

정답 27 ④ 28 ④ 29 ② 30 ② 31 ④ 32 ④

33 용접이음의 내식성에 영향을 미치는 인자로서 틀린 것은?

① 이음 형상 ② 플럭스(flux)
③ 잔류 응력 ④ 인장 강도

34 용접 구조 설계자가 알아야 할 용접 작업 요령으로 틀린 것은?

① 용접기 및 케이블의 용량을 충분하게 준비한다.
② 용접보조기구 및 장비를 사용하여 작업조건을 좋게 만든다.
③ 용접 진행은 부재의 자유단에서 고정단으로 향하여 용접하게 한다.
④ 열의 분포가 가능한 부재 전체에 일정하게 되도록 한다.

35 쇼어 경도(HS) 측정시 산출 공식으로 맞는 것은? (단, h_0 : 해머의 낙하 높이, h_1 : 해머의 반발높이)

① $Hs = \frac{10000}{65} \times \frac{h_1}{h_0}$ ② $H = \frac{65}{10000} \times \frac{h_1}{h_0}$
③ $Hs = \frac{65}{10000} \times \frac{h_0}{h_1}$ ④ $Hs = \frac{10000}{65} \times \frac{h_0}{h_1}$

36 노 내 풀림법으로 잔류 응력을 제거하고자 할 때 연강재 용접부 최대 두께가 25mm인 경우 가열 및 냉각속도 R이 만족시켜야 하는 식은? ★★

① R ≤ 500(deg/h) ② R ≤ 200(deg/h)
③ R ≤ 300(deg/h) ④ R ≤ 400(deg/h)

해설 냉각속도는 $R \leq \frac{200 \times 25}{t}$ 에서 두께가 25이므로 R ≤ 200(deg/h)이다.

37 피복 아크용접 결함 중 용입 불량의 원인으로 틀린 것은?

① 이음 설계의 불량
② 용접 속도가 너무 빠를 때
③ 용접 전류가 너무 높을 때
④ 용접봉 선택 불량

해설 용접 전류가 너무 높을 때는 언더컷이 발생한다.

38 용접시 탄소량이 높아지면 어떤 대책을 세우는 것이 가장 적당한가?

① 지그를 사용한다.
② 예열 온도를 높인다.
③ 용접기를 바꾼다.
④ 구속 용접을 한다.

39 설계 단계에서 용접부 변형을 방지하기 위한 방법이 아닌 것은?

① 용접 길이가 감소될 수 있는 설계를 한다.
② 변형이 적어질 수 있는 이음 부분을 배치한다.
③ 보강재 등 구속이 커지도록 구조설계를 한다.
④ 용착 금속을 증가시킬 수 있는 설계를 한다.

정답 33 ④ 34 ③ 35 ④ 36 ② 37 ③ 38 ② 39 ④

40 다음 그림과 같이 두께(h) = 10mm인 연강판에 길이(l) = 400mm로 용접하여 1000N의 인장하중(P)을 작용시킬 때 발생하는 인장응력(σ)은?

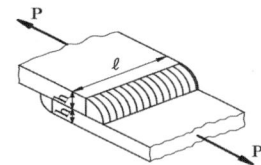

① 약 177MPa ② 약 125MPa
③ 약 177Kpa ④ 약 125Kpa

해설) 인장응력 = $\dfrac{1.414P}{단면적}$ = $\dfrac{1.414 \times 1000 \times 0.102}{(1+1) \times 40}$
= 1.80kg/cm² = 1.80×98.07
= 176.8kPa
(1N = 0.102kg$_f$ 이며 1kg/cm² = 98.07kPa)

제3과목 용접일반 및 안전관리

41 인체에 흐르는 전류의 값에 따라 나타나는 증세 중 근육운동은 자유로우나 고통을 수반한 쇼크(shock)를 느끼는 전류량은?

① 1mA ② 5mA
③ 10mA ④ 20mA

해설) 1mA : 감전을 조금 느낄 정도
5mA : 상당히 아픔
20mA : 근육 수축
50mA : 심장마비 발생 우려가 높다

42 스터드 용접(stud welding)법의 특징 설명으로 틀린 것은?

① 아크 열을 이용하여 자동적으로 단시간에 용접부를 가열 용융하여 용접하는 방법으로 용접변형이 극히 적다.
② 탭 작업, 구멍 뚫기 등이 필요없이 모재에 볼트나 환봉 등을 용접할 수 있다.
③ 용접 후 냉각속도가 비교적 느리므로 용착금속부 또는 열영향부가 경화되는 경우가 적다.
④ 철강 재료 외에 구리, 황동, 알루미늄, 스테인리스강에도 적용이 가능하다.

해설) 스터드 용접은 냉각속도가 빠르고 경화성이 큰 모재를 사용할 경우에는 균열이 생기기 쉽다.

43 납땜부를 용제가 들어 있는 용융 땜 조에 침지하여 납땜하는 방법과 이음면에 땜납을 삽입하여 미리 가열된 염욕에 침지하여 가열하는 두 방법이 있는 납땜법은?

① 가스 납땜 ② 담금 납땜
③ 노내 납땜 ④ 저항 납땜

44 아크 용접법과 비교할 때 레이저 하이브리드 용접법의 특징으로 틀린 것은?

① 입열량이 높다. ② 용입이 깊다.
③ 강도가 높다. ④ 용접속도가 빠름

해설) 레이저 하이브리드 용접은 레이저 용접과 MIG 용접 등의 접목에 의해 깊은 용입과 입열량을 낮추는 신개념 용접법이다.

정답 40 ③ 41 ③ 42 ③ 43 ② 44 ③

45 피복 아크 용접에서 자기 쏠림을 방지하는 대책은?

① 접지점은 가능한 한 용접부에 가까이 한다.
② 용접봉 끝을 아크 쏠림 방향으로 기울인다.
③ 직류 용접 대신 교류 용접으로 한다.
④ 긴 아크를 사용한다.

해설 아크 쏠림을 방지 대책
교류 용접을 사용하고 접지점은 가능한 용접부에서 멀리하며, 아크 쏠림 반대 방향으로 기울이고 짧은 아크를 사용해야 한다.

46 맞대기 용접 이음의 홈의 종류가 아닌 것은?

① 정방(I)형 홈 ② 단면 V형 홈
③ 단면 U형 홈 ④ T형 홈

해설 T형은 이음의 형상이고, 홈의 형상이 아니다.

47 아크 길이에 따라 전압이 변동하여도 아크 전류는 거의 변하지 않는 특성은?

① 아크 부특성 ② 수하 특성
③ 정전압 특성 ④ 정전류 특성

해설 정전류 특성은 아크 길이가 변해도 전류값이 변하지 않는 특성으로 수동 용접기에 적용된다.

48 산소-아세틸렌 불꽃에 대한 설명으로 틀린 것은?

① 불꽃은 불꽃심, 속불꽃, 겉불꽃으로 구성되어 있다.
② 불꽃의 종류는 탄화, 중성, 산화불꽃으로 나눈다.
③ 용접작업은 백심 불꽃 끝이 용융금속에 닿도록 한다.
④ 구리를 용접할 때 중성 불꽃을 사용한다.

해설 백심 불꽃과 모재의 용융 금속 사이는 2~3mm 정도 떨어져 용접해야 한다.

49 가스 도관(호스) 취급에 관한 주의사항 중 틀린 것은?

① 고무 호스에 무리한 충격을 주지 말 것
② 호스 이음부에는 조임용 밴드를 사용할 것
③ 한랭시 호스가 얼면 더운물로 녹일 것
④ 호스의 내부 청소는 고압 수소를 사용할 것

50 테르밋 용접에 관한 설명으로 틀린 것은?

① 테르밋 혼합제는 미세한 알루미늄 분말과 산화철의 혼합물이다.
② 테르밋 반응시 온도는 약 4000℃이다.
③ 테르밋 용접시 모재가 강일 경우 약 800~900℃로 예열시킨다.
④ 테르밋은 차축, 레일, 선미 프레임 등 단면이 큰 부재 용접시 사용한다.

해설 테르밋 반응시 온도는 약 1200℃ 이상의 고온이다.

51 피복 아크 용접에서 용접부의 균열 방지 대책으로 맞지 않는 것은?

① 적당한 예열과 후열을 한다.
② 적절한 속도로 운봉을 한다.
③ 염기도가 적은 용접봉을 선택한다.
④ 저수소계 용접봉을 사용한다.

정답 45 ③ 46 ④ 47 ④ 48 ③ 49 ④ 50 ② 51 ③

해설 피복 아크 용접봉은 염기도가 높을수록 내균열성이 좋다. 저수소계는 다른 용접봉보다 염기도가 가장 높다.

52 100A 이상 300A 미만의 아크 용접 및 절단에 사용되는 차광유리의 차광도 번호는?

① 4 ~ 6 ② 7 ~ 9
③ 10 ~ 12 ④ 13 ~ 14

53 아크 용접 작업에서 전격의 방지대책으로 틀린 것은?

① 절단 홀더의 절연부분이 노출되면 즉시 교체한다.
② 홀더나 용접봉은 절대로 맨손으로 취급하지 않는다.
③ 밀폐된 공간에서는 자동 전격방지기를 사용하지 않는다.
④ 용접기의 내부에 함부로 손을 대지 않는다.

해설 밀폐된 공간에서도 전격방지기를 사용해야 감전의 우려가 없다.

54 가스절단에 영향을 미치는 인자 중 절단 속도에 대한 설명으로 틀린 것은?

① 절단속도는 모재의 온도가 높을수록 고속절단이 가능하다.
② 절단속도는 절단산소의 압력이 높을수록 정비례하여 증가한다.
③ 예열불꽃의 세기가 약하면 절단속도가 늦어진다.
④ 절단속도는 산소 소비량이 적을수록 정비례하여 증가한다.

55 피복 아크 용접봉의 피복제 작용을 설명한 것으로 틀린 것은?

① 아크를 안정시킨다.
② 점성을 가진 무거운 슬래그를 만든다.
③ 용착금속의 탈산 정련작용을 한다.
④ 전기절연 작용을 한다.

해설 피복제는 용융점이 낮은 적당한 점성의 가벼운 슬래그를 만든다.

56 상하 부재의 접합을 위해 한편의 부재에 구멍을 내어 이 구멍 부분을 채워 용접하는 것은?

① 플레어 용접   ② 플러그 용접
③ 비드 용접   ④ 필릿 용접

57 절단하려는 재료에 전기적 접촉을 하지 않으므로 금속재료뿐만 아니라 비금속의 절단도 가능한 절단법은?

① 플라스마(plasma) 아크 절단
② 불활성 가스 텅스텐(TIG) 아크 절단
③ 산소 아크 절단
④ 탄소 아크 절단

해설 플라스마 아크 절단은 고온 고속의 플라스마를 이용한 절단법으로 고온(10000~30000℃)의 높은 열에너지를 가지는 열원을 사용한다.

58 전기저항 용접시 발생되는 발열량 Q를 나타내는 식은?

① $Q = 0.24 I^2 R t$ ② $Q = 0.24 I R^2 t$
③ $Q = 0.24 I^2 R^2 t$ ④ $Q = 0.24 I R t$

해설 Q : 발열량 joule, I : 전류, R : 전기 저항, t : 시간(초, second), 전기 저항열은 전류 자승에 비례하므로 전류가 매우 중요하다.

정답 52 ③ 53 ③ 54 ④ 55 ② 56 ② 57 ① 58 ①

59 이론적으로 순수한 카바이드 5kg에서 발생할 수 있는 아세틸렌량은 약 몇 리터인가?

① 3480ℓ ② 1740ℓ
③ 348ℓ   ④ 34.8ℓ

해설 순수한 카바이드 1kg당 약 348ℓ의 아세틸렌 가스를 발생하므로 348×5 = 1740ℓ이다.

60 가스 실드계의 대표적인 용접봉으로 피복이 얇고 슬래그가 적으므로 좁은 홈의 용접이나 수직상진, 하진 및 위보기 용접에서 우수한 작업성을 가진 용접봉은?

① E4301 ② E4311
③ E4313 ④ E4316

해설 고셀룰로오스계(E4311)는 셀룰로오스를 20~30% 정도 포함하고 있으며 용착 금속의 기계적 성질이 양호하며 빠른 용융속도를 나타낸다.

정답 59 ② 60 ②

2012 제2회 용접산업기사 최근 기출문제

2012년 5월 20일 시행

제1과목 용접야금 및 용접설비 제도

01 순철은 상온에서 어떤 조직을 갖는가?

① γ-Fe의 오스테나이트
② α-Fe의 페라이트
③ α 펄라이트
④ γ-Fe의 마텐사이트

해설 순철은 상온(A_3변태점, 910℃)에서 α-Fe이며, 페라이트 조직을 나타낸다.

02 용접 제품의 열처리 선택 조건과 가장 관련이 적은 것은?

① 용접부의 치수   ② 용접부의 모양
③ 용접부의 재질   ④ 가공 경화

03 2종 이상의 금속원자가 간단한 원자비로 결합되어 본래의 물질과는 전혀 다른 결정격자를 형성할 때 이것을 무엇이라고 하는가?

① 동소변태   ② 금속간 화합물
③ 고용체   ④ 편석

해설 금속간 화합물은 대체로 매우 경취하며, 비금속적 성질을 갖는다.
고용체 : 순금속 A에 B 원소가 일정하게 고용되어 용융 상태나 고체 상태에서도 기계적 방법으로는 각 성분 금속을 구분할 수 없는 것
반응 : 고체 A + 고체 B ⇌ 고체 C
종류 : 침입형, 치환형, 규칙격자형

04 냉간 가공한 강을 저온으로 뜨임하면 질소의 영향으로 경화가 되는 경우를 무엇이라 하는가?

① 질량효과   ② 저온경화
③ 자기확산   ④ 변형시효

해설 변형시효는 냉간 가공한 강을 실온으로 방치하면 시간과 함께 경도의 증가, 충격치의 저하 등이 일어난다.

05 저탄소강 용접금속의 조직에 대한 설명으로 맞는 것은?

① 용접 후 재가열하면 여러 가지 탄화물 또는 α상이 석출하여 용접성질을 저하시킨다.
② 용접금속의 조직은 대부분 페라이트이고 다층용접의 경우는 미세 페라이트이다.
③ 용접부가 급랭되는 경우는 레데뷰라이트가 생성한 백선 조직이 된다.
④ 용접부가 급랭되는 경우는 시멘타이트 조직이 생성된다.

정답 01 ② 02 ④ 03 ② 04 ④ 05 ②

06 다음 중 "복사도를 재단할 때의 편의를 위해서 원도(原圖)에 설정하는 표시"를 뜻하는 용어는?

① 중심마크   ② 비교눈금
③ 재단마크   ④ 대조번호

07 피복 아크 용접시 용융금속 중에 침투한 산화물을 제거하는 탈산제로 쓰이지 않는 것은?

① 망간철   ② 규소철
③ 산화철   ④ 티탄철

해설) 탈산제는 용융 금속 중에 침투한 산화물을 제거하는 탈산 정련 작용을 하는 것으로 ①, ②, ④ 등의 철합금 또는 금속 망간, 알루미늄 등이 사용된다.

08 응력제거 풀림의 효과를 나타낸 것 중 틀린 것은?

① 용접 잔류응력의 제거
② 치수 비틀림 방지
③ 충격 저항 증대
④ 응력부식에 대한 저항력 감소

해설) 응력 제거 풀림을 하면 응력에 의한 부식이 생기지 않는 저항력이 증가된다.

09 용접 후 열처리의 목적이 아닌 것은?

① 용접 잔류응력 제거
② 용접 열영향부 조직 개선
③ 응력부식 균열방지
④ 아크열량 부족 보충

해설) 여기서 열처리는 주로 풀림을 말하며, 아크 열량 보충과는 전혀 무관하다.

10 다음 중 적열취성을 일으키는 유화물 편석을 제거하기 위한 열처리는?

① 재결정 풀림   ② 확산 풀림
③ 구상화 풀림   ④ 항온 풀림

해설) 적열취성은 황이 원인이며 확산 풀림을 해서 유화물 편석을 제거한다.

11 탄소강의 A_2, A_3변태점이 모두 옳게 표시된 것은?

① $A_2 = 723\,℃$, $A_3 = 1400\,℃$
② $A_2 = 768\,℃$, $A_3 = 910\,℃$
③ $A_2 = 723\,℃$, $A_3 = 910\,℃$
④ $A_2 = 910\,℃$, $A_3 = 1400\,℃$

해설) A_2 변태점은 순철의 자기 변태점(큐리 포인트), A_3 변태점은 순철의 동소 변태점이다.

12 다음 그림은 용접 실제 모양을 표시한 것이다. 기호 표시로 올바른 것은?

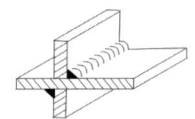

① 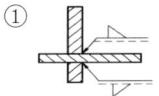   ②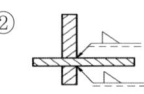

③ 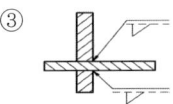   ④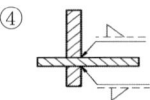

해설) 용접 기호 표시에서 기호가 실선에 있으면 화살표쪽에서 용접을, 파선에 있으면 화살표 반대쪽에서 용접을 하라는 뜻

정답) 06 ③ 07 ③ 08 ④ 09 ④ 10 ② 11 ② 12 ①

13 다음 그림과 같은 원뿔을 단면 M-N으로 경사지게 잘랐을 때 원뿔에 나타난 단면 형태는?

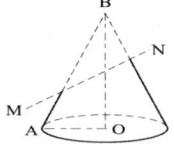

① 원 ② 타원
③ 포물선 ④ 쌍곡선

14 다음 중 치수 보조기호의 설명으로 옳은 것은? ★★

① Sφ-원통의 지름
② C - 45°의 모따기
③ R - 구의 지름
④ □ - 직사각형의 변

해설 Sφ : 구면의 지름, R : 반지름
□ : 정사각형을 뜻하는 기호이다.

15 다음의 용접 보조 기호에 대한 명칭으로 옳은 것은?

① 볼록 필릿 용접
② 오목 필릿 용접
③ 필릿 용접 끝단부를 매끄럽게 다듬질
④ 한족면 V형 맞대기 용접 평면 다듬질

16 일반적으로 사용되는 용접부의 비파괴 시험의 기본기호를 나타낸 것으로 잘못 표기한 것은? ★★

① UT : 초음파 시험
② PT : 와류 탐상 시험
③ RT : 방사선 투과 시험
④ VT : 육안 시험

해설 PT : 침투탐상시험, MT : 자분탐상시험
ET : 와류탐상 시험

17 한국산업규격에서 냉간압연 강판 및 강대 종류의 기호 중 "드로잉용"을 나타내는 것은?

① SPCC ② SPCD
③ SPCE ④ SPCF

해설 SPCC : 냉간 압연 강판(일반용), SPCD : 냉간 압연 강판(드로잉용), SPCE : 냉간 압연 강판(딥드로잉용), SPCF : 냉간 압연 강판(비시효성 드로잉용)

18 용접부 및 용접부 표면의 형상 보조기호 중 영구 백킹(영구적인 이면 판재)을 사용할 때 기호는? ★★

① ──── ② ⌐M⌐
③ ⌐MR⌐

해설 ① 평면, ③ 제거 가능한 덮개판 사용
④ 끝단부를 매끄럽게 함의 표시이다.

19 다음 용접기호 설명 중 틀린 것은? ★★

① ∨는 V형 맞대기 용접을 의미한다.
② ◺는 필릿 용접을 의미한다.
③ ○는 점 용접을 의미한다.
④ ⋀는 플러그 용접을 의미한다.

해설 ⋀는 양면 플랜지형 맞대기 이음 용접

정답 13 ② 14 ② 15 ② 16 ② 17 ② 18 ② 19 ④

20 선의 종류에 따른 용도에 의한 명칭으로 틀린 것은?

① 굵은 실선 - 외형선
② 가는 실선 - 치수선
③ 가는 1점 쇄선 - 기준선
④ 가는 파선 - 치수 보조선

해설 ①은 파선은 대상물의 보이지 않는 부분의 모양을 표시하는 숨은선에 사용한다.

제2과목 용접구조설계

21 필릿 용접부의 내력(단위 길이당 허용력) f = 1700kg$_f$/cm의 작용을 견디어 낼 수 있는 용접치수(목 길이) h는 약 몇 mm인가? (단, 용접부의 허용응력 σ_n = 1000kg$_f$/cm^{2}이다)

① 12   ② 17
③ 21   ④ 25

22 용접구조물의 재료 절약 설계 요령으로 틀린 것은?

① 가능한 표준 규격의 재료를 이용한다.
② 재료는 쉽게 구입할 수 있는 것으로 한다.
③ 고장이 났을 경우 수리할 때의 편의도 고려한다.
④ 용접할 조각의 수를 가능한 많게 한다.

해설 용접할 조각 수는 가능한 적게 설계해야 한다.

23 서브머지드 아크용접에서 용접선의 전류에 약 150mm×150mm×판두께 크기의 엔드탭(등 tap)을 붙여 용접비드를 이음 끝에서 약 100mm 정도 연장시켜 용접 완료 후 절단하는 경우가 있다. 그 이유로 가장 적당한 것은?

① 용접 후 모재의 급랭을 방지하기 위하여
② 루트 간격이 너무 클 때 용락을 방지하기 위하여
③ 용접시점 및 종점에서 일어나는 결함을 방지하기 위하여
④ 용접선의 길이가 너무 짧을 때, 용접 시공하기가 어려우므로 원활한 용접을 하기 위하여

24 용접부를 연속적으로 타격하여 표면층에 소성변형을 주어 잔류응력을 감소시키는 방법은?

① 저온응력 완화법   ② 피닝법
③ 변형 교정법   ④ 응력 제거 어닐링

25 구조물 용접에서 용접선이 만나는 곳 또는 교차하는 곳에 응력 집중을 방지하기 위해 만들어 주는 부채꼴 오목부를 무엇이라 하는가?

① 스캘럽(scallop)
② 포지셔너(positioner)
③ 매니플레이터(manipulator)
④ 원뿔(cone)

해설 스캘럽은 용접 이음이 한 곳에 집중하거나 근접하면 용접에 의한 잔류응력이 커지고 열화하는 경우가 있기 때문에 모재에 그림과 같이 부채꼴 노치를 만들어 용접선이 교차하지 않도록 설계한다.

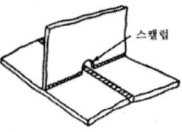

26 탄소함유량이 약 0.25%인 탄소강을 용접할 때 예열온도는 약 몇 ℃정도가 적당한가?

① 90~150℃ ② 150~260℃
③ 260~420℃ ④ 420~550℃

해설 0.25%C(저탄소)강의 경우 거의 예열을 하지 않거나 0℃ 이하의 경우 90~150℃로 예열한 후 용접한다.

27 용착금속의 인장강도가 40kg$_f$/mm^{2}이고 안전률이 5라면 용접이음의 허용응력은 얼마인가?

① 8kg$_f$/mm^2 ② 20kg$_f$/mm^2
③ 40kg$_f$/mm^2 ④ 200kg$_f$/mm^2

해설 허용응력 = $\frac{인장강도}{안전률} = \frac{40}{5} = 8$

28 용접이음의 충격강도에서 취성파괴의 일반적인 특징이 아닌 것은?

① 항복점 이하의 평균 응력에서도 발생한다.
② 온도가 낮을수록 발생하기 쉽다.
③ 파괴의 기점은 각종 용접결함, 가스 절단부 등에서 발생된 예가 많다.
④ 거시적 파면상황은 판 표면에 거의 수평이고 평탄하게 연성이 큰 상태에서 파괴된다.

해설 취성 파괴 : 거시적 파괴상황에서 판 표면에 거의 수직으로 평탄하게 취성이 큰 상태에서 파괴를 일으킨다.

29 용접구조의 설계상 주의사항에 대한 설명 중 틀린 것은?

① 용접이음의 집중, 접근 및 교차를 피한다.
② 용접치수는 강도상 필요한 치수이상으로 하지 않는다.
③ 두꺼운 판을 용접할 경우에는 용입이 얕은 용접법을 이용하여 층수를 늘린다.
④ 판면에 직각방향으로 인장하중이 작용할 경우에는 판의 이방성에 주의한다.

해설 용접부 길이를 짧게 하고 용착 금속양도 적게 하기 위해서는 층수도 줄여야 한다.

30 그림과 같은 용접이음의 종류는?

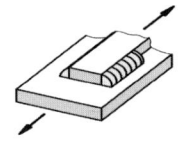

① 전면 필릿 용접 ② 경사 필릿 용접
③ 양쪽덮개판 용접 ④ 측면 필릿 용접

31 AW-400인 용접기 50대를 설치하고자 할 때 전원 변압기는 어느 정도 용량을 설비해야 하는가? (단, 용접기 평균전류 : 200A, 무부하 전압 : 80V, 사용률 : 70%이다.)

① 460kVA ② 560kVA
③ 760kVA ④ 320kVA

해설 $(200 \times 80 \times 0.7) \times \frac{50}{1000} = 560$이다.

32 방사선 투과 검사에 대한 설명 중 틀린 것은?

① 내부 결함 검출이 용이하다.
② 라미네이션(lamination) 검출도 쉽게 할 수 있다.
③ 미세한 표면 균열은 검출되지 않는다.

④ 현상이나 필름을 판독해야 한다.

해설 라미네이션은 방사선 투과 검사로 검출이 곤란하다.

33 용접 후열처리(PWHT) 중 응력제거 열처리의 목적과 가장 관계가 없는 것은?

① 응력부식균열 저항성의 증가
② 용접변형을 방지
③ 용접열영향부의 연화
④ 용접부의 잔류응력 완화

34 용접이음의 부식 중 용접 잔류응력 등 인장응력이 걸리거나 특정의 부식 환경으로 될 때 발생하는 부식은?

① 입계부식   ② 틈새부식
③ 접촉부식   ④ 응력부식

35 용접금속의 균열에서 저온균열의 루트 크랙은 실험에 의하면 약 몇 ℃ 이하의 저온에서 일어나는가?

① 200℃ 이하   ② 400℃ 이하
③ 600℃ 이하   ④ 800℃ 이하

해설 저온 균열의 루트 크랙은 200℃ 이하에서 일어난다.

36 용접 잔류응력의 완화법인 응력 제거 풀림(annealing)에서 적정온도는 625±25℃(탄소강)를 유지한다. 이 때 유지시간은 판두께 25mm에 대하여 약 몇 시간이 적당한가?

① 30분   ② 1시간
③ 2시간 30분 ④ 3시간

해설 판의 두께가 25mm인 보일러용 압연 강재나 용접 구조용 압연 강재, 일반 구조용 압연 강재, 탄소강의 경우에는 625±25℃에서 1시간 정도 풀림을 유지한다.

37 그림과 같은 맞대기 용접 이음 홈의 각부 명칭을 잘못 설명한 것은?

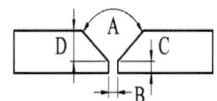

① A - 홈 각도   ② B - 루트간격
③ C - 루트면   ④ D - 홈 길이

해설 D는 홈 깊이를 나타낸다.

38 용접 제품의 설계자가 알아야 하는 용접 작업 공정의 제반 사항 중 맞지 않는 것은?

① 용접기 및 케이블의 용량은 충분하게 준비한다.
② 홈 용접에서 용접 품질상 첫 패스는 뒷댐판 없이 용접한다.
③ 가능한 높은 전류를 사용하여 짧은 시간에 용착량을 많게 용접한다.
④ 용접 진행은 부재의 자유단으로 향하게 한다.

해설 홈 용접의 경우 첫층 패스는 뒷댐판을 붙여야 용락 현상이 없게 된다.

39 용적 40리터의 산소 용기의 고압력계에서 60기압이 나타났다면 가변압식 300번 팁으로 약 몇 시간을 용접할 수 있는가?

① 4.5시간   ② 8시간
③ 10시간   ④ 20시간

정답 33 ② 34 ④ 35 ① 36 ② 37 ④ 38 ② 39 ②

해설 40×60/300 = 8, 본래 문제는 아세틸렌 용기로 되어 있는데 아세틸렌 용기의 최고 충전 압력이 15℃에서 15.5기압이므로 문제 출제가 잘못된 것이라고 판단되어 산소 용기로 변경함.

40 용접성 시험 중 용접부 연성시험에 해당하는 것은?

① 로버트슨 시험 ② 카안 인열 시험
③ 킨젤 시험 ④ 슈나트 시험

해설 용접부 연성 시험에는 코머렐 시험과 킨젤 시험이 있다.

제3과목 용접일반 및 안전관리

41 연강용 피복 아크 용접봉 종류 중 특수계에 해당하는 용접봉은?

① E4301 ② E4311
③ E4324 ④ E4340

해설 특수계 피복 아크 용접봉은 E4340으로 피복제의 계통을 특별히 규정하지 않는다.

42 점 용접(spot welding)의 3대 요소에 해당되는 것은?

① 가압력, 통전시간, 전류의 세기
② 가압력, 통전시간, 전압의 세기
③ 가압력, 냉각수량, 전류의 세기
④ 가압력, 냉각수량, 전압의 세기

43 연강용 피복 아크 용접봉의 피복제 계통에 속하지 않는 것은?

① 철분산화철계 ② 철분저수소계
③ 저셀룰로오스계 ④ 저수소계

해설
- 철분산화철계(E4327)
- 철분저수소계(E4326, E7018)
- 고셀룰로오스계(E4311)
- 저수소계(E4316, E7016)

44 탄산가스 아크 용접의 특징에 대한 설명으로 틀린 것은? ★★

① 전류밀도가 높아 용입이 깊고 용접속도를 빠르게 할 수 있다.
② 적용 재질이 철 계통으로 한정되어 있다.
③ 가시 아크이므로 시공이 편리하다.
④ 일반적인 바람의 영향을 받지 않으므로 방풍장치가 필요없다.

해설 탄산가스 아크 용접은 바람의 영향을 받으므로 풍속 2m/s 이상에서는 방풍장치가 필요하다.

45 피복 아크 용접봉에서 피복제의 편심률은 몇 % 이내이어야 하는가?

① 3% ② 6%
③ 9% ④ 12%

해설 편심률은 $\dfrac{D'-D}{D} \times 100$ 이며 3% 이내이어야 한다.

46 용접용 케이블 이음에서 케이블을 홀더 끝이나 용접기 단자에 연결하는데 쓰이는 부품의 명칭은?

① 케이블 티그 ② 케이블 태그
③ 케이블 러그 ④ 케이블 래크

해설 용접용 케이블을 접속하려고 할 때는 케이블 커넥터와 러그를 사용한다.

정답 40 ③ 41 ④ 42 ① 43 ③ 44 ④ 45 ① 46 ③

47 가스용접에서 전진법에 비교한 후진법의 설명으로 틀린 것은?

① 열이용률이 좋다.
② 용접속도가 빠르다.
③ 용접 변형이 크다.
④ 후판에 적합하다.

해설 후진법은 용접 변형이 적으며, 용착 금속의 조직이 미세하고, 산화 정도가 약하다.

48 연납에 대한 설명 중 틀린 것은?

① 연납은 인장강도 및 경도가 낮고 용융점이 낮으므로 납땜 작업이 쉽다.
② 연납의 흡착작용은 주로 아연의 함량에 의존되며 아연 100%의 것이 가장 좋다.
③ 대표적인 것은 주석 40%, 납 60%의 합금이다.
④ 전기적인 접합이나 기밀, 수밀을 필요로 하는 장소에 사용된다.

해설 흡착 작용은 주석 100%일 때가 가장 좋으며 아연 100%일 때가 흡착 작용이 없다.

49 테르밋 용접에서 테르밋제란 무엇과 무엇의 혼합물인가?

① 탄소와 붕사 분말
② 탄소와 규소의 분말
③ 알루미늄과 산화철의 분말
④ 알루미늄과 납의 분말

해설 테르밋제는 알루미늄 분말과 산화철 분말을 약 1 : 3~4의 중량비로 혼합한다.

50 피복 아크 용접에서 피복제의 주된 역할(작용) 중 틀린 것은? ★★

① 전기 절연작용을 한다.
② 탈산 정련작용을 한다.
③ 아크를 안정시킨다.
④ 용착금속의 급랭을 돕는다.

해설 피복제의 역할
① 산화, 질화 방지, 용착효율을 높이고 용적을 미세화한다.
② 급냉 방지에 의한 취성방지, 용착금속에 합금원소 첨가
③ 수직, 수평, 위보기 등의 어려운 자세 용접을 쉽게 할 수 있음.
④ 용융점이 낮고 점성이 적은 가벼운 슬래그를 만든다.

51 직류와 교류 아크 용접기를 비교한 것으로 틀린 것은?

① 아크 안정 : 직류용접기가 교류용접기보다 우수하다.
② 전격의 위험 : 직류용접기가 교류용접기보다 많다.
③ 구조 : 직류용접기가 교류용접기보다 복잡하다.
④ 역률 : 직류용접기가 교류용접기보다 매우 양호하다.

해설 무부하 전압이 직류 용접기는 40~60V, 교류 용접기는 70~80V로 전격 위험이 교류 용접기가 높다.

52 직류 아크 용접기에서 발전형과 비교한 정류기형의 특징 설명으로 틀린 것은?

① 소음이 적다.
② 취급이 간편하고 가격이 저렴하다.
③ 교류를 정류하므로 완전한 직류를 얻는다.
④ 보수 점검이 간단하다.

정답 47 ③ 48 ② 49 ③ 50 ④ 51 ② 52 ③

53 아크 용접기의 사용률을 구하는 식으로 옳은 것은?

① 사용율(%) = $\dfrac{\text{아크시간} + \text{휴식시간}}{\text{아크시간}} \times 100$

② 사용율(%) = $\dfrac{\text{아크시간}}{\text{아크시간} + \text{휴식시간}} \times 100$

③ 사용율(%) = $\dfrac{\text{휴식시간}}{\text{아크시간}} \times 100$

④ 사용율(%) = $\dfrac{\text{아크시간}}{\text{휴식시간}} \times 100$

54 MIG 용접시 사용되는 전원은 직류의 무슨 특성을 사용하는가?

① 수하 특성 ② 동전류 특성
③ 정전압 특성 ④ 정극성 특성

55 아크 용접용 로봇(robot)에서 용접작업에 필요한 정보를 사람이 로봇(robot)에게 기억(입력)시키는 장치는?

① 전원장치 ② 조작장치
③ 교시장치 ④ 메니플레이터

56 TIG, MIG, 탄산가스 아크 용접시 사용하는 차광렌즈 번호로 가장 적당한 것은?

① 12 ~ 13 ② 8 ~ 9
③ 6 ~ 7 ④ 4 ~ 5

[해설] 차광렌즈 번호 : 30A 이하 : 6번, 30~45A : 7번, 45~75A : 8번, 75~100A : 9번, 100~200A : 10번, 150~250A : 11번, MIG 용접 : 12번

57 구리 및 구리합금의 가스 용접용 용제에 사용되는 품질은?

① 중탄산소다 ② 염화칼슘
③ 붕사 ④ 황산칼륨

[해설] 구리 및 구리 합금의 용제는 붕사 75% + 염화리듐 25%이다.

58 TIG 용접기에서 직류 역극성을 사용하였을 경우 용접 비드의 형상으로 맞는 것은?

① 비드 폭이 넓고 용입이 깊다.
② 비드 폭이 넓고 용입이 얕다.
③ 비드 폭이 좁고 용입이 깊다.
④ 비드 폭이 좁고 용입이 얕다.

[해설] 직류 역극성(DCRP) : 용접기의 음극에 모재를 양극에 토치를 연결하는 방식으로 비드 폭이 넓고 용입이 얕으며 산화 피막을 제거하는 청정 작용이 있다.

59 피복 아크 용접에서 아크 길이가 긴 경우 발생하는 용접결함에 해당되지 않는 것은?

① 선상조직 ② 스패터
③ 기공 ④ 언더컷

[해설] 아크 길이가 길면 스패터가 심하고, 기공, 언더컷이 생기기 쉽다.

60 피복 아크 용접시 안전 홀더를 사용하는 이유로 맞는 것은?

① 자외선과 적외선 차단
② 유해가스 중독 방지
③ 고무장갑 대용
④ 용접작업 중 전격 방지

[해설] 안전 홀더를 사용하는 이유는 용접 작업 중 전격 예방하여 감전 사고를 줄이기 위함이다.

정답 53 ② 54 ③ 55 ③ 56 ① 57 ③ 58 ② 59 ① 60 ④

2012 제3회 용접산업기사 최근 기출문제

2012년 8월 26일 시행

제1과목 용접야금 및 용접설비 제도

01 맞대기 용접 이음의 가접 또는 첫 층에서 루트 근방의 열영향부에서 발생하여 점차 비드 속으로 들어가는 균열은?

① 토 균열   ② 루트 균열
③ 세로 균열   ④ 크레이터 균열

해설 토우 균열 : 비드 표면과 모재의 경계부에 발생하며, 언더컷에 의한 응력 집중이 큰 것이 원인임, 루트 균열 : 루트의 노치에 의한 응력 집중부에서 발생한 균열. 세로균열 : 용접 비드에 평행하게 발생한 균열
크레이터 균열(Crater Crack) : 용접 비드의 크레이터 부분에 발생한 균열.

02 2성분계의 평형상태도에서 액체, 고체 어떤 상태에서도 두 성분이 완전히 융합하는 경우는?

① 공정형   ② 전율 포정형
③ 편정형   ④ 전율 고용형

해설 전율 고용형 : 두 성분이 어떤 조성 조합에서도 완전히 고용되어 한 개의 상만 나타나는 고용체

03 용접 결함 중 비드 밑(under bead) 균열의 원인이 되는 원소는?

① 산소   ② 수소
③ 질소   ④ 탄산가스

해설 비드 밑 균열 : 용접 비드의 바로 밑의 열영향부에 생기는 균열, 원인은 용착금속에 잔류하는 수소가 열영향부로 확산되어 수소취화를 일으켜 생기는 내부응력과 함께 균열이 일어난다.

04 일반적으로 고장력강은 인장강도가 몇 N/mm² 이상일 때를 말하는가?

① 290   ② 390
③ 490   ④ 690

해설 고장력강은 인장강도가 491N/mm²(50kg$_f$/mm²) 이상인 강이다.

05 오스테나이트계 스테인리스강의 용접시 유의사항으로 틀린 것은?

① 예열을 한다.
② 짧은 아크 길이를 유지한다.
③ 아크를 중단하기 전에 크레이터 처리를 한다.
④ 용접 입열을 억제한다.

해설 용접 입열을 억제하기 위해서는 예열을 해서는 안되며, 층간 온도가 320℃ 이상 넘지 않게, 짧은 아크 길이를 유지하여 용접해야 된다.

정답 01 ② 02 ④ 03 ② 04 ③ 05 ①

06 응력제거 열처리법 중에서 노내 풀림시 판두께가 25mm인 일반구조용 압연강재, 용접구조용 압연 강재 또는 탄소강의 경우 일반적으로 노내 풀림 온도로 가장 적당한 것은?

① 300±25℃ ② 400±25℃
③ 525±25℃ ④ 625±25℃

해설 판두께가 25mm인 탄소강의 경우 625±25℃에서 1시간 정도 풀림을 유지하며 600℃에서 10℃씩 온도가 내려가는데 대하여 20분씩 길게 잡으면 된다.

07 다음 중 산소에 의해 발생할 수 있는 가장 큰 용접 결함은?

① 은점 ② 헤어 크랙
③ 기공 ④ 슬래그

해설 수소에 의한 결함은 은점, 헤어 크랙이다.

08 제품이 너무 크거나 노내에 넣을 수 없는 대형 용접 구조물은 노내 풀림을 할 수 없으므로 용접부 주위를 가열하여 잔류 응력을 제거하는 방법은?

① 저온 응력 완화법
② 기계적 응력 완화법
③ 국부 응력 제거법
④ 노내 응력 제거법

해설 노내 풀림을 하지 못할 경우에 용접선의 좌우 양측을 각각 250mm의 범위 혹은 판두께의 12배 이상의 범위를 가스 불꽃 등으로 노내 풀림과 같은 온도 및 시간을 유지한 다음 서랭한다.

09 주철의 용접시 주의사항으로 틀린 것은?

① 용접 전류는 필요 이상 높이지 말고 지나치게 용입을 깊게 하지 않는다.
② 비드의 배치는 짧게 해서 여러 번의 조작으로 완료한다.
③ 용접봉은 가급적 지름이 굵은 것을 사용한다.
④ 용접부를 필요 이상 크게 하지 않는다.

해설 주철의 보수 용접시 용접봉은 가급적 가는 지름의 것을 사용하는 것이 바람직하다.

10 동일 강도의 강에서 노치 인성을 높이기 위한 방법이 아닌 것은?

① 탄소량을 적게 한다.
② 망간을 될수록 적게 한다.
③ 탈산이 잘 되도록 한다.
④ 조직이 치밀하도록 한다.

11 건설 또는 제조에 필요한 정보를 전달하기 위한 도면으로 제작도가 사용되는데, 이 종류에 해당되는 것으로만 조합된 것은?

① 계획도, 시공도, 견적도
② 설명도, 장치도, 공정도
③ 상세도, 승인도, 주문도
④ 상세도, 시공도, 공정도

해설 제작도는 공정도, 시공도, 상세도가 있으며, 계획도에는 기본 설계도, 실시 설계도가 있다.

12 해칭을 할 때 지켜야 할 사항 중 틀린 것은?

① 비금속재료의 단면을 재료로 나타낼 필요가 있을 때는 단면 표시 방법을 쓴다.
② 해칭선은 해칭 내부에 쓰여질 글자 부

정답 06 ④ 07 ③ 08 ③ 09 ③ 10 ② 11 ④ 12 ③

분을 피해야 한다.
③ 해칭은 가상 부분을 나타낼 때 30° 이 점 쇄선으로 그린다.
④ 해칭을 한 부분에는 되도록 은선의 기입을 피한다.

13 용접 도면에서 기호의 위치를 설명한 것 중 틀린 것은?

① 화살표는 기준선이 한쪽 끝에 각을 이루며 연결된다.
② 좌우 대칭인 용접부에서는 파선은 필요 없고 생략하는 편이 좋다.
③ 파선은 연속선의 위 또는 아래에 그을 수 있다.
④ 용접부(용접면)가 이음의 화살표 쪽에 있으면 기호는 파선 쪽의 기준선에 표시한다.

해설 용접부가 화살표쪽에 있으면 실선 기준선에, 화살표 반대쪽에 있으면 파선 기준선에 용접 이음 기호를 기입한다.

14 다음 중 도면용지 A0의 크기로 옳은 것은?

① 841×1189   ② 594×841
③ 420×594   ④ 297×420

해설 • A0 : 841×1189 • A1 : 594×841
• A2 : 420×594 • A3 : 594×841

15 용접부 및 용접부 표면의 형상 보조기호 중 제거성/일시적 백킹(제거 가능한 이면 판재)를 사용할 때 기호는?

①　　　　　　②

③ M   ④ MR

16 용접부의 비파괴시험 기호로서 "RT"로 표시하는 비파괴시험 기호는?

① 초음파 시험   ② 자분탐상 시험
③ 침투탐상 시험 ④ 방사선 투과 시험

해설 초음파 시험 : UT, 자분 탐상 : MT
침투 탐상 : PT
방사선 투과 : RT로 표시한다.

17 시점에 가까운 부분을 크게, 시점에서 멀수록 작게 나타나며 물체를 본 그대로 그리는 도법은?

① 투시도   ② 등각 투상도
③ 사투상도   ④ 정투상도

해설 투시도는 물체를 원근감을 갖도록 그린 그림으로 토목, 건축 제도에 주로 사용된다.

18 그림과 같이 치수를 둘러싸고 있는 사각 틀(□)이 뜻하는 것은?

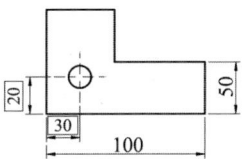

① 정사각형의 한 변의 길이
② 이론적으로 정확한 치수
③ 판두께의 치수
④ 참고 치수

해설 사각 틀(□) : 이론적인 정확한 치수를 나타낸다.

정답   13 ④ 14 ① 15 ④ 16 ④ 17 ① 18 ②

19 도면을 그리기 위하여 도면에 설정하는 양식에 대하여 설명한 것 중 틀린 것은?

① 윤곽선 : 도면으로 사용된 용지의 안쪽에 그려진 내용을 확실히 구분되도록 하기 위함
② 도면의 구역 : 도면을 축소 또는 확대했을 경우 그 정도를 알기 위함
③ 표제란 : 도면 관리에 필요한 사항과 도면 내용에 관한 중요한 사항을 정리하여 기입하기 위함
④ 중심 마크 : 완성된 도면을 영구적으로 보관하기 위하여 도면을 마이크로 필름을 사용하여 사진 촬영을 하거나 복사하고자 할 때 도면의 위치를 알기 쉽도록 하기 위하여 표시하기 위함

해설 도면의 구역은 도면을 읽을 때 윤곽 안에 있는 특정한 부분의 그림 위치를 읽거나 지시해야 할 때 도면의 구역을 표시한다.

20 주로 대칭 모양의 물체를 중심선을 기준으로 내부 모양과 외부 모양을 동시에 표시하는 단면도는?

① 회전 단면도   ② 부분 단면도
③ 한쪽 단면도   ④ 전단면도

해설 한쪽 단면도 : 대칭형의 대상물은 외형도의 절반과 온 단면도의 절반을 조합하여 표시한다.
부분 단면도 : 일부분을 잘라 내고 필요한 내부 모양을 그리기 위한 방법으로 파단선을 그어 단면 부분의 경계를 표시한다.

제2과목 용접구조설계

21 맞대기 용접 이음에서 이음 효율을 구하는 식은?

① 이음효율 = $\dfrac{\text{모재의인장강도}}{\text{용접시험편의인장강도}} \times 100$

② 이음효율 = $\dfrac{\text{용접시험편의인장강도}}{\text{모재의인장강도}} \times 100$

③ 이음효율 = $\dfrac{\text{허용응력}}{\text{사용응력}} \times 100$

④ 이음효율 = $\dfrac{\text{사용응력}}{\text{허용응력}} \times 100$

22 다음 그림과 같은 용접이음 명칭은?

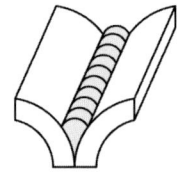

① 겹치기 용접   ② T 용접
③ 플레어 용접   ④ 플러그 용접

23 용접 이음을 설계할 때 주의사항으로 옳은 것은?

① 용접 길이는 되도록 길게 하고, 용착금속도 많게 한다.
② 용접 이음을 한 군데로 집중시켜 작업의 편리성을 도모한다.
③ 결함이 적게 발생하는 아래보기 자세를 선택한다.
④ 강도가 강한 필릿 용접을 주로 선택한다.

해설 용접 설계상의 주의사항은 용접 길이는 되도록 짧게, 용착 금속량도 최소한으로 하며, 용접 이음이 한 곳으로 집중되거나 또는 너무

정답 19 ② 20 ③ 21 ② 22 ③ 23 ③

근접하지 않도록 할 것, 강도가 약한 필릿 용접은 가급적 피할 것 등이다.

24 응력제거 열처리법 중에서 가장 잘 이용되고 있는 방법으로써 제품 전체를 가열로 안에 넣고 적당한 온도에서 일정시간 유지한 다음 노내에서 서랭시키므로서 잔류응력을 제거하는데 연강류 제품을 노내에서 출입시키는 온도는 몇 도를 넘지 않아야 하는가?

① 100℃ ② 300℃
③ 500℃ ④ 700℃

해설 연강은 300℃에서 급속히 감소하기 시작해 700℃ 정도에서는 거의 0이 되어 탄성체로 응력을 갖지 못하므로 노내 출입시키는 온도는 300℃를 넘어서는 안된다.

25 꼭지각이 136°인 다이아몬드 사각추의 압입자를 시험하중으로 시험편에 압입한 후 측정하여 환산표에 의해 경도를 표시하는 시험법은?

① 로크웰 경도시험 ② 브리넬 경도시험
③ 비커스 경도시험 ④ 쇼어 경도시험

해설 로크웰 경도 시험 : 지름이 1.578mm인 강구나 꼭지각이 120°인 원뿔형 다이아몬드 압입자를 사용한다.
브리넬 경도 시험 : 일정한 지름의 강철 볼을 일정한 하중으로 시험편의 표면에 압입 후 생긴 오목 자국의 표면적을 측정하여 나타낸다.

26 용접부의 피로강도 향상법으로 맞는 것은?

① 덧붙이 크기를 가능한 최소화한다.
② 기계적 방법으로 잔류 응력을 강화한다.
③ 응력 집중부에 용접 이음부를 설계한다.
④ 야금적 변태에 따라 기계적인 강도를 낮춘다.

27 용접 열영향부에서 생기는 균열에 해당되지 않는 것은?

① 비드 밑 균열(under bead crack)
② 세로 균열(longitudinal crack)
③ 토 균열(toe crack)
④ 라멜라테어 균열(lamella tear crack)

해설 세로 균열은 용접비드에 평행하게 발생한 균열이다. 라멜라테어는 비금속 개재물에 의한 층상 균열이다.

28 용접이음에서 취성 파괴의 일반적 특징에 대한 설명 중 틀린 것은?

① 온도가 높을수록 발생하기 쉽다.
② 항복점 이하의 평균응력에서도 발생한다.
③ 파괴의 기점은 응력과 변형이 집중하는 구조적 및 형상적인 불연속부에서 발생하기 쉽다.
④ 거시적 파면상황은 판 표면에 거의 수직이다.

해설 철강 재료 등에서는 연성-취성 천이온도가 있으며, 그 온도보다 높은 온도에서는 연성 파괴를 나타내지만, 낮은 온도 쪽에서는 취성 파괴를 나타낸다.

정답 24 ② 25 ③ 26 ① 27 ② 28 ①

29 용접구조물의 수명과 가장 관련이 있는 것은?

① 작업 태도   ② 아크 타임율
③ 피로강도   ④ 작업율

해설 구조물의 수명은 피로 강도에 의해 좌우된다.

30 다음 그림과 같은 순서로 하는 용착법을 무엇이라고 하는가?

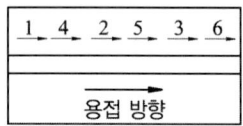

① 전진법   ② 후퇴법
③ 케스케이드법   ④ 스킵법

해설 스킵법은 비석법이라고도 하며 용접 길이를 짧게 나누어 간격을 두면서 용접하는 방법으로 피용접물 전체에 변형이나 잔류 응력이 적게 발생하도록 하는 용착법이다.

31 잔류 응력을 제거하는 방법이 아닌 것은?

① 저온 응력 완화법
② 기계적 응력 완화법
③ 피닝법(peening)
④ 담금질 열처리법

해설 잔류 응력 제거법에는 ①, ②, ③ 외에 노내 풀림법, 국부 풀림법 등이 있다.

32 용접부의 파괴 시험법 중에서 화학적 시험방법이 아닌 것은?

① 함유수소시험   ② 비중시험
③ 화학분석시험   ④ 부식시험

해설 화학적 시험 : 화학 분석 시험, 부식 시험, 함유 수소 시험

물리적 시험 : 물성시험(비중, 점성, 표면 장력, 탄성), 열특성 시험, 전기, 자기 특성 시험 등

33 그림과 같은 필릿 용접에서 목 두께를 나타내는 것은?

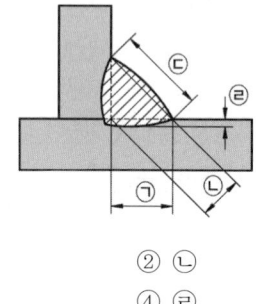

① ㉠   ② ㉡
③ ㉢   ④ ㉣

해설 ㉠ 다리 길이(각장, 목 길이)를 나타낸다.

34 2매의 판이 100°의 각도로 조립되는 필릿 용접 이음의 경우 이론 목 두께는 다리 길이의 약 몇 %인가?

① 70.7%   ② 65%
③ 50%   ④ 55%

해설 이론 목 두께 = 목 길이(각장) × cos 45°
= 0.707 × 목 길이(각장)이므로 70.7%이다.

35 연강을 0℃ 이하에서 용접할 경우 예열하는 방법은?

① 이음의 양쪽 폭 100mm 정도를 40℃~75℃로 예열하는 것이 좋다.
② 이음의 양쪽 폭 150mm 정도를 150℃~200℃로 예열하는 것이 좋다.
③ 비드 균열을 일으키기 쉬우므로 50℃~350℃로 용접홈을 예열하는 것이 좋다.
④ 200℃~400℃ 정도로 홈을 예열하고 냉각속도를 빠르게 용접한다.

정답 29 ③ 30 ④ 31 ④ 32 ② 33 ② 34 ① 35 ①

36 용접부의 시점과 끝나는 부분에 용입 불량이나 각종 결함을 방지하기 위해 주로 사용되는 것은?

① 엔드탭　　② 포지셔너
③ 회전 지그　④ 고정 지그

해설 용접의 시점과 끝나는 부분에는 용접 결함을 방지하기 위해 모재와 홈의 형상이나 두께, 재질이 동일한 규격의 앤드탭을 부착한다.

37 65%의 용착효율을 가지고 단일의 V형 홈을 가진 20mm 두께의 철판을 3m 맞대기 용접 했을 때 필요한 소요 용접봉의 중량은 약 몇 kg_f 인가? (단, 20mm 철판의 용접부 단면적은 $2.6cm^2$이고, 용착 금속의 비중은 7.85이다.)

① 7.42　　② 9.42
③ 11.42　④ 13.42

해설 $W_e = \dfrac{W_d}{\eta}$ kg,　$W_d = (A+B+C) \cdot L \cdot P$ kg

W_e : 용접봉의 소요량(kg)
W_d : 용착금속의 중량(kg)
A : 용접 이음부의 단면적(cm^2)
B : 표면 덧붙임부의 단면적(cm^2)
C : 뒷면 따내기부의 단면적(cm^2)
P : 용착금속의 비중
L : 용접 길이(cm)
η : 용착 효율(%)

여기서 이미 단면적은 주어져 있으므로 단면적×용접부 길이×비중 = 용착금속 중량이 된다.

∴ $W_d = 2.6 \times 300 \times 7.85 = 6123g$

∴ $W_e = \dfrac{W_d}{\eta} = \dfrac{6123}{0.65} = 9420g$
　　　= 9420/1000 = 9.42kg

38 플러그 용접의 설명으로 알맞은 것은?

① 고진공 중에서 고속전자 방출에 의한 충격 발열을 이용하여 접합하는 용접 방법
② 접합하는 부재 한쪽에 원형 구멍을 뚫고 판의 표면까지 가득하게 용접하고 다른쪽 부재와 접합하는 용접방법
③ 겹친 모재를 전극의 선단에 끼워놓고 전류를 집중시켜 국부적으로 가열과 동시 가압하는 용접방법
④ 맞대기 저항용접의 일종이며 접합부를 충분히 가열한 다음 큰 압력으로 면을 접합하는 용접방법

39 용접 제품을 제작하기 위한 조립 및 가접에 대한 일반적인 설명으로 틀린 것은?

① 강도상 중요한 곳과 용접의 시점과 종점이 되는 끝부분을 주로 가접한다.
② 조립 순서는 용접 순서 및 용접 작업의 특성을 고려하여 계획한다.
③ 가접시에는 본 용접보다도 지름이 약간 가는 용접봉을 사용하는 것이 좋다.
④ 불필요한 잔류응력이 남지 않도록 미리 검토하여 조립 순서를 정한다.

해설 가용접(가접) : 가용접할 때 용접 순서에 유의하며, 가접의 위치는 용접에 지장을 주지 않는 곳에 실시한다. 즉, 가용접 위치, 길이, 크기 등이 적절하지 못하면 치수 변형, 기타 결함을 일으켜 작업 능률을 저하시킬 수 있다.
가접 부분은 용입불량 또는 기공, 슬래그 섞임 등이 발생하기 때문에 강도상 중요한 곳과 용접의 시점과 종점이 되는 끝부분은 가접을 피해야 한다.

정답 36 ① 37 ② 38 ② 39 ①

40 그림과 같이 강판두께(t) 19mm, 용접선의 유효길이(l) 200mm, h_1, h_2가 각각 8mm, 하중(P) 7000N가 작용할 때 용접부에 발생하는 인장응력은 약 몇 N/mm²인가?

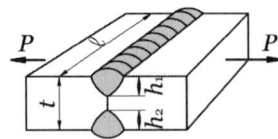

① 0.2 ② 2.2
③ 4.8 ④ 6.8

해설 응력 = $\dfrac{하중}{단면적} = \dfrac{P}{(h_1+h_2) \times l}$
$= \dfrac{7000}{(8+8) \times 200} = 2.19$

제3과목 용접일반 및 안전관리

41 교류 아크 용접기의 용접 전류 조정 방법에 의한 분류에 해당하지 않는 것은?

① 가동 철심형 ② 가동 코일형
③ 탭 전환형   ④ 발전형

해설 발전형은 직류 아크 용접기이다.

42 산소와 아세틸렌 가스 용기 취급시 주의할 점으로 틀린 것은?

① 산소병을 운반시는 반드시 캡을 씌워 이동한다.
② 아세틸렌 용기는 반드시 세워서 사용해야 한다.
③ 산소 용기는 직사광선을 피하고 60℃ 이하에서 보관한다.
④ 가스 누설 점검은 수시로 실시하며 비눗물로 한다.

해설 산소 용기는 40℃ 이하에서 보관해야 한다.

43 탄산가스 아크용접 장치에 해당되지 않는 것은?

① 용접 토치   ② 보호 가스 설비
③ 제어 장치   ④ 플럭스 공급 장치

해설 플럭스 공급 장치는 서브머지드 아크용접 장치이다.

44 공업용 아세틸렌 가스 용기의 도색은?

① 녹색 ② 백색
③ 황색 ④ 갈색

해설 녹색 : 산소, 백색 : 암모니아
황색 : 아세틸렌, 갈색 : 염소

45 피복 아크 용접법이 가스 용접법보다 우수한 점이 아닌 것은?

① 열의 집중성이 좋다.
② 용접 변형이 적다.
③ 유해 광선의 발생이 적다.
④ 용접부의 강도가 크다.

46 서브머지드 아크 용접의 다전극 방식에 의한 분류 중 같은 종류의 전원에 두 개의 전극을 접속하여 용접하는 것으로 비드 폭이 넓고, 용입이 깊은 용접부를 얻기 위한 방식은?

① 탠덤식   ② 횡병렬식
③ 횡직렬식   ④ 종직렬식

해설 횡병렬식 : 같은 종류의 전원에 두 개의 전극을 연결

정답 40 ② 41 ④ 42 ③ 43 ④ 44 ③ 45 ③ 46 ②

텐덤식 : 두 개의 전극 와이어를 각각 독립된 전원에 연결
횡직렬식 : 두 개의 와이어에 전류를 직렬로 연결

47 이음부의 루트 간격 치수에 특히 유의하여야 하며, 아크가 보이지 않는 상태에서 용접이 진행된다고 하여 잠호 용접이라고도 부르는 용접은?

① 피복 아크 용접
② 서브머지드 아크 용접
③ 탄산가스 아크 용접
④ 불활성가스 금속 아크 용접

해설 서브머지드 아크 용접은 잠호용접, 유니언 멜트 용접, 링컨 용접이라고도 한다.

48 가스용접으로 주철을 용접할 때 가장 적당한 예열온도는 몇 ℃ 인가?

① 300~400℃
② 500~600℃
③ 700~800℃
④ 900~1000℃

해설 주철 용접의 예열온도는 500~600℃가 적당하다.

49 용접기에서 떨어져 작업할 때 작업 위치에서 전류를 조정할 수 있는 장치는?

① 전자 개폐 장치
② 원격 제어 장치
③ 전류 측정기
④ 전격 방지 장치

해설 원격 제어장치는 전동기 조작형과 가포화 리액터형이 있다.

50 산소 용기의 취급상의 주의사항으로 잘못된 사항은?

① 운반이나 취급시에 충격을 주지 않는다.
② 가연성 가스와 함께 저장하여 누설되어도 인화되지 않게 한다.
③ 기름이 묻은 손이나 장갑을 끼고 취급하지 않는다.
④ 운반시 가능한 한 운반 기구를 이용한다.

해설 산소가 가연성 가스와 접촉하면 폭발성 화합물을 만들어 폭발의 우려가 있다.

51 용접법의 분류에서 융접에 속하는 것은?

① 테르밋 용접
② 단접
③ 초음파 용접
④ 마찰 압접

해설 단접, 초음파 용접, 마찰 용접은 압접에 속한다.

52 중량물의 안전운반에 관한 설명 중 잘못된 것은?

① 힘이 센 사람과 약한 사람이 조를 짜며 키가 큰 사람과 작은 사람이 한 조가 되게 한다.
② 화물의 무게가 여러 사람에게 평균적으로 걸리게 한다.
③ 긴 물건은 작업자의 같은 쪽 어깨에 메고 보조를 맞춘다.
④ 정해진 자의 구령에 맞추어 동작 한다.

53 피복 아크 용접봉의 피복제 중에 포함되어 있는 주성분이 아닌 것은?

① 아크 안정제
② 가스 억제제
③ 슬래그 생성제
④ 탈산제

해설 피복제는 아크 안정제, 가스 발생제, 슬래그 생성제, 탈산제, 고착제, 합금제가 포함되어 있다.

정답 47 ② 48 ② 49 ② 50 ② 51 ① 52 ① 53 ②

54 피복 아크 용접봉의 단면적 1mm² 에 대한 적당한 전류 밀도는?

① 6 ~ 9A   ② 10 ~ 13A
③ 14 ~ 17A   ④ 18 ~ 21A

해설 피복 아크 용접봉 단면적 1mm² 당 적정 전류 밀도 : 11~13(14)A
예) ∅3.2 용접봉의 적정 전류 : 80~120A,
$\frac{\pi \times 3.2^2}{4} \times 10 = 80.4$, $\frac{\pi \times 3.2^2}{4} \times 13 = 104.5$

55 아크 발생열에 의하여 피복제가 분해되어 일산화탄소, 이산화탄소, 수증기 등의 가스 발생제가 되는 가스 실드식 피복제의 성분은?

① 규산나트륨   ② 일미나이트
③ 규사   ④ 셀룰로오스

해설 가스 발생제는 녹말, 톱밥, 석회석, 탄산바륨, 셀룰로오스 등이 있다.

56 냉간 압접의 일반적인 특징으로 틀린 것은?

① 용접부가 가공 경화된다.
② 압접에 필요한 공구가 간단하다.
③ 접합부의 열 영향으로 숙련이 필요하다.
④ 접합부의 전기 저항은 모재와 거의 동일하다.

해설 냉간 압접은 2개 금속을 밀착시키면 자유 전자가 공동화하여 결정 격자점의 금속 이온과의 상호 작용으로 금속 원자를 결합시키는 방법

57 용가재인 전극 와이어를 와이어 송급 장치에 의해 연속적으로 보내어 아크를 발생시키는 용극식 용접 방식은?

① TIG 용접   ② MIG 용접
③ 마찰용접   ④ 플라스마 용접

해설 불활성 가스 금속 아크 용접(MIG용접)과 탄산가스 아크 용접은 모두 용극식 용접법이다.

58 금속과 금속의 원자간 거리를 충분히 접근시키면 금속원자 사이에 인력이 작용하여 그 인력에 의하여 금속을 영구 결합시키는 것이 아닌 것은?

① 융접   ② 압접
③ 납땜   ④ 리벳이음

해설 리벳이음, 볼트이음, 접어 잇기, 키 및 코터 이음은 기계적 접합이다.

59 연강의 가스 절단시 드래그(drag) 길이는 주로 어느 인자에 의해 변화하는가?

① 예열과 절단 팁의 크기
② 토치 각도와 진행 방향
③ 예열 불꽃 및 백심의 크기
④ 절단 속도와 산소 소비량

해설 드래그 길이는 절단면 말단부가 남지 않을 정도의 드래그를 표준 드래그 길이라 하는데, 보통 판두께의 20%정도이다.

60 이음 형상에 따른 저항용접의 분류 중 맞대기 용접이 아닌 것은?

① 플래시 용접   ② 버트심 용접
③ 점 용접   ④ 퍼커션 용접

해설 겹치기 저항 용접 : 점 용접, 프로젝션 용접, 심 용접
맞대기 저항 용접 : 업셋 용접, 플래시 용접, 버트심 용접, 포일심용접, 퍼커션용접

정답 54 ② 55 ④ 56 ③ 57 ② 58 ④ 59 ④ 60 ③

2013 제1회 용접산업기사 최근 기출문제

2013년 3월 10일 시행

제1과목 용접야금 및 용접설비 제도

01 다음 중 중판의 두께는 얼마인가?
① 1mm 이하 ② 1 ~ 6mm
③ 6 ~ 9mm ④ 9mm 이상

해설 박판 : 두께 1mm 이하, 중판 : 1(3) ~ 6mm, 후판 : 6mm 두께 이상

02 용접 중 용융된 강의 탈산, 탈황, 탈인에 관한 설명으로 적합한 것은?
① 용융 슬랙은 염기도가 높을수록 탈인율이 크다.
② 탈황 반응시 용융 슬랙은 환원성, 산성과 관계없다.
③ Si, Mn 함유량이 같을 경우 저수소계 용접봉은 티탄계 용접봉보다 산소 함유량이 적어진다.
④ 관구 이론은 피복 아크 용접봉의 플럭스(flux)를 사용한 탈산에 관한 이론이다.

03 서브머지드 용접에서 소결형 용제의 사용 전 건조온도와 시간은?
① 150~300℃에서 1시간 정도
② 150~300℃에서 3시간 정도
③ 400~600℃에서 1시간 정도
④ 400~600℃에서 3시간 정도

해설 소결형 용제는 흡습성이 높으므로 150~300℃에서 1시간 정도 건조해야 한다.

04 철강의 용접부 조직 중 수지상 결정조직으로 되어 있는 부분은?
① 모재 ② 열영향부
③ 용착금속부 ④ 융합부

해설 수지상 결정 조직 : 응고되는 금속 내부에서 응고에 따른 잠열의 방출 형태 때문에 형성되는 나무 가지 조직으로 용착금속부에 발생된다.
주상 조직 : 용융금속이 응고 시 주형 벽에서 중심을 향한 가늘고 긴 서릿발(막대) 모양으로 생성되는 조직

05 금속재료의 일반적인 특징이 아닌 것은?
① 금속결합인 결정체로 되어 있어 소성가공이 유리하다.
② 열과 전기의 양도체이다.
③ 이온화하면 음(-)이온이 된다.
④ 비중이 크고 금속적 광택을 갖는다.

06 일반적으로 주철의 탄소함량은?
① 0.03% 이하 ② 2.11~6.67%
③ 1.0~1.3% ④ 0.03~0.08%

정답 01 ② 02 ③ 03 ① 04 ③ 05 ③ 06 ②

해설 순철 : 0.01% 이하,
탄소강 : 0.01 ~ 2.0%
주철 : 2.0 ~ 6.67%

07 용접 후 강재를 연화시키기 위하여 기계적, 물리적 특성을 변화시켜 함유가스를 방출시키는 것으로 일정시간 가열 후 노안에서 서냉하는 금속의 열처리 방법은?

① 불림 ② 뜨임
③ 풀림 ④ 재결정

해설 풀림 : 금속 재료를 적당한 온도로 가열한 다음 서서히 상온으로 냉각시키는 조작. 이 조작은 가공 또는 담금질로 인하여 경화한 재료의 내부 균열을 제거하고, 결정 입자를 미세화하여 전연성을 높인다.

08 큰 재료일수록 내외부 열처리 효과의 차이가 생기는 현상은?

① 시효경화 ② 노치효과
③ 담금질효과 ④ 질량효과

해설 질량 효과는 강재의 질량의 대소에 따라서 열처리 효과가 달라지는 비율로 질량 효과가 크다는 것은 강재의 크기에 따라 열처리 효과가 크게 달라진다는 것을 뜻한다.

09 오스테나이트계 스테인리스강 용접부의 입계부식 균열 저항성을 증가시키는 원소가 아닌 것은?

① Nb ② C
③ Ti ④ Ta

10 철의 동소 변태에 대한 설명으로 틀린 것은?

① α-철 : 910℃ 이하에서 체심입방격자이다.
② γ-철 : 910~1400℃에서 면심입방격자이다.
③ β-철 : 1400~1500℃에서 조밀육방격자이다.
④ δ-철 : 1400~1538℃에서 체심입방격자이다.

해설 β-철 : 1400~1500℃에서 조밀육방격자이다.

11 선의 용도 중 파선을 사용하는 것은?

① 숨은선 ② 지시선
③ 치수선 ④ 회전단면선

해설 숨은선은 대상물의 보이지 않는 부분의 모양을 표시하는데 쓰이며 가는 파선 또는 굵은 파선을 사용한다.

12 도면에서 2종류 이상의 선이 같은 장소에서 중복될 경우 우선되는 선의 순서는?

① 외형선 - 숨은선 - 중심선 - 절단선
② 외형선 - 중심선 - 절단선 - 숨은선
③ 외형선 - 중심선 - 숨은선 - 절단선
④ 외형선 - 숨은선 - 절단선 - 중심선

해설 우선되는 선의 순서는 외형선(굵은실선)-숨은선(파선)-절단선(가는실선)-중심선(가는1점쇄선)-무게 중심선(가는2점쇄선)-치수선(가는실선) - 치수보조선(가는실선) 순이다.

정답 07 ③ 08 ④ 09 ② 10 ③ 11 ① 12 ④

13 판금작업 등에서 전개도를 그리는 기본적인 방법 3가지에 속하지(해당하지 않는) 것은? ★★

① 평행선 전개법 ② 삼각형 전개법
③ 방사선 전개법 ④ 원통형 전개법

해설 전개법에는 평행선 전개법, 방사선 전개법, 삼각형 전개법이 있다.

14 도면의 분류 중 표현 형식에 따른 설명으로 틀린 것은?

① 선도 : 투시 투상법에 의해서 입체적으로 표현한 그림의 총칭이다.
② 전개도 : 대상물을 구성하는 면을 평면으로 전개한 그림이다.
③ 외관도 : 대상물의 외형 및 최소한의 필요한 치수를 나타낸 도면이다.
④ 곡면선도 : 선체, 자동차 차체 등의 복잡한 곡면을 여러 개의 선으로 나타낸 도면이다.

해설 선도 : 기호와 선을 사용하여 장치, 플랜트 기능, 그 구성부분 사이의 상호관계, 정보의 계통 등을 나타낸 도면. 계통도, 구조선도 등이 있다.

15 부품의 면이 평면으로 가공되어 있고, 복잡한 윤곽을 갖는 부품인 경우(실형의 물건)에 그 면에 광명단 등을 발라 스케치 용지에 찍어 그 면의 실형을 얻는 스케치 방법은? ★★★★★

① 프리핸드법 ② 프린트법
③ 본뜨기법   ④ 사진촬영법

해설
• 프리핸드법 : 척도에 관계없이 적당한 크기로 부품을 그린 후 치수를 측정해 기입하는 방법
• 본뜨기법 : 불규칙한 곡선부분이 있는 부품을 직접 용지위에 놓고 윤곽을 본뜨는 방법
• 사진촬영법 : 복잡한 기계의 조립 상태나 형상, 구조를 가장 잘 나타내고 있는 방향에서 여러 장의 사진을 찍는 방법이다.

16 재료 기호 중 "SM400C"의 재료 명칭은?

① 일반 구조용 압연 강재
② 용접 구조용 압연 강재
③ 기계 구조용 탄소 강재
④ 탄소 공구 강재

해설 SM400C → SM275C로 변경됨(최소 인장강도 400N/mm²에서 최소 항복강도 275MPa(N/mm²)로 변경됨)

17 다음 도면 중 회전 단면이 아닌 것은?

①  ②
③  ④

해설 ④는 부분 단면도이다.

18 다음 그림에서 용접부 기호의 명칭으로 옳은 것은?

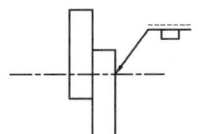 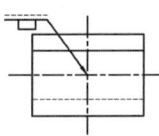

① 슬롯 용접   ② 점 용접
③ 필릿 용접   ④ 이면 용접

정답 13 ④ 14 ① 15 ② 16 ② 17 ④ 18 ①

19 KS규격에 의한 치수 기입의 원칙 설명 중 틀린 것은?

① 치수는 되도록 주 투상도에 집중한다.
② 각 형체의 치수는 하나의 도면에서 한번만 기입한다.
③ 기능 치수는 대응하는 도면에 직접 기입해야 한다.
④ 치수는 되도록 계산으로 구할 수 있도록 기입한다.

해설 치수는 되도록 계산해서 구할 필요가 없도록 해야 한다.

20 다음 [그림]과 같은 형상을 한 용접기호에 대한 설명으로 옳은 것은?

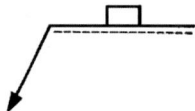

① 플러그 용접기호로 화살표 반대쪽 용접이다.
② 플러그 용접기호로 화살표쪽 용접이다.
③ 스폿 용접기호로 화살표 반대쪽 용접이다.
④ 스폿 용접기호로 화살표쪽 용접이다.

해설 ☐ 기호는 플러그 용접이나 슬롯 용접 기호이며, 용접기호 기준선의 수평선에서 실선에 용접기호가 있으면 화살표쪽에서 용접하라는 의미이며, 파선에 기호가 있으면 화살표 반대쪽에서 용접함을 의미한다.

제2과목 용접구조설계

21 용접부에서 발생하는 저온 균열과 직접적인 관계가 없는 것은?

① 열영향부의 경화현상
② 용접전류 응력의 존재
③ 용착금속에 함유된 수소
④ 합금의 응고시에 발생하는 편석

해설 저온 균열 : 강재의 경우 약 200℃ 이하의 저온에서 발생하는 균열. 종류에는 비드 밑 균열, 열영향부 균열, 루트 균열, 토 균열, 비드에 수직인 균열 등이 있으며, 냉각에 의한 수축응력과 변태에 의해서 발생하는 응력에 의해 생기기 쉽다.

22 용접 입열량에 대한 설명으로 옳지 않은 것은?

① 모재에 흡수되는 열량은 보통 용접 입열량의 약 98% 정도이다.
② 용접 전압과 전류의 곱에 비례한다.
③ 용접속도에 반비례한다.
④ 용접부에 외부로부터 가해지는 열량을 말한다.

해설 모재에 흡수된 열량은 입열의 75~85% 정도이다.

23 필릿 용접에서 목길이가 10mm일 때 이론 목 두께는 몇 mm인가?

① 약 5.0   ② 약 6.1
③ 약 7.1   ④ 약 8.0

해설 $h_t = 0.707h = 0.707 \times 10 = 7.07$

정답 19 ④ 20 ② 21 ④ 22 ① 23 ③

24 용접작업 중 예열에 대한 일반적인 설명으로 틀린 것은?

① 수소의 방출을 용이하게 하여 저온 균열을 방지한다.
② 열영향부의 용착금속의 경화를 방지하고 연성을 증가시킨다.
③ 물건이 작거나 변형이 많은 경우에는 국부 예열을 한다.
④ 국부 예열의 가열 범위는 용접선 양쪽에 50~100mm정도로 한다.

해설 작은 물건이나 변형이 많은 경우를 제외하고 국부예열을 한다.

25 용접수축에 의한 굽힘 변형 방지법으로 틀린 것은?

① 개선 각도는 용접에 지장이 없는 범위에서 작게 한다.
② 판 두께가 얇은 경우 첫 패스 측의 개선 깊이를 작게 한다.
③ 후퇴법, 대칭법, 비석법 등을 채택하여 용접한다.
④ 역변형을 주거나 구속 지그로 구속한 후 용접한다.

해설 판두께가 얇은 경우 첫 패스 측의 개선 깊이를 크게 해야 한다.

26 용접 후 잔류 응력을 완화하는 방법으로 가장 적합한 것은?

① 피닝(peening)
② 치핑(chipping)
③ 담금질(quenching)
④ 노멀라이징(normalizing)

해설 피닝은 용접부를 연속적으로 타격해 표면층에 소성 변형을 주는 방법으로 용착 금속부의 인장응력을 연화시키는 효과가 있다.

27 중판 이상 두꺼운 판의 용접을 위한 홈 설계시 고려사항으로 틀린 것은?

① 적당한 루트 간격과 루트 면을 만들어 준다.
② 홈의 단면적은 가능한 한 작게 한다.
③ 루트 반지름은 가능한 한 작게 한다.
④ 최소 10°정도 전후 좌우로 용접봉을 움직일 수 있는 홈 각도를 만든다.

해설 루트 반지름은 가능한 한 크게 한다. 홈 각이 0인 U형이 좋다.

28 응력 제거 풀림의 효과가 아닌 것은?

① 충격저항의 감소
② 용착금속 중 수소 제거에 의한 연성의 증대
③ 응력 부식에 대한 저항력 증대
④ 크리프 강도의 향상

해설 응력 제거 풀림 : 강재를 용접 등을 한 경우 내부에 잔류 응력이 생기며, 그대로 두면 파괴로 이어질 수 있으므로 이 잔류 응력을 제거하기 위해 650℃로 가열한 후 서랭하는 열처리이다. 응력 제거 풀림을 하면 충격 저항이 향상되어 인성이 커진다.

29 강판의 맞대기 용접이음에서 가장 두꺼운 판에 사용할 수 있으며 양면 용접에 의해 충분한 용입을 얻으려고 할 때 사용하는 홈의 종류는?

① 단면 V형
② 단면 U형
③ 정방(I)형
④ 양면 U(H)형

정답 24 ③ 25 ② 26 ① 27 ③ 28 ① 29 ④

해설
- 단면 V형 : 판 두께가 4~19mm 이하의 경우를 한쪽에서 용접으로 완전 용입을 얻고자 할 때
- 단면 U형 : V형 홈가공보다 두꺼운 판을 양면 용접할 수 없는 경우 사용한다.
- I형 : 판두께가 6mm 이하의 용접에 사용되며 루트 간격 없이 완전용입이 가능하다.

30 용접이음에서 피로 강도에 영향을 미치는 인자가 아닌 것은?

① 용접기 종류 ② 이음 형상
③ 용접 결함   ④ 하중 상태

해설 피로 강도에 영향을 미치는 인자
- 모재 재질과 용접부의 재질의 차
- 이음 형상과 하중 상태
- 용접부 표면 형상과 용접 구조상의 응력 집중
- 용접 결함과 부식 환경

31 용접부에 하중을 걸어 소성변형을 시킨 후 하중을 제거하면 잔류응력이 감소되는 현상을 이용한 응력제거 방법은?

① 기계적 응력 완화법
② 저온 응력 완화법
③ 응력 제거 풀림법
④ 국부 응력 제거법

해설
- 저온 응력 완화법 : 잔류 응력이 존재하는 구조물에 어떤 하중을 걸어 용접부를 약간 소성 변형시킨 다음 하중을 제거하면 잔류응력이 현저하게 감소하는 현상을 이용하는 방법
- 국부 응력 제거법 : 제품이 커서 노 내에 넣을 수 없을 때나 현장 용접된 것으로 노내 풀림을 하지 못할 경우에 사용하는 방법

32 용접에 사용되고 있는 여러 가지 이음 중에서 다음 [그림]과 같은 용접이음은?

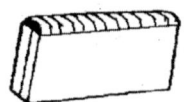

① 변두리 이음 ② 모서리 이음
③ 겹치기 이음 ④ 맞대기 이음

33 용접 구조 설계상 주의 사항으로 틀린 것은?

① 용접 부위는 단면 형상의 급격한 변화 및 노치가 있는 부위로 한다.
② 용접 치수는 강도상 필요한 치수 이상으로 크게 하지 않는다.
③ 용접에 의한 변형 및 잔류응력을 경감시킬 수 있도록 한다.
④ 용접 이음을 감소시키기 위하여 압연 형재, 주단조품, 파이프 등을 적절히 이용한다.

해설 용접 부위는 단면 형상의 급격한 변화 및 노치가 있는 부위는 피해야 한다.

34 판 두께가 같은 구조물을 용접할 경우 수축변형에 영향을 미치는 용접시공 조건으로 틀린 것은?

① 루트 간격이 클수록 수축이 크다.
② 피닝을 할수록 수축이 크다.
③ 위빙을 하는 것이 수축이 작다.
④ 구속력이 크면 수축이 작다.

해설 피닝(peening) : 용접부위를 연속적으로 해머로 두드려서 표면층에 소성 변형을 주는 조작. 용접부의 인장 잔류응력 완화, 잔류응력 완화, 용접변형 경감, 용접금속의 균열 방지 등의 효과가 있다.

정답 30 ① 31 ① 32 ① 33 ① 34 ②

35 용접기의 보수 및 점검시 지켜야 할 사항으로 틀린 것은?

① 가동부분, 냉각팬을 점검하고 회전부 등에는 주유를 해야 한다.
② 2차측 단자의 한쪽과 용접기 케이스는 접지해서는 안 된다.
③ 탭 전환의 전기적 접속부는 자주 샌드 페이퍼 등으로 잘 닦아준다.
④ 용접 케이블 등의 파손된 부분은 절연 테이프로 감아야 한다.

해설 2차측 단자 한쪽과 용접기 케이스는 반드시 접지해야 한다.

36 TIG 용접에서 사용되는 전극의 조건 중 틀린 것은?

① 고 용융점의 금속
② 전기 저항률이 큰 금속
③ 열전도성이 좋은 금속
④ 전자 방출이 잘 되는 금속

해설 TIG 용접 전극은 비용극식이므로 높은 열에 녹지 않아야 된다. 따라서 용융점이 높고 전기 저항이 낮은 금속이 요구된다.

37 용접부의 잔류 응력의 경감과 변형 방지를 동시에 충족시키는데 가장 적합한 용착법은?

① 도열법   ② 비석법
③ 전진법   ④ 구속법

해설 비석법 : 용접 길이를 짧게 나누어 간격을 두면서 용접하는 방법. 피용접물 전체에 변형이나 잔류 응력이 적게 발생하도록 하는 용착방법이다.

38 약 2.5g의 강구를 25cm 높이에서 낙하시켰을 때 20cm 튀어 올랐다면 쇼어경도(HS) 값은 약 얼마인가? (단 계측통은 목측형(C형)이다)

① 112.4   ② 192.3
③ 123.1   ④ 154.1

해설 $H_S = \dfrac{10000}{65} \times \dfrac{h}{h_0} = \dfrac{10000}{65} \times \dfrac{20}{25} = 123.07$

39 다음 [그림]과 같은 다층 용접법은?

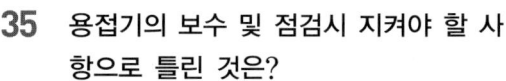

① 전진 블록법   ② 케스케이드법
③ 덧살 올림법   ④ 교호법

해설 전진 블록법 : 한 개의 용접봉으로 살을 붙일 만한 길이로 구분해 홈을 한 부분씩 여러 층으로 쌓아 올린 다음 다른 부분으로 진행하는 방법

40 다음 [그림]과 같은 홈 용접은?

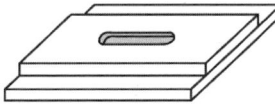

① 플러그 용접   ② 슬롯 용접
③ 플레어 용접   ④ 필릿 용접

해설 플러그 용접 : 상판에 드릴 구멍 등의 원형 구멍을 뚫고 구멍하단부터 용접하는 방법이며, 슬롯 용접은 원리는 같으나 홈의 길이를 길게 하여 용접하는 방법이다.

정답 35 ② 36 ② 37 ② 38 ③ 39 ① 40 ②

제3과목 용접일반 및 안전관리

41 일반적으로 용접의 단점이 아닌 것은?

① 품질 검사가 곤란하다.
② 응력 집중에 민감하다.
③ 변형과 수축이 생긴다.
④ 보수와 수리가 용이하다.

해설 용접 장점
- 재료가 절약되고 중량이 가벼워진다.
- 작업 공정이 단축되며 경제적이다.
- 재료 두께에 제한이 없고 기밀, 수밀, 유밀성이 우수하며 이음효율이 높다.
- 보수와 수리가 용이하다.

42 서브머지드 아크 용접에 대한 설명으로 틀린 것은?

① 용접 전류를 증가시키면 용입이 증가한다.
② 용접 전압이 증가하면 비드 폭이 넓어진다.
③ 용접 속도가 증가하면 비드 폭과 용입이 감소한다.
④ 용접 와이어 지름이 증가하면 용입이 깊어진다.

43 MIG용접 제어장치에서 용접 후에도 가스가 계속 흘러나와 크레이터 부위의 산화를 방지하는 제어 기능은?

① 가스 지연 유출 시간
② 버언 백 시간
③ 크레이터 충전시간
④ 예비 가스 유출 시간

해설
- 가스 지연 유출 시간 : 용접이 끝난 후에도 5~25초 동안 가스가 계속 흘러나와 크레이터 부위의 산화를 방지하는 기능
- 버언 백 시간 : 크레이터 처리 기능에 의해 낮아진 전류가 서서히 줄어들면서 아크가 끊어지는 기능
- 크레이터 충전시간 : 크레이터 처리를 위해 용접이 끝나는 지점에서 토치 스위치를 다시 누르면 용접전류와 전압이 낮아져 쉽게 크레이터가 채워져 결함을 방지하는 기능
- 예비가스 유출시간 : 아크가 처음 발생되기 전 보호가스를 흐르게 하여 아크를 안정되게 하여 결함 발생을 방지하기 위한 기능

44 300A 이상의 아크 용접 및 절단시 착용하는 차광 유리의 차광도 번호로 가장 적합한 것은?

① 1~2   ② 5~6
③ 9~10   ④ 13~14

45 교류 아크 용접기 중 전기적 전류 조정으로 소음이 없고 기계적 수명이 길며 원격제어가 가능한 용접기는?

① 가동 철심형   ② 가동 코일형
③ 탭 전환형   ④ 가포화 리액터형

해설 가포화 리액터형 특징
- 가변 저항의 변화로 용접 전류를 조정한다.
- 전기적 전류 조정으로 소음이 없고 기계 수명이 길다.
- 조작이 간단하고 원격 제어가 된다.

정답 41 ④ 42 ④ 43 ① 44 ④ 45 ④

46 아크 용접기의 구비조건이 아닌 것은?

① 구조 및 취급이 간단해야 한다.
② 가격이 저렴하고 유지비가 적게 들어야 한다.
③ 효율이 낮아야 한다.
④ 사용 중 용접기의 온도 상승이 작아야 한다.

해설 용접기는 역률 및 효율이 좋아야 한다.

47 높은 에너지밀도 용접을 하기 위한 $10^{-4} \sim 10^{-6}$ mmHg 정도의 고진공 중에서 높은 전압에 의한 열원을 이용하여 행하는 용접법은? ★★

① 초음파 용접법　② 고주파 용접법
③ 전자 빔 용접법　④ 심 용접법

해설 전자 빔 용접은 높은 진공실 속에서 음극으로부터 방출된 전자를 고전압으로 가속시켜 피용접물과의 충돌에 의한 에너지로 용접을 하는 방법이다.

48 아크 용접 작업 중의 전격에 관련된 설명으로 옳지 않은 것은?

① 습기찬 작업복, 장갑 등을 착용하지 않는다.
② 오랜 시간 작업을 중단할 때에는 용접기의 스위치를 끄도록 한다.
③ 전격 받은 사람을 발견하였을 때에는 즉시 손으로 잡아당긴다.
④ 용접 홀더를 맨손으로 취급하지 않는다.

해설 전격 받은 사람을 발견했을 때에는 전원 스위치를 차단한 후 응급처치를 해야 한다.

49 연강용 피복아크 용접봉 중 저수소계(E4316, E7016)에 대한 설명으로 틀린 것은?

① 석회석이나 형석을 주성분으로 하고 있다.
② 용착 금속 중의 수소 함유량이 다른 용접봉에 비해 1/10 정도로 적다.
③ 용접 시점에서 기공이 생기기 쉬우므로 백 스탭법을 선택하면 해결할 수도 있다.
④ 작업성이 우수하고 아크가 안정하며 용접속도가 빠르다.

해설 저수소계는 아크가 불안하고 용접속도가 느리다.

50 탱크 등 밀폐 용기 속에서 용접 작업을 할 때 주의사항으로 적합하지 않은 것은?

① 환기에 주의한다.
② 감시원을 배치하여 사고의 발생에 대처한다.
③ 유해가스 및 폭발가스의 발생을 확인한다.
④ 위험하므로 혼자서 용접하도록 한다.

해설 위험하므로 2인 1조로 용접을 해야 한다.

51 전자 빔 용접의 일반적인 특징 설명으로 틀린 것은?

① 불순가스에 의한 오염이 적다.
② 용접 입열이 적으므로 용접 변형이 적다.
③ 텅스텐, 몰리브덴 등 고융점 재료의 용접이 가능하다.
④ 에너지 밀도가 낮아 용융부나 열영향

정답 46 ③　47 ③　48 ③　49 ④　50 ④　51 ④

부가 넓다.

해설 전자 빔 용접 : 전자빔 발생기 내부의 음극에서 열전자를 방출하면 고전압에 의해 양극으로 가속되며, (가속 전압 10kV~150kV가 많이 사용) 높은 에너지로 가속된 전자가 용접 가공물에 닿으면 전자의 운동 에너지는 열에너지로 변환되어 금속을 용융시키게 된다. 용입 깊이는 전자빔의 출력의 크기가 아니라 출력의 밀도에 의해 결정된다.
전자 빔은 자기 렌즈에 의해 에너지의 집중이 가능하므로 용융 속도가 빠르고 고속 용접이 가능하다.

52 저수소계 용접봉의 피복제에 30~50% 정도의 철분을 첨가한 것으로 용착 속도가 크고 작업 능률이 좋은 용접봉은?

① E4313　② E4324
③ E4326　④ E4327

해설 철분 저수소계(E4326, E7018)는 용착 금속의 기계적 성질이 양호하고 슬래그의 박리성이 저수소계보다 좋으며 아래보기, 수평필릿 용접 자세에서만 사용한다.

53 아크 용접기의 특성에서 부하 전류(아크 전류)가 증가하면 단자 전압이 저하하는 특성을 무엇이라 하는가?

① 수하 특성
② 정전압 특성
③ 정전기 특성
④ 상승 특성

해설 • 수하 특성 : 부하 전류가 증가하면 단자 전압이 저하하는 특성
• 정전압 특성 : 부하 전압이 변화해도 단자 전압은 거의 변화지 않는 특성
• 상승 특성 : 부하 전류가 증가할 때 단자

전압이 다소 높아지는 특성

54 그림은 피복 아크 용접봉에서 피복제의 편심 상태를 나타낸 단면도이다.
D′ = 3.5mm, D = 3mm일 때 편심률은 약 몇 %인가?

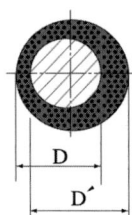

① 14%　② 17%
③ 18%　④ 20%

해설 편심률 $= \dfrac{D' - D}{D} \times 100$
$= \dfrac{3.5 - 3}{3} \times 100 = 16.7$

55 아크 기둥의 전압을 올바르게 설명한 것은?

① 아크 기둥의 전압은 아크 길이에 거의 관계가 없다.
② 아크 기둥의 전압은 아크 길이에 거의 반비례하여 감소한다.
③ 아크 기둥의 전압은 아크 길이에 거의 정비례하여 증가한다.
④ 아크 기둥의 전압은 아크 길이에 거의 반비례하여 증가한다.

해설 아크 전압 = 음극 전압 강하 + 양극 전압 강하 + 아크 기둥 전압강하
그러므로 아크 기둥 전압은 아크 길이에 비례하여 증가한다.

정답　52 ③　53 ①　54 ②　55 ③

56 MIG 용접의 스프레이 용적이행에 대한 설명이 아닌 것은?

① 고전압 고전류에서 얻어진다.
② 경합금 용접에서 주로 나타난다.
③ 용착속도가 빠르고 능률적이다.
④ 와이어보다 큰 용적으로 용융 이행한다.

해설 스프레이 이행은 연강에서는 0.89 또는 1.14mm 직경의 와이어를 가지고 용융지를 작게 하여 전 자세 용접을 할 수 있다.

57 경납땜은 융점이 몇 도(℃) 이상인 용가재를 사용하는가?

① 300℃   ② 350℃
③ 450℃   ④ 120℃

해설 융점이 450℃ 이하는 연납, 이상은 경납이다.

58 가스용접으로 알루미늄판을 용접하려 할 때 용제의 혼합물이 아닌 것은?

① 염화나트륨   ② 염화칼륨
③ 황산   ④ 염화리튬

해설 알루미늄판의 용제는 염화나트륨 30% + 염화칼륨 45% + 염화리튬 15% + 플루오르화칼륨 7% + 황산칼륨 3%이다.

59 용접 자동화에 대한 설명으로 틀린 것은?

① 생산성이 향상된다.
② 외관이 균일하고 양호하다.
③ 용접부의 기계적 성질이 향상된다.
④ 용접봉 손실이 크다.

해설 자동화를 하면 용접봉 손실이 적다.

60 산소병 용기에 표시되어 있는 FP, TP의 의미는?

① FP : 최고 충전압력
  TP : 내압 시험 압력
② FP : 용기의 중량
  TP : 가스 충전시 중량
③ FP : 용기의 사용량
  TP : 용기의 내용적
④ FP : 용기의 사용압력
  TP : 잔량

해설 FP : 최고충전압력, TP : 내압시험압력, V : 내용적, W : 용기 중량

정답 56 ④ 57 ③ 58 ③ 59 ④ 60 ①

2013 제2회 용접산업기사 최근 기출문제

2013년 6월 2일 시행

제1과목 ▶ 용접야금 및 용접설비 제도

01 탄소강의 가공성을 탄소의 함유량에 따라 분류할 때 옳지 않은 것은?

① 내마모성과 경도를 동시에 요구하는 경우 : 0.65~1.2%C
② 강인성과 내마모성을 동시에 요구하는 경우 : 0.45~0.65%C
③ 가공성과 강인성을 동시에 요구하는 경우 : 0.03~0.05%C
④ 가공성을 요구하는 경우 : 0.05~0.3%C

해설 0.03~0.05%C의 강 : 극저탄소강 수준으로 연성이 매우 커서 가공성은 좋으나 강도, 경도가 매우 작아서 기계 구조용으로는 사용하기 어렵다. 따라서 강인성(강하고 질긴 성질)은 매우 적다.

02 체심입방격자를 갖는 금속이 아닌 것은?

① W   ② Mo
③ Al ④ V

해설
- 면심입방격자(FCC) : Ag, Al, Au, Ca, Cu, Ni, Pb, Pt, Rh, Th 등
- 체심입방격자(BCC) : Ba, K, Li, Mo, Na, Nb, Ta, W, V 등
- 조밀육방격자(HCP) : Be, Cd, Mg, Zn 등

03 용접 작업을 하지 않을 때에는 용접기의 2차 무부하 전압을 약 25V이하로 유지하고 용접봉을 모재에 접촉하는 순간에만 릴레이가 작동하여 용접이 가능토록 한 장치는?

① 원격 제어 장치   ② 핫 스타트 장치
③ 전격 방지 장치   ④ 고주파 발생 장치

해설 전격 방지 장치는 용접 작업자가 전기적 충격을 받지 않도록 2차 무부하 전압을 낮추는 장치

04 용접 금속의 가스 흡수에 대한 설명 중 틀린 것은?

① 용융 금속 중의 가스 용해량은 가스 압력의 평방근에 반비례 한다.
② 용접금속은 고온이므로 극히 단시간 내에 다량의 가스를 흡수한다.
③ 흡수된 가스는 온도 강하에 수반하여 용해도가 감소한다.
④ 과포화된 가스는 기공, 균열, 취화의 원인이 된다.

05 용도에 따른 탄성률의 변화가 거의 없어 시계나 압력계 등에 널리 이용되고 있는 합금은?

① 플래티나이트   ② 니칼로이

정답 01 ③ 02 ③ 03 ③ 04 ① 05 ④

③ 인바 ④ 엘린바

해설 엘린바 : Ni 36%, Cr 12%를 함유하는 Ni 합금으로 상온에 있어서 실용상 탄성률이 불변하며 열팽창계수가 적기 때문에 고급 시계, 크로노미터 등에 단일 금속 밸런스로 사용

06 다음 ( ) 안에 알맞은 것은?

> 보기
> 철강은 체심입방격자를 유지한다. 910 ~ 1400℃에서 면심입방격자의 ( ) 철로 변태한다.

① 알파(α) ② 감마(γ)
③ 델타(δ) ④ 베타(β)

해설 α-Fe : 910℃ 이하에서 체심입방격자
γ-Fe : 910 ~ 1400℃에서 면심입방격자
δ-Fe : 1400℃ 이상에서 체심입방격자

07 강의 내부에 모재 표면과 평행하게 층상으로 발생하는 균열로서 주로 T 이음, 모서리 이음에 잘 생기는 것은? ★★★

① 라멜라티어 균열 ② 크레이터 균열
③ 설퍼 균열 ④ 토우 균열

해설 라멜라티어 균열은 T형 이음과 구석이음에서 완전 용입만으로 다층의 용접을 할 경우 압연 강판의 두께방향 응력에 의해 구속이 심할 때 용접금속의 수축을 수반하는 국부적인 변형이 주원인으로 압연강판의 층 사이에 균열이 생기는 현상이다.

08 용접 후 용접강재의 연화와 내부응력 제거를 주목적으로 하는 열처리 방법은?

① 불림 ② 담금질

③ 풀림 ④ 뜨임

해설
- 담금질(quenching) : 강의 경도와 강도를 증가
- 뜨임(tempering) : 잔류응력을 감소시키고 안정된 조직을 변화
- 불림(normalizing) : 조직을 미세화하고 내부 응력을 제거
- 풀림(annealing) : 내부응력 제거, 경화된 재료의 연화, 금속 결정 입자의 미세화

09 루트 균열의 직접적인 원인이 되는 원소는?

① 황 ② 인
③ 망간 ④ 수소

해설 루트균열은 용접부의 루트에서 발생하는 균열로 저온균열의 일종이며, 루트 균열이 생기는 원인은 마텐사이트 변태에 따르는 경화, 또는 수소 및 구속 응력 등이 있다.

10 용착금속의 변형시효에 큰 영향을 미치는 것은?

① H_2 ② O_2
③ CO_2 ④ CH_4

11 용접부의 기호 도시방법 설명으로 옳지 않은 것은?

① 설명선은 기선, 화살표, 꼬리로 구성되고, 꼬리는 필요가 없으면 생략해도 좋다.
② 화살표는 용접부를 지시하는 것이므로 기선에 대하여 되도록 60°의 직선으로 한다.
③ 기선은 보통 수직으로 한다.
④ 화살표는 기선의 한 쪽 끝에 연결한다.

정답 06 ② 07 ① 08 ③ 09 ④ 10 ② 11 ③

12 굵은 일점쇄선을 사용하는 것은?

① 기계가공 방법을 명시할 때
② 조립도에서 부품번호를 표시할 때
③ 특수한 가공을 하는 부품을 표시할 때
④ 드릴 구멍의 치수를 기입할 때

해설 굵은 일점 쇄선은 특수한 가공 등 특별한 요구사항을 적용할 수 있는 범위를 표시

13 특수한 가공(표면 처리 표시)을 하는 부분을 표시하는 선은?

① 굵은 실선   ② 가는 일점 쇄선
③ 가는 실선   ④ 굵은 일점 쇄선

14 도면의 표제란에 표시하는 내용이 아닌 것은?

① 도명   ② 척도
③ 각법   ④ 부품 재질

해설 표제란에는 도면번호, 도면명칭, 기업명, 책임자 서명, 도면 작성 연월일, 척도, 투상법 등을 기입하며 필요시에는 제도자, 설계자, 검토자, 결재란 등을 기입한다.

15 외형도에 있어서 필요로 하는 요소의 일부분만을 오려서 부분적으로 단면도를 표시하는 것은?

① 한쪽단면도   ② 온단면도
③ 부분단면도   ④ 회전도시 단면도

해설
- 부분단면도 : 일부분을 잘라 내고 필요한 내부 모양을 그리기 위한 방법
- 한쪽 단면도 : 대칭형의 대상물은 외형도의 절반과 온 단면도의 절반을 조합하여 표시
- 온단면도 : 대상물의 기본적인 모양을 가장 좋게 표시할 수 있도록 절단면을 정해 그린다.
- 회전도시 단면도 : 핸들, 벨트 풀리, 기어 등과 같은 바퀴의 암, 림, 축, 구조물의 부재 등의 절단면을 회전시켜 표시

16 도면의 용도에 따른 분류가 아닌 것은?

① 계획도   ② 배치도
③ 승인도   ④ 주문도

해설
- 용도에 따른 분류 : 계획도, 제작도, 주문도, 견적도, 승인도, 설명도 등
- 내용에 따른 분류 : 부품도, 조립도, 기초도, 배치도, 배근도, 장치도, 스케치도 등
- 표현 형식에 따른 분류 : 외관도, 전개도, 곡면선도, 선도, 입체도 등

17 다음 [보기]에서 기계용 황동 각봉 재료 표시 방법 중 ㄷ의 의미는?

┌ 보기 ─────────────┐
│ BS   BM   A   D   ㄷ │
└──────────────────┘

① 강판   ② 채널
③ 각재   ④ 둥근강

해설 BS : 황동, BM : 비철금속 기계용 봉재
A : 연질, D : 무광택 마무리 ㄷ : 4각재

18 투상도의 명칭에 대한 설명으로 틀린 것은?

① 정면도는 물체를 정면에서 바라본 모양을 도면에 나타낸 것이다.
② 배면도는 물체를 아래에서 바라본 모양을 도면에 나타낸 것이다.
③ 평면도는 물체를 위에서 내려다 본 모양을 도면에 나타낸 것이다.
④ 좌측면도는 물체를 좌측에서 바라본 모양을 도면에 나타낸 것이다.

정답 12 ③   13 ④   14 ④   15 ③   16 ②   17 ②   18 ②

해설 배면도는 정면도의 뒷면을 나타낸 것이다

19 다음 용접 기호를 설명한 것으로 옳지 않은 것은?

$$C \boxed{} n \times \ell(e)$$

① n : 용접 갯수
② ℓ : 용접 길이
③ C : 심 용접 길이
④ e : 인접 용접부간 거리(피치)

해설 C : 슬롯부의 폭

20 판금 제관 도면에 대한 설명으로 틀린 것은?

① 주로 정투상도는 1각법에 의하여 도면이 작성되어 있다.
② 도면 내에는 각종 가공 부분 등이 단면도 및 상세도로 표시되어 있다.
③ 중요 부분에는 치수 공차가 주어지며, 평면도, 직각도, 진원도 등이 주로 표시된다.
④ 일반공차는 KS 기준을 적용한다.

해설 정투상도는 3각법에 의해 도면이 작성되어 있다.

제2과목   용접구조설계

21 용착금속 내부에 균열이 발생되었을 때 방사선 투과 검사에 나타나는 것은?

① 검은 반점   ② 날카로운 검은 선
③ 흰색   ④ 검출이 안 됨

22 용접 변형 방지법 중 용접부의 뒷면에서 물을 뿌려주는 방법은?

① 살수법   ② 수냉 동판 사용법
③ 석면포 사용법   ④ 피닝법

해설
- ② : 용접선 뒷면이나 옆에 대어 용접열을 열전도성이 큰 구리판에 흡수하게 하여 용접 부위 열을 식히는 방법
- ③ : 용접선 뒷면이나 옆에 물에 적신 석면포나 형겊을 대어 용접열을 냉각시키는 방법으로 널리 사용된다.
- ④ : 가늘고 긴 피닝 망치로 용접 부위를 계속해 두들겨 균열을 방지하는 방법

23 두께와 폭, 길이가 같은 판을 용접시 냉각속도가 가장 빠른 경우는?

① 1개의 평판 위에 비드를 놓는 경우
② T형이음 필릿 용접의 경우
③ 맞대기 용접하는 경우
④ 모서리이음 용접의 경우

해설 같은 판 두께에서 가장 냉각 속도가 빠른 형상은 필릿 용접이며, 냉각 방향이 3방향으로 냉각되기 때문이다. 재질의 관점에서는 열전도도가 좋은 재료가 냉각속도가 빠르다.

24 용접부의 이음효율을 나타내는 것은?

① 이음효율 $= \dfrac{\text{용접시험편의 인장강도}}{\text{모재의 굽힘강도}} \times 100\,(\%)$

② 이음효율 $= \dfrac{\text{용접시험편의 굽힘강도}}{\text{모재의 인장강도}} \times 100\,(\%)$

③ 이음효율 $= \dfrac{\text{모재의 인장강도}}{\text{용접시험편의 인장강도}} \times 100\,(\%)$

④ 이음효율 $= \dfrac{\text{용접시험편의 인장강도}}{\text{모재의 인장강도}} \times 100\,(\%)$

정답 19 ③ 20 ① 21 ② 22 ① 23 ② 24 ④

25 다음 [그림]에서 실제 목두께는 어느 부분인가?

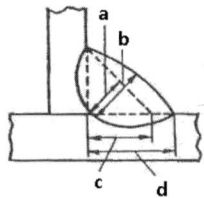

① a ② b
③ c ④ d

해설 a : 이론 목 두께, b : 실제 목 두께, c : 치수, d : 다리 길이(목 길이, 각장)

26 아르곤 가스는 1기압 하에서 약 6500ℓ의 양이 약 몇 기압으로 용기에 충전되어 공급하는가?

① 160 ② 140
③ 120 ④ 100

27 용접 길이 1m 당 종수축은 약 얼마인가?

① 1mm ② 5mm
③ 7mm ④ 10mm

해설 종수축은 용접선 방향의 수축으로 일반적으로 용접이음의 종수축량은 $\frac{1}{1000}$ 정도임

28 용접작업 전 홈의 청소방법이 아닌 것은?

① 와이어 브러쉬 작업
② 연삭 작업
③ 숏 블라스트 작업
④ 기름 세척작업

29 용접이음부의 홈 형상을 선택할 때 고려해야 할 사항이 아닌 것은?

① 완전한 용접부가 얻어질 수 있을 것
② 홈 가공이 쉽고 용접하기가 편할 것
③ 용착 금속의 양이 많을 것
④ 경제적인 시공이 가능할 것

해설 용착 금속의 양이 적어야 한다.

30 모재의 두께 및 탄소 당량이 같은 재료를 용접할 때 일미나이트계 용접봉을 사용할 때보다 예열온도가 낮아도 되는 용접봉은?

① 고산화티탄계 ② 저수소계
③ 라임티타니아계 ④ 고셀룰로스계

해설 저수소계 용접봉은 탄소 당량이 높은 기계 구조용강, 유황 함유량이 높은 강 등의 용접에 결함이 없는 양호한 용접부를 얻을 수 있다.

31 강의 청열 취성의 온도 범위는?

① 200~300℃ ② 400~600℃
③ 500~700℃ ④ 800~1000℃

해설 청열취성 : 상온보다 높은 250℃ 부근에서 인장강도와 경도가 커지며, 연신이 적어지고 부스러지기 쉽게 된다. 이 온도는 마치 연마한 철강의 표면이 청색으로 변화하는 온도에 해당된다.

32 잔류응력 완화법이 아닌 것은?

① 기계적 응력 완화법
② 도열법
③ 저온 응력 완화법
④ 응력 제거 풀림법

정답 25 ② 26 ② 27 ① 28 ④ 29 ③ 30 ② 31 ① 32 ②

해설 도열법 : 모재의 열전도를 억제하여 변형을 방지하는 방법

33 용접선의 방향과 하중 방향이 직교되는 것은?

① 전면 필릿 용접 ② 측면 필릿 용접
③ 경사 필릿 용접 ④ 병용 필릿 용접

해설 측면 필릿 용접 : 용접선의 방향과 하중의 방향이 평행으로 작용하는 용접
경사 필릿 용접 : 용접선의 방향과 하중의 방향이 경사를 이루는 용접

34 본 용접하기 전에 적당한 예열을 함으로써 얻어지는 효과가 아닌 것은?

① 예열을 하게 되면 기계적 성질이 향상된다.
② 용접부의 냉각속도를 느리게 하면 균열 발생이 적게 된다.
③ 용접부 변형과 잔류응력을 경감시킨다.
④ 용접부의 냉각속도가 빨라지고 높은 온도에서 큰 영향을 받는다.

해설 용접 전에 예열을 하는 것은 용접부의 냉각 속도를 느리게 하여 결함을 방지하기 위함이다.

35 용접 잔류응력을 경감하는 방법이 아닌 것은?

① 피이닝을 한다.
② 용착 금속량을 많게 한다.
③ 비석법을 사용한다.
④ 수축량이 큰 이음을 먼저 용접하도록 용접순서를 정한다.

해설 잔류 응력을 경감하는 것은 용착 금속량을 적게 해야 한다.

36 용접 변형을 최소화하기 위한 대책 중 잘못된 것은?

① 용착금속량을 가능한 작게 할 것
② 용접부위 냉각속도를 느리게 하면 온도에서 큰 영향을 받는다.
③ 필릿 용접보다 맞대기 용접을 먼저 한다.
④ 용착열이 적은 용접법으로 한다.

해설 용접부위 냉각속도를 빠르게 하여야 한다.

37 다음 용접기호를 설명한 것으로 옳지 않은 것은?

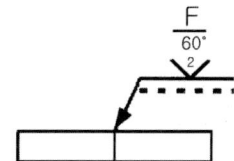

① 용접부의 다듬질 방법은 연삭으로 한다.
② 루트 간격은 2mm로 한다.
③ 개선 각도는 60°로 한다.
④ 용접부의 표면 모양은 평탄하게 한다.

해설 용접 보조 기호 F : 특별히 지정하지 않음.
G : 연삭, M : 기계가공, C : 치핑(정작업)

38 응력이 "0"을 통과하여 같은 양의 다른 부호 사이를 변동하는 반복응력 사이클은?

① 교번 응력   ② 양진 응력
③ 반복 응력   ④ 편진 응력

정답 33 ① 34 ④ 35 ② 36 ② 37 ① 38 ②

39 용접부 잔류 응력 측정 방법 중에서 응력 이완법에 대한 설명으로 옳은 것은?

① 초음파 탐상 실험 장치로 응력측정을 한다.
② 와류 실험장치로 응력측정을 한다.
③ 만능 인장시험 장치로 응력측정을 한다.
④ 저항선 스트레인 게이지로 응력측정을 한다.

해설 용접부를 절삭 또는 천공 등 기계 가공에 의해 응력을 해방하고 이때 생기는 탄성변형을 전기적 또는 기계적 변형도계를 써서 측정하는 경우가 많은데 저항선 변형도계가 잘 쓰인다.

40 단면적이 150mm², 표점거리가 50mm인 인장시험편에 20kN의 하중이 작용할 때 시험편에 작용하는 인장응력(σ)은?

① 약 133 GPa   ② 약 133 MPa
③ 약 133 KPa   ④ 약 133 Pa

해설 인장응력 = $\dfrac{하중}{단면적}$
$= \dfrac{20 \times 10^3 N}{150} = 133.3$ MPa

제3과목 용접일반 및 안전관리

41 서브머지드 아크 용접의 용접헤드에 속하지 않는 것은?

① 와이어 송급장치 ② 제어 장치
③ 용접 레일   ④ 콘택트 팁

해설 용접 헤드에는 와이어 송급장치, 제어 장치, 콘택트 팁, 용제 호퍼 등이 있다.

42 CO_2 용접 와이어에 대한 설명 중 옳지 않은 것은?

① 심선은 대체로 모재와 동일한 재질을 많이 사용한다.
② 심선 표면에 구리 등의 도금을 하지 않는다.
③ 용착금속의 균열을 방지하기 위해서 저탄소강을 사용한다.
④ 심선은 전 길이에 걸쳐 균일해야 된다.

해설 심선 표면에 구리 등으로 도금하여 녹슴 방지와 전기접촉을 촉진시키고 있다.

43 강의 가스 절단시 화학반응에 의하여 생성되는 산화철 융점에 관한 설명 중 가장 알맞은 것은?

① 금속 산화물의 융점이 모재의 융점보다 높다.
② 금속 산화물의 융점이 모재의 융점보다 낮다.
③ 금속 산화물의 융점과 모재의 융점이 같다.
④ 금속 산화물의 융점이 모재의 융점보다 관련이 없다.

44 용접이 완료된 후에 발생되는 응력부식의 원인으로 맞는 것은?

① 담금질 효과   ② 과다한 탄소함량
③ 뜨임 효과   ④ 잔류응력의 증가

정답 39 ④ 40 ② 41 ③ 42 ② 43 ② 44 ④

45 산소 – 아세틸렌 불꽃의 구성 온도가 가장 높은 것은?

① 백심
② 속불꽃
③ 겉불꽃
④ 불꽃심

해설
- 속불꽃(내염) : 약 3200~3500℃
- 겉불꽃(외형) : 약 2000℃ 정도
- 불꽃심(백심) : 약 1500℃

46 교류 아크용접기 AW300 인 경우 정격 부하전압은?

① 30V
② 35V
③ 40V
④ 45V

해설
- AW 200 : 정격부하 전압 30V
- AW 300 : 정격부하 전압 35V
- AW 400, 500 : 정격부하 전압 40V

47 스테인리스강의 MIG용접에 대한 종류가 아닌 것은?

① 단락 아크용접
② 펄스 아크용접
③ 스프레이 아크용접
④ 탄산가스 아크용접

해설 스테인리스강의 MIG 용접 종류에는 단락아크, 스프레이 아크, 펄스 아크 용접이 있다.

48 용접에 사용되는 산소를 산소용기에 충전시키는 경우 가장 적당한 온도와 압력은?

① 30℃, 18MPa
② 35℃, 18MPa
③ 30℃, 15MPa
④ 35℃, 15MPa

해설 산소 용기는 35℃, $150 kg_f/cm^2$(15MPa)으로 충전 되어 있다.

49 용해 아세틸렌을 안전하게 취급하는 방법으로 옳지 않은 것은?

① 아세틸렌병은 반드시 세워서 사용한다.
② 아세틸렌 가스의 누설은 점화라이터로 자주 검사해야 한다.
③ 아세틸렌 밸브가 얼었을 때는 35℃ 이하의 온수로 녹여야 한다.
④ 밸브 고장으로 아세틸렌 누출시는 통풍이 잘되는 곳으로 병을 옮겨 놓아야 한다.

해설 가스 누설은 비눗물이나 가스 누설 검출기로 검사해야 한다.

50 수소가스 분위기에 있는 2개의 텅스텐 전극봉 사이에 아크를 발생시키는 용접법은?

① 전자 빔 용접
② 원자수소 용접
③ 스텃 용접
④ 레이저 용접

51 산화철 분말과 알루미늄 분말의 혼합제에 점화시켜 화학반응을 이용한 용접법은?

① 스터드 용접
② 전자 빔 용접
③ 테르밋 용접
④ 아크 점 용접

해설 테르밋 용접은 테르밋 반응에 의해 생성되는 열을 이용하여 금속을 용접하는 방법이다.

52 MIG 용접이나 CO_2 아크용접과 같이 반자동 용접에 사용되는 용접기의 특성은?

① 정전류 특성과 맥동 전류 특성
② 수하특성과 정전류 특성
③ 정전압 특성과 상승특성
④ 수하특성과 맥동전류특성

해설 MIG 용접, CO_2 아크용접과 같이 반자동 용접에는 직류 정전압 특성과 상승 특성을 이용한다.

53 압접에 속하는 용접법은?

① 아크용접 ② 단접
③ 가스용접 ④ 전자빔용접

해설 압접에는 단접, 냉간압접, 저항용접(스폿, 심, 프로젝션, 플래시 맞대기, 업셋 맞대기, 방전 충격), 초음파 용접, 마찰 용접, 가압 테르밋 용접, 가스 압접 등이 있다.

54 저항용접에 의한 압접은 전기저항 열로써 모재를 용융상태로 만들고 외력을 가하여 접합하는 용접법이다. 이때 발생하는 저항열을 구하는 식은? (단, Q : 저항열, I : 전류, R : 전기저항 t : 통전시간(초)이다.)

① $Q = 0.24\,I\,R^2\,t$ ② $Q = 0.24\,I^2\,R\,t$
③ $Q = 0.24\,I^2\,R^2\,t$ ④ $Q = 0.24\,R\,I^2\,t$

55 2차 무부하전압이 80V, 아크전압 30V, 아크전류 250A, 내부손실 2.5kW라 할 때, 역률은 얼마인가?

① 50% ② 60%
③ 75% ④ 80%

해설 역률 = $\dfrac{\text{소비전력(kW)}}{\text{전원입력(kVA)}} \times 100$
= $\dfrac{10}{20} \times 100 = 50\%$

전원입력 = 무부하 전압 × 아크 전류
= 80 × 250 = 20000VA = 20kVA
아크출력 = 아크전압 × 아크 전류
= 30 × 250 = 7500W = 7.5kW

소비전력 = 아크출력 + 내부손실
= 7.5 + 2.5 = 10

56 아세틸렌(C_2H_2)가스 폭발과 관계가 없는 것은?

① 압력 ② 아세톤
③ 온도 ④ 동 또는 동합금

해설 아세틸렌의 폭발성
온도 : 406~408℃에서 자연 발화, 505~515℃가 되면 폭발, 780℃가 되면 산소가 없어도 자연 폭발
압력 : 15℃에서 1.5기압 이상 압축하면 충격 등에 의해 분해 폭발할 위험이 있으며, 2.0기압 이상 압축시 폭발할 수 있다.
혼합 가스 : 아세틸렌 15%, 산소 85% 부근이 가장 폭발 위험이 크다.
화합물 생성 : 아세틸렌 가스는 구리, 구리합금(62% Cu 이상), 은(Ag), 수은(Hg) 등과 접촉하면 이들과 화합하여 120℃ 부근에서 폭발성 화합물을 생성

57 용접 흄(fume)에 대한 설명 중 옳은 것은?

① 인체에 영향이 없으므로 아무리 마셔도 괜찮다.
② 실내 용접 작업에서는 환기설비가 필요하다.
③ 용접봉의 종류와 무관하며 전혀 위험은 없다.
④ 가제 마스크로 충분히 차단할 수 있으므로 인체에 해가 없다.

해설 용접 흄 : 인체에 유해하므로 흡입하지 않도록 하며, 용접봉 종류에 따라 유해 성분의 차가 있다. 따라서 용접시에는 안전공단에서 합격 판정을 받은 방독 마스크를 착용하고 작업하는 것이 가장 좋다.

정답 53 ② 54 ④ 55 ① 56 ② 57 ②

58 음극과 양극의 두 전극을 접촉시켰다가 떼면 두 전극 사이에 생기는 활 모양의 불꽃방전을 무엇이라 하는가?

① 용착　　② 용적
③ 용융지　　④ 아크

해설 아크 : 2개의 탄소봉 끝을 접촉시켜 강한 전류를 흐르게 하다가 조금 띄우면 양극은 약 3500℃, 음극은 2800℃로 가열되어 강한 백색 빛을 말한다.

59 MIG 용접에 사용하는 실드가스가 아닌 것은?

① 아르곤-헬륨　　② 아르곤-탄산가스
③ 아르곤-수소　　④ 아르곤-산소

해설 실드가스에는 아르곤, 헬륨, 아르곤-헬륨, 아르곤-탄산가스, 헬륨-아르곤-탄산가스, 아르곤-산소 등이 있다.

60 아크열을 이용한 용접 방법이 아닌 것은?

① 티그 용접　　② 미그 용접
③ 플라스마 용접　　④ 마찰 용접

해설 마찰 용접 : 두 개의 모재에 압력을 가해 접촉시킨 후 접촉면에 압력을 주면서 상대 운동을 시키면 마찰로 인한 열을 이용하여 접합부의 산화물을 녹여 내리면서 압력으로 접합하는 방식

정답　58 ④　59 ③　60 ④

2013 제3회 용접산업기사 최근 기출문제

2013년 8월 18일 시행

제1과목 용접야금 및 용접설비 제도

01 알루미늄판을 가스 용접할 때 사용되는 용제로 적합한 것은?

① 중탄산소다 + 탄산소다
② 염화나트륨, 염화칼륨, 염화리튬
③ 염화칼륨, 탄산소다, 붕사
④ 붕사, 염화리튬

해설 알루미늄판 용제 : 염화나트륨 30% + 염화칼륨 45% + 염화리튬 15% + 플루오르화칼륨 7% + 황산칼륨 3%

02 금속의 일반적인 특성 중 틀린 것은?

① 금속 고유의 광택을 가진다.
② 전기 및 열의 양도체 이다.
③ 전성 및 연성이 좋다.
④ 액체 상태에서 결정 구조를 가진다.

해설 고체 상태에서 결정 구조를 가진다.

03 다음 조직 중에서 가장 연성이 큰 것은?

① 레데뷰라이트   ② 페라이트
③ 펄라이트   ④ 시멘타이트

해설 페라이트는 순철의 조직(α철)으로 탄소강의 기본 조직 중에 가장 연한 조직이다.

04 탄소강의 용접에서 탄소 함유량이 많아지면 낮아지는 성질은?

① 인장강도   ② 취성
③ 연신률   ④ 압축강도

해설 연신률 : 늘어난 길이의 최초의 길이에 대한 백분율로 탄소량이 증가하면 연신률은 낮아진다.

05 냉간 가공만으로 경화되고 열처리로는 경화되지 않으며, 비자성이나 냉간가공에서는 약간의 자성을 갖고 있는 강은?

① 마텐사이트계 스테인리스강
② 페라이트계 스테인리스강
③ 오스테나이트계 스테인리스강
④ PH계 스테인리스강

해설 오스테나이트계 스테인리스강은 상온에서 비자성이지만 상온 가공하면 소량의 마텐사이트화에 의해 경화되고, 약간의 자성을 갖게 되며 18-8형 스테인리스강이 대표적이다.

06 6.67%의 C와 Fe의 화합물로서 Fe_3C로서 표기되는 것은?

① 펄라이트   ② 페라이트
③ 시멘타이트   ④ 오스테나이트

정답 01 ② 02 ④ 03 ② 04 ③ 05 ③ 06 ③

07 탄소강 중에 인(P)의 영향으로 틀린 것은?

① 연신률과 충격값을 증대
② 강도와 경도를 증대
③ 결정립의 조대화
④ 상온취성의 원인

해설 인의 영향 : 결정립의 조대화, 경도, 인장강도 증가시키고 연신률을 감소, 상온 취성의 원인

08 다음 금속 중 면심입방격자(FCC)에 속하는 것은? ★★

① 니켈, 알루미늄 ② 크롬, 구리
③ 텅스텐, 바나듐 ④ 몰리브덴, 리튬

해설
- 면심입방격자(FCC) : Ag, Al, Au, Ca, Cu, Ni, Pb, Pt, Rh, Th 등
- 체심입방격자(BCC) : Ba, K, Li, Mo, Na, Nb, Ta, W, V 등
- 조밀육방격자(HCP) : Be, Cd, Mg, Zn 등

09 금속의 결정계와 결정격자 중 입방정계에 해당하지 않는 결정격자의 종류는?

① 단순입방격자   ② 체심입방격자
③ 조밀입방격자   ④ 면심입방격자

해설 입방정계 : 단순입방격자, 체심입방격자, 면심입방격자가 있다.

10 용접 결함의 종류 중 구조상 결함에 포함되지 않는 것은?

① 용접균열   ② 융합불량
③ 언더컷   ④ 변형

해설
- 치수상 결함 : 변형, 용접 금속부 크기 및 형상 부적당 등
- 구조상 결함 : 기공, 슬래그 섞임, 융합 불량, 용입불량, 균열, 언더컷, 오버랩 등
- 성질상 결함 : 강도 부족, 연성 부족, 내식성 불량 등

11 인접부분, 공구, 지그 등의 위치를 참고로 나타내는데 사용하는 선의 명칭은?

① 지시선   ② 외형선
③ 가상선   ④ 파단선

해설 가상선의 용도
- 인접 부분, 공구, 지그 등의 위치를 참고로 나타낸다.
- 가동 부분을 이동 중의 특정한 위치 또는 이동한계의 위치로 표시
- 도시된 단면의 양쪽에 잇는 부분을 표시

12 용접 이음을 할 때 주의할 사항으로 틀린 것은?

① 맞대기 용접에서 뒷면에 용입 부족이 없도록 한다.
② 용접선은 가능한 서로 교차하게 한다.
③ 아래보기 자세 용접을 많이 사용하도록 한다.
④ 가능한 용접량이 적은 홈 형상을 선택한다.

해설 용접 이음시 주의 사항
- 가능한 한 용접부가 교차하지 않게, 부득이 교차할 경우 스캘럽 등을 설치여야 한다.
- 필릿, 맞대기, 볼트 이음 등이 있을 경우 맞대기 이음, 필릿 이음, 볼트 이음 순으로 작업한다.

정답 07 ① 08 ① 09 ③ 10 ④ 11 ③ 12 ②

13 다음 치수기입 방법의 일반 형식 중 잘못 표시된 것은? ★★

① 각도 치수 :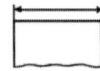

② 호의 길이 치수 :

③ 현의 길이 치수 :

④ 변의 길이 치수 :

14 가는 이점 쇄선은 가상선으로 사용된다. 다음 중 가상선의 용도로 틀린 것은?

① 공구, 지그 등의 위치를 참고로 표시하는 선
② 도면 내의 그 부분의 단면을 90° 회전하여 표시하는 선
③ 반복을 표시하는 선
④ 다듬질한 형상이 평면임을 표시

15 다음 비파괴 시험 기호와 시험 방법의 연결이 틀린 것은?

① ET : 와류 탐상 시험
② LT : 누설 시험
③ VT : 내압 시험
④ ST : 변형도 측정시험

해설 VT는 육안(외관) 시험을 뜻한다.

16 도면의 명칭에 관한 용어 중 잘못된 것은?

① 제작도 : 건설 또는 제조에 필요한 모든 정보를 전달하기 위한 도면이다.
② 시공도 : 설계의 의도와 계획을 나타낸 도면이다.
③ 상세도 : 건조물이나 구성재의 일부에 대해서 그 형태, 구조 또는 조립, 결합의 상세함을 나타낸 것이다.
④ 공정도 : 제조공정의 도중 상태, 또는 일련의 공정 전체를 나타낸 것이다.

해설 시공도는 현장 시공을 대상으로 해서 그린 제작도면이다.

17 제3각법에 대한 설명으로 틀린 것은?

① 제3상한에 놓고 투상하여 도시하는 것이다.
② 각 방향으로 돌아가며 비춰진 투상도를 얻는 원리이다.
③ 표제란에 제3각법의 그림 기호로 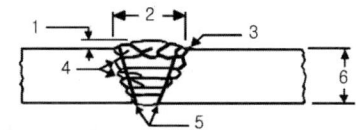 과 같이 표시한다.
④ 투상도를 얻는 원리는 눈 → 투상면 → 물체이다.

18 다음 [그림]에서 2번의 명칭으로 알맞은 것은?

① 용접 토우   ② 용접 덧살
③ 용접 루트   ④ 용접 비드

19 사투상도에 있어서 경사축의 각도로 적합하지 않는 것은?

① 15°   ② 30°
③ 45°   ④ 60°

해설 사투상도 : 투상선이 투상면을 사선으로 평행하도록 무한대의 수평시선으로 얻은 물체

정답 13 ① 14 ③ 15 ③ 16 ② 17 ② 18 ④ 19 ①

의 윤곽을 그려 육면체의 세 모서리는 경사축이 각을 이루는 입체도가 되며, 이를 그린 그림을 말하며 경사축은 30°, 45°, 60°가 있다.

20 각종 기호를 따로 기입하기 위하여 도형에서 빼내는 선은?

① 외형선 ② 치수선
③ 가상선 ④ 지시선

[해설] 외형선 : 물체의 보이는 부분의 형상을 표시하는 선으로 굵은 실선을 사용한다.

제2과목 용접구조설계

21 맞대기 용접 시험편의 인장강도가 650N/mm²이고, 모재의 인장 강도가 700N/mm²일 경우에 이음 효율은 약 얼마인가?

① 85.9% ② 90.5%
③ 92.9% ④ 98.2%

[해설] 이음효율 = $\frac{이음허용응력}{모재허용응력} \times 100$
= $\frac{650}{700} \times 100 = 92.8\%$

22 용접이음 설계시 일반적인 주의사항 중 틀린 것은?

① 가급적 능률이 좋은 아래보기 용접을 많이 할 수 있도록 설계한다.
② 후판을 용접할 경우는 용입이 깊은 용접법을 이용하여 용착량을 줄인다.
③ 맞대기 용접에는 이면 용접을 할 수 있도록 해서 용입 부족이 없도록 한다.
④ 될 수 있는 대로 용접량이 많은 홈 형상을 선택한다.

[해설] 용접 설계시 될 수 있는 대로 용접량이 적은 홈 형상을 선택해야 한다.

23 그림과 같이 폭 50mm, 두께 10mm의 강판을 40mm만을 겹쳐서 전둘레 필릿 용접을 한다. 이 때 100kN의 하중을 작용시킨다면 필릿 용접의 치수는 얼마로 하면 좋은가?
(단, 용접 허용응력은 10.2 kN/cm²)

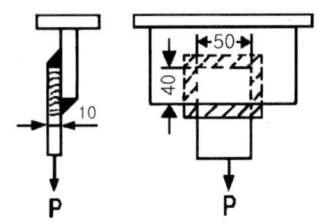

① 약 2mm ② 약 5mm
③ 약 8mm ④ 약 11mm

[해설] • 단위길이당 허용응력
$f = \frac{100}{4 \times 2 + 5 \times 2} = 5.6$

• 필릿 치수 $h = 1.414 \times \frac{5.6}{10.2} = 7.76$

24 용접부를 기계적으로 타격을 주어 잔류응력을 경감시키는 것은?

① 저온 응력완화법 ② 취성 경감법
③ 역변형법 ④ 피닝법

[해설] 피닝법 : 가늘고 긴 피닝 망치로 용접 부위를 계속해 두들겨 줌으로써 비드 표면층에 성질 변화를 주어 용접부의 인장 잔류 응력을 완화시키고 용접 금속의 급열을 방지하는 효과를 얻는 작업

25 다음 [그림]과 같이 균열이 발생했을 때 그 양단에 정지구멍을 뚫어 균열진행을 방지하는 것은?

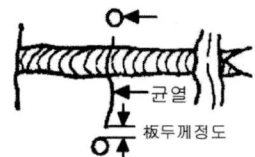

① 브로우 홀　② 핀 홀
③ 스톱 홀　④ 웜 홀

해설 • 스톱 홀 : 균열이 더 전파될 우려가 있을 때는 보수부의 양끝에 균열방지

26 다음 [그림]과 같이 일시적인 보조판을 붙이든지 변형을 방지할 목적으로 시공되는 용접변형 방지법은?

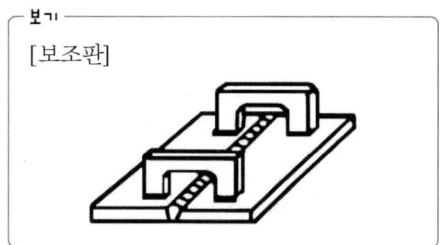

① 억제법　② 피닝법
③ 역변형법　④ 냉각법

해설 억제법 : 용접물을 정반에 고정시키거나 보강재를 이용하든지 또는 일시적인 보조판을 붙이든지 하여 변형을 방지하는 방법으로 가장 널리 이용된다.

27 용착 금속부 내부에 발생된 기공결함 검출에 가장 좋은 검사법은?

① 누설 검사　② 방사선 투과 검사
③ 침투 탐상 검사　④ 자분 탐상 검사

해설 방사선 투과 검사 : X 선, γ선 등의 방사선을 이용하는 방법으로 주로 주조품이나 용접부 시험에 적용하며 가장 신뢰성이 있으며 널리 사용되고 있다.

28 용접부에 형성된 잔류응력을 제거하기 위한 가장 적합한 열처리 방법은?

① 담금질을 한다.　② 뜨임을 한다.
③ 불림을 한다.　④ 풀림을 한다.

29 용접 이음부 형상의 선택시 고려사항이 아닌 것은?

① 용접하고자 하는 모재의 성질
② 용접부에 요구되는 기계적 성질
③ 용접할 물체의 크기, 형상, 외관
④ 용접 장비 효율과 용가재의 건조

30 이면 따내기 방법이 아닌 것은?

① 아크 에어가우징　② 밀링
③ 가스 가우징　④ 산소창 절단

해설 산소창 절단의 용도는 두꺼운 강판 절단이나 주철, 강괴 등의 절단에 사용되며 산소창에 철분말을 공급하면 콘크리트에 구멍을 뚫을 수도 있다.

31 아크 용접 중에 아크가 전류 자장의 영향을 받아 용접비드(bead)가 한쪽으로 쏠리는 현상은?

① 용융 속도　② 자기 불림
③ 아크 부스터　④ 전압강하

해설 아크 쏠림 : 용접전류에 의해 아크주위에 발생하는 자장이 용접에 대해서 비대칭으로 나타나는 현상을 말하며 자기 불림이라고도 한다.

정답　25 ③　26 ①　27 ②　28 ④　29 ④　30 ④　31 ②

32 용착 금속의 인장강도를 구하는 식은?

① 인장강도 = $\dfrac{\text{인장하중}}{\text{시험편의 단면적}}$

② 인장강도 = $\dfrac{\text{시험편의 단면적}}{\text{인장하중}}$

③ 인장강도 = $\dfrac{\text{표점거리}}{\text{연신율}}$

④ 인장강도 = $\dfrac{\text{연신율}}{\text{표점거리}}$

해설 인장강도 = $\dfrac{\text{인장하중}}{\text{시험편의단면적}}$

33 용접이음의 안전률을 나타내는 식은?

① 안전률 = $\dfrac{\text{인장강도}}{\text{허용응력}}$

② 안전률 = $\dfrac{\text{허용응력}}{\text{인장강도}}$

③ 안전률 = $\dfrac{\text{이음효율}}{\text{허용응력}}$

④ 안전률 = $\dfrac{\text{허용응력}}{\text{이음효율}}$

해설 안전률 = $\dfrac{\text{허용응력}}{\text{사용응력}} = \dfrac{\text{인장강도}}{\text{허용응력}}$

34 용접부 검사에서 파괴 시험에 해당되는 것은?

① 음향 시험 ② 누설 시험
③ 형광 침투 시험 ④ 함유 수소 시험

해설 파괴시험 종류
- 기계적 시험 : 인장, 굽힘, 경도, 충격, 피로 시험 등
- 물리적 시험 : 물성시험, 열특성 시험, 자기 특성 시험 등
- 화학적 시험 : 화학 분석, 부식시험, 함유 수소 시험 등
- 야금학적 시험 : 육안 조직, 현미경 조직, 파면 시험, 설퍼 프린트 시험 등
- 용접성 시험 : 노치 취성, 용접 경화성, 용접 연성, 용접 균열 시험 등

35 용접 이음의 종류 중 겹치기 이음은?

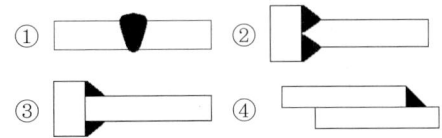

해설 ① : 맞대기 이음, ③ : 필릿 이음
④ : 겹치기 이음

36 초음파 경사각 탐상 기호는?

① UT – A ② UT
③ UT – N ④ UT – S

해설 UT : 초음파 탐상
UT – A : 초음파 경사각 탐상
UT – N : 초음파 수직 탐상

37 일반적으로 피로 강도는 세로축에 응력(S), 가로축에 파괴까지의 응력 반복 회수(N)를 가진 선도로 표시한다. 이 선도를 무엇이라 부르는가?

① B – S 선도 ② S – S 선도
③ N – N 선도 ④ S – N 선도

해설 S–N 선도 : 가해지는 응력(변형력)의 반복 횟수와 그 진폭과의 관계를 나타내는 곡선

38 다음 중 똑같은 용접조건으로 용접을 실시하였을 때 용접변형이 가장 크게 되는 재료는 어떤 것인가?

① 연강
② 800MPa급 고장력강
③ 9% Ni강
④ 오스테나이트계 스테인리스강

39 용접금속 근방의 모재에 용접열에 의해 급열, 급랭되는 부위가 발생하는데 이 부위를 무엇이라 하는가?

① 본드(bond)부 ② 열영향부
③ 세립부 ④ 용착 금속부

[해설] 열영향부 : 용접 열 또는 절단 열에 의하여 금속 조직과 기계적 성질이 변화하지만 용융되지 않은 모재부분

40 제품 제작을 위한 용접순서로 옳지 않은 것은?

① 수축이 큰 맞대기 이음을 먼저 용접한다.
② 리벳과 용접을 병용할 경우 용접이음을 먼저 한다.
③ 큰 구조물은 끝에서부터 중앙으로 향해 용접한다.
④ 대칭적으로 용접을 한다.

[해설] 구조물의 중립축에 대하여 용접 수축력의 모멘트의 합이 0이 되게 구조물 중심에서 항상 대칭으로 용접을 해야 한다.

제3과목 ▶ 용접일반 및 안전관리

41 가스용접 작업시 점화할 때, 폭음이 생기는 경우의 직접적인 원인이 아닌 것은?

① 혼합가스의 배출이 불완전했다.
② 산소와 아세틸렌 압력이 부족했다.
③ 팁이 완전히 막혔다.
④ 가스분출 속도가 부족했다.

[해설] 팁이 완전히 막혔을 때는 점화가 안된다.

42 피복 아크 용접에서 보통 용접봉의 단면적 1mm^{2}에 대한 전류밀도로 가장 적합한 것은?

① 8 ~ 9A ② 10 ~ 13A
③ 14 ~ 18A ④ 19 ~ 23A

[해설] 용접봉의 단면적 1mm^{2}에 대한 전류밀도는 10 ~ 13A가 적당하다.

43 용접 작업에서 전격의 방지대책으로 틀린 것은?

① 용접기 내부에 함부로 손을 대지 않는다.
② 홀더나 용접봉은 맨손으로 취급하지 않는다.
③ 보호구는 반드시 착용하지 않아도 된다.
④ 습기찬 작업복, 장갑 등을 착용하지 않는다.

[해설] 보호구는 반드시 착용해야 한다.

정답 38 ④ 39 ② 40 ③ 41 ③ 42 ② 43 ③

44 맞대기 저항 용접에 해당하는 것은?

① 매시 심 용접 ② 업셋 용접
③ 프로젝션 용접 ④ 스폿 용접

해설 이음형상에 따른 전기 저항 용접
겹치기 용접 : 점 용접, 심용접, 프로젝션 용접
맞대기 용접 : 플래시 용접, 업셋 용접, 퍼커션 용접

45 서브머지드 아크 용접의 장점에 속하지 않는 것은?

① 용융속도 및 용착 속도가 빠르다.
② 용입이 깊다.
③ 용접 자세에 제약을 받지 않는다.
④ 대 전류 사용이 가능하여 고 능률적이다.

해설 서브머지드 용접은 대부분 아래보기 자세 이외는 용접 자세에 제약을 받는다.

46 자동가스 절단기(산소-프로판)의 사용은 어떤 경우에 가장 유리한가?

① 특수강의 절단
② 형강의 절단
③ 비철금속의 절단
④ 곧고 긴 저탄소강의 절단

47 알루미늄을 TIG 용접할 때 가장 적합한 전류는?

① DCSP ② DCRP
③ ACHF ④ AC

해설 ACHF(고주파 장치 교류)는 알루미늄, 마그네슘에 많이 사용되며 청정작용이 있다.

48 피복 아크 용접의 피복제 중 슬래그(Slag) 생성제가 아닌 것은?

① 셀룰로오스 ② 산화티탄
③ 이산화망간 ④ 산화철

해설
- 슬래그 생성제 : 산화철, 일미나이트, 산화티탄, 이산화망간, 석회석, 규사, 장석, 형석 등
- 가스 발생제 : 녹말, 톱밥, 석회석, 탄산바륨, 셀룰로오스 등
- 아크 안정제 : 산화티탄, 규산나트륨, 석회석, 규산칼륨 등
- 탈산제 : 규소철, 망간철, 티탄철 등

49 탄산가스아크용접이 피복 아크 용접에 비해 장점이라고 볼 수 없는 것은?

① 전류 밀도가 높으므로 용입이 깊고 용접 속도가 빠르다.
② 박판용접은 단락이행 용접법에 의해 가능하다.
③ 슬래그 섞임이 없고 용접 후 처리가 간단하다.
④ 적용 재질은 비철금속 계통에만 가능하다.

해설 탄산가스 아크 용접에 적용 재질은 철계통으로 한정되어 있다.

50 피복아크 용접작업의 기초적인 용접조건으로 가장 거리가 먼 것은?

① 용접 속도 ② 아크길이
③ 스틱 아웃길이 ④ 용접전류

해설 스틱 아웃 길이는 용융물에서 토치까지의 거리를 말한다.

정답 44 ② 45 ③ 46 ④ 47 ③ 48 ① 49 ④ 50 ③

51 연강용 피복아크 용접봉 E4316의 피복제 계통은?

① 저수소계 ② 고산화티탄계
③ 일미나이트계 ④ 철분산화철계

해설
- 저수소계 : E4316, E7016
- 고산화티탄계 : E4313, E6013
- 일미나이트계 : E4301
- 철분산화철계 : E4327

52 가스 용접용으로 사용되는 가스가 갖추어야 할 성질에 해당되지 않는 것은?

① 불꽃의 온도가 높을 것
② 연소속도가 빠를 것
③ 발열량이 적을 것
④ 용융금속과 화학반응을 일으키지 않을 것

해설 가스는 발열량이 많아야 한다.

53 1차 입력 전원 전압이 200V인 용접기의 퓨즈 용량이 100A라면 용접기의 정격용량은?

① 10kVA ② 20kVA
③ 30kVA ④ 40kVA

해설 퓨즈용량 = $\dfrac{정격용량}{입력전압}$ = $\dfrac{20000}{200}$ = $100A$

54 자동 및 반자동 용접이 수동 아크 용접에 비하여 우수한 점이 아닌 것은?

① 와이어 송급 속도가 빠르다.
② 용입이 깊다.
③ 위보기 용접 자세에 적합하다.
④ 용착금속의 기계적 성질이 우수하다.

해설 자동 및 반자동 용접은 아래보기 자세에 적합하다.

55 용접법의 종류 중 알루미늄 합금재료의 용접이 불가능한 것은?

① 피복 아크용접
② 탄산가스 아크용접
③ 불활성가스 아크용접
④ 산소-아세틸렌 가스용접

해설 알루미늄 및 알루미늄 합금 용접
가능한 용접법은 피복 아크 용접, 산소-아세틸렌 용접, 불활성 가스 아크 용접(TIG 용접, MIG 용접), 플라스마 용접 등이 있으나, 탄산가스 아크(CO_2)용접은 강이나 스테인리스 강까지는 가능하나 알루미늄 용접은 거의 할 수가 없다.

56 불활성 가스 금속 아크 용접에서 와이어 송급 방식이 아닌 것은?

① 위빙 방식 ② 푸시 방식
③ 풀 방식 ④ 푸시-풀 방식

해설 와이어 송급 방식에는 푸시, 풀, 푸시-풀, 더블 푸시 방식이 있다.

57 아크용접 중 방독 마스크를 쓰지 않아도 되는 용접재료는?

① 연강 ② 황동
③ 아연도금판 ④ 카드뮴합금

정답 51 ① 52 ③ 53 ② 54 ③ 55 ② 56 ① 57 ①

58 가스 용접에서 알루미늄 용제로 사용되지 않는 것은?

① 붕사　　② 염화나트륨
③ 염화칼륨　④ 염화리튬

해설 알루미늄 용제 : 염화나트륨, 염화칼륨, 염화리튬, 플루오르화칼륨, 황산칼륨 등이 쓰이며, 붕사는 주철 및 구리합금 용제이다.

59 텅스텐 전극봉을 사용하는 용접은?

① 산소-아세틸렌 용접
② 피복 아크용접
③ MIG 용접
④ TIG 용접

해설 텅스텐 전극봉을 사용하는 용접은 불활성 가스 텅스텐 아크 용접(TIG)이다.

60 가스절단 진행 중 열량을 보충하는 예열 불꽃으로 사용되지 않는 것은?

① 산소-탄산가스 불꽃
② 산소-아세틸렌 불꽃
③ 산소-LPG 불꽃
④ 산소-수소 불꽃

해설 예열 불꽃 가스로는 아세틸렌, 프로판, 수소, 천연가스 등이 있으나 아세틸렌 가스를 많이 사용한다.

정답　58 ①　59 ④　60 ①

2014 제1회 용접산업기사 최근 기출문제

2014년 3월 2일 시행

제1과목 용접야금 및 용접설비 제도

01 연강용 피복 아크용접봉으로 용접했을 때 일반적으로 나타나는 금속 조직은?

① 페라이트   ② 오스테나이트
③ 시멘타이트 ④ 마텐사이트

02 저수소계 용접봉의 특징을 설명한 것 중 틀린 것은?

① 용접금속의 수소량이 낮아 내균열성이 뛰어나다.
② 고장력강, 고탄소강 등의 용접에 적합하다.
③ 아크는 안정되나 비드가 오목하게 되는 경향이 있다.
④ 비드 시점에 기공이 발생되기 쉽다.

[해설] 저수소계는 아크가 불안정하고 용접속도가 느리며 용접시점에서 기공이 생기기 쉽다.

03 합금주철의 함유 성분 중 흑연화를 촉진하는 원소는?

① V   ② Cr
③ Ni   ④ Mo

[해설] • 흑연화 촉진 : Si, Al, Ni
• 흑연화 방해 : Cr, Mn, S

04 용접 분위기 중에서 발생하는 수소의 원인이 아닌(될 수 없는) 것은? ★★

① 플럭스 중의 무기물
② 고착제(물유리 등)가 포함한 수분
③ 플럭스에 흡수된 수분
④ 대기 중의 수분

[해설] 수소의 발생원인 : ②, ③, ④ 외에 플럭스 중의 유기물, 플럭스 중의 유기물, 수분, 결정수를 포함한 광물 등

05 Fe-C 상태도에서 공정반응에 의해 생성된 조직은?

① 펄라이트   ② 페라이트
③ 레데뷰라이트 ④ 솔바이트

[해설] 레데뷰라이트 : Fe-C 합금에 있어서 γ철(오스테나이트)과 Fe_3C(시멘타이트)의 공정반응에서 생성된다.
공정 : 2개의 성분 금속이 액체에서 고체로 정출되어 기계적으로 혼합된 조직

06 편석이나 기공이 적은 가장 좋은 양질의 단면을 갖는 강은?

① 킬드강   ② 세미킬드강
③ 림드강   ④ 세미림드강

[해설] – 킬드강 : 규소 또는 알루미늄과 같은 강한

정답 01 ① 02 ③ 03 ③ 04 ① 05 ③ 06 ①

탈산제(脫酸劑)로 탈산한 강, 전기로에서 제조되며, 헤어크렉이 생기기 쉽고, 20~30%의 수축관이 생길 수 있다.
- 림드강 : 0.3%C 이하의 강, 탈산이 충분하게 되지 않아 재질이 균일하지 못한강, 편석, 기공이 있다.

07 노치가 붙은 각 시험편을 각 온도에서 파괴하면, 어떤 온도를 경계로 하여 시험편이 급격히 취성화되는가?

① 천이 온도 ② 노치 온도
③ 파괴 온도 ④ 취성 온도

해설 성질이 급변하는 온도를 천이 온도라고 하는데 변태점 등은 그 한 예이며, 충격치가 급변하는 온도, 바꾸어 말하면 저온 취성을 나타내는 온도를 말하는 경우가 많다.

08 금속재료를 보통 500~700℃로 가열하여 일정시간 유지 후 서냉하는 방법으로 주조, 단조, 기계가공 및 용접 후에 잔류응력을 제거하는 풀림방법은?

① 연화 풀림 ② 구상화 풀림
③ 응력제거 풀림 ④ 항온 풀림

해설 응력제거 풀림은 용접에 의해서 생긴 잔류응력을 제거하기 위한 열처리의 일종이다.

09 알루미늄의 특성이 아닌 것은?

① 전기 전도도는 구리의 60% 이상이다.
② 직사광의 90% 이상을 반사할 수 있다.
③ 비자성체이며 내열성이 매우 우수하다.
④ 저온에서 우수한 특성을 갖고 있다.

해설 알루미늄은 열 및 전기의 양도체이며 내식성이 좋다.

10 강의 담금질 조직 중 냉각속도에 따른 조직의 변화순서가 옳게 나열된 것은?

① 트루스타이트 → 솔바이트 → 오스테나이트 → 마텐사이트
② 솔바이트 → 트루스타이트 → 오스테나이트 → 마텐사이트
③ 마텐사이트 → 오스테나이트 → 솔바이트 → 트루스타이트
④ 오스테나이트 → 마텐사이트 → 트루스타이트 → 솔바이트

11 3차원의 물체를 원근감을 주면서 투상선이 한 곳에 집중되게 그린 것으로 건축, 토목의 투상에 주로 사용되는 것은?

① 투시도 ② 사투상도
③ 부등각투상도 ④ 정투상도

해설 투시도는 원근감을 갖게 하기 위해 시점과 물체를 방사선으로 표시하는 방법

12 도면의 분류 중 내용에 따른 분류에 해당되지 않는 것은? ★★

① 기초도 ② 스케치도
③ 계통도 ④ 장치도

해설
• 내용에 따른 분류 : ①, ②, ④ 외에 부품도, 조립도, 배치도, 배근도
• 용도에 따른 분류 : 계획도, 제작도, 주문도, 견적도, 승인도, 설명도 등
• 표현 형식에 따른 분류 : 외관도, 전개도, 곡면선도, 선도, 입체도 등

13 교류아크 용접에서 전원전류는 몇 사이클마다 극성이 변하는가?

① 1/5 ② 1/4

정답 07 ① 08 ③ 09 ③ 10 ④ 11 ① 12 ③ 13 ④

③ 1/3 ④ 1/2

해설 60Hz를 사용하므로 초당 120번이 바뀌므로 극성은 1/2마다 바뀐다.

14 투상법의 명시에 대한 설명 중 틀린 것은?

① 투상법의 기호를 문자와 병용해서 표시한다.
② 도면 내의 적당한 위치에 제3각법 또는 제1각법이라 기입한다.
③ 제작도에는 각법을 기입할 필요는 없다.
④ 일반적으로 표제란 속에 기입한다.

15 보이지 않는 부분(외형)을 표시하는데 쓰이는 선은?

① 외형선 ② 숨은선
③ 중심선 ④ 가상선

해설
- 외형선 : 대상물의 보이는 부분의 모양을 표시
- 숨은선 : 대상물의 보이지 않는 부분의 모양을 표시
- 중심선 : 도형의 중심을 표시하는데 사용
- 가상선 : 인접부분의 참고로 표시하거나, 공구, 지그 등의 위치를 참고로 나타내는데 사용

16 도형의 표시방법 중 보조투상도의 설명으로 옳은 것은?

① 그림의 일부를 도시하는 것으로 충분한 경우에 그 필요 부분만을 그리는 투상도
② 대상물의 구멍, 홈 등 한 국부만의 모양을 도시하는 것으로 충분한 경우에 그 필요 부분만을 그리는 투상도
③ 대상물의 일부가 어느 각도를 가지고 있기 때문에 투상면에 그 실형이 나타나지 않을 때에 그 부분을 회전해서 그리는 투상도
④ 경사면부가 있는 대상물에서 그 경사면의 실형을 나타낼 필요가 있는 경우에 그리는 투상도

해설 ① 부분 투상도, ② 국부투상도, ③ 회전투상도

17 용접 기호 중에서 스폿(점) 용접을 표시하는 기호는? ★★

① ⊖   ② ⊓
③ ○   ④ ⌒

해설 ① 심용접, ② 플러그 용접, ④ 서페이싱 이음

18 다음 중 서로 관련되는 부품과의 대조가 용이하여 다종 소량 생산에 쓰이는 도면은?

① 1품 1엽 도면   ② 1품 다엽 도면
③ 다품 1엽 도면   ④ 복사도면

19 다음 도면에서 맞대기 이음에 대한 KS 용접기호를 옳게 설명한 것은?

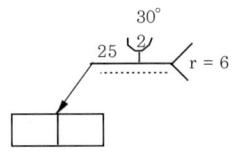

① U형 홈 용접기호로서 화살표쪽 홈 깊이 25mm, 루트 반지름 6mm, 홈각도 30°, 루트간격 2mm이다.
② U형 홈 용접기호로서 화살표 반대쪽

정답 14 ③ 15 ② 16 ④ 17 ③ 18 ③ 19 ①

홈 깊이 25mm, 루트 반지름 6mm, 홈각도 30°, 루트간격 2mm이다.
③ Y형 홈 용접기호로서 화살표 반대쪽 홈 깊이 25mm, 루트 간격 6mm, 홈각도 30°, 루트간격 2mm이다.
④ Y형 용접 기호로서 화살표쪽 홈 깊이 30mm, 루트 간격 6mm, 홈각도 30°이다.

20 용접부의 비파괴시험에서 150mm씩 세 곳을 택하여 형광 자분탐상 시험을 지시 하는 것은?

① MT-F150(3) ② MT-D150(3)
③ MT-F3(150) ④ MT-D3(150)

제2과목 용접구조설계

21 루트 균열에 대한 설명으로 거리가 먼 것은?

① 루트 균열의 원인은 열영향부 조직의 경화성이다.
② 맞대기 용접이음의 가접에서 발생하기 쉬우며 가로 균열의 일종이다.
③ 루트 균열을 방지하기 위해 건조된 용접봉을 사용한다.
④ 방지책으로는 수소량이 적은 용접, 건조된 용접봉을 사용한다.

[해설] 루트 균열(Root Crack)은 루트의 노치에 의한 응력 집중부에서 발생한 균열이다.

22 연강을 용접이음할 때 인장강도가 $21N/mm^2$, 허용응력이 $7N/mm^2$이다. 정하중에서 구조물을 설계할 경우 안전률은 얼마인가?

① 1 ② 2
③ 3 ④ 4

[해설] 안전률은 $21 \div 7 = 3$

23 연강판의 맞대기 용접이음시 굽힘 변형 방지법이 아닌 것은?

① 이음부에 미리 역변형을 주는 방법
② 특수 해머로 두들겨서 변형하는 방법
③ 지그로 정반에 고정하는 방법
④ 스트롱 백에 의한 구속 방법

24 아크 전류가 300A, 아크 전압이 25V, 용접속도가 20cm/min인 경우 발생되는 용접입열은?

① 20000J/cm ② 22500J/cm
③ 25500J/cm ④ 30000J/cm

[해설] 입열 $= \dfrac{60 \times E \times I}{V} = \dfrac{60 \times 300 \times 25}{20} = 22,500$

25 [그림]과 같은 겹치기 이음의 필릿 용접을 하려고 한다. 허용응력을 50[MPa]라 하고 인장하중을 50[kN], 판 두께 12mm 라고 할 때, 용접 유효길이는 약 몇 mm 인가?

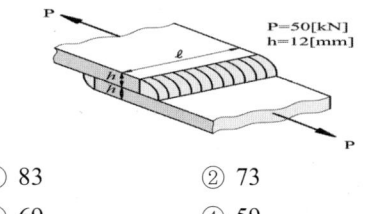

① 83 ② 73
③ 69 ④ 59

해설 응력 = $\dfrac{\sqrt{2}\times 인장하중}{(두께\times 2)\times 용접유효길이}$ 에서

용접유효길이 = $\dfrac{\sqrt{2}\times 50,000}{50\times(2\times 12)} = 58.92$

26 다음 중 용접이음의 설계로 가장 좋은 것은?

① 용착 금속량이 많게 되도록 한다.
② 용접선이 한 곳에 집중되도록 한다.
③ 잔류응력이 적게 되도록 한다.
④ 부분 용입이 되도록 한다.

해설 용착 금속량은 적게, 용접선은 분산되게, 잔류응력은 적게 설계해야 한다.

27 자분탐상 검사의 자화방법이 아닌 것은?

① 축통전법 ② 관통법
③ 극간법   ④ 원형법

해설 자분탐상의 자화방법에는 축통전법, 관통법, 직각 통전법, 코일법, 극간법이 있다.

28 용접 구조물을 조립할 때 용접자세를 원활하게 하기 위해 사용되는 것은?

① 용접 게이지   ② 제관용 정반
③ 용접 지그   ④ 수평 바이스

29 용접시 용접자세를 좋게 하기 위해 정반 자체가 회전하도록 한 것은?

① 매니플레이터 ② 용접 고정구
③ 용접대   ④ 용접 포지셔너

해설 용접 포지셔너는 용접하기 쉬운 상태로 놓아 정반 자체가 회전하도록 한 것이다.

30 용접선에 직각 방향으로 수축되는 변형을 무엇이라 하는가?

① 가로수축   ② 세로수축
③ 회전수축   ④ 좌굴변형

31 공업용 가스의 종류와 그 용기의 색상이 잘못 연결된 것은?

① 산소 - 녹색   ② 아세틸렌 - 황색
③ 아르곤 - 회색   ④ 수소 - 청색

해설 수소는 주황색이다.

32 용착금속에서 기공의 결함을 찾아내는 데 가장 좋은 비파괴 검사법은?

① 누설 검사   ② 자기 탐상 검사
③ 침투 탐상 검사 ④ 방사선 투과 시험

33 용접 구조 설계시 주의사항에 대한 설명으로 틀린 것은?

① 용접치수는 강도상 필요 이상 크게 하지 않는다.
② 용접이음의 집중, 교차를 피한다.
③ 판면에 직각방향으로 인장하중이 작용할 경우 판의 압연방향에 주의한다.
④ 후판을 용접할 경우 용입이 낮은 용접법을 이용하여 층수를 줄인다.

해설 후판 용접시 용입이 높은 용접법을 이용해야 한다.

34 용접 결함 중 언더컷이 발생했을 때 보수방법은?

① 예열한다.
② 후열한다.

③ 언더컷 부분을 연삭한다.
④ 언더컷 부분을 가는 용접봉으로 용접 후 연삭한다.

해설 언더컷 보수방법은 가는 용접봉으로 용접 후 연삭한다.

35 두꺼운 강판에 대한 용접이음 홈 설계시는 용접자세, 이음의 종류, 변형, 용입 상태, 경제성 등을 고려하여야 한다. 이 때 설계의 요령과 관계가 먼 것은?

① 용접 홈의 단면적은 가능한 작게 한다.
② 루트 반지름은 가능한 작게 한다.
③ 전후좌우로 용접봉을 움직일 수 있는 홈 각도가 필요하다.
④ 적당한 루트간격과 루트면을 만들어 준다.

해설 용접 이음 설계 요령 : 용착 금속량이 가능한 적게 설계해야 된다. U형 홈의 경우 홈각이 거의 없으므로 루트 반지름(홈 하단의 둥그른 부분)이 너무 작으면 용입 불량이 생길 우려가 있으므로 이 경우 루트 반지름은 크게 해야 된다.

36 용접을 장시간 할 때 용접 흄이나 가스를 흡입하게 되는데 그 방지 대책 및 주의사항으로 가장 적당하지 않은 것은?

① 절연형 홀더를 사용한다.
② 환기 통풍을 잘한다.
③ 아연 합금, 납 등의 모재에 대해서는 특히 주의를 요한다.
④ 보호 마스크를 착용한다.

37 용접시 발생하는 용접변형의 주 발생 원인으로 가장 적합한 것은?

① 용착금속부의 취성에 의한 변형
② 용접이음부의 결함 발생으로 인한 변형
③ 용착금속부의 수축과 팽창으로 인한 변형
④ 용착금속부의 경화로 인한 변형

38 한 끝에서 다른 쪽 끝을 향해 연속적으로 진행하는 방법으로 용접이음이 짧은 경우나 변형, 잔류응력 등이 크게 문제되지 않을 때 이용되는 용착법은?

① 비석법 ② 대칭법
③ 후퇴법 ④ 전진법

해설
• 비석법(스킵법) : 용접 길이를 짧게 나누어 간격을 두면서 용접하는 방법
• 대칭법 : 용접부의 중앙으로부터 양끝을 향해 대칭적으로 용접하는 방법
• 후퇴법 : 용접 진행방향과 용착 방향이 서로 반대가 되는 방법

39 용접부의 부식에 대한 설명으로 틀린 것은?

① 임계 부식은 용접 열영향부의 오스테나이트 입계에 크롬 탄화물이 석출될 때 발생한다.
② 용접부의 부식은 전면부식과 국부부식으로 분류한다.
③ 틈새부식은 틈 사이의 부식을 말한다.
④ 용접부의 잔류응력은 부식과 관계없다.

40 저온취성 파괴에 미치는 요인과 가장 관계가 먼 것은?

① 온도의 저하 ② 인장 잔류 응력
③ 예리한 노치 ④ 강재의 고온 특성

해설 저온취성은 탄소강 등에 있어서 저온(상온

정답 35 ② 36 ① 37 ③ 38 ④ 39 ④ 40 ④

부근 또는 그 이하)이 되면 충격치가 현저하게 저하되고 여리게 되는 현상으로 강재의 고온과는 거리가 멀다.

제3과목 용접일반 및 안전관리

41 판 두께가 가장 두꺼운 경우에 적당한 용접 방법은?

① 원자 수소 용접
② CO₂ 가스 용접
③ 서브머지드 용접
④ 일렉트로 슬래그 용접

> **해설** 일렉트로 슬래그 용접은 단층 수직 상진용접법으로 후판의 용접에 적당하며 1m 두께의 강판을 연속 용접이 가능하다.

42 TIG 용접으로 Al을 용접할 때 가장 적합한 용접 전원은?

① DCSP   ② DCRP
③ ACHF   ④ ACRP

> **해설** 알루미늄의 용접에는 고주파를 이용한 평형 교류 용접(ACHF)을 사용한다.

43 직류 아크 용접기를 교류 아크 용접기와 비교했을 때 틀린 것은?

① 비피복 용접봉 사용이 가능하다.
② 전격의 위험이 크다.
③ 역률이 양호하다.
④ 유지보수가 어렵다.

> **해설** 직류 아크 용접기는 비피복 용접봉 사용이 가능하고, 전격 위험이 적으며, 역률이 양호하고 유지보수가 어렵다.

44 전기 저항열을 이용한 용접법은?

① 일렉트로 슬래그 용접
② 잠호 용접
③ 초음파 용접
④ 원자 수소 용접

45 TIG 용접에서 아크 스타트를 쉽게 하고 아크가 안정화되도록 용접기에 설비하는 것은?

① 고주파 발생기   ② 가동철심
③ 콘덴서   ④ 리액터

> **해설** 고주파 발생장치는 아크를 안정시키기 위해 상용 주파수의 아크 전류 외에 고전압 2000~4000V를 발생시켜 용접 전류를 중첩시켜 사용하는 방법이다.

46 두께가 12.7mm인 강판을 가스 절단하려 할 때 표준 드래그의 길이는 2.4mm이다. 이때 드래그는 몇 %인가? ★★

① 18.9   ② 32.1
③ 42.9   ④ 52.4

> **해설** 드래그 길이 $= \dfrac{\text{드래그길이 mm}}{\text{판두께 mm}} \times 100$
> $= \dfrac{2.4}{12.7} \times 100 = 18.9$

47 용접에 관한 안전 사항으로 틀린 것은?

① TIG용접시 차광렌즈는 12~13번을 사용한다.
② MIG용접시 피복 아크 용접보다 1m가

넘는 거리에서도 공기 중의 산소를 오존으로 바꿀 수 있다.
③ 전류가 인체에 미치는 영향에서 50mA는 위험을 수반하지 않는다.
④ 아크로 인한 염증을 일으켰을 경우 붕산수(2%수용액)로 눈을 닦는다.

해설 전류가 50mA 이상이 인체에 흐르면 심장마비를 일으켜 사망할 위험이 있다.

48 CO_2 아크 용접에 대한 설명 중 틀린 것은?

① 전류 밀도가 높아 용입이 깊고, 용접속도를 빠르게 할 수 있다.
② 용접장치, 용접 전원 등 장치로서는 MIG용접과 같은 점이 많다.
③ CO_2 아크 용접에서는 탈산제로서 Mn 및 Si를 포함한 용접 와이어를 사용한다.
④ CO_2 아크 용접에서는 차폐가스로 CO_2에 소량의 수소를 혼합한 것을 사용한다.

49 최소 에너지 손실속도로 변화되는 절단 팁의 노즐 형태는?

① 스트레이트 노즐
② 다이버전트 노즐
③ 원형 노즐
④ 직선형 노즐

해설 • 스트레이트 노즐 : 보통 절단용
• 직선형 노즐 : 후판 절단에 이용

50 맞대기 압접의 분류에 속하지 않는 것은?

① 플래시 맞대기 용접
② 방전 충격 용접
③ 업셋 맞대기 용접
④ 심 용접

해설 • 겹치기 : 스폿, 심, 프로젝션 용접
• 맞대기 : 플래시 맞대기, 업셋 맞대기, 방전 충격 용접(퍼커션 용접)

51 TIG 용접시 교류 용접기에 고주파 전류를 사용할 때의 특징이 아닌 것은?

① 아크는 전극을 모재에 접촉시키지 않아도 발생된다.
② 전극의 수명이 길다.
③ 일정 지름의 전극에 대해 광범위한 전류의 사용이 가능하다.
④ 아크가 길어지면 끊어진다.

해설 아크는 고주파를 발생시키면서 아크를 일으키고, 용접을 하게 되면 냉각수 순환 장치가 토치의 과열을 방지한다.

52 다음 중 전격의 위험성이 가장 적은 것은?

① 케이블의 피복이 파괴되어 절연이 나쁠 때
② 무부하 전압이 낮은 용접기를 사용할 때
③ 땀을 흘리면서 전기용접을 할 때
④ 젖은 몸에 홀더 등이 닿았을 때

53 아세틸렌 청정기는 어느 위치에 설치함이 좋은가?

① 발생기의 출구 ② 안전기 다음
③ 압력조정기 다음 ④ 토치 바로 앞

해설 아세틸렌 청정기는 발생기 출구에 설치한다.

54 이산화탄소 아크 용접에 대한 설명으로 옳지 않은 것은?

① 아크 시간을 길게 할 수 있다.
② 가시 아크이므로 시공시 편리하다.

정답 48 ④ 49 ② 50 ④ 51 ④ 52 ② 53 ① 54 ④

③ 용접입열이 크고 용융속도가 빠르며 용입이 깊다.
④ 바람의 영향을 받지 않으므로 방풍장치가 필요없다.

해설 바람의 영향을 받으므로 풍속 2m/s 이상에서는 방풍장치가 필요하다.

55 교류 아크 용접시 아크시간이 6분이고, 휴식시간이 4분일 때 사용률은 얼마인가?

① 40% ② 50%
③ 60% ④ 70%

해설 사용률 = $\dfrac{\text{아크시간}}{\text{아크시간} + \text{휴식시간}} \times 100$
$= \dfrac{6}{6+4} \times 100 = 60$

56 B형 가스용접 토치의 팁 번호 250을 바르게 설명한 것은?

① 판 두께 250mm까지 용접한다.
② 1시간에 250리터의 아세틸렌 가스를 소비하는 것이다.
③ 1시간에 250리터의 산소 가스를 소비하는 것이다.
④ 1시간에 250cm까지 용접한다.

해설 가변압식(프랑스식) 토치를 말하며 1시간 동안에 표준 불꽃을 이용하여 용접할 경우 아세틸렌 가스의 소비량이 팁 번호이다.

57 CO_2 가스에 산소를 첨가한 효과가 아닌 것은?

① 슬래그 생성량이 많아져 비드 외관이 개선된다.
② 용입이 낮아 박판 용접에 유리하다.
③ 용융지의 온도가 상승된다.
④ 비금속 개재물의 응집으로 용착강이 청결해진다.

해설 CO_2 용접에서 CO_2+O_2를 사용하는 경우 : 발열량이 많아져 용융지 온도가 상승하므로 용입이 깊어지므로 후판 용접에 효과가 크다.

58 교류 아크 용접기에서 2차측의 무부하 전압은 약 몇 V가 되는가?

① 40~60V ② 70~80V
③ 80~100V ④ 100~120V

해설 2차측 무부하는 70~80V이다.

59 강을 가스 절단할 때 쉽게 절단할 수 있는 탄소 함유량은 얼마인가?

① 6.68%C 이하 ② 4.3%C 이하
③ 2.11%C 이하 ④ 0.25%C 이하

해설 0.25%C 이하의 저탄소강에서는 절단성이 양호하나 탄소량의 증가로 균열이 생길 수 있다.

60 아크 용접과 절단 작업에서 발생하는 복사 에너지 중 눈에 백내장을 일으키고, 맨살에 화상을 입힐 수 있는 것은?

① 적외선 ② 가시광선
③ 자외선 ④ X선

해설 적외선은 가시광선 범위의 한 끝인 적색 스펙트럼을 벗어난 비가시(非可視) 광선 부분으로 눈에는 백내장, 맨살에는 화상을 입힐 수 있다.

정답 55 ③ 56 ② 57 ② 58 ② 59 ④ 60 ①

2014 제2회 용접산업기사 최근 기출문제

2014년 5월 25일 시행

제1과목: 용접야금 및 용접설비 제도

01 강의 조직 중 오스테나이트에서 냉각 중 탄소농도의 확산으로 탄소농도가 낮은 페라이트와 탄소농도가 높은 시멘타이트가 층상을 이루는 조직은?

① 펄라이트 ② 마텐사이트
③ 트루스타이트 ④ 레데브라이트

해설 펄라이트는 강의 조직에서 페라이트와 시멘타이트가 층을 이루는 강인한 조직이다.

02 용접부 고온균열의 직접적인 원인이 되는 것은?

① 전극의 피복제에 흡수된 수분
② 고온에서의 연성 향상
③ 응고시의 수축, 팽창
④ 후열처리

해설 고온 균열은 응고 중, 응고 후에 발생되며 균열이 표면까지 진전되면 균열의 면은 산화되어 피막이 형성된다.

03 Fe-C 합금에서 6.67%C를 함유하는 탄화철의 조직은?

① 시멘타이트 ② 레데브라이트
③ 페라이트 ④ 오스테나이트

해설 시멘타이트는 탄화철(Fe_3C, 탄소량 6.67%)로 금속적인 광택이 있으며 대단히 단단하고, 취성이 있으며, 자성을 갖고 있다.
- 레데뷰라이트 : 포화하고 있는 2.01%C의 γ고용체(오스테나이트)와 6.67%C의 Fe_3C (시멘타이트)의 공정

04 한국산업표준에서 정한 일반 구조용 탄소 강관을 표시하는 것은?

① SCPH ② STKM
③ NCF ④ STK

해설 STK는 steel pipe structure로 일반 구조용 탄소강관을 표시한다.

05 황(S)에 관한 설명으로 틀린 것은?

① 강에 함유된 S는 대부분 MnS로 잔류한다.
② FeS는 결정입계에 망상으로 분포되어 있다.
③ S는 상온취성의 원인이 되며, 경도를 증가시킨다.
④ S가 0.02% 정도만 있어도 인장강도, 충격치를 감소시킨다.

해설 황은 900~950℃에서 FeS가 파괴되어 균열되는 적열취성이다.

정답 01 ① 02 ③ 03 ① 04 ④ 05 ③

06 피복 아크 용접에서 피복제의 역할 중 가장 거리가 먼 것은?

① 용접금속의 응고와 냉각속도를 지연시킨다.
② 용접금속에 적당한 합금원소를 첨가한다.
③ 용융점이 낮은 적당한 점성의 슬래그를 만든다.
④ 합금원소 첨가 없이도 냉각속도로 인해 입자를 미세화하여 인성을 향상시킨다.

해설 피복제는 용융 금속의 용적을 미세화하여 용착 효율을 높인다.

07 연강용 피복 아크 용접봉에서 피복제의 염기도가 가장 낮은 것은?

① 티탄계   ② 저수소계
③ 일미나이트계   ④ 고셀룰로스계

해설 티탄계 용접봉이 염기도가 가장 낮다.

08 다음 중 탄소의 함유량이 가장 적은 것은?

① 경강   ② 연강
③ 합금 공구강   ④ 탄소 공구강

해설 연강은 탄소함유량이 0.12~0.25% 전후의 강으로 용도가 넓어 철사, 정, 강판, 선, 관 등에 사용되며 구조용재로써 가장 널리 이용되고 있다.

09 용접구조물에서 예열의 목적이 잘못 설명된 것은?

① 열 영향부의 경도를 증가시킨다.
② 잔류응력을 경감시킨다.
③ 용접변형을 경감시킨다.
④ 저온균열을 방지시킨다.

해설 예열은 용접 열 영향부를 경화하여 용접부의 냉각속도를 느리게 하여 결함을 방지할 수 있다.

10 다음의 금속재료 중 전기 전도율이 가장 큰 것은?

① 크롬   ② 아연
③ 구리   ④ 알루미늄

해설 전기 전도율은 구리 > 알루미늄 > 아연 > 크롬 순이다.
아연(Zn) : 청백색의 조밀 육방 격자 금속이며 비중이 7.18, 용융점이 420℃이다.

11 다음 도시의 용접 기호를 설명한 것 중 틀린 것은?

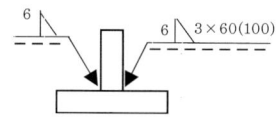

① 한쪽은 연속 용접, 한쪽은 단속 용접을 뜻한다.
② 양쪽 목 길이(각장, 다리 길이)는 6mm이다.
③ 단속 용접 수는 3개소이다.
④ 단속 용접 길이는 100mm이다.

해설 단속 용접부 길이는 50mm, 용접부와 용접부 사이의 간격은 100mm이다.

12 도면에서 2종류 이상의 선이 같은 장소에서 중복될 경우 도면에 가장 우선이 되는 (우선적으로 그어야 하는) 선은?

① 외형선   ② 중심선

정답 06 ④ 07 ① 08 ② 09 ① 10 ③ 11 ④ 12 ①

③ 숨은선   ④ 무게 중심선

해설 2종류 이상의 선이 중복될 경우 우선 되는 종류의 선은 외형선 - 숨은선 - 절단선 - 중심선 - 무게중심선 - 치수보조선 순이다.

13 외형선 및 숨은선의 연장선을 표시하는 데 사용되는 선은?

① 가는 1점 쇄선 ② 가는 실선
③ 가는 2점 쇄선 ④ 파선

해설 가는 실선은 외형선 및 숨은선의 연장선을 표시하는데 사용한다.

14 치수 기입시 구의 반지름을 표시하는 치수 보조기호는? ★★

① SR   ② SØ
③ R   ④ t

해설 ② 구의 지름 ③ 반지름
④ 두께   ( ) : 참고 치수

15 기계재료의 표시 기호 SM 25C에서 25C가 뜻하는 것은?

① 재료의 최저 인장강도
② 재료의 용도 표시
③ 재료의 탄소함유량
④ 재료의 제조방법

16 KS 기계제도에 사용하는 평행 투상법의 종류가 아닌 것은?

① 정투상   ② 등각 투상
③ 사투상   ④ 투시 투상

해설 평행 투상법에는 정투상, 등각 투상, 사투상법이 있다.

17 도면을 그리기 위하여 도면에 반드시 설정해야 되는 양식이 아닌 것은?

① 윤곽선   ② 도면의 구역
③ 표제란   ④ 중심 마크

해설 도면에는 윤곽선, 표제란, 중심마크는 반드시 설정해야 하고, 도면 구역은 도면을 읽거나 관리하는데 편리하도록 표시한 것이다.

18 도형이 이동한 중심 궤적을 표시할 때 사용하는 선은?

① 굵은 실선   ② 가는 2점 쇄선
③ 가는 1점 쇄선 ④ 가는 실선

해설 가는 1점 쇄선은 도형의 중심을 표시하거나 중심이 이동한 중심궤적을 표시하는데 사용된다.

19 용접부의 초음파 탐상 시험 기호로 올바른 것은?

① RT   ② ET
③ MT   ④ UT

해설 ① : 방사선 탐상, ② : 와류 탐상,
③ : 자분 탐상

20 다음 중 치수와 같이 사용되는 기호가 아닌 것은 어느 것인가?

① ⊠ 5   ② □ 5
③ 구ϕ5   ④ R 5

해설 ⊠는 원형 물체 등에 키 홈 등 평면임을 나타내는 도시법이다.

정답 13 ② 14 ① 15 ③ 16 ④ 17 ② 18 ③ 19 ④ 20 ①

제2과목 ▶ 용접구조설계

21 잔류 응력의 완화법인 응력 제거 어닐링(Annealing)의 효과로 틀린 것은?

① 응력 부식에 대한 저항력 감소
② 크리프 강도 향상
③ 충격 저항의 증대
④ 치수 비틀림 방지

해설 응력제거 어닐링은 철이나 강의 연화 또는 결정 조직의 조정이나 내부 응력의 제거를 위하여 적당한 온도로 가열한 후 천천히 냉각시키는 것을 말한다.

22 두께가 5mm인 강판을 가지고 완전 용입의 T형 용접을 하려고 한다. 이 때 최대 50000N의 인장하중을 작용시키려면 용접 길이는 얼마인가? (단, 용접분의 허용인장 응력은 100MPa이다.) ★★★

① 50mm
② 100mm
③ 150mm
④ 200mm

해설 $\sigma = \dfrac{P}{A}$, $100 = \dfrac{50000}{5 \times \ell}$

$\ell = \dfrac{50000}{100 \times 5} = 100$

23 용접금속의 균열 현상에서 저온 균열에서 나타나는 균열은?

① 토우 크랙
② 노치 크랙
③ 설퍼 크랙
④ 루트 크랙

해설 저온 균열 : 강재가 약 200℃ 이하의 저온에서 발생하는 비드 밑 균열, 열영향부 균열, 루트 균열, 토 균열 등이 있다.

24 T형 이음(홈 완전 용입)에서 P =31.5kN, h =7mm로 할 때 용접 길이는 얼마인가? (단, 허용 응력은 90MPa이다.)

① 20mm
② 30mm
③ 40mm
④ 50mm

해설 용접길이 $= \dfrac{P}{두께 \times 응력} = \dfrac{31.5 \times 10^3}{7 \times 90} = 50$

(1MPa = 106N/㎡)

25 용접 이음준비에서 조립과 가접에 대한 설명이다. 틀린 것은?

① 수축이 큰 맞대기 용접을 먼저 한다.
② 용접과 리벳이 있는 경우 용접을 먼저 한다.
③ 가접은 본 용접사와 같은 기량을 가진 용접사가 한다.
④ 가접은 변형 방지를 위하여 용접봉 지름이 큰 것을 사용한다.

해설 용접봉 지름이 작은 것을 사용해야 한다.

26 맞대기 이음부의 홈의 형상으로만 조합된 것은?

① Z형, K형, L형, T형
② I형, V형, U형, H형
③ G형, X형, J형, P형
④ B형, U형, K형, Y형

해설 맞대기 홈 형상에 L, T, G, P, B형은 없다.

정답 21 ① 22 ② 23 ①,④ 24 ④ 25 ④ 26 ②

27 다층 용접에서 변형과 잔류 응력을 경감시키기 위해 사용하는 용접법은?

① 빌드업(build up)법
② 스킵(skip)법
③ 후퇴법
④ 전진 블록(block)법

[해설] 전진 블록법은 한 개의 용접봉으로 살을 붙일만한 길이로 구분해 홈을 한 부분씩 여러 층으로 쌓아 올린 다음 다른 부분으로 진행하여 용접 전체를 마무리하는 방법이다.

28 다음 설명 중 옳지 않은 것은?

① 금속은 압축응력에 비하여 인장응력에는 약하다.
② 팽창과 수축의 정도는 가열된 면적의 크기에 반비례한다.
③ 구속된 상태의 팽창과 수축은 금속의 변형과 잔류응력을 생기게 한다.
④ 구속된 상태의 수축은 금속이 그 장력에 견딜만한 연성이 없으면 파단한다.

29 용접 이음의 피로강도를 시험할 때 사용되는 S-N곡선에서 S와 N를 옳게 표시한 항목은?

① S : 스트레인,   N : 반복하중
② S : 응력,   N : 반복 횟수
③ S : 인장강도,   N : 전단강도
④ S : 비틀림강도, N : 응력

[해설] 피로 시험은 재료가 인장 강도나 항복점으로부터 작은 힘이 수없이 반복하여 작용하면 파괴를 일으키게 하는 시험으로 S : 응력, N : 반복 횟수를 나타낸다.

30 다음 그림과 같은 필릿 용접에서 이론 목 두께는?

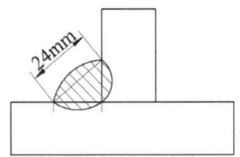

① 약 8.5mm   ② 약 12mm
③ 약 15mm   ④ 약 17mm

[해설] 경사변이 24이므로 목 길이를 구하려면
24cos45°=24×0.707=17
이론 목 두께 = 0.707h = 0.707×17
            = 12

31 플레어 용접부의 형상으로 맞는 것은?

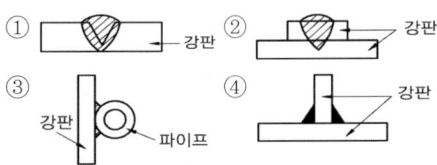

[해설] ① : 맞대기 이음, ② : 플러그(슬롯) 이음, ④ 양면 필릿 이음

32 다음 예열에 대한 설명으로 옳지 않은 것은?

① 연강의 두께가 25mm 이상인 경우 약 50~350℃ 정도의 온도로 예열한다.
② 연강을 0℃ 이하에서 용접할 경우 이음의 양쪽 폭 100mm 정도를 약 40~70℃ 정도로 예열하는 것이 좋다.
③ 구리나 알루미늄 합금 등은 200~400℃로 예열한다.
④ 예열은 근본적으로 용접 금속 내에 수소의 성분을 넣어주기 위함이다.

해설 예열은 용접 금속 내의 수소 성분을 제거하기 위함이다.

33 아래 그림과 같은 필릿 용접부의 종류는?

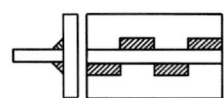

① 연속 병렬 필릿용접
② 연속 필릿용접
③ 단속 병렬 필릿용접
④ 단속 지그재그 필릿용접

34 용융된 금속이 모재와 잘못 녹아 어울리지 못하고 모재에 덮인 상태의 결함은?

① 스패터   ② 언더컷
③ 오버랩   ④ 기공

해설 오버랩은 용접 전류가 너무 낮거나 운봉 및 봉의 유지 각도 불량, 용접봉 선택이 잘못되었을 때 발생하는 현상이다.

35 용접변형의 교정법에서 박판에 대한 점수축법의 시공조건으로 틀린 것은?

① 가열온도는 500~600℃
② 가열시간은 180초
③ 가열점 지름은 20~30mm
④ 가열 후 즉시 수냉

해설 점 수축 시공법은 가열온도 500~600℃, 가열시간은 약 30초, 가열점 지름은 20~30mm로 하여 가열 후에 즉시 수냉시키는 방법이다.

36 연강판 용접 인장 시험에서 모재의 인장 강도가 3500MPa, 용접 시험편의 인장 강도가 2800MPa로 나타났다면 이음 효율은?

① 60%   ② 70%
③ 80%   ④ 90%

해설 이음효율 = (2800 ÷ 3500) × 100 = 80%

37 용접변형의 종류에 해당되지 않는 것은?

① 좌굴변형   ② 연성변형
③ 비틀림변형   ④ 회전변형

38 시험편에 V형 또는 U형 노치를 만들어 파괴시키는 시험법은?

① 경도 시험법   ② 인장 시험법
③ 굽힘 시험법   ④ 충격 시험법

해설 충격시험은 시험편에 V형 또는 U형 노치를 만들고 충격적인 하중을 주어서 시험편을 파괴시키는 시험이다.

39 인장시험의 시험편의 처음길이를 ℓ_0, 파단 후의 거리를 ℓ 이라 하면 변형률(ε)에 관한 식은?

① $\varepsilon = \dfrac{\ell - \ell_0}{\ell} \times 100[\%]$

② $\varepsilon = \dfrac{\ell_0 - \ell}{\ell} \times 100[\%]$

③ $\varepsilon = \dfrac{\ell_0 - \ell}{\ell_0} \times 100[\%]$

④ $\varepsilon = \dfrac{\ell - \ell_0}{\ell_0} \times 100[\%]$

40 필릿 용접에서 응력집중이 가장 큰 용접부는?

① 루트부   ② 토우부
③ 각장   ④ 목 두께

정답 33 ④ 34 ③ 35 ② 36 ③ 37 ② 38 ④ 39 ④ 40 ①

해설 필릿 용접에서는 루트부가 응력집중이 가장 크다.

제3과목 용접일반 및 안전관리

41 테르밋 용접 이음부의 예열 온도는 약 몇 ℃가 적당한가?

① 400~600   ② 600~800
③ 800~900   ④ 1000~1100

해설 테르밋 용접의 모재에 적당한 온도는 강의 경우 800~900℃가 적당하다.

42 핀치효과에 의해 열에너지의 집중도가 좋고 고온이 얻어지므로 용입이 깊고 비드 폭이 좁은 접합부가 형성되며 용접속도가 빠른 것이 특징인 용접은?

① 원자 수소 아크 용접
② 테르밋 용접
③ 전자빔 용접
④ 플라스마 아크 용접

해설 플라스마 아크 용접은 고온의 불꽃을 이용해서 절단, 용접하는 방법으로 열적 핀치효과와 자기적 핀치 효과가 있다.

43 가스 절단시 절단속도에 영향을 주는 것과 가장 거리가 먼 것은?

① 팁의 형상   ② 용기의 산소량
③ 모재의 온도 ④ 산소 압력

해설 절단 속도는 절단 산소의 분출 상태, 속도에 따라 크게 좌우되며 다이버전트 노즐은 고속 분출을 얻는데 가장 적합하며, 팁의 형상, 모재 온도, 산소압력에 따라 속도가 달라진다.

44 아크 용접기의 사용상 주의점이 아닌 것은?

① 정격 사용률 이상으로 사용한다.
② 접지(earth)를 확실히 한다.
③ 비, 바람이 치는 장소에서는 사용하지 않는다.
④ 기름이나 증기가 많은 장소에서는 사용하지 않는다.

해설 정격 사용률 이하로 사용해야 한다.

45 소화 작업에 대한 설명 중 틀린 것은?

① 화재가 발생하면 화재 경보를 한다.
② 화재 시는 가스밸브를 조이고 전기 스위치를 끈다.
③ 전기 배선 시설의 수리 시는 전기가 통하는지 여부를 확인한다.
④ 유류 및 카바이드에 붙은 불은 물로 끄는 것이 좋다.

해설 유류 및 카바이드에 붙은 불은 모래나 소화기로 끄는 것이 좋다.

46 전격방지를 위한 작업으로 틀린 것은?

① 보호구를 완전히 착용한다.
② 직류보다 교류를 많이 사용한다.
③ 무부하 전압이 낮은 용접기를 사용한다.
④ 절연상태를 확인한 후 사용한다.

정답 41 ③ 42 ④ 43 ② 44 ① 45 ④ 46 ②

47 아크 용접 작업에서 전격의 방지 대책으로 틀린 것은?

① 절연 홀더의 절연 부분이 노출되면 즉시 교체한다.
② 홀더나 용접봉은 절대로 맨손으로 취급하지 않는다.
③ 밀폐된 공간에서는 자동 전격 방지기를 사용하지 않는다.
④ 용접기의 내부에 함부로 손을 대지 않는다.

해설 밀폐된 공간이라도 자동 전격 방지기를 사용해야 한다.

48 가스절단의 예열불꽃이 너무 약할 때의 현상을 가장 적절하게 설명한 것은?

① 절단속도가 빨라진다.
② 드래그가 증가한다.
③ 모서리가 용융되어 둥글게 된다.
④ 절단면이 거칠어진다.

해설 예열불꽃이 약할 때
- 절단속도가 늦어지고 절단이 중단되기 쉽다.
- 드래그가 증가한다.
- 역화를 일으키기 쉽다.

49 절단산소의 순도가 낮은 경우 발생하는 현상이 아닌 것은?

① 산소 소비량이 증가된다.
② 절단속도가 저하된다.
③ 절단 개시 시간이 길어진다.
④ 절단홈 폭이 좁아진다.

해설 절단 산소의 순도가 낮은 경우 발생되는 현상
- 절단면이 거칠어지고, 절단 속도가 늦어진다.
- 산소의 소비량이 증가하고 절단 개시 시간이 길어진다.
- 슬래그의 이탈성이 나빠지고 절단홈의 폭이 넓어진다.

50 스테인리스나 알루미늄 합금의 납땜이 어려운 가장 큰 이유는?

① 적당한 용제가 없기 때문에
② 강한 산화막이 있기 때문에
③ 융점이 높기 때문에
④ 친화력이 강하기 때문에

해설 스테인리스나 알루미늄 합금은 강한 산화막이 있어 납땜하기 어렵다.

51 용해 아세틸렌 가스를 충전하였을 때 용기 전체의 무게가 $34kg_f$이고 사용 후 빈병의 무게가 $31kg_f$이면, $15°C$, $1kg_f/cm^2$ 하에서 충전된 아세틸렌 가스의 양은 약 몇 L인가?

① 465L   ② 1054L
③ 1581L   ④ 2715L

해설 가스량 = 905(충전 무게 - 빈병 무게)
= 905(34 - 31) = 2715

52 불활성가스 텅스텐 아크 용접에 사용되는 뒷받침의 형식이 아닌 것은?

① 금속 뒷받침(metal backing)
② 배킹 용접(backing weld)
③ 플럭스 뒷받침(flux backing)
④ 용접부의 뒤쪽에 불활성 가스를 흐르게 하는 방법(inert gas backing)

해설 이면에 보강할 필요가 있는 용접에서 받침쇠나 뒷받침 재료를 사용하여 용접을 한다.

정답 47 ③ 48 ② 49 ④ 50 ② 51 ④ 52 ②

53 아크 용접시 발생되는 유해한 광선에 해당하는 것은?

① X-선 ② 감마선(γ)
③ 알파선(α) ④ 적외선

해설 아크 용접시 발생하는 유해한 광선 : 보기의 광선이 모두 유해하나 아크 용접 중에는 다른 광선은 거의 없고 적외선이나 자외선이 유해하다.

54 직류 용접기와 비교하여 교류 용접기의 장점이 아닌 것은?

① 자기 쏠림이 방지된다.
② 구조가 간단하다.
③ 소음이 적다.
④ 역률이 좋다.

해설 교류 용접기는 아크 안정성이 떨어지고, 자기쏠림이 없으며, 소음이 적고 가격은 비싸지만 역률이 나쁘다.

55 내용적 40리터의 산소용기에 140 kgf/cm^2의 산소가 들어있다. 350번 팁을 사용하여 혼합비 1 : 1의 표준 불꽃으로 작업하면 몇 시간이나 작업할 수 있는가?

① 10시간 ② 12시간
③ 14시간 ④ 16시간

해설 $(40 \times 140) \div 350 = 16$

56 표준 불꽃으로 용접할 때, 가스용접 팁의 번호가 200이면 다음 중 옳은 설명은?

① 매 시간당 산소의 소비량이 200리터이다.
② 매 분당 산소의 소비량이 200리터이다.
③ 매 시간당 아세틸렌가스의 소비량이 200리터이다.
④ 매 분당 아세틸렌가스의 소비량이 200리터이다.

해설 가변압식일 경우 팁 번호는 1시간 동안에 표준 불꽃으로 용접할 경우의 아세틸렌 가스의 소비량을 나타낸다.

57 피복 아크 용접에서 피복제의 역할이 아닌(틀린) 것은? ★★

① 용적을 미세화하고 용착 효율을 높인다.
② 용착 금속에 필요한 합금 원소를 첨가한다.
③ 아크를 안정시킨다.
④ 용착 금속의 냉각속도를 빠르게 한다.

해설 피복제는 용착 금속의 냉각 속도를 느리게 하여 급랭을 방지한다.

58 탄산가스(이산화탄소가스, CO_2) 아크 용접에 대한 설명 중 틀린 것은? ★★

① 전자세 용접이 가능하다.
② 용착금속의 기계적, 야금적 성질이 우수하다.
③ 용접전류의 밀도가 낮아 용입이 얕다.
④ 가시(可視)아크이므로, 시공이 편리하다.

해설 탄산가스는 용접 전류 밀도가 높아 용입이 깊고 용접 속도를 빠르게 할 수 있다.

정답 53 ④ 54 ④ 55 ④ 56 ③ 57 ④ 58 ③

59 아크쏠림의 발생 주원인은?

① 아크발생의 불량으로 발생한다.
② 전류가 흐르는 도체 주변의 자장 발생으로 발생한다.
③ 용접봉이 굵은 관계로 발생한다.
④ 자석의 크기로 인해서 발생한다.

해설
- 아크 쏠림(불림, Arc Blow) = 자기 불림(Magnetic Blow) : 아크가 자장의 영향을 받아 용접 점 이외의 곳으로 불리는 현상
- 원인 : 용접 중에 전류가 만드는 자장이 비대칭일 때 자장에 의해 Arc가 정상상태에서 벗어나 용접점이 밖으로 벗어나는 현상. 판 용접의 경우 자장이 용접선의 시작부와 끝 부위에서 비대칭 현상이 심하게 발생하며, 중앙부에서는 발생되지 않는다.
- 아크 쏠림 방지 대책
  ① 직류 용접보다는 교류 용접으로 한다.
  ② 큰 가접부나 이미 용접이 끝난 용착부를 향하여 용접한다.
  ③ 이음의 처음과 끝에 앤드탭을 사용하며, 용접부가 긴 경우 후퇴 용접법으로 한다.
  ④ 접지점을 가능한 한 용접부에서 멀리하며, 접지점 2개를 연결한다.
  ⑤ 짧은 아크를 사용한다.
  ⑥ 용접봉 끝을 아크 쏠림 반대 방향으로 기울인다.

60 가스 실드계의 대표적인 용접봉으로 피복이 얇고, 슬래그가 적으므로 좁은 홈의 용접이나 수직상진·하진 및 위보기 용접에서 우수한 작업성을 가진 용접봉은?

① E4301
② E4311
③ E4313
④ E4316

해설 일미나이트계(E4301)
- 주성분 : 일미나이트(TiO_2·FeO)와 사철 등을 30% 이상 포함한 슬래그 생성계
- 특성 : 가격이 저렴하며, 작업성과 용접성이 우수하고, 전자세 용접봉으로 용입 및 기계적 성질이 양호하며, 내부 결함이 적고, 슬래그의 유동성이 좋다.

정답 59 ② 60 ②

2014 제3회 용접산업기사 최근 기출문제

2014년 8월 17일 시행

제1과목 용접야금 및 용접설비 제도

01 다음 보기를 공통적으로 설명하고 있는 표면 경화법은?

보기
- 강을 NH_3 가스 중에서 500~550℃로 20~100시간 정도 가열한다.
- 경화 깊이를 깊게 하기 위해서는 시간을 길게 하여야 한다.
- 표면층에 합금 성분인 크롬, 알루미늄, 몰리브덴 등이 단단한 경화층을 형성하며 특히 알루미늄은 경도를 높여주는 역할을 한다.

① 질화법 ② 침탄법
③ 크로마이징 ④ 화염경화법

해설 질화법은 질화용 강의 표면층에 질소를 확산시켜, 표면층을 경화하는 방법으로 게이지, 측정기의 측정면의 경화 등에 이용된다.

02 강을 단조, 압연 등의 소성가공이나 주조로 거칠어진 결정조직을 미세화하고 기계적 성질, 물리적 성질 등을 개량하여 조직을 표준화하고 공랭하는 열처리는?

① 풀림 ② 불림
③ 담금질 ④ 뜨임

해설 불림이란 강의 조직을 미세화 하기 위해 변태점 이상 적당한 온도로 가열한 후 고요한 대기 중에 냉각시키는 열처리방법이다.

03 Fe-C 평형상태도에서 조직과 결정 구조에 대한 설명으로 옳은 것은?

① 펄라이트는 $\gamma + Fe_3C$이다.
② 레데뷰라이트는 $\alpha + Fe_3C$이다.
③ α-페라이트는 면심입방격자이다.
④ δ-페라이트는 체심입방격자이다.

04 티타늄의 성질을 설명한 것 중 옳은 것은?

① 비중은 약 8.9 정도이다.
② 열 및 도전율이 매우 높다.
③ 활성이 작아 고온에서 산화되지 않는다.
④ 상온 부근의 물 또는 공기 중에서는 부동태 피막이 형성된다.

05 다음은 금속의 공통적인 성질로 틀린 것은?

① 수은 이외에는 상온에서 고체이며 결정체이다.
② 전기에 부도체이며, 비중이 작다.
③ 결정의 내부구조를 변경시킬 수 있다.
④ 금속 고유의 광택을 갖고 있다.

해설 금속의 공통적인 성질 : ①, ③, ④
• 열과 전기의 양도체, 비중이 크고 경도 및

정답 01 ① 02 ② 03 ④ 04 ④ 05 ②

용융점이 높다
- 가공이 용이하고 전·연성이 크다.
- 가공이 용이하고 전 연성이 크다.
- 빛을 반사하고 고유의 광택이 있다.
- 준금속 : 금속의 공통 성질을 불완전하게 구비한 금속으로, B(붕소), Si(규소) 등이 있다.

06 다음 중 강괴의 결함이 아닌 것은?
① 수축공 ② 백점
③ 편석 ④ 용강

해설 용강은 제강의 공정에 있어서 한 번 용융한 후 형에 넣어 응고시킨 것을 말한다.

07 일반적으로 용융 금속 중에 기포가 응고 시 빠져 나가지 못하고 잔류하여 용접부에 기계적 성질을 저하시키는 것은?
① 편석 ② 은점
③ 기공 ④ 노치

08 주철 용접부 바닥면에 스터드 볼트 대신 둥근 홈을 파고 이 부분에 걸쳐 힘을 받도록 용접하는 방법은?
① 버터링법 ② 로킹법
③ 비녀장법 ④ 스터드법

해설
- 비녀장법 : 균열부 수리 및 가늘고 긴 용접을 할 때 용접선에 직각이 되게 지름 6~10mm 정도의 ㄷ 자형의 강봉을 박고 용접하는 방법
- 버터링법 : 처음에는 모재와 잘 융합되는 용접봉으로 적당한 두께까지 용착시키고 난 후 다른 용접봉으로 용접하는 방법

09 강을 경화시키기 위한 열처리는?
① 담금질 ② 뜨임
③ 불림 ④ 풀림

해설 담금질은 급랭함으로써 금속이나 합금의 내부에서 일어나는 변화를 막아 고온에서의 안정 상태 또는 중간 상태를 저온·온실에서 유지하는 방법으로, 소입(燒入), 퀜칭이라 한다.

10 탄소강의 조직 중 전연성이 크고 연하며 강자성체인 조직은?
① 페라이트 ② 펄라이트
③ 시멘타이트 ④ 레데뷰라이트

11 CAD의 특징에 대한 설명으로 틀린 것은?
① 점, 선 및 원 등을 이용하여 도형을 정확하게 그릴 수 있다.
② 필요에 따라 도면을 확대, 축소, 이동 등이 가능하다.
③ 방대한 자료를 컴퓨터에 저장하여 데이터베이스를 구축하여 설계의 생산성을 향상시킬 수 있다.
④ 도형을 2차원적으로만 그리고 입체적으로는 그릴 수 없다.

해설 CAD 형상 모델링의 종류에는 와이어 프레임, 서피스, 솔리드 모델링이 있으며 서피스 모델링은 3차원 형상으로 활용된다.

12 다음 치수 보조 기호 중 잘못 설명된 것은?
① t : 판의 두께
② (20) : 이론적으로 정확한 치수
③ C : 45도 모따기
④ SR : 구의 반지름

해설 ② 참고 치수의 치수 수치를 나타낸다.

정답 06 ④ 07 ③ 08 ② 09 ① 10 ① 11 ④ 12 ②

13 다음 도면의 용접 기호는 어떠한 용접을 나타내는가?

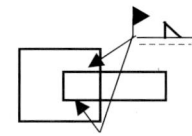

① 단속 필릿 현장 용접
② 연속 필릿 공장 용접
③ 일주 필릿 현장 용접
④ 연속 필릿 현장 용접

14 화살표 쪽 필릿 용접의 기호는?

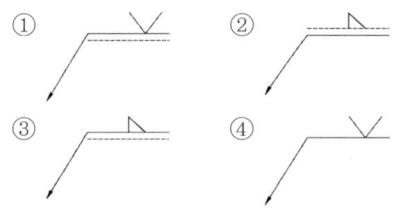

해설 실선에 표시되어 있으면 화살표 쪽을 나타내면 필릿은 삼각형 모양으로 표시한다.

15 단면도의 표시방법으로서 알맞지 않은 것은?

① 단면도의 도형은 절단면을 사용하여 대상물을 절단하였다고 가정하고 절단면의 앞부분을 제거하고 그린다.
② 온단면도에서 절단면을 정하여 그릴 때 절단선은 기입하지 않는다.
③ 외형도에 있어서 필요로 하는 요소의 일부만을 부분단면도로 표시할 수 있으며 이 경우 파단선에 의해서 그 경계를 나타낸다.
④ 절단했기 때문에 축, 핀, 볼트의 경우는 원칙적으로 긴쪽 방향으로 절단한다.

해설 축이나 핀, 볼트 등은 원칙적으로 길이 방향으로 절단하여 도시하지 않고 회전 단면도로 나타낸다.

16 KS에 의한 용접 보조 기호의 명칭을 올바르게 설명한 것은?

① 이면 용접이 있으며 표면 모두 평면 마감 처리한 V형 맞대기 용접
② 이면 용접이 있으며 표면 모두 평면 마감 처리한 블록 양면 V형 용접
③ 이면 용접이 있으며 표면 모두 평면 마감 처리한 오목 필릿 용접
④ 평면 마감 처리한 V형 맞대기 용접

17 리벳의 호칭법을 옳게 나타낸 것은?

① 종류, 호칭 지름×길이, 재료
② 종류×호칭 지름×길이, 재료
③ 종류×호칭 지름-길이, 재료
④ 종류-호칭 지름-길이, 재료

18 보기의 용접기호 설명 중 가장 적절하지 않은 것은?

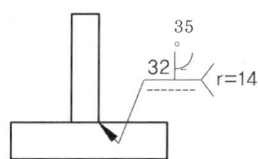

① 루트 반지름 14mm
② 루트 깊이 32mm
③ 홈(그루브) 각도 35°
④ 루트 간격 5mm

해설 표시 기호는 화살표 방향에서 용입의 깊이가 32mm, 루트간격 5mm, 홈각도 35°인. J형 맞대기 용접을 하라는 의미이다.

정답 13 ④ 14 ③ 15 ④ 16 ① 17 ① 18 ②

19 물체의 구멍이나 홈 등 한 부분만의 모양을 표시하는 것으로 충분한 경우에 그 필요 부분만을 중심선, 치수 보조선 등으로 연결하여 나타내는 투상도의 명칭은?

① 부분 투상도   ② 보조 투상도
③ 국부 투상도   ④ 회전 투상도

해설
- 부분투상도 : 그림의 일부를 도시하는 것으로 필요한 부분만을 투상하여 도시한다.
- 보조투상도 : 경사도가 있는 물체는 그 경사면의 실제 모양을 표시할 필요가 있을 때 부분의 전체 또는 일부분을 도시한다.
- 회전투상도 : 대상물의 일부가 어느 각도를 가지고 있기 때문에 그 부분을 회전해서 실제 모양을 도시한다.

20 부품을 정면도 외에 측면도나 평면도를 다 그릴 필요가 없을 때 일부분만 그린 것을 무엇이라고 하는가?

① 부투상도   ② 전개도
③ 국부 투상도   ④ 보조 투상도

제2과목 용접구조설계

21 용접부의 단면을 나타낸 것이다. 열 영향부를 나타내는 것은?

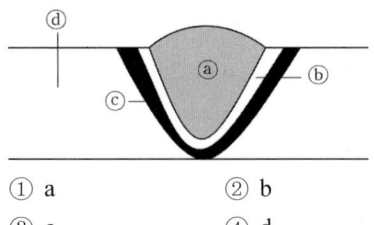

① a   ② b
③ c   ④ d

해설 a : 용접비드, b : 본드(반용융부), d : 모재

22 무부하 전압이 80V, 아크 전압 35V, 아크 전류 400A라 하면 교류 용접기의 역률과 효율은 각각 몇 %인가? (단, 내부 손실은 4kW이다.)

① 역률 : 50, 효율 : 72
② 역률 : 56, 효율 : 78
③ 역률 : 61, 효율 : 82
④ 역률 : 66, 효율 : 88

해설
$$역률 = \frac{35 \times 400 + 4000}{80 \times 400} \times 100 = 56.25$$
$$효율 = \frac{35 \times 400}{35 \times 400 + 4000} \times 100 = 77.78$$

23 탐촉자를 이용하여 결함의 위치 및 크기를 검사하는 비파괴시험법은?

① 방사선 투과시험   ② 초음파 탐상시험
③ 침투 탐상시험   ④ 자분 탐상시험

해설 초음파 탐상시험은 파장이 짧은 음파를 검사물의 내부체 침투시켜 내부의 결함 또는 불균일층의 존재를 검사하는 방법이다.

24 용접구조물에서 파괴 및 손상의 원인으로 가장 관계가 없는 것은?

① 시공 불량   ② 재료 불량
③ 설계 불량   ④ 현도 관리 불량

25 특정의 결정면을 경계로 처음의 결정과 경(거울)면적 대칭의 관계에 있는 원자 배열을 갖는 소성 변형은 무엇인가?

① 쌍정   ② 전위
③ 슬립   ④ 공정

정답 19 ③ 20 ③ 21 ③ 22 ② 23 ② 24 ④ 25 ①

해설 쌍정이 잘 일어나지 않는 금속은 Fe, Cr

26 용접에 의한 용착금속의 기계적 성질에 대한 사항으로 옳은 것은?

① 용접시 발생하는 급열, 급냉 효과에 의하여 용착금속이 경화한다.
② 용착금속의 기계적 성질은 일반적으로 다층 용접보다 단층 용접쪽이 더 양호하다.
③ 피복아크 용접에 의한 용착금속의 강도는 보통 모재보다 저하된다.
④ 예열과 후열처리로 냉각속도를 감소시키면 인성과 연성이 감소된다.

27 판 두께가 30mm인 강판을 용접하였을 때 각 변형(가로 굽힘 변형)이 가장 많이 발생하는 홈의 형상은?

① H형 ② U형
③ K형 ④ V형

해설 V형 홈 가공은 비교적 쉬우나 판 두께가 두꺼워지면 용착 금속의 양이 증가하고 각 변형이 발생할 위험이 있다.

28 용접시 발생하는 균열로 맞대기 및 필릿 용접 등의 표면비드와 모재와의 경계부에서 발생되는 것은?

① 크레이터 균열 ② 비드 밑 균열
③ 설퍼 균열 ④ 토우 균열

해설 토우 균열은 비드면과 모재부 경계에서 모재에 균열, 용접부위 옆쪽에 발생하는 저온균열로 담금경화성이 큰 고탄소강, 저합금강에서 주로 나타남

29 직접적인 용접용 공구가 아닌 것은?

① 치핑해머 ② 앞치마
③ 와이어 브러쉬 ④ 용접집게

해설 앞치마는 용접용 개인 보호구이다.

30 용접 설계상 주의 사항으로 틀린 것은?

① 부재 및 이음은 될 수 있는 대로 조립작업, 용접 및 검사를 하기 쉽도록 한다.
② 용접 이음은 가능한 한 많게 하고 용접선을 집중시키며, 용착량도 많게 한다.
③ 부재 및 이음은 단면적의 급격한 변화를 피하고 응력 집중을 받지 않도록 한다.
④ 용접은 될 수 있는 한 아래 보기 자세로 하도록 한다.

해설 용접 이음은 가능한 한 곳에 집중시키면 안 되며, 용접 강도 유지에 적합한 용착량만 되도록 한다.

31 용접 구조물 조립순서 결정시 고려사항이 아닌 것은?

① 가능한 구속하여 용접을 한다.
② 가접용 정반이나 지그를 적절히 채택한다.
③ 구조물의 형상을 고정하고 지지할 수 있어야 한다.
④ 변형이 발생되었을 때 쉽게 제거할 수 있어야 한다.

32 용접 이음 설계상 주의사항으로 옳지 않은 것은?

① 용접 순서를 고려해야 한다.
② 용접선이 가능한 집중되도록 한다.
③ 용접부에 되도록 잔류응력이 발생하지

정답 26 ① 27 ④ 28 ④ 29 ② 30 ② 31 ① 32 ②

않도록 한다.
④ 두께가 다른 부재를 용접할 경우 단면의 급격한 변화를 피하도록 한다.

해설 용접선은 가능한 분산되도록 해야 한다.

33 용접 균열에 관한 설명으로 틀린 것은?
① 저탄소강에 비해 고탄소강에서 잘 발생한다.
② 저수소계 용접봉을 사용하면 감소된다.
③ 소재의 인장강도가 클수록 발생하기 쉽다.
④ 판 두께가 얇아질수록 증가한다.

해설 판 두께가 두꺼울수록 균열이 증가한다.

34 다음 ( )에 들어갈 적합한 말은?

용접 구조물을 설계할 때 제작측에서 문의가 없어도 제작할 수 있게 설계도면에서 공작법의 세부 지시사항을 지시한 (　　)을(를) 작성하게 된다.

① 공작도면　② 사양서
③ 재료적산　④ 구조계획

35 용접이음의 부식 중 용접 잔류응력 등 인장응력이 걸리거나 특정의 부식 환경으로 될 때 발생하는 부식은?
① 입계부식　② 틈새부식
③ 접촉부식　④ 응력부식

해설 응력부식은 재료에 응력이 걸린 부분에서만 나타나는 것과 냉간가공이나 용접 등에 의해서 재료 내에 남은 응력이 원인이 되는 화학적 부식이 있다.

36 용접변형 방지법의 종류로 거리가 가장 먼 것은?
① 전진법　② 억제법
③ 역변형법　④ 피닝법

해설 본 용접의 용접방향에 따라 전진법, 후진법, 대칭법, 스킵법이 있다.

37 용접균열의 발생 원인이 아닌 것은?
① 수소에 의한 균열
② 탈산에 의한 균열
③ 변태에 의한 균열
④ 노치에 의한 균열

해설 금속학적 측면 : 금속이 응고직후 결정입내에 있는 저융점의 불순물에 의한 모재의 연성 저하, 침입 수소의 확산 취화, P, S, Sn, Zn 등의 불순물의 영향에 의한 입자 상호간의 교착 방해
역학적 측면 : 용접시 가열, 냉각에 의한 열응력이나 변태에 따른 체적변화, 구조상 응력집중이 생기는 노치 존재, 용접부와 외부에 작용하는 힘에 견디지 못하는 경우

38 비파괴 검사법 중 표면결함 검출에 사용되지 않는 것은?
① MT　② UT
③ PT　④ ET

해설 초음파 탐상법은 표면 거칠기, 형상의 복잡함 등 표면 결함을 검출할 수 없다.

정답　33 ④　34 ①　35 ④　36 ①　37 ②　38 ②

39 모재의 인장강도가 400MPa이고 용접 시험편의 인장강도가 280MPa이라면 용접부의 이음효율은 몇 %인가?

① 50　　② 60
③ 70　　④ 80

해설 이음효율 = $\dfrac{\text{용접시험편 인장강도}}{\text{모재 인장강도}} \times 100$
$= \dfrac{280}{400} \times 100 = 70$

40 용접 이음의 기본 형식이 아닌 것은?

① 맞대기 이음　　② 모서리 이음
③ 겹치기 이음　　④ 플레어 이음

해설 플레어 이음은 동관작업에 사용되는 접합 방식이다.

제3과목　용접일반 및 안전관리

41 용접용어 중 용착부를 만들기 위하여 녹여서 첨가하는 금속을 무엇이라 하는가?

① 용제　　② 용가재
③ 용접 금속　　④ 덧살

해설 용접하고자 하는 재료보다 낮은 금속을 용가재로 하며 용가재를 녹여 접합하는 방법은 납땜이다.

42 MIG 용접의 특징에 대한 설명으로 틀린 것은? ★★

① 반자동 또는 전자동 용접기로 용접속도가 빠르다.
② 정전압 특성 직류 용접기가 사용된다.
③ 상승특성의 직류 용접기가 사용된다.
④ 아크 자기 제어 특성이 없다.

해설 MIG 용접 : Ar 등으로 용접부를 보호하면서 연속 공급되는 와이어와 모재 사이에서 발생하는 아크열로 접합하는 용극(소모)식 아크 용접법, 거의 모든 금속에 적용, 용접 능률이 TIG 용접에 비해 2~3배 높다.

43 아크 용접의 불꽃온도는 약 몇 ℃인가?

① 1000　　② 2000
③ 4000　　④ 5000

해설 아크 용접은 아크 용접을 할 때의 온도는 5000~6000℃의 고온에 달하며, 또 강한 자외선이 방출되므로 작업자는 눈이나 몸을 보호하기 위해 헬멧, 장갑 등을 착용해야 한다.

44 모재에 유황 함량이 많을 때 생기는 용접부 결함은?

① 용입 불량　　② 언더컷
③ 슬래그 섞임　　④ 균열

해설 균열은 모재에 유황 함량이 많거나 과대 전류, 과대 속도, 모재의 탄소, 망간 등의 합금 원소 함량이 많을 때 발생된다.

45 가스용접에 쓰이는 토치의 취급상 주의 사항으로 틀린 것은?

① 팁을 모래나 먼지 위에 놓지 말 것
② 토치를 함부로 분해하지 말 것
③ 토치에 기름, 그리스 등을 바를 것
④ 팁을 바꿀 때에는 반드시 양쪽 밸브를

정답 39 ③　40 ④　41 ②　42 ④　43 ④　44 ④　45 ③

잘 닫고 할 것

해설 토치에 기름, 그리스 등을 바를 경우 폭발의 우려가 있다.

46 용접 작업 중 전격의 방지대책으로 적합하지 않은 것은?

① 용접기의 내부에 함부로 손을 대지 않는다.
② TIG 용접기나 MIG 용접기의 수냉식 토치에서 물이 새어 나오면 사용을 금지한다.
③ 홀더나 용접봉은 맨손으로 취급해도 된다.
④ 용접작업이 종료했을 때나 장시간 중지할 때는 반드시 전원스위치를 차단시킨다.

해설 홀더나 용접봉을 맨손으로 만질 경우 감전의 우려가 있다.

47 다음 보기 중 용접의 자동화에서 자동제어의 장점에 해당되는 사항으로만 조합한 것은? ★★★

― 보기 ―
㉠ 제품의 품질이 균일화되어 불량품이 감소된다.
㉡ 원자재, 원료 등이 증가된다.
㉢ 인간에게는 불가능한 고속작업이 가능하다.
㉣ 위험한 사고의 방지가 불가능하다.
㉤ 연속작업이 가능하다.

① ㉠, ㉡, ㉣
② ㉠, ㉡, ㉢, ㉤
③ ㉠, ㉢, ㉤
④ ㉠, ㉡, ㉢, ㉣, ㉤

48 저압식 가스 용접 토치로 니들밸브가 있는 가변압식 토치는 어느 것인가?

① 영국식   ② 프랑스식
③ 미국식   ④ 독일식

해설 • 가변압식 토치 : 프랑스식, B형
• 불변압식 토치 : 독일식, A형

49 산소-아세틸렌가스 연소 혼합비에 따라 사용되고 있는 용접방법 중 산화불꽃(산소과잉 불꽃)을 적용하는 재질은 어느 것인가?

① 황동   ② 연강
③ 주철   ④ 스테인리스강

해설 산화불꽃은 산화성 분위기를 만들기 때문에 구리, 황동 등의 가스 용접에 주로 이용된다.

50 용접에 관한 설명으로 틀린 것은?

① 저항 용접 : 용접부에 대전류를 직접 흐르게 하여 전기 저항열로 접합부를 국부적으로 가열시킨 후 압력을 가해 접합하는 방법이다.
② 가스 압접 : 열원은 주로 산소-아세틸렌 불꽃이 사용되며 접합부를 그 재료의 재결정 온도 이상으로 가열하여 축방향으로 압축력을 가하여 접합하는 방법이다.
③ 냉간 압접 : 고온에서 강하게 압축함으로써 경계면을 국부적으로 탄성 변형시켜 압접하는 방법이다.
④ 초음파용접 : 용접물을 겹쳐서 용접팁과 하부 앤빌 사이에 끼워 놓고 압력을 가하면서 초음파 주파수로 횡진동을

정답 46 ③ 47 ③ 48 ② 49 ① 50 ③

주어 그 진동 에너지에 의한 마찰열로 압접하는 방법이다.

해설 냉간압접은 외부로부터 열이나 전류를 가하지 않고 연성 재료의 경계부를 상온에서 강하게 압축하여 접합면을 국부적으로 소성 변형시켜서 압접하는 방법이다.

51 다음 중 중압식 토치에 대한 설명으로 틀린 것은?

① 아세틸렌 가스의 압력은 0.07~1.3kgf/cm² 이다.
② 산소의 압력은 아세틸렌의 압력과 같거나 약간 높다.
③ 팁의 능력에 따라 용기의 압력 조정기 및 토치의 조정 밸브로 유량을 조절한다.
④ 인젝터 부분에 니들 밸브로 유량과 압력을 조정한다.

해설 인젝트 부분에 니들 밸브로 유량 압력을 조정하는 가변압식은 저압식 토치이다.

52 불활성가스 아크 용접시 주로 사용되는 가스는?

① 아르곤 가스
② 수소가스
③ 산소와 질소의 혼합가스
④ 질소 가스

53 서브머지드 아크 용접에서 용융형 용제의 특징으로 틀린 것은?

① 비드 외관이 아름답다.
② 용제의 화학적 균일성이 양호하다.
③ 미용융 용제는 재사용할 수 없다.
④ 용융시 산화되는 원소를 첨가할 수 없다.

해설 용융형 용제는 고속 용접성이 양호하고, 흡습성이 없어 반복 사용이 가능하다.

54 아크 용접 작업시에 사용되는 차광유리의 규격 중 차광도 번호 13~14의 경우 몇 A 이상에 쓰이는가?

① 100   ② 200
③ 400   ④ 300

해설 차광도 번호 13~14는 용접전류 300 이상이며, 용접봉 지름은 4.4mm 이상이다.

55 연강용 피복 아크 용접봉 중 가스 실드계의 대표적인 용접봉으로 피복제 중에 유기물을 20 ~ 30% 정도 포함하고 있는 것은?

① 라임티탄계   ② 저수소계
③ 고셀룰로오스계   ④ 철분산화철계

56 돌기 용접(Projection welding)의 특징 중 틀린 것은? ★★★★

① 용접부의 거리가 짧은 점용접이 가능하다.
② 전극 수명이 길고 작업 능률이 좋다.
③ 작은 용접점이라도 높은 신뢰도를 얻을 수 있다.
④ 한 번에 한 점씩만 용접할 수 있어서 속도가 느리다.

해설 프로젝션 용접은 용접속도가 빠르고 용접 피치를 작게 할 수 있으며, 전극 수명이 길고 작업 능률이 높으며, 외관이 아름답고, 응용 범위가 넓고 신뢰도가 높은 용접이다. 용접된 양쪽의 열용량이 크게 다를 경우라도 양호한 열평형이 얻어진다.

정답 51 ④ 52 ① 53 ③ 54 ④ 55 ③ 56 ④

57 자동 용접에 필요한 기구 중 대형 파이프를 원주용접 할 때 사용하는 기구는?

① 터닝롤러　　② 턴테이블
③ 매니플레이터　④ 용접 포지셔너

58 전기 저항 접속의 방법이 아닌 것은?

① 직병렬 접속　② 병렬 접속
③ 직렬 접속　　④ 합성 접속

해설 저항 접속에는 직렬, 병렬, 직병렬 접속이 있다.

59 전기 저항 용접과 가장 관계가 깊은 법칙은?

① 옴의 법칙　　② 플레밍의 법칙
③ 암페어의 법칙　④ 뉴턴의 법칙

해설 전기 회로에서 전압이 달라지면 같은 전구라도 밝기가 달라지며, 같은 전압이더라도 밝기가 전구의 저항에 따라 달라진다. 저항은 전류의 흐름을 방해하고, 전압은 전류가 흐르도록 도와준다.
- 옴의 법칙(Ohm's law) : 전압, 전류, 저항 사이의 관계를 설명하는 법칙, 즉 전류의 세기(I)는 전압(V)에 비례하고, 저항(R)에 반비례한다는 법칙
- 전류와 전압의 관계 : 회로에 흐르는 전류의 세기는 전압의 크기에 비례한다.

60 각종 강재 표면의 탈탄층이나 홈을 얇고 넓게 깎아 결함을 제거하는 방법은?

① 가우징　② 스카핑
③ 선삭　　④ 천공

해설 스카핑은 강재 표면의 홈, 개재물, 탈탄층 등을 제거하기 위하여 될 수 있는 대로 얇게 타원형 모양으로 표면을 깎아 내는 가공법으로 주로 제강 공정에 많이 사용된다.

정답 57 ① 58 ④ 59 ① 60 ②

2015 제1회 용접산업기사 최근 기출문제

2015년 3월 8일 시행

제1과목 용접야금 및 용접설비 제도

01 용접 기호를 설명한 것으로 틀린 것은?
★★

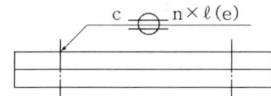

① 심용접으로 C는 슬롯부의 폭을 나타낸다.
② 심용접으로 (e)는 용접비드의 사이거리를 나타낸다.
③ 심용접으로 화살표 반대방향의 용접을 나타낸다.
④ 심용접으로 n은 용접부의 개수를 나타낸다.

해설 시임 용접 기호가 실선에 대칭으로 되어 있으므로 화살표 반대편이 아니고 양쪽에서 용접함을 나타낸다. 즉 시임 용접은 회전하는 전극이 모재의 양쪽에 있기 때문에 이와 같이 표현하는 것이다.
그림의 용접기호 C ⊖ n×ℓ(e) 에서 C : 슬롯부의 폭, n : 용접부 수, ℓ : 용접부 길이, e : 인접 용접부 간격

02 도면에서 치수 숫자의 방향과 위치에 대한 설명 중 틀린 것은?

① 치수 숫자의 기입은 치수선 중앙 상단에 표시한다.
② 치수 보조선이 짧아 치수 기입이 어렵더라도 숫자 기입은 중앙에 위치하여야 한다.
③ 수평 치수선에 대하여는 치수가 위쪽으로 향하도록 한다.
④ 수직 치수선에서는 치수를 왼쪽에 기입하도록 한다.

03 건축, 교량, 선박, 철도, 차량 등의 구조물에 쓰이는 일반구조용 압연강재 2종의 재료기호는?

① SHP2
② SCP2
③ SM20C
④ SS400

해설 SS 400 : 전에는 공학단위로 'SS41'라고 표현했으나 요즘은 SI 단위계를 사용하는 것을 원칙으로 하고 있어 'SS 400'으로 표현한 것이다. 재료 기호 표시에서 첫 자는 재질 S(steel), 두 번째는 제조방법이나 제품명 S(structure)을 나타내며, 400은 최소 인장강도가 $400N/mm^2 (41kg_f/mm^2 \times 9.8 = 401.8)$ 임을 나타낸 것이다.

04 보조 투상도는 몇각법으로 그리는 것이 원칙인가?

① 제2각법
② 제3각법
③ 제4각법
④ 제1각법

해설 보조 투상도는 제3각법으로 그리는 것을 원

정답 01 ③ 02 ② 03 ④ 04 ②

칙으로 하며, 경우에 따라서 투상 방향을 화살표로 표시하고 "○○에서 봄"이라고 명기한다.

05 가상선의 용도에 대한 설명으로 틀린 것은?

① 인접부분을 참고로 표시할 때
② 공구, 지그 등의 위치를 참고로 나타낼 때
③ 대상물이 보이지 않는 부분을 나타낼 때
④ 가공 전 또는 가공 후의 모양을 나타낼 때

해설 대상물의 보이지 않는 부분을 나타낼 때는 점선(파선, 숨은선)을 사용한다.

06 중심선에 수평한 평면으로 절단했을 때 단면이 4각형인 것은?

① 4각 뿔　　② 원뿔
③ 정사면체　④ 원기둥

07 도면의 종류와 내용이 다른 것은?

① 조립도 : 물품의 전체적인 조립상태를 나타내는 도면
② 부품도 : 물품을 구성하는 각 부품을 개별적으로 상세하게 그린 도면
③ 스케치도 : 기계나 장치 등의 실체를 보고 자를 대고 그린 도면
④ 전개도 : 구조물, 물품 등의 표면을 평면으로 나타내는 도면

해설 스케치도 : 기계부품이나 구조물의 실물을 보면서 프리핸드(자를 사용하지 않고 그리는 법)로 그린 것. 타사제품을 조사하거나, 모터쇼 등의 전시품으로 참고가 되는 부위를 발견했을 때 그리는 도법

08 투상법 중 등각투상도법에 대한 설명으로 옳은 것은?

① 한 평면 위에 물체의 실제 모양을 정확히 표현하는 방법을 말한다.
② 정면, 측면, 평면을 하나의 투상면 위에서 동시에 볼 수 있도록 그려진 투상도이다.
③ 물체의 주요 면을 투상면에 평행하게 놓고 투상면에 대해 수직보다 다소 옆면에서 보고 나타낸 투상도이다.
④ 도면에 물체의 앞면, 뒷면을 동시에 표시하는 방법이다.

09 도면에서 표제란의 척도 표시란에 NS의 의미는?

① 배척을 나타낸다.
② 척도가 생략됨을 나타낸다.
③ 비례척이 아님을 나타낸다.
④ 현척이 아님을 나타낸다.

해설 NS : none scale, 즉 그려진 도면이 척도에 의해 비례하여 그린 것이 아님, 즉 '비례척이 아님'을 뜻함

10 도면의 크기에 대한 설명으로 틀린 것은? ★★

① 제도 용지의 세로와 가로 비는 $1 : \sqrt{2}$ 이다.
② A0의 넓이는 약 $1[m^2]$이다.
③ 큰 도면을 접을 때는 A3의 크기로 접는다.
④ A4의 크기는 $210 \times 297[mm]$이다.

해설 제도 용지는 A계열을 사용하며, 세로 : 가로의 비는 $1 : \sqrt{2}$, 즉 $1 : 1.414$ 정도 된다. 큰 도면을 접을 때는 표제란이 위로 가게 하여 A4 크기(210×297)로 접는다.

정답 05 ③　06 ④　07 ③　08 ②　09 ③　10 ③

11 질기고 강하며 충격파괴를 일으키기 어려운 성질은?

① 연성   ② 취성
③ 굽힘성   ④ 인성

해설 취성 : 경도는 높고 연성이 부족하여 깨지기 쉬운 성질

12 금속강화방법으로 금속을 구부리거나 두드려서 변형을 가하여 금속을 단단하게 하는 방법은?

① 가공경화   ② 시효경화
③ 고용경화   ④ 이상경화

해설 시효 경화 : 과포화로 고용된 합금을 고용도 곡선보다 낮은 온도에서 방치할 때 시간의 경과에 따라 경화되는 현상

13 두 종류의 금속이 간단한 원자의 정수비로 결합하여 고용체를 만드는 물질은?

① 충간화합물   ② 금속간화합물
③ 합금화합물   ④ 치환화합물

해설 ② : 금속 간에 친화력이 클 때 화학적으로 결합되어 성분 금속과는 다른 성질을 가지는 독립된 화합물

14 일반적으로 금속의 크리프(creep)곡선은 어떠한 관계를 나타낸 것인가?

① 응력과 시간의 관계
② 변위와 연신률의 관계
③ 변형량과 시간의 관계
④ 응력과 변형률의 관계

해설 크리프 곡선 : 응력이 일정할 때도 영구 변형도가 시간의 경과에 따라 증가하는 현상, 예를 들어 콘크리트 부재나 고온도하에서 금속 재료의 부재에 일정하중을 가해 그대로 두면 하중을 가한 순간에 생기는 탄성변형 외에 시간의 흐름에 따라 변형이 증가하게 되는 현상으로 변형과 시간관계의 곡선을 말한다.

15 고장력강의 용접부 중에서 경도 값이 가장 높게 나타나는 부분은?

① 원질부   ② 본드부
③ 모재부   ④ 용착금속부

16 용접할 재료의 예열에 관한 설명으로 옳은 것은?

① 예열은 수축 정도를 늘려준다.
② 용접 후 일정 시간 동안 예열을 유지시켜도 효과는 떨어진다.
③ 예열은 냉각 속도를 느리게 하여 수소의 확산을 촉진시킨다.
④ 예열은 용접 금속과 열영향 모재의 냉각속도를 높여 용접균열에 저항성이 떨어진다.

해설 예열의 목적 : 예열은 용접 전에 용접부를 A1 변태점 이하로 가열하는 방법으로, 급랭에 의한 균열 방지와 용접부의 급랭을 방지하여 용탕에 흡수된 수소가 응고 중에 배출할 수 있도록 하기 위함이다.

정답 11 ④ 12 ① 13 ② 14 ③ 15 ② 16 ③

17 용접용 고장력강의 인성(toughness)을 향상시키기 위해 첨가하는 원소가 아닌 것은?

① P ② Al
③ Ti ④ Mn

해설 인(P) : 강에 강도, 경도 증가, 연신률 감소, 편석을 발생할 수 있어 보통 0.05% 이하로 제한, 상온 이하에서 충격치의 급격한 저하로 저온 취성의 원인이 되며, 고스트 라인이 형성될 수 있다.

18 스테인리스강의 종류가 아닌 것은?

① 마텐사이트계 스테인리스강
② 페라이트계 스테인리스강
③ 오스테나이트계 스테인리스강
④ 트루스타이트계 스테인리스강

해설 조직에 따른 스테인리스강의 종류 : 철에 크롬을 12% 이상 함유한 페라이트계와 마텐사이트계, 철에 크롬과 니켈을 함유한 오스테나이트계가 있으며, 석출에 의한 석출 경화계가 있다.

19 탄소량이 약 0.80%인 공석강의 조직으로 옳은 것은?

① 페라이트 ② 펄라이트
③ 시멘타이트 ④ 레데뷰라이트

해설 펄라이트(pearlite) : 시멘타이트(cementite)와 페라이트(ferrite)가 층상으로 된 공석조직을 펄라이트라고 말하고, 페라이트와 시멘타이트 중간의 성질을 가지고 있어 인성이 크다. 이 조직을 현미경으로 관찰하면, 진주와 같은 빛남을 보이는 것에서 유래했다.

20 Fe-C 평형 상태도에서 $\gamma-Fe$(감마철)의 결정 구조는? ★★

① 면심입방격자 ② 체심입방격자
③ 조밀입방격자 ④ 사방입방격자

해설 α-철 : 체심입방격자, A1~A3 변태점 사이에서 존재하며, 723℃에서 0.025%C 함유, 전연성이 적고 용융점이 높으며, 강도가 크다. γ-Fe은 910~1400℃ 사이에서 발생하며 면심입방격자이다.

제2과목 용접구조설계

21 용접이음 강도 계산에서 안전율을 5로 하고 허용 응력을 100MPa이라 할 때 인장강도는 얼마인가?

① 300MPa ② 400MPa
③ 500MPa ④ 600MPa

해설 안전율 $S = \dfrac{\text{극한(인장)강도 } u}{\text{허용 응력 } \sigma_a}$ 에서

$5 = \dfrac{X}{100}$, $X = 5 \times 100 = 500$

22 다음 [그림]은 겹치기 필릿용접 이음을 나타낸 것이다. 이음부에 발생하는 허용 응력은 5MPa일 때 필요한 용접 길이(ℓ)는 얼마인가? (단, h=20mm, P=6kN이다.)

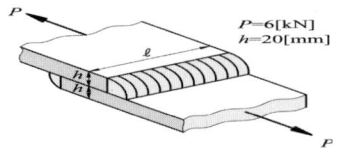

① 약 42mm   ② 약 38mm
③ 약 35mm   ④ 약 32mm

해설
$$\sigma_a = \frac{P}{A} = \frac{P}{0.707 \times (h1+h2) \times l},$$
$$5 = \frac{6000}{0.707 \times (20+20) \times l},$$
$$l = \frac{6000}{5 \times 0.707 \times (20+20)} = 42.42$$
(목 두께는 각장×cos45°= 20×0.707, 필릿부가 양쪽이므로 (20+20)×0.707이 됨)

23 용접부에 발생하는 잔류응력 완화법이 아닌 것은?

① 응력 제거 풀림법
② 피닝법
③ 스퍼터링법
④ 기계적 응력 완화법

24 인장강도가 430MPa인 모재를 용접하여 만든 용접시험편의 인장강도가 350MPa일 때 이 용접부의 이음효율은 약 몇 %인가?

① 81   ② 90
③ 71   ④ 122

해설 용접 이음 효율
$$= \frac{\text{전용착금속의 인장강도}}{\text{모재의 인장강도}} \times 100 = \frac{350}{430} \times 100$$
$$= 81.39$$

25 용접 이음부의 형태를 설계할 때 고려할 사항이 아닌 것은?

① 용착금속량이 적게 드는 이음 모양이 되도록 할 것
② 적당한 루트 간격과 홈각도를 선택할 것
③ 용입이 깊은 용접법을 선택하여 가능

한 이음의 베벨가공은 생략하거나 줄일 것
④ 후판용접에서는 양면 V형 홈보다 V홈 용접하여 용착 금속량을 많게 할 것

해설 후판 용접은 양면 V형(X형) 또는 H형, U형 등을 사용해야 되며, 한면 V형의 경우 X형보다 용착금속이 훨씬 많이 소요되며 그만큼 재료와 시간 소비는 물론 변형과 응력이 크게 된다.

26 전자빔용접의 특징을 설명한 것으로 틀린 것은?

① 고진공 속에서 용접하므로 대기와 반응되기 쉬운 활성 재료도 용이하게 용접이 된다.
② 전자렌즈에 의해 에너지를 집중시킬 수 있으므로 고용융재료의 용접이 가능하다.
③ 전기적으로 매우 정확히 제어되므로 얇은 판에서의 용접에만 용접이 가능하다.
④ 에너지의 집중이 가능하기 때문에 용융 속도가 빠르고 고속 용접이 가능하다.

27 접합하고자 하는 모재 한쪽에 구멍을 내고 그 구멍으로부터 용접하여 다른 한쪽 모재와 접합하는 용접방법은?

① 플러그 용접   ② 필릿 용접
③ 초음파 용접   ④ 테르밋 용접

해설 테르밋 용접
두꺼운 판이나 레일 등의 용접에 쓰이며, 산화철과 알루미늄 분말을 적당한 중량비율(3~4 : 1)로 로에 넣고 점화 촉진제(Mg 등)을 넣어 점화하면 화학 반응열에 의해 순철의 용탕이 얻어지며 여기에 합금제를 첨가하여 용접부에 부어 용접하는 법이다.

정답 23 ③ 24 ① 25 ④ 26 ③ 27 ①

28 필릿 용접과 맞대기 용접의 특성을 비교한 것으로 틀린 것은?

① 필릿 용접이 공작하기 쉽다.
② 필릿 용접은 결함이 생기지 않고 이면 따내기가 쉽다.
③ 필릿 용접의 수축 변형이 맞대기 용접보다 작다.
④ 부식은 필릿 용접이 맞대기 용접보다 더 영향을 받는다.

29 용접이음의 준비사항으로 틀린 것은?

① 용입이 허용하는 한 홈 각도를 작게 하는 것이 좋다.
② 가접은 이음의 끝 부분, 모서리 부분을 피한다.
③ 구조물을 조립할 때에는 용접 지그를 사용한다.
④ 용접부의 결함을 검사한다.

해설 용접 결함 검사는 용접 준비 사항이 아니고 용접 중 또는 용접 후의 검사 사항이다.

30 용접 방법과 시공 방법을 개선하여 비용을 절감하는 방법으로 틀린 것은?

① 사용 가능한 용접 방법 중 용착 속도가 큰 것을 사용한다.
② 피복아크 용접할 경우 가능한 굵은 용접봉을 사용한다.
③ 용접 변형을 최소화하는 용접 순서를 택한다.
④ 모든 용접에 되도록 덧살을 많게 한다.

해설 용접부에서 덧살은 강도 증가에 영향을 거의 주지 않으며, 과도한 덧살은 오히려 응력집중 현상을 초래하게 되므로 덧살은 최소한 (판두께의 20% 이내, 후판이라 해도 3mm 이내)으로 한다.

31 용접봉 종류 중 피복제에 석회석이나 형석을 주성분으로 하고 용착금속 중의 수소 함유량이 다른 용접봉에 비해서 1/10 정도로 현저하게 낮은 용접봉은?

① E4301   ② E4303
③ E4311   ④ E4316

해설
- E4301 : 일미나이트 광석을 30% 이상 함유한 일미나이트계 피복봉
- E4303 : 산화티탄을 30% 이상, 석회석을 포함한 라임티타니아계 피복봉
- E4311 : 유기물 셀룰로스를 30% 이상 함유한 고셀룰로스계 피복봉

32 용접부에 대한 침투검사법의 종류에 해당하는 것은?

① 자기침투검사, 와류침투검사
② 초음파침투검사, 펄스침투검사
③ 염색침투검사, 형광침투검사
④ 수직침투검사, 사각침투검사

해설 ④ : 초음파 탐상법의 일종

33 연강 및 고장력강용 플럭스 코어 아크용접 와이어의 종류 중 하나인 Y F W － C 50 2X에서 2가 뜻하는 것은?

① 플럭스 타입
② 실드가스
③ 용착금속의 최소 인장강도 수준
④ 용착금속의 충격시험 온도와 흡수에너지

해설 Y F W － C 50 2X

- Y : 용접 wire
- FW : 연강 및 고장력강용 Flux cored
- C : 보호가스(C-CO_2, A-Ar-CO_2, S-자체보호, self shield)
- 50 : 용착금속의 최소 인장강도
- 2 : 용착금속의 시험온도와 충격 에너지(충격시험 온도와 흡수 에너지)
- X : flux의 종류(R-루틸계, B-염기성계, M-메탈계, G-그 외)

34 용접입열이 일정한 경우 용접부의 냉각속도는 열전도율 및 열 확산하는 방향에 따라 달라질 때, 냉각속도가 가장 빠른 것은?

① 두꺼운 연강판의 맞대기 이음
② 두꺼운 구리판의 T형 필릿 이음
③ 얇은 연강판의 모서리 이음
④ 얇은 구리판의 맞대기 이음

해설 냉각속도는 두께, 열전도도의 크기, 냉각 방향 다소에 따라 두껍고 열전도도가 높으며 필릿 이음이 맞대기 용접이나 모서리 용접부보다 1곳이 더 많으므로 답은 ②가 된다.

35 120A의 용접전류로 피복아크 용접을 하고자 한다. 적정한 차광 유리의 차광도 번호는?

① 6번   ② 7번
③ 8번   ④ 10번

해설 차광렌즈 번호 : 30A 이하 : 6번, 30~45A : 7번, 45~75A : 8번, 75~100A : 9번, 100~200A : 10번, 150~250A : 11번, MIG 용접 : 12번

36 용접부의 시험과 검사 중 파괴 시험에 해당되는 것은?

① 방사선 투과시험
② 초음파 탐상시험
③ 현미경 조직시험
④ 음향 시험

해설 파괴 시험 : 시험 재료를 파단하거나 자국을 만드는 등 조금이라도 변형을 주어 검사하는 시험을 말하며, 현미경 조직 시험은 금속학적 파괴시험에 해당된다.

37 탄산가스(CO_2)아크 용접부의 기공발생에 대한 방지 대책으로 틀린 것은?

① 가스 유량을 적정하게 한다.
② 노즐 높이를 적정하게 한다.
③ 용접 부위의 기름, 녹, 수분 등을 제거한다.
④ 용접전류를 높이고 운봉을 빠르게 한다.

해설 CO_2 용접시 기공 방지 : 적정 가스 공급, 순도 높은 가스 공급, 이음 표면 청결, 회로 접촉 정확히, 적정 전류 조절, 적정 속도 조절, 와이어, 모재, 가스 습기 제거

38 습기 찬 저수소계 용접봉은 사용 전 건조해야 하는데 건조 온도로 가장 적당한 것은?

① 70~100℃   ② 100~150℃
③ 150~200℃   ④ 300~350℃

해설 저수소계 피복 아크 용접봉의 건조 : 300~350℃에서 1~2시간 건조 후 약 70℃ 정도의 보온통에 넣어놓고 사용하는 것이 가장 좋다.

정답 34 ② 35 ④ 36 ③ 37 ④ 38 ④ 39 ②

39 인장시험에서 구할 수 없는 것은?

① 인장응력 ② 굽힘 응력
③ 변형률   ④ 단면 수축률

해설 인장 시험으로 구할 수 있는 성질 : 비례한도, 탄성한도, 항복점(항복강도), 인장강도, 파단강도, 최고시험 하중, 연신(변형)율, 단면 수축률 등이 있으며, 굽힘 응력은 굽힘 시험에서 구할 수 있다.

40 설계단계에서의 일반적인 용접변형 방지법으로 틀린 것은?

① 용접 길이가 감소될 수 있는 설계를 한다.
② 용착금속을 증가시킬 수 있는 설계를 한다.
③ 보강재 등 구속이 커지도록 구조 설계를 한다.
④ 변형이 적어질 수 있는 이음 형상으로 배치한다.

해설 용접 변형에 가장 큰 영향을 주는 것은 용착금속의 양이다. 용착금속은 가능한 한 최소로 하는 것이 좋다.

제3과목 용접일반 및 안전관리

---

41 카바이드(CaC_2)의 취급법으로 틀린 것은?

① 카바이드는 인화성 물질과 같이 보관한다.
② 카바이드 개봉 후 뚜껑을 잘 닫아 습기가 침투되지 않도록 보관한다.
③ 운반시 타격, 충격, 마찰을 주지 말아야 한다.
④ 카바이드 통을 개봉할 때 절단가위를 사용한다.

해설 카바이드(CaC_2)
석회석을 3000℃ 이상 고온으로 구워 만든 단단한 덩어리로 물과 반응하면 아세틸렌 가스를 발생하게 된다. 따라서 인화물질과 같이 보관할 경우 화재나 폭발 위험이 생길 수 있다. 카바이드 통을 딸 때는 불꽃이 일어나지 않는 모넬모탈 정이나 가위를 사용해야 된다.

42 분말 절단법 중 플럭스 절단에 주로 사용되는 재료는?

① 스테인리스 강판 ② 알루미늄 탱크
③ 저합금 강판   ④ 강관

43 퍼커링(puckering) 현상이 발생하는 한계 전류 값의 주원인이 아닌 것은?

① 와이어 지름   ② 후열 방법
③ 용접 속도   ④ 보호 가스의 조성

해설 퍼커링(puckering) 현상
미그용접 등에서 용접전류가 과대할 때 주로 용융풀 앞기슭으로부터 외기가 스며들어 비드 표면에 주름진 두터운 산화막이 생기는 현상으로 전류의 한계값에 영향을 주는 요소는 와이어 지름, 용접 속도, 보호가스의 조성 등이 있다.

44 정격 2차 전류 300[A], 정격 사용률이 40%인 교류 아크 용접기를 사용하여 전류 150[A]로 용접 작업하는 경우 허용 사용률(%)은?

① 180   ② 160
③ 80   ④ 60

정답 40 ② 41 ① 42 ③ 43 ② 44 ②

해설 허용 사용률(%) = $\dfrac{\text{정격 전류}^2}{\text{사용 전류}^2} \times \text{정격 사용률}$

$= \dfrac{300^2}{150^2} \times 40 = 160$

45 가스 용접에 사용되는 가연성 가스의 완전 연소식의 화학식으로 틀린 것은?

① $C_2H_2 + 2.5O_2 = 2CO_2 + H_2O$
② $C_3H_8 + 5O_2 = 3CO_2 + 2H_2O_2$
③ $H_2 + 0.5O_2 = H_2O$
④ $CH_4 + 2O_2 = CO_2 + 2H_2O$

해설 $C_3H_8 + 5O_2 = 3CO_2 + 4H_2O$

46 피복 아크 용접부의 결함 중 언더컷(undercut)이 발생하는 원인으로 가장 거리가 먼 것은?

① 아크 길이가 너무 긴 경우
② 용접봉의 유지각도가 적당치 않은 경우
③ 부적당한 용접봉을 사용한 경우
④ 용접 전류가 너무 낮은 경우

해설 언더컷 발생 원인 : ①, ②, ③ 외에 용접 전류가 너무 과대한 경우 등이다.

47 46.7리터의 산소용기에 $150kg_f/cm^2$이 되게 산소를 충전하였고 이것을 대기 중에서 환산하면 산소는 약 몇 리터인가?

① 4090   ② 5030
③ 6100   ④ 7005

해설 압축가스의 대기 환산량
= 내용적 V×게이지 압력 P
= 46.7×150 = 7005L

48 점용접의 3대 주요 요소가 아닌 것은?

① 용접전류   ② 통전시간
③ 용제   ④ 가압력

해설 저항 용접 3요소 : 전류, 통전 시간, 가압력이 적당히 조화를 가져야 양질의 저항 용접부가 얻어질 수 있다. 이외에 용접부의 표면 상태, 전극 형상, 재질 등에도 좌우된다.
 1) 용접 전류(통전 전류) : 가열에 필요한 전류, 모재의 용입 열량과 입열량이 알맞아야 한다.
 2) 통전 시간 : 저항 용접시 전류를 통해주는 시간, 모재의 재질, 판두께, 용접부 형상에 따라 달라진다.
 3) 가압력 : 전류값과 통전 시간은 클수록 유효 발열량이 증가하나 가압력은 클수록 유효 발열량은 떨어진다.

49 슬래그의 생성량이 대단히 적고 수직 자세와 위보기 자세에 좋으며 아크는 스프레이형으로 용입이 좋아 아주 좁은 홈의 용접에 가장 적합한 특성을 갖고 있는 가스실드계 용접봉은?

① E4301   ② E4316
③ E4311   ④ E4327

해설 E4311 : 유기물 셀룰로스를 30% 이상 함유한 고셀룰로스계 봉으로 슬래그 생성량이 매우 적고 수직, 위보기 자세에 좋으며, 용입이 좋아 아주 좁은 홈의 용접, 배관 용접 등에 적합하다.

50 납땜에 쓰이는 용제(flux)가 갖추어야 할 조건으로 가장 적합한 것은?

① 청정한 금속면의 산화를 촉진시킬 것
② 납땜 후 슬래그 제거가 어려울 것
③ 침지땜에 사용되는 것은 수분을 함유할 것

정답 45 ② 46 ④ 47 ④ 48 ③ 49 ③ 50 ④

④ 모재와 친화력을 높일 수 있으며 유동성이 좋을 것

해설 납땜 용제의 구비 조건 : 청정한 금속면의 산화 방지, 납땜 후 슬래그 제거가 쉽고, 침지땜에 사용하는 것은 수분이 없을 것 등이다.

51 가스절단시 절단면에 생기는 드래그라인(drag line)에 관한 설명으로 틀린 것은? ★★

① 절단속도가 일정할 때 산소 소비량이 적으면 드래그 길이가 길고 절단면이 좋지 않다.
② 가스 절단의 양부를 판정하는 기준이 된다.
③ 절단속도가 일정할 때 산소 소비량을 증가시키면 드래그 길이는 길어진다.
④ 드래그 길이는 주로 절단속도, 산소 소비량에 따라 변화한다.

해설 절단 속도가 일정할 때 산소 소비량을 증가시키면 드래그 길이는 짧아지게 된다.

52 용접의 특징으로 틀린 것은?

① 재료가 절약된다.
② 기밀, 수밀성이 우수하다.
③ 변형, 수축이 없다.
④ 기공(blow hole), 균열 등 결함이 있다.

해설 용접의 단점은 변형, 수축이 크며, 용접 품질 검사가 곤란하다.

53 피복 금속 아크 용접봉의 피복 배합제의 주요 성분이 아닌 것은?

① 고착성분   ② 슬래그 생성 성분
③ 아크안정 성분   ④ 전기도체 성분

해설 피복 배합제는 대부분 전기 부도체 성분이지만 필요에 의해 넣는 것이다.

54 서브머지드 아크 용접에서 소결형 용제의 특성이 아닌 것은?

① 고전류에서의 용접 작업성이 좋다.
② 합금원소의 첨가가 용이하다.
③ 전류에 상관없이 동일한 용제로 용접이 가능하다.
④ 용융형 용제에 비하여 용제의 소모량이 많다.

해설 소결형 용제 : 원료 광석 가루, 합금 가루 등을 규산나트륨과 같은 점결제와 함께 용융되지 않을 정도의 저온으로 소결하여 입도를 조정한 것으로 강력한 탈산 작용이 있으며, 용착 금속에 합금 원소의 첨가로 기계적 성질의 조정이 자유롭다.

55 피복아크 용접 중 수동 용접기에 가장 적합한 용접기의 특성은?

① 정전압특성   ② 상승특성
③ 수하특성   ④ 정특성

해설 수하 특성
전류와 전압이 부하 전류가 증가하면 단자 전압이 낮아져 그 기계의 출력을 같게 하는 특성을 말하며, 아크 길이의 변화가 커도 전류 변화는 적어 용접봉의 용융을 일정하게 유지하게 하므로 수동 용접에 적합한 특성이다.

정답 51 ③ 52 ③ 53 ④ 54 ④ 55 ③

56 다음 중에서 용접기의 수하 특성과 가장 관련이 깊은 것은?

① 저항 - 열의 특성
② 전류 - 전력의 특성
③ 전압 - 전류의 특성
④ 전력 - 저항의 특성

해설 수하특성은 부하 전류가 증가하면 단자 전압이 저하하는 특성이다.

57 가스용접 작업에 필요한 보호구에 대한 설명 중 틀린 것은?

① 앞치마와 팔덮개 등은 착용하면 작업하기에 힘이 들기 때문에 착용하지 않아도 된다.
② 보호장갑은 화상방지를 위하여 꼭 착용한다.
③ 보호안경은 비산되는 불꽃에서 눈을 보호한다.
④ 유해가스가 발생할 염려가 있을 때에는 방독면을 착용한다.

해설 모든 용접 작업 전에 반드시 보호구를 착용한 후에 작업에 임해야 된다.

58 피복 아크 용접봉에서 용융 금속 중에 침투한 산화물을 제거하는 탈산 정련작용제로 사용되는 것은?

① 붕사   ② 석회석
③ 형석   ④ 규소철

해설
• 붕사 : 슬래그 생성 및 박리성 증가
• 형석 : 슬래그 생성과 아크 안정, 유동성 증가
• 석회석 : 슬래그 생성과 아크 안정
• 규소철(페로 실리콘) : 탈산, 합금

59 피복 아크 용접기를 사용할 때의 주의 사항이 아닌 것은?

① 정격 사용률 이상 사용하지 않는다.
② 용접기 케이스를 접지한다.
③ 탭 전환형은 아크 발생 중 탭을 전환시킨다.
④ 가동부분, 냉각 팬(fan)을 점검하고 주유를 해야 한다.

해설 탭 전환형 : 아크를 발생하면서 탭을 전환시킬 경우 스파크에 의해 용접기가 파손될 우려가 있다.

60 플래시 버트 용접의 과정 순서로 옳은 것은?

① 예열 → 업셋 → 플래시
② 업셋 → 예열 → 플래시
③ 예열 → 플래시 → 업셋
④ 플래시 → 예열 → 업셋

해설 플래시 용접 : 용접할 2개의 면을 가볍게 접촉시키고 통전하여 면을 가열함과 동시에 약간 사이를 떼어 불꽃(플래시)을 발생시켜 그 열로 용접부의 일부분을 용융시키고 적당한 온도에 도달하였을 때 강한 압력을 주어 접합한다.

플래시 용접 과정 : 예열 ⇒ 플래시 ⇒ 업셋

정답 56 ③ 57 ① 58 ④ 59 ③ 60 ③

2015 제2회 용접산업기사 최근 기출문제

2015년 5월 31일 시행

제1과목 용접야금 및 용접설비 제도

01 순철에서는 A_2 변태점에서 일어나며 원자 배열의 변화 없이 자기의 강도만 변화되는 자기변태 온도는?

① 723℃ ② 768℃
③ 910℃ ④ 1401℃

해설 ① : 철의 A_1 변태점
③ : 철의 A_3 동소 변태점
④ : 철의 A_4 동소 변태점

02 연강용접에서 용착금속의 샤르피(Charpy) 충격치가 가장 높은 것은?

① 산화철계 ② 티탄계
③ 저수소계 ④ 셀룰로스계

해설 샤르피 충격치 흡수 에너지가 47J 이상은 저수소계, 일미나이트계이며, 티탄계, 셀룰로스계는 27J 이상으로 낮다.

03 습기제거를 위한 용접봉의 건조시 건조 온도가 가장 높은 것은?

① 일미나이트계
② 저수소계
③ 고산화티탄계
④ 라임티탄계

해설 저수소계 용접봉의 건조 온도
300~350℃에서 1~2시간 건조한 후 70~100℃의 보온통에 보관하면서 사용한다. 일반용은 보통 70~100℃에서 30분~1시간 건조하여 사용한다.

04 연화를 목적으로 적당한 온도까지 가열한 다음 그 온도에서 유지하고 나서 서랭하는 열처리법은?

① 불림 ② 뜨임
③ 풀림 ④ 담금질

해설 불림
- A_3 또는 A_{cm}선 이상 30~50℃로 가열하여 오스테나이트화한 후 공랭하여 조직의 미세화나 표준조직을 얻는 열처리
- 담금질 : A_3 또는 A_1선 이상 30~50℃로 가열하여 오스테나이트화한 후 급랭(수랭, 유랭)하여 높은 경도를 얻는 열처리
- 뜨임 : 담금질한 강의 인성 부여나 잔류응력 제거를 목적으로 A_1 변태점 이하로 가열 후 급랭 또는 서랭하는 열처리

05 Fe_3C에서 Fe의 원자비는?

① 75% ② 50%
③ 25% ④ 10%

해설 Fe_3C : Fe 3개에 C 1개이므로 Fe의 원자비는 75%이다.

정답 01 ② 02 ③ 03 ② 04 ③ 05 ①

06 응력제거 풀림처리시 발생하는 효과가 아닌 것은?

① 잔류응력을 제거한다.
② 응력부식에 대한 저항력이 증가한다.
③ 충격저항과 크리프 저항이 감소한다.
④ 온도가 높고 시간이 길수록 수소함량은 낮아진다.

해설 풀림처리를 하면 연화되므로 충격저항이 증가한다.

07 용접금속에 수소가 침입하여 발생하는 것이 아닌 것은?

① 은점　　② 언더컷
③ 헤어 크랙　　④ 비드 밑 균열

해설 용착금속에서 수소는 저온 균열의 원인이 되며 비드 밑 균열, 은점, 헤어 크랙을 형성한다.

08 일렉트로 슬래그 용접법의 원리는?

① 전기 저항열을 이용한 용접법
② 가스 용해열을 이용한 용접법
③ 수중 압력을 이용한 용접법
④ 비가열식을 이용한 용접법

09 합금을 함으로써 얻어지는 성질이 아닌 것은?

① 주조성이 양호하다.
② 내열성이 증가한다.
③ 내식, 내마모성이 증가한다.
④ 전연성이 증가되며, 융점 또한 높아진다.

해설 • 합금을 하면 증가하는 성질 : 강도, 경도, 항복점, 탄성한도, 내식성, 내열성, 내마모성, 주조성 등
• 합금을 하면 감소하는 성질 : 연신율, 전연성, 단면 수축률, 용융점, 비중 등

10 실용 주철의 특성에 대한 설명으로 틀린 것은?

① 비중은 C와 Si 등이 많을수록 작아진다.
② 용융점은 C와 Si 등이 많을수록 낮아진다.
③ 흑연편이 클수록 자기 감응도가 나빠진다.
④ 내식성 주철은 염산, 질산 등의 산에는 강하나 알칼리에는 약하다.

해설 내산 주철 : 황산, 초산 등에는 사용 가능하나 진한 열염산에는 약하다.

11 제도에 대한 설명으로 가장 적합한 것은?

① 투명한 재료로 만들어지는 대상물 또는 부분은 투상도에서는 그리지 않는다.
② 투상도는 설계자가 생각하는 것을 투상하여 입체형태로 그린 것이다.
③ 나사, 중심 구멍 등 특수한 부분의 표시는 별도로 정한 한국산업표준에 따른다.
④ 한국산업표준에서 규정한 기호를 사용할 경우 주기를 입력해야 하며, 기호 옆에 뜻을 명확히 주기한다.

12 그림에 대한 설명으로 틀린 것은?

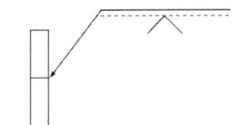

① 화살표 반대쪽 용접
② 화살표 쪽에 용접
③ 수평자세 용접
④ 단면 V형 맞대기 용접

해설 용접기호 표시에서 실선에 용접기호가 붙어 있으면 화살표 방향, 파선(점선)에 기호가 붙

어 있으면 화살표 반대 방향에서 용접함을 의미한다.

13 하나의 그림으로 물체의 정면, 우(좌)측면, 평(저)면 3면의 실제모양과 크기를 나타낼 수 있어 기계의 조립, 분해를 설명하는 정비 지침서나, 제품의 디자인도 등을 그릴 때 사용되는 3축이 모두 120°가 되도록 한 입체도는?

① 사투상도　② 분해투상도
③ 등각투상도　④ 투시도

14 1/2 척도에서 250mm를 도면에 기재하고자 할 때 얼마로 기재하는가?

① 30　② 60
③ 120　④ 250

해설 도면에 표시되는 치수는 척도에 관계없이 해당 치수를 기입해야 된다.

15 도면 크기의 종류 중 호칭방법과 치수 (A×B)가 틀린 것은? (단, 단위는 mm이다.)

① A0=841×1189　② A1=594×841
③ A3=297×420　④ A4=220×297

해설 제도용지의 크기 표시
A0(841×1189) 하나만 암기한 후 그 이하의 용지 크기는 해당 용지 크기로 가로 세로를 나누면 됨(소수 이하 절사).
예 A2 용지 : 841 / 2 = 420, 1189 / 2 = 594
- A0 크기 = 2^0
- A1 용지 = 2^1 : 2절지(A0 용지의 1/2 크기)
- A2 용지 = 2^2 : 4절지(A0 용지의 1/4 크기)
- A3 용지 = 2^3 : 8절지
- A4 용지 = 2^4 : 16절지

16 종이의 가장자리가 찢어져서 도면의 내용을 훼손하지 않도록 하기 위해 긋는 선은?

① 파선　② 2점 쇄선
③ 1점 쇄선　④ 윤곽선

17 기계제도에서 선의 종류별 용도에 대한 설명으로 옳은 것은?

① 가는 2점 쇄선은 특별한 요구사항을 적용할 수 있는 범위를 표시한다.
② 가는 파선은 중심이 이동한 중심궤적을 표시한다.
③ 굵은 실선은 치수를 기입하기 위하여 쓰인다.
④ 가는 1점 쇄선은 위치 결정의 근거가 된다는 것을 명시할 때 쓰인다.

해설 제도에서 선의 종류와 용도
- 형태에 따라 : 실선(굵은 실선, 가는 실선), 파선(점선), 가는 1점 쇄선, 가는 2점 쇄선으로 구분
- 용도에 따라 : 굵은 실선(외형선), 가는 실선(치수보조선, 치수선, 지시선, 해칭선 등), 가는 1점 쇄선(중심선, 피치선), 가는 2점 쇄선(가상선)

18 용접부의 기호 표시 방법에 대한 설명 중 틀린 것은?

① 기준선의 하나는 실선으로 하고 다른 하나는 파선으로 표시한다.
② 용접부가 이음의 화살표 쪽에 있을 때에는 실선 쪽의 기준선에 표시한다.
③ 가로 단면의 주요 치수는 기본 기호의 우측에 기입한다.
④ 용접방법의 표시가 필요한 경우에는 기준선의 끝 꼬리 사이에 숫자로 표시

정답　13 ③　14 ④　15 ④　16 ④　17 ④　18 ③

한다.

해설 용접기호 표시에서 가로 단면 주요 치수는 기본 기호(홈 기호 등) 좌측에 나타낸다.

19 용접기호에 대한 설명으로 옳은 것은?

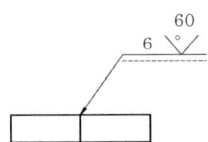

① 단면 V형 용접, 화살표 쪽으로 루트간격 2mm, 홈각 60°이다.
② 단면 V형 용접, 화살표 반대쪽으로 루트간격 2mm, 홈각 60°이다.
③ 필렛 용접, 화살표 쪽으로 루트간격 2mm, 홈각 60°이다.
④ 필렛 용접, 화살표 반대쪽으로 루트간격 2mm, 홈각 60°이다.

해설 용접기호 표시에서 파선이 실선 위로 그려져 있으면 1각법으로 나타낸 것이며, 실선에 기호가 있으므로 용입 깊이가 6mm이며, 루트간격 2mm를 띄어 홈각 60도로 V형 맞대기 용접함을 의미한다.

20 외형선은 무슨 선으로 표시하는가?

① 가는 실선 ② 굵은 실선
③ 파선   ④ 쇄선

제2과목 용접구조설계

21 용접부의 구조상 결함인 기공(Blow Hole)을 검사하는 가장 좋은 방법은?

① 초음파검사   ② 육안검사
③ 수압검사   ④ 침투검사

해설 초음파 검사
내부의 불연속부(기공, 슬래그 섞임, 균열 등 검사)
• 육안 검사 : 외관의 비드 상태(미려도, 언더컷, 오버랩, 용입불량 등 검사)
• 수압 검사 : 용기 등의 수압 정도 검사
• 침투 검사 : 표면의 미세한 균열 등의 검사

22 용접자세 중 H-Fill이 의미하는 자세는?

① 수직 자세   ② 아래 보기 자세
③ 위 보기 자세 ④ 수평 필릿 자세

23 다음 중 탄소 공구강의 구비 조건으로 틀린 것은?

① 가격이 저렴할 것
② 강인성 및 내충격성이 우수할 것
③ 내마모성이 작을 것
④ 상온 및 고온 경도가 클 것

해설 탄소 공구강 구비 조건은 '①, ②, ④' 외에 열처리와, 가공이 쉽고 가격이 저렴해야 한다. 강인성 및 내충격성이 좋아야 한다.

24 연강판의 두께가 9mm, 용접길이를 200mm로 하고 양단에 최대 720kN의 인장하중을 작용시키는 V형 맞대기 용접이음에서 발생하는 인장응력(MPa)은?

① 200   ② 400
③ 600   ④ 800

해설 인장강도 = $\dfrac{\text{최대 하중 } P}{\text{단면적 } A}$

정답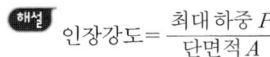

$$=\frac{720\times 1000}{9\times 200}=400$$

25 다층 용접시 한 부분의 몇 층을 용접하다가 이것을 다음 부분의 층으로 연속시켜 전체가 단계를 이루도록 용착시켜 나가는 방법은?

① 후퇴법(Backstep method)
② 케스케이드법(Cascade method)
③ 블록법(Block method)
④ 덧살올림법(Build-up method)

해설
- 덧살 올림법 : 가장 많이 쓰이는 법으로, 각 층마다 전체의 길이를 용접하면서 쌓아 올라가는 방법
- 전진 블록법 : 한 개의 용접으로 살을 붙일 만한 길이로 구분하여 홈을 한 부분씩 여러 층을 쌓은 후 다음 부분으로 진행하는 방법

26 완전 맞대기 용접이음이 단순굽힘모멘트 Mb=9800N·cm을 받고 있을 때, 용접부에 발생하는 최대굽힘응력은? (단, 용접선 길이=200mm, 판 두께=25mm이다.) ★★

① 196.0N/cm^2 ② 470.4N/cm^2
③ 376.3N/cm^2 ④ 235.2N/cm^2

해설
$$\text{굽힘응력}=\frac{\text{굽힘모멘트}}{\text{단면계수}}$$
$$=\frac{\text{굽힘모멘트}}{\frac{\text{용접선길이}\times(\text{두께}^2)}{6}}$$
$$=\frac{6\times 9800}{20\times 2.5^2}=470.4$$

27 용접이음과 주조제품을 비교하였을 때 용접이음 방법의 장점으로 틀린 것은?

① 이종재료의 접합이 가능하다.
② 용접변형을 교정할 때에는 시간과 비용이 필요치 않다.
③ 목형이나 주형이 불필요하고 설비의 소규모가 가능하여 생산비가 적게 된다.
④ 제품의 중량을 경감시킬 수 있다.

해설 용접에서 용접 변형은 필연적이며 변형 교정에 상당한 비용이 소요된다.

28 용접 시공 관리의 4대(4M) 요소가 아닌 것은?

① 사람(Man)   ② 기계(Machine)
③ 재료(Material) ④ 태도(Manner)

해설 시공 관리의 4대 요소
- man(사람)   · material(재료)
- machine(기계, 시설) · method(방법)

29 다음 검사법 중 작업 검사에 속하지 않는 것은 어느 것인가?

① 용접공의 기량   ② 제품의 성능
③ 용접 설비   ④ 용접 시공 상황

해설 용접부 검사는 작업 검사와 완성 검사로 나뉘며, 작업 검사는 용접을 하기 위하여 용접 전, 용접 중, 용접 후에 용접공 기량, 용접 재료, 설비, 시공, 후처리 등을 말하며, 완성 검사는 용접한 제품이 만족할 만한 성능을 가졌는지 아닌지를 검사하는 것이다.

정답 25 ② 26 ② 27 ② 28 ④ 29 ③

30 용접 경비를 적게 하고자 할 때 유의할 사항으로 틀린 것은?

① 용접봉이 적절한 선정과 그 경제적 사용방법
② 재료 절약을 위한 방법
③ 용접 지그의 사용에 의한 위보기 자세의 이용
④ 고정구 사용에 의한 능률 향상

해설 용접 비용 절감법 : 작업 능률을 높여 생산성 향상을 시키는 방법으로 지그를 사용하여 아래보기 자세로 용접함으로서 어려운 자세보다 30~40% 이상 능률을 높일 수 있다.

31 똑같은 두께의 재료를 용접할 때 냉각 속도가 가장 빠른 이음은?

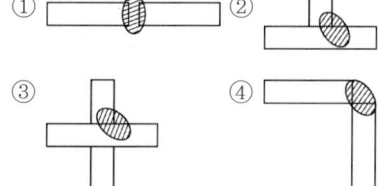

해설 냉각속도 크기 : ③ > ② > ① > ④
①과 ④는 모두 2방향이므로 비슷하지만 ①은 수평으로 연결되어 있어 ④보다 좀 더 냉각이 빠르다.

32 용접부의 응력 집중을 피하는 방법이 아닌 것은?

① 부채꼴 오목부를 설계한다.
② 강도상 중요한 용접이음 설계시 맞대기 용접부는 가능한 피하고 필릿 용접부를 많이 하도록 한다.
③ 모서리의 응력 집중을 피하기 위해 평탄부에 용접부를 설치한다.
④ 판두께가 다른 경우 라운딩(rounding)이나 경사를 주어 용접한다.

해설 응력 집중 줄이는 법 : 단면이 급변하는 부분, 즉 언더컷이나, 과잉 덧살(여성높이), 구멍 등이 생기지 않도록 해야 되며, 필릿 용접은 완전 용입이 안되므로 맞대기 용접보다 응력 집중이 더 많이 생긴다.

33 구속 용접시 발생하는 일반적인 응력은?

① 잔류 응력   ② 연성력
③ 굽힘력   ④ 스프링 백

해설 용접 잔류 응력 : 용접시 급격한 온도상승과 강하에 따른 팽창 및 냉각에 수반하는 열수축이 주위의 부분부터 구속되는 것에 의해 발생하는 것으로, 용접하는 부재 자체의 내적 구속에 의한 잔류응력, 부재가 그 외측에서 다른 것에 접속하여 자유로운 수축을 방해하는 것에 의해 발생하는 외적구속에 의한 잔류응력(구속응력)으로 구분할 수 있다. 구속이 크면 변형을 억제하게 되며 그 억제되는 만큼 내부에 응력이 생겨 남아있게 된다.

34 설계 단계에서 용접부 변형을 방지하기 위한 방법이 아닌 것은?

① 용접 길이가 감소될 수 있는 설계를 한다.
② 변형이 적어질 수 있는 이음 부분을 배치한다.
③ 보강재 등 구속이 커질수록 구조설계를 한다.
④ 용착 금속을 증가시킬 수 있는 설계를 한다.

해설 용접에서 변형은 용착금속의 양에 영향이 크므로 용접부의 단면적을 최소화하여 용착금속의 양을 줄이는 것이 필요하다.

정답 30 ③ 31 ③ 32 ② 33 ① 34 ④

35 용접수축량에 미치는 용접시공 조건의 영향을 설명한 것으로 틀린 것은?

① 루트간격이 클수록 수축이 크다.
② V형 이음은 X형 이음보다 수축이 크다.
③ 같은 두께를 용접할 경우 용접봉 직경이 큰 쪽이 수축이 크다.
④ 위빙을 하는 쪽이 수축이 작다.

해설 같은 두께를 용접할 경우 가능한 굵은 용접봉을 사용하여 용접 층수를 줄이는 것이 수축을 줄일 수 있다.

36 용접 후처리에서 변형을 교정할 때 가열하지 않고, 외력만으로 소성변형을 일으켜 교정하는 방법은?

① 형재(形材)에 대한 직선 수축법
② 가열한 후 해머로 두드리는 법
③ 변형 교정 롤러에 의한 방법
④ 박판에 대한 점 수축법

해설 ①, ②, ④는 가열을 한 후의 작업이나 롤러에 의한 변형교정은 가열하지 않고도 가능한 교정법이다.

37 용접순서에서 동일 평면 내에 이음이 많을 경우, 수축은 가능한 자유단으로 보내는 이유로 옳은 것은?

① 압축변형을 크게 해주는 효과와 구조물 전체를 가능한 균형 있게 인장응력을 증가시키는 효과 때문
② 구속에 의한 압축응력을 작게 해두는 효과와 구조물 전체를 가능한 균형 있게 굽힘응력을 증가시키는 효과 때문
③ 압축응력을 크게 해주는 효과와 구조물 전체를 가능한 균형 있게 인장응력을 경감시키는 효과 때문
④ 구속에 의한 잔류응력을 작게 해주는 효과와 구조물 전체를 가능한 균형 있게 변형을 경감시키는 효과 때문

38 용접부 취성을 측정하는데 가장 적당한 시험방법은?

① 굽힘시험   ② 충격시험
③ 인장시험   ④ 부식시험

해설 **충격시험** : 용접부 충격 시험편에 충격적인 하중을 가해 용접부의 인성 정도(연성의 크기 정도)를 측정하는 시험법. 엄격하게 말해 취성을 측정하는 시험은 아니나 연성의 정도를 알면 취성의 크기도 알 수 있음

39 용접 변형을 경감하는 방법으로 용접 전 변형방지책은?

① 역변형법   ② 빌드업법
③ 케스케이드법   ④ 전진블록법

해설 **역변형법** : 용접 후에 발생할 변형의 정도를 예측하여 가접 후 용접 전에 미리 용접방향의 반대쪽으로 변형을 주는 방법

40 필릿 용접 크기에 대한 설명으로 틀린 것은?

① 필릿 이음에서 목길이를 증가시켜줄 필요가 있을 경우 양쪽 목길이를 같게 증가시켜 주는 것이 효과적이다.
② 판두께가 같은 경우 목길이가 다른 필릿 용접시는 수직 쪽의 목길이를 짧게 수평 쪽의 목길이를 길게 하는 것이 좋다.
③ 필릿 용접시 표면 비드는 오목형보다 블록형이 인장에 의한 수축 균열 발생이 적다.

정답 35 ③ 36 ③ 37 ④ 38 ② 39 ① 40 ④

④ 다층 필릿 이음에서의 첫 패스는 항상 오목형이 되도록 하는 것이 좋다.

해설 오목형 필릿 용접의 경우 목 두께가 적어 균열이 발생할 우려가 크다.

제3과목 용접일반 및 안전관리

41 가스 실드(shield)형으로 파이프 용접에 가장 적합한 용접봉은?

① 라임티타니아계(E4303)
② 특수계(E4340)
③ 저수소계(E4316)
④ 고셀룰로스계(E4311)

해설 고셀룰로스계는 셀룰로스를 20~30% 정도 함유한 것으로 다량의 가스가 발생하며 피복이 얇고 슬래그가 적어 좁은 홈 용접이 가능해 배관 용접에 적합하다.

42 피복 아크 용접에서 용접부의 보호 방식이 아닌 것은?

① 가스 발생식   ② 슬래그 생성식
③ 아크 발생식   ④ 반가스 발생식

43 구리나 황동을 가스용접시 주로 사용하는 불꽃의 종류는? ★★★★

① 탄화 불꽃   ② 중성 불꽃
③ 산화 불꽃   ④ 질화 불꽃

해설 가스 용접 불꽃
산화 불꽃은 동합금 특히 황동 용접에 주로 사용되며, 대부분의 금속은 중성 불꽃을 사용하며 모넬메탈이나 스테인리스강은 탄화 불꽃을 사용하나 침탄에 주의해야 된다.

44 피복 아크 용접봉에서 피복제의 편심률은 몇 % 이내이어야 하는가?

① 3%   ② 6%
③ 9%   ④ 12%

45 압접의 종류가 아닌 것은?

① 단접(forged welding)
② 마찰 용접(friction welding)
③ 점 용접(spot welding)
④ 전자 빔 용접(electron beam welding)

해설 전자 빔 용접 : 진공 속에서 전자 빔의 에너지를 이용하여 대기 중에서 산화하기 쉬운 금속, 고융점 금속의 용접에 적합하며 용접에 속한다.

46 산소 아세틸렌 불꽃에서 아세틸렌이 이론적으로 완전연소 하는데 필요한 산소 : 아세틸렌의 연소비로 가장 알맞은 것은?

① 1.5 : 1   ② 1 : 1.5
③ 2.5 : 1   ④ 1 : 2.5

해설 가스 용접 불꽃의 산소
아세틸렌의 이론적인 혼합비는 2.5 : 1이나 실질적으로는 공기 중에 산소가 많기 때문에 (공기 중에 산소량은 약 23%) 실질적으로는 거의 1 : 1 정도 된다.

47 용접 분류 방법 중 아크용접에 해당하는 것은?

① 프로젝션 용접   ② 마찰 용접
③ 서브머지드 용접 ④ 초음파 용접

정답 41 ④ 42 ③ 43 ③ 44 ① 45 ④ 46 ③ 47 ③

해설 **용접의 분류** : 융접, 압접, 납접이 있으며, 대부분은 융접에 속하며, 압접에는 전기저항용접(점용접, 심용접, 프로젝션용접, 플래시 벗 용접 등), 마찰용접, 초음파 용접, 냉간압접 등이 있다.

48 현장에서의 용접 작업시 주의사항이 아닌 것은?

① 폭발, 인화성 물질 부근에서는 용접작업을 피할 것
② 부득이 가연성 물체 가까이서 용접할 경우는 화재 발생 방지 조치를 충분히 할 것
③ 탱크 내에서 용접 작업시 통풍을 잘하고 때때로 외부로 나와서 휴식을 취할 것
④ 탱크 내 용접 작업시 2명이 동시에 들어가 작업을 실시하고 빠른 시간에 작업을 완료하도록 할 것

해설 탱크 내에서는 2명 1개조로 하되 한명은 보조 및 관찰을 하고 작업을 교대로 하여 질식의 위험을 방지해야 된다.

49 산소 용기의 취급상 주의사항이 아닌 것은?

① 운반이나 취급에서 충격을 주지 않는다.
② 가연성 가스와 함께 저장한다.
③ 기름이 묻은 손이나 장갑을 끼고 취급하지 않는다.
④ 운반시 가능한 한 운반 기구를 이용한다.

해설 가스 용기 저장시 가스 종류별로 보관해야 되며, 가연성 가스와 조연성 가스를 같이 보관할 경우 폭발의 위험이 크다.

50 불활성 가스 아크용접의 특징으로 틀린 것은?

① 아크가 안정되어 스패터가 적고, 조작이 용이하다.
② 높은 전압에서 용입이 깊고 용접속도가 빠르며, 잔류용제 처리가 필요하다.
③ 모든 자세 용접이 가능하고 열집중성이 좋아 용접 능률이 높다.
④ 청정작용이 있어 산화막이 강한 금속의 용접이 가능하다.

해설 **불활성 가스 아크 용접**
불활성 가스를 사용하는 용접법으로 불활성 가스 텅스텐 아크용접(TIG용접)과 불활성 가스 금속 아크 용접(MIG 용접)으로 구분한다. 이 용접은 슬래그 제거가 불필요하며 낮은 전압에서도 전류 밀도가 높아 용입이 깊다.

51 스터드 용접의 용접장치가 아닌 것은?
① 용접건   ② 용접헤드
③ 제어장치   ④ 텅스텐 전극봉

52 용접 중 용융금속 중에 가스의 흡수로 인한 기공이 발생되는 화학 반응식을 나타낸 것은?

① $FeO + Mn \rightarrow MnO + Fe$
② $2FeO + Si \rightarrow SiO_2 + 2Fe$
③ $FeO + C \rightarrow CO + Fe$
④ $3FeO + 2Al \rightarrow Al_2O_3 + 3Fe$

해설 반응식에서 MnO, SiO_2, Al_2O_3 등은 모두 탈산 반응으로 가스를 제거하는 역할을 한다.

정답 48 ④ 49 ② 50 ② 51 ④ 52 ③

53 TIG 용접기에서 직류 역극성을 사용하였을 경우 용접 비드의 형상으로 옳은 것은?

① 비드 폭이 넓고 용입이 깊다.
② 비드 폭이 넓고 용입이 얕다.
③ 비드 폭이 좁고 용입이 깊다.
④ 비드 폭이 좁고 용입이 얕다.

해설 직류 역극성의 특성 : 비드 폭이 넓고 용입이 얕으며, 비철, 주철 등의 용접에 적합하다.

54 가장 두꺼운 판을 용접할 수 있는 용접법은? ★★

① 일렉트로 슬래그 용접
② 전자 빔 용접
③ 서브머지드 아크 용접
④ 불활성가스 아크 용접

해설 가장 두꺼운 판을 용접할 수 있는 용접법은 일렉트로 슬래그 용접(수직 단층 용접을 함), 일렉트로 가스 용접, 서브머지드 아크 용접 순이다.

55 자동으로 용접을 하는 서브머지드 아크 용접에서 루트 간격과 루트면의 필요한 조건은? (단, 받침쇠가 없는 경우이다.)

① 루트간격 0.8mm 이상,
    루트면은 ±5mm 허용
② 루트간격 0.8mm 이하,
    루트면은 ±1mm 허용
③ 루트간격 3mm 이상,
    루트면은 ±5mm 허용
④ 루트간격 10mm 이상,
    루트면은 ±10mm 허용

해설 서브머지드 아크 용접의 이음부
• 홈 가공 각도 : ±5°
• 루트 간격 : 받침쇠가 없을 경우 0.8mm이하, 0.8mm 이상 루트간격이면 받침쇠 사용이나, 누설방지 비드를 쌓아야 된다.
• 루트면 : ±1mm
  서브머지드 아크 용접의 뒷받침(받침쇠)
• 뒷받침은 1층 용접시 용락 방지를 위해 사용하며, 종류에는 금속 강판, 용락방지 비드, 구리 받침, 플럭스 받침 등이 있다.

56 다음 중 직류아크 용접기는?

① 가동코일형 용접기
② 정류형 용접기
③ 가동철심형 용접기
④ 탭전환형 용접기

해설 • 직류 아크 용접기 : 엔진 구동형, 전동 발전형, 정류기형, 밧데리형 등이 있다.
• 교류 아크 용접기 : 가동 철심형, 가동 코일형, 탭 전환형, 가포화 리액터형 등이 있다.

57 이론적으로 순수한 카바이드 5kg에서 발생할 수 있는 아세틸렌량은 약 몇 리터(L)인가?

① 3480   ② 1740
③ 348   ④ 174

해설 순수한 카바이드 1kg$_f$은 348ℓ이나 실질적으로는 불순물 등의 영향으로 약 290ℓ 정도이다.
348 × 5 = 1740ℓ

정답 53 ② 54 ① 55 ② 56 ② 57 ②

58 정격 2차 전류 400A, 정격 사용률이 50%인 교류 아크 용접기로서 250A로 용접할 때 이 용접기의 허용 사용률(%)은?

① 128 ② 122
③ 112 ④ 95

해설 허용 사용률 = $\dfrac{\text{정격 전류}^2}{\text{용접 전류}^2} \times \text{정격 사용률}$

$= \dfrac{400^2}{250^2} \times 50 = 128$

59 불활성가스 금속 아크 용접시 사용되는 전원 특성은?

① 수하 특성   ② 동전류 특성
③ 정전압 특성 ④ 정극성 특성

해설
- 정전압 특성 사용 용접법 : CO_2 용접, MIG 용접, 서브머지드 아크 용접
- 수하 특성 사용 용접법 : 피복 아크 용접, TIG 용접 등

60 플래시 버트 용접의 일반적인 특징으로 틀린 것은?

① 가열부의 열 영향부가 좁다.
② 용접면을 아주 정확하게 가공할 필요가 없다.
③ 서로 다른 금속의 용접은 불가능하다.
④ 용접시간이 짧고 업셋 용접보다 전력 소비가 적다.

해설 특징
- 가열 범위와 열 영향부가 좁고, 용접면에 산화물의 개입이 적다.
- 용접면을 정확하게 가공할 필요가 없으며, 신뢰도가 높고 이음 강도가 양호하다.
- 동일한 용량에 큰 물건의 용접이 가능하며, 이종 재료도 용접이 가능하다.
- 용접 시간이 짧고, 업셋 용접보다 전력 소비가 적다.
- 능률이 높고 강재, 니켈 합금 등에서 좋은 용접 결과를 얻는다.

정답 58 ① 59 ③ 60 ③

2015 제3회 용접산업기사 최근 기출문제

2015년 8월 16일 시행

제1과목 용접야금 및 용접설비 제도

01 용접하기 전 예열하는 목적이 아닌 것은?

① 수축 변형을 감소한다.
② 열영향부의 경도를 증가시킨다.
③ 용접 금속 및 열영향부에 균열을 방지한다.
④ 용접 금속 및 열영향부의 연성 또는 노치 인성을 개선한다.

해설 용접 전 예열의 목적
①, ③, ④ 등이 있으며, 냉각 속도를 지연시켜 수소 등 가스 방출 시간을 부여하고 급랭을 줄여 경화를 방지한다.

02 강의 표면경화법이 아닌 것은?

① 불림   ② 침탄법
③ 질화법   ④ 고주파 열처리

해설 강의 표면 경화법
• 화학적 방법 : 침탄, 질화법
• 물리적 방법 : 고주파 경화법, 화염 경화법

03 용융금속 중에 첨가하는 탈산제가 아닌 것은?

① 규소 철(Fe-Si)   ② 티탄 철(Fe-Ti)
③ 망간 철(Fe-Mn)   ④ 석회석($CaCO_3$)

04 이종의 원자가 결정격자를 만드는 경우 모재원자보다 작은 원자가 고용할 때 모재원자의 틈새 또는 격자결함에 들어가는 경우의 고용체는?

① 치환형 고용체   ② 변태형 고용체
③ 침입형 고용체   ④ 금속간 고용체

해설 고용체 : 침입형, 치환형, 규칙 격자형이 있으며, 원자 반경의 크기가 15% 이상 차이가 날 경우 침입형 고용체가 되며, 원자 반경이 비슷한 경우는 치환형(치환이 규칙적인 경우 규칙 격자형) 고용체를 형성한다.

05 고장력강 용접시 일반적인 주의사항으로 틀린 것은? ★★

① 용접봉은 저수소계를 사용한다.
② 아크 길이는 가능한 길게 유지한다.
③ 위빙 폭은 용접봉 지름의 3배 이하로 한다.
④ 용접 개시 전에 이음부 내부 또는 용접할 부분을 청소한다. 용접봉은 저수소계를 사용한다.
② 위빙 폭을 크게 하지 말아야 한다.
③ 아크 길이는 최대한 길게 유지한다.
④ 용접 전 이음부 내부를 청소한다.

해설 고장력강 용접 : 잘 건조된 저수소계 봉을 사용하여 가급적 아크 길이를 짧게 하며 위빙 폭도 작게 심선 지름의 3배 이하로 하며, 용접부 청정을 잘해야 된다.• 앤드탭을 사용한다.

정답 01 ② 02 ① 03 ④ 04 ③ 05 ②

06 브리넬 경도계의 경도 값의 정의는 무엇인가?

① 시험 하중을 압입자국의 깊이로 나눈 값
② 시험 하중을 압입자국의 높이로 나눈 값
③ 시험 하중을 압입자국의 체적으로 나눈 값
④ 시험 하중을 압입자국의 표면적으로 나눈 값

07 비열이 가장 큰 금속은?

① Al   ② Mg
③ Cr   ④ Mn

해설
- 비열 : 어떤 금속 1gf을 1℃올리는 데 필요한 열량, 비열이 클수록 가열 에너지가 많이 필요함
- 비열이 큰 순서 : Mg, Al, Mn, Cr, Fe, Ni, Pt, Au, Pb

08 재가열(재열)균열 시험법으로 사용되지 않은 것은?

① 고온인장시험   ② 변형이완시험
③ 자율구속도시험 ④ 크리프저항시험

09 용접 후 잔류응력이 있는 제품에 하중을 주고 용접부에 소성변형을 일으키는 방법은?

① 연화 풀림법
② 국부 풀림법
③ 저온 응력 완화법
④ 기계적 응력 완화법

해설 **기계적 응력 완화법** : 소성 변형을 주어 잔류 응력을 제거하는 방법

10 철강 재료의 변태 중 순철에서는 나타나지 않는 변태는?

① A_1 ② A_2
③ A_3 ④ A_4

해설 A_1 변태는 순철이 아닌 철에 탄소를 0.8(0.85)% 함유한 공석강의 변태로 723℃에서 일어나는 변태이다.

11 도면에 치수를 기입하는 경우에 유의사항으로 틀린 것은? ★★

① 치수는 되도록 주 투상도에 집중한다.
② 치수는 되도록 계산할 필요가 없도록 기입한다.
③ 치수는 되도록 공정마다 배열을 분리하여 기입한다.
④ 참고 치수에 대하여는 치수에 원을 넣는다.

해설 제도에서 치수 기입시 참고 치수는 괄호를 사용하며, 원에 넣지 않는다.

12 물체가 대칭일 때 물체의 1/4을 잘라내고 도면의 반쪽을 단면으로 나타내는 단면을 무엇이라 하는가?

① 온(전) 단면도   ② 회전 단면도
③ 부분 단면도   ④ 한쪽(반) 단면도

13 다음 용접 기호 중 이면(뒷면) 용접 기호는?

① ⊢   ② ⊥
③ ⌒   ④ ⌣

해설 ① : 넓은 루트면이 있는 한면 개선형 맞대기 용접

정답 06 ④ 07 ② 08 ④ 09 ④ 10 ① 11 ④ 12 ④ 13 ③

② : 개선각이 급격한 V형 맞대기 용접
④ : 토우를 매끄럽게 처리함.

14 척도에 관계없이 적당한 크기로 부품을 그린 후 치수를 측정하여 기입하는 스케치 방법은?

① 프린트법 ② 프리핸드법
③ 본뜨기법 ④ 사진촬영법

해설 **스케치도 작성법** : 프리 핸드법, 프린트법, 본뜨기법, 사진 촬영법이 있으며, 필요에 따라 2가지 이상 조합하여 스케치하는 것이 좋다.

15 가는 실선으로 규칙적으로 줄을 늘어놓은 것으로 도형의 한정된 특정 부분을 다른 부분과 구별하는 데 사용하며 예를 들면 단면도의 절단된 부분을 나타내는 선의 명칭은?

① 파단선 ② 지시선
③ 중심선 ④ 해칭

해설 **파단선** : 자유로운 가는 실선을 사용하며, 부분 단면 부분을 구별할 때 쓴다.

16 평면도법에서 인벌류트곡선에 대한 설명으로 옳은 것은?

① 원기둥에 감긴 실의 한 끝을 늦추지 않고 풀어나갈 때 이 실의 끝이 그리는 곡선이다.
② 1개의 원이 직선 또는 원주 위를 굴러갈 때 그 구르는 원의 원주 위의 1점이 움직이며 그려 나가는 자취를 말한다.
③ 전동원이 기선 위를 굴러갈 때 생기는 곡선을 말한다.
④ 원뿔은 여러 가지 각도로 절단하였을 때 생기는 곡선이다.

17 3각법에서 물체의 위에서 내려다 본 모양을 도면에 표현한 투상도는?

① 정면도 ② 평면도
③ 우측면도 ④ 좌측면도

해설 3각법은 정면도를 기준으로 정면도 위에 평면도, 아래에 저면도, 좌측에 좌측면도, 우측에 우측면도, 뒤에 배면도 등으로 구분한다. 정면도는 물체의 가장 특징적인 부분을 나타내는 것이 원칙이다. 예를 들면 자동차의 정면은 앞 범퍼쪽이지만 측면을 정면도로 표시하는 것이 보다 자동의 표현이 정확하므로 측면을 정면도로 선택하여 도시한다.

18 다음 중 용접기호에 대한 명칭으로 틀린 것은?

① △ : 필릿 용접
② ‖ : 한쪽면 수직 맞대기 용접
③ V : 단면 V형 맞대기 용접
④ ✕ : 양면 V형 맞대기 용접

해설 ② : 정방(평, I)형 용접 기호이다.

19 도면에서 척도를 기입하는 경우, 도면을 정해진 척도값으로 그리지 못하거나 비례하지 않을 때 표시 방법은?

① 현척 ② 축척
③ 배척 ④ NS

해설 **비례척이 아님의 표시** : 도면 전체가 비례척이 아닌 경우 표제란에 'NS(none scale)'를, 일부가 아닌 경우 해당 치수 밑에 밑줄을 긋는다.

정답 14 ② 15 ④ 16 ① 17 ② 18 ② 19 ④

20 한 도면에서 두 종류 이상의 선이 같은 장소에 겹치게 될 때 우선순위로 옳은 것은? ★★★★

① 숨은선 → 절단선 → 외형선 → 중심선 → 무게중심선
② 외형선 → 중심선 → 절단선 → 무게중심선 → 숨은선
③ 숨은선 → 무게중심선 → 절단선 → 중심선 → 외형선
④ 외형선 → 숨은선 → 절단선 → 중심선 → 무게중심선

해설 선의 우선 순위 : 외형선, 숨은선, 절단선, 중심선, 무게 중심선, 치수 보조선

제2과목 용접구조설계

21 가스 절단에서 절단용 산소의 순도가 낮은 것을 사용하였을 때 설명으로 맞는 것은?

① 절단속도가 느리고 절단면이 거칠어진다.
② 슬래그 박리성이 양호하다.
③ 절단시간이 단축된다.
④ 절단 홈의 폭이 좁아지고 절단효율과는 무관하다.

22 용접에 의한 용착효율을 구하는 식으로 옳은 것은? ★★

① $\dfrac{용접봉의\ 총\ 사용량}{용착금속의\ 중량} \times 100[\%]$

② $\dfrac{피복제의\ 중량}{용착금속의\ 중량} \times 100[\%]$

③ $\dfrac{용착금속의\ 중량}{용접봉의\ 사용\ 중량} \times 100[\%]$

④ $\dfrac{피복제의\ 중량}{용접봉의\ 사용\ 중량} \times 100[\%]$

해설 용착 효율 : 용착금속의 중량에 대한 사용한 용접봉이나 와이어의 중량의 비를 말한다. 서브머지드 아크 용접이나 일렉트로 슬래그 용접은 100%이지만, 피복 아크 용접은 잔봉과 스패터, 슬래그 손실 등으로 약 65% 정도 된다.

23 용접부 검사법에서 파괴 시험방법 중 기계적 시험방법이 아닌 것은?

① 인장시험(tensile test)
② 부식시험(corrosion test)
③ 굽힘시험(bending test)
④ 경도시험(hardness test)

해설 부식 시험 : 화학적 시험법으로 파괴시험의 일종이다.

24 용접의 장점에 관한 일반적인 설명으로 틀린 것은?

① 재료(자재)가 절약되며, 공수가 감소된다.
② 이음의 효율, 제품의 성능과 수명이 향상된다.
③ 보수와 수리가 용이하다.재
④ 료의 두께에 제한을 받는다.

해설 재료의 두께에 제한을 받지 않는다. 기밀, 수밀, 유밀성이 우수하다. 용접 준비 및 용접 작업이 비교적 간단하며, 작업의 자동화가 용이하다.

정답 20 ④ 21 ① 22 ③ 23 ② 24 ④

25 맞대기 용접이음에서 각 변형이 가장 크게 나타날 수 있는 홈의 형상은?

① H형　② V형
③ X형　④ I형

> **해설** 각변형의 크기가 가장 적은 홈의 형상 순서
> H형 < X형 < U형 < I형 < V형

26 용접변형 방지방법에서 역변형법에 대한 설명으로 옳은 것은? ★★★

① 용접물을 고정시키거나 보강재를 이용하는 방법이다.
② 용접에 의한 변형을 미리 예측하여 용접하기 전에 반대쪽으로 변형을 주는 방법이다.
③ 용접물을 구속시키고 용접하는 방법이다.
④ 스트롱 백을 이용하는 방법이다.

27 겹쳐진 두 부재의 한쪽에 둥근 구멍 대신에 좁고 긴 홈을 만들어 놓고 그 곳을 용접하는 용접법은? ★★★

① 겹치기 용접　② 플랜지 용접
③ T형 용접　④ 슬롯 용접

> **해설** 슬롯 용접 : 한쪽판에 좁고 긴 홈을 파서 홈 안에서 아래 판과 용접하는 방법으로 플러그 용접과 유사하지만 폭이 좁고 길다.

[슬롯 용접]　　[플러그 용접]

28 아크전류 200(A), 아크전압 30(V), 용접속도 20(cm/min)일 때 용접 길이 1cm당 발생하는 용접입열(Joule/cm)은?

① 12000　② 15000
③ 18000　④ 20000

> **해설** 용접 입열 $= \dfrac{60EI}{V}$
> $= \dfrac{60 \times 30 \times 200}{20} = 18000$

29 금속의 응고 과정에서 방출된 기체가 빠져 나가지 못하여 생긴 결함을 무엇이라고 하는가?

① 슬래그　② 설퍼 프린트
③ 흩인　④ 기공

30 가접에 대한 설명으로 틀린 것은?

① 본 용접 전에 용접물을 잠정적으로 고정하기 위한 짧은 용접이다.
② 가접은 아주 쉬운 작업이므로 본 용접사보다 기량이 부족해도 된다.
③ 홈 안에 가접을 할 경우 본 용접을 하기 전에 갈아낸다.
④ 가접에는 본 용접보다는 지름이 약간 가는 용접봉을 사용한다.

> **해설** 가접(가용접) : 가접의 양부는 용접의 양부에 직접 영향을 미치므로 가접도 용접과 같이 매우 중요하다. 따라서 충분히 용접 기량을 가진 용접사가 가접을 해야 된다.

정답　25 ②　26 ②　27 ④　28 ③　29 ④　30 ②

31 용접부의 이음효율 공식으로 옳은 것은?

① 이음효율 = $\dfrac{\text{모재의 인장강도}}{\text{용접시편의 인장강도}} \times 100(\%)$

② 이음효율 = $\dfrac{\text{모재의 충격강도}}{\text{용접시편의 충격강도}} \times 100(\%)$

③ 이음효율 = $\dfrac{\text{용접시편의 충격강도}}{\text{모재의 충격강도}} \times 100(\%)$

④ 이음효율 = $\dfrac{\text{용접시편의 인장강도}}{\text{모재의 인장강도}} \times 100(\%)$

해설 이음 효율이란 용접부의 강도에 대한 모재의 강도와의 비를 의미한다. 용접부의 강도가 모재의 강도와 같을 때 이음 효율은 100%이다.

32 맞대기 용접에서 제1층부에 결함이 생겨 밑면 따내기를 하고자 할 때 이용되지 않는 방법은?

① 선삭(turning)
② 핸드 그라인더에 의한 방법
③ 아크 에어 가우징(arc air gouging)
④ 가스 가우징(gas gouging)

해설 밑면 따내기 등에서 선반을 사용하는 가공은 할 수 없다. 주로 핸드 그라인더나 아크 에어 가우징을 행한다.

33 맞대기 용접 이음의 피로강도 값이 가장 크게 나타나는 경우는?

① 용접부 이면 용접을 하고 용접 그대로인 것
② 용접부 이면 용접을 하지 않고 표면용접 그대로인 것
③ 용접부 이면 및 표면을 기계 다듬질한 것
④ 용접부 표면의 덧살만 기계 다듬질한 것

해설 피로 강도는 응력이 적게 생기는 이음부가 가장 크게 나타난다. 따라서 표면과 이면의 덧살을 완전 제거한 경우가 피로 강도가 가장 크다.

34 모세관 현상을 이용하여 표면결함을 검사하는 방법은?

① 육안검사   ② 침투검사
③ 자분검사   ④ 전자기적 검사

35 용접시 발생되는 용접변형을 방지하기 위한 방법이 아닌 것은?

① 용접에 의한 국부 가열을 피하기 위하여 전체 또는 국부적으로 가열하고 용접한다.
② 스트롱 백을 사용한다.
③ 용접 후에 수냉처리를 한다.
④ 역변형을 주고 용접한다.

해설 용접부를 수냉하는 경우 열영향부를 경화시키고, 균열 발생의 원인이 되므로 실시해서는 안된다.

36 강판의 두께 15mm, 폭 100mm의 V형 홈을 맞대기 용접이음할 때 이음효율을 80%, 판의 허용응력을 $35\text{kg}_f/\text{mm}^2$로 하면 인장하중($\text{kg}_f$)은 얼마까지 허용할 수 있는가?

① 35000   ② 38000
③ 40000   ④ 42000

해설 $\sigma_a = \dfrac{P}{tl}$

$P = \sigma_a t l \eta = 35 \times 15 \times 100 \times 0.8 = 42000$

37 양면 용접에 의하여 충분한 용입을 얻으려고 할 때 사용되며 두꺼운 판의 용접에 가장 적합한 맞대기 홈의 형태는?

① J형   ② H형
③ V형   ④ I형

정답 31 ④ 32 ① 33 ③ 34 ② 35 ③ 36 ④ 37 ②

해설 용접 홈 선택 : 후판은 용접 변형을 최소화하기 위해 H형 또는 X형을 사용해야 되며, 좀 더 얇은 판의 경우 U형도 적용된다.

38 불활성가스 텅스텐 아크용접 이음부 설계에서 I형 맞대기 용접이음의 설명으로 적합한 것은?

① 판 두께가 12mm 이상의 두꺼운 판 용접에 이용된다.
② 판 두께가 6~20mm 정도의 다층 비드 용접에 이용된다.
③ 판 두께가 3mm 정도의 박판용접에 많이 이용된다.
④ 판 두께가 20mm 이상의 두꺼운 판 용접에 이용된다.

해설 TIG 용접은 용입이 얕기 때문에 I형 용접의 경우 3mm 정도의 박판 이하가 적당하다.

39 용접구조물에서의 비틀림 변형을 경감시켜주는 시공상의 주의사항 중 틀린 것은?

① 집중적으로 교차 용접을 한다.
② 지그를 활용한다.
③ 가공 및 정밀도에 주의한다.
④ 이음부의 맞춤을 정확하게 해야 한다.

해설 변형이나 응력 집중을 줄이는 방법으로 용접부는 가급적 중복이나 교차하지 않게 해야 된다.

40 용접부의 시점과 끝나는 부분에 용입 불량이나 각종 결함을 방지하기 위해 주로 사용되는 것은?

① 엔드탭 ② 포지셔너
③ 회전 지그 ④ 고정 지그

해설 엔드탭 : 용접 시작부나 끝 부분은 대체로 기공이나 용입 불량 등의 결함이 발생하기 쉬우므로 중요 부분의 경우 용접부 양쪽에 보조판을 붙여 이 부분에서 용접하여 다음 보조판(엔드탭)에서 끝낸 후 필요없으면 제거하면 된다.

제3과목 용접일반 및 안전관리

41 레이저 용접(laser welding)의 설명으로 틀린 것은?

① 모재의 열변형이 거의 없다.
② 이종금속의 용접이 가능하다.
③ 미세하고 정밀한 용접을 할 수 있다.
④ 접촉식 용접방법이다.

해설 레이저 용접의 특징
• ①, ②, ③, 진공실이 필요하지 않다.
• X선 방출이 없으며 자장의 영향을 받지 않는다.
• 입력 에너지의 제어성이 좋아서 미세한 용접이 가능하다.
• 아크 용접에 비해 열에너지가 높다.
• 용접 속도가 빨라 고속 용접과 자동화가 가능하다.

42 가스용접에서 산소에 대한 설명으로 틀린 것은?

① 산소는 산소용기에 35℃, $150 kg_f/cm^2$ 정도의 고압으로 충전되어 있다.
② 산소병은 이음매 없이 제조되며 인장강도는 약 $57 kg_f/cm^2$ 이상, 연신률은 18% 이상의 강재가 사용된다.

정답 38 ③ 39 ① 40 ① 41 ④ 42 ④

③ 산소를 다량으로 사용하는 경우에는 매니폴드(manifold)를 사용한다.
④ 산소의 내압 시험 압력은 충전압력의 3배 이상으로 한다.

해설 산소 용기의 내압시험은 최고 충전압력의 5/3 정도로 한다. 아세틸렌 용기의 내압시험은 최고 충전압력의 3배로 한다.

43 산소-아세틸렌 가스용접시 사용하는 토치의 종류가 아닌 것은? ★★

① 저압식 ② 절단식
③ 중압식 ④ 고압식

해설 가스 용접 토치나 절단 토치는 아세틸렌 압력에 따라 저압식, 중압식, 고압식이 있다. 등압식 토치는 중압식 토치를 말한다.

44 다음 중 아크 에어 가우징의 설명으로 가장 적합한 것은?

① 압축공기의 압력은 1~2kgf/cm²이 적당하다.
② 비철금속에는 적용되지 않는다.
③ 용접 균열부분이나 용접 결함부를 제거하는 데 사용한다.
④ 그라인딩이나 가스 가우징보다 작업 능률이 낮다.

해설 아크 에어 가우징
5~7kgf/cm²의 고압을 사용하며 그라인더나 가스 가우징보다 작업능률이 높고 비철 금속도 가우징이 가능하다.

45 용접법의 분류에서 융접에 속하는 것은?

① 전자빔 용접 ② 단접
③ 초음파 용접 ④ 마찰 용접

해설 융접 : 전기나 가스 열 등 어떤 열을 이용하여 모재와 용접봉을 용융시켜 가압 없이 두 물체의 금속을 접합하는 용접법
• 피복 아크 용접, 불활성 가스 아크 용접, 플라스마 아크 용접, 레이저 용접 등이 있다.

46 용접이 교차하는 곳에는 응력 집중이 생기기 쉬워 부채꼴 오목부를 붙인다. 이것을 무엇이라 하는가?

① 빌드업 ② 케스케이드
③ 블록   ④ 스켈롭

47 교류아크 용접시 비안전형 홀더를 사용할 때 가장 발생하기 쉬운 재해는?

① 낙상 재해 ② 협착 재해
③ 전도 재해 ④ 전격 재해

해설 비안전형 홀더는 절연이 부족한 홀더이므로 접촉할 경우 감전의 위험이 크다.

48 가스절단에서 일정한 속도로 절단할 때 절단홈의 밑으로 갈수록 슬랙의 방해, 산소의 오염 등에 의해 절단이 느려져 절단면을 보면 거의 일정한 간격으로 평행한 곡선이 나타난다. 이 곡선을 무엇이라 하는가?

① 절단면의 아크 방향
② 가스궤적
③ 드래그 라인
④ 절단속도의 불일치에 따른 궤적

49 가스용접에 사용하는 지연성 가스는?

① 산소   ② 수소
③ 프로판 ④ 아세틸렌

정답 43 ② 44 ③ 45 ① 46 ④ 47 ④ 48 ③ 49 ①

해설 산소는 지연성 또는 조연성 가스라 하며, 수소나 프로판, 아세틸렌 등은 가연성 가스이다.

50 피복 아크 용접 작업에서 용접조건에 관한 설명으로 틀린 것은?

① 아크 길이가 길면 아크가 불안정하게 되어 용융금속의 산화나 질화가 일어나기 쉽다.
② 좋은 용접비드를 얻기 위해서 원칙적으로 긴 아크로 작업한다.
③ 용접 전류가 너무 낮으면 오버랩이 발생된다.
④ 용접속도를 운봉속도 또는 아크속도라고도 한다.

해설 아크 길이가 길 경우 용입이 불량하며 스패터가 많아지고 보호가 불량하여 산화 질화가 생기며 기공 발생의 우려가 크다.

51 사람의 팔꿈치나 손목의 관절에 해당하는 움직임을 갖는 로봇으로 아크 용접용 다관절 로봇은?

① 원통 좌표 로봇(cylindrical robot)
② 직각 좌표 로봇(rectangular coordinate robot)
③ 극 좌표 로봇(polar coordinate robot)
④ 관절 좌표 로봇(articulated robot)

52 스터드 용접에서 페룰의 역할로 틀린 것은?

① 용융금속의 유출을 촉진시킨다.
② 아크열을 집중시켜준다.
③ 용융금속의 산화를 방지한다.
④ 용착부의 오염을 방지한다.

해설 • 겹치기 저항 용접 : 점(스폿) 용접, 프로젝션 용접, 심 용접
• 맞대기 저항 용접 : 플래시 용접, 플래시 버트(업셋 버트) 용접, 퍼커션 용접

53 납땜에서 용제가 갖추어야 할 조건으로 틀린 것은? ★★

① 청정한 금속면의 산화를 방지할 것
② 모재와 땜납에 대한 부식 작용이 최소한 일 것
③ 전기 저항 납땜에 사용되는 것은 비전도체일 것
④ 납땜 후 슬래그의 제거가 용이할 것

해설 **납땜 용제의 구비조건** : 부식 작용이 최소한일 것, 납땜 후 제거가 용이하고 용탕을 깨끗하게 할 것, 전기 저항 납땜의 경우는 전기가 통하는 전도체여야 할 것. 침지땜에 사용되는 것은 수분을 흡수하지 않을 것

54 TIG용접시 안전사항에 대한 설명으로 틀린 것은?

① 용접기 덮개를 벗기는 경우 반드시 전원스위치를 켜고 작업한다.
② 제어장치 및 토치 등 전기계통의 절연 상태를 항상 점검해야 한다.
③ 전원과 제어장치의 접지 단자는 반드시 지면과 접지되도록 한다.
④ 케이블 연결부와 단자의 연결 상태가 느슨해졌는지 확인하여 조치한다.

해설 **용접기 안전** : 용접기 등 모든 전기 장치를 점검하거나 수리시에는 반드시 메인 스위치와 기기 장치 스위치를 끄고 메인에 '수리 중'이란 표시를 한 후 점검, 수리해야 된다.

정답 50 ② 51 ④ 52 ① 53 ③ 54 ①

55 다음 중 맞대기 저항 용접이 아닌 것은?

① 스폿 용접　　② 플래시 용접
③ 업셋버트 용접　④ 퍼커션 용접

해설 ・겹치기 저항 용접 : 점(스폿) 용접, 프로젝션 용접, 심 용접
・맞대기 저항 용접 : 플래시 용접, 플래시 버트(업셋 버트) 용접, 퍼커션 용접

56 프랑스식 가스용접 토치의 200번 팁으로 연강판을 용접할 때 가장 적당한 판두께는?

① 판두께와 무관하다.
② 0.2mm
③ 2mm
④ 20mm

해설 가스 용접 토치 팁으로 용접 가능한 판두께 :
독일식 : 해당 번호가 판두께임, 프랑스식은 약 100번당 1mm 용접 가능한 두께임

57 점용접(spot welding)의 3대 요소에 해당되는 것은?

① 가압력, 통전시간, 전류의 세기
② 가압력, 통전시간, 전압의 세기
③ 가압력, 냉각수량, 전류의 세기
④ 가압력, 냉각수량, 전압의 세기

해설 저항 용접의 3요소
통전 전류, 가압력, 통전 시간

58 가스절단 작업에서 드래그는 판두께의 몇 % 정도를 표준으로 하는가? (단, 판두께는 25mm 이하이다.)

① 50%　　② 40%
③ 30%　　④ 20%

해설 가스 절단시 판두께 25mm 이하의 표준 드래그 길이 : 판두께의 1/5(20%)

59 교류 아크 용접기에 감전사고를 방지하기 위해서 설치하는 것은?

① 전격방지 장치　② 2차 권선 장치
③ 원격제어 장치　④ 핫 스타트 장치

해설 핫 스타트 장치 : 용입 불량 등을 방지하기 위해 용접 초기에 용접 전류보다 높게 작동되도록 하는 장치

60 피복 아크용접의 용접 입열에서 일반적으로 모재에 흡수되는 열량은 입열의 몇 % 정도인가?

① 45~55%　　② 60~70%
③ 75~85%　　④ 90~100%

정답　55 ①　56 ③　57 ①　58 ④　59 ①　60 ③

2016 제1회 용접산업기사 최근 기출문제

2016년 8월 16일 시행

제1과목 용접야금 및 용접설비 제도

01 다음 중 결정립의 대소를 결정짓는 것으로 맞는 것은?

① 성장 속도 G에 비례하고 핵 발생 속도 N에 반비례한다.
② 성장 속도 G에 반비례하고 핵 발생 속도 N에 비례한다.
③ 성장 속도 G와 핵 발생 속도 N에 반비례한다.
④ 성장 속도 G와 핵 발생 속도 N에 비례한다.

해설 핵 발생 속도를 N, 결정 성장 속도를 G로 할 때 결정립의 크기 S와의 관계는
$S = f \cdot G/N$
결정의 생성 순서 : 핵 발생 → 성장 → 결정 경계 형성

02 Fe-C계 평형 상태도의 조직과 결정구조에 대한 연결이 옳은 것은?

① α 페라이트 : 면심입방격자
② 펄라이트 : δ + Fe_3C의 혼합물
③ γ 오스테나이트 : 체심입방격자
④ 레데뷰라이트 : γ + Fe_3C의 혼합물

해설
- α **페라이트** : 체심입방격자
- **펄라이트** : α페라이트와 시멘타이트의 층상 조직
- **오스테나이트** : 면심입방격자

03 용접부 응력제거 풀림의 효과 중 틀린 것은?

① 치수 오차 방지
② 크리프강도 감소
③ 용접 잔류 응력 제거
④ 응력 부식에 대한 저항력 증가

해설 용접부의 응력제거 풀림을 하게 되면 크리프 강도가 증가한다.

04 동합금의 용접성에 대한 설명으로 틀린 것은?

① 순동은 좋은 용입을 얻기 위해서 반드시 예열이 필요하다.
② 알루미늄 청동은 열간에서 강도나 연성이 우수하다.
③ 인청동은 열간 취성의 경향이 없으며, 용융점이 낮아 편석에 의한 균열 발생이 없다.
④ 황동에는 아연이 다량 함유되어 있어 용접시 증발에 의해 기포가 발생하기 쉽다.

해설 **인청동** : 청동 주조시에 탈산제로 0.05~0.5% 존재하며 용탕의 유동성을 좋게 하지만 소량만 구리에 고용되고 나머지는 Cu_3P상으로 존재하며 경취한 성질을 갖고 있다.

정답 01 ② 02 ④ 03 ② 04 ③

05 주철의 용접에서 예열은 몇 ℃ 정도가 가장 적당한가?

① 0~50℃   ② 60~90℃
③ 100~150℃   ④ 150~300℃

해설 주철 용접시 예열 온도에 따라 미세화 정도나 조직이 달라지므로 최소 100℃ 이상 되야 효과가 있으며, 보통 500~600℃로 예열이나 후열을 하지만 여기서 가장 높은 온도는 ④이다.

06 용착금속이 응고할 때 불순물은 주로 어디에 모이는가?

① 결정입계   ② 결정입내
③ 금속의 표면   ④ 금속의 모서리

해설 결정입계 : 용융지는 전체가 동시에 응고하는 것이 아니라 가장 낮은 모재부분에서 결정핵이 생성되어 각 부분의 결정핵이 성장하여 전체가 응고할 무렵 결정입계가 형성되는데 이 결정입계는 가장 늦게 응고하는 부분이기 때문에 용융점이 낮은 불순물이 이 부분에 모이게 된다.

07 용접 비드의 끝에서 발생하는 고온 균열로서 냉각속도가 지나치게 빠른 경우에 발생하는 균열은?

① 종균열   ② 횡균열
③ 호상균열   ④ 크레이터 균열

해설 고온 균열은 비드 균열과 크레이터 균열로 분류되며, 비드 균열은 종균열, 횡균열, 호상 균열이 있으며 비드 끝에는 크레이터 균열이 발생할 수 있다.
호상 균열 : 비드파에 수직방향으로 발생하는 균열로 용접부 연성 부족과 모재에 황이 많으며 냉각속도가 너무 빠를 때 발생한다.

08 아크 분위기는 대부분이 플럭스를 구성하고 있는 유기물 탄산염 등에서 발생한 가스로 구성되어 있다. 아크 분위기의 가스 성분에 해당되지 않는 것은? ★★

① He   ② CO
③ H_2 ④ CO_2

해설 헬륨은 불활성가스이므로 아크 분위기 가스 성분이 아니다.

09 용접시 용접부에 발생하는 결함이 아닌 것은?

① 기공   ② 텅스텐 혼입
③ 슬래그 혼입   ④ 라미네이션 균열

해설 라미네이션 균열 : 층상 균열이라고도 하며 모재 결함의 일종이다.

10 다음 중 경도가 가장 낮은 조직은?

① 페라이트   ② 펄라이트
③ 시멘타이트   ④ 마텐사이트

해설 경도 크기 순서 : 시멘타이트(HB800) > 마텐사이트(HB600~720) > 펄라이트(HB200~255) > 페라이트(HB90~100)

11 KS 분류기호 중 KS B는 어느 부분에 속하는가? ★★

① 전기   ② 금속
③ 조선   ④ 기계

해설 KSA : 제도통칙(기본)
KSB : 기계   KSC : 전기
KSD : 금속   KS E : 광산
KSV : 조선

12 필릿 용접에서 a5 △ 4×300 (50)의 설명으로 옳은 것은?

① 목두께 5mm, 용접부 수 4, 용접길이 300mm, 인접한 용접부 간격 50mm
② 판두께 5mm, 용접두께 4mm, 용접 피치 300mm, 인접한 용접부 간격 50mm
③ 용입깊이 5mm, 경사길이 4mm, 용접 피치 300mm, 용접부 수 50
④ 목길이 5mm, 용입깊이 4mm, 용접길이 300mm, 용접부 수 50

해설 △ : 필릿 용접기호, a5 대신 Z5는 각장(목 길이, 다리길이)를 의미한다. Z=a$\sqrt{1.414}$

13 플러그 용접부, 필릿 용접부에 S8a6과 같이 표시되어 있을 때 기호 설명으로 옳은 것은?

① S : 실제 목 두께 8mm, 이론 목 두께 6mm
② S : 이론 목 두께 8mm, 실제 목 두께 6mm
③ S : 실제 각장 8mm, 이론 각장 6mm
④ S : 이론 각장 8mm, 실제 각장 6mm

14 다음 그림 중 정방(I)형 맞대기 이음용 접에 해당하는 것은?

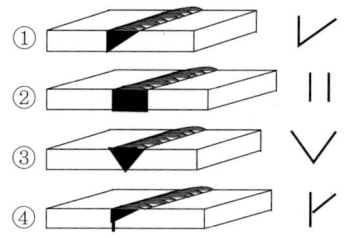

해설 ① : 일면 개선형(베벨형) 맞대기 용접

15 KS 용접 기본 기호에서 현장용접 보조 기호로 옳은 것은?

해설 ① : 점용접 기호, ② : 현장용접 기호

16 1개의 원이 직선 또는 원주 위를 굴러갈 때 그 구르는 원의 원주 위 1점이 움직이 며 그려 나가는 선은? ★★

① 타원(ellipse)
② 포물선(parabola)
③ 쌍곡선(hyperbola)
④ 사이클로이드 곡선(cycloidal curve)

해설 포물선 : 평면 위의 한 점 F과 점 F를 지나지 않는 직선 l이 주어질 때, 점 F와 직선 l에 이르는 거리가 같도록 움직인 점의 자취를 말한다.

17 도면에 치수를 기입할 때의 유의 사항으로 틀린 것은? ★★★

① 각 형체의 치수는 하나의 도면에서 한 번만 기입한다.
② 치수는 중복 기입하여 도면을 이해하기 쉽게 한다.
③ 관련되는 치수는 가능한 한 곳에 모아서 기입한다.
④ 기능 치수는 대응하는 도면에 직접 기입해야 한다.

해설 치수 기입은 중복을 피하고 정투상(주투상) 도에 가능한 한 한곳에 모아서 기입한다.

18 척도의 표시 방법에서 A : B로 나타낼 때 A가 의미하는 것은?

① 윤곽선의 굵기 ② 물체의 실제 크기
③ 도면에서의 크기 ④ 중심마크의 크기

해설 도면의 척도 표시에서 A : B는 도면의 크기 : 실물의 크기로, 1/2의 경우 분자는 도면의 크기, 분모는 실물의 크기를 나타낸다.

19 부품표(명세표)를 표제란 바로 위쪽에 붙여서 작성하는 경우 품번의 기입 방법은?

① 좌에서 우로 쓴다.
② 위에서 아래로 쓴다.
③ 아래에서 위로 쓴다.
④ 우에서 좌로 쓴다.

해설 부품표를 우측 상단에 작성하는 경우 품번 기입은 위에서 아래로 쓴다.

20 굵은 실선으로 나타내는 선의 명칭은?

① 외형선 ② 지시선
③ 중심선 ④ 피치선

제2과목 용접 구조 설계

21 용접 이음의 종류에 따라 분류한 것 중 틀린 것은?

① 맞대기 용접 ② 모서리 용접
③ 겹치기 용접 ④ 후진법 용접

해설 후진법 용접은 용접 방향에 따른 분류이다.

22 피복 아크 용접에서 발생한 용접결함 중 구조상의 결함이 아닌 것은?

① 기공 ② 변형
③ 언더컷 ④ 오버랩

해설 **결함의 대분류** : 치수상 결함, 구조상 결함, 성질상 결함
1. 치수상 결함 : 치수 오차, 변형, 각도 불량
2. 구조상 결함 : 기공, 오버랩, 언더컷, 균열, 슬래그 섞임(혼입), 용입불량, 용융불량, 스패터 등
3. 성질상 결함 : 강도부족, 내식성 불량, 부식 등

23 용접부 시험에는 파괴 시험과 비파괴 시험이 있다. 파괴 시험 중에서 야금학적 시험 방법이 아닌 것은?

① 파면 시험 ② 물성 시험
③ 메크로 시험 ④ 현미경 조직 시험

해설 **재료시험** : 기계적 시험(정적 파괴시험, 동적 파괴시험), 물리적 시험(야금학적 시험), 화학적 시험이 있다. 물성 시험이란 자재들의 물리적 성질을 알기위해서 하는 시험, 즉 인장강도, 압축강도, 연신률, 콘크리트 강도 시험 등을 말한다.

24 아공석강에서 탄소량이 0.4%인 탄소강의 브리넬 경도는 얼마인가?

① 128 ② 148
③ 168 ④ 188

해설 $\sigma b = 20 + 100 \times C(탄소량)$ [kg/mm^2]
$= 20 + 100 \times 0.4 = 60$
$HB = 2.8 \times \sigma b = 2.8 \times 60 = 168$

정답 18 ③ 19 ③ 20 ① 21 ④ 22 ② 23 ② 24 ③

25 작은 강구나 다이아몬드를 붙인 소형 추를 일정한 높이에서 시험편 표면에 낙하시켜 튀어 오르는 반발 높이로 경도를 측정하는 시험은?

① 쇼어 경도 시험
② 브리넬 경도 시험
③ 로크웰 경도 시험
④ 비커스 경도 시험

해설 압입 자국의 크기에 의한 경도 측정 : ②③④의 시험은 압입 자국이 크고 깊으면 경도가 약하고, 작으면 경도가 크다는 의미의 시험이다.

26 재료의 크리프 변형은 일정 온도의 응력하에서 진행하는 현상이다. 크리프 곡선의 영역에 속하지 않는 것은?

① 강도 크리프   ② 천이 크리프
③ 정상 크리프   ④ 가속 크리프

해설 크리프 단계
- 1차 크리프(천이 크리프) : 크리프 속도 감소, 재료의 저항성 증가 때문
- 2차 크리프(정상 크리프) : 가공 경화와 회복 연화의 균형으로 정상 속도 유지
- 3차 크리프(가속 크리프) : 크리프 속도 가속, 파단 단계

27 TIG 용접 작업 중 아크 원더링(흔들림)이 생기는 원인 중 틀린 것은?

① 자기의 영향을 받은 경우
② 전극의 끝이 불량한 경우
③ 전극의 전류 밀도가 높은 경우
④ 아르곤 가스에 공기가 혼입한 경우

해설 아크 원더링의 원인은 전극의 전류 밀도가 낮고, 전극의 선단이 오손되어 있을 때, 자기의 영향, 아르곤 가스에 공기가 혼입된 경우이다.

28 길이가 긴 대형의 강관 원주부를 연속 자동용접을 하고자 한다. 이때 사용하고자 하는 지그로 가장 적당한 것은?

① 엔드탭(end tap)
② 터닝 롤러(turning roller)
③ 컨베이어(conveyor) 정반
④ 용접 포지셔너(welding positioner)

해설 엔드탭 : 용접시점과 종점에 용접부 형상과 같은 보조판을 붙여 용접 시점과 종점의 용입불량 등의 결함을 방지하는 보조판

29 용접 지그(Jig)에 해당되지 않는 것은?

① 용접 고정구
② 용접 포지셔너
③ 용접 핸드 실드
④ 용접 매니플레이터

해설 용접 지그(jig) : 용접물을 정확한 치수로 완성하기 위한 기구, 잘 활용해야 우수한 용접부 품질이 얻어지게 된다.
- 지그의 종류 : 포지셔너(위치 결정용 지그), 회전 롤러 및 회전 테이블, 메인 플레이트, 고정구(정반 등) 등이 있다. 핸드 실드는 용접 보호구이다.

30 용접 구조물 조립시 일반적인 고려사항이 아닌 것은?

① 변형 제거가 쉽게 되도록 하여야 한다.
② 구조물의 형상을 유지할 수 있어야 한다.
③ 경제적이고 고품질을 얻을 수 있는 조건을 설정한다.
④ 용접 변형 및 잔류응력을 상승시킬 수 있어야 한다.

정답 25 ① 26 ① 27 ③ 28 ② 29 ③ 30 ④

해설 용접 구조물 조립시 용접 변형이나 잔류응력이 생기지 않도록 하여야 된다.

31 용착금속의 최대 인장강도 $\sigma = 300$ MPa이다. 안전율을 3으로 할 때 강판의 허용응력은 몇 MPa인가? ★★★★

① 50
② 100
③ 150
④ 200

해설 안전율 $S = \dfrac{\text{극한(인장)강도}\,\sigma}{\text{허용응력}\,\sigma_a}$

허용응력 $\sigma_a = \dfrac{\text{극한(인장)강도}\,\sigma}{\text{안전율}\,S} = \dfrac{300}{3} = 100$

32 내마멸성을 가진 용접봉으로 보수 용접을 하고자 할 때 사용하는 용접봉으로 적합하지 않은 것은?

① 망간강 계통의 심선
② 크롬강 계통의 심선
③ 규소강 계통의 심선
④ 크롬-코발트-텅스텐 계통의 심선

해설 규소는 강도를 크게 하는 원소가 아니라 전자기적 성질이나 탄성한도를 상승시키고 내산성을 증가시키는 원소이다.

33 두께가 다른 판을 맞대기 용접할 때 응력 집중이 가장 적게 발생하는 것은?

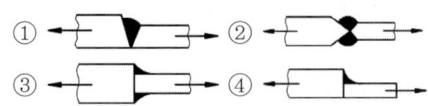

34 V형에 비하여 홈의 폭이 좁아도 작업성과 용입이 좋으며 한 쪽에서 용접하여 충분한 용입을 얻을 필요가 있을 때 사용하는 이음 형상은?

① U형
② I형
③ X형
④ K형

해설 X형이나 K형은 양면에서 용접하는 맞대기 용접 홈이며, I형은 좀 두꺼운 판은 용입이 불량할 우려가 많다.

35 용접 이음의 피로강도에 대한 설명으로 틀린 것은? ★★

① 피로강도란 정적인 강도를 평가하는 시험방법이다.
② 하중, 변위 또는 열응력이 반복되어 재료가 손상되는 현상을 피로라고 한다.
③ 피로강도에 영향을 주는 요소는 이음형상, 하중상태, 용접부 표면상태, 부식환경 등이 있다.
④ S-N 선도를 피로선도라 부르며 응력변동이 피로한도에 미치는 영향을 나타내는 선도를 말한다.

해설 피로강도는 피로 시험에 의한 피로한도의 크기를 말한다. 즉 허용응력 이내의 작은 하중을 수없이 많은 반복하중을 가하여 파괴될 때의 피로 한도를 의미하며, 동적 시험의 일종이다.
용접 구조물은 정 응력, 반복 응력, 교번 응력, 충격 응력 등 다양한 응력을 받는다.

36 다음 그림은 어떤 필릿 용접에 해당하는가?

① 측면 필릿 용접
② 전면 필릿 용접
③ 변두리 필릿 용접
④ 경사 필릿 용접

정답 31 ② 32 ③ 33 ② 34 ① 35 ① 36 ④

37 다음은 이음 준비 사항으로서 홈 가공에 대한 설명이다. 옳지 않은 것은?

① 용접 균열은 루트 간격이 좁을수록 적게 발생된다.
② 피복 아크용접에서 홈 각도는 70~90°가 적당하다.
③ 대전류를 사용하는 서브머지드 아크 용접에서 루트 간격은 0.8mm 이하, 루트면은 7~16mm로 하는 것이 좋다.
④ 홈 가공은 가스 절단법에 의하나 정밀한 것은 기계 가공에 의하기도 한다.

해설 피복 아크용접의 홈 각도는 보통 54~70° 정도가 적합하다.

38 용접 홈의 형상 중 V형 홈에 대한 설명으로 옳은 것은?

① 판 두께가 대략 6mm 이하의 경우 양면 용접에 사용한다.
② 양쪽 용접에 의해 완전한 용입을 얻으려고 할 때 쓰인다.
③ 판 두께 3mm 이하로 개선 가공없이 한쪽에서 용접할 때 쓰인다.
④ 보통 판 두께 15mm 이하의 판에서 한쪽 용접으로 완전한 용입을 얻고자 할 때 쓰인다.

39 용접기에 사용되는 전선(cable) 중 용접기에서 모재까지 연결하는 케이블은?

① 1차 케이블
② 입력 케이블
③ 접지 케이블
④ 비닐 코드 케이블

해설 용접기에서 홀더까지 연결된 케이블은 홀더 케이블이라 하며 접지 케이블과 홀더 케이블을 2차 케이블이라 한다.

40 용접 구조 설계상의 주의사항으로 틀린 것은?

① 용착 금속량이 적은 이음을 설계할 것
② 용접 치수는 강도상 필요한 치수 이상으로 크게 하지 말 것
③ 용접성, 노치인성이 우수한 재료를 선택하여 시공이 쉽게 설계할 것
④ 후판을 용접할 경우는 용입이 얕고 용착량이 적은 용접법을 이용하여 층수를 늘릴 것

해설 후판 용접시 용입이 얕고 용착량이 적은 용접법을 선택할 경우 그만큼 패스 수(층수)를 많이 해야 되므로 용접시간도 많이 소요되지만 변형도 훨씬 커지게 된다. 따라서 가급적 굵은 용접봉을 사용하여 용입이 깊고 용착량이 많게 용접해야 된다.

제3과목 용접일반 및 안전관리

41 피복 아크 용접에서 용입에 영향을 미치는 원인이 아닌 것은?

① 용접 속도
② 용접 홀더
③ 용접 전류
④ 아크의 길이

해설 용입 : 어떤 열에 의해 모재가 녹은 깊이를 말하며, 전류가 높거나 속도가 느릴 때 아크 길이가 짧을 때 등 단위 면적당 입열량의 크기에 따라 결정된다. 용접 홀더의 종류나 형상과는 무관하다.

정답 37 ② 38 ④ 39 ③ 40 ④ 41 ②

42 가스 용접에서 산소 압력조정기의 압력 조정 나사를 오른쪽으로 돌리면 밸브는 어떻게 되는가?

① 닫힌다.   ② 고정된다.
③ 열리게 된다.   ④ 중립상태로 된다.

해설 가스 압력 조정기는 보통 브르동관식 압력계의 구조로서 조정기의 핸들을 시계방향(오른쪽)으로 돌리면 나사의 원리에 의해 나사가 안으로 들어가 호스쪽으로 흐르는 입구의 스프링으로 받혀진 격판을 밀어 열리게 함으로써 가스가 호스 쪽으로 흐르게 된다.

43 가용접시 주의사항으로 틀린 것은?

① 강도상 중요한 부분에는 가용접을 피한다.
② 본 용접보다 지름이 굵은 용접봉을 사용하는 것이 좋다.
③ 용접의 시점 및 종점이 되는 끝 부분은 가용접을 피한다.
④ 본 용접과 비슷한 기량을 가진 용접사에 의해 실시하는 것이 좋다.

해설 가용접은 가능한 한 지름이 가는 용접봉을 사용하여 가용접하며, 시점, 종점, 모서리, 중요한 부분 등에는 피하는 것이 좋다.

44 직류 아크 용접기에서 발전형과 비교한 정류기형의 특징으로 틀린 것은?

① 소음이 적다.
② 보수 점검이 간단하다.
③ 취급이 간편하고 가격이 저렴하다.
④ 교류를 정류하므로 완전한 직류를 얻는다.

해설 정류기형 직류 용접기 : 교류를 다이오드 등에 의해 직류로 변환한 용접기로 완전한 직류는 얻지 못한다.

45 저항용접에 의한 압접에서 전류 20A 전기저항 30Ω, 통전시간 10sec일 때 발열량은 약 몇 cal인가? ★★

① 14400   ② 24400
③ 28800   ④ 48800

해설 저항열 $J = 0.24 I^2RT$
$= 0.24 \times 20^2 \times 30 \times 10 = 28800$

46 불활성 가스 아크용접에서 비용극식, 비소모식인 용접의 종류는?

① TIG 용접   ② MIG 용접
③ 퓨즈 아크법   ④ 아코스 아크법

해설 비용극식 = 비소모식 : 전극이 아크를 발생하여 용융지를 형성하지만 녹지 않고 소모가 안되므로 붙여진 이름이다. ②, ③, ④는 CO_2 용접법의 일종으로 용극식(소모식)이다.

47 가스 용접의 특징으로 틀린 것은?

① 아크 용접에 비해 불꽃 온도가 높다.
② 용융 범위가 넓고 운반이 편리하다.
③ 아크 용접에 비해 유해 광선의 발생이 적다.
④ 전원 설비가 없는 곳에서도 용접이 가능하다.

해설 가스 용접에서 가스 불꽃의 최고 온도는 3420℃이며, 피복 아크 용접은 최고 6000℃, 보통 3500~5000℃이다.

48 산소-아세틸렌 가스로 절단이 가장 잘 되는 금속은?

① 연강   ② 구리
③ 알루미늄   ④ 스테인리스강

정답 42 ③ 43 ② 44 ④ 45 ③ 46 ① 47 ① 48 ①

> **[해설]** 가스 절단은 철의 연소반응(연소온도 보통 800~950℃)을 이용하여 연소시킨 후 고압으로 불어 절단하는 절단법으로 연강이 가장 잘된다.

49 산소 용기 취급시 주의사항으로 틀린 것은?

① 산소병을 눕혀 두지 않는다.
② 산소병은 화기로부터 멀리한다.
③ 사용 전에 비눗물로 가스 누설검사를 한다.
④ 밸브는 기름을 칠하여 항상 유연해야 한다.

> **[해설]** 산소는 기름과 접촉하면 화학반응에 의해 폭발성 화합물을 형성하여 폭발할 위험이 크다.

50 지름이 3.2mm인 피복 아크용접봉으로 연강판을 용접하고자 할 때 가장 적합한 아크 길이는 몇 mm 정도인가?

① 3.2 ② 4.0
③ 4.8 ④ 5.0

> **[해설]** 피복 아크 용접에서 아크 길이는 보통 심선 지름의 1배 이하로 하는 것이 좋다.

51 다음 중 용사법의 종류가 아닌 것은?

① 아크 용사법
② 오토콘 용사법
③ 가스불꽃 용사법
④ 플라스마 제트 용사법

> **[해설]**
> • 용사(thermal spraying) : 용융금속, 세라믹스 등의 입자를 소재 표면에 분사 접합시켜 피막을 형성시키는 피복법, 방식, 내열, 내마모성, 육성 등의 목적에 사용된다.
> • 용사법의 종류 : 가스 용사, 아크 용사, 플라스마 용사, 폭열 용사 등이 있으며, 세라믹 등 고융점재료에는 플라스마 용사가 가장 적합하다.

52 가스 불꽃 토치의 취급상 주의사항으로 틀린 것은?

① 토치를 망치 등 다른 용도로 사용해서는 안 된다.
② 팁 및 토치를 작업장 바닥이나 흙 속에 방치하지 않는다.
③ 팁을 바꿔 끼울 때에는 반드시 양쪽 밸브를 모두 열고 팁을 교체한다.
④ 작업 중 발생하기 쉬운 역류, 역화, 인화에 항상 주의하여야 한다.

> **[해설]** 가스 용접 팁을 교환할 때는 토치의 밸브를 닫고 가스 배출 여부를 확인한 후에 교환해야 된다.

53 산소 및 아세틸렌 용기 취급에 대한 설명으로 옳은 것은?

① 산소병은 60℃ 이하, 아세틸렌 병은 30℃ 이하의 온도로 보관한다.
② 아세틸렌병은 눕혀서 운반하되 운반도중 충격을 주어서는 안 된다.
③ 아세틸렌 충전구가 동결되었을 때는 50℃ 이상의 온수로 녹여야 한다.
④ 산소병 보관 장소에 가연성 가스를 혼합하여 보관해서는 안되며, 누설시험시는 비눗물을 사용한다.

> **[해설]** 가스 용기 취급시 주의사항 : 산소병은 40℃ 이하에서 보관하며, 아세틸렌병은 눕혀둘 경우 아세톤이 유출될 수 있으므로 세워서 보관해야 되며, 용기 충전구가 얼었을 때는 40℃ 이하의 온수로 녹혀야 된다.

정답 49 ④ 50 ① 51 ② 52 ③ 53 ④

54 카바이드 취급시 주의사항으로 틀린 것은?

① 운반시 타격, 충격, 마찰 등을 주지 않는다.
② 카바이드 통을 개봉할 때는 정으로 따낸다.
③ 저장소 가까이에 인화성 물질이나 화기를 가까이 하지 않는다.
④ 카바이드 개봉 후 보관시는 습기가 침투하지 않도록 보관한다.

해설 카바이드 : 석회석을 3000℃ 이상 고온으로 구어 만든 것으로 물(수분)과 접촉하면 아세틸렌 가스를 발생하게 되며 카바이드 통 내부에는 카바이드와 공기 중의 수분에 의해 발생한 아세틸렌 가스가 공존하게 되므로 정으로 통을 따낼 때 스파크가 발생하면 폭발할 위험이 매우 크므로 모넬메탈 등의 정으로 따내야 된다.

55 일렉트로 슬래그 용접의 특징으로 틀린 것은?

① 용접 입열이 낮다.
② 후판 용접에 적당하다.
③ 용접 능률과 용접 품질이 우수하다.
④ 용접 진행 중 직접 아크를 눈으로 관찰할 수 없다.

해설 일렉트로 슬래그 용접 : 수직 전용 용접으로 고융점 용접에 속하므로 입열이 매우 크다.

56 서브머지드 아크 용접의 특징으로 틀린 것은?

① 유해광선 발생이 적다.
② 용착속도가 빠르며 용입이 깊다.
③ 전류밀도가 낮아 박판 용접이 용이하다.
④ 개선각을 작게 하여 용접의 패스수를 줄일 수 있다.

해설 서브머지드 아크 용접 : 고 전류밀도와 대입열을 사용하는 용접으로 후판 용접에 적합하다.

57 탄산가스 아크용접 장치에 해당되지 않는 것은?

① 제어 케이블   ② CO_2 용접 토치
③ 용접봉 건조로   ④ 와이어 송급장치

해설 CO_2 용접 장치 : 용접기, 와이어 송급장치, 케어 케이블, 가스 공급장치로 구성되며, 용접봉 건조로는 용접 보조 장비로서 피복 아크 용접봉을 사용하는 수동 용접에서 필요한 장비이다.

58 용착금속 중의 수소 함유량이 다른 용접봉에 비해 1/10 정도로 현저하게 적어 용접성은 다른 용접봉에 비해 우수하나 흡습하기 쉽고, 비드 시작점과 끝점에서 아크 불안정으로 기공이 생기기 쉬운 용접봉은?

① E4301   ② E4316
③ E4324   ④ E4327

해설 저수소계 용접봉(E4316, E7016)은 건조해서 사용해야 되며, 건조시 다른 용접봉에 비해 수소 함유량이 1/10 정도이다.

59 AW300 용접기의 정격 사용률이 40%일 때 200A로 용접을 하면 10분 작업 중 몇 분까지 아크를 발생해도 용접기에 무리가 없는가? ★★

① 3분   ② 5분
③ 7분   ④ 9분

정답 54 ② 55 ① 56 ③ 57 ③ 58 ② 59 ④

해설 허용 사용율 = $\dfrac{\text{정격전류}^2}{\text{사용전류}^2} \times \text{정격사용율}$

$= \dfrac{300^2}{200^2} \times 40 = 90\%$

즉 10분 중 9분 용접하고 1분 쉴 수 있다는 뜻이다. 그러나 피복 아크 용접의 경우 연속 용접을 하지 않고 단위 용접봉의 사용(보통 1~2분) 후 다른 봉으로 교환하거나 슬래그 청소 등을 하게 되므로 허용 사용율이 80% 이상이면 연속 용접이 가능하다.

60 가스 용접에서 충전가스 용기의 도색을 표시한 것으로 틀린 것은?

① 산소 - 녹색 ② 수소 - 주황색
③ 프로판 - 회색 ④ 아세틸렌 - 청색

해설 아세틸렌 용기 : 황색, CO_2(이산화탄산가스)
용기 : 청색
아르곤 가스 : 회색

60 ④

2016 제2회 용접산업기사 최근 기출문제

2016년 5월 8일 시행

제1과목 용접야금 및 용접설비 제도

01 용접 전후의 변형 및 잔류응력을 경감시키는 방법이 아닌 것은?

① 억제법   ② 도열법
③ 역변형법   ④ 롤러에 거는 법

해설 **롤러에 거는 법** : 용접 후 생긴 변형을 교정하는 방법으로 변형 경감이나 완화법과는 의미가 다르다.
도열법=냉각법(cooling method)
- 수냉 동판법 : 수냉 동판법은 용접선의 뒷면이나 옆에 대어서 용접열을 열전도성이 큰 구리판에 흡수하게 하여 용접 부위의 열을 식히는 방법
- 살수법 : 얇은 판의 용접부의 뒷면에서 물을 뿌려주는 법
- 석면포 사용법 : 용접선의 뒷면이나 옆에 물에 적신 석면포나 헝겊을 대어 용접열을 냉각시키는 방법

02 주철과 강을 분류할 때 탄소의 함량이 약 몇 %를 기준으로 하는가?

① 0.4%   ② 0.8%
③ 2.0%   ④ 4.3%

해설 **주철과 강의 구분** : 철강은 탄소 함유량에 따라 0.025%C 이하를 순철(pure iron), 2.01%(1.7%)C 이하의 것을 강(steel), 2.02~6.67%C의 것을 주철(cast)이라 한다.

03 강의 연화 및 내부응력 제거를 목적으로 하는 열처리는?

① 불림   ② 풀림
③ 침탄법   ④ 질화법

해설 **불림** : 조직의 표준화, 조직의 미세화를 목적으로 오스테나이트 조직 이상으로 가열한 후 공냉하는 열처리
침탄법, 질화법 : 강에 대한 표면 경화법의 일종

04 결정입자에 대한 설명으로 틀린 것은?

① 냉각속도가 빠르면 입자는 미세화된다.
② 냉각속도가 빠르면 결정핵 수는 많아진다.
③ 과냉도가 증가하면 결정핵 수는 점차적으로 감소한다.
④ 결정핵의 수는 용융점 또는 응고점 바로 밑에서는 비교적 적다.

해설 **결정입자(grain)** : 물질(금속 등)은 전체 융체가 동시에 응고하는 것이 아니라 결정핵을 중심으로 여기에 원자들이 차례로 결합하면서 이루어지며, 같은 결정핵으로부터 성장된 고체 부분은 어떠한 곳에서도 같은 원자 배열을 가진 입자
- 단결정 : 응고 중 1개의 결정만으로 이루어진 결정(반도체에 쓰이는 규소 등)
- 다결정 : 대부분의 금속은 크고 작은 많은 결정들이 모여 무질서하게 배열된 집합체, 다결정체를 이루고 있는 각 결정 입자의 경계를 결정립계 또는 입계라 한다.
과냉도가 증가하면 결정핵의 수는 점차적으로 많아지게 되며, 핵의 수가 많은 것만큼 입자는 미세해진다.

정답   01 ④   02 ③   03 ②   04 ③

05 수소 취성도를 나타내는 식으로 옳은 것은? (단, δ_H : 수소에 영향을 받은 시험편의 면적, δ_o : 수소에 영향을 받지 않은 시험편의 면적이다.)

① $\dfrac{\delta_H - \delta_o}{\delta_H}$ ② $\dfrac{\delta_o - \delta_H}{\delta_o}$

③ $\dfrac{\delta_o \times \delta_H}{\delta_o}$ ④ $\dfrac{\delta_o \times \delta_H}{\delta_H}$

06 금속간화합물에 대한 설명으로 틀린 것은?

① 간단한 원자비로 구성되어 있다.
② Fe_3C는 금속간화합물이 아니다.
③ 경도가 매우 높고 취약하다.
④ 높은 용융점을 갖는다.

해설 금속간 화합물 : 금속간 간단한 원자비로 구성되며, 경취하고 비교적 높은 용융점을 갖는다. 철의 경우 Fe_3C는 시멘타이트 조직으로 금속간 화합물의 일종이다.

07 용접금속의 응고 직후에 발생하는 균열로서 주로 결정입계에 생기며 300℃ 이상에서 발생하는 균열을 무슨 균열이라고 하는가?

① 저온균열   ② 고온균열
③ 수소균열   ④ 비드밑균열

해설 고온 균열 : 균열은 온도에 따라 고온 균열과 저온 균열로 구분하며, 고온 균열은 일반적으로 300℃ 이상에서 발생한다. 설퍼 크랙은 고온 균열의 일종이다.

08 다음 중 슬래그 생성 배합제로 사용되는 것은?

① $CaCO_3$ ② Ni
③ Al   ④ Mn

해설 피복 아크 용접봉의 피복제 중 슬래그 생성제 : 석회석($CaCO_3$), 탄산칼슘, 탄산나트륨, 규사, 중탄산나트륨 등이 있다. ②, ④는 합금제, ③은 탈산제로 배합된다.

09 철에서 체심입방격자인 a철이 A_3점에서 γ철인 면심입방격자로, A_4점에서 δ철인 체심입방격자로 구조가 바뀌는 것은?

① 편석   ② 고용체
③ 동소변태   ④ 금속간화합물

해설 동소 변태 : 같은 원소가 온도에 따라서 조직의 형태나 결정격자의 구조가 바뀌는 것을 말한다 철의 경우 910℃(A_3 변태점) 이하에서는 체심 입방격자인 α 철(페라이트)이 되며 그 이상에서 1410℃(A_4 변태점) 사이에서는 γ 철(면심입방격자, 오스테나이트)로 변한다.

10 E4301로 표시되는 용접봉은?

① 일미나이트계   ② 고셀루로오스계
③ 고산화티탄계   ④ 저수소계

해설 E4301 : 피복 배합제 중에 일미나이트 광석이 30% 이상 함유되었다 해서 일미나이트계라 함.
고세룰로스계 : E4311
고산화티탄계 : E4313
저수소계 : E4316

11 도면에 표시된 것을 보고 용접사가 용접한 단면이다. H로 표시된 부분을 무엇이라고 하는가?

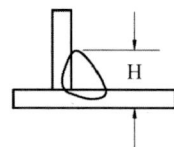

① 목 두께 ② 다리 길이(각장)
③ 이음 루트 ④ 이론 목 두께

해설 다리 길이는 판 두께의 약 70%로 한다.

12 투상도의 배열에 사용된 제1각법과 제3각법의 대표 기호로 옳은 것은? ★★

① 제1각법:
  제3각법:

② 제1각법:
  제3각법:

③ 제1각법:
  제3각법:

④ 제1각법:
  제3각법:

13 표제란의 척도란에 척도 값을 1 : 2, 1 : 5 등과 같이 기입하는 척도의 종류로 맞는 것은?

① 현척 ② 배척
③ 축척 ④ 실척

해설 축척은 실물 크기를 도면에 일정한 비율로 줄여서 그리는 것이다.

14 가는 1점 쇄선의 용도에 의한 명칭이 아닌 것은? ★★★

① 중심선 ② 기준선
③ 피치선 ④ 숨은선

해설 가는 1점 쇄선 : 중심선, 피치선, 기준선 등의 표시에 사용되는 선, 숨은선은 파선으로서 보이지 않는 부분을 나타내는 선임

15 필릿 용접 끝단부를 매끄럽게 다듬질하라는 보조기호는?

①    ②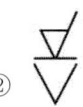

③    ④

해설 ① : 필릿 용접부를 오목비드로, ② : V형 맞대기 용접부 표면을 평면으로 보통 다듬질하라는 의미, ④ : V형 맞대기 용접부 표면을 평면으로 하라는 의미

16 다음 중 선의 모양에 따른 종류가 아닌 것은 어느 것인가?

① 굵은 실선 ② 가는 1점 쇄선
③ 가는 실선 ④ 숨은선

해설 숨은선은 선의 용도에 따른 분류이며 보이지 않는 부분에 사용하므로 숨은선이라 하며 파선을 사용한다.

정답 11 ② 12 ① 13 ③ 14 ④ 15 ③ 16 ④

17 용접용 KS 재료 기호가 SWS 50 CN으로 표시되었을 때의 설명 중 틀린 것은?

① 최고 인장강도가 50kgf/mm²이다.
② 용접 구조용 압연 강재이다.
③ C는 A, B, C 의 C종이다.
④ N은 노말라이징 열처리한 재료를 표시한다.

18 전개 도시 방법에 대한 설명 중 틀린 것은?

① 정면도는 그대로의 투영을 그린다.
② 평면도는 전개하였을 때 투상을 그린다.
③ 가공 후 제품의 모양대로 그린다.
④ 가공 전 소재의 모양대로 그린다.

19 다음 [그림]과 같이 경사부가 있는 물체를 경사면의 시제 모양을 표시할 때 보이는 부분의 전체 또는 일부를 나타낸 투상도는?

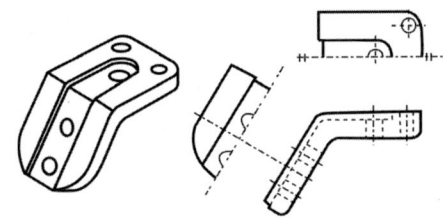

① 주투상도   ② 보조투상도
③ 부분투상도 ④ 회전투상도

20 다음 중 제3각법의 장점이 아닌 것은?

① 도면의 이해를 어렵게 해 도용을 방지한다.
② 치수 기입이 합리적이다.
③ 도면의 표현이 합리적이다.
④ 보조 투영이 용이하다.

제2과목 용접구조설계

21 용접 길이를 짧게 나누어 간격을 두면서 용접하는 방법으로 피용접물 전체에 변형이나 잔류 응력이 적게 발생하도록 하는 용착법은? ★★★

① 스킵법   ② 후진법
③ 전진블록법 ④ 캐스케이드법

해설 스킵법 : 비석법이라고도 하며, 드문드문 용접을 하다가 다시 미용접부를 용접하는 방법으로 변형이나 잔류응력을 줄이는 용착법이다.

22 용접 구조물의 강도 설계에 있어서 가장 주의해야 할 사항은?

① 용접봉   ② 용접기
③ 잔류응력 ④ 모재의 치수

해설 용접 설계시 용접에 의한 변형 및 잔류 응력을 경감시킬 수 있도록 주의하며, 특히 수축이 불가능한 용접은 피한다.

23 다층 용접 시공시 부적당한 설명은 어느 것인가?

① 1층 비드를 놓고 최종 층 비드놓기에서는 전류를 높인다.
② 가장 마지막 층의 슬래그는 충분히 냉각된 후에 제거한다.
③ 용접부의 이음부에서는 용입이 충분하게 한다.
④ 각 층 사이의 슬래그는 반드시 제거한 후에 다음 층의 용접을 시작한다.

정답 17 ① 18 ③ 19 ② 20 ① 21 ① 22 ③ 23 ①

24 연강 판의 양면 필릿(Fillet) 용접 시 용접부의 목길이는 판 두께의 얼마 정도로 하는 것이 가장 좋은가?

① 25% ② 50%
③ 75% ④ 100%

해설 필릿 용접부의 각장(목 길이)는 판 두께의 70% 정도로 하는 것이 일반적이다.

25 맞대기 용접이음의 덧살은 용접이음의 강도에 어떤 영향을 주는가? ★★

① 덧살은 응력집중과 무관하다.
② 덧살을 작게 하면 응력집중이 커진다.
③ 덧살을 크게 하면 피로강도가 증가한다.
④ 덧살은 보강 덧붙임으로써 과대한 경우 피로강도를 감소시킨다.

해설 맞대기 이음의 과도한 덧살 : 피로강도를 감소시키며, 응력집중이 생길 수 있다.

26 맞대기 용접 이음 홈의 종류가 아닌 것은?

① 정방(I)형 홈 ② 단면 V형 홈
③ 단면 U형 홈 ④ T형 홈

27 용접부 결함의 종류가 아닌 것은?

① 기공 ② 비드
③ 융합 불량 ④ 슬래그 섞임

해설 용접부 결함 : 크게 구조상 결함, 치수상 결함, 성질상 결함으로 나누며, ①, ③, ④는 구조상 결함의 일종이며, 형상불량은 치수상 결함의 일종이다.

28 용접 결함 중 구조상의 결함이 아닌 것은?

① 균열 ② 언더 컷
③ 용입 불량 ④ 형상 불량

29 용접 이음을 설계할 때 주의 사항으로 틀린 것은?

① 위보기 자세 용접을 많이 하게 한다.
② 강도상 중요한 이음에서는 완전 용입이 되게 한다.
③ 용접 이음을 한 곳으로 집중되지 않게 설계한다.
④ 맞대기 용접에는 양면 용접을 할 수 있도록 하여 용입 부족이 없게 한다.

해설 용접은 가능한 쉽게 빨리 할 수 있어야 능률이 좋고 경제적이다. 따라서 다른 자세보다 능률이 가장 좋은 아래보기 자세가 되도록 설계하고 시공하는 것이 좋다.

30 용융금속의 용적이행 형식인 단락형에 관한 설명으로 옳은 것은?

① 표면장력의 작용으로 이행하는 형식
② 전류소자 간 흡인력에 이행하는 형식
③ 비교적 미세 용적이 단락되지 않고 이행하는 형식
④ 미세한 용적이 스프레이와 같이 날려 이행하는 형식

해설 단락형 이행 : 용적이 용융지에 접촉되어 단락되고 표면 장력의 작용으로 모재에 옮겨가서 용착되는 용적 이행 형식

정답 24 ③ 25 ④ 26 ④ 27 ② 28 ④ 29 ① 30 ①

31 용접부의 피로강도 향상법으로 옳은 것은?

① 덧붙이 용접의 크기를 가능한 최소화 한다.
② 기계적 방법으로 잔류 응력을 강화 한다.
③ 응력 집중부에 용접 이음부를 설계한다.
④ 야금적 변태에 따라 기계적인 강도를 낮춘다.

해설 피로 강도 향상 : 피로강도는 반복하중에 견디는 정도를 나타낸 것으로 단면적의 급변 부분이나 노치, 과대한 덧붙이(표면비드 과대) 부분 등은 응력 집중 현상으로 피로강도가 급격히 저하되므로 이러한 부분이 없도록 하는 것이다.

32 용접 후 구조물에서 잔류 응력이 미치는 영향으로 틀린 것은?

① 용접 구조물에 응력 부식이 발생한다.
② 박판 구조물에서는 국부 좌굴을 촉진한다.
③ 용접 구조물에서는 취성파괴의 원인이 된다.
④ 기계 부품에서 사용 중에 변형이 발생 되지 않는다.

해설 용접부의 잔류응력 : 응력이 용접부에 남아있을 경우 어떤 하중이 작용하면 그 잔류응력 만큼 강도를 낼 수 없어 취성 파괴가 발생할 수 있으며, 응력부식이 발생하여 노치가 생기게 되며, 응력부식 균열로 진전될 수 있다.

33 비드 바로 밑에서 용접선과 평행되게 모재 열영향부에 생기는 균열은?

① 층상 균열   ② 비드 밑 균열
③ 크레이터 균열 ④ 라미네이션 균열

해설 비드 밑 균열 : under bead crack, 원자 수소에 의한 저온 균열의 일종으로 비드 바로 밑 열영향부 부근에서 발생하는 균열이다.

34 완전 용입된 평판 맞대기 이음에서 굽힘 응력을 계산하는 식은? (단, σ : 용접부의 굽힘 응력, M : 굽힘 모멘트, l : 용접 유효 길이, h : 모재의 두께로 한다.)

① $\sigma = \dfrac{4M}{lh^2}$ ② $\sigma = \dfrac{4M}{lh^3}$

③ $\sigma = \dfrac{6M}{lh^2}$ ④ $\sigma = \dfrac{6M}{lh^3}$

해설 굽힘 응력 = $\dfrac{굽힘모멘트 M}{단면계수 Z} = \dfrac{M}{\frac{lh^2}{6}} = \dfrac{6M}{lh^2}$

35 용접부의 결함을 육안검사로 검출하기 어려운 것은?

① 피트   ② 언더컷
③ 오버랩 ④ 슬래그 혼입

해설 육안 검사로 검출이 어려운 결함 : 용접부 내부는 맨눈으로 볼 수 없으므로 기공, 슬래그 혼입, 비드 밑 균열 등은 검출할 수 없다.

36 현장용접으로 판 두께 15mm를 위보기 자세로 20m 맞대기 용접할 경우 환산 용접 길이는 96m가 산출되었다. 위보기 맞대기 용접환산계수는 얼마인가?

① 3.1   ② 3.8
③ 4.8   ④ 5.2

해설 환산 용접장(길이) = 용접길이 × 환산계수

X = $\dfrac{환산용접길이}{용접할 길이} = \dfrac{96}{20} = 4.8$

정답 31 ① 32 ④ 33 ② 34 ③ 35 ④ 36 ③

37 다음 중 가장 얇은 판에 적용하는 용접 홈 형상은?

① 양면 U(H)형   ② 정방(I)형
③ 양면 개선(K)형   ④ 단면 V형

해설 정방(I)형 맞대기 : t6.0 이하에 적용
단면 V형 맞대기 : t20mm 이하
양면 U(H)형 맞대기 : t5.mm 이상

38 고셀룰로스계(E4311) 용접봉의 특징으로 틀린 것은?

① 슬래그 생성량이 적다.
② 비드 표면이 양호하고 스패터의 발생이 적다.
③ 아크는 스프레이 형상으로 용입이 비교적 양호하다.
④ 가스 실드에 의한 아크분위기가 환원성이므로 용착금속의 기계적 성질이 양호하다.

해설 고셀룰로스계 : 셀룰로스를 30% 정도 함유한 가스 발생식 피복아크 용접봉으로 파형이 거칠며, 스패터가 심하나 용입이 깊어 좁은 홈 등 배관이나 위보기 자세 용접에 적합하다.

39 용접구조물의 수명과 가장 관련이 있는 것은?

① 작업률   ② 피로 강도
③ 작업 태도   ④ 아크 타임률

해설 피로 강도 : 교번 하중을 받는 용접부의 피로 강도는 이음 형상이나 용접부의 표면 상황에 예민하게 영향을 받는다. 용접부의 파괴의 대부분은 노치부에서 저온 시에 발생하는 취성 파괴나 반복 하중에 의한 피로 파괴가 현저하게 많이 발생한다.

40 비드가 끊어졌거나 용접봉이 짧아져서 용접이 중단될 때 비드 끝 부분이 오목하게 된 부분을 무엇이라고 하는가?

① 언더컷   ② 앤드탭
③ 크레이터   ④ 용착금속

제3과목 용접일반 및 안전관리

---

41 피복 아크 용접에 사용되는 피복 배합제의 성질을 작용면에서 분류한 것으로 틀린 것은?

① 아크 안정제는 아크를 안정시킨다.
② 가스 발생제는 용착금속의 냉각속도를 빠르게 한다.
③ 고착제는 피복제를 단단하게 심선에 고착시킨다.
④ 합금제는 용강 중에 금속원소를 첨가하여 용접금속의 성질을 개선한다.

해설 피복 아크 용접봉에서 가스 발생제는 CO_2 가스 등의 환원성 가스를 발생하여 용접부 보호를 하는 목적으로 사용된다.

42 피복 아크 용접에서 직류정극성의 설명으로 틀린 것은?

① 용접봉의 용융이 늦다.
② 모재의 용입이 얕아진다.
③ 두꺼운 판의 용접에 적합하다.
④ 모재를 +극에, 용접봉을 -극에 연결한다.

해설 직류 정극성 : 모재를 +, 용접봉을 -에 연결한 극성으로 +쪽에서 약 70% 정도 발열하므로 모재의 용입은 깊고 비드 폭이 좁아 두꺼운 판(후판) 용접에 적합하다.

정답 37 ② 38 ② 39 ② 40 ③ 41 ② 42 ②

43 전격방지기가 설치된 용접기의 가장 적당한 무부하 전압은?

① 25V 이하　② 50V 이하
③ 75V 이하　④ 상관없다.

해설 전격 방지기 : 감전 사고 방지를 위한 것으로, 80V 전후의 높은 전압에 의한 감전을 방지하기 위해 부착하며 전원은 입력되어 있으나 무부하(용접을 안할 때) 상태일 때 안전 전압인 20~30V 이하를 유지하다가 용접봉을 접촉시키는 순간 매우 빠르게 무부하 전압으로 상승시켜 아크 발생이 가능하게 하는 장치이다.

44 납땜에서 경납용으로 쓰이는 용제는?

① 붕사　② 인산
③ 염화아연　④ 염화암모니아

해설 ②, ③, ④는 연납용 용제이다.

45 브레이징(Brazing)은 용가재를 사용하여 모재를 녹이지 않고 용가재만 녹여 용접을 이행하는 방식인데, 몇 ℃ 이상에서 이행하는 방식인가?

① 150℃　② 250℃
③ 350℃　④ 450℃

해설 브레이징은 경납을 의미하며, 경납과 연납의 구분은 납의 용융점 450℃를 기준으로 한다.

46 피복 아크 용접봉 기호와 피복제 계통을 각각 연결한 것 중 틀린 것은?

① E4324 - 라임 티탄계
② E4301 - 일미나이트계
③ E4327 - 철분산화철계
④ E4313 - 고산화티탄계

해설 E4324 : 철분 산화티탄계로 E4313과 비슷하나 철분이 다량 함유되어 있어 E4313보다 용착금속의 량이 많다.

47 용접하고자 하는 부위에 분말형태의 플럭스를 일정 두께로 살포하고, 그 속에 전극 와이어를 연속적으로 송급하여 와이어 선단과 모재 사이에 아크를 발생시키는 용접법은?

① 전자빔 용접
② 서브머지드 아크 용접
③ 불활성 가스 금속 아크 용접
④ 불활성 가스 텅스텐 아크 용접

해설 서브머지드 아크 용접 : 용제 속에 아크(호, 弧)가 잠겨 있다 해서 잠호용접, 눈에 용접부가 안보인다 해서 불가시 용접, 발견한 회사의 이름을 따서 유니온 멜트 용접 등으로 불려진다.

48 탄산가스 아크 용접에 대한 설명으로 틀린 것은?

① 용착금속에 포함된 수소량은 피복 아크 용접봉의 경우보다 적다.
② 박판 용접은 단락이행 용접법에 의해 가능하고, 전자세 용접도 가능하다.
③ 피복 아크 용접처럼 용접봉을 갈아 끼우는 시간이 필요 없으므로 용접 생산성이 높다.
④ 용융지의 상태를 보면서 용접할 수가 없으므로 용접진행의 양·부 판단이 곤란하다.

해설 탄산가스 아크 용접(CO_2 용접)은 가시 아크 용접이므로 용접 상태를 보면서 용접할 수 있으므로 용접부의 상태를 용접 중에 파악하고 바르게 용접할 수 있는 용접법이다.

정답 43 ①　44 ①　45 ④　46 ①　47 ②　48 ④

49 고장력강용 피복아크 용접봉 중 피복제의 계통이 특수계에 해당되는 것은?

① E5000 ② E5001
③ E5003 ④ E5026

50 TIG, MIG, 탄산가스 아크 용접 시 사용하는 차광렌즈 번호로 가장 적당한 것은?

① 4~5 ② 6~7
③ 8~9 ④ 12~13

해설 차광렌즈 : 강력한 불빛을 차단하는 렌즈로서 강한 불빛에는 12~13번이 사용되며, 피복 아크 용접의 경우도 보통 10~11번을 사용한다. 차광렌즈 번호 4~5는 가스 용접이나 절단에 적합하다.

51 활성가스를 보호가스로 사용하는 용접법은?

① SAW 용접 ② MIG 용접
③ MAG 용접 ④ TIG 용접

해설 MIG 용접이나 TIG 용접은 아르곤이나 헬륨 등 불활성 가스를 사용하며, SAW 용접은 서브머지드 아크 용접으로서 용제를 사용하는 용접법으로 가스를 사용하지 않는 용접법이며, MAG 용접은 혼합가스를 사용하는 용접법으로 CO_2 가스와 불활성 가스를 혼합하여 사용하는 용접법이므로 활성가스를 사용하는 용접법에 속한다.

52 피복 아크 용접 시 안전홀더를 사용하는 이유로 옳은 것은?

① 고무장갑 대용
② 유해가스 중독 방지
③ 용접작업 중 전격예방
④ 자외선과 적외선 차단

53 피복 아크 용접 시 전격방지에 대한 주의사항으로 틀린 것은?

① 작업을 장시간 중지할 때는 스위치를 차단한다.
② 무부하 전압이 필요 이상 높은 용접기를 사용하지 않는다.
③ 가죽장갑, 앞치마, 발 덮개 등 규정된 안전 보호구를 착용한다.
④ 땀이 많이 나는 좁은 장소에서는 신체를 노출시켜 용접해도 된다.

54 용해 아세틸렌가스를 충전하였을 때의 용기 전체의 무게가 65kgf이고, 사용 후 빈병의 무게가 61kgf 였다면, 사용한 아세틸렌가스는 몇 리터(L)인가?

① 905 ② 1810
③ 2715 ④ 3620

해설 용해 아세틸렌의 대기 중의 환산량
= 905(실병의 무게 kg - 빈 병의 무게kg)
= 905(65-61) = 3620리터

55 피복 아크 용접에서 용접부의 보호방식이 아닌 것은?

① 가스 발생식 ② 슬래그 생성식
③ 반가스 발생식 ④ 스프레이 발생식

해설 피복 아크 용접봉의 용접부 보호방식 : 스프레이 발생식은 없다.

정답 49 ① 50 ④ 51 ③ 52 ③ 53 ④ 54 ④ 55 ④

56 금속 원자 간에 인력이 작용하여 영구결합이 일어나도록 하기 위해서 원자 사이의 거리가 어느 정도 접근해야 하는가?

① 0.001 cm　② 10^{-6} cm
③ 10^{-8} cm　④ 0.0001 cm

해설 원자간 인력 거리 : 1억분의 1cm(10^{-8}cm)의 거리로 접근시키면 두 금속간에 접합(용접)이 가능하지만 실제는 모재 표면의 요철, 녹 기타 원인으로 접근이 불가능하므로 전기 열이나 가스 열, 충격열 등을 사용하여 용접이 이루어지고 있다.

57 불활성 가스 텅스텐 아크용접의 특징으로 틀린 것은?

① 보호가스가 투명하여 가시용접이 가능하다.
② 가열범위가 넓어 용접으로 인한 변형이 크다.
③ 용제가 불필요하고 깨끗한 비드외관을 얻을 수 있다.
④ 피복아크용접에 비해 용접부의 연성 및 강도가 우수하다.

해설 TIG 용접의 특징
• 산화, 질화하기 쉬운 금속의 용접이 용이하고 용착부의 제성질이 우수하다.
• 모든 자세로 용접이 용이하고 열 집중성이 좋아 고능률적이다.
• 슬래그 제거가 불필요하며, 거의 모든 금속을 용접할 수 있어 응용범위가 넓다.
• 후판 용접에는 다른 용접법에 비해 능률이 떨어지며, 바람의 영향을 받으므로 방풍 대책이 필요하다.
• 장비의 가격이 비싸 운영비와 설치비가 많이 소요된다.

58 교류 아크 용접기의 용접전류 조정범위는 정격 2차 전류의 몇 % 정도인가?

① 10 ~ 20%　② 20 ~ 110%
③ 110 ~ 150%　④ 160 ~ 200%

해설 교류 아크 용접기는 정격 전류의 20~110%까지 조정 가능하다.

59 불활성 가스 텅스텐 아크 용접에서 일반 교류전원에 비해 고주파 교류전원이 갖는 장점이 아닌 것은?

① 텅스텐 전극봉이 많은 열을 받는다.
② 텅스텐 전극봉의 수명이 길어진다.
③ 전극을 모재에 접촉시키지 않아도 아크가 발생한다.
④ 아크가 안정되어 작업 중 아크가 약간 길어져도 끊어지지 않는다.

해설 고주파 발생 장치는 텅스텐 전극봉을 모재에 접촉시키지 않아도 되므로 전극봉이 열을 많이 받지 않는다.

60 아크 용접에서 피복 배합제 중 탈산제에 해당되는 것은?

① 산성 백토　② 산화티탄
③ 페로망간　④ 규산나트륨

해설 탈산제 : 용융금속 중의 산화물을 탈산 정련하는 작용을 하는 것으로 규소철(Fe-Si), 페로 망간(Fe-Mn), Al 등이 있다. 산성 백토나 산화티탄, 규산나트륨은 아크 안정제, 슬래그 생성제 역할을 한다.

정답 56 ③　57 ②　58 ②　59 ①　60 ③

2016 제3회 용접산업기사 최근 기출문제

2016년 8월 21일 시행

제1과목 용접야금 및 용접설비 제도

01 용착금속이 응고할 때 불순물이 한 곳으로 모이는 현상은?

① 공석 ② 편석
③ 석출 ④ 고용체

해설) 편석 : 불순물이나 일부 원소가 한곳으로 편중되어 응고한 것을 말한다.
석출 : 어떤 고형체에서 다른 상태의 결정이 분리 성장하는 형상

02 알루미늄과 그 합금의 용접성이 나쁜 이유로 틀린 것은?

① 비열과 열전도도가 대단히 커서 수축량이 크기 때문
② 용융 응고 시 수소가스를 흡수하여 기공이 발생하기 쉽기 때문
③ 강에 비해 용접 후의 변형이 커 균열이 발생하기 쉽기 때문
④ 산화알루미늄의 용융온도가 알루미늄의 용융온도보다 매우 낮기 때문

해설) 산화 알루미늄(Al_2O_3)의 용융점은 2050℃로 순알루미늄의 용융점 660℃보다 매우 높기 때문에 산화막을 용융시키려고 가열하면 순알루미늄은 이미 비등할 정도 고온이 되며, 산화알루미늄이 용융시 용락되어 버리므로 보통 방법으로는 용접이 어렵다.

03 KS 규격의 연강용 피복 아크 용접봉 중 철분 산화 티탄계는?

① E4311 ② E4316
③ E4327 ④ E4324

해설) E4311 : 고셀룰로오스계
E4324 : 철분 산화 티탄계
E4327 : 철분산화철

04 예열 및 후열의 목적이 아닌 것은?

① 균열의 방지
② 기계적 성질 향상
③ 잔류응력의 경감
④ 균열감수성의 증가

해설) 예열 후열의 목적 : 균열 감수성을 감소시켜 균열 방지와 잔류응력 경감을 하기 위함

05 텅스텐, 몰리브덴 같은 대기에서 반응하기 쉬운 금속도 용이하게 용접할 수 있으며 고진공 속에서 용극으로부터 방출되는 전자를 고속으로 가속시켜 충돌 에너지를 이용하는 용접 방법은?

① 레이저 용접
② 전자 빔 용접
③ 테르밋 용접
④ 일렉트로 슬래그 용접

해설) 일렉트론 빔 용접은 전자 빔 용접을 뜻하며,

정답 01 ② 02 03 ④ 04 ④ 05 ②

10^{-4} mmHg 이상의 높은 진공실 속에서 음극으로부터 방출된 전자를 고전압으로 가속시켜 피용접물과의 충돌에 의한 에너지로 용접을 행하는 용접법이다.

06 용접시 적열 취성에 가장 큰 영향을 미치는 것은? ★★★★★

① S ② P
③ H2 ④ N2

해설 적열 취성 : 고온 취성이라고도 하며, 황(S)이 많은 경우 FeS로 존재하게 되며 용융점이 1180℃ 정도로 낮아지게 되며 단조나 열처리시 균열이 발생하기 쉽게 되는 성질

07 6 : 4 황동에 1~2% Fe를 첨가한 것으로 강도가 크며 내식성이 좋아 광산기계, 선박용 기계, 화학계 등에 이용되는 합금은?

① 톰백 ② 라우탈
③ 델타메탈 ④ 네이벌 황동

해설 톰백 : 구리(Cu)에 아연(Zn)을 5~20% 넣은 것을 말하며, 이것을 다시 세분하면 5%Zn 함유한 것을 길딩메탈, 10%Zn함유한 것을 코머셜브론즈, 15%Zn 함유한 것을 레드 브레스, 20%Zn 함유한 것을 로우 브레스라 한다.

08 강의 오스테나이트 상태에서 냉각 속도가 가장 빠를 때 나타나는 조직은?

① 펄라이트 ② 소르바이트
③ 마텐사이트 ④ 트루스타이트

해설 열처리시 냉각속도에 따른 구분 : 서랭 : 풀림, 공랭 : 불림, 급랭(수랭, 유랭) : 담금질, 강을 오스테나이트 상태에서 급랭하면 열처리 조직 중에 가장 단단한 마텐사이트 조직으로 변태한다.

09 용접 시 수소 원소에 의한 영향으로 옳은 것은?

① 수소는 용해도가 매우 높아 용접 시 쉽게 흡수된다.
② 용접 중에 흡수되는 대부분의 수소는 기체수소로부터 공급된다.
③ 수소는 용접 시 냉각 중에 균열 또는 은점 형성의 원인이 된다.
④ 응력이 존재한 경우 격자 결함은 원자 수소의 인력으로 작용하여 응력계(stress-system)를 증가시켜 탄성 인자로 작용한다.

해설 용접부의 수소 취화
• 약 -150~150℃ 사이에서 일어나며, 실온보다 약간 낮은 온도에서 취화의 정도가 제일 현저하다.
• 고온 및 저온에서는 거의 일어나지 않는다.
• 견고하고 강한 것일수록 취화의 정도가 현저하다.
• 잠복 기간을 거쳐 용접 균열이 일어난다.
철강의 용접시 수소에 의한 영향 : 비드 밑 균열(저온 균열), 은점, 헤어 크랙 등의 원인이 된다.

10 고탄소강의 아크용접부의 균열을 방지하는 방법 중 적당하지 않은 것은?

① 예열을 한다.
② 후열을 한다.
③ 전류를 낮춘다.
④ 용접 속도를 빠르게 한다.

정답 06 ① 07 ③ 08 ③ 09 ③ 10 ④

11 정투상도법의 제1각법에서 투상 순서로 가장 적합한 것은?

① 눈 → 물체 → 투상면
② 눈 → 투상면 → 물체
③ 물체 → 투상면 → 눈
④ 물체 → 눈 → 투상면

해설 3각법 : 눈 → 투상면 → 물체

12 대상물의 보이지 않는 부분을 표시하는 데 쓰이는 선의 종류는?

① 굵은 실선   ② 가는 파선
③ 가는 실선   ④ 가는 이점쇄선

해설 숨은 선 : 물체의 보이지 않는 부분을 표시하며 외형선의 1/2 굵기로 2~3mm 긋고 약 1mm 정도 띄워 연속으로 그리는 선

13 가는 실선으로 사용하는 선이 아닌 것은?

① 지시선   ② 수준면선
③ 무게중심선   ④ 치수보조선

해설 가는 실선의 용도 : 치수 보조선, 치수선, 지시선, 수준면선, 파단선

14 KS 재료기호 중 SM 45C의 설명으로 옳은 것은? ★★★

① 기계 구조용강 중에 45종이다.
② 재질강도가 45MPa인 기계구조용강이다.
③ 탄소 함유량 4.5%인 기계구조용 주물이다.
④ 탄소 함유량 0.45%인 기계 구조용 탄소강재이다.

해설 재료기호 표시 : 첫째 문자는 재질을 나타내므로 S는 강(steel)을 표시하며, 두 번째 문자는 제품명이나 규격명, 세 번째 문자는 인장강도, 탄소 함유량 등을 나타낸다. 따라서 기계 구조용강으로 탄소 함유량이 0.4~0.5% 이내의 강을 나타낸 것이다.

15 투상법에 대한 설명으로 틀린 것은?

① 투상 : 대상물의 형태를 평면상에 투영하는 것을 말한다.
② 시선 : 시점과 공간에 있는 점을 연결하는 선 및 그 연장선을 말한다.
③ 투상선 : 시전과 대상물의 각 점을 연결하고 대상물의 형태를 투상면에 찍어내기 위해서 사용하는 선이다.
④ 시점 : 공간에 있는 점을 시점과 다른 방향으로 무한정 멀리했을 경우에 시점과 투상면과의 교점이다.

해설 시점 : 눈으로 대상물을 볼 때 눈에서의 투시 시작점

16 물체의 모양을 가장 잘 나타낼 수 있는 면은 어디에 배치하는가?

① 측면도   ② 정면도
③ 평면도   ④ 배면도

17 선을 긋는 방법에 대한 설명으로 틀린 것은?

① 1점 쇄선은 긴 쪽 선으로 시작하고 끝나도록 긋는다.
② 파선이 서로 평행할 때에는 서로 엇갈리게 그린다.
③ 실선과 파선이 서로 만나는 부분은 띄워지도록 그린다.
④ 평행선은 선 간격을 선 굵기의 3배 이상으로 하여 긋는다.

정답 11 ① 12 ② 13 ③ 14 ④ 15 ④ 16 ② 17 ③

해설 실선과 파선이 만나는 경우는 실선과 교차시킨다.

18 도면으로 사용된 용지의 안쪽에 그려진 내용이 확실히 구분되도록 그리는 윤곽선은 일반적으로 몇 mm 이상의 실선으로 그리는가? ★★★

① 0.2mm ② 0.25mm
③ 0.3mm ④ 0.5mm

해설 도면의 윤곽선은 최소 0.5mm 이상의 굵은 실선으로 용지 윤곽의 10mm(A2 용지는 20mm) 안쪽에 그린다.

19 용접기호에 대한 명칭이 틀리게 짝지어진 것은?

① ⊖ : 스폿용접
② ▭ : 플러그 용접
③ ⌒ : 뒷면 용접
④ ▶ : 현장 용접

해설 ① : 시임 용접 기호이다. spot(점) 용접 기호는 수평 평행선이 없는 원으로 표시한다.

20 도면의 크기 중 A0 용지의 넓이는 약 얼마인가?

① 0.25m² ② 0.5m²
③ 0.8m²   ④ 1.0m2²

해설 A0 용지 크기 841×1189=999949mm²
0.9999m2 ≒1.0m²

제2과목 용접구조설계

21 석회석이나 형석을 주성분으로 사용한 것으로 용착 금속 중의 수소 함유량이 다른 용접봉에 비해 약 1/10 정도로 현저하게 적은 용접봉은?

① 저수소계   ② 고산화티탄계
③ 일미나이트계 ④ 철분산화티탄계

해설 저수소계 용접봉 : 인성과 연성이 풍부하고 기계적 성질이 우수하나, 아크가 다소 불안정하며, 작업성이 나쁘다. 피복제는 습기를 흡수하기 쉬우므로 사용 전 300~350℃에서 1~2시간 건조 후 사용한다.

22 용착법 중 단층 용착법이 아닌 것은?

① 스킵법   ② 전진법
③ 대칭법   ④ 빌드업법

해설
- **빌드업법** : 비드 덧쌓기법을 말하며 전체를 한층 한층 쌓아 올리는 다층 용접법
- **스킵법** : 박판 등의 용접시 일정 부분 용접하고 일정 부분 띄워 용접한 후 다시 그 사이를 용접하는 방법

23 용접 후 실시하는 잔류 응력 완화법으로 틀린 것은?

① 도열법
② 저온 응력 완화법
③ 응력 제거 풀림법
④ 기계적 응력 완화법

해설 도열법 : 용접부에 구리로 된 덮개판이나, 뒷면에서 용접부를 살수하는 수랭 또는 용접부 근처에 물기가 있는 석면이나 천 등을 두고

모재에 용접입열을 막는 변형 방지법으로 용접 중에 실시하는 방법이다.

24 서브머지드 아크 용접 이음부 설계를 설명한 것으로 틀린 것은?

① 자동용접으로 정확한 이음부 홈 가공이 요구된다.
② 용접부 시작점과 끝점에는 엔드 탭을 부탁하여 용접한다.
③ 가로 수축량이 크므로 스트롱 백을 이용하여 가로 수축량을 방지하여야 한다.
④ 루트간격이 규정보다 넓으면 뒷댐판을 사용한다.

해설 가로(횡) 수축이 세로(종) 수축보다 크므로 변형도 크게 되며, 변형 방지의 한 방법으로 스트롱백(변형 방지판)을 사용한다. 그런데 여기서 틀린 것을 묻는데 정답으로 되어 있어 의문이 간다.

25 완전한 맞대기 용접이음의 굽힘모멘트 (M_b)=12000N·mm가 작용하고 있을 때 최대굽힘응력은 약 몇 N/mm²인가? (단, $l=300mm$, $t=25mm$) ★★

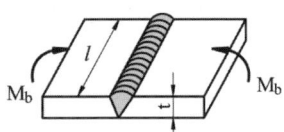

① 0.324
② 0.344
③ 0.384
④ 0.424

해설 최대 굽힘응력
$= \dfrac{굽힘 모멘트 M}{단면계수 Z} = \dfrac{M}{\dfrac{lt^2}{6}} = \dfrac{6 \times 12000}{300 \times 25^2}$
$= 0.384$

26 결함 에코 형태로 결함을 판정하는 방법으로 초음파 검사법의 종류 중에서 가장 많이 사용하는 방법은?

① 투과법
② 공진법
③ 타격법
④ 펄스 반사법

해설 펄스 반사법 : 수직 탐상법과 사각 탐상법으로 구분되며, 용접부에는 주로 사각 탐상법이 적용된다. 사각 탐상법은 송수신 탐촉자에서 초음파를 일정한 각도로 경사지게 보내어 용접부를 검사하는 방법이다.

27 용접 지그에 대한 설명으로 틀린 것은?

① 잔류 응력을 제거하기 위한 것이다.
② 모재를 용접하기 쉬운 상태로 놓기 위한 것이다.
③ 작업을 용이하게 하고 용접능률을 높이기 위한 것이다.
④ 용접제품의 치수를 정확하게 하기 위해 변형을 억제하는 것이다.

해설 용접 지그는 다량 생산시 작업 능률을 높이기 위해 사용하는 것으로 구속이 있기 때문에 잔류응력은 오히려 많아지게 된다.

28 접합하려는 두 모재를 겹쳐놓고 한 쪽의 모재에 드릴이나 밀링머신으로 둥근 구멍을 뚫고 그 곳을 용접하는 이음은?

① 필릿 용접
② 플레어 용접
③ 플러그 용접
④ 맞대기 홈 용접

해설 플레어 용접 : 아주 얇은 판의 경우 두장의 판 끝을 위로 향하게 약간 구부린 후 그 위에 용접하거나 파이프 면끼리 맞붙인 후 면사이를 용접하는 방법을 말한다.

정답 24 ③ 25 ③ 26 ④ 27 ① 28 ③

29 맞대기 용접 이음에서 모재의 인장강도가 60N/mm²이고, 용접 시험편의 인장강도가 25N/mm²으로 나타났을 때 이음 효율은?

① 40% ② 50%
③ 60% ④ 70%

해설 이음 효율
$= \frac{용착금속\ 인장강도}{모재\ 인장강도} \times 100 = \frac{25}{50} \times 100 = 50$

30 용착금속의 인장 또는 파면 시험을 했을 경우 파단면에 나타나는 고기 눈 모양의 취약한 은백색 파면의 결함은?

① 기공 ② 은점
③ 오버랩 ④ 크레이터

31 재료 절약을 위한 용접설계 요령으로 틀린 것은?

① 안전하고 외관상 모양이 좋아야 한다.
② 용접 조립시간을 줄이도록 설계를 한다.
③ 가능한 용접할 조각의 수를 늘려야 한다.
④ 가능한 표준 규격의 부품이나 재료를 이용한다.

해설 이 문제는 재료 절약보다는 비용 절약이라 해야 좋을 듯하다. 용접 시간을 줄이는 방법은 용착금속의 량이 적게 하며, 조각수를 줄여서 가공공수나 용접공수를 줄이는 것이 필요하다.

32 용접의 내부결함이 아닌 것은?

① 은점 ② 피트
③ 선상조직 ④ 비금속 개재물

해설 표면 용접 결함 : 언더컷, 오버랩, 피트 등을 말하며, 피트는 용착금속이 응고 중에 가스 방출이 용착금속 표면에서 멈춘 경우로 보통 기공, 기포라고 칭하는 결함이다.

33 자기 비파괴 검사에서 사용하는 자화 방법이 아닌 것은?

① 형광법 ② 극간법
③ 관통법 ④ 축통전법

해설 형광법 : 자기 탐상에서 형광법은 자화 방법은 아니고 검출이 용이하도록 자분에 형광물질을 함유시켜 검사하는 방법을 말한다.

34 불활성 가스 텅스텐 아크 용접에서 직류 역극성(DCRP)으로 용접할 경우 비드 폭과 용입에 대한 설명으로 옳은 것은?

① 용입이 깊고 비드 폭이 넓다.
② 용입이 깊고 비드 폭이 좁다.
③ 용입이 얕고 비드 폭이 넓다.
④ 용입이 얕고 비드 폭이 좁다.

해설 직류 역극성 : 모재를 (-)에 전극을 (+)로 연결한 극성으로 음극에서 약 30%, 양극에서 약 70%의 열이 나므로 모재의 용융은 낮고 용접봉의 녹음은 많아지므로 용입이 얕고 비드 폭이 넓어진다.

35 강판의 맞대기 용접이음에서 가장 두꺼운 판에 사용할 수 있으며 양면 용접에 의해 충분한 용입을 얻으려고 할 때 사용하는 홈의 형상은?

① 단면 V형 ② 단면 U형
③ 정방(I)형 ④ 양면 U(H)형

해설 판두께별 홈 형상 순 : I형 < V형 < U형 < X형 < H형

정답 29 ② 30 ② 31 ③ 32 ② 33 ① 34 ③ 35 ④

36 가용접 작업시 주의사항으로 틀린 것은?

① 가용접 작업도 본 용접가 같은 온도로 예열을 한다.
② 가용접 시 용접봉은 본 용접보다 굵은 것을 사용하여 견고하게 접합시키는 것이 좋다.
③ 중요 부분은 용접 홈 내에 가접하는 것은 피한다. 부득이한 경우 본 용접 전 깎아내도록 한다.
④ 가용접의 위치는 부품의 끝, 모서리, 각 등과 같이 단면이 급변하여 응력이 집중되는 곳은 피한다.

해설 가용접시 용접봉은 본 용접보다 가는 용접봉을 사용하는 것이 좋다.

37 용접이음에서 피로 강도에 영향을 미치는 인자가 아닌 것은?

① 이음 형상   ② 용접 결함
③ 하중 상태   ④ 용접기 종류

해설 피로 파괴는 이음 형상에서 단면적이 급변하는 경우, 결함이 있는 경우 하중의 크기 등에 영향이 크며, 용접기 종류와는 전혀 무관하다.

38 방사선투과 검사의 장점에 대한 설명으로 틀린 것은?

① 모든 재질의 내부 결함 검사에 적용할 수 있다.
② 검사 결과를 필름에 영구적으로 기록할 수 있다.
③ 미세한 표면 균열이나 라미네이션도 검출할 수 있다.
④ 주변 재질과 비교하여 1% 이상의 흡수차를 나타내는 경우도 검출할 수 있다.

해설 방사선 투과 검사 특징
• 모든 재질의 내부 결함 검사에 적용할 수 있다.
• 검사 결과를 필름에 영구적으로 기록할 수 있다.
• 주변 재질과 비교하여 1% 이상의 흡수차를 나타내는 경우도 검출될 수 있다.
• 미세한 표면 균열이나 라미네이션은 검출되지 않는다.
• 현상이나 필름을 판독해야 한다.
• 다른 비파괴 검사 방법에 비하여 안전 관리에 주의가 필요하다.

39 용접 이음의 내식성에 영향을 미치는 요인이 아닌 것은?

① 슬래그   ② 용접 자세
③ 잔류 응력 ④ 용접 이음 형상

해설 잔류응력이 있는 경우 응력부식을 일으키며, 용접 자세와 내식성과는 전혀 무관하다.

40 필릿 용접의 이음 강도를 계산할 때 목 길이 10mm 라면 목 두께는?

① 약 7mm   ② 약 10mm
③ 약 12mm   ④ 약 15mm

해설 목 두께는 목 길이의 0.707%
즉, 목 두께는 루트부에서 45° 경사진 부분의 길이이므로 cos 45° = 0.707이므로
10mm×0.707 ≒ 7mm

정답 36 ② 37 ④ 38 ③ 39 ② 40 ①

제3과목 용접일반 및 안전관리

41 수소가스 분위기에 있는 2개의 텅스텐 전극봉 사이에서 아크를 발생시키는 용접법은?

① 스터드 용접
② 레이저 용접
③ 전자 빔 용접
④ 원자 수소 아크 용접

해설 원자 수소 아크 용접 : 텅스텐 전극 2개 사이에 아크를 발생시키고 홀더에서 유출한 수소의 열해리에 의해 발생되는 열(3000~4000℃)로 용접
• 용도 : 고융점 금속, 니켈, 모넬메탈, 고속도강, 스테인리스강 등 용접

42 AW-240용접기로 180A를 이용하여 용접한다면, 허용 사용율은 약 몇 %인가? (단, 정격 사용율은 40%이다.)

① 51   ② 61
③ 71   ④ 81

해설 $\dfrac{\text{정격전류}^2}{\text{실제용접 전류}^2} \times \text{정격 사용율}$
$= \dfrac{240^2}{180^2} \times 40 = 71.11$

43 용접기의 전원 스위치를 넣기 전에 점검해야 할 사항으로 틀린 것은?

① 냉각팬의 회전부에는 윤활유를 주입해서는 안된다.
② 용접기가 전원에 잘 접속되어 있는지 점검한다.
③ 용접기의 케이스에서 접지선이 이어져 있는지 점검한다.
④ 결선부의 나사가 풀어진 곳이나 케이블의 손상된 곳은 없는지 점검한다.

해설 냉각팬 등의 회전부에는 그리스나 윤활유를 주입하여 회전이 원활하게 해야 된다.

44 MIG 용접법의 특징에 대한 설명으로 틀린 것은?

① 전자세 용접이 불가능하다.
② 용접 속도가 빠르므로 모재의 변형이 적다.
③ 피복아크용접에 비해 빠른 속도로 용접할 수 있다.
④ 후판에 적합하고 각종 금속 용접에 다양하게 적용할 수 있다.

해설 MIG 용접법은 전자세 용접이 용이하다.

45 가스 절단을 할 때 사용되는 예열가스 중 최고 불꽃 온도가 가장 높은 것은?

① CH_4 ② C_2H_2
③ H_2 ④ C_3H_8

해설 ② C_2H_2는 아세틸렌으로 불꽃 온도가 3420℃로 가장 높으며, C_3H_8 프로판은 약 2900℃ 정도이다.

46 티그(TIG)용접 시 보호가스로 쓰이는 아르곤과 헬륨의 특징을 비교할 때 틀린 것은?

① 헬륨은 용접 입열이 많으므로 후판용접에 적합하다.
② 헬륨은 열영향부(HAZ)가 아르곤보다 좁고 용입이 깊다.
③ 아르곤은 헬륨보다 가스소모량이 적고

정답 41 ④ 42 ③ 43 ① 44 ① 45 ② 46 ④

수동용접에 많이 쓰인다.
④ 헬륨은 위보기 자세나 수직 자세 용접에서 아르곤보다 효율이 떨어진다.

해설 헬륨은 열량이 많으나 아르곤보다 가벼워서 아래보기 자세 등에서는 보호 능력이 떨어지므로 사용이 적으나 위보기 자세나 수직 자세에서는 아르곤보다 효율이 더 높다.

47 안전밸브는 그 성능이 용기 내압 시험 압력의 몇 % 이하에서 작동하는 것을 사용해야 되는가?

① 40% 이하   ② 60% 이하
③ 80% 이하   ④ 90% 이하

48 텅스텐 전극봉을 사용하는 용접은?

① TIG 용접
② MIG 용접
③ 피복 아크 용접
④ 산소 - 아세틸렌 용접

해설 TIG 용접은 텅스텐 전극을 사용하는 비소모식, 비용극식 용접법이다.

49 산소 조정기의 밸브 시트에 사용하는 에보나이트는 몇 ℃ 정도에서 연화하는가?

① 50℃   ② 70℃
③ 90℃   ④ 100℃

해설 에보나이트는 70℃에서 연화한다.

50 초음파 용접에서 접합물에 초음파를 얼마 이상으로 하여 횡진동을 주는가?

① 10kHz 이상   ② 18kHz 이상
③ 38kHz 이상   ④ 42kHz 이상

51 피복 아크 용접 작업의 기초적인 용접조건으로 가장 거리가 먼 것은?

① 오버랩   ② 용접 속도
③ 아크 길이   ④ 용접 전류

해설 오버랩은 용접 결함으로 기초적 용접 조건과 무관하다.

52 일반적으로 가스 용접에서 사용하는 가스의 종류와 용기의 색상이 옳게 짝지어진 것은?

① 산소 - 황색
② 수소 - 주황색
③ 탄산가스 - 녹색
④ 아세틸렌 가스 - 백색

해설 산소 : 녹색
탄산가스 : 청색
아세틸렌 가스 : 황색

53 AW 300의 교류 아크 용접기로 조정할 수 있는 2차 전류(A) 값의 범위는?

① 30~220A   ② 40~330A
③ 60~330A   ④ 120~480A

해설 정격 전류의 20~110% 정도이므로 60~330A이다.

54 가스용접에 쓰이는 가연성 가스의 조건으로 옳은 것은?

① 발열량이 적어야 한다.
② 연소속도가 느려야 한다.
③ 불꽃의 온도가 낮아야 한다.
④ 용융금속과 화학반응을 일으키지 않아야 한다.

정답 47 ③ 48 ① 49 ② 50 ② 51 ① 52 ② 53 ③ 54 ④

해설 **가연성 가스** : 산소나 공기와 혼합하여 점화하면 빛과 열을 발해서 연소하는 가스, 상온, 상압(常壓)상태에서는 기체이지만, 가압(加壓)하면 액체가 되는 것이 있다.
- 종류 : 아세틸렌, 수소, 메탄, 에탄, 에틸렌, 프로판, 부탄 등이 대표적이다.
- 가연성 가스는 발열량이 높고, 연소 속도가 빠르며, 불꽃 온도가 높을수록 좋다.

55 피복 아크 용접에서 자기 불림(magnetic blow)의 방지책으로 틀린 것은?

① 교류 용접을 한다.
② 접지점을 2개로 연결한다.
③ 접지점을 용접부에 가깝게 한다.
④ 용접부가 긴 경우는 후퇴 용접법으로 한다.

해설 자기 쏠림은 아크 쏠림이라고도 하며, 직류 용접시 자력의 형성으로 아크가 한쪽으로 쏠리는 현상이며, 접지점을 용접부에서 멀리하는 것이 좋다.

56 피복 아크 용접봉의 고착제에 해당되는 것은?

① 석면 ② 망간
③ 규소철 ④ 규산나트륨

해설 규산나트륨은 물유리라고도 하며 아교 등과 같이 고착제로 쓰인다.

57 이음부의 루트 간격 치수에 특히 유의하여야 하며, 아크가 보이지 않는 상태에서 용접이 진행된다고 하여 잠호 용접이라고도 부르는 용접은?

① 피복 아크 용접
② 탄산가스 아크 용접
③ 서브머지드 아크 용접
④ 불활성가스 금속 아크 용접

해설 서브머지드 아크 용접은 아크가 보이지 않는다 해서 불가시 용접, 개발회사의 이름을 따서 유니언 멜트 용접 등으로 불려진다.

58 구리 및 구리합금의 가스용접용 용제에 사용되는 물질은?

① 붕사 ② 염화칼슘
③ 황산칼륨 ④ 중탄산소다

해설
- 용제(flux) : 용접 중에 생기는 산화물, 비금속 개재물을 용해하여 온도가 낮은 슬래그로 만들어 표면에 떠오르게 하여 용착 금속을 양호하게 한다.
- 형상 : 분말, 페이스트, 봉에 도포된 것 등이 있으며, 모재 용융점보다 낮은 것이 좋다.
- 동 합금 용제 : 붕사 75[%], 염화리튬 25[%]

59 용접 자동화에 대한 설명으로 틀린 것은?

① 생산성이 향상된다.
② 용접봉의 손실이 많아진다.
③ 외관이 균일하고 양호하다.
④ 용접부의 기계적 성질이 향상된다.

해설 용접 자동화가 되면 용접봉 손실은 훨씬 적어지며 품질의 균일성과 생산성이 좋아진다.

정답 55 ③ 56 ④ 57 ③ 58 ① 59 ②

60 가스 절단 작업에서 프로판 가스와 아세틸렌 가스를 사용하였을 경우를 비교한 사항으로 틀린 것은?

① 포갬 절단 속도는 프로판 가스를 사용하였을 때가 빠르다.
② 슬래그 제거가 쉬운 것은 프로판 가스를 사용하였을 경우이다.
③ 후판 절단 시 절단 속도는 프로판 가스를 사용하였을 때가 빠르다.
④ 점화가 쉽고 중성 불꽃을 만들기 쉬운 것은 프로판 가스를 사용하였을 경우이다.

해설 LP 가스 : 석유나 천연 가스를 적당한 방법으로 분류하여 제조한 것으로 대부분 프로판(C_3H_8)으로 이루어져 있으며, 프로판 이외에 부탄(C_4H_{10}), 프로필렌(C_3H_6), 부틸렌(C_4H_8) 등이 있다.

프로판 가스의 특성
- 액화하기 쉽고, 용기에 넣어 수송(운반)이 편리하다.(체적을 1/250 정도 압축)
- 온도 변화에 따른 팽창률이 크고 물에 잘 녹지 않는다.
- 쉽게 기화하며, 발열량이 높으나, 증발 잠열이 크다.
- 폭발 한계가 좁아 안전도가 높고 관리가 쉽다.
- 연소할 때 필요한 산소의 양은 1:4.5이다.
- 점화나 중성 불꽃 맞추는 것은 아세틸렌보다 어렵다.

정답 60 ④

2017 제1회 용접산업기사 최근 기출문제

2017년 3월 5일 시행

제1과목 용접야금 및 용접설비 제도

01 주철의 종류 중 칼슘이나 규소를 첨가하여 흑연화를 촉진시켜 미세 흑연을 균일하게 분포시키거나 백주철을 열처리하여 연신률을 향상시킨 주철은?

① 반 주철 ② 회 주철
③ 구상 흑연 주철 ④ 가단 주철

02 공구강이나 자경성이 강한 특수강을 연화 풀림하는데 적합한 방법은?

① 응력 제거 풀림 ② 확산 풀림
③ 구상화 풀림 ④ 항온 풀림

[해설] 항온 풀림은 공구강이나 가경성이 강한 특수강을 연화하는 풀림처리이다.

03 다음 중 전기 전도율이 가장 높은 것은?

① Cr ② Zn
③ Cu ④ Mg

[해설] Ag(은) > Cu(구리) > Au(금) > V(바나듐) > Al(알루미늄) > Mg(마그네슘) > Mo > Fe

04 청열 취성이 발생하는 온도는 약 몇 ℃ 인가?

① 250 ② 450
③ 650 ④ 850

[해설] 청열 취성 : 철강이 200~300℃에서 푸른색을 띠게 되는데 이때 상온보다 메짐성(강도, 경도 증가, 연신률, 충격치 저하)이 커지는 성질

05 다음 중 재질을 연화시키고 내부응력을 줄이기 위해 실시하는 열처리 방법으로 가장 적합한 것은?

① 풀림 ② 담금질
③ 크로마이징 ④ 세라다이징

[해설] 담금질 : 강재의 경화를 위한 열처리
크로마이징 : 강재 표면에 크롬 침투
세라다이징 : 강재 표면에 아연 침투

06 다음 중 황의 함유량이 많을 경우 발생하기 쉬운 취성은?

① 적열 취성 ② 청열 취성
③ 저온 취성 ④ 뜨임 취성

[해설] 적열(고온) 취성 : 유황이 많은 강재의 경우 고온(980℃)에서 메지게 되는 성질

정답 01 ④ 02 ④ 03 ③ 04 ① 05 ① 06 ①

07 다음 중 일반적인 금속재료의 특징으로 틀린 것은?

① 전성과 연성이 좋다.
② 열과 전기의 양도체이다.
③ 금속 고유의 광택을 갖는다.
④ 이온화하면 음(-)이온이 된다.

해설 금속은 이온화하면 양(+)이온이 된다.

08 용접균열 중 일반적인 고온 균열의 특징으로 옳은 것은?

① 저합금강의 비드균열, 루트균열 등이 있다.
② 대입열량의 용접보다 소입열량의 용접에서 발생하기 쉽다.
③ 고온균열은 응고과정에서 발생하지 않고, 응고 후에 많이 발생한다.
④ 용접금속 내에서 종균열, 횡균열, 크레이터 균열 형태로 많이 나타난다.

해설 고온 균열 : 용융 온도 이상에서 용접부 중앙이나 주상(柱狀) 조직 사이에서 발생하는 균열, 응고 온도 바로 아래에서 발생하는 응고 균열이 대부분이다.
① : 저온 균열의 일종, 고온 균열은 대입열 용접 중에 주로 응고과정에서 발생하는 균열을 말한다.

09 다음 중 용접 후 잔류응력을 제거하기 위한 열처리 방법으로 가장 적합한 것은?

① 담금질   ② 노내 풀림법
③ 실리코나이징   ④ 서브제로처리

해설 로내 풀림 : 잔류 응력 제거, 성분의 균일화, 요구 성질 부여, 연화, 구상화를 위해 A_3~A_1 변태점 이상 20~30℃로 가열 후 로내에서 서냉하는 열처리

10 Fe-C 평행 상태도에서 나타나는 불변 반응이 아닌 것은?

① 포석반응   ② 포정반응
③ 공석반응   ④ 공정반응

해설 Fe-C 평행 상태도 상에서는 포석반응은 일어나지 않는다.

11 다음 투상법 중 기계 제도에서는 어떤 방법을 사용하는 것이 원칙인가?

① 사투상법   ② 투시도법
③ 등각 투상법   ④ 정투상법

해설 투상법에는 정투상법과 회화식 투상도법이 있으며, 회화식 투상법에는 등각 투상도, 부등각 투상도, 사투상도, 투시도법이 있다.

12 다음 선의 종류 중 특수한 가공을 하는 부분 등 특별한 요구사항을 적용할 수 있는 범위를 표시하는데 사용하는 선은?

① 굵은 실선   ② 굵은 1점 쇄선
③ 가는 1점 쇄선 ④ 가는 2점 쇄선

해설 굵은 실선 : 외형을 표시(외형선)
가는 1점 쇄선 : 중심선, 피치 등을 표시
가는 2점 쇄선 : 가상선을 표시

13 다음 원추를 단면한 표면에서 수직되게 보았을 때 어떤 모양이 되는가?

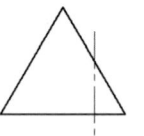

① 삼각형   ② 포물선
③ 원   ④ 타원

정답 07 ④ 08 ④ 09 ② 10 ① 11 ④ 12 ② 13 ②

14 다음 그림은 용접이음을 나타낸 것이다. 모서리 이음에 속하는 것은?

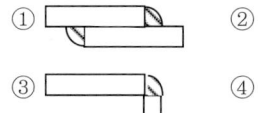 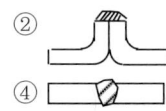

15 다음 투상도는 어느 겨냥도에 해당되는가?

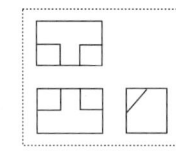

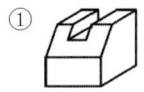 

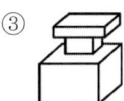 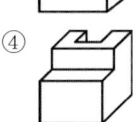

16 사투상도에 있어서 경사축의 각도로 가장 적합하지 않은 것은?

① 20° ② 30°
③ 45° ④ 60°

해설 사투상도는 일반적으로 30°를 많이 적용하며, 45°는 거의 적용하지 않음

17 머리부터 끝까지 전체 치수로 호칭 길이를 표시하는 리벳은?

① 둥근 접시 머리 리벳
② 둥근 머리 리벳
③ 접시 머리 리벳
④ 납작 머리 리벳

18 일부를 도시하는 것으로 충분한 경우에는 그 필요 부분만을 표시하는 투상도는?

① 부분 투상도   ② 등각 투상도
③ 부분 확대도   ④ 회전 투상도

해설 부분 투상도

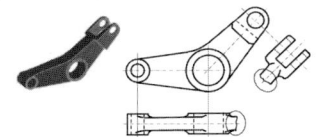

19 탄소강 단강품인 SF 34A에서 34가 의미하는 것은? ★★★

① 종별 번호   ② 탄소 함유량
③ 열처리 상황 ④ 최저 인장강도

해설 SF 340에서 SF34A로 변경됨
S : 재질(Steel), F : 단조(forging)
340 : 최소 인장강도 340N/mm²
34 : 최소 항복강도 MPa(N/mm²)
A : A종

20 제3각법의 투상도 배치에서 정면도의 위쪽에는 어느 투상면이 배치되는가?

① 배면도   ② 저면도
③ 평면도   ④ 우측면도

해설 3각법은 정면도를 중심으로 보는 방향에서 그린 투상도를 그 방향에 배치한다. 우측면도는 정면도 우측에, 저면도는 정면도 아래 배치한다.

정답 14 ③ 15 ② 16 ① 17 ③ 18 ① 19 ④ 20 ③

제2과목 용접구조설계

21 용접비용을 줄이기 위한 방법으로 틀린 것은?

① 용접지그를 활용한다.
② 대기 시간을 길게 한다.
③ 재료의 효과적인 사용계획을 세운다.
④ 용접이음부가 적은 경제적인 설계를 한다.

해설 비용 절감은 인건비, 재료비, 제잡비 등을 줄이는 것이다. 따라서 대기 시간이 길어지면 효과적인 작업이 진행되지 않으므로 비용이 늘게 된다.

22 용접부의 변형교정 방법으로 틀린 것은?

① 롤러에 의한 방법
② 형재에 대한 직선 수축법
③ 가열 후 해머링 하는 방법
④ 후판에 대하여 가열 후 공랭하는 방법

해설 변형 교정 방법 중 후판에 대하여 가열 후 해머링하거나 롤러에 의해 교정하는 방법이 있다.

23 레이저 용접장치의 기본형에 속하지 않는 것은?

① 반도체형   ② 에너지형
③ 가스 방전형   ④ 고체 금속형

24 용접 시험에서 금속학적 시험에 해당하지 않는 것은?

① 파면 시험   ② 피로 시험
③ 현미경 시험   ④ 매크로 조직시험

해설 피로 시험은 기계적 파괴 시험의 일종이다.

25 강판을 가스 절단할 때 절단열에 의하여 생기는 변형을 방지하기 위한 방법이 아닌 것은?

① 피절단재를 고정하는 방법
② 절단부에 역변형을 주는 방법
③ 절단 후 절단부를 수냉에 의하여 열을 제거하는 방법
④ 여러 대의 절단 토치로 한꺼번에 평행 절단하는 방법

해설 가스 절단하기 전에 역변형은 줄 수 없어 실현 불가능하며, 용접 전에 용접부 방향으로 변형이 일어나는 변형량만큼 용접 반대 방향으로 주는 변형을 역변형이라 한다.

26 맞대기 용접부의 접합면에 홈(groove)을 만드는 가장 큰 이유는?

① 용접 변형을 줄이기 위하여
② 제품의 치수를 맞추기 위하여
③ 용접부의 완전한 용입을 위하여
④ 용접 결함 발생을 적게 하기 위하여

해설 용접 홈은 모재 두께 전체가 완전 용접이 이루어지도록 하기 위해 만든다.

27 용접부의 결함 중 구조상의 결함에 속하지 않는 것은?

① 기공   ② 변형
③ 오버랩   ④ 용합 불량

해설 용접결함 대분류
1) 치수상 결함 : 치수오차, 각도 오차, 변형 등
2) 성질상 결함 : 기계적(강도, 경도, 인성 불량 등), 물리적(열전도도, 전기저항 등 불

정답 21 ② 22 ④ 23 ② 24 ② 25 ② 26 ③ 27 ②

량), 화학적(내식성 불량 등) 성질 불량
3) 구조상 결함 : ①, ③, ④ 외에 균열, 언더컷, 슬래그 섞임 등

28 용접부 초음파 검사법의 종류에 해당되지 않는 것은?

① 투과법 ② 공진법
③ 펄스 반사법 ④ 자기 반사법

해설
- 투과법 : 피검사체 표면에 초음파를 투과하고 뒷면에서 이를 수신하여 초음파의 쇠약 정도로 결함 유무를 조사
- 펄스 반사법 : 펄스 초음파를 검사 물체의 한쪽 면에서 송신하여 반사되는 반사파의 형태로 결함을 판정
- 공진법 : 검사 물체의 두께에 따라 어떤 특정 주파수일 때 검사 물체 속에 초음파의 정상파가 생겨 공진하므로 그 상황을 근거하여 결함을 검출

29 용접 결함 중 기공의 발생 원인으로 틀린 것은?

① 용접 이음부가 서냉 될 경우
② 아크 분위기 속에 수소가 많을 경우
③ 아크 분위기 속에 일산화탄소가 많을 경우
④ 이음부에 기름, 페인트 등 이물질이 있을 경우

해설 용착금속이 서냉 될 경우 가스 배출이 이루어지므로 기공 발생율이 적어질 수 있다.

30 용접부 이음 강도에서 안전률을 구하는 식은?

① 안전률 = $\dfrac{허용응력}{전단응력}$

② 안전률 = $\dfrac{인장강도}{허용응력}$

③ 안전률 = $\dfrac{전단응력}{2 \times 허용응력}$

④ 안전률 = $\dfrac{2 \times 인장강도}{허용응력}$

해설 안전율은 항상 1보다 크다.

31 용접균열의 발생 원인이 아닌 것은?

① 수소에 의한 균열
② 탈산에 의한 균열
③ 변태에 의한 균열
④ 노치에 의한 균열

해설 용접 균열은 급열, 급랭에 따른 팽창과 수축에 기인하며, 수소나 노치 부분의 균열 등도 발생 원인이 되나 탈산에 의한 경우는 균열 발생이 적어질 수 있다.

32 다음 중 접합하려고 하는 부재 한쪽에 둥근 구멍을 뚫고 다른 쪽 부재와 겹쳐서 구멍을 완전히 용접하는 것은?

① 가 용접 ② 심 용접
③ 플러그 용접 ④ 플레어 용접

해설 가 용접 : 가접이라고도 하며, 치수, 각도 조정, 변형 방지를 위해 본용접 전에 잠정적으로 고정시키는 용접을 말한다.

33 용접 이음을 설계할 때 주의사항으로 틀린 것은?

① 국부적인 열의 집중을 받게 한다.
② 용접선의 교차를 최대한으로 줄여야 한다.
③ 가능한 아래보기 자세로 작업을 많이 하도록 한다.
④ 용접 작업에 지장을 주지 않도록 공간

정답 28 ④ 29 ① 30 ② 31 ② 32 ③ 33 ①

을 두어야 한다.

해설 용접 이음에 국부적인 열의 집중은 열응력 발생에 의한 균열, 변형, 응력집중, 조직 변화 등을 초래할 수 있어 가급적 피해야 된다.

34 용접 균열의 종류 중 맞대기 용접, 필릿 용접 등의 비드 표면과 모재와의 경계부에 발생하는 균열은?

① 토 균열 ② 설퍼 균열
③ 헤어 균열 ④ 크레이터 균열

해설 황 균열(설퍼 크랙) : 강 중에 황이 층상으로 많이 존재하는 모재를 서브머지드 아크 용접 하는 경우에 많이 발생하는 고온 균열

35 용접 시공 전에 준비해야 할 사항 중 틀린 것은?

① 용접부의 녹 부분은 그대로 둔다.
② 예열, 후열의 필요성 여부를 검토한다.
③ 제작 도면을 확인하고 작업 내용을 검토한다.
④ 용접 전류, 용접 순서, 용접 조건을 미리 정해둔다.

해설 용접 전에 용접부의 녹, 이물질 등은 깨끗이 제거해야 된다.

36 그림과 같은 용접이음에서 굽힘 응력을 σ_b라 하고, 굽힘 단면계수를 W_b라 할 때, 굽힘모멘트 M_b를 구하는 식은?

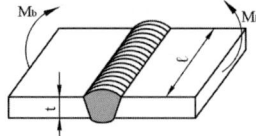

① $M_b = \dfrac{\sigma_b}{W_b}$ ② $M_b = \sigma_b \cdot W_b$

③ $M_b = \dfrac{\sigma_b \cdot W_b}{\ell}$ ④ $M_b = \dfrac{\sigma_b \cdot W_b}{t}$

37 가용접(tack welding)에 대한 설명으로 틀린 것은?

① 가용접에는 본 용접보다도 지름이 약간 가는 용접봉을 사용한다.
② 가용접은 쉬운 용접이므로 기량이 좀 떨어지는 용접사에 의해 실시하는 것이 좋다.
③ 가용접은 본 용접을 하기 전에 좌우의 홈 부분을 잠정적으로 고정하기 위한 짧은 용접이다.
④ 가용접은 슬래그 섞임, 기공 등의 결함을 수반하기 때문에 이음의 끝 부분, 모서리 부분을 피하는 것이 좋다.

해설 가용접은 본용접에 중요한 영향을 미치므로 본 용접과 같은 기량의 용접사가 실시해야 된다.

38 용접시공시 엔드 탭(end tab)을 붙여 용접하는 가장 주된 이유는?

① 언더컷의 방지
② 용접변형 방지
③ 용접 목두께의 증가
④ 용접 시작점과 종점의 용접결함 방지

해설 엔드 탭은 용접부 시점과 종점에 붙여서 가접을 하고 엔드 탭에서 용접을 시작하여 다음 엔드 탭에서 용접을 끝냄으로서 용접 시점과 종점에서 생기기 쉬운 결함을 방지하기 위한 보조 탭으로 용접 후 절단하는 것이 보통이다.

정답 34 ① 35 ① 36 ② 37 ② 38 ④

39 두께가 5mm인 강판을 가지고 다음 그림과 같이 완전 용입의 맞대기 용접을 하려고 한다. 이 때 최대 인장하중을 50000N 작용시키려면 용접 길이는 얼마인가? (단, 용접부의 허용 인장응력은 100MPa이다.) ★★★

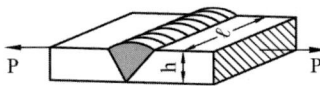

① 50mm   ② 100mm
③ 150mm ④ 200mm

해설 $\sigma = \dfrac{P}{A} = \dfrac{P}{t \times \ell}$,

$100 = \dfrac{50000}{5 \times \ell}$, $\ell = \dfrac{50000}{100 \times 5} = 100$

40 용접전류가 120A, 용접전압이 12V, 용접속도가 분당 18cm/min일 경우에 용접부의 입열량은 몇 Joule/cm인가?

① 3500   ② 4000
③ 4800   ④ 5100

해설 $H = \dfrac{60EI}{V} = \dfrac{60 \times 12 \times 120}{18} = 4800$

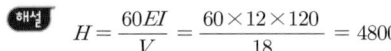

제3과목 용접일반 및 안전관리

41 연강판 가스 절단시 가장 적합한 예열 온도는 약 몇 ℃인가?

① 100~200   ② 300~400
③ 400~500   ④ 800~900

해설 탄소강의 절단은 철의 연소 온도를 이용하므로 연소 온도인 900℃ 정도의 예열 후 고압 산소를 분출시키면서 진행하면 연속 절단이 이루어진다.

42 다음 중 피복 아크 용접기 설치장소로 가장 부적합한 곳은?

① 진동이나 충격이 없는 장소
② 주위 온도가 -10℃ 이하인 장소
③ 유해한 부식성 가스가 없는 장소
④ 폭발성 가스가 존재하지 않는 장소

해설 용접기 설치 장소 중 -10℃ 이하의 장소에는 설치해서는 안된다.

43 다음 중 압접에 속하지 않는 것은?

① 마찰 용접   ② 저항 용접
③ 가스 용접   ④ 초음파 용접

해설 가스 용접은 융접에 속한다.

44 다음은 아크 분위기에 대한 사항이다. 틀린 것은 어느 것인가?

① 피복제는 아크열에 의해서 분해되어 많은 가스를 발생한다.
② 저수소계(E4316) 이외의 용접봉은 일산화탄소와 수소 가스가 대부분이다.
③ 고산화티탄계(E4313, E6013) 용접봉은 수소 가스가 극히 적고 이산화탄소가 많다.
④ 가스는 주로 피복제 중의 유기물, 탄산염, 습기에서 발생한다.

해설 고산화티탄계 용접봉은 수소 함유량이 많고 이산화탄소 발생량이 적다. 저수소계 용접봉이 수소가 극히 적다.

정답 39 ② 40 ③ 41 ④ 42 ② 43 ③ 44 ③

45 용접에 사용되는 산소를 산소용기에 충전시키는 경우 가장 적당한 온도와 압력은?

① 35℃, 15MPa   ② 35℃, 30MPa
③ 45℃, 15MPa   ④ 45℃, 18MPa

해설 압축 산소는 산소 용기에 35℃에서 15MPa (150기압 = 150kg$_f$/cm^2)로 충전한다.

46 직류 역극성(reverse polarity)을 이용한 용접에 대한 설명으로 옳은 것은?

① 모재의 용입이 깊다.
② 용접봉의 용융 속도가 느려진다.
③ 용접봉을 음극(-), 모재를 양극(+)에 설치한다.
④ 얇은 판의 용접에서 용락을 피하기 위하여 사용한다.

해설 직류 역극성(DCRP) : 모재를 음극(-)에, 용접봉을 양극(+)에 접속한 극성으로 용입이 얕고 비드 폭이 넓으며, 용접봉의 용융속도가 빠르다.

47 산소 및 아세틸렌 용기의 취급시 주의사항으로 틀린 것은?

① 용기는 가연성 물질과 함께 뉘어서 보관할 것
② 통풍이 잘 되고 직사광선이 없는 곳에 보관할 것
③ 산소 용기의 운반시 밸브를 닫고 캡을 씌워서 이동할 것
④ 용기의 운반시 가능한 운반기구를 이용하고, 넘어지지 않게 주의할 것

해설 가스 용기는 서로 다른 용기와 같이 보관하지 않아야 되며, 가연성 용기를 뉘어서 보관하면 아세톤 유출 등이 발생하게 되므로 반드시 세워서 보관해야 된다.

48 일반적인 용접의 특징으로 틀린 것은?

① 작업 공정이 단축되며 경제적이다.
② 재질의 변형이 없으며 이음효율이 낮다.
③ 제품의 성능과 수명이 향상되며 이종 재료도 접합할 수 있다.
④ 소음이 적어 실내에서의 작업이 가능하며 복잡한 구조물 제작이 쉽다.

해설 용접은 야금학적 원리를 이용한 것으로, 재질 변형이 생기기 쉬우나 기계적 이음에 비해 이음 효율은 높다.

49 강재 표면의 홈이나 개재물, 탈탄층 등을 제거하기 위하여 얇게 타원형 모양으로 표면을 깎아내는 가공법은?

① 스카핑   ② 피닝법
③ 가스 가우징   ④ 겹치기 절단

해설 가우징 : 홈을 파는 작업
피닝 : 구면인 작은 해머 등으로 용접부 등을 가볍게 두드려서 응력제거와 기계적 성질을 좋게 하는 작업

50 피복 아크 용접에서 피복제의 역할로 틀린 것은?

① 용착 효율을 높인다.
② 전기 절연 작용을 한다.
③ 스패터 발생을 적게 한다.
④ 용착금속의 냉각속도를 빠르게 한다.

해설 피복제 역할 : 슬래그화에 의해 용착금속의 표면을 덮어서 냉각속도를 느리게 하여 경화를 방지하는 역할을 한다.

정답 45 ① 46 ④ 47 ① 48 ② 49 ① 50 ④

51 다음 중 열전도율이 가장 높은 것은?

① 구리   ② 아연
③ 알루미늄 ④ 마그네슘

해설 열전도율이 좋으면 대부분 전기 전도율도 좋다.(문제 3번 참조)

52 레일의 접합, 차축, 선박의 프레임 등 비교적 큰 단면을 가진 주조나 단조품의 맞대기 용접과 보수용접에 사용되는 용접은?

① 가스 용접   ② 전자빔 용접
③ 테르밋 용접 ④ 플라스마 용접

해설 테르밋 용접 : 알루미늄 분말과 산화철 분말을 1 : 3~4 정도 혼합하여 로 속에 넣고 점화제를 넣어 점화하면 화학 반응에 의해 약 2800℃의 고온이 되며 용탕이 생기며 이 용탕을 용접부에 부어 접합하는 용접

53 불활성 가스 텅스텐 아크 용접을 할 때 주로 사용하는 가스는?

① H_2 ② Ar
③ CO_2 ④ C_2H_2

해설 불활성 가스 아크 용접에는 주로 아르곤(Ar)이나 헬륨(He)를 사용한다.

54 용접 자동화에서 자동제어의 특징으로 틀린 것은?

① 위험한 사고의 방지가 불가능하다.
② 인간에게는 불가능한 고속작업이 가능하다.
③ 제품의 품질이 균일화되어 불량품이 감소된다.
④ 적정한 작업을 유지할 수 있어서 원자재, 원료 등이 절약된다.

해설 로봇 등을 이용한 자동화 용접은 근로자가 용접하지 않으므로 위험한 사고 방지가 가능하다.

55 불활성 가스 금속 아크 용접에서 이용하는 와이어 송급 방식이 아닌 것은?

① 풀 방식   ② 푸시 방식
③ 푸시 - 풀 방식 ④ 더블 - 풀 방식

해설 와이어 송급 방식에는 ①, ②, ③과 더블 푸시 - 풀 방식이 있다.

56 서브머지드 아크 용접(SAW)의 특징에 대한 설명으로 틀린 것은?

① 용융속도 및 용착속도가 빠르며 용입이 깊다.
② 특수한 지그를 사용하지 않는 한 아래보기 자세에 한정된다.
③ 용접선이 짧거나 불규칙한 경우 수동 용접에 비하여 능률적이다.
④ 불가시 용접으로 용접 도중 용접상태를 육안으로 확인할 수가 없다.

해설 SAW 용접은 용접선이 짧거나 곡선, 불규칙한 경우는 용접이 불가능하거나 수동 용접에 비해 극히 비능률적이다.

57 다음 연료가스 중 발열량($kcal/m^2$)이 가장 많은 것은?

① 수소   ② 메탄
③ 프로판 ④ 아세틸렌

해설 가스의 발열량
수소 : $2420 kcal/m^2$

정답 51 ① 52 ③ 53 ② 54 ① 55 ④ 56 ③ 57 ③

메탄 : 8080kcal/m²
프로판 : 20750kcal/m²
아세틸렌 : 12690kcal/m²

58 직류 용접기와 비교한 교류 용접기의 특징으로 틀린 것은?

① 무부하 전압이 높다.
② 자기 쏠림이 거의 없다.
③ 아크의 안정성이 우수하다.
④ 직류보다 감전의 위험이 크다.

해설 교류 아크 용접기는 직류 아크 용접기에 비해 아크 안정성이 나쁘다.

59 가스 용접에서 판 두께를 t(mm)라고 하면 용접봉의 지름 D(mm)를 구하는 식으로 옳은 것은? (단, 모재의 두께는 1mm 이상인 경우이다.)

① $D = t + 1$ ② $D = \dfrac{t}{2} + 1$
③ $D = \dfrac{t}{3} + 1$ ④ $D = \dfrac{t}{4} + 1$

해설 가스 용접봉 지름 $= \dfrac{판두께}{2} + 1$

60 용접시(피복 아크용접시) 필요한 안전 보호구가 아닌 것은? ★★★★

① 안전화 ② 용접 장갑
③ 핸드 실드 ④ 핸드 그라인더

해설 용접 안전 보호구 : 안전화, 용접 장갑, 핸드 실드, 용접 헬멧, 발커버(덮게), 팔커버(덮게), 앞치마, 용접 자켓, 보안경, 방독 방진 마스크, 귀마개
차광막 : 작업자가 착용하는 것이 아니고 용접부 주위에 아크 불빛이 보이지 않도록 막아주는 막

정답 58 ③ 59 ② 60 ④

2017 제2회 용접산업기사 최근 기출문제

2017년 5월 7일 시행

제1과목 용접야금 및 용접설비 제도

01 탄소강에서 탄소의 함유량이 증가할 경우에 나타나는 현상은?

① 경도 증가, 연성 감소
② 경도 감소, 연성 감소
③ 경도 증가, 연성 증가
④ 경도 감소, 연성 증가

해설 탄소강에서 탄소는 경도, 강도를 결정하는 중요한 원소이다. 탄소가 증가하면 인장강도, 항복강도, 전기저항은 증가하고, 연신률, 단면수축률, 충격치, 전기전도도, 비중, 용융점 등은 감소한다.

02 담금질시 재료의 두께에 따라 내·외부의 냉각속도 차이로 인하여 경화되는 깊이가 달라져 경도 차이가 발생하는 현상을 무엇이라고 하는가?

① 시효 효과   ② 노치 효과
③ 질량 효과   ④ 담금질 효과

해설 따라서 질량 효과가 크다 하면 경화능이 낮아서 내외부의 경도차가 크다는 의미가 된다.

03 다음 중 금속 조직에 따라 스테인리스강을 3종류로 분류하였을 때 옳은 것은?

① 마텐사이트계, 페라이트계, 펄라이트계
② 페라이트계, 오스테나이트계, 시멘타이트계
③ 페라이트계, 오스테나이트계, 펄라이트계
④ 마텐사이트계, 페라이트계, 오스테나이트계

해설 스테인리스강을 조직에 따라 분류한 것으로 ④ 외에 석출 경화계, 듀플렉스계 등이 있다.
석출 경화계 : 오스테나이트계는 우수한 내열성, 내식성은 있으나 강도가 부족하고, 마텐사이트계는 경화능은 있으나 내식성 및 가공성이 좋지 못한 점을 충족시키고, 좋은 특성을 살리기 위해 석출 경화 현상을 이용한 것

04 다음 중 펄라이트의 조성으로 옳은 것은?

① 페라이트 + 소르바이트
② 시멘타이트 + 오스테나이트
③ 페라이트 + 시멘타이트
④ 오스테나이트 + 트루스타이트

해설 펄라이트는 오스테나이트 조직에서 탄소가 철과 반응하여 Fe$_3$C(시멘타이트)가 석출하고 그 옆에 탄소가 적어진 페라이트가 형성되며 이것이 층상으로 형성되므로 탄소강의 기본 조직 중에서는 가장 강인한 조직이 된다.

정답 01 ① 02 ③ 03 ④ 04 ③

05 용접작업에서 예열을 실시하는 목적으로 틀린 것은?

① 열영향부와 용착 금속의 경화를 촉진하고 연성을 감소시킨다.
② 수소의 방출을 용이하게 하여 저온 균열을 방지한다.
③ 용접부의 기계적 성질을 향상시키고 경화 조직의 석출을 방지시킨다.
④ 온도 분포가 완만하게 되어 열응력의 감소로 변형과 잔류응력의 발생을 적게 한다.

해설 예열을 하면 열영향부와 용착금속의 연화가 촉진되어 연성이 증가된다.

06 강의 조직을 개선 또는 연화시키기 위해 가장 흔히 쓰이는 방법이며 주조 조직이나 고온에서 조대화된 입자를 미세화시키기 위해 Ac_3 또는 Ac_1 이상 20~50℃로 가열 후 노냉시키는 풀림 방법은?

① 연화 풀림   ② 항온 풀림
③ 구상화 풀림 ④ 완전 풀림

07 고탄소강의 용접이 어려운 이유로서 틀린 것은 어느 것인가?

① 열영향부의 경화가 현저해서 비드 균열을 일으키기 쉽기 때문에
② 단층 용접에서는 예열을 하지 않으면 열영향부가 담금질 조직이 되기 때문에
③ 예열, 후열이 필요하고 용접봉도 고산화티탄계를 써야만 하기 때문에
④ 탄소 함유량의 증가와 더불어 급랭 경화가 심하기 때문에

해설 고탄소강은 저수소계봉을 써야 한다.

08 다음 중 용접성이 가장 좋은 것은? ★★★

① 1.2%C 강   ② 0.2%C 이하의 강
③ 0.5%C 강   ④ 0.8%C 강

해설 용접성은 저탄소강일수록 좋다.

09 담금질한 강을 실온까지 냉각한 다음 다시 계속하여 실온 이하의 마텐사이트 변태 종료 온도까지 냉각하여 잔류 오스테나이트를 마텐사이트로 변화시키는 열처리는?

① 하드 페이싱
② 금속 용사법
③ 연속냉각 변태처리
④ 심랭처리

해설 심랭처리(서브제로처리, 0점하 처리) : 고탄소강 등의 경우 M_f(마텐사이트 변태 종료)점이 0℃ 이하이며 뜨임에 의해서도 잔류 오스테나이트가 존재하는 강의 경우 드라이아이스나 액체 질소로 냉각하여 잔류 오스테나이트를 마텐사이트로 변태시키는 열처리

10 다음 중 건축 구조용 탄소 강관의 KS 기호는?

① SPS 6   ② SGT 275
③ SNT 275A   ④ SRT 275

해설 275 : 최소 항복강도가 275MPa(N/mm^2)

11 SB275에서 S는 무엇을 뜻하는가?

① 제품명   ④ 최소 인장 강도
③ 강재(재질)   ④ 가공 방법

해설 275 : 최소 항복강도(MPa), B : 보일러

정답 05 ① 06 ④ 07 ③ 08 ② 09 ④ 10 ③ 11 ③

12 용접부 표면의 형상과 기호가 올바르게 연결된 것은? ★★

① 토우를 매끄럽게 함
② 동일 평면으로 다듬질
③ 영구적인 덮개 판을 사용
④ 재거 가능한 이면 판재 사용

> **해설**
> : 넓은 루트면을 가진 단면 개선형 맞대기 용접
> : 단면 개선형 맞대기 용접
> M : 영구 백킹 사용
> MR : 제거성 백킹 사용

13 도면의 종류 중 사용 목적에 따른 분류에 속하지 않는 것은?

① 계획도 ② 제작도
③ 주문도 ④ 조립도

> **해설** 도면을 사용 목적에 따라 분류한 것으로 ①, ②, ③ 외에 승인도, 설명도, 견적도 등이 있다.

14 다음 용접의 명칭과 기호가 맞지 않는 것은? ★★

① 심 용접
② 이면 용접
③ 겹침 접합부
④ 가장자리 용접

> **해설** : 개선각이 급격한 V형 맞대기 용접
> : 겹침 접합부

15 두 개의 삼각자(정삼각형, 직삼각형)를 사용하여 그을 수 없는 각도는?

① 15° ② 60°
③ 105° ④ 115°

> **해설** 두 개의 삼각형(등각, 직각)으로 그릴 수 있는 각도는 15°로 나눌 수 있는 각도이다.

16 척도를 공통적으로 표시할 경우 어디에 표시해야 되는가?

① 표제란 ② 부품표
③ 해당 부품도 ④ 위치와 무관하다.

17 다음 중 각기둥이나 원기둥을 전개할 때 상용하는 전개도법으로 가장 적합한 것은?

① 사진 전개도법 ② 삼각형 전개도법
③ 평행선 전개도법 ④ 방사선 전개도법

> **해설** 방사선 전개도법은 원추형 전개시 적합하다.

18 다음은 지름이 같은 상관체의 그림이다. 상관선이 맞지 않는 것은?

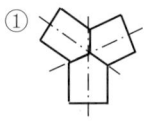 ① 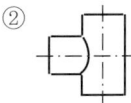 ②
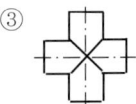 ③ 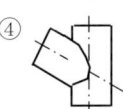 ④

> **해설** 원통끼리 맞나는 경우 상관선은 직선으로 표시하며 중심선까지 나타내야 한다.

정답 12 ① 13 ④ 14 ③ 15 ④ 16 ① 17 ③ 18 ②

19 맞대기 용접 홈의 기호 중 연결이 틀린 것은?

① ‖ : I(평)형 ② V : V형
③ H : H형 ④ X : X형

해설 H형 홈의 기호는)(와 같이 표시한다.

20 파단선을 설명한 것 중 틀린 것은?

① 불규칙한 선(자유 실선)으로 그린다.
② 선의 굵기는 가는 실선이다.
③ 대상물의 일부를 파단한 경계 또는 일부를 떼어낸 경계를 표시하는데 사용한다.
④ 선의 굵기는 외형선과 같다.

해설 파단선은 부분 생략 또는 부분 단면의 경계를 표시하는 선이다.

제2과목 용접구조설계

21 다음 중 용접 균열 시험법은?

① 킨젤시험 ② 코머렐 시험
③ 슈나트 시험 ④ 리하이 구속 시험

해설 ①, ②는 용접부 연성시험의 일종, ③은 노치취성 시험의 일종이다.

22 중판 이상의 용접을 위한 홈 설계 요령으로 틀린 것은?

① 루트 반지름은 가능한 크게 한다.
② 홈의 단면적을 가능한 작게 한다.
③ 적당한 루트면과 루트간격을 만들어 준다.
④ 전후 좌우 5° 이하로 용접봉을 운봉할 수 없는 홈 각도를 만든다.

해설 최소 10° 정도는 전후 좌우로 용접봉을 움직일 수 있는 홈각도를 만들어야 된다.

23 용착부의 인장응력이 $5kg_f/mm^2$, 용접선 유효길이가 80mm이며, V형 맞대기로 완전 용입한 경우 하중 $8000kg_f$에 대한 판두께는 몇 mm인가? (단, 하중은 용접선과 직각 방향이다.) ★★

① 10 ② 20
③ 30 ④ 40

해설 $\sigma = \dfrac{P}{A}$, $5 = \dfrac{8000}{80 \times t}$, $t = \dfrac{8000}{5 \times 80} = 20$

24 일반적인 용접의 장점으로 틀린 것은?

① 수밀, 기밀이 우수하다.
② 이종재료 접합이 가능하다.
③ 재료가 절약되고 무게가 가벼워진다.
④ 자동화가 가능하며 제작 공정수가 많아진다.

해설 용접은 형상에 따라 일부 자동화가 어려울 수 있으나 제작 공정수는 기계적 접합(볼트이음 등)에 비해 적어진다.

25 용접 전 길이를 적당한 구간으로 구분한 후 각 구간을 한칸씩 건너 뛰어서 용접한 후 다시금 비어 있는 곳을 차례로 용접하는 방법으로 잔류응력이 가장 적은 용착법은?

① 후퇴법 ② 대칭법
③ 비석법 ④ 교호법

정답 19 ③ 20 ④ 21 ④ 22 ④ 23 ② 24 ④ 25 ③

해설 비석법을 영어로 스킵법이라고도 한다.

후퇴법 : ⑤ → ④ → ③ → ② → ①

교호법 : ② → ⑤ → ③ → ④ → ①

26 다음 중 용접부 예열의 목적으로 틀린 것은?

① 용접부의 기계적 성질을 향상시킨다.
② 열응력의 감소로 잔류응력의 발생이 적다.
③ 열영향부와 용착금속의 경화를 방지한다.
④ 수소의 방출이 어렵고 경도가 높아져 인성이 저하한다.

해설 용접부의 예열은 풀림효과로 연성이 커지므로 인성이 증가되며, 서냉에 의해 수소 방출을 촉진시킨다.

27 V형 맞대기 용접에서 판 두께가 10mm, 용접선의 유효길이가 200mm일 때, 5N/mm²의 인장응력이 발생한다면 이 때 작용하는 인장하중은 몇 N인가?

① 3000   ② 5000
③ 10000   ④ 12000

해설 $\sigma = \dfrac{P}{A}, P = \sigma A = 5 \times 10 \times 200 = 10000$

28 용접 작업시(에서) 용접 지그를(의) 사용했을 때 얻어지는 효과로 틀린 것은? ★★★★

① 용접 변형을 증가시킨다.
② (다량생산의 경우) 작업 능률을 향상시킨다.
③ 용접 작업을 쉽(용이하)게 한다.
④ 제품의 마무리 정도를 향상시킨다.

해설 용접 지그의 사용시 이점 : ②, ③, ④ 외에 치수 정도를 정확히 하며 신뢰성을 높이고, 용접 변형과 공정수를 줄일 수 있고, 대량 생산을 할 수 있으나 잔류 응력은 피할 수 없다.

29 강자성체인 철강 등의 표면 결함 검사에 사용되는 비파괴 검사 방법은?

① 누설 비파괴 검사.
② 자기 비파괴 검사
③ 초음파 비파괴 검사
④ 방사선 비파괴 검사

해설 표면 결함 검사법에는 침투 탐상 검사와 자기(분) 탐상 검사가 있으나 강자성체의 경우 자기 검사법 적용이 좋다.

30 다음 용착법 중 각 층마다 전체 길이를 용접하며 쌓는 방법은?

① 전진법   ② 후진법
③ 스킵법   ④ 빌드업법

31 가(가용)접시 주의해야 할 사항으로 옳은 것은? ★★

① 본 용접자보다 용접 기량이 낮은 용접자가 가접을 실시한다.
② 용접봉은 본 용접 작업시에 사용하는 것보다 가는 것을 사용한다.
③ 가용접 간격은 일반적으로 판 두께의 60~80배 정도로 하는 것이 좋다.
④ 가용접 위치는 부품의 끝 모서리나 각 등과 같이 응력이 집중되는 곳에 가접한다.

해설 가접시 유의사항 : 본용접자와 같거나 비슷

정답 26 ④ 27 ③ 28 ① 29 ② 30 ④ 31 ②

한 기량자가 가접해야 되며, 판 두께의 15~30배 정도로 하는 것이 좋다. 또한 부품의 끝이나 모서리, 중요한 부분에는 가접을 피해야 된다.

32 용접부의 결함 중 구조상 결함이 아닌 것은?

① 변형   ② 기공
③ 언더컷 ④ 오버랩

해설 치수상 결함 : 변형, 각도 불량, 치수 오차

33 용접 구조물을 조립하는 순서를 정할 때 고려사항으로 틀린 것은?

① 용접 변형을 쉽게 제거할 수 있어야 한다.
② 작업환경을 고려하여 용접자세를 편하게 한다.
③ 구조물의 형상을 고정하고 지지할 수 있어야 한다.
④ 용접 진행은 부재의 구속단을 향하여 용접한다.

해설 용접 진행은 부재의 구속단 반대 방향으로 용접한다.

34 연강판 용접을 하였을 때 발생한 용접 변형을 교정하는 방법이 아닌 것은?

① 롤러에 의한 방법
② 기계적 응력 완화법
③ 가열 후 해머링하는 법
④ 얇은 판에 대한 점 수축법

해설 기계적 응력 완화법은 변형 방지법이 아니고 용접시 생긴 응력을 피닝 등 기계적 방법으로 응력을 저게 하는 방법이다.

35 비파괴 검사법 중 표면 결함 검출에 사용되지 않는 것은?

① PT   ② MT
③ UT   ④ ET

해설 UT : 초음파 탐상법으로 내부 결함 검사에 주로 사용되는 비파괴 검사법이다.
PT : 침투 탐상법
MT : 자분(기) 탐상법
ET : 와류 탐상법

36 용접부에 잔류응력을 제거하기 위하여 응력 제거 풀림처리를 할 때 나타나는 효과로 틀린 것은?

① 충격 저항의 증대
② 크리프 강도의 향상
③ 응력 부식에 대한 저항력의 증대
④ 용착 금속 중의 수소 제거에 의한 경도 증대

해설 응력 제거 효과
• 용접 잔류 응력이 제거되며, 치수 안정화가 실현된다.
• 용접 열영향부가 뜨임(tempering)화 되어 연성을 갖는다.
• 용착 금속 중의 수소 가스가 제거되어 연성이 증가한다.

37 맞대기 용접 이음에서 이음효율을 구하는 식은?

① 이음 효율 = $\dfrac{허용 응력}{사용 응력} \times 100(\%)$

② 이음 효율 = $\dfrac{사용 응력}{허용 응력} \times 100(\%)$

③ 이음 효율 = $\dfrac{모재의 인장강도}{용접시험편의 인장강도} \times 100(\%)$

정답 32 ① 33 ④ 34 ② 35 ③ 36 ④ 37 ④

④ 이음 효율
$$= \frac{용접시험편의 인장강도}{모재의 인장강도} \times 100(\%)$$

해설 용접이음 효율 : 모재의 강도에 대한 용접부의 강도비로 표시
용접 이음효율
$$= \frac{용접부(시험편)의 인장강도}{모재의 인장강도} \times k1 \times k2 \times 100$$
$k1$: 이음 형상 계수(모든 하중에 맞대기, 필릿 이음 : 0.8)
$k2$: 용접 계수(아래보기 1, 어려운 자세 0.5)

38 얇은 판의 용접시 주로 사용하는 방법으로 용접부의 뒷면에서 물을 뿌려주는 변형 방지법은?

① 살수법　　　② 도열법
③ 석면포 사용법　④ 수냉동판 사용법

해설 도열법 : 용접부 주위에 물을 적신 석면이나 수냉 동판을 대어 열을 흡수시키는 방법으로 ③, ④는 도열법의 일종이다.

39 다음 중 비파괴 시험법에 해당되는 것은?

① 부식시험　　② 굽힘시험
③ 육안시험　　④ 충격시험

해설 굽힘시험, 충격시험은 기계적 시험법 중 파괴 시험이며, 부식시험은 화학시험법으로 파괴시험에 해당된다.

40 판두께 25mm 이상인 연강판을 0℃ 이하에서 용접할 경우 예열하는 방법은?

① 이음의 양쪽 폭 100mm 정도를 40~75℃로 예열하는 것이 좋다.
② 이음의 양쪽 폭 150mm 정도를 150~200℃로 예열하는 것이 좋다.
③ 이음의 한쪽 폭 100mm 정도를 40~75℃로 예열하는 것이 좋다.
④ 이음의 한쪽 폭 150mm 정도를 150~200℃로 예열하는 것이 좋다.

제3과목　용접일반 및 안전관리

41 불활성가스 텅스텐 아크용접에 대한 설명으로 틀린 것은?

① 직류 역극성으로 용접하면 청정작용을 얻을 수 있다.
② 가스 노즐은 일반적으로 세라믹 노즐을 사용한다.
③ 불가시 용접으로 용접 중에는 용접부를 확인할 수 없다.
④ 용접용 토치는 냉각 방식에 따라 수냉식과 공랭식으로 구분된다.

해설 불활성가스 텅스텐 아크용접은 TIG 용접이라고도 하며, 용접 중에 용접부를 볼 수 있으므로 가시용접이라 한다. 불가시 용접은 서브머지드 아크용접이나 일렉트로 슬래그 용접처럼 용제 속에서 용접하기 때문에 용접부를 볼 수 없는 용접을 말한다.

42 다음 중 아크 용접시 발생되는 유해한 광선에 해당되는 것은?

① X-선　　　② 자외선
③ 감마선　　④ 중성자선

해설 용접 중에 발생하는 자외선, 적외선은 유해한 광선이므로 반드시 보호구를 착용한 후 용접해야 된다.

정답　38 ①　39 ③　40 ①　41 ③　42 ②

43 다음 중 교류 아크 용접기에 해당되지 않는 것은?

① 발전기형 아크 용접기
② 탭 전환형 아크 용접기
③ 가동 코일형 아크 용접기
④ 가동 철심형 아크 용접기

해설 직류 아크 용접기 : ①, 엔진 구동형, 정류기형, 밧데리형 등이 있다.

44 가스절단에서 예열불꽃이 약할 때 일어나는 현상으로 가장 거리가 먼 것은?

① 드래그가 증가한다.
② 절단면이 거칠어진다.
③ 절단 속도가 늦어진다.
④ 절단이 중단되기 쉽다.

해설 ①, ③, ④ 외에 역화가 일어나기 쉽고 뒷면까지 통과하기 어렵다.

45 모재 두께가 다른 경우에 전극의 과열을 피하기 위하여 전류를 단속하여 용접하는 점 용접법은?

① 맥동 점 용접   ② 단극식 점 용접
③ 인터랙 점 용접 ④ 다전극 점 용접

46 U형, H형의 용접홈을 가공하기 위하여 슬로우 다이버전트로 설계된 팁을 사용하여 깊은 홈을 파내는 가공법은?

① 스카핑   ② 수중 절단
③ 가스 가우징 ④ 산소창 절단

해설 가스 가우징 : 가우징 토치를 사용하여 홈을 파는 작업

47 피복제 중에 석회석이나 형석을 주성분으로 사용한 것으로 용착금속 중의 수소 함유량이 다른 용접봉에 비해 약 1/10 정도로 현저하게 적은 피복 아크 용접봉은?

① E4301   ② E4311
③ E4313   ④ E4316

해설 ① : 일미나이트계, ② : 고셀룰로스계
③ : 고산화티탄계

48 일반적인 가동 철심형 교류 아크 용접기의 특성으로 틀린 것은?

① 미세한 전류 조정이 가능하다.
② 광범위한 전류 조정이 어렵다.
③ 조작이 간단하고 원격 제어가 된다.
④ 가동철심으로 누설자속을 가감하여 전류를 조정한다.

해설 가동 철심형 : 장점은 전류를 연속적으로 세부 조정할 수 있으며, 구조가 간단하고, 가격이 싸며, 보수 점검이 쉽다. 단점은 철심의 진동에 의한 소음이 있으며, 중간 이상 가동 철심을 빼내면 아크가 불안정하다.
③은 가포화 리액터형 교류 아크 용접기의 특성이다.

49 자동 및 반자동 용접이 수동 아크 용접에 비하여 우수한 점이 아닌 것은?

① 용입이 깊다.
② 와이어 송급 속도가 빠르다.
③ 위보기 용접자세에 적합하다.
④ 용착금속의 기계적 성질이 우수하다.

해설 대체로 자동용접(서브머지드 아크 용접 등)은 위보기 자세는 불가능하거나 어렵다.

정답 43 ① 44 ② 45 ① 46 ③ 47 ④ 48 ③ 49 ③

50 산소-아세틸렌가스 용접의 특징으로 틀린 것은?

① 용접 변형이 적어 후판 용접에 적합하다.
② 아크 용접에 비해서 불꽃의 온도가 낮다.
③ 열 집중성이 나빠서 효율적인 용접이 어렵다.
④ 폭발의 위험성이 크고 금속이 탄화 및 산화될 가능성이 많다.

해설 가스 용접의 특징
- 전원 설비가 없는 곳에서 사용할 수 있고 설치 비용이 싸다.
- 열량 조절이 비교적 자유로워 박판 용접에 적당하다.
- 아크 용접에 비해 유해 광선의 발생이 적다
- 용접 금속의 응용 범위가 넓으며, 운반이 편리하다.
①은 아크 용접의 특징에 해당된다.

51 다음 용접자세의 기호 중 수평자세를 나타낸 것은?

① F   ② H
③ V   ④ O

해설 F : 아래보기 자세(Flat position)
H : 수평자세(Horizontal position)
V : 수직자세(Vertical position)
O : 위보기자세(Overhead position)

52 가스용접에서 탄산나트륨 15%, 붕사 15%, 중탄산나트륨 70%가 혼합된 용제는 어떤 금속 용접에 가장 적합한가?

① 주철   ② 연강
③ 알루미늄   ④ 구리합금

해설 연강 : 거의 사용하지 않음
알루미늄 : 염화칼륨, 염화나트륨, 염화리튬

53 탄산가스 아크 용접에 대한 설명으로 틀린 것은?

① 전자세 용접이 가능하다.
② 가시 아크이므로 시공이 편리하다.
③ 용접전류의 밀도가 낮아 용입이 얕다.
④ 용착금속의 기계적, 야금적 성질이 우수하다.

해설 탄산가스 아크 용접(CO_2 용접)법은 전류 밀도가 높아 용입이 깊다.

54 다음 중 압접에 해당하는 것은?

① 전자빔 용접
② 초음파 용접
③ 피복 아크 용접
④ 일렉트로 슬래그 용접

해설 ①, ③, ④는 융접에 속한다.

55 피복 아크 용접봉의 피복 배합제 중 아크 안정제에 속하지 않는 것은?

① 석회석   ② 마그네슘
③ 규산칼륨   ④ 산화티탄

해설 알루미늄, 마그네슘은 탈산제이다.

56 가스용접에서 가변압식 토치의 팁(B형) 250번을 사용하여 표준불꽃으로 용접하였을 때의 설명으로 옳은 것은?

① 독일식 토치의 팁을 사용한 것이다.
② 용접 가능한 판 두께가 250mm이다.
③ 1시간 동안에 산소 소비량이 25리터이다.
④ 1시간 동안에 아세틸렌가스의 소비량이 250리터이다.

정답 50 ① 51 ② 52 ① 53 ③ 54 ② 55 ② 56 ④

해설 프랑스식 토치 : B형 토치 또는 가변압식 토치라고도 한다.

57 용접 입열이 20000J/cm, 아크 전압이 40V, 용접 속도가 20cm/min으로 용접했을 때 아크 전류는 얼마인가?

① 약 167A ② 약 180A
③ 약 192A ④ 약 200A

해설 $H = \dfrac{60EI}{V}$, $60EI = HV$, $I = \dfrac{HV}{60E}$

$I = \dfrac{20000 \times 20}{60 \times 40} = 166.7$

58 불활성가스 텅스텐 아크용접에서 전극을 모재에 접촉시키지 않아도 아크 발생이 되는 이유로 가장 적합한 것은?

① 전압을 높게 하기 때문에
② 텅스텐의 작용으로 인해서
③ 아크 안정제를 사용하기 때문에
④ 고주파 발생장치를 사용하기 때문에

해설 고주파 발생 장치 : 상용 주파의 아크 전류에 고전압(2000~3000V)의 고주파(300~1000kc)를 중첩하는 장치

59 연강용 피복 아크 용접봉의 종류에서 E4303 용접봉의 피복제 계통은?

① 특수계 ② 저수소계
③ 일루미나이트계 ④ 라임티타니아계

해설 라임티타니아계(E4303)
- 주성분 : 산화티탄을 30% 이상, 석회석을 포함한 슬래그 생성계이다.
- 특성 : 슬래그의 유동성이 좋고, 비드 외관이 깨끗하고 언더컷이 적다. 슬래그 제거가 쉽고 용입이 얕다(피복제는 두껍다).
- 용도 : 기계, 차량, 일반 강재의 박판 용접에 적합하다

60 용접 작업자의 전기적 재해를 줄이기 위한 방법으로 틀린 것은?

① 절연상태를 확인한 후에 사용한다.
② 용접 안전보호구를 완전히 착용한다.
③ 무부하 전압이 낮은 용접기를 사용한다.
④ 직류 용접기보다 교류 용접기를 많이 사용한다.

해설 교류 용접기의 무부하 전압이 70~80V인데 비해 직류 용접기의 무부하 전압은 40~60V로 낮기 때문에 감전의 위험이 교류가 더 크다.

정답 57 ① 58 ④ 59 ④ 60 ④

2018 제1회 용접산업기사 최근 기출문제

2018년 3월 4일 시행

제1과목 용접야금 및 용접설비 제도

01 킬드강(killed steel)을 제조할 때 탈산작용을 하는 가장 적합한 원소는?

① P   ② S
③ Ar   ④ Si

해설 탈산제는 Fe-Si, Fe-Mn, Fe-Ti 등의 모합금을 만들어 탈산제로 사용된다.

02 탄소와 질소를 동시에 강의 표면에 침투, 확산시켜 강의 표면을 경화시키는 방법은?

① 침투법   ② 질화법
③ 침탄 질화법   ④ 고주파 담금질

해설 침탄 질화법을 침질이라고도 한다. 액체 침탄법에서 850℃ 이상에서는 대체로 침탄이, 600~750℃에서는 침탄-질화가, 500~600℃에서는 주로 질화가 일어난다.

03 슬래그를 구성하는 산화물 중 산성 산화물에 속하는 것은?

① FeO   ② SiO₂
③ TiO₂   ④ Fe₂O₃

해설 ①, ③, ④는 중성 내지 염기성 산화물에 해당된다.

04 스테인리스강 중 내식성, 내열성, 용접성이 우수하며 대표적인 조성이 18Cr-8Ni인 계통은?

① 페라이트계   ② 소르바이트계
③ 마텐사이트계   ④ 오스테나이트계

해설 스테인리스강은 조직에 따라 ①, ③, ④ 그리고 석출 경화계, 듀플러스가 있으며, ①, ③은 Ni가 거의 없으며, 마텐사이트계는 탄소 함유량이 높아 열처리가 가능한 스테인리스강이나 용접성은 나쁘다.

05 다음 중 용착금속의 샤르피 흡수 에너지를 가장 높게 할 수 있는 용접봉은?

① E4303   ② E4311
③ E4316   ④ E4327

해설 E4316, E5016(AWS E7016)은 저수소계로서 내균열성이 가장 높은 봉이다.

06 일반적인 금속의 결정격자 중 전연성이 가장 큰 것은?

① 면심입방격자   ② 체심입방격자
③ 조밀육방격자   ④ 체심정방격자

해설 면심입방격자에 해당되는 금속은 Au, Ag, Al, Cu Ni, γ철 등 전연성이 풍부하며 전기와 열이 잘 전달되는 금속에 해당되며, 체심입방격자는 Cr, Mo, W, V, α철, δ철 등 경도와 강도가 높고 전연성이 낮은 금속에 해당된다.

정답 01 ④ 02 ③ 03 ② 04 ④ 05 ③ 06 ①

07 저온균열의 발생에 관한 내용으로 옳은 것은?

① 용융금속의 응고 직후에 일어난다.
② 오스테나이트계 스테인리스강에서 자주 발생한다.
③ 용접금속이 약 300℃ 이하로 냉각되었을 때 발생한다.
④ 입계가 충분히 고상화되지 못한 상태에서 응력이 작용하여 발생한다.

해설 ①, ④는 고온 균열에 해당되며, ②는 주로 입계부식 균열이 잘 일어난다.

08 연강을 0℃ 이하에서 용접할 경우 예열하는 요령으로 옳은 것은?

① 연강은 예열이 필요없다.
② 용접 이음부를 약 500~600℃로 예열한다.
③ 용접 이음부의 홈 안을 700℃ 전후로 예열한다.
④ 용접 이음의 양쪽 폭 100mm 정도를 40~75℃로 예열한다.

해설 연강 중 두께가 25mm 이상의 것을 0℃ 이하에서 용접할 경우 ④와 같이 예열한 후 용접해야 된다.

09 Fe-C 합금에서 6.67%를 함유하는 탄화철의 조직은?

① 페라이트 ② 시멘타이트
③ 오스테나이트 ④ 트루스타이트

해설 시멘타이트는 금속간 화합물의 일종으로 Fe_3C로 나타내며, HB 800 연신률 0, 인장강도 $3.5kgf/mm^2$ 정도로 경취한 조직이다.

10 일반적인 피복 아크 용접봉의 편심률은 몇 % 이내인가?

① 3%   ② 4%
③ 10% ④ 10%

11 다음은 KS 기계제도의 모양에 따른 선의 종류를 설명한 것이다. 틀린 것은?

① 실선 : 연속적으로 이어진 선
② 파선 : 짧은 선을 불규칙한 간격으로 나열한 선
③ 일점쇄선 : 길고 짧은 두 종류의 선을 번갈아 나열한 선
④ 이점쇄선 : 실선과 두개의 짧은 선을 번갈아 나열한 선

해설 파선 : 짧은 선을 규칙적인 간격으로 나열한 선

12 전개도법에서 원뿔, 각뿔의 전개에 가장 적합한 것은?

① 평행 전개법 ② 정다각형의 연속
③ 삼각 전개법 ④ 방사 전개법

13 기어나 체인의 피치선 등은 어느 선으로 표시하는가?

① 굵은 일점 쇄선 ② 가는 이점 쇄선
③ 가는 실선   ④ 가는 일점 쇄선

해설 가는 일점 쇄선은 중심선, 피치선 등의 표시에 사용된다.

14 투상도를 나타내는 방법 중 목적, 외관 등에 따라 나타낸 투상법의 종류가 아닌 것은?

① 정면도법 ② 사투상법

정답 07 ③ 08 ④ 09 ② 10 ① 11 ② 12 ④ 13 ④ 14 ①

③ 투시도법　　④ 정투상법

해설 정면도법은 없으며 정투상법에서 물체의 주요면을 입화면에 그린 것을 정면도라 한다.

15 지름이 같은 원기둥과 원기둥이 직각으로 만날 때의 상관선은 어떻게 나타내는가?
① 직선　　② 현
③ 곡선　　④ 불규칙한 곡선

16 다음 용접자세 중 수직 자세를 나타내는 것은?
① F　　② O
③ V　　④ H

해설 F : Flat Posion(아래보기 자세), O : Overhead Posion(위보기 자세), H : Horizontal Posion (수평자세)

17 제도에서 사용되는 선의 종류 중 가는 2점 쇄선의 용도를 바르게 나타낸 것은? ★★
① 대상물의 실제 보이는 부분을 나타낸다.
② 도형의 중심선을 간략하게 나타내는데 쓰인다.
③ 가공 전 또는 가공 후의 모양을 표시하는데 쓰인다.
④ 특수한 가공을 하는 부분 등 특별한 요구사항을 적용할 수 있는 범위를 표시하는데 쓰인다.

해설 ① : 외형선, ② : 중심선, ④ : 굵은 1점 쇄선

18 다음 중 얇은 부분의 단면도를 도시할 때 사용하는 선은?
① 가는 실선　　② 가는 파선
③ 가는 1점쇄선　　④ 아주 굵은 실선

해설 얇은 판과 판 사이는 아주 굵은 실선의 사이를 조금 띄어 겹쳐지게 그린다.

19 상, 하 또는 좌, 우 대칭인 물체의 중심선을 기준으로 내부와 외부 모양을 동시에 표시하는 단면도는?
① 온 단면도　　② 한쪽 단면도
③ 계단 단면도　　④ 부분 단면도

해설 물체의 1/4만 절단한 모양을 도면으로 나타낼 때 한쪽(수평 중심선의 경우 위)에 단면을 아래는 외형을 나타내는 단면도이며 전에는 반단면도라고 했었다.

20 선의 용도 중 가는 실선을 사용하지 않는 선은? ★★★
① 치수선　　② 지시선
③ 숨은선　　④ 치수보조선

해설 숨은선은 파선을 사용하여 보이지 않은 부분을 나타낸다.
제도에서 선의 종류와 용도
- 실선 : 굵은 실선 : 외형선
- 가는 실선 ; 지시선, 해칭선, 치수보조선, 치수선
- 파선 : 2~4mm 길이로 그리고 1mm 정도 띄어 그리는 선, 숨은선
- 쇄선 : 1점 쇄선 ; 중심선, 피치선
- 2점 쇄선 : 가상선

정답　15 ①　16 ③　17 ④　18 ④　19 ②　20 ③

제2과목 용접구조설계

21 응력제거 풀림의 효과에 대한 설명으로 틀린 것은?

① 치수 틀림의 방지
② 충격저항의 감소
③ 크리프 강도의 향상
④ 열영향부의 템퍼링 연화

해설 응력제거 풀림을 하면 충격저항도 증가하는 경향이 있다.

22 용접변형의 일반적 특성에서 홈 용접시 용접진행에 따라 홈 간격이 넓어지거나 좁아지는 변형은?

① 종 변형   ② 횡 변형
③ 각 변형   ④ 회전 변형

해설
- 회전 변형 : 맞대기 이음에서 용접 진행에 따라 간격이 벌어지거나(높은 전류로 용접 속도가 빠른 경우), 좁아지는(피복아크용접과 같이 전류가 낮고 용접속도가 늦은 경우) 변형
- 가로 굽힘(각 변형) : 용접시 온도분포가 판두께 방향으로 불균일인 경우, 용접선의 곳에서 판이 꺾여 굽은 것 같이 되는 변형

23 다음은 용접 전 일반적인 준비 사항이다. 틀린 것은?

① 용접기의 선택   ② 모재 재질의 확인
③ 용접 비드 검사   ④ 용접봉의 선택

해설 용접 준비 사항에는 일반 준비 사항과 이음 준비 사항으로 구분할 수 있다. 일반 준비사항에는 ①, ②, ④ 외에 지그의 결정, 용접공 선임 등이며, 용접 비드 검사는 용접 중의 검사이다.

24 어떤 용접 구조물을 시공할 때 용접봉이 0.2톤이 소모되었는데 170kgf의 용착금속 중량이 산출되었다면 용착효율은 몇 %인가?

① 7.6   ② 8.5
③ 76   ④ 85

해설 용착효율 $= \dfrac{\text{용착금속 중량}}{\text{용접봉 소모량}} \times 100$

$= \dfrac{170}{200} \times 100 = 85$

25 용접구조물에서 파괴 및 손상의 원인으로 가장 거리가 먼 것은?

① 재료 불량   ② 포장 불량
③ 설계 불량   ④ 시공 불량

26 맞대기 용접시에 사용되는 엔드탭(end tap)에 대한 설명으로 틀린 것은? ★★★

① 모재와 다른 재질을 사용해야 한다.
② 용접 시작부와 끝부분의 결함을 방지한다.
③ 모재와 같은 두께와 홈을 만들어 사용한다.
④ 용접시작부와 끝부분에 가접한 후 용접한다.

해설 앤드 탭(end tab) : 강구조물의 용접 시공시에 임시로 부착하는 강판. 맞대기 용접 등을 할 때 모재의 용접선 연장상에 부착하는 모재와 동일한(같은) 재질과 홈의 형상을 가져야 하며, 용접 시점과 종점에 생기기 쉬운 결함 방지를 위한 것으로, 용접 후 제거하고 다듬질해야 된다.

정답 21 ② 22 ④ 23 ③ 24 ④ 25 ② 26 ①

27 인장 시험기로 인장·파단하여 측정할 수 없는 것은?

① 연신률　　② 인장강도
③ 굽힘응력　④ 단면 수축률

해설 굽힘응력은 굽힘 강도시험을 통해 구할 수 있다.

28 아래 그림과 같은 필릿 용접부의 종류는?

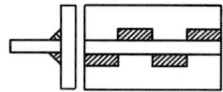

① 연속 필릿 용접
② 단속 병렬 필릿 용접
③ 연속 병렬 필릿 용접
④ 단속 지그재그 필릿 용접

29 용접 시점이나 종점 부분의 결함을 줄이는 설계 방법으로 가장 거리가 먼 것은?

① 주부재와 2차 부재를 전둘레 용접하는 경우 틈새를 10mm정도로 둔다.
② 용접부의 끝단에 돌출부를 주어 용접한 후 엔드 탭(end tap)은 제거한다.
③ 양면에서 용접 후 다리길이 끝에 응력이 집중되지 않게 라운딩을 준다.
④ 엔드 탭(end tap)을 붙이지 않고 한 면에 V형 홈으로 만들어 용접 후 라운딩한다.

해설 주부재와 2차 부재를 전둘레 용접하는 경우 틈사이를 3mm 정도로 두어야 된다. 10mm 정도 두면 뒷받침없이 용접시 용락과, 치수오차, 불필요 용가재와 용접시간, 인건비가 소요되며 변형이 커지게 된다.

30 용접구조 설계시 주의 사항으로 틀린 것은?

① 용접 이음의 집중, 접근 및 교차를 피한다.
② 리벳과 용접의 혼용 시에는 충분히 주의를 한다.
③ 용착금속은 가능한 다듬질 부분에 포함되게 한다.
④ 후판 용접의 경우 용입이 깊은 용접법을 이용하여 층수를 줄인다.

31 T이음 등에서 강의 내부에 강판 표면과 평행하게 층상으로 발생되는 균열로 주요원인이 모재의 비금속 개재물인 것은?

① 토 균열　　② 재열 균열
③ 루트 균열　④ 라멜라 테어

32 다음 중 용접용 공구가 아닌 것은?

① 앞치마　　② 치핑 해머
③ 용접집게　④ 와이어브러시

33 모세관 현상을 이용하여 표면 결함을 검사하는 것은?

① 육안 검사　② 침투검사
③ 자분검사　④ 전자기적 검사

34 용착률이 60%이고 용접봉의 사용률이 95%인 연강 피복 아크용접에서 용접봉 가격은 얼마인가? (단, 용접봉 단가는 kgf 당 3,000원이다)

① 약 4,260원　② 약 5,260원
③ 약 6,260원　④ 약 7,260원

해설 1kgf의 용착금속량을 얻는데 필요한 용접봉 가격

$$= \frac{1}{용접봉사용률 \times 용착률} \times 용접봉단가$$

$$= \frac{1}{0.95 \times 0.6} \times 3{,}000 = 5{,}263원$$

35 일반 강재의 경우 정하중일 때 허용 응력은 어느 정도인가?

① 인장 강도의 1/4값
② 인장 강도의 1/3값
③ 인장 강도의 1/2값
④ 인장 강도의 1/5값

36 본 용접의 용착법에서 용접방향에 따른 비드 배치법에 해당되는 것은?

① 스톱홀법 ② 스킵법
③ 극간법   ④ 펄스법

해설 용접 방향에 따른 용착법에는 스킵법, 전진법, 후진법, 후퇴법, 교차법, 대칭법 등이 있다.

37 용접부 윗면이나 아래면이 모재의 표면보다 낮게 되는 것으로 용접사가 충분히 용착금속을 채우지 못하였을 때 생기는 결함은?

① 오버랩   ② 언더필
③ 스패터   ④ 아크 스트라이크

해설 언더 컷과 언더 필의 차이
- 언더 컷 : 과대 전류, 운봉 불량 등으로 비드와 모재 경계선이 오목하게 패인 현상
- 언더 필 : 용가재를 충분하게 채우지 못했을 때 비드 표면이 모재보다 낮은 현상

38 다음 중 용착금속 내부에 발생된 기공을 검출하는데 가장 적합한 검사법은?

① 누설 검사   ② 육안 검사
③ 침투 탐상 검사 ④ 방사선 투과 검사

해설 ①은 용기의 누설 여부를, ②, ③은 표면에 있는 결함 검사의 일종이다.

39 용접 이음부의 형태를 설계할 때 고려하여야 할 사항으로 틀린 것은?

① 최대한 깊은 홈을 설계한다.
② 적당한 루트간격과 홈각도를 선택한다.
③ 용착 금속량이 적게 되는 이음모양을 선택한다.
④ 용접봉이 쉽게 접근되도록 하여 용접하기 쉽게 한다.

40 판두께 8mm를 아래보기 자세로 15m, 판두께 15mm를 수직자세로 8m 맞대기 용접하였다. 이때 환산 용접길이는 얼마인가? (단, 아래보기 맞대기 용접의 환산계수는 1.32이고, 수직 맞대기 용접의 환산계수는 4.32이다.) ★★

① 44.28m   ② 48.56m
③ 54.36m   ④ 61.24m

해설 환산 용접장(길이) = 용접길이 × 환산계수
= 15×1.32+8×4.32
= 54.36m

정답 35 ① 36 ② 37 ② 38 ④ 39 ① 40 ③

제3과목 용접일반 및 안전관리

41 가스용접에서 압력 조정기(pressure regulator)의 구비조건으로 틀린 것은? ★★

① 동작이 예민해야 한다.
② 빙결하지 않아야 한다.
③ 조정압력과 방출압력 과의 차이가 커야 한다.
④ 조정압력은 용기 내의 가스량이 변화하여도 항상 일정해야 한다.

해설 조정 압력과 방출 압력과의 차는 같아야 된다.

42 실드 가스로서 주로 탄산가스를 사용하여 용융부를 보호하고 탄산가스 분위기 속에서 아크를 발생시켜 그 아크 열로 모재를 용융시켜 용접하는 방법은? ★★★

① 실드 용접
② 테르밋 용접
③ 전자 빔 용접
④ 일렉트로 가스 아크 용접

해설 일렉트로 가스 아크 용접 : 수냉 동판으로 용접 부위를 둘러싸고 그 안에 CO_2 가스 분위기 속에서 복합 와이어를 송급하여 와이어 끝과 모재 간에 발생하는 아크에 의해 용접하는 방법

43 용접기의 아크 발생시간을 6분, 휴식시간을 4분이라 할 때 용접기의 사용률은 몇 %인가? ★★★

① 20 ② 40
③ 60 ④ 80

해설 사용률은 아크 시간과 휴식 시간을 합한 전체 시간을 10분을 기준으로 하며 아크 발생 시간이 사용률이 된다.

사용율 = $\frac{6}{6+4} \times 100 = 60$

44 LP 가스 취급 시 화재 사고를 예방하는 대책을 설명한 것 중 틀린 것은?

① 용기의 설치는 가급적 옥외에 설치한다.
② 용기는 직사일광의 차단이나 낙하물에 의한 손상을 방지하기 위하여 상부에 덮개를 한다.
③ 옥외의 용기로부터 옥내의 장소까지는 금속 고정 배관으로 하고, 고무 호스의 사용 부분은 될 수 있는 대로 길게 한다.
④ 연소 기구 주위의 가연물과 충분한 거리를 둔다.

해설 호스는 가급적 짧게 해야 하나 용기와 화기 사이는 최소 5m 이상 유지해야 된다.

45 TIG 용접시 직류 정극성을 사용하여 용접하면 비드 모양은 어떻게 되는가?

① 극성은 비드와는 관계없다.
② 비드 폭이 역극성과 같아진다.
③ 비드 폭이 역극성보다 좁아진다.
④ 비드 폭이 역극성보다 넓어진다.

해설 직류 정극성은 역극성보다 비드 폭은 좁고 용입이 깊어진다.

정답 41 ③ 42 ④ 43 ③ 44 ③ 45 ③

46 용접법의 분류에서 경납땜의 종류가 아닌 것은?

① 가스 납땜 ② 마찰 납땜
③ 노내 납땜 ④ 저항 납땜

해설 납땜법에 마찰 납땜법은 없다.

47 용접 작업에서 전격의 방지대책으로 틀린 것은?

① 무부하 전압이 높은 용접기를 사용한다.
② 작업을 중단하거나 완료시 전원을 차단한다.
③ 안전 홀더 및 완전 절연된 보호구를 착용한다.
④ 습기 찬 작업복 및 장갑 등을 착용하지 않는다.

해설 용접기의 무부하 전압이 높으면 높을수록 감전의 위험이 커진다.

48 가스 용접봉에 관한 내용으로 틀린 것은?

① 용접봉을 용가재라고도 한다.
② 인이나 황의 성분이 많아야 한다.
③ 용융온도가 모재와 동일하여야 한다.
④ 가능한 모재와 같은 재질이어야 한다.

해설 일반적인 탄소강에서 인은 상온취성을, 황은 고온(적열)취성의 원인이 되는 원소이므로 최소한 적게 함유해야 된다.

49 불활성 가스 텅스텐 아크 용접에서 일반 교류 전원을 사용하지 않고 고주파 교류 전원을 사용할 때의 장점으로 틀린 것은?

① 텅스텐 전극의 수명이 길어진다.
② 텅스텐 전극봉이 많은 열을 받는다.
③ 전극봉을 모재에 접촉시키지 않아도 아크가 발생한다.
④ 아크가 안정되어 작업 중 아크가 약간 길어져도 끊어지지 않는다.

50 다음 용착법 중 각 층마다 전체의 길이를 용접하면서 쌓아 올리는 다층 용착법은?

① 스킵법 ② 대칭법
③ 빌드업법 ④ 캐스케이드법

해설 일반적으로 전체 용접 길이를 한층 한층 쌓아 올리는 법을 빌드업법이라 한다.

51 불활성 가스 금속 아크 용접의 특징으로 틀린 것은?

① 가시 아크이므로 시공이 편리하다.
② 전류밀도가 낮기 때문에 용입이 얕고, 용접 재료의 손실이 크다.
③ 바람이 부는 옥외에서는 별도의 방풍장치를 설치하여야 한다.
④ 용접 토치가 용접부에 접근하기 곤란한 조건에서는 용접이 불가능한 경우가 있다.

해설 불활성 가스 금속 아크 용접은 불활성 가스 텅스텐 아크 용접이나 피복 아크 용접보다 전류 밀도가 높아 용입이 깊고 열 효율이 좋다.

정답 46 ② 47 ① 48 ② 49 ② 50 ③ 51 ②

52 CO_2 가스 아크 용접에 대한 설명으로 틀린 것은?

① 전류밀도가 높아 용입이 깊고, 용접속도를 빠르게 할 수 있다.
② 용접장치, 용접전원 등 장치로서는 MIG용접과 같은 점이 많다.
③ CO_2 가스 아크 용접에서는 탈산제로 Mn 및 Si를 포함한 용접 와이어를 사용한다.
④ CO_2 가스 아크 용접에서는 보호가스로 CO_2에 다량의 수소를 혼합한 것을 사용한다.

해설 철강 용접부에 특별한 경우가 아니면 수소 취성 우려가 크기 때문에 수소를 보호가스로 사용하지 않는다.

53 다음 중 전류 밀도 계산식으로 맞는 것은?

① $\dfrac{용접\ 전압}{용접\ 전류}$ ② $\dfrac{용접\ 전류}{전극의\ 길이}$
③ $\dfrac{전극의\ 단면적}{용접\ 전류}$ ④ $\dfrac{용접\ 전류}{전극의\ 단면적}$

54 아크 에어 가우징에 대한 설명으로 틀린 것은?

① 가우징봉은 탄소 전극봉을 사용한다.
② 가스 가우징보다 작업능률이 2~3배 높다.
③ 용접 결함부 제거 및 홈의 가공 등에 이용된다.
④ 사용하는 압축공기의 압력은 20kgf/cm² 정도가 좋다.

해설 가우징 사용압력은 5~7kgf/cm² 정도가 좋다.

55 다음은 전기 저항 용접법의 일반 원리이다. 틀린 것은?

① 높은 전압의 대전류를 필요로 하는 것은 가열 부분의 금속의 저항이 작기 때문이다.
② 가열에 필요한 전류는 두께에 따라 2000A에서 수만 또는 수십만 A에 이른다.
③ 적당한 기계적 압력과 전류 통전 후 발생되는 저항열을 이용한 용접법이다.
④ 전류를 통하는 시간은 5~40Hz 정도의 매우 짧은 시간이 좋다.

해설 전기 저항 용접은 가열 부분의 금속의 저항이 작기 때문에 대전류가 필요하지만 전압은 매우 낮아 10V 이하이다.

56 저수소계 용접봉이 피복제에 30~35% 정도의 철분을 첨가한 것으로서 용착 속도가 크고 작업 능률이 좋은 용접봉은?

① E4226   ② E4313
③ E4324   ④ E4327

해설 용접 기호 표시에서 끝에서 2글자는 피복제 계통을 의미하고 있으나 더 세분하면 맨끝자는 피복제의 종류를 두번째 글자는 용접자세를 의미한다. 0, 1은 전자세를, 2는 아래보기 내지 수평 필릿을 뜻하며 피복제로 철분을 다량 함유한 종류가 여기에 속한다.

57 아크 용접과 가스용접을 비교할 때 일반적인 가스용접의 특징으로 옳은 것은?

① 아크 용접에 비해 불꽃의 온도가 높다.
② 열 집중성이 좋아 효율적인 용접이 된다.
③ 금속이 탄화 및 산화될 가능성이 많다.
④ 아크용접에 비해서 유해광선의 발생이 많다.

해설 가스 용접은 아크 용접에 비해 불꽃 온도가 낮고 열 집중성이 나쁘며 유해 광선이 적다.

58 아크의 강한 열에 의하여 용접봉이 녹아 물방울처럼 떨어지는 것을 무엇이라고 하는가?

① 용접금속(weld metal)
② 용적(droplet)
③ 용입(penetration)
④ 용접변 끝(toe of weld)

59 공업용 아세틸렌 가스 용기의 색상은?

① 황색   ② 녹색
③ 백색   ④ 주황색

해설 산소용기 : 녹색, 수소용기 : 수황색

60 피복 아크 용접 작업에서 아크 쏠림의 방지 대책으로 틀린 것은?

① 짧은 아크를 사용할 것
② 직류용접 대신 교류용접을 사용할 것
③ 용접봉 끝을 아크쏠림 반대방향으로 기울일 것
④ 접지점을 될 수 있는 대로 용접부에 가까이 할 것

해설
• 아크 쏠림 방지 : 큰 가접부나 이미 용접이 끝난 용착부를 향하여 용접한다.
• 용접 시점과 끝에 앤드탭을 사용하며, 용접부가 긴 경우 후퇴법으로 한다.
• 접지점을 가능한 한 용접부에서 멀리하며, 접지점 2개를 연결한다.

정답 57 ③ 58 ② 59 ① 60 ④

2018 제2회 용접산업기사 최근 기출문제

2018년 4월 28일 시행

제1과목 ▶ 용접야금 및 용접설비 제도

01 풀림의 방법에 속하지 않는 것은?
① 질화 ② 항온
③ 완전 ④ 구상화

해설 풀림 방법 : 항온 풀림, 완전 풀림, 구상화 풀림, 응력제거 풀림 등, 질화는 강에 질소를 침투시켜 질화시키는 표면 경화법의 일종이다.

02 Fe-C 평형 상태도에 없는 반응은?
① 편정 반응 ② 공정 반응
③ 공석 반응 ④ 포정 반응

해설 편정 반응 : 기름과 물과의 반응, Fe-C, 상태도 상에서는 없는 반응이다.

03 강에 함유된 원소 중 강의 담금질 효과를 증대시키며, 고온에서 결정립 성장을 억제시키는 것은?
① 황 ② 크롬
③ 탄소 ④ 망간

해설 망간 : 탄소 다음으로 중요한 원소, 탈산제로 작용하며, 강도, 경도, 인성, 점성, 담금질성을 증가시키며, 연성 감소, 황과 MnS로 결합되어 슬래그화로 고온 메짐을 방지하며, 주조성을 좋게 한다.

04 γ 고용체와 α 고용체에서 나타나는 조직은? ★★
① γ 고용체 = 페라이트 조직
  α 고용체 = 오스테나이트 조직
② γ 고용체 = 페라이트 조직
  α 고용체 = 시멘타이트 조직
③ γ 고용체 = 시멘타이트 조직
  α 고용체 = 페라이트 조직
④ γ 고용체 = 오스테나이트 조직
  α 고용체 = 페라이트 조직

해설 α 고용체 : 체심입방격자이며, 페라이트 조직, γ 고용체 : 면심입방격자이며, 오스테나이트 조직임

05 마텐사이트계 스테인리스강은 지연 균열 감수성이 높다. 이를 방지하기 위한 적정한 예열 온도 범위는?
① 100~200℃ ② 200~400℃
③ 400~500℃ ④ 500~650℃

06 일반적으로 탄소의 함유량이 0.025~0.8% 사이의 강을 무슨 강이라 하는가?
① 공석강 ② 공정강
③ 아공석강 ④ 과공석강

해설 0.8(0.85%)C 강 : 공석강, 0.8%C 이상 : 과공석강

정답 01 ① 02 ① 03 ④ 04 ④ 05 ② 06 ③

07 다음 중 강의 5원소에 포함되지 않는 것은?

① P ② S
③ Cr ④ Mn

해설 철강(탄소강, 주철)의 5원소 : C, Si, Mn, P, S

08 비드 밑 균열에 대한 설명으로 틀린 것은?

① 주로 200℃ 이하 저온에서 발생한다.
② 용착 금속 속의 확산성 수소에 의해 발생한다.
③ 오스테나이트에서 마텐사이트 변태시 발생한다.
④ 담금질 경화성이 약한 재료를 용접했을 때 발생하기 쉽다.

해설 담금질 경화성이 클수록 비드 밑 균열이 생기기 쉽다.

09 다음 그림은 어느 용착법인가?

① 전진법 ② 후진법
③ 대칭법 ④ 비석법

10 다음 중 탈황을 촉진하기 위한 조건으로 틀린 것은?

① 비교적 고온이어야 한다.
② 슬래그의 염기도가 낮아야 한다.
③ 슬래그의 유동성이 좋아야 한다.
④ 슬래그 중의 산화철분 함유량이 낮아야 한다.

해설 피복제의 염기도가 높을수록 내균열성이 높아진다.

11 도면에서 해칭을 하는 경우는?

① 단면도의 절단된 부분을 나타낼 때
② 움직이는 부분을 나타내고자 할 때
③ 회전하는 물체를 나타내고자 할 대
④ 대상물의 보이는 부분을 표시할 때

12 도면의 양식 및 도면 접기에 대한 설명 중 틀린 것은?

① 척도는 도면의 표제란에 기입한다.
② 복사한 도면을 접을 때, 그 크기는 원칙적으로 210mm×297mm(A4)의 크기로 한다.
③ 도면의 중심 마크는 사용하기 편리한 크기와 양식으로 임의의 위치에 설치한다.
④ 도면의 크기 치수에 따라 굵기 0.5mm 이상의 실선으로 윤곽선을 그린다.

13 다음 도면의 KS 용접 기호를 옳게 설명한 것은?

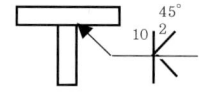

① J형 용접으로 홈의 각도 45° 루트 간격 2mm, 홈의 깊이는 10mm이다.
② H형 용접으로 홈의 각도 45° 루트 간격 0mm, 홈의 깊이는 2mm이다.
③ K형 용접으로 홈의 각도 45° 루트 간격 2mm, 홈의 깊이는 10mm이다.
④ K형 용접으로 홈의 각도 45° 루트 간격 10mm, 홈의 깊이는 2mm이다.

정답 07 ③ 08 ④ 09 ② 10 ② 11 ① 12 ③ 13 ③ 14 ②

14 도형 내의 특정한 부분이 평면이라는 것을 표시할 경우 맞는 기입 방법은?

① 은선으로 대각선을 기입
② 가는 실선으로 대각선을 기입
③ 가는 1점 쇄선으로 사각형을 기입
④ 가는 2점 쇄선으로 대각선을 기입

해설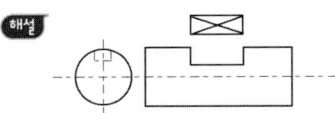

15 그림과 같은 선은 무슨 선이라고 하는가?

① 파단선 ② 가상선
③ 숨은선 ④ 절단선

16 다음 경사 방향으로 절단된 원뿔을 전개할 때 옳은 것은?

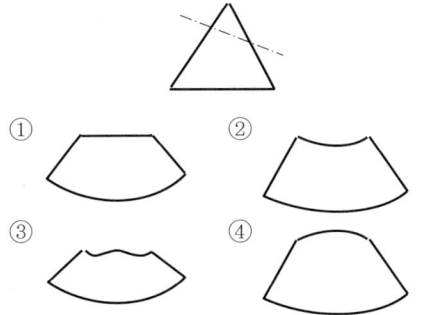

17 다음 용접기호 중 필릿 용접의 병렬 단속 용접을 나타내는 것은?

① 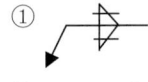 ②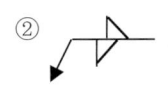
③  ④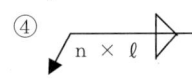

18 KS의 재료기호 중 'SPLT 390'은 어떤 재료를 의미하는가?

① 내열강판
② 저온 배관용 탄소 강관
③ 일반 구조용 탄소 강관
④ 보일러, 열 교환기용 합금강 강관

해설 배관재료기호 SPLT : 저온 배관용 탄소강관, SPHT : 고온 배관용 탄소강관, STLT : 저온 열교환기용 탄소강관, STR : 내열강판, SB : 일반 구조용 압연강재, STHA : 보일러,열 교환기용 합금강관
390 : 최저 인장강도가 $390N/mm^2$

19 그림과 같은 용접도시기호에 의하여 용접할 경우 설명으로 틀린 것은?

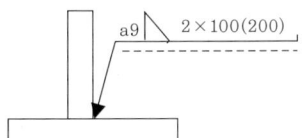

① 목두께는 9mm이다.
② 용접부의 개수는 2개이다.
③ 화살표 쪽에 필릿 용접한다.
④ 용접부 길이는 200mm이다.

해설 200 : 100mm 용접 비드 2개와의 사이가 200mm임을 나타냄, z9로 표시된 경우 목 길이(각장)을 의미함.

20 도면 관리에 필요한 사항과 도면 내용에 관한 중요한 사항을 정리하여 도면에 기입하는 것은?

① 표제란 ② 윤곽선
③ 중심 마크 ④ 비교 눈금

제2과목 용접구조설계

21 다음 중 용접부에서 방사선 투과 시험법으로 검출하기 가장 곤란한 결함은?

① 기공
② 용입 불량
③ 슬래그 섞임
④ 라미네이션 균열

해설 라미네이션 : 층상 결함의 일종으로 강괴에서 큰 기공이 압연 중에 압착되어 수평면상으로 압착된 층이 형성되어 있기에 방사선 투과 시험으로는 두께 차이가 나타나지 않기 때문에 나타나지 않는다. 초음파 탐상으로 검출이 가능하다.

22 다음 금속 중 열전도율이 가장 낮은 금속은?

① 연강
② 구리
③ 알루미늄
④ 18-8 스테인리스강

해설 열전도율 순서 : 구리 > 알루미늄 > 연강 > 18-8 스테인리스강

23 아크 용접시 용접이음의 용융부 밖에서 아크를 발생시킬 때 아크열에 의해 모재 표면에 생기는 결함은? ★★

① 은점(fish eye)
② 언더 컷(under cut)
③ 스케터링(scatttering)
④ 아크 스트라이크(arc strike)

해설 ④ : 피복 아크 용접봉으로 아크 발생시 모재에 긁어 내릴 때 스파크에 의해 모재에 나타난 자국, 이것도 중요한 부분에서는 미세하지만 응력 발생이 생기므로 많이 중복된 경우는 나쁜 영향을 미칠 수 있다.

24 다음 둥근 머리 리벳 중 공장 리벳 이음 작업을 나타낸 것은?

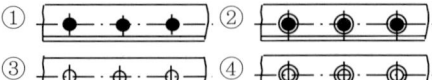

25 그라인더를 사용하여 용접부의 표면 비드를 모재의 표면 높이와 동일하게 잘 다듬질 하는 가장 큰 이유는?

① 용접부의 인성을 낮추기 위해
② 용접부의 잔류응력을 증가시키기 위해
③ 용접부의 응력 집중을 감소시키기 위해
④ 용접부의 내부 결함의 크기를 증대시키기 위해

해설 응력 집중은 급격한 단면 변화가 일어난 부분에 응력이 집중되는 현상이며, 가급적 단면 변화가 완만하게 하면 응력 집중도 적어진다.

26 용접 후 잔류응력이 남아있는 제품에 약간의 하중을 주어 소성변형을 일으켜 용접 잔류응력을 제거(완화)하는 방법은? ★★★

① 노내 풀림법
② 국부 풀림법
③ 저온 응력 완화법
④ 기계적 응력 완화법

해설 피닝법도 소성 변형을 주어 응력을 완화시키는 방법의 하나이다.

27 용접 모재의 뒤편을 강하게 받쳐 주어 구속에 의하여 변형을 억제하는 것은?

① 포지셔너
② 회전 지그
③ 스트롱 백
④ 메니 플레이터

정답 21 ④ 22 ④ 23 ④ 24 ③ 25 ③ 26 ④ 27 ④

해설 스트롱 백 : 필릿 이음과 리브 등이 겹치는 경우 리브의 용접부쪽을 오목하게 파주어 응력이 집중되지 않게 한다.

스캘럽

28 다음 중 용접부를 검사하는데 이용하는 비파괴 검사법이 아닌 것은?

① 누설 시험　　② 충격 시험
③ 침투 탐상법　④ 초음파 탐상법

해설 충격 시험은 재료의 인성 여부를 알아보는 기계적 파괴 시험의 일종이다.

29 잔류응력 측정법에는 정성적 방법과 정량적 방법이 있다. 다음 중 정성적 방법에 속하는 것은?

① X-선법
② 자기적 방법
③ 충격 이완법
④ 광탄성에 의한 방법

30 20kg의 피복 아크 용접봉을 가지고 두께 9mm 연강판 구조물을 용접하여 용착되고 남은 피복중량, 스패터, 잔봉, 연소에 의한 손실 등의 무게가 4kg이었다면 이 때 피복 아크 용접봉의 용착 효율은?

① 60%　　② 70%
③ 80%　　④ 90%

해설 $\dfrac{20-4}{20} \times 100 = 80$

31 본 용접에서 그림과 같은 순서로 용접하는 용착법은?

① 대칭법　　② 스킵법
③ 후퇴법　　④ 살수법

해설 후퇴법 :
→ → → → →
⑤ ④ ③ ② ①

32 다음 용접봉 중 제품의 인장강도가 요구될 때 사용하는 것으로 내균열성이 가장 우수한 용접봉은? ★★★★

① 저수소계　　② 라임 티탄계
③ 고셀룰로스계　④ 고산화티탄계

해설 내균열성 : 저수소계(E4316) > 일미나이트계(E4301) > 고셀룰로스계(E4311) > (E4303) > 고산화티탄계(E4313)

33 그림과 같이 완전용입 T형 맞대기 용접이음에 굽힘 모멘트 M = 9000kgf.cm가 적용할 때 최대 굽힘 응력(kgf/cm²)은? (단, L = 400mm, ℓ = 300mm, t = 20mm, P(kgf)는 하중이다.) ★★

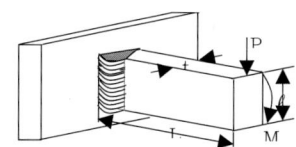

① 30　　② 45
③ 300　④ 450

해설 필릿 용접에서 완전 용입이므로 다음 식이 적용된다.

정답 28 ② 29 ④ 30 ③ 31 ② 32 ① 33 ①

$$\sigma_b = \frac{6M}{t\ell^2} = \frac{6 \times 9000}{2 \times 30^2} = 30$$

34 서브머지드 아크 용접 이음설계에서 용접부의 시작점과 끝점에 모재와 같은 재질의 판 두께를 사용하여 충분한 용입을 얻기 위하여 사용하는 것은?

① 앤드 탭 ② 실링 비드
③ 플레이트 정반 ④ 알루미늄판 받침

해설 앤드 탭(end tab) : 맞대기 용접 등을 할 때 모재의 용접선 연장상에 부착하는 모재와 동일한 재질과 형상, 홈을 가져야 하며, 용접 시점과 종점에 생기기 쉬운 결함 방지를 위한 것으로 용접 후 제거하고 다듬질해야 된다.

35 용착 금속부에 응력을 완화할 목적으로 끝이 구면인 특수한 해머로 용접부를 연속적으로 때려(타격하여소성변형을 주어) 용착금속부의 인장응력을 완화하는 데 큰 효과가 있는 잔류응력 제거(완화)법은? ★★★

① 피닝법 ② 국부 풀림법
③ 케이블 커넥터법 ④ 저온응력 완화법

36 용접 구조물의 재료 절약 설계 요령으로 틀린 것은?

① 가능한 표준 규격의 재료를 이용한다.
② 용접할 조각의 수를 가능한 많게 한다.
③ 재료는 쉽게 구입할 수 있는 것으로 한다.
④ 고장이 발생했을 경우 수리할 때의 편의도 고려한다.

해설 용접 조각 수가 많은 만큼 용접량이 많아지고 시간도 더 많이 걸린다.

37 그림과 같은 겹치기 이음의 필릿 용접을 하려고 한다. 허용응력이 50Mpa, 인장하중이 50kN, 판두께가 12mm일 때 용접 유효길이는 약 몇 mm인가?

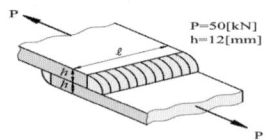

① 59 ② 73
③ 69 ④ 83

해설 응력 = $\dfrac{\sqrt{2} \times 인장하중}{(두께 \times 2) \times 용접유효길이}$ 에서

용접유효길이 = $\dfrac{\sqrt{2} \times 50,000}{50 \times (2 \times 12)} = 58.92$

38 CO_2 아크 용접에서 인체 유해 성분에 가장 영향을 미치는 가스는?

① 질소 가스 ② 황산 가스
③ 일산화탄소 가스 ④ 메탄 가스

해설 탄산가스 아크 용접에서 일산화탄소로 인하여 중독 및 질식 사고가 일어난다.

39 다음 중 용접이음 성능에 영향을 주는 요소로 거리가 먼 것은?

① 용접 결함
② 용접 홀더
③ 용접 이음의 위치
④ 용접 변형 및 잔류응력

40 용접 전의 일반적인 준비사항에 해당되지 않는 것은?

① 제작 도면을 잘 이해하고 작업 내용을 충분히 검토한다.

정답 34 ① 35 ① 36 ② 37 ① 38 ③ 39 ② 40 ③

② 용착금속과 홈의 선택에 대하여 이해한다.
③ 예열, 후열의 필요성 여부는 중요하지 않으므로 검토를 안 해도 된다.
④ 용접전류, 용접순서, 용접조건을 미리 정해 둔다.

제3과목 용접일반 및 안전관리

41 금속 원자 사이에 작용하는 인력으로 원자를 서로 결합하기 위해서는 원자 간의 거리를 어느 정도 되어야 하는가?

① 10^{-4}cm   ② 10^{-6}cm
③ 10^{-7}cm   ④ 10^{-8}cm

해설 원자간 거리를 1억분의 1cm(10^{-8}cm) 만큼 가까이 하면 가열이 없어도 접합이 되지만 실질적으로는 아무리 정밀가공을 하더라도 엄청 확대해보면 요철이 있게 되고 이물질, 산화물이 있어 접합이 안되므로 가열이나 압력을 주어 용접하는 것이다.

42 다음 재료 중 용제 없이 가스용접을 할 수 있는 것은? ★★

① 주철   ② 황동
③ 연강   ④ 알루미늄

해설 연강 : 거의 사용하지 않음, 알루미늄 : 염화칼륨, 염화나트륨, 염화리튬

43 아크용접 로봇 자동화 시스템 중 용접물 구동장치에 속하는 것은?

① Jig & Fixture
② 포지셔너(positioner)
③ 아크 발생장치
④ 제어부

해설 ① : 고정장치, ② : 용접장치, ④ : 제어장치로봇 자동화 시스템 : 생산 시스템에서 로봇을 사용하여 자동화나 인력 절감화를 도모하기 위한 시스템

44 가스절단에서 판 두께가 12.7mm일 때 표준 드래그의 길이로 가장 적당한 것은?

① 2.4mm   ② 5.2mm
③ 5.6mm   ④ 6.4mm

해설 표준 드래그 길이는 판두께의 20%(1/5)가 적당하다.

45 용접법의 종류 중 압접법이 아닌 것은? ★★

① 마찰 용접   ② 초음파 용접
③ 스터드 용접   ④ 업셋 맞대기 용접

해설 스터드 용접은 융접에 속한다.

46 두 개의 모재에 압력을 가해 접촉시킨 후 회전시켜 발생하는 열과 가압력을 이용하여 접합하는 용접법은?

① 단조 용접   ② 마찰 용접
③ 확산 용접   ④ 스터드 용접

47 유전, 습지대에서 분출되는 메탄이 주성분인 가스는?

① 수소 가스   ② 천연 가스
③ 아르곤 가스   ④ 프로판 가스

정답 41 ③ 42 ③ 43 ② 44 ① 45 ③ 46 ② 47 ②

48 피복 아크 용접에서 정극성과 역극성의 설명으로 옳은 것은? ★★★

① 박판의 용접은 주로 정극성을 이용한다.
② 용접봉에 (-)극을, 모재에 (+)극을 연결하는 것을 정극성이라 한다.
③ 정극성일 때 용접봉의 용융속도는 빠르고 모재의 용입은 얕아진다.
④ 역극성일 때 용접봉의 용융속도는 빠르고 모재의 용입은 깊어진다.

해설 모재를 기준으로 모재가 (+)이면 정극성, 모재가 (-)이면 역극성이다. (+)쪽에서 열이 70% 이상 발생하므로 정극성의 경우 모재는 열이 높아 용입이 깊게 되나 용접봉은 적게 녹아 좁고 깊은 용입이 되므로 후판 용접에 적당하다.

49 다음 중 용접기의 설치 및 정비시 주의해야 할 사항으로 틀린 것은?

① 습도가 높은 곳에 설치해야 한다.
② 먼지가 많은 장소에는 가급적 용접기 설치를 피한다.
③ 용접 케이블 등의 파손된 부분은 절연 테이프로 감아야 한다.
④ 2차측 단자의 한쪽과 용접기 케이스는 접지를 확실히 해 둔다.

해설 아크 용접기는 전기를 사용하므로 습도가 높은 경우 감전의 위험도 있으며, 용접기도 스파크가 일어나 파손될 수 있다.

50 수소의 성질을 설명한 것으로 틀린 것은?

① 폭발 범위가 넓은 가연성 가스이다.
② 모든 가스 중에서 가장 가볍다.
③ 고온 고압에서 수소 취성이 일어난다.
④ 무색·무취·무미이며 인체에 해가 많다.

51 아크 용접시 차광유리를 선택할 경우 용접전류가 400A 이상일 때의 가장 적합한 차광도 번호는? ★★

① 5   ② 8
③ 10   ④ 14

해설 가스 용접에는 5~6번, 피복 아크 용접에는 10~11번, 전류가 높거나 아크 불빛이 강한 경우 14번을 사용한다. 피복 아크용접봉 지름은 9.0~9.6mm를 사용한다.

52 진공 상태에서 용접을 행하게 되므로 텅스텐, 몰리브덴과 같이 대기에서 반응하기 쉬운 금속도 용접하기 용이하게 접합할 수 있는 용접은?

① 스터드 용접   ② 테르밋 용접
③ 전자 빔 용접   ④ 원자 수소 용접

해설 전자 빔 용접은 고진공 속에서 융점이 높거나 보통 용접으로 접합이 어려운 용접에 적합하다.

53 강인성이 풍부하고 기계적 성질, 내균열성이 가장 좋은 피복 아크용접봉은? ★★★

① 저수소계   ② 고산화티탄계
③ 고셀룰로스계   ④ 철분 산화티탄계

해설 철분 산화티탄계(E4324)
- 주성분 : 고산화티탄계에 철분을 약 50% 정도 첨가시킨 용접봉이다.(E4313과 비슷함)
- 특성 : 우수한 작업성과 고능률성이 있으며, 스패터가 적고 용입이 얕다. F 자세와 H-Fill 자세 전용 용접봉이다. 저탄소강, 저합금강, 고탄소강 등에 사용된다.

정답 48 ② 49 ① 50 ④ 51 ④ 52 ③ 53 ①

54 이산화탄산가스 아크용접에서 일반적으로 사용되는 가스의 유량은 매분당 얼마 정도가 적당한가?

① 10±5L ② 30±5L
③ 25±5L ④ 15±5L

55 무부하 전압 80V, 아크 전압 30V, 아크 전류 300A, 내부 손실이 4kw인 경우 아크 용접기의 효율은 약 몇 %인가?

① 59 ② 69
③ 75 ④ 80

해설 효율 = $\dfrac{아크출력}{소비전력} \times 100$

= $\dfrac{아크전압 \times 아크전류}{아크전압 \times 아크전류 + 내부손실} \times 100$

= $\dfrac{30 \times 300}{30 \times 300 + 4000} \times 100 = 69.2$

56 서브머지드 아크 용접법의 설명 중 틀린 것은? ★★★

① 비소모식이므로 비드의 외관이 거칠다.
② 용접선이 수직인 경우 적용이 곤란하다.
③ 모재 두께가 두꺼운 용접에서 효율적이다.
④ 용융속도와 용착속도가 빠르며, 용입이 깊다.

해설 서브머지드 아크 용접은 와이어가 전극의 역할을 하면서 소모되므로 소모식(용극식) 용접이며 용제 속에서 아크가 발생되며 용접이 이루어지므로 비드 외관이 매우 미려하다.

57 리벳이음과 비교하여 용접의 장점을 설명한 것으로 틀린 것은?

① 작업 공정이 단축된다.
② 기밀, 수밀이 우수하다.
③ 복잡한 구조물 제작에 용이하다.
④ 열 영향으로 이음부의 재질이 변하지 않는다.

해설 용접은 가열과 냉각에 의해 팽창과 수축이 일어나므로 이음부 재질이 변하게 된다.

58 다음 분말 소화기의 종류 중 A, B, C급 화재에 모두 사용할 수 있는 것은?

① 제1종 분말 소화기
② 제2종 분말 소화기
③ 제3종 분말 소화기
④ 제4종 분말 소화기

해설 제1종 소화기 : A(일반화재)급 소화기
제2종 소화기 : B(유류화재)급 소화기
제3종 소화기 : C(전기화재)급 소화기
제4종 소화기 : D금속화재)급 소화기

59 냉간 압접의 일반적인 특징으로 틀린 것은?

① 용접부가 가공 경화된다.
② 압접에 필요한 공구가 간단하다.
③ 접합부의 열 영향으로 숙련이 필요하다.
④ 접합부의 전기 저항은 모재와 거의 동일하다.

해설 냉간 압접은 열을 거의 받지 않으며 간단하므로 숙련이 필요하지 않다.

60 다음 중 연소의 3요소에 해당하지 않는 것은?

① 가연물 ② 점화원
③ 충진제 ④ 산소 공급원

정답 54 ④ 55 ② 56 ① 57 ④ 58 ③ 59 ③ 60 ③

2018 제3회 용접산업기사 최근 기출문제

2018년 8월 19일 시행

제1과목 용접야금 및 용접설비 제도

01 다음 중 탈황을 촉진하기 위한 조건으로 틀린 것은?

① 비교적 고온이어야 한다.
② 슬래그의 염기도가 낮아야 한다.
③ 슬래그의 유동성이 좋아야 한다.
④ 슬래그 중의 산화 성분이 낮아야 한다.

해설 탈황의 조건은 ①, ③, ④ 외에 슬래그 염기도가 높아야 한다.

02 탄소강의 표준 조직이 아닌 것은?

① 페라이트   ② 마텐사이트
③ 펄라이트   ④ 시멘타이트

해설 마텐사이트는 담금질 열처리에 의해 얻어지는 조직이다.

03 용접하기 전 예열하는 목적이 아닌 것은?

① 수축 변형을 감소한다.
② 열영향부의 경도를 증가시킨다.
③ 용접 금속 및 열영향부에 균열을 방지한다.
④ 용접 금속 및 열영향부의 연성 또는 노치 인성을 개선한다.

해설 예열을 하면 열영향부의 경도는 낮아진다.

04 다음 균열 중 모재의 열팽창 및 수축에 의한 비틀림이 주원인이며, 필릿 용접 이음부의 루트 부분에 생기는 균열은?

① 힐 균열   ② 설퍼 균열
③ 크레이터 균열 ④ 라미네이션 균열

해설 힐 균열 : T형 필릿용접 등에서 힐의 본드에 일어나는 균열로, 판 두께 방향의 깊이는 비교적 얕다. 균열의 길이는 수 미리 정도이다. 적절한 예열에 의해서 방지된다.

05 강자성체인 Fe, Ni, Co의 자기 변태 온도가 낮은 것에서 높은 순서로 바르게 배열된 것은?

① Fe → Ni → Co   ② Fe → Co → Ni
③ Ni → Fe → Co   ④ Ni → Co → Fe

해설 자성체 : 자장 안에 물체를 놓으면 자화되며, 자기화 방식에 따라 상자성체와 반자성체로 구분한다.
상자성체 : 나트륨 등 알칼리 금속과 알루미늄, 백금 등의 금속, 공기 등 외부 자기장과 나란한 방향으로 자기화하는 물질.
반자성체 : 구리, 비스무스 등 외부 자기장과 반대 방향으로 자기화하는 물질
강자성체 : Fe, Co, Ni, Gd 등 외부 자장이 제거되어도 자화된 그대로인 물질
Ni : 358℃, Fe : 768℃, Co : 1160℃

정답 01 ② 02 ② 03 ② 04 ① 05 ③

06 강을 연하게 하여 기계 가공성을 향상시키거나, 내부 응력을 제거하기 위해 실시하는 열처리는?

① 불림(normalizing)
② 뜨임(tempering)
③ 담금질(quenching)
④ 풀림(annealing)

해설
- 불림 : 조직의 표준화, 응력제거
- 담금질 : 경도 증가
- 뜨임 : 인성 증가

07 일반적인 탄소강에 함유된 5대 원소에 속하지 않는 것은?

① P   ② S
③ Cr   ④ Mn

해설 철강(탄소강, 주철)의 5원소 : C, Si, Mn, P, S

08 습기 제거를 위한 용접봉의 건조시 건조 온도가 가장 높은 것은?

① 저수소계   ② 라임티탄계
③ 셀룰로오스계   ④ 고산화티탄계

해설 저수소계 건조 : 300~350℃에서 1~2시간 건조, 그 외의 봉은 70~100℃로 30분~60분 건조 후에 사용한다.

09 알루미늄 계열의 분류에서 번호대와 첨가 원소가 바르게 짝지어진 것은?

① 1000계 : 순금속 알루미늄(순도 99.0%)
② 3000계 : 알루미늄 - Si계
③ 4000계 : 알루미늄 - Mg계
④ 5000계 : 알루미늄 - Mn계

해설 2000계 : Al - Cu계, 3000계 : Al - Mn계 4000계 : Al - Si계, 5000계 : Al - Mg계 6000계 : Al - Mg - Si계, 7000계 : Al - Zn - Mg계

10 다음 원소 중 황(S)의 해를 방지할 수 있는 것으로 가장 적합한 것은?

① Mn   ② Si
③ Al   ④ Mo

해설 황은 Mn과 융점이 높은 MnS로 반응하여 적열(고온)취성을 방지한다.

11 다음 중 판의 맞대기 용접에서 위보기 자세를 나타낸 것은?

① H   ② V
③ O   ④ AP

해설
H : 수평자세(Horizontal Posion),
V : 수직자세(vertical Posion),
F : 아래보기 자세(Flat Posion),
O : 위보기 자세(Overhead Posion),
AP : 전자세(all Posion)

12 다음 중 용접 보조 기호의 설명으로 틀린 것은?

① G : 연삭
② F : 지정하지 않음
③ C : 치핑
④ M : 밀링

해설 M은 기계가공에서 밀링가공을 의미하나 용접보조 기호에서는 기계가공(밀링, 선반가공 등)을 의미한다.

정답 06 ④ 07 ③ 08 ① 09 ① 10 ① 11 ③ 12 ④

13 기계 제도에 쓰이는 문자의 종류가 아닌 것은?

① 한글 ② 알파벳
③ 성형문자 ④ 아라비아 숫자

14 X, Y, Z방향의 축을 기준으로 공간상에 하나의 점을 표시할 때 각 축에 대한 X, Y, Z에 대응하는 좌표값으로 표시하는 CAD 시스템의 좌표계의 명칭은? ★★

① 극 좌표계 ② 직교 좌표계
③ 원통 좌표계 ④ 구면 좌표계

해설 극좌표계 : @A < B 로 나타낸다. 각도와 거리를 써서 평면 위의 위치를 나타내는 2차원 좌표계. 두 점 사이의 관계가 거리나 각으로 쉽게 표현되는 경우에 많이 쓰인다. 직교 좌표계가 삼각함수로 복잡하게 나타내지만, 극좌표계는 간단하게 표현하고 있다.
절대좌표 : A, B
상대좌표 : @A, B

15 아래 그림의 화살표 쪽의 인접 부분을 참고로 표시하는데 사용하는 선의 명칭은?

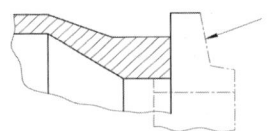

① 가상선 ② 숨은선
③ 해칭선 ④ 파단선

해설 가상선의 용도 : -도시된 물체의 앞면을 표시하는 선
• 가공 전 또는 가공 후의 모양을 표시하는 선
• 이동 부분의 위치를 표시하는 선
• 공구, 지그 등의 위치를 참고로 표시하는 선
• 반복을 표시하는 선

• 도면 내의 그 부분의 단면을 90° 회전하여 표시하는 선

16 다음 중 가는 실선으로 표시되는 것은?

① 외형선 ② 숨은선
③ 절단선 ④ 회전 단면선

해설 회전 단면선 : 해칭선, 단면을 나타내기 위해 일반적으로 45도의 가는 실선으로 표시한다.

17 형강의 치수 기입법으로 옳게 나타낸 것은?

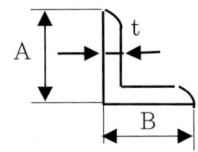

① A×B×t - L ② LB×A×(t1/t2) - L
③ LA×B×t - L ④ LA×B×t

해설 형강 규격 표시는 '형강기호, 세로 길이×가로 길이×재료두께-재료길이'로 표시한다.

18 다음 복각 투상도의 설명 중 틀린 것은?

① 중심선에 대해 대칭형이고 표면과 내면이 서로 다른 경우에 사용한다.
② 중심선을 경계로 하여 왼쪽은 3각법, 우측은 1각법으로 표시한다.
③ 중심선을 경계로 하여 왼쪽은 1각법, 우측은 3각법으로 표시한다.
④ 동일 도면에 물체의 형상을 모두 나낼 때 사용한다.

해설 복각 투상도는 정면도를 중심으로 오른쪽에 측면도를 그릴 때는 중심선의 왼쪽은 1각법, 오른쪽은 3각법으로 그리고, 정면도를 중심으로 왼쪽에 측면도를 그릴 때는 왼쪽은 3각법, 오른쪽은 1각법으로 그린다.

정답 13 ③ 14 ② 15 ① 16 ④ 17 ③ 18 ①

19 다음 겨냥도를 3각법으로 옳게 투상한 것은 어느 것인가?

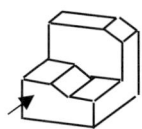
정면도 방향

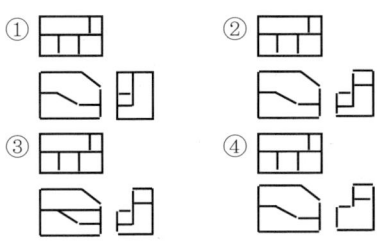

20 다음 그림 중 특정 부분이 옳게 그려진 것은?

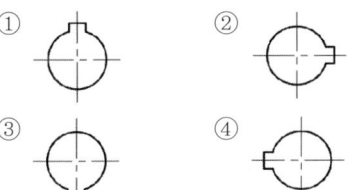

제2과목 용접구조설계

21 일반적인 자분 탐상 검사를 나타내는 기호는?

① NT   ② PT
③ MT   ④ RT

해설 PT : 침투 탐상검사, RT : 방사선 탐상 검사

22 가늘고 긴 망치로 용접 부위를 계속적으로 두들겨 줌으로써 비드 표면층에 성질 변화를 주어 용접부의 인장 잔류응력을 변화시키는 방법은?

① 피닝법   ② 역변형법
③ 취성 경감법   ④ 저온 응력 완화법

해설 열전도율 순서 : 구리 > 알루미늄 > 연강 > 18-8 스테인리스강

23 맞대기 용접시 부등형 용접 홈을 사용하는 이유로 가장 거리가 먼 것은?

① 수축 변형을 적게 하기 위할 때
② 홈의 용적을 가능한 크게 하기 위할 때
③ 루트 주위를 가우징을 해야 할 경우 가우징을 쉽게 하기 위할 때
④ 위보기 용접을 할 경우 용착량을 작게 하여 용접 시공을 쉽게 해야 할 때

해설 용접은 가능한 용착금속량이 적게 들어가도록 홈 설계를 해야 변형이나 수축이 경감되며 인건비, 재료비도 절약할 수 있다.

24 피복 아크 용접에서 언더컷(under cut)의 발생 원인으로 가장 거리가 먼 것은?

① 용착부가 급랭될 때
② 아크 길이가 너무 길 때
③ 용접 전류가 너무 높을 때
④ 용접봉의 운봉속도가 부적당할 때

해설 언더 컷 : 과대 전류, 운봉 불량 등으로 비드와 모재 경계선이 오목하게 패인 현상
발생 원인 : ②, ③, ④, 부적당한 봉을 사용했을 때, 용접 속도가 너무 빠를 때, 운봉을 잘못했을 때

정답 19 ② 20 ① 21 ③ 22 ① 23 ② 24 ①

25 본 용접을 시행하기 전에 좌우의 이음 부분을 일시적으로 고정하기 위한 짧은 용접은?

① 후용접　　② 점용접
③ 가용접　　④ 선용접

해설 가용접 : 가접이라고도 하며 용접 전에 치수와 형상이 맞게 잠정적으로 고정하기 위한 용접

26 다음 중 예열에 관한 설명으로 틀린 것은?

① 용접부와 인접한 모재의 수축응력을 감소시키기 위하여 예열을 한다.
② 냉각속도를 지연시켜 열영향부와 용착 금속의 경화를 방지하기 위하여 예열을 한다.
③ 냉각속도를 지연시켜 용접금속 내에 수소 성분을 배출함으로써 비드 밑 균열을 방지한다.
④ 탄소 성분이 높을수록 임계점에서의 냉각속도가 느리므로 예열을 할 필요가 없다.

해설 탄소 성분이 많을수록 임계점에서 냉각속도가 빨라 경화되기 쉬우므로 예열을 해야 된다.

27 용접 구조물을 설계할 때 주의해야 할 사항으로 틀린 것은?

① 용접 구조물은 가능한 균형을 고려한다.
② 용접성, 노치인성이 우수한 재료를 선택하여 시공하기 쉽게 설계한다.
③ 중요한 부분에서 용접이음의 집중, 접근, 교차가 되도록 설계한다.
④ 후판을 용접할 경우는 용입이 깊은 용접법을 이용하여 층수를 줄이도록 한다.

해설 용접 이음부의 집중이나 접근, 교차의 경우 응력집중이 심하며 불규칙 응력 작용으로 피로 파괴의 위험성이 높으므로 교차 부분은 스캘럽을 만들거나 접근 부분은 최소 100mm 이상이 되도록 설계한다.

28 인장강도 P, 사용응력 σ, 허용응력 σ_b라 할 때 안전률을 구하는 공식으로 옳은 것은? ★★

① 안전률 = $\dfrac{P}{(\sigma+\sigma_b)}$

② 안전률 = $\dfrac{P}{\sigma_b}$

③ 안전률 = $\dfrac{P}{(\sigma \times \sigma_b)}$

④ 안전률 = $\dfrac{P}{\sigma}$

29 일반적인 침투탐상 검사의 특징으로 틀린 것은?

① 제품의 크기, 형상 등에 크게 구애를 받지 않는다.
② 주변 환경의 오염도, 습도, 온도와 무관하게 탐상 검사가 가능하다.
③ 철, 비철, 플라스틱, 세라믹 등 거의 모든 제품에 적용이 용이하다.
④ 시험 표면이 침투제 등과 반응하여 손상을 입는 제품은 검사할 수 없다.

해설 침투 탐상 시험은 주변 환경에 따라 검사 오류가 나타날 수 있으니 각별한 주의가 필요하다.

30 다전극 방식 서브머지드 아크용접에 해당되지 않는 것은?

① 다전원 연결 텐덤식
② 동일전원 연결 횡병렬식
③ 직렬 연결 횡직렬식
④ 다전원 연결 플랫트식

31 잔류 응력 측정법의 분류에서 정량적 방법에 속하는 것은?

① 부식법 ② 자기적 방법
③ 응력 이완법 ④ 경도에 의한 방법

해설 응력 이완법 : 절삭 또는 천공 등 기계 가공에 의하여 용접부의 응력을 제거하고, 이 때 생기는 탄성변형을 기계적 또는 전기적 변형 도계를 써서 측정하는 방법

32 다음은 용접 종류별 용착 효율을 나타낸 것이다. 틀린 것은?

① 피복 아크용접봉 : 65%
② 플럭스 내장 와이어의 반자동 용접 : 75 ~ 85%
③ 가스 보호 반자동 용접 : 92%
④ 서브머지드 아크용접, 일렉트로 슬래그 용접 : 90%

해설 서브머지드 아크용접, 일렉트로 슬래그 용접 등은 스패터 등이 거의 없어 용착 효율은 100%이다.

33 그림의 용착 방법 종류로 옳은 것은?

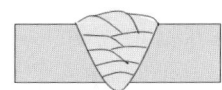

① 전진법 ② 후진법
③ 비석법 ④ 덧살 올림법

해설 비석법 : 일정 간격으로 드문 드문 용접 후 다시 그 사이를 같은 방법으로 용접하는 방법으로 박판의 변형 방지에 효과적이다.

34 그림과 같은 용접부에 발생하는 인장응력(σ)은 약 몇 Mpa인가? (단, 용접길이 두께의 단위는 mm이다.)

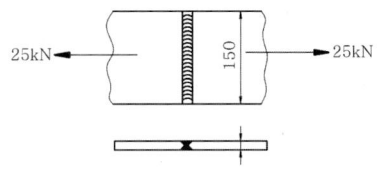

① 14.6 ② 16.7
③ 21.6 ④ 26.6

해설 $\sigma = \dfrac{25 \times 1000}{15 \times 1} = 1,666.66 \text{N/cm}^2$

1Mpa=100N/cm²이므로,

$\therefore \dfrac{1666.66}{100} = 16.67$

35 금속에 열을 가했을 경우 변화에 대한 설명으로 틀린 것은?

① 팽창과 수축의 정도는 가열된 면적의 크기에 반비례한다.
② 구속된 상태의 팽창과 수축은 금속의 변형과 잔류응력을 생기게 한다.
③ 구속된 상태의 수축은 금속이 그 장력에 견딜만한 연성이 없으면 파단한다.
④ 금속은 고온에서 압축응력을 받으면 잘 파단되지 않으며, 인장력에 대해서는 파단되기 쉽다.

해설 팽창과 수축의 정도는 가열 면적의 크기에 비례한다.

36 용접을 실시하면 일부 변형과 내부에 응력이 남는 경우가 있는데 이것을 무엇이라 하는가?

① 인장응력　② 공칭응력
③ 잔류응력　④ 전단응력

해설 용접부에 남아있는 응력은 반드시 제거해야 되며, 방법에는 여러가지가 있다.

37 그림과 같은 변형을 무슨 변형이라고 하는가? (필릿 용접에서)

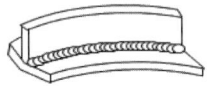

① 세로 수축　② 회전 수축
③ 종굴곡 변형　④ 좌굴 변형

38 저온 균열의 발생에 가장 큰 영향을 주는 것은?

① 피닝
② 후열처리
③ 예열처리
④ 용착금속의 확산성 수소

해설 저온 균열 : 강재의 경우 약 200℃ 이하의 저온에서 발생하는 균열. 종류에는 비드 밑 균열, 열영향부 균열, 루트 균열, 토 균열, 비드에 수직인 균열 등이 있으며, 용접 입열이 적을수록, 판두께가 클수록, 이음 형상이 복잡할수록 급랭 속도는 증가하고, 경화하여 균열이 생기기 쉽다.
확산성 수소는 비드 밑 균열, 토우 균열, 헤어 크랙 등 저온 균열의 원인이 된다.

39 다음 중 용접 구조물의 피로강도를 향상시키기 위한 방법으로 틀린 것은? ★★

① 구조상 응력집중이 되는 곳에 용접을 집중시킬 것
② 열처리 또는 기계적인 방법을 이용하여 용접부의 잔류응력을 완화시킬 것
③ 냉간가공이나 야금적 변화 등을 이용하여 기계적인 강도를 높일 것
④ 표면가공이나 다듬질을 이용하여 단면이 급변하는 부분을 최소화(피) 할 것

해설 피로 강도 향상을 위해서는 구조상 응력집중이 되는 곳에 용접을 분산시킬 것

40 판 두께가 25mm 이상인 연강에서는 주위의 기온이 0℃ 이하로 내려가면 저온 균열이 발생할 우려가 있다. 이것을 방지하기 위한 예열 온도는 얼마 정도로 하는 것이 좋은가?

① 50~75℃　② 100~150℃
③ 200~250℃　④ 300~350℃

제3과목　용접일반 및 안전관리

41 다음 중 아크 에어 가우징에 관한 설명으로 가장 적합한 것은?

① 비철 금속에는 적용하지 않는다.
② 압축공기의 압력은 1~2kgf/cm² 정도가 가장 좋다.
③ 용접 균열부분이나 용접 결함부를 제거하는데 사용한다.
④ 그라인딩이나 가스 가우징보다 작업 능

률이 낮다.

해설 아크 에어 가우징 : 압축공기 압력은 5~7kgf/cm² 정도로 하며, 비철 금속도 가능하며 그라인딩이나 가스 가우징보다 능률이 훨씬 높다.

42 아크 용접 작업 중 전격에 관련된 설명으로 옳지 않은 것은?

① 용접 홀더를 맨손으로 취급하지 않는다.
② 습기찬 작업복, 장갑 등을 착용하지 않는다.
③ 전격 받은 사람을 발견했을 때는 즉시 맨손으로 잡아당긴다.
④ 오랜 시간 작업을 중단할 때에는 용접기의 전원 스위치를 끄도록 한다.

해설 연강 : 거의 사용하지 않음, 알루미늄 : 염화칼륨, 염화나트륨, 염화리튬

43 다음 중 겹치기 용접을 나타낸 것은?

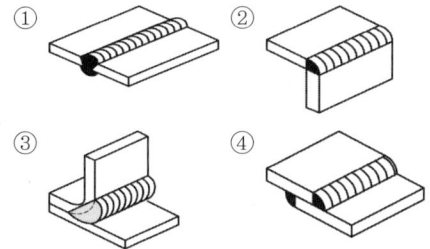

해설 ① : 맞대기 용접, ② : 모서리 용접, ③ : 겹치기 용접

44 가스용접시 전진법에 비교한 후진법의 장점으로 가장 거리가 먼 것은?

① 열 이용율이 좋다.
② 용접 변형이 작다.
③ 용접 속도가 빠르다.
④ 판두께가 얇은 것(3~4mm)에 적합하다.

해설 후진법은 판두께가 두꺼운 것에 적합하다.

45 피복 아크 용접기의 구비조건으로 틀린 것은?

① 역률 및 효율이 좋아야 한다.
② 구조 및 취급이 간단해야 한다.
③ 사용 중에 온도 상승이 커야 한다.
④ 용접 전류 조정이 용이하여야 된다.

해설 사용 중에 온도 상승은 없어야 한다.

46 피복 아크 용접에서 감전으로부터 용접사를 보호하는 장치는?

① 원격 제어 장치 ② 핫 스타트 장치
③ 전격 방지 장치 ④ 고주파 발생 장치

해설 핫 스타트 장치 : 초기 전류를 높게 하여 시작부의 용입 불량을 방지하는 장치

47 피복 아크 용접봉에서 피복 배합제의 성분 중 슬래그 생성제의 역할이 아닌 것은?

① 급랭 방지
② 균일한 전류 유지
③ 산화와 질화 방지
④ 기공, 내부 결함 방지

해설 피복제는 아크 안정, 용착금속 보호, 탈산 정련, 합금 원소 첨가 등을 한다.

48 납땜에 쓰이는 용제(flux)가 갖추어야 할 조건으로 가장 적합한 것은?

① 납땜 후 슬래그 제거가 어려울 것
② 청정한 금속면에 산화를 촉진 시킬 것
③ 침지땜에 사용되는 것은 수분을 함유할 것
④ 모재와 친화력을 높일 수 있으며, 유동성이 좋을 것

해설 납땜 용제는 납땜 후 슬래그 제거가 쉽고 침지땜에는 수분을 완전 제거하여야 된다.

49 가스 용접용 용제에 관한 설명 중 틀린 것은?

① 용제는 건조한 분말, 페이스트 또는 용접봉 표면에 피복한 것도 있다.
② 용제의 융점은 모재의 융점보다 낮은 것이 좋다.
③ 연강재료를 가스 용접할 때에는 용제를 사용하지 않는다.
④ 용제는 용접 중에 발생하는 금속의 산화물을 용해하지 않는다.

해설 가스 용접 용제(flux) : 용접 중에 생기는 산화물, 비금속 개재물을 용해하여 온도가 낮은 슬래그로 만들어 표면에 떠오르게 하여 용착 금속을 양호하게 한다.
형상 : 분말, 페이스트, 봉에 도포된 것 등이 있으며, 모재 용융점보다 낮은 것이 좋다.
용제는 용접 중에 발생하는 산화물을 용해하여야 된다.

50 일반적인 서브머지드 아크 용접에 대한 설명으로 틀린 것은?

① 용접 전류를 증가시키면 용입이 증가한다.
② 용접 전압이 증가하면 비드 폭이 넓어진다.
③ 용접 속도가 증가하면 비드 폭과 용입이 감소한다.
④ 용접 와이어 지름이 증가하면 용입이 깊어진다.

해설 용입 깊이 : 모든 용접은 전류가 증가하면 입열이 커지므로 용입이 깊어진다. 그러나 전압이 높거나 용접 속도가 빠르거나 용가재(용접봉, 와이어 등)의 지름이 커지면 용입은 낮아진다.

51 다음 교류 아크 용접기 중 가변 저항의 변화로 용접 전류를 조정하며, 조작이 간단하고 원격 제어가 가능한 것은?

① 탭 전환형 ② 가동 코일형
③ 가동 철심형 ④ 가포화 리액터형

해설 가포화 리액터형은 가변 저항이 있어 전류 조작이 간단하다.

52 다음 중 폭발 위험이 가장 큰 산소-아세틸렌 혼합비율은?

① 85 : 15 ② 75 : 25
③ 25 : 75 ④ 15 : 85

해설 아세틸렌에 비해 산소가 현저히 많아 85% 이상이 되면 불이 붙지 않고 폭발한다.

정답 48 ④ 49 ④ 50 ④ 51 ④ 52 ①

53 MIG 용접에 관한 설명으로 틀린 것은?

① CO_2 가스 아크 용접에 비해 스패터 발생이 많아 깨끗한 비드를 얻기 힘들다.
② 수동 피복 아크 용접에 비해 용접 속도가 빠르다.
③ 정전압 특성 또는 상승특성이 있는 직류 용접기가 사용된다.
④ 전류 밀도가 높아 3mm 이상의 두꺼운 판의 용접에 능률적이다.

해설 미그 용접의 장점
- 직류 역극성에 의한 청정 작용에 의해 Al, Mg 등의 용접이 쉽다.
- 전류밀도가 피복 아크 용접보다 5~8배, TIG 용접보다 약 2배 정도 크다.
- 비드가 비교적 아름답고 깨끗하며, CO_2 용접에 비해 스패터 발생이 적다.
- 각종 금속 용접 등 응용 범위가 넓다.

54 다음 중 가스 가우징 작업에 있어서 홈의 깊이와 나비의 비가 알맞은 것은?

① 1 : 1 ~ 1 : 3   ② 1 : 2 ~ 2 : 4
③ 1 : 5 ~ 1 : 7   ④ 1 : 3 ~ 1 : 8

해설 홈의 깊이와 나비의 비는 1 : 1 ~ 1 : 3, 산소의 압력은 3 ~ 7기압, 아세틸렌의 경우 0.2 ~ 0.3기압이 쓰인다.

55 다음 중 압접에 속하는 용접법은?

① 단접   ② 가스 용접
③ 전자 빔 용접 ④ 피복 아크 용접

해설 압접 : 전기 저항 용접(심용접, 점용접, 프로젝션 용접, 플래시 벗 용접), 초음파 용접 등

56 다전극 서브머지드 아크 용접 중 두 개의 전극 와이어를 독립된 전원에 접속하여 용접선을 따라 전극의 간격을 10~30mm 정도로 하여 2개의 전극 와이어를 동시에 녹게 함으로써 한꺼번에 많은 양의 용착금속을 얻을 수 있는 것은?

① 다전식   ② 텐덤식
③ 횡직렬식 ④ 횡병렬식

해설 횡병렬식 : 동일 전원에 2 개의 전극을 가로로 연결하여 용접하는 것으로, 비드 폭이 넓고 용입이 깊은 용접부가 얻어지므로 능률이 높다. 전원 연결은 직류와 직류 또는 교류와 교류를 연결한다.

57 구리(순동)를 불활성 가스 텅스텐 아크 용접으로 용접하려할 때의 설명으로 틀린 것은?

① 보호 가스는 아르곤 가스를 사용한다.
② 전류는 직류 정극성을 사용한다.
③ 전극봉은 순수 텅스텐 봉을 사용하는 것이 가장 효과적이다.
④ 박판을 용접할 때에는 아크 열로 시작점에서 가열한 후 용융지가 형성될 때 용접한다.

58 Ø3.2mm인 용접봉으로 연강 판을 가스 용접하려 할 때 선택하여야 할 가장 적합한 판두께는 몇 mm인가?

① 4.4   ② 6.6
③ 7.5   ④ 8.8

해설 $Ø = \dfrac{T}{2} + 1$ 이므로
$T = 2 \times Ø - 1 = 2 \times (3.2-1) = 4.4$

정답 53 ① 54 ① 55 ① 56 ② 57 ③ 58 ①

59 상온에서 강하게 압축함으로써 경계면을 국부적으로 소성 변형시켜 압접하는 방법은?

① 냉간 압접 ② 가스 압접
③ 테르밋 용접 ④ 초음파 용접

해설 냉간 압접 : 소재를 상온에서 200±50kgf/mm² 정도의 압력을 가하여 2개 면간의 거리를 수 Å(옹그스트롱) 거리로 가까이 할 때 2개의 금속면의 자유전자가 공통화 되고 공정 격자점의 양 이온과의 인력으로 접합한다. 접합면의 청정이 중요하며, 청정 후 1시간 내에 접합해야 산화막의 생성을 피할 수 있다. Al, Cu, Ag, Pb 및 각종 철강 등에 이용된다.

60 절단 산소의 순도가 낮은 경우 발생하는 현상이 아닌 것은?

① 절단 속도가 늦어진다.
② 절단 홈의 폭이 좁아진다.
③ 산소의 소비량이 증가한다.
④ 절단 개시 시간이 길어진다.

해설 절단 산소의 순도와 절단 홈의 폭은 무관하다.

정답 59 ① 60 ②

2019 제1회 용접산업기사 최근 기출문제

2019년 3월 3일 시행

제1과목 | 용접야금 및 용접설비 제도

01 금속의 일반적인 특성으로 틀린 것은?
① 액체 상태에서 결정 구조를 가진다.
② 전기 및 열의 양도체이다.
③ 금속 고유의 광택을 가진다.
④ 전성 및 연성이 좋다.

해설 금속은 고체 상태일 때 결정 구조를 가진다.

02 용접작업에서 예열을 하는 목적으로 가장 거리가 먼 것은?
① 열영향부와 용착금속의 경도를 증가시키기 위해
② 수소의 방출을 용이하게 하여 저온 균열을 방지하기 위해
③ 용접부의 기계적 성질을 향상시키고 경화 조직의 석출을 방지하기 위해
④ 온도 분포가 완만하게 되어 열응력의 감소로 용접 변형을 줄이기 위해

해설 예열의 목적은 용착금속의 급열 급냉에 따른 팽창과 수축에 의한 균열 발생과 경화, 수소 등의 가스 방출 부족으로 기공이나 수소 취성의 원인을 방지하기 위해 용착금속을 서랭시키기 위해 실시한다.

03 Fe-C계 평형 상태도에서 체심입방격자인 α 철이 A3점에서 γ 철인 면심입방격자로, A4점에서 다시 δ 철인 체심입방격자로 구조가 바뀌는 것을 무엇이라고 하는가?
① 편석   ② 자기 변태
③ 동소 변태   ④ 금속간 화합물

해설 동소 변태 : 같은 원소가 어떤 온도에서 상태나 성질이 변하는 현상을 말함. 예를 들면 H_2O가 0℃를 전후로 얼음(고체)과 물(액체)로, 100℃를 전후로 물과 수증기(기체)로 변하는 것을 말한다.

04 한국산업표준에서 정한 일반 구조용 탄소 강관을 표시하는 것은?
① SS275   ② SM275A
③ SGT275   ④ STWW290

해설 JIS에 의해 SS41(최저 인장강도가 41kgf/mm²)로 사용되다가 KS 표기로SS400(최저 인장강도가 400N/mm²)으로 표기되었으며 KS개정으로 SS275(최저 항복강도가 275N/mm²)로 변경되었다. 이는 기존 인장강도에 따라 SS400이라 표기되었는데 항복강도로 변경되며 SS275로 표기하고 있다. 현장에서는 세 가지 모두 혼용하고 있다.
• SM275A : 용접구조용강재
• SGT : 구조용강관
• STWW : 상수도용 도복장강관(일반구조용탄소강관)

정답 01 ① 02 ① 03 ③ 04 ③

05 강을 제조하는데 가장 좋은 제품을 얻을 수 있는 로는?

① 전로 ② 평로
③ 도가니로 ④ 전기로

해설 전기로는 온도 조절이 자유롭고 고온을 쉽게 얻을 수 있어 좋으나 전기료가 매우 많이 든다.

06 연강류 제품을 용접한 후 노내 풀림법을 이용하여 용접 후 처리를 하려고 한다. 이때 제품을 노 내에서 출입시키는 온도로 가장 적당한 것은?

① 300℃ 이하 ② 400℃ 이하
③ 500℃ 이하 ④ 600℃ 이하

해설 노내 풀림법은 600℃ 또는 625℃ ±25℃에서 20분에 10도씩 내려서 잔류응력을 제거하는 방법, 300℃ 이하에서 로에서 꺼내야 된다.

07 황동에서 일어나는 화학적 성질이 아닌 것은?

① 자연균열 ② 시효경화
③ 탈아연 부식 ④ 고온 탈아연

해설 시효 경화는 합금의 과포화 고용체가 시간의 경과에 의하여 나타내는 경화현상, 화학적 반응에 의한 것이 아니다.

08 일반적으로 강재의 탄소당량이 몇 % 이하일 때 용접성이 양호한 것으로 판단하는가?

① 0.4 ② 0.6
③ 0.8 ④ 1.0

해설 용접성은 0.3%C 이하의 저탄소강이 가장 좋으며, 0.4%C 이하까지도 크게 문제가 없다.

09 다음 중 경도가 가장 낮은 조직은?

① 펄라이트 ② 페라이트
③ 시멘타이트 ④ 마텐사이트

해설 경도 크기 순서 : 시멘타이트 > 마텐사이트 > 투르스타이트 > 소르바이트 > 펄라이트 > 페라이트

10 용접한 오스테나이트계 스테인리스강의 입간 부식 방지를 위해 사용하는 탄화물 안정화 원소에 속하지 않는 것은? ★★

① Ti ② Nb
③ Ta ④ Al

해설 오스테나이트 스테인리스강의 입간, 입계 부식 방지 원소는 Ti(타이타늄), Nb(니오븀), Ta(탄탈늄)이 있다.

11 다음 재료 기호 중 기계 구조용 탄소 강재를 나타낸 것은?

① SM38C ② SF340A
③ SMA460 ④ SM375A

해설
- SM38C : 탄소량이 0.35~0.41% 함유된 기계구조용강
- SF340A : 최소 인장강도 340N/mm^{2}인 탄소강 단강품
- SM375A : 용접구조용강, 최소 항복강도 375N/mm^{2}인 A강종

12 도면에서 척도를 표시할 때 NS의 의미는?

① 배척을 나타낸다.
② 현척이 아님을 나타낸다.
③ 비례척이 아님을 나타낸다.
④ 척도가 생략됨을 나타낸다.

정답 05 ④ 06 ① 07 ② 08 ① 09 ② 10 ④ 11 ① 12 ③

해설 NS : None Scale

13 다음 그림과 같은 제3각법 투상도에서 A가 정면도일 때 배면도는?

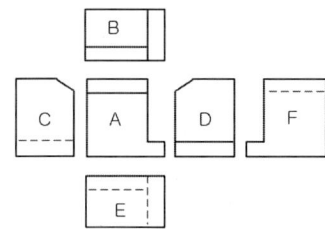

① C ② D
③ E ④ F

해설 B : 평면도, C : 좌측면도, D : 우측면도, E : 저면도

14 다음 용접 기호 중 '2a'가 의미하는 것은?

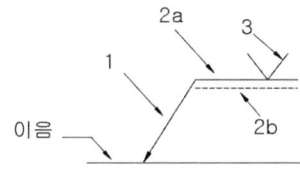

① 홈 형상   ② 루트 간격
③ 기준선(실선)   ④ 식별선(점선)

해설 1 = 화살표, 2a = 기준선(실선), 2b = 식별선(점선), 3 = 용접기호

15 용접 기호에 참고 표시로 끝(꼬리) 부분에 표시하는 내용이 아닌 것은?

① 용접 방법   ② 허용 수준
③ 작업 자세   ④ 재료 인장강도

해설 용접방법 - 허용수준 - 용접자세 - 용접재료

16 다음 그림 중 모서리 이음을 나타낸 것은?

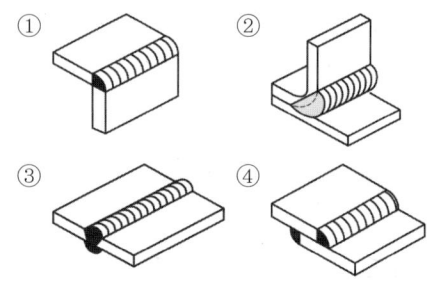

해설 ② : 플레어 V형 이음, ③ : V형 맞대기 이음, ④ : 겹치기 이음

17 각국의 공업 규격의 표시 기호 중 틀린 것은 어느 것인가?

① 한국 : KS   ② 독일 : BS
③ 일본 : JIS   ④ 미국 : ANSI

해설 독일 : DIN, 영국 : BS
국제 표준 규격 : ISO

18 그림과 같이 안지름 550mm, 두께 6mm, 높이 900mm인 원통을 만들려고 할 때 소요되는 철판의 크기로 가장 적당한 것은? (단, 양쪽 마구리는 트여진 상태이며 이음매 부위는 고려하지 않는다.)

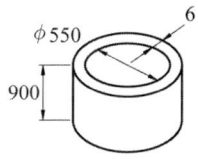

① 900×1709   ② 900×1727
③ 900×1747   ④ 900×1765

해설 원형의 크기를 내경으로 나타낸 경우는 두께 t를 더하고 외경으로 표시된 경우는 두께를 뺀 지름과 π를 곱한다.
$d = (550+6) \times 3.14 = 1747$

정답 13 ④ 14 ③ 15 ④ 16 ① 17 ② 18 ③

19 다음 중 가는 이점 쇄선의 용도로 가장 적합한 것은?

① 치수선　② 수준면선
③ 회전 단면선　④ 무게 중심선

해설 가는 2점쇄선은 가상선, 무게 중심선으로 쓰인다.

20 다음 용접 도시기호의 설명으로 옳은 것은?

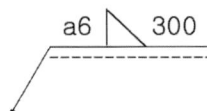

① 필릿 용접부의 목 길이는 6mm이다.
② 필릿 용접부의 목 두께는 6mm이다.
③ 맞대기 용접부의 길이는 300mm이다.
④ 필릿 용접을 화살표 반대쪽에서 실시한다.

해설 z6의 경우 목 길이(각장)이 6mm를 의미한다. 삼각형 우측 300은 필릿 용접부 길이가 300mm임을 의미한다.

제2과목　용접구조설계

21 다음 시험방법 중 동적 시험 방법에 해당되는 것은?

① 크리프 시험　② 피로 시험
③ 굽힘 시험　④ 인장 시험

해설 재료 시험법 중 하중 제어 방식에 따라 규정 하중이나 하중의 증가를 일정하게 하는 방법에 의한 시험을 정적 시험, 하중의 부여 방법이 반복적이거나 충격적인 시험을 동적 시험이라 하며, 충격 시험과 피로 시험은 동적 시험에 해당된다.

22 다음 용접시공 조건 중 수축과 관련된 내용으로 틀린 것은?

① 루트 간격이 클수록 수축이 작다.
② 피닝을 하면 수축이 감소한다.
③ 구속도가 크면 수축이 작아진다.
④ V형 이음은 X형 이음보다 수축이 크다.

해설 용접부 수축은 루트 간격이 클수록 크다.

23 용접 구조물 조립 시 일반적인 고려사항이 아닌 것은?

① 변형제거가 쉽게 되도록 하여야 한다.
② 구조물의 형상을 유지할 수 있어야 한다.
③ 경제적이고 고품질을 얻을 수 있는 조건을 설정한다.
④ 용접 변형 및 잔류 응력을 증가시킬 수 있어야 한다.

해설 용접 구조물은 변형이나 잔류응력이 최대한 적어야 된다.

24 용접부의 후열 처리로 나타나는 효과가 아닌 것은?

① 조직을 경화시킨다.
② 잔류응력을 제거한다.
③ 확산성 수소를 방출한다.
④ 급냉에 따른 균열을 방지한다.

해설 용접 후열처리는 용착금속을 서랭시키기 위한 열처리로 급랭에 따른 경화, 균열을 방지하기 위한 처리이다.

정답　19 ④　20 ②　21 ②　22 ①　23 ④　24 ①

25 표점거리가 50mm인 인장 시험편을 인장 시험한 결과 62mm로 늘어났다면 연신률(%)은 얼마인가?

① 12 ② 18
③ 24 ④ 30

해설 연신률 = $\dfrac{늘어난 길이 - 표점길이}{표점길이} \times 100$

= $\dfrac{62-50}{50} \times 100 = 24$

26 120 A의 용접 전류로 피복 아크 용접을 하고자 한다. 적정한 차광 유리의 차광도 번호는?

① 4번 ② 6번
③ 8번 ④ 10번

해설 차광도 4번 : 가스용접, 6번 : 30A이하, 8번 : 45~75A

27 다음 그림의 필릿 용접부에서 이론 목두께 ht는?

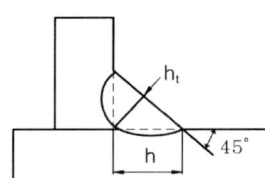

① 0.303h ② 0.505h
③ 0.707h ④ 1.414h

해설 이론 목 두께는 각장(목 길이)의 약 70%이다. h cos45° = 0.707h

28 용접 이음을 설계할 때 정하중을 받는 강(steel)의 안전률로 가장 적합한 것은?

① 3 ② 6
③ 9 ④ 12

해설 강의 안전률 : 반복하중 : 5, 교번하중 : 8, 충격하중 : 12

29 다음 중 침투 탐상 검사의 특징으로 틀린 것은?

① 침투제가 오염되기 쉽다.
② 국부적 시험이 불가능하다.
③ 미세한 균열도 탐상이 가능하다.
④ 시험표면이 너무 거칠거나 기공이 많으면 허위 지시 모양을 만든다.

해설 침투탐상, 자분탐상검사는 국부 탐상이 가능하다.

30 잔류 응력을 경감시키는 방법이 아닌 것은?

① 피닝법
② 담금질 열처리법
③ 저온 응력 완화법
④ 기계적 응력 완화법

해설 담금질은 잔류 응력을 증가시킨다.

31 용접구조물 설계시 주의 사항에 대한 설명으로 틀린 것은?

① 용접이음의 집중, 교차를 피한다.
② 용접치수는 강도상 필요 이상 크게 하지 않는다.
③ 후판을 용접할 경우 용입이 낮은 용접법을 이용하여 층수를 늘린다.
④ 판면에 직각방향으로 인장하중이 작용할 경우 판의 압연방향에 주의한다.

해설 후판의 경우 용입이 낮으면 박리 우려가 있으며, 가능한 한 굵은 용접봉이나 와이어를

정답 25 ③ 26 ④ 27 ③ 28 ① 29 ② 30 ② 31 ③

사용하여 층수를 줄이는 것이 변형방지와 용접시간이 단축된다.

32 용접 잔류응력 등 인장응력이 걸리거나, 특정의 부식 환경으로 될 때 발생하는 용접 이음의 부식은?

① 입계부식 ② 틈새부식
③ 응력부식 ④ 접촉부식

해설 입계부식 : 결정입계에서 일어나는 부식

33 일반적인 용접구조물의 조립순서를 결정할 때 고려해야 할 사항으로 틀린 것은?

① 변형 발생 시 변형제거가 용이해야 한다.
② 수축이 큰 이음보다 적은 이음을 먼저 용접한다.
③ 구조물의 형상을 고정하고 지지할 수 있어야 한다.
④ 변형 및 잔류응력을 경감할 수 있는 방법을 채택한다.

해설 용접 우선순위에서 맞대기 이음 등 수축이 큰 이음을 먼저 용접한 후 수축이 적은 필릿 용접부 등을 후에 한다.

34 다음 용접 결함 중 치수상의 결함이 아닌 것은?

① 변형 ② 치수 불량
③ 형상 불량 ④ 슬래그 섞임

해설 용접결함은 크게 치수상 결함, 구조상 결함, 성질상 결함으로 구분한다.
• 구조상 결함 : 균열, 언더컷, 오버랩, 슬래그 섞임, 기공, 핀홀
• 성질상 결함 : 인성부족, 내식성 불량 등

35 용융된 금속이 모재와 잘못 녹아 어울리지 못하고 모재에 덮인 상태의 결함은?

① 스패터 ② 언더컷
③ 오버랩 ④ 기공

해설 오버랩(overlap) : 용접속도가 느리거나 전류가 낮아 모재가 거의 용융되지 않은 상태에서 용가재만 녹아 모재에 덮인 결함

36 용접 이음부의 홈 형상을 선택할 때 고려해야 할 사항이 아닌 것은?

① 용착 금속의 양이 많을 것
② 경제적인 시공이 가능할 것
③ 완전한 용접부가 얻어질 수 있을 것
④ 홈 가공이 쉽고 용접하기가 편할 것

해설 용접 이음부는 가능한 한 용착금속의 양이 적은 것이 수축 변형이 적고, 작업시간도 단축되어 인건비 절감 등을 얻을 수 있다.

37 용접준비 사항 중 용접 변형 방지를 위해 사용하는 것은? ★★

① 앤빌(anvil)
② 스트롱백(strong back)
③ 터닝 롤러(turing roller)
④ 용접 머니퓰레이터(welding manipulator)

해설 스트롱 백 : 용접시공에 가접을 피하기 위해서 피용접재를 구속시키기 위해 사용되는 지그의 일종
③은 파이프 등을 용접할 때 회전시키는 지그의 일종

정답 32 ③ 33 ② 34 ④ 35 ③ 36 ① 37 ②

38 용접구조물 시공 시 비틀림 변형을 경감하기 위한 방법으로 틀린 것은?

① 용접 지그를 활용한다.
② 집중 용접을 피하여 작업한다.
③ 이음부의 맞춤을 정확하게 한다.
④ 용접 순서는 구속이 없는 자유단에서부터 구속이 큰 부분으로 진행한다.

해설 용접 순서는 중심에서 자유단으로 진행해야 된다.

39 허용응력을 계산하는 식으로 옳은 것은?

① 허용응력 = 하중/단면적
② 허용응력 = 단면적/하중
③ 허용응력 = 변형량/단면적
④ 허용응력 = 단면적/변형량

해설 강도, 응력 계산은 '하중/단면적'으로 계산한다.

40 다음 중 위보기 자세를 의미하는 기호는?

① F ② H
③ V ④ O

해설
- F(Flat position) : 아래보기 자세, 1G
- H(Horizontal position) : 수평자세, 2G
- V(Vertical position) : 수직자세, 3G
- O(Overhead position) : 위보기자세, 4G

제3과목 용접일반 및 안전관리

41 피복 아크 용접 작업 중 스패터가 발생하는 원인으로 가장 거리가 먼 것은? ★★

① 운봉이 불량할 때
② 전류가 너무 높을 때
③ 아크 길이가 너무 짧을 때
④ 건조되지 않은 용접봉을 사용했을 때

해설 스패터는 아크 길이가 짧으면 긴 경우보다 적게 생긴다.

42 46.7리터의 산소용기에 150kgf/cm² 이 되게 산소를 충전하였고, 이것을 대기 중에서 환산하면 산소는 약 몇 리터 인가?

① 4090 ② 5030
③ 6100 ④ 7005

해설 압축가스의 대기 환산량은 용기의 내용적 V × 용기 내의 압력 P = 46.7×150 = 7005리터

43 피복 아크 용접 중 용접봉에서 모재로 용융금속이 이행하는 방식이 아닌 것은?

① 단락형 ② 용단형
③ 스프레이형 ④ 글로뷸러형

해설 용착금속의 이행 방식은 크게 ①, ③, ④가 있으며, 좀더 세분하면 14가지가 된다. 용단형은 없다.

정답 38 ④ 39 ① 40 ④ 41 ③ 42 ④ 43 ②

44 TIG용접 시 안전사항에 대한 설명으로 틀린 것은?

① 용접기 덮개를 벗기는 경우 반드시 전원 스위치를 켜고 작업한다.
② 제어장치 및 토치 등 전기계통의 절연 상태를 항상 점검해야 한다.
③ 전원과 제어장치의 접지 단자는 반드시 지면과 접지되도록 한다.
④ 케이블 연결부와 단자의 연결 상태가 느슨해졌는지 확인하여 조치한다.

해설 용접기의 케이스를 벗기거나, 수리를 할 경우는 반드시 전원 스위치를 OFF한 후 3~5분 후(콘덴서 등이 부착된 용접기의 경우)에 실시해야 된다.

45 연납땜에 가장 많이 사용하는 용가재는?

① 구리납　　② 망간납
③ 주석납　　④ 황동납

해설
- 연납 : 융점이 450℃ 이하에서 녹는 납, 주석납이 전기 접점 등에 가장 많이 사용된다.
- 경납 : 융점이 450℃ 이상에서 녹는 납으로 기계적 강도가 필요한 부분에 사용한다.

46 가스용접에서 수소가스 충전용기의 도색 표시로 옳은 것은?

① 회색　　② 백색
③ 청색　　④ 주황색

해설 충전가스 용기의 도색 : 산소 - 녹색, 탄산가스 - 청색, 염소 - 갈색, 암모니아 - 백색, 아세틸렌 - 황색, 프로판 - 회색(왼나사), 아르곤 - 회색 (오른나사)

47 산소-아세틸렌 용접에서 후진법과 비교한 전진법의 특징으로 틀린 것은?

① 용접변형이 크다.
② 용접속도가 느리다.
③ 열 이용률이 나쁘다.
④ 산화의 정도가 약하다.

해설 전진법은 후진법보다 산화가 심하다.

48 아크용접기의 보수 및 점검시 유의해야 할 사항으로 틀린 것은?

① 회전부와 가동부분에 윤활유가 없도록 한다.
② 용접기는 습기나 먼지 많은 곳에 설치하지 않도록 한다.
③ 2차측 단자의 한쪽과 용접기 케이스는 접지를 확실히 해 둔다.
④ 탭 전환의 전기적 접속부는 샌드 페이퍼(sand paper) 등으로 잘 닦아 준다.

해설 대부분의 기계에서 회전부나 가동부분은 윤활유(제)가 필요하다.

49 일반적인 가스압접의 특징으로 틀린 것은?

① 전력이 불필요하다.
② 용가재 및 용제가 불필요하다.
③ 이음부의 탈탄층이 전혀 없다.
④ 장치가 복잡하고 설비비가 비싸다.

해설 가스압접은 장치가 간단하다.

정답 44 ① 45 ③ 46 ④ 47 ④ 48 ① 49 ④

50 다음 중 땜납의 구비조건으로 틀린 것은?

① 접합강도가 우수해야 한다.
② 모재보다 용융점이 높아야 한다.
③ 표면장력이 적어 모재의 표면에 잘 퍼져야 한다.
④ 유동성이 좋고 금속과의 친화력이 있어야 한다.

해설 땜납은 모재보다 용융점이 낮고, 표면 장력이 적어야 된다.

51 가스 절단시 예열불꽃의 세기가 강할 때 나타나는 현상으로 틀린 것은?

① 절단면이 거칠어진다.
② 역화를 일으키기 쉽다.
③ 모서리가 용융되어 둥글게 된다.
④ 슬래그 중 철 성분의 박리가 어려워진다.

해설 예열 불꽃이 강하면 약한 경우보다 역화는 적게 일어난다.

52 탄산가스 아크 용접에 대한 설명으로 틀린 것은?

① 가시 아크이므로 시공이 편리하다.
② 바람의 영향을 받지 않으므로 방풍장치가 필요없다.
③ 전류 밀도가 높아 용입이 깊고, 용접 속도를 빠르게 할 수 있다.
④ 단락 이행에 의하여 박판도 용접이 가능하며, 전자세 용접이 가능하다.

해설 모든 용접에서 바람의 영향을 다 받으나, 특히 CO_2/MAG/MIG 용접은 초속 2m 이상의 경우 방풍장치 등을 설치한 후 용접해야 된다.

53 논 가스 아크 용접의 특징으로 옳은 것은?

① 보호가스나 용제를 필요로 한다.
② 용접장치가 복잡하고 운반이 불편하다.
③ 보호가스의 발생이 적어 용접선이 잘 보인다.
④ 용접 길이가 긴 용접물에 아크를 중단하지 않고 연속 용접을 할 수 있다.

해설 논가스 아크 용접은 와이어 내에 탈산제 등이 충분히 함유되어 있어 보호가스가 없어도 용접성이 양호하다.

54 초음파 용접으로 금속을 용접하고자 할 때 모재의 두께로 가장 적당한 것은?

① 0.01~2mm   ② 2.3~5mm
③ 3.6~9mm   ④ 10~15mm

해설
• 초음파 용접 장치 구성 : 초음(고주)파 발진기, 진동자, 진동 전달 기구, 상하 접촉용 팁과 가압 기구, 각종 자동 제어 장치 등
• 초음파 용접에 알맞은 판두께는 금속에서는 0.01~2mm, 플라스틱류는 1~5mm 정도가 접합에 적합하다.

55 AW 300의 교류 아크 용접기로 조정할 수 있는 2차 전류(A) 값의 범위는?

① 30~220A   ② 40~330A
③ 60~330A   ④ 120~480A

해설 피복아크용접기는 정격 전류의 20~110%까지 조정 가능하다.

정답 50 ② 51 ② 52 ② 53 ④ 54 ① 55 ③

56 가스절단에 사용하는 연료용 가스 중 발열량(kcal/m³)이 가장 낮은 것은?

① 수소　　② 메탄
③ 프로판　④ 아세틸렌

해설
- 발열량 : 수소 - 2448 Kcal/m³
- 부탄 : 26691 Kcal/m³

57 다음 용접기호 중 수평 자세를 의미하는 것은?

① F　　② H
③ V　　④ O

해설
- 수평 자세(H : Horizontal position) : 모재가 수평면과 90° 또는 45° 이상의 경사를 가지며, 용접선이 수평이 되게 하는 용접 자세(2G)
- 수직 자세(V : Vertical position) : 모재가 수평면과 90° 또는 45° 이상의 경사를 가지며, 용접선이 수직이 되게 하는 용접 자세(3G)

58 카바이드(CaC_2)의 취급시 주의사항으로 틀린 것은?

① 카바이드는 인화성 물질과 같이 보관한다.
② 카바이드 통을 개봉할 때 절단가위를 사용한다.
③ 카바이드 운반 시 타격, 충격, 마찰을 주지 말아야 한다.
④ 카바이드 개봉 후 뚜껑을 잘 닫아 습기가 침투되지 않도록 보관한다.

해설 카바이드는 물과 혼합하면 아세틸렌가스가 발생하므로 인화물질과 같이 보관해서는 안 된다.

59 토치를 사용하여 용접 부분의 뒷면을 따내거나 U형, H형의 용접홈으로 가공하기 위한 방법으로 가장 적당한 것은?

① 스카핑　　② 분말 절단
③ 가스 가우징　④ 산소창 절단

해설 가스 가우징, 아크에어 가우징은 홈을 파거나 절단하는데 적용한다.

60 접합할 모재를 고정시킨 후, 비소모식 툴을 이음부에 삽입시킨 후 회전하여 마찰열을 발생시켜 접합하는 것으로, 알루미늄 및 마그네슘 합금의 접합에 주로 활용되는 용접은?

① 오토콘 용접　　② 레이저빔 용접
③ 마찰 교반 용접　④ 고주파 업셋용접

해설
- 마찰열을 이용하는 용접법에는 마찰 압접과 마찰 교반 용접이 있다.
- 마찰 압접 : 두 재료에 각각 반대 방향으로 또는 한 부재에 회전 운동을 주어 발생한 마찰열에 의해 용융되었을 때 압력을 주어 접합하는 용접법

정답 56 ① 57 ② 58 ① 59 ③ 60 ③

2019 제2회 용접산업기사 최근 기출문제

2019년 4월 27일 시행

제1과목 용접야금 및 용접설비 제도

01 제련공정 및 용접공정에서 용융금속과 슬래그와의 반응에 의해 P를 제거하여 금속 중의 P의 함량을 제거시키는 것을 무엇이라고 하는가?
① 탈산 ② 탈황
③ 탈인 ④ 탈탄

해설
- 탈산 : 용탕이나 용착금속에서 산소를 제거하는 처리
- 탈황 : 황을 제거하는 처리

02 다음 스테인리스강 중 내식성, 가공성 및 용접성이 가장 우수한 것은? ★★★
① 페라이트계 스테인리스강
② 펄라이트계 스테인리스강
③ 마텐사이트계 스테인리스강
④ 오스테나이트계 스테인리스강

해설 스테인리스강은 Cr과 Ni이 함유된 오스테나이트계(300계열)이 내열성과 내식성, 용접성이 가장 우수하다.
조직에 따라 페라이트계(18%Cr계), 마텐사이트계(13%Cr계), 오스테나이트계(Cr-Ni계), 석출 경화계, 듀플렉스(2중조직, 페라이트-오스테나이트) 등이 있다.

03 내부 응력의 제거, 경도 저하, 연화를 목적으로 적당한 온도까지 가열한 다음 그 온도에서 유지하고 나서 서랭하는 열처리는?
① 뜨임 ② 풀림
③ 담금질 ④ 심랭처리

해설 풀림(annealing, 소둔) : 강을 적당한 온도로 가열한 후 서랭(로냉)하여 연화, 응력제거, 결정립 미세화 등을 실시하는 열처리이다.

04 한국 산업 규격에서 용접 구조용 압연 강재를 나타내는 종류의 기호는?
① SM 35C ② SM 420A
③ HSM 500 ④ STS 430TKA

해설
- SM35C : 기계 구조용강(0.32~0.38%C)
- STS430TKA : 기계구조용 스테인리스강 관(페라이트계)

05 Fe-C평형상태도에서 아공석강의 탄소 함량은 약 몇 %인가?
① 0.0025~0.80 ② 0.80~2.0
③ 2.0~4.3 ④ 4.3~6.67

해설
- 공석강 : 0.8(0.85)%C 강
- 과공석강 : 0.8(0.85)%C 이상의 강

정답 01 ③ 02 ④ 03 ② 04 ② 05 ①

06 용접부의 노 내 응력 제거 방법에서 가열부를 노에 넣을 때와 꺼낼 때의 노 내 온도는 몇 ℃ 이하로 하는가? ★★★

① 300℃ ② 400℃
③ 500℃ ④ 600℃

해설 노내 풀림법은 600℃ 또는 625℃ ±25℃에서 20분에 10도씩 내려서 잔류응력을 제거하는 방법, 300℃ 이하에서 로에서 꺼내야 된다.

07 Fe-C평형 상태도에서 탄소함유량 4.3%, 온도 1130℃에서 공정반응이 일어날 때, 생성되는 금속 조직은?

① 페라이트 ② 펄라이트
③ 베이나이트 ④ 레데뷰라이트

해설 레데뷰라이트 : 용액이 4.3%C, 1130℃에서 오스테나이트와 시멘타이트(Fe_3C) 조직이 동시에 정출하여 생긴 조직

08 용착금속이 응고할 때 불순물은 주로 어디에 모이는가?

① 결정입계 ② 결정입내
③ 금속의 표면 ④ 금속의 모서리

09 다음 조직 중 브리넬 경도가 가장 높은 것은?

① 페라이트 ② 펄라이트
③ 마텐사이트 ④ 오스테나이트

해설 • 마텐사이트 : HB 600 정도임
• 펄라이트 : HB 200, 페라이트 : HB 80

10 오스테나이트계 스테인리스강의 용접 시 유의해야 할 사항이 아닌 것은?

① 예열을 실시한다.
② 짧은 아크 길이를 유지한다.
③ 층간 온도가 320℃ 이상을 넘어서는 안 된다.
④ 아크를 중단하기 잔에 크레이터 처리를 한다.

해설 오스테나이트 스테인리스강 용접시 예열하면 입계부식이 생기기 쉽다.

11 불규칙한 곡선부분이 있는 부품을 직접 용지 위에 놓고 납선 또는 구리선 등의 연납선을 부품의 윤곽에 대고 스케치하는 방법은?

① 사진법 ② 프린트법
③ 본뜨기법 ④ 프리핸드법

해설 • 프리핸드법 : 제도기나 정규를 쓰지 않고 그림을 그리는 도법, 스케치하는 방법의 하나이다.
• 프린트법 : 평면형의 부품에 다수의 구멍 등이 있을 때 여기에 인주나 먹물, 잉크 등을 묻힌 후 종이에 대고 탁본하듯 형상을 나타나게 하는 방법

12 정투상도법의 제3각법에서 투상 순서로 가장 적합한 것은?

① 눈 → 투상면 → 물체
② 눈 → 물체 → 투상면
③ 물체 → 투상면 → 눈
④ 물체 → 눈 → 투상면

해설 1각법 : 눈 → 물체 → 투상면

정답 06 ① 07 ④ 08 ① 09 ③ 10 ① 11 ③ 12 ①

13 기계 제도에 사용되는 투상법은 제 몇 각법으로 작도함을 원칙으로 하는가?

① 제1각법　② 제2각법
③ 제3각법　④ 제4각법

14 정면, 평면, 측면을 하나의 투상면 위에 동시에 볼 수 있도록 두 개의 옆면 모서리가 수평선과 30°가 되게 하여 세 축이 120°의 등각이 되도록 입체도로 투상한 것은?

① 투시도　② 정 투상도
③ 등각 투상도　④ 부등각 투상도

해설 투시도 : 물체를 원근감이 있게 나타내는 도면으로, 조감도 등에 많이 쓰인다.

15 특수한 용도의 선으로 얇은 부분의 단면 도시를 명시하는데 사용하는 선은?

① 파단선　② 가는 1점 쇄선
③ 가는 2점 쇄선　④ 아주 굵은실선

해설 아주 굵은 실선 : 열처리 위치 표시 등 특별한 부분 표시나, 얇은 판을 나타낼 때 사용한다.

16 도면의 크기에서 A4 제도 용지의 크기는? (단, 단위는 mm이다.)

① 594×841　② 420×594
③ 297×420　④ 210×297

해설 A용지의 크기 : A0 : 841×1189mm, A1 : A0/2(420×594)

17 1지름이 5cm인 원기둥을 전개했을 때의 원둘레의 길이는 얼마인가?

① 1507mm　② 15.7mm
③ 175mm　④ 157mm

해설 50×3.17 = 157

18 제도에서는 특별히 명시하지 않은 경우 어느 치수를 기입하게 되어 있는가?

① 재료치수　② 소재치수
③ 여유치수　④ 마무리(완성)치수

해설 완성(마무리) 치수 : 완성된 제품의 치수

19 다음 그림이 나타내는 용접 명칭으로 옳은 것은? ★★

① 점 용접　② 심 용접
③ 플러그 용접　④ 단속 필릿 용접

해설 플러그 용접이나 슬롯 용접부를 나타내는 기호
- 점용접 : ○

20 치수보조 기호에 대한 용어의 연결이 틀린 것은? ★★

① ∅ - 지름　② C - 치핑
③ R - 반지름　④ S∅ : 구의 지름

해설 치수 보조기호
C : 용접 보조기호에서는 C가 치핑이지만 숫자와 같이 사용하지 않으며, 치수보조기호에서는 모따기(가로×세로 길이가 같은 10mm 이내의 모서리를 따냄)를 나타낼 때 쓰임 예)
C3 : 모서리 가로, 세로를 3mm 모따기 함

정답 13 ③　14 ③　15 ④　16 ④　17 ④　18 ④　19 ③　20 ②

제2과목 용접구조설계

21 다음 용접 기호 중 가장자리 용접 기호로 옳은 것은?

① — ②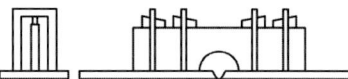
③ ⌒ ④ ‿

해설 ① : 평면 비드, ③ : 볼록비드, ④ : 오목 비드

22 그림과 같은 변형 방지용이 지그의 명칭은?

① 스트롱 백
② 바이스 지그
③ 탄성 역변형 지그
④ 맞대기 이음 각변형 지그

23 다음 그림과 같은 용접 이음의 종류는? ★★

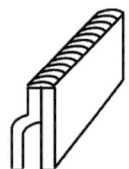

① 변두리이음   ② 모서리이음
③ 겹치기이음   ④ 전면필릿이음

24 용접 구조물을 설계할 때 주의사항으로 틀린 것은?

① 용접 이음의 집중, 접근 및 교차를 피한다.
② 용접치수는 강도상 필요한 치수 이상으로 크게 하지 않는다.
③ 두꺼운 판을 용접할 때에는 용입이 얕은 용접법을 이용하여 층수를 늘린다.
④ 이음의 역학적 특성을 고려하여 구조상의 불연속부, 단면형상의 급격한 변화를 피한다.

해설 후판의 경우 용입이 낮으면 박리 우려가 있으며, 가능한 한 굵은 용접봉이나 와이어를 사용하여 층수를 줄이는 것이 변형방지와 용접시간이 단축된다.

25 용접부의 이음효율을 계산하는 식으로 옳은 것은?

① 이음효율 = $\dfrac{\text{모재의 인장강도}}{\text{용접시편의 인장강도}} \times 100(\%)$

② 이음효율 = $\dfrac{\text{모재의 충격강도}}{\text{용접시편의 충격강도}} \times 100(\%)$

③ 이음효율 = $\dfrac{\text{용접시편의 충격강도}}{\text{모재의 충격강도}} \times 100(\%)$

④ 이음효율 = $\dfrac{\text{용접시편의 인장강도}}{\text{모재의 인장강도}} \times 100(\%)$

해설 이음 효율이란 용착금속의 인장강도가 모재의 인장강도보다 얼마나 높은가 낮은가의 정도를 나타낸다.

26 서브머지드 아크 용접에서 와이어 돌출길이는 와이어 지름의 몇 배 전후가 가장 적당한가?

① 2배   ② 5배
③ 8배   ④ 12배

해설 서브머지드 아크용접에서 와이어 돌출길이는 와이어 지름의 8배 정도로 돌출시킨다.

정답 21 ② 22 ① 23 ① 24 ③ 25 ④ 26 ③

27 용접시공시 모재의 열전도를 억제하여 변형을 방지하는 방법으로 가장 적합한 것은?

① 피닝법 ② 도열법
③ 역변형법 ④ 가우징법

해설 역변형법 : 용접 중 용접방향으로 변형이 생길 정도를 용접 전에 용접 반대방향으로 변형을 주는 변형 방지법

28 다음 용접 결함 중 구조상 결함에 속하지 않는 것은?

① 변형 ② 기공
③ 균열 ④ 오버랩

해설 변형, 치수오차, 각도 불량 등은 치수상 결함이다.

29 일반적으로 가접(tack welding)시에 수반되는 용접 결함이라고 볼 수 없는 것은?

① 기공 ② 균열
③ 슬래그 섞임 ④ 용접 홈각도 증가

30 TIG 용접의 극성에서 직류 성분을 없애기 위하여 2차 회로에 삽입이 불가능한 것은?

① 축전지 ② 초음파
③ 정류기 ④ 직렬 콘덴서

해설 직류 성분을 없게 하기 위해 삽입하는 것은 ①, ③, ④ 외에 리액터 등이 있다.

31 용접봉의 용착효율은 용접봉의 소요량을 산출하거나 용접 작업시간을 판단하는데 필요하다. 용착효율(%)을 나타내는 식으로 옳은 것은? ★★

① 용착효율(%) = $\dfrac{\text{피복제의 중량}}{\text{용착금속의 중량}} \times 100$

② 용착효율(%) = $\dfrac{\text{용착금속의 중량}}{\text{피복제의 중량}} \times 100$

③ 용착효율(%) = $\dfrac{\text{용착금속의 중량}}{\text{용접봉 사용중량}} \times 100$

④ 용착효율(%) = $\dfrac{\text{용접봉 사용중량}}{\text{용착금속의 중량}} \times 100$

해설 용착 효율 : 용착금속에 소요된 용접봉의 중량이 얼마인가를 비율로 나타낸 것, 대부분은 용착금속의 중량보다 용가재의 소요 중량이 더 크다.

32 용접부에 균열이 발생했을 때 보수 방법으로 가장 적합한 것은?

① 가열 후 해머링한다.
② 엔드탭을 사용하여 재용접한다.
③ 국부풀림을 이용하여 열처리한다.
④ 정지구멍을 뚫고 가우징 후 재용접한다.

해설
• 기공, 슬래그 섞임 : 연삭하여 재용접한다.
• 언더컷 : 가는 용접봉으로 언더컷 부분을 재용접한다.
• 균열 : 양단에 드릴 구멍(스톱 홀)을 뚫고 균열 부분을 연삭하여 정상 홈으로 한 후 용접한다.

33 다음 중 크리프(creep) 곡선의 영역에 속하지 않는 것은?

① 강도 크리프 ② 천이 크리프
③ 정상 크리프 ④ 가속 크리프

해설 크리프 곡선은 1차(천이) 크리프 - 2차(정상) 크리프 - 3차(가속) 크리프 단계로 구분한다.

정답 27 ② 28 ① 29 ④ 30 ② 31 ③ 32 ④ 33 ①

34 각 층마다 전체의 길이를 용접하면서 쌓아올리는 용착법은?

① 비석법   ② 대칭법
③ 덧살 올림법   ④ 캐스케이드법

해설 비석법 : 일정구간을 드문드문 용접한 후 다시 그 사이를 드문드문 용접하는 법, 박판의 변형 방지법으로 많이 적용함

35 다음 용접부 표면결함 검출법 중 렌즈, 반사경을 이용하여 작은 결함을 확대하여 조사하거나 치수의 적부를 조사하는 것은?

① 육안검사   ② 침투검사
③ 자기검사   ④ 와류검사

36 피(피이)닝(peening method)법은 몇 도 이상에서 실시해야만 효과가 있는가?

① 100℃ 이상   ② 200℃ 이상
③ 500℃ 이상   ④ 700℃ 이상

37 일반적인 용접구조물을 제작할 때, 용접 순서를 결정하는 기준으로 틀린 것은?

① 용접구조물이 조립되면서 용접이 곤란한 경우가 발생하지 않도록 한다.
② 용접물의 중심에서 항상 좌우가 대칭이 되도록 용접해 나간다.
③ 수축이 작은 이음을 먼저하고 수축이 큰 이음은 나중(가급적 뒤)에 용접한다.
④ 구조물의 중립축에 대하여 수축력의 모멘트의 합이 0이 되도록 한다.

해설 용접이음 우선순위 중 수축이 큰 이음을 먼저하고, 수축이 적은 이음은 나중에 한다. 맞대기이음과 필릿 이음이 있을 경우 맞대기 이음 후 필릿 용접을 한다.

38 다음 중 맞대기 용접이음시 과대한 덧살이 용접이음에 주는 영향을 설명한 것으로 적당하지 않는 것은?

① 덧살은 응력집중을 일으킬 수 있다.
② 덧살을 작게 하면 수축변형이 적어진다.
③ 덧살을 크게 하면 피로강도가 증가한다.
④ 덧살은 보강 덧붙임으로서 필요하므로 관계없다.

해설 맞대기 이음의 덧살이 과대한 경우 단면 급변 부분에 응력집중이 크므로 피로강도가 감소되므로 가능한한 작게해야 된다.

39 용접비용을 줄이기 위해 고려해야 할 사항으로 틀린 것은?

① 효과적인 재료 사용 계획을 세운다.
② 조립 정반 및 용접 지그를 활용한다.
③ 인원 배치 및 교대 시간 등에 대한 시간 계획을 잘 세운다.
④ 개선 홈 가공 정밀도가 불량하더라도 우선 용접작업을 수행한다.

해설 용접 비용 절약 방안으로 개선 정밀도가 좋으면 용접 작업도 쉬워진다. 다만 너무 정밀하게 가공할 경우 가공비용이 과다해지므로 용접법에 따라 적당히 선택해야 된다. 자동용접의 경우 정밀도가 높아야 되며, 수동용접의 경우 정밀도가 좀 낮아도 된다.

정답 34 ③ 35 ① 36 ② 37 ③ 38 ④ 39 ④

40 두께 10mm, 폭 20mm인 시편을 인장시험한 후 파단부위를 측정하였더니 두께 8mm, 폭 16mm가 되었을 때 단면수축률은 몇 %인가? ★★

① 36　　② 48
③ 64　　④ 82

해설 단면 수축률
$$= \frac{원단면적 - 파단 후 단면적}{원단면적} \times 100$$
$$= \frac{10 \times 20 - 8 \times 16}{10 \times 20} \times 100$$
$$= 36$$

제3과목　용접일반 및 안전관리

41 가스절단에서 절단용 산소 중에 불순물이 증가되었을 때 나타나는 현상으로 옳은 것은?

① 절단면이 거칠어진다.
② 절단시간이 단축된다.
③ 절단 홈의 폭이 좁아진다.
④ 슬래그 박리성이 양호하다.

해설 절단 산소에 불순물이 증가하면 절단속도가 늦어지고, 깨끗하게 절단되지 않는다.

42 아크에어 가우징에 대한 설명으로 틀린 것은?

① 그라인딩이나 가스 가우징 보다 작업능률이 높다.
② 용접 현장에서 결함부 제거, 용접 홈의 준비 및 가공 등에 이용된다.
③ 비철금속(스테인리스강, 알루미늄, 동합금 등)에는 사용할 수 없다.
④ 가우징 봉은 탄소와 흑연의 혼합물로 만들어지고, 표면은 구리로 도금한다.

해설 아크 에어 가우징은 아크가 발생되는 금속에는 거의 사용할 수 있다.

43 침몰선의 해체나 교량의 개조공사 등에 쓰이는 수중절단 작업에서 예열가스의 양은 공기 중에서보다 몇 배가 필요한가?

① 1　　② 3
③ 4~8　　④ 10~15

해설 수중 절단시 예열 가스는 공기 중보다 4 내지 8배의 가스가 소요된다.

44 자동으로 용접을 하는 서브머지드 아크 용접에서 루트 간격과 루트면의 필요한 조건은? (단, 받침쇠가 없는 경우이다.)

① 루트간격 3mm 이상, 루트면 ±5mm 허용
② 루트간격 0.8mm 이하, 루트면 ±1mm 허용
③ 루트간격 0.8mm 이상, 루트면 ±5mm 허용
④ 루트간격 10mm 이상, 루트면 ±10mm 허용

해설 서브머지드 아크용접에서 맞대기 용접을 할 경우 루트 간격이 0.8mm 이상일 경우 누설 방지 비드를 놓거나, 받침쇠를 사용해야 된다.

정답　40 ①　41 ①　42 ③　43 ③　44 ②

45 아크 용접 작업장 안에서 나타나는 상황의 설명으로 옳지 않은 것은?

① 작업 중 해로운 가스가 발생한다.
② 용접 시 발생하는 가스에 일산화탄소가 함유되어 있다.
③ 아크 용접 시 저융점 금속의 경우도 증기가 발생한다.
④ 아연도금판 용접에는 유독한 금속증기가 발생하나, 납 도금 판의 경우에는 증기가 발생하지 않아 중독의 위험이 없다.

해설 납이나 아연 등의 도금이 된 용접부에서는 유독 가스가 발생하므로 반드시 방독면을 쓰고 용접작업에 임해야 된다.

46 다음 용접 중 산화철 분말과 알루미늄 분말의 혼합제에 점화시켜 화학반응을 이용하여 용접하는 것은?

① 테르밋 용접   ② 스터드 용접
③ 전자 빔 용접 ④ 아크 점 용접

해설
- 아크 점 용접 : 아크의 고열과 그 집중성을 이용하여 겹친 2장의 판재의 한쪽에서 아크를 0.5~5초 정도 발생시켜 전극 팁의 바로 아래 부분을 국부적으로 융합시키는 아크에 의한 점 용접법
- 적용 : 대부분 1.0~3.2mm 정도의 위판과 3.2~6.0mm 정도의 아래판을 맞추어 용접하며, 6.0mm까지는 구멍을 뚫지 않고, 그 이상은 구멍을 뚫고 플러그 용접으로 시공
- 테르밋 용접 : 산화철 분말과 알루미늄 분말을 3~4 : 1로 혼합하여 로에 넣고 마그네슘 분말 등을 넣어 점화하면 1200℃ 정도 가열되면서 화학 반응을 일으켜 약 2800℃까지 상승하면서 용탕과 산화물로 분리되며 이 용탕에 적당한 합금제를 첨가하여 접합하고자 하는 곳에 부어 용접하는 방법

47 피복 아크 용접에서 아크가 용접의 단위 길이 1cm 당 발생하는 용접 입열(H)을 구하는 식은? (단, 아크전압 $E(I)$, 아크 전류 I(A), 용접속도 V(cm/min)이다.)

① $H = \dfrac{EI}{60V}$ (J/cm)

② $H = \dfrac{60V}{EI}$ (J/cm)

③ $H = \dfrac{V}{60EI}$ (J/cm)

④ $H = \dfrac{60EI}{V}$ (J/cm)

해설 용접 입열 계산 : 전압과 전류의 곱한 열을 용접속도로 나눈 단위 cm당 값으로 용접 속도가 분(min)당이므로 전류와 전압의 곱에 60을 곱한 것이다.

48 탄산가스 아크용접 장치에 해당되지 않은 것은?

① 제어 케이블   ② 세라믹 노즐
③ CO_2 용접 토치 ④ 와이어 송급장치

해설 세라믹 노즐은 TIG 용접 토치의 가스컵 역할을 하는 노즐이다.

49 피복 아크 용접봉에서 피복제의 역할이 아닌 것은?

① 아크를 안정시킨다.
② 용착 금속의 냉각속도를 빠르게 한다.
③ 용적을 미세화하고 용착 효율을 높인다.
④ 용착 금속에 필요한 합금 원소를 첨가한다.

해설 피복제의 역할 : 피복제가 녹아 슬래그가 됨으로서 용착금속의 냉각속도를 느리게 하여 경화 방지와 가스 방출을 촉진한다.

정답 45 ④ 46 ① 47 ④ 48 ② 49 ②

50 탄산가스 아크 용접의 특징으로 틀린 것은?

① 용착금속의 기계적 성질 및 금속학적 성질이 좋다.
② 전류밀도가 높으므로 용입이 깊고 용접 속도를 빠르게 할 수 있다.
③ 가시아크 이므로 용융지의 상태를 보면서 용접할 수 있어 시공이 편리하다.
④ 솔리드 와이어를 이용한 용접에서는 용제가 필요하고 슬래그 섞임이 발생하여 용접후의 처리가 필요하다.

해설 솔리드 와이어는 피복제나 용제가 없는 단체 와이어이므로 슬래그 섞임이 거의 없다.

51 일반적인 용접의 특징으로 틀린 것은?

① 재료가 절약된다.
② 변형, 수축이 없다.
③ 기밀성, 수밀성이 우수하다.
④ 기공, 균열 등 결함이 있다.

해설 용접의 단점은 변형이나 수축이 있으며, 잔류응력 발생과 저온 취성 발생의 우려가 있다. 또한 품질검사가 곤란하다.

52 가스용접에서 사용하는 가스의 종류과 용기의 색상이 옳게 짝지어진 것은?

① 산소 - 황색
② 수소 - 주황색
③ 탄산가스 - 녹색
④ 아세틸렌가스 - 흰색

해설 가스 용기의 색
• 산소 : 녹색
• 탄산가스 : 청색
• 아세틸렌가스 : 황색

53 불활성 가스 텅스텐 아크 용접에서 직류 정극성 사용에 관한 내용으로 옳은 것은?

① 비드 폭이 넓어진다.
② 전극이 냉각되며 용입이 얕아진다.
③ 양극(+)에 모재를, 음극(-)에 토치를 연결한다.
④ 직류 역극성을 사용할 때 보다 청정 작용이 우수하다.

해설 직류 역극성 : 양극에 토치(전극)를, 음극에 모재를 연결한 극성으로 청정작용이 있으며, 비드 폭은 넓고 용입은 낮다.

54 일반적인 가스용접에 사용하는 차광유리의 차광도 번호로 가장 적합한 것은?

① 0~1번
② 2~3번
③ 4~8번
④ 10~12번

해설 차광유리의 차광도
• 납땜 : 2~4번
• 아크용접 : 9~12번

55 플라스마 아크 용접의 특징으로 틀린 것은?

① 전류 밀도가 높아 용입이 깊다.
② 아크의 방향성과 집중성이 좋다.
③ 1층으로 용접할 수 있으므로 능률적이다.
④ 용접부에 텅스텐이 혼입될 가능성이 높다.

해설 플라스마 용접의 장점 : ①, ②, ③
• 열적, 자기적 핀치 효과에 의해 비드 폭이 좁으며, 용접 속도가 빠르다.
• 용접부의 금속학적, 기계적 성질이 좋으며, 변형이 적다.
• 각종 재료의 용접이 가능하며, 수동 용접도 쉽게 할 수 있고, 숙련을 요하지 않는다.
플라스마 용접의 단점
• 설비비가 많이 들고 무부하 전압이 높다.

정답 50 ④ 51 ② 52 ② 53 ③ 54 ③ 55 ④

(교류 아크 용접기의 2~3배)
- 용접 속도가 빨라 가스 보호가 불충분하며, 용접부에 경화 현상이 일어나기 쉽다.
- 모재가 오염된 경우 비드가 불균일하고, 용접부의 품질 저하가 일어날 수 있다.
- 플라스마 아크용접은 텅스텐의 혼입이 거의 없다.

56 내용적 40리터의 산소용기에 125kgf/cm² 의 산소가 들어있다. 1시간에 200리터를 사용하는 토치를 쓰고 있을 때, 1 : 1의 중성 불꽃으로는 약 몇 시간을 쓸 수 있는가?

① 2　　② 4
③ 25　　④ 40

해설 용기 내의 산소의 사용시간 계산 : 대기 중에 방출될 총가스량/프랑스식 토치의 크기 = 40×125/200 = 25시간

57 피복 아크 용접 시 아크 쏠림 방지 대책이 아닌 것은?

① 직류로 용접한다.
② 짧은 아크를 사용한다.
③ 용접봉 끝을 아크 쏠림 반대 방향으로 기울인다.
④ 접지점을 될 수 있는 대로 용접부에서 멀리 한다.

해설 아크 쏠림은 직류 용접시 일어나므로 방지대책은 교류용접기를 사용하여야 한다.

58 이음 형상에 따른 저항용접의 분류 중 맞대기 용접에 속하지 않는 것은?

① 점 용접　　② 플래시 용접
③ 버트업셋 용접　④ 퍼커션 용접

해설 전기 저항용접의 종류
- 맞대기 이음 : ②, ③, ④
- 겹치기 이음 : 점용접, 시임용접, 프로젝션 용접

59 교류 아크 용접 시 비안전형 홀더를 사용할 때 가장 발생하기 쉬운 재해는?

① 낙상 재해　　② 협착 재해
③ 전도 재해　　④ 전격 재해

해설 비안전형 홀더는 봉 물림 부분에 절연제가 없는 홀더를 말하며, 감전(전격)의 위험이 있다. 요즈음은 거의 판매되지 않는다.

60 다음 피복 아크 용접봉 가스 실드계의 대표적인 용접봉으로 셀롤로오스를 20~30% 정도 포함하고 있으며, 파이프 용접에 이용되는 용접봉은?

① E4301　　② E4303
③ E4311　　④ E4316

해설
- E4301 : 일미나이트계, 일미나이트 광석이 30% 이상 함유한 피복아크용접봉
- E4303 : 라임티타니아계, 산화티탄을 30% 이상 함유한 슬래그 생성계 피복아크용접봉
- E4316 : 저수소계, 석회석, 불화칼슘을 함유한 봉으로 사용 전에 300~350℃로 1~2시간 건조한 후 70~120℃로 보온되는 보온통에 넣고 사용하여 수소의 발생을 최소화시킨 봉

정답 56 ③　57 ①　58 ①　59 ④　60 ③

2019 제3회 용접산업기사 최근 기출문제

2019년 8월 4일 시행

제1과목 용접야금 및 용접설비 제도

01 레일을 만드는데 적합한 탄소강의 탄소 함유량은 어느 것이 적당한가?
① 0.15~0.3%C   ② 0.4~0.5%C
③ 0.5~0.8%C   ④ 0.85~0.95%C

해설 0.4~0.5% 탄소강은 크랭크 축, 차축, 기어, 스프링, 피아노선, 캠, 레일, 볼트, 파이프 등의 제조에 사용된다.

02 다음 중 입방정계의 결정격자구조에 해당하지 않는 것은?
① SC   ② BCC
③ FCC   ④ HCP

해설 HCP는 Hexagonal Close Packed lattice(조밀육방격자)의 첫 자를 딴 것이다.

03 Fe-C 평형 상태도에서 용융액으로부터 γ(감마) 고용체와 시멘타이트가 동시에 정출하는 점은?
① 포정점   ② 공석점
③ 공정점   ④ 고용점

해설 Fe-C 상태도에서 4.3%C, 1130℃에서 액체에서 2개의 고용체의 혼합 조직이 정출하는 공정 반응을 한다. 이 때 생긴 조직이 레데뷰라이트이다.

04 연강용 피복 아크 용접봉에서 피복제의 염기도가 가장 낮은 것은?
① 티탄계   ② 저수소계
③ 일미나이트계   ④ 고셀룰로스계

해설 피복아크 용접봉에서 염기도가 높으면 작업성은 나쁘나 내균열성은 좋다. 염기도가 높은 순서는 저수소계 > 일미나이트계 > 고셀룰로스계 > 티탄계 순이다.

05 용접하기 전 예열을 하는 목적으로 틀린 것은?
① 수축변형의 감소를 위하여
② 용접 작업성의 개선을 위하여
③ 용접부의 결함을 방지하기 위하여
④ 용접부의 냉각 속도를 빠르게 하기 위하여

해설 용접부의 예열의 목적은 용착금속의 냉각속도를 느리게 하여 경화나 가스 방출을 쉽게 해주기 위한다.

06 다음 중 용접 구조용 압연 강재는?
① STC2   ② SS330
③ SM275A   ④ SMn433

정답 01 ② 02 ④ 03 ③ 04 ① 05 ④ 06 ③

해설
- STC2 : 탄소 공구강 2종
- SS330 : 일반구조용압연강재, 최소인장강도 330N/mm²
- SMn433(SMn1) : 기계구조용 망간강재

07 내부응력 재거, 경도 저하, 절삭성 및 냉간 가공성을 향상시키기 위해 실시하는 일반열처리는?

① 뜨임 ② 풀림
③ 청화법 ④ 오스포밍

해설 풀림 : 연화, 가공성 향상, 잔류응력 제거, 구상화 등을 위해 실시하는 열처리

08 두 가지 이상의 금속 원소가 간단히 원자비로 결합되어 있는 물질을 무엇이라고 하는가?

① 층간 화합물 ② 합금 화합물
③ 치환 화합물 ④ 금속간 화합물

해설 금속간 화합물 : 매우 경취하며, 비금속적 성질을 띤다. 비교적 용융점이 높으나 쉽게 분해되는 현상이 있다.

09 일반적인 용접작업 시 각종 금속의 예열에 대한 설명으로 틀린 것은?

① 주철의 경우 용접 홈을 600~700℃로 예열한다.
② 알루미늄 합금, 구리 합금은 200~400℃ 정도로 예열한다.
③ 고장력강, 저합금강의 경우 용접 홈을 50~350℃로 예열한다.
④ 연강을 0℃ 이하에서 용접할 경우 이음의 양쪽 폭 100mm 정도를 40~75℃로 예열한다.

해설 주철의 용접홈 예열 온도 : 500~600℃

10 규소는 선철과 탈산제에서 잔류하게 되며, 보통 0.35~1.0%를 함유한다. 규소가 페라이트 중 고용되면 생기는 영향으로 틀린 것은?

① 용접성을 저하시킨다.
② 결정립을 조대화 한다.
③ 연신률과 충격값을 감소시킨다.
④ 강의 인장강도, 탄성한계, 경도를 낮게 한다.

해설 Si가 용접성에 미치는 영향 : 강의 인장강도, 탄성한계, 경도를 높게 한다.

11 다음 용접 보조기호의 설명으로 옳은 것은? ★★

① 오목 필릿용접
② 평면 마감 처리한 필릿용접
③ 매끄럽게 처리한 필릿용접
④ 표면 모두 평면 마감 처리한 필릿용접

해설 : 필릿 용접부의 비드 끝을 매끄럽게 처리하라는 지시기호

12 치수선, 보조선, 치수보조선, 지시선, 회전단면선에 사용되는 선으로 가장 적합한 것은?

① 가는 실선 ② 가는 파선
③ 굵은 실선 ④ 굵은 파선

해설 가는 실선의 용도 : 치수선, 치수보조선, 해

정답 07 ② 08 ④ 09 ① 10 ④ 11 ③ 12 ①

칭선, 지시선, 인출선, 회전 단면선 등에 쓰임

13 일반 구조용 압연 강재를 KS기호로 바르게 나타낸 것은?

① SM45C   ② SS235
③ SGT275 ④ SPP

해설
- SM45C : 기계구조용탄소강, 0.42~0.48%C 의 탄소강
- SGT275 : 2016년도에 STK400이 SGT275 로 변경됨, 일반구조용 탄소강관, 항복강도 275N/mm²
- SPP : 배관용탄소강관

14 다음 중 관 결합 방식의 종류가 아닌 것은?

① 용접식 이음   ② 풀리식 이음
③ 플랜지식 이음 ④ 턱걸이식 이음

15 용접 기호 설명선 표시 방법으로 틀린 것은?

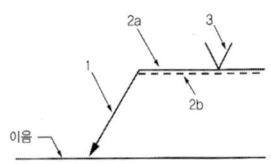

① 1 = 화살표(지시선)
② 2a = 기준선(실선)
③ 2b = 동일선(파선)
④ 3 = 비파괴 시험 기호

해설 ④는 용접 기호임

16 도형의 방향 선정에 대한 설명 중 틀린 것은?

① 그 부분의 가공량이 가장 많은 공정을 기준으로 한다.
② 될 수 있는대로 그 부분이 가공될 때의 상태와 같은 방향으로 그린다.
③ 작업의 중점이 되는 부분이 오른쪽에 오도록 그린다.
④ 그리기 편한대로 그린다.

17 치수를 기입할 때 필요하지 않는 선은?

① 치수선   ② 치수 보조선
③ 파단선   ④ 지시선

18 사투상도에 있어서 경사측의 각도로 가장 적합하지 않은 것은?

① 20° ② 30°
③ 45° ④ 60°

해설 사투상도는 15°, 30°, 45°, 60°로 그린다.

19 핸들이나 바퀴 등의 암 및 림, 리브, 훅 등의 절단부위를 90°회전시켜서 그린 단면도는? ★★★★

① 온 단면도   ② 한쪽 단면도
③ 부분 단면도 ④ 회전도시 단면도

해설 핸들이나 바퀴의 암 및 리브 등은 길이방향 으로 절단하여 단면할 수 없으며, 직각방향 으로 회전시켜 단면을 나타낸다.

20 숫자나 로마자의 글자체는 원칙적으로 수직에 대하여 어떻게 쓰는가?

① 0°
② 왼쪽으로 15° 경사체
③ 오른쪽으로 75° 경사체
④ 오른쪽으로 15° 경사체

정답 13 ② 14 ② 15 ④ 16 ④ 17 ③ 18 ① 19 ④ 20 ④

제2과목 용접구조설계

21 용접이음 설계시 용접이음을 선택하는데 고려사항으로 가장 관련이 적은 것은?

① 용접방법
② 제품수량
③ 재질
④ 구조물의 종류와 형상

해설 용접이음부 형상 선택시 고려사항 : 하중의 종류 및 크기, 용접방법, 두께, 구조물의 종류, 형상 및 재질, 변형 및 용접성

22 용접 결함의 분류에서 내부결함에 속하지 않는 것은?

① 기공
② 은점
③ 언더컷
④ 선상조직

해설 언더컷, 오버랩 등은 외부 결함이다.

23 용접부에 발생하는 기공이나 피트의 원인으로 가장 거리가 먼 것은?

① 용접봉 건조 불량
② 용접 홈 각도의 과대
③ 이음부에 녹이나 이물질 부착
④ 용접 전류가 높고 아크 길이가 길 때

해설 기공이나 피트 등은 가스 배출 불량이나 이물질 부착 등에 의한 결함으로 홈 각도의 과대와 무관하다.

24 약 25g의 강구를 25cm 높이에서 낙하시켰을 때 20cm 튀어 올랐다면 쇼어경도 (HS)값은 약 얼마인가? (단, 계측통은 목측형(C형)이다.)

① 112.4
② 192.3
③ 123.1
④ 154.1

해설 쇼어경도
$= \dfrac{10000}{65} \times \dfrac{h(낙하물체의\ 튀어오른\ 높이)}{h_0(낙하물체의\ 높이)}$
$= \dfrac{10000}{65} \times \dfrac{20}{25} = 123.1$

25 강에서 탄소량이 증가할 때 기계적 성질의 변화로 옳은 것은?

① 경도가 증가한다.
② 인성이 증가한다.
③ 전연성이 증가한다.
④ 단면 수축률이 증가한다.

해설 강에서 탄소량이 증가하면 경도, 강도가 증가하며, 전연성, 단면수축률, 연신률, 충격치는 감소한다.

26 피복 아크 용접을 이용하여 연강 맞대기 용접을 실시할 때 용접 경비를 줄이기 위한 방법으로 가장 거리가 먼 것은?

① 적절한 용접봉을 선정하여 용접한다.
② 용접용 고정구를 사용하여 용접한다.
③ 재료를 절약할 수 있는 용접방법을 사용하여 용접한다.
④ 용접 지그를 사용하여 위보기 자세 위주로 용접한다.

해설 용접작업시 지그를 사용하여 용접을 쉽게 하는 것이며, 용접하기 어려운 위보기 자세 위주로 용접하기 위한 것이 아니다.

정답 21 ② 22 ③ 23 ② 24 ③ 25 ① 26 ④

27 용접 재료의 시험 중 경도 시험에 포함되지 않는 것은?

① 쇼어 경도 시험
② 비커스 경도 시험
③ 현미경 경도 시험
④ 브리넬 경도 시험

해설 브리넬 경도시험 : 재료에 강철 볼(10mm, 5mm)을 일정한 하중(3000, 1000, 750, 500kg)으로 시험편의 표면에 압입한 후, 이때 생긴 오목 자국의 표면적으로 하중을 나눈 값을 HB로 표시한다.
재료 시험에서 현미경 경도시험은 없다.

28 탐촉자를 이용하여 결함의 위치 및 크기를 검사하는 비파괴시험법은?

① 침투탐상시험 ② 자분탐상시험
③ 방사선투과시험 ④ 초음파탐상시험

해설 탐촉자는 초음파 탐상시험에 사용하는 진동자이다.

29 파이프 용접 시 용접 능률과 품질을 향상시킬 수 있고 아래보기 자세의 유지가 가능한 용접 지그는?

① 정반 ② 터닝롤러
③ 스트롱 백 ④ 바이스 플라이어

해설 터닝 롤러는 파이프를 수평으로 올려놓고 회전시키면서 아래보기 자세로 용접할 수 있는 기구이다.

30 일반적인 주철의 용접 시 주의사항으로 틀린 것은?

① 용접봉은 지름이 굵은 것을 사용한다.
② 비드의 배치는 짧게 여러 번 실시한다.
③ 가열되어 있을 때는 피닝 작업을 하여 변형을 줄이는 것이 좋다.
④ 용접 전류는 필요 이상 높이지 않고, 지나치게 용입을 깊게 하지 않는다.

해설 주철의 용접시 용접봉은 가급적 가는 봉을 사용하며, 짧은 아크길이로 운봉없이 직선비드로 쌓아야 한다.

31 다음 이음 홈 형상 중 가장 얇은 판의 용접에 이용되는 것은?

① I형 ② V형
③ U형 ④ K형

해설 I형 홈은 아크용접시 6mm 이하의 박판 맞대기 용접시 적용하는 홈의 형상이다.

32 다음 중 수직자세를 나타내는 기호는?

① O ② F
③ V ④ H

33 필릿 용접의 인장 강도 계산식으로 맞는 것은?

① 인장 강도$(\sigma_t) = \dfrac{\text{목두께의 단면적}(h\ell)}{\text{용접부 최대하중}(P)}$

② 인장 강도$(\sigma_t) = \dfrac{\text{용접부 최대 하중}(P)}{\text{목 두께의 단면적}(h\ell)}$

③ 인장 강도$(\sigma_t) = \dfrac{\text{용접부 최소 하중}(P)}{\text{다리길이 단면적}(h\ell)}$

④ 인장 강도$(\sigma_t) = \dfrac{\text{다리 길이크기}(h)}{\text{목 두께의 단면적}(h\ell)}$

정답 27 ③ 28 ④ 29 ② 30 ① 31 ① 32 ③ 33 ②

34 일반 연강 용접에서 용착률은 용접봉 직경 4~5mm일 때 대략 얼마인가?

① 30~40% ② 40~50%
③ 50~60% ④ 60~70%

해설 피복 아크용접봉은 피복제, 스패터, 슬래그, 홀더에 남은 잔봉 등으로 용착률은 50~60%이다.

35 용접구조물을 설계할 때 일반적인 주의사항으로 틀린 것은?

① 용접에 적합한 설계와 용접하기 편하고 쉽도록 설계할 것
② 용접 길이는 짧게 하고 용착량도 강도상 필요한 최소량으로 설계할 것
③ 용접이음이 한 곳에 집중되고 용접선이 한쪽방향으로 되도록 설계할 것
④ 노치 인성이 우수한 재료를 선택하여 시공하기 쉽게 설계할 것

해설 용접 이음시 용접부가 한 곳에 집중되지 않게 해야 되며, 겹칠 경우 스캘럽 등을 설치하여 응력집중을 피해야 된다.

36 용접부를 연속적으로 타격하여 표면층의 소성변형을 주어 잔류응력을 감소시키는 방법은?

① 피닝법   ② 변형 교정법
③ 응력제거 풀림   ④ 저온 응력 완화법

해설 저온 응력 완화법 : 용접선 방향에 큰 인장 잔류 응력이 생긴 용접선의 양측을 정속도로 이동하는 가스 불꽃에 의해 폭이 약 150mm 범위를 150~200℃ 정도로 가열한 다음 즉시 수냉함으로써 용접선 방향의 인장 응력을 완화시키는 방법

37 그림과 같은 V형 맞대기 용접 이음부에서 각부의 명칭 중 틀린 것은? ★★

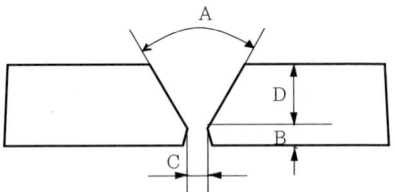

① A : 홈 각도   ② B : 루트 면
③ C : 루트 간격 ④ D : 비드 높이

해설 D : 용접부 단면 치수

38 용접부에 응력제거 풀림을 실시했을 때 나타나는 효과가 아닌 것은?

① 충격저항의 감소
② 응력부식의 방지
③ 크리프 강도의 향상
④ 열영향부의 템퍼링 연화

해설 응력제거 풀림을 하면 충격저항이 증가한다.

39 스프링강은 사용 중에 영구 변형이 일어나지 않아야 하므로 어떤 조직이 좋은가?

① 마텐사이트 ② 소르바이트
③ 페라이트   ④ 펄라이트

해설 스프링의 반복 하중에도 견딜 수 있어야 하므로 강하고 질긴 강인한 소르바이트 조직이 요구된다.

40 용접부의 응력 집중을 피하는 방법이 아닌 것은?

① 판 두께가 다른 경우 라운딩(rounding)이나 경사를 주어 용접한다.
② 모서리의 응력 집중을 피하기 위해 평탄부에 용접부를 설치한다.
③ 용접 구조물에서 용접선이 교차하는 곳에는 부채꼴 오무부를 주어 설계한다.
④ 강도상 중요한 용접이음 설계 시 맞대기 용접부는 가능한 피하고 필릿 용접부를 많이 하도록 한다.

해설
- 응력 집중 : 용접부의 결함 부분에서 국부적으로 응력이 증가하는 현상
- 용접부의 응력 집중 : 용접부 결함은 피로 강도, 충격 강도, 인장 강도의 순으로 영향이 크다. 그 원인은 용접 결함부는 다른 부분에 비해 단면 변화나 결함의 영향으로 응력 집중 현상이 크기 때문이며, 응력 집중률이 커지면 평균 응력(σ n)이 낮아도 최대 공칭 응력(σ max)이 높아지기 때문에 구조물에서는 위험하다.
필릿 용접부는 일반적으로 완전 용입을 시키지 않으며, 단면 변화가 크므로 맞대기 용접부보다 응력집중이 크며, 피로강도가 낮으므로 가급적 피하는 것이 좋다.

제3과목 용접일반 및 안전관리

---

41 300A 이상의 아크용접 및 절단 시 착용하는 차광 유리의 차광도 번호로 가장 적합한 것은?

① 1~2   ② 5~6
③ 9~10 ④ 13~14

해설 300A 이상 고전류를 사용한 아크 용접의 경우 높은 차광도의 유리를 사용해야 된다.

42 이음 형상에 따른 저항 용접의 분류에서 맞대기 용접에 속하는 것은?

① 점 용접   ② 심 용접
③ 플래시 용접 ④ 프로젝션 용접

해설 전기 저항용접의 종류
- 맞대기 이음 : ③, 업셋 용접, 퍼커션 용접
- 겹치기 이음 : ①, ②, ④

43 용접봉의 용융속도에 대한 설명으로 틀린 것은?

① 용융속도는 아크전압×용접봉 쪽 전압 강하이다.
② 용접봉 혹은 용접심선이 1분간 용융되는 중량(g/min)을 말한다.
③ 용접봉 혹은 용접심선이 1분간에 용융되는 길이(mm/min)를 말한다.
④ 용접봉의 지름(심선의 지름)이 동일할 때는 전압과 전류가 높을수록 커진다.

해설 용융속도 = 아크전류×용접봉쪽 전압 강하

44 산소 용기의 윗부분에 표기된 각인 중 용기 중량을 나타내는 기호는?

① V   ② W
③ FP   ④ TP

해설 가스 압력용기의 각인 기호
- V : 내용적(리터)
- FP : 최고 충전압력
- TP : 내압 시험압력

정답 40 ④ 41 ④ 42 ③ 43 ① 44 ②

45 아크 용접기의 보수 및 점검 시 지켜야 할 사항으로 틀린 것은?

① 가동부분 냉각팬을 점검하고 회전부 등에는 주유를 해야 한다.
② 2차측 단자의 한쪽과 용접기 케이스는 접지해서는 안 된다.
③ 탭 전환의 전기적 접속부는 샌드 페이퍼 등으로 잘 닦아 준다.
④ 용접 케이블 등의 파손된 부분은 절연 테이프로 감아야 한다.

해설 아크 용접기는 2차측 한쪽 단자와 용접기 케이스를 접지해야 감전의 위험을 방지할 수 있다.

46 산소 아세틸렌 용접에서 전진법과 비교한 후진법의 특징으로 옳은 것은?

① 용접변형이 크다.
② 열이용률이 나쁘다.
③ 용접속도가 빠르다.
④ 용접 가능한 판 두께가 얇다.

해설 가스 용접시 후진법의 특징 : 전진법에 비해 열효율이 좋고, 용접 속도가 빠르며, 산화가 적고, 용착금속의 조직이 미세하다. 홈각도가 작아도 되며, 후판 용접이 가능하다. 단점은 비드가 매끈하지 못하다.

47 가용접 시 주의사항으로 거리가 먼 것은?

① 강도상 중요한 부분에는 가용접을 피한다.
② 용접의 시점 및 종점이 되는 끝 부분은 가용접을 피한다.
③ 본 용접보다 지름이 굵은 용접봉을 사용하는 것이 좋다.
④ 본 용접과 비슷한 기량을 가진 용접사에 의해 실시하는 것이 좋다.

해설 가용접(가접)시 본용접보다 지름이 가는 봉을 사용하는 것이 좋다.

48 필릿 용접에서 이론 목 두께 a와 용접 목 길이(각장, 다리 길이) z의 관계를 옳게 나타낸 것은?

① $a ≒ 0.5z$ ② $a ≒ 0.7z$
③ $a ≒ 0.9z$ ④ $a ≒ 1.2z$

49 전기 저항 용접에 의한 압접에서 전류 25A, 저항 20Ω, 발열량이 30000cal 라면 통전시간은 몇 sec인가?

① 25sec ② 20sec
③ 15sec ④ 10sec

해설 전기 저항용접의 발열량 = 0.24 I²Rt
$$t = \frac{30000}{0.24 \times 25 \times 20} = 10 sec$$

50 이음의 루트에서 필릿 용접 끝까지의 거리를 무엇이라 하는가?

① 용접선   ② 베벨각
③ 용접변끝 ④ 각장

해설 각장을 다른 용어로는 목 길이(각장, 다리 길이)라고 한다.

51 용접봉 홀더 200호로 접속할 수 있는 최대 홀더용 케이블의 도체 공칭 단면적은 몇 mm²인가?

① 22 ② 30
③ 38 ④ 50

해설 용접봉 홀더에 접속할 수 있는 케이블 공칭

정답 45 ② 46 ③ 47 ③ 48 ② 49 ④ 50 ④ 51 ③

단면적은 용접기 케이블 규격과 동일하다.
- 용접기 정격전류 300A(홀더 500호) : 단면적 50mm², 400A(홀더 600호) : 단면적 60mm²,

52 피복 아크 용접봉에서 피복 배합제 성분인 슬래그 생성제에 속하지 않는 원료는?

① 구리　　　　② 규사
③ 산화티탄　　④ 이산화망간

해설
- 슬래그 생성제 역할 : 용융점이 낮은 가벼운 슬래그를 만들어 용융 금속의 표면을 덮어서 산화나 질화를 방지하고, 용융 금속의 냉각 속도를 느리게 하여 기공 등을 방지 등을 한다.
- 성분의 종류 : 산화티탄(TiO_2), 석회석($CaCO_3$), 산화철, 이산화망간(MnO_2), 일미나이트($TiO_2 \cdot FeO$), 규사(SiO_2), 장석($K_2O \cdot Al_2O_3 \cdot 6SiO$), 형석($CaF_2$) 등

53 산소 및 아세틸렌용기 취급에 대한 설명으로 옳은 것은?

① 아세틸렌 용기는 눕혀서 운반하되 운반 중 충격을 주어서는 안된다.
② 용기를 이동할 때에는 밸브를 닫고 캡을 반드시 제거하고 이동시킨다.
③ 산소용기는 60℃ 이하, 아세틸렌 용기는 30℃ 이하의 온도에서 보관한다.
④ 산소용기 보관 장소에 가연성 가스용기를 혼합하여 보관해서는 안 되며 누설 시험시는 비눗물을 사용한다.

해설 가스 용기 관리 및 보관 : 아세틸렌 용기는 눕혀 두면 아세톤이 흘러나올 수 있으며, 산소 용기는 40℃ 이하에서 보관해야 된다.

54 용접재를 강하게 맞대어 놓고 대전류를 통하여 이음부 부근에 발생하는 접촉 저항열에 의해 용접부가 적당한 온도에 도달하였을 때 축 방향으로 압력을 주어 용접하는 방법은?

① 업셋 용접　　② 가스 압접
③ 초음파 용접　④ 테르밋 용접

해설 업셋 용접은 환봉 등을 맞대고 대전류를 통해 저항열에 의해 용융부가 적당히 용융되었을 때 축방향으로 압력을 가해 접합하는 전기 저항용접법의 일종임

55 일반적인 일렉트로 슬래그 용접의 특징으로 틀린 것은?

① 용접속도가 빠르다.
② 박판용접에 주로 이용된다.
③ 아크가 눈에 보이지 않는다.
④ 용접구조가 복잡한 형상은 적용하기 어렵다.

해설 일렉트로 슬래그 용접이나 일렉트로 가스 용접은 후판의 수직 용접에 쓰이는 용접법이다.

56 피복 아크 용접기의 구비조건으로 틀린 것은?

① 역률 및 효율이 좋아야 한다.
② 구조 및 취급이 간단해야 한다.
③ 사용 중에 내부 온도상승이 커야 한다.
④ 전류조정이 용이하고 일정한 전류가 흘러야 한다.

해설 피복아크 용접기는 사용 중에 온도 상승이 없어야 되며, 일정한 전류가 흘러야 된다.

정답　52 ①　53 ④　54 ①　55 ②　56 ③

57 점 용접의 특징으로 틀린 것은?

① 가압력에 의하여 조직이 치밀해진다.
② 용접부 표면에 돌기가 발생하지 않는다.
③ 재료가 절약되고 작업의 공정수가 감소한다.
④ 작업속도가 느리고 용접변형이 비교적 크다.

해설 점용접은 작업 속도가 빠르고 용접 변형이 비교적 적다.

58 피부가 붉게 되고 따끔거리는 통증을 수반하며 피부층의 가장 바깥쪽 표피의 손상만을 가져오는 화상으로 며칠 안에 증세는 없어지며 냉찜질만으로도 효과를 볼 수 있는 화상은?

① 제1도 화상 ② 제2도 화상
③ 제3도 화상 ④ 제4도 화상

해설
- 2도 화상 : 피부가 빨갛게 되고 통증과 부어오름이 생기고 물집이 생길 정도의 화상
- 3도 화상 : 표피, 진피, 하피까지 영향을 미쳐 피부가 검게 되거나 반투명 백색이 된 화상

59 금속 산화물이 알루미늄에 의하여 산소를 빼앗기는 반응을 이용하여 주로 레일의 접합, 차축, 선반의 프레임 등 비교적 큰 단면을 가진 구조나 단조품의 맞대기 용접과 보수용접에 사용되는 용접은?

① 테르밋 용접 ② 레이저 용접
③ 플라스마 용접 ④ 넌 실드 아크용접

해설 논 가스 아크 용접 : 접합 금속의 산화를 방지하기 위한 탄산가스 등 실드 가스 없이 공기 중에서 솔리드 와이어 또는 플럭스가 든 와이어를 사용하여 직접 용접하는 방법. 비피복 아크용접이라고도 하며, 반자동 용접으로서는 가장 간편한 방법이다. 실드 가스가 필요치 않으므로, 바람이 불어도 비교적 안정되고, 특히 옥외 용접에 적합하다.

60 가스용접시 역화의 원인에 대한 설명으로 틀린 것은?

① 팁이 과열되었을 때
② 역화방지기를 사용하였을 때
③ 순간적으로 팁 끝이 막혔을 때
④ 사용 가스의 압력이 부적당할 때

해설 역화 방지기를 사용하면 역화의 발생은 거의 일어나지 않는다.

정답 57 ④ 58 ① 59 ① 60 ②

2020 제1·2회 용접산업기사 CBT 문제

2020년 6월 6일 시행

제1과목 용접야금 및 용접설비 제도

01 용접균열 중 일반적인 고온 균열의 특징으로 옳은 것은?

① 저합금강의 비드균열, 루트균열 등이 있다.
② 대입열량의 용접보다 소입열량의 용접에서 발생하기 쉽다.
③ 고온균열은 응고과정에서 발생하지 않고, 응고 후에 많이 발생한다.
④ 용접금속 내에서 종균열, 횡균열, 크레이터 균열 형태로 많이 나타난다.

해설 ① : 저온 균열의 일종, 고온 균열은 대입열 용접 중에 주로 응고과정에서 발생하는 균열을 말한다.

02 용접작업에서 예열을 하는 목적으로 가장 거리가 먼 것은?

① 열영향부와 용착금속의 경도를 증가시키기 위해
② 수소의 방출을 용이하게 하여 저온 균열을 방지하기 위해
③ 용접부의 기계적 성질을 향상시키고 경화 조직의 석출을 방지하기 위해
④ 온도 분포가 완만하게 되어 열응력의 감소로 용접 변형을 줄이기 위해

해설 예열의 목적은 용착금속의 급열 급랭에 따른 팽창과 수축에 의한 균열 발생과 경화, 수소 등의 가스 방출 부족으로 기공이나 수소 취성의 원인을 방지하기 위해 용착금속을 서랭시키기 위해 실시한다.

03 다음 중 용융 슬래그의 염기도에 대한 공식은? ★★

① $\dfrac{\sum 염기성\ 성분(\%)}{\sum 산성\ 성분(\%)}$ ② $\dfrac{\sum 염기성\ 성분(\%)}{\sum 중성\ 성분(\%)}$

③ $\dfrac{\sum 산성\ 성분(\%)}{\sum 염기성\ 성분(\%)}$ ④ $\dfrac{\sum 중성\ 성분(\%)}{\sum 염기성\ 성분(\%)}$

해설 슬래그의 염기도 : 용융 슬래그 속의 염기 성분이 얼마인가의 정도 표시이며, 슬래그 성분 중에 염기성 성분 총합을 산성 성분의 총합으로 나눈 값을 말한다.
염기도가 높을수록 작업성은 떨어지지만 내균열성은 좋아진다.

04 용접 모재의 탄소 당량에 대한 설명으로 옳지 않은 것은?

① 탄소 당량이 클수록 용접성이 나빠진다.
② 탄소 당량이 클수록 연성이 낮아진다.
③ 탄소 당량이 클수록 예열은 불필요하다.
④ 탄소 당량이 클수록 저온 균열이 발생하기 쉽다.

해설 • 탄소 당량(Ceq.) : 탄소강의 조성 중 용접성

정답 01 ④ 02 ① 03 ① 04 ③

에 가장 큰 영향을 미치는 것은 탄소이며, 탄소 이외에 합금원소의 영향은 탄소가 등가로 환산한 탄소 당량으로 표시할 수 있다. 탄소당량은 철강재료의 열영향부의 경화에 대한 각 합금원소의 조직, 기계적 성질에 미친다.

• Ceq = C + Mn/6 + Si/24 + Ni/40 + Cr/5 + Mo/4 + V/14 (%)

05 용접부의 예열과 후열의 목적으로 옳지 않은 것은?

① 기계적 성질 향상을 위하여
② 잔류 응력 경감을 위하여
③ 균열 감수성의 증가를 위하여
④ 균열 방지를 위하여

해설 예열과 후열의 목적 : ①, ②, ④, 용접작업에 의한 수축 변형 감소, 용접부의 냉각속도를 느리게 하여 결함 방지

06 물체의 주요면을 투상면에 평행하게 놓고 투상면에 대하여 측면의 변을 일정한 각도만큼 기울여 표시하는 투상도는?

① 등각 투상도 ② 정투상도
③ 투시도   ④ 사향(사투상)도

07 그림과 같이 '넓은 루트면이 있고 이면 용접된 V형 맞대기 용접'을 나타낸 기호로 옳은 것은?

① ② M
③ MR ④

해설 ② : 제거 불가능한 이면판재 사용, ③ : 제거 가능한 이면판재 사용, ④ : 이면 용접을 포함한 V형 맞대기 이음을 한 후 이면과 표면을 평면으로 다듬질한다.

08 대형 제품이나 용접 구조물의 용접부 주위의 잔류 응력을 제거하는 방법으로 옳은 것은?

① 저온 응력법
② 국부 응력 제거법
③ 피닝(peening)법
④ 기계적 응력 풀림법

해설 국부 응력 제거법 : 노 내에 제품을 넣을 수 없는 대형 구조물의 용접선 좌우 양측을 각각 약 250mm의 범위나 판 두께의 12배 이상의 범위를 일정한 온도와 시간을 유지한 후 서냉하여 응력을 제거하는 방법, ASME의 규정에는 600℃에서 1시간, 570℃에서 2시간 유지하도록 규정하고 있다.

09 제도에서 도형이 너무 작아 그 부분에 상세 도시나 치수를 나타낼 수 없을 때 그 부분을 가는 실선의 원 등으로 애워 싸고 영문자 대문자로 표시하고 다른 부분에 확대하여 나타내는 투상도는?

① 보조 확대도 ② 부분 투상도
③ 국부 투상도 ④ 부분 확대도

해설 • 부분 투상도 : 그림의 필요부분만 일부 투상하는 그림
• 국부 투상도 : 그림의 국부만 투상한 그림

정답 05 ③ 06 ④ 07 ① 08 ② 09 ④

10 알루미늄 계열의 분류에서 번호대와 첨가 원소가 바르게 짝지어진 것은?

① 1000 계 : 순금속 알루미늄(순도 99.0%)
② 3000 계 : 알루미늄-Si계
③ 4000 계 : 알루미늄-Mg계
④ 5000 계 : 알루미늄-Mn계

해설 2000계 : Al-Cu계, 3000계 : Al-Mn계, 4000계 : Al-Si계, 5000계 : Al-Mg계, 6000계 : Al-Mg-Si계, 7000계 : Al-Zn-Mg계

11 CAD 시스템 도입의 효과가 아닌(로 적당하지 않은) 것은? ★★

① 원가절감(원가를 절감할 수 있다.)
② 납기 연장(납기를 연장할 수 있다.)
③ 품질향상(품질을 향상시킬 수 있다.)
④ 제품표준화(제품의 표준화가 가능하다.)

해설 CAD : 컴퓨터 그래픽의 한 방법으로 CAM과 접목하여 자동화가 가능한 시스템으로 원가 절감, 납기 단축, 품질 향상, 제품의 표준화가 가능하다.

12 용접부의 냉각속도에 대한 설명으로 틀린 것은?

① 필릿 용접이 맞대기 용접보다 냉각 속도가 늦어진다.
② 예열을 해주면 냉각속도는 늦어진다.
③ 모재의 열전도도가 클수록 냉각속도가 빨라진다.
④ 모재가 두꺼울수록 냉각속도가 빨라진다.

해설 동일 판 두께에서 필릿 용접의 냉각 방향은 3개, 맞대기 용접은 2개로 필릿 용접의 냉각 방향이 더 많아 냉각 속도가 0.33배 더 빠르다.

13 원통형 물체나 각 모서리가 직각으로 만나는 물체 등 중심축과 물체의 표면이 나란하게 이루어진 물체를 전개할 때 적당한 전개법은?

① 방사선 전개도법
② 삼각형 전개도법
③ 타출 이용 전개도법
④ 평행선 전개도법

해설
- 방사선 전개법 : 부채꼴 모양으로 전개할 때 사용
- 삼각형 전개법 : 전개도를 그릴 때 표면을 여러 개의 삼각형으로 전개하는 방법

14 공석강의 펄라이트(pearlite) 조직 구성으로 옳은 것은?

① 페라이트+오스테나이트의 혼합 조직
② 페라이트+시멘타이트의 층상 조직
③ 오스테나이트+시멘타이트의 혼합 조직
④ 마텐사이트+시멘타이트의 층상 조직

해설 ③ : 주철의 공정점에서 얻어지는 레데브라이트 조직

15 다음 그림과 같은 용접기호를 올바르게 설명한 것은?

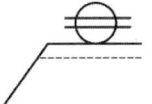

① 화살표 쪽의 스폿 용접
② 화살표 반대쪽의 필릿 용접
③ 화살표 쪽의 심 용접
④ 화살표 쪽의 플러그 용접

정답 10 ① 11 ② 12 ④ 13 ④ 14 ② 15 ③

해설 실선쪽에 표시하면 화살표쪽에서 심 용접을 뜻한다.

16 일련의 공정 또는 제조 공정 도중의 상태를 나타낸 공작 공정도, 검사도, 설치도를 포함한 제작도를 무엇이라 하는가?

① 설명도 ② 견적도
③ 승인도 ④ 공정도

해설 설명도 : 하나 또는 일군의 기기의 작동원리를 실제의 접속이나 회로를 표시하지 않고, 그림을 통하여 설명하는 것에 그 주요한 목적이 있는 그림, 기기나 그 부품은 도시하거나, 표현하기 위하여 사용한다.

17 다음 도면에서 ①이 표시된 선의 명칭은? ★★

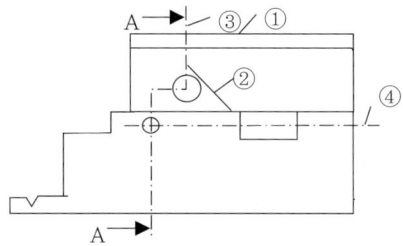

① 해칭선 ② 절단선
③ 외형선 ④ 치수 보조선

해설
• 해칭선 : 단면을 나타내기 위해 일반적으로 45도의 가는 실선으로 표시한다.
• 절단선 : ③ A-A,
• 치수 보조선 : 치수선을 나타내기 위해 치수선과 직각 방향으로 표시한다.

18 아래와 같은 용접 기호의 설명으로 틀린 것은?

$$\frac{a}{a} \triangleright \frac{n \times \ell}{n \times \ell} \diagdown \frac{(e)}{(e)}$$

① a : 목 두께가 a인 연속 필릿 용접
② n : 용접부의 개수
③ ℓ : 크레이터를 포함한 용접부 길이
④ (e) : 인접한 용접부간 거리(mm)

해설 ℓ : 크레이터를 포함하지 않은 용접부의 길이

19 탄소강이 200~300℃ 정도에서 상온보다 경도, 인장강도는 상승하고 연신률은 저하하는 현상을 무엇이라 하는가?

① 고온 취성 ② 상온 취성
③ 청열 취성 ④ 수소 취성

해설 고온(적열) 취성 : 저 융점의 FeS가 결정입계에 개재하여 발생하는 취성(메짐), Mn을 첨가하여 이것을 방지한다.

20 다음 중 순철에 대한 설명으로 옳지 않은 것은?

① α철은 A3(910℃) 변태점 이하에서 체심입방격자(BCC)이다.
② γ철은 A3~A4(1410℃)에서 면심입방격자(FCC)이다.
③ δ철은 A4(1410℃)~용융점 전까지에서 조밀육방격자이다.
④ 순철은 매우 연하며 전기 전도도가 좋아 전기재료에 쓰인다.

해설 δ철은 A4(1410℃)~용융점 전까지에서 페라이트인 체심 정방 격자이다.

정답 16 ④ 17 ③ 18 ③ 19 ③ 20 ③

제2과목 용접구조설계

21 다음 중 용접부에서 방사선 투과 시험법으로 검출하기 가장 곤란한 결함은?

① 기공
② 용입 불량
③ 슬래그 섞임
④ 라미네이션 균열

해설 라미네이션 : 층상 결함의 일종으로 강괴에서 큰 기공이 압연 중에 압착되어 수평면상으로 압착된 층이 형성되어 있기에 방사선 투과 시험으로는 두께 차이가 나타나지 않기 때문에 나타나지 않는다. 초음파 탐상으로 검출이 가능하다.

22 피복 아크 용접으로 판두께 8mm 이상의 두꺼운 강판을 맞대기 용접하려고 할 때 적합한 이음 홈의 형상으로 가장 거리가 먼 것은?

① 양면 V(X)형
② 단면 U형
③ 양면 U(H)형
④ 정방(I, 평)형

해설 맞대기 홈의 형상 : I형 : 판두께 6mm까지, V형 : 판두께 6~19mm, H형 : 판두께 50mm 이상

23 필릿 용접에서 목 길이(각장, 다리 길이)를 6mm로 용접할 경우 비드의 폭을 얼마로 하여야 하는가?

① 약 10.2mm
② 약 8.5mm
③ 약 12mm
④ 약 6.5mm

해설 비드 폭(b) = 각장(h) × $\sqrt{2}$
= 6 × 1.414 = 8.5

24 고장력강판에 황(S)이 층상으로 유황 밴드가 심한 모재를 서브머지드 아크 용접할 경우 발생할 수 있는 고온 균열은?

① 토(toe) 균열
② 비드 밑 균열
③ 설퍼 균열
④ 크레이터 균열

해설 비드 밑 균열(under bead crack) : 용접 비드의 바로 밑의 열영향부에 생기는 균열로, 급랭의 경우는 수소가 외부로 방출되지 않고 용접금속 중에 많이 남게 되어 이것이 용융선에 극히 접근한 부분으로만 확산되며, 그 결과 열영향부 주변에 집중하여 수소취하를 일으켜 여기서 생기는 내부응력과 함께 균열을 일으키게 된다.

25 용접 후 처리에서 외력만으로 소성변형을 일으켜 변형을 교정하는 방법은?

① 박판에 대한 점 수축법
② 가열 후 해머링하는 법
③ 롤러에 거는 법
④ 형재에 대한 직선 수축법

해설
• 롤러에 거는 법 : 소성 변형을 일으켜 변형을 교정하는 방법
• 박판에 대한 점 수축법, 가열 후 해머링법, 형재에 대한 직선 수축법 : 가열하여 변형을 교정하는 방법

26 가용접(tack welding)시 주의 사항으로 올바르지 않은 것은?

① 용접 전 개선 홈 내의 가용접부는 백치 핑으로 완전 제거한다.
② 본용접과 동일한 온도에서 예열한다.
③ 가용접은 본용접자보다 기량이 낮은 작업자에게 맡긴다.
④ 가용접 위치는 부품의 모서리나 중요한

정답 21 ④ 22 ④ 23 ② 24 ③ 25 ③ 26 ③

부위에는 실시하지 않는다.

> **해설**
> - 가용접 : 본 용접 전에 좌우의 홈 부분을 잠정적으로 고정하기 위한 짧은 용접
> - 가용접용의 용접봉은 본용접보다 지름이 약간 가는 것을 사용한다.
> - 가용접은 본 용접 못지않게 중요하다.

27 용접 구조물을 설계할 때 주의해야 할 사항으로 틀린 것은?

① 용접 구조물은 가능한 균형을 고려한다.
② 용접성, 노치인성이 우수한 재료를 선택하여 시공하기 쉽게 설계한다.
③ 중요한 부분에서 용접이음의 집중, 접근, 교차가 되도록 설계한다.
④ 후판을 용접할 경우는 용입이 깊은 용접법을 이용하여 층수를 줄이도록 한다.

> **해설** 용접 이음부의 집중이나 접근, 교차의 경우 응력집중이 심하며 불규칙 응력 작용으로 피로파괴의 위험성이 높으므로 교차 부분은 스캘럽을 만들거나 접근 부분은 최소 100mm 이상이 되도록 설계한다.

28 시험 검사법에서 초음파 탐상법의 종류가 아닌 것은?

① 펄스 반사법   ② 투과법
③ 공진법   ④ 관통법

> **해설** 초음파 탐상법 : 탐촉자를 이용하여 결함의 위치 및 크기를 검사하는 비파괴 시험법, 관통법은 자분 탐상법의 일종이다.

29 인장 강도가 490N/mm²인 모재를 용접하여 만든 용착금속 시험편의 인장 강도가 400N/mm²일 때 이 용접부의 이음 효율은 약 몇 %인가?

① 63%   ② 82%
③ 103% ④ 123%

> **해설** 이음 효율 = $\frac{용착금속의 인장강도}{모재의 인장강도} \times 100$
> = $\frac{400}{490} \times 100 = 81.6$

30 강판을 이용하여 용접 구조물을 설계할 때 교번하중을 받는 경우 안전률로 가장 적합한 것은?

① 약 3   ② 약 6
③ 약 8   ④ 약 12

> **해설** 강의 안전률 : 정하중 : 3, 반복하중 : 5, 충격하중 : 12

31 처음 길이가 50mm인 인장 시험편을 인장 시험한 결과 연신률이 12%가 나왔다면 늘어난 길이는 얼마인가?

① 56mm   ② 46mm
③ 36mm   ④ 66mm

> **해설** 연신률 = $\frac{\ell_1 - \ell_0}{\ell_0} \times 100$
> $12 = \frac{\ell_1 - 50}{50} \times 100$
> $12 \times 50 = 100(\ell_1 - 50)$
> $600 = 100\ell_1 - 5000$, $\ell_1 = \frac{5000 + 600}{100} = 56$

정답 27 ③ 28 ④ 29 ② 30 ③ 31 ①

32 용접부의 형상에 따른 필릿 용접의 종류가 아닌 것은?

① 연속 필릿
② 단속 필릿
③ 경사 필릿
④ 단속지그재그 필릿

해설 경사 필릿 용접은 작용 하중의 방향에 따른 구분으로 용접부 형상에 의한 분류와는 다르다.

33 X형 홈과 같이 양면 용접이 가능한 경우에 용착금속의 양과 패스 수를 줄일 목적으로 사용되며 모재가 두꺼울수록 유리한 홈의 형상은?

① H형 홈
② V형 홈
③ U형 홈
④ I형 홈

34 다음 금속을 용접했을 때 냉각 속도가 가장 빠른 것은?

① 알루미늄(Al)
② 연강
③ 스테인리스강
④ 구리(Cu)

해설 모재의 열전도도가 클수록 냉각속도가 빨라진다. 구리가 가장 빠르고 알루미늄 > 연강 > 스테인리스강 순으로 느리다.

35 다음의 용착법 중에서 용착 방향이 용접 방향과 동일한 용착법은 어느 것인가?

① 전진법
② 교호법
③ 후퇴법
④ 대칭법

해설 ②, ③, ④는 전체 또는 일부가 용착 방향이 반대이다.

36 피로강도 향상을 위한 용접 구조물 제작 방법을 올바르게 설명한 것은?

① 가능한 한 응력이 증대하도록 용접부를 집중 시킬 것
② 다듬질, 표면 가공 등에 의해 단면이 급변하게 할 것
③ 기계적 또는 열처리 방법 등으로 용접부의 잔류 응력을 완화시킬 것
④ 냉간 가공 또는 변태를 이용하여 기계적 강도를 낮출 것

해설 피로 강도 향상 : 가능한 응력이 집중되지 않게 하며, 표면 가공시 단면이 급변하지 않게, 냉간 가공이나 변태를 이용하여 기계적 강도 향상 등이 필요하다.

37 약 0.25%C의 탄소강을 용접할 때 가장 적합한 예열 온도는 얼마인가?

① 90~150℃
② 200~300℃
③ 300~400℃
④ 450~550℃

해설 예열 : 저탄소강의 경우 거의 예열을 하지 않아도 되나 0℃ 이하의 겨울철에는 70~150℃ 정도로 용접부 주위를 예열한 후 용접하는 것이 좋다.

38 끝이 둥그런 작은 해머로 용접부를 연속적으로 타격하여 표면층에 소성 변형을 주어 잔류 응력을 감소시키는 방법은?

① 변형 교정법
② 저온 응력 완화법
③ 응력 제거 풀림
④ 피닝법

해설 응력 제거 풀림 효과 : 용접 잔류 응력이 제거되며, 응력 부식에 대한 저항력이 증대되고, 용착 금속 중의 수소제거에 의한 연성이 증대된다. 또한 충격저항이 증가하고 크리프 강도가 향상된다.

정답 32 ③ 33 ① 34 ④ 35 ① 36 ③ 37 ① 38 ④

39 다음 그림과 같은 홈의 종류는 무슨 형인가?

① 정방(I, 평)형 ② 단면 V형
③ 단면 J형 ④ 단면 U형

해설 J형 맞대기 : 한쪽 모재에 대해 가우징으로 J형으로 가공하여 맞대기 용접한 이음으로, 필릿 이음 등이나 모서리 용접부의 완전 용입을 위해서 주로 사용된다.

40 용접 이음 설계시 일반적인 주의사항으로 옳지 않은 것은?

① 맞대기 용접시 이면 용접 실시로 용입 부족이 없는 완전 용입이 되게 설계한다.
② 가능한 한 용접량이 많은 홈 설계로 튼튼한 이음이 되게 한다.
③ 될 수 있는 한 용접선이 교차하지 않도록 설계한다.
④ 용접 작업에 지장을 주지 않도록 충분한 공간이 있게 설계한다.

해설 용접 이음 설계시 가능한 한 용접량이 적은 홈 설계로 용착량이 적은 이음이 되게 한다.

제3과목 용접일반 및 안전관리

41 중압식 가스용접 토치에 사용되는 아세틸렌의 압력으로 적당한 것은?

① 0.13~0.25MPa ② 0.25MPa 이상
③ 0.007~0.13MPa ④ 0.001~0.007MPa

해설 저압식 토치 압력 : 0.007MPa(0.07kgf/mm^2) 이하

42 고주파 펄스 TIG 용접기의 장점 설명으로 틀린 것은?

① 전극봉의 소모가 적어 수명이 길다.
② 콘택트 팁에서 통전되므로 와이어 중에 저항열이 적게 발생되어 고전류 사용이 가능하다.
③ 20A 이하의 저전류에서 아크의 발생이 안정되고 0.5mm 이하의 박판 용접에도 가능하다.
④ 좁은 홈의 용접에서 아크의 교란 상태가 발생되지 않아 안정된 상태의 용융지가 형성된다.

43 불활성 가스 금속 아크(MIG) 용접의 특징으로 틀린 것은?

① 정전압 또는 상승 특성을 가진다.
② TIG 용접에 비해 능률이 좋아 후판 용접에 적합하다.
③ MIG 용접은 전자동 용접에만 사용한다.
④ 전류 밀도가 피복 아크 용접에 비해 약 6배 정도 높다.

해설 금속보호가스 아크 용접(MIG, CO_2) 등 반자동 용접의 경우 반자동 또는 전자동 용접에 사용된다.

44 교류 아크 용접기에서 용접 전류 조정 범위는 어떻게 되는가?

① 1차 입력의 20~120%
② 정격 2차 전류의 20~110%
③ 정격 1차 전류의 30~80%
④ 정격 2차 전류의 40~140%

해설 피복 아크용접기는 정격 전류의 20~110%까지 조정 가능하다.

45 다음 그림과 같은 용기를 만들어 밑부분을 납땜하려고 할 때 접합법 중 어느 것이 가장 좋은가?

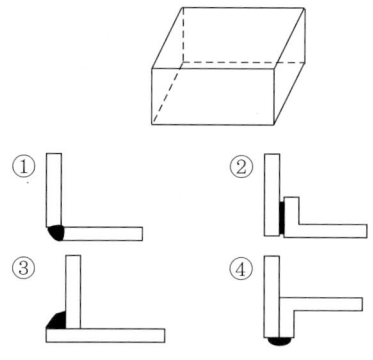

46 내용적이 46.7리터인 산소용기에 150kgf/cm² 으로 산소를 충전하였을 때 이것을 대기 중에서 환산하면 산소는 약 몇 리터인가?

① 3370 ② 5630
③ 6100 ④ 7005

해설) 압축가스의 대기 환산량은 용기의 내용적 V × 용기 내의 압력 P = 46.7×150=7005리터

47 티그(TIG)용접시 보호가스로 쓰이는 아르곤과 헬륨의 특징을 비교할 때 틀린 것은?

① 헬륨은 용접 입열이 많으므로 후판용접에 적합하다.
② 헬륨은 열영향부(HAZ)가 아르곤보다 좁고 용입이 깊다.
③ 아르곤은 헬륨보다 가스 소모량이 적고 수동용접에 많이 쓰인다.
④ 헬륨은 위보기 자세나 수직 자세 용접에서 아르곤보다 효율이 떨어진다.

해설) 헬륨은 열량이 많으나 아르곤보다 가벼워서 아래보기 자세 등에서는 보호 능력이 떨어지므로 사용이 적으나 위보기 자세나 수직 자세에서는 아르곤보다 효율이 더 높다.

48 고장력강용 피복 아크 용접봉 중에서 피복제 계통이 저수소계인 것은?

① E5001 ② E5003
③ E5016 ④ E5326

해설) 고장력강 : 인장강도가 490N/mm² 이상인 것을 말하며, 용접봉은 저수소계를 사용고, 용접 개시 전 이음부 내부를 청소하며, 위빙 폭을 가능한 작게, 아크 길이는 최대한 짧게 유지한다.

49 일정한 속도로 가스 절단할 때 절단 홈의 밑으로 갈수록 산소의 오염, 슬래그의 방해 등으로 절단이 느려져 거의 일정한 간격으로 평행한 곡선이 나타나는데 이 곡선을 무엇이라 하는가?

① 절단면의 아크 방향
② 절단 속도의 불일치에 따른 궤적
③ 가스 궤적
④ 드래그 라인

해설) 표준 드래그 라인 : 판두께의 1/5(20%) 정도가 적당하다.

50 피복 아크용접의 수평 필릿 자세 용접에서 모재의 어느 부분에 언더컷이 많이 생기는가?

① 비드 아래쪽 토우 부분
② 비드 위쪽의 토우 부분
③ 비드 양쪽
④ 모재의 위쪽

51 전기 저항 용접의 특징으로 옳지 않은 것은?

① 산화 및 변질 부분이 적다.
② 작업 속도가 느려 소량 생산에 적합하다.
③ 접합 강도가 비교적 크다.
④ 용접봉과 용제 등이 불필요하다.

해설 • 전기 저항 용접의 특징 : ①, ③, ④
• 가압효과로 조직이 치밀해진다.

52 용접 자동화에서 자동제어의 특징으로 틀린 것은?

① 위험한 사고의 방지가 불가능하다.
② 인간에게는 불가능한 고속작업이 가능하다.
③ 제품의 품질이 균일화되어 불량품이 감소된다.
④ 적정한 작업을 유지할 수 있어서 원자재, 원료 등이 절약된다.

해설 로봇 등을 이용한 자동화 용접은 근로자가 용접하지 않으므로 위험한 사고 방지가 가능하다.

53 서브머지드 아크 용접의 특징 설명으로 틀린 것은?

① 용접 속도가 빠르며 용입이 깊다.
② 개선각을 작게 하여 용접의 패스 수를 줄일 수 있다.
③ 유해 광선 발생이 적다.
④ 전류 밀도가 낮아 박판 용접에 적합하다.

해설 서브머지드 아크 용접은 아크가 보이지 않아 잠호용접, 유니온 멜트 용접, 링컨 용접이라고도 하며, 전류 밀도가 매우 높아 후판 용접에 적합하다.

54 가스 용접시 토치의 취급상 주의 사항으로 옳지 않은 것은?

① 작업 중 발생하기 쉬운 역류, 역화 인화에 항상 주의해야 한다.
② 토치를 망치 등 다른 용도로 사용해서는 안된다.
③ 팁을 바꿔 끼울 때에는 반드시 밸브를 모두 열고 교체한다.
④ 토치를 작업장 바닥이나 흙 속에 방치해서는 안된다.

해설 가스 용접 토치는 연소가스를 사용하므로 분출시 화재의 위험이 크기 때문에 팁 등의 교환시 반드시 모든 밸브를 잠근 상태에서 실시해야 된다.

55 역류, 역화, 인화 등을 방지하기 위해 사용하는 수봉식 안전기 취급시 주의사항으로 적합하지 않은 것은?

① 한 개의 안전기에는 반드시 1개의 토치를 설치한다.
② 수봉관에 규정된 선까지 물을 채운다.
③ 안전기가 얼었을 때는 가스 토치로 녹인다.
④ 작업 전에 수봉관의 수위를 반드시 점검한다.

해설 수봉식 안전기나 가스 관 등이 얼었을 때는

정답 50 ② 51 ② 52 ① 53 ④ 54 ③ 55 ③

40℃ 이하의 온수로 녹여야 된다.

56 접합할 모재를 고정시킨 후, 비소모식 틀을 이음부에 삽입시킨 후 회전하여 마찰열을 발생시켜 접합하는 것으로, 알루미늄 및 마그네슘 합금의 접합에 주로 활용되는 용접은?

① 오토콘 용접 ② 레이저빔 용접
③ 마찰 교반 용접 ④ 고주파 업셋용접

해설
- 마찰 용접 : 두 개의 모재에 압력을 가해 접촉시킨 후 회전시켜 발생하는 열과 가압력을 이용하여 접합하는 용접법
- 마찰교반용접(Friction Stir Welding) : 회전하는 공구가 공작물의 접촉면 사이를 따라 이동하며 발생한 마찰열로 재료가 용융되고 서로 결합되는 용접법

57 가스 절단에 사용되는 프로판 가스의 성질을 설명한 것으로 옳지 않은 것은?

① 증발 잠열이 크다.
② 상온에서 기체 상태이며 무색이다.
③ 공기보다 가볍다.
④ 액화하기 쉽고 용기에 넣어 수송이 편리하다.

해설 프로판 가스 특성 : ①, ②, ④, 공기보다 무겁고, 석유정제과정의 부산물이다.

58 다음 중 레이저 용접법의 설명으로 옳지 않은 것은?

① 모재의 열변형이 거의 없다.
② 접촉식 용접법의 일종이다.
③ 정밀하고 미세한 용접을 할 수 있다.
④ 이종금속의 용접이 가능하다.

해설 레이저 용접은 접촉하기 어려운 부재나 진공 또는 진공이 아닌 곳에 용접이 가능하고 열의 영향 범위가 좁으므로 미세 정밀 용접에 접합하며 원격 조작이 가능하고 가시 용접을 할 수 있다

59 피복 아크 용접봉의 피복제 중 탈산제로 사용되는 것은?

① 붕사 ② 석회석
③ 망간철 ④ 산화티탄

해설 탈산제 : 페로실리콘, 소맥분, 목재 톱밥, 페로티탄, 페로바나듐, 망간, 페로망간(망간철), 크롬 등이 있다.

60 가스 절단에 사용되는 산소 내에 불순물이 증가되면 나타나는 결과로 틀린 것은?

① 산소 소비량이 증가한다.
② 절단면이 거칠어진다.
③ 절단 속도가 빨라진다.
④ 슬래그의 이탈성이 나빠진다.

해설 가스 절단에 사용되는 산소 내에 불순물이 증가되면 절단 속도가 느려지고, 산소 소비량은 증가하며, 절단면이 거칠어지고, 절단 슬래그가 잘 떨어지지 않는다.

정답 56 ③ 57 ③ 58 ② 59 ③ 60 ③

2020 제3회 용접산업기사 최근 기출문제

2020년 8월 22일 시행

제1과목 용접야금 및 용접설비 제도

01 금속의 일반적인 성질로 틀린 것은?

① 수은 이외에는 상온에서 고체이다.
② 전기에 부도체이며, 비중이 작다.
③ 고체 상태에서 결정구조를 갖는다.
④ 금속 고유의 광택을 갖고 있다.

해설 금속의 공통적인 성질 : ①, ③, ④ 외에 전기의 양도체이며, 대체로 비중이 크고, 용융점이 높으며, 빛을 반사하고, 전연성이 커서 가공이 용이하다.

02 아크용접 피복제의 종류 중에서 슬래그 생성제로만 짝지어진 것은?

① 산화철, 규사, 장석, 석회석, 일미나이트
② 석회석, 일미나이트, 망간철, 장석, 몰리브덴
③ 산화철, 석회석, 톱밥, 형석, 일미나이트
④ 석회석, 산화니켈, 장석, 규산나트륨, 일미나이트

해설 망간철은 탈산제, 몰리브덴은 합금제, 톱밥은 가스 발생제, 규산나트륨은 고착제이다.

03 강의 조직 중에서 경도가 높은 것에서 낮은 순으로 연결된 것은?

① 트루스타이트 > 소르바이트 > 오스테나이트 > 마텐사이트
② 소르바이트 > 트루스타이트 > 오스테나이트 > 마텐사이트
③ 마텐사이트 > 오스테나이트 > 소르바이트 > 트루스타이트
④ 마텐사이트 > 트루스타이트 > 소르바이트 > 오스테나이트

해설 마텐사이트 : HB 약 700, 트루스타이트 : HB 약 400, 소르바이트 : HB 약 270, 오스테나이트 : HB 약 150

04 강의 연화 및 내부 응력 제거를 목적으로 하는 열처리는?

① Marquenching ② Annealing
③ Carburizing   ④ Nitriding

해설 ① : 항온 열처리의 일종, 인상 담금질, ③ : 침탄 열처리, ④ : 질화 열처리

05 다음 중 용접 전에 적당한 온도로 예열하는 목적과 가장 거리가 먼 것은?

① 수축 변형을 감소시키기 위하여
② 냉각속도를 빠르게 하기 위하여
③ 잔류응력을 경감시키기 위하여
④ 연성을 증가시키기 위하여

해설 용접 전 예열은 용접부의 냉각속도를 느리게 하여 경화와 균열 방지를 위해 실시한다.

정답 01 ② 02 ① 03 ④ 04 ② 05 ②

06 체심입방격자의 단위격자에 속하는 원자수는?

① 1개　　② 2개
③ 3개　　④ 4개

해설 체심입방격자(BCC)의 원자수 : 내부의 원자 1 + 각 모서리의 원자는 인접 부분과 1/8 × 8개의 모서리 = 2

07 순철의 성질이 아닌 것은?

① 담금질 효과를 받지 않는다.
② 용접성이 좋다.
③ 연성이 크다.
④ 취성의 크다.

해설 순철 : 페라이트 조직, α철, γ철, δ철의 3개 동소체가 있다.
브리넬 경도 60~65, 인장 강도 18~25kg/mm² (176.4~245MPa)로 경도가 매우 낮고, 연신률이 40~50%로 매우 연하다. (연성이 크고 용접이 잘되며, 담금질 열처리가 안된다.)
전기재료, 변압기철심 등에 쓰인다.

08 저탄소강의 용접 열영향부 조직 중 가열 온도 범위가 900~1100℃이고, 재결정으로 미세화되어 인성 등의 기계적 성질이 양호한 것은?

① 조립부　　② 세립부
③ 모재부　　④ 취화부

해설 ① : 1250~1400℃, 혼입부 : 1100~1250℃, 입상 펄라이트부 : 750~900℃, ④ : 300~750℃, ③ : 실온~300℃

09 강의 제조법 중 탈산 정도에 따른 강괴의 종류에 해당하지 않는 것은?

① 킬드강　　② 림드강
③ 쾌삭강　　④ 세미킬드강

해설 ① : 완전 탈산강, ② : 불완전 탈산처리한 강, ④ : 탈산을 중간 정도 실시한 강, 쾌삭강 : 고온 등에서 사용하지 않는 경우 강에 P, S, Pb, Se 등의 연한 금속을 첨가시켜 절삭(쾌삭)성을 크게 한(향상시킨) 강

10 용접 슬래그 중 중성 산화물은 어느 것인가?

① SiO_2　　② Al_2O_3
③ MnO　　④ Na_2O

해설 ① : 산성 산화물, ③, ④ : 염기성 산화물

11 다음 중 치수 기입의 원칙으로 틀린 것은? ★★★

① 치수 중복 기입을 피한다.
② 치수는 되도록 주투상도에 집중시킨다.
③ 치수는 계산하여 구할 필요가 없도록 기입한다.
④ 관련되는 치수는 되도록 분산시켜서 기입한다.

해설 치수 기입 원칙에 관련되는 치수는 가능한한 주투상도(주로 정면도)에 집중시켜 기입한다.

정답　06 ②　07 ④　08 ②　09 ③　10 ②　11 ④

12 다음과 같은 용접 기본기호의 명칭으로 맞는 것은? ★★★

① 단(일)면 개선형 맞대기용접
② 개선 각이 급격한 V형 맞대기용접
③ 넓은 루트면을 가진 V형 맞대기용접
④ 넓은 루트면을 가진 단면 개선형 맞대기용접

해설 일면 개선 즉 한쪽은 직각이며 한 면은 일정한 각도로 개선가공된 형상의 맞대기 용접을 의미한다.
20mm 이하의 판을 한쪽 용접에 의해서 완전 용입을 얻으려고 할 때 사용하며, 홈 가공은 비교적 쉽지만 판 두께가 두꺼우면 용접금속이 증대되고 각 변형을 가져오는 위험도 있다.

13 다음 그림의 용접기호는 어떤 용접을 나타내는가?

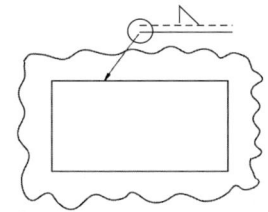

① 일주 필릿 용접
② 연속 필릿 현장용접
③ 단속 필릿 현장용접
④ 일주 맞대기 현장용접

해설 용접기호에서 지시선과 수평선의 경계에 동그라미는 일주(전둘레)를 용접하라는 의미이며 수평 점선에 삼각형 모양은 필릿 용접을, 그런데 점선 위에 기호가 있으므로 화살표 반대쪽에서 용접하라는 의미이다.

14 특정 부분의 도형이 작아서 그 부분의 상세한 도시나 치수 기입을 할 수 없을 때 그 부분을 가는 실선으로 에워싸고, 영문 대문자로 표시함과 동시에 그 해당 부분을 다른 장소에 확대하여 그리는 것은?

① 부분 투상도   ② 부분 확대도
③ 국부 투상도   ④ 보조 투상도

해설 부분 확대도 : 너무 작아서 치수 표시가 어렵거나 형상을 정확하게 알아보기 어려운 경우에 그 부분을 별도로 크게 확대하여 그린 도면

15 다음 선의 종류 중 단면의 무게중심을 연결한 선을 표시하거나 렌즈를 통과하는 광축을 나타내는 데 사용하는 것은?

① 굵은 파선   ② 가는 1점쇄선
③ 가는 2점쇄선   ④ 굵은 1점쇄선

해설 가는 2점 쇄선 : ——— — — ———

16 도형의 표시방법 중 도형의 생략도시에 관한 내용으로 가장 적절하지 않은 것은?

① 도형이 대칭일 경우에는 대칭 중심선의 한쪽 도형만 그리고, 그 대칭 중심선의 양끝 부분에 짧은 3개의 나란한 가는 선을 그린다.
② 도면에서 같은 크기나 모양이 계속 반복될 경우에는 생략하여 도시할 수 있다.
③ 긴 테이퍼 부분 또는 기울기 부분을 잘라낸 도시에서는 경사가 완만한 것은 실제의 각도로 도시하지 않아도 된다.
④ 긴 테이퍼의 중간 부분을 생략하여 도시하였을 경우 잘라낸 끝부분은 아주 굵은 선으로 나타낸다.

정답 12 ① 13 ① 14 ② 15 ③ 16 ④

해설 긴 테이퍼의 중간 부분을 생략하여 도시하였을 경우 잘라낸 끝부분은 아주 가는 실선으로 나타낸다.

17 다음 중 각기둥이나 원기둥을 전개할 때 사용하는 전개도법으로 가장 적합한 것은?

① 사진 전개도법 ② 평행선 전개도법
③ 삼각형 전개도법 ④ 방사선 전개도법

해설 방사선 전개도법 : 원추 등의 전개에 적합한 도법

18 원통에 정원을 뚫었을 때 전개도는?

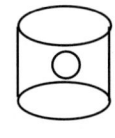

19 스케치할 때 재질 판정법이 아닌 것은?

① 색깔이나 광택에 의한 판정법
② 불꽃 검사에 의한 판정법
③ 피로 시험에 의한 판정법
④ 경도 시험에 의한 판정법

20 도면에 마련해야 하는 양식에 관한 설명 중 틀린 것은?

① 비교 눈금은 도면 용지의 가장자리에서 가능한 한 윤곽선에 걸쳐서 중심마크에 대칭으로 나비는 최대 5mm로 배치한다.
② 부품란에는 도면번호, 도면명칭, 척도, 투상법 등을 기입한다.
③ 도면을 마이크로필름으로 촬영하거나 복사할 때 편의를 위하여 중심마크를 표시한다.
④ 윤곽선은 최소 0.5mm 이상의 실선으로 그리는 것이 좋다.

해설 ②는 표제란에 기입해야 할 사항이며, 부품표에는 품명, 수량, 재질, 무게 등을 기입한다.

제2과목 용접구조설계

21 용접 접합면에 홈(groove)을 만드는 주된 이유는?

① 변형을 줄이기 위하여
② 완전한 용입을 위하여
③ 재료를 절약하기 위하여
④ 제품의 치수를 조절하기 위하여

해설 맞대기 이음 등에서 홈을 만드는 이유는 완전 용입을 시키기 위함이다.

22 용접부 검사에서 비파괴 시험법에 속하는 것은?

① 충격 시험   ② 피로 시험
③ 경도 시험   ④ 형광 침투시험

해설 ①, ②는 동적 파괴 시험, ③은 정적 파괴 시험

23 용접 수축에 의한 굽힘 변형 방지법으로 틀린 것은?

① 개선 각도는 용접에 지장이 없는 범위에서 작게 한다.
② 후퇴법, 대칭법, 비석법 등을 채택하여 용접한다.
③ 역변형을 주거나 구속 지그로 구속한 후 용접한다.
④ 핀 두께가 얇은 경우 첫 패스측의 개선 깊이를 작게 한다.

해설 핀 두께가 얇은 경우 첫 패스측의 개선 깊이를 크게 한다.

24 용접 기본기호에서 '넓은 루트면을 가진 한면 개선형 맞대기용접'을 나타내는 것은?

① ②
③ ④

해설 ① : 단면(한쪽면) 개선 맞대기 이음, ② : 넓은 루트면을 가진 V형 맞대기 이음, ④ : 단면 U형 맞대기 이음

25 모재의 인장강도가 400MPa이고, 용접 시험편의 인장강도가 280MPa이라면 용접부의 이음효율은 몇 %인가?

① 50   ② 60
③ 70   ④ 80

해설 $= \dfrac{\text{용착금속의 인장강도}}{\text{모재의 인장강도}} \times 100$
$= \dfrac{280}{400} \times 100 = 70$

26 용접 변형의 일반적인 특성에서 홈용접 시 용접 진행에 따라 홈 간격이 넓어지거나 좁아지는 변형은?

① 종 변형   ② 횡 변형
③ 각 변형   ④ 회전 변형

해설 종 변형 : 용접선 방향으로 수축한 변형, 횡 변형 용접선과 직각 방향으로 수축한 변형, 각 변형 : 용접 방향으로 굽어진 변형

27 모재의 홈 가공을 V형으로 했을 경우 엔드탭(end tap)은 어떤 조건으로 하는 것이 가장 좋은가?

① I형 홈 가공으로 한다.
② V형 홈 가공으로 한다.
③ X형 홈 가공으로 한다.
④ 홈가공이 필요없다.

해설 엔드탭은 가능한 한 홈의 형상과 판 두께를 동일하게 해야 된다.

28 용접이음 설계시 충격하중을 받는 연강의 안전율로 적당한 것은?

① 3   ② 5
③ 8   ④ 12

해설 안전률 $= \dfrac{\text{인장(극한) 강도}}{\text{허용 응력}}$
• 연강(일반 구조용강)의 안전율 : 정하중시 안전율은 3, 반복하중 5, 교변하중 8, 충격하중 12,

29 두께 4mm인 연강판을 I형 맞대기 이음 용접을 한 결과 용착금속의 중량이 3kg이었다. 이때 용착효율이 60%라면 용접봉의 사용 중량은 몇 kg인가?

① 4   ② 5
③ 6   ④ 7

정답 23 ④ 24 ③ 25 ③ 26 ④ 27 ② 28 ④ 29 ②

해설 용착효율 = $\frac{용착금속\ 중량}{용접봉\ 사용중량} \times 100$

용접봉 사용중량 = $\frac{용착금속\ 중량}{용착효율} \times 100$

= $\frac{3}{60} \times 100 = 5$

30 용접부의 단면을 연삭기나 샌드페이퍼 등으로 연마하고 적당히 부식시켜 육안이나 저배율의 확대경으로 관찰하여 용입의 상태, 다층 용접에 있어서의 각층의 양상, 열 영향부의 범위, 결함의 유무 등을 알아보는 시험은?

① 파면 시험 ② 피로 시험
③ 전단 시험 ④ 매크로 조직 시험

해설 파면 시험 : 용접 금속과 모재의 파면에 대한 파괴의 발생 위치, 전단 파면과 취성 파면의 분포 상황, 용접 결함의 유무 등을 알아보는 시험

31 중판 이상의 두꺼운 판의 용접을 위한 홈 설계시 고려사항으로 틀린 것은?

① 루트 반지름은 가능한 한 작게 한다.
② 홈의 단면적은 가능한 작게 한다.
③ 적당한 루트 간격과 루트면을 만들어 준다.
④ 가능한 한 용착금속량이 적도록 설계한다.

해설 중판 이상에서 U형 홈 가공시 루트 반지름은 가능한 한 크게 한다.

32 다음 홈 이음 형상 중 플레어 용접부의 형상과 가장 거리가 먼 것은?

① I형 ② V형
③ X형 ④ K형

해설 플레어 용접 : 파이프와 파이프의 이음 형상 등 원호와 직선 또는 부재 간으로 된 홈 부분에 실시하는 용접, I형은 거리가 멀다.

33 용접 설계상 유의해야 할 사항이 아닌 것은?

① 가능한 한 낮은 전류를 사용한다.
② 가능한 한 아래보기 용접을 하도록 한다.
③ 이음부가 한곳에 집중되지 않도록 한다.
④ 적당한 루트 간격과 홈 각도를 선택하도록 한다.

해설 용접 전류는 적정 전류를 사용하는 것이 원칙이나 작업 능률 향상을 위해 재질 변화가 일어나지 않는 범위에서 가능한 한 높은 전류를 사용하는 것이 일반적이다.

34 용접이음에서 취성파괴의 일반적인 특징에 대한 설명 중 틀린 것은?

① 온도가 높을수록 발생하기 쉽다.
② 항복점 이하의 평균응력에서도 발생한다.
③ 거시적 파면상황은 판 표면에 거의 수직이다.
④ 파괴의 기점은 응력과 변형이 집중하는 구조적 및 형상적인 불연속부에서 발생하기 쉽다.

해설 취성 파괴는 온도가 높을수록 발생하기 어렵다.

35 피복 아크용접에서 아크전류 200A, 아크전압 30V, 용접속도 20cm/min일 때 용접 길이 1cm당 발생하는 용접입열(Joule/cm)은?

① 12000 ② 15000
③ 18000 ④ 20000

정답 30 ④ 31 ① 32 ① 33 ① 34 ① 35 ③

해설) 용접입열 = $\dfrac{60EI}{V} = \dfrac{60 \times 30 \times 200}{20} = 18000$

36 연강판의 양면 필릿(Fillet)용접시 용접부의 목 길이는 판 두께의 얼마 정도로 하는 것이 가장 좋은가?

① 25% ② 50%
③ 75% ④ 100%

해설) 목 길이(각장)은 보통 판두께의 70% 정도로 한다.

37 판의 굽힘이 생긴 부분을 가열온도 500~600℃, 가열 시간을 약 30초, 가열점의 지름은 20~30mm, 중심거리는 60~80mm로 가열 후 수랭하는 용접 변형 교정방법은?

① 피닝법 ② 점 가열법
③ 선상 가열법 ④ 가열 후 해머링법

해설) 점 가열법 : 점 수축법

38 용접시 발생하는 일차 결함으로서 응고 온도 범위 또는 그 직하의 비교적 고온에서 용접부의 자기수축과 외부 구속 등에 의한 인장 스트레스와 균열에 민감한 조직이 존재한다면 발생하는 용접부의 균열은?

① 공징 균열 ② 저온균열
③ 고온 균열 ④ 지연 균열

해설) 저온 균열 : 일반적으로 200℃ 이하에서 일어나는 균열, 수소 등에 의한 균열 등이 있으며 일정한 시간이 지난 후에 일어나는 지연 균열이 대부분이다.

39 양면용접에 의하여 충분한 용입을 얻으려고 할 때 사용되며 두꺼운 판의 용접에 가장 적합한 맞대기 홈의 형태는?

① I형 ② H형
③ U형 ④ V형

해설) H형 홈 맞대기 용접 : 가장 두꺼운 판의 용접에 적합하며 용접 변형이 다른 홈에 비해 매우 적다.

40 일반적으로 용접 순서를 결정할 때 주의해야 할 사항으로 옳은 것은?

① 중심선에 대하여 비대칭으로 용접을 진행한다.
② 리벳과 용접을 병용하는 경우에는 용접 이음을 먼저 한다.
③ 동일 평면 내에 이음이 많을 경우 수축은 오른쪽으로 보낸다.
④ 수축이 작은 이음을 먼저 용접하고, 수축이 큰 이음을 나중에 용접한다.

해설) 용접 우선 순위 : 수축이 큰 맞대기 이음, 수축이 적은 필릿 이음, 볼트나 리벳 이음 순으로 실시한다.

제3과목 용접일반 및 안전관리

41 다음 재료 중 용접시 가스 중독을 일으킬 수 있는 위험이 가장 큰 것은?

① 아연 도금판 ② 니켈 도금판
③ 망간 도금판 ④ 알루미늄 도금판

해설) 아연 도금판은 용접시 노란 아황산 가스가 분출하므로 중독의 위험이 높다.

정답 36 ③ 37 ② 38 ③ 39 ② 40 ② 41 ①

42 다음 중 연납에 대한 설명으로 틀린 것은?

① 연납에는 주석-납을 가장 많이 사용한다.
② 염화아연, 염산, 염화암모늄은 연납용 용제로 사용된다.
③ 전기적인 접합이나 기밀, 수밀을 필요로 하는 장소에 사용된다.
④ 연납의 흡착작용은 주로 아연의 함량에 의존되며 아연 100%의 것이 가장 좋다.

해설 연납땜시 연납의 흡착작용은 주로 주석의 함량에 의존되며 주석 100%의 것이 가장 좋다.
Sn(주석)의 비중은 7.28, 용융점은 232℃ 이다.

43 불활성 가스 금속 아크용접에 관한 설명으로 틀린 것은?

① 롤러 가입방식은 2단식과 4단식이 있다.
② 송급 롤로 형태는 V형, U형, 룰렛형 등이 있다.
③ 와이어의 송급방식은 푸시, 풀, 푸시-풀, 더블 푸시의 4종류가 있다.
④ 공랭식 MIG용접 토치는 비교적 높은 전류로 용접하는 곳에 사용되며 형태로는 릴부착형을 사용한다.

해설 공랭식 MIG용접 토치는 비교적 낮은 전류로 용접하는 곳에, 수랭식은 높은 전류를 사용하는 경우에 사용한다.

44 용접이나 절단에서 사용하는 가스와 가스용기의 색상이 바르게 짝지어진 것은?

① 수소-주황색 ② 프로판-황색
③ 아세틸렌-녹색 ④ 이산화탄소-흰색

해설 가스용기의 색 : 프로판 : 회색, 아세틸렌 : 황색, 이산화탄소(CO_2) : 청색

45 이음부의 루트 간격 치수에 특히 유의하여야 하며, 아크가 보이지 않는 상태에서 용접이 진행된다고 하여 잠호용접이라고도 하는 것은?

① 피복아크용접
② 탄산가스 아크용접
③ 서브머지드 아크용접
④ 불활성 가스 금속아크용접

해설 서브머지드 아크 용접 : 유니언 멜트용접, 불가시 용접 등으로 불려진다.

46 아세틸렌 압력 조정기의 구비조건으로 옳은 것은?

① 압력 조정기는 항상 빙결되어야 한다.
② 압력 조정기는 동작이 둔감해야 한다.
③ 조정 압력과 방출 압력의 차이가 클수록 좋다.
④ 조정 압력은 용기 내의 가스량이 변해도 항상 일정해야 한다.

해설 압력 게이지(조정기)는 결빙이 일어나지 않아야 하며, 동작이 민감하고 조정 압력과 방출 압력의 차가 적을수록 좋다.

47 다음 중 아크용접 시 발생되는 유해한 광선에 해당되는 것은?

① X-선 ② 자외선
③ 감마선 ④ 중성자선

해설 용접시에는 주로 자외선이나 적외선이 방출되며, ①, ③, ④는 방사선 투과 시험에 사용되는 것이다.

정답 42 ④ 43 ④ 44 ① 45 ③ 46 ④ 47 ②

48 일반적인 초음파 용접의 특징으로 틀린 것은? ★★

① 얇은 판이나 필름(Fillm)의 용접도 가능하다.
② 판의 두께에 따라 용접강도가 현저하게 변화한다.
③ 냉간압접에 비하여 주어지는 압력이 작으므로 용접물의 변형이 작다.
④ 용접입열이 작고 용접부가 좁으로 용입이 깊어 이종금속의 용접이 불가능하다.

해설 초음파 용접의 특징 : 용융시간이 1초 이내, 응고시간이 1~2초 정도로서 용접시간이 짧으며, 소비 에너지가 적고 용접부가 청결하다. 용가제가 필요 없으며, 용접 신뢰도가 높다. 이종 금속, 플라스틱, 두꺼운 고속도강 용접도 가능하다.

49 직류 아크용접 중에 전압분포에서 양극 전합 강하 V_t, 음극 전압 강하 V_2, 아크 기중 전압 V_3로 분류할 때, 아크전압 V_a를 구하는 식으로 옳은 것은?

① $V_a = V_1 - V_2 + V_3$
② $V_a = V_1 - V_2 - V_3$
③ $V_a = V_1 + V_2 + V_3$
④ $V_a = V_1 + V_2 - V_3$

해설 아크 전압 = 전체 전압
$V_a = V_1 + V_2 + V_3$

50 스터드 용접에서 페룰(Ferrule)의 작용이 아닌 것은?

① 용융금속의 산화를 방지한다.
② 용접 후 모재의 변형을 방지한다.
③ 용접이 진행되는 동안 아크열을 집중시켜 준다.
④ 용접사의 눈을 아크 광선으로부터 보호해 준다.

해설 페룰 : 스터드 용접시에 환봉이나 볼트와 모재 사이에 아크를 발생할 때 사용하는 것으로 그 작용은 ①, ③, ④가 있으며, 용접 후 변형 방지와는 무관하다.

51 일반적인 용접의 특징으로 틀린 것은?

① 작업공정이 단축되며 경제적이다.
② 재질의 변형이 없으며 이음효율이 낮다.
③ 제품의 성능과 수명이 향상되며 이종재료도 접합할 수 있다.
④ 소음이 작아 실내에서의 작업이 가능하며 복잡한 구조물 제작이 쉽다.

해설 용접의 특징은 이음 효율은 높으나 재질 변형이 단점이다.

52 TIG 용접에서 교류 용접기에 고주파 전류를 사용할 때의 특징으로 틀린 것은?

① 텅스텐 전극봉의 수명이 길어진다.
② 전극봉을 모재에 접촉시키지 않아도 아크가 발생된다.
③ 주어진 전극봉 지름에 비하여 전류 사용범위가 크다.
④ 용접작업 중 아크 길이가 약간 길어지면 아크가 끊어진다.

해설 고주파 발생 장치는 전극의 접촉이 없어도 아크가 발생되며, 아크 길이가 좀 길어져도 아크가 끊어지지 않는다.

정답 48 ④ 49 ③ 50 ② 51 ② 52 ④

53 발전형 직류용접기와 비교할 때 정류기형 직류용접기의 특징이 아닌 것은?

① 보수와 점검이 어렵다.
② 완전한 직류를 얻지 못한다.
③ 정류기의 파손에 주의해야 한다.
④ 취급이 간단하고 가격이 저렴하다.

해설 정류형 직류 용접기 : 입력 전원은 교류이나 용접기 내부에서 정류하여 직류로 바꾼 용접기로 발전형에 비해 간단하므로 보수와 점검이 쉽다.

54 아세틸렌 용기 및 도관에 몇 % 정도의 구리 합금을 사용할 수 있는가?

① 92% 이하   ② 62% 이하
③ 72% 이하   ④ 82% 이하

해설 아세틸렌과 구리가 접촉하면 폭발성 화합물을 생성하므로 62%Cu 이하의 구리 합금을 사용해야 된다.

55 피복 아크용접에서 피복 배합제의 성분 중 탈산제에 속하는 것은?

① 형석   ② 석회석
③ 페로실리콘   ④ 중탄산나트륨

해설 형석, 석회석 : 아크 안정 및 슬래그 생성제

56 가스 절단이 용이하지 않은 주철 및 스테인리스강 등을 철분 또는 용제를 분출시켜 산화열 또는 용제의 화학작용을 이용하여 절단하는 방법은?

① 분말 절단   ② 수중 절단
③ 산소창 절단   ④ 탄소아크 절단

해설 산소창 절단 : 토치 팁 대신 가늘고 긴 강관을 사용하여 강재 절단부의 일부를 연소 반응온도까지 가열해 놓고 강관 내부에 산소를 분출하여 절단하는 방법. 내경 3.2~6mm, 길이 1.5~3m의 강관을 사용하며, 철분 절단법과 원리가 같다.

57 아크용접기의 사용률을 구하는 식으로 옳은 것은?

① 사용률(%) = $\dfrac{\text{휴식시간}}{\text{아크시간}} \times 100$

② 사용률(%) = $\dfrac{\text{아크시간}}{\text{휴식시간}} \times 100$

③ 사용률(%) = $\dfrac{\text{아크시간} + \text{휴식시간}}{\text{아크시간}} \times 100$

④ 사용률(%) = $\dfrac{\text{아크시간}}{\text{아크시간} + \text{휴식시간}} \times 100$

해설 아크 용접기의 사용률 : 실제 용접시간을 실제 용접시간과 용접을 하지 않는 시간의 합에 대한 비율, 10분 단위로 계산한다.

58 다음은 용접기 취급상의 주의 사항이다. 틀린 것은?

① 정격 사용률을 엄수하여 과열을 방지한다.
② 가동 부분 및 냉각 팬(fan)은 점검을 충분히 한 후에 기름을 친다.
③ 2차 측의 탭 전환은 반드시 아크를 발생시키면서 시행한다.
④ 정기적으로 점검하여 항상 사용 가능하도록 유지한다.

해설 산탭 전환식 용접기에서 아크를 발생시키며 탭을 전환하면 스파크 발생으로 탭을 손상시킬 수 있다.

정답 53 ① 54 ② 55 ③ 56 ① 57 ④ 58 ③

59 높은 진공 속에서 음극으로부터 방출된 전자를 고전압으로 가속시켜 피용접물과의 충돌에 의한 에너지로 용접을 행하는 방법은?

① 테르밋 용접법 ② 스터드 용접법
③ 전자빔 용접법 ④ 그래비티 용접법

해설 그래비티 용접 : 필릿 용접부 등에 용접봉을 경사지게 세워 용융시킴으로써 용융된 용접봉이 중력에 의하여 일정한 각도로 하강하면서 용접하는 방법

60 연강용 피복아크용접봉 중 가스실드계의 대표적인 용접봉으로 피복제 중에 유기물을 20~30% 정도 포함하고 있는 것은?

① E4303   ② E4311
③ E4313   ④ E4326

해설 E4303 : 라임 티탄계, E4313 : 고산화티탄계, E4326 : 철분 저수소계

정답 59 ③ 60 ②

제1과목 용접야금 및 용접설비 제도

01 주로 T이음, 모서리 이음에서 볼 수 있는 균열로, 강의 내부에 모재 표면과 평행하게 층상으로 발생하는 것은?

① 토우 균열
② 설퍼 균열
③ 크레이터 균열
④ 라멜라 테어 균열

해설 라멜라 테어 균열 : 용접열과 확산성 수소의 영향 때문에 용접부 근처에 있는 라미네이션이 갈라지게 되는 현상

02 담금질시 재료의 두께나 크기에 따른 내·외부의 냉각속도 차이로 인하여 경화되는 깊이가 달라져 경도 차이가 발생하는 현상을 무엇이라고 하는가?

① 시효 효과
② 노치 효과
③ 질량 효과
④ 담금질 효과

해설 따라서 질량 효과가 크다 하면 경화능이 낮아서 내외부의 경도차가 크다는 의미가 된다.

03 다음 중 전기 전도율이 가장 높은 것은?

① Cr
② Zn
③ Cu
④ Mg

해설 전기 전도율 크기 : Ag(은) > Cu(구리) > Au(금) > V(바나듐) > Al(알루미늄) > Mg(마그네슘) > Mo > Fe

04 다음 중 펄라이트의 조성으로 옳은 것은?

① 페라이트 + 소르바이트
② 시멘타이트 + 오스테나이트
③ 페라이트 + 시멘타이트
④ 오스테나이트 + 트루스타이트

해설 펄라이트 : 오스테나이트 조직에서 탄소가 철과 반응하여 Fe_3C(시멘타이트)가 석출하게 되면 그 옆부분은 탄소가 적어져 페라이트가 형성되며 이것이 층상으로 형성된 조직, 탄소강의 기본 조직 중 가장 강인한 조직이다.

05 다음 열처리 방법 중 재질을 연화시키고 내부응력을 줄이기 위해 실시하는 방법으로 가장 적합한 것은?

① 풀림
② 담금질
③ 크로마이징
④ 세라다이징

해설
• 담금질 : 강재의 경화를 위한 열처리
• 크로마이징 : 강재 표면에 크롬 침투
• 세라다이징 : 강재 표면에 아연 침투

정답 01 ④ 02 ③ 03 ③ 04 ③ 05 ①

06 강의 조직을 개선 또는 연화시키기 위해 많이 쓰이는 방법이며 주조 조직이나 고온에서 조대화된 입자를 미세화시키기 위해 Ac₃ 또는 Ac₁ 이상 20~50℃로 가열 후 노냉시키는 풀림 방법은?

① 연화 풀림　② 항온 풀림
③ 구상화 풀림　④ 완전 풀림

07 다음 중 일반적인 금속재료의 특성으로 옳지 않은 것은?

① 전성과 연성이 좋다.
② 열과 전기의 양도체이다.
③ 금속 고유의 광택을 갖는다.
④ 이온화하면 음(−)이온이 된다.

해설 금속은 이온화하면 양(+)이온이 된다.

08 다음 중 용접성이 가장 좋은 금속은?

① 저탄소강과 주철
② 킬드강과 저탄소강
③ 강과 주철
④ 고탄소강과 킬드강

09 다음 중 용접 후 잔류응력을 제거하기 위한 열처리 방법으로 가장 적합한 것은?

① 담금질　② 풀림
③ 실리코나이징　④ 서브제로처리

해설 풀림 : 잔류 응력 제거, 성분의 균일화, 요구 성질 부여, 연화, 구상화를 위해 A₃~A₁ 변태점 이상 20~30℃로 가열 후 서냉하는 열처리

10 다음 중 건축 구조용 탄소 강관의 KS 기호는?

① SPS 6　② SGT 275
③ SNT 275A　④ SRT 275

해설 SPS 6 : 스프링강재 6, SGT 275 : 일반구조용탄소강관, SRT 275 : 일반구조용 각형강관

11 복사한 도면을 접을 때 그 크기는 원칙적으로 어느 사이즈로 하는가? ★★★

① A1　② A2
③ A3　④ A4

해설 A4 용지 : A0 용지를 16등분한 용지(210×297)이며, A3 이상의 용지에 작도한 도면을 접을 경우 A4 크기로 접는 것을 원칙으로 한다.

12 스케치하여 얻은 도면을 토대로 공작도를 제작할 때 필요 사항이 아닌 것은?

① 제품 생산 수량　② 조립도
③ 부품 번호　④ 부품도

13 다음 용접 기호 중 가장자리 용접에 해당하는 기호는? ★★

① 　② ═══
③ 　④ ⌒

해설 ① : 오버레이(표준 육성) 용접, ② : 표면 접합부, ④ : 겹침 접합부

14 기초도에서 기초 위에 설치되는 기계는 다음 중 어느 선으로 나타내는가?

① 가상선　② 숨은(은)선

정답 06 ④　07 ④　08 ②　09 ②　10 ③　11 ④　12 ①　13 ③　14 ①

③ 외형선   ④ 굵은 일점 쇄선

15 기계 제도에서 사용하는 완성 치수는 mm 단위를 사용한다. 이 때 단위는 어떻게 하는가?

① 관계없다.
② 붙인다.
③ 붙이지 않는다.
④ 경우에 따라 다르다.

16 치수 기입의 방법을 설명한 것으로 옳지 않은 것은? ★★

① 구의 반지름 치수를 기입할 때는 구의 반지름 기로인 S∅를 붙인다.
② 정사각형 변의 크기 치수 기입시 치수 앞에 정사각형 기호 □를 붙인다.
③ 판재의 두께 치수 기입시 치수 앞에 두께를 나타내는 기호 t를 붙인다.
④ 물체의 모양이 원형으로서 그 반지름 치수를 표시할 때는 치수 앞에 R을 붙인다.

해설 구의 반지름 치수 기입 기호는 'SR'로 표시한다.

17 KS 용접 기호 중 Z△ n × L(e)에서 n이 의미하는 것은? ★★★

① 피치   ② 목 길이
③ 용접부 수   ④ 용접 길이

해설 Z△ n × L(e) : 단속 필릿 용접에 주로 적용하는 표시
Z : 목 길이(각장)
n : 용접부 수
L : 용접부 길이

e : 인접 용접부와의 간격

18 그림이 치수와 비례하지 않을 경우에 표시하는 방법으로 옳지 않은 것은?

① 치수 밑에 밑줄을 긋는다.
② "비례척이 아님"이라고 기입한다.
③ 해당 치수에 ( )를 한다.
④ NS(none scale) 등의 문자를 기입한다.

해설 해당 치수에 ( )를 하는 경우는 참고 치수를 표시하는 것이다.

19 스케치 작업시 분해 조립 공구가 아닌 것은?

① 스패너   ② 플라이어
③ 드라이버   ④ 드릴

20 기계나 장치 등의 실체를 보고 프리핸드(free hand)로 그린 도면은? ★★

① 스케치도   ② 부품도
③ 배치도   ④ 기초도

해설 스케치도 : 부품의 일부가 파손되거나 기계를 개조할 때 실시하는 도면으로 일반적으로 자나 공구를 사용하지 않고 프리핸드로 그린다.

제2과목 용접구조설계

21 응력제거 풀림의 효과에 대한 설명으로 틀린 것은?

① 치수 틀림의 방지

정답 15 ③ 16 ① 17 ③ 18 ③ 19 ④ 20 ① 21 ②

② 충격저항의 감소
③ 크리프 강도의 향상
④ 열영향부의 템퍼링 연화

해설 응력제거 풀림을 하면 충격저항도 증가하는 경향이 있다.

22 다음 용착법 중 단층 용착법이 아닌 것은?

① 스킵법　　② 전진법
③ 대칭법　　④ 빌드업법

해설
• 빌드업법 : 비드 덧쌓기법을 말하며 전체를 한층 한층 쌓아 올리는 다층 용접법
• 스킵법 : 박판 등의 용접시 일정 부분 용접하고 일정 부분 띄워 용접한 후 다시 그 사이를 용접하는 방법

23 동일한(똑같은) 두께의 재료를 용접할 때 냉각속도가 가장 빠른 이음은? ★★

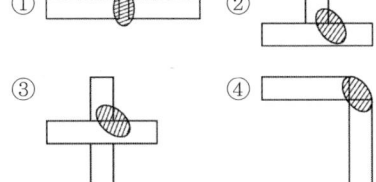

해설 ①, ④ : 크게 냉각 방향이 2방향, ③ : 냉각방향이 4방향, ② : 냉각 방향이 3방향

24 다음 용접 기호가 뜻하는 것은? ★★

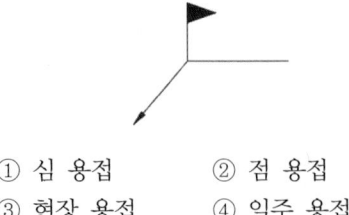

① 심 용접　　② 점 용접
③ 현장 용접　　④ 일주 용접

해설 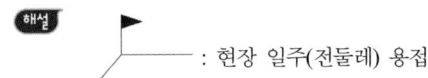 : 현장 일주(전둘레) 용접

25 용접 구조물에서 파괴 및 손상의 원인으로 가장 거리가 먼 것은?

① 재료 불량　　② 포장 불량
③ 설계 불량　　④ 시공 불량

26 용접 시공은 적당한 □□에 의하여 필요한 용접 구조물을 제작하는 방법이다. □□에 들어갈 옳은 용어는?

① 청구서　　② 매도증
③ 영수증　　④ 시방서

해설 시방서는 작업에 관한 절차나 조건 등을 기록한 용접 시공 절차 사양서이다.

27 인장 시험기로 인장·파단하여 측정할 수 없는 것은?

① 연신률　　② 인장강도
③ 굽힘응력　　④ 단면 수축률

해설 굽힘응력은 굽힘 강도시험을 통해 구할 수 있다.

28 다음 중 용접부를 검사하는데 이용하는 비파괴 검사법이 아닌 것은?

① 누설 시험　　② 충격 시험
③ 침투 탐상법　　④ 초음파 탐상법

해설 충격 시험은 재료의 인성의 크기 정도를 알아보는 기계적 파괴 시험의 일종이다.

정답 22 ④　23 ③　24 ③　25 ②　26 ④　27 ③　28 ②　29 ①

29 용접 시점이나 종점 부분의 결함을 줄이는 설계 방법으로 가장 거리가 먼 것은?

① 주부재와 2차 부재를 전둘레 용접하는 경우 틈새를 10mm정도로 둔다.
② 용접부의 끝단에 돌출부를 주어 용접한 후 엔드 탭(end tap)은 제거한다.
③ 양면에서 용접 후 목길이(각장) 끝에 응력이 집중되지 않게 라운딩을 준다.
④ 엔드 탭(end tap)을 붙이지 않고 한 면에 V형 홈으로 만들어 용접 후 라운딩한다.

해설 주부재와 2차 부재를 전둘레 용접하는 경우 틈사이를 3mm 정도로 두어야 된다. 10mm 정도 두면 뒷받침없이 용접시 용락과, 치수오차, 불필요한 용가재와 용접시간, 인건비가 소요되며 변형이 커지게 된다.

30 20kg의 피복 아크 용접봉을 가지고 두께 9mm 연강판 구조물을 용접하여 용착되고 남은 피복중량, 스패터, 잔봉, 연소에 의한 손실 등의 무게가 4kg이었다면 이때 피복 아크 용접봉의 용착 효율은?

① 60% ② 70%
③ 80% ④ 90%

해설 $\dfrac{20-4}{20} \times 100 = 80$

31 다음 그림에서 (   )안에 들어가야 할 내용으로 맞는 것은?

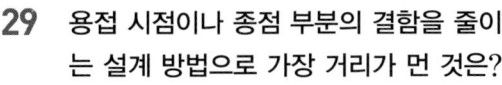

① 원질부 ② 용융부

③ 열영향부 ④ 용입부

32 다음 중 연강용 피복 아크용접봉 심선의 5가지 화학 성분 원소는 어느 것인가?

① C, Si, Mn, S, P
② C, Si, Fe, S, P
③ C, Si, Ca, S, P
④ C, Si, Pb, S, P

해설 피복 아크용접봉의 재질은 용착금속의 균열을 방지하기 위하여 저탄소 림드강을 사용한다.

33 모세관 현상을 이용하여 표면 결함을 검사하는 것은?

① 육안 검사 ② 침투검사
③ 자분검사 ④ 전자기적 검사

34 서브머지드 아크 용접 이음설계에서 충분한 용입을 얻기 위하여 용접부의 시작점과 끝점에 모재와 같은 재질의 판 두께를 붙이는 것은?

① 앤드 탭
② 실링 비드
③ 플레이트 정반
④ 알루미늄 판 받침

해설 앤드 탭(end tab) : 맞대기 용접 등을 할 때 모재의 용접선 연장상에 부착하는 모재와 동일한 재질과 형상, 홈을 가져야 하며, 용접시점과 종점에 생기기 쉬운 결함 방지를 위한 것으로 용접 후 제거하고 다듬질해야 된다.

35 용접 이음의 유효 길이는?

① 용접의 시단부와 종단부를 제외한 길

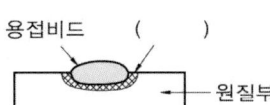
30 ③ 31 ③ 32 ① 33 ② 34 ① 35 ①

이로 나타낸다.
② 용접부 전체의 길이를 둘로 나눈 값으로 나타낸다.
③ 용접부 전체의 길이로 나타낸다.
④ 목의 두께×2의 길이로 나타낸다.

해설 시단부와 종단부는 불완전한 용접부가 되기 쉬우므로 이 부분을 제외한 길이를 유효 길이라 한다.

36 용접 구조물의 재료 절약 설계 요령으로 틀린 것은?

① 가능한 표준 규격의 재료를 이용한다.
② 용접할 조각의 수를 가능한 많게 한다.
③ 재료는 쉽게 구입할 수 있는 것으로 한다.
④ 고장이 발생했을 경우 수리할 때의 편의도 고려한다.

해설 용접 조각 수가 많은 만큼 용접량이 많아지고, 시간도 더 많이 걸린다.

37 용접부 윗면이나 아래면이 모재의 표면보다 낮게 되는 것으로 용접사가 충분히 용착금속을 채우지 못하였을 때 생기는 결함은?

① 오버랩   ② 언더필
③ 스패터   ④ 아크 스트라이크

해설 언더 컷과 언더 필의 차이
• 언더 컷 : 과대 전류, 운봉 불량 등으로 비드와 모재 경계선이 오목하게 패인 현상
• 언더 필 : 용가재를 충분하게 채우지 못했을 때 비드 표면이 모재보다 낮은 현상

38 구조물 용접작업시 용접 순서에 관한 설명으로 옳지 않은 것은? ★★

① 용접물의 중심에서 대칭으로 용접을 해 나간다.
② 용접작업이 불가능한 곳이나 곤란한 곳이 생기지 않도록 한다.
③ 수축이 작은 이음을 먼저 용접하고 수축이 큰 이음을 나중에 용접한다.
④ 용접 구조물의 중심축을 기준으로 용접 수축력의 모멘트 합이 0이 되게 하면 용접선 방향에 대한 굽힘을 줄일 수 있다.

해설 수축이 큰 맞대기 이음을 먼저하고 수축이 적은 필릿 이음을 나중에 한다.

39 용접 이음부의 형태를 설계할 때 고려하여야 할 사항으로 옳지 않은 것은?

① 최대한 깊은 홈을 설계한다.
② 적당한 루트간격과 홈각도를 선택한다.
③ 용착 금속량이 적게 되는 이음모양을 선택한다.
④ 용접봉이 쉽게 접근되도록 하여 용접하기 쉽게 한다.

40 용접 제품을 제작하기 위한 조립 및 가용접에 대한 일반적인 설명으로 옳지 않은 것은? ★★

① 조립 순서는 용접 순서 및 용접 작업의 특성을 고려하여 계획한다.
② 불필요한 잔류응력이 남지 않도록 미리 검토하여 조립 순서를 정한다.
③ 강도상 중요한 곳과 용접의 시점과 종점이 되는 끝부분에 주로 가용접한다.
④ 가용접시에는 본용접보다도 지름이 약간 가는 용접봉을 사용하는 것이 좋다.

해설 가용접부는 용입부족, 기공, 슬래그 섞임 등 용접 결함이 많이 생기기 때문에 중요한 부

정답 36 ② 37 ② 38 ③ 39 ① 40 ③

분이나 시점, 종점에는 가용접해서는 안된다.

제3과목 용접일반 및 안전관리

41 연강판 가스 절단시 가장 적합한 예열 온도는 약 몇 ℃인가?

① 100~200 ② 300~400
③ 400~500 ④ 800~900

해설 탄소강의 절단은 철의 연소 온도를 이용하므로 연소 온도인 900℃ 정도의 예열 후 고압 산소를 분출시키면서 진행하면 연속 절단이 이루어진다.

42 다음 중 아크 용접시 발생되는 유해한 광선에 해당되는 것은?

① X-선   ② 자외선
③ 감마선   ④ 중성자선

해설 용접 중에 발생하는 자외선, 적외선은 유해한 광선이므로 반드시 보호구를 착용한 후 용접해야 된다.

43 다음 중 압접에 속하지 않는 것은?

① 마찰 용접 ② 저항 용접
③ 가스 용접 ④ 초음파 용접

해설 가스 용접은 융접에 속한다.

44 가스절단에서 예열불꽃이 약할 때 일어나는 현상으로 가장 거리가 먼 것은?

① 드래그가 증가한다.
② 절단면이 거칠어진다.
③ 절단 속도가 늦어진다.
④ 절단이 중단되기 쉽다.

해설 ①, ③, ④ 외에 역화가 일어나기 쉽고 뒷면까지 통과하기 어렵다.

45 용접에 사용되는 산소를 산소용기에 충전시키는 경우 가장 적당한 온도와 압력은?

① 35℃, 15MPa   ② 35℃, 30MPa
③ 45℃, 15MPa   ④ 45℃, 18MPa

해설 압축 산소는 산소 용기에 35℃에서 15MPa (150기압 = 150kg$_f$/cm^2)로 충전한다.

46 U형, H형의 용접홈을 가공하기 위하여 슬로우 다이버전트로 설계된 팁을 사용하여 깊은 홈을 파내는 가공법은?

① 스카핑   ② 수중 절단
③ 가스 가우징 ④ 산소창 절단

해설 가스 가우징 : 가우징 토치를 사용하여 홈을 파는 작업

47 티그(TIG)용접시 보호가스로 쓰이는 아르곤과 헬륨의 특징을 비교할 때 틀린 것은?

① 헬륨은 용접 입열이 많으므로 후판용접에 적합하다.
② 헬륨은 열영향부(HAZ)가 아르곤보다 좁고 용입이 깊다.
③ 아르곤은 헬륨보다 가스 소모량이 적고 수동용접에 많이 쓰인다.
④ 헬륨은 위보기 자세나 수직 자세 용접에서 아르곤보다 효율이 떨어진다.

해설 헬륨은 열량이 많으나 아르곤보다 가벼워서

정답 41 ④ 42 ② 43 ③ 44 ② 45 ① 46 ③ 47 ④

아래보기 자세 등에서는 보호 능력이 떨어지므로 사용이 적으나 위보기 자세나 수직 자세에서는 아르곤보다 효율이 더 높다.

48 일반적인 가동 철심형 교류 아크 용접기의 특성으로 틀린 것은?

① 미세한 전류 조정이 가능하다.
② 광범위한 전류 조정이 어렵다.
③ 조작이 간단하고 원격 제어가 된다.
④ 가동철심으로 누설자속을 가감하여 전류를 조정한다.

해설 가동 철심형 : 장점은 전류를 연속적으로 세부 조정할 수 있으며, 구조가 간단하고, 가격이 싸며, 보수 점검이 쉽다. 단점은 철심의 진동에 의한 소음이 있으며, 중간 이상 가동 철심을 빼내면 아크가 불안정하다.
③은 가포화 리액터형 교류 아크 용접기의 특성이다.

49 강재 표면의 홈이나 개재물, 탈탄층 등을 제거하기 위하여 얇게 타원형 모양으로 표면을 깎아내는 가공법은?

① 스카핑   ② 피닝법
③ 가스 가우징 ④ 겹치기 절단

해설 • 가우징 : 홈을 파는 작업
• 피닝 : 구면인 작은 해머 등으로 용접부 등을 가볍게 두드려서 응력제거와 기계적 성질을 좋게 하는 작업

50 AW 300의 교류 아크 용접기로 조정할 수 있는 2차 전류(A) 값의 범위는?

① 30~220A   ② 40~330A
③ 60~330A   ④ 120~480A

해설 정격 전류의 20~110% 정도이므로 60~330A이다.

51 MIG 용접법의 특징에 대한 설명으로 틀린 것은?

① 전자세 용접이 불가능하다.
② 용접 속도가 빠르므로 모재의 변형이 적다.
③ 피복아크용접에 비해 빠른 속도로 용접할 수 있다.
④ 후판에 적합하고 각종 금속 용접에 다양하게 적용할 수 있다.

해설 MIG 용접법은 전자세 용접이 용이하다.

52 가스용접에서 탄산나트륨 15%, 붕사 15%, 중탄산나트륨 70%가 혼합된 용제는 어떤 금속 용접에 가장 적합한가?

① 주철   ② 연강
③ 알루미늄   ④ 구리합금

해설 • 연강 : 거의 사용하지 않음
• 알루미늄 : 염화칼륨, 염화나트륨, 염화리튬

53 불활성 가스 텅스텐 아크 용접을 할 때 주로 사용하는 가스는?

① H_2 ② Ar
③ CO_2 ④ C_2H_2

해설 불활성 가스 아크 용접에는 주로 아르곤(Ar)이나 헬륨(He)를 사용한다.

54 직류 아크 용접기에서 발전형과 비교한 정류기형의 특징으로 틀린 것은?

정답 48 ③ 49 ① 50 ③ 51 ① 52 ① 53 ② 54 ④

① 소음이 적다.
② 보수 점검이 간단하다.
③ 취급이 간편하고 가격이 저렴하다.
④ 교류를 정류하므로 완전한 직류를 얻는다.

해설 정류기형 직류 용접기 : 교류를 다이오드 등에 의해 직류로 변환한 용접기로 완전한 직류는 얻지 못한다.

55 불활성 가스 금속 아크 용접에서 이용하는 와이어 송급 방식이 아닌 것은?

① 풀 방식　　② 푸시 방식
③ 푸시 - 풀 방식　④ 더블 - 풀 방식

해설 와이어 송급 방식에는 ①, ②, ③과 더블 푸시-풀 방식이 있다.

56 가스용접에서 가변압식 토치의 팁(B형) 250번을 사용하여 표준불꽃으로 용접하였을 때의 설명으로 옳은 것은?

① 독일식 토치의 팁을 사용한 것이다.
② 용접 가능한 판 두께가 250mm이다.
③ 1시간 동안에 산소 소비량이 25리터이다.
④ 1시간 동안에 아세틸렌가스의 소비량이 250리터이다.

해설 프랑스식 토치 : B형 토치 또는 가변압식 토치라고도 한다.

57 다음 연료가스 중 발열량(kcal/m²)이 가장 많은 것은?

① 수소　　② 메탄
③ 프로판　④ 아세틸렌

해설 가스의 발열량

• 수소 : 2420kcal/m²
• 메탄 : 8080kcal/m²
• 프로판 : 20780kcal/m²
• 아세틸렌 : 12690kcal/m²

58 불활성 가스 아크용접에서 비용극식, 비소모식인 용접의 종류는?

① TIG 용접　　② MIG 용접
③ 퓨즈 아크법　④ 아코스 아크법

해설 비용극식 = 비소모식 : 전극이 아크를 발생하여 용융지를 형성하지만 녹지 않고 소모가 안되므로 붙여진 이름이다. ②, ③, ④는 CO_2 용접법의 일종으로 용극식(소모식)이다.

59 가스 용접에서 판 두께를 t(mm)라고 하면 용접봉의 지름 D(mm)를 구하는 식으로 옳은 것은? (단, 모재의 두께는 1mm 이상인 경우이다.)

① $D = t + 1$　　② $D = \dfrac{t}{2} + 1$
③ $D = \dfrac{t}{3} + 1$　④ $D = \dfrac{t}{4} + 1$

60 용접 작업자의 전기적 재해를 줄이기 위한 방법으로 틀린 것은?

① 절연상태를 확인한 후에 사용한다.
② 용접 안전보호구를 완전히 착용한다.
③ 무부하 전압이 낮은 용접기를 사용한다.
④ 직류 용접기보다 교류 용접기를 많이 사용한다.

해설 교류 용접기의 무부하 전압이 70~80V인데 비해 직류 용접기의 무부하 전압은 40~60V로 낮기 때문에 교류가 감전의 위험이 더 크다.

정답 55 ④　56 ④　57 ③　58 ①　59 ②　60 ④

제2회 용접산업기사 CBT 기출복원 문제

• 기출복원 문제란?
CBT시행에 따라 저자께서 수검자들의 도움으로 최대한 유형에 가깝게 복원한 문제입니다.

제1과목 용접야금 및 용접설비 제도

01 다음 중 용광로에 대한 설명으로 틀린 것은?

① 고로라도 불린다.
② 1일에 생산하는 선철의 무게를 톤으로 표시한다.
③ 종류로는 토마스법과 베서머법이 있다.
④ 철광석을 용해하여 선철을 얻는 노이다.

해설 전로나 평로의 제강법에서 내화물의 종류가 염기성인 것을 사용하면 토마스(염기성)법, 산성 내화물을 사용하면 베서머(산성)법이라 한다.

02 강의 탈산제로 적당하지 않은 것은?

① 페로-실리콘(Fe-Si)
② 페로-망간(Fe-Mn)
③ 페로-니켈(Fe-Ni)
④ 알루미늄(Al)

해설 탈산제는 Fe-Mn(페로 망간, 망간철), Fe-Si(페로 규소, 규산철), 알루미늄 등이 있으며, Fe-Ni(페로 니켈)은 주로 합금제로 사용된다.

03 탄소강에 관한 설명으로 옳지 않은 것은?

① 다량 생산 및 가공 변형이 쉽다.
② 기계적 성질이 우수하다.
③ 극연강, 연강, 반연강은 단접이 잘 된다.
④ 탄소량이 적은 것은 스프링, 연강, 공구강 등에 사용된다.

04 다강에서 펄라이트 조직에 대한 설명 중 틀린 것은?

① 탄소가 0.8% 함유된 강에 나타난다.
② 페라이트와 시멘타이트의 층상 조직이다.
③ 0.8%C, 723℃에서 생긴 공석강 조직이다.
④ 4.3%C, 1130℃에서도 생긴다.

해설 ④는 공정 조직인 레데브라이트가 생긴다

05 구조용 부품이나 롤러 등에 사용되며, 열처리에 의하여 니켈-크롬 주강에 비교될 수 있을 정도의 기계적 성질을 가지고 있는 저망간강의 조직은?

① 오스테나이트(austenite)
② 펄라이트(pearlite)
③ 페라이트(ferrite)
④ 시멘타이트(cementite)

06 1967년에 창설된 국제 표준화 기구의 약호는?

① ISA   ② ISO
③ USASI   ④ KS A

정답 01 ③ 02 ③ 03 ④ 04 ④ 05 ② 06 ②

07 WC, TiC, TaC 등의 금속 탄화물 분말에 Co를 첨가하여 용융점 이하로 소결 성형한 합금을 무엇이라고 하는가?

① 스텔라이트 ② 초경 합금
③ 세라믹 ④ 5-4-8 합금

해설 초경 합금은 소결 합금의 일종으로 탄화텅스텐(WC), TiC(탄화 티타늄) 등과 점결제로 Co를 사용하여 제조한 것이다.

08 시효 경화 합금에 대한 설명이다. 틀린 것은? (단, Fe-W-Co계 합금의 특징이다.)

① 내열성이 우수하고 고속도강보다 수명이 길다.
② 담금질 후의 경도가 낮아 기계 가공이 쉽다.
③ 석출 경화성이 크므로 자석강으로 좋은 성질을 갖고 있다.
④ 뜨임 경도가 낮아 공구 제작에 편리하다.

해설 시효 경화에 의하여 충분한 경도를 갖게 한 것으로 미국에서 개발된 Fe-W-Co계 합금은 5.4.8 합금이다.

09 동일 크기의 제품이라도 강종에 따라 담금질할 때 경화되는 깊이가 다르다. 이 경화 깊이를 지배하는 성능을 무엇이라 하는가?

① 질량 효과 ② 경화능
③ 시효 경화 ④ 변태

10 다상온 가공에서 경화된 구리의 완전 풀림 방법은?

① 600~650℃에서 30분간 풀림 급랭
② 800~900℃에서 30분간 풀림 서랭
③ 500~600℃에서 1시간 풀림 급랭
④ 600~700℃에서 1시간 풀림 서랭

해설 가공 경화된 것은 600~650℃에서 30분 정도 풀림 또는 수랭하여 연화한다. 열간 가공은 750~850℃에서 행한다.

11 실루민의 주조 시 금속 나트륨을 0.05~0.1% 첨가하여 잘 교반하고 주입하면 규소가 미세한 공정으로 되어 기계적 성질이 개선되는데 이와 같은 방법을 무엇이라 하는가?

① 열처리 ② 자연 시효
③ 개량 처리 ④ 시효 처리

해설 개량처리법에는 플루모르 화합물법, 금속나트륨법, 수산화나트륨법 등이 있다.

12 설계자의 요구 사항을 제작자에게 전달하기 위하여 선·문자·기호 등을 사용하여 제도 규격에 맞추어 도면을 작성하는 과정은?

① 설계 ② 제도
③ 공정 ④ 조립

13 다음 중 가상선의 용도가 아닌 것은?

① 도시된 물체의 뒷면을 표시하는 선
② 인접 부분을 참고로 표시하는 선
③ 가공 전 또는 가공 후의 모양을 표시하는 선
④ 이동 부분의 위치를 표시하는 선

해설 가상선의 용도는 도시된 물체의 단면 앞쪽을 표시하거나, 중심이 이동한 중심 궤적표시에 사용된다.

정답 07 ② 08 ④ 09 ② 10 ① 11 ③ 12 ② 13 ①

14 다음 중 제3각법의 장점이 아닌 것은?

① 각 관계도의 배열이 실물의 전개도와 다르므로 대조가 편리하다.
② 보조 투상도 및 국부 투상도를 그릴 때는 도면을 보기 쉽다.
③ 각 관계도가 가까운 곳에 있으므로 도면 대조에 편리하다.
④ 정면도를 기준으로 상하 좌우에서 본 그대로 상하 좌우에 그린다.

15 다음은 3각법으로 그린 투상도이다. 옳은 것은 어느 것인가?

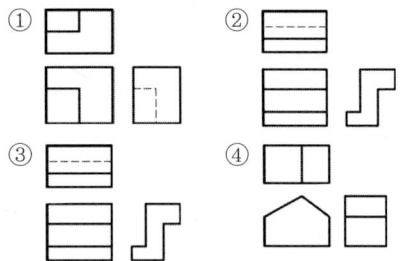

16 그림 A 겨냥도의 부품을 그림 B와 같이 제도했을 때 몇각법으로 그린 것인가?

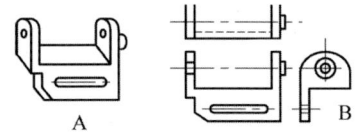

① 제1각법 ② 제2각법
③ 제3각법 ④ 제4각법

17 도면에서 어떤 경우에 해칭(hatching)을 하는가?

① 가상 부분을 표시할 경우
② 절단 단면을 표시할 경우
③ 회전 부분을 표시할 경우
④ 부품이 겹치는 부분을 표시할 경우

18 해칭의 원칙의 설명 중 틀린 것은?

① 제작도의 부품도에는 원칙적으로 해칭을 생략한다.
② 해칭을 한 부분에는 은선의 기입을 피한다.
③ 해칭을 간편하게 하기 위하여 단면을 엷게 칠하여도 좋다.
④ 서로 인접한 부품의 해칭선은 방향과 각도를 변경할 수 없다.

19 일반적으로 시중에서 판매되는 것을 그 모양이나 치수를 도시하지 않고 부품표에 호칭을 문자 등으로 표시하는 표준 부품만으로 되어있는 것은?

① 볼트, 와셔, 핀, 구름 베어링
② 볼트, 핀, 기어, 체인
③ 와셔, 핀, 풀리, 벨트
④ 작은 나사, 기어, 커플링, 축

20 스케치도의 필요성에 대한 설명 중 관계가 먼 것은?

① 실물을 보고 실물과 같은 물건을 만들고자 할 때
② 기계를 개조할 필요가 있을 때
③ 기계, 기구의 일부가 파손되어 그 부품을 만들고자 할 때
④ 기계 기구 등을 새로 구입할 때

해설 기계 기구 등을 새로 구입할 때나 제작도를 오래 보존할 경우는 스케치가 필요없다.

정답 14 ① 15 ④ 16 ③ 17 ② 18 ④ 19 ① 20 ④

제2과목 용접구조설계

21 U형 이음에서 루트 반지름은 될 수 있는 대로 크게 한다. 그 이유는?

① 개선 각도 증대 ② 충분한 용입
③ 홈 개선의 용이 ④ 용착량 증대

[해설] 루트 반지름을 크게 하는 이유는 충분한 용입과 용착량을 줄이기 위함이며, 개선 각도는 10° 정도로 한다.

22 필릿 용접부의 단면에서 용접부의 루트부터 표면까지의 최단 거리를 무엇이라 하는가?

① 목의 실제 두께 ② 겹치기 이음
③ 슬롯 용접 ④ 목의 이론 두께

23 동용접 설계 시 일반적인 주의 사항으로 가장 거리가 먼 것은?

① 용접에 적합한 구조로 한다.
② 용접하기 쉽도록 한다.
③ 결함이 생기기 쉬운 용접 방법은 피한다.
④ 용접 이음이 한 곳으로 집중되도록 한다.

[해설] 용접하기에 적당한 이음 형식을 택하며, 용접선은 가능한 한 짧게, 용접하기 쉬운 자세(아래 보기)로 한다.

24 기계나 구조물의 안전을 유지하는 정도로서 파괴 강도를 그 허용 응력으로 나눈 값을 무엇이라고 하는가?

① 허용 응력 ② 안전률
③ 용착 효율 ④ 이음 효율

25 용접 전 꼭 확인해야 할 사항으로 틀린 것은?

① 예열, 후열의 필요성을 검토한다.
② 용접 전류, 용접 순서, 용접 조건을 미리 선정한다.
③ 양호한 용접성을 얻기 위해 용접부에 물을 분무한다.
④ 이음부에 페인트, 기름, 녹 등의 불순물이 없는지 확인 후 제거한다.

26 다음은 가용접(tack welding)에 대한 사항이다. 틀린 것은?

① 가용접은 본용접을 실시하기 전에 좌우의 홈 부분을 잠정적으로 고정하기 위한 짧은 용접이다.
② 본용접을 실시할 홈 안에 가용접을 하는 것은 바람직하지 못하다.
③ 가용접은 쉬운 용접이므로 기초공에 의하여 실시하여 용접 기량을 향상시킨다.
④ 가용접에는 본용접보다는 지름이 약간 가는 용접봉을 사용한다.

[해설] 가용접은 중요한 용접이므로 기량이 낮은 용접사가 가접하면 용접 시공에 어려움이 많을 수 있다.

27 용접시 예열에 대한 설명이다. 옳은 것은?

① 연강이라도 기온이 0℃ 이하에서는 저온균열을 일으키기 쉬우므로 400~450℃로 가열한다.
② 탄소 당량이 커지면 예열 온도를 낮출 필요가 있다.
③ 주철, 고합금에서도 용접 균열을 방지

정답 21 ② 22 ④ 23 ④ 24 ② 25 ③ 26 ③ 27 ③

하기 위하여 예열을 시켜야 한다.
④ 변형, 잔류 응력을 높이기 위한 작업이다.

해설 예열은 용접부와 인접된 모재의 수축 응력을 감소시키고, 변형이나 잔류 응력을 낮추기 위하며, 탄소 당량이 커지면 예열 온도도 높여야 된다.

28 다다음 중 용접의 일반적인 순서를 나타낸 것으로 옳은 것은?

① 재료준비 → 절단가공 → 가접 → 본용접 → 검사
② 절단가공 → 본용접 → 가접 → 재료준비 → 검사
③ 가접 → 재료준비 → 본용접 → 절단가공 → 검사
④ 재료준비 → 가접 → 본용접 → 절단가공 → 검사

29 다음은 조립 순서 및 가접에 관한 사항이다 틀린 것은?

① 큰 구조물에서는 구조물의 끝에서 중앙으로 향하여 용접을 실시한다.
② 수축이 큰 맞대기 이음을 먼저 용접하고 다음에 필릿 용접을 하도록 한다.
③ 본용접을 실시할 홈 안에 가접을 하는 것은 원칙적으로 바람직하지 못하다.
④ 가접에는 본용접보다 더 지름이 약간 가는 용접봉을 사용하는 것이 좋다.

해설 큰 구조물에서는 구조물의 중심에서 끝으로 향하여 용접을 실시해야 된다.

30 아래 그림과 같이 용접 길이를 짧게 나누어 간격을 두면서 용접하는 방법은?

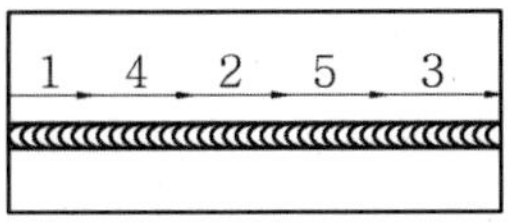

```
┌─────────────────────┐
│ 1 → 4 → 2 → 5 → 3 → │
│ ≈≈≈≈≈≈≈≈≈≈≈≈≈≈≈≈≈≈≈ │
└─────────────────────┘
```

① 전진법   ② 후진법
③ 대칭법   ④ 스킵법(비석법)

해설 비석법은 스킵법이라고도 하며 다른 방법에 비해 잔류 응력의 발생이나 변형이 적은 용착법이다.

31 잔류 응력을 경감시키기 위한 다음 설명 중 틀린 것은?

① 적당한 용착법과 용접 순서를 선정할 것
② 용착금속의 양(量)을 될 수 있는대로 증가시킬 것
③ 적당한 포지셔너(Positioner)를 이용할 것
④ 예열을 이용할 것

32 국부 풀림법시 용접선 좌우 양측의 가열 범위는?

① 약 100mm   ② 약 150mm
③ 약 200mm   ④ 약 250mm

해설 저온 응력 완화법은 용접선 좌우 양측을 약 150mm를 150~200℃로, 국부 풀림법은 용접선 좌우 양측을 약 250mm를 가열한다.

33 수축 변형에 영향을 미치는 인자가 아닌 것은?

① 다듬질 온도
② 용접 입열
③ 판의 예열 온도
④ 판 두께와 이음 현상

정답 28 ① 29 ① 30 ④ 31 ② 32 ④ 33 ①

34 용접 전의 작업 검사로서 해야 할 사항이 아닌 것은?

① 용접 기기, 보호 기구, 지그, 부속 기구 등의 적합성을 조사한다.
② 용접봉은 겉모양과 치수, 용착금속의 성분과 성질 등을 조사한다.
③ 홈의 각도, 루트 간격, 이음부의 표면 상태 등을 조사한다.
④ 후열처리, 변형 교정 작업, 치수의 잘못 등에 대해 검사한다.

해설 ④항은 용접 후의 작업 사항에 해당된다.

35 금속재료 시험법과 시험 목적을 설명한 것으로 틀린 것은?

① 인장 시험 : 인장 강도, 항복 강도, 연신률 계산
② 경도 시험 : 외력에 대한 저항 크기 측정
③ 굽힘 시험 : 피로 한도 값 측정
④ 충격 시험 : 인성과 취성의 정도 조사

해설 굽힘 시험은 재료의 연성 유무를 검사하는 시험 방법이다.

36 지름 10mm 또는 5mm의 강구를 500 ~ 3000kg의 하중으로 시험 표면에 압입한 후 이 때 생기는 오목 자국의 표면적을 측정하는 경도 시험법은?

① 로크웰 경도 시험
② 비커스 경도 시험
③ 브리넬 경도 시험
④ 쇼어 경도 시험

37 다음은 현미경 시험을 하기 위해서 각 금속에 사용하는 부식제이다. 철강용에 해당하는 것은?

① 피크린산 알코올액(피크린산 4g, 알코올 100cc), 초산 알코올액(진한 초산 1 ~ 5cc, 알코올 100cc)
② 왕수, 알코올액, 구리, 구리 합금용 염화철액, 염화 암모늄액
③ 플루오르화수소액(플루오르화수소산 1g, 물 10 ~ 20cc)
④ 과황산 암모니아액(과황산암모니아 10g, 염화암모니아 3g, 물 120cc)

38 다음은 보수 용접에 대한 설명이다. 그 중 틀린 것은?

① 마멸된 기계 부품은 덧살올림 용접을 하여 재생, 수리하는 것이다.
② 차축 등이 마멸되면 탄소강 계통의 용접봉을 사용하여 내마멸 용접으로 보수한다.
③ 용접 시 충분한 예열이나 열처리를 실시할 필요가 있다.
④ 서브머지드 아크용접에서는 덧살올림 용접을 하여 보수하지 못한다.

39 필릿 용접에서 루트 간격이 4.5mm 이상일 때 보수 요령은?

① 규정대로의 각장으로 용접한다.
② 그대로 용접하여도 좋으나 넓혀진 만큼 각장을 증가시킬 필요가 있다.
③ 각장을 3배수로 증가시켜 용접한다.
④ 라이너를 넣던지 부족한 판을 300mm 이상 잘라내서 대체한다.

정답 34 ④ 35 ③ 36 ③ 37 ① 38 ④ 39 ④

40 모재 열영향부의 인성과 노치 취성 악화의 원인 중 가장 거리가 먼 것은?

① 이음 설계가 부적당할 때
② 냉각 속도가 너무 빠를 때
③ 용접봉이 부적당할 때
④ 모재로부터 탄소 합금 원소가 과도하게 가해졌을 때

제3과목 용접일반 및 안전관리

41 다음 중 금속 아크용접법의 개발자는?

① 베르나도스　② 슬라비아노프
③ 프세, 피카르　④ 호버트

해설 ①은 탄소 아크용접법, ③은 가스용접법, ④는 불활성 가스 아크용접의 개발자이다. 서브머지드 아크용접은 케네디이다.

42 다음 중 저항 용접의 장점이 아닌 것은?

① 용접 시간이 짧다.(단축된다.)
② 용접 정밀도가 높다.
③ 열에 의한 변형이 적다.
④ 가열 시간이 많이 걸린다.

해설 저항 용접은 순간적인 대전류에 의해 짧은 시간에 용접된다.

43 전기 저항 용접에서 이용하는 전기 법칙은?

① 줄의 법칙　② 플레밍의 법칙
③ 뉴턴의 법칙　④ 전자 유도 법칙

해설 줄(joule)의 법칙 : 전기가 도체를 통과할 때 열이 발생하는데 그 열량은 Q = 0.24 $I^2 R t$이다.

44 다음 중 주조법이나 단조법과 비교한 용접의 장점이 아닌 것은?

① 이종 재질을 조합시킬 수 있다.
② 작업 공정의 단축이 가능하다.
③ 품질 검사가 용이하다.
④ 무게가 가볍다.(제품의 중량 감소)

45 중탄소강에 덧붙임 용접을 할 때 고려할 사항 중 틀린 것은?

① 반드시 예열, 후열을 할 것
② 예열을 할 수 없을 때는 용접부의 급랭을 피할 것
③ 예열을 할 수 없을 때는 연강 또는 고장력강용 저수소계 용접봉으로 밑깔기 용접을 할 것
④ 예열한 다음 용접하면 후열은 하지 않을 것

해설 용접 전 예열과 용접 후의 열처리를 해야 한다.

46 알루미늄과 스테인리스강을 용접하는데 가장 적합한 용접법은?

① 피복 금속 아크용접
② 테르밋 용접
③ 불활성 가스 아크용접
④ 원자 수소 용접

해설 철도 레일 용접에 많이 쓰이는 것은 테르밋용접이다.을 파는 작업

47 용접봉과 모재와의 사이에 전류를 걸어서 접촉시켰다 약간 떼면 강력한 불꽃

정답　40 ②　41 ②　42 ④　43 ①　44 ③　45 ④　46 ③　47 ①

방전이 일어나는데 이것을 무엇이라고 하는가?

① 아크　　② 스패터
③ 용착　　④ 아크 기둥

48 두 개의 전극에서 아크를 발생시켰을 때 음극(−)과 양(+)극간을 무엇이라고 하는가?

① 아크 기둥　　② 아크 쏠림
③ 아크 프레임　　④ 아크 스트립

해설 아크는 불꽃 방전으로 생긴 불빛으로, 색은 청백색을 띠며, 두 전극 사이의 아크 상태를 아크 기둥 또는 아크 플라스마라고 한다.

49 금속 전극이 녹아 용접이 되는 용접법은?

① 용극식　　② 비용극식
③ 전극식　　④ 비소모식

해설 전극이 되어 아크를 발생시키고 녹아서 용착 금속을 만드는 방식을 용극식 또는 소모식이라 하며, TIG 용접이나 탄소 아크용접 등을 제외한 서브머지드 아크용접, MIG 용접 등 대부분의 용접에 속하는 아크용접이 이에 해당된다.

50 피복 아크용접에서 수하 특성이란 어떤 현상을 말하는가?

① 부하 전류가 증가하면 단자 전압이 저하하는 현상
② 부하 전류가 증가하면 단자 전압이 상승하는 현상
③ 아크 전류가 감소할 때 아크 전압은 일정한 현상
④ 아크 전류가 감소할 때 아크 전압이 감소하는 현상

해설 수하 특성은 전류-전압의 특성이다.

51 서브머지드 아크용접이나 불활성 가스 금속 아크용접에 바람직한 특성은?

① 수하 특성
② 정전류 특성
③ 정전압 특성
④ 아크 드라이브 특성

52 다음은 극성에 대한 설명이다. 틀린 것은?

① 전자의 충격을 받은 양극이 음극보다 발열량이 크다.
② 정극성일 때 용접봉의 용융이 늦고 모재의 용입은 깊다.
③ 역극성일 때 용접봉의 용융 속도는 빠르고 용입은 얕아진다.
④ 얇은 판의 용접에는 용락을 피하기 위해 직류 정극성을 사용한다.

53 알루미늄은 철강에 비하여 일반 용접이 극히 곤란한데 그 이유 중 틀린 것은?

① 단시간에 용접 온도를 높이는데 높은 열원이 필요하다.
② 지나친 융해가 되기 쉽다.
③ 고온 강도가 나쁘며 용접 변형이 크다.
④ 팽창 계수가 매우 작다.

해설 팽창 계수가 매우 커서 변형이 크고 균열 발생이 쉽다. 그리고 수소 가스 등을 흡수하여 응고시 기공 발생이 쉬우며 색체에 따른 가열 온도 판정이 곤란하다.

정답　48 ①　49 ①　50 ①　51 ③　52 ④　53 ④

54 용접기의 효율을 구하는 식으로 옳은 것은?

① (아크 출력/소비 전력)×100
② (소비 전력/아크 출력)×100
③ (소비 전력/전원 입력)×100
④ (아크 출력/전원 입력)×100

해설 ③은 역률을 계산하는 공식이다.

55 저항 5Ω(옴)의 도체에 220V의 전원을 접속하면 몇 A의 전류가 흐르는가?

① 40A   ② 44A
③ 48A   ④ 52A

해설 옴의 법칙에 의해 전류는 전압에 비례하고 저항에 반비례하므로
전류 = 전압/저항 = 200/5 = 44A이다.

56 헬멧이나 핸드 실드의 차광 유리 앞에 맨유리를 끼우는 이유로 타당한 것은?

① 차광 유리만으로는 적외선을 차단할 수 없으므로
② 차광 유리(필터 렌즈)를 보호하기 위하여
③ 시력의 감소를 방지하기 위하여
④ 차광 유리만으로는 가시광선이 들어오므로

57 피복 아크용접 시 균열이 발생하는 원인이 아닌 것은?

① 이음의 강성이 큰 경우
② 모재에 탄소, 망간 등 합금원소가 많을 때
③ 과대 전류, 과대 속도일 때
④ 모재에 유황이 적을 때

58 가스 절단시 드래그는 가스 절단의 양부를 결정한다. 다음 그림에서 드래그 길이는 어디인가?

① ①
② ②
③ ③
④ ④

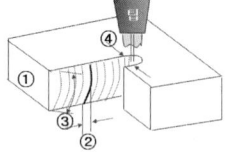

해설 ①은 모재 두께, ③은 드래그 라인, ④는 절단 나비(gap)

59 다음 서브머지드 아크용접 장치에 대한 설명 중 맞지 않는 것은?

① 와이어 송급 장치, 접촉팁, 용제 호퍼 등을 용접 헤드(welding head)라 한다.
② 용접 전류는 접촉팁에서 와이어에 송급된다.
③ 직류 전원이 설비비가 적고, 자기 불림이 없다.
④ 박판에서 약 400[A] 이하에서 직류 역극성으로 고속도 용접 시공을 하면 아름다운 비드를 얻을 수 있다.

60 불활성 가스 텅스텐 아크용접에서 중간 형태의 용입과 비드 폭을 얻을 수 있으며 청정 효과가 있어 알루미늄이나 마그네슘 등의 용접에 사용되는 전원은?

① 직류 정극성   ② 직류 역극성
③ 고주파 교류   ④ 교류 전원

해설 일반 교류가 아니라 고주파 중첩 교류 전원이 적용된다.
AC : 교류, ACHF : 고주파 중첩 교류
DCRP : 직류 역극성, DCSP : 직류 정극성

정답 54 ④ 55 ② 56 ② 57 ④ 58 ② 59 ③ 60 ③

제1회 용접산업기사 모의고사 문제

2009년 3월 1일 제1회 시행문제

제1과목 › 용접야금 및 용접설비 제도

01 용접부를 풀림처리 했을 때 얻는 효과는?
① 잔류응력 감소 및 경화부가 연화된다.
② 잔류응력이 커진다.
③ 조직이 조대화 되며 취성이 생긴다.
④ 별로 변화가 없다.

02 두 종 이상의 금속 원자가 간단한 원자비로 결합되어 성분 금속과는 다른 성질을 가지는 독립된 화합물을 형성할 때 이것을 무엇이라고 하는가?
① 동소 변태   ② 금속간 화합물
③ 고용체   ④ 편석

03 강의 조직을 표준상태로 하기 위하여 철강 상태도의 A_3선 이상의 온도로 가열한 후 공기 중에서 냉각하는 열처리는?
① 담금질   ② 풀림
③ 불림   ④ 뜨임

04 강자성체로만 나열된 것은?
① Fe, Ni, Co   ② Fe, Pt, Sb
③ Bi, Sn, Au   ④ Co, Sn, Cu

05 합금강에 첨가한 원소의 일반적인 효과가 잘못된 것은?
① Ni - 강인성 및 내식성 향상
② Ti - 내식성 향상
③ Cr - 내식성 감소 및 연성 증가
④ W - 고온강도 향상

06 피복아크 용접기에서 AW300, 무부하전압 70V, 아크전압 30V를 사용할 때 역률과 효율은 각각 얼마인가? (단, 내부손실 3kW)
① 역률 75.8%, 효율 57.2%
② 역률 72.3%, 효율 64.7%
③ 역률 67.4%, 효율 71%
④ 역률 57.1%, 효율 75%

07 초음파탐상법 중 가장 많이 사용되는 검사법은?
① 투과법   ② 펄스반사법
③ 공진법   ④ 자기검사법

08 담금질할 때에 잔류하는 오스테나이트를 마텐사이트화를 위해 보통의 담금질을 한 다음 실온 이하의 온도로 열처리하는 것은?
① 마템퍼링   ② 서브제로처리
③ 완전풀림   ④ 구상화풀림

09 주철(cast iron)의 특성 설명 중 잘못된 것은?
① 절삭성이 우수하다.
② 내마모성이 우수하다.
③ 강에 비해 충격값이 현저하게 높다.
④ 진동 흡수능력이 우수하다.

10 질화법의 종류가 아닌 것은?
① 가스 질화법 ② 연 질화법
③ 액체 침질법 ④ 고체 질화법

11 다음 그림과 같은 제3각법 투상도에서 A가 정면도일 때 배면도는?

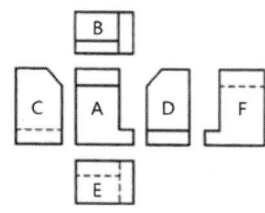

① E ② C
③ D ④ F

12 용접의 명칭에 따른 KS 용접기호 표시가 틀린 것은?
① 이면 용접 : ∨
② 가장자리 용접 : ||| (구, |||)
③ 오버레이 용접(표면 육성) : ⌒
④ 표면 접합부 : =

13 다음 그림의 용접기호를 바르게 설명한 것은?

① 경사 접합부 ② 겹침 접합부

③ 점 용접 ④ 플러그 용접

14 기계제도에서 단면도에 관한 설명으로 틀린 것은?
① 가상의 절단면을 정투상법에 의하여 나타낸 투상도를 말한다.
② 주로 대칭인 물체의 중심선을 기준으로 내부 모양과 외부 모양을 동시에 표현하는 방법이 한쪽 단면도이다.
③ 단면 부분은 단면이란 것을 표시하기 위하여 해칭 또는 스머징을 한다.
④ 해칭은 주된 중심선에 대해서 60°로 굵은 실선으로 등간격으로 표시한다.

15 스케치도의 필요성에 관한 설명으로 관계가 먼 것은?
① 동일한 기계를 제작할 필요가 있는 경우
② 제작도면을 오래도록 보존할 필요가 있는 경우
③ 사용 중인 기계의 부품이 파손된 경우
④ 사용 중인 기계의 부품 개조가 필요한 경우

16 아래 용접 기호 설명 중 틀린 것은?

c ⊖ n × ℓ(e)

① C : 용접부 너비
② n : 용접부 수
③ ℓ : 용접부 길이
④ (e) : 단속용접 길이

17 기계제도에 사용하는 문자의 종류가 아닌 것은?
① 한글 ② 아라비아 숫자
③ 로마자 ④ 상형문자

18 선의 종류 중 가는 2점 쇄선의 용도가 아닌 것은?
① 가공 전 또는 후의 모양을 표시하는데 사용
② 도시된 단면의 앞쪽에 있는 부분을 표시하는데 사용
③ 가공에 사용하는 공구, 지그 등의 위치를 참고로 나타내는데 사용
④ 대상물의 보이지 않는 부분의 모양을 표시하는데 사용

19 치수의 배치방법 종류가 아닌 것은?
① 직렬 치수 배치방법
② 병렬 치수 배치방법
③ 평행 치수 배치방법
④ 누진 치수 배치방법

20 그림 (a)와 같이 정면, 평면, 측면을 하나의 투상면 위에 동시에 볼 수 있도록 두 개의 옆면 모서리가 수평선과 30°가 되게 하여 그림 (b)와 같이 세 축이 120°의 등각이 되도록 입체도로 투상한 것은?

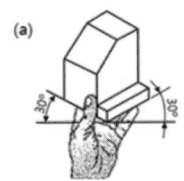
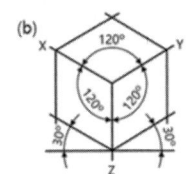

① 정 투상도 ② 등각 투상도
③ 투시도 ④ 부등각 투상도

제2과목 용접구조설계

21 맞대기 용접의 이음효율(%)을 구하는 공식으로 가장 적당한 것은?
① 이용효율 = (용착금속의 인장강도/모재의 항복강도)×100(%)
② 이용효율 = (모재의 인장강도/용착금속의 인장강도)×100(%)
③ 이용효율 = (용접시험편의 인장강도/모재의 인장강도)×100(%)
④ 이용효율 = (용접재료의 항복강도/용착금속의 인장강도)×100(%)

22 강판의 두께 15mm, 폭 100mm의 V형 홈을 맞대기 용접이음할 때 이음효율을 80%, 판의 허용응력을 35N/mm²로 하면인 장력(N)은 얼마까지 허용할 수 있는가?
① 35000 ② 38000
③ 40000 ④ 42000

23 양면 용접에 의하여 충분한 용입을 얻으려고 할 때 사용되며 두꺼운 판의 용접에 가장 적합한 맞대기 홈의 형태는?
① J형 ② H형
③ V형 ④ I형

24 가(가용)접시 주의해야 할 사항으로 틀린 것은?

① 본용접과 동등한 기량을 갖는 용접자가 가용접을 한다.
② 본용접과 같은 온도에서 예열을 한다.
③ 개선 홈 내의 가접부는 백치핑으로 완전히 제거한다.
④ 가접의 위치는 부품의 끝 모서리나 각 등과 같이 응력이 집중되는 곳에 한다.

25 자분탐상법의 특징 설명으로 틀린 것은?

① 시험편의 크기, 형상 등에 구애를 받는다.
② 내부결함의 검사가 불가능하다.
③ 작업이 신속 간단하다.
④ 정밀한 전처리가 요구되지 않는다.

26 용접 후 처리에서 외력만으로 소성변형을 일으켜 변형을 교정하는 방법은?

① 박판에 대한 점 수축법
② 가열 후 해머링 하는 법
③ 롤러에 거는 법
④ 형재에 대한 직선 수축법

27 일반적으로 용접순서를 결정할 때 주의사항으로 틀린 것은?

① 동일 평면 내에 이음이 많을 경우, 수축은 가능한 자유단으로 보낸다.
② 중심선에 대해 대칭을 벗어나면 수축이 발생하여 변형 된다.
③ 가능한 한 수축이 작은 이음을 먼저 용접하고 수축이 큰 이음은 나중에 한다.
④ 리벳과 용접을 병용하는 경우에는 용접 이음을 먼저 하여 용접열에 의한 리벳의 풀림을 피한다.

28 피닝(peening)법에 관한 설명 중 옳은 것은?

① 용접에 의한 변형을 미리 예측하여 용접하기 전에 변형을 주고 용접하는 법
② 용접부에 냉각속도를 느리게 하기 위해서 다른 재료로 모재를 덮어 놓는 법
③ 맞대기 용접할 때 홈 간격이 벌어지거나 수축되는 것을 방지 하 는 법
④ 용접부를 구면상의 특수한 해머로 비드를 두드려 용접 금속부의 용접에 의한 수축변형을 감소시키며, 잔류응력을 완화하는 법

29 오스테나이트계 스테인리스강을 용접할 때 용접하여 가열한 후 급랭시키는 이유로 가장 적합한 것은?

① 고온크랙(crack)을 예방하기 위하여
② 기공의 확산을 막기 위하여
③ 용접 표면에 부착한 피복제를 쉽게 털어내기 위하여
④ 입간부식을 방지하기 위하여

30 불활성 가스 텅스텐 아크 용접에서 직류 역극성(DCRP)으로 용접할 경우 비드폭과 용입에 대한 설명으로 맞는 것은?

① 용입이 얕고 비드 폭이 넓다.
② 용입이 깊고 비드 폭이 좁다.
③ 용입이 얕고 비드 폭이 좁다.
④ 용입이 깊고 비드 폭이 넓다.

31 용착부의 인장응력이 5kgf/mm², 용접선 유효길이가 80mm이며, V형 맞대기로 완전 용입인 경우 하중 8000kgf에 대한 판 두께는 몇 mm인가? (단, 하중은 용접선과 직각 방향임)

① 10 ② 20
③ 30 ④ 40

32 수축량에 미치는 용접시공 조건의 영향 설명 중 틀린 것은?

① 루트 간격이 클수록 수축이 크다.
② 구속도가 클수록 수축이 작다.
③ 용접봉의 직경이 클수록 수축이 크다.
④ 위빙을 하는 쪽이 수축이 작다.

33 필릿용접에서 목 길이(각장)가 10mm일 때 이론상 목두께는 몇 mm인가?

① 약 5.0 ② 약 6.1
③ 약 7.1 ④ 약 8.0

34 그림과 같이 강판 두께가 t=19mm, 용접선의 유효길이 ℓ=200mm이고, h_1, h_2가 각각 8mm일 때, 하중 P=7000kgf에 대한 인장응력은 약 몇 kgf/mm²인가?

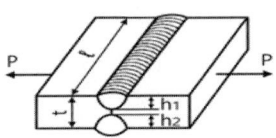

① 0.2 ② 2.2
③ 4.8 ④ 6.8

35 용접시 발생되는 잔류응력의 영향과 관계 없는 것은?

① 경도 감소 ② 좌굴 변형
③ 부식   ④ 취성 파괴

36 다음 그림과 같은 필릿 용접 이음에서 용접선의 방향과 하중의 방향이 직교한 것을 무슨 이음이라고 하는가?

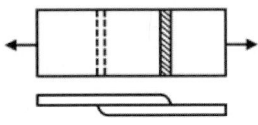

① 전면 필릿이음 ② 측면 필릿이음
③ 양면 필릿이음 ④ 경사 필릿이음

37 용접 변형의 경감 및 교정방법에서 용접부에 구리로 된 덮개판을 두든지 뒷면에서 용접부를 수냉 또는 용접부 근처에 물기 있는 석면, 천 등을 두고 모재에 용접입열을 막음으로써 변형을 방지하는 방법은?

① 롤링법 ② 피닝법
③ 냉각법 ④ 억제법

38 TIG 용접 이음부 설계에서 I형 맞대기 용접이음의 설명으로 적합한 것은?

① 판 두께가 12mm 이상의 두꺼운 판용접에 이용된다.
② 판 두께가 6~20mm 정도의 다층비드용접에 이용된다.
③ 판 두께가 3mm 정도의 박판용접에 많이 이용된다.
④ 판 두께가 20mm 이상의 두꺼운 판용접에 이용된다.

39 플라스마 아크용접법의 종류에 해당 되지 않는 것은?

① 중간형 아크법   ② 이행형 아크법
③ 용적형 아크법   ④ 비이행형 아크법

40 용착금속의 인장 또는 굽힘시험했을 경우 파단면에 생기는 은백색 파면을 갖는 결함은?

① 기공   ② 크레이터
③ 오버랩   ④ 은점

제3과목 용접일반 및 안전관리

41 저항용접법 중 맞대기 용접에 속하는 것은?

① 스폿용접   ② 심용접
③ 방전충격용접   ④ 프로젝션용접

42 피복 아크 용접에서 아크 쏠림 현상의 방지대책으로 틀린 것은?

① 용접봉의 끝을 아크 쏠림 방향으로 기울인다
② 교류아크 용접기를 사용한다.
③ 접지점을 용접부로 부터 멀리한다.
④ 아크 길이를 짧게 유지한다.

43 저항용접에 의한 압접은 전기 저항열로써 모재를 용융상태로 만들고 외력을 가하여 접합하는 용접법이다. 이때 발생하는 저항열을 구하는 식은?
(단, Q : 저항열, I : 전류, R : 전기저항, t : 통전시간[초])

① $Q = 0.24\,I\,R^2 t$ ② $Q = 0.24\,I^2 R^2 t$
③ $Q = 0.24\,I^2 R t$ ④ $Q = 0.24\,I^3 R t$

44 아세틸렌가스의 폭발 위험성에 관한 설명으로 틀린 것은?

① 아세틸렌가스는 매우 타기 쉬운 기체이다.
② 아세틸렌가스는 매우 안전한 화합물이다.
③ 아세틸렌가스는 충격, 마찰 등의 외력이 작용하면 폭발 위험성이 있다.
④ 아세틸렌가스는 구리, 수은(Hg) 등과 접촉하면 폭발 화합물을 생성한다.

45 스테인리스강에 사용되는 플라스마 절단 작동가스로 가장 적합한 것은?

① 아세틸렌   ② 프로판
③ 아르곤+수소   ④ 질소+수소

46 지혈 및 출혈 시 응급조치방법으로 옳지 않은 것은?

① 정맥출혈 시는 압박붕대나 손에 가제를 대고 누르면서 상처 부위를 높게 한다.
② 동맥출혈 시는 응급조치로. 지혈대나 압박붕대, 지압법 등으로 지혈시킨 후 의사의 조치를 받는다.
③ 피하출혈 시에는 냉습포를 한 뒤에 온습포를 댄다.
④ 신체의 다른 부분보다 부상당한 팔과 다리를 낮게 쳐들어야 한다.

47 가스 용접봉 및 용제에 관한 각각의 설명으로 틀린 것은?

① 용제는 건조한 분말, 페이스트 또는 용접봉 표면에 피복한 것도 있다.
② 용제의 융점은 모재의 융점보다 낮은 것이 좋다.

③ 연강의 가스 용접에는 용제를 필요로 하지 않는다.
④ 가스용접은 탄화 불꽃이 되기 쉬운데다 공기 중의 탄소를 흡수하여 용융 금속이 탄화되는 경우가 많다.

48 아크 용접 시 작업자에게 가장 위험한 부분은?

① 배전판
② 용접봉 홀더 노출부
③ 용접기
④ 케이블

49 피복 아크 용접봉의 선택 시 고려해야 할 사항으로 거리가 먼 것은?

① 아크의 안정성
② 용접봉의 내균열성
③ 스패터링
④ 용착금속 내의 슬래그의 양

50 서브머지드 아크 용접의 용제에 대한 설명이다. 용융형 용제의 특성이 아닌 것은?

① 비드 외관이 아름답다.
② 흡습성이 높아 재건조가 필요하다.
③ 용제의 화학적 균일성이 양호하다.
④ 용융 시 분해되거나 산화되는 원소를 첨가할 수 있다.

51 용접법을 분류한 것 중 융접에 해당되지 않은 것은?

① 아크용접   ② 가스용접
③ MIG용접   ④ 마찰용접

52 아크용접에서 피복제의 주된 역할을 설명한 것 중 옳은 것은?

① 전기 통전작용을 한다.
② 용융점이 높은 적당한 점성의 무거운 슬래그를 생성한다.
③ 용착금속의 탈산 정련작용을 한다.
④ 용착금속의 냉각속도를 빠르게 한다.

53 가스용접장치에서 충전가스 용기의 도색이 잘못 연결된 것은?

① 아르곤 - 회색
② 염소 - 백색
③ 아세틸렌 - 황색
④ 탄산가스 - 청색

54 서브머지드 아크 용접법의 설명 중 잘못된 것은?

① 용융속도와 용착속도가 빠르며, 용입이 깊다.
② 비소모식이므로 비드의 외관이 거칠다.
③ 개선각을 작게 하여 용접의 패스 수를 줄일 수 있다.
④ 용접선이 짧거나 불규칙한 경우 수동에 비해 비능률적이다.

55 15℃ 15기압에서 아세톤 1리터에 대하여 아세틸렌가스 몇 리터가 용해되는가?

① 285   ② 325
③ 375   ④ 420

56 가스용접에서 산소용기에 각인되어 있는 것의 설명이 틀린 것은?

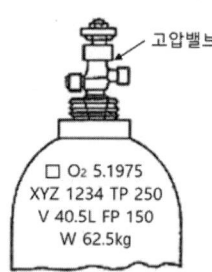

① V - 내용적
② W - 순수가스의 중량
③ TP - 내압시험 압력
④ FP - 최고충전 압력

57 탄산가스아크용접에 대한 설명 중 올바르지 못한 것은?

① 전류 밀도가 높아 용입이 깊고 용접속도를 빠르게 할 수 있다.
② 가시(可視) 아크이므로 시공이 편리하다.
③ 특수한 용제를 사용하므로 용접부에 슬래그 섞임이 없고 용접 후의 처리가 간단하다.
④ 용착금속의 기계적 성질 및 금속학적 성질이 우수하다.

58 용접부 외부에서 주어지는 열량을 용접입열(weld heat input)이라 하는데, 용접입열이 충분하지 못할 때 발생하는 용접 결함은?

① 용입불량(lack of penetration)
② 선상조직(ice flower structure)
③ 용접균열(wefding crack)
④ 온정(fish eye)

59 산소병 취급방법에서 틀린 것은?

① 밸브는 기름을 칠하여 항상 유연해야 한다.
② 산소병을 뉘어 두지 않는다.
③ 사용 전에는 비눗물로 가스 누설검사를 한다.
④ 산소병은 화기로부터 멀리한다.

60 탄산가스(CO_2)아크 용접에서 O_2의 해를 방지하기 위하여 와이어에 Mn을 첨가하여 용접한다. 이때의 반응식 중 올바른 것은?

① $2FeO + Mn = Fe + MnO_2$
② $Mn + 2FeO_3 = 2Fe + MnO_6$
③ $Mn + FeO = Fe + MnO$
④ $FeO_2 + Mn = FeO + MnO$

제1회 용접산업기사 모의고사 정답 및 해설

2009년 3월 1일 제1회 시행문제

01	①	02	②	03	③	04	①	05	②	06	④	07	②	08	②	09	③	10	④
11	④	12	①	13	②	14	④	15	③	16	④	17	④	18	④	19	④	20	②
21	③	22	④	23	④	24	④	25	①	26	③	27	③	28	④	29	④	30	①
31	②	32	④	33	④	34	④	35	④	36	①	37	③	38	④	39	④	40	④
41	③	42	①	43	④	44	②	45	④	46	④	47	③	48	④	49	④	50	②
51	④	52	③	53	②	54	④	55	③	56	②	57	③	58	①	59	④	60	③

01 풀림처리 효과 : 잔류응력 제거, 응력부식에 대한 저항력 증가, 용착 금속 중의 수소 가스 제거(온도가 높고 시간이 길수록 수소함량은 낮아짐), 연화로 충격저항 증가. 치수 안정화, 용접 열영향부가 뜨임(tempering)화 되어 연성 증가

02 금속간 화합물 : 두 가지(2종) 이상의 금속원자가 간단한 원자비로 결합되어 본래의 물질과는 전혀 다른 결정격자를 형성, 매우 경취하며, 비금속적 성질을 띤다. 비교적 용융점이 높으나 쉽게 분해되는 현상이 있다.

03 불림 : 강을 단조, 압연 등의 소성가공이나 주조로 거칠어진 결정조직을 미세화하고 기계적 성질, 물리적 성질 등을 개량하여 조직을 표준화하고 공랭하는 열처리, 조직을 미세화하고 내부 응력을 제거

04 강자성체 : 자성의 성질이 매우 강한 물질, 금속에는 철(Fe), 니켈(Ni), 코발트(Co) 등이 있음

05 크롬(Cr, 크로뮴) : 내열성, 내식성을 증가시키기 위해 초내열강에 많이 사용

06 역률 = $\dfrac{\text{소비전력}}{\text{전원입력}} \times 100$

$= \dfrac{30 \times 300 + 3000}{70 \times 300} \times 100 = 57.1$

효율 = $\dfrac{\text{아크출력}}{\text{소비전력}} \times 100$

$= \dfrac{30 \times 300}{30 \times 300 + 3000} \times 100 = 75$

07 초음파 탐상법의 종류 : 투과법, 펄스반사법(수직탐상법, 사각 탐상법), 공진법이 있으며, 펄스반사법이 가장 많이 사용된다.

08 심랭처리(서브제로처리, 0점하 처리) : 고탄소강 등의 경우 Mf(마텐사이트 변태 종료)점이 0℃ 이하이며 뜨임에 의해서도 잔류 오스테나이트가 존재하는 강의 경우 드라이아이스나 액체질소로 냉각하여 잔류 오스테나이트를 마텐사이트로 변태시키는 열처리

09 주철(cast iron)의 특성 : 탄소량이 2.11~6.67% 이며, 매우 경취(경도가 높고 취성이 큼)하다. 압축강도는 인장강도의 3배 정도로 높으나 충격강도는 매우 낮다.

10 질화 : 철강에 질소를 침투시켜 표면을 경화시키는 열처리, 가스질화, 액체 질화, 연질화, 산질화 등이 있으며, 고체 질화법은 없다.

11 3각법에 의한 그림(투상도)에서 A를 정면도로 했을 때 우측에 우측면도, 좌측에 좌측면도, 위에 평면도, 아래에 저면도가 배치되며, 배면도는 정면도 뒤쪽에 배치되므로 F가 된다.
현 그림을 그대로 연결하여 입방체를 만든다고 생각하면 이해할 수 있다.

12 ∨ : 개선각이 급격한 V형맞대기 용접

13 ∠ : 경사 접합부, ○ : 점(스폿) 용접,
⊓ : 플러그 또는 슬롯 용접

14 해칭 : 해칭은 주된 중심선에 대해서 45°로 가는 실선으로 등간격으로 표시함을 원칙으로 한다. 조립 등에서 여러 부품이 있는 경우는 각도나 방향을 다르게 하여 표시할 수 있다.

15 스케치도는 사용 중인 부품의 파손 등으로 급히 부품을 다시 만든다든지 할 때 필요하며, 오래 보관하기 위할 경우 정식 도면을 보관해야 된다.

16 C : 슬롯부의 폭을 나타낸다.

17 기계제도에 사용하는 문자는 한글, 아라비아 숫자, 로마자, 영문 등이 사용된다.

18 가는 2점 쇄선은 가상선, 즉 물체의 가공 전 또는 후의 모양, 도시된 단면의 앞쪽에 있는 부분 표시, 가공에 사용하는 공구, 지그 등의 위치 등을 나타내는데 사용하며, 대상물의 보이지 않는 부분의 모양을 표시하는데는 파선(숨은선)을 사용한다.

19 치수의 배치방법 종류에 평행 치수 배치방법은 없다.

20 부등각 투상도는 수평선과 30° 이외의 각도로 표시하여 좌우의 각도가 다른 투상도이다.

21 이음 효율은 용착금속 시편의 '인장강도/모재의 인장강도'에 대한 비율을 말한다.

22 인장강도(허용응력)=$\frac{P}{A}$, 에서
장력 $P = \sigma_a A \eta = 35 \times 15 \times 100 \times 0.8 = 42000$

2 양면 용접 이음 홈의 형상에는 X형, K형, H형, 양면 J형 등이 있으며, 가장 변형을 적게 할 수 있는 홈은 H > 양면 J > K > X > V 순이다. I형은 애매하다.

24 가접(가용접)의 위치는 중요 부분이나, 부품의 끝 모서리나 각 등과 같이 응력이 집중되는 곳을 피하여 가접해야 한다.

25 자분 탐상법은 표면 결함을 검출하는 비파괴 시험으로 비자성체는 검출이 곤란하며, 정밀한 전처리가 요구된다.

26 용접 변형 교정에서 ①, ②, ④는 가열 후 변형을 교정하지만 롤러에 의한 교정은 순수한 소성 변형을 이용한 교정법이다.

27 용접 우선 순위에서 가능한 한 수축이 큰 이음을 먼저 용접하고 수축이 작은 이음은 나중에 한다. 맞대기 이음, 볼트나 리벳 이음, 필릿 이음이 있는 경우 맞대기 이음, 필릿 이음, 리벳 이음 순으

로 이음을 한다.

28 피닝(peening) : 용착 금속부에 응력을 완화할 목적으로 끝이 구면인 특수한 해머로 용접부를 연속적으로 때려(타격하여 소성변형을 주어) 용착금속의 인장응력을 완화하는데 큰 효과가 있는 잔류응력 제거(완화)법

29 오스테나이트계 스테인리스강의 용접시 예열 등을 하지 않으며, 가급적 낮은 전류로 용접하며, 층간 온도 유지 등 고온에 의해 일어나는 입간(입계) 부식을 방지하는 방법을 택해야 된다.

30 직류 역극성의 경우 용입이 얕고 비드 폭이 넓게 된다. 정극성의 경우 반대 현상이 생기며, 교류의 경우 중간 정도로 보면 된다.

31 $\sigma = \dfrac{P}{A}$, $5 = \dfrac{8000}{80 \times t}$, $t = \dfrac{8000}{5 \times 80} = 20$

32 수축량에 미치는 용접시공 조건의 영향 : 루트 간격이 클수록, 구속도가 작을수록, 용접봉 지름이 작을수록 수축이 크며, 직선비드보다 위빙하는 쪽이 수축이 작다.

33 목 두께 : 길이(각장)×cos45°
= 10×0.707 = 7.1

34 응력 = $\dfrac{\text{하중}}{\text{단면적}} = \dfrac{P}{(h_1 + h_2) \times l}$
$= \dfrac{7000}{(8+8) \times 200} = 2.19$

35 용접시 발생되는 잔류응력은 좌굴 변형, 부식, 취성 파괴의 원인이 되며, 경도 감소와는 무관하다.

36 • 전면 필릿 이음 : 필릿 용접 이음에서 용접선의 방향과 하중의 방향이 직교한 이음
• 측면 필릿 이음 : 용접선의 방향과 하중의 방향이 평행한 이음

37 냉각법=도열법 : 용접 변형의 경감 및 교정방법에서 용접부에 구리로 된 덮개판을 두는 법(수냉동판법), 뒷면에서 용접부를 수냉(살수법), 용접부 근처에 물기 있는 석면, 천 등을 두고 모재에 용접입열을 막음(석면포 사용법)으로써 변형을 방지하는 방법

38 TIG 용접은 일반적으로 판 두께가 3㎜ 정도의 박판용접에 많이 이용된다.

39 플라스(즈)마 용접(절단)의 종류에는 ①, ②, ④가 있다.

41 전기 저항용접의 종류
• 맞대기 이음 : 플래시 용접, 버트업셋 용접, 퍼커션 용접
• 겹치기 이음 : 점용접, 시임용접, 프로젝션 용접

42 아크 쏠림 방지 대책
① 직류 용접보다는 교류 용접으로 한다.
② 큰 가접부나 이미 용접이 끝난 용착부를 향하여 용접한다.
③ 이음의 처음과 끝에 엔드탭을 사용하며, 용접부가 긴 경우 후퇴 용접법으로 한다.
④ 접지점을 가능한 한 용접부에서 멀리하며, 접지점 2개를 연결한다.
⑤ 짧은 아크를 사용한다.
⑥ 용접봉 끝을 아크 쏠림 반대 방향으로 기울인다.

43 전기 저항열(jule 열) Q = 0.24 I2 R t

44 아세틸렌 가스는 매우 불안전한 가스이다.

46 지혈 및 출혈 시 응급조치방법 중 신체의 다른 부분보다 부상당한 팔과 다리를 낮게 하면 출혈이 심해진다.

47 가스용접은 산화 불꽃이 되기 쉬운데다 공기 중의 산소를 흡수하여 용융 금속이 산화되는 경우가 많다.

48 작업 중 감전에서 작업자와 가장 가까이 있는 것은 용접봉 홀더이며 노출된 경우나, 전선 피복이 손상되어 누전될 경우 감전이 일어날 수 있다.

49 용접봉 선택시 발생되는 슬래그 양과는 무관하다.

50 용융형 용제는 흡습성이 거의 없어 재건조가 불필요하다.

51 압접 : 전기 저항용접(점, 심, 프로젝션, 플래시벗, 업셋용접), 마찰용접, 냉간압접 등

52 피복제의 주된 역할은 전기 절연작용, 용융점이 낮은 적당한 점성의 가벼운 슬래그 생성, 용착금속의 탈산 정련작용, 용착금속의 냉각속도를 느리게 한다.

53 충전가스 용기의 도색 : 산소 - 녹색, 탄산가스 - 청색, 염소 - 갈색, 암모니아 - 백색, 아세틸렌 - 황색, 프로판 - 회색(왼나사), 아르곤 - 회색(오른나사)

54 서브머지드 아크용접법은 와이어가 용융되며 용접되므로 용극식(소모식) 용접법이다.

55 아세틸렌 가스는 1기압시 아세톤에 25배 용해되므로 15기압으로 압축하면 375리터가 된다.

56 가스 용기 각인에서 W는 빈병의 무게 kg를 의미한다.

57 탄산가스 아크용접법은 용접부에 슬래그 섞임이 없고 용접 후의 처리가 간단하다.(솔리드 와이어 사용의 경우)

58 용접 입열이 부족하면 용입불량, 용착불량, 오버랩, 슬래그 섞임 등이 발생할 수 있다.

59 산소 용기나 도관 등에 기름이 있으면 산소와 기름이 반응하여 폭발성 화합물을 형성하여 폭발 위험이 있다.

60 $Mn+FeO = Fe+MnO$의 반응으로 산화물을 형성하여 산소가 제거된다.

제2회 용접산업기사 모의고사 문제

2009년 5월 10일 제2회 시행문제

제1과목 용접야금 및 용접설비 제도

01 피복 배합제의 성분에서 슬래그 생성제로 사용되는 것이 아닌 것은?
① 탄산바륨($BaCO_3$)
② 이산화망간(MO_2)
③ 석회석($CaCO_3$)
④ 산화티탄(TiO_2)

02 탄소강의 물리적 성질 변화에서 탄소량의 증가에 따라 증가되는 것은?
① 비중
② 열팽창계수
③ 열전도도
④ 전기저항

03 일반적으로 열이 전달되기 쉬운 정도로 표시할 때 열전도율이 사용되고 있다. 용접입열이 일정할 경우 냉각속도가 가장 느린 것은?
① 연강
② 스테인리스강
③ 알루미늄
④ 구리

04 오스테나이트계 스테인리스강의 용접 시 고온균열의 원인이 아닌 것은?
① 아크 길이가 짧을 때
② 크레이터 처리를 하지 않을 때
③ 모재가 오염되어 있을 때
④ 구속력을 가해진 상태에서 용접할 때

05 일반적인 금속의 공통적인 특성 설명으로 틀린 것은?
① 이온화하면 양(+)이온이 된다.
② 열과 전기의 양도체이다.
③ 전성과 연성이 좋다.
④ 강도, 경도, 비중이 비교적 적다.

06 동일 금속일 경우 재결정 온도가 낮아지는 원인과 가장 거리가 먼 것은?
① 가공도가 작을수록
② 가공시간이 길수록
③ 금속의 순도가 높을수록
④ 가공 전의 결정입자가 미세할수록

07 2개 성분의 금속이 용해된 상태에서는 균일한 용액으로 되나 응고 후에는 성분 금속이 각각 결정이 되어 분리되며, 2개의 성분금속이 고용체를 만들지 않고 기계적으로 혼합될 수 있는 조직은?
① 공정조직
② 공석조직
③ 포정조직
④ 포석조직

08 철강을 순철, 강, 주철로 분류할 경우 기준이 되는 것은?
① 황(S) 함유량
② 탄소(C) 함유량
③ 망간(Mn) 함유량
④ 규소(Si) 함유량

09 금속의 열전도율이 큰 순서로 나열된 것은?

① Cu > Ag > Al > Au
② Ag > Cu > Au > Al
③ Ag > Al > Au > Cu
④ Au > Cu > Ag > Al

10 주철의 용접이 곤란하고 어려운 이유에 대한 설명으로 틀린 것은?

① 주철은 연강에 비하여 여리며 주철의 급랭에 의한 백선화로 수축이 많아 균열이 생기기 쉽기 때문이다.
② 주철 속에 기름, 흙, 모래 등이 있는 경우에 용착이 불량하거나 모재와의 친화력이 나빠지기 때문이다.
③ 일산화탄소 가스가 발생하여 용착 금속에 기공이 생기기 쉽기 때문이다.
④ 크롬 탄화물이 결정입계에 석출하기 쉽기 때문이다.

11 KS 규격에서 평면형 평행 맞대기 이음 용접을 의미 하는 기호는?

① 八 ② ||
③ V ④ ✕

12 특별한 도시 방법에서 도형 내의 특정한 부분이 평면이란 것을 표시할 필요가 있을 경우에 나타내는 표시 방법으로 가장 적합한 것은?

① 정사각형기호(□)를 사용한다.
② R 기호를 사용한다.
③ P 기호를 사용한다.
④ 가는 실선의 대각선을 긋는다.

13 제3각법의 그림 기호 표시를 올바르게 나타낸 것은?

 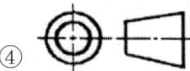

14 다음 중 그림과 같은 리벳 이음의 명칭은?

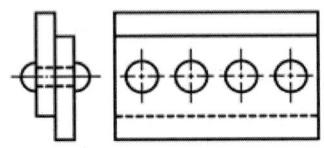

① 1줄 맞대기이음
② 1줄 겹치기이음
③ 1줄 지그재그 맞대기이음
④ 1줄 지그재그 겹치기이음

15 기계나 장치 등의 실체를 보고 프리핸드로 그린 도면은?

① 배치도 ② 기초도
③ 장치도 ④ 스케치도

16 용접의 기본기호 중 가장자리 용접을 나타내는 것은?

① ⊕ ② |||(구, |||)
③ ✕ ④ ⊖

17 도면의 분류에서 설명도의 용도로 가장 적합한 것은?

① 주문자 또는 기타 관계자의 승인을 얻기 위한 도면이다.
② 사용자에게 물품의 구조, 기능, 성능 등을 알려주기 위한 도면이다.
③ 지역 내의 건물 위치나 공장 내부에 기계 등의 설치위치의 상세한 정보를 나타낸 도면이다.
④ 견적 내용을 나타낸 도면이다.

18 제도의 목적을 달성하기 위한 기본 요건으로 틀린 것은?

① 대상물의 도형이 있으면 필요로 하는 크기, 모양, 자세, 위치의 정보를 포함하지 않아야 한다.
② 애매한 해석이 생기지 않도록 표현상 명확한 뜻을 갖고 있어야 한다.
③ 무역 및 기술의 국제 교류의 입장에서 국제성을 갖고 있어야 한다.
④ 기술의 각 분야에 걸쳐 가능한 한 정확성, 보편성을 갖고 있어야 한다.

19 KS규격에서 용접부 및 용접부의 표면 형상 보조기호 설명으로 틀린 것은?

① ─── : 평면(동일한 면으로 마감처리)
② ⌣ : 토우(끝단부)를 오목하게 함
③ ⌐M⌐ : 영구 백킹(영구적인 이면 판재)를 사용함
④ ⌐MR⌐ : 일시적인 백킹(제거 가능한 이면 판재)를 사용함

20 선의 종류에 따른 용도 설명으로 틀린 것은?

① 외형선 : 대상물의 보이는 부분의 모양을 표시하는 선
② 지시선 : 기초, 기술 등을 표시하기 위하여 끌어내는데 쓰이는 선
③ 파단선 : 그 절단 위치를 대응하는 그림에 표시하는 선
④ 해칭 : 도형의 한정된 특정 부분을 다른 부분과 구별하는데 사용하는 선

제2과목　용접구조설계

21 용접의 여러 결함 중 내부결함에 해당되지 않는 것은?

① 크레이터 처리 불량
② 슬래그 혼입
③ 선상조직
④ 기공

22 용접부의 부근을 냉각시켜서 용접변형을 방지하는 냉각법의 종류에 해당되지 않는 것은?

① 석면포 사용법
② 피닝법
③ 살수법(撒水法)
④ 수냉동판 사용법

23 용접부 인장시험에서 최초의 길이가 40mm이고, 인장시험편의 파단 후의 거리가 50mm 일 경우에 변형률 ε 는?

① 10%　　② 15%
③ 20%　　④ 25%

24 용접이음의 충격강도에서 취성파괴의 일반적인 특징이 아닌 것은?

① 온도가 높을수록 발생하기 쉽다.
② 거시적 파면 상황은 판 표면에 거의 수직이고 평탄하게 연성이 작은 상태에서 파괴된다.
③ 파괴의 기점은 각종 용접결함 가스절단부 등에서 발생된 예가 많다.
④ 항복점 이하의 평균응력에서도 발생한다.

① 용접 잔류 응력이 제거된다.
② 응력 부식에 대한 저항력이 증대된다.
③ 융착 금속 중의 수소제거에 의한 연성이 증대된다.

25 판의 홈 용접에서 용접의 진행과 더불어 이동하는 열원의 전방 홈 간격이 열렸다 닫혔다 하는 현상으로 주로 열원 이동 중에 있어서 용융지 부근 모재의 용접선 방향에의 열팽창에 기인하여 생기는 용접변형은?

① 회전변형 ② 세로 굽힘변형
③ 팽창변형 ④ 비틀림변형

26 본 용접하기 전에 적당한 예열을 함으로써 얻어지는 효과 설명으로 가장 적당한 것은?

① 예열을 하게 되면 용접성은 좋아지나 용접결함을 수반한다.
② 변형과 잔류 응력이 많이 발생한다.
③ 용접부의 냉각속도를 느리게 하여 균열 발생이 적게 된다.
④ 용접부의 냉각속도가 빨라지고 높은 온도에서 큰 영향을 받는다.

27 용접 후처리에서 노치인성의 설명으로 옳은 것은?

① 수소량이 적어지면 연성의 저하가 심해지는 성질
② 용접 전, 굽힘 가공하여 용접부에 균열이 생기는 성질
③ 강이 저온, 충격 하중 또는 노치의 응력 집중 등에 대하여 견딜 수 있는 성질
④ 강이 고온 충격 하중 또는 노치의 응력 분산 등에 의해서 메지게 되는 성질

28 두 부재 사이의 휨 부분을 용접하는 것으로 용접부 형상이 V형, X형, K형 등이 있는 용접은?

① 플러그 용접   ② 슬롯 용접
③ 플랜지 용접   ④ 플레어 용접

29 응력 제거 풀림에 의해 얻어지는 효과에 해당되지 않는 것은?

① 용접 잔류 응력이 제거된다.
② 응력 부식에 대한 저항력이 증대된다.
③ 융착 금속 중의 수소제거에 의한 연성이 증대된다.
④ 충격저항이 감소하고 크리프 강도가 향상된다.

30 그림과 같이 폭 50mm, 두께 10mm의 강판을 40mm만을 겹쳐서 전둘레 필릿 용접을 한다. 이 때 100kN의 하중을 작용시킨다면 필릿 용접의 치수는 얼마로 하면 좋은가? (단, 용접 허용응력은 10.2 kN/cm²)

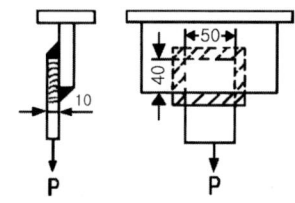

① 약 2mm   ② 약 5mm
③ 약 8mm   ④ 약 11mm

31 계산 또는 필릿 용접의 치수 이상으로 표면 위에 용착된 금속은?

① 이면비드   ② 덧붙이
③ 개선 홈   ④ 용접의 루트

32 용접 이음의 설계를 할 때의 주의 사항으로 틀린 것은?

① 용접작업에 지장을 주지 않도록 공간을 둔다.
② 용접 이음을 한쪽으로 집중되게 접근하여 설계하지 않도록 한다.
③ 용접선은 될 수 있는 한 교차하도록 한다.
④ 가능한 한 아래보기 용접을 많이 하도록 한다.

33 아래 그림과 같은 필릿 용접부의 종류는?

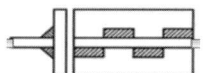

① 연속 병렬 필릿용접
② 연속 지그재그 필릿용접
③ 단속 병렬 필릿용접
④ 단속 지그재그 필릿용접

34 KS 규격에서 E4340 용접봉의 피복제의 계통으로 맞는 것은?

① 일미나이트계   ② 고산화티탄계
③ 저수소계   ④ 특수계

35 필릿 용접 이음의 수축 변형에서 모재가 용접선에 각을 이루는 경우를 각(角)변형이라고 하는데, 이와 똑같은 용어는?

① 회전 수축   ② 종굴곡
③ 횡굴곡   ④ 종수축

36 맞대기 용접 이음에서 강판의 두께 6mm이고 용접길이 200mm, 인장하중 6000N 작용시 용접 이음부에 발생하는 인장응력은 몇 N/mm²인가?

① 4   ② 5
③ 6   ④ 7

37 용접봉의 선택 기준으로 가장 거리가 먼 것은?

① 모재의 재질   ② 제품의 형상
③ 용접 자세   ④ 사용 보호구

38 잔류 응력이 존재하는 용접구조물에 어떤 하중을 걸어 용접부를 약간 소성변형시킨 다음 하중을 제거하면 잔류응력이 감소하는 현상을 이용하는 방법은?

① 국부 응력 제거법
② 저온 응력 완화법
③ 피닝법
④ 기계적 응력 완화법

39 일반적인 용접변형 교정방법의 종류가 아닌 것은?

① 얇은 판에 대한 점 수축법
② 형재에 대한 직선 수축법
③ 변형된 부위를 줄질하는 법
④ 가열 후 해머링하는 법

40 용접작업에서 지그 사용 시 얻어지는 효과로 틀린 것은?

① 대량생산의 경우 용접 조립 작업을 단순화 시킨다.
② 제품의 마무리 정밀도를 향상시킨다.
③ 용접 변형을 억제하고 적당한 역 변형을 주어 정밀도를 높인다.
④ 용접작업은 용이하나 작업능률이 저하된다.

제3과목 용접일반 및 안전관리

41 아크 용접 작업에서 전격의 방지대책으로 가장 거리가 먼 것은?

① 절연 홀더의 절연부분이 파손되면 즉시 교환할 것
② 접지선은 수도 배관에 할 것
③ 용접작업을 중단 혹은 종료 시에는 즉시 스위치를 끊을 것
④ 습기 있는 장갑, 작업복, 신발 등을 착용하고 용접작업을 하지 말 것

42 냉간압접의 장점에 해당되지 않는 것은?

① 접합부가 가공 경화된다.
② 접합부에 열 영향이 없다.
③ 압접기구가 간단하다.
④ 접합부의 전기저항은 모재와 거의 비슷하다.

43 피복 아크 용접봉에 사용하는 피복제의 주된 역할이 아닌 것은?

① 아크를 안정시킨다.
② 용착금속의 탈산(脫酸) 정련 작용을 한다.
③ 용착 금속의 용적을 미세화하여 용착 효율을 낮춘다.
④ 스패터의 발생을 적게 한다.

44 탄산가스 아크 용접에서 중독 및 질식사고의 원인이 되는 가스는?

① 수소(H_2)   ② 암모니아(NH_3)
③ 일산화탄소(CO)   ④ 아세틸렌(C_2H_2)

45 용접부의 부식에 대한 설명으로 틀린 것은?

① 입계부식은 용접 열영향부의 오스테나이트입계에 Cr이 석출될 때 발생한다.
② 용접부의 부식은 전면부식과 국부부식으로 분류한다.
③ 틈새부식은 오버랩이나 언더컷 등의 틈 사이의 부식을 말한다.
④ 용접부의 잔류응력은 부식과 관계없다.

46 다음 보기 중 용접의 자동화에서 자동제어의 장점에 해당되는 사항으로만 조합한 것은?

┌─ 보기 ─────────────
│ ① 제품의 품질이 균일화되어 불량품이 감소된다.
│ ② 원자재, 원료 등이 증가된다.
│ ③ 인간에게는 불가능한 고속작업이 가능하다.
│ ④ 위험한 사고의 방지가 불가능하다.
│ ⑤ 연속작업이 가능하다.
└─────────────────

① ①, ②, ④
② ①, ③, ④
③ ①, ③, ⑤
④ ①, ②, ③, ④, ⑤

47 서브머지드 아크용접 장치의 구성 및 종류에 관한 설명으로 틀린 것은?

① 용접 전류는 용접 전원으로부터 용접 전극을 통하여 공급된다.
② 용접 능률의 향상을 위해 2개 이상의 전극을 동시에 사용하는 다전극 용접기가 실용화 되고 있다.
③ 용접전원으로는 직류가 시설비가 싸고 자기불림 현상이 매우 커서 많이 사용된다.
④ 와이어 송급장치, 전압제어장치, 콘택트 조, 플럭(후락)스 호퍼를 일괄하여 용접머리(welding head)라고 한다.

48 다음 그림에서 필릿 용접의 실제 목 두께(actual throat)를 나타내는 것은?

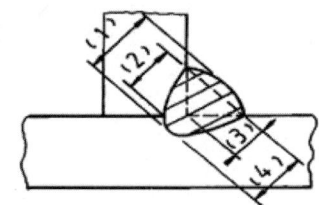

① (1) ② (2)
③ (3) ④ (4)

49 용접기의 유지보수 및 점검 시에 지켜야 할 사항으로 틀린 것은?

① 용접기는 습기나 먼지가 많은 곳은 가급적 설치를 하지 말아야 한다.
② 2차측 단자의 한쪽과 용접기 케이스는 접지를 확실히 해둔다.
③ 탭 전환의 전기적 접속부는 자주 샌드페이퍼 등으로 잘 닦아 준다.
④ 용접기는 어떤 부분에도 주유해서는 안 된다.

50 용접법의 분류에서 압접, 단접, 전기저항 용접을 압접이라고 하는데, 아크용접, 가스용접 및 테르밋용접을 무엇이라 하는가?

① 가압접 ② 에네르기법
③ 열용접 ④ 융접

51 CO_2 가스 아크 용접장치에 해당되지 않는 것은?

① 용접 토치 ② 보호가스 설비
③ 제어 장치 ④ 플럭스 공급장치

52 피복 아크 용접 시 아크 쏠림 방지 대책이 아닌 것은?

① 용접봉 끝을 아크 쏠림 반대 방향으로 기울인다.
② 직류 용접으로 하지 말고 교류 용접으로 한다.
③ 접지점은 될 수 있는 대로 용접부에서 멀리한다.
④ 긴 아크를 사용한다.

53 피복 아크 용접에서 용접 전류가 너무 높거나 낮을 때 발생하는 용접 결함의 종류와 가장 거리가 먼 것은?

① 용입불량 ② 선상조직
③ 오버랩 ④ 언더컷

54 아세틸렌 압력조정기의 구비조건 설명으로 틀린 것은?

① 가스의 방출량이 많아도 유량이 안정되어 있어야 한다.
② 조정압력은 용기 내의 가스량이 변해도 항상 일정해야 한다.
③ 조정압력과 방출압력과의 차이가 클수록 좋다.
④ 얼어붙지 않고 동작이 예민해야 한다.

55 가스 절단법에 사용되는 프로판가스의 성질을 설명한 것 중 틀린 것은?

① 공기보다 가볍다.
② 액화성이 있다.
③ 증발잠열이 크다.
④ 석유정제과정의 부산물이다.

56 TIG용접 중 직류 정극성을 사용하여 용접했을 때 용접효율을 가장 많이 올릴 수 있는 재료는?

① 스테인리스강   ② 알루미늄합금
③ 마그네슘합금   ④ 알루미늄주물

58 가스용접 시 팁 끝이 순간적으로 막히면 가스 분출이 나빠지고 토치의 가스 혼합실까지 불꽃이 그대로 전달되어 토치가 빨갛게 달구어지는 현상은?

① 역류   ② 난류
③ 인화   ④ 역화

59 다음 설명에서 A, B에 들어갈 값으로 맞는 것은?

> 용해 아세틸렌가스는 15℃에서 (A) kgf/㎠로 충전하며, 15℃, 1kgf/㎠에서 1ℓ 아세톤 (B)ℓ의 아세틸렌가스를 용해한다.

① A=1.5, B=10   ② A=25, B=35
③ A=15, B=25   ④ A=10, B=15

60 불활성 가스 용접법 중 TIG 용접의 상품명으로 불려지는 것은?

① 에어 코우메틱 용접법(air comatic welding)
② 헬륨 아크 용접법(helium arc welding)
③ 필러 아크 용접법(filler arc welding)
④ 아르곤 노트 용접법(argon naut welding)

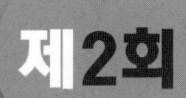

제2회 용접산업기사 모의고사 정답 및 해설

2009년 5월 10일 제2회 시행문제

01	①	02	④	03	②	04	①	05	④	06	①	07	①	08	②	09	②	10	④
11	②	12	④	13	④	14	①	15	④	16	②	17	②	18	①	19	②	20	③
21	①	22	②	23	④	24	②	25	②	26	③	27	②	28	④	29	④	30	②
31	②	32	④	33	④	34	④	35	③	36	②	37	②	38	④	39	②	40	④
41	②	42	①	43	③	44	④	45	④	46	②	47	③	48	④	49	④	50	④
51	④	52	④	53	②	54	③	55	②	56	②	57	①	58	③	59	③	60	②

01
- 슬래그 생성제 : 산화철, 일미나이트, 산화티탄, 이산화망간, 석회석, 규사, 장석, 형석 등
- 가스 발생제 : 녹말, 톱밥, 석회석, 탄산바륨, 셀룰로오스 등
- 아크 안정제 : 산화티탄, 규산나트륨, 석회석, 규산칼륨 등
- 탈산제 : 규소철, 망간철, 티탄철 등

02 탄소 함유량이 증가하면 강도, 경도, 항복강도, 전기저항 등이 증가하고, 연신률, 단면수축률, 충격치, 용융점, 열 및 전기 전도도, 비중 등은 낮아진다.

03 열전도율이 크(높으)면 냉각속도도 빨라진다. 구리 > 알루미늄 > 연강 > 스테인리스강 순이다.

04 오스테나이트계 스테인리스강의 용접 시 아크 길이를 짧게 하면 고온균열이 방지된다.

05 금속의 구비조건(공통적인 특성)은 ①, ②, ③ 외에 비중, 경도, 강도가 크다. 전연성이 좋아 소성가공이 쉽다. 금속 특유의 색을 갖고 있다.

06 동일 금속일 경우 재결정 온도가 낮아지는 원인 : ②, ③, ④ 외에 가공도가 클수록 낮아진다.

07
- 포정 : 하나의 고체에 다른 융체(액상금속)가 작용하여 다른 고체를 형성하는 반응, 식염 NaCl을 그 수화물 NaCl·2H$_2$O로 피복한 것, 커런덤(Al$_2$O$_3$)를 멀라이트(3Al$_2$O$_3$·SiO$_2$)가 피복한 것 등이 있으며, 포정이 일어날 때에는 성분수는 2, 상(相)의 수는 4이므로 불변계가 된다.
- 포석 : 두 개의 고상이 냉각될 때 또 다른 하나의 고상으로 바뀌나 가열의 경우 하나의 고상이 액상과 또 다른 고상으로 바뀌는 반응

08 철강은 탄소 함유량에 따라 0.012%C 이하를 순철, ~2.01%를 강, ~6.67%를 주철이라 한다.

09 열전도율은 은 > 구리(동) > 금 > 알루미늄 > 마그네슘 > 아연 > 니켈 > 철(연강) > 스테인리스강 순이다.

10 주철 속에는 크롬 성분이 함유되지 않아 크롬 탄화물이 생기지 않는다.

11 ⌒ : 에지 플랜지형 이음.

12 원통 등에서 일부가 평면일 때 4각형 안에 가는 실선으로 대각선을 그려 나타낸다.
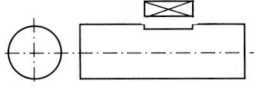

13 ①은 1각법 기호이다.

16 ✕ : 양면 V(X)형 맞대기 이음, ⊖ : 심(seam) 용접

17 ①은 승인도의 설명이다.

18 제도의 목적을 달성하기 위한 기본 요건으로 대상물의 도형이 있으면 필요하는 크기, 모양, 자세, 위치의 정보를 포함하여야 한다.

19 ⌣ : 토우(끝단부)를 매끄럽게 함

20 파단선 : 대상물의 일부를 파단한 경계 또는 일부를 떼어낸 경계를 표시하는데 사용한다. 불규칙한 선(자유 가는 실선)으로 그린다.

21 크레이터 처리 불량은 표면 결함의 일종이다.

23 변형률 = $\dfrac{\text{파단후거리} - \text{최초의길이}}{\text{최초의길이}} \times 100$
    = $\dfrac{50-40}{40} \times 100 = 25\%$

24 충격강도에서 취성파괴는 온도가 높을수록 발생률이 낮아진다.

29 응력 제거 풀림에 의해 얻어지는 효과로 충격저항이 증가하고 크리프 강도가 향상된다.

30 단위길이당 허용응력
    $f = \dfrac{100}{4 \times 2 + 5 \times 2} = 5.6$,
    필릿 치수 $h = 1.414 \times \dfrac{5.6}{10.2} = 7.76$

32 용접 설계시 용접선은 될 수 있는 한 교차하지 않도록 해야 된다. 교차될 경우 이 부분에 응력집중이 급격히 증가될 수 있다.

34 일미나이트계 : E4301, 고산화티탄계 : E4313, 저수소계 : E4316, E7016

35 종굴곡(종굽힘변형) : 길이가 긴 T형이나 I형 부재 용접시 좌우 용접선의 종수축량 차이에 의해 발생

36 $\sigma = \dfrac{P}{A} = \dfrac{6000}{6 \times 200} = 5$

37 용접봉의 선택 기준에는 모재의 재질, 제품의 형상, 용접 자세, 사용 조건 등이 있다.

39 용접부의 변형 교정법 : ①, ②, ④ 외에 롤러에 의한 법, 피닝법, 절단에 의한 정형과 재용접, 후판에 대하여 가열 후 압력을 주어 수냉하는 법 등

40 지그 사용시 용접작업이 용이하고 작업능률이 증가된다.

41 전격 방지 조건 중에 접지선은 수도 배관에 하면 감전 위험이 증가한다.

42 냉간 압접시 접합부가 가공 경화되는 것은 단점에 해당된다.

43 피복제 역할 : 용착 금속의 용적을 미세화하여 용착 효율을 높인다.

44 일산화탄소(CO)는 매우 위험한 가스이다.

45 용접부의 잔류응력은 부식과 밀접한 관계가 있다.

46 용접의 자동화는 원자재, 원료 등이 절약되며, 위험한 사고의 방지가 가능하다.

47 서브머지드 아크용접 장치에서 직류는 시설비가 비싸고 자기불림 현상이 매우 커서 많이 사용하지 않는다.

48 (3) : 이론 목 두께

49 용접기나 기계의 활동 부분 등은 자주 주유해야 된다.

50 용접 : 모재를 가열하여 용융시키고, 냉각하여 응고하는 현상을 이용하고, 기계적 압력을 가하는 일 없이 접합하는 방법

51 CO_2 가스 아크용접장치에 플럭스 공급장치는 필요없다. 서브머지드 용접장치에 필요하다.

52 아크 쏠림 방지 대책의 하나로 짧은 아크를 사용한다.

53 용접 전류가 너무 높을 때 : 언더컷, 선상조직이 발생 우려됨, 전류가 너무 낮을 때 용입불량, 오버랩 발생 우려됨

54 압력 조정기는 조정압력과 방출압력과의 차이가 없는 것이 좋다.

55 프로판 가스의 비중은 1.152로 공기(1)보다 무겁다.

56 TIG 용접시 직류 정극성에는 스테인리스강, 탄소강 등이 사용된다. ②, ③, ④는 직류 역극성(실제로는 고주파교류)을 사용한다.

57 가스 압접은 장치가 간단하고 설비비, 보수비가 싸다.

58 역화 : 팁 끝이 모재에 닿아 순간적으로 막히거나 토치의 과열, 사용압력이 부적당할 때 순간적으로 불꽃이 꺼졌다 켜졌다 하면서 뺑뺑 소리가 나는 현상

59 용해 아세틸렌가스는 15℃에서 (15)kgf/cm²로 충전하며, 15℃, 1kgf/cm²에서 1ℓ 아세톤 (25)ℓ의 아세틸렌가스를 용해한다.

60 TIG 용접 상품명으로 헬륨 아크용접법, 아르곤 아크용접 등이 있다

제3회 용접산업기사 모의고사 문제

2009년 7월 26일 제3회 시행문제

제1과목 용접야금 및 용접설비 제도

01 잔류 응력 제거 방법으로서 용접선의 양측을 가스 불꽃으로 너비 약 150mm에 걸쳐서 150~200°C로 가열한 다음 곧 수냉하는 방법은?

① 기계적 응력 완화법
② 피닝법
③ 저온 응력 완화법
④ 확산 풀림법

02 피복 아크 용접 시 용융 금속 중에 침투한 산화물을 제거하는 탈산제로 쓰이지 않는 것은?

① 망간철　② 규소철
③ 산화철　④ 티탄철

03 맞대기 용접 이음의 가접 또는 첫 층에서 루트 근방의 열영향부에서 발생하여 점차 비드 속으로 들어가는 균열은?

① 토 균열　② 루트 균열
③ 세로 균열　④ 크레이터 균열

04 포정반응 설명으로 가장 적합한 것은?

① 하나의 고용체에 다른 액체가 작용하여 다른 고용체를 형성하는 반응
② 2종 이상의 물질이 고체 상태로 완전히 융합되는 것
③ 하나의 액체에서 고체와 다른 종류의 액체를 동시에 형성하는 반응
④ 하나의 액체를 어떤 온도로 냉각시키면서 동시에 2개 또는 그 이상의 종류의 고체를 생기게 하는 반응

05 면심입방격자(FCC)에서 단위격자 중에 포함되어 있는 원자의 수는 몇 개인가?

① 2　② 4
③ 6　④ 8

06 철강의 용접 시 열 영향부에 대한 설명으로 틀린 것은?

① 탄소의 함량이 많을수록 경화 현상이 발생하기 쉽다.
② 오스테나이트까지 가열된 조직은 급랭으로 마텐사이트 조직이 된다.
③ 조직이 마텐사이트가 되면 경도가 증가한다.
④ 조직이 마텐사이트가 되면 연신률이 증가한다.

07 주철의 용접성으로 틀린 것은?

① 수축이 많아 균열이 생기기 쉽다.
② 일산화탄소 가스가 발생하여 용착금속에 기공 발생이 적다.
③ 500~600°C의 예열 및 후열이 필요하다.
④ 주철 속에 기름, 흙, 모래 등이 있는 경우에 용착이 불량하거나 모재와의 친

화력이 나쁘다.

08 일반적인 금속 원자의 단위 결정격자의 종류가 아닌 것은?

① 체심입방격자 ② 정밀입방격자
③ 면심입방격자 ④ 조밀육방격자

09 다음 중 열영향부의 냉각속도에 영향을 미치는 용접조건이 아닌 것은?

① 용접전류 ② 아크전압
③ 용접속도 ④ 무부하 전압

10 금속을 가열한 다음 급속히 냉각시켜 재질을 경화시키는 열처리 방법은?

① 풀림 ② 뜨임
③ 불림 ④ 담금질

11 그림과 같이 판재를 90°로 중립면의 변화 없이 구부리려고 한다. 판재의 총 길이는 몇 mm인가? (단, π는 3.14로 하고, 단위는 ㎜임)

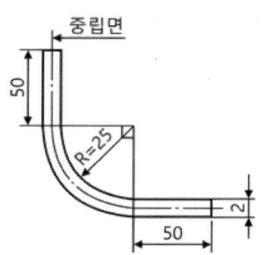

① 135.42 ② 137.68
③ 140.82 ④ 142.39

12 치수 기입 방법에서 치수선과 치수 보조선에 대한 설명으로 틀린 것은?

① 치수선과 치수 보조선은 가는 실선으로 긋는다.
② 치수선은 원칙적으로 치수 보조선을 사용하여 긋는다.
③ 치수선은 원칙적으로 지시하는 길이 또는 각도를 측정하는 방향으로 평행하게 긋는다.
④ 치수 보조선은 지시하는 치수의 끝에 해당하는 도형상의 점 또는 선의 중심을 지나 치수선에 평행으로 긋는다.

13 도면의 보관방법 및 출고에 대한 설명으로 가장 거리가 먼 것은?

① 원도는 화재나 수해로부터 안전하도록 방재 처리를 한 도면 보관함에 격리하여 보관한다.
② 도면 보관함에는 도면번호, 도면 크기 등을 표시하여 사용이 쉽게 한다.
③ 복사도에는 출고용 도장을 찍지 않아도 사용이 가능하며, 도면이 심하게 파손되었을 때는 현장에서 즉시 태워 버린다.
④ 원도는 도면을 변경하고자 하는 이외에는 출고하지 않으며, 곧바로 생산 현장에 출고할 때는 복사도를 출고한다.

14 도면의 분류에서 내용에 따른 분류에 해당하지 않는 것은?

① 전개도 ② 부품도
③ 기초도 ④ 조립도

15 대상물의 보이지 않는 부분을 표시하는데 쓰이는 선의 종류는?

① 굵은 실선 ② 가는 파선
③ 가는 실선 ④ 가는 이점쇄선

16 도면의 일부분을 잘라내고 필요한 내부 모양을 도시하는 단면도는?

① 부분단면도 ② 전단면도
③ 회전단면도 ④ 계단단면도

17 국가 및 기구에 대한 규격 기호를 틀리게 연결한 것은?

① 국제표준화기구 - ISO
② 미국 - USA
③ 일본 - JIS
④ 스위스 - SNV

18 일반적인 도면을 보관하는 방법 설명으로 틀린 것은?

① 트레이싱도는 접어서는 안되므로 펼친 그대로 수평, 수직 또는 말아서 원통으로 보관한다.
② 복사도를 접을 때에는 A4 크기로 접는다.
③ 복사도는 접어서 보관하므로 접을 때에는 도면의 중앙부가 표면에 오도록 한다.④ 마이크로필름은 영구 보존의 정확성을 기한다.

19 용접 기본기호 중 맞대기 이음·용접 기호가 아닌 것은?

① || ② V
③ Y   ④ L

20 정투상법에서 제3각법은 (①)→(②)→(③) 순서로 투상 한다. ( ) 속의 번호에 들어갈 용어로 맞는 것은?

① ① 눈, ② 물체, ③ 투상면
② ① 눈, ② 투상면, ③ 물체
③ ① 물체, ② 눈, ③ 투상면
④ ① 투상면, ② 물체, ③ 눈

제2과목 용접구조설계

21 용접 전 예열을 하는 목적에 대한 설명으로 틀린 것은?

① 용접부와 인접된 모재의 수축 응력을 증가시키기 위하여 예열을 실시한다.
② 임계온도를 통과하여 냉각될 때 냉각 속도를 느리게 하여 열영향부와 용착 금속의 경화를 방지하고 연성을 높여 준다.
③ 약 200℃의 범위를 통과하는 시간을 지연시켜 용착 금속 내의 수소의 방출 시간을 줌으로써 비드 밑 균열을 방지한다.
④ 온도 분포가 완만하게 되어 열응력의 감소로 변형과 잔류응력 발생을 적게 한다.

22 특수한 구면상의 선단을 갖는 해머(hammer)로 용접부를 연속적으로 타격해줌으로써 표면의 소성변형을 주어 잔류응력을 제거하는 방법은?

① 기계적 응력 완화법
② 저온 응력 완화 법
③ 피닝법
④ 응력제거 풀림법

23 맞대기 용접 및 필릿 용접 이음 시 각 변형을 교정할 때 이용하는 이면담금질 방법은?

① 점 가열법   ② 송엽 가열법
③ 선상 가열법 ④ 격자 가열법

24 연강의 맞대기 용접 이음에서 용착 금속의 기계적 성질 중 인장강도가 40N/㎟, 안전율이 5라면 용접이음의 허용응력(N/㎟)은 얼마인가?

① 0.8 ② 8
③ 20   ④ 200

25 자기 탐상 검사가 되지 않는 금속재료의 용접부 표면 검사법으로 가장 적합한 것은?

① 외관 검사
② 침투 탐상 검사
③ 초음파 탐상 검사
④ 방사선 투과 검사

26 필릿 용접 이음의 수축 변형에서 모재가 용접선에 각을 이루는 경우를 각(角)변형이라고 하는데, 각(角)변형과 같이 쓰이는 용어는?

① 가로 굽힘   ② 세로 굽힘
③ 회전 굽힘   ④ 원형 굽힘

27 인장시험 결과 시험편의 파단 후의 단면적 20㎟이고 원단면적 25㎟일 때 단면수축률은?

① 20%   ② 30%
③ 40%   ④ 50%

28 용접경비를 작게 하고자 할 때 유의할 사항으로 가장 관계가 먼 것은?

① 용접봉의 적절한 선정과 그 경제적 사용방법
② 재료 절약을 위한 방법
③ 용접 지그의 사용에 의한 위보기 자세의 이용
④ 용접사의 작업 능률의 향상

29 그림과 같은 겹치기 이음의 필릿 용접을 하려고 한다. 허용응력을 5N/㎟라 하고 인장하중을 5000N, 판두께 12mm이라고 할 때, 필요한 용접 유효 길이는 약 몇 mm인가?

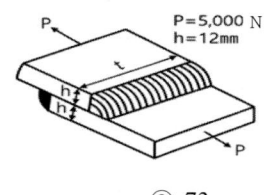

① 83   ② 73
③ 69   ④ 59

30 용접 이음을 설계할 때 주의사항이 아닌 것은?

① 가급적 아래보기 용접을 많이 하도록 한다.
② 용접작업에 지장을 주지 않도록 공간을 두어야 한다.
③ 용접 이음을 한쪽으로 집중되게 접근하여 설계하지 않도록 한다.
④ 맞대기 용접은 될 수 있는 대로 피하고 필릿 용접을 하도록 한다.

31 설계 단계에서의 일반적인 용접 변형 방지법 중 틀린 것은?

① 용접 길이가 감소 될 수 있는 설계를 한다.
② 용착 금속을 감소시킬 수 있는 설계를 한다.
③ 보강재 등 구속이 작아지도록 설계를 한다.
④ 변형이 적어질 수 있는 이음 부분을 배치한다.

32 동일한 길이를 용접하는 경우라도 판 두께, 용접 자세, 작업장소 등이 변동되면 용접에 소요하는 작업량도 변하게 되는데 이 작업량에 영향을 주는 것을 각기 계수로 표시하고 이 계수를 실제의 용접 길이에 곱한 것을 무슨 용접길이라고 하는가?

① 도면상의 용접길이
② 환산 용접길이
③ 돌림 용접길이
④ 가공 후 용접길이

33 다음 그림과 같은 용접이음의 형상기호 종류는?

 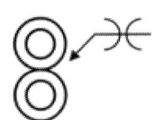

① 필릿용접 x형
② 플러그용접 K형
③ 모서리용접 V형
④ 플레어용접 X형

34 용접 시공에 의한 변형 경감법에 해당되지 않는 것은?

① 대칭법　② 후진법
③ 스킵법　④ 도열법

35 용접부에 발생하는 기공(blow hole)이나 피트(pit)와 같은 결함의 원인이 될 수 없는 것은?

① 이음부에 녹이나 이물질 부착
② 용접봉 건조 불량
③ 용접 홈 각도의 과대
④ 용접속도의 과대

36 전기저항 용접법의 특징 설명으로 틀린 것은?

① 용제가 필요치 않으며 작업속도가 빠르다.
② 가압효과로 조직이 치밀해진다.
③ 산화 및 변질 부분이 적다.
④ 열손실이 많고 용접부의 집중 열을 가할 수 있다.

37 용접구조물의 수명과 가장 관련이 있는 것은?

① 작업 태도　② 아크 타임률
③ 피로 강도　④ 작업률

38 용접이음 중에서 접합하는 2부재 사이에서 양쪽 면에 홈을 파고 용접하는 양쪽면 홈이음 형은?

① I형 홈　② J형 홈
③ H형 홈　④ V형 홈

39 레이저 용접장치의 기본형에 속하지 않는 것은?

① 고체 금속형　② 가스 방전형
③ 반도체형　④ 에너지형

40 용접변형 방지법에서 역변형법의 설명에 해당되는 것은?

① 공작물을 가접 또는 지그로 고정하여 변형의 발생을 방지하는 법
② 용접 금속 및 모재의 수축에 대하여 용접 전에 반대 방향으로 굽혀 놓고 용접 작업하는 법
③ 비드를 좌우대칭으로 놓아 변형을 방지하는 법
④ 용접 진행 방향으로 띔 용접을 하여 변

형을 방지하는 법

제3과목 용접일반 및 안전관리

41 교류 아크 용접기 부속장치 중 아크 발생 시 용접봉이 모재에 접촉하지 않아도 아크가 발생되는 것은?

① 핫 스타트장치 ② 원격 제어장치
③ 전격 방지장치 ④ 고주파 발생장치

42 맞대기나 필릿 용접부의 비드 표면과 모재와의 경계부에 발생하는 용접균열은?

① 힐 균열(heel crack)
② 토 균열(toe crack)
③ 비드 밑 균열(under bead crack)
④ 루트 균열(root crack)

43 피복 아크 용접시 아크 길이가 너무 길 때 발생하는 현상이 아닌 것은?

① 스패터가 심해진다.
② 용입 불량이 나타난다.
③ 아크가 불안정 된다.
④ 용융 금속이 산화 및 질화되기 어렵다.

44 교류 용접기에서 무부하 전압 80V, 아크전압 25V, 아크전류 300A 이며, 내부 손실 3kW라 하면 이때 용접기의 효율은 약 몇 %인가?

① 71.4 ② 70.1
③ 68.3 ④ 66.7

45 교류 용접기에 역률 개선용 콘덴서를 사용하였을 때의 이점(利點) 설명으로 틀린 것은?

① 입력 kVA가 많아지므로 전력 요금이 싸진다.
② 전원 용량이 적어도 된다.
③ 배전선의 재료가 절감된다.
④ 전압 변동률이 적어진다.

46 스터드 용접(Stud welding)법의 특징 중 잘못된 것은?

① 아크열을 이용하여 자동적으로 단시간에 용접부를 가열 용융하여 용접하는 방법으로 용접변형이 극히 적다.
② 대체적으로 모재가 급열, 급랭되기 때문에 저탄소강에 용접하기가 좋다.
③ 용접 후 냉각속도가 비교적 느리므로 용착 금속부 또는 열영향부가 경화되는 경우가 적다.
④ 철강 재료 외에 구리, 황동, 알루미늄, 스테인리스강에도 적용이 가능하다.

47 TIG, MIG, 탄산가스 아크 용접 시 사용하는 차광렌즈 번호는?

① 12~13 ② 8~10
③ 6~7 ④ 4~5

48 아크 용접용 로봇에 사용되는 것으로 동작기구가 인간의 팔꿈치나 손목 관절에 해당하는 부분의 움직임을 갖는 것으로 회전→선회→선회운동을 하는 로봇은?

① 극좌표 로봇 ② 관절좌표 로봇
③ 원통좌표 로봇 ④ 직각좌표 로봇

49 두 개의 모재에 압력을 가해 접촉시킨 후 회전시켜 발생하는 열과 가압력을 이용하여 접합하는 용접법은?

① 스터드 용접   ② 마찰용접
③ 단조용접   ④ 확산용접

50 탄산가스 아크 용접에 관한 설명 중 틀린 것은?

① MIG 용접과 같이 비철금속, 스테인리스강을 쉽게 용접할 수 있다.
② MIG 용접에서 불활성 가스 대신 탄산가스를 사용한다.
③ 전자동 용접과 반자동 용접이 주로 이용되고 있다.
④ MIG 용접에 비하여 비드 표면이 깨끗하지 못하다.

51 아세틸렌가스의 설질에 대한 설명으로 틀린 것은?

① 순수한 아세틸렌가스는 무색, 무취의 기체이다.
② 각종 액체에 잘 용해되며 알코올에는 25배가 용해된다.
③ 비중이 0.906으로 공기보다 약간 가볍다.
④ 산소와 적당히 혼합하여 연소시키면 약 3000~3500℃의 높은 열을 낸다.

52 플래시 버트(flash butt) 용접에서 3단계 과정만으로 조합된 것은?

① 예열, 플래시, 검사
② 업셋, 플래시, 후열
③ 예열, 플래시, 업셋
④ 업셋, 예열, 후열

53 용접구조물의 제작에 가장 많이 사용되는 대표적인 용접이음의 종류에 해당되는 것으로만 구성된 것은?

① 맞대기 이음, 필릿 이음
② 수직 이음, 원형 이음
③ I형 이음, J형 이음
④ 플러그 이음, 슬롯 이음

54 불활성 가스 텅스텐 아크 용접의 직류 역극성 용접에서 사용 전류의 크기에 상관없이 정극성 때보다 어떤 전극을 사용하는 것이 좋은가?

① 가는 전극 사용
② 굵은 전극 사용
③ 같은 전극 사용
④ 전극에 상관없음

55 가스 용접 토치에 대한 설명 중 틀린 것은?

① 토치는 손잡이, 혼합실, 팁으로 구성되어 있다.
② 가스 용접 토치는 사용되는 산소 가스의 압력에 따라 저압식, 중압식, 고압식으로 분류된다.
③ 토치의 구조에 따라 불변압식과 가변압식으로 분류한다.
④ 불변압식 토치는 분출 구멍의 크기가 일정하고 팁의 능력도 일정하기 때문에 불꽃의 능력을 변경할 수 없다.

56 전극 물질이 일정할 때 모재와 용접봉 사이의 아크전압에 대한 설명으로 맞는 것은?

① 전류의 증가와 더불어 감소한다.
② 아크의 길이와 더불어 증가한다.
③ 아크의 길이에 관계없다.

④ 전류의 증가와 더불어 증가한다.

57 용접 설비의 점검 및 유지에 관한 설명 중 틀린 것은?

① 회전부와 가동 부분에 윤활유가 없도록 한다.
② 용접기가 전원에 잘 접속되어 있는가를 확인한다.
③ 전환 탭은 사포를 사용해서 깨끗이 청소한다.
④ 용접기는 습기나 먼지 많은 곳에 설치하지 않도록 한다.

58 용접이음의 강도는 이음에 어떤 부하가 작용하는지를 생각해야 하는데 그 부하에 속하지 않는 것은?

① 수직력(P) ② 굽힘모멘트(H)
③ 응력강도(K) ④ 비틀림 모멘트(T)

59 고장력강의 용접시 일반적인 주의사항으로 잘못된 것은?

① 용접봉은 저수소계를 사용한다.
② 용접 개시 전 이음부 내부를 청소한다.
③ 위빙 폭을 크게 하지 말아야 한다.
④ 아크 길이는 최대한 길게 유지한다.

60 탱크나 용기의 용접부에 기밀·수밀을 검사하는데, 가장 적합한 검사 방법은?

① 외관검사 ② 누설검사
③ 침투검사 ④ 초음파검사

제3회 용접산업기사 모의고사 정답 및 해설

2009년 7월 26일 제3회 시행문제

01	③	02	③	03	②	04	①	05	②	06	④	07	②	08	②	09	④	10	④
11	③	12	④	13	③	14	①	15	②	16	①	17	②	18	③	19	④	20	②
21	①	22	④	23	①	24	②	25	②	26	①	27	①	28	③	29	④	30	④
31	③	32	①	33	④	34	④	35	③	36	④	37	③	38	④	39	④	40	②
41	④	42	②	43	④	44	①	45	①	46	③	47	①	48	②	49	②	50	①
51	②	52	③	53	①	54	②	55	②	56	①	57	①	58	③	59	④	60	②

01 ①, ②, ③ 모두 잔류응력 제거법의 하나.

02 탈산제는 용융 금속 중에 침투한 산화물을 제거하는 탈산 정련 작용을 하는 것으로 ①, ②, ④ 등의 철합금 또는 금속 망간, 알루미늄 등이 사용된다.

03 문쯔메탈 : Cu60%, Zn40%(6:4) 황동의 다른 이름, 값이 싸고 전연성이 낮으나 강도가 큼

05 면심입방격자의 원자 수 : 6면체의 모서리의 원자는 인접 원자와 1/8×8모서리+6면의 원자는 인접 원자와 1/2×6면=4

06 마텐사이트 조직은 경도가 매우 높아 브리넬 경도 600 정도 되므로 상대적으로 연신률은 매우 낮다.

07 주철의 용접시 일산화탄소 가스가 발생하여 용착금속에 기공 발생이 많아진다.

08 금속 원자의 일반적인 결정격자는 면심입방격자, 체심입방격자, 조밀육방격자가 있다.

09 용접부(열영향부)의 냉각속도는 전류, 전압, 용접속도와 관계가 있으며, 무부하 전압과는 전혀 관계가 없다.

10 풀림 : 가열 후 서랭, 불림 : 가열 후 공랭, 담금질 : 가열 후 급랭(수냉, 유냉)

11 원둘레는 지름×π, 그런데 굽힘을 할 경우 안쪽은 수축, 바깥쪽은 인장되며, 중립선의 경우 변화가 없다. 그런데 중립선은 일반적으로 두께의 1/2 정도로 보고, 도면에서 크기를 지름으로 나타낸 경우 두께를 더한 지름으로, 외경으로 나타낸 경우 지름을 뺀 지름으로 곱하면 된다. 그림에서 원의 1/4이므로 25×2×3.14/4=140.82가 된다.

12 치수 보조선은 지시하는 치수의 끝에 해당하는 도형상의 점 또는 선의 중심을 지나 치수선에 직각으로 긋는다.

13 복사도 도면이므로 출고용 도장을 찍어야 사용이 가능하며, 도면이 심하게 파손되었을 때도 태우면 안되고 적당한 규정에 따라 처리해야 된다.

14 도면의 분류
- 용도에 따른 분류 : 계획도, 제작도, 주문도, 견적도, 승인도, 설명도 등
- 내용에 따른 분류 : 부품도, 조립도, 기초도, 배근도, 배근도, 장치도, 스케치도 등
- 표현 형식에 따른 분류 : 외관도, 전개도, 곡면선도, 선도, 입체도 등

15 대상물의 보이지 않는 부분을 도면으로 표시할 때는 가는 파선(외형선 굵기의 1/2)으로 나타내며, 용도로는 숨은선이라 한다.

16
- 전(온) 단면도 : 상하, 좌우 대칭인 물체의 1/2을 절단한 것으로 가정하고 그린 도면
- 한쪽(반) 단면도 : 상하, 좌우 대칭인 물체의 1/4을 절단한 것으로 가정하고 그린 도면

17 각국 표준공업규격 : 미국 : ANSA, 영국 : BS, 독일 : DIN, 프랑스 : NF

18 복사도는 접어서 보관할 때 도면의 표제란 표면에 오도록 접는다.

19 맞대기 이음 용접에 L 맞대기 이음은 없다. ①은 I형(평형) 맞대기 이음의 기호이다.

20 3각법은 눈 - 투상 - 물체, 1각법은 눈 - 물체 - 투상 순으로 투상한다.

21 용접 전에 예열하는 목적 중에 용접부와 인접된 모재의 수축 응력을 감소시키기 위하여 예열을 실시한다.

22 ① : 용접부에 하중을 걸어 소성변형을 시킨 후 하중을 제거하면 잔류응력이 감소되는 현상을 이용하는 방법

23 선상 가열법 : 강판의 표면에 열을 가하여 이때에 생기는 굴곡효과를 통해 재질을 확인하는 법. 열은 가스버너를 활용해 직성모양으로 가열하는 법, 각변형 교정시 사용

24 안전률 = $\frac{인장강도}{허용응력}$,
허용응력 = $\frac{인장강도}{안전률} = \frac{40}{5} = 8$

25 표면 결함 검사법에는 자분(기)탐상검사, 침투탐상검사, 와류탐상검사 등이 있으며, 자분탐상법은 자성체에 한하지만 침투탐상법은 자성, 비자성 관계없이 표면 결함을 검출할 수 있다.

26 가로 굽힘(각 변형) : 용접시 온도분포가 판두께 방향으로 불균일인 경우, 용접선의 곳에서 판이 꺾여 굽은 것 같이 되는 변형

27 단면 수축률 = $\frac{원단면적 - 파단후 단면적}{원단면적} \times 100$
$= \frac{25-20}{25} \times 100 = 20$

28 용접경비를 줄이는 방법으로 용접 지그의 사용에 의한 작업 능률이 좋은 아래보기 자세로 용접하면 경비를 줄일 수 있으며, 위보기 자세의 경우 작업이 힘들기 때문에 능률이 매우 낮아 경비가 증가된다.

29 $\sigma_a = \frac{P}{A} = \frac{P}{0.707 \times (h1+h2) \times l}$,
$5 = \frac{5000}{0.707 \times (12+12) \times l}$,
$l = \frac{5000}{5 \times 0.707 \times (12+12)} = 58.93$

30 용접 설계시 가급적 필릿 용접을 피하고 맞대기 용접을 할 수 있도록 설계한다.

31 보강재 등을 붙이면 구속이 커지게 된다.

32 환산 용접장(길이) : 용접 판재 두께나 용접 자세 등의 작업 난이에 따라 일정한 계수로 나타낸 환산계수와 실제 용접길이를 곱하여 나타낸 길이, 용접길이 × 환산계수

33 그림과 같은 용접을 플레어 X형 이음이라 한다.

34 도열법=냉각법(수냉동판법, 살수법, 석면포 사용법)도 변형 방지법이지만 직접 용접(시공)을 하여 변형을 방지하는 방법은 아니다.

35 용접부에 기공이나 피트는 봉의 건조 불충분에 의한 수분이나 공기 혼입, 이물질 등에 의하거나 용접속도 과대시 발생하며, 용접 홈 각도가 과대하다고 기공이 생기진 않으나 용착금속 과다로 변형과 잔류응력이 커질 수 있어 좋지 않다.

36 전기저항 용접법은 열손실이 적다.

37 용접구조물의 수명과 가장 관련이 있는 것은 피로 강도이다.

38 양면 맞대기 이음에는 X형, J형, H형이 있으며, H형이 용착금속량이 가장 적어 변형이 가장 적다.

39 레이저 용접장치의 기본형에는 고체 금속형, 가스 방전형, 액체형, 반도체형 등이 있으며, 에너지형은 없다.

40 ① : 억제법, 역변형법 : 용접 전에 반대 방향으로 굽혀 놓고 용접 작업하는 법

41 핫 스타트 장치 : 아크 발생 초기 때만 용접 전류를 크게 해 아크 불안정을 해소하고 비드 모양 개선하는 장치

42 힐 균열 : 모재의 열팽창 및 수축에 의한 비틀림이 주원인이며, 필릿 용접 이음부의 루트 부분에 생기는 균열

43 피복 아크 용접시 아크 길이가 너무 길 경우 스패터가 심해지며, 용입 불량이 나타나고, 아크가 불안정하며, 용융 금속이 산화 및 질화되기 쉽다.

44 $$효율 = \frac{아크출력}{아크출력 + 내부손실} \times 100$$
$$= \frac{25 \times 300}{25 \times 300 + 3000} \times 100 = 71.42$$

45 교류 용접기에 역률 개선용 콘덴서를 사용하였을 때 입력 kVA가 낮아지므로 전력 요금이 싸진다.

46 스터드 용접은 매우 짧은 용접 시간에 용접되므로 변형이 적게 생기나, 냉각속도가 비교적 빠르므로 용착 금속부 또는 열영향부가 경화되는 경우가 있다.

47 용접시 차광렌즈 번호는 빛의 밝기에 따라 사용하여야 하며, 전류가 높은 경우 높은 번호를 사용하여야 한다. TIG, MIG, 탄산가스 아크용접의 경우 12~13번이 쓰인다.

48 ③ : 팔의 기계 구조가 적어도 회전 조인트 1개와 직진 조인트 1개를 가지고, 그들이 원통 좌표 형식인 로봇

49 마찰 용접에는 마찰압접과 마찰교접이 있으며, 설명은 마찰압접이며, 마찰 교접은 두 모재를 평행으로 맞대고 공구를 고속회전시켜 모재를 용융 교반시키며 접합하는 방법이다.

50 CO_2 용접은 MIG 용접과 같이 비철금속은 용접할 수 없다. 강, 스테인리스강 용접은 가능하다.

51 아세틸렌가스는 각종 액체에 잘 용해되며 1기압

상태에서 물에 1배, 석유에 2배, 알코올에는 6배, 아세톤에는 25배가 용해된다.

52 플래시 버트(flash butt) 용접에서 3단계 과정
: 예열, 플래시, 업셋

53 용접구조물의 제작에 가장 많이 사용되는 대표적인 용접이음의 종류에는 맞대기 이음, 필릿 이음이 있으며, 필릿 용접이 더 많이 쓰인다.

54 동일 전류로 불활성 가스 텅스텐 아크용접시 직류 역극성 용접이 정극성 용접보다 전극의 굵기를 더 굵게(약 4배)해야 된다.

55 가스 용접 토치는 사용되는 아세틸렌 가스의 압력에 따라 저압식, 중압식, 고압식으로 분류된다.

56 전극 물질이 일정할 때 모재와 용접봉 사이의 아크전압은 아크의 길이와 더불어 증가한다.

57 용접 설비의 점검 및 유지에서 회전부와 가동 부분에는 수시로 주유하여 윤활유가 있도록 해야 한다.

59 고장력강의 용접시 아크 길이는 최대한 짧게 유지해야 한다.

저자소개

정균호 전북대학교 대학원 기계공학과 졸업, 기계공학 석사
    [前] 한국폴리텍대학 산업설비학과 교수, daum "용접기술" 카페 카페지기
    [現] 중소기업 산학연 평가위원
    [E-mail] jungkho2001@hanmail.net
    [자격증] 용접기술사, 금속재료기술사, 기계기술지도사, 용접기사, 용접기능장
    [저 세] (구민사) : 핵심 용접공학
                    고수열강 용접·특수용접기능사 필기·실기
                    고수열강 용접산업기사 필기·실기
                    고수열강 용접기사 필기
                    고수열강 용접기능장 필기·실기
                    고수열강 용접실습
                    핵심 용접실무실습
                    핵심 금속·용접야금학개론
        (산업인력공단) : 용접설계시공, 금속보호가스용접 실기,
                       불활성가스팅스텐아크, 용접 실기,
                       피복금속아크용접 실기, NCS 피복 아크 용접 실기,
                       NCS CO_2 용접 실기
        (삼천포마이스터공고) : 선박재료

나중쇠 [現] 한국폴리텍대학 인천캠퍼스 산업설비자동화과
    ]E-mail] najs3040@hanmail.net
    [자격증] 용접기능장, 용접기사
    [저 세] (구민사) : 핵심 용접공학,
                    고수열강 용접·특수용접기능사 필기 실기
                    고수열강 용접산업기사 필기·실기
                    고수열강 용접기사 필기
                    핵심 용접실무실습
                    핵심 금속·용접야금학개론
        (산업인력공단) : 가스용접 실기(공단)

박재원 서울과학기술대학교 대학원 재료공학과 졸업
    서울과학기술대학교 박사
    [現] 아세아항공전문학교 항공비파괴검사학부 교수
    ]E-mail] weldingtig@hanmail.net
    [자격증] 용접기술사, 특급기술자(기계), 용접기능장, 비파괴검사기사
    [저 세] 용접기능장, 용접공학, 금속재료공학, 자분탐상검사실기, 금속조직학
        (구민사) : 고수열강 용접·특수용접 필기·실기
                    고수열강 용접산업기사 필기·실기
                    고수열강 용접기사 필기
                    고수열강 용접기능장 필기·실기

고수열강
용접산업기사 필기&실기

초 판	인쇄	2013년 3월 2일
초 판	발행	2013년 3월 5일
개정 9판	발행	2023년 1월 5일
개정10판	발행	2024년 1월 25일
개정11판	발행	2026년 1월 15일

저 자 | 정균호·나중쇠·박재원
발 행 인 | 조규백
발 행 처 | 도서출판 구민사
　　　　　(07293) 서울특별시 영등포구 문래북로 116, 604호(문래동3가 46, 트리플렉스)
전　 화 | (02) 701-7421
팩　 스 | (02) 3273-9642
홈페이지 | www.kuhminsa.co.kr
신고번호 | 제2012-000055호 (1980년 2월 4일)
I S B N | 979-11-6875-585-7　13500

값 32,000원

※ 낙장 및 파본은 구입하신 서점에서 바꿔드립니다.
※ 본서를 허락없이 부분 또는 전부를 무단복제, 게재행위는 저작권법에 저촉됩니다.